AKADEMIE DER WISSENSCHAFTEN DER DDR
ZENTRALINSTITUT
FÜR ALTE GESCHICHTE UND ARCHÄOLOGIE

BIBLIOTHECA

SCRIPTORVM GRAECORVM ET ROMANORVM

TEVBNERIANA

BSB B. G. TEUBNER VERLAGSGESELLSCHAFT
1986

VETTII VALENTIS ANTIOCHENI
ANTHOLOGIARVM LIBRI NOVEM

EDIDIT

DAVID PINGREE

LEIPZIG

BSB B.G. TEUBNER VERLAGSGESELLSCHAFT

1986

Bibliotheca
scriptorum Graecorum et Romanorum
Teubneriana
ISSN 0233–1160
Redaktor: Günther Christian Hansen
Redaktor dieses Bandes: Günther Christian Hansen

ISBN 3–322–00275–6

© BSB B. G. Teubner Verlagsgesellschaft, Leipzig, 1986

1. Auflage

VLN 294/375/13/86 · LSV 0886

Lektor: Manfred Strümpfel

Printed in the German Democratic Republic

Gesamtherstellung INTERDRUCK Graphischer Großbetrieb Leipzig,

Betrieb der ausgezeichneten Qualitätsarbeit, III/18/97

Bestell-Nr. 666 312 5

16800

Tabula ad thematum ultimos annos illustrandos

ultimus annus	themata	libri
114(?)	66	VIII
127	3, 52	VIII
133	65	V
139	100	III
142	47	VII
143	17, 67	II, III, VII
144	16, 19	III, IV, VIII
145	110	VIII
147	72	III
150	13, 27	VIII
151	21	VIII
152	23, 80, 102, 114	III, VIII
153	11, 51, 70, 87	II, VII, VIII
154	18, 25, 46, 57, 68, 98, 99	I, II, III, V, VII, VIII
155	73, 79, 94, 104	II, V, VII, VIII
156	69, 84, 97	V, VIII
157	22, 59, 61, 63, 76, 89, 109, 112, 116	V, VII, VIII
158	50, 54, 62, 71, 117	V, VII, VIII
159	93, 101	VII
160	56, 85	VII
161	58, 96, 106, 118	I, III, VII
162	65, 86	VII
163	113	VIII
164	60	VII
165	105, 111	VII, VIII
166	91	VII
167	45	VIII
168	43, 108, 119	III, VII
169	44	III
172	92	VII
173	120, 121	VII
[184]	103	VI

DE CODICIBVS TRADITIONIS α

Marcianus graecus 314[1]), ff. 286, saec. XIV in. descriptus post varia **M** opera praesertim Ptolemaei astrologica astronomicaque initium habet Valentis Anthologiarum sine titulo in ff. 256−286:

ff. 256−264 = I 1, 1 − I 5, 9
ff. 264−266 = I 7, 1 − I 15, 16
ff. 266−284 = I 16, 1 − II 20, 7
ff. 284−286 = II 23, 1 − II 28, 4.

---

1) CCAG 2; 2.

capita I 6 et II 21−22 atque I 15, 17−27 librarius codicis **M** sua sponte omisit, et I 18, 71−80 alio ex fonte addidit. hic codex anno 1468 in bibliotheca Cardinalis Bessarionis fuit.[1])

m   Iam saec. XIV certe e codice **M** descriptus est Laurentianus 28, 20[2]), ff. 267; folia 258−265ᵛ Valentis I 1, 1 − I 2, 90 continent, quae capitulum de bisexto anno mundi 6831 (anno Domini 1323) scriptum sequitur. hic fuit *olim Laurentii de Medicis repertus inter libros comitis Iohannis Mirandulani*, ut in prima pagina notatur.

n   Saec. XIV ex. aut XV in. Neapolitanus III. C. 20[3]), ff. 243, etiam e codice **M** descriptus est; ff. 202−243 cum Valentis operis capitulis in **M** servatis congruunt. et **m** et **n** dum **M** in oriente manebat sunt scripti.

Rhosus   Venetiis autem 27 die mensis Maii anno 1491 exaratus est ab Iohanne Rhoso, scriptore Bessarionis[4]), Laurentianus 86, 18[5]), ff. 19, ut colophon nos docet: *Μετεγράφησαν καὶ ταῦτα οὐὲναιτίαις παρ' ἐμοῦ ἰωάννου πρεσβυτέρου ῥώσου τοῦ κρητὸς χιλιοστῷ τετρακοσιοστῷ ἐνενηκοστῷ πρώτῳ μηνὸς μαΐου εἰκοστῇ ἑβδόμῃ.* e Valentis opere habet:

ff. 1−17ᵛ = I 1, 1 − I 3, 61
f. 18   = I 11, 1−3
ff. 18−18ᵛ = I 13, 1−15

sed non e codice **M** tantum excerpta sua Rhosus exscripsit; admixta sunt additamenta e Theophilo, Rhetorio aliisque hausta. ad textum constituendum non habet pretium quod et Cumont[6]) et Hübner[7]) finxerunt; coniecturae autem aliquae a Rhoso ipso confectae validiores videntur.

In sequenti saeculo duo apographa e codice **M** emanabant; unum Scorialensis I. *Φ*.

s 5[8]) ff. 1−116 (ff. 75−115 opus Valentis continent) cuius transcriptionem die

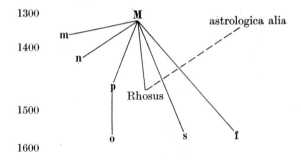

1300
1400
m
n
M
astrologica alia
p
Rhosus
1500
o   s   f
1600

1) L. Labowsky, Bessarion's Library and the Biblioteca Marciana, Roma 1979, 167.
2) CCAG 1; 3−4; cf. CCAG 4; 179.
3) CCAG 4; 65−66.
4) E. Mioni, Bessarione scriba e alcuni suoi collaboratore, in: Miscellanea marciana di studi bessarionei, Padova 1976, 263−318, praes. 302−304.
5) CCAG 4; 77−78.
6) CCAG 4; 179.
7) W. Hübner, Die Eigenschaften der Tierkreiszeichen in der Antike, Wiesbaden 1982, 398.
8) CCAG 11, 1; 51−106.

25 mensis Aprilis anno 1543 Petrus Carnabaces finivit, alterum ff. 26−51 Vaticani f Palatini graeci 312[1]) a Bernardo Feliciano, ut Weinstock censuit, exarata. hos duos codices non examinavi nec recensionem capitum I 3 et I 11 ad eandem traditionem pertinentem quae in pp. 487−495 Oxoniensis Cromwelliani 12[2]), saec. XVI, et in o ff. 1−4ᵛ Parisini graeci 2509[3]), saec. XV, servatur. paginae codicis o e foliis codicis p p descriptae sunt.

Omnes illi libri ergo a M pendent; nunc ad alium ramum transeamus, cuius caput est Vaticanus graecus 191[4]), ff. 397. hic codex pretiosissimus, V ut ab eruditissimo viro Alexandro Turyn demonstratum est, tribus ex codicibus anno ca. 1302 Constantinopoli consutus est a librario R denominato, qui nunc Gregorius Chioniades[5]) cognoscitur. primum codicem (ff. 2−172), saec. XIII ex. a quinque scribis exaratum, astronomus qui longitudines Solis Lunaeque 14 die mensis Aprilis anno 1298 computavit possidebat; et hic Gregorius Chioniades fuisse videtur. iste liber olim ex 29 quaternionibus constabat, e quibus quaterniones 14−17 (aut 18) Valentis Anthologias continebant. nunc restant:

14: f. 89 = I 5, 1 − I 17, 22 et I 21, 41 − I 22, tit.
   sex folia perierunt
   f. 96 = II 37, 39 − II 41, 3
15: unum folium periit
   ff. 90−95 = III 3, 7 − IV 25, 2
   unum folium periit
16: ff. 97−104 = V 2, 10 − VIII 3, 9
17: f. 105 = VIII 3, 9 − VIII 5, 45
   sex folia perierunt
   f. 106 = Add. I 1 − V 38
18: f. 107 = Add. VI 1 − VII 94.

non est certum Add. VI et VII ad Valentis Additamenta pertinere.

Totus autem quaternionum 14−18 textus, foliis nunc perditis inclusis, paulo ante annum 1522 in codice S exscriptus est. e codicibus V et S textum in codice V etiam tum integro lacunosum fuisse, et ex codicibus VS et M codices M et V uno ex fonte, α, derivatos esse demonstravimus.[6])

---

1) CCAG 5, 4; 72−99.
2) CCAG 9, 1; 33−51.
3) CCAG 8, 4; 65−68.
4) CCAG 5, 2; 3−23 et A. Turyn, Codices Graeci Vaticani saeculis XIII et XIV scripti annorumque notis instructi, in Civitate Vaticana 1964, 89−97.
5) D. Pingree, Gregory Chioniades and Palaeologan Astronomy, Dumbarton Oaks Papers (DOP) 18, 1965, 133−160; The Astronomical School of John Abramius, DOP 25, 1971, 189−215; The Astronomical Works of Gregory Chioniades, I, Amsterdam 1985; L. G. Westerink, La profession de foi de Grégoire Chioniadès, Rev. Ét. Byz. 38, 1980, 233−245.
6) Harv. Ukr. Stud. 7, 1983, 532−535.

principium codicis α, cuius pagina ca. 350, quaternio ca. 5600 verba continent, hoc modo constituimus:

quaternio 1 = I 1, 1 − I 4, 48
quaternio 2 (4ff.) = I 5, 1 − I 15, 16 et I 16, 1 − I 17, 22
quaternio 3 = I 17, 22 − I 21, 41
quaterniones 4−5 = I 21, 41 − II 27, 4.

quando codex β ex quo V fluxit exaratus est quaterniones 1 et 3 iam perditi erant.

Codex V Bibliothecam Vaticanam e dono Isidori Cardinalis Rutheni (obiit 27 die Aprilis anno 1463) intravit, et in inventariis omnibus ab anno 1475 usque ad annum 1545 compilatis notatus est[1]), in quibus cooperimentum primo rubeum (1475), deinde pavonaceum (1481, 1518, 1533), deinde rubrum (1545) describitur. e quo 14 folia dirempta aliquaque alia transposita esse vel a librario ipso vel post transcriptionem codicis S anno ca. 1520, sed ante recooperturam inter annos 1533 et 1545 factam videntur; terminum ante quem alium (saeculi XVI dimidio posteriorem) codex i, ut videbimus, praebet.

S   Ut iam indicatum est, e codice V (ff. 89−111^{v}) descripti sunt Oxonienses Seldeniani 22 [Arch. B. 19][2]) et 20 [Arch. B. 17; = S^{a}][3]) (ff. 1−7), qui olim uno codice foliorum 286 continebantur. nota libri initio inscripta sic se habet: *Curavit hunc librum describendum Christophorus Longolius precio octingentorum sestertiorum nummum, hoc est vicenis aureis ducatis.* Chr. Longueil (Longolius), advocatus Gallicus, 11 die Septembris anno 1522 Padovae obiit; quando codicem S obtinuerit non constat. sed anno 1556 ad bibliothecam famosam Iohannis Dee (1527−1608) Mortlaci pertinebat[4]), et ante annum 1617 in possessionem Iohannis Seldeni (1585−1654) migravit.[5]) in codice S servata sunt:

ff. 1−2, 2b, et 3−4^{v} = I 5, 1 − I 17, 22
ff. 4^{v}−5, 5b, et 6−49 = I 21, 41 − III 6, 21
ff. 49^{v}−54^{v} vacua
ff. 55−176^{v} = III 7, 1 − IX 19, 31
ff. 177−186^{v} = Add. I 1 − VII 94
f. 1 S^{a} = Add. VII 94.

---

1) R. Devreesse, Le fonds grec de la Bibliothèque Vaticane des origines à Paul V, Città del Vaticano 1965, 42, 60 (no. 362), 93 (no. 249), 130 (no. 252), 162 (VI supra 9), 199 (no. 285), 279 (VI 5), 323 (no. 124), 411 (no. 426).
2) CCAG 9, 1; 74−75.
3) CCAG 9, 1; 74; cf. etiam H. O. Coxe, Catalogus codicum graecorum Bibliothecae Bodleianae, Oxonii 1853, 596.
4) M. R. James, Lists of Manuscripts Formerly Owned by Dr. John Dee, Oxford 1921, 11 (no. 1).
5) F. Madan and H. H. E. Craster, A Summary Catalogue of Western Manuscripts, vol. 2, pt. 1, Oxford 1922, xvii (no. 3365); vide etiam descriptionem a Brian Twyne confectam et in Oxoniensis Seldeniani Supra 79 pp. 266−269 servatam.

Reliquiae Parisini suppl. graeci 330 B[1]), saec. XVI scripti, codicem **V** mox post **i** transcriptionem codicis **S** mutilum fuisse et folia ordine confusa habuisse nos docent. nam huius codicis folia superstitia habent:

quaternio 1 (periit)
quaternio 2 (ff. 3–10) = III 3, 14 – III 11, 15 (ff. 90–90^v **V**)
quaterniones 3 et 4 (perierunt)
quaternio 5 (ff. 11–18) = IV 11, 11 – IV 15, tit. (ff. 93–94 **V**)
quaternio 6 (periit)
quaternio 7 (ff. 19–26) = IV 21, 3 – IV 25, 2 et II 37, 39 – II 38, 37 (ff. 95–96 **V**)
quaterniones 8 et 9 (perierunt)
quaternio 10 (ff. 27–34) = V 2, 10 – V 6, 26 (ff. 97–98 **V**)
quaternionis 11 reliqua (ff. 35–36) = V 6, 66 – V 6, 103 (f. 98^v **V**)
quaterniones 12 et 13 (ff. 37–52) = V 7, 28 – VI 7, 11 (ff. 99–101 **V**)
quaternio 14 (periit)
quaterniones 15 et 16 (ff. 53–68) = VII 3, 13 – VII 6, 210 (ff. 102–104 **V**)

Hunc codicem **i** iam mutilum saec. XVII transcripsit et ex apographo codicis **V** altero supplevit Petrus Danielis Huetius (1630–1721), qui in mente habuit Valentis editionem praeparare; cuius liber manuscriptus nunc est Parisinus suppl. graecus **j** 330 A[2]), ff. 94, quem domui Societatis Iesu Parisiis donavit anno 1692. Huetius anno 1654 litteris cum Iohanne Seldeno[3]), anno 1673 cum Henrico Oldenburg, Iohanne Wallis, Gottfredo Leibniz de codice **S** communicavit.[4]) duo specimina quae recepit in Parisino suppl. graeco 883[5]) servantur: folia 19–25, a Thoma Gale anno **k**

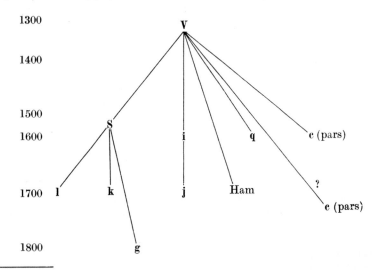

1) CCAG 8, 1; 116–117.
2) CCAG 8, 1; 115–116.
3) CCAG 9, 2; 87.
4) A. R. and M. B. Hall, The Correspondence of Henry Oldenburg, vol. 9, Madison 1973, 467, 491, 519, 525, 536, 538, 594, 655, 666; atque vol. 10, London 1975, 252 et 344.
5) CCAG 8, 4; 89.

1673 transcripta, quae in ff. 1–5 S habentur, folia 28–40, alia manu exarata, quae in ff. 1–10 S continent.

Alios quidem codices ex **V** et **S** derivatos summatim recensemus. saec. XVI I **q** 5–12 e ff. 89–89ᵛ codicis **V** in Vaticani Palatini graeci 264[1]) foliis 3–15 transcrip- Ham. sit aliquis. saec. XVII codicem **V** in Hamburgensi ms. philologico 94 in quarto[2]), 280 pp., transcripsit Henricus Lindenbrog (possidebat postea Iohannes Albertus Fabricius [1668–1736]). saec. XVI folia 1–7, 17–32, 51–55, 64–69, 115–119 e **c** codice **V**, saec. XVII/XVIII folia 10–16, 33–50, 56–63, 70–114 Hauniensis Fabriciani 71[3]) exarata sunt. saec. XVII (anno ca. 1654) L. Meibomius (1630–1711) **l** nonnulla ex codice **S** in Leidensis Bibliothecae Publicae Graeci 16 C[4]) foliis 1–24 excerpsit. et saec. XVIII ex. index capitum codicis **S** in foliis 5–9 Gottingensis **g** Philologi 85[5]) est scriptus.

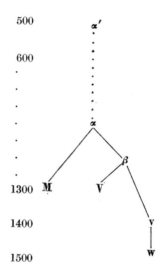

Nunc codicis tertii Byzantini e traditione α descendentis mentionem **v** faciamus. est Vaticanus graecus 1066[6]), foliorum 175, qui ab eodem ramo traditionis α atque **V** derivatur.[7]) in isto codice nunc exstant Valentis operis haec fragmenta:

1) CCAG 5, 4; 70–71.
2) CCAG 7; 78.
3) CCAG 9, 2; 104.
4) CCAG 9, 2; 87.
5) CCAG 7; 77.
6) CCAG 5, 1; 74–79.
7) Confer etiam necessitudinem inter **V** (sed aliam certe partem) atque **v** in translatione Albumasaris De revolutionibus nativitatum Byzantina (ed. Pingree, Lipsiae 1968, XIII).

PRAEFATIO

ff. 14−16 = I 18, 6 − I 18, 70
ff. 26−32ᵛ = I 19, 1 − I 20, 5
(nonnulla folia perierunt)
ff. 33−34 = I 20, 33 − I 20, 38
ff. 34−35 = IV 12, 1 − IV 12, 3.

e foliis 14−16 atque 34−35 sunt descripta saec. XV folia 24−25 et 27ᵛ−28 Matri-
tensis Bibliothecae Nationalis 4783.[1])   w

DE APPENDICIBVS CODICIBVSQVE EARVM

Multa sunt opuscula Byzantina Vettio Valenti attributa; multa quo-
que sunt opuscula quae silentio verba Valentis incorporant; et multae
sunt citationes nostri auctoris in compendiis tractatibusque a Byzantinis
compositis inventae. in hoc volumine plura capitula primarum duarum
classium quae e traditione α pendent includuntur; alia vel dubia (ut ea in
CCAG 4; 146–149 et etiam fortasse in CCAG 8, 1; 161−171; cf. quoque
CCAG 8, 1; 249) vel ex Arabico translata (ut CCAG 5, 3; 110−118[2])
mihi videntur. citationes praesertim in syntagmatibus Rhetorio[3]) ascrip-
tis inveniuntur, quae propediem edere in animo habeo. quae restant
XXIII appendices, fere omnes in saeculis X, XI, atque XII compositae
ut opinor, codicibus sequentibus servantur.

Primo autem de App. VIII, quae capitulum I 23 Precepti Canonis
Ptolomei est anno ca. 535 Graeca ex lingua in Latinam translati[4]), pauca
dicere debeo. methodus astronomica huius capituli illae Valentis proxima
esse videtur, sed nec dissimilis est ea, exempli gratia, in P. Ryl. 27. certe
ergo non affirmare possumus Preceptum ex Anthologiis pendere. exem-
plum in App. VIII inventum ad annum 354 pertinet. editionem nostram
nondum perfectam citamus.

App. IX anno 936 scripta in sex libris manuscriptis invenitur quorum
quinque usus sum. horum antiquissimus Vaticanus graecus 184[5]), A
ff. 348, anno 1270 scriptus est[6]), qui nostrae editionis, in qua praeparanda
a discipulo mirando Alexandro Jones adiutus sum, fundamentum est;
App. IX in ff. 8−9ᵛ habet. alter Vaticanus Rossianus 897[7]), ff. 95, saec. N

---

1) CCAG 11, 2; 88−93.
2) D. Pingree, The Horoscope of Constantinople, in: Πρίσματα, Wiesbaden 1977,
305−315, praes. 314.
3) D. Pingree, Antiochus and Rhetorius, CPh 72, 1977, 203−223.
4) D. Pingree, Boethius' Geometry and Astronomy, in: Boethius. His Life,
Thought and Influence, Oxford 1981, 155−161, praes. 159.
5) I. Mercati et P. Franchi de' Cavalieri, Codices Vaticani Graeci, vol. 1, Romae
1923, 210−212.
6) Vide notam in calce editionis: κατὰ δὲ τὸ νῦν ‚ςψοη‘ ἔτος.
7) E. Gollob, Die griechische Literatur in den Handschriften der Rossiana in
Wien, Wien 1910, 93−101.

XIII

PRAEFATIO

XV est exaratus ex exemplari anno 1305 transcripto[1]); anno 1508 vir mathematicus Andreas Coner[2]) Venetiis possidebat; App. IX 15−91 in J ff. 12−14^v codicis N invenitur. tertius codex Laurentianus 28, 14[3]), ff. 321, saec. XIV in schola Iohannis Abramii[4]) transcriptus est; App. IX in ff. 288^v−289^v e codice anno 1292 scripto [5]) habetur, in ff. 303^v−304 App. IV, XIV, V hoc ordine. hi tres codices ad unam eandemque classem pertinent. alterius autem classis duo sunt codices inter se proxime nexi: O Oxoniensis Canoniciani graeci 41[6]), saec. XIV et XV variis manibus Q scripti, folia 90^v−92, et Laurentiani 80, 23[7]), saec. XV scripti, folia 23^v−26. textus in ambobus in eodem loco abrumpitur, sed unum ab altero non transcriptum esse certum est. sextum codicem et ultimum a quem cognovimus, Parisini suppl. gr. 464[8]), saec. XIV exarati, folia 135−136 et 138, non inspeximus.

Compendiorum quinque cum Antiochi Rhetoriique nominibus conexorum quattuor (II−V) aut excerpta aut citationes Valentis Anthologia- D rum continent; etiam unus codex, saec. XV scriptus, Berolinensis graecus 173[9]), in ff. 144^v−145^v capitulum de naturis planetarum mutilum, fortasse e Rhetorii opere excerptum[10]), servat; hoc capitulum ex duobus interpolatis libris expletum in App. II edidi.

Epitomae II et III Rhetorii in duobus praeclarissimis codicibus inve- L niuntur: Laurentiano 28, 34[11]), codice ff. 170 saec. XI, atque Parisino R graeco 2425[12]), ff. 285 saec. XV exarato. duo capitula (App. III et VI) e Valente excerpta in his libris manuscriptis cognovimus, quorum unum (App. VI) in R tantum. App. III, quae easdem lacunas exhibet quas traditio α, eam iam saec. VII exstitisse nos docet.

---

1) Vide notam ibid.: κατὰ τὸ νῦν ͵ϛωιγ′ ἔτος.
2) Vide et G. Mercati, Note per la storia di alcune biblioteche romane nei secoli XVI−XIX, Città del Vaticano 1952, 131−146, et M. Clagett, Archimedes in the Middle Ages, vol. 3, Philadelphia 1978, 525−538.
3) CCAG 1; 20−37 et D. Pingree, Hephaestio, vol. 2, p. XV, ubi mentionem apographi Marciani graeci 336 fecimus.
4) D. Pingree, The Astrological School of John Abramius, DOP 25, 1971, 189−215.
5) Vide ibid.: ἕως τῆς νῦν ε′ ἰνδικτιῶνος τοῦ ͵ϛω′ ἔτους
6) CCAG 9, 1; 32−33.
7) CCAG 1; 74.
8) A. Tihon, Le calcul de la longitude de Vénus d'après un texte anonyme du Vat. gr. 184, Bull. Inst. Hist. Belge de Rome 39, 1968, 51−82, praes. 52; vide etiam A. Tihon, Le calcul de la longitude des planètes d'après un texte anonyme du Vat. Gr. 184, Bull. Inst. Hist. Belge de Rome 52, 1982, 5−29.
9) CCAG 7; 48−63.
10) D. Pingree, CPh 72, 1977, 220.
11) CCAG 1; 60−72.
12) CCAG 8, 4; 22−42.

Rhetorii epitoma IV etiam in duobus codicibus praesertim invenitur: **B** Parisino graeco 2506[1]), saec. XIV in., et Marciano graeco 335[2]), saec. XV **H** transcripto. in **BH** codicum compendio ,,Rhetoriano" servantur:

> ff. 46 − 46ᵛ **B** = f. 117ᵛ **H**: App. VII
> ff. 76ᵛ − 77 **B** = ff. 173 − 174 **H**: App. XVI.

App. VII etiam in Marciani graeci 334[3]), saec. XIV scripti, folio 82 et in **C** Parisini graeci 2419[4]), a Georgio Midiate anno fere 1461 exarati, folio 91ᵛ **G** invenimus.

Codices **C** atque **H**, quorum uterque in bibliotheca Cardinalis Bessarionis anno 1468 existebat[5]), etiam capitula quaedam e Valentis aliorumque astrologorum verbis confecta praebent, omnia ut puto ab eodem docto Byzantino (fortasse Demophilo[6]) qui et codicum **BH** compendium compilavit anno ca. 1000 scripta:

> f. 146 **C**: App. XII
> ff. 162 − 165 **C** = ff. 131ᵛ − 135ᵛ **H**: App. XI
> ff. 172 − 173ᵛ **C** = App. XIX
> ff. 184 − 194 **C** = ff. 149ᵛ − 161ᵛ **H**: App. I et X.

notandum est etiam paraphrasim Anubionis carminis[7]) qua ,,Demophilus" usus est in codicis **C** foliis 173ᵛ − 179 atque **H** foliis 140ᵛ − 149ᵛ servari.

Ultima ,,Rhetorii" epitoma quinta, saec. IX vel X ut opinor Constantinopoli consuta[8]), nunc versione Latina eiusque translatione Gallica solum nobis tradita est. iste Liber Hermetis in Harleiano 3731, saec. Har. XIII scripto et in Bibliotheca Britannica servato, invenitur, e quo capitula Valentiana edidi in App. XIII, XVIII atque XX; forma App. XX traditioni α propinquior est quam illa codicibus **VS** exhibita.

In codice Vindobonensi phil. gr. 115[9]), inter annos 1169 et 1241 scripto, **W** App. XV (in foliis 24 − 25) atque XVII (in folio 143 − 143ᵛ) inveniuntur; notandum est capitulum de Sirii exortu Constantino VII et Romano imperantibus (919 − 944) compositum App. XVII sequi.[10]) alter codex

---

1) CCAG 8, 1; 74 − 115 et D. Pingree, Albumasar, p. IX, et Heph., vol. 2, pp. V − VIII.
2) CCAG 2; 37 − 70.
3) CCAG 2; 16 − 37 et D. Pingree, Heph., vol. 2, pp. VIII − XI.
4) CCAG 8, 1; 20 − 63 et D. Pingree, Heph., vol. 2, pp. XVI − XVII.
5) Labowsky 168 (nos. 265 et 267).
6) D. Pingree, CPh 72, 1977, 216.
7) Ed. D. Pingree, Dor. 344 − 367.
8) D. Pingree, CPh 72, 1977, 219 − 220.
9) CCAG 6; 16 − 28 et D. Pingree, Heph., vol. 1, p. XVI.
10) Ed. CCAG 6; 79 − 80.

U Vindobonensis phil. gr. 108[1]), saec. XVI exaratus, App. XXI et XXII in
foliis 224 − 225 continet. in huius codicum manuscriptorum catalogi fine
X Vaticanum graecum 381[2]), saec. XIII ex. aut XIV in. scriptum, recen-
semus, in cuius f. 163ᵛ App. XXIII latet.

DE EDITIONIBVS

1. Ioachim Camerarius ex codice Ioannis Regiomontani nunc perdito Antholo-
giarum I 1 formam Rhosi recensionem sequentem in linguam Latinam transtulit
et in libello suo Astrologica nuncupato, Norimbergae 1532, in partis secundae pa-
ginis 48 − 53 publicavit. Regiomontanum istum codicem e Cardinalis Bessarionis
dono recepisse suspicor.

2. Iohannes Seldenus capitula nonnulla e suo codice S in libris De diis Syris (1617)
et Marmora Arundelliana (1624) recepit atque de Valentis vita et libro manuscripto
S disseruit; hos libros in Seldeni Operum omnium vol. sec., Londini 1726, legi, ubi
Valentiana in col. 231 − 232, 233 − 235, 265 − 270 (De diis Syris) atque 1534 − 1538 et
1556 (Marmora Arundelliana) videas.

3. Cl. Salmasius in libro praeclarissimo De annis climactericis Lugduni Batavorum
1648 edito e codice S nonnulla Valentis verba excerpsit.

4. L. Meibomius, cuius manu codex l e S transcriptus est, olim in mente habuit
Anthologiarum editionem conficere, ut ex epistola Seldeni Londini 26 die Iulii
anno 1654 data (Seldeni Operum omnium vol. sec., col. 1709 − 1710) probatur.

5. Petrus Danielis Huetius annis 1654 sequentibusque in animo habuit editionem
Anthologiarum praeparare; vide quae de codicibus i, j et k supra diximus. ad suum
codicem in Animadversionibus in Manilium (M. Fayus, M. Manilii Astronomicon,
Parisiis 1679, 3 − 88), 83 alibique refert.

6. Gulielmus Roether Valentis operis I 5 − 7 e codice l in libro Joannis Laurentii
Philadelpheni Lydi De mensibus quae extant excerpta titulato, Lipsiae et Darm-
stadii 1827, 335 − 339, edidit.

7. Arthur Ludwich e codice L App. III in libro Maximi et Ammonis Carminum
de actionum auspiciis reliquiae nuncupato, Lipsiae 1877, 112 − 119, edidit.

8. E. Riess, Nechepsonis et Petosiridis Fragmenta magica, Philologus Supplement-
band 6, 1892, 325 − 394, plura e codicibus V et Ham. edidit:

> Fr. 18 = III 7, 1 − 15
> Fr. 19 = III 11, 2 − 4
> Fr. 20 = V 4, 1 − 3
> Fr. 21 = VII 6, 1 − 26; 35; 117 − 127; 161 − 163; 193 − 214
> Fr. 22 = II 39, 4
> Fr. 23 = III 8, 1; 5; 7; 12; 14
> Fr. 24 = II 41, 2 − 3.

9. Ernestus Maass in libro suo Aratea nominato, Berlin 1892, 140, App. XXIII
e codice X publicavit.

10. Gulielmus Kroll e codice S IX 1, 1 − 8 edidit in CCAG 1; 79 − 80 anno 1898.

11. Idem Kroll in CCAG 2; 83 − 121 anno 1900, Francisco Cumont adiuvante,
e codice M I 1, 1 − I 2, 90; I 17, 1 − I 19, 2; I 20, 1 − I 21, 10 et excerpta libri
secundi brevia edidit, et in eiusdem voluminis pp. 160 − 180 App. I e codice C.

12. Anno 1903 Dominicus Bassi et Aemilius Martini in CCAG 4; 174 − 178 e co-
dice n I 19, 1 − 25 atque lectiones varias ad I 1, 1 − I 2, 90 pertinentes publicaverunt;

---

1) CCAG 6; 1 − 16.
2) R. Devreesse, Codices Vaticani Graeci, Vol. 2, Civitas Vaticana 1937, 75 − 76.

in eiusdem voluminis pp. 179 – 182 e codice Laurentiano ab Iohanne Rhoso scripto
Cumont I 2, 49 – 56 edidit.

13. G. Kroll anno 1906 in CCAG 5, 2 multa excerpta et e codice **V** et e codice **S**
edidit:

    29 – 31 = V 6, 4 – 22 ex **V**
    32 – 33 = V 8, 109 – 117 ex **V**
    33 – 35 = VI 1, 1 – 19 ex **V**
    35 – 36 = VI 2, 20 – 26 ex **V**
    36 – 38 = VI 3, 1 – VI 4, 11 ex **V**
    38 – 39 = VI 8, 1 – 5 ex **V**
    39 – 40 = VI 8, 15 – 22 ex **V**
    40 – 42 = VI 9, 7 – VII 1, 4 ex **V**
    42 – 45 = VII 3, 44 – VII 4, 30 ex **V**
    45 – 48 = VIII 5, 14 – 45 ex **V**
    48 – 50 = IX 1, 1 – 19 ex **S**
    50 – 52 = IX 12, 13 – 31 ex **S**
    52 – 53 = Add. V 28 – 38 ex **V**
    53 – 71 = II 4, 1 – II 18, 8 ex **MS**
    71 = II 29, 1 – 3 ex **S**
    72 – 74 = II 35, 1 – II 36, 25 ex **S**
    75 – 117 = IV 1, 1 – IV 30, 25 ex **VS**
    117 – 120 = VI 5, 1 – VI 6, 31 ex **V**
    120 – 121 = Add. V 1 – 32 ex **V**
    121 – 126 = IX 9, 1 – 53 ex **S**
    127 – 129 = IX 12, 1 – 16 ex **S**.

14. Kroll Anthologiarum traditionis α quae nunc in codicibus **MVS** supersunt
omnium Add. II – V exceptis editor erat anno 1908 Berolini.

15. Eodem anno 1908 in CCAG 7; 213 – 224 Franciscus Boll App. II interpolatum
e codicibus **R** (meo **D**) et **UV** edidit.

16. In CCAG 8, 4; 239 anno 1922 edito F. Cumont App. VI e codice **R** publi-
cavit.

17. Idem F. Cumont anno 1929 in CCAG 8, 1; 255 – 257 App. XVI e codicibus
BH edidit.

18. Anthologiarum IV 12, 1 – 3 e codice **w** anno 1934 in CCAG 11, 2; 184 – 185
edidit Carolus Zuretti.

19. App. XIII, XVIII, et XX capitula sunt Libri Hermetis a Gulielmo Gundel in
libro Neue astrologische Texte des Hermes Trismegistos nuncupato Monaci 1936
e codice Har. editi.

20. Anna Tihon, Bull. Inst. Hist. Belge de Rome 39, 1968, 51 – 52, App. IX 58 – 84
et 52, 1982, 5 – 29 reliqua publicavit, transtulit, explanavit.

21. Ultimo loco Wolfgang Hübner in libro Die Eigenschaften der Tierkreis-
zeichen in der Antike nominato, Wiesbaden 1982, 398 – 404, e codice ab Iohanne
Rhoso exarato Laurentiano lectiones varias ad I 2 pertinentes publicavit.

Nunc quam maximas maximo magistro gratias ago Ottoni Neugebauer
aequasque discipulo Alexandro Jones qui in studiis Valentianis praecipue
valent. multa in textu obscura illuminaverunt atque emendaverunt.

Providentiae m. Iul. a. 1984   D. Pingree

THEMATVM INDEX

53. 16 Ian. 106. G. H. 103. I 4, 24−30; II 37, 44−47
54. 8 Mai. 107. G. H. 103−104. V 6, 87−89
55. 28 Mar. 108. G. H. 104. II 37, 70−73
56. 6 Nov. 108. G. H. 104. VII 6, 45−50
57. 2 Iun. 109. G. H. 104−105; 180−181. II 22, 43−45; VIII 7, 149−166; App. XI 86−88
58. 15 Mar. 110. G. H. 105−106; 180−181. I 18, 33−52; III 5, 11−14
59. 27 Sept. 110. G. H. 106. V 6, 102−103
60. 15 Dec. 110. G. H. 106−107. VII 6, 51−57
61. 24 Apr. 111. G. H. 107. V 6, 82−86
62. 30 Sept. 111. G. H. 107−108. VII 6, 111−116
63. 27 Iul. 112. G. H. 108. V 6, 92−99
64. 17 Aug. 112. G. H. 108. II 37, 74−75; Add V 1−2
65. 1 Iul. 113. G. H. 109−110. V 6, 126−128; VII 6, 58−65
66. 10 Sept. 113. G. H. 180−181. VIII 7, 64−70
67. 13 Mai. 114. G. H. 110. III 7, 16−20
68. 26 Iul. 114. G. H. 110−111; 180−181. I 8, 7−11; I 21, 32−40; V 4, 6−7; VII 6, 128−134; App. XVIII 19−20
69. 10 Aug. 114. G. H. 180−181. VIII 7, 23−35
70. 24 Sept. 114. G. H. 111. VII 3, 14−17
71. 10 Nov. 114. G. H. 111. V 6, 115−117
72. 15 Feb. 115. G. H. 112. III 10, 25−29
73. 8 Iun. 115. G. H. 180−181. VIII 7, 36−45
74. 26 Dec. 115. G. H. 112. II 41, 69−72; Add. V 12−15
75. 21 Ian. 116. G. H. 112−113. II 37, 52−55
76. 30 Iun. 117. G. H. 113. VII 3, 30−36
77. 30 Nov. 117. G. H. 114. II 37, 56−59
78. 24 Nov. 118. G. H. 180−181. I 17, 12−24
79. 26 Nov. 118. G. H. 114−115; 180−181. II 37, 31−34; III 3, 30−41. VII 3, 23−26; VII 6, 141−144; IX 19, 23−31; App. I 96−103
80. 25 Mar. 119. G. H. 180−181. VIII 7, 238−252
81. 13 Mai. 119. III 10, 4
82. 27 Nov. 119. G. H. 180−181. I 18, 53−60
83. 8 Feb. 120. G. H. 116−117; 180−181. I 4, 2; I 4, 5; I 4, 12−14; I 8, 12−18; I 9, 6−11; I 10, 1−7; I 14, 1−4; I 15, 4−9; I 15, 12−27; I 16, 5; I 18, 61−70; I 21, 17−26; II 31, 8−14; III 4, 9−11; III 10, 4; IV 11, 21−26; V 4, 18−23; V 6, 25−37; V 6, 48; V 6, 70−72; VII 6, 135−140
84. 12 Mai. 120. G. H. 117. V 6, 110−111
85. 28 Sept. 120. G. H. 117−118. VII 6, 195−202
86. 8 Dec. 120. G. H. 118. VII 3, 9−13
87. 18 Mai. 121. G. H. 180−181. VIII 7, 223−235
88. 27 Oct. 121. G. H. 118. V 1, 18−20
89. 22 Ian. 122. G. H. 119. V 6, 112−114
90. 30 Ian. 122. G. H. 119. VII 6, 150−154
91. 12 Iun. 122. G. H. 119−120. VII 5, 6−11
92. 30 Iun. 122. G. H. 120. VII 4, 25−28; VII 6, 150−154
93. 4 Dec. 122. G. H. 120−121. VII 3, 18−22; App. I 88−95
94. 3 Ian. 123. G. H. 121. V 6, 119−125
95. 2 Iul. 123. G. H. 122. II 41, 47−50
96. 29 Iul. 124. G. H. 122. VII 6, 27−35
97. 24 Mar. 125. G. H. 180−181. VIII 7, 109−122
98. 18 Iul. 127. G. H. 123. I 4, 21−23 (? clima 2); VII 6, 145−149 (clima 1)
99. 28 Oct. 127. G. H. 180−181. VIII 7, 46−54
100. 23 Nov. 127. G. H. 123. III 7, 21−26
101. 16 Ian. 129. G. H. 123−124. VII 6, 66−72

2*

SIGLA

A	Vat. gr. 184 anno 1270
B	Par. gr. 2506 saec. XIV in.
C	Marc. gr. 334 saec. XIV
D	Berol. gr. 173 saec. XV
G	Par. gr. 2419 anno ca. 1461
H	Marc. gr. 335 saec. XV
Ham.	Hamburg. philol. 94 saec. XVII
Har.	Harleian. 3731 saec. XIII
J	Laur. 28, 14 saec. XIV ex.
L	Laur. 28, 34 saec. XI
M	Marc. gr. 314 saec. XIV in.
N	Vat. Ross. 897 saec. XV
O	Oxon. Canonic. gr. 41 saec. XIV/XV
Q	Laur. 80, 23 saec. XV
R	Par. gr. 2425 saec. XV
Rhosus	Laur. 86, 18 anno 1491
S	Oxon. Selden. 22 anno ca. 1520
Sᵃ	Oxon. Selden. 20 eodem anno
U	Vind. phil. gr. 108 saec. XVI
V	Vat. gr. 191 anno ca. 1300
v	Vat. gr. 1066 saec. XV
W	Vind. phil. gr. 115 inter annos 1169 et 1241
X	Vat. gr. 381 saec. XIII ex. / XIV in.

Anub.	Anubionis carminis paraphrasis in Dor. 344−367 edita
Cleanthes	H. von Arnim, Stoicorum veterum fragmenta, Lipsiae 1903
Dor.	D. Pingree, Dorothei Sidonii Carmen astrologicum, Lipsiae 1976
Eud.	F. Lasserre, Die Fragmente des Eudoxos von Knidos, Berlin 1966
Heph.	D. Pingree, Hephaestionis Thebani Apotelesmaticorum libri tres, 2 vol., Lipsiae 1973−1974
Hipp.	C. Manitius, Hipparchi in Arati et Eudoxi Phaenomena Commentariorum libri tres, Lipsiae 1894
Nech. et Pet.	E. Riess, Nechepsonis et Petosiridis Fragmenta Magica, Philologus Supplementband 6, 1892, 325−394
Orpheus	O. Kern, Orphicorum Fragmenta, Berolini 1922
Paul.	AE. Boer, Pauli Alexandrini Elementa apotelesmatica, Lipsiae 1958
Ptol.	F. Boll et AE. Boer, Claudii Ptolemaei Opera quae exstant omnia, vol. III 1: Ἀποτελεσματικά, Lipsiae 1954
G. H.	O. Neugebauer and H. B. Van Hoesen, Greek Horoscopes, Philadelphia 1959
HAMA	O. Neugebauer, A History of Ancient Mathematical Astronomy, New York 1975

⟨ΟΥΕΤΤΙΟΥ ΟΥΑΛΕΝΤΟΣ ΑΝΤΙΟΧΕΩΣ ΑΝΘΟΛΟΓΙΩΝ ΒΙΒΛΙΟΝ Α⟩

⟨α΄. Περὶ τῆς τῶν ἀστέρων φύσεως⟩

⟨Ὁ⟩ | μὲν οὖν παντεπόπτης Ἥλιος πυρώδης ὑπάρχων καὶ φῶς νοερόν, f. 256 M
1

5 ψυχικῆς αἰσθήσεως ὄργανον, σημαίνει μὲν ἐπὶ γενέσεως βασιλείαν, ἡγεμο-
νίαν, νοῦν, φρόνησιν, μορφήν, κίνησιν, ὕψος τύχης, θεῶν χρηματισμόν,
κρίσιν, δημοσίωσιν, πρᾶξιν, προστασίαν ὀχλικήν, πατέρα, δεσπότην,
φιλίαν, ἔνδοξα πρόσωπα, τιμὰς εἰκόνων, ἀνδριάντων, στεμμάτων, ἀρχιερα-
τείας πατρίδος, . . . τόπων. τῶν δὲ τοῦ σώματος μερῶν κυριεύει κεφαλῆς, 2
10 αἰσθητηρίων, ὀφθαλμοῦ δεξιοῦ, πλευρῶν, καρδίας, πνευματικῆς ἤτοι
αἰσθητικῆς κινήσεως, νεύρων, οὐσίας δὲ χρυσοῦ, καρπῶν δὲ σίτου καὶ
κριθῶν. ἔστι δὲ τῆς ἡμερινῆς αἱρέσεως, τῇ μὲν χρόᾳ κίτρινος, τῇ δὲ γεύσει 3
δριμύς.

⟨Ἡ⟩ δὲ Σελήνη γενομένη μὲν ἐκ τῆς ἀντανακλάσεως τοῦ ἡλιακοῦ φωτὸς 4
15 καὶ νόθον φῶς κεκτημένη σημαίνει μὲν κατὰ γένεσιν ἀνθρώποις ζωήν,
σῶμα, μητέρα, σύλληψιν, ⟨μορφήν⟩, πρόσωπον, θεάν, συμβίωσιν ἤτοι
γάμον νομικόν, τροφόν, ἀδελφὸν μείζονα, οἰκουρίαν, βασίλισσαν, δέσποι-
ναν, χρήματα, τύχην, πόλιν, ὄχλων συστροφήν, λήμματα, ἀναλώματα,
οἰκίαν, πλοῖα, ξενιτείας, πλάνας (οὐ γὰρ εὐθείας παρέχει διὰ τὸν Καρκί-
20 νον). τῶν δὲ τοῦ σώματος μερῶν κυριεύει ὀφθαλμοῦ ἀριστεροῦ, στομάχου, 5
μαζῶν, φύσης, σπληνός, μηνίγγων, μυελοῦ (ἔνθεν καὶ ὑδρωπικοὺς ἀπο-
τελεῖ), οὐσίας δὲ ἀσήμου καὶ ὑέλου. ἔστι δὲ τῆς νυκτερινῆς αἱρέσεως, τῇ 6
μὲν χρόᾳ πράσινος, τῇ δὲ γεύσει ἁλμυρά.

⟨Ὁ⟩ δὲ τοῦ Κρόνου ποιεῖ μὲν τοὺς ὑπ᾽ αὐτὸν γεννωμένους μικρολόγους, 7

---

§§ 1–3: cf. App. II 18–21 ‖ §§ 1–2: cf. App. I 184–185 ‖ §§ 4–6: cf. App. II
23–26 ‖ §§ 4–5: cf. App. I 221–223 ‖ §§ 7–10: cf. App. II 3 ‖ §§ 7–8 et 14:
cf. App. I 1

[M] 1–2 ἀετίου ἄλεντος ἀντιοχέως ἐκ τοῦ πρώτου βιβλίου τῶν ἀνθολογιῶν Rhosus ‖
3 α΄ – φύσεως Kroll περὶ φύσεως Rhosus ‖ 5 ἡγεμονείαν M, corr. Kroll ‖ 9 lac. ind.
Cumont, προστασίας sugg. Wendland ‖ κιριεύει M, corr. Kroll ‖ 12 κάτοινος M,
κίτρινος App. II Rhosus ‖ 16 lac. ca. 4 litt. M, μορφήν App. II ‖ 21 φύσσης M,
φύσης App. II ‖ σπληνῶν M, σπληνός App. I Rhosus ‖ 22 ἡμερινῆς M, νυκτερινῆς
App. II Rhosus

VETTIVS VALENS

βασκάνους, πολυμερίμνους, ἑαυτοὺς καταρρίπτοντας, μονοτρόπους, τυφώδεις, ἀποκρύπτοντας τὴν δολιότητα, αὐστηρούς, κατανενευκότας, ὑποκρινομένην τὴν ὅρασιν ἔχοντας, αὐχμηρούς, μελανοείμονας, προσαιτητικούς, καταστύγνους, κακοπαθεῖς, πλευστικούς, πάνυγρα πράσσοντας.

8 ποιεῖ δὲ καὶ ταπεινότητας, νωχελίας, ἀπραξίας, ἐγκοπὰς τῶν πρασσομέ- 5
νων, πολυχρονίους δίκας, ἀνασκευὰς πραγμάτων, κρυβάς, συνοχάς, δεσμά,
9 πένθη, καταιτιασμούς, δάκρυα, ὀρφανίας, αἰχμαλωσίας, ἐκθέσεις. γεη-
10 πόνους δὲ καὶ γεωργοὺς ποιεῖ διὰ τὸ τῆς γῆς αὐτὸν κυριεύειν. μισθωτάς
τε κτημάτων καὶ τελώνας καὶ βιαίους πράξεις ἀποτελεῖ, δόξας περιποιεῖ |
f.256ᵛM μεγάλας καὶ τάξεις ἐπισήμους καὶ ἐπιτροπείας καὶ ἀλλοτρίων διοικητὰς 10
11 καὶ ἀλλοτρίων τέκνων πατέρας. οὐσίας δὲ κυριεύει μολύβδου, ξύλων καὶ
12 λίθων. τῶν δὲ τοῦ σώματος μελῶν κυριεύει σκελῶν, γονάτων, νεύρων,
13 ἰχώρων, φλέγματος, κύστεως, νεφρῶν καὶ τῶν ἐντὸς ἀποκρύφων. σινῶν
δὲ δηλωτικὸς ὅσα συνίσταται ἐκ ψύξεως καὶ ὑγρότητος, οἷον ὑδρωπικῶν,
νεύρων ἀλγηδόνων, ποδάγρας, βηχός, δυσεντερίας, κηλῶν, σπασμῶν, 15
14 παθῶν δὲ δαιμονισμοῦ, κιναιδίας, ἀκαθαρσίας. ποιεῖ δὲ καὶ ἀγάμους καὶ
15 χηρείας, ὀρφανίας, ἀτεκνίας. τοὺς δὲ θανάτους ἀποτελεῖ βιαίους ἐν ὕδατι
ἢ δι' ἀγχόνης ἢ δεσμῶν ἢ δυσεντερίας, ποιεῖ δὲ καὶ πτώσεις ἐπὶ στόμα.
16 ἔστι δὲ Νεμέσεως ἀστὴρ καὶ τῆς ἡμερινῆς αἱρέσεως, τῇ μὲν χρόᾳ καστο-
ρίζων, τῇ δὲ γεύσει στυφός. 20
17 ⟨Ὁ⟩ δὲ τοῦ Διὸς σημαίνει τέκνωσιν, γονήν, ἐπιθυμίαν, ἔρωτας, συστά-
σεις, γνώσεις, φιλίας μεγάλων ἀνδρῶν, εὐπορίας, ὀψώνια, δωρεὰς μεγά-
λας, καρπῶν εὐφορίας, δικαιοσύνην, ἀρχάς, πολιτείας, δόξας, προστασίας
ἱερῶν, μεσιτείας κρίσεων, πίστεις, κληρονομίας, ἀδελφότητα, κοινωνίαν,
εὐποίησιν, ἀγαθῶν βεβαίωσιν, κακῶν ἀπαλλαγήν, δεσμῶν λύσιν, ἐλευ- 25
18 θερίαν, παρακαταθήκην, χρήματα, οἰκονομίας. τῶν δὲ τοῦ σώματος με-
λῶν κυριεύει τῶν μὲν ἐκτὸς μηρῶν, ποδῶν (ὅθεν καὶ δρόμον ⟨ἐν⟩ ταῖς
ἀθλήσεσι παρέχεται), τῶν δὲ ἐντὸς σπορᾶς, μήτρας, ἥπατος, δεξιῶν με-
19, 20 ρῶν ⟨καὶ ὀδόντων⟩. οὐσίας δὲ κυριεύει κασσιτέρου. ἔστι δὲ τῆς ἡμερινῆς
αἱρέσεως, τῇ μὲν χρόᾳ φαιὸς καὶ μᾶλλον λευκός, τῇ δὲ γεύσει γλυκύς. 30
21 ⟨Ὁ⟩ δὲ τοῦ Ἄρεως σημαίνει βίας, πολέμους, ἀρπαγάς, κραυγάς, ὕβρεις,
μοιχείας, ἀφαιρέσεις ὑπαρχόντων, ἐκπτώσεις, φυγαδείας, γονέων ἀπαλ-

§§ 11–13 et 15: cf. App. I 6–9 ‖ § 11: cf. App. II 5 ‖ §§ 12–13: cf. App. II 2 ‖
§ 16: cf. App. II 4 ‖ § 17: cf. App. I 106 et II 9 ‖ §§ 18–19: cf. App. I 109–110 ‖
§ 18: cf. App. II 8 ‖ § 19: cf. App. II 11 ‖ § 20: cf. App. II 10 ‖ §§ 21–22: cf.
App. I 150 et II 15

[M] 5 ἐκκοπὰς M, corr. Kroll ‖ 11 μολίβδου M, μολύβδου App. I ‖ 16 δαιμονι-
σμοὺς M, corr. Kroll ‖ ᵃγάμους M ‖ 18 δυσεντεραίας M, corr. Kroll ‖ 26 τοῦ δὲ M,
τῶν δὲ Rhosus ‖ 27 ἐν App. I ‖ 29 καὶ ὀδόντων App. II

2

λοτριώσεις, αἰχμαλωσίας, φθορὰς γυναικῶν, ἐμβρυοτομίας, συνηθείας,
γάμους, ἀγαθῶν ἀφαιρέσεις, ψεύσματα, κενὰς ἐλπίδας, βιαίους κλοπάς,
λῃστείας, συλήσεις, διακοπὰς φίλων, ὀργήν, μάχην, λοιδορίαν, ἔχθρας,
δίκας. ἐπάγει δὲ καὶ φόνους βιαίους καὶ τομὰς καὶ αἱμαγμούς, πυρετῶν 22
5 ἐπιφοράς, ἑλκώσεις, ἐξανθήματα, ἐμπρησμούς, δεσμά, βασάνους, ἀρρε-
νότητα, ἐπιορκίαν, πλάνην, πρεσβείας ἐπὶ κακοῖς, καὶ διὰ πυρὸς ἢ διὰ
σιδήρου πράσσοντας, χειροτέχνας, σκληρουργούς. ποιεῖ δὲ καὶ ἀρχὰς καὶ 23
στρατείας καὶ πολεμάρχας, ὁπλιστάς, ἡγεμονίας, κυνηγεσίας, θήρας, πτώ-
σεις ἀπὸ ὕψους ἢ τετραπόδων, ἐπισκιασμούς, ἀποπληξίας. τῶν δὲ τοῦ 24
10 σώματος μερῶν κυριεύει κεφαλῆς, ἕδρας, μορίου, τῶν δὲ ἐντὸς αἵματος,
σπερματικῶν πόρων, χολῆς, σκυβάλων ἐκκρίσεως, ὀπισθίων | μερῶν, f.257M
ἀναποδισμοῦ, ὑπτιασμοῦ. ἔχει δὲ καὶ τὸ σκληρὸν καὶ ἀπότομον. οὐσίας 25, 26
δὲ κυριεύει σιδήρου καὶ κόσμου, ἱματίων διὰ τὸν Κριόν, καὶ οἴνου καὶ
ὀσπρίων. ἔστι δὲ τῆς νυκτερινῆς αἱρέσεως, τῇ μὲν χρόᾳ ἐρυθρός, τῇ δὲ 27
15 γεύσει πικρός.
    ⟨Ἡ⟩ δὲ Ἀφροδίτη ἐστὶ μὲν ἐπιθυμία καὶ ἔρως, σημαίνει δὲ μητέρα καὶ 28
τροφόν. ποιεῖ δὲ ἱερωσύνας, γυμνασιαρχίας, χρυσοφορίας, στεμματηφορίας, 29
εὐφροσύνας, φιλίας, ὁμιλίας, ἐπικτήσεις ὑπαρχόντων, ἀγορασμοὺς κόσμου,
συναλλαγὰς ἐπὶ τὸ ἀγαθόν, γάμους, τέχνας καθαρίους, εὐφωνίας, μουσουρ-
20 γίας, ἡδυμελείας, εὐμορφίας, ζωγραφίας, χρωμάτων κράσεις καὶ ποικιλ-
τικήν, πορφυροβαφίαν καὶ μυρεψικήν, τούς τε τούτων προπάτορας ἢ καὶ
κυρίους, τέχνας ἢ ἐμπορικὰς ἐργασίας σμαράγδου τε καὶ λιθείας, ἐλεφαν-
τουργίας. οὓς δὲ χρυσονήτας, χρυσοκοσμήτας, κουρεῖς, φιλοκαθαρίους 30
καὶ φιλοπαιγνίους αὐτοὺς ἀποτελεῖ περὶ τὰ τῶν ζῳδίων αὐτῆς ὅρια καὶ
25 τὰς μοίρας. δίδωσι δὲ καὶ ἀγορανομίας, μέτρα, σταθμούς, ἐμπορίας, ἐρ- 31
γαστήρια, δόσεις, λήψεις, γέλωτα, ἱλαρίαν, κόσμον, θήρας ἐξ ὑγρῶν. δί- 32
δωσι δὲ καὶ ἐκ βασιλικῶν γυναικῶν ἢ οἰκείων ὠφελείας καὶ δόξας περι-
ποιεῖ περιττάς, συνεργήσασα ἀπὸ τοιούτων πραγμάτων. τῶν δὲ τοῦ σώ- 33
ματος μελῶν κυριεύει τραχήλου, προσώπου, χειλέων, ὀσφρήσεως καὶ τῶν
30 ἐμπροσθίων μερῶν ἀπὸ ποδὸς ἕως κεφαλῆς, συνουσίας μορίων, τῶν δὲ

---

§ 23: cf. App. I 156 ‖ § 24: cf. App. I 155 et II 14 ‖ § 26: cf. App. I 158 ‖
§ 27: cf. App. II 16 ‖ §§ 28—29 et 31: cf. App. II 30 ‖ §§ 28—29: cf. App. I 192 ‖
§§ 33—34: cf. App. II 29 ‖ § 33: cf. App. I 195

[M] 3 συλλήσεις M, corr. Kroll ‖ 8 στρατηγίας καὶ πολεμαρχίας sugg. Kroll ‖
ὁπλίτας sugg. Kroll ‖ ἡγεμονείας M, corr. Kroll ‖ 17 στεμματοφορίας M ‖ 18 κό-
σμους M, corr. Kroll ‖ 22 λιθαίας M, corr. Kroll ‖ 23 χρυσονήστας M, corr. Kroll ‖
φιλοκαθαρσίους M, corr. Kroll ‖ 25 ἀγορονομίας M, corr. Kroll ‖ ἐμπορείας M,
corr. Kroll ‖ 27 οἴκων sugg. Kroll ‖ ὠφελίας M, corr. Kroll ‖ 28 τοιούτων] παν-
τοίων sugg. Kroll

3

VETTIVS VALENS

34, 35 ἐντὸς πνεύμονος. ἔστι δὲ καὶ ἑτέρας τροφῆς δεκτικὴ καὶ ἡδονῆς. οὐσίας
δὲ κυριεύει λίθων πολυτίμων καὶ ποικίλου [καὶ] κόσμου, καρπῶν δὲ
36 ἐλαίας. ἔστι δὲ τῆς νυκτερινῆς αἱρέσεως, τῇ μὲν χρόᾳ λευκή, τῇ δὲ γεύσει
ἐλλιπωτάτη.
37 ⟨Ὁ⟩ δὲ τοῦ Ἑρμοῦ σημαίνει παιδείαν, γράμματα, ἔλεγχον, λόγον, 5
ἀδελφότητα, ἑρμηνείαν, κηρυκείαν, ἀριθμόν, ψῆφον, γεωμετρίαν, ἐμπο-
ρίαν, νεότητα, παίγνια, κλοπήν, κοινότητα, ἀγγελίαν, ὑπηρεσίαν, κέρδος,
εὑρέματα, ἀκολουθίαν, ἄθλησιν, πάλην, φωνασκίαν, σφραγίζεσθαι, ἐπι-
38 στέλλειν, ἱστάναι, κρέμασθαι, δοκιμάζειν, ἀκούειν, ποικιλεύεσθαι. ἔστι
δὲ δοτὴρ καὶ διανοίας καὶ φρονήσεως, κύριος ἀδελφῶν καὶ τέκνων νεω- 10
39 τέρων καὶ πάσης ἀγοραίου καὶ τραπεζιτικῆς ⟨τέχνης⟩ ποιητής. κυρίως
δὲ ποιεῖ ἱεροτεύκτας, πλάστας, ἀγαλματογλύφους, ἰατρούς, γραμματι-
κούς, νομικούς, ῥήτορας, φιλοσόφους, ἀρχιτέκτονας, μουσικούς, μάντεις,
θύτας, ὀρνεοσκόπους, ὀνειροκρίτας, πλοκεῖς, ὑφάντας, μεθοδικοὺς καὶ τοὺς
ἐπὶ πολεμικῶν ἢ στρατηγικῶν ἔργων προεστῶτας καὶ ἐπιχειροῦντας τὰ 15
παράδοξα καὶ μεθοδικὰ διὰ ψήφων ἢ παραλογισμῶν, ἰσχυροπαίκτας ἢ
μιμωδούς, ⟨ἀπὸ⟩ ἐπιδείξεως τὸν βίον ποριζομένους, ἔτι δὲ πλάνης καὶ
ἀλητείας καὶ ἀκαταστασίας, οὓς δὲ τῶν οὐρανίων ἴδριας ἢ καὶ ἐρευνητὰς
γινομένους, διὰ τέρψεως καὶ εὐθυμίας τὸ θαυμαστὸν ἔργον ἐνδοξοκοποῦν-
40 τας τῆς ὠφελείας χάριν. οὗτος γὰρ ὁ ἀστὴρ πολλῆς μεθόδου δύναμιν | 20
f.257 v M ἔχων κατὰ τὰς τῶν ζῳδίων ἐναλλαγὰς ἢ καὶ τὰς τῶν ἀστέρων συμπλοκὰς
ἑτεροσχήμονας παρέχει πράξεις, οἷς μὲν εἴδησιν, οἷς δὲ προπωλήν, τισὶ
δὲ ὑπηρεσίαν, τοῖς δ᾽ αὖ ἐμπορίαν ἢ διδασκαλίαν περιποιῶν, τισὶ δὲ καὶ
γεωργίας ἢ νεωκορίας ἢ δημοσίας ⟨ἀρχάς⟩, οἷς δ᾽ αὖ αὐθέντησιν ἢ προ-
μίσθωσιν ἢ ἐργολαβίαν ἢ ἐπίδειξιν [ἢ] ῥυθμικὴν ἢ προεστάναι λειτουργίας 25
41 ἢ καὶ δορυφορίας ἢ λινοστολίας θεῶν ἢ δυναστῶν τῦφον περιτιθείς. πάν-
τας ἀνωμάλους ταῖς τύχαις καὶ πολυπερισπάστους πρὸς τὰ τέλη ποιήσει,
πλέον δὲ τοὺς ἐπὶ κακοποιῶν ζῳδίων ἢ μοίρας αὐτῶν ἔχοντας τὸν ἀστέρα
42 τοῦτον περιτρέπεσθαι πρὸς τὸ χεῖρον ἔτι ποιήσει. τῶν δὲ τοῦ σώματος
μερῶν κυριεύει χειρῶν, ὤμων, δακτύλων, ἄρθρων, κοιλίας, ἀκοῆς, ἀρτη- 30

§ 35: cf. App. I 196 ‖ § 36: cf. App. II 31 ‖ §§ 37–39: cf. App. I 205–207 ‖
§ 37: cf. App. II 35 ‖ § 42: cf. App. II 34

[M] 1 ἑταιρικῆς τρυφῆς δεικτικὴ sugg. Kroll ‖ 2 καὶ secl. Kroll ‖ 4 ἐνλιποτάτη M,
corr. Kroll ‖ 6 ἐμπορείαν M, corr. Kroll ‖ 9 ἑστάναι M, corr. Kroll ‖ 11 τραπεζη-
τικῆς M, corr. Kroll | τέχνης Kroll ‖ 14 ὀρνεοκόπους M ‖ 16 σχοινοπαίκτας sugg.
Kroll ‖ 17 ἀπὸ Kroll ‖ 18 ἀληθείας M, corr. Kroll ‖ 19 ἐπι-
θυμίας M, corr. Kroll ‖ 22 δὲ M, μὲν Rhosus | προπολὴν M, προπομπὴν Cumont ‖
23 ἐμπορείαν M, corr. Kroll ‖ 24 νεοκορίας M, corr. Kroll | ἀρχάς Kroll ‖ 25 ἢ secl.
Kroll ‖ 27 τέλη] κέρδη sugg. Kroll ‖ 28 μοίραις M, corr. Kroll

4

ρίας, ἐντέρων, γλώσσης. οὐσίας δὲ κυριεύει χαλκοῦ καὶ νομίσματος παν- 43
τός, δόσεως, λήψεως· κοινὸς γὰρ ὁ θεός.

Οἱ μὲν οὖν ἀγαθοποιοὶ ἐπιτόπως καὶ καλῶς κείμενοι τὰ ἴδια ἀποτελοῦσι 44
κατά τε τὴν ἰδίαν καὶ τὴν τοῦ ζῳδίου φύσιν, συνεπικιρναμένης τῆς ἑκά-
5 στου ἀστέρος μαρτυρίας ἢ συμπαρουσίας· παραπεπτωκότες δὲ ἐναντιωμά-
των εἰσὶ δηλωτικοί. ὁμοίως δὲ καὶ οἱ κακοποιοὶ χρηματίζοντες ἐπιτόπως 45
καὶ τῆς αἱρέσεως ἀγαθῶν δοτῆρες καὶ μειζόνων τάξεων καὶ προκοπῶν
δηλωτικοί, ἀχρημάτιστοι δὲ ἐκπτώσεις καὶ καταιτιασμοὺς ἀποτελοῦσιν.

Τούτων δὲ οὕτως διατεταγμένων λεκτέον καὶ περὶ τῆς τῶν ιβ ζῳδίων 46
10 φύσεως.

Ἕκαστος δὲ ἀστὴρ ἰδίας ἐστὶ κύριος πρὸς τὸν κόσμον οὐσίας πρός τε 47
συμπάθειαν καὶ ἀντιπάθειαν καὶ ἀλληλοπάθειαν ταῖς τε συγκράσεσιν
ἀλλήλων ⟨ἔσθ᾽⟩ ὅτε κατὰ συναφὴν καὶ ἀπόρροιαν καὶ καθυπερτέρησιν ἢ
καὶ ἐμπερίσχεσιν καὶ δορυφορίαν καὶ ἀκτινοβολίαν καὶ προσφορίαν τῶν
15 δεσποτῶν – Σελήνη μὲν προνοίας, Ἥλιος δὲ αὐγῆς, ἀγνοίας δὲ καὶ
ἀνάγκης Κρόνος, δόξης δὲ καὶ στεμμάτων καὶ προθυμίας Ζεὺς κύριος
καθέστηκεν, πράξεως δὲ καὶ μόχθου ὁ τοῦ Ἄρεως, ἔρωτος δὲ καὶ ἐπιθυ-
μίας καὶ κάλλους ὁ τῆς Ἀφροδίτης, νόμου δὲ καὶ συνηθείας καὶ πίστεως ὁ
τοῦ Ἑρμοῦ. οἵτινες ἀστέρες τῶν ἰδίων εἰσὶν ἀποτελεσμάτων ⟨...⟩.   48

20   ⟨β'. Περὶ τῆς τῶν δώδεκα ζῳδίων φύσεως⟩

⟨Κ⟩ριός ἐστιν οἶκος Ἄρεως, ζῴδιον ἀρρενικόν, τροπικόν, χερσαῖον, 1
ἡγεμονικόν, πυρῶδες, ἐλεύθερον, ἀνωφερές, ἡμίφωνον, ἀγαθόν, εὐμετά-
βολον, διοικητικόν, δημόσιον, πολιτικόν, ὀλιγόγονον, λατρῶδες, κόσμου
μεσουράνημα καὶ δόξης αἴτιον, δίχρωμον ἐπεὶ ὁ Ἥλιος καὶ ἡ Σελήνη
25 ποιοῦσιν ἀλφούς, λειχῆνας· ἔστι δὲ καὶ ἀσύνδετον, ἐκλειπτικόν.

Ἔσονται οὖν οἱ γεννώμενοι ἐν τούτῳ κατὰ τὸν οἰκοδεσποτικὸν λόγον 2
λαμπροί, ἐπίσημοι, ἐπιτακτικοί, δίκαιοι, μισοπόνηροι, ἐλεύθεροι, ἡγε-
μονικοί, θρασεῖς τῇ γνώμῃ, ἀλαζόνες, μεγαλόψυχοι, ἄστατοι, ἀνώμαλοι,
ὑψαύχενες, μετέωροι, ἀπειλητικοί, ταχέως μεταβαλλόμενοι, εὔποροι·
30 τῶν δὲ οἰκοδεσποτῶν καλῶς πεπτωκότων καὶ ὑπὸ ἀγαθοποιοῦ μαρτυρου-
μένων γίνονται βασιλικοί, ἐξουσιαστικοί, ζωῆς καὶ θανάτου | παρρησίαν f.258M
ἔχοντες.

§ 43: cf. App. II 36

[M] 11 μεταλλασσομένης post οὐσίας sugg. Kroll ‖ 12 συγκρατικαῖς M ‖ 13 ἔσθ᾽
ὅτε] μαρτυρίας ταῖς sugg. Kroll ‖ 17 ἄρεος M ‖ 19 οἵτινες ἀστέρες] εἴπερ
δοτῆρες sugg. Kroll ‖ 20 β' – φύσεως Kroll ‖ 23 διοικικόν M, διοικητικόν sugg.
Kroll

VETTIVS VALENS

3 ⟨Κ⟩ριός ἐστι τῇ φύσει ὑδατώδης, βροντώδης, χαλαζώδης, κατὰ μέρος
δὲ τὰ πρῶτα μέχρι τοῦ ἰσημερινοῦ ὀμβρώδη, χαλαζώδη, ἀνεμώδη, φθαρ-
τικά, τὰ δὲ μέσα μέχρι ιε′ μοίρας εὔκρατα, ⟨λοιμικὰ δὲ⟩ τετραπόδων.
4 Ἔχει δὲ λαμπροὺς ἀστέρας τὸ ζῴδιον ιϑ· καὶ κατὰ τῆς ζώνης λαμπροὺς
ιγ, [λαμπροὺς δὲ κδ] σκιεροὺς δὲ κζ, καὶ ὑπολάμπρους κη, ἀμαυροὺς δὲ 5
5 μη. συναναφέρεται δὲ αὐτῷ ἀπὸ τῶν ἀρκτῴων τὰ πρῶτα Περσέως, τὰ
λειπόμενα καὶ τὰ ἀριστερὰ τοῦ Ἡνιόχου, νοτόθεν δὲ τοῦ Κήτους ἡ λοφιὰ
6 καὶ ἡ οὐρά. βορρόθεν δὲ δύνουσιν Ἀρκτοφύλακος ⟨πόδες⟩, νοτόθεν δὲ τοῦ
Θηρίου τὸ λειπόμενον.
7 Ἔστι δὲ Κριῷ ὑποτεταγμένα κλίματα τάδε· ἐμπρόσθια Βαβυλωνία, 10
κεφαλὴ Ἐλυμαΐς, δεξιὰ Περσίς, ἀριστερὰ Συρία κοίλη καὶ οἱ συνεχεῖς
τόποι, κατὰ τὴν ἐπιστροφὴν τοῦ προσώπου Βαβυλωνία, κατὰ τὸ στῆθος
Ἀρμενία, ὑπὸ τοὺς ὤμους Θράκη, κατὰ τὴν κοιλίαν Καππαδοκία καὶ
Σουσία καὶ Ἐρυθρὰ θάλασσα καὶ ἡ Ῥυπαρά, ὀπίσθια Αἴγυπτος καὶ ὁ
Περσικὸς ὠκεανός. 15
8 ⟨Τ⟩αῦρός ἐστι θηλυκόν, στερεόν, κείμενον ἐν τῇ ἐαρινῇ τροπῇ, ὀστῶδες,
μελοκοπούμενον, ἀνατέλλον ἐκ τῶν ὀπισθίων, δῦνον δὲ ὀρθόν, οὗ τὸ πλεῖ-
στον μέρος ἐν τῷ ἀφανεῖ κόσμῳ κεῖται.
9, 10 Ἔστι δὲ εὐδεινόν. τὰ δὲ κατὰ μέρος· ἀπὸ μοίρας α′ ἕως ε′ τὸν περὶ τὰς
Πλειάδας τόπον ἐπέχει εὐτελῆ καὶ φθαρτικόν, λοιμικόν, βροντοποιόν, 20
σεισμώδη, κεραυνοποιόν, ἀστραπὰς γεννῶντα· αἱ δὲ ἑξῆς β μοῖραι πυρώ-
δεις, ὀμιχλώδεις· τὰ ⟨δὲ⟩ δεξιὰ πρὸς τῷ Ἡνιόχῳ εὔκρατα, ψυχικά· τὰ δὲ
ἀριστερὰ εὐτελῆ, κινητικά, ποτὲ δὲ καὶ ψυχοποιά, ποτὲ δὲ καυματώδη·
ἡ δὲ κεφαλὴ μέχρι μοίρας κγ′ ⟨ἐν⟩ ἀέρι εὐκράτῳ, λοιμοποιὸς δὲ καὶ
φθαρτικὴ ζῴων· τὰ δὲ ἐχόμενα φθαρτικά, εὐτελῆ, λοιμώδη. 25
11 Ἀστέρας δὲ ἔχει κζ, βορρόθεν συνανατέλλοντα τὰ λειπόμενα τοῦ
Ἡνιόχου, τὰ λοιπὰ νοτόθεν τοῦ Κήτους καὶ τὰ πρῶτα τοῦ Ποταμοῦ.
12, 13 Ἀφροδίτης, Σελήνης, Δήμητρός ἐστιν, Ἄρεως, Ἑρμοῦ. βορρόθεν δύνει
Ἀρκτοφύλαξ ἄχρι τῆς ζώνης καὶ ⟨αἱ κνῆμαι⟩ τοῦ Ὀφιούχου ἄχρι τῶν γονά-
των, νοτόθεν δὲ ⟨συνανατέλλει⟩ ὁ Ὠρίων ξίφος ἔχων ἐν τῇ δεξιᾷ χειρὶ 30

§ 3: cf. Heph. I 1, 3 ‖ §§ 5—6 = Eud. F 114 Lasserre ‖ § 6: cf. Eud. ap. Hipp.
II 2, 11 (= F 113 Lasserre) ‖ § 7: cf. App. III 5 et Heph. I 1, 7 ‖ § 9: cf. Heph.
I 1, 24 ‖ §§ 10 et 12 = Eud. F 117 Lasserre

[M] 3 καὶ πολύσπορα, τὰ δὲ ἐπόμενα καυσώδη καὶ λοιμικὰ μάλιστα Kroll ex
Heph. ‖ τετράποδον M, τετραπόδων Heph. ‖ 4 τὴν ζώνην sugg. Kroll ‖ 8 βορρό-
θεν M ‖ ἄρκτος φύλακες M, corr. Kroll ‖ πόδες Eudoxus ‖ 11 ἐλοιμαΐς M, ἐλυμαΐς
App. ‖ 19 εὐδεινόν M, corr. Kroll ‖ 22 δὲ Kroll ‖ ψυχτικά sugg. Kroll ‖ 24 ἐν Kroll ‖
ἔαρι M, corr. Kroll ‖ 24—25 λοιμοποιὰ . . . φθαρτικὰ M, corr. Kroll ‖ 27 λοιπὰ M,
πρῶτα Boll ‖ 29 αἱ κνῆμαι Boll ‖ 30 συνανατέλλει Kroll

6

ἀνατετακώς, τῇ εὐωνύμῳ κατέχει τὸ λεγόμενον Κηρύκειον, ἐζωσμένος
κατὰ μέσον τοῦ σώματος.

Ἔστι δὲ τὸ ζῴδιον κόσμου περιποιητικόν, γεῶδες, χωρικόν, γεωργικόν, 14
δουλελεύθερον, κατωφερές, ὀλιγόγονον, ἡμίφωνον καὶ ἄφωνον, ἀγαθόν,
5 ἀμετάβολον, ἐργαστικόν, ἀτελές, σημαῖνον περὶ θεμελίων, κτημάτων.
κεῖται δὲ ὁ ἐκλειπτικὸς κύκλος ἐν τῷ βορρᾷ κατὰ τὸ ὕψος ἀνατέλλων. 15

Οἱ δὲ γεννώμενοι ἔσονται ἀγαθοί, ἐργαστηριακοί, πονικοί, συντηρητι- 16
κοί, φιλήδονοι, φιλόμουσοι, εὐμετάδοτοι, τινὲς δὲ γεηπόνοι, καταφυτεύον-
τες, κτίζοντες· ἐὰν δέ πως καὶ ἀγαθοποιοὶ προσνεύσωσι τῷ τόπῳ ἢ καὶ
10 ⟨ὁ⟩ οἰκοδεσπότης καλῶς πέσῃ, γίνονται ἀρχιερεῖς, γυμνασίαρχοι, στεμ-
μάτων καὶ πορφύρας | καταξιούμενοι, εἰκόνων τε καὶ ἀνδριάντων, ἱερῶν f.258 ᵥ M
προεστῶτες, ἐπίσημοι, λαμπροί.

Ἔστι δὲ τὰ ὑποτεταγμένα κλίματα· κατὰ τὴν κεφαλὴν Μηδία καὶ οἱ 17
συνεχεῖς τόποι, ⟨τῷ δὲ στήθει Βαβυλωνία· τὰ πρὸς τῷ Ἡνιόχῳ δεξιὰ
15 Σκυθία⟩, ἡ Πλειὰς [ἡ] Κύπρος, τὰ ἀριστερὰ Ἀραβία καὶ οἱ πέριξ τόποι,
κατὰ τοὺς ὤμους Περσὶς καὶ τὰ Καυκάσια ὄρη, ὑπὸ τὸ κύρτωμα † ἄρχον-
ται †, ὑπὸ τὴν ὀσφῦν Αἰθιοπία, ὑπὸ τὸ μέτωπον Ἐλυμαΐς, ὑπὸ τὰ κέρατα
Καρχηδονία, μέσοις μέρεσιν Ἀρμενία, Ἰνδική, Γερμανία.

⟨Δ⟩ίδυμοί εἰσιν ἀρσενικοί, δίσωμοι, εὔφωνοι, οἶκος Ἑρμοῦ, ἀνωφερεῖς, 18
20 ἀερώδεις, θηλυνόμενοι, δουλελεύθεροι, στειρώδεις, δημόσιοι.

Οἱ οὖν γεννώμενοι γίνονται φιλόλογοι, γράμματα καὶ παιδείαν ἀσκοῦν- 19
τες, ποιητικοί, φιλόμουσοι, φωνασκοί, οἰκονομικοί, πίστεις ἀναδεχόμε-
νοι· γίνονται δὲ καὶ ἑρμηνεῖς, ἐμπορικοί, κριτικοὶ κακῶν καὶ ἀγαθῶν,
φρόνιμοι, περίεργοι, ἀποκρύφων μύσται. καὶ ὅσα ποτὲ ὁ οἰκοδεσπότης 20
25 εἴωθεν ἀποτελεῖν κατὰ τὴν ἰδίαν φύσιν ἤτοι ἀγαθὰ ἢ φαῦλα ἢ ἥττονα ἢ
μείζονα, ταῦτα καὶ ἐν ἕκαστον τῶν ζῳδίων ἀποτελέσει κατὰ τὴν τοῦ
οἰκοδεσπότου σχηματογραφίαν χρηματιστικὴν ἢ ἀχρημάτιστον ἵνα μὴ
δοκῶμεν τὰ αὐτὰ γράφειν.

Εἰσὶ δὲ καὶ εὐδεινοί. κατὰ μέρος· αἱ δὲ γ̄ μοῖραι εὐτελεῖς, φθαρτικαί· 21, 22
30 ἀπὸ γ′ ἕως ζ′ εὔυγρα· εὐκρασία δέ ἐστιν ἀπὸ μοίρας ζ′ ἕως ιε′· ⟨τὰ⟩
νότια εὔυγρα, τὰ δὲ ἔσχατα μεμιγμένα.

Ἀστέρας δὲ ἔχει κ̄α. κεῖται δὲ ἐν ἀνέμῳ λιβί. πρόσκειται δὲ αὐτῷ κατὰ 23–25

---

§ 17: cf. App. III 10 et Heph. I 1, 27 ‖ § 22: cf. Heph. I 1, 43

[M] 1 κηρίκειον M, corr. Kroll ‖ 6 κύκλος] τόπος M ‖ 8 εὐματαδότοι M, corr.
Kroll ‖ 10 οἰκοδεσπότη M, ὁ οἰκοδεσπότης Kroll ‖ 14—15 τῷ — σκυθία App. ‖
15 ἡ secl. Kroll | ἀρραβία M, corr. Kroll ‖ 16 κίρτωμα M, corr. Kroll | ἄρχονται]
Σαρμάται sugg. Kroll ‖ 17 ἐλοιμαίς M, ἐλυμαΐς App. ‖ 19 φωνα M, εὔφωνοι Kroll ‖
27 πολλάκις post μὴ sugg. Kroll ‖ 29 εὐδινοί M, corr. Kroll | δὲ αἱ Kroll ‖ 30 τὰ
Kroll ‖ 32 λιβίω M, corr. Kroll

VETTIVS VALENS

τὰ Σφαιρικὰ κατά τι μέρος τῶν νοτίων ψαύουσα οὐρὰ Κήτους, ἐκ δὲ
⟨τῶν⟩ κατὰ τὸν νότιον τυγχανόντων μερῶν ἔσω τῆς νοτίου γραμμῆς ἐστι
Σάτυρος ψαύων τῷ ῥοπάλῳ, ἐκ δὲ τῶν βορείων αὐτοῦ μερῶν ὀπισθοφανὴς
26 ὑπάρχει οὗ ἡ δορά· εἰς τὸ νότιον μέρος ἡ Λύρα κεῖται. ἐπιβέβηκε δὲ αὐτὸς
27 τῇ νοτίῳ γραμμῇ, μέσος ὢν βορρᾶ τε καὶ νότου. ὑπὸ δὲ τοὺς πόδας αὐτοῦ 5
⟨ἐπὶ⟩ τῆς νοτίου γραμμῆς κατὰ τὸν ἡμῖν ἐμφανῆ κόσμον ἐστὶν ὁ λεγόμενος
Κύων πρὸ τοῦ δεξιοῦ ποδός, τέμνεται δὲ ὑπὸ τοῦ νοτίου πόλου ἀπὸ τῶν
28 ὀπισθίων ἄχρι τῆς κεφαλῆς, συναναβαίνων τῷ πόλῳ ὀρθῶς. παρανατέλλει
29 δὲ νοτόθεν καὶ τοῦ Ποταμοῦ τὸ λοιπὸν καὶ Ὠρίων. σύνεισι δὲ αὐτοῖς θεοὶ
30 Ἀπόλλων, Ἡρακλῆς, Ἥφαιστος, Ἥρα, Κρόνος. βορρόθεν δὲ δύνει Ἀρκτο- 10
φύλαξ, Ὀφιοῦχος πλὴν τῆς κεφαλῆς καὶ τοῦ Στεφάνου τὸ ⌐.
31 Ἔστι δὲ Διδύμοις ὑποτεταγμένα κλίματα τάδε· ἐμπρόσθια Ἰνδικὴ καὶ
οἱ συνεχεῖς τόποι καὶ Κελτική, στῆθος Κιλικία, Γαλατία, Θράκη καὶ [ἡ]
Βοιωτία, μέσα Αἴγυπτος, Λιβύη, Ῥωμαῖοι, Ἀραβία, Συρία.
32, 33 Καρκίνος εὐδεινός. κατὰ μέρος δὲ ἐπὶ τοὺς δύο ἀστέρας τοὺς πρώτους 15
νοταπηλιωτικοὺς εὐτελής, φθαρτικός, πνιγώδης, σεισμοποιός· ἀπὸ δὲ
τούτων μέχρι μοίρας ι′ ποιεῖ τὸν ἀέρα κάθυγρον, καυματώδη, ἔχοντα
καταφορὰν ὑδάτων καὶ συνεχεῖς ὄμβρους· τὰ δεξιὰ εὐτελῆ καὶ φθαρτικά.
34
f.259M Νοτόθεν συναια|τέλλει Λαγωὸς καὶ τοῦ Κυνὸς τὰ ἐμπρόσθια καὶ ὁ
35, 36 Προκύων. ἀστέρας δὲ ἔχει δ. Ἄρεως, Ἑρμοῦ, Διός, Πανός, Ἀφροδίτης. 20
βορρόθεν δύνει Ἀρκτοφύλακος κεφαλὴ καὶ ὁ Ἐν γόνασι καὶ Ἀετὸς καὶ
Στεφάνου τὸ ⌐.
37 Ἔστι δὲ οἶκος Σελήνης, θηλυκόν, τροπικόν, ὡροσκόπος κόσμου, δοῦλον,
κατωφερές, ἄφωνον, ὑδατῶδες, ἀγαθόν, εὐμετάβολον, δημόσιον, ὀχλικόν,
πολιτικόν, πολύγονον, ἀμφίβιον. 25
38 Οἱ οὖν γεννώμενοι ἔσονται φιλόδοξοι, ὀχλικοί, εὐμετάβολοι, [πολυευμε-
τάβολοι] θεατρικοί, εὐφραντικοί, [εὐφθαρτικοί] φιλήδονοι, φιλοσυνέστιοι,
δημόσιοι, τῇ δὲ γνώμῃ ἄστατοι, ἄλλα λέγοντες, ἄλλα φρονοῦντες, ἐπὶ
μιᾶς πράξεως ἢ τὸ πολὺ δύο μὴ μένοντες, ἐν πλάναις καὶ ξενιτείαις γινό-
μενοι. 30
39 Ἔστι δὲ τῷ Καρκίνῳ ὑποτεταγμένα τάδε· ἐμπρόσθια Βακτριανή,

§§ 28 et 30 = Eud. F 119 Lasserre ‖ § 33: cf. Heph. I 1, 62 ‖ §§ 34 et 36 =
Eud. F 83 Lasserre: cf. Eud. ap. Hipp. II 2, 13 (= F 82 Lasserre) ‖ § 39: cf. App.
III 20 et Heph. I 1, 65

[M] 2 τῶν Rhosus | τῶν νοτίων M, corr. Kroll | ἔξω sugg. Boll ‖ 5 αὐτοὺς M,
αὐτοῦ Rhosus ‖ 6 ἐπὶ Kroll | ἡμῶν M, corr. Boll ‖ 7 προκύων M, κύων πρὸ Boll |
καὶ ὁ λαγωὸς πρὸ τοῦ ἀριστεροῦ post ποδός Boll | ὑπὸ] ἀπὸ M ‖ 15 εἰδινός M,
corr. Kroll ‖ 16 νοταπηλιώτης M, corr. Kroll | πηγώδης M, cf. πνιγώδη Heph. ‖
17 ἐπὶ M, ποιεῖ Kroll ‖ 18 καθορᾶν M, καταφορὰν Rhosus ‖ 20 ιδ Boll | πόνος M,
corr. Kroll ‖ 24 εὐματάβολον M, corr. Kroll ‖ 29 [ἢ] τὸ πολὺ μὴ διαμένοντες Cumont

8

ἀριστερὰ Ζάκυνθος, Ἀκαρνανία, ὀπίσθια Αἰθιοπία, Σχίνη, κατὰ τὴν κε-
φαλὴν Μαιῶτις λίμνη καὶ τὰ περιοικοῦντα ἔθνη καὶ ἡ Ἐρυθρὰ καὶ Ὑρκα-
νία θάλασσα καὶ Ἑλλήσποντος καὶ Λιβυκὸν πέλαγος καὶ Βρετανικὴ καὶ ἡ
Θούλη νῆσος, κατὰ τοὺς πόδας Ἀρμενία, Καππαδοκία, Ῥόδος, Κῶς,
5 κατὰ δὲ τὰ ἔσχατά ἐστι τοῦ Καρκίνου ἐπὶ τοῦ στόματος Τρωγλοδυτία,
⟨Λυδία⟩, Ἰωνία, Ἑλλήσποντος.

⟨Λ⟩έων ἐστὶν ἀρρενικόν, οἶκος Ἡλίου, ἐλεύθερον, πυρῶδες, εὔκρατον, 40
νοερόν, βασιλικόν, ἑδραῖον, ἀγαθόν, ἀνωφερές, εὐμετάβολον, στερεόν,
ἡγεμονικόν, πολιτικόν, ἀρκτικόν, ὀργίλον.
10 Οἱ οὖν γεννώμενοι ἐπίσημοι, ἀγαθοί, ἀμετάβλητοι, δίκαιοι, μισοπόνηροι, 41
ἀνυπότακτοι, κολακείας μισοῦντες, εὐεργετικοί, παρεπηρμένοι ταῖς δια-
νοίαις· ἐὰν δὲ καὶ ὁ οἰκοδεσπότης ἐπίκεντρος τύχῃ ἢ καὶ σὺν ἀγαθοποιοῖς,
γίνονται λαμπροί, ἔνδοξοι, τυραννικοί, βασιλικοί.
Ἔστι δὲ καυματώδης, ὁ δὲ ἐν τῷ στήθει λαμπρὸς πυρώδης καὶ πνιγώδης. 42
15 ἔχει δὲ ⟨τὰ⟩ κατὰ μέρος μέχρι ⟨μοίρας⟩ κ' πνιγώδη, λοιμικὰ τετραπόδων 43
τοῖς ὑποκειμένοις κλίμασι καὶ τόποις, τὰ δεξιὰ κινητικά, πυρώδη, τὰ δὲ
νότια εὔυγρα, [πυρώδη] τὰ δὲ κατωτέρω ὀλέθρια πρὸς πάντα, τὰ δὲ μέσα
καὶ ἀριστερὰ εὔκρατα.
Ἀστέρας δὲ ἔχει ὁ Λέων ⟨. .⟩. κατὰ δὲ τὰ Σφαιρικὰ βορρόθεν συνανα- 44, 45
20 τέλλει ὁ ἀριστερὸς βραχίων [καὶ] τοῦ Ἀρκτοφύλακος, νοτόθεν πρύμνα
Ἀργοῦς καὶ τοῦ Κυνὸς τὸ λοιπὸν καὶ τῆς Ὕδρας, ἧς ἡ μὲν οὐρὰ παράκειται
ἄχρι τῆς χηλῆς τοῦ ⟨Σκορπίου, ἡ δὲ κεφαλὴ ἄχρι τῆς χηλῆς τοῦ⟩ Καρκί-
νου. ἐπάνω δὲ αὐτοῦ ἐφέστηκεν Ἄρκτος ἡ μικρά, κατὰ δὲ τὴν γραμμὴν 46
παρατείνει κεφαλὴ τοῦ Δράκοντος ἣν βαστάζει Ὀφιοῦχος [μέχρι τοῦ
25 Κρατῆρος]. βορρόθεν δύεται Δελφίν, Λύρα, τὸ Ζεῦγμα, Ὄρνις πλὴν τοῦ 47
λαμπροῦ ἀστέρος κατὰ τὸ ὀρθοπύγιον αὐτοῦ καὶ τοῦ Ἵππου ἡ κεφαλή.
Ἔστι δὲ τῷ Λέοντι ὑποτεταγμένα κλίματα ⟨τάδε⟩· ἐν τῇ κεφαλῇ μὲν 48
Κελτικὴ καὶ οἱ συνεχεῖς τόποι, ἐμπρόσθια Βιθυνία, δεξιὰ Μακεδονία
καὶ οἱ συνεχεῖς τόποι, ἀριστερὰ Προποντίς, πόδες Γαλατία, κατὰ τὴν κοι-
30 λίαν Κελτική, ὤμοις Θράκη, λαγόσι Φοινίκη, | Ἀδρίας, Λιβύη, ἐν τοῖς f.259vM
μέσοις Φρυγία, Συρία, οὐρᾷ Πισινοῦς.

§§ 42—43: cf. Heph. I 1, 82 ‖ §§ 45 et 47 = Eud. F 85 Lasserre ‖ § 48: cf.
App. III 25 et Heph. I 1, 85

[M] 2 τῇ M, ἡ Rhosus ‖ 3 θαλάσσῃ M, θάλασσα Rhosus ‖ 4 ἄραδος M App., ῥόδος
Heph. ‖ 5 τρωγλοδυξία M App., corr. Kroll ‖ 6 λυδία App. ‖ 8 ἀμετάβολον sugg.
Kroll ‖ 9 ἀρχικόν Cumont ‖ 12 τύχοι M, corr. Kroll ‖ 15 τὰ Kroll ‖ μέχρις κ M,
corr. Kroll ‖ 17 πυρώδη secl. Kroll, cf. Heph. ‖ 20 ὁ ἀρκτοφύλαξ M, corr. Boll ‖
22 Σκορπίου — τοῦ Boll ‖ 24 ὂν Boll ‖ 24—25 μέχρι τοῦ κρατῆρος secl. Boll ‖
26 ἀετοῦ M, αὐτοῦ Boll ‖ 27 τάδε sugg. Kroll ‖ 30 ὁμοίως M, ὤμοις Cumont ‖
31 πισηνούς M, πεσινοῦς App., corr. Kroll

49 ⟨Π⟩αρθένος οἶκος Ἑρμοῦ, θηλυκόν, πτερωτόν, ἀνθρωποειδές, τρυφῆρες,
σχήματι Δίκης ἑστώς, δίσωμον, στειρῶδες, δουλελεύθερον, ἄγονον,
κατωφερές, γεῶδες, κοινόν, ἡμίφωνον καὶ ἄφωνον, σωματικόν, ἀτελές,
εὐμετάβολον, ἐργαστηριακόν, διφυές.

50 Οἱ δὲ γεννώμενοι ἀγαθοί, αἰδήμονες, μυστικοί, πολυμέριμνοι, ποικίλως 5
τὸν βίον διάγοντες, ἀλλοτρίων χειρισταί, πιστικοί, ἀγαθοὶ οἰκονόμοι,
γραμματεῖς, ἀπὸ λόγων ἢ ψήφων ἀναγόμενοι, ὑποκριτικοί, περίεργοι,
ἀποκρύφων μύσται, τὰ πρῶτα ἀναλίσκοντες, ἐν δὲ τοῖς μέσοις εὐποροῦν-
τες.

51 ⟨Ζ⟩υγὸς οἶκος Ἀφροδίτης, ἀρρενικόν, τροπικόν, ἀνθρωποειδές, ἀνω- 10
φερές, ἀερῶδες, θηλυνόμενον, φωνῆεν, ἀγαθόν, εὐμετάβολον, ὑπαρχόντων
μειωτικόν, ὑπόγειον κόσμου, δημόσιον, ἐκλειπτικόν, προεστὸς καρπῶν,
οἰνικῶν, ἐλαϊκῶν, μυρεψικῶν, σταθμῶν, μέτρων, ἐργαστηριακῶν.

52 Οἱ γεννώμενοι ἀγαθοὶ μὲν καὶ δίκαιοι ἀλλὰ βάσκανοι, ἀλλοτρίων ἀγα-
θῶν ἐπιθυμηταί, μέτριοι, τὰ πρῶτα κτηθέντα ἀπολλύντες καὶ ἐν ὑψοτα- 15
πεινώματι γινόμενοι, ἀνωμάλως βιοῦντες, προϊστάμενοι δὲ ἐπὶ μέτρων
ἢ σταθμῶν ἢ εὐθηνίας.

53 ⟨Σ⟩κορπίος οἶκος Ἄρεως, θηλυκόν, στερεόν, ὑδατῶδες, πολύσπερμον,
φθοροποιόν, κατωφερές, ἄφωνον, δουλικόν, ἀμετάβλητον, δυσωδίας
αἴτιον, ὑπαρχόντων ἀφαιρετικόν, ἐκλειπτικόν, πολύχουν. 20

54 Οἱ δὲ γεννώμενοι δόλιοι, πονηροί, ἄρπαγες, φονικοί, προδόται, ἀμετά-
βλητοι, ὑπαρχόντων ἀφαιρετικοί, λαθρεπίβουλοι, κλῶπες, ἐπίορκοι, ἀλ-
λοτρίων ἐπιθυμηταί, συνίστορες φόνων ἢ φαρμακειῶν ἢ κακούργων πραγ-
μάτων, μισοίδιοι.

55 ⟨Τ⟩οξότης οἶκος Διός, ἀρρενικόν, πυρῶδες, ἀνωφερές, φωνῆεν, κάθ- 25
υγρον διὰ τὴν Ἀργώ, ἀγαθόν, πτερωτόν, εὐμετάβολον, δίσωμον, διφυές,
αἰνιγματῶδες, ὀλιγόγονον, ἡμιτελές, ἡγεμονικόν, βασιλικόν.

56 Οἱ δὲ γεννώμενοι ἀγαθοί, δίκαιοι, μεγαλόψυχοι, κριτικοί, εὐμετάδοτοι,
φιλάδελφοι, φιλόφιλοι, τὰ δὲ πρῶτα κτηθέντα μειοῦντες, πάλιν κτώμενοι,
ἐχθρῶν καθυπερτεροῦντες, φιλόδοξοι, εὐεργετικοί, ἐπίσημοι, αἰνιγματω- 30
δῶς διαπλέκοντες τὰ πράγματα.

57 ⟨Αἰ⟩γόκερως οἶκος Κρόνου, θηλυκόν, τροπικόν, γεῶδες, φθοροποιόν,
ἄγονον, κατωφερές, κατεψυγμένον, ἄφωνον, δουλικόν, κακῶν αἴτιον,
ἀσελγές, λατρευτικόν, αἰνιγματῶδες, διφυές, κάθυγρον, ἡμιτελές, κυρτοει-
δές, χωλόν, δύσις κόσμου, μόχθων καὶ πόνων δηλωτικόν, λαοξοϊκόν, 35
γεωργικόν.

[M] 2 σχῆμα M, corr. Kroll ‖ 11 φωνάεν M, corr. Kroll ‖ 12 προεστὼς M, corr.
Kroll ‖ 13 μυρεψικὸν M, corr. Kroll ‖ 15 κτηθέντα M, corr. Kroll ‖ ὑψοτα-
πείνωμι M, corr. Kroll ‖ 19 δυσσωδίας M, corr. Kroll ‖ 24 δισοίδιοι M, corr. Rho-
sus ‖ 25 φωνάεν M, corr. Kroll ‖ 35 λαοξικόν M, corr. Boll

Οἱ δὲ γεννώμενοι κακοί, ἑτερότροποι, ὑποκρίσει ἀγαθοὶ καὶ ἁπλοῖ, πο- 58
νικοί, πολυμέριμνοι, ἐπάγρυπνοι, φιλογέλωτες, μεγάλων ἔργων ἐπίβουλοι,
δυσαμάρτητοι, εὐμετανόητοι, κακοῦργοι, ψεῦσται, ἐπίψογοι, ἔπαισχροι.
Ἔστι δὲ καὶ εὔκρατος ἐπ᾽ ἀμφότερον. κατὰ μέρος ἔχει δὲ τὰ πρῶτα 59, 60
5 φθαρτικά, τὰ δὲ δεύτερα κάθυγρα, ὀμβρικά, κινητικά, τὰ δὲ μέσα πυρώδη,
τὰ δὲ ἔσχατα φθαρτικά.
Ἀστέρας δὲ ἔχει ⟨..⟩ . κατὰ ⟨τὰ⟩ Σφαιρικὰ βορρόθεν | ἀνατέλλει Κασ- 61, 62 f.260M
σιέπεια ⟨καὶ τὰ⟩ δεξιὰ μέρη τοῦ Ἵππου, νοτόθεν δύνει τὰ ὀπίσθια τοῦ
Κενταύρου καὶ τὰ σκέλη τῆς Ὕδρας ἄχρι τοῦ Κρατῆρος. εἰσὶ δὲ θεοὶ 63
10 Ἀφροδίτη, Σελήνη, Δημήτηρ, Ἑρμῆς. βορρόθεν δὲ οὐδέν ἐστιν. 64
Ἔστι δὲ τῷ Αἰγοκέρωτι ὑποτεταγμένα κλίματα τάδε· πρὸς ἑσπέραν 65
καὶ μεσημβρίαν πάντα, κατὰ ⟨δὲ⟩ τὰς πλευρὰς Αἰγαῖον πέλαγος καὶ οἱ
περιοικοῦντες καὶ Κόρινθος, κατὰ ⟨δὲ⟩ τὴν ζώνην Σικυών, κατὰ ⟨δὲ⟩ τὸν
νῶτον ἡ θάλασσα Μεγάλη, κατὰ ⟨δὲ⟩ τὴν οὐρὰν Ἰβηρία, κατὰ ⟨δὲ⟩ τὴν
15 κεφαλὴν Τυρρηνικὸν πέλαγος, κατὰ δὲ τὴν κοιλίαν [τὰ ἐνοικοῦντα ἔθνη]
μέση Αἴγυπτος, Συρία, ⟨Καρία⟩.
⟨Ὑδ⟩ροχόος ἐστὶν ἐν οὐρανῷ ζῴδιον ἀρρενικόν, στερεόν, ἀνθρωπόμορ- 66
φον, πάρυγρον, μονογενές· ἔστι δὲ ἄφωνον, κατάψυχρον, ἐλεύθερον, ἀνω-
φερές, θηλυνόμενον, ἀμετάβλητον, κακόν, ὀλιγόγονον, αἴτιον μόχθων
20 τῶν δι᾽ ἀθλήσεως ἢ βασταγμάτων καὶ σκληρουργίας, ἐργαστικόν, δημό-
σιον.
Οἱ δὲ γεννώμενοι βάσκανοι καὶ μισοίδιοι, ἀμετάβλητοι, μονογνώμονες, 67
τυφώδεις, δόλιοι, ἀποκρυπτόμενοι πάντα, μισάνθρωποι, ἄθεοι, κατήγο-
ροι, προδόται δόξης καὶ ἀληθείας, ἐπίφθονοι, μικρολόγοι, ὁτὲ δὲ εὐμε-
25 τάδοτοι διὰ τὴν ἔκρυσιν τοῦ ὕδατος, ἀκόλαστοι.
Ἔστι δὲ ὁλοσχερῶς κάθυγρος. καὶ τὰ μὲν μέρη τὰ πρῶτα κάθυγρα, τὰ 68, 69
δὲ ἀνωτέρω πυρώδη, τὰ δὲ κατωτέρω εὐτελῆ καὶ ἀχρεῖα.
Ἀστέρας ἔχει ⟨..⟩ . κατὰ δὲ τὰ Σφαιρικὰ βορρόθεν ἀνατέλλει Ἀνδρο- 70, 71
μέδας μέρη τινὰ τῶν δεξιῶν καὶ τοῦ Ἵππου τὰ λοιπά, νοτόθεν ⟨δ᾽⟩ ὁ νό-
30 τιος τῶν Ἰχθύων πλὴν τῆς κεφαλῆς. Ἥρας, Ἡρακλέους, Ἡφαίστου, Κρό- 72

---

§§ 59−60: cf. Heph. I 1, 179 ‖ §§ 62 et 64 = Eud. F 105 Lasserre ‖ § 62: cf.
Eud. ap. Hipp. II 3, 4 (= F 106 Lasserre) ‖ § 65: cf. App. III 46 et Heph. I
1, 182 ‖ §§ 68−69: cf. Heph I 1, 198 ‖ §§ 71 et 73 = Eud. F 107 Lasserre

[M] 1 γινόμενοι M, corr. Rhosus ‖ 2 ἐπήβολοι sugg. Kroll ‖ 3 δυσαμάρτισται M,
corr. Wendland ‖ 4 κατὰ secl. sugg. Kroll ‖ 5 ὄμβρων sugg. Kroll ‖ 7 τὰ Rhosus ‖
κασσιέπειαν M, corr. Kroll ‖ 8 καὶ τὰ Kroll ‖ 10 δήμητρα M, corr. Kroll ‖ οὐκ
ἔνεστι M, corr. Boll ‖ 12 δὲ App. ‖ 13 δὲ[1,2] App. ‖ 14 δὲ[1,2] App. ‖ 16 μέσα M,
μέση App. ‖ καρία App. ‖ 20 σκληραγωγίας M, corr. Kroll ‖ 22 ὁμογνώμονες M,
corr. Kroll ‖ 25 αὐτοκόλαστοι M, corr. Kroll

73 νου. βορρόθεν δύνει ⟨οὐδέν⟩, νοτόθεν δὲ τοῦ Κενταύρου τὰ λοιπὰ καὶ τῆς
Ὕδρας ἄχρι τοῦ Κόρακος.

74, 75 Εἰσὶ δὲ τῷ Ὑδροχόῳ ὑποτεταγμένα κλίματα τάδε. κεῖται δὲ τὸ ζῴδιον
ἐν ἀνέμῳ λιβί, πρόσκειται δὲ τῷ κλίματι τῷ τῆς Αἰγύπτου καὶ ταῖς πέριξ
πόλεσιν, ἐκ μὲν τῶν νοτίων αὐτοῦ μερῶν ἄχρι Ψελχέως καὶ Δωδεκασχοί- 5
νου καὶ Συκαμίνου, ἐκ δὲ τῶν πρὸς λίβα μερῶν ἄχρι τῆς Ἀμμωνιακῆς
χώρας καὶ τῶν πέριξ πόλεων, ἐκ δὲ τῶν πρὸς ἀπηλιώτην μερῶν ἄχρι τῆς
Ἐρυθρᾶς θαλάσσης κατὰ θίξιν, ἐκ δὲ τῶν βορείων αὐτοῦ ἄχρι Σεβεννύτου
τόπων καὶ στόματος Ἡρακλεωτικοῦ.

76 Πρόσκειται δὲ αὐτῷ κατὰ τὰ Σφαιρικὰ κατὰ τὸν νότιον πόλον ποταμὸς 10
ὁ καλούμενος Ἠριδανὸς καὶ Ἰχθὺς ὁ μέγας ψαύων τῆς οὐρᾶς τοῦ Αἰγο-
κέρωτος, ἐν δὲ τοῖς βορεινοῖς τόποις ἔσω τοῦ βορείου πόλου ἐστὶν ὁ λεγό-
μενος Ὄρνις, ὑπὲρ ὃν Οἰστὸς παρατείνει ὅπου ἡ Ἄρκτος ἡ λεγομένη
Κυνόσουρα ἀποβλέπουσα εἰς βορρᾶν.

77 Πρόσκειται δὲ αὐτῷ κλίματα τάδε· ἐμπρόσθια Συρία, μέσα Εὐφράτης 15
καὶ Τίγρις, Αἴγυπτος καὶ Λιβύη καὶ οἱ συνεχεῖς Αἰγυπτίων ποταμοὶ καὶ
Ἰνδὸς ποταμός, κατὰ δὲ τὸ μέσον τῆς κάλπης Τάναϊς καὶ οἱ λοιποὶ ποτα-
μοὶ ἐκ τοῦ Ὑπερβορείου ῥέοντες πρὸς νότον καὶ ζέφυρον.

78 ⟨Ἰ⟩χθύες εἰσὶν ἐν οὐρανῷ θῆλυ, κάθυγρον, πάργυρον, δίσωμον, πολύγο-
f.260vM νον, λειχηνῶδες, | λεπιδωτόν, νευρῶδες, κυρτωτόν, ἀλφῶδες, δίμορφον, 20
ἄφωνον, πολυκίνητον, λεπρῶδες, ἀντικείμενον ἑαυτῷ διὰ τὸ τὸν μὲν
νότιον εἶναι, τὸν δὲ βόρειον· ἔστι δὲ καὶ κάθυγρον, κατωφερές, δουλικόν,
εὐμετάβολον, πολύγονον, δίσωμον, συνουσιαστικόν, μελοκοπούμενον,
πλάνης αἴτιον, ποικίλον.

79 Οἱ οὖν γεννώμενοι ἄστατοι, ἀμφίβολοι, ἐκ κακῶν εἰς ἀγαθὰ μεταβάλ- 25
λοντες, ἐρωτικοί, λατρευτικοί, ἀσελγεῖς, πολύγονοι, ὀχλικοί.

80, 81 Εἰσὶ δὲ ὁλοσχερῶς ψυχεινοί, πνευματώδεις. κατὰ μέρος δ' ἔχουσι τὰ
πρῶτα εὔκρατα, μέσα κάθυγρα, ἔσχατα φθαρτικὰ καὶ εὐτελῆ.

82, 83 Ἀστέρας δὲ ἔχει ⟨..⟩. βορρόθεν συνανατέλλει τὰ λειπόμενα τῆς
Ἀνδρομέδας καὶ τὰ λοιπὰ τοῦ Περσέως τὰ [δὲ] ἐν δεξιῷ καὶ τὸ ὑπὲρ τὸν 30
84 Κριὸν Τρίγωνον, νοτόθεν ⟨δὲ⟩ τοῦ νοτίου Ἰχθύος ⟨ἡ⟩ κεφαλή. Ποσειδῶ-

---

§ 73: cf. Eud. ap. Hipp. II 3, 11 (= F 108 Lasserre) ‖ § 77: cf. App. III 48 et
Heph. I 1, 201 ‖ §§ 83 et 85 = Eud. F 109 Lasserre

[M] 1 οὐδέν Kroll ‖ 4 πρόκειται Μ, πρόσκειται Rhosus ‖ 5 ἐν Μ, ἐκ Rhosus ‖
7 πέριξ Μ, corr. Kroll ‖ 11 ἰχθύας Μ, αἰγοκέρωτος Boll ‖ 15 πρόκειται Μ, corr.
Kroll ‖ 18 τοῦ ὑπὸ τοὺς πόδας Μ, τῶν ὑπερβορείων sugg. Kroll | ῥέοντος Μ, ῥέον-
τες Heph., πνέοντες App. ‖ 20 λιχηνῶδες Μ | κιρτωτόν Μ, corr. Kroll ‖ 23 μελεο-
κοπούμενον Μ ‖ 30 λοιπὰ] πρῶτα Boll | ὑπὸ Μ, ὑπὲρ Boll ‖ 31 ἡ Boll

νος, Ἄρεως, Ἑρμοῦ, Ἀφροδίτης, Διός. νοτόθεν δύνει Θυμιατήριον καὶ τὰ 85
λειπόμενα τῆς Ὕδρας, βορρόθεν οὐδέν.

Πρόσκειται δὲ ἀνέμῳ βορρᾷ, πρόσκειται δὲ κλίματι τῆς Ἐρυθρᾶς θαλάσ- 86
σης ἔχοντι νήσους οὐκ ὀλίγας παρ᾽ ἑαυτὸ ἃς ὑπέρκειται ἡ Ἰνδία καὶ ὁ
5 λεγόμενος Ἰνδικὸς ὠκεανός. ἐν δὲ τοῖς ἀπηλιωτικοῖς αὐτοῦ μέρεσι τὴν 87
Παρθίαν ἔχει καὶ τὴν Ἰνδικὴν χώραν κατὰ θίξιν καὶ τὸν Ἀπηλιωτικὸν
ὠκεανόν, ἐκ δὲ τῶν βορείων αὐτοῦ μερῶν τὴν Σκυθικὴν χώραν, ἐκ δὲ τῶν
πρὸς λίβα αὐτοῦ μερῶν ψαύει προσκλύζον Μυὸς ὅρμου, Ὀρθοῦ ὅρμου καὶ
τῶν πέριξ πόλεων.

10 Πρόσκεινται δὲ αὐτοῖς κατὰ τὰ Σφαιρικὰ πρὸς μὲν τὰ βόρεια μέρη 88
τεμνόμενος ὑπὸ τοῦ βορείου πόλου Ἀετὸς καὶ κατά τι μέρος Ὀιστός, ἔξω
δὲ τοῦ βορείου πόλου οὐ πολὺ διεστώς· ἔστι δὲ ὁ καλούμενος Πήγασος
ἔσω τοῦ ἀρκτικοῦ πόλου. ἀφέστηκε δὲ τῶν ὅλων τμημάτων ὁ ἀρκτικὸς 89
πόλος ἐν μέσῳ τῶν πάντων κείμενος, ἔχων ἐν ἑαυτῷ τὴν Ἄρκτον τὴν
15 λεγομένην Κυνόσουραν φερομένην ἀπὸ τῶν βορείων ἐπὶ τὰ ἀπηλιωτικά,
ποτὲ δὲ καὶ ἀπὸ τῶν νοτίων, τὴν δὲ ἑτέραν τὴν καλουμένην Μεγάλην
Ἄρκτον ἥτις μεσαζούσης τῆς νυκτὸς ἀνατέλλει· ἃς κατέχει ὁ καλούμενος
Ἀρκτοφύλαξ περίτασιν φέρων κατὰ τοῖν δυεῖν Ἄρκτοιν, ὅς ἐστιν ἀφανὴς
κατὰ τὴν ἀνάδοσιν τῶν δύο Ἄρκτων· ἡ μὲν γὰρ εἰς τὰ βόρεια ἀποβλέπει,
20 ἡ δὲ εἰς τὰ νότια.

Εἰσὶ δὲ καὶ κατὰ μέρος ὑποτεταγμένα κλίματα τάδε· ἐμπρόσθια 90
Εὐφράτης καὶ Τίγρις, μέσα Συρία, Ἐρυθρὰ θάλασσα, [τὰ ἐμπρόσθια]
Ἰνδική, μέση Περσὶς καὶ οἱ συνεχεῖς τόποι, ⟨καὶ ὑπὸ τὸν νῶτον⟩ Ἀραβικὴ
θάλασσα [καὶ Ἐρυθρὰ] καὶ Βορυσθένης [ποταμός, οὐρά], κατὰ δὲ τὸν
25 σύνδεσμον [πρὸς ἀνατολὴν καὶ ἀπηλιώτου] ⟨τοῦ⟩ βορείου [ἀστέρος]
Θρᾴκη, τοῦ νοτίου [μέσα πέλαγος Βορυσθένης καὶ] Ἀσία καὶ Σαρδώ.

⟨γ᾽. Περὶ ὁρίων⟩ ἑξήκοντα

Κριοῦ αἱ ⟨ζ⟩ μοῖραι πρῶται Διός εἰσιν εὔκρατοι, εὔρωσται, πολύσπερ- 1
μοι, ἀγαθοποιοί. αἱ δὲ ζ Ἀφροδίτης ἱλαραί, εὔτεχνοι, διαυγεῖς, ἄρτιοι, 2

---

§ 85: cf. Eud. ap. Hipp. II 3, 14 (cf. F 108 Lasserre) ‖ § 90: cf. App. III 51 et
Heph. I 1, 221

[M] 4 ἔχον M ‖ 8 ψαύει − ὅρμου¹ post 7 σκυθικὴν M, transpon. Cumont | ὀρθὸς
ὅρμος M, corr. Kroll ‖ 12 διεστὼς δελφίν, ἔτι δὲ Boll ‖ 13 ἔξω sugg. Boll ‖ 16 μι-
κρὰν M, μεγάλην Boll ‖ 20 ὁ M, ἡ Rhosus ‖ 22 καὶ οὐρά M, συρία App. Heph. | τὰ
ἐμπρόσθια secl. Kroll ‖ 23 μέσα M, μέση App. Heph., Μηδία sugg. Cumont | καὶ ὑπὸ
τὸν νῶτον App. Heph. ‖ 24 lac. ca. 18 litt. post οὐρά M | ὁ δὲ σύνδεσμος M, κατὰ δὲ
τὸν σύνδεσμον App. Heph. ‖ 25 τοῦ App. Heph. ‖ 25−26 ὁ νότος θρᾴκη M, θρᾴκη τοῦ
νοτίου App. Heph. ‖ 27 γ᾽ περὶ ὁρίων Kroll | ἐντήκοντα M ‖ 28 ϛ᾽ Κριοῦ αἱ πρῶται
μοῖραι sugg. Kroll | καὶ M, αἱ Rhosus | πρῶται ἐξ μοῖραι Rhosus

3*   13

3 καθαροί, εὔχροοι. αἱ δὲ ἐχόμεναι ⟨ἢ⟩ Ἑρμοῦ ἐπαμφοτερίζουσαι, μεταβο-
f.261M λικαὶ καὶ εὐφυεῖς, | ἀκίνητοι, ἀνεμώδεις, χαλαζώδεις, βροντώδεις, κεραυ-
4 νοβόλοι. αἱ δὲ ε̅ Ἄρεως φθοροποιοί, διάπυροι, ἄστατοι ἀνθρώπων κακούρ-
5 γων, προπετῶν καὶ .... αἱ δὲ ἑξῆς ε̅ Κρόνου
κατάψυχροι, στειρώδεις, βάσκανοι, ἐπισινεῖς.   5
6 Ταύρου δὲ αἱ μὲν πρῶται η̅ Ἀφροδίτης πολύσπερμοι, πολύγονοι, ὑγραί,
7 καταφερεῖς, ἐλεγχόμεναι, μισονεικώτεραι. αἱ δὲ ἑξῆς ζ̅ Ἑρμοῦ συνεταί,
8 φρόνιμοι, κακοῦργοι, ὀλιγόσποροι, κακόψιδες, θανατοποιαί. αἱ δὲ ἑξῆς
η̅ Διὸς μεγαλόφρονες, ἔπανδροι, εὐερμεῖς, ἀρχοντικαὶ καὶ εὐεργετικαί,
9 μεγαλόψυχοι, εὔκρατοι, φιλαιδεῖς. αἱ δὲ τέταρται ε̅ Κρόνου κατάστειροι, 10
ἄγονοι, εὐνουχικαί, ἀγυρτικαί, ἐπίψογοι, θεατρώδεις, ἀνεύφραντοι, ἐπί-
10 μοχθοι. αἱ δὲ ἐπὶ πᾶσι γ̅ Ἄρεως ἀρρενικαί, τυραννικαί, πυρώδεις, χαλεπαί,
φονικαί, ἱερόσυλοι, παμπόνηροι, οὐκ ἄσημοι δέ, πλὴν φθοροποιοὶ καὶ οὐ
πολυχρόνιοι.
11 Τῶν δὲ Διδύμων αἱ μὲν πρῶται ζ̅ Ἑρμοῦ εὔκρατοι, εὔδιοι, συνεταί, πολύ- 15
12 τεχνοι, ἐπιστημονικαί, πρακτικαί, ἀοίδιμοι, πολύσπερμοι. αἱ δ᾽ ἑξῆς ζ̅
Διὸς ἀγωνιστικαί, εὔκρατοι, εὔδιοι, πολύσπερμοι, εὐτραφεῖς, εὐεργετικαί.
13 αἱ δὲ γ᾽ ε̅ Ἀφροδίτης ἀνθηραί, μουσικαί, ἀκροαματικαί, ποιητικαί, στε-
14 φανηφόροι, ὀχλικαί, εὐφρόσυναι, πολύσπερμοι. αἱ δὲ δ᾽ ζ̅ Ἄρεως πολύμοχ-
θοι, ἀνάδελφοι, σπανότεκνοι, ἐπιδημητικαί, εὔποροι, φθαρτικαί, ὠμαί, 20
15 πολυπράγμονες. αἱ δὲ ἑξῆς ζ̅ ἐπὶ πᾶσι Κρόνου εὔκρατοι, διοικητικαί,
κτητικαί, νοητικαί, πολύγνωστοι, ἐπίσημοι, συνέσει διάφοροι, μεγάλων
κατορθωτικαί, εὐδοξόταται.
16 Τοῦ δὲ Καρκίνου αἱ πρῶται ζ̅ Ἄρεως κεραυνοβόλοι, ἄλλοσε κεκινημέναι,
ἀνώμαλοι, ἐναντιόβουλοι, μανιώδεις, πολύσπερμοι, σπανιστικαί, φθαρτι- 25
17 καί, ἐπὶ τέλους φαῦλαι. αἱ δὲ ἑξῆς ζ̅ Ἀφροδίτης πολύσπερμοι, ἐπίψογοι,
18 κάθυγροι, μεταβολικαί, τεχνικαί, ὀχλικαὶ καὶ πάμμικτοι. αἱ δὲ ἑπόμεναι ζ̅
Ἑρμοῦ ἀκριβεῖς, ἁρπακτικαί, δημοσίων ἡγητικαί, τελωνικαί, δημώδεις,
19 εὔποροι, περιουσιαστικαί. αἱ δὲ τέταρται ζ̅ Διὸς βασιλικαί, αὐτοκρατορι-
καί, ἔνδοξοι, πολύδικοι, μεγαλόφρονες, εὔκρατοι, ἀρχικαὶ καὶ τῷ ὅλῳ κα- 30
20 λαί. αἱ δ᾽ ἐπὶ πᾶσι δ̅ Κρόνου — καθ᾽ ὃ τὸ πᾶν ἐστιν ὕδωρ — κάθυγροι
καὶ σπανιστικαὶ τῶν ἰδίων καὶ περὶ τὸ τέλος ἐνδεητικαί.
21 Τοῦ δὲ Λέοντος αἱ πρῶται ζ̅ εἰσὶ Διός, ἔμπειροι, ἀρρενικαί, αὐτοκρατο-
ρικαί, πάντως τε ἡγεμονικαί, πρακτικαί, ἔξοχοι, οὐδὲν ταπεινὸν ἔχουσαι.

[M] 1 ἐχόμεναι M ἑπόμεναι Rhosus | ὀκτὼ Rhosus ‖ 3 ἄρεος M ‖ 4 lac. ca.
19 litt. M ‖ 7 ἔλεγχοι μεσωνικώτεραι M, ὀχλικαὶ μεθοδικώτεραι sugg. Kroll, γλίσχ-
ροι μισονεικότεραι sugg. Radermacher ‖ 15 συνετοὶ M ‖ 16 ἀίδιμοι M, corr. Kroll ‖
20 ἀποδημητικαί Rhosus et sugg. Kroll ‖ 24 ἄλλεσι M, ἀλλοῖοι sugg. Kroll | κεκι-
νημένοι M ‖ 30 πολυδίκαιοι M, corr. Kroll ‖ 31 ὃν sugg. Kroll

14

αἱ δὲ ἑξῆς ē Ἀφροδίτης εὐκρατότεραι, ἀνειμέναι, πολύσοφοι, ἀπολαυστι- 22
καί. αἱ δὲ τρίται ζ Κρόνου πολύπειροι, φοβητικαί, φυσικαί, εὐφυεῖς, στε- 23
ναί, μυστικαί, πολύτεκνοι, ζητητικαὶ τῶν ἀποκεκρυμμένων, στειρώδεις
δὲ καὶ ἄσποροι. αἱ δὲ ἑξῆς ζ Ἑρμοῦ ἀκροαματικαί, ὀχλικαί, σχολαρχικαί, 24
5 ἀφηγητικαί, νομικαί, συνεταί — καὶ αὗται ἄσποροι, πολυχρονίων δὲ ἀν-
θρώπων. αἱ δὲ ἐπὶ πᾶσιν ζ Ἄρεως φαυλόταται, τερατώδεις, φθαρτικαί, 25
ἐπισινεῖς, νωθραί, ἐπίψογοι καὶ ἀτυχεῖς.

Τῆς δὲ Παρθένου αἱ πρῶται μοῖραι | ζ Ἑρμοῦ ὑψηλόταται, διοικητικαί, 26
                                                         f.261 v M
διατακτικαί, πολύσοφοι, ἐπιεικεῖς, ἐπὶ πραγμάτων τάσσουσαι μεγάλων,
10 συνετώταται καὶ πάντα γενναῖαι καὶ ἔξοχοι, μόνον πρὸς τὰ ἀφροδίσια οὐκ
εὐτυχεῖς — καθόλου μὲν ὅλης τῆς Παρθένου, μάλιστα δὲ αὗται αἱ μοῖραι
καὶ ⟨αἱ⟩ Ἀφροδίτης· αὗται μὲν γὰρ εὐκατηγορήτων εἰσίν, αἱ δὲ Ἀφροδίτης
ἁμαρτανόντων ἐν παντί· τὸ δὲ ἔξοχον μάλιστα προδώσουσιν ἐν τῷ παι-
δευτικῷ. αἱ δὲ ἑξῆς ī Ἀφροδίτης ἐπίψογοι, ἁμαρτωλοὶ περὶ γάμους, 27
15 περιπίπτουσαι διὰ ταῦτα, περὶ δὲ τὰ θεατρικὰ εὐτυχεῖς, περὶ δὲ πάθη
αἴσχιστοι, μάλιστα δὲ Κρόνου συμμαρτυροῦντος, Ἑρμοῦ δὲ μοιχείας, Διὸς
δὲ πλήθη ἁμαρτιῶν ὡς συγχωρουμένων, ἔτι δὲ κατακρίσεις, Ἡλίου δὲ
λαθρίδιοι πράξεις, Σελήνης ἐναντιώματα, ἀντιπολιτεῖαι· ἐὰν δὲ ὑπὸ τῶν
κακοποιῶν ὁραθῇ, προΐστασθαι ποιεῖ. αἱ δὲ τρίται δ Διὸς φιλογεώργων, 28
20 ἐπιεικῶν, ἀνακεχωρηκότων, οὐκ ἀπαιδεύτων· εἰσὶ δὲ καὶ ἐπιτροπικαὶ καὶ
πολύσπερμοι καὶ εὐκατόρθωτοι. αἱ δὲ τέταρται ζ Ἄρεώς εἰσιν ἄρρενες, 29
χαλεπαί, δημοτικῶν, ὀχλαγωγῶν καὶ νυκτιρέμβων, μυστικῶν, πλαστο-
γράφων, ἐπιθετῶν· αὗται αἱ μοῖραι ὑβρίζουσι τοὺς ἀνθρώπους, εἰς δε-
σμοὺς καὶ μελοκοπίας καὶ βασάνους καὶ φυλακὰς ἄγουσιν. αἱ δὲ λοιπαὶ β̄ 30
25 Κρόνου τερατώδεις, κατάψυχροι, φθαρτικαί, ὀλιγοχρόνιοι, ἐμπαιζομένων
ἀνθρώπων.

Τοῦ δὲ Ζυγοῦ αἱ πρῶται ζ Κρόνου βασιλικαί, ὑψηλαί, πρακτικαί, καὶ 31
μάλιστα ἡμέρας, νυκτὸς δὲ ἐπιπρασσόντων· εἰσὶ δὲ στειρώδεις, κάθυγροι,
φθαρτικαί. αἱ δὲ ἑξῆς ē Ἑρμοῦ ἀγοραῖοι, ἐργαστηριακαί, ἐμπορικαί, 32
30 γραμμάτων συναλλακτικῶν καὶ ἀριθμῶν συνακτικαί, καθόλου δίκαιοι,
συνεταί. αἱ δὲ τρίται ἥ Διὸς πλουτοποιοί, ἀλλὰ ἐφ᾽ ὧν γε δυσπραγῶν, 33
ἀνεύφραντοι, ἀποθησαυριζομένων, ἀνεπιφάντων, ῥυπαροβίων, ἀφιλοκά-
λων, μωμητικῶν, οὐδὲ μὴν εὔπαιδες. αἱ δὲ δ᾽ Ἀφροδίτης ζ φιλοκάλων, 34
φιλοτέχνων ἢ καὶ τεχνιτῶν (οἷον ἐπιπλαστῶν, ζωγράφων, τορευτῶν),

[M] 1 εὐκρατώτεραι M, corr. Kroll ‖ 4 σχολαργικαί M, σχολαρχικαί sugg. Kroll ‖
12 αἱ Kroll ‖ 13 δὲ τὸ M, τὸ δὲ sugg. Kroll ‖ 14 αἰτίαις post γάμους sugg. Kroll ‖
22 νυκτερέμβων M, corr. Kroll ‖ μυσταιτῶν M, λησταρχῶν vel μυσακτῶν sugg. Kroll,
μισθωτῶν Boll ‖ 28 ἐπιταράσσονται sugg. Kroll ‖ 30 συναλλακτικαί M, corr. Kroll ‖
συναλλακτικαί M, συνακτικαί Kroll ‖ 31 ἀλλὰ ἐφ᾽ ὧν γε] κατηφῶν καὶ sugg. Kroll ‖
33 ἀμωμητικῶν M, corr. Kroll ‖ 34 οἱονεὶ πλαστῶν sugg. Kroll

καθόλου δὲ ῥυθμικῶν, θεοσεβῶν, πραέων, βραδέως εὐτυχούντων, προ-
βιβαζομένων αὐτομάτως, περὶ δὲ γάμους εὐτυχούντων μεγάλως, ἐπὶ πᾶσιν
35 εὐδαιμόνων. αἱ δὲ λοιπαὶ δ Ἄρεως ἡγεμονικῶν, ταξιάρχων, εὐτυχῶν περὶ
τὰ τοιαῦτα καὶ περὶ πᾶσαν Ἄρεως τέχνην, καὶ ῥαθύμων τε καὶ ἀσφαλῶν
καὶ ἐγκρατῶν καὶ μεγαλοφρόνων, οὐκ εὐαδέλφων δὲ οὐδὲ πολυαδέλφων. 5
36 Τοῦ δὲ Σκορπίου αἱ πρῶται ζ μοῖραί εἰσιν Ἄρεως, τεθορυβημέναι, εὐκί-
νητοι, ἄστατοι, ὀργίλοι, ἐλευθερόγλωσσοι, μεγαλόφρονες, σπανότεκνοι,
πολυάδελφοι, ἀνώμαλοι ταῖς τύχαις, διάπυροι, εὔθετοι ταῖς εἰς στρατείαν
37 καὶ ἐκδημίαν γενέσεσιν. αἱ δὲ ἑξῆς δ Ἀφροδίτης εὐτυχῶν ἐπὶ γάμοις,
θεοσεβῶν, φιλουμένων ὑπὸ πάντων, φιλοτέκνων, εὐπόρων, παρὰ πάντας 10
38 ἐκλελεγμένων, ἡδυβίων. αἱ δὲ τρίται ἢ Ἑρμοῦ ὁπλικαί, ἀγωνιστικαί,
στεφανηφόρων καὶ περὶ λόγον πικρῶν, ἀγωνιστικῶν, ἀκαταφρονήτων·
εἰσὶ δὲ καὶ αὗται πολύσποροι, καθόλου δὲ κακεντρεχῶν τῇ διανοίᾳ, μά-
39 λιστα κατὰ τῶν πειραζόντων ἢ τῶν πονηρὰ δρώντων. αἱ δὲ δ´ ε̄ Διὸς
f.262M πολυτέχνων, εὐτυχῶν, ἀρχιερέων, | δοξαζομένων χρυσῷ, πορφύραις, ἀρ- 15
χαῖς κατὰ τὰ ἴδια μεγέθη τῶν γενέσεων, εὐεργετικῶν, καθόλου φιλαν-
40 θρώπων, φιλοθέων. αἱ δ᾽ ἐπὶ πάσαις ζ Κρόνου κολαστικῶν, σπανοτέκνων,
σπαναδέλφων, μισοϊδίων, φαρμακευτῶν, μελαγχολικῶν, μισογυναίων,
κρυπτὰ σίνη ἐχόντων, καθόλου κολαστικωτάτων, μεμψιμοιροτάτων· μι-
σοῦνται δὲ καὶ ὑπὸ θεῶν καὶ ὑπὸ ἀνθρώπων, οὗτοι δὲ πρὸς τοὺς ὑπερέχον- 20
τας ἀντερείδονται, ὑπὸ δὲ τῶν ταπεινῶν καταφρονοῦνται.
41 Τοῦ δὲ Τοξότου αἱ πρῶται ιβ Διός εἰσιν ἀνθρώπων πρακτικῶν· εἰσὶ
δὲ ὑγραὶ σὺν τῷ εὐκράτῳ, ὅλως δὲ παμποίκιλοι περὶ πᾶσαν τέχνην καὶ
42 πρᾶξιν, πολύσπερμοι μὲν καὶ πολύτεκνοι, πολυάδελφοι, σπανιστικαὶ δέ. αἱ
δὲ ἑξῆς ε̄ εἰσὶν Ἀφροδίτης, εὔκρατοι, ἔνδοξοι, νικητικαί, στεφανηφόροι, 25
θεοσεβεῖς, τιμωμένων ἀνδρῶν ἐν ὄχλοις καὶ παρ᾽ ἡγεμόσιν, εὐτεκνοί τε
43 καὶ εὐάδελφοι, περί τε γυναῖκας πλείονας γενέσθαι ⟨εἰωθότες⟩. αἱ δὲ
τρίται μοῖραι δ Ἑρμοῦ φιλολόγων, περισσοφρόνων, πραγματικῶν, αἰώνια
γεννώντων, φιλοσόφων, καθόλου ἐξοχὰς ἐχόντων περὶ ἐπιστήμην καὶ
φρόνησιν, φιλιστόρων ἐπὰν ὁ Ἑρμῆς προσνεύσῃ, ἐπὰν δὲ ὁ Ἄρης φιλόπλων, 30
44 τακτικῶν. αἱ δὲ ε̄ ἑξῆς Κρόνῳ ἐπιβάλλουσιν, στειρωτικαὶ καὶ σινωτικαί,
κατάψυχροι, βλαπτικαί, φαύλων ἀνθρώπων καὶ περὶ πάντα δυστυχούν-
45 των. αἱ δὲ ἑξῆς δ Ἄρεώς εἰσιν ἔνθερμοι, ῥιψοκίνδυνοι, ὑβριστικαί, ἀναιδεῖς,

---

[M] 2 αὐτομάτων M, corr. Kroll | εὐτυχοῦντας M, corr. Kroll | ἐπὶ] ἐν sugg.
Kroll || 4 διαθυμῶν M, θυμικῶν Rhosus et Radermacher, λίαν εὐθύμων vel
ῥαθύμων sugg. Kroll || 8 στρατιὰν M, στρατείαν Rhosus || 10 περὶ M, παρὰ sugg.
Kroll || 12 λόγων M, λόγον sugg. Kroll || 14 ς M, πέντε Rhosus || 27 εἰωθότες
sugg. Kroll || 30 φιλισχύρων M, corr. Kroll || 31 αἱ post ε sugg. Kroll

16

φθαρτικαί, πλὴν τὸ πολυκίνητον ἔχουσαι ἐν παντί· πᾶσαι δὲ ἐν τῷ Τοξότῃ
ποικίλαι περὶ πάντα τὰ πράγματα.

Τοῦ δὲ Αἰγοκέρωτος αἱ πρῶται ζ Ἑρμοῦ εἰσι θεατρικαί, σατυρικαί, 46
μιμητικαί, ψευστικαί, πορνικαί, προαγωγοί, τῶν ἀλλοτρίων ἐπιθυμητικαὶ
5 καὶ ἄδοξοι, ἀφνεῖς δὲ περὶ πάντα καὶ εὐχάριστοι καὶ εὔποροι, οὐχ ὑψηλαὶ
δέ. αἱ δὲ ἑξῆς ζ Διὸς ἐν ὑποταπεινώματι ποιοῦσαι δόξης τε καὶ ἀδοξίας, 47
πλούτου καὶ πενίας, ἐπιδόσεων καὶ θεατρισμῶν, στειρώδεις, θηλυγόνοι ἢ
τερατογόνοι, μικροπρεπεῖς, ἰδιωτικαί. αἱ δὲ ἑξῆς η Ἀφροδίτης ἀσώτων, 48
λάγνων καὶ κατωφερῶν, ἀκρίτων, ἐπιψόγων, εὐμεταβόλων περὶ τὰ τέλη,
10 οὐκ εὐθανατούντων οὐδὲ περὶ τοὺς γάμους εὐσταθῶν. αἱ δὲ δ´ δ Κρόνου 49
αὐστηραί, ἀνεύφραντοι, ἀλλοιώδεις, δύστεκνοι, δυσάδελφοι, ὠμαί, φθαρτι-
καί, κατάψυχραι, ἀσύγκλωστοι, βάσκανοι, μελλητικαὶ καὶ δόλιοι. αἱ 50
δ᾽ ἐπὶ πᾶσιν δ Ἄρεως ὑψηλαί, ἐξουσιαστικαί, τυραννικαί, ἐπὶ παντὶ τὸ
ἡγεμονικὸν περιτιθεῖσαι, σπανιστικαὶ τῶν ἰδίων συγγενῶν καὶ ἀναιρετι-
15 καὶ ἀνθρώπων, ἀποδημητικαί, φιλέρημοι, ἕως τέλους ἐρισταί.

Ὑδροχόου αἱ πρῶται ζ μοῖραι Ἑρμοῦ πλουσίων, φιλοθησαύρων, ἡδέως 51
ἀποθησαυριζόντων πρὸς τὰ μέτρα τῶν γενέσεων, συνετῶν, νομικῶν,
συνακριβούντων πάντα, ἐπιτακτικῶν, μικροψύχων, πολυμερίμνων, φι-
λούντων παιδείαν καὶ πᾶσαν πολυτεχνίαν, διοικητικῶν, οἰκονομικῶν,
20 φιλανθρώπων. αἱ δὲ ἑξῆς ἓξ Ἀφροδίτης καλῶς φιλουμένων, θεοσεβῶν, 52
χωρὶς πόνου εὐπορούντων, | αἰφνιδιοτυχῶν, εὐπόρων, πλευστικῶν· εἰσὶ f.262vM
δὲ αὗται πολύσποροι μοῖραι, συμβαίνει δὲ τὸν κατ᾽ αὐτὰς γεννώμενον
γραυσὶ συνέρχεσθαι ἢ ἐπισινέσιν ἢ εὐνούχοις συνέρχεσθαι, προβιβάζεσθαι
δὲ ὑπὸ ἀσπέρμων ἢ προβεβηκότων. αἱ δὲ ἑξῆς ζ Διὸς εὐτυχεῖς, μικρολόγοι, 53
25 ἐνδόμυχοι, ἀφιλόδοξοι, ἀνεπίφαντοι, εὔπαιδες, ἀφιλάδελφοι. αἱ δὲ ἑξῆς 54
ε Ἄρεως ἐπισινεῖς (μάλιστα περὶ τὰ ἐντός), δίκαις ἀσχολούμενοι, πονηρῶν
ἀνθρώπων, ἀδρανῶν καὶ ἐκλελυμένων, πλὴν ταχέως ἐπιχειρούντων τοῖς
κακοῖς. αἱ δὲ λοιπαὶ ε Κρόνου στειρώδεις, κάθυγροι, δύσγονοι, σινωτικαί 55
(καὶ μάλιστα περὶ μήνιγγας καὶ τὰ ἐντὸς εἴδη καὶ ὕδρωπας καὶ σπασμούς),
30 σπανιστικαί, σπανάδελφοι, σπανότεκνοι, φθονεραί, ἐπὶ τῷ τέλει οὐκ
εὐτυχεῖς.

Τῶν δὲ Ἰχθύων αἱ πρῶται ιβ Ἀφροδίτης ἱλαραί, πολύσπερμοι, καταφε- 56

[M] 2 ποικίλα M, corr. Rhosus ‖ 4 ἐπιθυμηταὶ M, corr. Rhosus ‖ 5 εὐφυεῖς Rho-
sus et sugg. Kroll ‖ 6 § 47 post § 48 M, sed α sup. 6 αἱ, β sup. 8 αἱ, γ sup. 10 αἱ |
ὑψηλοταπεινώματι M, corr. Kroll ‖ 10 εὐθαυθανούντων M, corr. Kroll ‖ 13 ς M,
δ Kroll | ἄρεος M ‖ 14—15 ἀδελφῶν ἀναιρετικαί sugg. Kroll ‖ 15 ἀποδημιτικαί M,
corr. Kroll | φίλεροι M, φίλεργοι sugg. Kroll ‖ 18 ὑποτακτικῶν sugg. Kroll ‖ 20 καλαὶ
aut καλῶν sugg. Kroll, καλῶν Rhosus ‖ 22 γενόμενον M, corr. Rhosus ‖ 23 ἐπὶ
σύνεσιν M, corr. Kroll ‖ 26 δικασχολούμενοι M, δίκαις ἀσχολούμενοι sugg. Kroll

17

ρεῖς, ἀπολαυστικαί, ἡδύβιοι, χαιρητικαί, ἐπιχάριτοι, ἐπέραστοι, αὐτομά-
57 τως προβιβάζουσαι, προσφιλεῖς θεοῖς. αἱ δὲ ἑξῆς δ Διὸς φιλολόγων, ἐπι-
στημονικῶν, ἐν ὄχλοις διαπρεπόντων καὶ λόγοις πάντων περιγινομένων,
58 πολυάδελφοι, πολύγονοι, πολύτεκνοι, περισσομελεῖς, περισσάδελφοι. αἱ
δὲ ἑξῆς γ Ἑρμοῦ πολύσπερμοι, ἀρχικαὶ ἐντίμων, πολύφιλοι, χαριστικαί, 5
59 φιλότροφοι, ἐλεήμονες, φιλόθεοι, εὔκρατοι. αἱ δὲ ⟨ἑξῆς⟩ ϑ Ἄρεώς εἰσι
πρακτικαί, θαλασσομάχοι, ἀφηγηταὶ καὶ εὐψυχεῖς, περὶ τὰ ἄρρητα
ποιητικαί, ἁρπακτικαὶ καὶ πάλιν μεταδοτικαί, ποικίλαι, οὐκ ἰδιοθάνατοι.
60 αἱ δ' ἐπὶ πᾶσι β Κρόνου σινωτικαί, κάθυγροι, σπασματώδεις, περὶ πάντα
ἀτυχεῖς. 10
61 Ἐκθέμενοι οὖν διδασκαλικῶς περὶ ἑκάστης μόνης μοίρας τί ἀποτελεῖ,
⟨φαμὲν ὅτι⟩ τοῦ οἰκοδεσπότου αὐτῇ ἐπικειμένου ἀποτελέσει τὸ ἴδιον
62 ἤτοι φαῦλον ἢ ἀγαθόν. νυνὶ δὲ περὶ ὡροσκόπου ἐκθήσομαι.

⟨δ'. Περὶ ὡροσκόπου⟩

1 ⟨Μ⟩αθὼν ἀκριβῶς πόσων μοιρῶν ἐστιν ὁ Ἥλιος ἐπὶ γενέσεως, ἰδὲ ποῦ 15
τὸ δωδεκατημόριον ἐκπίπτει· καὶ οὗ ἂν ἐκπέσῃ τούτου τὸ εὐώνυμον τρί-
γωνον ὡροσκοπήσει ἢ τὰ ὁμοιόπτωτα ζῴδια, οἷον ἀρρενικὰ ἢ θηλυκά,
2 νοοῦντός σου τὴν διαφορὰν νυκτὸς ἢ ἡμέρας. οἷον ἔστω Ἥλιος Ὑδροχόου
μοίρα κβ'· τοῦτο τὸ δωδεκατημόριον κατέληξε Σκορπίῳ· τούτου τὸ
εὐώνυμον τρίγωνόν ἐστιν Ἰχθύες. εἰ οὖν ἡμερινὴ ἦν ἡ γένεσις, ἔδει τοὺς 20
Ἰχθύας ὡροσκοπεῖν ἢ Ταῦρον ἢ Καρκίνον· εἰ δὲ νυκτερινή, τὰ τούτων
διάμετρα· Παρθένος ὡροσκοπήσει κατὰ τὴν πρώτην ὥραν.
3 ⟨Ὅ⟩σων ἂν ᾖ μοιρῶν ὁ Ἥλιος ἐπιγνοὺς ἀκριβῶς, ἡμέρας ταύταις πρόσ-
θες τὴν ἀναφορὰν τοῦ ζῳδίου ἐν ᾧ ὁ Ἥλιος τυγχάνει καὶ ἀπόλυε ἀπὸ
τῆς κατὰ γένεσιν Σελήνης, ἑκάστῳ ζῳδίῳ ἀνὰ μίαν μοῖραν διδούς· ὅπου 25
δ' ἂν καταλήξῃ, ἐκεῖ ὁ ὡροσκόπος ἢ (καθὼς πρόκειται) εἰς τὰ ὁμοιόπτωτα.
4 νυκτὸς δὲ ἐπιθεὶς τὴν ἀναφορὰν τοῦ σεληνιακοῦ ζῳδίου, ἀπόλυε ἀπὸ τοῦ
5 κατὰ γένεσιν Ἡλίου. οἷον ἐπὶ τοῦ προκειμένου παραδείγματος Ἥλιος
Ὑδροχόου ⟨κβ'⟩, Σελήνη Σκορπίῳ· ταύταις προσέθηκα τὴν ἀναφορὰν
6 τοῦ ζῳδίου λς· γίνονται νη. ταύτας ἀπέλυσα ἀπὸ Ἡλίου· κατέληξε Παρ- 30
f.262M θένῳ· ἐκεῖ ὁ | ὡροσκόπος.

§§ 2, 5, 12–14: thema 83 (8 Feb. 120)

[M] 1 ἡδύβιαι M, corr. Kroll | χαριστικαί sugg. Kroll ‖ 4 περισάδελφοι M, corr.
Kroll ‖ 6 ἑξῆς Rhosus ‖ 7 εὐτυχεῖς sugg. Kroll ‖ 12 φαμὲν ὅτι Rhosus, τοῦτο
προσθῶμεν ὅτι sugg. Kroll | αὐτοῖς M ‖ 18 νοσοῦντος M, corr. Kroll ‖ 21 νύξ M,
νυκτερινή Kroll ‖ 22 αἰγόκερως M ‖ 23 ἦν M, corr. Kroll ‖ 25 τοῦ M, τῆς Kroll ‖
26 δ' ἄν] ἐὰν M | εἶ M ex corr., ἢ Kroll ‖ 27 ἐπὶ M, ἀπὸ Kroll ‖ 30 λζ M | μδ M,
νϑ Kroll | κατέληξα M, corr. Kroll

18

⟨Ἀ⟩πὸ Θὼθ ἕως τῆς γενεσιακῆς ἡμέρας τὸ πλῆθος ἀναλαβὼν καὶ τὰς 7
ὥρας πολυπλασιάσας ἐπὶ τὸν πεντεκαίδεκα καὶ προσθεὶς τῷ πρώτῳ ἀριθ-
μῷ, ἀπόλυε ἡμέρας μὲν ἀπὸ Παρθένου ἀνὰ λ, νυκτὸς δὲ ἀπὸ Ἰχθύων. ἢ 8
πάλιν τὰς ὥρας πολυπλασιάσας ἐπὶ τὸν ιε [καὶ προσθεὶς τὰς τοῦ Ἡλίου
5 μοίρας], ἀπόλυε ἡμέρας μὲν ἀπὸ αὐτοῦ τοῦ Ἡλίου πρὸς ἀναφορὰν κατὰ
τὸ γεννητικὸν κλίμα, νυκτὸς δὲ ἀπὸ τοῦ διαμέτρου πρὸς ἀναφοράν· μυστι-
κὸς δὲ καὶ ἀναγκαστικὸς ὡροσκόπος οὕτως εὑρίσκεται. ἐπὶ μὲν ἡμερινῆς 9
γενέσεως ὡροσκοπήσει τὸ σπόριμον τρίγωνον τοῦ Ἡλίου ἢ τὰ τούτου
ἑξάγωνα, ἐπὶ δὲ νυκτερινῆς τὰ τούτων διάμετρα, ὥστε καὶ ἄτερ ὥρας,
10 ἐὰν ἐπιγνῷς πότερον νὺξ ἢ ἡμέρα, εὑρήσεις τὸ ὡροσκοποῦν ζῴδιον.
⟨Π⟩ρὸς δὲ λεπτομερῆ καὶ μοιρικὴν εὕρεσιν ὡροσκόπου οὕτως. τὰς γεν- 10, 11
νητικὰς ὥρας ἐπὶ τὸ τῆς Σελήνης δρόμημα πολυπλασιάσας, ἀπόλυε ἡμέ-
ρας μὲν ἀπὸ τῆς τοῦ Ἡλίου μοίρας, νυκτὸς δὲ ἀπὸ τοῦ διαμέτρου· καὶ
ὅπου δ᾽ ἂν καταλήξῃ, τοσούτων μοιρῶν ὁ ὡροσκόπος κριθήσεται. ἔστω 12
15 δὲ ἐπὶ ὑποδείγματος Ἀδριανοῦ δ΄ Μεχὶρ ιγ΄ ὥρα νυκτὸς α΄· Ἥλιος
Ὑδροχόου μοίρᾳ κβ΄, Σελήνη Σκορπίου μοίρᾳ ζ΄, τὸ δρόμημα τῆς Σελή-
νης ἐν τῇ σδ΄ ἡμέρᾳ ἀπὸ ἐποχῆς ιγ νβ΄. εἰσῆλθον εἰς τὸ προκείμενον ὄργα- 13
νον εἰς τὰς ιδ μοίρας τὰς ἐν τῷ πρώτῳ στίχῳ, καὶ εὖρον ὑποκάτω κατὰ
τὴν πρώτην ὥραν ιϛ. ταύτας ἀπέλυσα [καὶ] ἀπὸ τῆς διαμετρούσης τὸν 14
20 Ἥλιον μοίρας Λέοντος κβ΄· κατέληξεν ἐν τῇ Παρθένῳ περὶ μοῖραν η΄.
ἐὰν δέ πως ἐκ τοῦ ἀναφορικοῦ πλειόνων ἢ ἡττόνων μοιρῶν εὑρεθῇ, ἐκ 15
τῆς προκειμένης ἐφόδου γνωσθήσεται πότερον πρόσθεσιν ἢ ἀφαίρεσιν ἡ
ὥρα ἔχει.
⟨Ἐ⟩πὶ μὲν τῶν ἡμέρας τὰς λοιπὰς τοῦ Ἡλίου μοίρας καὶ ὅσας ἐπέχει ἡ 16
25 Σελήνη ἐπισυνθείς, ἔκκρουε τριακοντάδας, καὶ αἱ λοιπαὶ ὡροσκοπήσου-
σιν· ἐπὶ δὲ τῶν νυκτὸς τὰς λοιπὰς τῆς Σελήνης καὶ ὅσας ἐπέχει ὁ Ἥλιος.
ἐὰν μέντοι ὑπὲρ τὴν λογιζομένην ὥραν πλεονάσῃ ὁ ἀριθμός, ὅσαι ἂν ὑστε- 17
ρῶσιν εἰς τὰς λ ἢ εἰς τὸ μέγεθος τῆς ὥρας, τοσαῦται ὡροσκοπήσουσιν.
Ἀπὸ τῆς κε΄ τοῦ Ἐπιφὶ ἕως τῆς γεννητικῆς ἡμέρας ψήφισον τὰς ἡμέ- 18
30 ρας σὺν ταῖς ἐπαγομέναις, καὶ πρόσβαλλε τῷ ἀριθμῷ μοίρας κβ, καὶ
ἀπόλυε τὸν ἀριθμὸν ἀνὰ λ, ἡμέρας μὲν ἀπὸ Καρκίνου, νυκτὸς δὲ ἀπὸ
Αἰγοκέρωτος. ὅπου δ᾽ ἂν καταλήξῃ ὁ ἀριθμός, ἐκεῖ ἔσται ὁ ὡροσκόπος· 19
καὶ ὅσων μοιρῶν, τοσαῦται ὡροσκοπήσουσιν.
Ὡροσκοπικὸς γνώμων. λαβὼν τὰς τοῦ Ἡλίου μοίρας ἐπὶ ὡροσκοπικῶν 20 (I 5)

[Μ] 2 τῶν Μ, τὸν Kroll ‖ 4 τῶν Μ, τὸν Kroll ‖ 6 διαμέτρου] ὡροσκόπου Μ ‖
7 οὗτος Μ, corr. Kroll ‖ 9 τούτου sugg. Kroll ‖ 15 Ν Μ, νυκτὸς Kroll ‖ 17 ιδ Μ,
σδ Jones ‖ 19 ὥρας Μ | καὶ secl. Kroll ‖ 20 μδ Μ, κβ Kroll | τῷ Μ ‖ 30 πρόσ-
βαλε Μ, corr. Kroll | μοίρας] μόνα Μ ‖ 33 ὅσων] ὧν Μ ‖ 34 ὡ ꞅ Μ, ὡροσκόπου
χρηματιζούσας Kroll

19

χρόνων ἐπὶ ἡμέρας, ἐπὶ δὲ νυκτὸς τῆς διαμέτρου, δεκαπλασίασον αὐτούς,
καὶ τὸ γενόμενον ποσὸν πάλιν πολλαπλασίασον ἐπὶ τὰς ἀναδοθείσας ὥρας
ἤτοι ἡμερινὰς ἢ νυκτερινάς, ὅλας ἢ καὶ μετὰ μερῶν· καὶ ἐκκρούσας ὅλους
21 κύκλους, τὰ λοιπὰ ἡγοῦ ὡροσκοπικὸν γνώμονα. κλίμα ⟨β'⟩, ὥρα ἡμέρας
22 β', Ἥλιος Καρκίνου κα', Σελήνη Κριοῦ κβ'. χρόνοι ὡροσκοπικοὶ τῆς τοῦ ₅
23 Ἡλίου μοίρας κ̄β̄ κδ'· δεκάκις γίνονται σ̄κ̄δ̄. ταῦτα δὶς γίνονται μετὰ κύ-
κλον π̄η̄· οὗτος ὁ ὡροσκοπικὸς γνώμων.
24 Οἷον ἔστω Ἥλιος Αἰγοκέρωτος μοίρᾳ ιθ'· ἐγεννήθη δέ τις ὥρᾳ νυκτε-
25, 26 ρινῇ τρίτῃ. τὸ δὲ δρόμημα τῆς Σελήνης ἐστὶ μοιρῶν ῑβ̄ ⌐ ιε'. εἰσέρχομαι
εἰς τὸ σελίδιον τῆς τρίτης ὥρας, ἔνθα παράκειται ἐπὶ μὲν τῶν ῑβ̄ μοιρῶν ₁₀
τοῦ δρομήματος μοῖραι μ̄ᾱ ⌐, ἐπὶ δὲ τῶν ῑγ̄ μοιρῶν τοῦ δρομήματος
27 μοῖραι ⟨μ̄⟩δ̄ ⌐. ἡ ὑπεροχὴ τῶν μ̄δ̄ ⌐ πρὸς τὰς μ̄ᾱ ⌐ γίνεται μοῖραι
28 γ̄· τούτων τὸ ⌐ ιε' γίνεται ᾱ ⌐ ε'. ταύτας προστίθημι ταῖς μ̄ᾱ ⌐
διὰ τὸ εἶναι τὸ τῆς Σελήνης δρόμημα μοιρῶν ῑβ̄ ⌐ ιε'· γίνονται οὖν ὁμοῦ
29 μοῖραι μ̄γ̄ ε'. ταύταις πρόσθες τὰς τοῦ Ἡλίου μοίρας ῑθ̄· ὁμοῦ γίνονται ₁₅
30 μοῖραι ξ̄β̄ ε'. ἃς ἀπέλυσα ἀπὸ τοῦ Καρκίνου διὰ τὸ νυκτὸς εἶναι τὴν γένε-
f.263ᵛM σιν, | καὶ κατέληξεν ὁ ὡροσκόπος μοίρᾳ β' Παρθένου λεπτοῖς ῑβ̄· ἦν δὲ
ἀπὸ τοῦ Κανόνος ὁ ὡροσκόπος Παρθένου μοίρᾳ γ'.
31 Σκοπεῖν δεήσει ἐπὶ μὲν τῶν συνοδικῶν τὸ ὅριον τῆς συνόδου καὶ τὸν
κύριον τοῦ ζῳδίου· καὶ ὃς ἂν τούτων συνεγγιζούσας μοίρας τῇ ὥρᾳ ἔχῃ, ₂₀
32 ἐκεῖναι ὡροσκοπήσουσιν. ἐπὶ δὲ τῶν πανσεληνιακῶν τὸ ὅριον τῆς πανσελή-
νου καὶ τὸν κύριον τοῦ ζῳδίου συγκρίνειν.
33 Ἡμέρας τὰς τοῦ Ἡλίου ⟨μοίρας⟩ δεῖ λαμβάνειν καὶ τὰς λοιπὰς [τὰς]
τῆς Σελήνης, καὶ ἐκκρούειν τριακοντάδας, τὰς δὲ περιλειπομένας εἰσενέγ-
καντας εἰς τὸν ἀναφορικὸν λόγον, τὸ παρακείμενον μέγεθος τῷ ἡλιακῷ ₂₅
ζῳδίῳ ποιεῖν ἐπὶ τὰς μοίρας τοῦ Ἡλίου, καὶ ἐπιπροσθέντας τὰς ἡλιακὰς
μοίρας ἀπολύειν τριακοντάδας· ὅσαι δ' ἂν λειφθῶσιν ἔσονται ἡλιακὸς
34 γνώμων. ὃν καὶ σημειωσάμενοι ποιήσομεν καὶ τὸν τῆς Σελήνης γνώμονα
35 οὕτως. διπλώσαντες ἃς ἔχει μοίρας ἡ Σελήνη, ἀφαιροῦμεν τριακοντάδας·
τὰς δὲ περιλειπομένας δωδεκαπλασιάσαντες καὶ ἐπιπροσθέντες τὰς τῆς ₃₀

---

§§ 21–23: thema 98 (?) (18 Iul. 127) ‖ §§ 24–30: thema 53 (16 Ian. 106)

[M] 3 ⟨ ν ἢ ⟩ ν M, corr. Kroll | μοιρῶν M ‖ 4 ὥρᾳ] ὤ̈ M ‖ 5 // M, ἥλιος
Kroll | κα'] ζ M | χρόνοι ὡροσκοπικοί] ἡμερινοὶ ὡροσκόποι M, ἡμεριναὶ ὧραι sugg.
Kroll ‖ 6 κη μβ M, κβ λεπτὰ κδ sugg. Kroll ‖ 6—7 γίνονται υμη τουτέστι κύκλος
εἰς καὶ πη sugg. Kroll ‖ 6 κύκλων M ‖ 7 ὡροσκόπος M, corr. Kroll ‖ 8 ἐγεννήθη M ‖
12 μδ Kroll ‖ 13 τουτέστι M, τούτων Kroll ‖ 17 ⸱⸱ M, λεπτοῖς Kroll ‖ 19 τὸ M,
τόν Kroll ‖ 24 εἰσενέγκαντες M, corr. Kroll ‖ 27 λείψωσιν M, λειφθῶσιν sugg.
Kroll

Σελήνης [ἢ] μοίρας, ἀφαιροῦμεν τριακοντάδας· καὶ αἱ λοιπαὶ ἔσονται τῆς
Σελήνης γνώμων. νυκτὸς δὲ τὰς λοιπὰς τῆς Σελήνης μοίρας καὶ ἃς ἔχει 36
ὁ Ἥλιος ἐπισυνθέντες καὶ ἐκκρούσαντες εἰς τὸν ἀναφορικὸν τριακοντάδας,
τὰς λοιπὰς εἰσφέρομεν ἐπὶ τὸ ἡλιακὸν ζῴδιον· καὶ ἐπιγνόντες τὸ ὡριαῖον
5 μέγεθος, πολλαπλασιάζομεν τὰς τοῦ Ἡλίου μοίρας· καὶ ἐπιπροσθέντες
ὅσας ἔχει μοίρας ὁ Ἥλιος, ἀφαιροῦμεν τριακοντάδας· καὶ αἱ περιλειπόμε-
ναι ἔσονται ἡλιακὸς γνώμων. ἐὰν οὖν ὑπερέχῃ ὁ τοῦ Ἡλίου γνώμων τὸν 37
τῆς Σελήνης, ἡ ὥρα ἀφαίρεσιν ἔχει· ἐὰν δὲ ὁ τῆς Σελήνης, πρόσθεσιν
[οὐδαμῶς ἢ ἀφαίρεσιν] ἔχει ὅσῃ ἡ ὑπεροχή· ἐὰν δὲ ἴσοι, οὔτε πρόσθεσιν
10 οὔτε ἀφαίρεσιν ἔχει. ὁμοίως καὶ ἐὰν ὑπὲρ τὰς ῑε ἢ ἐντός, αἱ περιλειπόμε- 38
ναι πρόσθεσιν ἢ ἀφαίρεσιν ἔχουσιν.
〈Ζ〉ῳδιακῶς ἐπιγνόντες τὸ ὡροσκοποῦν ζῴδιον, τὴν μοῖραν οὕτως 39
εὑρήσομεν. μαθόντες τὸ ἔτος τῆς τετραετηρίδος ὡς ὑπόκειται, τὰς παρα- 40
κειμένας ὥρας τῇ γεννητικῇ ὥρᾳ ἐπιπροσθέντες καὶ ψηφίσαντες τὴν
15 Σελήνην πόση ἐστίν, τοσοῦτον ἡγησόμεθα τὸν ὡροσκόπον. ἔχει δὲ τὸ 41
πρῶτον ἔτος ὥραν ᾱ, τὸ δεύτερον ὥρας ζ̄, τὸ τρίτον ὥρας ῑβ, τὸ τέταρτον
ὥρας ζ̄. προσῳκείωται δὲ καὶ τὸ ἔτος τῆς τετραετηρίδος πρὸς τὴν τοῦ 42
Κυνὸς ἄστρου ἐπιτολήν. ἔτος πρῶτον τῆς τετραετηρίδος· ἀνατέλλει Καρ- 43
κίνῳ ὥρα πρώτῃ ἡμερινῇ. τὸ δεύτερον ἔτος· ἀνατέλλει Ζυγῷ ὥρᾳ ἡμερινῇ 44
20 ϛ'. τὸ τρίτον ἔτος· ἀνατέλλει Αἰγοκέρωτι ὥρᾳ ἡμερινῇ ῑβ'. τὸ τέταρτον· 45, 46
ἀνατέλλει ὥρᾳ ϛ' [καὶ] νυκτὸς ἐν Κριῷ. οὕτως καὶ ἐπὶ τῶν ἀντιγενέσεων 47
χρησιμεύει ὁ ὡροσκόπος, προστιθεμένων τῶν τῆς τετραετηρίδος ὡρῶν
κατὰ τὸ ζητούμενον ἔτος καὶ ἀπολυομένων ἀπὸ τῆς γενεσιακῆς ὥρας.
εἰς ποῖον ἂν ἐκπέσῃ ἡμικύκλιον (ἤτοι νυκτερινὸν ἢ ἡμερινόν), ἐκεῖ ἡγεῖ- 48
25 σθαι τὸν ὡροσκόπον, καὶ τοὺς κατ' ἐκεῖνο καιροῦ ἀστέρας ἐπικέντρους
συγκρίνειν πρὸς τὴν γένεσιν.

〈ε'.〉 | Περὶ μεσουρανήματος
f. 89 V, f. 18
(I 6)

Μεσουράνημα δὲ ἀπὸ χειρὸς εὑρεῖν οὕτως. ἀπὸ τῆς δυνούσης μοίρας 1, 2
λαβὼν κατὰ τὰς ἀναφορὰς τοῦ κλίματος ἕως τοῦ διαμέτρου, τούτων τὴν
30 ἡμίσειαν ἀπόλυε ἀπὸ τῆς δυτικῆς μοίρας· ὅπου δ' ἂν ἐκπέσῃ, τοσοῦτον

---

§§ 39—48: vide HAMA 707

[M VS] 1 ἢ secl. Kroll ‖ 9 ἴσῃ M, ἴσοι sugg. Kroll ‖ 11 ἔχωσι Kroll ‖ 14 γεννη-
τικῇ M, corr. Kroll ‖ 16 ὥραν ᾱ] ὥρας ιᾱ M ‖ 19 ἡμερινῇ¹] νυκτερινῇ M ‖ 20 ὤ̍ post
ὥρᾳ M ‖ 21 καὶ secl. Kroll ‖ 24 ἐκπέσοι M, corr. Kroll ‖ 25 ἐκεῖνον M, corr.
Kroll ‖ ante 27 οὐάλεντος ἀντιοχέως ἀνθολογιῶν βιβλίον πρῶτον VS ‖ 27 περὶ
μεσουρανήματος om. M ‖ 28 οὕτως om. VS ‖ 29 τὰς MS τῆς V

21

3 ἔσται τὸ μεσουράνημα. οἷον ἔστω ὁ ὡροσκόπος Αἰγοκέρωτος μοίρᾳ ιε′
4 κατὰ τὸ δεύτερον κλίμα. ἔλαβον ἀπὸ τῆς δυνούσης μοίρας – Καρκίνου
f.264M ιε′ – ἕως τῆς τοῦ Αἰγοκέρωτος ιε′· | συνάγονται ἀναφοραὶ σιδ· τούτων
5 τὸ ᴖ ρζ. ταύταις προσθεὶς τὰς ιε τοῦ Καρκίνου, ἀπέλυσα ἀπὸ τοῦ
αὐτοῦ· κατέληξεν ἐν Σκορπίῳ μοίρᾳ β′, ἔνθα τὸ μεσουράνημα· ὁμοίως δὲ 5
καὶ ἐπὶ τῶν λοιπῶν.

6 Ἐὰν δὲ καὶ τὸ μέγεθος τῶν ὡρῶν τῆς ἡμέρας ἐπιγνῶναι θέλῃς, πάντοτε
ἀπὸ τῆς ἡλιακῆς μοίρας ἕως τῆς διαμετρούσης τὰς ἀναφορὰς ἐπισυνθεὶς
7 καὶ τούτων τὸ ιε′ λαβών, ἐπιγνώσῃ τὸ μέγεθος. οἷον τὴν προκειμένην
δύνουσαν Καρκίνου μοῖραν ιε′ ὑπόθου εἶναι ἡλιακήν· ἕως οὖν τοῦ διαμέ- 10
8 τρου γίνονται αἱ ἀναφοραὶ σιδ. τούτων τὸ ιε′ ιδ καὶ δ· λοιπαί εἰσιν ε′ ιε′
μέρος ὥρας. ἔσται οὖν ἡ ἡμέρα, Ἡλίου ὄντος ἐν Καρκίνῳ περὶ μοίρας ιε,
9 κατὰ τὸ κλίμα τῆς Συρίας ὡρῶν ιδ ε′ ιε′. εἰ δὲ καὶ τὸ τῆς νυκτὸς μέγεθος
ἐπιγνῶναι θέλεις, ἀπὸ τῆς διαμετρούσης μοίρας τὸν Ἥλιον ἐπισυνθεὶς τὰς
10 ἀναφορὰς ἕως ἧς ἐπέχει πραγματεύου· ὁμοίως δὲ καὶ ἐπὶ τῶν λοιπῶν 15
ζῳδίων.

(I 7)   ⟨ς′.⟩ Περὶ ἀναφορᾶς τῶν ζῳδίων

1 Πόσων δὲ ὡρῶν ἕκαστον ζῴδιον ἀναφέρεται ἐκ τῆς ἑκάστου ἀναφορᾶς
2 γνωστέον. οἷον ἐπεὶ ὁ Κριὸς ἀναφέρεται ἐν κ̄, ἡ δὲ ὥρα ἔχει χρόνους ἰσημε-
f.1v8 ρινοὺς ιε, ἐὰν ἀφέλῃς ἐκ τῶν κ̄ τὰς ιε, λοιπὰ ε̄ ἅ ἐστι τρίτον μέρος | τῶν 20
3, 4 ιε. ἀνενεχθήσεται οὖν ὁ Κριὸς ὥρᾳ ᾱ καὶ τρίτῳ. πόσον δὲ χρόνον ἑκάστη
5 μοῖρα ἰσχύει γνώσῃ οὕτως. δίπλωσον τὴν ἀναφορὰν ἑκάστου ζῳδίου, καὶ
6 ταῦτα ἑξάκις· γίνονται σμ̄· ἡ μοῖρα μῆνες η. ἕκαστον δὲ ζῴδιον πόσην
7 πρόσθεσιν ἢ ἀφαίρεσιν ἀναφορᾶς ἔχει οὕτως γνωστέον. ἐπεὶ ὁ Κριὸς
8 ἀναφέρεται ἐν κ̄, ὁ Ζυγὸς ἐν μ̄ εἰς συμπλήρωσιν τῶν ξ. ὅσων γὰρ ἕκαστον 25
ἀναφέρεται ζῴδιον, εἰς συμπλήρωσιν τῶν ξ τὸ κατὰ διάμετρον ζῴδιον
ἐφέξει· καὶ ὅσων ὡρῶν ἕκαστον εἰς συμπλήρωσιν τῶν δ ὡρῶν τὸ κατὰ
διάμετρον· καὶ ὅσων ἡμερῶν καὶ μηνῶν δυοῖν ἐτῶν τὸ κατὰ διάμετρον
9 ἐφέξει. ᾧ γὰρ πλεονάζει ἕκαστον τὸ κατὰ διάμετρον λείπεται, ᾧ δὲ λείπε-
10 ται τούτῳ πλεονάζει τὸ κατ᾽ εὐθύ. ἀφεῖλον οὖν ἀπὸ τοῦ προκειμένου με- 30

cap. 6: vide HAMA 728–729

[M VS] 1 ἔστω M ἔσται VS | ὁ om. VS ‖ 4 τὰς VS ταῖς M ‖ 5 κατέληξεν S
κατέλυσεν M ‖ 7 κατὰ M VS, καὶ Kroll ‖ 8 διαφορὰς VS ‖ 10 οὖν M V αὐτοῦ S ‖
11 διαφοραὶ VS | καὶ om. M | λοιπά M ‖ 12 ἔσται] ἔστω M VS | ἐν om. M ‖ 14 τοῦ
⟋ S ‖ cap. 6 om. M ‖ 19 ὁ om. S | ἡσημερινοὺς S ‖ 20 τὰς sup. lin. V ‖ 21 μία S |
τρίτον VS, corr. Kroll ‖ 22 εἰσχύει V ‖ 23 πόσιν S ‖ 24 προσθέσεως ἢ ἀφαιρέσεως V,
sed corr. πρόθεσιν ἢ ἀφαίρεσιν ὡς S | ἀναφορὰν VS, corr. Kroll ‖ 25 γὰρ V
παρ᾽ S ‖ 27 ἐφέξης S ‖ 29 ᾧ¹] ὡς S

22

γίστου τὸ ἐλάχιστον, τουτέστιν ἀπὸ τῶν μ̄ τὰ κ̄· λοιπὰ κ̄. τούτων τὸ ε' 11
γίνεται δ· ἡ προσθαφαίρεσις ἑκάστου ζῳδίου τέτταρα. ταῖς οὖν κ̄ τοῦ 12
Κριοῦ ἐὰν προσθῶμεν δ̄ γίνονται κδ̄· ἐν τούτοις ὁ Ταῦρος ἀνενεχθήσε-
ται· οἱ δὲ Δίδυμοι ἐν κη̄, ὁ Καρκίνος ἐν λβ̄, ὁ Λέων ἐν λς̄, ἡ Παρθένος ἐν μ̄,
5 ὁ Ζυγὸς ⟨ἐν⟩ μ̄. εἶτα ἀπὸ Σκορπίου ὁμοίως ἀφαιρήσεις δ̄ ἕως Ἰχθύων. 13
οὕτως καὶ καθ᾽ ἕκαστον κλίμα ζητῶν ἐπιγνώσῃ. 14
Ἄλλως. ἔστω τὸν Λέοντα ἀναφέρεσθαι ἐν λς̄, ὁμοίως δὲ καὶ ⟨τὸν⟩ 15
Σκορπίον, τὸν δὲ Ταῦρον καὶ τὸν Ὑδροχόον ἐν κδ̄. λοιπὰ ιβ̄, ὧν τὸ γ' 16
δ̄· αὕτη προσθαφαίρεσις. οὕτως καὶ καθ᾽ ἕκαστον κλίμα ζητῶν ἐπιγνώσῃ. 17
10 Ἡ δὲ διαφορὰ τῶν κλιμάτων καὶ παραύξησις οὕτω γινώσκεται. ἐπεὶ 18, 19
ἐν τῷ πρώτῳ κλίματι ἀπὸ Καρκίνου ἕως Τοξότου συνάγονται ἀναφοραὶ
σῑ, τὸ ς' γίνεται λε̄· ἐν τούτοις ὁ Λέων ἀνενεχθήσεται. καὶ ὁμοίως κατὰ 20
τὴν προκειμένην ἔφοδον ἐὰν ἀφέλῃς τὰς κε̄ τοῦ Ὑδροχόου, καὶ τῶν λοι-
πῶν τὸ γ' λάβῃς, ἐπιγνώσεις τῶν ζῳδίων τὰς ἀναφοράς. ἐπεὶ οὖν ἑπτὰ 21
15 κλίματα τυγχάνει, ἐν δὲ τῷ ζ' ἀπὸ Καρκίνου | συνάγονται ἀναφοραὶ σλδ̄, f.28
ἀφ᾽ ὧν ἐὰν τὰ σῑ τοῦ πρώτου κλίματος ἀφέλωμεν, περιλειφθήσονται κδ̄
ὑπεροχαί· ὧν τὸ ς' (ἐπεὶ μεταξὺ ζ̄ κλίματα τυγχάνει) γίνονται δ̄. αὕτη 22
αὔξησις ἑκάστου κλίματος πρὸς τὴν πῆξιν τοῦ ἀναφορικοῦ, ὡς εἶναι ἐν
μὲν τῷ πρώτῳ κλίματι ἀπὸ Καρκίνου ἕως Τοξότου ἀναφορὰς σῑ, ἐν δὲ
20 τῷ β' κλίματι σιδ̄, ἐν δὲ τῷ γ' σιη̄, ἐν δὲ τῷ δ' σκβ̄, ἐν δὲ τῷ ε' σκς̄, ἐν
δὲ τῷ ς' σλ̄, ἐν δὲ τῷ ζ' σλδ̄.

⟨ζ'.⟩ Περὶ ἀκουόντων καὶ βλεπόντων ζῳδίων (I 8)

Ὁμοίως καὶ περὶ ἀκουόντων καὶ βλεπόντων ἐξαγώνων ζῳδίων ἐκ τῶν 1
ἀναφορῶν γνωστέον. οἷον οὕτως· οἱ Ἰχθύες βλέπουσι τὸν Ταῦρον. ἀπὸ 2, 3
25 Ἰχθύων ζ̄ ζῳδίων ἀναφοραὶ κατὰ τὸ δεύτερον κλίμα γίνονται ρξ̄, καὶ ἀπὸ
Ταύρου ἕως Ζυγοῦ ō. γεγόνασιν οἱ Ἰχθύες ἥττονες τοῦ Ταύρου καὶ 4
ἀκούουσιν αὐτοῦ· καὶ τῶν β̄ αἱ ἀναφοραὶ πληροῦσι τὰς τξ̄. ὁμοίως ἀπὸ 5
Διδύμων ἕως Σκορπίου σιβ̄ καὶ ἀπὸ Λέοντος ἕως Αἰγοκέρωτος σιβ̄·
Δίδυμοι οὖν καὶ Λέων ἰσανάφοροι καὶ ἀκούουσιν ἀλλήλων. πάλιν ἀπὸ 6
30 Παρθένου ἕως Ὑδροχόου ō καὶ ἀπὸ Σκορπίου ἕως Κριοῦ ρξ̄· βλέπουσιν.

[M V S] 1 τὸν VS, τὸ¹ Kroll ‖ 3 ὁ ταῦρος] οὐκ S ‖ 5 ἀφαίρεσις V, sed corr. ‖
8 καὶ sup. lin. V ‖ 8—9 ὧν τὸ γ δ sup. lin. V ‖ 14 ἐπιγνώσῃς S, ἐπιγνώσῃ sugg.
Kroll ‖ 16 ἀφ᾽ — κδ sup. lin. V | ἐφ᾽ S | σῃ V | κδ] κς S ‖ 20 τετάρτῳ V ‖
22 περὶ — ζῳδίων om. M ‖ 23 καὶ¹ sup. lin. S ‖ 24 τὸν] τὸ S ‖ 25 ς] καὶ M | β̄ VS ‖
27 τῶν] τῆς M | αἱ sup. lin. V ‖ 28 ἕω¹ S | σιβ¹] σιδ M ‖ 30 καὶ] μ S

VETTIVS VALENS

7, 8 ἀπὸ Ζυγοῦ ἕως Ἰχθύων ̅ο̅π̅. ἀπὸ Τοξότου ἕως Ταύρου ̅ο̅μ̅η, ἀπὸ Ὑδροχόου
9 ἕως Καρκίνου ̅ο̅μ̅η · ἀκούουσι καὶ ἰσανάφοροι. οὕτως καὶ ἐπὶ τῶν λοιπῶν.
10, 11 Τινὲς δὲ τὴν συμπάθειαν τῶν ἐξαγώνων οὕτως ἡγοῦνται. τῶν δύο ζῳ-
δίων τὰς ἀναφορὰς ἐπισυνθέντες, καὶ τούτων τὴν ἡμίσειαν [περὶ] ἀναλα-
12 βόντες, σκοποῦσιν εἰ τὸ μεταξὺ ζῴδιον οὕτως ἀναφέρεται. οἷον Κριὸς ̅κ̅, 5
οἱ Δίδυμοι ̅κ̅η̅ · γίνονται ̅μ̅η̅, ὧν τὸ ͵ ̅κ̅δ̅· ἐν τούτοις ὁ Ταῦρος ἀναφέρε-
13, 14 ται. διὰ τοῦτο ὁ Κριὸς πρὸς τοὺς Διδύμους ἔχει συμπάθειαν. ὁμοίως ὁ
Ταῦρος πρὸς τὸν Καρκίνον, ἐπεὶ τῶν ̅β̅ αἱ ἀναφοραὶ γίνονται ̅ν̅ζ̅, ὧν τὸ ͵
15 ̅κ̅η̅· ἐν τούτοις οἱ Δίδυμοι ἀναφέρονται. καὶ ὁμοίως οἱ Δίδυμοι πρὸς τὸν
16 Λέοντα καὶ ὁ Καρκίνος πρὸς τὴν Παρθένον. ὁ δὲ Λέων πρὸς τὸν Ζυγὸν 10
οὐκ ἔχει διὰ τὸ τὰ ̅β̅ συνάγεσθαι ̅ο̅ζ̅, ὧν τὸ ͵ ̅λ̅η̅· ἡ δὲ Παρθένος ἐν ̅μ̅
17 ἀναφέρεται. ὁμοίως καὶ ἐπὶ τῶν λοιπῶν.

(I 9) ⟨η΄.⟩ Σύνοδοι καὶ πανσέληνοι ἀπὸ χειρός

1, 2
f.2v8 Σύνοδον καὶ πανσέληνον ἀπὸ χειρὸς εὑρεῖν. λαβὼν ἀπὸ τῆς | ἡλιακῆς
μοίρας ἐπὶ τὴν σεληνιακήν, καὶ ἐπιγνοὺς πόσα ἐστὶ ̅ι̅β̅μοίρια, ἀνάδραμε 15
3 ἀπὸ τῆς ἡλιακῆς μοίρας· κἀκεῖ εὑρήσεις τὴν σύνοδον. καὶ ἡ Σελήνη δὲ
4 τοσαύτας ἀπὸ συνόδου ἐφέξει ἡμέρας ὅσα ἂν εὑρεθῇ ̅ι̅β̅μοίρια. ἐπὶ δὲ τῶν
f.264vM πανσεληνιακῶν | γενέσεων ἀπὸ τῆς διαμετρούσης τὸν Ἥλιον μοίρας λάμ-
βανε ὡς ἐπὶ τὴν Σελήνην, καὶ ἐπιγνοὺς πόσα ἐστὶ ̅ι̅β̅μοίρια, ἀφαίρει ἀπὸ
5 τῆς διαμετρούσης τὸν Ἥλιον μοίρας· κἀκεῖ ἔσται ἡ πανσέληνος. ἐὰν δὲ 20
6 τῇ πανσεληνιακῇ μοίρᾳ προσθῇς ̅ι̅ε̅, εὑρήσεις τὴν μέλλουσαν σύνοδον. ὁμοίως
δὲ καὶ τῇ συνοδικῇ μοίρᾳ ἐὰν προσθῇς ̅ι̅ε̅, εὑρήσεις τὴν μέλλουσαν παν-
σέληνον.
7 Οἷον Μεσωρὶ β΄· Ἥλιος Λέοντος μοίρᾳ ε΄, Σελήνη Ζυγοῦ μοίρᾳ κς΄.
8 τὸ διάστημα ἀπὸ τοῦ Ἡλίου ἐπὶ τὴν Σελήνην γίνεται ̅π̅α̅, ἅ ἐστι ̅ι̅β̅μοίρια 25
9 ̅ζ̅ ἔγγιστα· ἔσται οὖν ζ΄ ἡ Σελήνη ἀπὸ συνόδου. πάλιν τὰ ̅ζ̅ ἀνεπόδισα ἀπὸ

§§ 1—6: vide HAMA 824 ‖ §§ 7—11: thema 68 (26 Iul. 114)

[M VS] 3 ἐξηγοῦνται sugg. Kroll | β M ‖ 4 ἥμι VS ‖ 6 ὁ om. VS ‖ 7 ἕξει VS |
καὶ post ὁμοίως S ‖ 8 τὸν om. M | ℣ M | δύο S ‖ 10 τὴν παρθένον] τὸν ταῦρον M ‖
11 τὰ β om. M | τὰς post β VS | οζ] οη M VS | τῶν M | λθ M VS ‖ 13 σύνοδοι —
χειρός om. M ‖ 15 ιβμο̅ ἐστὶν M ‖ 17 ἡμέρας] μοίρας M VS | ἐὰν M VS | εὑρεθῇ///V |
βμόρια V | β̅μ̅ᵒᵃ S | ἐπεὶ S ‖ 18 πανσελήνων M VS ‖ 19—20 ὡς — μοίρας om. M ‖
19 ἀφαίρεις S ‖ 21 πανσελήνῳ VS | παν ℂ M | προσθεὶς M ‖ 21—22 σύνοδον — μέλ-
λουσαν om. M ‖ 22 τῆς συνοδικῆς μ̅ᵒ S | ιε om. S ‖ 24 μεσορὶ M V μεσόριον S |
ιβ V | ζ corr. in ε M ‖ 25 γίνονται M ‖ 26 ἔσται sup. lin. V | τὴν corr. in τὰ V
τὰς M

24

τῆς ἡλιακῆς μοίρας· κατέληξεν εἰς τὴν τοῦ Καρκίνου μοῖραν κη'· ἐκεῖ ἡ
σύνοδος ἐγένετο. καὶ ἀπὸ τῆς β' τοῦ Μεσωρὶ ἀνεπόδισα τὰς ζ· γίνεται 10
Ἐπιφὶ κε'. ταῖς οὖν κη͞ τοῦ Καρκίνου ἐὰν προσθῶμεν ι͞ε γίνεται Λέοντος 11
ι͞γ· ἔσται οὖν ἡ πανσέληνος Ὑδροχόου μοίρα ιγ'.
5 Τὴν δὲ πανσέληνον οὕτως. ἔστω Μεχὶρ ιγ'· Ἥλιος Ὑδροχόου μοίρα 12, 13
κβ', Σελήνη Σκορπίου μοίρα ζ'. ἔλαβον ἀπὸ τῆς διαμετρούσης τὸν 14
Ἥλιον μοίρας – Λέοντος κβ' – ἕως τῆς σεληνιακῆς· γίνονται ο͞ε. εἰσὶν 15
οὖν ι͞βμοίρια ξ, ἅτινα ἀφαιρῶ ἀπὸ τῆς τοῦ Λέοντος μοίρας κβ'· λοιπαὶ ι͞ζ,
ἐν αἷς γέγονεν ἡ πανσέληνος. πάλιν τὰς ξ͞ ἀφεῖλον ἀπὸ τῆς ιγ' τοῦ Μεχὶρ· 16
10 γέγονε τοῦ Μεχὶρ ζ'. ὁμοίως ἐπεὶ ἀπὸ συνόδου ἕως πανσελήνου εἰσὶν 17
ἡμέραι ι͞ε, ταύταις προσέθηκα τὰς η͞· γίνονται κ͞α. τοσαύτας ἡμέρας ἡ 18
Σελήνη ἀπὸ τῆς συνόδου ἀφέξει.

⟨θ'.⟩ Περὶ ἑπταζώνου [ἤτοι σαββατικῆς ἡμέρας] ἀπὸ χειρός   (I 10)

Περὶ δὲ τῆς ἑβδομάδος [καὶ σαββατικῆς ἡμέρας] οὕτως. τὰ ἀπὸ Αὐγού- 1, 2
15 στου ἔτη πλήρη καὶ τὰς ἐμβολίμους ἀναλαβών, πρόσθες καὶ τὰς ἀπὸ Θὼθ
ἕως τῆς γενεθλιακῆς ἡμέρας, καὶ ἐκ τούτων ἀφαίρει ὁσάκις δύνῃ ἑπτά, τὰς
δὲ λοιπὰς ἀπὸ Ἡλίου· εἰς οἷον δ' ἂν καταλήξῃ ἀστέρα, ἐκείνου ἔσται ἡ
ἡμέρα. ἡ δὲ τάξις τῶν ἀστέρων πρὸς τὰς ἡμέρας οὕτως ἔχει· Ἥλιος, Σελή- 3
νη, Ἄρης, Ἑρμῆς, Ζεύς, Ἀφροδίτη, Κρόνος. ἡ δὲ τῶν ζωνῶν διάθεσις 4
20 οὕτως· Κρόνος, Ζεύς, Ἄρης, Ἥλιος, Ἀφροδίτη, | Ἑρμῆς, Σελήνη. ἐκ ταύ- f. 2 bis S
της δὲ τῆς διαθέσεως αἱ ὧραι σημαίνονται, ἐκ δὲ τῶν ὡρῶν ἡ ἡμέρα τοῦ   5
ἐξῆς ἀστέρος.
Οἷον ἔτος δ' Ἀδριανοῦ Μεχὶρ κατὰ Ἀλεξανδρεῖς ιγ' νυκτὸς ὥρα α'. 6
τὰ ἀπὸ Αὐγούστου ἔτη πλήρη ο͞μη, καὶ ἐμβόλιμοι λ͞ς, καὶ ἀπὸ Θὼθ ἕως 7
25 ιγ' Μεχὶρ ἡμέραι ρ͞ξγ· γίνονται τ͞μζ. ἀφαιρῶ ἑβδομάδας μ͞θ· λοιπαὶ δ. 8
ἀπὸ Ἡλίου καταλήγει εἰς Ἑρμοῦ ἡμέραν. καὶ ἡ α' ὥρα τῆς ἡμέρας Ἑρ- 9, 10
μοῦ, ἡ β' Σελήνης, ἡ γ' Κρόνου, ἡ δ' Διός, ἡ ε' Ἄρεως, ἡ ς' Ἡλίου, ἡ ζ'
Ἀφροδίτης, ἡ η' Ἑρμοῦ, ἡ θ' Σελήνης, ἡ ι' Κρόνου, ἡ ια' Διός, ἡ ιβ'
Ἄρεως· ἡ νυκτὸς α' Ἡλίου, β' Ἀφροδίτης, γ' Ἑρμοῦ, δ' Σελήνης, ε' Κρό-
30 νου, ς' Διός, ζ' Ἄρεως, η' Ἡλίου, θ' Ἀφροδίτης, ι' Ἑρμοῦ, ια' Σελήνης,

§§ 12–18: thema 83 (8 Feb. 120) ‖ §§ 6–11: thema 83 (8 Feb. 120)

[M VS] 1 τὴν] τὸ M ‖ 2 μεσορι M   μεσῶριον VS ‖ 3 ταῖς] τῆς M | ἂν M ‖
4 ἔσται] ἄρ' S | μοῖ γ' M | 5 ἔστω] ὥ S ω͞ M | μεχεὶρ M | 8 ς] γ S ‖ 9 τῆς]
τῶν S ‖ 13 περὶ – χειρός om. M ‖ 14 τοῦ post ἀπὸ M ‖ 15 ἔτους V | πλήρου M ‖
16 γενεσιακῆς V | δύνει M | ζ M ‖ 17 καταλήξει S καταλήξης V | ἔσται] ἄρα S
ἐστὶν M ‖ 21 δὲ¹] οὖν M ‖ 23 δ'] α M VS ‖ 24 ἔπλήρη M ‖ 25 ἡμέραι om. VS ‖
26 ἡμέραν] M | τῆς om. VS | ἡμέρας] S, sup. lin. V, M ‖ 29 ἡ νυκτὸς α'] ὥρα S

25

11 ιβ' Κρόνου. εἶτα ἑξῆς γίνεται ἡ ἐπιοῦσα ἡμέρα, τουτέστι Μεχὶρ ιδ' · ἔσται
Διὸς καὶ ἡ α' ὥρα.

(I 11) ⟨ι'.⟩ Περὶ οἰκοδεσπότου ἔτους

1 Εἰ δὲ καὶ τὸν οἰκοδεσπότην τοῦ ἔτους θέλεις ἐπιγνῶναι, τῷ αὐτῷ τρόπῳ.
2 οἷον ἐπὶ τοῦ αὐτοῦ ὑποδείγματος τὰ πλήρη ⟨ἀπὸ⟩ Αὐγούστου ἔτη ρμη, καὶ 5
3 ἐμβόλιμοι λς, καὶ τοῦ Θὼθ ᾱ · γίνονται ρπε. ἐκ τούτων ἀφαιρῶ ἑβδομά-
4, 5 δας κς · λοιπαὶ ȳ. ταύτας ἀπὸ Ἡλίου · καταλήγει τὸ ἔτος Ἄρει. ἐπὰν οὖν
ἐπιγνῷς τὸν κύριον τοῦ ἔτους, εὑρήσεις καὶ τὸν κύριον τοῦ μηνὸς οὕτως,
6 τῇ τῶν ζωδίων διαθέσει ἀνωφερῶς χρώμενος. οἷον ὁ Θὼθ ἔσται Ἄρεως ·
ἐπεὶ οὖν ἡ κθ' τοῦ Θὼθ πάλιν εἰς τὸν Ἄρεα καταλήγει, ἡ λ' Ἑρμοῦ, ἡ πρώ- 10
f.265M τη τοῦ Φαωφὶ ἔσται Διός, | ἡ λ' Ἀφροδίτης, ἡ α' τοῦ Ἀθὺρ Κρόνου, ἡ τοῦ
7 Χοιὰκ α' Σελήνης, ἡ τοῦ Τυβὶ Ἑρμοῦ, ἡ τοῦ Μεχὶρ Ἀφροδίτης. ἐπεὶ οὖν
τοῦ μὲν ἔτους κύριος Ἄρης, τοῦ δὲ μηνὸς Ἀφροδίτη, τῆς δὲ ἡμέρας Ἑρμῆς,
τῆς δὲ ὥρας Ἥλιος, τούτους σκοπεῖν δεήσει ἐπὶ τῆς γενέσεως πῶς εἰσι
8 κείμενοι. ἐπιτόπως μὲν γὰρ καὶ τῆς αἱρέσεως πράξεως δηλωτικοί, καὶ 15
μάλιστα ὅταν ὁ κύριος τοῦ ἔτους διαπορευόμενος τύχῃ τὸν καταγόμενον
9 ἐνιαυτόν, ὁ δὲ τοῦ μηνὸς τὸν μῆνα καὶ ὁ τῆς ἡμέρας τὴν ἡμέραν. ἐὰν δέ
πως παραπέσωσιν ἢ ὑπὸ κακοποιῶν μαρτυρηθῶσιν, ἐναντιωμάτων καὶ
f.89ᵛᵛ ταραχῶν εἰσι | δηλωτικοί.
10 Ἐμοὶ δὲ μᾶλλον φυσικώτερον ἔδοξε τὰ πλήρη [τὰ] ἀπὸ Αὐγούστου ἔτη 20
καὶ τὰς ἐμβολίμους λαβόντα, καθὼς πρόκειται, καὶ τὰς ἀπὸ Θὼθ ἕως
τῆς γενεσιακῆς ἡμέρας, καὶ ἐκκρούσαντα ἑβδομάδας, καὶ τὰς λοιπὰς
ἀπολύσαντα ἀπὸ Ἡλίου, ἐκεῖνον κρίνειν τοῦ ἔτους κύριον εἰς ὃν κατέλη-
f.2 bis ᵛS ξεν | ὁ ἀριθμός. ἑκάστης γὰρ γενέσεως ἡ νουμηνία τὴν γεννητικὴν ἡμέραν
11 ἐφέξει. ἐν δὲ τῷ αὐτῷ ἔτει τοὺς γεννωμένους ὑπὸ μίαν οἰκοδεσποτείαν 25
12 τετάχθαι οὐ δοκεῖ λόγον ἔχειν. καθολικῶς οὖν τοῦ ἔτους τὸν κύριον καὶ
13 κοσμικῶν κινήσεων οἱ παλαιοὶ ἐκ τῆς νουμηνίας τοῦ Θὼθ κατελάβοντο
(ἔνθεν γὰρ τὴν ἀρχὴν τοῦ ἔτους ἐποιήσαντο), φυσικώτερον δὲ ἐκ Κυνὸς
ἐπιτολῆς.

§§ 1 – 7: thema 83 (8 Feb. 120)

[MVS] 1 μεχεὶρ M ‖ 2 οὗ ante καὶ sugg. Kroll ‖ 3 περὶ οἰκοδεσπότου ἔτους om. M ‖
4 τόπῳ S ‖ 5 ἀπ' Usener | ἔτους VS ‖ 6 ρπη corr. in ρπε M | ἐκ τούτων sup. lin. V ‖
7 ἕξεις post γ M ‖ 10 ἐπὶ M | ἡ¹ om. M | α M ‖ 11 φαωθὶ M   φαὼφ S | λ'] π S |
πρώτη M | ἀθὶρ V   ἄρεως ρ̄ S ‖ 12 α' om. S ‖ 13 πρώτη S ‖ 15 ἐπιτόπος V   ἐπεὶ
τόπος S   ἐπὶ et spat. ca. 4 litt. M | δηλωτικός S ‖ 20 τὰ secl. Usener | ἔτους corr.
in ἔτη VS ‖ 22 γενεθλιακῆς M ‖ 23 ἐκεῖνο κρίνει M ‖ 24 νουμηνία S ‖ 25 ἐφέξει V |
γενομένους S | οἰκοδεσποτίαν M V ‖ 26 τετευχέναι M VS, τετάχθαι sugg. Kroll |
τὸν om. VS | τῶν post καὶ sugg. Kroll ‖ 28 καὶ MVS, ἐκ Kroll

⟨ια΄.⟩ Περὶ ἀρρενικῶν καὶ θηλυκῶν μοιρῶν (I 12)

Περὶ δὲ ἀρρενικῶν καὶ θηλυκῶν μοιρῶν οὕτως. τῶν μὲν ἀρρενικῶν 1, 2
ζῳδίων αἱ πρῶται β ⸔ μοῖραι ἔσονται ἀρρενικαί, αἱ δὲ ἑξῆς β ⸔ θηλυ-
καί· τῶν δὲ θηλυκῶν ζῳδίων αἱ πρῶται β ⸔ θηλυκαὶ καὶ ⟨αἱ⟩ ἑξῆς ἀρρε-
5 νικαί, αἱ δὲ ἑξῆς θηλυκαί. τοῖς οὖν συνοδικοῖς ἡ μοῖρα τῆς συνόδου δηλώ- 3
σει, τοῖς δὲ πανσεληνιακοῖς ἡ μοῖρα τῆς πανσελήνου, οἱ δὲ ἐν ᾗ μοίρᾳ ὁ
ὡροσκόπος ἢ ἡ Σελήνη ⟨...⟩.

⟨ιβ΄.⟩ Περὶ φωτισμῶν Σελήνης (I 13)

Εἰσὶ δὲ καὶ οἱ φωτισμοὶ τῆς Σελήνης οὕτως. πρωταία μὲν γὰρ οὖσα 1, 2
10 φαίνει ὥρας ⸔ δ΄ κ΄, δευτεραία ᾱ ⸔ ι΄. καὶ ἀεὶ ὅσων ἂν ᾖ ἡμερῶν 3
τετράκι ποιήσας, πέμπτον λαβών, ἀποφαίνου τὴν ὥραν. οἷον ιε΄ ἐστὶ 4
τῆς Σελήνης· τετράκι ταῦτα γίνεται ξ, ὧν ⟨τὸ⟩ ε΄ ῑβ· φαίνει ἄρα λείπουσα
ὥρας ῑβ. πρωταία μὲν γὰρ οὖσα φαίνει ὥρας ⸔ δ΄ κ΄, δευτεραία ὥραν 5
ᾱ ⸔ ι΄, γ΄ ὥρας β̄ γ΄ ιε΄, δ΄ ὥρας γ̄ ε΄, ε΄ ὥρας δ̄, ϛ΄ ὥρας δ̄ ⸔ δ΄ κ΄,
15 ζ΄ ὥρας ε̄ ⟨⸔⟩ ι΄, η΄ ὥρας ϛ̄ γ΄ ιε΄, θ΄ ὥρας ζ̄ ε΄, ι΄ ὥρας η̄, ια΄ ὥρας η̄
⸔ δ΄ κ΄, ιβ΄ ὥρας θ̄ ⸔ ι΄, ιγ΄ ὥρας ῑ γ΄ ιε΄, ιδ΄ ὥρας ῑᾱ ε΄, ιε΄ ὥρας ῑβ.
ὁμοίως ιϛ΄ πρὸς ἀφαίρεσιν ὡς ἀπὸ α΄ ἕως ιε΄ ἐστίν. ἔστι δὲ αὐτῆς ὁ μὴν 6, 7
ἡμερῶν κ̄θ ⟨⸔⟩, ὁ δὲ ἐνιαυτὸς ἡμερῶν τ̄ν̄δ.

⟨ιγ΄.⟩ Περὶ κρύψεως Σελήνης (I 14)

20 Ἀφανὴς δὲ γίνεται ἡ Σελήνη ἐπὶ συνόδου φερομένη καθ᾽ ἕκαστον ζῴδιον 1
μοιρικῶς οὕτως. ὅπου ἂν εὑρεθῇ ὁ Ἥλιος, τοῦ ζῳδίου | λάμβανε τὴν $\frac{2}{f.265\,vM}$
ἡμίσειαν ἀναφοράν· κἀκεῖ ἔσται λείπουσα. οἷον Ἥλιος Κριῷ ἐπὶ τοῦ δευ- 3
τέρου κλίματος· ἡ ἀναφορὰ τοῦ ζῳδίου κ̄, ὧν τὸ ⸔ ῑ. ἀφαιρουμένων τῶν 4
ῑ ἐκ τῶν λ̄, ⟨ἡ⟩ Σελήνη ἀφανὴς ἐν Ἰχθύσι περὶ μοίρας κ̄. Ἥλιος Ταύρῳ· τὸ 5
25 ἥμισυ τῆς ἀναφορᾶς ῑβ. ἔσται ἡ Σελήνη ἀ|φανὴς ἐν Κριῷ περὶ μοίρας ῑη. $\frac{6}{f.3\,S}$
Ἥλιος Διδύμοις· τὸ ἥμισυ τῆς ἀναφορᾶς τοῦ ζῳδίου ῑδ. ἔσται οὖν ἡ Σελή- 7, 8

---

cap. 11: cf. App. IV ‖ cap. 12: vide HAMA 824 et 830 ‖ cap. 13: cf. App. V

[M VS] 1 περὶ — μοιρῶν om. M ‖ 2 ἀρσενικῶν¹ V | γὰρ post μὲν VS | ἀρσε-
νικῶν² VS ‖ 3 β²] δύο S | ⸔² om. S ‖ 4 δύο S | ⸔ om. S | αἱ Rhosus | ἀρσενι-
καὶ VS ‖ 8 περὶ φωτισμῶν Σελήνης om. M ‖ 10 δ΄ κ΄] κ̄δ κδ S | α om. S | ᾖν VS ‖
11 ε M | εἰσὶ M | 12 ἑξήκοντα S | λείπουσα] πλήρης οὖσα Usener ‖ 13 ὥραν om. M ‖
14 ⸔¹ om. S | ⸔²] ϱ S ‖ 15 γ΄] ς M VS ‖ ⸔²] ε M VS | τρισκαιδεκάτη M ‖
17 ιϛ΄] καὶ S | πρώτης S ‖ 17—18 ἔστι — τνδ om. M ‖ 19 περὶ κρύψεως Σελήνης
om. M ‖ 22 λείπουσιν S ‖ 23 τὸ om. S ‖ 25 ⸔ M | ιη] ιβ M ‖ 26 ꝛ M |
⸔ M | τοῦ ζῳδίου om. M | ἡ om. M

9 νη περὶ τὰς ιϛ μοίρας τοῦ Ταύρου ἀφανής. Ἥλιος Καρκίνῳ· τὸ ἥμισυ
10 τῆς ἀναφορᾶς ιϛ. ἔσται ἀφανὴς ἡ Σελήνη ⟨ἐν⟩ Διδύμοις περὶ μοίρας ιδ.
11, 12 Ἥλιος Λέοντι· τὸ ἥμισυ τῆς ἀναφορᾶς ιη. ἔσται ἀφανὴς ἡ Σελήνη ἐν
13 Καρκίνῳ περὶ μοίρας ιβ. Ἥλιος Παρθένῳ· τὸ ἥμισυ τῆς ἀναφορᾶς κ.
14, 15 ἔσται ἀφανὴς ἡ Σελήνη ⟨ἐν⟩ Λέοντι περὶ μοίρας ῑ. ὁμοίως καὶ ἐπὶ τῶν 5
λοιπῶν ζῳδίων.

(I 15)   ⟨ιδ'.⟩ Περὶ γ', ζ', μ' Σελήνης

1, 2   Περὶ δὲ τριταίας καὶ ἑβδομαίας καὶ τεσσαρακοσταίας οὕτως. ἔστω Σε-
3 λήνη Σκορπίου μοίρᾳ ζ'· ἡ τριταία ἔσται Τοξότου μοίρᾳ ζ'. οὕτω γὰρ
δέον ζητεῖν τὰς ἡμέρας· ἄλλως τε ἡ τοῦ Τοξότου ζ' μοῖρα καθέστηκε 10
4 τριταία ἡμέρα. ἡ δὲ ἑβδομαία εὑρεθήσεται πρὸς ἀποτελεσματογραφίαν
ἐν τῇ τετραγώνῳ πλευρᾷ περὶ Ὑδροχόου μοίρας ζ, ἡ δὲ τεσσαρακοσταία
5 περὶ Ταύρου μοίρας ζ. τινὲς δὲ ταῖς κατὰ γένεσιν Σελήνης μοίραις
6 προστιθέασιν ρξ καὶ ἀπολύουσιν ἀπὸ τοῦ σεληνιακοῦ ζῳδίου. οἱ δὲ τὴν
σεληνιακὴν γενεσιακὴν μοῖραν παρὰ τὰς γ καὶ ζ καὶ μ ἐπιπροσθέντες καὶ 15
7 ψηφίσαντες τὴν Σελήνην ἐκεῖ λογίζονται. καθολικῶς οὖν σημειοῦνται
τάς τε εὐτυχεῖς καὶ ἀτυχεῖς καὶ μέσας γενέσεις ἐκ τῆς γ' καὶ ζ' καὶ μ'.
8 τούτων μὲν γὰρ τῶν τόπων θεωρουμένων ὑπὸ ἀγαθοποιῶν ἐν χρημα-
τιστικοῖς τόποις καὶ μὴ ὑπὸ κακοποιῶν, ὑπερευτυχεῖς καὶ μεγάλας
ἀποφαίνου· τῶν δὲ δύο ἐπιθεωρουμένων ὑπὸ ἀγαθοποιῶν, τοῦ δὲ ἑτέρου 20
ὑπὸ κακοποιῶν, μέσας· τῶν δὲ τριῶν ὑπὸ κακοποιῶν μόνων, τῶν ἀγαθο-
9 ποιῶν ἀποστρόφων ὄντων, ἀτυχεῖς. ἐὰν δὲ ἀναμεμιγμένοι ὦσιν, μέσας
λέγε.

(I 16)   ⟨ιε'.⟩ Ἀναβιβάζοντα ἀπὸ χειρὸς εὑρεῖν

1, 2   Ἀναβιβάζοντα δὲ ἀπὸ χειρὸς εὑρεῖν. τὰ πλήρη ἔτη ἀπὸ Αὐγούστου 25
λαβὼν πολυπλασίασον ἐπὶ τὸν ιθ γ', καὶ ἑκάστου μηνὸς Αἰγυπτίου ἀνὰ
μοῖραν ᾱ λεπτὰ λε, ἑκάστης δὲ ἡμέρας λεπτὰ γ συνθείς, ἀφαίρει τοὺς
3 κύκλους ἀνὰ τξ. τὸν δὲ καταλειπόμενον ἀριθμὸν ἀνωφερῶς ἀπὸ Καρκίνου

cap. 14, 1−6: vide HAMA 824 ‖ §§ 1−4: thema 83 (8 Feb. 120) ‖ cap. 15−16:
vide HAMA 826−829 ‖ §§ 1−3 et 9: cf. App. VI 1−4

[M VS] 1 τὰς om. M | ◁ M ‖ 2 ⱳ M ‖ 3 τὸ om. VS | ◁ M ‖ 3−4 ἔσται − κ
in marg. V ‖ 3 ἐν om. VS ‖ 4 ◁ M V ‖ 5 ἐν Rhosus ‖ 7 περὶ − σελήνης om. M ‖
8 καὶ¹ om. M | ἡ post ἔστω M ‖ 13 τὰς … ῷ S ‖ 15 τεσσαρακοστὴς S ‖ 17 ἀτυ-
χῆς M | 18 τοῖς post ἐν M ‖ 19 τῶν ⟨ καὶ τῶν ἀστέρων post τόποις M ‖ 20 β M ‖
21 γ M | τῶν post ὑπό² VS ‖ 23 λέγει V | 24 ἀναβιβάζοντα − εὑρεῖν͞om. M |
ἀναβιβάζοντα] πῶς S ‖ 25 ἔτους corr. in ἔτη V | ἀπ' S ‖ 26 τὸν om. M ‖ 27 ρ post
α S | λεπτὰ¹] ε M VS | λεπτὰ²] ε M VS ‖ 27.28 τοὺς κύκλους] τοῖς πρώτοις M VS

δίδου ἑ|κάστῳ ζῳδίῳ ἀνὰ λ̄· καὶ ὅπου δ᾽ ἂν καταλήξῃ, ἐκεῖ ἔσται ὁ f.3vs
Ἀναβιβάζων. οἷον Ἀδριανοῦ δ᾽ Φαμενὼθ ιθ᾽. τὰ ἀπὸ Αὐγούστου πλήρη 4, 5
ἔτη ρ̄μ̄η̄· ταῦτα ἐπὶ τὸν ῑθ̄ τρίτον γίνονται ͵βωξβ. καὶ ἀπὸ Θὼθ ἕως τοῦ 6
Φαμενὼθ συνάγονται μοῖραι ῑ· γίνονται ὁμοῦ ͵βωοβ. ἀφαιρῶ κύκλους ἐκ 7
5 τούτων ζ̄ ἀνὰ τ̄ξ̄· λοιπαὶ καταλείπονται τ̄ν̄β̄. ταύτας ἀνωφερῶς ἀπὸ 8
Καρκίνου· καταλήγει εἰς τὴν τοῦ Λέοντος μοῖραν η᾽. ἔσται οὖν ὁ ἐκλειπτι- 9
κὸς τόπος ἐνταῦθα, ὁ δὲ Καταβιβάζων ἐν τῷ διαμέτρῳ.
   Σκοπεῖν οὖν δεήσει ἐν τούτοις εἰ ἀγαθοποιοί εἰσιν, καὶ μάλιστα τῷ 10
Ἀναβιβάζοντι· ἔσται γὰρ ἡ γένεσις εὔπορος καὶ πρακτική· | κἂν μετρία f.266M
10 εὑρεθῇ ἢ ἐν καθαιρέσει γινομένη, ἀναβιβασθήσεται καὶ ἐν δόξῃ γενήσε-
ται. οἱ δὲ κακοποιοὶ ἐκπτώσεις καὶ καταιτιασμοὺς ἀποτελοῦσιν. 11
   Ἀπὸ δὲ τῶν σεληνιακῶν ἐποχῶν καὶ ἡμερησίων ὁ Ἀναβιβάζων καὶ τὸ 12
ζῴδιον τοῦ πλάτους οὕτως εὑρίσκεται. οἷον ἐπὶ τῆς προκειμένης γενέσεως 13
δ᾽ ἔτει Ἀδριανοῦ Φαμενὼθ ιθ᾽, ἀπὸ ἐποχῆς ἕως γενεσιακῆς ἡμέρας γίνον-
15 ται σ̄δ̄. καὶ ἐποχῇ μὲν παράκεινται πλάτους βαθμοὶ ῑβ̄ ιη᾽, καὶ εἰς τὰς 14
σ̄δ̄ τοῦ πλάτους ῑᾱ λζ᾽· γίνονται ὁμοῦ κ̄γ̄ νε᾽. ταύτας ἐπὶ τὸν ῑε̄· γίνονται 15
τ̄ν̄η̄ με᾽. ἀπολύω ἀπὸ Λέοντος κατὰ τὰ ἑξῆς· καταλήγει Καρκίνου κ̄η̄ με᾽. 16
   [Ἄλλως συντομώτερον. τὰς κ̄γ̄ νε᾽ ἀπολύω ἀπὸ Λέοντος διδοὺς ἑκάστῳ 17 (I 17)
ἀνὰ β̄· ἕως οὖν Διδύμων γίνονται κ̄β̄, καὶ λοιπαὶ ᾱ νε᾽. ταύτας πολυ- 18
20 πλασιάζω ἐπὶ τὸν ῑε̄· γίνονται κ̄η̄ με᾽ Καρκίνου.
   Εἶτα λαμβάνω ἀπὸ Ταύρου πάντοτε ἀνὰ μοῖραν ᾱ ἕως ⟨τῆς⟩ ἐκπεπτω- 19
κυίας μοίρας· γίνονται π̄θ̄ ἔγγιστα. ταύτας ἀναποδίζω ἀπὸ τῆς σεληνια- 20
κῆς μοίρας, ἥτις ἐστὶ Σκορπίου ζ᾽· καταλήγει εἰς τὴν τοῦ Λέοντος μοῖραν
η᾽ ὁ Ἀναβιβάζων. οὕτως καὶ ἐπὶ τῶν λοιπῶν γενέσεων σκοπεῖν δεήσει. 21
25 Ἐὰν δὲ καὶ τὸ ζῴδιον τοῦ πλάτους θέλω ἐπιγνῶναι, οὕτως ποιήσω. αὐ- 22, 23
τὰς μόνον τὰς τῇ ἐποχῇ παρακειμένας τοῦ πλάτους ῑβ̄ ιη᾽ πολυπλασιάζω
ἐπὶ τὸν ῑε̄· γίνονται ρ̄π̄δ̄ λ᾽. ἀπολύω ἀπὸ Λέοντος· καταλήγει εἰς Ὑδρο- 24
χόου δ̄ λ᾽. εἶτα τὰς τῆς ἡμερησίας ταῖς ⟨σ̄⟩δ̄ παρακειμένας [μοίρας] πλά- 25
τους μοίρας ῑᾱ λζ᾽ πολυπλασιάζω | ἐπὶ τὸν ῑε̄· γίνονται ρ̄ο̄δ̄ ιε᾽. ταύταις f.48 26
30 προσθεὶς τὰς τοῦ Ὑδροχόου δ̄ λ᾽, ἀπέλυσα ἀπ᾽ αὐτοῦ· κατέληξε Καρκίνου

---

§§ 4—9 et 12—27: thema 83 (8 Feb. 120)

[M V S] 1 καταλήξῃς V ‖ 2 τὰ] τὴν S ‖ 2.3 πλήρη ἔτη] ἔτους corr. in ἔτη sup.
quod πλήρη V ἐπλήρω τῆς S ‖ 3 ταύτας M V S ‖ 4 βοαβ̄ M | αἰρῶ M V S ‖ 5 κατα-
λοίπονται S ‖ 6 τὴν om. M ‖ 8 οἱ ἀγαθοὶ ποί εἰσι S | ἀγαθοποί V ‖ 15 σμ M |
μοῖραι M V S, βαθμοὶ Jones ‖ 16 τὸ M V S, τὸν Kroll ‖ 17 νε² M V S, με Kroll ‖
18 — p. 30, 2 ἄλλως — πλάτους om. M ‖ 19 δύο S | λοιπὰ V S ‖ 20 τῶν V S, corr.
Kroll ‖ 21 τῆς sugg. Kroll ‖ 27 τὸ V S, τὸν Kroll | ρπα V ‖ 28 σδ Kroll | μοίρας
secl. Kroll ‖ 29 τὸ V S, τὸν Kroll | ςοδ̄ S

4* 29

27 κη με'. οὕτως καὶ ἐπὶ τῶν λοιπῶν ἐποχῶν εὑρήσομεν τὸ ζῴδιον τοῦ πλάτους.]

(I 18)   ⟨ις'.⟩ Περὶ εὑρέσεως βαθμῶν καὶ ἀνέμων τῆς Σελήνης

1, 2   Τὸν δὲ βαθμὸν καὶ τὸν ἄνεμον οὕτως εὑρήσομεν. ἀπὸ Λέοντος ἕως Ζυγοῦ ἡ Σελήνη καταβαίνει βόρεια, ἀπὸ δὲ Σκορπίου ἕως Αἰγοκέρωτος 5 καταβαίνει νότια, ἀπὸ δὲ Ὑδροχόου ἕως Κριοῦ ἀναβαίνει τὰ νότια, ἀπὸ 3 δὲ Ταύρου ἕως Καρκίνου ἀναβαίνει τὰ βόρεια. οἱ δὲ βαθμοὶ εὑρίσκονται 4 οὕτως. ἐπεὶ ἕκαστος βαθμός ἐστι μοιρῶν ιε̄, τὸ δὲ ζῴδιον ἐπέχει μοίρας λ̄, ἐφέξει ἕν ἕκαστον ζῴδιον βαθμοὺς β̄· ἀπὸ Λέοντος οὖν τὴν ἄφεσιν 5 ποιούμενοι, τοῦ πλάτους εὑρήσομεν τὸν βαθμόν. ἐπεὶ οὖν ἐν τῇ προκειμένῃ 10 γενέσει τὸ πλάτος εὑρέθη κ̄γ̄ νε', [καὶ] ἀπολύσαντες ἀπὸ Λέοντος ⟨ἀνὰ⟩ μοίρας β̄, εὑρήσομεν Καρκίνου μοῖραν ᾱ νε'. ἔγνωμεν ὅτι ἡ Σελήνη ἀναβαίνει τὰ βόρεια περὶ βαθμὸν τοῦ ἀνέμου ς'.

(I 19)   ⟨ιζ'.⟩ Ἱππάρχειον περὶ ψήφου Σελήνης ἐν ποίῳ ζῳδίῳ

1, 2   Εὗρον δὲ καὶ ἐν ποίῳ ζῳδίῳ ἡ Σελήνη ἀπὸ χειρὸς οὕτως. ἑκάστου 15 βασιλέως τὴν πρόσθεσιν τῷ ζητουμένῳ ἔτει προσβάλλων, μερίσεις εἰς 3 τὸν γ̄, μὴ λοιπογραφῶν τὸν ἀριθμὸν ἀλλὰ κατέχων. ἐὰν μὲν γὰρ περισσεύῃ ᾱ πρόσθες ῑ τῷ ἀριθμῷ, ἐὰν δὲ β̄ κ̄, ἐὰν δὲ γ̄ μηδέν· ἄρτιος γὰρ ὁ 4 ἀριθμός. εἶτα τὸ 𐅵 τῶν ἀπὸ Θὼθ μηνῶν ἕως τοῦ γεννητικοῦ λαβών, καὶ τὰς ἡμέρας ἐπιπροσθεὶς τῷ πρώτῳ ἀριθμῷ, καὶ ἀφελών (ἐὰν ἐνῇ) τριακον- 20 τάδας, τὰς λοιπὰς ἀπόλυε ἀπὸ τοῦ ἡλιακοῦ ζῳδίου· ἐὰν μὲν ἐν ἀρχῇ 5 ᾖ ἀνὰ δύο 𐅵, ἐὰν δὲ ἐν ὑστέραις τὸ ἐπιβάλλον. ὅπου δ' ἄν καταλήξῃ, ἐκεῖ ἡ Σελήνη.

6, 7   Ὁμοίως δὲ τῷ αὐτῷ τρόπῳ τεθείσης γενέσεως τὴν ἡμέραν εὑρεῖν. τῷ ζητουμένῳ ἔτει τὴν πρόσθεσιν ἐπισυνθείς, καὶ μερίσας (ὡς πρόκειται) 25 8 εἰς τὸν γ̄, καὶ τὸ 𐅵 τῶν μηνῶν ἐπιπροσθείς, σημειοῦ τὸν ἀριθμόν. εἶτα εἰκάσας τὸ ἀπὸ Ἡλίου διάστημα ἕως τῆς Σελήνης ὡς ἑκάστου ζῳδίου

cap. 16: cf. App. VII et vide HAMA 669–672 ‖ § 5: thema 83 (8 Feb. 120) ‖ cap. 17: vide HAMA 824–826 ‖ §§ 1–5: cf. App. VIII 1–7

[M VS] 3 περὶ – Σελήνης om.M ‖ 5 ἡ Σελήνη om. M | καταβαίσει S ‖ 5–6 ἀπὸ – νότια[1] om. M ‖ 8 μοίρας om. VS ‖ 9 οὖν post ἐφέξει M | ἐν Ω̷ M ‖ 10 τὸν] τὸ V | προσκειμένῃ M VS, corr. Kroll ‖ 11 καὶ secl. Kroll | ἀνὰ Kroll ‖ 14 Ἱππάρχειον – ζῳδίῳ om. M | ἱππάρχιον VS, corr. Kroll ‖ 16 πρόθεσιν M VS, corr. Kroll | τοῦ ζητουμένου M | μερίσης M ‖ 17 λειπογραφῶν M ‖ 18 ὁ om. V ‖ 19 εἴζα] εἴ S | τὸ 𐅵 om. M | τὰ 𐅵 post θωθ M ‖ 20 α M | ἦν M VS, ἐνῇ Cumont | τριακοντάδες M ‖ 22 ἦν M VS, corr. Kroll | β M | καταλήξει S ‖ 24 δὲ om. VS ‖ 25 ἔτι S | πρόσκειται M VS, corr. Kroll ‖ 26 τρίτον M ‖ 27 Ἡλίου] ☾ M | πλεονάζῃ post διάστημα S | τῆς Σελήνης] τοῦ ☌ M

ἀνὰ β̅ ⸏, σύγκρινε τίς πλείων ἀριθμός. ἐὰν γὰρ τὸ ἀπὸ Ἡλίου ἕως Σελή- 9
νης διάστημα πλεονάζῃ, ἐκ τούτων ἀφελεῖς τὸν πρῶτον | συναχθέντα f.4vS
ἀριθμόν· καὶ αἱ καταλειπόμεναι τὴν ἡμέραν δηλώσουσιν. ἐὰν δὲ ἥττους 10
ὦσιν αἱ τοῦ διαστήματος, ἐπιπροσθεὶς αὐταῖς λ̅, οὕτως ἀφαίρει τὸν
5 προσυναχθέντα ἀριθμόν. ἐὰν δὲ οἱ β̅ ἀριθμοὶ ἀνὰ λ̅ εὑρεθῶσιν, συνοδεύει ἡ 11
Σελήνη τῷ Ἡλίῳ.

Οἷον ἔτος γ̅′ Ἀδριανοῦ Ἀθὺρ κη′. τῷ γ′ ἔτει προσέθηκα τὰς ἐξ ἔθους 12, 13
τῷ βασιλεῖ προστιθεμένας β̅· γίνονται ε̅. | ἐμέρισα εἰς τὸν γ̅· ⟨λοιπαὶ β̅,⟩ 14 f.266vM
ἀνθ᾽ ὧν προσβάλλω κ̅· γίνονται κε̅. καὶ τὸ ⸏ τῶν μηνῶν — ᾱ ⸏ — 15
10 καὶ τὴν κη′· γίνονται ν̅δ̅ ⸏. ἀφαιρῶ τριακοντάδα ᾱ· λοιπαὶ κ̅δ̅ ⸏. ἔσται 16, 17
ἡ Σελήνη ἀπὸ συνόδου τοσαύτας ἔχουσα ἡμέρας. ταύτας ἀπολύω ἀπὸ τοῦ 18
ἡλιακοῦ ζῳδίου — Τοξότου — ἀνὰ β̅ ⸏· καταλήγει ἡ Σελήνη Παρθένῳ
τῇ προκειμένῃ ἡμέρᾳ.

Τὴν δὲ ἡμέραν οὕτως. πάλιν τῷ γ′ ἔτει προσέθηκα τὰς β̅, καὶ ἐμέρισα 19, 20
15 παρὰ τὸν γ̅· λοιπαὶ β̅, ἀνθ᾽ ὧν προσέθηκα κ̅· γίνεται κε̅. καὶ τὸ ⸏ τῶν 21
μηνῶν — ᾱ ⸏· γίνεται κ̅ς̅ ⸏. εἶτα εἴκασα τὸ ἀπὸ Ἡλίου ἕως Σελήνης 22
διάστημα | — τουτέστιν ἀπὸ Τοξότου ἕως Παρθένου — ἡμερῶν κ̅δ̅ ⸏. des.VS
ἐπεὶ οὖν ἐκ τούτων οὐ δυνατὸν ἀφελεῖν τὰς κ̅ς̅ ⸏ τὰς προσυναχθείσας, 23
προσέθηκα αὐταῖς λ̅· γίνεται ν̅δ̅ ⸏. ἐκ τούτων ἀφεῖλον κ̅ς̅ ⸏· λοιπαὶ 24
20 κ̅η̅, αἵτινες τὴν γεννητικὴν ἡμέραν ἐδήλουν.

Ἑκάστῳ βασιλεῖ ὁ ἐξ ἔθους προστιθέμενος ἀριθμὸς ὁ ὑποτεταγμένος 25
ἐκ καταγωγῆς τοιαύτης·

Αὐγούστῳ ᾱ, καὶ ἐβασίλευσεν ἔτη μ̅γ̅· γίνεται μ̅δ̅· ἀφαιρῶ λ̅· λοιπαὶ ῑδ. 26
ταύτας Τιβερίῳ προστιθῶ, καὶ τὰ τῆς βασιλείας Τιβερίου κ̅β̅· 27
25 γίνεται λ̅ς̅· ἀφαιρῶ λ̅· λοιπαὶ   ἕξ.
ταῦτα Γαΐῳ προστιθῶ, καὶ ἐκράτησε δ̅· γίνεται   ῑ. 28
Κλαυδίῳ προσέθηκα, καὶ ἐβασίλευσε ῑδ̅· γίνεται κ̅δ̅, ἐξ ὧν ἀφαιρῶ 29
ἐννεακαιδεκαετηρίδα· λοιπὰ   ε̅.
ταῦτα Νέρωνι, καὶ ἐβασίλευσε ῑδ̅· γίνεται   ῑθ. 30
30 πλήρης οὖν ἡ ἐννεακαιδεκαετηρίς, καὶ αὕτη μὲν χρηματίζει.   31

§§ 12—24: thema 78 (24 Nov. 118)

[M VS] 1 ⸏] γ M VS | γὰρ] δὲ M ‖ 2 τὸν VS | πρῶτον συναχθέντα] προσυν-
αχθέντα Usener | ἐπισυναχθέντα M ‖ 3 ἡμέραι post καταλειπόμεναι M ‖ 4 αὐτὰς S ‖
5 καὶ αἱ καταλειπόμεναι post ἀριθμὸν S | οἱ om. S | ιβ M, δώδεκα S | τρι-
άκοντα S | 7 ἀθὶρ VS ‖ 8 τὸ M VS, τὸν Kroll | λοιπαὶ β Usener ‖ 9 ⸏²] ҳ S ‖
10 α] αἱ S | ἔσται om. M ‖ 12 ζωδίου ἡλιακοῦ (linea inductum) V ‖ 13 προσκει-
μένη V ‖ 14 τρίτῳ S | δύο VS ‖ 15 ἀνθ᾽ ὧν om. M ‖ 17 — p. 52, 12 τουτέστιν-
προηγούμενον om. VS

32 προσθῶμεν οὖν εἰς συμπλήρωσιν τῶν λ Οὐεσπασιανοῦ ια, καὶ ἐβασί-
λευσε ι· γίνεται κα· ἀφεῖλον ἐννεακαιδεκαετηρίδα· λοιπὰ   β.
33 ταῦτα Τίτῳ, καὶ τὰ τῆς κρατήσεως γ̄· γίνεται   ε̄.
34 ταῦτα Δομετιανῷ, καὶ τὰ τῆς κρατήσεως ιε· γίνεται κ̄, ἐξ ὧν ἀφαιρῶ
ἐννεακαιδεκαετηρίδα· λοιπὸν   ᾱ. 5
35 ἥ ἐστιν τῆς Νέρουα προσθέσεως, καὶ ὃ ἐκράτησεν ἔτος ᾱ· γίνεται   β.
36 ταῦτα Τραϊανῷ, καὶ ἃ ἐκράτησεν ιθ· γίνεται κα· ὑφαιρουμένης τῆς
ἐννεακαιδεκαετηρίδος, λοιπαὶ περιλείπονται   β.
37 αἴτινές εἰσιν Ἀδριανοῦ, καὶ ἃ ἐκράτησεν εἴκοσι ἓν τῆς βασιλείας· γίνε-
ται κγ, ἐξ ὧν ἀφαιρῶ ἐννεακαιδεκαετηρίδα· λοιπαὶ   δ. 10
38 Ἀντωνίνῳ· ὁμοίως προστιθῶ ἃ ἐκράτησεν ἔτη κγ· γίνεται κζ, ἀφ' ὧν
ἀφαιρῶ ιθ· λοιπὰ   η.
39 αὗται προστεθήσονται Ἀντωνίνῳ καὶ Λουκίῳ Κομμόδῳ, καὶ ἃ ἐβασί-
λευσαν λβ· γίνεται μ, ἀφ' ὧν ἀφαιρῶ λ· λοιπὰ   ι.
40 Σεβήρου καὶ Ἀντωνίνου, καὶ ἐβασίλευσαν κε· γίνεται λε, ἐξ ὧν   15
ἀφαιρῶ λ· λοιπὰ   ε̄.
41 Ἀντωνίνῳ, καὶ ἃ ἐβασίλευσε δ· γίνεται   ϑ.
42 Ἀλεξάνδρῳ, καὶ ἃ ἐβασίλευσε ιγ· γίνεται κβ, ἐξ ὧν ἀφαιρῶ ἐννεακαι-
δεκαετηρίδα· λοιπὰ   δ.
43 τῆς Μαξιμιανοῦ προσθέσεως, καὶ ἃ ἐκράτησε γ̄· γίνεται   ζ. 20
44 καὶ Γορδιανοῦ ζ καὶ Φιλίππου ζ· γίνεται ὁμοῦ   ιϑ.
45 πλήρης ἡ ἐννεακαιδεκαετηρίς.

(I 20)   ⟨ιη'. Περὶ ψήφου τῶν ἄλλων πλανωμένων⟩

f.267M
1, 2 | ⟨Τ⟩ὸν δὲ Ἥλιον μοιρικῶς οὕτως ἐπιγνώσῃ. πάντοτε τῇ γενεθλιακῇ
ἡμέρᾳ προστίθει ἀπὸ μὲν Θωθ ἕως Φαμενωθ μοίρας η, καὶ τοσούτων 25
εὑρήσεις τὸν Ἥλιον· τῷ Φαρμουθὶ ζ, τῷ Παχὼν ζ, τῷ Παῦνι ε̄, τῷ Ἐπιφὶ
3 δ, τῷ Μεσωρὶ γ̄. οἷον ἐν Φαωφὶ ϛ' προσέθηκα η· γίνονται ιδ· τοσούτων
4 μοιρῶν ὁ Ἥλιος ἐν Ζυγῷ. ἐν Παχὼν ϛ', καὶ ζ· γίνεται ιβ· τοσούτων μοι-
ρῶν ὁ Ἥλιος ⟨ἐν⟩ Ταύρῳ.
5 ⟨Ἐ⟩πεὶ δέ τινες τῶν φιλομαθῶν περὶ τὴν τῶν ἀριθμῶν ἀγωγὴν προθυ- 30
μότεροι καθίστανται, τούτοις ἀναγκαῖον ὑποτάξαι καὶ τοὺς λοιποὺς

cap. 18: vide HAMA 793—799

[MVS] 1 ἐὰν θῇ μὲν M, προσθῶμεν sugg. Kroll | οὐεσπεσιανοῦ M, corr. Kroll ‖
6 ἔστιν ἡ M, ἥ ἐστιν ἡ sugg. Kroll ‖ 11 ἀντωνίῳ M ‖ 13 κομόδῳ M, corr. Kroll |
ἐβασίλευσε M ‖ 15 ἐβασίλευσεν M, corr. Kroll ‖ 26 φαμενὼθ ἑβδόμῳ M, corr. Cu-
mont ‖ 27 μεσορὶ M | φαωθὶ M

32

ἀστέρας ἀπὸ χειρός, ὅπως διὰ τῆς τοιαύτης τριβῆς ἡδεῖαν τὴν μοιρικὴν
καὶ ἀκριβῆ διδασκαλίαν ἀναλαβόντες οὕτως καὶ τὴν τῶν μειζόνων
αἱρέσεων διάκρισιν ποιήσωνται μετὰ πάσης προθυμίας.

| Τὸν μὲν οὖν Κρόνον οὕτως ψηφιστέον. τὰ ἀπὸ Αὐγούστου ἔτη πλήρη $^{\text{f.14v}}_{6,\,7}$
5 ἀναλαβών, ἔκκρουε ὁσάκις δύνῃ ἀνὰ λ̄. τὰ δὲ περιλειπόμενα πολυπλασίασον 8
ἐπὶ τὸν ῑβ, καὶ ὁσάκις εἶ ἐκκεκρουκὼς τριακοντάδας ἑκάστου κύκλου
ἀναλάμβανε ε̄, καὶ ἀπὸ Θὼθ ἑκάστου μηνὸς ἀνὰ ᾱ, ἑκάστης δὲ ἡμέρας
ἀνὰ λ⟨επτὰ⟩ β̄. καὶ συγκεφαλαιώσας ἀπόλυε ἀπὸ Καρκίνου κατὰ τὸ ἑξῆς 9
ἀνὰ λ̄· καὶ ὅπου δ᾽ ἂν καταλήξῃ, ἐκεῖ ἔσται ὁ ἀστήρ.
10 Τὸν δὲ Δία οὕτως. τὰ ἀπὸ Καίσαρος ἔτη πλήρη μέριζε παρὰ τὸν ῑβ. τὰ 10, 11, 12
δὲ καταλειπόμενα πολυπλασίασον ἐπὶ τὸν ῑβ, καὶ συναναλάμβανε τούτοις,
ὁσάκις ἂν ᾖς ἐκκεκρουκὼς δωδεκάδας, ἑκάστου κύκλου ἀνὰ ᾱ, καὶ ἑκάστου
μηνὸς ἀνὰ ᾱ, καὶ ἑκάστης ἡμέρας λεπτὰ β̄. καὶ συγκεφαλαιώσας ἀπόλυε 13
ἀπὸ Ταύρου ἀνὰ ῑβ ἑκάστῳ ζῳδίῳ.
15 | Τὸν δὲ Ἄρεα οὕτως. τὰ ἀπὸ Αὐγούστου μέχρις οὗ ζητεῖς ἔτους ἀνα- $^{\text{f.14vv}}_{14,\,15}$
λαβών, ἔκκρουε ὁσάκις δύνῃ ἀνὰ λ̄. τὸν δὲ καταλειπόμενον ἀριθμὸν 16
διάκρινε πότερον ἄρτιός ἐστιν ἢ ἄνισος, ἵνα, ἐὰν μὲν εὕρῃς ἄρτιον, ἀπὸ
Κριοῦ τὴν ἄφεσιν ποιήσῃς, ἐὰν δὲ ἄνισον ἀπὸ Ζυγοῦ. μετὰ οὖν τὸ ἐπιγνῶ- 17
ναι, τὸν ἀριθμὸν δίπλωσον, καὶ ἑκάστου μηνὸς προσλαβὼν ἀνὰ β̄ ⟅ —
20 ἐὰν ὑπὲρ τὰς ξ γένηται, τὰ λοιπὰ — ἀπόλυε ἀπὸ Ζυγοῦ ἢ Κριοῦ, ἑκάστῳ
ζῳδίῳ διδοὺς ἀνὰ [μοίρας] ε̄. ὅπου δ᾽ ἂν καταλήξῃ, σημειωσάμενος τὸ 18
ζῴδιον, σκόπει τὸν Ἥλιον ἐν ποίῳ ζῳδίῳ ἐστίν. ἐὰν μὲν γὰρ ἀνώτερος 19
εὑρεθῇ, ἀναποδίσει ὁ ἀστὴρ ἀπὸ τοῦ εὑρεθέντος ζῳδίου, ἐὰν δὲ κατώτερος,
προποδίσει — τουτέστιν, πάντοτε ἐγγύτερον τοῦ Ἡλίου αὐτὸν ποίει ἀπὸ
25 τοῦ εὑρισκομένου ζῳδίου. καὶ οἱ λοιποὶ δὲ ἀστέρες τὴν αὐτὴν δύναμιν 20
ἔχουσι περὶ τὴν μέσην τοῦ Ἡλίου κίνησιν φερόμενοι, μάλιστα δὲ ἡ
Ἀφροδίτη.

Τὴν δὲ Ἀφροδίτην οὕτως. τὰ ἀπὸ Καίσαρος ἕως οὗ ζητεῖς ἔτους ἀναλα- 21, 22
βών, μέριζε | παρὰ τὸν η̄. τὸν δὲ καταλειφθέντα ἐντὸς τῶν η̄ ἀριθμὸν $^{\text{f.267vM}}_{23}$
30 σκόπει εἰ ἔχει ἐποχὴν στηριγμοῦ, κἀκείνῃ χρησάμενος ἀναλάμβανε τὸ

---

§§ 7–9: cf. App. IX 23−25 ‖ §§ 11−13: cf. App. IX 34−36 ‖ §§ 15−18: cf.
App. IX 46−51 ‖ §§ 22−28: cf. App. IX 58−75

[M v] 4 ⟨ψ⟩ῆφος τῶν ε ἀστέρων ἀπὸ χειρὸς ut tit. antepon. v | ἔτει M | πλήρις v ‖
5 ὡσάκις v | δύνει M | 6 τῶν v | ὅσας v | εἶ] εἰς v | κύκλου] οὖν v ‖ 8 λεπτὰ]
λάβανε v | 10 ἔτη om. M | πλήρις v | τῶν v ‖ 10−11 τὰς δὲ καταλειπόμενας M v |
11 πολυπλασίον v | ἐπὶ] γινομένων v | τῶν v | συναναλάμβανε M ‖ 12 ῆς] εἰς v |
ἐκκρουκὼς M | μίαν v ‖ 13 ἀνὰ om. v | λεπτὸν v λ M | β om. v ϑ M ‖ 14 ἀνὰ
om. v ‖ 15 ζητεῖς μέχρις (οὗ om.) M | ἔτη v | 16 ὡσάκις v | δύνει M ‖ 17 πρότε-
ρον M | εἰ post πότερον v | μὲν om. v ‖ 18 τὸ] τῶ v ‖ 19 προσλαβὼν om. v ‖
21 ε om. v ‖ 26,27 ὁ ἄρης v ‖ 29 τὸν¹] τῶν v | τῶν η om. v

πλῆθος τῶν ἡμερῶν ἕως τῆς ἐπιζητουμένης ἡμέρας, ἐάνπερ ἐπιδέχηται·
24 εἰ δ᾽ οὖν, τῇ ὑπεράνω χρῶ καθάπερ ἐπὶ τῆς Σελήνης. ἐὰν γὰρ πρὸ γενέ-
f.15v σεως εὑρεθῇ ἡ ἐποχή, αὕτη χρηστέον, | ἐὰν δὲ μετὰ τὴν γένεσιν, τῇ
25 ὑπεράνω. συναθροίσας δὲ τὸ κεφάλαιον καὶ ἀφελὼν τοῦ ζῳδίου τὴν
ἐποχήν, ἀπόλυε ἑκάστου ζῳδίου μοίρας ο̅κ̅ — τουτέστι τοῦ στηριγμοῦ 5
τὰς λοιπὰς ἀπὸ τοῦ ἐχομένου ζῳδίου — ἀπὸ τῆς ἐποχῆς ἀπόλυε, ἑκάστῳ
26 ζῳδίῳ διδοὺς ἀνὰ κ̅ε̅. ὅπου δ᾽ ἂν καταλήξῃ ὁ ἀριθμός, ἐκεῖ ἔσται ἡ
27 Ἀφροδίτη. αἱ δὲ ἐποχαὶ τῶν στηριγμῶν πρόδηλοι ἔσονται ἐκ τῶν περι-
28 λειπομένων ἐτῶν. ἐὰν περισσεύῃ οἷον ᾱ, γ̄, δ̄, ζ̄, ζ, στηρίζει, ἐὰν δὲ β̄, ε̄,
ὁδεύει· ἡ οὖν ᾱ ἐποχὴν ἐφέξει Φαμενὼθ ι᾽ Ταύρῳ, αἱ γ̄ Φαωφὶ ι᾽ Τοξότῃ, 10
αἱ δ Παϋνὶ κβ᾽ Λέοντι, αἱ ζ̄ Τυβὶ η᾽ Ἰχθύσιν, αἱ ζ Μεσωρὶ ιδ᾽ Ζυγῷ εἰς
τὸ η᾽ ἔτος τὸν στηριγμὸν ἐπέχουσιν.
29, 30 Τὸν δὲ τοῦ Ἑρμοῦ οὕτως ψηφιστέον. τὰς ἀπὸ Θὼθ ἕως τῆς γεννητικῆς
ἡμέρας ἀναλαβὼν καὶ ταύταις ἐπιπροσθεὶς πάντοτε ἔξωθεν ρ̅ξ̅β̅ καὶ
συγκεφαλαιώσας, ἐὰν ᾖ ὑπὲρ τὰς τ̅ξ̅, ἀφελὼν κύκλον τὰς λοιπὰς ἀπόλυε 15
31 ἀπὸ Κριοῦ, ἑκάστῳ ζῳδίῳ διδοὺς ἀνὰ λ̅. καὶ ὅπου δ᾽ ἂν καταλήξῃ, ἐκεῖ
32 ὁ ἀστήρ. πάντοτε μὲν οὖν ἔγγιστα τοῦ Ἡλίου αὐτὸν ποίει· οἷον ἐὰν ἐν
ἀρχῇ ᾖ τοῦ ζῳδίου ὁ Ἥλιος ἐν τῷ ὄπισθεν αὐτὸν δυνατὸν εὑρεθῆναι, ἐὰν
δὲ ἐπὶ τέλει ἐν τῷ ἑξῆς ζῳδίῳ.
33 Ἔστω δὲ ἐπὶ ὑποδείγματος ιγ᾽ ἔτος Τραϊανοῦ Φαμενὼθ ιη᾽· τὰ ἀπὸ 20
f.15vv
34 Αὐγούστου ἔτη πλήρη ολη. | ἐκ τούτων ἀφεῖλον δ τριακοντάδας, ἀνθ᾽ ὧν
35 ἀναλαμβάνω ἑκάστου κύκλου ἀνὰ ε̄· γίνονται κ̅. τὰς δὲ περιλειφθείσας
36 ι̅η̅ πολυπλασιάζω ἐπὶ τὸν ιβ· γίνονται σιϛ. καὶ ἀπὸ Θὼθ ἕως Φαμενὼθ
37, 38 ἑκάστου μηνὸς ἀνὰ ᾱ· γίνονται ζ. ὁμοῦ πᾶσαι σ̅μ̅γ̅. ἔπειτα ταύτας ἀπολύω
39 ἀπὸ Καρκίνου ἀνὰ λ̅· καταλήγει ἐν Ἰχθύσιν· ἐκεῖ ὁ Κρόνος. πάλιν ολη 25
40 ἐμέρισα εἰς τὰς ιβ ι̅α̅, καὶ λοιπὰ ζ. ταῦτα ⟨ἐπὶ⟩ ιβ γίνονται ο̅β̅, καὶ ἑκά-
στου ἐκκρουσθέντος κύκλου ἀνὰ ᾱ γίνονται ι̅α̅, καὶ τῶν μηνῶν ζ· γίνον-
41 ται ⟨ὁμοῦ⟩ ϛ. ταύτας ἀπὸ Ταύρου ἀνὰ ι̅β̅· καταλήγει Τοξότῃ· ἐκεῖ ὁ
42, 43 Ζεύς. εἶτα τὸν Ἄρεα οὕτως. ἀπὸ Καίσαρος ἕως τοῦ ζητουμένου ἔτους

---

§§ 30—32: cf. App. IX 85—86 et 90—91 ‖ §§ 33—52: thema 58 (15 Mar. 110)

[M v] 3 γενεσίων M, γενέσιον v, corr. Kroll ‖ 4 συναθρίσας v ‖ 6 δὲ post τὰς v ‖
7 κατ᾽ ἔλλειψιν post ὁ v | ἐστιν v ‖ 9 περισσεύει v | α β γ δ καὶ ζ v ‖ 10 πρώτη
ἐποχή M v | φαωθὶ M | φραωφὶ v ‖ 11 ϛ] καὶ v | μεσορὶ M v ‖ 12 ἐπέχουσα M̅ v ‖
13 τὸν] τοῦ v | τοῦ om. v | ψηφιζόμενον ἢ post οὕτως M | τὰς ἀπὸ Θὼθ om. M ‖
16 λ] λὴν v | καὶ om. v ‖ 17 ἐὰν om. M ‖ 18 ἢν M v ‖ 19 ἐφεξῆς v ‖ 20 ἔτος
om. M ‖ 21 πλήρις v | ἀφείλον v ‖ 22 καὶ post ε v | περιληφθείσας v ‖ 23 τῶν v |
καὶ post ιβ v ‖ 24 μίαν v | πᾶσαι] πάλιν v ‖ 25 καὶ post λ v | ὁ om. M | γὰρ
post πάλιν v ‖ 26 τὰς] τὸν v | ϛ] καὶ v ‖ 28 ἀπὸ Ταύρου] ἀπολύω λέοντος v |
ὁ om. M

γίνονται ρλθ. ἐκ τούτων λ̄ ἀφεῖλον δ· λοιπαὶ ῑα. ἐπεὶ οὖν ὁ περιλειφθεὶς 44, 45
ἀριθμὸς ἄνισος εὑρέθη, ἔγνων ὅτι τὴν ἄφεσιν ἀπὸ Ζυγοῦ δεῖ με ποιῆσαι.
ταύτας οὖν ἐδίπλωσα· γίνονται κβ. καὶ ἑκάστου μηνὸς ἕως Φαμενὼθ 46, 47
γίνονται ῑζ· ὁμοῦ πᾶσαι λθ. [ἐμέρισα] ταύτας ἀπολύω ἀπὸ Ζυγοῦ, διδοὺς 48
5 ἑκάστῳ ζῳδίῳ ἀνὰ ε̄· καταλήγει Ταύρῳ· ἐκεῖ ὁ Ἄρης. τὴν δὲ Ἀφροδίτην 49
οὕτως. ⟨ρ⟩λθ ἐμέρισα παρὰ τὸν η̄· λοιπαὶ γ̄, αἳ σημαίνουσι στηριγμόν, 50
ἐποχὴν δὲ Φαωφὶ ι' Τοξότῃ. παραλαμβάνω τὰς λοιπὰς τοῦ Φαωφὶ κ̄, 51
ἀπὸ δὲ Ἀθὺρ ἕως Μεχὶρ ρκ, καὶ τοῦ Φαμενὼθ τὰς ιη· γίνονται ὁμοῦ ρνη.
ἐκ τούτων ἀφαιρῶ τοῦ στηριγμοῦ καὶ τοῦ Τοξότου | ρκ· λοιπὰ λη, ἃ ἀπο- 52 f.268M
10 λύω ἀπὸ Αἰγοκέρωτος ἀνὰ κε· καταλήγει Ὑδροχόῳ· ἐκεῖ ἡ Ἀφροδίτη.
| Ἐπειδὴ δὲ δοκεῖ πολλὴ περὶ τὴν Ἀφροδίτην ὑπάρχειν ⟨ἀπορία⟩, καὶ f.16v
ἐπὶ ἑτέρας γενέσεως ἐκθήσομαι. Ἀδριανοῦ δ' Ἀθὺρ λ'. τὰ ἀπὸ Αὐγούστου 54, 55 53
γίνονται ρμη, ἃ ἐμέρισα παρὰ τὸν η̄· λοιπαὶ δ̄, αἳ σημαίνουσιν ἐποχὴν
Παῦνὶ κβ' Λέοντι. ἐπεὶ οὖν οὐ χρηματίζει αὕτη ἡ ἐποχὴ διὰ τὸ ὑπὲρ τὴν 56
15 γένεσιν εὑρεθῆναι, ἀνατρέχω εἰς τὴν ἀνωτέραν, ἥτις ἐστὶ τρίτη Φαωφὶ
ι' Τοξότῃ. λαμβάνω τὰς λοιπὰς κ̄ τοῦ Φαωφί, καὶ ἀπὸ Ἀθὺρ ἕως Μεσωρὶ 57
τ̄, καὶ ἐπαγομένων ε̄· γίνονται τκε τοῦ προεληλυθότος ἔτους. καὶ αὐτοῦ 58
τοῦ καταγομένου ἔτους ἀπὸ Θὼθ ἕως λ' Ἀθὺρ ϛ· γίνονται αἱ πᾶσαι υιε.
ἐκ τούτων ἀφαιρῶ τοῦ στηριγμοῦ καὶ τοῦ ζῳδίου Τοξότου ρκ· λοιπαὶ 59
20 σϛε. ταύτας ἀπὸ Αἰγοκέρωτος ἀνὰ κε· καταλήγει Τοξότου κ'· ἐκεῖ ὁ 60
ἀστήρ.
Ἄλλως. Ἀδριανοῦ δ' Μεχὶρ ιγ'. ἀπὸ Αὐγούστου ρμθ· παρὰ τὸν η̄· 61, 62
λοιπαὶ ε̄, αἳ οὔτε ἐποχὴν οὔτε στηριγμὸν σημαίνουσιν. ἀνατρέχω εἰς τὴν 63
ἐπάνω ἐποχήν, ἥτις ἐστὶ Παῦνὶ κβ' Λέοντι. ἀναλαμβάνω τὰς λοιπὰς η̄ 64
25 τοῦ Παῦνί, καὶ Ἐπιφὶ καὶ Μεσωρὶ ⟨ξ⟩, καὶ ἐπαγομένας ε̄· γίνονται ογ.
καὶ τοῦ καταγομένου ἔτους ἀπὸ Θὼθ ἕως Μεχὶρ ιγ' γίνονται ρξγ· γίνον- 65
ται ⟨ὁμοῦ⟩ σλϛ. ἐκ τούτων ἀφαιρῶ στηριγμοῦ καὶ ζῳδίου Λέοντος ρκ· 66
λοιπαὶ ριϛ. ταύτας ἀπὸ Παρθένου ἀνὰ κε· καταλήγουσιν Αἰγοκέρωτος 67
μοίραις ιϛ· ἐκεῖ ἡ Ἀφροδίτη.
30 Ὁμοίως ἐπὶ τῆς αὐτῆς γενέσεως καὶ τὸν Ἑρμῆν οὕτως ἐψήφισα. ἔλαβον 68, 69

§§ 53–60: thema 82 (27 Nov. 119) ‖ §§ 61–70: thema 83 (8 Feb. 120)

[M v] 1 ἀφείλω v ‖ λοιπὰ v ‖ 3 καὶ post ἐδίπλωσα v ‖ 5 ὁ om. M ‖ 6 γὰρ post
οὕτως v ‖ η om. v ‖ 7 φαωθὶ M ‖ 8 μαχὺρ v ‖ ρλη M ‖ 9 ζῳδίου post τοῦ² v ‖
ἃς v ‖ 10 ἤ om. M ‖ 11 Ἀφροδίτην] γένεσιν M εὕρεσιν v ‖ ἀσάφεια vel ἀπορία
sugg. Cumont ‖ 12 δ'] γ v ‖ 13 ἃ om. v ‖ τῶν v ‖ λοιπὰ M ‖ 15 γ v ‖ φαωθὶ M ‖
16 ἀπὸ δὲ ἀθὺρ ἕως μεχὶρ ρκ καὶ τοῦ φαμενὼθ τὰς κη post φαωφί M ‖ μεσορὶ v ‖
18 υιε om. v ‖ 20 ταύταις M, ταῦτα v, corr. Cumont ‖ τοξότῃ M ‖ 22–29 ἄλλως –
Ἀφροδίτη om. v ‖ 24 ἐπανοχὴν M, corr. Kroll ‖ 25 μεσορὶ M, corr. Kroll ‖ 26 μεχεὶρ M,
corr. Kroll ‖ 30 καὶ om. v ‖ ἐψήφησα v

35

τὰς ἀπὸ Θὼθ ἕως τῆς ιγ′ τοῦ Μεχὶρ ρ̅ξ̅γ̅, καὶ ἔξωθεν προσέθηκα ρ̅ξ̅β̅·
70 ὁμοῦ τ̅κ̅ε̅. ταύτας ἀπέλυσα ἀπὸ Κριοῦ ἀνὰ λ̅· κατέληξεν κε′ Ὑδροχόου,

fin.f.16v ἔνθα ὁ ἀστήρ. |

(I 21) 71 [⟨Περὶ ἐπεμβάσεων.⟩ Ἡλίου τὸ μὲν δεύτερον καὶ τὸ ϛ′ καὶ τὸ ιβ′ καλόν,
72 τὸ δὲ ζ′ καὶ δ′ σαπρόν. Σελήνης τὸ γ′ καὶ τὸ η′ καὶ τὸ θ′ σαπρόν, τὸ δὲ 5
73 ε′ καὶ ια′ καὶ ιβ′ καλόν. Κρόνου τὸ δ′ καὶ τὸ ι′ σαπρόν, τὸ δὲ ϛ′ καὶ η′
74 καὶ ιβ′ καλόν. Διὸς τὸ γ′, τὸ θ′, τὸ ι′ καὶ τὸ ια′ καλόν, τὸ δὲ δ′ καὶ ζ′
75 σαπρόν. Ἄρεως τὸ γ′, τὸ δ′ καὶ τὸ θ′ καλόν, τὸ δὲ ζ′ καὶ ι′ σαπρόν.
76, 77 Ἀφροδίτης τὸ γ′ καὶ ζ′ καὶ η′ καλόν, τὸ ε′ σαπρόν. Ἑρμοῦ τὸ β′, τὸ ε′,
78 τὸ ια′ σαπρόν, τὸ δὲ ζ′ καὶ η′ καὶ θ′ καλόν. τὰ δὲ λοιπὰ ἑκάστου ἀστέρος 10
ἀνώμαλα.

79 Γινόμενοι ἐν τούτοις τοῖς προειρημένοις τόποις οἱ ἀστέρες κατὰ τὰς
ἐπεμβάσεις, καὶ μάλιστα τῶν χρόνων δεσπόζοντες, ἐν χρηματιστικοῖς
τόποις καὶ ὑπὸ ἀγαθοποιῶν ἢ κακοποιῶν μαρτυρούμενοι, ἔσονται ἀγα-
θῶν ἢ κακῶν δοτῆρες, καθὼς ἐὰν πλεονάσωσιν· ἐὰν δὲ ὁμοῦ, ἀναμεμιγμέ- 15
να τά τε φαῦλα καὶ τὰ ἀγαθὰ γενήσεται κατὰ τὴν ἑκάστου γένεσιν.
80 ὅθεν παρατηρεῖν ἀεὶ κατὰ τὰς παρόδους ἀναγκαῖον τοὺς τόπους πρὸς
τὰς ἐπιδιακρίσεις τῶν χρόνων.]

f.26v
(I 21) | ⟨ιθ′.⟩ Περὶ συγκράσεων ἀστέρων

1 ⟨Ὑ⟩ποτάξωμεν δὲ καὶ τὰς συμπαρουσίας καὶ συγκράσεις ἑκάστου 20
ἀστέρος.

2
f.268vM Κρόνος μὲν οὖν καὶ Ζεὺς ὁμόσε ὑπάρχοντες | συμπαθεῖς εἰσι πρὸς
ἀλλήλους, ἀποτελοῦντες ὠφελείας ἐκ νεκρικῶν, εἰσποιήσεις, ἐγγαίων
κτημάτων κυρίους, ἐπιτρόπους, ἀλλοτρίων διοικητάς, οἰκονομικούς,
φορολόγους.   25

3
f.26vv Κρόνος μὲν οὖν καὶ Ἄρης ἐχθροί, ἐναντιωμάτων καὶ κα|θαιρέσεων
ποιητικοί· στάσεις γὰρ οἰκείων καὶ ἀνεννοησίας καὶ ἔχθρας ἐπάγουσιν,
δόλους καὶ ἐπιβουλὰς καὶ κακοποιίας καὶ κρίσεις (ἐκτὸς εἰ μὴ οἰκείοις
ἢ χρηματιστικοῖς ζῳδίοις πεσόντες καὶ ὑπὸ ἀγαθοποιῶν μαρτυρηθέντες
ἐπισήμους καὶ λαμπρὰς τὰς γενέσεις κατασκευάσωσιν), ἀβεβαίους δὲ 30
περὶ τὴν εὐδαιμονίαν καὶ ἀπροσδοκήτους κινδύνους ἢ προδοσίας.

§ 2: cf. App. I 13 ‖ § 3: cf. App. I 20

[M v] 1 ρ̅ξ̅γ̅] ρ̅ζ̅ v ‖ 2 ταῦτα v | κε′ om. v ‖ 13 ἐμβάσεις M ‖ 15 καθ᾽ ὃ sugg.
Kroll ‖ 19 μβ′ in marg. v | περὶ συγκράσεων ἀστέρων om. M ‖ 20—21 ὑποτά-
ξωμεν — ἀστέρος om. v ‖ 23 ὠφελείας v | ἐκ νεκρικῶν om. v | ἐγγέων M ‖
25 φιλολόγους M ‖ 26 καὶ κρόνος ἄρης (μὲν οὖν om.) v ‖ 27 παραίτιοι v | ἀνεννοη-
σίας] σίαν v ‖ 30 λαμπὰς M | τὰς om. M | βεβαίους v ‖ 31 ἀδοκήτους M

36

Κρόνος μὲν οὖν καὶ Ἑρμῆς σύμφωνοι καὶ πρακτικοί, πλὴν διαβολὰς 4
ἐπάγουσιν ἕνεκεν μυστικῶν, κρίσεις καὶ χρεωστίας, γραπτῶν τε καὶ
ἀργυρικῶν χάριν ταραχάς, οὐκ ἀπόρους δὲ οὐδὲ ἀσυνέτους, πολυπείρους
καὶ πολυΐστορας ἢ προγνωστικούς, φιλομαθεῖς, περιέργους, ἀποκρύφων
5 μύστας, εὐσεβοῦντας εἰς τὸ θεῖον, δυσσυνειδήτους.
  Κρόνος μὲν οὖν καὶ Ἀφροδίτη σύμφωνοι περὶ τὰς πράξεις, εὐεπίβολοι 5
περὶ τὰς πλοκὰς καὶ τὰς | συναρμογάς, συμπαθεῖς καὶ ὠφέλιμοι οὐ μέχρι f.27ᵛ
τέλους, ἀλλ᾽ ἐπί τινας χρόνους, εἶθ᾽ οὕτω ψόγους, χωρισμοὺς καὶ ἀστασίας
ἢ θανάτους ἀποτελοῦσιν, πολλάκις δὲ καὶ ἀγενέσιν ἢ καὶ δημοσίαις τὰς
10 ἐπιπλοκὰς ποιουμένους καὶ βλάβαις ἢ κρίσεσι περιπίπτοντας.
  Κρόνος μὲν οὖν καὶ Σελήνη ὠφέλιμοι, περιποιητικοὶ κτημάτων, θεμε- 6
λίων, ναυκληρίας καὶ ἐκ θανατικῶν εὐεργετικοί, μάλιστα ἐπὰν ἡ Σελήνη
τὸν ἐξ ἀνατολῆς δρόμον ποιουμένη τύχῃ καὶ ὑπὸ ἀγαθοποιῶν μαρτυρῆται·
μειζόνων γὰρ συστάσεις καὶ δωρεὰς καὶ ἐχθρῶν καθαιρέσεις ἀποτελεῖ,
15 πλὴν ἀβεβαίους τῇ κτήσει, εἰς δὲ τὸν περὶ γυναικὸς τόπον ἀστάτους καὶ
ἐπιλύπους διά τινας χωρισμοὺς καὶ μίση καὶ πένθη. ἐπάγουσι δὲ καὶ 7
σωματικὰ πάθη καὶ καταπτώσεις αἰφνιδίους καὶ ἡγεμονικῶν τόπων ἢ
νεύρων ἀλγήσεις καὶ ἀναγκαίων προσώπων θανάτους.
  Κρόνος μὲν οὖν καὶ Ἥλιος ἀσύμφωνοι, μετὰ φθόνων τὰς κτήσεις | καὶ ⁸f.27ᵛᵛ
20 τὰς φιλίας παρεχόμενοι καὶ ἀφαιρούμενοι, ὅθεν ⟨οἱ⟩ ὑπὸ τὴν τοιαύτην
στάσιν γεννηθέντες ἔχθρας λαθραίας πρὸς μείζονα πρόσωπα ⟨καὶ⟩ ἀπει-
λὰς ὑπομένοντες καὶ ὑπό τινων ἐπιβουλεύονται καὶ ἐπιφθόνως μέχρι τέ-
λους τὸν βίον διάξουσιν. ὑποκριτικῶς δὲ φερόμενοι τῶν πλείστων περι- 9
γίνονται, πλὴν οὐκ ἄποροι καθίστανται, ἐπιτάραχοι δὲ καὶ ἀνεξίκακοι,
25 ἐγκρατεῖς περὶ τὰς τῶν ἐναντίων ἐπιφοράς.
  | Ζεὺς καὶ Ἥλιος ὁμόσε ὄντες λαμπρούς, ἐπιδόξους ἀποτελοῦσιν, f.269M
ἀρχικούς, ἡγεμονικούς, τυραννικούς, παρεκτικούς, ὑπὸ ὄχλων τιμωμέ- 10
νους καὶ εὐφημουμένους, εὐπόρους δὲ καὶ πλουσίους καὶ μετὰ πλείστης
φαντασίας διεξάγοντας, πλὴν κατά τινας χρόνους ἐν ἀνωμαλίαις καὶ

---

§ 4: cf. App. I 35 ‖ § 5: cf. App. I 30−31 ‖ § 6: cf. App. I 41 ‖ §§ 8−9: cf.
App. I 26−27

[M v] 1 μὲν οὖν om. v | μὲν post σύμφωνοι v ‖ 3 δὲ post πολυπείρους v ‖
4 φιλομαθὴς v | καὶ post περιέργους v ‖ 5 μὲν οὖν om. v ‖ 6−7 εὐεπίβολοι − πλο-
κὰς om. v ‖ 7 ἁρμογὰς συμπαθὴς v | οὐ om. v ‖ 8 καὶ om. v ‖ 9 ἢ¹] καὶ v | ἀγεν-
νέσιν Kroll | καὶ² om. v | δημοσίας v, δημοσίαν M, corr. Kroll ‖ 11 μὲν οὖν om. v |
ὠφέλημοι v ‖ 12 παυκληρίας v ‖ 13 ἀνατολῶν v | μαρτυρεῖται v ‖ 14 συστάσης v |
καθαιρέσης ἀποτελεῖν v ‖ 15 τὴν κτίσιν v | τρόπον M v, corr. Kroll ‖ 16 μίση] μει-
ώσεις v ‖ 17 μεταπτώσεις v ‖ 18 ἀλύσεις v ‖ 19 μὲν οὖν om. v | κτίσεις v ‖ 20 οἱ
Kroll | ἀπὸ v | τοιαύτην om. v ‖ 21 καὶ Kroll ‖ 22 ὑπομένοντας M ‖ 24 εὔποροι
Radermacher ‖ 25 ἐναντίων] αἰτιῶν M ‖ 26 ἰόντες M ‖ 27 παρεκτικούς] πρακτι-
κούς M v | ὄχλον v ‖ 29 γινομένους post ἀνωμαλίαις v

37

φθόνοις καί (μάλιστα ἐὰν καὶ ὁ ἀστὴρ ὑπὸ δύσιν εὑρεθῇ) φαντασίαις μείζοσι περιτρέψας οἴησιν ἀληθείας ἀπεργάζεται.

f.28v
11 | Ζεὺς καὶ Σελήνη ἀγαθοί, περικτητικοί, κόσμου καὶ σωμάτων δεσπότας ἀποτελοῦντες καὶ ἀρχὰς ἐπισήμους παρεχόμενοι, ἔκ τε γυναικῶν καὶ ἐπισήμων προσώπων ὠφελουμένους, ἀπὸ οἰκείων ἢ τέκνων εὐεργετου- 5 μένους καὶ δωρεῶν ἢ καὶ τιμῶν καταξιουμένους, χρηματοφύλακας ἢ πολλὰ πιστευομένους δανειστικοὺς καὶ θησαυρῶν εὑρετάς, εὐχρηματίστους.

12 Ζεύς, Ἄρης — ἐπιδόξους, φαντασιώδεις, μειζόνων ἢ βασιλέων φίλους, στρατιωτικούς, ἐπισήμους καὶ ὀψωνίων μετόχους, ἐν δημοσίοις ἢ στρατιωτικοῖς τὰς ἀναστροφὰς ποιουμένους καὶ τιμῆς καὶ δόξης καταξιουμέ- 10 νους, ἀνωμάλους δὲ τῷ βίῳ καὶ τῷ ἤθει καὶ τῶν κτηθέντων ἀποβολὰς ποιουμένους.

13 Ζεὺς καὶ Ἀφροδίτη ἀγαθοί, σύμφωνοι, περιποιητικοὶ δόξης καὶ ὠφελείας, ἐπάγοντες ἐπικτήσεις, δωρεάς, κόσμους, σωμάτων δεσποτείας,

f.28vv τέκνων γονάς, | ἀρχιερωσύνας, προστασίας ὄχλων, στεμματηφορίας, 15 χρυσοφορίας, ἀνδριάντων καὶ εἰκόνων καταξιουμένους, ἀνωμάλους δὲ περὶ γάμους καὶ τέκνα ἀποτελοῦσιν.

14 Ζεὺς καὶ Ἑρμῆς ἀγαθοί, σύμφωνοι, διοικητικοί, πραγμάτων οἰκονόμους ἀποτελοῦσιν, ἔν τε πίστεσι καὶ χειρισμοῖς γινομένους, ἐπιτροπικούς, ἀπὸ λόγων ἢ ψήφων ἀναγομένους καὶ ἐν παιδείαις δοξαζομένους, πολυφί- 20

15 λους δὲ καὶ εὐσυστάτους, μισθῶν καὶ ὀψωνίων καταξιουμένους. ἐὰν δέ πως καὶ ἐν χρηματιστικοῖς ζῳδίοις εὑρεθῶσιν, καὶ θησαυρῶν εὑρετὰς ποιοῦσιν ἢ ἐκ παραθηκῶν ὠφελουμένους δανειστικούς.

16 Ἀφροδίτη καὶ Ἥλιος σύμφωνοι καὶ ἐπίδοξοι καὶ ἀγαθῶν δοτῆρες, συστάσεις ἀρρενικῶν καὶ θηλυκῶν ἐπάγοντες, δωρεάς τε καὶ καταγραφάς, 25 καὶ περὶ τὰς ἐπιβολὰς εὐεπιτεύκτους, ἔσθ᾽ ὅτε μὲν οὖν καὶ προστασίας ἀναλαμβάνοντας ὀχλικὰς ἢ πίστεις καὶ ἑτέρων τόπων προεστῶτας καὶ

f.29v ὀψωνίων καταξιουμένους, εἰς δὲ τὸν περὶ γυναικὸς καὶ τέκνων | τόπον οὐκ ἀλύπους, καὶ μάλιστα ἐὰν ὑπὸ δύσιν τύχῃ ὁ ἀστήρ.

§§ 13: cf. App. I 119 ‖ §§ 14—15: cf. App. I 121—122 ‖ § 16: cf. App. I 187

[M v] 1 καί² om. v ‖ 3 περικτικοί v ‖ 5 καὶ post ὠφελουμένους v ‖ 6 ἢ¹ om. v ‖ 7 ἢ δανειστικοὺς ἢ πιστευομένους sugg. Kroll | δανειστικοὺς ἢ πιστευομένους M | δανηστικούς v | ἀχρηματίστους v, εὐχρημάτους sugg. Kroll ‖ 8 καί post Ζεὺς Kroll | φαντασιώδης v ‖ 9 ὀφονίων v | δημοσίαν v | τόποις post στρατιωτικοῖς sugg. Kroll ‖ 11 κτισθέντων M ‖ 13 καί¹ om. v | δόξης App. δόξας M v | ὀφελείας v ‖ 15 τέκνα v | ἀρχισύνας v ‖ 16 ἀδριάντων M ‖ 18 καὶ om. v | σύμφωνοι ἀγαθοί v ‖ 19 ἀποτελοῦντες M ‖ 20 παιδίαις v ‖ 21 δέ¹ om. v | ἀσυστάτους v ‖ 22 χρηματικοῖς v ‖ 23 ὀφελουμένους δανιστικούς v ‖ 24 καί¹ om. v ‖ 25 ἀρρένων καὶ θηλύων v ‖ 26 ἐπιβουλὰς v | εὐεπιτέκτους M | οὖν om. v ‖ 27 ὀχλικὰς — προεστῶτας om. v | ἐχυρῶν Radermacher ‖ 28 εἰς] εἰ v | τόπων v ‖ 29 οὐκ] καὶ v

Ἀφροδίτη καὶ Σελήνη ἀγαθοὶ μὲν περὶ τὰς δόξας καὶ τὰς περικτήσεις 17
καὶ περὶ τὰς τῶν πραγμάτων ἀφορμάς, περὶ δὲ τὰς συμβιώσεις καὶ φιλίας
καὶ συναρμογὰς ἄστατοι, ἀντιζηλίας καὶ ἔχθρας ἐπιφέροντες | καὶ συγγενι- f.269vM
κῶν ἢ φίλων κακουργίας ἢ ταραχάς, ὁμοίως δὲ καὶ εἰς τὸν περὶ τέκνων
5 ἢ σωμάτων τόπον οὐκ ἀγαθοί, ἀπαραμόνους τε τὰς κτήσεις παρεχόμενοι
καὶ ψυχικὰς ἀνίας ἐπάγοντες.

Ἀφροδίτη καὶ Ἄρης ἀσύμφωνοι· ἀστάτους γὰρ ταῖς γνώμαις καὶ 18
ἀκρατεῖς ἀποτελοῦσιν, ζηλοτύπους δὲ καὶ αὐτόχειρας, πολυφίλους δὲ
ἢ ἐπιφόγους, αἰσχρούς, εὐμετανοήτους καὶ ἀδιαφόρους ταῖς μίξεσιν
10 ἀρρενικῶν τε καὶ θηλυκῶν, κακουργίας ἢ φαρμακείας | ἐπηβόλους, f.29vv
οὔτε τοῖς καλοῖς οὔτε τοῖς φαύλοις ἐπιμένοντας, [οὔτε] περὶ τὰς
φιλίας διαβαλλομένους τε καὶ κακολογουμένους, εὐδαπάνους, ἀκροθιγεῖς
περὶ τὰς πράξεις καὶ πολλῶν ἐπιθυμητάς, ὑπὸ θηλυκῶν ἀδικουμένους
ἢ καὶ τούτων χάριν κρίσεις καὶ ταραχὰς καὶ χρεωστίας ὑπομένον-
15 τας.

Ἀφροδίτη καὶ Ἑρμῆς σύμφωνοι· εὐομίλους γὰρ καὶ ἐπιχαρεῖς ποιοῦσιν, 19
φιλοφίλους τε καὶ φιληδόνους καὶ περὶ παιδείαν καὶ σωφροσύνην τὸν νοῦν
ἔχοντας καὶ τιμὰς καὶ δωρεὰς λαμβάνοντας, τοῖς δὲ ἐν μετρίᾳ τύχῃ
καθεστηκόσι λήψεις καὶ ἀγορασμοὺς καὶ συναλλαγὰς ἀποτελοῦσι καὶ
20 ἔπαισχρον βίον μερίζουσιν, εἰς δὲ τὸν περὶ γυναικὸς τόπον ἀστάτους καὶ
ἀδιαφόρους καὶ εὐμετανοήτους περὶ τὰς συμβολάς.

Ἑρμῆς καὶ Ἥλιος πολυφίλους καὶ ὑποκριτικοὺς ποιοῦσιν, | ποικίλους $\overset{20}{\text{f.30v}}$
δὲ καὶ ἐγκρατεῖς καὶ ἐν δημοσίοις τόποις τὰς ἀναστροφὰς ἔχοντας,
καθαρίους, περισσόφρονας, κριτικούς, καλῶν ἐραστάς, πολυΐστορας,
25 μύστας θείων, εὐεργετικούς, φιλοσυνήθεις, αὐτάρκεις, θρασυδείλους, γεν-
ναίως τὰ καταπίπτοντα φέροντας, περὶ δὲ τὰς δόξας δυσεπιτεύκτους καὶ
ἀνωμάλους περὶ τὸν βίον, ἐν ὑφοταπεινώμασι γινομένους, οὐκ ἀπόρους,
ἀναβιβάζοντας δὲ κατὰ τὴν τῆς γενέσεως ὑπόστασιν.

---

§ 17: cf. App. I 200 ‖ § 18: cf. App. I 163 ‖ § 19: cf. App. I 197—198 ‖ § 20:
cf. App. I 189

[M v] 1 καὶ¹ om. v ‖ 3 ἀντηξυλίας v ‖ 5 τε] περὶ v | κτίσεις v ‖ 6 ἀνίας App.
ἀνοίας M v | ἐπάγοντα v ‖ 7 καὶ¹ om. v ‖ 8 δὲ¹] τε v ‖ 9 ἢ secl. sugg. Kroll | δια-
φόρους v ‖ 10 ἀρρενικοῖς v | θηλυκοῖς v | ἐπιβόλους M ἐπιβούλους v ‖ 11 οὔτε²
secl. Kroll ‖ 12 τε om. M | δαπάνους M v, corr. Kroll | ἀκροθιγῆς v ‖ 13 ὑποθη-
λυκοὺς v ‖ 14 κρίσης v | ὑπομένοντες M ‖ 16 καὶ¹ om. v ‖ 18 τιμῶν M v, corr.
Kroll | δωρεῶν μεταλαμβάνοντας v | μετρίῳ v | 19 λήψης v | καὶ¹,² om. v ‖
20 μετρίζουσιν v ‖ 21 συμβουλὰς v ‖ 22 καὶ¹ om. v | μὲν post πολυφίλους v | ὑπο-
κρητικοὺς v ‖ 23 ἐγκρατῆς v ‖ 24 περισώφρονας v ‖ 25 αὐτάρκης θρασυδήλους v |
γενναίους M ‖ 26 προσπίπτοντα v | περὶ — δόξας om. M ‖ 27 ἀνομάλους v | ὑφο-
ταπεινῶν γενομένους v ‖ 28 ἀναβιβαζομένους v | τὴν om. M

21 Ἑρμῆς καὶ Σελήνη ἀγαθοὶ περὶ τὰς συστάσεις καὶ δόξας ἀρρενικῶν
τε καὶ θηλυκῶν καὶ περὶ τὴν τοῦ λόγου καὶ παιδείας δύναμιν καὶ περὶ τὰς
λοιπὰς ἐγχειρήσεις καὶ συναλλαγάς, κοινωνικοὺς καὶ μηχανικοὺς καὶ πο-
λυπείρους καὶ περιέργους ἀποτελοῦσι καὶ ἀπὸ μειζόνων τελῶν προβιβαζο-
f.30vv μένους, πολυκινήτους καὶ ἀνεπιμόνους ταῖς πράξεσιν ἢ ταῖς γνώμαις | 5
πρὸς τὸ μέλλον, γενναίους πρὸς τὰ φαῦλα, ἀνωμάλους δὲ περὶ τὸν βίον.

22 Ἑρμῆς καὶ Ἄρης οὐκ ἀγαθοί, ἔχθρας, κρίσεις, ἐναντιώματα, κακο-
τροπίας, προδοσίας ἀποτελοῦντες, ἀπό τε κρειττόνων ἢ ὑποτακτικῶν
ἀδικουμένους, τινὰς μὲν οὖν ἀθλητικούς, στρατιωτικοὺς ἢ καθηγεμόνας,
εὐεργετικούς, περιέργους, ποικίλως τὸν βίον περιερχομένους· γίνονται 10
δὲ ἐν πλαστογραφίαις νοσφισμῶν, ἁρπαγῆς, συλήσεως χάριν, ἐγγύαις τε
f.270M καὶ δάνεσι περιπί|πτοντες περιβοησίας ἢ κραυγὰς ἀναδέχονται. ἐὰν δέ
23 πως τὸ σχῆμα κακωθῇ, ἐν αἰτίαις γενόμενοι ἢ συνοχαῖς τῶν κτηθέντων
ἀποβολὰς ἢ ἀφαιρέσεις ὑπομένουσιν.

24 Ἥλιος καὶ Σελήνη ἀγαθοί· συστάσεις γὰρ μειζόνων καὶ δόξας περιποιοῦ- 15
f.31v σιν, κτήσεις τε θεμελίων καὶ κτημάτων | καὶ χρημάτων καὶ κόσμου, καὶ
25 πρὸς τὰς ἐπιβολὰς τῶν πραγμάτων εὐεπιτεύκτους καὶ ἐπωφελεῖς. ἐὰν δὲ
⟨ἡ⟩ ὑπόστασις μεγάλη εὑρεθῇ, γίνονται ἀρχικοὶ πόλεων, πραγμάτων
προϊστάμενοι, ὄχλων προεστῶτες, εὐφαντασίωτοι, δωρηματικοί, ἡγεμο-
νικοί, τυραννικοί, ἀνυπότακτοι, βασιλικὸν κτῆμα καὶ φρόνημα κεκτημένοι 20
ἢ ἀπὸ μετρίας τύχης ἀναβιβαζόμενοι καὶ εὐδαίμονες γινόμενοι μακα-
ρίζονται, πλὴν ἀνεπίμονον τὸ ἀγαθὸν τοῖς τοιούτοις ὑπάρχει διὰ τὸ τῆς
Σελήνης μειωτικὸν σχῆμα.
⟨ . . . ⟩

(I 22) ⟨κ´.⟩ Τριῶν ἀστέρων σύγκρασις 25

1 ⟨ . . . ⟩ Κρόνος, Ζεὺς καὶ Ἥλιος — ἀνώμαλοι καὶ ἀβέβαιοι εἴς τε τὰς
περικτήσεις καὶ τὰς φιλίας καὶ τὰς λοιπὰς τῶν πραγμάτων ἐπιβολάς
(τῶν γὰρ περικτηθέντων ἀποβολὰς ποιοῦσι καὶ ἐπιφθόνοις αἰτίαις περι-

§ 21: cf. App. I 217 ‖ § 1: cf. App. X 2

[M v] 1 ἀφροδίτη v | καί¹ om. v | δόξας καὶ συστάσεις v ‖ 2 καί² om. v | παι-
δείαν v ‖ 3 ἐγχειρίσης v ‖ 4 μηόνων v | τελῶν om. v ‖ 5 πολυκηνίτους v ‖ 6 καὶ
post δὲ M ‖ 7 καὶ om. v | κρίσεως v ‖ 8 τε om. v ‖ 10 διερχομένους v, ἐπερχομέ-
νους sugg. Kroll ‖ 11 ἐγγύας v ‖ 12 καὶ] ἢ v | δ᾽ ἀνέσης v | περιπίπτοντας M |
ἢ] καὶ v | κρυβὰς M ‖ 13 συνεχής v ‖ 15 καί¹,² om. v | εὐδοξίαν v ‖ 17 ἐπι-
βουλὰς v | ἐπιτεύκται v | ἐποφελῆς ἂν v ‖ 18 ἤ Kroll ‖ 19 εὐφαντασιώτατοι M ‖
20 φρόνηβμα καὶ κτῆαμα v | καὶ φρόνημα om. M ‖ 21 ὑπὸ M ‖ 24 Sol et Mars om. ‖
25 τριῶν ἀστέρων σύγκρασις om. M ‖ 26 Saturnus, Sol, Mercurius; Saturnus, Sol,
Luna; Saturnus, Mercurius, Luna om. | καί¹ om. v ‖ 27 ἐπιβολάς App. ἐπι-
βουλάς v ἀποβολάς M ‖ 28 τῶν − περιπίπτοντας om. v

ANTHOLOGIAE I 19-20

πίπτοντας), καὶ ἐξ ἀπροσδοκήτων ἢ νεκρικῶν ὠφελείας ἐνδειξάμενοι καὶ
τῇ δόξῃ προσαυξήσαντες καθαιρέσεις | ἢ αἰτίας ἀπεργάζονται, αἰφνιδίους f.31vv
δὲ κινδύνους καὶ ἐπιβουλάς, ἀποτελοῦσι δὲ καὶ προστασίας ἢ ἐπιτροπάς,
ἀλλοτρίων τε πραγμάτων φορολογίας ἢ μισθώσεις, ὧν χάριν ⟨ἢ⟩ ταραχὰς
5 ἢ κρίσεις ⟨ὑφίστανται⟩ καὶ τὴν ὑπόστασιν ἀνώμαλον ἢ ἐπίφοβον κατα-
σκευάζουσιν.

Κρόνος, Ζεύς, Σελήνη — σύμφωνοι, δόξας καὶ ὠφελείας περιποιοῦντες 2
καὶ συστάσεις μειζόνων καὶ δωρεάς, γίνονται δὲ ἐν ξενιτείαις καὶ ἐπὶ ξένης
ἢ ἀπὸ ξένων τὰς τῶν πράξεων κατορθώσεις ποιοῦνται οὐ μόνον ἰδίων
10 ἀλλὰ καὶ ἀλλοτρίων πραγμάτων, εὐεργετοῦνται δὲ καὶ ἀπὸ θηλυκῶν καὶ
ἐν περικτήσει γενόμενοι θεμελίων καὶ χωρῶν δεσπόζουσιν, τινὲς μὲν οὖν
καὶ ναύκληροι γενόμενοι τῷ βίῳ προσηύξησαν ἢ ὅσα δι' ὑγρῶν συνίσταν-
ται μεταχειρισάμενοι διῳκονόμησαν τὸν βίον.

Κρόνος, Ζεύς, Ἄρης συγκράσεις ἀγαθῶν ἀποτελοῦσιν, τινὰς μὲν ἐνδό- 3
15 ξους, ἀρχιερατικούς, ἡγεμονικούς, ἐπιτροπικούς, ὄχλων καὶ χωρῶν προ-
εστῶτας ἢ | στρατιωτικῶν πραγμάτων, κελεύοντας καὶ ἐνακονομένους, f.32v
οὐ τοσοῦτον τῇ περὶ τὸν βίον φαντασίᾳ κεκοσμημένους, ἐναντιώμασι δὲ
καὶ κατηγορίαις καὶ βιαίοις πράγμασι περικυλιομένους καὶ ἐπιφόβως
διάγοντας, τινὰς δὲ καὶ τῇ περὶ τὸν βίον ὑπάρξει συγκεκοσμημένους καὶ
20 κτημάτων καὶ θεμελίων δεσπόζοντας καὶ ἀπὸ νεκρικῶν ὠφελουμένους,
περὶ δὲ τὴν δόξαν ἥττονας, ὅθεν παρὰ τὰς τοποθεσίας καὶ τὰς τῶν ζῳδίων
ἐνεργείας τὰ πράγματα κριθήσεται.

| Κρόνος, Ζεύς, Ἀφροδίτη ἀγαθοὶ καὶ ὠφέλιμοι περὶ τὰς πράξεις, f.270vM
περικτητικοί, συστάσεις ἀρρενικῶν καὶ θηλυκῶν ἀποτελοῦντες καὶ φιλίας 4
25 καὶ προβιβασμούς, ἀπό τε νεκρικῶν εὐεργεσίας, περί τε τὰς συνηθείας
ἐπιψόγους καὶ ἐπιφθόνους καὶ ἀνωμάλους περὶ συναρμογάς, ψύξεις |
κατὰ καιρὸν ὑπομένοντας καὶ ἔχθρας καὶ κρίσεις, πλὴν φιλοσυνήθεις καὶ f.32vv
εὐσυμβιώτους, καινοτέραις καὶ πολλαῖς ἡδομένους φιλίαις, εἰς δὲ τὸν περὶ
τέκνων λόγον καὶ σωμάτων οὐ διὰ παντὸς εὐσταθοῦντας οὐδὲ ἀλύπως
30 ὑπομένοντας.

Κρόνος, Ζεύς, Ἑρμῆς συσχηματιζόμενοι πρακτικοὺς ἀποτελοῦσιν, 5

§ 2: cf. App. X 5 ‖ § 3: cf. App. X 1 ‖ §§ 4—5: cf. App. X 3—4

[M v] 1 ὅθεν ante καὶ¹ v | ἀδοκήτων M | χάριν post ὠφελείας v ‖ 3 δὲ¹] τε v |
ἐπιτελοῦσι M ‖ 3—4 ἐπιτροπάς — ἢ¹ om. v ‖ 4 ἢ² App. ‖ 5 κρίσης v | ὑφίστανται
App. ‖ 7 ὠφελείας v | 8 γίνωνται v | δὲ post ἐν v | ξενητείαις v | 10 καὶ³ om. v |
11 περιπτήσει v ‖ 11—12 θεμελίων — γενόμενοι om. v ‖ 12 συνίσταται v ‖ 19 τῇ
om. v | κεκοσμημένους M ‖ 20 ὀφελουμένους v ‖ 21 εὐεργεσίας ἢ post ζῳδίων M ‖
22 ἐνεργείαις M ‖ 23 ὀφέλιμοι v ‖ 24 περιεκτηκοὶ v ‖ 25 νεκρῶν M ‖ 26 συναγωγάς v |
φύξεις v, φυλάξεις M, corr. Kroll ‖ 27 καὶ²] ἢ M ‖ 28 εὐσυμβιώτους v ‖ 29 λόγων M ‖
εὐσταθοῦντες v ‖ 30 ἐπιμένοντας v

41

οἰκονομικούς, πιστούς, προεστῶτας ὄχλων, κελεύοντας καὶ ἐνακουομέ-
νους, χρημάτων χειριστὰς καὶ λόγων ἢ ψήφων διευθυντάς· οἱ δὲ τοιοῦτοι
τὸ ἐλευθέριον καὶ ὑποκριτικὸν ἦθος κεκτημένοι ὁτὲ μὲν κακοῦργοι καὶ
πανοῦργοι φαινόμενοι ἀλλοτρίων ἐπιθυμηταὶ γενήσονται καὶ παραιρέται
ἢ πλεονέκται, ὧν χάριν ταραχὰς καὶ κρίσεις ὑπομενοῦσι καὶ χρεωστίας 5
καὶ περιβοησίας ὀχλικάς, ὁτὲ δὲ τῇ περὶ τὴν πρᾶξιν εὐημερίᾳ καὶ πίστει
φερόμενοι ὠφελείας μὲν ἀναδέξονται καὶ ὑπὸ μειζόνων | δωρεῶν καὶ τι-
μῶν καταξιωθέντες καὶ εὐμετάδοτον σχῆμα κτησάμενοι ἰδίους καὶ ἀλ-
λοτρίους εὐεργετήσουσιν, μυστηρίων δὲ καὶ ἀλλοτρίων πραγμάτων μεθ-
έξουσι καὶ τὰ λοιπὰ περίεργοι, ἐννοηματικοὶ ἔσονται εἰς ἀφέλειαν τὸν τρό- 10
πον ἐμφαίνοντες.

6 Κρόνος, Ἄρης καὶ Ἥλιος βιαίων καὶ ἀλλοτρίων καὶ ἐπικινδύνων πραγμά-
των δηλωτικοί· θρασεῖς ⟨γὰρ⟩ καὶ ἀδρεπηβόλους περὶ τὰς πράξεις ἀπο-
τελοῦσιν, κακούργους, ἀθέους, προδότας, ἀνυποτάκτους, μισοϊδίους, τῆς
ἰδίας χωριζομένους, μετὰ ἀλλοφύλων ἀναστρεφομένους, ἐν ἐπηρείαις 15
καὶ κινδύνοις γινομένους, ἀπὸ ὕψους ἢ τετραπόδων πτώσεις ὑπομένοντας
ἢ ἐμπρησμῶν φόβους, ἐπιμόχθους περὶ τὰς ἐγχειρήσεις, μὴ φυλάσσοντας
τὰ περικτώμενα, ἀλλοτρίων ἐπιθυμητάς, ἐκ κακῶν πορίζοντας, ἐκτὸς εἰ
μὴ στρατιωτικὸν ἢ ἀθλητικὸν τὸ σχῆμα τύχῃ, καὶ οὕτω μὲν ἐπίμοχθον,
πλὴν οὐκ ἄπρακτον. 20

7 Κρόνος καὶ Ἄρης καὶ Σελήνη παραβόλους μὲν εἰς τὰς ἐπιβολὰς τῶν πρά-
ξεων καὶ γενναίους ἀποτελοῦσιν, δυσεπιτεύκτους δὲ περὶ τὰς πράξεις καὶ
ἐναντιώμασι περιτρεπομένους καὶ βιαίοις πράγμασιν· γίνονται γὰρ βίαιοι,
φιλέρημοι, κακοῦργοι, ἅρπαγες, τρόπον ληστρικὸν ἔχοντες, ἔν τε ἀπολο-
γίαις ἢ κρίσεσι περιπίπτοντες, συνεχῶν καταιτιασμῶν πεῖραν λαμβά- 25
νοντες, εἰ μή πως φιλοπάλαιστρος ἢ φίλοπλος ἢ | γένεσις τύχοι, ἵνα
διὰ τῆς κατοχῆς ταύτης τὸ τῆς συνοχῆς σχῆμα πληροφορηθῇ· τινὲς μὲν
οὖν καὶ ἐπισινεῖς ἢ ἐμπαθεῖς γενόμενοι βίαιον τὸ τέλος ἐφέξουσιν.

8 Κρόνος, Ἄρης, Ἀφροδίτη περὶ μὲν τὰς πράξεις καὶ τὰς φιλίας ἢ συναλ-
λαγὰς κατ᾽ ἀρχάς εἰσιν ἐπιτήδειοι, ὠφελείας, δόξας καὶ συστάσεις ἀπο- 30
τελοῦντες, ἐξ ὑστέρου δὲ ἐπιτάραχοι καὶ ἐπίδικοι καθίστανται διά τινας
ἀντιζηλίας καὶ προδοσίας, ὧν χάριν καταιτιασμοὺς μὲν ποιοῦνται καὶ
ἔχθρας πρός τε ἀρρενικὰ καὶ θηλυκὰ πρόσωπα ὑπομένουσιν καὶ ψόγοις

---

§ 6: cf. App. X 6 ‖ § 7: cf. App. X 11 ‖ §§ 8–10: cf. App. X 7–10

[M v] 2 χειρηστὰς v | ἀψήφων v ‖ 3 ἀποκριτικὸν v | ὁτὲ μὲν om. v ‖ 4 γίνον-
ται v | παραινέκται M ‖ 5 καὶ¹] ἢ M ‖ 6 καὶ post δὲ v ‖ 7 φαινόμενοι M v, φερό-
μενοι Kroll | ἀπὸ M ‖ 7 – p. 48, 2 δωρεῶν – γὰρ om. v ‖ 13 γὰρ App. | ἀνδρε-
πιβόλους M, ἀδρεπιβόλους Kroll ‖ 21 ἐπιβολὰς App. ἐπιβουλὰς M ‖ 28 ἐμπαθεῖς
App. εὐπαθεῖς M ‖ 32 ἀντιζηλίας App. ἐπιζηλίας M

ANTHOLOGIAE I 20

ἐπαίσχροις ἢ μοιχείαις περιτρέπονται, καὶ περιβοησίας καὶ δειγματισμοὺς
ἀναδέχονται· τινὲς μὲν οὖν ἀθεμίτοις μίξεσι καὶ ἀδιαφόροις ἀνεπιστρε-
πτοῦσιν, συνίστορες δὲ ἢ ⟨ἐν⟩ ἐπιβουλῇ κακούργων ἢ φαρμακέων γινό-
μενοι φόβον οὐ τὸν τυχόντα ὑπομένουσιν.

5 Κρόνος, Ἄρης, Ἑρμῆς κακουργίας καὶ δόλους ἀποτελοῦσιν, κρίσεις τε 9
καὶ ταραχάς· γραπτῶν ἢ μυστικῶν χάριν πραγμάτων ἐγγύαις τε ἢ δάνεσι
περιτραπέντες ἀγῶνας οὐ τοὺς τυχόντας ὑπομένουσι καὶ καθαιρέσεις·
ἄλλως τε δριμεῖς καὶ εὐσυνέτους περὶ τὰς πράξεις ἀποτελοῦσιν, ποικίλως
τὸν βίον διερχομένους καὶ ὑπό τινων κακολογουμένους διά τινας βιαίους
10 ἢ παρανόμους πράξεις· ἔσθ᾽ ὅτε μὲν οὖν καὶ πράξεων ἐπιμόχθων ἢ ἐπι-
κινδύνων ἐντὸς γινόμενοι καὶ ἐνδείαις περιπίπτοντες τὴν ἰδίαν μέμφον-
ται τύχην, καὶ εἰς θεοὺς βλασφημοῦσιν ἢ ἐπίορκοι καὶ ἄθεοι καθίστανται.
ἐὰν δὲ καὶ ἀνοικείως πέσωσιν οἱ ἀστέρες, καὶ καταιτιασμοὺς καὶ συνοχὰς 10
ποιοῦσιν, ἐὰν δὲ ἐν χρηματιστικοῖς τόποις ἢ ἰδίοις τύχωσι, τοὺς ὑπὲρ
15 ἑτέρων ἀγῶνας ἀναδεχόμενοι τῶν πλείστων καθυπερτερήσουσιν ἢ καὶ
ἀπὸ λόγων ἢ ψήφων ἢ στρατειῶν ὠφεληθέντες τῷ βίῳ προσαυξή-
σουσιν.

Κρόνος, Ἀφροδίτη, Ἥλιος συστάσεων μεγάλων καὶ τιμῶν καὶ πράξεων 11
δηλωτικοί, δόξης τε καὶ προφανείας καὶ προστασίας ὀχλικῆς αἴτιοι·
20 ἀπαράμονοι δὲ πρός τε τὴν κτῆσιν καὶ πρὸς τὰ λοιπὰ ὑπάρχουσιν· εἰς
ἀνωμαλίας περιτρέπουσιν, καὶ τὰς φιλίας διαλύουσιν, καὶ τοῦ βίου μειώ-
σεις ἀπεργάζονται καὶ δειγματισμοὺς ἢ ζημίας ἕνεκεν θηλυκῶν προσ-
ώπων, μυστικῶν τε πραγμάτων προδοσίας, περὶ δὲ τὰς μίξεις καὶ τὰς
συνουσίας ἀστάτους καὶ ἀδιαφόρους.

25 Κρόνος, Ἀφροδίτη, Σελήνη ἀνωμαλίας καὶ ἀστασίας βίου ἐπάγουσιν, 12
καὶ μάλιστα εἰς τὸν περὶ γυναικὸς καὶ μητρὸς καὶ τέκνων τόπον· κακο-
ηθείας γὰρ καὶ ἀχαριστίας ἐπιφέρουσιν, ἔτι δὲ ἀντιζηλίας καὶ στάσεις,
χωρισμούς, ψόγους, δειγματισμούς, ἀθεμίτους μίξεις, καὶ περὶ τὰς
πράξεις [δὲ] ποιοῦσιν οὐκ ἀπόρους, εὐεπινοήτους δὲ καὶ | ἐν περικτήσει f.271vM
30 γινομένους, ἀπὸ νεκρικῶν ὠφελουμένους, πλὴν οὐ φυλάσσοντας, ἐπιβου-
λευομένους δὲ ὑπὸ πολλῶν ἢ καὶ αὐτοὺς συνίστορας κακουργίας ἢ φαρ-
μακείας, παραινέτας δὲ γυναικῶν.

Κρόνος, Ἀφροδίτη, Ἑρμῆς συνετούς, νοεροὺς καὶ περὶ τὰς τῶν πράξεων 13
ἀφορμὰς εὐφυεῖς καὶ εὐεπιβόλους ἀποτελοῦσιν, ἀπαραμόνους δὲ καὶ

§ 11: cf. App. X 12 ‖ § 12: cf. App. X 15 ‖ §§ 13—14: cf. App. X 13—14

[M] 1 περιβοησίας App. περιβοησίαις M ‖ 3 ἐν App. | ἐπίβολοι κακουργιῶν
Kroll | φαρμακειῶν M ‖ 6 δανείσεσι App. ‖ 9 διερχομένους App. περιερχο-
μένους M | 20 πρός] περὶ Cumont ‖ 24 διαφόρους M, cf. ἀδιάφορος App. ‖ 32 παρ-
αιρέτας sugg. Kroll, παρεννέτας Radermacher

5 BT Vettius Valens 43

ψύχοντας τὰς πρώτας πράξεις καὶ ἑτέρων ἐπιθυμητάς, πολυΐστορας,
περιέργους, ποικίλους, ἰατρικούς, ἡδομένους τῇ καινότητι καὶ μεταβολῇ
14 καὶ ξενιτείᾳ. ἐὰν δὲ τούτων οὕτως ὄντων τὸ σχῆμα κακωθῇ ἢ καὶ ἐπι-
θεωρήσῃ Ἄρης, ἕνεκεν φαρμακειῶν ἢ θηλυκῶν ⟨προσώπων⟩ ἢ θανατικῶν
προφάσεων ταραχαῖς καὶ κρίσεσι περιπίπτουσιν ἢ καὶ ἐκ γυναικῶν 5
ὑπομείναντες ἀδικίας μείωσιν βίου καὶ κακωτικὰς αἰτίας ἀναδέχονται·
καθόλου εἰς τὸν περὶ γυναικὸς τόπον καὶ τέκνων καὶ σωμάτων ἀβέβαιοι
καὶ ἐπίλυποι γενήσονται.

15   Ζεύς, Ἥλιος, Σελήνη ἐνδόξους, λαμπρούς, πολυγνώστους ἀποτελοῦσιν,
δημοσίων, πολιτικῶν, βασιλικῶν πραγμάτων προεστῶτας, ἡγεμονικούς, 10
στραταρχικούς, ἀνυποτάκτους, τυράννους, ἐπιφθόνους δὲ καὶ κακολογου-
μένους καὶ ὑπό τινων προδιδομένους, μισοϊδίους, εὐμετανοήτους, ποικί-
λους καὶ ἀστάτους ταῖς γνώμαις, ὑψαύχενας, ὑπὲρ ἑαυτοὺς φρονοῦντας
καὶ ἐν ὑψοταπεινώμασι γινομένους, τῇ δὲ περὶ τὸν βίον φαντασίᾳ συγκε-
κοσμημένους, οὐ μέντοι μέχρι τέλους ταῖς εὐδαιμονίαις ἐπιμένοντας, 15
σφαλλομένους δὲ ἔν τισιν ἢ καὶ τὸ τέλος ὀδυνηρὸν ἔχοντας.

16   Ζεύς, Ἄρης, Ἥλιος ἐπιταράχους καὶ ἐπικινδύνους δηλοῦσιν, θερμοτέ-
ρους δὲ καὶ εὐεπιτεύκτους εἰς τὰς ἐπιβολὰς τῶν πράξεων καὶ δόξης μετ-
έχοντας, στρατιωτικούς, ἡγεμονικούς, δημοσίων πραγμάτων προεστῶτας,
ἐπισφαλεῖς διὰ τὸ ἐπακολουθεῖν φθόνους μειζόνων, ἀπειλάς, προδοσίας, 20
οἰκείων ἐπιβουλάς, καταιτιασμούς· ἔνιοι μὲν γὰρ καὶ τῇ τῶν μειζόνων
[τύχῃ] προαγωγῇ ἀπὸ μετρίας τύχης ἀναβιβασθέντες τῷ βίῳ καθῃρέθη-
σαν.

17   Ζεύς, Ἄρης, Σελήνη εὐεπιβόλους, θρασεῖς, δημοσίους, πολυφίλους, ἐν
προβιβασμοῖς γινομένους καὶ ἀπὸ μικρᾶς τύχης ὑψουμένους καὶ πίστεως 25
καταξιουμένους, στρατιωτικούς, ἀθλητικούς, ἐνδόξους, ἡγεμονικούς,
ὄχλων καὶ τόπων προεστῶτας, τιμῶν καὶ ὀψωνίων μεταλαμβάνοντας ἢ
ἱερωσύνης, ἐναντιώμασι δὲ καὶ κατηγορίαις περιπίπτοντας καὶ προδιδο-
μένους ὑπὸ ἰδίων ἢ θηλυκῶν προσώπων καὶ τῶν περικτηθέντων μείωσιν
ὑπομένοντας καὶ ἐξ ὑστέρου περικτωμένους ἀπὸ μυστικῶν ἢ ἀπροσδοκή- 30
των πραγμάτων.

18   Ζεύς, Ἄρης, Ἑρμῆς πρακτικούς, θερμούς, κεκινημένους ἀποτελοῦσιν,
f.272M ἐν δημοσίοις τόποις ἢ στρατιωτικοῖς τάγμασιν | ὀψωνίων μεταλαμβά-
νοντας ἢ βασιλικὰ ἢ πολιτικὰ πράσσοντας, ἀνωμάλους δὲ [καὶ] περὶ τὸν

§ 16: cf. App. X 16 ‖ § 17: cf. App. X 19 ‖ § 18: cf. App. X 18

[M] 4 προσώπων App. ‖ 13 ὑπαύχενες M, corr. Kroll ‖ 14 συγκεκοσμημένων M,
corr. Kroll ‖ 22 τύχῃ secl. Kroll ‖ 24 εὐεπιβόλους App.   ἐπιβόλους M ‖ 28 προδι-
δομένους App.   προδιδουμένους M ‖ 34 καὶ secl. Kroll

βίον καὶ τῶν περικτωμένων ἀναλωτάς, εὐνοήτους καὶ εὐπίστους, οἰκονό-
μους, ῥᾳδίως τὰ ἁμαρτήματα διορθοῦντας καὶ τὰς αὐτῶν αἰτίας ἑτέροις
ἐπιφέροντας, κακολογουμένους δὲ καὶ ἐναντιώμασι περιπίπτοντας · τινὰς
μὲν οὖν ἀθλητικούς, στεφανηφόρους ἢ καὶ ἀσκητὰς σωμάτων, πολυΐστο-
5 ρας, φιλεκδημητὰς ἢ ἐπὶ ξένης πορίζοντας, τῶν δὲ ἰδίων ἀστοχοῦντας.
Ζεύς, Ἄρης, Ἀφροδίτη πολυφίλους μὲν καὶ φιλοσυνήθεις ἀποτελοῦσιν, 19
συστάσεών τε μειζόνων καὶ ὠφελειῶν καταξιουμένους, ἐν προκοπαῖς
γινομένους, ὑπὸ γυναικῶν προβιβαζομένους · τινὰς μὲν οὖν ἀρχιερατικούς,
στεφανηφόρους, ἀθλητικοὺς ἢ ἱερῶν προεστῶτας ⟨ἢ⟩ ὄχλων, ἡδοναῖς
10 ἐξυπηρετουμένους καὶ κατὰ καιρὸν ἀστάτως καὶ ἀνωμάλως διάγοντας,
ἐπιψόγους δὲ καὶ ἀδιαφόρους περὶ τὰς συνελεύσεις, δειγματισμούς, προ-
δοσίας ὑπομένοντας, εἴς τε τὸν περὶ τέκνων καὶ σωμάτων τόπον λυπου-
μένους, καινοτέραις ἐπιπλοκαῖς ἡδομένους, χωρισμούς τε γυναικῶν ὑπο-
μένοντας.
15 Ζεύς, Ἑρμῆς, Ἥλιος πρὸς μὲν τὰς ἐπιβολὰς τῶν πράξεων εὐκατορθώ- 20
τους καὶ πολυφίλους ἀποτελοῦσιν, πίστεων, τιμῶν, οἰκονομιῶν καταξιου-
μένους, συστάσεών τε μειζόνων καὶ προκοπῶν ἢ ἀπὸ μικρᾶς τύχης ἀνα-
βιβαζομένους καὶ συγκεκοσμημένους, πρὸς δὲ τὰς περικτήσεις ἀπαρα-
μόνους καὶ εὐαλώτους ἢ ἐνδεεῖς κατά τινας χρόνους γινομένους καὶ μυ-
20 στικῶς πολλὰ διαπρασσομένους, οὐκ ἀβίους δέ, ἀλλ᾽ ἐξ ἀπροσδοκήτων
καὶ μειζόνων ὠφελουμένους.
Ζεύς, Ἑρμῆς, Σελήνη ἀγαθούς, περικτητικοὺς καὶ εἰς τὰς πράξεις 21
εὐεπιβόλους, συλλεκτικούς, δωρεῶν καὶ πίστεων μεταλαμβάνοντας, μυ-
στικούς, συνετούς, λογικούς, χρημάτων, παραθηκῶν φύλακας, ἀπὸ λό-
25 γων καὶ ψήφων ἀναγομένους, δανειστικούς, φορολόγους, μισθωτάς, πολυ-
φίλους, πολυγνώστους, ἐπιτροπικούς, διοικητὰς πραγμάτων, εὐμεταδό-
τους · τινὰς μὲν οὖν ἀθλητικούς, στεφανηφόρους, τιμῶν, εἰκόνων, ἀνδριάν-
των καταξιουμένους. ἐὰν δέ πως καὶ ἐν χρηματιστικοῖς τόποις τύχωσιν, 22
θησαυρῶν εὑρετὰς καὶ ναῶν, ἱερῶν ⟨ἐπιστάτας ποιοῦσιν⟩ · ἀνακτίσουσί τε
30 καὶ καταφυτεύσουσι καὶ τόπους συγκοσμήσαντες ἀειμνήστου φήμης
τεύξονται.

§ 19: cf. App. X 17 ‖ § 20: cf. App. X 22 ‖ §§ 21—22: cf. App. X 25—26

23 Ζεύς, Ἑρμῆς, Ἀφροδίτη ἀγαθοί, περίκτησιν βίου καὶ εὐημερίας πρά-
ξεων ἀποτελοῦντες· γίνονται δὲ συνετοί, ἁπλοῖ, εὐμετάδοτοι, ἡδεῖς, φι-
λοσυμβίωτοι, εὐφραντικοί, παιδείας μέτοχοι καὶ μούσης, καθάριοι, εὐπρε-
πεῖς, τιμῆς καὶ δόξης καταξιούμενοι, μετὰ μειζόνων ἀναστρεφόμενοι
καὶ πίστεων καὶ οἰκονομιῶν μεταλαμβάνοντες, συγκοσμούμενοι τῷ βίῳ, 5
f.272vM | φιλοτρόφοι τε καὶ φιλασκηταὶ ὄντες, σωμάτων κυριεύουσι καὶ ἐν τέκνων
μοίραις ἀνατρέφουσί τινας καὶ εὐεργετοῦσι καὶ ἀπὸ θεῶν τὰ μέλλοντα
προγινώσκουσι φιλόθεοι ὑπάρχοντες, εἰς δὲ τὸν περὶ γυναικὸς καὶ τέκνων
τόπον ἄστατοι ἢ ἐπίλυποι γενήσονται.

24 Ζεύς, Ἀφροδίτη, Ἥλιος εὐφαντασιώτους μὲν καὶ ἐπιδόξους ποιήσουσιν, 10
μικρολόγους δὲ καὶ ἀνωμάλους ταῖς γνώμαις, ὑψαύχενας, ὁτὲ μὲν παρ-
εκτικοὺς καὶ εὐεργετικούς, εὐμετανοήτους δέ, ὁτὲ δὲ ταῖς ἑτέρων δόξαις
καὶ περικτήσεσιν ἐπαιρομένους καὶ ἀπὸ μικρᾶς τύχης ἀναβιβαζομένους·
γίνονται δὲ καὶ ἀρχιερεῖς, στεφανηφόροι, ἀρχικοί, ἡγεμονικοί, δημοσίων
πραγμάτων προεστῶτες καὶ ὄχλων ἀφηγούμενοι, τιμῶν ἢ δωρεῶν κατ- 15
αξιοῦνται καὶ τῷ βίῳ συγκοσμοῦνται, περὶ δὲ τὰς συνελεύσεις ἀθέμιτοι
25 ἢ ἐπίψογοι γενήσονται. ἐὰν δέ πως ἀνατολικοὶ ἢ ἐν χρηματιστικοῖς τόποις
τύχωσιν, καὶ ἐπὶ γυναικὶ καὶ τέκνοις εὐφρανθήσονται.

26 Ζεύς, Ἀφροδίτη, Σελήνη πρακτικούς, ἐνδόξους ἀποτελοῦσιν, ἀρχιερα-
τικούς, στεφανηφόρους, ἱερῶν καὶ ναῶν προεστῶτας, δωρηματικούς, 20
φιλοδόξους, ὄχλων ἡδοναῖς ἐξυπηρετοῦντας, πόλεών τε ἢ χωρῶν πίστεις
ἀναδεχομένους καὶ τιμῶν καταξιουμένους καὶ εὐφημουμένους καὶ ἀντι-
ζηλουμένους ἀπό τε οἰκείων καὶ φιλικῶν προσώπων, ἔχθρας καὶ ἀντι-
καταστάσεις ὑπομένοντας, εἰς δὲ τὸν περὶ γυναικὸς καὶ συνηθείας τόπον
ἀστάτους καὶ φιλονείκους, μετὰ ζηλοτυπιῶν καὶ χωρισμῶν καὶ ἀνάγκης 25
διάγοντας, μετεώρους· ἔσθ᾽ ὅτε μὲν οὖν καὶ συγγενέσι συνέρχονται καὶ
οὐδὲ οὕτως ἀτάραχον τὴν συνοίκησιν διαφυλάσσουσιν· ἐν μετουσίαις
γινομένους· τὴν μέντοι περὶ τὸν βίον οὐσίαν εὐφαντασίωτοι γενήσονται,
οὐ τοσοῦτον ἀληθείας ἀνάμεστοι ὅσον πλάνης.

27 Ἀφροδίτη, Ἥλιος, Σελήνη ἐνδόξους μὲν καὶ πρακτικοὺς ἀποτελοῦσιν, 30
ἐν φαντασίαις γινομένους, κακοήθεις δὲ καὶ ἐπιψόγους, ὑπὸ τῶν πλείστων
διαβαλλομένους καὶ φθονουμένους ὑπὸ μειζόνων καὶ φιλικῶν προσώπων,
ἐν προκοπῇ δὲ καὶ κτήσει γινομένους καὶ τῇ τύχῃ ὑψουμένους, ἀνωμάλους

---

§ 23: cf. App. X 23 ‖ §§ 24—25: cf. App. X 20—21 ‖ § 26: cf. App. X 24 ‖
§ 27: cf. App. X 34

[M] 1 περίκτησιν App.   περικτήσεις M ‖ 2 φιλοσυμβιῶται M, corr. Kroll, cf.
φιλοσυμβιώτους App. ‖ 5 συγκοσμοῦντες M, corr. Kroll, cf. συγκοσμουμένους App. ‖
7 ἀπὸ App.   ὑπὸ M ‖ 14 στεφηφόροι M, cf. στεφανηφόρους App. ‖ 20 στεφη-
φόρους M

δὲ εἰς τὸν περὶ γυναικὸς καὶ τέκνων λόγον· ἄλλως δὲ φιλόφιλοι, ἐν ξενιτείαις γινόμενοι καὶ ἐπὶ ξένης εὐτυχοῦντες.

Ἀφροδίτη, Ἄρης, Σελήνη οὐκ ἀπόρους μὲν οὐδὲ ἀπράκτους ποιοῦσιν, 28 ποικίλους δὲ καὶ ἀστάτους ταῖς γνώμαις, μεγαλοψύχους, ἀκρίτως ἀναλί
5 σκοντας καὶ ⟨μὴ⟩ ἐπιτιθέντας τέλος τοῖς πράγμασιν, ἀδρεπηβόλους, καταφρονητάς, πλανήτας, θρασεῖς, δημοσίους, στρατιωτικούς, ἀδιαφόρους ταῖς χρήσεσιν ἐπί τε ἀρρενικῶν καὶ θηλυκῶν, | κακολογουμένους δὲ καὶ f.273M ἐν ἐπηρείαις καὶ κρίσει γινομένους καὶ τὰς φιλίας εἰς ἔχθρας μετατιθέντας διὰ τὰς τῶν πανουργιῶν ἀφορμάς, τῷ δὲ βίῳ σφαλλομένους.

10 Ἑρμῆς, Ἥλιος, Σελήνη σεμνούς, καθαρίους, εὐυποκρίτους, οἰκονομι 29 κούς, πίστεων ἢ τάξεων μεταλαμβάνοντας, εὐεργετικούς, μυστηρίων μετόχους, κατορθωτὰς πραγμάτων, πλείστην φαντασίαν τῆς ὑπάρξεως κεκτημένους· γίνονται δὲ καὶ σωματοφύλακες, εἰσαγγελεῖς, ἐπάνω χρημάτων, γραμμάτων, ψήφων τεταγμένοι· τῶν δὲ τοιούτων καὶ ὁ λόγος
15 ἐπισχύει πρὸς συμβουλίαν ἢ διδαχήν.

Ἑρμῆς, Ἥλιος, Ἀφροδίτη πολυμαθεῖς, πολυπείρους, ἀγαθούς, τεχνῶν 30 καὶ ἐπιστημῶν προηγουμένους καὶ πίστεων καὶ τάξεων καταξιουμένους, εὐμετανοήτους ἐν τοῖς διαπρασσομένοις, κατὰ καιρὸν ἀνωμαλοῦντας, πολυκινήτους δὲ ἢ ἐν ταῖς καινοποιίαις τῶν πράξεων ἡδομένους, πολυφί
20 λους, πολυγνώστους καὶ ἀπὸ μειζόνων ἐν προκοπῇ γινομένους καὶ τῷ βίῳ καὶ τῇ δόξῃ συγκοσμουμένους, ἐπιφόγους δέ.

Ἑρμῆς, Σελήνη, Ἀφροδίτη ἀγαθούς, εὐσυμβιώτους, ἁπλοῦς, μεταδοτι 31 κούς, φιλογέλωτας, πολιτικούς, παιδείας ἢ ῥυθμῶν μετόχους, μηχανικούς, πολυπείρους, κοσμίους, καθαρίους, εὐφνεῖς, μυστικῶν πραγμάτων συν
25 ίστορας, ὑπηρετικούς, ζηλουμένους καὶ φθονουμένους, ἀνωμάλους δὲ περὶ τὸν βίον καὶ ἀδιαφόρους περὶ τὰς τῶν γυναικῶν καὶ ἀνδρῶν ἐπιμιξίας, εὐπόρους δὲ καὶ συλλεκτικούς.

Ἑρμῆς, Ἄρης, Ἀφροδίτη συσχηματιζόμενοι ὠφελείας καὶ δόξας καὶ 32 πράξεις ἀποτελοῦσιν, περί τε τὰς δόσεις καὶ λήψεις καὶ τὰς λοιπὰς ἐγχει
30 ρήσεις εὐεπιβόλους καὶ οἰκονομικούς, πανούργους δὲ καὶ πολυπείρους, ἀπὸ γραμμάτων ἢ ἀσκήσεων ἀναγομένους, ἐπιφόγους, πολυαναλώτους, εὐμεταδότους, ἐγγύαις καὶ δάνεσι περικυλιομένους καὶ ἀδικοῦντας, νοσφιστὰς χρημάτων ἀλλοτρίων, παραινέτας, ἐπιχαρίτως διαψευδομένους, εὐπόρους δὲ καὶ βασκάνους, εὐμετανοήτους ἐν τοῖς διαπρασσομένοις.

---

§ 28: cf. App. X 31 ‖ § 29: cf. App. X 35 ‖ § 30: cf. App. X 33 ‖ § 31: cf. App. X 36 ‖ § 32: cf. App. X 30

[M] 4 ἀκρίτως App. ἀκρίτους Μ ‖ 5 μὴ App. | ἀνδρεπιβόλους Μ ‖ 9 πανουργιῶν App. πανούργων Μ | ἐφορμάς Cumont | σφαλλομένους App. σφάλλοντες Μ ‖ 10 καθαρίους App. καθαρούς Μ ‖ 19 ἢ] καὶ sugg. Kroll

33 Ἄρης, Ἥλιος, Σελήνη θρασεῖς, ἐπάνδρους, τολμηρούς, πρακτικοὺς
f.33v ἀποτελοῦσιν· γίνονται γὰρ | ἀθλητικοὶ καὶ στρατιωτικοί, ἀρχικοί,
ἡγεμονικοί, ἀπὸ βιαίων πραγμάτων ⟨καὶ⟩ ἐπιφθόνων πορίζοντες καὶ
ἐπιμόχθων τεχνῶν ἢ σκληρουργίας, ἐναντιώμασι δὲ καὶ ἐπικινδύνοις
πράγμασι περιτρεπόμενοι καὶ ἐν μειζόνων ἔχθραις καὶ αἰτίαις γίνονται, 5
ἐκτὸς εἰ μή πως ἀγαθοποιοὶ σχηματισθέντες ἀκαθαίρετον τὴν ὑπόστασιν
φυλάξωσιν.

34 Ἄρης, Ἥλιος, Ἀφροδίτη πολυφίλους καὶ πολυγνώστους ἀποτελοῦσιν,
συστάσεων καὶ τιμῶν καταξιουμένους, εὐπόρους, φιλοσυνήθεις, ἐπιψό-
γους δὲ καὶ πολυθρυλήτους, ἀνεπιμόνους δὲ ταῖς φιλίαις καὶ ἀστάτους 10
ταῖς πράξεσιν, πολλῶν ἐπιθυμητάς, πολυδαπάνους, κακωτὰς γυναικῶν,
εὐεπηρεάστους, ἐναντιώμασι καὶ ἔχθραις περιτρεπομένους διὰ τὰς ἀκρί-
τας τῶν λογισμῶν αἰτίας.
f.273vM
35 | Ἄρης, Ἥλιος, Ἑρμῆς πολυπείρους, ἐπινοηματικοὺς περὶ τὰς τῶν πρά-
f.33vv ξεων ἀφορμὰς ἀποτελοῦσιν, πολυμερί|μνους δὲ καὶ δυσεπιτεύκτους πρὸς 15
τὰς τῶν λογισμῶν ἐπιθυμίας, ἀπροσδοκήτως δὲ περιγινομένους, ὅθεν οἱ
τοιοῦτοι ἀνώμαλοι ταῖς γνώμαις γίνονται, τολμηροί, πρακτικοί, ὀξύθυμοι,
πρὸς τοὺς ἐχθροὺς φερόμενοι, αἰτίας δὲ κακωτικὰς αὐτοῖς ἢ βλάβας ἐπεισ-
άγοντες μετανοοῦσιν, ἔσθ᾽ ὅτε δὲ δειλὸν καὶ εὐκαταφρόνητον ἦθος
ἀναλαμβάνοντες, ἐγκρατεῖς καὶ ὑποκριτικοὶ καὶ ἥττονες πρὸς οὓς οὐκ 20
ἐχρῆν καθίστανται, ἀνωμάλως δὲ τὰ πλεῖστα περὶ τὸν βίον διάγοντες καὶ
ὑποχείριοι γινόμενοι τὴν ἰδίαν μέμφονται τύχην.

36 Ἄρης, Σελήνη, Ἑρμῆς ἐντρεχεῖς, μηχανικούς, ῥᾳδίως περὶ τὰς πράξεις
ὁρμωμένους καὶ πολυκινήτους, μετὰ τάχους πράττειν θέλοντας, ἐγκακω-
f.34v τικούς, περιέργους, ἀποκρύφων | μύστας καὶ ἀπορρήτων πραγμάτων 25
συνίστορας, κακωτάς, βιαίους, ἀνυποτάκτους, ἀλλοτρίων ἐπιθυμητάς,
αἰτίαις καὶ βλάβαις περιπίπτοντας, κρίσεσί τε καὶ ἐπικινδύνοις πράγμα-
σιν, γραπτῶν τε καὶ ἀργυρικῶν χάριν ταραχὰς ὑπομένοντας, πλὴν εὐπο-
ροῦντας καὶ πολυδαπάνους ἀποτελοῦσιν, τῷ δὲ βίῳ ἀστοχοῦντας.

§ 33: cf. App. X 29 ‖ §§ 34—35: cf. App. X 27—28 ‖ § 36: cf. App. X 32

[M v] 2 ἀθλητικῶν καὶ στρατιωτικῶν ἀρχηγοί v ‖ 3 καὶ App. | ἐπίφθονον πορί-
ζωντες v ‖ 6 ἀνακαθαίρετον M ‖ 8 καὶ om. v ‖ 9 φιλοσυνήθης v ‖ 10 δὲ¹ om. M |
πολυθρυλήτους M πολυθρυλίτους v ‖ 12 εὐεπηρεάστους om. M | ἐναντιώματα v |
καὶ om. v ‖ 14 πολυπήρους ἐπινεματικούς v | τὰς om. v ‖ 16 ἀπροσδοκήτους v ‖
18 κακοτικὰς v | ἐπισάγοντες M v, corr. Kroll, cf. ἐπεισάγοντας App. ‖ 19 δειλὸν
App. | δῆλον M v ‖ 20 ὑποκρητικοὶ v | οὓς] ἦν v ‖ 21 ἀνωμάλους v | περὶ τὰ
πλεῖστα τοῦ βίου M ‖ 23 ἐντρεχῆν v | ἐπὶ vel πρὸς sugg. Kroll ‖ 24 ὁρμημένους v,
πολυκηνίτους v | πράττην v | ἐγκακωτικούς om. M, ἐγκακυτικούς v, cf. ἐκκακω-
τικούς App. ‖ 25,26 συνίστορας πραγμάτων M ‖ 26 συνήστορας κακωτέρους v ‖
27 δὲ v ‖ 28 εὐπορίστους v

Ταῦτα μὲν ὡς πρὸς μονοειδεῖς διαστολὰς καὶ καθολικὰς προεθέμεθα. 37
συνεπικιρναμένης δὲ καὶ ἑτέρας συγκράσεως ἤτοι κατὰ παρουσίαν ἢ 38
συνεπιμαρτυρίαν κατὰ τὴν τοῦ ἀστέρος φύσιν ἐναλλοιωθήσεται καὶ ἡ
τῶν πραγμάτων δύναμις. | οὐκ ἠβουλήθην γὰρ ἐπὶ πολὺ καὶ πολυμερῶς $\overset{\text{des. v}}{39}$
5 τὰς συγκράσεις συγγράφειν διὰ τὸ καὶ τοὺς παλαιοὺς περὶ τούτων προ-
τεταχέναι· εὐσύνοπτος οὖν ὁ τρόπος κριθήσεται τοῖς γε νοῦν ἔχουσιν ἐκ
τῆς ἑκάστου ἀστέρος καὶ ζῳδίου φυσικῆς ἐνεργείας. πρόκειται δὲ ἐν τῷδε 40
τῷ συντάγματι ὅθεν συγκρίνειν δεήσει τοῦ ἀστέρος τὴν τοποθεσίαν ὅπως
ἐσχημάτισται (ἤτοι ἐπίκεντρος ἢ ἀνατολικός, κλήρου, ὡροσκόπου, τρι-
10 γώνου κύριος), ὁμοίως δὲ καὶ τὰ ζῴδια ἐν οἷς τετεύχασιν (ἤτοι οἰκεῖα ἢ
ἰδίας αἱρέσεως, ὑπὸ τίνων δὲ μαρτυρούμενοι)· καὶ οὕτω βέβαια ⟨τὰ⟩
ἀποτελέσματα ἀποφαίνεται. ἐὰν δὲ ἐν ἀχρηματίστοις τόποις ἐκπέσωσιν, 41
ἥττονα καὶ τὰ τῆς πράξεως καὶ τὰ τῆς τύχης γενήσεται.

⟨κα΄. Περὶ σπορᾶς⟩   (I 23)

15 ⟨Τ⟩ούτων οὕτως ἐχόντων λεκτέον καὶ περὶ τῆς σπορᾶς, παρέντας τὴν 1
πλοκὴν καὶ τὸν φθόνον θεμένους. τριῶν ὄρων ὑπαρχόντων — ἐλαχίστου 2
τε καὶ μέσου καὶ μεγίστου — ἡ ἑκάστου ὑπεροχή ἐστιν ⟨ιε⟩ ἡμερῶν, ἃς
ἐὰν προσθῶμεν ἢ ἀφέλωμεν ἑκάστου ὄρου ὁ ἕτερος ἔσται καταληπτός.
καὶ ὁ μὲν ⟨ἐλάχιστός⟩ ἐστιν ἡμερῶν σν⟨η⟩, ὃς ἀποδειχθήσεται μετὰ τὴν 3
20 δυτικὴν μοῖραν (τουτέστιν ἐν τῇ ἐπικαταδύσει τῆς Σελήνης οὔσης)· ὁ δὲ
μέσος σογ, ὃς πρόδηλός ἐστιν ἐν τῷ ὡροσκόπῳ τῆς Σελήνης οὔσης· ὁ δὲ
μέγιστος σπη, ὃς πρόδηλός ἐστι τῆς Σελήνης οὔσης ἐν τῇ δύσει. τὰς γὰρ 4
ιε ἡμέρας τῆς ὑπεροχῆς ἐὰν μετρήσωμεν εἰς τὸ ἡμισφαίριον ὅ ἐστιν ἀπὸ
ὡροσκόπου ἐπὶ δύσιν, εὑρίσκομεν ἑκάστῳ ζῳδίῳ ἐπιβαλλούσας ἡμέρας
25 β ℺. ἔστω οὖν ὡροσκοπεῖν Καρκίνον, δύνειν δὲ Αἰγόκερωτα. ἐὰν εὑρεθῇ 5, 6
ἡ Σελήνη ὑπὲρ τὸ τῆς δύσεως κέντρον, ἔσται ἡ σπορὰ σν⟨η⟩· ἐὰν δὲ
Ὑδροχόῳ, σξ ℺· ἐὰν δὲ Ἰχθύσιν, διακοσίων ξγ· ἐὰν δὲ ἐν Κριῷ, σξε ℺·
ἐὰν δὲ ἐν Ταύρῳ, σξη· ἐὰν δὲ ἐν Διδύμοις, σο ℺· ἐὰν δὲ Καρκίνῳ (ἐν
τῷ ὡροσκόπῳ), σογ· ἐὰν δὲ Λέοντι, σοε ℺· ἐὰν δὲ ἐν Παρθένῳ, σοη·

---

§§ 37—38: cf. App. X 37—38 ‖ §§ 40—41: cf. App. X 39—40

[M v] 1 καὶ ante ταῦτα M | καὶ καθολικὰς διαστολὰς v ‖ 2 συνεπικριναμένης v |
δὲ om. M | καὶ om. v | συμπαρουσίαν v | κατὰ post ἢ M ‖ 3 συμμαρτυρίαν M ‖
4 πολυμερῶν M, corr. Kroll ‖ 9 ἀνατολικοῦ M ‖ 11 τὰ App. ‖ 13 τύχης App. φυ-
χῆς M ‖ 14 περὶ σπορᾶς Kroll ‖ 15 τούτων Kroll ‖ 16 ὡρῶν M, corr. Kroll ‖
17 ἡμερῶν] μοιρῶν M ‖ 19 ἐλάχιστός Cumont, spat. ca. 4 litt. M | σνη Kroll ‖
23 ἡμέρας] μοίρας M ‖ 24 ἑκάστου ζωδίου M, ἑκάστῳ ζῳδίῳ sugg. Kroll ‖ 26 ἔστω M,
corr. Kroll | σνη Kroll

49

VETTIVS VALENS

f.274M ἐὰν δὲ ἐν Ζυγῷ, | σπ ⊰ · ἐὰν δὲ Σκορπίῳ, σπγ· ἐὰν δὲ Τοξότῃ, σπε ⊰ ·
ἐὰν δὲ Αἰγοκέρωτι, σπη.

7 Ἔστω δὲ ἐπὶ ὑποδείγματος ἔτος η' Νέρωνος Μεσωρὶ ς' εἰς τὴν ζ'
8 ὥρα ια' · Σελήνη Ζυγῷ, ὡροσκόπος Καρκίνῳ. ἐπεὶ οὖν ἡ Σελήνη ἐν τῷ
9 κέντρῳ εὑρέθη, ἐξετράπη ἡ γένεσις δι' ἡμερῶν σπ καὶ ὡρῶν ιβ. ταύτας 5
οὖν ἀφαιρεῖν δεήσει ἀπὸ τῶν τοῦ ἐνιαυτοῦ τξε [δ'] ἡμερῶν· λοιπαὶ πδ
10 ὧραι ιβ. τὰς οὖν πδ ἐὰν προσθῶμεν τῇ τοῦ Μεσωρὶ ς', ἔσται Φαωφὶ
κ⟨ζ⟩ ὥρα κγ', ἥτις ἔσται ἡ σπορίμη ἡμέρα· καὶ πάλιν ἀπὸ τῆς κζ' τοῦ
11 Φαωφὶ ἐὰν λάβωμεν ἕως Μεσωρὶ ς', ἔσονται σπ. ὑποδείξομεν δὲ καὶ διὰ
12 πολλῶν μὲν αἱρέσεων, εἰς μίαν δὲ ὁδὸν εὐθεῖαν φερουσῶν. προτεθείσης 10
13 γενέσεως, ἐπιγνῶμεν διὰ πόσων ἡμερῶν ἐξετράπη. ἐὰν ἡ Σελήνη εὑρεθῇ ἐν
τῷ ὑπὲρ γῆν ἡμισφαιρίῳ, λογισάμενος τὰς ἀπὸ τῆς δυτικῆς μοίρας ἕως τῆς
σεληνιακῆς καὶ ἑκάστης τριακοντάδος ἀναλαβὼν ἀνὰ β ⊰ ἡμέρας, ταύ-
τας πρόσθες τῷ ἐλαχίστῳ ὅρῳ, ταῖς σν⟨η⟩, καὶ τοσούτων ἡμερῶν εὑρήσεις
τὴν σποράν· ἃς ἀναποδίσας ἀπὸ τῆς γεννητικῆς εἰς τὴν καταλήγουσαν 15
14 εὑρήσεις τὴν σπορίμην ἡμέραν. εἰ δὲ ἄλλως θέλεις, ἀπὸ τῆς σεληνιακῆς
μοίρας ἕως τῆς ὡροσκοπούσης μοίρας καὶ ἑκάστης τριακοντάδος λογισά-
μενος ἀνὰ β ⊰ ἡμέρας, ταύτας ἀφαίρει ἀπὸ τοῦ μέσου ὅρου, τῶν σογ·
15 καὶ τοσούτων ἔσται ἡ σπορά. ὁμοίως δὲ καὶ ἐὰν ἐν τῷ ὑπὸ γῆν ἡμισφαιρίῳ
εὑρεθῇ ἡ Σελήνη, ἀπὸ τῆς ὡροσκοπούσης μοίρας λογισάμενος ἕως τῆς 20
σεληνιακῆς καὶ ἐκκρούσας ἑκάστης τριακοντάδος β ⊰ ἡμέρας καὶ συγκε-
φαλαιώσας, πρόσθες τῷ μέσῳ ὅρῳ, ταῖς σογ· καὶ τοσούτων ἔσται ἡ σπο-
16 ρά. ἀπὸ δὲ τῆς σεληνιακῆς λαβὼν ἕως τῆς δυτικῆς καὶ ἐπιγνοὺς πόσαι
ἡμέραι συνάγονται, πρὸς τὴν ποσότητα [ἐκ] τῶν ἐκκρουσθεισῶν τριακον-
τάδων β ⊰ ἡμέρας ἀφαίρει ἐκ τῶν σπη· καὶ τοσούτων ἔσται ἡ σπορά. 25
17 Ἔστω δὲ πάλιν ἐπὶ ὑποδείγματος, ἵνα σαφέστερον οἱ ἐντυγχάνοντες τὴν
ἐπίγνωσιν λαμβάνωσιν, Ἀδριανοῦ ἔτος δ' Μεχὶρ ιγ' εἰς τὴν ιδ' νυκτὸς ὥρα
18 α' · Σελήνη Σκορπίου μοίρᾳ ζ', ὡροσκόπος Παρθένου μοίρᾳ ζ'. ἐπεὶ ἡ
Σελήνη εὑρέθη ἐν τῷ ὑπὸ γῆν ἡμισφαιρίῳ, λαμβάνω ἀπὸ τῆς ὡροσκο-
19 πούσης μοίρας ἕως τῆς σεληνιακῆς μοίρας [ζ']· γίνονται ξ. ἑκάστης δὲ 30
20 τριακοντάδος ἀνὰ β ⊰ λογίζομαι· γίνονται ἡμέραι ε. καὶ ταύτας προστί-
21 θημι τῷ μέσῳ ὅρῳ, ταῖς σογ· γίνονται σοη· τοσούτων ἡ σπορά. ἀναπο-

§§ 7−10: thema 7 (31 Iul. 62) ‖ §§ 17−26: thema 83 (8 Feb. 120)

[M] 1 σμε M ‖ 3 ἔτους M, ἔτος sugg. Kroll ‖ 7 μεσορὶ M | φαωθὶ M, corr.
Kroll ‖ 8 κζ Kroll | ὥραι M ‖ 9 φαωθὶ M, corr. Kroll | μεσορὶ M ‖ 10 δίοδον M,
δὲ ὁδὸν Kroll | ἐχουσῶν M, φερουσῶν Kroll | προστεθείσης M, corr. Kroll ‖ 14 σνη
Kroll ‖ 18 ὥρας M, ἡμέρας Kroll ‖ 21 (M, σεληνιακῆς Kroll ‖ 24 συνάπτονται M,
corr. Kroll | ἐκ secl. Kroll ‖ 27 δ'] ι M | νυκτὸς] ἡμέρας M ‖ 29 ὣ M, ὡροσκο-
πούσης Kroll ‖ 30 ζ secl. Kroll

50

δίζω οὖν τὰς σπη ἀπὸ [ϛ] τῆς γεννητικῆς ἡμέρας· καταλήγει ἡ σπορίμη
ἡμέρα εἰς Παχὼν ια'. ἢ πάλιν τὰς τοῦ διαστήματος ἡμέρας ε̄ ἀφαιρῶ ἐκ 22
τῶν ϛβ· λοιπαὶ π̄ζ (ἐπεὶ γὰρ ὁ μέσος ὅρος σ̄ο̄γ, λοιπαὶ ἐκ τῶν τξε ἡμερῶν
ϛβ). τὰς οὖν π̄ζ ἐὰν προσθῶμεν τῇ τοῦ Μεχὶρ ιδ' καὶ ἀπολύσωμεν ἀπὸ τῆς 23
5 γεννητικῆς ἡμέρας, καταλήξει εἰς [τὸν] Παχὼν ια'. ἐὰν δὲ ἀπὸ τῆς σελη- 24
νιακῆς μοίρας ἕως τῆς δυτικῆς [ϛ] (τουτέστιν Ἰχθύων μοίρας ζ') λο-
γίσῃ, συνάγονται ρ̄κ· ἑκάστου τριακονταμοιρίου β̄ ϛ ἡμέρας λαμβά-
νοντες, γίνονται ἡμέραι ῑ. ταύτας ἐὰν ἀφέλω ἀπὸ τοῦ μεγίστου ὅρου, τῶν 25
σ̄π̄η, λοιπαὶ σ̄ο̄η. ταύτας ἀναδραμὼν ἀπὸ τῆς γεννητικῆς ἡμέρας, ψηφί- 26
10 σας, τὴν Σελήνην εὑρήσεις ἐπὶ τοῦ κατὰ ἐκτροπὴν ὡροσκόπου.

Ἐὰν δὲ ἐν τῷ ὑπεργείῳ ἡμισφαιρίῳ ἡ Σελήνη εὑρεθῇ, λαβὼν ἀπὸ αὐτῆς 27
τὸ μοιρικὸν διάστημα ἕως τῆς ὡροσκοπούσης μοίρας καὶ ἑκάστης τρι-
ακοντάδος ἐκκρούσας | ἀνὰ β̄ ϛ καὶ ἐπιγνοὺς πόσαι ἡμέραι συνάγονται, f.274vM
[καὶ] ἐὰν μὲν θέλῃς ταῖς ϛβ προσθεῖναι, καὶ ἀπολῦσαι ἀπὸ τῆς γεννητικῆς
15 ἡμέρας κατὰ τὸ ἑξῆς· ὅπου δ' ἂν καταλήξῃ, ἐκεῖ εὑρήσεις τὴν σπορίμην
ἡμέραν. καὶ πάλιν ἀπὸ τῆς αὐτῆς τῆς εὑρεθείσης ἡμέρας ἕως τῆς γεννη- 28
τικῆς κατὰ τὸ ἑξῆς λογισάμενος, ἐπιγνώσῃ τὸ τῶν ἡμερῶν πλῆθος. ἐὰν 29
δὲ ἐν τῷ ὑπὸ γῆν ἡμισφαιρίῳ εὑρεθῇ ἡ Σελήνη, [καὶ] λογίσῃ ἀπὸ τῆς
ὡροσκοπούσης μοίρας ἕως τῆς σεληνιακῆς· καὶ τοῦ διαστήματος τὰς
20 μοίρας ἐπιγνούς, ἑκάστη τριακοντάδι β̄ ϛ ἡμέρας ἀπονέμεις. ταύτας 30
ἄφελε ἀπὸ τῶν ϛβ, καὶ τὰς λοιπὰς πρόσθες τῇ γενεσιακῇ ἡμέρᾳ, καὶ
ἀπόλυε ἀπὸ αὐτῆς κατὰ τὸ ἑξῆς· κἀκεῖ ἔσται ἡ σπορίμη ἡμέρα. ἣν προσ- 31
θεὶς τῷ ὅρῳ, ταῖς σ̄ο̄γ, ἀναπόδιζε ἀπὸ τῆς γενεσιακῆς ἡμέρας.

Ἔστω δὲ καὶ ἐπὶ ἑτέρου ὑποδείγματος ἔτος ιζ' Τραϊανοῦ Μεσωρὶ β' 32
25 ὥρᾳ ἡμέρας ια' ϛ· Ἥλιος Λέοντος μοίρᾳ ε', Σελήνη Ζυγοῦ ⟨κϛ'⟩,
ὡροσκόπος Αἰγοκέρωτος κδ'. ἐπεὶ οὖν ἡ Σελήνη ἐν τῷ ὑπὲρ γῆν ἡμισφαι- 33
ρίῳ εὑρέθη, λαμβάνω ἀπὸ [τῆς] αὐτῆς ἕως τῆς ὡροσκοπούσης μοίρας·
γίνονται ϛ [ζ] ἔγγιστα. ἑκάστου τριακονταμοιρίου ἀνὰ β̄ ϛ λαμβάνω· 34
καὶ γίνονται ἡμέραι ζ ϛ. ταύτας προστιθῶ ταῖς ϛβ· γίνονται ἡμέραι 35

§§ 32–40: thema 68 (26 Iul. 114)

[M] 1 ϛ secl. Kroll | ἡμέρας] ὥρας M ‖ 3 λοιπὰ M | οζ M, πζ Kroll ‖
5 γεννηματικῆς M, corr. Kroll | ἡμέρας] ὥρας M | 6 ϛ secl. Kroll | ἰχθύσι M,
corr. Kroll ‖ 7 ρ ϛ M, ρκ Kroll ‖ 9 γεννηματικῆς M, corr. Kroll | ἡμέρας]
ὥρας M ‖ 10 τροπὴν M, corr. Kroll ‖ 11 ὑπογυίῳ M, corr. Kroll | τῆς M, αὐτῆς
Kroll ‖ 14 γεννηματικῆς M, corr. Kroll ‖ 15 ἡμέρας] ὥρας M | ἐὰν M | κατα-
λύσῃ M, corr. Kroll ‖ 16 γεννηματικῆς M, corr. Kroll ‖ 19 μοίρας] ὥρας M ‖
19, 20 τὰς μοίρας] τὴν ἡμέραν M ‖ 21 γενισιακῇ M, corr. Kroll ‖ 23 μέσῳ post τῷ
sugg. Kroll | ἡμέρας] ὥρας M ‖ 24 ἔτους M | μεσορὶ M ‖ 26 Αἰγοκέρωτος] ♉ M ‖
27 τῆς secl. Kroll ‖ 28 τριακονταμοίρου M

36 ϛϑ ⌐. ἀπολύω ἀπὸ τῆς γενεσιακῆς ἡμέρας κατὰ τὸ ἑξῆς ταύτας·
37 καταλήγει εἰς τὴν τοῦ Ἀθὺρ ϛ'. πάλιν ἀπὸ τῆς ϛ' τοῦ Ἀθὺρ ἕως τῆς γε-
38 νέσεως κατὰ τὸ ἑξῆς συνάγονται ἡμέραι σξϛ· τοσούτων ἦν ἡ σπορά. ἐὰν
δὲ μὴ θέλω ταῖς ϛβ προσθεῖναι τὰς ζ, ἀφαιρῶ αὐτὰς ἐκ τῶν σογ· καὶ
39 λοιπαὶ ἔσονται διακόσιαι ἑξήκοντα ἕξ. ταύτας ἀναποδίσας ἀπὸ τῆς γενε- 5
σιακῆς ἡμέρας καὶ ψηφίσας, τὴν Σελήνην εὗρον ἐν τῷ ὡροσκόπῳ, Αἰγο-
40 κέρωτι. ⟨τ⟩ὴν ὥραν τῆς σπορᾶς ἡ κατὰ γένεσιν Σελήνη δηλώσει καθ᾽ οὗ
ζῴου τέτευχεν· ὅσαι δ᾽ ἂν ὦσι μοῖραι τῆς κατ᾽ ἐκτροπὴν Σελήνης,
τοσαύτας ἔχει ὁ ὡροσκόπος τῆς σπορᾶς.
41 Ἕτεροι δὲ τὰς ⟨τῆς⟩ γεννητικῆς ὥρας ⟨μοίρας⟩ διπλασιάσαντες λογί- 10
ζονται τὴν Σελήνην, καὶ πάλιν [μὲν] τοῦ κατ᾽ ἐκτροπὴν Ἡλίου λαβόντες
inc.VS τὸ δ', κἀκείνου τὸ προηγούμενον | τρίγωνον ὡροσκόπον τῆς σπορᾶς
42 ἡγοῦνται. ὅθεν κατὰ τὴν προκειμένην αἵρεσιν καὶ ἐπὶ τῶν λοιπῶν γενέ-
43 σεων ζητήσαντες οὐ παραμφοδίσομεν. οὗτος δὲ ἔστω ἀναγκαστικὸς καὶ
μυστικὸς τρόπος εἰς τὴν μέλλουσαν ὑφ᾽ ἡμῶν ἀγωγὴν ἐπιλύεσθαι. 15

(I 24)
fin.f.89vV

⟨κβ'.⟩ Περὶ ἑπταμήνων |

1 Ὑποτάξομεν δὲ καὶ ἄλλως πότερον πλήρη τις χρόνον διέμεινεν ἐν τῇ
γαστρὶ ἢ τὸν ἐλάσσονα, ὅπως τε οἱ ἀφανισμοὶ καὶ τὰ ἐκτρώματα γίνονται
2 καὶ δυστοκίαι καὶ νεκρώσεις ἥ τε τῶν ἑπταμηνιαίων γέννα. ἔστι δὲ ἡ
εὕρεσις οὕτως. 20
3 Λαμβάνω πάντοτε τὸν πρὸ τῆς γενέσεως ἐνιαυτὸν καὶ τὸν μῆνα τὸν
γεννητικὸν καὶ τὴν ἡμέραν, καὶ ψηφίζω τὴν Σελήνην· καὶ ἐπιγνοὺς ἐν
4 ποίῳ ζῳδίῳ εὑρέθη σημειοῦμαι. ὁμοίως καὶ ⟨τὸν⟩ μετὰ τὸν γεννητικόν —
f.275M τουτέστι δύο ἐνιαυτῶν — λαβὼν καὶ τὸν μῆνα καὶ τὴν ἡμέραν, ψηφίζω
5 πάλιν τὴν Σελήνην· | καὶ εὑρὼν συγκρίνω τῷ πρώτῳ ἔτει. καὶ ἐὰν μὲν 25
εὕρω ἐν ἀμφοτέροις τοῖς ἔτεσι τὴν Σελήνην κατὰ τὸ τρίγωνον τῆς κατὰ
f.58 γένεσιν Σελήνης, ἀποφαίνομαι | τελείαν εἶναι τὴν σπορά. ἐὰν δ᾽ ἐν τοῖς
6 δύο ἔτεσιν εὑρεθῶσιν αἱ Σελῆναι κατὰ τὸ τετράγωνον πρὸς τὴν κατὰ
γένεσιν, τῆς ἐλαχίστης σπορᾶς ἐφέξει τὸν χρόνον ὁ γεννώμενος, τουτ-

[M VS] 2 τῶν γενεσίων M, τῆς γενέσεως sugg. Kroll ‖ 3 τούτων M, τοσούτων
sugg. Kroll ‖ 4 θέλων M, corr. Kroll ‖ 6 ψηφήσας M, corr. Kroll | τὸν ἥλιον M ‖
8 ἐντροπὴν M, corr. Kroll ‖ 9 ὅ sup. lin. M ‖ 10 γεννηματικὰς M, γεννητικὰς Kroll ‖
11 τὴν Σελήνην] τῶ ὡροσκόπω M | ἐντροπὴν M, corr. Kroll ‖ 14 παραμφοδίωμεν S ‖
οὕτως VS ‖ 15 τόπος VS | ἐκ corr. in εἰς V | ἀγωγὴν ὑφ᾽ ἡμῶν M ‖ 16 περὶ ἑπτα-
μήνων om. M ‖ 17 – p.129, 16 ὑποτάξομεν – ἂν om.V ‖ 18 ἐλάσσονα] 5 S ⌐ M ‖
οἱ om. M ‖ 19 δυστοκυῖαι S | τεκνώσεις corr. in νεκρώσεις M ‖ 22 γεννηματικὸν M ‖
23 γεννηματικὸν M ‖ 24 καὶ τὸν μῆνα] τὸν μῆνα πάλιν M | καὶ post ἡμέραν S ‖
25 πάλιν om. M | ὁρῶν M S, corr. Kroll | μὲν om. M ‖ 26 τὴν M ‖ 28 β M | τὸ
om. M ‖ 29 ἐλαχίστης] 5 S ⌐ M | γινόμενος S

52

ἔστιν ἐντὸς σ̄ν̄η̄. ἐὰν δὲ ἡ μὲν τοῦ πρώτου ἔτους Σελήνη τρίγωνος εὑρεθῇ, 7
ἡ δὲ τοῦ δευτέρου τετράγωνος, ἐντὸς σ̄ξ̄θ̄ ἔχει τῆς γαστρὸς τὸν χρόνον.
ἐὰν δὲ ἡ μὲν τοῦ πρώτου κατὰ τετράγωνον, ἡ δὲ τοῦ δευτέρου κατὰ τρί- 8
γωνον, καὶ ⟨τὸν⟩ αὐτὸν ἐντὸς σ̄ξ̄θ̄ ἡμερῶν ἔχει χρόνον. ἐὰν δὲ ἡ μὲν τοῦ 9
5 πρώτου κατὰ τετράγωνον, ἡ δὲ τοῦ δευτέρου ἀπόστροφος, [τὸν] ὀκταμη-
νιαῖον ἐφέξει τὴν σπορὰν καὶ νενεκρωμένον ἔσται. καὶ ὁμοίως ἐὰν μὲν 10
ἡ τοῦ πρώτου ἔτους εὑρεθῇ τρίγωνος, ἡ δὲ τοῦ δευτέρου ἀπόστροφος,
ἔσται ἄτροφον. ἐὰν δέ πως ἐν τοῖς δυσὶ χρόνοις αἱ Σελῆναι εὑρεθῶσιν 11
ἀσύνδετοι πρὸς τὴν τῆς γενέσεως Σελήνην, νεκρὸν ἔσται ἐν τῇ γαστρὶ
10 ἢ ἐμβρυοτομηθήσεται καὶ τῇ μητρὶ κίνδυνον ἐπάξει. ἐὰν δὲ καὶ ἐκ τοῦ 12
διαμέτρου εὑρεθῶσιν αἱ τῶν δύο ἐτῶν Σελῆναι σύμφωνοι, ἔσται ἑπταμη-
νιαῖον. ἐὰν δέ πως ἡ μὲν τοῦ πρώτου ἔτους κατὰ διάμετρον, ἡ δὲ τοῦ 13
δευτέρου κατὰ τρίγωνον ἤτοι τοῦ ὡροσκόπου ἢ αὐτῆς, ἑπταμηνιαῖον
ἔσται· τὸ δ᾽ αὐτὸ ἔσται καὶ ἐὰν τετράγωνος εὑρεθῇ. καὶ ἐὰν ἡ μὲν τοῦ 14
15 πρώτου ἐν τετραγώνῳ, ἡ δὲ τοῦ δευτέρου ἐν διαμέτρῳ, ἑπταμηνιαῖον
ἔσται. τὸ δ᾽ ὅμοιον καὶ ὁ Ἥλιος ἀποτελεῖ διαμετρήσας τὸ ζῴδιον ἐν ᾧ ἡ 15
σύνοδος ἐγένετο. τοῦτον τὸν τόπον οἱ παλαιοὶ μυστικῶς καὶ σκοτεινῶς 16
διέγραψαν, ἡμεῖς δὲ τηλαυγέστερον.

[M S] 1 a S ‖ 2 β S | τοὺς χρόνους M S ‖ 3 a M S | β S ‖ 4 αὐτὸς M S, οὕτως
sugg. Kroll | ἐντὸς om. M | τοῦ μὲν M ‖ 5 a S | β S ‖ 5–7 τὸν — ἀπόστροφος
om. S ‖ 8 δευτέροις M | 10 ἐμβριοτμηθήσεται S | κίνδυνον S ‖ 11 β M | ἑπταμη-
νιαῖοι M S, corr. Kroll ‖ 12 a S ‖ 13 β S | ἑπταμηναῖον S ‖ 14 τὸ δ᾽ αὐτὸ ἔσται
om. M | μὲν post ἐὰν¹ M | ἐὰν² om. M | μὲν om. M ‖ 15 a M S | ἐν² om. M ‖
18 δὲ om. S

ΟΥΕΤΤΙΟΥ ΟΥΑΛΕΝΤΟΣ ΑΝΤΙΟΧΕΩΣ
ΑΝΘΟΛΟΓΙΩΝ ΒΙΒΛΙΟΝ Β

1 Περὶ μὲν οὖν προτρεπτικῶν καὶ διδασκαλικῶν λόγων ἐν τῷ πρώτῳ
συντάγματι ἐδηλώσαμεν καὶ περὶ συγκρατικῆς ἀποτελεσματογραφίας,
οὐ τοσοῦτον τῇ περὶ τὸν λόγον κακοζηλίᾳ ἐνεχθέντες ὅσον τῇ περὶ τὴν 5
2 ἐμπειρίαν ἐνεργείᾳ. νυνὶ δὲ ἀκολούθως περὶ καθολικῶν ὑποστάσεων καὶ
διαφορᾶς τόπων ὑποτάξομεν.

⟨α΄.⟩ Περὶ τριγώνων

1 Τοῦ ζῳδιακοῦ κύκλου κατὰ διαφορὰν καὶ οἰκειότητα τεταγμένου εὗρο-
2 μεν αἱρέσεις δύο — Ἡλίου τε καὶ Σελήνης, ἡμερινὴν καὶ νυκτερινήν. ὁ 10
μὲν γὰρ Ἥλιος πυρώδης ὑπάρχων προσῳκειώθη Κριῷ, Λέοντι, Τοξότῃ,
ὅπερ αὐτοῦ τρίγωνον προσωνομάσθη ἡμερινόν· ἔστι δὲ καὶ αὐτὸ φύσει
3 πυρῶδες. Δία δὲ καὶ Κρόνον τῇ ἰδίᾳ αἱρέσει προσηρμόσατο συνεργοὺς
f.5vS καὶ φύλακας τῶν ὑπ᾽ αὐτοῦ τελουμένων, | τὸν μὲν Δία ἀντίμιμον ἑαυτοῦ
καὶ διάδοχον τῆς βασιλείας, ἀγαθῶν αἱρέτην, δόξης τε καὶ ζωῆς δοτῆρα, 15
τὸν δὲ Κρόνον ὑπουργὸν κακίας καὶ ἐναντιωμάτων καὶ χρόνων ἀφαιρέτην.
4 ἔστι μὲν οὖν τοῦ προκειμένου τριγώνου ἡμέρας μὲν δεσπότης Ἥλιος, νυ-
κτὸς δὲ κατὰ διαδοχὴν ὁ τοῦ Διός, ἀμφοτέροις δὲ Κρόνος συνεργεῖ.
5 Ἑξῆς δὲ τοῦ ἑπομένου τριγώνου γεώδους ὑπάρχοντος — Ταύρου, Παρ-
f.275vM θένου, Αἰγοκέρωτος — | Σελήνη περίγειος οὖσα τὴν οἰκοδεσποτείαν 20
6 ἐκληρώσατο. ἔσχε δὲ συναιρετιστὰς Ἀφροδίτην καὶ Ἄρεα, Ἀφροδίτην
μὲν εἰκότως εἰς τὸ εὐεργετεῖν καὶ δόξας καὶ χρόνους μερίζειν, Ἄρεα δὲ
7 εἰς τὸ παραβλάπτειν τὰς γενέσεις. ὅθεν ἐπὶ μὲν νυκτὸς ἔσχε τὴν προστα-
σίαν ἡ Σελήνη, δευτέρῳ δὲ τόπῳ Ἀφροδίτη, τρίτῳ δὲ Ἄρης · ἐπὶ δὲ τῶν
ἡμερινῶν προηγήσεται Ἀφροδίτη, συνεργήσει δευτέρῳ τόπῳ ἡ Σελήνη, 25
τρίτῳ Ἄρης.

[M S] 1—2 Οὐεττίου — β om. M | οὐετίου S, corr. Kroll ‖ 3 α M ‖ 5 οὐ τοσοῦτον
τῇ] γὰρ σοῦ τι M | λόγον] ζῆλον M | τὴν om. M ‖ 7 ὑποτάξωμεν S ‖ 8 περὶ τρι-
γώνων om. M ‖ 10 εὑρέσεις β M | τε om. S ‖ 11 πυρρώδης M | προσοικειώθη S ‖
13 προσηρμόσατο S ‖ 14 δία sup. lin. S | ἀντίτιμον Radermacher ‖ 15 ἀγαθῶν M |
καὶ post αἱρέτην S ‖ 17 τριγώνου] □ S | ὁ post δεσπότης M ‖ 19 λειπομένου S ‖
21 ἔχει M ‖ 22 χρόνους καὶ δόξας M ‖ 23 παραβλέπειν S | ἐπὶ τῆς νυκτὸς μὲν M

Ἑξῆς δὲ Διδύμων, Ζυγοῦ, Ὑδροχόου τριγώνου ἀερώδους δεσπόσει 8
ἡμέρας Κρόνος, συνεργήσει δὲ δευτέρῳ τόπῳ Ἑρμῆς, τρίτῳ Ζεύς· νυκτὸς
δὲ ὁ τοῦ Ἑρμοῦ προηγήσεται, καὶ δευτέρῳ τόπῳ ὁ τοῦ Κρόνου, καὶ τρίτῳ
ὁ τοῦ Διός.

5 Ἑξῆς ὁμοίως Καρκίνου, Σκορπίου, Ἰχθύων τριγώνου ὑδατώδους ὁ τοῦ 9
Ἄρεως τὴν οἰκοδεσποτείαν νυκτὸς ἐφέξει, καὶ δευτέρῳ τόπῳ Ἀφροδίτη,
καὶ τρίτῳ Σελήνη· ἡμέρας δὲ ὁ τῆς Ἀφροδίτης προηγήσεται, μεθ᾽ ἣν ὁ
τοῦ Ἄρεως, καὶ τρίτη Σελήνη.

Ὁ μέντοι Ἑρμῆς κοινὸς ὑπάρχων ἐξαιρέτως ταῖς δυσὶν αἱρέσεσιν ἐξ- 10
10 υπηρετεῖ πρός τε τὸ ἀγαθὸν ἢ φαῦλον καὶ πρὸς τὴν οἰκειότητα καὶ σχηματο-
γραφίαν ἑκάστου ἀστέρος.

⟨β΄.⟩ Τριγώνων διακρίσεις καὶ οἰκοδεσποτῶν καὶ συνεργῶν καὶ αἱρέσεων
Ἡλίου ⟨καὶ⟩ Σελήνης, ἡμέρας καὶ νυκτός

Τὴν δὲ τῶν προκειμένων τριγώνων διαίρεσιν καὶ εὐδαιμονίαν ἢ μετριό- 1
15 τητα πρὸς τὴν ἑκάστου γένεσιν ὁρῶν δηλώσει. ἐπὶ μὲν γὰρ τῶν ἡμέρας 2
γεννωμένων σκοπεῖν δεήσει τὸν Ἥλιον ἐν ποίῳ τριγώνῳ ὑπάρχει, καὶ τὸν
καθ᾽ ὑπεροχὴν τούτου οἰκοδεσπότην καὶ τὸν τούτου συνεργόν, πότερόν
ποτε ἐπίκεντρος ἢ ἐπαναφερόμενος ἢ ἀποκεκλικώς, ἀνατολικὸς ἢ δυτικὸς
ἢ καὶ ἐν οἰκείοις ζῳδίοις, καὶ ὑπὸ τίνων μαρτυρεῖται ἀγαθοποιῶν ἢ κακο-
20 ποιῶν, καὶ οὕτως τὰς ἀποφάσεις ποιεῖσθαι. ἐὰν γὰρ ὡροσκοπῇ ἢ μεσου- 3
ρανῇ ἢ καὶ ἐπί τινος ἑτέρου τῶν χρημα|τιστικῶν ζῳδίων τύχῃ, εὐτυχεῖς f.5bisS
καὶ λαμπρὰς τὰς γενέσεις προδηλοῦσιν· ἐὰν δὲ ἐν ταῖς ἐπαναφοραῖς, μέ-
σας· ἐν δὲ τοῖς ἀποκλίμασιν, ταπεινὰς καὶ δυστυχεῖς. χρὴ δὲ καὶ αὐτὸν 4
τὸν Ἥλιον προσβλέπειν ὅπως τέτυχε καὶ ὑπὸ τίνων μαρτυρεῖται. ἐπὶ δὲ 5
25 τῶν νυκτὸς γεννωμένων τὴν Σελήνην ὁμοίως σκοπεῖν δεήσει καὶ τὸν καθ᾽
ὑπεροχὴν τοῦ τριγώνου οἰκοδεσπότην καὶ τὸν τούτου ἐπίκοινον ὅπως
ἐσχημάτισται καθὼς πρόκειται.

Ἐὰν μὲν γὰρ ὁ καθ᾽ ὑπεροχὴν οἰκοδεσπότης ἐπὶ τῶν κακῶς κειμένων 6
ἡμέρας ἢ νυκτὸς παραπέσῃ, ὁ δὲ κατὰ διαδοχὴν ἐπίκεντρος ᾖ καὶ καλῶς

---

§§ 2−3: cf. App. XI 3−4 ‖ § 3: cf. II 26, 19 ‖ §§ 6−7: cf. App. XI 6−7

[M S] 1 τριγώνου om. S ‖ 5 εἶτα post ὁμοίως S | τριγώνου om. S | ἀερώδους M ‖
6 οἰκοδεσποτίαν M ‖ 7 ὁ τῆς om. S ‖ 12−13 τριγώνων − νυκτός om. M ‖ 14 □ △ S ‖
15 ὁρῶν] ὁ ὡροσκόπος M | δηλώσεις Kroll ‖ 17 δεσπότην M ‖ 18 ποτε om. M ‖
19 καὶ¹ om. S ‖ 20 ὡροσκοπῇ S ‖ 22 δηλοῦσιν M ‖ 23 ἐν] ἐὰν S ‖ 24 προβλέπειν M ‖
25 νυκτερινῶν M S ‖ 28 ὁ] ᾖ M | κακῶς κειμένων om. S | καλῶν M ‖ 28.29 ἡμέ-
ρας ἢ νυκτὸς γεννωμένων sugg. Kroll ‖ 29 ᾖ] ἦν S, ἢ Kroll | καὶ om. M | καλῶς]
γὰρ S

σχηματιζόμενος ὑπάρχῃ, ὁ γεννώμενος ἐν πρώτοις χρόνοις ἀνωμαλίσας
ἕως τῆς ἀναφορᾶς τοῦ ζῳδίου ἢ τῆς τοῦ χρόνου κυκλικῆς ἀποκαταστάσεως
7 ἐξ ὑστέρου ἔμπρακτος ἔσται, πλὴν ἄστατος καὶ ἐπίφοβος διάξει. ἐὰν δὲ
ὁ προηγούμενος οἰκοδεσπότης καλῶς πέσῃ, ὁ δὲ ἑπόμενος κακῶς, τοῖς
πρώτοις καλῶς ἐξενεχθεὶς ἐξ ὑστέρου καθαιρεθήσεται ἀπὸ τοῦ τῆς ἀναφο- 5
8 ρᾶς τοῦ ζῳδίου χρόνου ἐν ᾧ ὁ ἑπόμενος οἰκοδεσπότης παρέπεσεν. ἀκρι-
f.276M βέστερον μὲν οὖν περὶ τῆς διακρίσεως | τῶν χρόνων ἐν δέοντι καιρῷ
9 δηλώσομεν. ἐὰν δ᾽ ἀμφότεροι καλῶς πέσωσιν, τὰ τῆς εὐτυχίας παραμε-
νεῖ καὶ ἔνδοξα γενήσεται (ἐκτὸς εἰ μὴ κακοποιὸς ἐναντιωθῇ ἢ καθυπερ-
10 τερήσῃ) οὐδὲ μετατρέψει τὰ τῆς γενέσεως πράγματα. πᾶς δὲ ἀστὴρ 10
οἰκοδεσποτήσας καὶ ἐν ἀποκλίσει ὑπάρχων ἐναντίος γενήσεται καὶ παρ-
αιρέτης· ἑτέροις γὰρ ὑποτασσομένους ποιεῖ, ἀνωμαλοῦντας ἢ δόξης καθαι-
ρουμένους, σίνεσι καὶ πάθεσι καὶ καταιτιασμοῖς περιπίπτοντας ἢ ἐνδεεῖς
τῷ βίῳ.
11 Ἐὰν οὖν ἐπὶ τῶν ἡμέρας γεννωμένων εὑρεθῇ ὁ Ἥλιος Κριῷ, Λέοντι, 15
Τοξότῃ, βέλτιον μὲν αὐτὸν ἐπίκεντρον εἶναι· εἰ δὲ ἐπὶ τῶν ἐπαναφορῶν
καὶ οἱ τούτου συναιρετισταὶ ὁμοίως, Ἄρεως μὴ ἐναντιωμένου ἢ τετραγω-
νίζοντος, εὐτυχίας προδηλωτικὸς κριθήσεται· ἐὰν δὲ ὦσιν ἐναλλάξ, τά-
12 ναντία γενήσεται. ἐὰν δὲ Ταύρῳ, Παρθένῳ, Αἰγοκέρωτι εὑρε|θῇ ὁ Ἥλιος
f.5bisvS
ἡμέρας, ζητεῖν δεήσει πρώτῳ τόπῳ τὸν τῆς Ἀφροδίτης, καὶ ἐκ δευτέρου 20
τὴν Σελήνην, καὶ ἐκ τοῦ τρίτου Ἄρεα, πῶς σχηματίζονται καὶ ὑπὸ τίνων
13 μαρτυροῦνται. ὁμοίως καὶ ἐν τῷ ἑπομένῳ [τρίτῳ] τριγώνῳ — Διδύμοις,
Ζυγῷ, Ὑδροχόῳ — τοῦ Ἡλίου εὑρεθέντος ἡμέρας, προσβλέπειν τόν τε
14 τοῦ Κρόνου καὶ τὸν τοῦ Ἑρμοῦ καὶ τὸν τοῦ Διός. τὸ δ᾽ αὐτὸ καὶ ἐπὶ τοῦ
Καρκίνου, Σκορπίου, Ἰχθύων ἡμέρας Ἡλίου ἐπόντος, τὸν τῆς Ἀφροδίτης 25
15 καὶ τὸν τοῦ Ἄρεως προσβλέπειν καὶ τὴν Σελήνην εἰ ἔγκεντροι. καὶ οὕτω
16 διακρίνοντας ἀποφαίνεσθαι. τῷ δ᾽ αὐτῷ λόγῳ καὶ νυκτὸς τὴν Σελήνην
χρὴ προσβλέπειν.
17 Βέλτιον μὲν οὖν τοὺς ἡμερινοὺς ἐν ἰδίοις τριγώνοις ἐπικέντρους ἢ ἐν
χρηματιστικοῖς τόποις εὑρίσκεσθαι καὶ τοὺς νυκτερινοὺς ὁμοίως· ἐὰν δὲ 30
ἐν ἀλλοτρίοις τριγώνοις ἢ παρ᾽ αἵρεσιν, ἥττονα τὰ τῆς εὐδαιμονίας καὶ

§§ 9–10: cf. App. XI 8–9 ‖ § 11: cf. App. XI 11–12 ‖ § 17: cf. App. XI 13

[M S] 1 ὑπάρχει M S | γενόμενος S | ἀνομαλίσας M ‖ 2 ζῳδίου] ζ′ S ‖ 3 εἰσ-
πρακτος M ‖ 4 δεσπότης M ‖ 5 τοῦ om. M ‖ 8 δὲ M ‖ 10 οὐδὲ] ὁ δὲ S | ἀνατρέψῃ
App. ‖ 11 καὶ² om. M | παραινέτης M ‖ 12 ὑποτασσομένοις M ‖ 13 περιπίπτοντες S ‖
16 ἀναφορῶν M ‖ 17 τοὺς τούτου συναιρετιστὰς M S | ὅμοιος S ‖ 18 προδήλως ὁ
τόπος M S, προδηλωτικὸς sugg. Kroll | τἀναντίῳ S ‖ 19 δὲ om. S ‖ 20 πρῶτον τό-
πον M ‖ 21 τῆς (M S | ἐκ τοῦ om. M | τρίτον M ‖ 23 τοῦ om. M | εὑρεθέντος
ἡλίου M ‖ 25 ἡλίου ἐπόντος ἡμέρας M ‖ 26 τὴν] τὸν τῆς M τῶν S | ἔγκεντρον M S,
corr. Kroll ‖ 28 προβλέπειν M ‖ 29 ▽ sup. lin. S, τετραγώνοις M ‖ 31 τετραγώ-
νοις ἢ παραίνεσιν M

56

ἐπὶ φόβοις γενήσεται. τῶν οἰκοδεσποτῶν καὶ τῶν συνεργῶν παραπεπτω- 18
κότων, σκοπεῖν δεήσει τὸν κλῆρον τῆς τύχης καὶ τὸν τούτου οἰκοδεσπότην.
ἐὰν γὰρ ἐπίκεντροι καὶ ἐπαναφερόμενοι εὑρεθῶσιν ὑπὸ ἀγαθοποιῶν μαρ- 19
τυρούμενοι, εὐτυχίας καὶ δόξης μέρος ἕξει ὁ γεννώμενος, ἀνωμαλίας δὲ
5 κατὰ καιρὸν καὶ ἐναντιώματα ὑπομένων, πλὴν οὐκ ἀπορήσει. ἐὰν δὲ καὶ 20
οὗτοι κακῶς πέσωσιν, μέτρια καὶ σκληρότατα ⟨τὰ⟩ πράγματα κριθήσε-
ται· δυσεπίτευκτοι γὰρ εἰς τὰς ἐπιβολάς, ἐνδεεῖς, κατάχρεοι, εἰς τὰ θεῖα
βλασφημοῦντες. ἐὰν δὲ καὶ ὑπὸ κακοποιῶν μαρτυρηθῶσιν, ἐπίμοχθοι, 21
ἀλῆται, αἰχμάλωτοι, ὑποτακτικοί, κακόβιοι, ἐπισινεῖς, ἐπικίνδυνοι· ἐὰν
10 δέ πως, τοῦ τε κλήρου καὶ τοῦ οἰκοδεσπότου κακῶς πεπτωκότων, ἀγα-
θοποιοὶ ἐπιμαρτυρήσωσιν, ἐλεούμενοι διάξουσιν ἢ ὑπὸ ἑτέρων προσλαμ-
βανόμενοι κοσμίως κατά τινα χρόνον διανύουσιν ἢ πράξεων ἢ πίστεων ἢ
δωρεῶν μεταλαμβάνοντες, πλὴν οὐκ ἀταράχως οὐδὲ ἀμέμπτως τὸν βίον
διάξουσιν.
15 Παντὸς οὖν οἰκοδεσπότου προσβλέπειν δεήσει τὰς μαρτυρίας καὶ τῶν 22
σχηματισμῶν τὰς διαθέσεις, ἤτοι οἰκεῖαι ἢ καὶ ἐναντίαι ὑπάρχουσιν. ἐὰν 23
γάρ πως ἐπὶ τῶν νυκτὸς γεννωμένων | εὑρεθῇ ὁ τοῦ Κρόνου κατὰ διάμε- f.68
τρον ἢ τετράγωνον στάσιν, ἐναντιώματα καὶ καθαιρέσεις, κινδύνους τε
καὶ σίνη καὶ πάθη ἀποτελεῖ, καὶ νωθροὺς περὶ τὰς ἐπιβολάς, ἐπὶ δὲ τῶν
20 ἡμέρας ὁ τοῦ Ἄρεως θερμούς, παραβόλους, | ἐπισφαλεῖς τοῖς πράγμασι f.276vM
καὶ τῷ βίῳ· γίνονται γὰρ ἐν συνοχῇ, κρίσεσιν, ἐπηρείαις, τομαῖς, καύσε-
σιν, αἱμαγμοῖς, πτώσεσιν. οἰκείως δὲ σχηματισθέντες καὶ ἰδίᾳ αἱρέσει 24
πρακτικοὶ τυγχάνουσιν, ὅθεν οὐ πάντοτε κακοποιοὶ κριθήσονται ἀλλὰ καὶ
ἀγαθῶν δοτῆρες, καὶ μάλιστα ὅταν ὁ Κρόνος ἡμέρας λόγον ἔχων πρὸς τὴν
25 οἰκοδεσποτείαν καλῶς τύχῃ ὑπὸ Διὸς καὶ Ἡλίου μαρτυρούμενος, πολυ-
κτήμονας, ἐνδόξους ἀποτελεῖ, ἐκ θανατικῶν εὐεργετουμένους, θεμελίων,
σωμάτων κυρίους, ἐπιτρόπους, ἀλλοτρίων πραγμάτων προεστῶτας,
νυκτὸς δὲ καλῶς σχηματισθεὶς καὶ λόγον ἔχων οἰκοδεσποτείας παρεκτικὸς
τῶν προκειμένων γενήσεται, τῶν δὲ περικτηθέντων ἀποβολὴ καὶ δόξης
30 καθαίρεσις ἢ ἀτιμία γενήσεται. τὸ δ' ὅμοιον καὶ ἐπὶ τοῦ Ἄρεως νοείσθω· 25
νυκτὸς γὰρ ἡγεμονίας ἢ στρατηγίας καὶ δημοσίων τάξεις ὀχλικὰς ἐπι-
τρέπει, ἡμέρας δὲ τοῖς χρηματιστικοῖς τόποις ὑπάρχων τὰ μὲν προκεί-

§§ 18–21: cf. App. XI 20–23 ‖ §§ 23–25: cf. App. XI 14–17

[M S] 3 γὰρ] δὲ M ‖ 4 ἀτυχίας S ‖ 5 ἐναντιώματος M ‖ 6 τὰ Kroll ‖ 11 μαρτυ-
ρήσωσιν M | διαζῶσιν S ‖ 12 χρόνους S ‖ 15 προβλέπειν M S, corr. Kroll | τὰς
om. M ‖ 16 σχημάτων M | καὶ om. M ‖ 17 γάρ] δέ M | καὶ ante ἐπὶ M | τὸ post
κατὰ S ‖ 18 τε om. M ‖ 19 περὶ] ἐπὶ M ‖ 23 πραγματικοὶ τυγχάνωσιν S ‖ 24 δωτῆ-
ρες S | ὅτᾰν ἡμέρας κρόνος S ‖ 24–28 πρὸς – ἔχων om. M ‖ 25 τυχὸν S ‖ 28 οἰκο-
δεσποτίας M ‖ 29 νυκτὸς post τῶν² ind. in marg. M | μεταβολὴ M ‖ 31 στρατ-
αρχίας M ‖ 32 χρηματικοῖς τρόποις S

VETTIVS VALENS

μενα ἀποτελεῖ, ἐναντιώμασι δὲ καὶ ἀντιλογίαις καὶ φόβοις περιτρέπει,
καὶ τὰς ἡγεμονίας ποιεῖ στασιώδεις καὶ ἐμφόβους· ἐπάγει γὰρ πολεμίων
ἐφόδους πολλῶν καὶ ὄχλων ἐπαναστάσεις, λοιμὸν καὶ λιμὸν ἐπὶ πόλεων,
καὶ ἐπιφοράς, ἐμπρησμούς, ἐπικινδύνους αἰτίας.
26 Ὁμοίως καὶ οἱ ἀγαθοποιοὶ κακοποιῶν τρόπον ἐφέξουσιν ἐπὰν οἰκοδε- 5
27 σποτοῦντες κακῶς πέσωσιν. ἐὰν δὲ καὶ ἐπίκεντροι τύχωσιν, τοῦ οἰκοδε-
σπότου ἀποκεκλικότος, ἐξασθενήσουσιν ἐν τῷ ἀγαθόν τι παρασχεῖν.
28 ἐπὶ παντὸς εἴδους σκοπεῖν δεήσει τὸν οἰκοδεσπότην τοῦ οἰκοδεσπότου,
ὅπως ἔτυχε καὶ ὑπὸ τίνων μαρτυρεῖται· ἐὰν γὰρ καὶ ὁ καθολικὸς οἰκοδε-
σπότης παραπέσῃ, ὁ δὲ τούτου κύριος καλῶς σχηματισθῇ, ἕξει βοήθειαν 10
ὁ γεννώμενος καὶ ὑπόστασιν βίου καὶ δόξης κατὰ τὴν τοῦ ἀστέρος τοπο-
θεσίαν.

⟨γ΄.⟩ Περὶ κλήρου τύχης καὶ οἰκοδεσπότου

f.6vS
1 | Ἀκριβέστερον δὲ βουλόμενος τὸν περὶ εὐδαιμονίας τόπον βεβαιῶσαι
ἐπάνειμι εἰς τὸν κλῆρον τῆς τύχης ὄντα ἀναγκαιότατον καὶ δυναστικὸν 15
τόπον, καθὼς καὶ ὁ βασιλεὺς ἐναρχόμενος ἐν τῇ ιγ΄ βίβλῳ μυστικῶς ἐδή-
λωσεν, λέγων· εἶτ᾽ ἐχομένως δεήσει τοῖς ἡμέρας γεννωμένοις σαφῶς
ἀριθμεῖν ἀπὸ Ἡλίου ἐπὶ Σελήνην, ἔμπαλιν δὲ ἀφ᾽ ὡροσκόπου ἰσότητα
τάσσειν, καὶ τὸν ἀποβάντα τόπον συνορᾶν οὗτινος τέτευχεν ἀστέρος καὶ
τίς ἢ τίνες ἐπὶ τούτου πρόσεισιν, τά τε τετράγωνα ἢ τρίγωνα παντάπασιν 20
2 ὡς κατηστέρηται. ἐκ γὰρ τῆσδε τῆς τῶν τόπων συγγνώσεως πρόδηλα
3 κρινεῖς τῶν γεννωμένων τὰ πράγματα. ὁμοίως δὲ καὶ ὁ Πετόσιρις ἐν τοῖς
Ὅροις ἐδήλωσε τὸν τόπον, ἄλλοι δ᾽ ἄλλως διαλαμβάνουσιν, ὃν καὶ ἡμεῖς
ἐκθησόμεθα ἐν δέοντι καιρῷ καὶ ἄλλας ἀγωγὰς δηλούσας εἰς τὸν περὶ
4 εὐδαιμονίας λόγον. νυνὶ δὲ περὶ τοῦ προκειμένου λεκτέον. 25

⟨δ΄.⟩ Περὶ τοῦ λαχόντος τὴν ὥραν ἢ τὸν κλῆρον ἀστέρος

1 Κρόνος τὴν ὥραν λαχὼν ἢ τὸν κλῆρον, ὡροσκοπήσας, μὴ ἐναντιουμένου
τοῦ Ἄρεως — ὁ τοιοῦτος εὐδαιμονήσει περὶ τῆς ὑπὸ Κρόνου μεριζομένης

§§ 27−28: cf. App. XI 18−19 ‖ § 1: cf. IX 2, 8 ‖ § 3: cf. IX 2, 7

[M S] 1 φόβοις καὶ ἀπολογίαις S φόβους καὶ ἀπολογίας App. ‖ 2 εἰς M S, ποιεῖ
sugg. Kroll ‖ καὶ ἐμφόβους om. M ‖ εὐφόβους S ‖ 5 ἐφέξωσιν M ‖ 7 ὦ M S, τῷ
Kroll ‖ 9 καὶ² om. M ‖ 10 δὲ sup. lin. M ‖ 13 περὶ − οἰκοδεσπότου om. M ‖
14 ὁ post δὲ M ‖ τόπων S ‖ 15 εἰς] εἰ S ‖ ὄντα om. S ‖ δυνατικὸν M ‖ 17 ἐπε-
χομένως M S, εἶτ᾽ ἐχομένως Kroll ‖ γεννωμένης S ‖ 18 πάλιν S ‖ ἀφορῶν S ‖
20 τούτων S, τοῦτον M, τούτου Kroll ‖ 21 κατιστόρηται M ‖ προγνώσεως M ‖
21.22 πρόδηλα ᵒⁿ κρίνειν S ‖ 23 διαλαμβάνωσιν ὧν S ‖ 24 δηλούσας om. M ‖
25 τόπον ἢ post εὐδαιμονίας M ‖ 26 περὶ − ἀστέρος om. M ‖ 27 ὁ ante κρόνος S ‖
ὡροσκοπήσας] οἰκοδεσποτήσας Kroll ‖ 27.28 ἐναντιούμενος ♂ S

58

πράξεως· ἐὰν δὲ ὑπὸ Διὸς μαρτυρηθῇ διπλασίονα, ἐὰν δὲ Ἀφροδίτης διὰ
γυναικὸς ἢ ἀσπέρμου, ἐὰν δὲ ὁ τοῦ Ἄρεως αὐτῷ συνῇ ἢ ἐναντιωθῇ ὁ
τοιοῦτος ἐν ταραχαῖς καὶ ἐναντιώμασιν ἔσται, ἐὰν δὲ ὁ τοῦ Ἑρμοῦ αὐτῷ
συνωροσκοπήσῃ ὁ τοιοῦτος ταῖς ἀκοαῖς παραποδισθήσεται. Ζεὺς τὴν 2
5 ὥραν ⟨λαχὼν⟩ ἢ τὸν κλῆρον, ὡροσκοπήσας, εὐτυχεῖς ἄγαν ἀπὸ νεότητος |
ἀποτελεῖ· ἐὰν δὲ Ἄρης παρῇ ἢ ὁμόκεντρος ἢ τρίγωνος ἐν λαμπραῖς στρα- f.277M
τείαις προκόψει καὶ βίου περίκτησιν οἴσει, ἐὰν δὲ καὶ Κρόνος προσγένηται
ἐν ὑπεροχαῖς γίνονται, εἰ δὲ καὶ Ἀφροδίτη ἔτι μᾶλλον, ἐὰν δὲ καὶ Ἑρμῆς
ἐν λήψεσι καὶ δόσεσι γίνονται. Ἄρης λαχὼν τὴν ὥραν ἢ τὸν κλῆρον, ὡρο- 3
10 σκοπήσας, ποιεῖ ὅρμησιν ἐπὶ στρατείαν· ἐὰν δὲ καὶ Ζεὺς μαρτυρήσῃ ἐν
ἀξίᾳ προκόψει, ἐὰν δὲ καὶ Ἀφροδίτη ἐν ἀξίαις οὐ ταῖς τυχούσαις γίνονται,
ἐὰν δὲ καὶ Ἑρμῆς συμπαρῇ μόνος παρακαταθήκην λαβὼν ἀρνήσεται, ἐὰν
δὲ καὶ Κρόνος ἀπὸ πολλῶν πολλὰ περικτήσεται, μετὰ δὲ τὸν θάνατον εἰς
βασιλικὰ χωρήσει. Ἀφροδίτη τὴν ὥραν ἢ τὸν κλῆρον λαχοῦσα, ⟨ὡροσκο- 4
15 πήσασα⟩, μεγάλα ἀγαθὰ σημαίνει καὶ μεγαλοδόξους ποιεῖ· ἐὰν δὲ συμ-
παρῇ Ἑρμῆς μουσικοὺς ποιεῖ· | τούτων οὕτως ἐχόντων, Κρόνος διαμε- f.78
τρήσας αὐτοὺς ἢ καθυπερτερήσας ἐστέρησε τῶν ὑπαρχόντων. Ἑρμῆς τὴν 5
ὥραν λαχὼν ἢ τὸν κλῆρον, ὡροσκοπήσας, ποιεῖ εὐτυχεῖς· ἐὰν δὲ καὶ ὁ τοῦ
Διὸς συμπροσγένηται ἢ τετραγωνίσῃ κριτηρίων καὶ πόλεων ἀρχὰς
20 ἕξουσιν, ἐὰν δὲ καὶ ὁ τοῦ Κρόνου τοῖσδε συμπροσγένηται διπλασίονας
τάς τε ἀρχὰς καὶ τιμὰς καὶ τὰ ἀγαθὰ καὶ τὰς προκοπάς. Ἥλιος κληρωσά- 6
μενος τὴν ὥραν ἢ τὴν τύχην, ὡροσκοπήσας, ἐὰν συμπαρῇ καὶ ὁ τοῦ Διὸς
ἢ μαρτυρήσῃ τετράγωνος ὁ γεννώμενος εὐτυχὴς ἔσται, ἐὰν δὲ καὶ ὁ τοῦ
Ἑρμοῦ συμπαρῇ αὐτῷ διὰ λόγων προκόψει, ἐὰν δὲ καὶ ὁ τοῦ Ἄρεως συμ-
25 παρῇ ἢ τετραγωνίσῃ σὺν τῷ τοῦ Διὸς μέγας ἔσται καὶ κυριεύσει ζωῆς καὶ
θανάτου, εἰ δέ, τούτων οὕτως ἐχόντων, Κρόνος τετραγωνίσῃ ἢ διαμετρήσῃ
ἐν συμπτώμασι καὶ ζημίαις περιπεσοῦνται. Σελήνη κληρωσαμένη τὴν 7
ὥραν ἢ τὸν κλῆρον τῆς τύχης, ⟨ὡροσκοπήσασα⟩, μεγάλους ποιεῖ, μάλιστα
δὲ ἐν ἰδίῳ τριγώνῳ· ἐὰν δὲ καὶ ὁ τῆς Ἀφροδίτης συνῇ ἢ τετράγωνος τύχῃ
30 τιμῆς μεγάλης καταξιωθήσεται, ἐὰν δὲ καὶ ὁ τοῦ Ἄρεως σὺν τῇ Σελήνῃ
τύχῃ ζωῆς καὶ θανάτου κυριεύσει, ἐὰν δὲ καὶ ὁ τοῦ Κρόνου πολλῶν χωρῶν

[M S] 1 καὶ post δὲ² S ‖ 2 ἢ ἀσπέρμου om. S | αὐτῷ om. M ‖ 5 καὶ M S, ἢ
Kroll | ὧϱ S ‖ 6 παρῇ ἄρης S ‖ 7 περίκτισιν M ‖ 8 δίδονται M S, γίνονται Kroll ‖
9 λαχὼν ἢ τὴν ῾ω ῾ω τὸν κλῆρον M ‖ 10 ὁρμήσειν S ‖ 12 καὶ om. M | παραθήκην M ‖
13 Κρόνος] 2| M S ‖ 14 τὸν κλῆρον ἢ τὴν ὥραν M ‖ 15 μεγαλοδόξως S ‖ 17 αὐτοῖς S ‖
18 λαβὼν M ‖ 19 προσγένηται M ‖ 20 καὶ om. M | τοῖσδε om. S | διπλασίονα S ‖
21 τάς – καὶ² om. S | τὰ om. M | τὰς om. M ‖ 22 ὡροσκοπούσας M | ὁ om. M ‖
23 ἢ om. M ‖ 24 αὐτῷ om. M ‖ 24–25 συμπαρείη ἢ τετραγωνίσειε M ‖ 25–26 σὺν –
τετραγωνίσῃ om. S ‖ 27 συμπτώματι S, συμπτώσεσι M, συμπτώμασι Kroll | πε-
σοῦνται M ‖ 29 δὲ¹ om. S ‖ 30 καὶ post τιμῆς M ‖ 31 καὶ² om. S

ἡγήσεται, ἐὰν δὲ καὶ ὁ τοῦ Διὸς συμπαρῇ ἢ τετραγωνίσῃ βασιλεῖς μεγάλοι
γενήσονται, εἰ δέ, τούτων ἀπόντων, ὁ τοῦ Ἑρμοῦ σὺν Σελήνῃ σχηματισθῇ
ἀπὸ λόγων καὶ ἐντρεχείας αἱ προκοπαὶ ἔσονται.

8 Ἐὰν δὲ καὶ ὁ τοῦ Ἄρεως συμπροσγένηται ἢ τετραγωνίσῃ τυράννους,
μεγιστᾶνας ποιεῖ, ἐὰν δὲ διαμετρήσῃ ὁ Ἄρης τὴν Σελήνην ἐκτὸς τῶν 5
ἀγαθοποιῶν ἐκθέσιμα ποιεῖ, ἐὰν δὲ τῷ Ἄρει ἀγαθοποιὸς συμπαρῇ ἐκτε-
θέντα τραφήσεται· τὸ δ᾽ ὅμοιον κἂν τετράγωνος φανῇ ἢ καὶ καθυπερτε-
9 ρῶν εὑρεθῇ, ἐν πλάναις ἢ ἐπαγωγαῖς ἢ καὶ ἀνωμαλίαις περιβάλλει. ἐὰν
δὲ ὁ τῆς Ἀφροδίτης τετραγωνίσῃ κατὰ κέντρον ἀδικοῦνται ὑπὸ γυναικῶν,
ἐὰν δὲ Κρόνος συμπαρῇ ἐν ἀσελγεῖ ζῳδίῳ καὶ πορνοβοσκήσουσιν, ἐὰν δὲ 10
καὶ ὁ τοῦ Ἄρεως αὐτοῖς συμμαρτυρήσῃ ἑτέροις τὰς γυναῖκας αὐτῶν μισθώ-
10 σουσιν. ἐὰν δὲ ὁ τοῦ Κρόνου τὴν Σελήνην τετραγωνίσῃ ἢ διαμετρήσῃ
κατ᾽ ἰσόγραμμον στάσιν [τῷ τοῦ Κρόνου], ἀντίληψιν ἕξει τὸ γεννώμενον
11 τῆς τροφῆς ⟨καὶ⟩ ἄκληρον τῶν γονέων ἔσται. ἐὰν δὲ ὁ τοῦ Ἑρμοῦ τετρά-
γωνος ἢ διάμετρος γένηται τῇ Σελήνῃ, ἐναντιόβουλοι καὶ ἐναντιογνώμο- 15
f.277vM νες | γίνονται, ἔν τε διαβολαῖς καὶ κατηγορίαις ἀπὸ ὑπερέχοντος γενήσον-
ται, ἐὰν δὲ καὶ κακοποιὸς συμμαρτυρήσῃ ἢ συσχηματισθῇ, ἐν ἀσχημοσύ-
12 ναις καὶ κατακρίσεσι ποιήσει. ὁ δὲ τοῦ Διὸς ἀντικείμενος κατὰ μέρος |
f.7vS τῇ Σελήνῃ στέρησιν τέκνων ποιεῖ καὶ ἐναντιώσεις ὑπερεχόντων.

13 Καθόλου δὲ οἱ κακοποιοὶ ἐφορῶντες τὰ φῶτα καὶ τὸν ὡροσκόπον χωρὶς 20
14 ἀγαθοποιῶν ὀλιγοχρονίους ποιοῦσιν. ὁ κύριος τοῦ ὡροσκόπου ἐπιτόπως
κείμενος ἢ ἰδίας αἱρέσεως μεριστὴς χρόνων ζωῆς γίνεται· εἰ δέ πως
συσχηματίζηται τῷ δεσπότῃ τοῦ κλήρου πολύγηρος γίνεται καὶ εὐτυχής,
εἰ δὲ ὑπὸ δύσιν τύχῃ ὀλιγοχρόνιος, εἰ δὲ κακοποιὸς συμπαρῇ ἢ καθυπερ-
τερήσῃ τὴν Σελήνην ἄχρηστα τὰ βρέφη ἔσονται. 25

⟨ε′.⟩ Κακοῦ δαίμονος τόπος· πολλὰ σχήματα

1 Ἐν τούτῳ τῷ τόπῳ ἐὰν οἱ κακοποιοὶ τύχωσιν, μεγάλα σίνη καὶ πτώσεις
ἀπεργάζονται, μάλιστα δὲ ἐὰν ἰδιοπροσωπῶσιν, ἐὰν δὲ ὁ κλῆρος τῆς τύχης
ἐπῇ καὶ κυριεύσῃ τις αὐτοῦ, οὐδέποτε οὐδὲ ἐν ταῖς παρόδοις ὠφέλειά τις

---

§ 13: cf. App. XI 24

[M S] 2 ἔσονται S ‖ 3 ἐντρεχειῶν M ‖ 4 ἢ τετραγωνίσῃ om. M ‖ 5 καὶ post δὲ S ‖
6 ἐκθέσει μάγιοι M ‖ ὁ τοῦ ♂ ἀγαθοποιῷ M ‖ 8 εὑρεθῇ S φανῇ M ‖ ἀπαγωγαῖς
Kroll ‖ 9 καὶ post τετραγωνίσῃ S ‖ 11 καὶ om. M ‖ 13 ἰσοδράμον S ‖ 14 καὶ Kroll
ἄκληρον M S, ἔκβλητον Kroll | δὲ om. M ‖ 16 ὑπερέχοντας M S, ὑπερέχοντος Kroll
19 τῶν post ἐναντιώσεις M | ὑπαρχόντων M S, corr. Kroll ‖ 21 ποιήσουσιν M ‖
22 ἢ om. M ‖ 23 σχηματίζεται S | εὐτυχεῖ S ‖ 24 καθυπερτερήσει M ‖ 26 κακοῦ —
σχήματα om. M ‖ 28 δὲ¹ om. S | καὶ post δὲ² M ‖ 29 αὐτὸν S | ὠφέλια S

ἔσται· ἐχθροὶ γὰρ ἐγένοντο ἐξ ἀρχῆς ἐκ τῆς ἐκτροπῆς. ὁμοίως καὶ οἱ 2
ἀγαθοποιοὶ ἐν τούτῳ τῷ τόπῳ οὐ μερίζουσι τὰ ἑαυτῶν ἀγαθά. ὅταν δὲ 3
ἐν τούτῳ τῷ ζῳδίῳ πέσωσιν οἱ τρεῖς ἀστέρες — ὁ κύριος τοῦ ὡροσκόπου
καὶ ὁ τοῦ κλήρου καὶ ὁ τοῦ δαίμονος — ἀτυχεῖς καὶ ἀσχήμονας ποιοῦσι
5 καὶ ἐνδεεῖς τῆς ἐφημέρου τροφῆς, πολλοὶ δὲ καὶ τὰς χεῖρας ὑφέξουσιν.

⟨ς΄.⟩ Ἀγαθοῦ δαίμονος τόπος· πολλὰ σχήματα. [ζητητέον καὶ περὶ ἀκουόντων καὶ βλεπόντων ζῳδίων]

Ἐὰν ἐπὶ τοῦ ἀγαθοδαιμονοῦντος ζῳδίου ὦσιν οἱ ἀγαθοποιοὶ ἐπιτόπως 1
10 κείμενοι ἢ ἐν ἰδίοις προσώποις, ἐπιφανεῖς καὶ πλουσίους ἐκ νεότητος
ποιοῦσιν, πλείω δὲ καὶ τὸν κλῆρον τῆς τύχης ἐπιθεωρήσαντες ἐν τριγώνῳ
μέρει καὶ τὸν ὡροσκόπον καθ᾽ ἑξάγωνον· ἐν τῷ ἀκούοντι ἢ βλέποντι
ζῳδίῳ πλεῖστα καὶ μείζονα ἀγαθὰ παρέχονται. εἰ δὲ καί τις τῶν ἀγαθο- 2
ποιῶν διάμετρος τῷ ἀγαθῷ δαίμονι φανῇ παρόντος τοῦ οἰκοδεσπότου,
15 μεγάλα καὶ μείζονα ἀγαθὰ καὶ προκοπὰς ἀποτελοῦσιν· εἰ δὲ κακοποιοὶ
συμπαρῶσι τῷ ἀγαθῷ δαίμονι, οὐκ ἰσχύουσι κακόν τι δρᾶσαι. ἀναγκαιότε- 3
ρον δέ ἐστιν ἐὰν ὁ οἰκοδεσπότης τοῦ κλήρου καὶ τοῦ ὡροσκόπου καὶ τοῦ
δαίμονος ἐπ᾽ ἀνατολῆς τύχωσιν ἢ πλείστων ἀστέρων αὐτοῖς ἐπιπαρόντων
ἢ μαρτυρούντων ἐν χρηματιστικοῖς ζῳδίοις· ἐνδόξους γὰρ καὶ πλουσίους
20 ὑπεράγαν ἀποτελοῦσιν.

⟨ζ΄. Μεσουράνημα⟩

Ἐν τούτῳ τῷ τό|πῳ καὶ οἱ ἀγαθοποιοὶ καὶ οἱ κακοποιοὶ χαίρουσιν, 1 f.88
μάλιστα κληρωσάμενοι τὸν κλῆρον ἢ τὸν ὡροσκόπον ἢ τὸν δαίμονα. καὶ 2
ἐὰν πέσῃ ἐν τούτῳ ἑκάτερος τῶν ⟨ἀγαθοποιῶν⟩ ἀστέρων ἀνατολικὸς ὢν ἢ
25 καὶ τὴν συναφὴν τῆς Σελήνης ἔχων, τύραννοι ἢ βασιλεῖς γίνονται, ἡγούμενοι χωρῶν, ἢ καὶ εἰς πολλοὺς τόπους ὀνομασθήσονται. ὁ κύριος τοῦ 3
τόπου τούτου καλῶς κείμενος πρακτικοὺς ποιεῖ, ἀτόπως δὲ κείμενος
ἀπράκτους· εἰ δὲ ἐπὶ δύσεως τυγχάνει καὶ κακοποιὸς ἐπὶ τοῦ τόπου
συμπαρῇ ἢ διαμετρῇ, κακοπράγ|μονας ἢ στειρώδεις ἢ ἀτέκνους ποιεῖ. f.278M

[M S] 4 ὁ¹,² om. S | τοῦ² M τῆς S | δαίμονος] spat. ca. 2 litt., ϱ post 5 τροφῆς S ‖ 5 καί¹ om. M | ζωῆς ἢ post ἐφημέρου M ‖ 7–8 ἀγαθοῦ — ζῳδίων om. M ‖ 9 ἀγαθοποιοῦντος M ‖ 10 ἢ om. M ‖ 13 μείζωνα S | τῶν ἀγαθοποιῶν S αὐτῶν M ‖ 14 παρῇ φανέντος M ‖ 15 τὰς post καί² S ‖ 16 ἀγαθῷ] καλῶ M | δράσειν M ‖ 17 οἰκοδεσπότης] ὡροσκόπος M | ὡροσκόπου] οἰκοδεσπότου M ‖ 18 ἀνατολᾶς S | αὐτοῖς ἀστέρων M ‖ 24 ἀγαθοποιῶν sugg. Kroll ‖ 26 ἢ om. S ‖ 29 παρῇ M | διαμετρεῖ S | κακοπράγ|πράγμονος M

6* 61

(II 7) ⟨η΄.⟩ Θεοῦ Ἡλίου τόπος τὸ προμεσουράνημα, ϑ΄ ἀπὸ ὡροσκόπου· πολλὰ
ἔχει σχήματα

1 Ἐὰν οἱ ἀγαθοποιοὶ τύχωσιν ἐπὶ τοῦδε τοῦ τόπου καὶ κληρώσωνται τὸν
ὡροσκόπον ἢ τὴν τύχην, ὁ γεννώμενος ἔσται μακάριος, εὐσεβής, προφή-
2 της μεγάλου θεοῦ, καὶ ἐπακουσθήσεται ὡς θεός. ἀπόντων δὲ τούτων, μό- 5
νου δὲ Ἑρμοῦ μαρτυροῦντος, ἐν χρηματισμοῖς γίνονται, καὶ τὴν αὐτῶν
ἐμπειρίαν ὄχλοις ἐξηγοῦνται, καὶ βασιλικοὶ γραμματεῖς γίνονται ἀπὸ μέσης
3 ἡλικίας. τῶν δὲ κακοποιῶν παρόντων καὶ κυριευόντων τῶν προειρημένων
τόπων — τοῦ τε ὡροσκόπου καὶ τῆς τύχης — ἢ ἐπιθεωρούντων τὸν
κλῆρον, ὁ γεννώμενος τύραννος ἔσται· κτίσει πόλεις, ἑτέρας δὲ διαρπάξει 10
4 καὶ πολλῶν πολλὰ παραιρήσεται ἀσεβῶς. ἐὰν δὲ τύχῃ ὁ δαίμων ἢ ἡ τύχη
ἐν τῷ κακοδαιμονοῦντι ζῳδίῳ, ἐν δὲ τούτῳ τῷ τόπῳ ὦσιν οἱ οἰκοδεσποτή-
σαντες τὸν κλῆρον ἢ τὸν ὡροσκόπον, ἐπὶ πλείστοις κακοῖς καὶ ξενιτείαις
ἔσται καὶ ὅσα ἂν κτήσηται ἀποβαλεῖ· ἢ ἐγκάτοχοι ἐν ἱεροῖς γίνονται πα-
θῶν ἢ ἡδονῶν ἕνεκεν. 15

(II 8)   ⟨ϑ΄.⟩ Ὄγδοος τόπος θανάτου· παντοῖαι θεωρίαι

1 Οἱ ἀγαθοποιοὶ παρόντες ἐν τούτῳ τῷ τόπῳ ἄπρακτοι καὶ ἀσθενεῖς καὶ
ἀμέριστοι τῶν ἰδίων ἀγαθῶν· εἰ δὲ καὶ τοῦ ὡροσκόπου καὶ τοῦ κλήρου
κυριεύσωσιν, πολλῷ μᾶλλον ἀπρακτότεροι ἢ καὶ ἀνώμαλοι τυγχάνουσιν.
2 ἐὰν δὲ οἱ κακοποιοὶ συμπαρῶσι κυριεύσαντες τοῦ κλήρου, οἱ γεννώμενοι 20
3 πλάνητες, καὶ εἴ τι ἂν κτήσωνται ἀποβαλοῦσιν. ἐὰν δὲ ὁ κλῆρος ἐν τούτῳ
ἐμπέσῃ, παρόντων τῶν κακοποιῶν καὶ οἰκοδεσποτούντων τὸν κλῆρον,
f.8vs ὁ γεννώμενος | ἐνδεής, μὴ δυνάμενος ἑαυτὸν ἀμφιάσαι· ἐὰν δὲ καὶ τοῦ
4 ὡροσκόπου κυριεύσωσιν, ἀσχημονήσει δι᾽ ὅλης τῆς ζωῆς. εἰ δὲ καὶ ὑπὸ
τὰς αὐγὰς τύχῃ τοῦ Ἡλίου ὁ οἰκοδεσπότης τοῦ κλήρου ἢ τῆς ὥρας, ὁ 25
5 γεννώμενος τὰς χεῖρας ὑφέξει καὶ προσαιτήσει. εἰ δὲ ὁ τοῦ Ἑρμοῦ μόνος
ἐπιπαρῇ τῷ ζῳδίῳ καὶ κυριεύσῃ τῆς φρονήσεως οὗ καλεῖται δαίμων,
μωροὺς καὶ ἀνοήτους καὶ τῷ λόγῳ ἐμποδιζομένους καὶ ἀγραμμάτους

[M S] 1—2 θεοῦ — σχήματα om. M ‖ 3 οἱ om. M ‖ κληρώσονται M ‖ 4 ἔσται
om. M ‖ 5 ἁπάντων M S, corr. Riess ‖ 6 μαρτυροῦν M ‖ 7 ἐμπορίαν S ‖ 9 τοῦ —
τύχης post 10 γεννώμενος M S; olim in marg. archetypi ‖ ἢ] καὶ S ‖ 11 ἀσεβῶν S ‖
12 ὡροσκοπήσαντες M ‖ 13 καὶ ξενιτείαις] ἢ ξενιτεία M ‖ 14 κτίσηται M ‖ 16 ὄγδοος —
θεωρίαι om. M ‖ 17 ἐν om. S ‖ 19 ἀπρακτότεροι S ‖ 20 καὶ post δὲ S ‖ δὲ post
κυριεύσαντες M ‖ τὸν κλῆρον M S ‖ οἱ] οἷον S ‖ 21 πόνητες M ‖ κτήσονται S, κτή-
σανται M, corr. Kroll ‖ δὲ om. M ‖ 21—22 ἐμπέσῃ ἐν τούτῳ M ‖ 22 οἰκοδεσποτη-
σάντων M ‖ 23 εἰ S ‖ 25 τοῦ²] τῶν M ‖ τῆς] τὰς M ‖ ὦ S ‖ 26 ὁ om. M ‖ 27 κυρι-
εύσει M S, corr. Kroll ‖ οὐ M, ὃς S, οὗ sugg. Kroll ‖ 28 ἀνωήτους S ‖ τῷ λόγῳ] τῇ
γλώσσῃ M

ποιεῖ, ἐὰν δὲ καὶ ὁ τῆς τύχης σὺν τῷ ἀνοήτῳ καὶ ἄφρων καὶ πένης ἔσται,
μάλιστα ὑπὸ τὰς αὐγὰς τοῦ Ἡλίου τυχών· εἰ δὲ τούτων οὕτως ἐχόντων οἱ
κακοποιοὶ συμπαρῶσιν, ἄφωνος καὶ κωφὸς ἔσται. μόνη δὲ ἡ Σελήνη ἐν 6
προσθέσει τοῦ φωτὸς δοκεῖ χαίρειν ἐν τούτῳ τῷ ζῳδίῳ. ἐὰν δὲ ὁ τοῦ Διὸς 7
5 ἀγαθοδαιμονῇ εὐτυχὴς καὶ εὐπόριστος καὶ πολύτεκνος ἔσται, εἰ δὲ καὶ
κύριος ᾖ τοῦ κλήρου τῆς τύχης πλούσιος καὶ εὐδαίμων· ἐὰν δὲ καὶ ὁ τοῦ
Ἑρμοῦ συμπαραγένηται αὐτῷ, καὶ διοικηταὶ βασιλέων καὶ εὐφρανθήσον-
ται ἐπὶ τέκνοις.

⟨ι΄.⟩ Δυτικὸς τόπος (II 9)

10 Οἱ ἀγαθοποιοὶ ἐπιπαρόντες καὶ οἰκοδεσποτοῦντες τὸν ὡροσκόπον ἢ 1
τὸν κλῆρον τῆς τύχης ἀγαθὰ σημαίνουσι τοῖς γεννωμένοις οἷον κληρονο-
μίας καὶ ἄλλων ὑπαρχόντων αἰφνιδίους κτήσεις, καὶ ἐκ θανάτου σημαί-
νουσι τὸ ἀγαθόν· εἰ δὲ ἐν ἀλλοτρίοις τόποις εἶεν, ἧττον εὐποροῦσιν, οὐκ
ἀποροῦσι μέντοι. εἰ δὲ Ἑρμῆς ἐπιπαρῇ μόνος ἰδιοπροσωπῶν, ἐν τῷ γήρει 2
15 κέρδη ἕξει καὶ πιστευθήσεται | πόλεις καὶ βασιλέων πράγματα. εἰ δὲ f.278vM
κακοποιοὶ παρῶσιν ἐν τούτῳ τῷ τόπῳ καὶ κυριεύσωσι τοῦ ὡροσκόπου ἢ   3
τοῦ κλήρου ἰδιοπροσωποῦντες, ἀνωμαλήσει τῷ βίῳ, μάλιστα ἐπὶ τὸ γῆ-
ρας, οὐκ ἀπορήσει μέντοι· ἐξ ὀνειδισμῶν γὰρ καὶ κακῶν τὰ ποριζόμενα
ἀναλώσουσιν. εἰ δὲ καὶ ἀλλοιοπροσωποῦντες καὶ παρ᾽ αἵρεσιν ὄντες 4
20 οἰκοδεσποτῶσι τὸν κλῆρον, ὁ γεννώμενος κακῶς τὸ γῆρας διάξει, ἔνιοι
δὲ καὶ ἐν φυλακαῖς γίνονται χρόνον καὶ ἐν ἀρρωστίαις καὶ νόσοις· ἐὰν
δὲ ὁ τοῦ Διὸς ἐπιθεωρήσῃ, ἐν ἱεροῖς ἕνεκεν ἀρρωστίας γίνονται, ἐνοχλοῦν-
ται δὲ καὶ αἱμορροῦσι καὶ περὶ αἰδοῖον ἢ δάκτυλον πάθος ἰσχάνουσιν. εἰ 5
δὲ ὁ τοῦ Ἑρμοῦ σὺν τῷ Ἄρει ἐπὶ τὸ | δυτικὸν τύχῃ ζῴδιον, λησταῖς καὶ f.98
25 φόνοις συνιστορήσει, διὸ κακῷ θανάτῳ ἀπολοῦνται ὕστερον. οἱ κακοποιοὶ 6
δύνοντες ἐν ἀλλοτρίῳ ζῳδίῳ βιαιοθανάτους ποιοῦσιν, οἱ δὲ ἀγαθοποιοὶ
πολυπείρους καὶ ἐπὶ τὸ γῆρας εὐτυχεῖς.

⟨ια΄.⟩ Ἕκτος τόπος Ἄρεως (II 10)

Οἱ ἀγαθοποιοὶ ἐν τούτῳ τῷ τόπῳ ἐὰν τύχωσιν ἐπιπαρόντες, ὁ γεννώ- 1
30 μενος ὅσα ἂν κτήσηται ἀπολεῖ καὶ ἡ οὐσία οὐ παραμενεῖ αὐτῷ· ζημίαις

[M S] 1 καὶ¹ om. M | ἀδιανοήτω S | ἔσται] ἅμα S || 3 ἄφωνος] ἄφρων S || 4 προ-
θέσει M || 5 ἀγαθοδαιμονεῖ S || 6 ᾖ] ὁ M || 9 δυτικὸς τόπος om. M | δεύτερος S, δυ-
τικὸς sugg. Kroll || 10 καὶ οἰκοδεσποτοῦντες] ἢ ὡροσκοποῦντες M || 11 τῆς τύχης
om. S || 12 καὶ¹ om. S || 15 πόλεις] πολλὰ M | εἰ] οἱ S || 16 καὶ om. M || 16—17 τὸν
κλῆρον ἢ τοῦ ὡροσκόπου S || 17 ἐπὶ τὸ γῆρας μάλιστα M || 18 γὰρ om. M | καὶ] ἢ M ||
19 αἴνεσιν M || 20 τῶν κλήρων M S || τὸ γῆρας κακῶς S || 21 χρόνιον M | δὲ ante
καὶ² M | ἢν M || 22 ἀρρωστίαις S || 23 αἰδοῖον ἢ δακτύλων M S, αἰδοῖον ἢ δάκτυλον
sugg. Kroll | ἰσχάνωσιν S || 24—25 λῃστὰς καὶ φόνου συνίστορας S || 25 κακοποιῷ M ||
28 ἕκτος τόπος ἄρεως om. M || 30 ἀπολεῖ τὴν οὐσίαν καὶ ὅσα ἂν κτήσηται οὐ παρα-
μενεῖ S

63

2 ἐλαττωθήσεται ἐπὶ τὸ γῆρας προβαίνων τῇ ἡλικίᾳ. ὁ δὲ Ἥλιος ἐπιπαρὼν
τῷ τόπῳ τούτῳ καὶ κυριεύων τοῦ κλήρου τῆς τύχης ἢ τῆς ὥρας ποιεῖ τὸν
γεννώμενον καταδικασθῆναι ὑπὸ μεγάλης ἐξουσίας· ἐὰν δὲ ὁ τοῦ Κρόνου,
πλανήτης ἔσται καὶ προσκοπτικός, καὶ φεύξεται τὴν ἰδίαν πατρίδα μόγις
τὸ ζῆν πορίζων· ἐὰν δὲ ὁ τοῦ Διὸς κυριεύσῃ τοῦ κλήρου ἢ τοῦ ὡροσκόπου, 5
ἐν δημοσίοις πράγμασιν ἀπολέσει τὸν βίον· ἐὰν δὲ ὁ τῆς Ἀφροδίτης, διὰ
γυναῖκα κρίσεις, ζημίας δώσουσιν, γίνονται δὲ καὶ ἀνεπαφρόδιτοι, οὐκ
ἔχοντες χάριν· ἐὰν δὲ ὁ τοῦ Ἄρεως, σίνη καὶ πάθη κατὰ τὸ μέλος ἀποτελεῖ
τοῦ ζῳδίου, ποιεῖ δὲ καὶ γυμνῆτας, ἐπαίτας, κακῶς τὸν βίον καταστρέ-
φοντας· ὁ δὲ τοῦ Ἑρμοῦ κυριεύσας τοῦ κλήρου ἢ τῆς ὥρας ποιεῖ κακοβού- 10
λους, κλέπτας, κακολόγους καὶ ἐν ὄχλοις κακολογουμένους· ἐὰν δὲ καὶ
Σελήνη ἐπιπαρῇ, δοῦλος ἔσται καὶ ἀδύνατος, ἐάνπερ ⟨μὴ⟩ καὶ τὰ λοιπὰ
συμπαρῇ τῇ Σελήνῃ· δύνανται γάρ, τῶν ἄλλων ἀστέρων καλῶς ἐχόντων,
τῆς Σελήνης κακοτυχούσης, ἐλεύθεροι καὶ εὐσχήμονες γενέσθαι.

(II 11)   ⟨ιβ'.⟩ Πέμπτος τόπος· πολλαὶ θεωρίαι   15

1 Ἐὰν οἱ ἀγαθοποιοὶ τύχωσι τὸν ὡροσκόπον ἢ τὸν κλῆρον τῆς τύχης
λαχόντες, ὁ γεννώμενος μέγας ἔσται καὶ ὄχλων ἡγήσεται καὶ νόμους θήσε-
2 ται. Ἀφροδίτη τὰ μέγιστα χαρίζεται κυριεύουσα τοῦ ὡροσκόπου ἢ τοῦ
κλήρου, μάλιστα ἰδιοπροσωποῦσα ἢ ἰδίῳ τόπῳ οὖσα· εὐκτήμονας, ἐντί-
3 μους ἀποτελεῖ. τὸ αὐτὸ καὶ ἐπὶ πάντων τῶν ἀστέρων· ἐὰν γὰρ κρατῶσι 20
τῆς ὥρας ἢ τῆς τύχης, ποιήσουσι τὰ ἀγαθὰ κατὰ τὸ ἐπιβάλλον τῇ ἰδίᾳ
4 φύσει καὶ τὸ τῆς ἀγαθῆς τύχης ἴδιον. ἐὰν δὲ ὁ τοῦ Ἄρεως τύχῃ καθ' ὃ
πρόκειται, ἄρξουσι παντοδαπῶν τόπων· γίνονται γὰρ ἢ στρατηγοὶ ἢ
f.279M. τύραννοι [μάλιστα ἰδιοπροσωποῦσα ἢ ἰδίων τόπων] καὶ ζωῆς καὶ θανάτου
f.9vS κυριεύσουσιν | οὐ μόνον ἐλαχίστων ἀλλὰ καὶ ἀξιολόγων ἀνθρώπων. ἐὰν 25
5
δὲ ὁ τοῦ Κρόνου ἐπιπαρῇ τῷ τόπῳ, πολυκτήμονας ἐγγαίων καὶ τετραπό-
6 δων δεσπότας, κτίζοντας κώμας καὶ τόπους. εἰ δὲ ὁ Ἥλιος ἐπιπαρῇ,
7 μεγιστάνων φίλους, ἐγγὺς βασιλέων, ἱερῶν ἄρχοντας. εἰ δὲ ὁ τοῦ Ἑρμοῦ,
8 τὰς διὰ λόγων προκοπὰς καὶ χρημάτων πλείστων καταξιουμένους. εἰ δὲ
ἡ Σελήνη καλῶς σχηματιζομένη κληρώσηται τὸν κλῆρον ἢ τὸν ὡροσκόπον, 30
ἐπὶ τοῦ ζῳδίου τυχοῦσα σὺν τῷ οἰκοδεσπότῃ αὐτῆς, πολυχρόνιοι γίνονται

[M S] 2 καὶ om. S ‖ 3 ἀπὸ S ⏐ Κρόνου] ἑρμοῦ M S ‖ 4 πλανίτης S ‖ 5 ἐπικυριεύ-
σῃ M ‖ 6 ἀπολέσῃ M ‖ 7 δώσωσι S ⏐ ἐπαφρόδιτοι S ‖ 8 ἀποτελεῖ κατὰ τὸ μέλος M ‖
12 συμπαρῇ M ⏐ τῇ ☾ ante δοῦλος M ⏐ μὴ Kroll ‖ 13 ἐπιπαρῇ M ‖ 15 πέμπτος —
θεωρίαι om. M ⏐ καλαὶ S, corr. Kroll ‖ 16 τὸν κλῆρον ἢ τὴν ὥραν S ⏐ τῆς τύχης
om. S ‖ 18 τοῦ¹ om. M ‖ 22 τοῖς ἀγαθοῖς τόποις M ⏐ δὲ] γὰρ S ‖ 23 τόπων M ‖
23—24 γίνονται — τόπων om. S ‖ 24 θανάτους M ‖ 27 οἰκοδεσπότας M ⏐ ἔτι παρῇ S ‖
29 εἰ] ἢ S ‖ 30 κληρώσεται M

καὶ συγγηράσκουσιν ἐν εὐδαιμονίᾳ. οἱ οὖν ἀγαθοποιοὶ ἐπὶ παρόδων μεγάλα 9
ὠφελοῦσιν, οἱ δὲ κακοποιοὶ οὐκ ἰσχύουσι βλάπτειν.

⟨ιγ΄.⟩ Τέταρτον· ὑπόγειον   (II 12)

Ἐὰν οἱ ἀγαθοποιοὶ κυριεύσωσι τοῦ ὡροσκόπου ἢ τῆς τύχης καὶ παρῶσιν, 1
5 ἐν ἱεροῖς τὸν βίον ἕξουσιν· ἐὰν δὲ καὶ τὸν ἀρχέτυπον κλῆρον κληρώσωνται
οἰκοδεσποτοῦντες, ὄντες ἐν τῷ ὑπὸ γῆν, ὑπὸ δαιμονίων καὶ φαντασίας
εἰδώλων χρηματισθήσονται. ἐὰν δὲ ὁ τοῦ Ἄρεως συμπαρῇ τούτοις κλη- 2
ρωσάμενος τὴν τύχην ἢ τὸν ὡροσκόπον, διὰ κακῶν ἕξει τὸν βίον ἀσχημο-
νῶν, καὶ εἰς περίστασιν περιπεσεῖται σὺν ἑτέροις κακουργήσας, καὶ
10 βιαιοθανατήσει. παρατηρητέον ⟨ὅτι⟩ ὁ τόπος οὗτος μετὰ θάνατον εὐφη- 3
μίας ποιεῖ καὶ καταλείψεις ἰδίοις. ἐν τούτῳ κακοποιοὶ τυχόντες τῷ τόπῳ 4
οἷς ἂν θέλωσι τὰ αὐτῶν καταλείπουσιν.

⟨ιδ΄.⟩ Τρίτος τόπος θεᾶς Σελήνης   (II 13)

Ἐν τούτῳ τῷ ζῳδίῳ ἐὰν τύχῃ ἡ Σελήνη κληρωσαμένη τὸν ὡροσκόπον 1
15 ἢ τὸν κλῆρον, ἰδιοπροσωποῦσα, ὁ γεννώμενος μέγας ἔσται καὶ πολλῶν
ἀγαθῶν κυριεύσει· ἄρξει πόλεως, καὶ πολλοῖς ἐπιτάξει, καὶ ἐπακουσθή-
σεται, καὶ θησαυρῶν κυριεύσει. εἰ δὲ συμπαρείη ταύτῃ ὁ Ἥλιος καὶ εἴη 2
πεποιημένη τὴν ἀνατολήν, ἱερεὺς θεᾶς μεγίστης ἢ ἱέρεια, καὶ ἕξει βίον
ἀκαθυστέρητον. ἐὰν δὲ ὁ τοῦ Κρόνου συμπαρῇ τῇ Σελήνῃ, θεοχόλωτος, 3
20 ζημιωτικός, πολλάκις ἐπὶ κριτὰς ἐρχόμενος, καὶ πολλὰ βλασφημήσει
θεοὺς ἕνεκεν τῶν συμβαινόντων αὐτῷ πραγμάτων. ἐὰν δὲ ὁ τοῦ Διὸς 4
συμπαρῇ αὐτῇ, ἔσται προφήτης, εὐτυχής, πλούσιος, ἔνδοξος, πολλῶν
ἀγαθῶν κυριεύσει. ἐὰν δὲ ὁ τοῦ Ἄρεως συμπαρῇ τῇ Σελήνῃ, πρακτικὸς 5
μὲν ἀλλὰ ἀσεβής, καὶ παραθήκας ἀποστερήσει, ὅθεν ἀπ᾽ ἀλλοτρίων ἢ
25 φόνων ἢ λῃστῶν τὸν βίον συνάξει, ξενιτεύσει δὲ πολλά· εἰ δὲ οἰκείως τύχῃ
ἐν ἰδίοις προσώποις, ἀκολούθως τῇ αἱρέσει τῆς γενέσεως, στρατηγὸς
ἔσται χωρῶν καὶ πόλεων, ἄδικος, | ἐπίορκος, ἀλλοτρίων ἐπιθυμητής, καὶ f.108
αἰφνιδίως ἀπολεῖται χόλῳ ἐξουσίας. ἐὰν δὲ Ἀφροδίτη ἐν ἰδίοις τόποις 6
ἐπικρατήσῃ τοῦ τῆς θεᾶς τόπου | καὶ τοῦ κλήρου τῆς τύχης, ἐπὶ νυκτερι- f.279vM

[M S] 1 καὶ om. S | συγγηράσουσιν M ‖ 3 τέταρτον ὑπόγειον om. M ‖ 4 ἢ post
τύχης Kroll ‖ 5 κληρώσαιντο S ‖ 7 ὁ τοῦ om. S ‖ 9 πεσεῖται M ‖ 10 βιαιοθανατή-
σῃ S | παρατηρητέος M | ὅτι Kroll ‖ 11 ποιεῖν S | καταλήψεις S, καταλήψει M,
corr. Kroll ‖ 13 τρίτος — Σελήνης om. M ‖ 16 κυριεύσει S ‖ 17 κυριεύσῃ S ‖
18 θεοῦ μεγίστου S ‖ 19—23 θεοχόλωτος — Σελήνη om. S ‖ 20 σημειωτικός M, corr.
Kroll ex Rhet. ‖ 23 ☿ M, corr. Kroll ex Rhet. | πραγματικὸς S ‖ 24 ἀπαλλοτρίω-
σιν S ‖ 25 τὸν om. S | δὲ¹ om. M | οἰκεῖος M S, corr. Kroll | τύχει S ‖ 26 προσ-
ώποις] τόποις M | τῇ] τῆς S | ἱαρέσει S, διαιρέσει M, αἱρέσει sugg. Kroll | ἢ post
γενέσεως S ‖ 28 ☿ S | τόπος S ‖ 29 ἐπικρατήσει S

νῆς γενέσεως μάλιστα, ἔσται ὁ γεννώμενος πλούσιος, καὶ ὑπὸ γυναικὸς
εὐνοηθήσεται· τινὲς δὲ βασιλικοί, ἄρχοντες πόλεων, διοικηταὶ διὰ τὸ τὴν
7 θεὰν ἐν τῷ τῆς θεᾶς οἴκῳ συγκεκληρῶσθαι τὴν τύχην. ἐὰν δὲ ὁ τοῦ
Ἑρμοῦ συμπαρῇ τῇ Σελήνῃ ἐν τῷ τῆς θεᾶς ζῳδίῳ καὶ τοῦ κλήρου τῆς
τύχης κυριεύσῃ ἢ τοῦ ὡροσκόπου, ὁ γεννώμενος ἐρεῖ τὰ μέλλοντα πᾶσιν, 5
καὶ μυστηρίων θεῶν μεθέξει.

(II 14)   ⟨ιε'.⟩ Δεύτερος τόπος· καλεῖται Ἅιδου πύλη

1 Τὸ δὲ ἐπαναφερόμενον τοῦ ὡροσκόπου — ἐν τούτῳ τῷ ζῳδίῳ οἱ ἀγα-
θοποιοὶ οὐδὲν ὠφελήσουσιν, οἱ δὲ κακοποιοὶ ἀποτελοῦσι νωχελεῖς, ἐπισι-
2 νεῖς, μὴ δυναμένους διανήχεσθαι τὸν βίον μέχρι τέλους. ἐὰν δὲ ὁ κλῆρος 10
ἐπὶ τοῦ ζῳδίου ὑπάρξῃ, τῶν κακοποιῶν οἰκοδεσποτούντων τὸν κλῆρον
ἢ τὸν ὡροσκόπον, νεκροφύλακες γίνονται ἔξω πύλης τὸν βίον διάγοντες.
3 ὁ μὲν οὖν τοῦ Κρόνου κυριεύων τοῦ κλήρου τῆς τύχης, τῷ τόπῳ τούτῳ
ἐπιπαρών, ποιεῖ νεκροψύχους, ἀρρωστηματικοὺς καὶ δεσμῶν πεῖραν ἐπὶ
χρόνον ἱκανὸν λαμβάνοντας, ἕως συμπληρώσωσι τοὺς χρόνους τοῦ ἀστέ- 15
4 ρος. ὁ δὲ τοῦ Διὸς ἐπιπαρὼν τῷ τόπῳ ἀνάλωσιν ἐκ τῶν ὑπαρχόντων μέχρι
τέλους ὥστε μηδὲν αὐτῷ καταλειφθῆναι, τέκνων μέντοι δόσιν ἀλλ᾽ οὐκ
5 εὐτυχῶς. ὁ δὲ τοῦ Ἄρεως παρὼν τῷ τόπῳ ἐὰν οἰκοδεσποτήσῃ τὸν κλῆρον
ἢ τὸν ὡροσκόπον, προσκοπτικούς, ζημιωτικούς, ἐμποδιζομένους· τινὲς
6 δὲ καὶ αἰχμάλωτοι γίνονται, καὶ πάλιν ἀποκαθίστανται. ἐὰν δὲ τὸν κλῆρον 20
τῆς τύχης ἐν αὐτῷ τῷ ζῳδίῳ παρόντα κληρώσηται, ὑπάρχων ἐν ἰδίαις
μοίραις ἢ ζῳδίοις, δεσμοφύλακες γίνονται εἰς κάρκαρον τὸν βίον πορίζον-
7 τες ἢ ἐν δεσμωτηρίοις διαζῶντες. ἐὰν δὲ ὁ Ἥλιος ἐπιπαρῇ τῷ ζῳδίῳ, [ἐὰν
μὲν] οἰκοδεσποτῶν τὸν κλῆρον ἢ τὸν ὡροσκόπον ἰδίῳ οἴκῳ ἢ Κρόνου τόποις,
ὁ γεννώμενος ἀπολεῖ τὴν ὅρασιν ἐν τοῖς τοῦ Ἄρεως χρόνοις, καὶ στερηθήσε- 25
8 ται τῶν πατρικῶν, καὶ ἐπαιτήσει. ἐὰν δὲ ὁ τῆς Ἀφροδίτης ἐπιπαρῇ τῷ
ζῳδίῳ καὶ οἰκοδεσποτήσῃ τὸν κλῆρον ἢ τὸν ὡροσκόπον, δημοσίας καὶ
f.10vs ἐπονειδίστους ἐργασίας ἀποτελέσει ἐάνπερ ἐπ᾽ ἀνατολῆς | ἑῴας τύχῃ.
9 ἐὰν δὲ ὁ τοῦ Ἑρμοῦ ἐπιπαρῇ τῷ ζῳδίῳ, ἐὰν μὲν ὑπὸ τὰς αὐγὰς τοῦ Ἡλίου
τύχῃ ἀνοήτους καὶ ἀγραμμάτους ἀποτελεῖ, ἐὰν δὲ καὶ κύριος τοῦ δευτέρου 30
κλήρου γένηται (ὃς προσαγορεύεται δαίμων) κωφοὺς ἢ ἀφώνους ποιεῖ,
ἐὰν δὲ ἀνατολικὸς ᾖ περίεργοι γίνονται ἃ οὐκ ἔμαθον ἐπιχειροῦντες, ἐπι-

---

[M S] 1 γενόμενος S ‖ 2 διοικητὰς M ‖ 3 κεκληρῶσθαι M | τῆς τύχης M S, corr.
Kroll ‖ 4 τῷ] τῇ S ‖ 5 κυριεύσει M S, corr. Kroll ‖ 11 ὑπάρχῃ S ‖ 12 ἦ] καὶ S ‖
14 ἀρρωστιματικοὺς S ‖ 14,15 ἐπιχρόνιον S ‖ 15 ἱκανὸν M | πληρώσουσι M ‖
17 καταληφθῆναι S | οὐχ S ‖ 18 εὐτυχῇ M | οἰκοδεσποτήσει S ‖ 19 προκοπτικούς
M S, corr. Kroll ‖ 22 κακὸν M S, κάρκαρον Kroll ‖ 25 ἀποτελεῖ S ‖ 26 εἰ S ‖
30−31 τῆς δευτέρας τύχης M S ‖ 31 ὁ M S, ὃς sugg. Kroll

τευκτικοὶ δὲ ἐν τοῖς μαθήμασιν. εἰ δὲ ἡ Σελήνη ἐπιπαρῇ ἐπὶ τοῦ ζῳδίου, 10
Κρόνου ὡροσκοποῦντος, τὸ ἐναλλὰξ γίνεται· ὑποχυθήσονται τὴν ὅρασιν
ἢ ἀπογλαυκωθήσονται τοὺς ὀφθαλμούς.

⟨ις΄.⟩ Τόπων ὀνομασίαι [ἐννέα]   (II 15)

5 Ὁ μὲν θεὸς σημαίνει περὶ πατρός, ἡ δὲ θεὰ περὶ μητρός, ἀγαθὸς δαίμων
περὶ τέκνων, ἀγαθὴ τύχη περὶ γάμου, κακὸς δαίμων περὶ παθῶν, κακὴ
τύχη περὶ σινῶν, | κλῆρος τύχης καὶ ὡροσκόπος περὶ ζωῆς καὶ βίου, ὁ f.280M
δαίμων περὶ φρονήσεως, μεσουράνημα περὶ πράξεως, ἔρως περὶ ἐπιθυ-
μίας, ἀνάγκη περὶ ἐχθρῶν.

10 ⟨ιζ΄.⟩ Τριγωνικαὶ ἀστέρων διακρίσεις πρὸς εὐδαιμονίαν ἢ δυστυχίαν· (II 16)
τριγωνικὰ καὶ ἐξαγωνικὰ καὶ διαμετρικὰ σχήματα

Ζεὺς Ἡλίῳ τρίγωνος μεγάλους καὶ ἐπιδόξους σημαίνει. εἰ δὲ ὡροσκο- 1, 2
πεῖ ὁ Ἥλιος καὶ τῷ πατρὶ καὶ τῇ γενέσει, εἰ δὲ ἐπίκεντρος ᾖ τῷ πατρί· 3
ἔνδοξον γὰρ σημαίνει, ἔλαττον δὲ παρὰ τὸ πρότερον, πρὸς δὲ τὴν γένεσιν
15 οὐδὲν ἀξιόλογον εἰ μὴ ἄλλη τις αἰτία διορθώσῃ. εἰ δὲ ὁ Κρόνος ἐκ τοῦ 4
εὐωνύμου τρίγωνος Ἡλίῳ ὡροσκοποῦντι γίνεται, πολὺ μείζονα τὰ τῆς
δόξης· πολυκτήμονες γὰρ καὶ πολυγέωργοι καὶ πλούσιοι γίνονται. ἐὰν δὲ 5
ὁ τοῦ Ἄρεως συμπροσγένηται τῷ τοῦ Διός, καὶ τυράννους δηλοῖ τὸ σχῆμα·
μάλιστα τοῦ Ἡλίου ὡροσκοποῦντος, πολλῶν χωρῶν καὶ στρατοπέδων
20 ἐπικρατοῦσιν. ἐὰν δὲ ὁ τοῦ Κρόνου, μέγας μὲν ὁ πατὴρ καὶ ὅπλων καὶ 6
στρατοπέδων ἄρχων, ἐάνπερ καὶ τὰ λοιπὰ συνεργῇ πρὸς τὸ μεγαλεῖον, οὐ
μέντοι τύραννος οὐδὲ πολεμικὸς καὶ ἐπίφοβος.
Εἰ δὲ Ἄρης τὸν Ἥλιον διαμετρήσῃ, τοῦ Διὸς καὶ τοῦ Κρόνου δεξιῶν 7
τῷ Ἡλίῳ τριγώνων ὄντων, ὁ γεννώμενος ἐν ταῖς μεγαλειότησι καὶ δόξαις
25 ὄχλων γενήσεται. εἰ δὲ ὁ τοῦ Κρόνου διαμετρήσῃ τὸν Ἥλιον καθ᾽ ἃ προ- 8
είρηται, ὑπὸ ἰδίων καὶ φίλων ἐναντιωθήσεται, ἀλλὰ περικρατήσει καὶ
ὑποτάξει. εἰ δὲ ὁ τοῦ Κρόνου καὶ ὁ τοῦ Ἄρεως τρίγωνοι γένωνται τῷ 9
Ἡλίῳ, τοῦ Διὸς διαμετροῦντος ἐν ἰδίαις μοίραις ἢ ζῳδίοις, ἀρχοντικὸν
καὶ εὐσχήμονα ποιεῖ· εἰ δὲ ἐπὶ ἐξαγώνου τύχῃ τὸ τοιοῦτον | σχῆμα, ἐλάτ- f.118
30 τονά ἐστιν.
Ἀφροδίτη Ἡλίῳ ἐξάγωνος, ἑῷα οὖσα, ἐπαφρόδιτον καὶ ἐπίσημον τὸν 10

[M S] 1 παρῇ S ‖ 4 τόπων ὀνομασίαι ἐννέα om. M ‖ ὀνόμασιν S ‖ 9 ἀνάγκης S ‖
10–11 τριγωνικαὶ — σχήματα om. M ‖ 13 ᾖ om. M ‖ ἢ S ‖ 14–15 ἔλαττον — ἀξιό-
λογον om. M ‖ 16–17 πολὺ — δόξης] πολυμαθής S ‖ 17 πολυκτήμωνες S ‖ 18–19
μάλιστα δηλοῖ τὸ σχῆμα M ‖ 20 καὶ post δὲ S ‖ 21 συνεργεῖ S ‖ 23 Ἥλιον] ♃ M ‖
διαμετρήσει S | ἐκ post Κρόνου sugg. Kroll ‖ 24 ταῖς secl. Kroll ‖ 25 ἡγήσεται M ‖
διαμετρήσει S ‖ 27 γίνονται S ‖ 29 τύχει S | τοιοῦτο M ‖ 31 ἑῷα οὖσα] ἐοῦσα S

πατέρα καὶ τὸν γεννώμενον σημαίνει· εἰ δὲ ἐπ᾽ ἀγαθοῦ δαίμονος ἢ ἐπ᾽ ἀγαθῆς τύχης τὸ σχῆμα γένηται, ὑπὸ γυναικὸς πορφύρας καὶ χρυσοφορίας καταξιωθήσεται.

11 Κρόνος Ἡλίῳ τετράγωνος εὐώνυμος τὸν πατρικὸν βίον βλάπτει ἔτι
12 ζῶντος τοῦ πατρός, μάλιστα ἐν θηλυκοῖς ζῳδίοις ἢ ἐναντίαις μοίραις. εἰ 5
δὲ διάμετρος, πολὺ χείρων· σίνεσι καὶ πάθεσι περιβάλλει, καὶ ὑπὸ οἰκείων
13 καὶ παρασίτων προδοθήσεται. εἰ δὲ δεξιός, ἐλάττονα γίνεται· εἰ δὲ ἐν
τῷ ὡροσκόπῳ ἢ τῷ μεσουρανήματι γένοιτο, τὰ ἐναντιώματα ἥττονα ἔσται.
14 Ἄρης Ἡλίῳ τετράγωνος, κακὸν τῷ πατρὶ καὶ τῷ γεννηθέντι· σίνη γὰρ
15 καὶ πάθη ἀποτελεῖ. ἐὰν δὲ διάμετρος ᾖ ἐν κεκακωμένοις ζῳδίοις ἢ μοίραις, 10
16 καὶ περὶ τὰ ἄρθρα τὰ σίνη ἀποτελεῖ. ἐὰν δὲ ἐπὶ τοῦ δεξιοῦ τετραγώνου
(ὅ ἐστι δέκατον) ὁ Ἄρης ᾖ, χεῖρον γενήσεται· πρὸς γὰρ τούτοις καὶ τῆς
17 διανοίας ἐκστήσονται. Ζεὺς Ἡλίῳ τετράγωνος ἐν ταῖς ἀδόξοις μοίραις
ἢ ζῳδίοις ἀηδὴς καθέστηκεν· καθαιρεῖται γὰρ τὸ ἀγαθὸν τοῦ ἀστέρος,
18 καὶ εἰς τὸ ἐναντίον ἐκπίπτει. ἐπὶ δὲ τῶν ἐνδόξων ζῳδίων ἢ μοιρῶν, μά- 15
19 λιστα ἐπίκεντρος, ἔνδοξος, περικτητικός. διάμετρος δὲ Ἡλίῳ τυχὸν
ἀηδέστερος· οὐ μόνον γὰρ σβέννυται τὰ ὑπ᾽ αὐτοῦ ἀγαθά, ἀλλ᾽ ἐξ ὑπερ-
20 εχόντων ὀργὰς καὶ ὄχλων ἐναντιώσεις ἕξουσιν. αἱ οὖν κατ᾽ ἰσόμοιρον
στάσεις τῶν τετραγώνων καὶ διαμέτρων χαλεπαί.
21 Ἄρης Ἡλίῳ τρίγωνος ἐπὶ νυκτερινῆς γενέσεως, μάλιστα ἐν θηλυκοῖς 20
ζῳδίοις, δεξιὸς ὤν, μεγάλους, ἐπιδόξους σημαίνει, ζωῆς καὶ θανάτου
κυριεύοντας, ἐάνπερ καὶ τὰ λοιπὰ σχήματα τῇ γενέσει ὁμογνωμονήσῃ·
f.280vM | προσεπὶ τούτοις δὲ καὶ Ζεὺς δεξιῷ τριγώνῳ μεγάλους δυνάστας, πόλεων
22 προστάτας καὶ ὄχλων ἡγουμένους ἀποτελεῖ. ἐὰν δὲ θηλυκὴ ᾖ ἡ γένεσις
καὶ Ἀφροδίτη συμπαρῇ, βασιλεύσει καὶ πολλῶν χωρῶν ἐπικρατήσει, γί- 25
23 νονται δὲ εὐεργετικαί, ἀνυπότακτοι. εἰ δὲ καὶ ὁ μὲν ἰδιοτοπεῖ καὶ ὁ ἕτερος
ἐν ἰδίῳ τριγώνῳ τύχῃ καὶ ἀρρενικαῖς καὶ θηλυκαῖς γενέσεσιν, οὐδὲν ἐναν-
τίον· γίνονται γὰρ βασιλεῖς βασιλέων, ἐάνπερ ὁ μὲν οἰκοδεσποτῇ, ὁ δὲ
συνοικοδεσποτῇ ἢ καὶ δεσπόζῃ τῆς γενέσεως, τοῦ τε κλήρου τῆς τύχης
24 ἢ τῆς ὥρας κυριεύσωσιν. εἰ δὲ ἐν ἀρρενικοῖς ζῳδίοις εἶεν, ἐλάττονα καὶ 30
25 πολὺ χείρονα τὰ ἀποτελέσματα γενήσεται. ἐξάγωνοι δὲ ἀτονώτεροι πρὸς
f.11vS τὸ | ἀγαθὸν καὶ πρὸς τὸ ἐναντίον.
⟨. . . .⟩

[M S] 1 καὶ om. S | δαίμονος om. S ‖ 2 τὸ σχῆμα om. S ‖ 6 χεῖρον Raderma-
cher ‖ 8 τὰ om. M ‖ 11 καὶ post δὲ M ‖ 12 χείρων M | 12.13 ταῖς διανοίαις M S ‖
15 τοὐναντίον M | κάλλιστα S ‖ 20 ἡλίῳ S (M | 21 δεξιὸς ὤν] δεξιῶν M ‖ 24 ᾖ]
ἦν S | γένησις S | 26 ἐνεργητικαί Radermacher | ἰδιοτοπῇ M ‖ 27 θηλυκαὶ καὶ
ἀρσενικαῖς S | οὐκ ἐναντίοι sugg. Kroll | ἐναντία S ‖ 28 οἰκοδεσπότης S ‖ 29 συν-
οικοδεσποτεῖ S | δεσπόζει S ‖ 31 ἀπονώτεροι M ‖ 33 omissi sunt Sol et Mercurius;
Sol et Luna; Luna et Saturnus; Luna et Iupiter

Εἰ δὲ τετράγωνος Ἄρης Σελήνῃ γένοιτο ἐπὶ τὸ εὐώνυμον μέρος ἐν ἀλλο- 26
τρίαις μοίραις ἢ ζῳδίοις ⟨ἐφ'⟩ ἡμερινῆς γενέσεως, πολλῶν ἐναντιωμάτων
αἴτιος, τῇ τε μητρὶ θλίψεις καὶ ταπεινώσεις ἀποτελεῖ, καὶ ἐν ξενιτείαις
ὑποτάσσονται, τινὲς δὲ [ἢ] στρατιωτικοὶ γίνονται, ἐπίμοχθοι καὶ ἐφύβρι-
5 στοι. ταῦτα δὲ γίνεται ἐάνπερ μὴ καὶ τὰ λοιπὰ ἡ γένεσις ταπεινή, τοῦ τοῦ 27
ἀστέρος δεσπότου ἢ συνεργοῦ ἢ συναιρετιστοῦ ὑπάρχοντος ἐν τοῖς ἀσυν-
δέτοις τοῦ ὡροσκόπου· ἐὰν δὲ καὶ τὰ λοιπὰ συντύχῃ, αἰχμάλωτοι γίνονται
καὶ δημοσίᾳ τελευτῶσιν. εἰ δὲ καὶ διάμετρος γένηται ἐπὶ τοῦ αὐτοῦ 28
καταστήματος, εὐτονώτερα τὰ χαλεπὰ καὶ δυσέκλυτα· μᾶλλον δὲ εἰ καὶ
10 δεξιὸς τετράγωνος φανείη, αἰφνιδίως πάντα ἀπολλύουσιν· πολλὴ δὲ δια-
φορὰ τετραγώνου καὶ διαμέτρου. ἐὰν γὰρ Ἄρης Κριῷ γένηται καὶ Σελή- 29
νη Καρκίνῳ, ἀντιστρέφεται τὰ ἀποτελέσματα, καὶ γίνεται τῶν εἰς τὸ
τρίγωνον τὰ ὅμοια· ὁμοίως δὲ κἂν διάμετροι ὦσιν Ἄρης Σκορπίῳ, Σελήνη
Ταύρῳ, οὐ μόνον πρὸς τύχην οὐκ ἐναντιοῦνται, ἀλλὰ καὶ προκοπῶν καὶ
15 δοξῶν αἴτιοι γίνονται.

Ἀφροδίτη Σελήνῃ τρίγωνος ἐπὶ νυκτερινῆς γενέσεως καὶ ἐν θηλυκοῖς 30
ζῳδίοις ποιεῖ ἐπιχαρεῖς, εὐδαίμονας, ἔνιοι δὲ καὶ ὄχλων ἡγοῦνται καὶ πορ-
φύρας, χρυσοφορίας καταξιοῦνται κατὰ τὸ μέγεθος τῆς γενέσεως· γίνον-
ται γὰρ καὶ φιλόσοφοι καὶ μουσικοὶ καὶ φιλόλογοι καὶ βασιλικῆς φιλίας
20 ἐντὸς γινόμενοι. εἰ δὲ καὶ ἐξ ἀμφοτέρων βασιλικὴ δηλοῦται ἡ γένεσις τῷ 31
εἶναι τὸν μὲν οἰκοδεσποτοῦντα, τὸν δὲ δεσπόζοντα τῆς γενέσεως, τυραννι-
κὸν γίνεται τὸ σχῆμα· γίνονται γὰρ βασιλεῖς βασιλέων, ἔνδοξοι καὶ εὐφρό-
συνοι. ἑξάγωνοι δὲ πρὸς ἀλλήλους μετριώτεροι τῇ δυνάμει γίνονται. ἐπὶ 32, 33
μέντοι τοῦ ἀγαθοῦ δαίμονος καὶ τῆς ἀγαθῆς τύχης οὐδὲν ἀπέχουσι τοῦ
25 τριγώνου, μάλιστα εἰ μέσον τροπικὸν ζῴδιον ἢ ἰσημερινὸν τύχῃ, πολὺ δὲ
μᾶλλον ἐὰν Ἰχθύσι καὶ Ταύρῳ τὸ σχῆμα θεωρηθῇ.

Ἀφροδίτη τετράγωνος τῇ Σελήνῃ εὐπράκτους καὶ ἐπιχαρεῖς καὶ πλου- 34
σίους καὶ πάντα ὅσα ἐπὶ τριγώνου παρέχει, ἐὰν μάλιστα ἰδίῳ ζῳδίῳ
ἢ μοίρᾳ παρῇ, | ἀλλὰ μετὰ ἀνωμαλίας· εὐμετάπτωτα γὰρ γίνεται ἃ f.281M
30 παρέχουσιν. εἰ δὲ ἐν ἀλλοτρίοις ζῳδίοις ἢ παρ' αἵρεσιν ἢ μοίραις ἐναν- 35
τίαις, ὕβρεων καὶ ἀστασίας καὶ δειγματισμῶν | διὰ γυναικῶν καὶ ἐπονει- f.12S

[M S] 1 ἀλλοτρίοις M ‖ 2 ἐφ' Kroll | γε post ἡμερινῆς S ‖ 4 τινὲς ποτάσσον-
ται M | ἢ secl. sugg. Kroll ‖ 5 γένεσις S | ταπεινοῖ M S, ταπεινή vel ταπεινῶται
sugg. Kroll | τοῦ²] τε M ‖ 6 συναιρεστιτοῦ S ‖ 7 καὶ om. S ‖ 9 καὶ εἰ S ‖ 10 ∞ M|
ἀπολύουσι S ‖ 11 ∞ καὶ ☐ M | ἐν post ☾ M ‖ 12 ἀντιστρέφονται S ‖ 12—13 εἰς
τὸ τρίγωνον] ἐντὸς S ‖ 14 οὐκ sup. lin. S ‖ 16 Ἀφροδίτη] ♂ S ‖ 17 καὶ post πορ-
φύρας Kroll ‖ 19 φιλόσοφοι] φιλόφιλοι M ‖ 20 ἡ γένεσις δηλοῦται M | τῷ] τὸ S ‖
24. 25 τῶν τριγώνων M, corr. M² ‖ 25 μάλιστα om. M | εἰς post εἰ M | τύχοι S ‖
26 ἐὰν] ἐν M | θεωρῇ M ‖ 29—30 ἅπερ ἔχουσιν M S, corr. Kroll

36 δίστων πράξεων αἴτιοι καθεστήκασιν. καὶ χείρονες δὲ διάμετροι οὕτω
σταθέντες.

37 Σελήνῃ Ἑρμῆς τρίγωνος ἐπὶ ἡμερινῆς γενέσεως, ἑῴου ὄντος, ἐπινοήμο-
νας, εὐπράκτους, εὐφυεῖς, κεκινημένους· εἰ δὲ ἐνδοξοτέρα εἴη ἡ γένεσις,
γραμματεῖς βασιλέων ποιεῖ ἢ πόλεων ἢ χωρῶν ἄρχοντας, φιλολόγους, 5
38 ῥήτορας, γεωμέτρας. ἐὰν δὲ ἑσπέριος ᾖ, μάλιστα νυκτερινῆς οὔσης τῆς
γενέσεως, πολυΐστορας, φιλοσόφους καὶ μυστηρίων μετέχοντας· εἰ δὲ
εἴη ἡ γένεσις ὑψηλὴ ἐκ τῶν λοιπῶν ἀστέρων, εὐσχήμονας καὶ ὑπὸ ὄχλων
39 τιμωμένους καὶ μείζοσι προσώποις καὶ βασιλεῦσι γινωσκομένους. ταῦτα
ποιεῖ συνοικοδεσποτήσας ἀστέρι τῷ τὸ πράσσειν παρέχοντι [συνεργὸς 10
τυχὸν ταῦτα ἀποτελεῖ], ἀχρημάτιστος δὲ τυχὸν οὐδὲν ἰσχύσει τῶν ἰδίων
40 ἀποτελεσμάτων ἐνεργῆσαι. καθόλου δὲ ἐπὶ πάσης γενέσεως γινώσκεται
ὅτι ὅσα ἐπὶ τῶν τριγώνων ἐνεργεῖ ἕκαστος τῶν ἀστέρων, τοσαῦτα καὶ
41 συνόντες ἐν τῷ αὐτῷ ζῳδίῳ ἀποτελοῦσιν. ἐξάγωνος δὲ ὑπάρχων Ἑρμῆς
42 Σελήνῃ ἀμαυρότερος καὶ ἀσθενέστερος καθέστηκε τῶν προειρημένων. εἰ 15
δὲ τετράγωνος τύχῃ, δριμεῖς, ἀγχινόους (τὸ δὲ δριμὺ αὐτῶν εἰς φαυλότητα
περιίσταται)· γίνονται γὰρ κακοήθεις, διάβολοι, τὰς πράξεις ἀπὸ δόλων
43 καὶ ἐπιθέσεων ἔχοντες καὶ οὐδὲν ὑγιὲς ἐνθυμούμενοι. εἰ δὲ διάμετρος,
πρὸς τοῖς εἰρημένοις ἐναντιόβουλοι, ἀχαριστούμενοι ἐν ταῖς πράξεσιν,
διόπερ βλάπτονται ἀπὸ τῶν συμβαινόντων αὐτοῖς. 20

44 Ἑρμῆς Κρόνῳ τρίγωνος, μάλιστα ⟨ἐὰν⟩ ἐν ἰδίοις τύχωσι τριγώνοις,
ποιεῖ βασιλέων οἰκονόμους ἢ ἐπιτρόπους ἢ ἐπὶ ναυκληριῶν ἢ οἰκονομιῶν
ἢ τῶν τούτοις παραπλησίων τεταγμένους· γίνονται δὲ ἀγχίνοοι, συνετοί,
45 μονογνώμονες. τετράγωνοι δὲ πρὸς ἀλλήλους ἀπαμβλύνουσι πάντα καὶ
νωθροτέρους καὶ ἐριστικοὺς καὶ μονογνώμονας ποιοῦσιν, βραδεῖς ταῖς 25
πράξεσιν, ἐξ ὀνειδισμῶν καὶ ἐνέδρας καὶ δόλου καὶ ἐπιθέσεως ἀναγομέ-
46 νους· γίνονται δὲ καὶ μογιλάλοι ἢ καὶ ταῖς ἀκοαῖς παραποδιζόμενοι. ἐὰν
δὲ ὁ τοῦ Ἄρεως μαρτυρήσῃ τῷ Κρόνῳ ἢ Ἑρμῇ, λύει τὸ προειρημένον
ἐμπόδιον τῆς φωνῆς, εἴ γε μὴ τύχῃ εἶναι αὐτοὺς ἐν τοῖς αὐτῶν οἴκοις ἢ
f.12vs ὁρίοις ἢ ἐνη|λλαχέναι καὶ τὴν Σελήνην ἐπιθεωρεῖν ἢ τὴν συναφὴν αὐτῆς 30
ἔχειν ἢ πάντως οἰκοδεσποτεῖν ἢ συνοικοδεσποτεῖν· οὕτω γὰρ ἰσχύουσιν
47 αἱ ὑποδιαστολαί. εἰ δὲ διάμετροι γίνονται ἀλλήλοις, τὰς ἀδελφὰς χωρίζου-
48 σι θανάτῳ. ὡροσκοπῶν μέντοι ὁ Ἑρμῆς ἢ μεσουρανῶν τοὺς νεωτέρους

[M S] 1 καὶ om. M ‖ 3 Ἑρμῆς] ♂ M ‖ ἐπὶ] 7 S ‖ 6 γεωμέτρους S ‖ δὲ om. M ‖
8 ἀπὸ M ‖ 9 γινωσκομένοις M S, corr. Kroll ‖ 10 τῷ om. S ‖ τὸ om. M ‖ lac. post
παρέχοντι ind. Kroll ‖ 11 ταῦτα sugg. Kroll ‖ 16 ἀχινόους M, ἀγχίνους S ‖ 17 διά-
βολοι om. M ‖ 19 ἐναντιόβολοι S ‖ 20 συμβαλλόντων M S, corr. Kroll ‖ 21 τρίγω-
νος om. M ‖ ἐὰν Kroll ‖ 22 οἰκοδομηωιῶν M ‖ 23 τεταγμένοις M S, corr. Kroll ‖
ἀγχίνοι M S ‖ 24 ἐπαμβλύνουσι M ‖ 25 νωθρεστέρους M ‖ 27 καὶ¹ om. M ‖ μογγι-
λάλοι M S, corr. Kroll ‖ 32 διαστολαί M ‖ 33 [τοὺς] νοερωτέρους sugg. Kroll

70

πολυίστοράς τε καὶ συνετοὺς ποιεῖ καὶ πολυμαθεῖς, τοὺς δὲ ἐκ τῶν ἐπι-
τηδευμάτων καρποὺς οὐ λαμβάνουσιν· τὰ γὰρ διαπραττόμενα δι᾽ αὐτῶν
καταψυγήσονται διὰ τὴν ἐναντίωσιν τοῦ ἀστέρος. ἐὰν δὲ κατ᾽ ἰσόγραμμον 49
στάσιν ἀλλήλους διαμετρῶσιν, πολλῷ μᾶλλον ἐπιτείνει | τὰ ἀποτελέσματα, f.281vM
5 καὶ ταῖς ἀκοαῖς ἢ ταῖς λαλιαῖς παραποδίζει, καὶ ἐν ἱεροῖς κάτοχοι γίνονται
ἀποφθεγγόμενοι ἢ καὶ τῇ διανοίᾳ παραπίπτοντες.

Ἑρμῆς Δία τριγωνίζων μεγάλων πράξεων δηλωτικός, μάλιστα ἀνατολι- 50
κὸς ἑῷος· τῶν γὰρ βασιλέων ἢ πόλεων ἢ ὄχλων γραμματεῖς ἢ διοικηταὶ
γίνονται. διόλου δὲ ἐὰν τύχῃ ἐν ταῖς †πράξεσι† ὁ τοῦ Ἑρμοῦ καὶ παρέχῃ 51
10 τὸ πράσσειν, δόξαν καὶ περίκτησιν βίου ποιήσονται, μάλιστα ἐν τοῖς χρη-
ματίζουσι ζῳδίοις. εἰ δὲ ἑξάγωνοι, τὰ αὐτὰ μὲν ἀποτελοῦσιν, ἐλάττονα δέ. 52
ἐὰν δὲ τετράγωνοι ὦσι καλῶς σχηματιζόμενοι, ὅσα μὲν εἰς περίκτησιν καὶ 53
δόξαν ἀποτελοῦσιν, μετὰ φθόνου δέ, κακῶς δὲ σχηματισθέντες σὺν τῷ
φθόνῳ καὶ συντριβὰς καὶ ἐξ ὑπερεχόντων ἐναντιώσεις. εἰ δὲ διάμετροι 54
15 τύχωσιν, μείζονας τὰς διαβολὰς ποιοῦσιν, καὶ ἀνώμαλοι καὶ ἐναντιόβουλοι
γίνονται· εἰ δὲ ἐν τῷ κακοδαιμονήματι διάμετροι τύχωσιν, ὑπὸ μεγάλης
κεφαλῆς καταδυναστευθήσονται καὶ ὄχλων ἐπαναστάσεις ἕξουσιν, σπαν-
άδελφοι δέ, [τι] καὶ ἔχθρας πρὸς ἀδελφοὺς ἢ τέκνα ἢ συγγενεῖς ἰσχάνουσιν.

Ἑρμῆς Ἄρει τρίγωνος ἢ δεξιὸς ἑξάγωνος ποικίλων πράξεων δηλωτικός· 55
20 ποτὲ μὲν γραμματεῖς, ποτὲ δὲ ἔμποροι, ἑρμηνεῖς, γεωμέτραι, νομικοί,
φιλόσοφοι, πάντες δὲ κακότροποι, δριμεῖς, συνετοί, ψεῦσται· ποιεῖ δὲ
καὶ ὁπλοδιδακτὰς ἢ καὶ ὁπλοπαίκτας. εἰ δὲ καὶ ὁ τοῦ Διὸς συσχηματισθῇ 56
μάλιστα ἐν χρηματιστικοῖς τόποις, ποιεῖ στρατιωτικούς, πολλάκις δὲ
ὀρνεοσκόπους, θύτας, προγινώσκοντας τὸ μέλλον, περισσότερον ἀνθρώ-
25 πων νοοῦντας. τετράγωνος δὲ ποικιλωτέρους τῶν προ|ειρημένων ποιήσει· 57
f.13S
ποιεῖ γὰρ μάγους, πλάνους, θύτας, ἰατρούς, ἀστρολόγους, ὀχλαγωγούς,
τραπεζίτας, παραχαρακτάς, ὁμοιογράφους, διά τε πανουργίας καὶ ἐπιθέ-
σεως καὶ δόλου τὰς πράξεις διοικοῦντας· γίνονται δὲ καὶ κλῶπες καὶ ἐπίορ-
κοι καὶ ἀσεβεῖς καὶ ἐπίβουλοι τῶν ὁμοίων, αἰσχροκερδεῖς, ἀποστερηταί,
30 ἁπλῶς οὐδὲν ἔχοντες ἐλεύθερον, ὅθεν κακοῖς πλείστοις περικυλίονται καὶ

[M S] 1 ποιεῖ καὶ συνετοὺς M ‖ 2 δλαμβάνουσι M | πραττόμενα M ‖ 3 δὲ om. M ‖
4 διαμετροῦσι M ‖ 5 ταῖς² om. M | κάτωχοι S ‖ 8 ἑῷος ὤν· τότε γὰρ sugg. Kroll |
9 παρέχει M S, corr. Kroll ‖ 11 ἑξάγωνον S | μὲν iter. M ‖ 12 μὲν om. M ‖ 14 δὲ
post φθόνῳ ‖ 15 δὲ post ἀνώμαλοι M ‖ 16 κακοδαίμονι νήματι S, κακοδαίμονι ἢ
μεσουρανήματι sugg. Kroll | ὑπὸ μεγάλης] μειζομεγάλης M ‖ 18 τι] ἢ sugg. Kroll |
συγγενοὺς corr. in συγγενεῖς S ‖ 19 ἢ² post δεξιὸς S ‖ 20 εὔποροι M | νομικοί
om. M ‖ 22 καὶ² om. M | ὁπλοπέκτας S ‖ 23 μάλισθα S | ποιεῖ τόποις M ‖
26 γὰρ] καὶ S | θύτας πλάνους M ‖ 27 τραπεζήτας S ‖ 28 διοικοῦνται S | καὶ²
om. M ‖ 30 πλείστοις] lac. ca. 3 litt. M | περικλείονται M

71

58 ἐπαγωγῆς ἢ φυγαδείας ἢ συνοχῆς πεῖραν λαμβάνουσιν. μάλιστα δὲ ἐν
τοῖς ἀχρηματίστοις ζῳδίοις ἢ μοίραις τυχόντες χείρονα ἀποτελοῦσιν, ἐν
δὲ τῷ ὑπὸ γῆν ἢ δύνοντι ἀμφότεροι ἢ ἐὰν ὃς μὲν δύνῃ, ὃς δὲ ὑπὸ γῆν τύχῃ,
φόνους ἐπιτελοῦσιν ἢ συνίστορες ἔσονται καὶ ἀπὸ λῃστείας τὸν βίον δι-
άγοντες, ἔνιοι δὲ καὶ ἀδελφοκτονοῦσιν, καὶ βιαία ἔσται ἡ ἐσχάτη αὐτῶν 5
τελευτή, μάλιστα ἐὰν καὶ τὴν Σελήνην προσλάβωνται· βιαιοθάνατοι γὰρ
59 καὶ ἄταφοι γίνονται. ἐὰν μὲν οὖν ἐν τετράποσι γένωνται ἀπὸ θηρίων ἁλί-
σκονται, ἐν δὲ ἀνθρωποειδέσιν ὑπὸ λῃστῶν, ἐν δὲ τοῖς στερεοῖς ἀπὸ ὕψους
ἢ συμπτώσεως, ἐν δὲ τοῖς διαπύροις ἀπὸ πυρός, ἐν δὲ τοῖς καθύγροις
ναυαγίοις, ἐν δὲ τοῖς τροπικοῖς μονομαχοῦντες· ταῦτα δὲ καὶ ἐναλλάξαν- 10
60 τες καὶ ὁμόσε τυχόντες ποιοῦσιν. ἐὰν δὲ ὃς μὲν οἰκοδεσποτῇ, ὃς δὲ δεσπόζῃ,
Ἑρμῆς ἐξάγωνος Ἀφροδίτῃ ἢ σὺν αὐτῇ τοὺς γεννωμένους ποιοῦσι συν-
f.282M ετούς, | ἐπιχαρεῖς, φιλομούσους, φιλοπαίκτας, σκώπτας, ἄλλοτε ποιητάς,
μελογράφους, φωνασκούς, ὑποκριτὰς μίμων, κωμῳδίας, ἐνίοτε δὲ καὶ
61 ἀθλητὰς ἢ ἱερονίκας· ἔτι δὲ πράξεων ποικίλων εἰσὶ περιποιητικοί. εἰ δὲ ἡ 15
γένεσις θηλυκὴ ᾖ, μουσικαὶ γίνονται, πολύκοιτοι, τρόπον ἑταιρῶν δι-
άγουσαι, φιλόλογοι, φωνασκοί.
⟨ . . . ⟩.
62 Ἀφροδίτη Κρόνῳ τρίγωνος αὐστηρούς, ἀγελάστους, ἐπισκύνιον ἔχοντας,
πρὸς δὲ τὰ ἀφροδίσια σκληροτέρους καὶ πολυκοίνους· ἀναξίαις μέντοι γε 20
ἢ ἀργυρωνήτοις ἢ πρεσβυτέραις ἐπιμίσγονται, οἱ δὲ καὶ ταῖς τῶν ἀδελ-
f.13vS φῶν ἢ ἐπιστατῶν ἢ ταῖς | τῶν πατέρων ἢ καὶ μητρυιαῖς τὰς ἐπιμιξίας
ποιοῦνται· αἱ δὲ γυναῖκες αὐτῶν λαθραιόκοιτοι καὶ ἐπιμιγνύμεναι τοῖς
63 τῶν ἀνδρῶν δούλοις ἢ φίλοις. νοεῖν μέντοι δεῖ ὡς παρὰ τὰς τῶν ζῳδίων
καὶ μοιρῶν ἐναλλαγὰς πολλή τις διαφορὰ γίνεται· τὸ γὰρ αὐτὸ σχῆμα, 25
καὶ ἐὰν ὁμοῦ τύχωσι, ῥυπαρωτέρους μὲν ἢ καὶ ἐπικοιμωμένους καὶ ἄλλοτε
μὲν πολυκοίνους, πολλάκις δὲ μηδὲ ἀφροδισιάζοντας ἀλλὰ μόνον ἡδομέ-
64 νους. τετράγωνοι δὲ πολλῷ χείρονες· τὰ μὲν γὰρ ἐπὶ τοῦ τριγώνου εἰρη-
μένα λόγια ἐπὶ τὸ χεῖρον τρέπουσιν, ἀλλὰ καὶ ἀπὸ πορνείας ἄγονται γυναῖ-
65 κας, γίνονται δὲ καὶ ἀνεπιχαρεῖς καὶ ἀσελγεῖς. κάκιον δὲ γίνεται ἐὰν ἐπὶ 30

[M S] 1 ἀπαγωγῆς sugg. Kroll | περιλαμβάνουσι M S, πεῖραν λαμβάνουσι Kroll ‖
3 ᾖ² om. M | ὃς ἐὰν M S, corr. Kroll | δαύη M ‖ 4 καὶ om. M | 5 ἐστὶν S |
αἰσχάτη S ‖ 6 ἄν M | προσλάβονται S ‖ 7 μὲν om. S | ἀναλίσκονται S ‖ 8 ἐὰν M S,
ἐν¹ Kroll | ὑπὸ] ἀπὸ M | ὕψους] ἤθους S ‖ 11 δεσπόζει S | καὶ post δεσπόζῃ
Kroll | 12 ᾖ post Ἀφροδίτη Kroll ‖ 13 φιλοπέκτας S | σκώπτρας M ‖ 14 μεγα-
λογράφους M S, corr. Kroll | δὲ καὶ om. S ‖ 15 ποιητικοί M | 16 ἦν S | πολύ-
κοιτοι M | τρόπων ἑτέρων S ‖ 18 omissi sunt Venus et Iupiter; Venus et Mars ‖
19 ☿ M S, Ἀφροδίτη Kroll ‖ 20 καὶ] οὐ M ‖ 21 πρεσβυτέροις S ‖ 22 καὶ post ᾖ² M |
μητρυιαῖς S ‖ 23 ἐπιγνύμεναι M | ταῖς corr. in τοῖς M ‖ 24 γε post μέντοι M ‖
25 καὶ μοιρῶν] μοίρας μόνον M ‖ 26 ἐπικοινουμένους sugg. Kroll | καὶ³ om. M ‖
27 πολυκοίνα S, πολυκοίτους Kroll | μηδὲ] καὶ μὴ M ‖ 29 πορνίας S ‖ 30 — p. 73, 1
ἐὰν — γίνηται om. S

τὸ δυτικὸν ἢ ὑπόγειον γίνηται τὸ σχῆμα· παροξύνονται γὰρ ἐπὶ τὸ χεῖρον
τὰ εἰρημένα, μάλιστα καὶ τοῦ Ἄρεως συνόντος ἢ τετραγωνίζοντος ἢ δια-
μετροῦντος. καὶ γὰρ αἰσχροποιοῦσι καὶ διαβάλλονται ὑπὸ ὄχλων, πολλά- 66
κις δὲ διὰ ταῦτα περιβοησίας ἢ ἀπαγωγῶν τυχόντες κακῷ θανάτῳ περι-
5 πίπτουσιν· ἐὰν δὲ καὶ ἐν λατρώδεσι ζῳδίοις ἢ μοίραις γένωνται, πάθεσιν
ἀκαθάρτοις καὶ παρὰ φύσιν ἡδοναῖς χρήσονται. ἐξάγωνοι δὲ πρὸς ἀλλή- 67
λους τὴν αὐτὴν ἀποτελεσματογραφίαν τοῖς τριγώνοις ἔχουσιν, ἀμυδρὰν
δὲ καὶ ἀσθενῆ. ἑῷοι μὲν ὄντες καὶ ἐν τῷ ἀπηλιώτῃ τὰς γυναῖκας ἀρρενού- 68
σιν οὐ μόνον ταῖς πράξεσιν, ἀλλὰ καὶ σὺν γυναιξὶ κοιμώμεναι ἀνδρῶν
10 ἔργα ἐπιτελοῦσιν, ἑσπέριοι δὲ θηλύνουσι τοὺς ἄνδρας· ἄλλοτε μὲν γὰρ
ἀνδράσι συγκοιμώμενοι γυναικῶν ἔργα ἐπιτελοῦσιν, πολλάκις δὲ καὶ τῶν
γονίμων στερίσκονται.

Κρόνος Διὶ τρίγωνος ἀγαθὸν δηλοῖ τὸ σχῆμα· πολυκτήμονας ἐγγαίων, 69
κυρίους σιτικῶν καὶ ἀμπελικῶν, σιτογεωργοὺς ἀποτελεῖ καὶ κτίστας
15 οἰκοπέδων, κωμῶν τε καὶ πόλεων, βαρεῖς δὲ καὶ ἐπισκύνιον ἔχοντας. ἐὰν 70
δὲ ὑψηλότερον τὸ σχῆμα καὶ Ἄρης ἐπιθεωρήσῃ [καὶ περὶ τὸν Ἥλιον καὶ
Σελήνην], ποιοῦσι στρατοπεδάρχας, ναυτικῶν τε καὶ πεζικῶν ἄρχοντας,
ἐνίους δὲ καὶ ἐπὶ βασιλείας ἢ τυραννίδος ἄγουσιν. | εἰ δὲ ἐν τῷ τοῦ Κρόνου f.148
τριγώνῳ τὸ σχῆμα τύχῃ, μάλιστα τοῦ Διὸς ἐν τῷ Ὑδροχόῳ, ἀποστρόφου 71
20 τοῦ Ἄρεως ὄντος, ταπεινοψύχους, δεδοικότας, οὐ κατὰ πᾶν διαλάμποντας
οὐδὲ ἀρχῆς τινος μετέχοντας, ἀνακεχωρηκότας δὲ καὶ ἀγροῖκον βίον
αἱρουμένους. παρὰ δὲ τὰς τῶν ζῳδίων καὶ τῶν τόπων διαφορὰς καὶ αἱ 72
διαλλαγαὶ τῶν πράξεων γίνονται. τὰ αὐτὰ δὲ καὶ ὁμόσε ἀποτελοῦσιν ἐν 73
τοῖς χρηματίζουσι ζῳδίοις.

25 |Κρόνος δὲ Διὶ τετράγωνος ἀμβλύνει τὸ ἀγαθὸν τοῦ ἀστέρος, μάλιστα f.282vM
εἰ καὶ δεξιώτερος καὶ ἀνατολικώτερος εἴη ὁ τοῦ Κρόνου· γίνονται γὰρ δυσ- 74
πρόκοποι, ζημιώδεις, μετὰ κόπου καὶ πόνου περιποιούμενοι, βλάπτονται
δὲ καὶ περὶ τέκνων· οἱ μὲν γὰρ ἄτεκνοι γίνονται, οἱ δὲ θάνατον τέκνων
θεωροῦσιν. βλαβερὸς δὲ αὐτοῖς καὶ ὁ περὶ ἀδελφῶν τόπος· τοὺς μὲν γὰρ 75
30 εὐνουστέρους καὶ φιλοστοργοτέρους θανάτῳ χωρίζουσιν, τοὺς δὲ λοιποὺς
ἐχθροὺς καὶ ἐπισινεῖς ποιοῦσιν, μάλιστα δὲ ἔξω τῶν κέντρων γενόμενοι.
διάμετροι δὲ πρὸς ἀλλήλους χαλεπώτεροι μετὰ ταλαιπωρίας καὶ ἐναν- 76
τιώσεως.

[M S] 1 παροξύνηται S | τὸ om. M ‖ 4 ἐπαγωγῶν S, διαγωγῆς M, corr. Kroll | περι-
τρέπουσιν M S, περιπίπτουσιν vel περιτρέπονται sugg. Kroll | 6 ἐξάγωνος S | 7 τελεσ-
ματογραφίαν M ‖ 9 ταῖς om. M | σὺν om. M ‖ 10 ἀποτελοῦσιν M ‖ 11 συγκειμώμε-
ναι S | ἀποτελοῦσι M ‖ 13 ἐγγέων M S, corr. Kroll ‖ 14 ἀποτελοῦσι M ‖ 15 δὲ] τε S ‖
17 τε om. S ‖ 18 ἔνια S | καὶ om. S | ἢ] καὶ M | εἰ] οἱ S | δὲ² om. S ‖ 19 τῷ 2| M ‖
21 ἀρχικῆς M ‖ 22 τὰς post καὶ¹ S ‖ 23 τὰ αὐτὰ] ταῦτα S | δὲ om. S ‖ ὁμόδε S | δια-
τελοῦσι M ‖ 26 ἀξιώτερος S ‖ 29 αὐτῶν M ‖ 31 ἐπισινεῖς καὶ ἐχθροὺς M | ἐπισυνεῖς S,
sed corr. | τῶν om. S | γενόμενοι S ‖ 32 χαλαιπώτεροι S | ταλαιπωρίας] λεπωρίας S

77 Κρόνος Ἄρει τρίγωνος ἐπισφαλεῖς μὲν τῷ βίῳ καὶ ἀφερεπόνους σημαί-
νει, ταῖς δὲ πράξεσι νωθροὺς καὶ βιαίους ἀποτελεῖ ἤτοι σπανοτέκνους ἢ
78 τὰ γεννώμενα διαφθείροντας, ἔτι δὲ αἰχμαλωτίζονται ἢ σινοῦνται. τετρά-
γωνοι δὲ πολὺ χείρονες· ἀναιροῦνται γὰρ τὰ τέκνα αὐτῶν, ὁμοίως δὲ καὶ
τὰ τῶν ἀδελφῶν, ἢ χωρίζονται ἀπ᾽ ἀλλήλων ἔχθραις ἢ δυσεπανόρθωτοι 5
γίνονται ἢ σινοῦνται, προσκοπτικοὶ δὲ γίνονται ἐν ταῖς πράξεσιν ἁπάσαις,
79 ἔχθραις μεγάλων ἀνδρῶν περικυλιόμενοι καὶ ἐπιβουλευόμενοι. καὶ κιν-
δύνοις μεγάλοις τὸ σχῆμα περιπίπτει· ἤτοι γὰρ λῃστῶν ἢ πολεμίων ἐπι-
δρομαῖς ἢ ναυαγίῳ περιπεσόντες βιαιοθανατοῦσιν, ἔνιοι δὲ καὶ αἰχμαλω-
σίαις περιτρέπονται, πολλάκις δὲ καὶ ἀπὸ πυρὸς ἢ σιδήρου κινδυνεύουσιν. 10
80 διάμετροι δὲ ἀλλήλοις γενόμενοι ἰσχυρότερα τὰ προειρημένα ἀποτελοῦσιν·
προσεπὶ τούτοις γίνονται πένητες, ἐπίμοχθοι, ἀτυχεῖς, ἔνιοι δὲ νωτοφο-
f.14vs ροῦσιν ὡς κτήνη, τάς τε ἐργασίας ἐπιμόχθους καὶ ἐπονειδίστους | ἔχου-
81 σιν. πολλὴ δὲ καὶ ἐπὶ τῶν σχημάτων τούτων διαφορὰ οὐ μόνον παρὰ τὴν
τῶν ζῳδίων καὶ μοιρῶν ἰδιότητα, ἀλλὰ καὶ παρὰ τὰ μεγέθη τῶν γενέσεων. 15
82 εἰ μὲν γὰρ ἀθεώρητον ὑπὸ Διὸς γένηται τὸ σχῆμα καὶ τῆς Σελήνης καὶ
τοῦ Ἡλίου ἄδοξον τὴν γένεσιν ποιήσουσιν, εἰ δὲ ἐπιθεωρήσουσιν, καὶ τύχῃ
ὁ μὲν ἕτερος αὐτῶν οἰκοδεσπότης, ὁ δὲ ἕτερος συνοικοδεσπότης, καὶ τηνι-
καῦτα τὰ προειρημένα γίνεται, χαλεπώτερα δὲ ἐπὶ τοῦ θεοῦ καὶ τῆς θεᾶς,
ἀμβλύτερα δὲ καὶ σκιᾷ παραπλήσια ἐπὶ τοῦ ἀγαθοῦ δαίμονος καὶ τῆς ἀγα- 20
θῆς τύχης, χείρονα δὲ καὶ ἀδιάλυτα ἐπὶ τοῦ κακοῦ δαίμονος καὶ τῆς κακῆς
83 τύχης, ἀργοῦ τε καὶ κατασκίου. ἐνδόξου δὲ τῆς γενέσεως οὔσης καὶ τυ-
ραννικῆς ⟨...⟩.
84 Ζεὺς Ἄρει τρίγωνος, ὁποτέρου αὐτῶν οἰκοδεσποτοῦντος, τοῦ δὲ ἑτέρου
δεσπόζοντος, μεγάλους ἄνδρας σημαίνει καὶ ἡγεμονικοὺς καὶ τυραννικούς, 25
μάλιστα ἐν ἰδίοις ζῳδίοις ἢ τριγώνοις ἢ μοίραις καὶ ἐπὶ τῶν χρηματιζόν-
των ζῳδίων ἢ ἐνηλλαχότες τὰ οἰκητήρια ἢ τὰ ὅρια, μάλιστα κυριεύοντος
85 τοῦ κλήρου ἢ τοῦ οἰκοδεσπότου. μεγάλας γὰρ πράξεις ποιοῦσιν· ἤτοι γὰρ
86 βασιλεῖς ἢ στρατοπέδων προήκοντας ναυτικῶν τε καὶ πεζικῶν, πόλεις
f.283m ἀνορθοῦντας καὶ καταστρέφοντας. ἑξάγωνοι δὲ ἧττον | σθένουσι καθάπερ 30
καὶ ἐπὶ τῶν προτέρων σχημάτων, ἐκτὸς εἰ μὴ ἐπίκεντροι γενόμενοι ση-
μαίνουσι μὴ κάτοπτα τοῖς γεννωμένοις τὰ εἰρημένα κακὰ γίνεσθαι ἀλλὰ

[M S] 1 ἀφεροπόνους S ‖ 3 ἔτι] ἤτοι M ‖ 4 δὲ¹ sup. lin. S | γὰρ] δὲ S ‖ 5 ἢ¹] καὶ M |
δυσεπανόρθωται S ‖ 6 προκοπτικοὶ M S, corr. Radermacher ‖ 7 ἐπικυλιόμενοι M S,
corr. Kroll | καὶ ἐπιβουλευόμενοι om. S ‖ 10 καὶ om. S ‖ 11 ἀλλήλων M S, ἀλλή-
λοις sugg. Kroll | γενόμενοι S | ἰσχυρότερα S | ποιοῦσι M ‖ 12 ἐπίμοχθοι πένητες M ‖
14 περὶ M S, corr. Kroll ‖ 15 περὶ M S, corr. Kroll ‖ 16–17 τοῦ ☉ καὶ τῆς ☾ M ‖
17 τύχοι S ‖ 18 δεσπότης M S, οἰκοδεσπότης sugg. Kroll ‖ 23 lac. ind. Kroll ‖ 24 ὁποτέ-
ρου] ♀ ποτέρου S ‖ 25 τυραννικούς M ‖ 26 σχηματιζόντων M ‖ 29 προσήκοντας M ‖
30 ἀνορθοῦντες καὶ καταστρέφοντες S ‖ 31 γενόμενοι] τυγχάνουσι M | συμβαίνει S ‖
32 κατόπτροις M S, κάτοπτα τοῖς Kroll | γενομένοις M | γινομένοις S

τοῖς ἄλλοις. αὐτοσχεδιασταὶ πολέμων πεζικῶν καὶ ναυμαχιῶν, γίνονται 87
δὲ καὶ ἀρχιλῃσταὶ καὶ ἡγεμόνες, βίαιοι, βασανιστικοί, ἀδεῶς κολάζοντες,
αἱμοπόται· εἰ δὲ ἀγοραίου γένεσις ᾖ (οἷον νομικοῦ ἢ δικολόγου), γίνονται
κατηγορικοί. εἰ δὲ καὶ τὸν τοῦ Ἑρμοῦ συλλάβῃ, τῆς Σελήνης πρὸς τὸν τοῦ 88
5 Ἄρεως τὴν συναφὴν ἐχούσης, χαλεπώτερον τὸ σχῆμα γίνεται· γίνονται
γὰρ οἱ τοιοῦτοι θηρίου παντὸς χείρονες.

Ζεὺς Ἄρει τετράγωνος — ἐὰν ὁ μὲν ὡροσκοπῇ, ὁ δὲ μεσουρανῇ ἢ ἀγα- 89
θοδαιμονῇ, ἰσχυρόν· ἰσχυρότερον γὰρ τοῦ τριγώνου τὸ σχῆμα τοῦτο
γενήσεται, μάλιστα εἰ μέσον τροπικὸν εἴη. ἐν δὲ τῷ αὐτῷ ζῳδίῳ παρόντες 90
10 ἰσχυρότερα | σθένουσιν· τῷ γὰρ τριγώνῳ τὰ αὐτὰ καὶ τετράγωνοι ἀπο- f.158
τελοῦσιν, ἀλλὰ μετὰ κινδύνων καὶ ἐναντιώσεων. διάμετροι δὲ ἐν τοῖς 91
ἀχρηματίστοις ζῳδίοις χαλεπώτεροι γίνονται· ἐὰν γὰρ ἐπί τινα ἡγεμονίαν
τὰ λοιπὰ τῆς γενέσεως πράγματα τὸν γεννώμενον ἄγῃ, μεγάλοις περιπε-
σεῖται κινδύνοις καὶ ὑπὸ ἰδίων καὶ ὑπὸ ἐχθρῶν προδοθήσεται. εἰ δὲ μήτε 92
15 οἰκοδεσποτῇ ἀστὴρ μήτε δεσπόζῃ τις αὐτῶν ἢ συνοικοδεσποτῇ, μέτριος
ἢ τῶν τριγώνων στάσις· γίνονται γὰρ στρατιωτικοί. εἰ δὲ καὶ ἐκ τῶν 93
ἄλλων ἀστέρων μέγεθος ἀξιώματος ὑποφαίνηται συνεργὸν αὐτοῖς ἢ παρα-
συνεργὸν ἐχόντων δύναμιν, προσθήσουσι τῇ δόξῃ· ποιοῦσι γὰρ ἄρχοντας
πόλεων καὶ ἐπὶ δικαστηρίου καθεζομένους. εἰ δὲ καὶ τὸ διάθεμα στρατιωτι- 94
20 κὸν ᾖ ἔκ τε Ἡλίου καὶ Σελήνης καὶ Κρόνου, δεκαδάρχας ἢ ἑκατοντάρχας
τινὸς βραχέος στρατεύματος καὶ πόλεως. εἰ δὲ ταπεινὸν εἴη τὸ διάθεμα 95
ἔκ τε Ἡλίου καὶ Σελήνης καὶ τῶν λοιπῶν ἀστέρων ἢ ⟨εἰ⟩ τρίγωνοι αὐτῶν
ὅ τε τοῦ Ἄρεως καὶ ὁ τοῦ Διός, ταπεινοὺς ἀποτελεῖ τοὺς γεννωμένους,
δούλους στρατευομένων ἢ καὶ ἡγεμονευόντων ὑποτεταγμένους, πολλάκις
25 δὲ κυνηγοὺς ἢ μονομάχους ἢ ὁπλοποιούς. ταῦτα δὲ σημαίνει παρὰ τὰς 96
τῶν ζῳδίων ἐναλλαγάς· ἐπὶ μὲν γὰρ τῶν κέντρων μεγάλους ἀπὸ νεότητος
ἀποτελοῦσιν, ἐπὶ δὲ τῶν ἐπαναφορῶν ἀπὸ μέσης ἡλικίας ἀναγομένους,
ἐπὶ ⟨δὲ⟩ τῶν ἀποκλιμάτων ἥττονας καὶ ταπεινούς.

[M S] 1 αἰτίοις καὶ διά τε M S, αὐτοσχεδιασταὶ Radermacher | ναυμαχικῶν M ‖
2 καὶ¹ om. S | ἡδέως M S, corr. Cumont ‖ 3 αἱμοπόται om. M | αἱμοπότεαι S | εἰ]
ἢ M | ἢ om. M | 4.5 προτέρου ἄρεως M S, πρὸς τὸν Ἄρεα sugg. Kroll | 5 ἔχοντος M,
ἐπέχοντος S, ἐχούσης sugg. Kroll ‖ 6 παντὸς θηρίου M | 7 ὁ μὲν om. M ‖ 8 τούτων S,
τοῦ in marg. S | τοῦτο om. S ‖ 10 ἰσχυρότερα S | τῶν γὰρ τριγώνων M S, corr.
Kroll | τετραγώνων M S, corr. Kroll ‖ 12 ἀσχηματίστοις M | γὰρ] δὲ M ‖ 13 τὸν]
τὸ S | ἄγει M S, corr. Kroll ‖ 15 δεσπόζει S | ἢ om. M | συνοικοδεσποτεῖ S ‖
16 σύστασις M ‖ 17 ἀστέρος M | συνεργῶν M S, corr. Kroll | αὐτὸ M, αὐτὰ et 2 litt.
in ras. S, corr. Kroll | παρὰ συνεργῶν M S, corr. Kroll ‖ 18 αὐτὸ ante (ἐχόντων) M |
ἔχων M S, corr. Kroll | ἀποθήσουσι M S, corr. Kroll | τὴν δόξαν M | γὰρ] δὲ M ‖
19 στρατιωτιωτικὸν S | 20 δεκάδαρχας M ‖ 23 καὶ om. S | 24 ᾖ καὶ ἡγεμονευόντων
om. M, post ὑποτεταγμένους S, transpos. sugg. Kroll aut δορυφόρους post ἡγεμο-
νευόντων ‖ 25 συμβαίνει M | παρά] ἀπὸ M ‖ 27—28 ἀπὸ – ἀποκλιμάτων om. S ‖
28 δὲ Kroll | ζ κλιμάτων M, corr. Kroll

(II 17)   ⟨ιη΄.⟩ Περὶ ὡροσκόπων ⟨τοῦ⟩ τῆς τύχης κλήρου

1 Περὶ δὲ τριγωνικῆς τάξεως ἐκθέμενος μεταβήσομαι πάλιν εἰς τὸν
2 [περὶ εὐδαιμονίας καὶ] τύχης κλῆρον [καὶ δαίμονος]. πρὸ πάντων οὖν δεῖ
ἀκριβῶς στῆσαι τὸν κλῆρον τῆς τύχης καὶ σκοπεῖν εἰς ποῖον μέρος τοῦ
κόσμου ἐξέπεσεν, πότερον ἐπὶ τῶν κέντρων ἢ τῶν ἐπαναφορῶν ἢ τῶν 5
3 ἀποκλίσεων· ὁμοίως δὲ καὶ τὸν τούτου κύριον ζήτει. ἐὰν γὰρ ὡροσκοπῇ
ἡμερινὸς ἢ καὶ ἐπί τινος ἑτέρου χρηματιστικοῦ ζῳδίου τύχῃ, ὑπὸ Ἡλίου
καὶ Σελήνης καὶ τῶν ἀγαθοποιῶν μαρτυρούμενος, λαμπρόν, ἐπίσημον,
εὐτυχῆ τὸν γεννώμενον ποιήσει· ἐπὶ δὲ τῶν λοιπῶν κέντρων ἢ τῶν ἐπ-
αναφορῶν μετριώτερος· ἐπὶ δὲ τῶν ἀποκλιμάτων ἔκπτωτος ⟨ἢ⟩ ἄτροφος 10
4 ἐννοείσθω. οὗτοι γάρ εἰσι ἑτερογνώμονες τόποι αἰτίας ἐπάγοντες καὶ
καθαιρέσεις.
5 Ἄλλως τε ἐπιγνοὺς τὸν κεκληρωμένον τόπον τῆς τύχης, σκόπει καὶ
f.283 v M τὰ τούτου τετράγωνα καὶ τὰ λοιπὰ οἷά ποτε ἐπὶ | τῶν γενεθλιαλογικῶν
f.15 v S κέντρων· ἐφέξει γὰρ αὐτὸς | ὁ κλῆρος δύναμιν ὡροσκόπου καὶ ζωῆς, τὸ 15
δὲ τούτου δέκατον μεσουρανήματος καὶ δόξης, τὸ δὲ ζ΄ δυτικοῦ, τὸ δὲ
δ΄ ὑπογείου, καὶ οἱ λοιποὶ δὲ τόποι τὴν δύναμιν τῶν ῑβ τοποθεσιῶν
6 ἐφέξουσιν. ὑφίστανται γάρ τινες μυστικῶς τὸν μὲν καθολικὸν ὡροσκόπον
καὶ τὰ τούτου τετράγωνα κοσμικὰ κέντρα, τὸν δὲ κλῆρον καὶ τὰ τούτου
7 τετράγωνα γενεθλιαλογικὰ κέντρα. ὅθεν καὶ ἐν τοῖς συντάγμασι προδηλοῦ- 20
σι λέγοντες· ἐν δὲ ἑτεροτρόποις σχήμασι τῶν κέντρων τοῦ κλήρου τὴν
δυναστείαν λαχόντος, καὶ οὔτε μὴν διὰ παντὸς τὰ τροπικὰ οὔτε τὰ στε-
8 ρεὰ οὔτε τὰ δίσωμα τὴν αὐτὴν δύναμιν ἐφέξει. δεῖ οὖν καὶ τὰς μαρτυρίας
τῶν ἀστέρων ἢ συμπαρουσίας θεωρεῖν τὰς πρὸς τὸν κλῆρον ἵν᾽ εἰ μὲν ἀγα-
θοποιὸς ἐπὶ τούτῳ ἐπείη ἢ καὶ τῷδε μαρτυρήσῃ, προδηλωτικὸς ἀγαθῶν 25
καὶ δοτὴρ ὑπαρχόντων γένηται· εἰ δὲ φθοροποιός, ἀποβολῆς ὑπαρχόντων
καὶ φθίσεως σώματος αἴτιος γενήσεται.

§§ 2−6: cf. App. XI 38−41

[M S] 1 περὶ − κλήρου om. M | τοῦ Kroll ‖ 2 τριγωνικῶν S | τὸ S ‖ 5 πρότε-
ρον M | 6 ᵜ S, om. M, ζήτει Kroll ‖ 6−10 ἐὰν − μετριώτερος om. S ‖ 6 δὲ M,
γὰρ Kroll ‖ 7 ἡμερινὰ M, corr. Kroll | σχηματιστικοῦ M, corr. Kroll ‖ 10 μετρι-
ώτερον M, corr. Kroll | ἐκπτώσεως ὁ τρόπος M S, ἐκπτώσεως ποιητικὸς sugg.
Kroll ‖ 11 συνοείσθω S | εἰσι] οἱ M | ἑτερογνώμονες om. S | τόποι] τὸ spat. ca.
2 litt. S | 13 τόπον] τὸν sugg. Kroll ‖ 14 καὶ τὰ λοιπὰ om. M | ὅσα M S | ποτε]
τε M | τῶν om. M | γενεθλιακῶν M ‖ 18 μυστικῶν S, κοσμικῶς M, corr. Kroll ‖
21 εἰ M, ἢ S, ἐν Kroll | δὲ] γὰρ S | τοῦ]ἢ M S ‖ 22 καταλαχόντος S | τροπικὰ
iter. M ‖ 24 ἐπιθεωρεῖν M | πρὸς om. M | τῶν κλήρων M | ἀγαθοποιοὶ S ‖
25 μαρτυρήσει | πρόδηλος καὶ M S, προδηλωτικὸς Kroll ‖ 26 καὶ om. S | δωτὴρ S |
ὑπάρχων M

⟨ιθ'.⟩ Περὶ ὑψώματος Ἡλίου καὶ Σελήνης πρὸς εὐδαιμονίαν   (II 18)

Μυστικὸν δέ τινα τόπον εὕρομεν καὶ αὐτοὶ ἐκ πείρας λαμβάνειν, ἡμέρας 1
μὲν ἀπὸ Ἡλίου τοῦ κατὰ γένεσιν ἐπὶ Κριόν (ὅ ἐστιν ὕψωμα αὐτοῦ) καὶ
νυκτὸς ἀπὸ Σελήνης ἐπὶ Ταῦρον, καὶ τὰ ἴσα ἀπὸ ὡροσκόπου· καὶ ὅπου
5 δ' ἂν καταλήξῃ, σκοπεῖν τόν τε τόπον καὶ τὸν τούτου κύριον. ἐὰν γὰρ 2
εὑρεθῇ ὡροσκοπῶν ἢ μεσουρανῶν, μάλιστα καὶ κατὰ ⟨τοῦ⟩ τοῦ κλήρου
κέντρου, βασιλικὸν τὸ σχῆμα προδηλοῖ, τῶν λοιπῶν ἀστέρων καὶ αἱρέ-
σεων τὴν ὑπόστασιν τῆς γενέσεως μεγάλην ἀποδεικνυόντων. ἄλλως δέ, 3
τῆς γενέσεως ἐνδόξου οὔσης καὶ τοῦ ὑψώματος ἢ τοῦ οἰκοδεσπότου καλῶς
10 πεπτωκότος, ἀπὸ ἡγεμονίας ἢ ἀρχῆς πολιτικῆς ἢ βασιλικῆς ἢ καὶ ἑτέρας
τινὸς ἐνδόξου πίστεως ὁ γεννώμενος ὑψωθήσεται. ἐὰν δέ, τῆς ὑποστάσεως 4
μετρίας οὔσης, ὁ κύριος τοῦ ὑψώματος ἢ ὁ τόπος καλῶς τύχῃ, κατ' ἐκεῖνο
τὸ μέρος εὐημερήσει ὁ γεννώμενος ἐν ᾧ τετύχηκε πράσσων ἤτοι τέχνην
ἢ ἐπιστήμην ἢ ἐπιτήδευμα. καὶ αὐτὸς δὲ ὁ οἰκοδεσπότης καὶ τὸ ζῴδιον 5
15 τὸ εἶ|δος τῆς εὐτυχίας προδηλώσει ἐκ τῆς ἰδίας φύσεως ἢ οὗ ἔπεστι f.168
ζῳδίου· πολλάκις γάρ τινες ἐν τοῖς πρότερον χρόνοις ἄλλα πράξαντες,
κακοπαθήσαντες καὶ παραπεσόντες, ἐξ ὑστέρου δι' ἑτέρων εὐτύχησαν
πραγμάτων.

⟨κ'.⟩ Περὶ κλήρου τύχης καὶ δαίμονος πρὸς εὐδαιμονίαν καὶ ἀποτροπὴν (II 19)
20   πράξεων

Ὅθεν περὶ τὰς ἐπιβολὰς τῶν πράξεων καὶ μετατροπὰς ὅ τε κλῆρος τῆς 1
τύχης καὶ ὁ δαίμων πολλὴν δύναμιν ἐφέξει· ὁ μὲν γὰρ τὰ περὶ τὸ σῶμα
καὶ τὰς διὰ χειρῶν τέχνας δηλοῖ, ὁ δὲ δαίμων καὶ ὁ κύριος τὰ περὶ ψυχὴν
καὶ διάνοιαν καὶ τὰς διὰ λόγων καὶ δόσεων καὶ λήψεων πράξεις. προσβλέ- 2
25 πειν οὖν δεήσει τοὺς τόπους καὶ τοὺς τούτων οἰκοδεσπότας ἐν ποίοις ζῳ-
δίοις εἰσίν, καὶ τὰς τούτων φύσεις συναρμόζειν εἰς τὸν περὶ πράξεως καὶ
τύχης λόγον καὶ εἰς τὸ εἶδος τῆς πράξεως.
Λαμπραὶ μὲν οὖν καὶ ἐπίδοξοι καὶ πρακτικαὶ νοηθήσονται γενέσεις 3

cap. 19, 1–5: cf. App. XI 42–46

[M S] 1 περὶ – εὐδαιμονίαν om. M ‖ 2 αὐτὸν S ‖ 3 αὐτῆς S ‖ 5 τούτου] τοῦ
τόπου M ‖ 6 ᾖ² post μάλιστα Kroll | τοῦ Kroll ‖ 10 ἀπὸ] μέχρι sugg. Kroll |
ἢ βασιλικῆς om. S ‖ 12 ὅ² om. M | τύχοι S ‖ 13 ὁ γεννώμενος om. M | ἤτοι S
App. ἢ M ‖ 15 ἐπέστη corr. in ἐπέστι S ‖ 16 ζῳδίῳ S ‖ 17 εὐτυχῆσαι S ‖ 19–20 πε-
ρὶ – πράξεων om. M ‖ 19 ἀπὸ S, πρὸς Kroll ‖ 21 ἐπιβουλὰς M ‖ 21.22 τῆς τύχης
om. M ‖ 22 ὅ²] ὃς M S ‖ 23 τὰς] εὐθὺς S ‖ 24 καὶ δόσεων om. M | προβλέπειν M ‖
25 οὖν] οὓς M ‖ 26 τὸν om. M ‖ 28 οὖν om. M | πραγματικαὶ S | σοι post πρακ-
τικαὶ M | ποιηθήσονται sugg. Kroll | γενέσεις] πράξεις M

ἔκ τε Ἡλίου καὶ Σελήνης, τῶν ἀγαθοποιῶν ἐπόντων ἢ προσνευόντων τοῖς
τόποις ἢ τοῖς οἰκοδεσπόταις, μέτριαι δὲ καὶ ἄδοξαι καὶ καθαιρετικαὶ καὶ
4 ἐναντίαι ⟨αἱ⟩ γινόμεναι ἔκ τε Κρόνου καὶ Ἄρεως. βέλτιον μὲν οὖν καὶ τὸν
κύριον τοῦ δαίμονος εὑρεῖν ἐπὶ τοῦ κλήρου τῆς τύχης ἢ τοῦ τούτου δεκά-
f.284M του, | ὅπερ ἐστὶ μεσουράνημα· καὶ οὕτως γὰρ λαμπραὶ καὶ ἐπίσημοι γε- 5
5 νέσεις γίνονται. ἐὰν δὲ ἰδιοτοπῇ ἢ καὶ ἐπίκεντρος ἄλλως τύχῃ, πρακτικαί,
ἔνδοξοι κατὰ ποσὸν γενήσονται· ἐὰν δέ πως ἀπόστροφος τύχῃ ἰδίου τόπου
ἢ καὶ ἄλλως ἀποκεκλικώς, ὑπὸ κακοποιῶν μαρτυρούμενος, φυγάδας ση-
6 μαίνει καὶ ἐπὶ ξένης ἀσχημονοῦντας. καὶ ἐὰν μὲν ἀγαθοποιῷ συνυπάρχῃ
ἢ ὑπὸ ἀγαθοποιῶν μαρτυρηθῇ, ἐπὶ ξένης τὸν πολὺν χρόνον διανύσουσιν, 10
ποικίλως καὶ ἀνωμάλως τὸν βίον διάγοντες· ἐὰν δὲ κακοποιῷ, καὶ αἰτίας
7 καὶ συνοχῆς πεῖραν λαβόντες ἐνδεεῖς καὶ κακόβιοι γενήσονται. ὁμοίως
καὶ ἐὰν ἐναντιωθῇ τῷ τόπῳ ⟨ὁ κύριος τοῦ κλήρου τῆς τύχης ἢ καὶ τοῦ
f.16vs δαίμονος⟩, ἐπὶ ξένης ἀναστρεφομένους καὶ ἐν ταραχαῖς γινο|μένους προ-
δηλοῖ· πολλάκις δὲ οἱ τοιοῦτοι ὑπὸ μὲν ἰδίων οὐ κληρονομοῦνται, ὑπὸ δὲ 15
ἀλλοτρίων κληρονομοῦνται.

(II 20)   ⟨κα'.⟩ Περὶ ⟨τοῦ ια'⟩ τόπου τῆς τύχης πρὸς εὐδαιμονίαν

1   Εὕραμεν δὲ καὶ τὸν ια' τόπον τῆς τύχης περιποιητικόν, ὑπαρχόντων
καὶ ἀγαθῶν δοτῆρα, καὶ μάλιστα ἀγαθοποιῶν ἐπόντων ἢ μαρτυρούντων.
2 Ἥλιος μὲν γὰρ καὶ Ζεὺς καὶ Ἀφροδίτη παρέχουσι χρυσόν, ἄργυρον καὶ 20
κόσμον καὶ πλείστην ὕπαρξιν καὶ ἀπὸ μειζόνων τε καὶ βασιλέων δωρεὰς
καὶ εὐπροαιρέτους ἐξοδιασμοὺς εἰς ὄχλους, καὶ πολλῶν εὐεργέτας καθ-
3 ιστῶσιν. Σελήνη δὲ καὶ Ἑρμῆς αὐξομείωσιν τοῦ βίου καὶ ἀνωμαλίαν καὶ
ὁτὲ μὲν ἑτέροις παρεκτικοὺς καὶ εὐμεταδότους, ὁτὲ δὲ ἐνδεεῖς ἢ δανείοις
περιτρεπομένους διὰ τὸ τὴν μὲν Σελήνην αὐξομείωσιν τοῦ φωτὸς ἔχειν, 25
4 τὸν δὲ Ἑρμῆν ἐπίκοινον εἶναι ἀγαθῶν τε καὶ κακῶν. Ἄρης τὰ μὲν διδόμενα
ἢ ἐπικτώμενα ἀφαιρεῖται, ἀποτελῶν μειώσεις, ἁρπαγάς, ἐμπρησμούς,
κρίσεις, εἰς δημόσια ἢ εἰς βασιλικὰ πράγματα ἀναλίσκοντας ἢ αὐτεξου-

§§ 4—7: cf. App. XI 27—30 || §§ 1—5: cf. App. XI 31—35

[M S] 1 ἀγαθῶν M ‖ 2 καὶ³] αἱ M ‖ 3 αἱ Kroll | γενόμεναι S ‖ 4 τοῦ ὡροσκόπου
post ἐπὶ M | τῷ κλήρῳ M | τὸ τούτου δέκατον M S, corr. Kroll | ἵνα μεσουρανῇ
τῷ κλήρῳ ὅτι τὸ ἰδιοτοπεῖν καὶ τὸ ἐπίκεντρον ὡς ὅμοια καὶ ἴσα ἀντιδιέστειλε νῦν καὶ
ἐκ τοῦ ἐναντίου τὸ μὴ [f. 284] ἰδιοτοπεῖν καὶ τὸ ἀποκεκλιμένον ὡς ἴσα παρέθετο καὶ
τὴν τῶν κακοποιῶν δὲ μαρτυρίαν ἢ ἀποστροφὴν ὡσαύτως ὡς εἶναι καὶ σχέσεις ἢ
καὶ η post (δεκάτου) M ‖ 6 πραγματικαὶ S | καὶ post πρακτικαί Kroll ‖ 8 ἀποκε-
κλήκως S | ἢ post ἀποκεκλικὼς sugg. Kroll ‖ 10 ἀγαθῶν S | χρόνον] βίον M ‖
11 κακοποιὸς M S, corr. Kroll | καὶ² secl. Kroll ‖ 13 lac. post ἐὰν ind. Kroll, Κρόνος
vel Ἄρης sugg. | ϑ' post τῷ sugg. Kroll ‖ 13—14 ὁ — δαίμονος App. ‖ 17 cap.
21—22 om. M | τοῦ ια Kroll

78

σίους γινομένους καὶ καταιτιωμένους, ἐκτὸς εἰ μὴ στρατιωτικὴ ἢ ἔνδοξος
ἡ γένεσις τύχῃ· οὕτω γὰρ ἐκ τῆς τοιαύτης ἀφορμῆς καὶ βιαίων ἢ ἐπικιν-
δύνων πραγμάτων καὶ κλοπῆς ἐν περιποιήσει γενήσονται ἐάνπερ οἰκείως
⟨ὁ⟩ ἀστὴρ τύχῃ, πλὴν καὶ οὕτως ἐπίφοβον ⟨τὴν πρᾶξιν⟩ ἀνύσει καὶ μείω-
5 σιν ἐποίσει. Κρόνος δὲ [ἔτι] ἐπιτόπως σχηματισθεὶς θεμελίων, κτισμά- 5
των κυρίους καθίστησιν, ἀτόπως δὲ ἢ παρ᾽ αἵρεσιν ἐκπτώσεις, ἀφαιρέ-
σεις, ναυάγια, ἐνδείας, χρεωστίας ἀποτελεῖ. Κρόνος σὺν Ἑρμῇ καὶ Ἄρει 6
διά τινας κρίσεων ἐπιφορὰς καὶ κακουργιῶν ἢ μυστικῶν καὶ βιαίων πραγ-
μάτων χάριν ἐπηρεαζομένους· Κρόνος, Ἑρμῆς, Ἄρης, Ἀφροδίτη διὰ φαρ-
10 μακειῶν ἢ θηλυκῶν προσώπων ἀδικουμένους καὶ ἐν αἰτίαις γινομένους·
Κρόνος, Ἄρης, Ἑρμῆς, Ἀφροδίτη, Ζεύς, Σελήνη ἀπὸ νεκρικῶν ὠφελου-
μένους καὶ ναυκληρικῶν καὶ ξενιτειῶν ἢ καθύγρων πραγμάτων περικτω-
μένους. καθολικῶς μὲν οὖν Κρόνος καὶ Ἄρης μεσουρανοῦντες ἢ ἐπαναφε- 7
ρόμενοι τῷ μεσουρανήματι τοῦ κλήρου καὶ τοῦ περιποιητικοῦ | κυριεύσαν- f.178
15 τες ἐκπτώσεως δηλωτικοί.

Ἑκάστου οὖν ἀστέρος δεῖ τὰς φύσεις προορᾶν καὶ κατὰ τὴν ἰδίαν σύγκρι- 8
σιν καὶ οἰκειότητα τὴν πρὸς ἑκάτερον ἀποφαίνεσθαι. οὐ μόνον δὲ οἱ ἀστέ- 9
ρες ⟨οἱ⟩ ἐπόντες τῷ περιποιητικῷ τόπῳ τὰ προκείμενα δηλώσουσιν, ἀλλὰ
καὶ αὐτὸ τὸ ζῴδιον ἐνεργήσει πρός τε τὴν τοῦ ἀστέρος καὶ τὴν ἰδίαν φύσιν.

20 ⟨κβ'.⟩ Τῶν προκειμένων κεφαλαίων ὑποδείγματα (II 21)

Εἰς δὲ τὴν τῶν προκειμένων διάγνωσιν ὑποδείγμασι χρησόμεθα, προ- 1
τάξαντες ἐπίσημον γένεσιν. ἔστω Ἥλιον εἶναι Σκορπίῳ, Σελήνην Καρκί- 2
νῳ, Κρόνον Ὑδροχόῳ, Δία Τοξότῃ, Ἄρεα Σκορπίῳ, Ἀφροδίτην Ζυγῷ,
Ἑρμῆν Σκορπίῳ, ὡροσκόπον Ζυγῷ. ἐπεὶ οὖν νυκτερινὴ ἡ γένεσις ζητῶ 3
25 Σελήνην· αὕτη δὲ τυγχάνει Καρκίνῳ τριγώνῳ Ἄρεως. τὸν δὲ τοῦ Ἄρεως 4
εὕρομεν ἐπαναφερόμενον ἰδίῳ οἴκῳ καὶ τριγώνῳ καὶ αἱρέσει ἰδίᾳ, εἶτα
τὴν ἐπίκοινον τούτῳ Ἀφροδίτην ὡροσκοποῦσαν ἰδίῳ οἴκῳ, γ' Σελήνην
μεσουρανοῦσαν ἰδίῳ οἴκῳ. πρόδηλον οὖν ὅτι ἔνδοξος ἡ γένεσις, ἐπιτόπως 5
ἐσχηματισμένων τῶν οἰκοδεσποτῶν. ζητήσας δὲ καὶ τὸν κλῆρον εὗρον 6
30 Ὑδροχόῳ· τούτῳ ἔπεστι Κρόνος ὁ κύριος ἀγαθοτυχῶν ἰδίῳ οἴκῳ καὶ

§ 6: cf. App. XI 37 || § 7: cf. App. XI 25 || §§ 2–34: cf. App. IX 47–79 ||
§§ 2–9: thema 2 (25 Oct. 50)

[S] 3 οἰκεῖος S, corr. Kroll || 4 ὁ Kroll | ἐπιφόβως S, ἐπιφόβους sugg. Kroll,
ἐπίφοβον τὴν πρᾶξιν App. | ἀνύσει] ἀνίας sugg. Kroll || 5 ὑποίσει S, ἐποίσει sugg.
Kroll, ἐπάξει App. | ἔτι secl. Kroll, om. App. | κτημάτων S, κτισμάτων App. ||
7 ἀποτελεῖς S | καὶ sup. lin. S || 8 κακούργων S, κακουργιῶν sugg. Kroll || 9 φαρ-
μακιῶν S, φαρμακειῶν App. || 12 ἐκ post καὶ¹ Kroll || 16 σύκρισιν S, σύγκρασιν
sugg. Kroll || 18 οἱ Kroll || 21 τὴν in marg. S

79

7 τριγώνῳ. ὁμοίως καὶ τὸ ια' τοῦ κλήρου τῆς τύχης, τουτέστι τὸ περιποιητι-
8 κὸν ζῴδιον, ⟨Τοξότης· ἐκεῖ⟩ Ζεύς. ἔλαβον δὲ καὶ τὸ ὕψωμα τῆς γενέ-
σεως, ὃ ἀπὸ Σελήνης ἐπὶ Ταῦρον γίνεται ια̅ καὶ τὰ ἴσα ἀπὸ ὡροσκόπου
9 Ζυγοῦ· κατέληξεν Λέοντι ἐν τῷ ἀγαθῷ δαίμονι. τούτου κύριος ὁ Ἥλιος
εὑρέθη μεσουρανῶν τῷ κλήρῳ τῆς τύχης· ἐποίησε λαμπροτέραν καὶ ἐν- 5
δοξοτέραν τὴν γένεσιν.
10 Ἄλλη. Ἥλιος, Ἑρμῆς Ταύρῳ, Σελήνη Κριῷ, Κρόνος, Ἄρης, Ἀφροδίτη,
ὡροσκόπος Καρκίνῳ, Ζεὺς Αἰγοκέρωτι, κλῆρος τύχης καὶ ὕψωμα γενέ-
11 σεως Διδύμοις. ἀπὸ μετριότητος ἀνεβιβάσθη καὶ γέγονεν ἡγεμονικὴ καὶ
12 στρατηγική. ἡμερινῆς γὰρ οὔσης τῆς γενέσεως εὗρον τὸν Ἥλιον τριγώνῳ 10
τῆς Σελήνης, τὴν δὲ Σελήνην καὶ τοὺς αὐτῆς ἐπικοίνους Ἀφροδίτην καὶ
Ἄρεα ἐπικέντρους, τὸν δὲ κλῆρον τῆς τύχης καὶ τὸ ὕψωμα Διδύμοις ἐν
ἀποκλίσει (ἔνθεν ἦν καὶ τὰ πρῶτα μέτρια), τὸν δὲ κύριον ἀγαθοδαιμονοῦντα.
13 Ἄλλη. Ἥλιος, Ἄρης, Ἀφροδίτη, Ἑρμῆς Ὑδροχόῳ, Σελήνη, Ζεὺς Σκορ-
14 πίῳ, Κρόνος Κριῷ, ὡροσκόπος Λέοντι. καὶ αὕτη ἡ γένεσις ἐκ ταπεινῆς 15
f.17v8 καὶ μετρίας τύχης εἰς ἡγεμονικὴν καὶ ἐξου|σιαστικὴν τύχην κατήντησεν.
15 ἡμερινῆς γὰρ οὔσης τῆς γενέσεως, εὕρομεν τὸν Ἥλιον τριγώνῳ Κρόνου,
τὸν δὲ Κρόνον ἐν τῷ ἀποκλίματι (ὅθεν τὰ μὲν πρῶτα μέτρια), τὸν δὲ
16 τούτου ἐπίκοινον Ἑρμῆν ἐπίκεντρον. εὕρομεν δὲ καὶ τὸν κλῆρον τῆς τύχης
Ταύρῳ καὶ τὸ ὕψωμα Ζυγῷ καὶ τὴν κυρίαν μεσουρανοῦσαν μὲν τῷ κλήρῳ, 20
ἐπίκεντρον δ' ἄλλως.
17 Ἄλλη. Ἥλιος, Ἑρμῆς Ταύρῳ, Σελήνη Ὑδροχόῳ, Κρόνος, Ἀφροδίτη
18 Κριῷ, Ζεὺς Παρθένῳ, Ἄρης Ἰχθύσιν, ὡροσκόπος Λέοντι. τὸν μὲν οὖν
Ἥλιον εὕρομεν τριγώνῳ Ἀφροδίτης καὶ Σελήνης, τὴν δὲ Ἀφροδίτην ἐν
ἀποκλίματι· γέγονεν μὲν οὖν τὰ πρῶτα ἐπίμοχθος καὶ ταπεινή· τῆς δὲ 25
Σελήνης ἐπικέντρου εὑρεθείσης, ὕστερον γέγονεν ἐν στρατιωτικαῖς καὶ
19 προκοπτικαῖς τάξεσιν. ὁμοίως δὲ καὶ ὁ κλῆρος τῆς τύχης εὑρέθη Ταύρῳ,
τὸ δὲ ὕψωμα Καρκίνῳ· τούτου κυρία Σελήνη εὑρέθη μεσουρανοῦσα τῷ
20 κλήρῳ, ὅθεν καὶ εἰς μεγίστην τύχην καὶ ἡγεμονικὴν κατῆλθεν. ἐν δὲ τῷ
περιποιητικῷ τόπῳ εὑρέθη Ἄρης· ⟨παρέσχεν⟩ ὕπαρξιν ἐξ ἁρπαγῆς καὶ 30
νοσφισμῶν καὶ βίας, ἣ μετὰ θάνατον αὐτοῦ κακῶς διηρπάγθη.
21 Ἄλλη. Ἥλιος, Ἑρμῆς, Κρόνος, Ζεὺς Τοξότῃ, Σελήνη Καρκίνῳ, Ἄρης
22 Παρθένῳ, Ἀφροδίτη, ὡροσκόπος Ζυγῷ. νυκτερινῆς οὔσης τῆς γενέσεως,

§§ 10−12: thema 8 (13 Mai. 63) ‖ §§ 13−16: thema 26 (5 Feb. 85) ‖ §§ 17−20:
thema 24 (28 Apr. 83) ‖ §§ 21−23: thema 17 (26 Nov. 74)

[S] 2 τοξότης ἐκεῖ App. | ἔχει post Ζεὺς Kroll ‖ 3 οὗ S, ὃ Kroll ‖ 8 ♏ S, ♑
App. | κλῆρον S, corr. Kroll ‖ 9 ἀναβεβίασθαι S, ἀνεβιβάσθη App. ‖ 13 ἔνθα S,
corr. Kroll, cf. ὅθεν App. ‖ 17 τοῦ post τριγώνῳ Kroll ‖ 30 παρέσχεν App., ὃς
δίδωσιν αὐτῷ sugg. Kroll ‖ 31 ἃ S, ἣ sugg. Kroll

εὕρομεν τὴν Σελήνην τριγώνῳ Ἄρεως, αὐτὸν δὲ τὸν Ἄρεα ἀποκεκλικότα
καὶ τὸν κλῆρον καὶ τὸν κύριον, ὅθεν τὰ μὲν πρῶτα ταπεινῶς καὶ ἐνδεῶς
διήγαγεν αἰχμαλωσίας τε καὶ ὑπηρεσίας πεῖραν ἔλαβε καὶ πολλοῖς κιν-
δύνοις περιετράπη· τῶν δὲ συναιρετιστῶν ἐν χρηματιστικοῖς τόποις τε-
5 τευχότων, ἐν φιλίαις καὶ συστάσεσι γενόμενος βασιλικὰς πίστεις ἀνεδέξατο.
εἶθ᾽ οὕτως τοῦ ὑψώματος ἐν Λέοντι εὑρεθέντος καὶ τοῦ κυρίου Ἡλίου 23
μεσουρανήσαντος τῷ κλήρῳ, ἡγεμονίας καὶ τάξεως ἐξουσιαστικῆς κατ-
ηξιώθη.

Ἄλλη. Ἥλιος, Ἑρμῆς Αἰγοκέρωτι, Σελήνη, Ἀφροδίτη Τοξότῃ, Κρόνος 24
10 Σκορπίῳ, Ζεὺς Ζυγῷ, Ἄρης Ὑδροχόῳ, τύχη Κριῷ, ὡροσκόπος Ταύρῳ.
καὶ αὕτη ἡ γένεσις κατ᾽ ἀρχὰς ἀνωμάλως καὶ μετρίως διῆξεν, ἐξ ὑστέρου 25
δὲ ἀνεβιβάσθη καὶ στεμμάτων καὶ ἀρχιερωσύνης μετέσχεν· ἐπὶ τῆς ἐπ-
αναφορᾶς γὰρ εὑρέθησαν οἱ κύριοι τοῦ τριγώνου, ὁ δὲ γ᾽ κύριος τοῦ τριγώ-
νου καὶ ὁ κύριος τοῦ κλήρου μεσουρανῶν, ὁμοίως δὲ καὶ ὁ κύριος τοῦ
15 ὑ|ψώματος κατὰ τὸν κλῆρον μεσουρανῶν καὶ ὁ κύριος τοῦ δαίμονος.   f.188

Ἄλλη. Ἥλιος, Ἑρμῆς Καρκίνῳ, Σελήνη Ταύρῳ, Κρόνος Ἰχθύσιν, Ζεύς, 26
Ἄρης Λέοντι, Ἀφροδίτη Παρθένῳ, ὡροσκόπος Ζυγῷ. καὶ αὕτη ἡ γένεσις 27
λαμπρὰ καὶ ἐπίσημος γέγονεν· ἐπιστεύθη γὰρ βασιλείας καὶ ἀρχιερωσύνης
κατηξιώθη. εὑρέθη γὰρ ὁ κύριος τοῦ τριγώνου σὺν τῷ κυρίῳ τοῦ δαίμονος 28
20 ἀγαθοδαιμονῶν καὶ μετὰ τοῦ κλήρου τῆς τύχης, καὶ ⟨ὁ⟩ Ἥλιος κληρωσά-
μενος τὴν τύχην μεσουρανῶν, ἡ δὲ τοῦ ὑψώματος κυρία Σελήνη κατὰ
τὸν κλῆρον μεσουρανοῦσα. ἡ δὲ περιποίησις ἀνώμαλος καὶ ἄστατος, ὁτὲ 29
μὲν ὑπερπλεονάσασα, ὁτὲ δὲ ἐνδεής· ἐμαρτύρει γὰρ τῷ τόπῳ Κρόνος καὶ
Ἀφροδίτη.

25 Ἄλλη. Ἥλιος, Ζεύς, Ἄρης, Ἀφροδίτη Σκορπίῳ, Κρόνος Ζυγῷ, Σελήνη 30
Κριῷ, Ἑρμῆς Τοξότῃ, ὡροσκόπος Λέοντι. ὁ κύριος τοῦ ὑψώματος 31
Ἑρμῆς Τοξότῃ εὑρέθη μεσουρανῶν τῷ κλήρῳ· καὶ ὕψωσε τὴν γένεσιν
περὶ τὸν βίον. ὁμοίως δὲ καὶ οἱ κύριοι τοῦ τριγώνου καὶ τοῦ κλήρου 32
ὑπόγειοι εὑρεθέντες ἐποίησαν θησαυροφύλακα, ἀφιλόδοξον δὲ καὶ ἀπάρ-
30 οχον.

Ἄλλη. Ἥλιος, Ἑρμῆς Ταύρῳ, Σελήνη Ὑδροχόῳ, Κρόνος Λέοντι, Ἄρης, 33
Ἀφροδίτη Καρκίνῳ, Ζεὺς Παρθένῳ, ὡροσκόπος Τοξότῃ. νυκτερινῆς οὔσης 34
τῆς γενέσεως, οἱ κύριοι τοῦ τριγώνου Κρόνος καὶ Ἑρμῆς ἀποκεκλίκασιν,

§§ 24−25: thema 15 (6 Ian. 72) ‖ §§ 26−29: thema 23 (9 Iul. 82) ‖ §§ 30−32:
thema 40 (6 Nov. 97) ‖ §§ 33−35: thema 38 (14 Mai. 95)

[S] 9 Ἑρμῆς] ♀ S, ☿ App. ‖ 11 ἀνώμαλος S | διῆγεν sugg. Kroll ‖ 12 ἀρχιερο-
σύνης S, ἀρχιερωσύνης App. | ἀναφορᾶς S, cf. ἐπαναφορᾷ App. ‖ 15 lac. post δαί-
μονος ind. Kroll ‖ 18 βασιλείας γὰρ S | γὰρ secl. Kroll | ἀρχιεροσύνης S, ἀρχιε-
ρωσύνης App. ‖ 19 τῆς S, τοῦ¹ App. ‖ 20 ὁ App. | ὁ post ἥλιος Kroll ‖ 22−23 ὁτὲ −
τόπῳ post 26 λέοντι iter. S ‖ 28 □ S, ▽ App.

ὅθεν ἀνωμάλισε πολλὰ ἐπὶ τῶν πρώτων χρόνων καὶ ὑπόχρεως διήγαγεν,
35 καίτοι γε ὑποστάσεως καλῆς περὶ τοὺς γονεῖς οὔσης. εἶθ᾽ οὕτως ἐξ ὑστέ-
ρου κληρονομίας τυχὼν καὶ ἐκ προκοπῶν, ἀφορμῶν ἐπαυξηθεὶς τῷ βίῳ,
φιλόδοξος καὶ ἀρχικὸς καὶ δωρηματικὸς ἐγένετο καὶ ὄχλοις ἀρεστὸς καὶ
βασιλέων καὶ ἡγεμόνων φίλος καὶ ναοὺς καὶ ἔργα κατασκευάσας, καὶ 5
αἰωνίου μνήμης ἔτυχεν· εὑρέθη γὰρ ὁ κλῆρος τῆς τύχης καὶ τοῦ ὑψώματος
Ἰχθύσιν, καὶ ὁ τούτου κύριος Ζεὺς μεσουρανῶν.
36 Ἄλλη. Ἥλιος, Ἑρμῆς Σκορπίῳ, Σελήνη Κριῷ, Κρόνος Παρθένῳ, Ζεὺς
37 Ἰχθύσιν, Ἄρης Λέοντι, Ἀφροδίτη, ὡροσκόπος Τοξότῃ. ἔτι νηπία οὖσα ἡ
γένεσις ἐκληρονόμησε πλείστην ὕπαρξιν· εὑρέθη γὰρ ὁ περιποιητικὸς 10
τόπος Ἰχθύσιν, Διὸς ἰδιοτοποῦντος, ἡ δὲ τοῦ τριγώνου ἐπίκοινος Ἀφρο-
δίτη καὶ τοῦ κλήρου καὶ τοῦ ὑψώματος κυρία μοιρικῶς ὡροσκοποῦσα.
38
f.18ᵛ8   Ἄλλη. | Ἥλιος, Ἑρμῆς Αἰγοκέρωτι, Σελήνη, Κρόνος Τοξότῃ, Ζεὺς
39 Καρκίνῳ, Ἄρης Παρθένῳ, Ἀφροδίτη Ὑδροχόῳ, ὡροσκόπος Ζυγῷ. οἱ
κύριοι τοῦ τριγώνου ἐπίκεντροι μὲν εὑρέθησαν, ἀλλὰ ἐναντιούμενοι, ὅθεν 15
ἐν ἀρχαῖς καλῶς ἀχθεῖσα ἡ γένεσις καὶ εὐπορήσασα, ἐξ ὑστέρου ἔκπτω-
τος καὶ ἐνδεὴς εὑρέθη προφάσει ἐμπρησμοῦ καὶ ἁρπαγῆς· καὶ γὰρ ὁ κύ-
ριος τοῦ κλήρου Ἄρης ἐν τῷ περιποιητικῷ εὑρέθη ἀποκεκλικὼς καὶ ὑπὸ
Κρόνου μαρτυρούμενος.
40 Ἄλλη. Ἥλιος, Ἀφροδίτη, ὡροσκόπος Ταύρῳ, Σελήνη Ὑδροχόῳ, Κρόνος 20
41 Καρκίνῳ, Ζεὺς Ζυγῷ, Ἄρης, Ἑρμῆς Διδύμοις. ἐν τοῖς πρώτοις χρόνοις
φαντασίας μεγάλας καὶ πράξεις καὶ πίστεις πολιτικὰς ἔσχεν· ἔτυχον γὰρ
42 οἱ κύριοι τοῦ τριγώνου ἐπίκεντροι. ἐξ ὑστέρου δὲ καθαιρεθεὶς τῷ βίῳ
ἀλήτης γέγονεν· ἠναντιώθη γὰρ τῇ περιποιήσει Ἄρης καὶ Ἑρμῆς, καὶ οἱ
κύριοι τοῦ κλήρου καὶ τοῦ περιποιητικοῦ ἀποκεκλίκασιν. 25
43 Ἄλλη. Ἥλιος, Ἑρμῆς Διδύμοις, Σελήνη Αἰγοκέρωτι, Κρόνος, Ἄρης
44 Ὑδροχόῳ, Ἀφροδίτη, ὡροσκόπος Καρκίνῳ, Ζεὺς Σκορπίῳ. ὁ τοιοῦτος
δοῦλος γεννηθεὶς καὶ εἰς γένος εἰσελθὼν πολιτικὰς ἀρχὰς ἀνεδέξατο καὶ
ἐφιλοδόξησεν· εὑρέθησαν γὰρ οἱ κύριοι [τοῦ Ἡλίου] τοῦ τριγώνου καὶ
τοῦ κλήρου καὶ τοῦ ὑψώματος οἰκείως κείμενοι καὶ ὑπὸ Διὸς μαρτυρού- 30

§§ 36–37: thema 10 (31 Oct. 65) ‖ §§ 38–45: cf. App. XI 80–88 ‖ §§ 38–39:
thema 51 (1 Ian. 105) ‖ §§ 40–42: thema 4 (1 Mai. 61) ‖ §§ 43–45: thema 57
(2 Iun. 109)

[S] 3 προσκόπων S, προκοπῆς vel προκοπτικῶν sugg. Kroll | ἐπαυξηνθεὶς S,
ἐπαυξηθεὶς App. ‖ 4 ὄχλων S, ὄχλοις App. ‖ 5 φιλίας S, φίλος App. | ἀξιωθεὶς
post φιλίας sugg. Kroll | κατασκευάσει S, κατασκευάσας App. ‖ 10 πλήσταν S,
corr. Kroll ‖ 12 μοιρικὸς ὡροσκόπος S, μοιρικῶς ὡροσκοποῦσα sugg. Kroll ‖
16 ἐνεχθεῖσα sugg. Kroll | γένησις S, γένεσις App. ‖ 27 οἱ τοιοῦτοι S, sed corr. ‖
28 γενήθεὶς S ‖ 29 τοῦ τοῦ Ἡλίου vel τοῦ ἡλιακοῦ sugg. Kroll

μενοι. Ἄρης δὲ καὶ Κρόνος καὶ Ἑρμῆς παρέπεσον, διὸ καὶ ἐμείωσαν τὸν 45
βίον καὶ ὑπόχρεων ἐποίησαν.

Ἄλλη. Ἥλιος Ὑδροχόῳ, Σελήνη, Ζεὺς Σκορπίῳ, Κρόνος Καρκίνῳ, 46
Ἄρης, Ἀφροδίτη, Ἑρμῆς Αἰγοκέρωτι, ὡροσκόπος Ἰχθύσιν. ὁ τοιοῦτος 47
5 γέγονεν εὐνοῦχος, ἱερεὺς θεᾶς, ἐπίσημος· τοῦ γὰρ κλήρου ὁ κύριος εἰς
τὸν [περὶ] θεοῦ τόπον ἔτυχε Σκορπίον, οἱ δὲ τῆς αἱρέσεως κύριοι Κρόνος
καὶ Ἑρμῆς ἀγαθοδαιμονοῦντες εὑρέθησαν, ἐναντιούμενοι δέ, ὅθεν καὶ
ταραχαῖς πλείσταις περιέπεσε καὶ μειώσεσι καὶ ἀπολογίαις ἡγεμονικαῖς
καὶ βασιλικαῖς.

10 ⟨κγ΄.⟩ Περὶ ἐνδόξων καὶ ἐπισήμων γενέσεων, τὸ δὲ αὐτὸ καὶ περὶ ἀδόξων (II 22)
καὶ ἐκπιπτόντων

Καὶ τούτους δὲ τοὺς τόπους δυναστικοὺς ὄντας εἰς τὸν περὶ ἐνδόξων 1
καὶ ἐπισήμων γενέσεων ἀναγκαίως ὑπέταξα. ἐὰν ὁ Ἥλιος καὶ ἡ Σελήνη 2
ἐν χρηματιστικοῖς ζῳδίοις ὄντες δορυφορηθῶσιν ὑπὸ τῶν πλείστων
15 ἀνατολικῶν, | μηδενὸς τῶν κακοποιῶν ἐναντιουμένου, εὐτυχεῖς καὶ ἐν- f.198
δόξους, ἡγεμονικὰς καὶ βασιλικὰς τὰς γενέσεις ποιοῦσιν, ὁμοίως δὲ καὶ
ἐὰν οἱ κύριοι τούτων [ὡροσκοποῦντες] ἐπίκεντροι τύχωσιν. ἐὰν τὸ συν- 3
οδικὸν ἢ πανσεληνιακὸν ζῴδιον ἢ οἱ τούτων κύριοι τύχωσιν ὡροσκοποῦν-
τες ἢ μεσουρανοῦντες, ἔσονται εὐτυχεῖς οἱ γεννώμενοι. ἐὰν δὲ ἐν τῷ ὑπὸ 4
20 γῆν εὑρεθῇ ὁ Ἥλιος ἢ ⟨ἡ⟩ Σελήνη ἢ οἱ πλεῖστοι τῶν ἀστέρων, γίνονται
μὲν ἐπίσημοι καὶ πλούσιοι, κακῶς δὲ τὸν βίον καταστρέφουσιν ἢ φθόνοις
καὶ αἰτίαις καὶ περιβοησίαις περιτρέπονται.

Σαφέστερον δὲ βουλόμενοι τὸν περὶ εὐδαιμονίας τόπον διακρῖναι διὰ 5
πολλῶν καὶ δεδοκιμασμένων αἱρέσεων ἐπιδιασαφήσομεν. ἕκαστον γὰρ 6
25 εἶδος σχηματογραφίας ἰδίως ἐστὶ δυναστικόν, συγκρινόμενον δὲ ἕτερον
πρὸς ἕτερον ἢ ὠφεληθὲν ὕψωσε τὴν δόξαν ἢ κακωθὲν προσεπικατέστρεψεν,
ὅθεν οὐχ ὡς ἀναλύοντες τὰς προτέρας δυνάμεις, ἐπιβεβαιοῦντες δὲ ὑπο-
τάξομεν. καθάπερ οὖν ἐπὶ τοῦ κλήρου προείπομεν πραγματεύεσθαι δεήσει 7
καὶ τὸν κλῆρον τοῦ δαίμονος (ὃς εὑρίσκεται ἡμέρας μὲν ἀπὸ Σελήνης ἐπὶ

§§ 46–47: thema 6 (22 Ian. 62): cf. App. XI 90–91 ‖ §§ 2–4: cf. App. XI
93–95 ‖ § 7: cf. App. XI 92

[M S] 1 ἐμείωσε S, corr. Kroll ‖ 2 ἐποίησεν S, corr. Kroll ‖ 6 περὶ secl. Kroll ‖
8 ἀντιλογίαις sugg. Kroll ‖ 10–11 περὶ — ἐκπιπτόντων om. M ‖ 15 ὄντων post
ἀνατολικῶν sugg. Kroll ‖ ἐνδόξας S ‖ 16 ποιοῦντες M ‖ 16–19 ὁμοίως — μεσουρα-
νοῦντες om. M ‖ 17 ἂν S, ἐὰν¹ Kroll ‖ ἢ post ὡροσκοποῦντες Kroll ‖ 18 τούτῳ S,
corr. Kroll ‖ 19 ὑποτυχεῖ M ‖ 20 ὁ om. M ‖ ἢ Kroll ‖ οἱ om. M ‖ 21 ἢ om. S ‖
22 περιβοήσεσι S ‖ 23 διακρινῇ S ‖ 23.24 διὰ πολλῶν] δι' ἀκριβῶν M ‖ 24 δεδοκι-
μασμένων S ‖ ἐπιδιασαφήσομαι S, ἐπιδιασαφήσωμεν M ‖ 28 προείπαμεν S

Ἥλιον, νυκτὸς δὲ ἀπὸ Ἡλίου ἐπὶ Σελήνην, καὶ τὰ ἴσα ⟨ἀπὸ⟩ ὡροσκόπου),
καὶ τὸν τούτου κύριον καὶ τὸν τόπον συνορᾶν ὅπως ἔτυχεν, ὁμοίως δὲ καὶ
τὸν κλῆρον τῆς βάσεως (ὃς εὑρίσκεται ἀπὸ τύχης ἐπὶ δαίμονα καὶ ἀπὸ
δαίμονος ἐπὶ τύχην, καὶ τὰ ἴσα ἀπὸ ὡροσκόπου· τὸν μέντοι ἑβδομαδικὸν
ἀριθμὸν οὐχ ὑπερθήσει ἐπί τε τῶν νυκτὸς καὶ ἡμέρας, ἀλλὰ ἀπὸ τοῦ 5
ἐγγίονος κλήρου ἐπὶ τὸν ἕτερον κλῆρον δεῖ λαμβάνειν), καὶ συγκρίνειν
τόν τε τόπον καὶ τὸν οἰκοδεσπότην.

8 Ἐὰν οὖν οἱ οἰκοδεσπόται ἐναλλάξωσι τοὺς τόπους − οἷον ⟨ἐὰν⟩ ὁ τοῦ
κλήρου τῆς τύχης γένηται ἐν τῷ τῆς βάσεως τόπῳ, ὁ δὲ τῆς βάσεως ἐν
τῷ τοῦ δαίμονος, ὁ δὲ τοῦ δαίμονος ἐν τῷ τῆς τύχης τόπῳ − ὁ τοιοῦτος 10
9 εὐτυχής, βασιλικός, ἐπίσημος. ἐὰν δὲ τῷ τοῦ δαίμονος τόπῳ ὁ τῆς βάσεως
κύριος γένηται, συμπαρόντος καὶ τοῦ κυρίου τοῦ δαίμονος, εὐτυχής, με-
10 γαλόφρων. ἐὰν δὲ οἱ κύριοι τοῦ τε δαίμονος καὶ τῆς τύχης καὶ τῆς βάσεως
f.19vS
11 ἰδιοτοπῶσιν, καὶ | οὕτως εὐτυχὴς ὁ γεννώμενος. ἐὰν δὲ ὁ δαίμων εὑρεθῇ
f.284vM μεθ' Ἡλίου καὶ ὁ τούτου κύριος ἀνατολικός, | ὁ τοιοῦτος ἔσται εὐτυχής· 15
ὁμοίως κἂν Ἀφροδίτη κυριεύσῃ τύχης ἢ δαίμονος ἢ βάσεως καὶ εὑρεθῇ
12 ἀνατολὴν ἔχουσα καὶ ἰδιοτοποῦσα, ὁ τοιοῦτος εὐτυχής. ἐὰν ὁ κύριος ἐν τῇ
βάσει ἐπῇ καὶ τούτῳ συμπαρῇ ἡ Σελήνη, ὁ τοιοῦτος εὐτυχὴς ἔσται καὶ
ἐπίσημος· ἐὰν δὲ ὁ κύριος τῷ δαίμονι ἐπῇ καὶ τούτῳ συμπαρῇ ὁ Ἥλιος,
εὐτυχής, ἐπίσημος, τυραννικός. 20

13 Ἐὰν δὲ Ἄρης δαίμονι γενόμενος εὑρεθῇ ἐν τόποις Σελήνης καὶ αὐτῆς
14 συμπαρούσης, ἀρχική, ἡγεμονική, ἔνδοξος ἡ γένεσις. ἐὰν δὲ ὁ τοῦ Ἑρμοῦ
δαίμονι γενόμενος ἀνατολικὸς εὑρεθῇ, ὑπὸ ἀγαθοποιῶν μαρτυρούμενος
ἐν τόποις τῆς Σελήνης, ὁ τοιοῦτος εὐτυχήσει ἀπὸ γραμμάτων καὶ παιδείας,
πολύφιλος, πολύγνωστος ὑπάρχων, τιμῶν τε καὶ δωρεῶν καὶ δόξης κατ- 25
15 αξιωθήσεται καὶ ὑπὸ πολλῶν μακαρισθήσεται. ἐὰν δὲ Ζεὺς τοῦ δαίμονος
κυριεύσῃ καθυπερτερηθεὶς ὑπὸ Ἄρεως, ὁ τοιοῦτος οὐκ ἔσται μὲν ἀτυχής,
πρακτικὸς δὲ καὶ ἔνδοξος, ἐναντιώμασι δὲ περιτραπεὶς καθαιρεθήσεται ἢ
16 ἀπαγωγῆς ἢ φυγαδείας πεῖραν λήψεται. ἐὰν δὲ ὁ κύριος τῷ δαίμονι συμ-
παρῇ ἀνατολικὸς σὺν τῇ Σελήνῃ, εὐτυχὴς ὁ τοιοῦτος καὶ πλούσιος καὶ 30
17 μεταδοτικός. ἐὰν δὲ ὁ Ἥλιος ἐπῇ τῷ δαίμονι τῆς οἰκείας αἱρέσεως ὑπάρ-
χων, τοῦ οἰκοδεσπότου ἰδιοτοποῦντος, ἔνδοξος, εὐσχήμων, πολύφιλος·
ἐὰν δὲ ἀλλοτρίας, ἐξ ὑστέρου εὐτυχήσει μετὰ τοὺς τοῦ ἀντιδίκου χρόνους.

[M S] 1 ἀφ'² Kroll ‖ 3 ὃς εὑρίσκεται om. M ‖ 4 ἑβδοματικὸν M ‖ 5 ὑπερθέ-
σει S ‖ 8 οἱ om. S ‖ 10 ὁ − δαίμονος om. S ‖ 12 τοῦ² om. S ‖ 14 οὗτος S |
καὶ post δὲ S ‖ 18 ἐπείη M S, corr. Kroll | τούτῳ] τοιούτῳ M | ἢ om. S ‖ 19 ὁ²
om. S ‖ 21 γεννώμενος S ‖ 25 πολύγνωστος πολύφιλος M | καταξιωθήσεται καὶ
δόξης M ‖ 27 κυριεύσῃ corr. in κυριεύσας M | καθυπερτερήσῃ M | ἔστι S ‖ 29 συμ-
παρείη M ‖ 30 καὶ² om. S ‖ 31 μεταδοξαστικὸς S | δὲ om. S | ἐπὶ M S, corr.
Kroll | τῷ om. S ‖ 33 ἐν δὲ ἀλλοτρίαις S

ANTHOLOGIAE II 23

Ἐὰν οἱ κύριοι τοῦ τε δαίμονος καὶ τῆς τύχης εὑρεθῶσιν ἐν τῷ τῆς βά- 18
σεως τόπῳ, συμπαρόντος καὶ τοῦ οἰκοδεσπότου, λαμπρὰ καὶ ἐπίδοξος
ἡ γένεσις ἔσται· ὁμοίως δὲ καὶ ἐὰν ὁ τῆς βάσεως κύριος καὶ ⟨ὁ⟩ τῆς τύχης
ἐν τῷ δαίμονι εὑρεθῶσιν [παρ᾽ ἐν ὦσι], συμπαρόντος καὶ τοῦ οἰκοδεσπό-
5 του, μεγάλη ἡ γένεσις καὶ εὐτυχής. ὅσοι δὲ ἔχουσι τὸν κύριον τῆς τε τύχης 19
καὶ τοῦ δαίμονος ἀνατολικοὺς καὶ ἰδιοτοποῦντας καὶ ὑπὸ Ἡλίου καὶ Σε-
λήνης μαρτυρουμένους, ἔνδοξοι καὶ ἐπίσημοι γενήσονται καὶ ἐγγὺς βασι-
λέων ἢ ἱερῶν ἀναστρεφόμενοι καὶ δωρεῶν καὶ δόξης καταξιούμενοι. ἐὰν 20
δὲ ἡ Ἀφροδίτη κυριεύσασα τοῦ κλήρου ἢ τοῦ δαίμονος σὺν τῷ Ἡλίῳ καὶ
10 Σελήνῃ εὑρεθῇ καὶ τούτων κυριεύσας τις τῶν λοιπῶν ἀστέρων μὴ ἰδιοτο-
πῇ, | ἀλλὰ παραπέσῃ, σκληροτυχὴς ὁ τοιοῦτος καὶ δυσεπίτευκτος ⟨ἐν⟩ f.208
τοῖς ἐγχειρουμένοις· ἐὰν δέ τινες αὐτῶν ἰδιοτοπήσωσιν, μετὰ μεγάλων ἀν-
δρῶν ἀναστρέφουσιν ἢ ἐν βασιλικαῖς αὐλαῖς πίστεις ἀναδέξονται, εἰς δὲ
τὸν περὶ γυναικὸς τόπον ἐπίλυποι καθίστανται ἢ ἄτεκνοι. ἐὰν ὁ κύριος τῆς 21
15 τύχης ἢ τῆς περιποιήσεως μὴ τύχωσιν ἐν ἰδίοις οἴκοις ἢ ὑψώμασιν ⟨ἢ⟩
τριγώνοις ἢ μοίραις ὄντες ἐπίκεντροι ἢ προσθετικοί, καθαιροῦσι τὰς
γενέσεις — μάλιστα μὲν οὖν τυχόντες κακοποιοὶ μαρτυροῦντες τοῖς τό-
ποις ἢ ἐναντιούμενοι· ἐὰν δὲ ἀγαθοποιοὶ τύχωσιν ἐπίκεντροι, ἀνατολικοὶ
καὶ προσθετικοί, λαμπροὺς καὶ ἐπιδόξους ποιοῦσι τοὺς γεννωμένους,
20 ἐὰν δὲ ἐπὶ τῶν ἐπαναφορῶν, ἀφ᾽ ἑαυτῶν ἀνάγονται.

Ἐάν, τοῦ κλήρου τῆς τύχης καλῶς πεσόντος καὶ τοῦ δαίμονος καὶ τῆς 22
βάσεως, ἡ περιποίησις κακωθῇ, ἐν προβάσει τῆς ἡλικίας μειοῦσι τὰς
ὑπάρξεις· ἐὰν δὲ ἡ τύχη παραπέσῃ καὶ κεκακωμένη ᾖ, ἡ δὲ περιποίησις
καλῶς πέσῃ, ἀπὸ νέας ἡλικίας κρείττονες γίνονται. ἐὰν ὁ τῆς τύχης κύριος 23
25 ἢ ὁ τῆς περιποιήσεως ἐπὶ τῶν κάτω | κέντρων ἢ ἐπαναφορῶν τύχῃ, ἐν f.285M
προβάσει τῆς ἡλικίας τὰς εὐπορίας καὶ τὰς δόξας περιτίθησιν. οἱ κακο- 24
ποιοὶ ἐπὶ τῆς περιποιήσεως ἐφεστῶτες ἢ ἐναντιούμενοι, τοῦ τόπου ἀκέν-
τρου ὄντος, ἀλλότριοι τῆς γενέσεως καὶ ⟨ἐπὶ⟩ ζῳδίων καὶ μοίρας ἀλλο-
τρίας, φθορὰς τῶν ὑπαρχόντων ποιοῦσιν, καὶ ἐὰν ὁ κλῆρος τῆς τύχης κα-
30 λῶς πέσῃ καὶ ὁ κύριος αὐτοῦ.

Ὅταν ὁ κύριος τῆς τύχης καὶ ὁ τῆς περιποιήσεως ἐναντίοι πέσωσιν, 25

§§ 18—19: cf. App. XI 96—97 ‖ §§ 21—26: cf. App. XI 103—108

[M S] 2—4 λαμπρὰ — οἰκοδεσπότου om. S ‖ 3 ὁ sugg. Kroll ‖ 4 παρ᾽ ἐν ὦσι
secl. Kroll ‖ 5—6 τὸν κλῆρον τοῦ τε δαίμονος καὶ τῆς τύχης ἀνατολικῶς M ‖ 6 καὶ²
om. S ‖ ἰδιοτοποῦντα M ‖ 7 μαρτυρούμενον M ‖ καὶ² om. S ‖ 9 ἤ om. S ‖ ἢ
τοῦ δαίμονος om. M ‖ 10 ᾖ post εὑρεθῇ M ‖ 11 σκληρότυχος M ‖ ἐν Kroll ‖
12 μεμεγάλων S ‖ 15 ᾖ³ App. ‖ 17 τυχόντες secl. sugg. Kroll ‖ 20 ἀνάγωνται M ‖
22 κακοηθῇ S ‖ 23 καὶ om. S ‖ 24 κρείττονες] καλῶς M ‖ 25 ὁ sup. lin. M ‖ 26 ἐμ-
πορίας M ‖ 28 ὄντος om. S ‖ 30 καὶ] ᾖ M

85

ἐὰν μὲν ἀγαθοποιοὶ ὦσι τὰς ὑπάρξεις πεφαντασιωμένας ποιοῦσι καὶ ἐπι
σάθρους καὶ ἐπικινδύνους, ἐὰν δὲ κακοποιοὶ ὦσιν ἐκπτώσεις ποιοῦσιν.
26 ἐὰν ἡ περιποίησις ἐναντία τῷ δαίμονι γένηται, ἐκπτώσεις τῶν πράξεων
καὶ μειώσεις καὶ βλάβας παρέχουσιν, ἐὰν μὴ ἔχωσιν ἀγαθοποιοὺς ἐπι
27 κειμένους. ὁ τῆς περιποιήσεως κύριος ἐναντιούμενος τῷ περιποιήματι 5
28 κενοῖ τὰς ὑπάρξεις· ἐὰν οὖν κακοποιὸς τύχῃ, ἔτι χεῖρον. οἱ δὲ ἀγαθοποιοὶ
ἀφαιροῦντες τὰ αὐτὰ ἀπεργάζονται, ἐπὶ τούτοις δὲ καὶ ἐκπτώσεις ποιοῦ
29 σιν. ἐὰν τῶν οἰκοδεσποτῶν ἡ περιποίησις ἐναντία πέσῃ, μάλιστα ὄντων
κακοποιῶν καὶ μηδὲ τῆς αἱρέσεως ὄντων, ἐγγὺς ἐκπτώσεως ἔρχονται.
30 ἐὰν τῇ περιποιήσει Ἄρης ᾖ ἐφεστὼς | ἢ διάμετρος, εἰς ἡδονὰς καὶ μέθας 10
f. 20ᵛˢ
ἀναλίσκουσι τὰ περικτηθέντα· ὁμοίως καὶ ἐὰν ὁ κύριος τῆς περιποιήσεως
ἐναντίος αὐτῷ γένηται, τῷ βίῳ πολυδαπάνους· ὁμοίως καὶ ἐὰν ᾖ αὐτὸς ὁ
κύριος τῆς περιποιήσεως ἀφαιρῶν τῷ ἀριθμῷ ἢ ἄκεντρος ὢν ἢ μοίρας
ἀλλοτρίας ἢ οἶκον ἔχων.

(II 23) ⟨κδ'.⟩ Περὶ κλήρου δάνους 15

1 Ἐὰν ὁ περὶ δάνους κλῆρος ⟨κακῶς⟩ πέσῃ ἢ ὁ κύριος αὐτοῦ εἰς τὰ τε
τράγωνα ἢ διάμετρα αὐτοῦ, κακοποιῶν ἐφορώντων ἢ ἐναντίων ὄντων ἢ
2 καθυπερτερούντων, καταχρέους ποιεῖ τὰς γενέσεις. ἀριθμεῖται δὲ ὁ κλῆ
3 ρος ὁ περὶ δάνους ἀπὸ Ἑρμοῦ ἐπὶ Κρόνον καὶ τὰ ἴσα ἀπὸ ὡροσκόπου. ἐκ
τῶν οὖν ἐμπεπτωκότων κλήρων ἢ τῶν ἐφεστώτων ἀστέρων τῇ περιποιήσει 20
ἢ διαμετρούντων ἢ τετραγώνων πρὸς τὸν κλῆρον αὐτὸν ὁ τρόπος τῆς
ὑπάρξεως τοῦ γεννωμένου πρόδηλος, ὁμοίως ⟨δὲ⟩ καὶ ἀπὸ τῶν ἐν τῇ τύχῃ
ἢ δαίμονι ἐφεστώτων ἀστέρων ἢ τῶν κλήρων τῶν συνεμπιπτόντων αὐτοῖς
[καὶ τῶν κλήρων] καὶ τῶν κυρίων αὐτῶν, μάλιστα δὲ ὁρώντων τὸν περὶ
ἐνέδρας κλῆρον καὶ τὸν περὶ κλοπῆς, εἰ πρὸς τὴν περιποίησιν ἢ τύχην ἢ 25
τὸν δαίμονα ἢ τὸν βίον λόγον τινὰ ἔχουσιν ἢ πρὸς τοὺς κυρίους τούτων
4 τῶν κλήρων. δυνατὸν δὲ μὴ ἔχειν ⟨λόγον οἳ⟩ οὐκ ἐξ ὑγιοῦς τὰς κτήσεις
ποιοῦσιν· ἐὰν γὰρ μὴ ἔχωσι λόγον οἱ προκείμενοι τόποι πρὸς τὴν περι
ποίησιν ἢ τύχην ἢ τὸν βίον ἢ τὸν δαίμονα, καθαιρεῖ τὰ τοῦ βίου τοῦ γεν
νωμένου ἢ τὰ τῆς ὑπάρξεως, εἰ δὲ λόγον τινὰ ἔχουσι πρὸς αὐτούς, ἀπὸ 30

§§ 29—30: cf. App. XI 109—110

[M S] 2 ἐκπτώσεις ποιοῦσιν iter. S ‖ 3—4 ἐὰν — παρέχουσιν om. S ‖ 4—6 ἀγα
θοποιοὺς — δὲ om. S ‖ 4 ὑποκειμένους M, corr. Kroll ‖ 7 καὶ om. S ‖ 10 ᾖ om. M,
ἢ S, corr. Kroll ‖ 11 κτηθέντα M ‖ 13 ἀφαιρᾶν S ‖ 15 περὶ κλήρου δάνους om. M ‖
16 lac. post πέσῃ ind. Kroll ‖ 17 εἰς τὰ post ἢ¹ M ‖ 20 πεπτωκότων M ‖ 21 αὐ
τῶν S ‖ 22 τῆς γενομένης S ‖ 23 ἢ post ἐφεστώτων M ‖ 24 καὶ τῶν κλήρων secl.
Kroll ‖ 27 lac. ind. Kroll ‖ 28 γὰρ] δὲ M ‖ 29 καθαιρεῖται sugg. Kroll ‖ τὰ
om. M ‖ 30 ἔχωσι S

86

πανουργίας καὶ ἐνέδρας καὶ ἐπιβουλῆς τινος καὶ βίας καὶ κλοπῆς καὶ
ἐπιθέσεως εὑρήσεις τὰ τῆς ὑπάρξεως ὄντα.

⟨κε΄.⟩ Κλῆρος κλοπῆς   (II 24)

Ἀριθμεῖται δὲ ὁ περὶ κλοπῆς ἐπὶ μὲν ἡμερινῆς γενέσεως ἀπὸ Ἑρμοῦ
5 ἐπὶ Ἄρεα καὶ τὰ ἴσα ἀπὸ Κρόνου, ἐπὶ δὲ νυκτερινῆς γενέσεως ἀπὸ Ἄρεως
ἐπὶ Ἑρμῆν καὶ τὰ ἴσα ἀπὸ Κρόνου.

⟨κϛ΄.⟩ Κλῆρος ἐνέδρας   (II 25)

Τὸν δὲ περὶ ἐνέδρας ἡμέρας μὲν ἀπὸ Ἡλίου ἐπὶ Ἄρεα καὶ τὰ ἴσα ἀπὸ 1
ὡροσκόπου, νυκτὸς δὲ τὸ ἐναλλάξ. καὶ ἐὰν ὁ τοῦ κλήρου τῆς τύχης ἢ 2
10 τῆς περιποιήσεως ἢ τοῦ δαίμονος [ὁ] κύριος εἰς τὸν περὶ ἐνέδρας ἢ κλοπῆς
τύχῃ, ἀπὸ βίας ἢ πανουργίας ἤ τινος ὠφελείας ἕξουσι τοὺς βίους· | καὶ f.218
ἐὰν οἱ κύριοι πάντων τῶν προκειμένων ὁμοῦ πέσωσιν, ταὐτὰ ποιοῦσιν.
καὶ ἐὰν ὁ κύριος | τῆς ἐνέδρας ἢ τῆς κλοπῆς ἐπὼν ἢ τῷ κλήρῳ τῆς τύχης $\overset{3}{\text{f.285vM}}$
ἢ δαίμονος ἢ βίου ἢ περιποιήσεως, εὑρίσκεται ἐκ τούτων τὰ τοῦ βίου.
15 ἐὰν δὲ ἀγαθοποιοὶ τοῖς τόποις μαρτυρῶσιν, καὶ μάλιστα ἰδιοτοποῦντες ἢ 4
τῆς αἱρέσεως ὄντες, εὐπροαίρετοι καθίστανται· ἐὰν δὲ κακοποιοὶ διά-
μετροι ἢ τετράγωνοι μαρτυρῶσιν, συννοητέος ὁ τρόπος.
Ὅσαι δὲ μετὰ τὴν εὐτυχίαν καθαιροῦνται ἢ ἐκπίπτουσιν ὑποδείξομεν. 5
ἐὰν ὁ περὶ ἀξίας καὶ ὑψώματος τόπος ἐναντίους ἔχῃ κακοποιοὺς μὴ προσ- 6
20 ήκοντας τῇ γενέσει ἢ ὁ κύριος αὐτοῦ μὴ μαρτυρῆται ὑπὸ Διός, μάλιστα
τῶν φώτων ἀποκεκλικότων ἢ τῆς Σελήνης κεκακωμένης, ἐν καθαιρέσει
τὰ τῆς δόξης καὶ τὰ τῆς ἐπιφανείας γενήσεται. ὁ κύριος τοῦ κλήρου τῆς 7
τύχης ἐναντιούμενος τῷ ὑψώματι ἢ τῷ κυρίῳ τοῦ ὑψώματος ἐπισφαλεῖς
τὰς δόξας καὶ τὰς ἐπιφανείας ποιεῖ· ὁμοίως καὶ ὁ τοῦ δαίμονος καὶ οἱ
25 κλῆροι πρὸς ἑαυτοὺς ἀηδεῖς καὶ καθαιρετικοὶ δόξης τυγχάνουσιν. καὶ 8
ἐὰν τοῦ κλήρου τοῦ ὑψώματος ὁ τόπος καὶ ὁ περὶ ἐπιτιμίας ἐναντίοι
πέσωσι καὶ ὑπὸ κακοποιῶν ὁρῶνται ἢ οἱ κύριοι αὐτῶν ἢ οἱ κλῆροι, ἑαυ-

cap. 26, 1: cf. App. XII 1

[M S] 1 ἐπιβολῆς S ‖ 3 κλῆρος κλοπῆς om. M ‖ 4 νυκτερινῆς M | μὲν post
ἀπὸ S ‖ 5 ἀπὸ ♄ S   ἐπὶ ♄ M | νυκτ<έ>ρῆς S | αἱρέσεως M ‖ 7 κλῆρος ἐνέδρας
om. M ‖ 8 τὸν om. M, τὸ S, τὸν sugg. Kroll | περὶ om. M | μὲν om. S ‖ 10 τὸν]
τὸ S ‖ 11 ἤ¹] καὶ S ‖ 13 συννὼν M, ἐπὼν τύχῃ vel εὑρεθῇ sugg. Kroll ‖ 14 τοιού-
των M S, corr. Kroll ‖ 16 ἀπροαίρετοι M | κακοποὶ M ‖ 17 μαρτυρήσωσι M | συν-
νοητέον S | τόπος sugg. Kroll ‖ 19 ἔχει S ‖ 22 γίνεται S ‖ 24 ὁ om. S ‖ 25 ἐναν-
τιούμενοι post κλῆροι sugg. Kroll ‖ 27 — p. 88, 1 αὐτῶν κακωθῶσιν ἐν sugg. Kroll |
αὐτοὺς M

τοὺς κακοῦσι καὶ ἐν ἀτιμίαις καὶ καθαιρέσεσι καὶ ὕβρεσί τισι γενή-
9 σονται οἱ γεννώμενοι. καὶ ἐὰν ὁ κύριος τοῦ κλήρου τῆς τύχης ἢ τοῦ
δαίμονος ἢ τοῦ ὑψώματος τῷ περὶ ἐπιτιμίας ἐναντίος πέσῃ ἢ τῷ κλήρῳ
ἢ τῷ κυρίῳ αὐτοῦ ἢ καθυπερτερούμενος ὑπὸ κακοποιῶν ἢ μαρτυρού-
10 μενος, ἐν καθαιρέσει καὶ ὕβρει γίνονται οἱ γεννώμενοι. ὁμοίως καὶ ἐπὰν 5
τῷ κλήρῳ – μάλιστα τῷ περὶ ἐπιτιμίας – κακοποιὸς μαρτυρήσῃ, κα-
θαιρέσεις βίων καὶ ἀξιῶν ἐποίσει τῷ γεννωμένῳ, καὶ μάλιστα ἐπίκεν-
τρος ὤν· ἔκδηλα γὰρ οὕτως καὶ ἐκφανῆ τὰ κακὰ γίνεται τοῖς γεννω-
μένοις.
11 Κακὰ τὰ φῶτα ἐναντιούμενα τοῖς ὑψώμασιν ἢ τῷ κυρίῳ τοῦ ὑψώματος, 10
μάλιστα κεκακωμένα καὶ μὴ ὄντα τῆς αἱρέσεως ἢ καὶ τὸ ἔτερον αὐτῶν·
12 ἀτιμίας γὰρ καὶ καθαιρέσεις παρέχουσι ταῖς γενέσεσιν. ἐὰν τὸ ὕψωμα τύχῃ
ἐν τῷ μεσουρανήματι καὶ ᾖ κακοποιὸς ἐν τῷ ὑπὸ γῆν ἡμισφαιρίῳ, ἐπὶ
f.21vs τῆς πρώ|της ἡλικίας προκόψαντες καὶ τιμηθέντες ὑπὸ πολλῶν, μάλιστα
ἀγαθοποιοῦ ἐπιθεωροῦντος, ὕστερον καθαιρεθήσονται· ἐὰν δὲ ἐναλλὰξ 15
γένηται, ἐν τῇ πρώτῃ ἡλικίᾳ δυστυχήσαντες ὕστερον ἐπιφανεῖς ἔσονται.
13 ἐὰν δὲ ὁλοτελῶς κακωθῶσιν οἱ τόποι, ἀπὸ νεότητος δυστυχίαν σημαί-
νουσι τῷ γεννωμένῳ, ὥσπερ καὶ ἀγαθοποιῶν μαρτυρούντων τοῖς τόποις
ἀγαθῶν πρόδηλα γενήσεται κατὰ τὰς τῶν ζῳδίων καὶ ἀστέρων τοποθε-
14 σίας. ἐὰν πάλιν τύχῃ ὁ δαίμων τῷ ὑψώματι ἐναντιούμενος, ἐν καθαιρέσει 20
15 τὰς γενέσεις ποιεῖ. ὅταν ἐπὶ γενέσεως οἱ πλεῖστοι τόποι κακωθῶσιν ἢ οἱ
κύριοι αὐτῶν, αἵ τε σύνοδοι ἢ πανσέληνοι ἢ ὁ περὶ ἐπιτιμίας κλῆρος [ἢ]
τὸν περὶ δίκης ἢ ἔχθρας ἢ ἀνάγκης κλῆρον ἔχωσι συνεμπίπτοντα ἢ διά-
μετρον ἢ τετράγωνον, ἐν μεγάλαις στάσεσι γίνονται καὶ εἰς ἐπιτιμίαν
βλάπτονται· ἐὰν ὀλίγοι ὦσιν οἱ κεκακωμένοι ἢ ὁ περὶ ὑψώματος μόνος 25
ἢ ὁ κύριος αὐτοῦ, ἀπρόκοποι καὶ ἀλαμπεῖς καὶ ἐν καταγνώσει οἱ γεννώ-
16 μενοι διατελοῦσιν. τῷ περὶ ἀξιώματος τόπῳ κακοποιοὶ ἐναντιούμενοι ἢ
17 καθυπερτεροῦντες καθαιρέσεις ἐπιφέρουσι ταῖς γενέσεσιν. ἐὰν ὁ κύριος
τοῦ ὑψώματος καὶ ὁ κύριος τοῦ ἀξιώματος ἐναντίοι πέσωσιν ἑαυτοῖς, οἵ
τε κλῆροι ἢ οἱ δεσπόται αὐτῶν, ἐν καταγνώσει γίνονται οἱ γεννώμενοι. 30
18 ἐὰν Ζεὺς τῷ ὑψώματι ᾖ ἐπικείμενος ἐπίκεντρος ἢ κύριος γένηται κέντρου,
ἐπιφανεῖς ἄνδρας ποιεῖ· ἐὰν δὲ ἐν Ἄρεως τύχῃ ζῳδίῳ ἢ μοίραις ἢ συνὼν

[M S] 1 ἀτιμίαις S | καὶ³] ἢ S ‖ 1−2 γίνονται οἱ γενόμενοι S ‖ 2 κύριος om. M |
καὶ post ἢ S ‖ 3 τῷ¹] τῆς S ‖ 4 καθαιρούμενος M ‖ 6 καθαιρέσει M ‖ 7 ἐμποιή-
σει M | καὶ² om. S | ἐπίκεντρος μάλιστα S ‖ 8 γὰρ] δὲ M | ἐπιφανῆ M ‖ 11 ἢ]
εἰ M ‖ 12 τοῖς S ‖ 13 τῷ ἡμισφαιρίῳ τῷ ὑπὸ γῆν M ‖ 14 πράξαντες M ‖ 17 παν-
τελῶς M | σημαίνει M ‖ 19 προδηλωτικὰ sugg. Kroll | τῶν om. S ‖ 22 αἵ τε] ἢ
αἱ M | τόπος ἢ post ἐπιτιμίας M | ἢ³ secl. Kroll ‖ 23 ἔχουσι M | ἢ³ om. M ‖
25 κακοποιοὶ M S | μόνος] τόπος M, τόπος κακωθῇ sugg. Kroll ‖ 30 κακῶς πέσω-
σιν post αὐτῶν sugg. Kroll ‖ 31 εἴη M S ‖ 32 ἐν] καὶ M | μοίρα S | συνὼν ἢ M

ἰδίοις ζῳδίοις, ζωῆς καὶ | θανάτου κυριεύσουσιν οἱ γεννώμενοι. ὅθεν οἱ $^{f.286M}_{19}$
προκείμενοι τόποι καὶ ἀστέρες ἐν χρηματιστικοῖς ζῳδίοις εὑρισκόμενοι
λαμπράς, ἡγεμονικάς, βασιλικὰς γενέσεις ποιοῦσιν, ἐπὶ δὲ τῶν μέσων
ζῳδίων εὐσχήμονας, ἐπιδόξους, ἀρχικούς, ἐπὶ δὲ τῶν ἀποκλιμάτων εὐπό-
5 ρους, πρακτικούς, ὑπὸ ἑτέρων ἐξουσίας τεταγμένους, πίστεων καὶ τάξεων
καταξιουμένους.

⟨κζ´.⟩ Τῶν προκειμένων τόπων ὑποδείγματα (II 26)

Ἔστω δὲ ἐπὶ ὑποδείγματος Ἥλιος, Σελήνη, Ζεύς, Ἑρμῆς Λέοντι, Κρό- 1
νος, ὡροσκόπος Ζυγῷ, Ἄρης Διδύμοις, Ἀφροδίτη Καρκίνῳ. ὁ τοιοῦτος 2
10 εὐτυχής, ἡγεμονικός, τυραννικός, βασιλικὴν τύχην κεκτημένος καὶ ἐν
περιουσίᾳ μεγάλῃ κατασταθείς· ἐν τῷ αὐτῷ γὰρ ἐξέπεσεν ὅ τε κλῆρος
τῆς τύχης καὶ ὁ δαίμων | καὶ ἡ βάσις, ἡ δὲ τούτων κυρία Ἀφροδίτη $^{f.228}$
μεσουρανοῦσα Καρκίνῳ, ὁ δὲ τοῦ τριγώνου κύριος καὶ ⟨ὁ⟩ τοῦ ὑψώματος
εὑρέθησαν ἀγαθοδαιμονοῦντες ἐν τῇ περιποιήσει.
15 Ἄλλη. Ἥλιος, Ἑρμῆς, Ἀφροδίτη, ὡροσκόπος Λέοντι, Κρόνος Ταύρῳ, 3
Ζεὺς Τοξότῃ, Ἄρης Ζυγῷ, Σελήνη [Παρθένῳ] Αἰγοκέρωτι. ὁ τοιοῦτος 4
ἡγεμονικός, ζωῆς καὶ θανάτου κύριος· οἰκείως γὰρ οἱ ἀστέρες εὑρέθησαν.
Ἄλλη. Ἥλιος, Σελήνη, Ζεύς, ὡροσκόπος Κριῷ, Κρόνος, Ἀφροδίτη 5
Ὑδροχόῳ, Ἄρης Διδύμοις, Ἑρμῆς Ἰχθύσιν. ὁ τοιοῦτος ἡγεμονικός, τυ- 6
20 ραννικός· ἐπίκεντροι γὰρ καὶ ὡροσκοποῦντες οἱ κύριοι τοῦ τριγώνου
εὑρέθησαν, καὶ εἰς τὸ αὐτὸ καὶ ὁ κλῆρος καὶ ὁ δαίμων καὶ ἡ βάσις καὶ τὸ
ὕψωμα ἐξέπεσεν. ὁ δὲ τούτων κύριος Ἄρης ἐκπαραπεσὼν καὶ †ἁμαρτύ- 7
ρητος τῷ τόπῳ† ἐναντία καὶ φυγαδείαν καὶ βιαιοθανασίαν ἐποίησεν· ἦν
γὰρ καὶ τῆς συνόδου κύριος.
25 Ἄλλη. Ἥλιος, Ζεύς, Ἀφροδίτη Ἰχθύσιν, Σελήνη Ζυγῷ, Ἄρης Καρκίνῳ, 8
Ἑρμῆς Ὑδροχόῳ, Κρόνος Σκορπίῳ, ὡροσκόπος Λέοντι. ὁ τοιοῦτος ἔν- 9
δοξος, ἐξουσιαστικός· ἐδορυφορήθη γὰρ ὁ Ἥλιος ὑπὸ τῶν ἀγαθοποιῶν
καὶ εὑρέθη ἐπικείμενος τῷ κλήρῳ τῆς τύχης σὺν τῷ οἰκοδεσπότῃ. ἐπεὶ 10

§ 19: cf. II 2, 3 ‖ §§ 1–2: thema 14 (26 Iul. 70) ‖ §§ 3–4: thema 29 (11 Aug.
86) ‖ §§ 5–7: thema 20 (1 Apr. 78) ‖ §§ 8–11: thema 42 (5 Mar. 101); cf. App.
XI 99–102

[M S] 1 ἰδίαις τύχαις ζῳδίοις M | ζωῆς om. M | κυριεύσωσιν M | οἱ κληρονόμοι
γενώμενοι S ‖ 2 οἱ post καὶ M ‖ 5–6 πίστεων — καταξιουμένους om. S ‖ 7 τῶν —
ὑποδείγματα om. M ‖ 9 Διδύμοις] ⚺ M ‖ 10 τύχην om. M ‖ 11 εἰς τὸ αὐτὸ M ‖
13 ἐν post μεσουρανοῦσα M ‖ 14 εὐδαιμονοῦντες M ‖ 15 ἄλλη om. M | ἑρμῆς ἀφρο-
δίτη] ♃ S (cf. 8 et 18) ‖ 16 Αἰγοκέρωτι om. S ‖ 18 ἄλλη om. S ‖ 19 Ἄρης Διδύ-
μοις om. M | τυραννικός om. M ‖ 20 τοῦ sup. lin. S ‖ 22 ἀκαταμαρτύρητος S ‖
23 γ post τῷ Kroll | ἐναντιώματα sugg. Kroll | φυγαδεία καὶ βιαιοθανασία M ‖
25 ἄλλη om. M

89

VETTIVS VALENS

δὲ οἱ συναιρετισταὶ τοῦ τριγώνου παρέπεσον καὶ ὁ κύριος τοῦ δαίμονος
11 ἀπόστροφος, ἔκπτωτος ἐγένετο καὶ ἑκὼν μετέστη. ἠναντιώθη δὲ καὶ τῇ
περιποιήσει Ἄρης, καὶ ὁ τοῦ ὑψώματος κύριος οὐκ ἔσχε τόπον ἐπιτήδειον,
12 ἀλλ᾿ ὑπὸ Κρόνου καθυπερτερηθεὶς ἐκακώθη. ὅθεν καλῶς προεῖπον· ἐὰν
τὰ πλείονα σχήματα ἢ οἱ τούτων κύριοι ἐπιτόπως εὑρεθῶσιν, καὶ ἐν δόξῃ 5
καὶ βίου φαντασίᾳ γενήσονται, ἐὰν δὲ οἱ μὲν παραπέσωσιν, οἱ δὲ οἰκείως
εὑρεθῶσιν, ἀνεπίμονα τὰ τῆς δόξης καὶ τῆς τύχης γενήσεται.

(II 27) ⟨κη΄.⟩ Περὶ χρόνων ἐμπράκτων καὶ ἀπράκτων καὶ ζωῆς [τοῦ] ἐκ τῶν
κέντρων καὶ ἐπαναφορῶν

1 Οἱ δὲ χρόνοι καταληπτέοι ἔσονται τῆς εὐτυχίας ἢ δυστυχίας, ἀνωμαλίας 10
τε καὶ εὐπραξίας ἐκ τῆς ἑκάστου ζῳδίου ἀναφορᾶς ἢ τῆς τοῦ ἀστέρος
κυκλικῆς περιόδου· περὶ μὲν γὰρ χρόνων ζωῆς ζητοῦντας δεῖ προσέχειν
τῷ ὡροσκόπῳ καὶ τῇ Σελήνῃ ἢ τῷ ζῳδίῳ ἐφ᾿ ᾧ οἱ κύριοι πάρεισιν, πρὸς
δὲ πρᾶξιν καὶ δόξαν τῷ κλήρῳ τῆς τύχης καὶ δαίμονι καὶ Ἡλίῳ ἢ συνόδῳ
2 ἢ πανσελήνῳ, τῷ τε ὑψώματι καὶ τῷ τούτου κυρίῳ. ἄρξουσι δὲ τοῦ πρώ- 15
f.22v8 του χρόνου κυρι|εύειν οἱ ἐπόντες πρώτῳ λόγῳ τῷ ὡροσκόπῳ, ἔπειτα οἱ
ἐν τῷ μεσουρανήματι ἢ ἐν τῷ δύνοντι ἢ ἐν τῷ ὑπογείῳ, ἐὰν δὲ οἱ τόποι
οὗτοι τύχωσι κενοί, οἱ ἐπὶ τῶν ἐπαναφορῶν· τούτων δὲ κενῶν τυχόντων
οἱ ἐν τοῖς ἀποκλίμασι, καὶ εἰ μὴ τοσοῦτον σθένουσιν, πλὴν τὰ πράγματα
3 διοικονομήσουσιν. πρότερον δὲ οἱ τοῦ ὡροσκόπου ἢ τοῦ μεσουρανήματος 20
ἀπονενευκότες μεριοῦσιν, εἶθ᾿ οὕτως οἱ ἐν τοῖς λοιποῖς ἀποκλίμασιν, οὐ
μέντοι τελέας τὰς ἀναφορὰς ἢ τὰς περιόδους, ἀλλ᾿ ὅσον μέρος τοῦ ζῳδίου
διακατέχειν δύνανται, πρὸς ἀναλογίαν τοσοῦτον καὶ τῆς περιόδου καὶ τῆς
4 ἀναφορᾶς. οἱ γὰρ ἐπὶ τῶν κέντρων ἢ τῶν ἐπαναφορῶν οἰκείως σχηματι-
σθέντες τε καὶ ἀνατολικοὶ εὑρεθέντες, μάλιστα δὲ λόγον ἔχοντες πρὸς τὰ 25
fin.f.286M τῆς γενέσεως πράγματα ἅτινά ἐστιν, ἐπὰν τῶν προκειμένων τόπων |
δεσπόζωσιν, καὶ τὴν τοῦ ζῳδίου ἀναφορὰν καὶ τὴν ἰδίαν περίοδον μεριοῦσιν
ἢ τὴν ἐφ᾿ ὧν πάρεισι ζῳδίων οἱ κύριοι ἀναφορὰν καὶ περίοδον.
5 Ὁμοίως δὲ καὶ τοὺς λοιποὺς τόπους καὶ τοὺς δεσπότας ζητοῦντας δεῖ
συγκρίνειν τοὺς χρόνους (οἷον περὶ βίου, ἀδελφῶν, γονέων, τέκνων καὶ 30

[M S] 1 παρέπεσον om. M ‖ 4 ἀλλὰ M ‖ κακῶς S, καθὼς Kroll ‖ 7 τὰ post
καὶ M ‖ 8–9 περὶ – ἐπαναφορῶν om. M ‖ 8 τοῦ] τὸ sugg. Kroll ‖ 10 τῆς post
ἢ M ‖ 11 ἀπραξίας M ‖ τῆς² om. S ‖ ἀστέρος] χρόνου M ‖ 13 τὸν ὡροσκόπον καὶ
τὴν (τὴν om. S) ⟨⟨ ἢ τὴν ζωὴν (ἢ τὴν ζωὴν om. S) ἢ τὸ ζῴδιον M S, corr. Kroll ‖
ὧν M S, corr. Kroll ‖ 14 δόξας M S, corr. Kroll ‖ 15 τε om. S ‖ ἄρξουσι M ‖
τῷ M S, corr. in τοῦ M ‖ πρώτου om. S ‖ 16 χρόνῳ S ‖ οἱ² om. S ‖ 17 οἱ τόποι
om. M ‖ 18 οἱ] ἢ M ‖ 19 μὴ] μὲν M ‖ 20 δὲ om. M ‖ οἱ] ἢ M ‖ 21 λοιποῖς] μερι-
κοῖς M ‖ ἀποκλίμασιν om. S ‖ 22 τελέαν τὴν ἀναφορὰν M ‖ 23 τῆς¹] τοῦ M ‖
24 ἐπαναφορᾶς M ‖ τῶν² om. M ‖ 25 τε καὶ] ἢ M

90

τὰ ἑξῆς), τοὺς καταβλάπτοντας ἀστέρας ἢ ὠφελοῦντας καὶ περὶ τίνων
ἕκαστος δύναται ἀποτελεῖν, ἵνα μὴ περὶ τῶν αὐτῶν πλειστάκις γράφωμεν·
πρόκεινται γὰρ αὐτῶν αἱ φύσεις, ὑπομιμνήσκομεν δὲ καὶ πάλιν ἐν τοῖς
μετὰ ταῦτα. πρότερον μὲν οὖν χρὴ τοῦ κυρίου τὴν ἐλαχίστην περίοδον 6
5 μερίζειν καὶ τὴν τοῦ ἐπικειμένου, εἶθ᾽ οὕτως τὴν ἀναφορὰν τοῦ ζῳδίου ἢ
τὴν ἐφ᾽ ᾧ ὁ κύριος ἔπεστιν, ἄλλως τε καθὼς προείπαμεν σκοπεῖν τοὺς
οἰκοδεσποτοῦντας τοῦ τριγώνου. ἐὰν μὲν γὰρ ἀμφότεροι καλῶς πέσωσιν, 7
ἐπίδοξα καὶ ἐπωφελῆ τὰ τῶν χρόνων γενήσεται· ἐὰν δὲ ἀπὸ μέρους, ὁμοίως·
ἐὰν δὲ παραπέσωσιν, ἐξ ἀρχῆς μέχρι τέλους ἀνώμαλος ἡ γένεσις ἔσται
10 ἢ λύπαις καὶ κινδύνοις περιτραπήσεται, ἐκτὸς εἰ μὴ ὁ κλῆρος τῆς τύχης
ἢ ὁ τούτου κύριος οἰκείως σχηματισθεὶς ἐν εὐπορίᾳ καὶ δόξῃ κατὰ τὴν
ἰδίαν ὑπόστασιν καταστήσει τὴν γένεσιν. ἐὰν δὲ δύο ἢ πλείους ἀστέρες 8
ἐν ἑνὶ ζῳδίῳ τύχωσιν, ἑκάστου μὲν ⟨ἡ⟩ περίοδος κατὰ μόνας συμπληρου-
μένη ἐνεργήσει, τὸ δὲ ἀποτέλεσμα ἡ δύο ἢ τριῶν ἀστέρων σύγκρασις |
15 δηλώσει, ὁμοίως δὲ καὶ ἡ ἀναφορὰ τοῦ ζῳδίου συμπληρωθεῖσα κατὰ f.238
μόνας καὶ πάλιν σὺν τῇ περιόδῳ τοῦ ἐπικειμένου ἀστέρος ἢ τοῦ κυρίου
ἐνεργήσει. ἐὰν δέ πως ἐκ τῶν ἀναφορῶν καὶ τῶν περιόδων οἱ τοιοῦτοι χρό- 9
νοι συντρέχωσιν ἢ ἀγαθοποιῶν ἢ κακοποιῶν ἀστέρων ἢ ζῳδίων, ἀμφό-
τερα γενήσεται [οὐ] κατ᾽ ἐκεῖνον τὸν χρόνον, τά τε φαῦλα καὶ τὰ ἀγαθά.

20 ⟨κθ΄.⟩ Περὶ ἀποδημίας ἐκ τῶν Ἑρμίππου   (II 28)

Τὸν περὶ ἀποδημίας τόπον δύσληπτον ὄντα οὔτε Πετόσιρις οὔτε ὁ 1
γνώριμος βασιλεὺς ἐν τοῖς ὑπομνήμασιν ἑαυτῶν ἐξεῖπον ἢ μόνον εἰς τὸν
τόπον τοῦτον τοῦτο εἰρήκασιν· ᾽εἰς τοὺς χρόνους εἴ τις τῶν κακοποιῶν
ἔχει φάσιν, ἐν ἀποδημίαις καὶ σκυλμοῖς ποιήσει τὴν γένεσιν᾽. ὅ ἐστιν ἀλη- 2
25 θές, περαιτέρω δὲ τούτων οὐδὲν ἄλλο εἰς τὸν περὶ ξένης τόπον ἔχουσιν.
Ὁ δὲ θαυμασιώτατος Ἄβραμος ἐν τοῖς βιβλίοις αὐτοῦ τούτου τοῦ τόπου 3
δέδειχεν ἡμῖν ἄλλων δηλώσεις τε καὶ αὐτοῦ ἴδια, ἄλλα ἐξευρών τε καὶ δο-
κιμάσας ἐπὶ τῶν ἀποδημητικῶν μάλιστα γενέσεων, αἵτινες ἔχουσι θεωρή-
ματα τάδε. τὰ φῶτα δύνοντα Ἄρης ἢ τὸν κλῆρον τῆς τύχης ὁρῶν εἰς τὸ 4
30 ἀπόκλιμα τοῦ μεσουρανήματος, ἢ τὴν Σελήνην ἢ τοὺς πλείστους τῶν ἀστέ-
ρων εἰς τὸ ὑπόγειον ἡμισφαίριον, ἢ ⟨εἰ⟩ ὁ τῆς τύχης κύριος εἰς τὸν περὶ
ξένης κλῆρον ἢ τὸν τόπον εὑρίσκοιτο ἢ καὶ διάμετρος πρὸς αὐτούς, ἢ καὶ
αὐτὴ ἡ τύχη πέσῃ ὅπου ὁ κλῆρος ὁ περὶ ἀποδημίας, καὶ τῷ κλήρῳ δὲ

[S] 9 εἴη S, corr. Kroll ‖ 11 οἰκείω S, corr. Kroll ‖ 12 ἀστέρας S, corr. Kroll ‖
13 ἡ Kroll | συμπληρουμένους S, corr. Kroll ‖ 19 οὐ secl. Kroll ‖ 22 ἥ] οἱ Wend-
land ‖ 26—27 τοῦτον τὸν τόπον δέδειχεν ἡμῖν· δηλώσω δὲ καὶ sugg. Kroll ‖
27 ἀλληλόσοά τε καὶ αὐτοΐδια S ‖ 28 ἀποδηματικῶν S, ἀποδημητικῶν sugg. Kroll ‖
31 εἰ Kroll

Ἄρης ᾗ ἐπικείμενος ἢ τὸν τόπον ὁρῶν, ἀποδημητικὰς ποιεῖ γενέσεις, ὁμοίως καὶ τὴν τύχην ἢ δαίμονα.

(II 29)　　　　　　⟨λ'.⟩ Περὶ ἀποδημίας

1 Ἀριθμεῖται δὲ ὁ περὶ ξένης κλῆρος ἀπὸ Κρόνου ἐπὶ Ἄρεα καὶ τὰ ἴσα
2 ἀπὸ ὡροσκόπου. καὶ ταῦτα μὲν τὰ θεωρήματα εὐκινήτους γενέσεις ποιεῖ· 5
τίσι δὲ καὶ καιροῖς καὶ χρόνοις ἔσονται ⟨αἱ⟩ ἀποδημίαι ταῖς τοιαύταις
3 γενέσεσι τὰ σχήματα δηλώσει τὰ ὑπὸ Ἀβράμου λεγόμενα. προσυποτάξο-
μεν δὲ καὶ τὰ ἐμοὶ αὐτῷ τηρηθέντα· μηδεὶς δὲ ἡμᾶς τῶν ἐντυγχανόντων
μεμφέσθω εἰ τοὺς ἑτέρων πόνους καὶ τηρήσεις μὴ ἰδιοποιοῦμεν ὥς τινες,
4 μαρτυροῦμεν δὲ τοῖς ἀνδράσιν. ἔλθωμεν δὲ εἰς τὸ προκείμενον.　　　10
5 Ἐπὶ γὰρ τῆς διαιρέσεως τῶν χρόνων τῶν πρακτικῶν κατὰ Ἄβραμον τῶν
ἀπὸ τοῦ δαίμονος μεριζομένων (μερίζει γὰρ οὗτος), ὅπου δ᾽ ἂν ὁ κλῆρος
f.23vs ὁ περὶ δαίμονος | πίπτῃ ἐπὶ γενέσεως, τοῦ ζῳδίου ὅπου εὑρίσκεται ὁ κλῆ-
ρος τὸν κύριον ὅρα πόσων ἐτῶν τυγχάνει αὐτοῦ ὁ μικρὸς κύκλος, καὶ ταῦτα
μέριζε εἰς τὰ ιβ ζῴδια ἀπ᾽ αὐτοῦ τοῦ δαίμονος ἀρχὴν ποιούμενος τοῦ με- 15
6 ρισμοῦ κατὰ τὰ ἑξῆς ζῴδια. εἶτα ὅταν πληρωθῇ αὐτοῦ ὁ κύκλος, τὸν τοῦ
ἑξῆς ζῳδίου τοῦ δαίμονος κύριον πάλιν ὅρα πόσων ἐτῶν αὐτοῦ ὁ κύκλος
τυγχάνει, καὶ ταῦτα ὁμοίως μέριζε· καὶ τὸν ἑξῆς πάλιν εἰ ἔχει ζωῆς ἔτη
7 ἡ γένεσις ὑποκείμενα. εἰ τὸ ζῴδιον οὖν ὅπου ⟨ἂν⟩ οἱ χρόνοι αὐτοῦ τυγ-
χάνωσιν ἔχει τόπον ἀποδημίας δηλωτικὸν ἢ τὸν περὶ ἀποδημίας κλῆρον 20
ἢ τὸ διάμετρον αὐτοῦ ἢ τετράγωνον, ἢ εἰς τὰ ζῴδια τὰ λαμβάνοντα ἀπ᾽ αὐ-
τοῦ τὸν ἐπιμερισμὸν πίπτωσιν οἱ ἀστέρες ὕστεροι τῆς καταβολῆς, μάλιστα
8 κακοποιοὶ ἔκκεντροι, ξενιτείας παρέχουσιν. ὁ τοῦ ἐπιμερισμοῦ κύριος
τοῦ ζῳδίου ἐὰν ἔκκεντρος ᾖ ἢ ἀπόστροφος τοῦ ζῳδίου, κακοποιὸς ὤν,
9 ξενιτείας ἐμποιεῖ· καὶ ἐὰν ἐπίκεντρος ᾖ, ποιήσει. καὶ εἰ κακοποιοὶ πάλιν 25
ἔχουσι τοὺς ἐπιμερισμούς, αὐτοῖς ⟨τοῖς ζῳδίοις⟩ ἐμπίπτοντες ἢ τετρά-
γωνοι, ξενιτείας παρέχουσιν· ἐὰν δὲ ἀγαθοποιὸς αὐτὸν τὸν ἐπιμερισμὸν
λάβῃ, εὑρεθῇ δὲ ἐπὶ τοῦ τῆς γενέσεως διαμέτρου, ἀποδημίας καὶ κινήσεις
10 ἐμποιεῖ τῷ γεννωμένῳ. ἐπὰν οἱ κύριοι πάλιν τῶν ζῳδίων τοὺς χρόνους
ἔχοντες ἢ τὴν ἐπιδιαίρεσιν ἀπόστροφοι τύχωσι τῶν ζῳδίων ἢ ἐναντίοι ἢ 30
11 καθυπερτερούμενοι ἢ ἔκκεντροι, ξενιτείας παρέχουσι τὰ ζῴδια. ἐναντίων
κακοποιῶν μάλιστα τὰ φῶτα θεωρούντων ἐν τοῖς σεληνιακοῖς ἢ ἡλιακοῖς

[S] 1 ᾗ S, ᾗ Kroll | ἀποδηματικὰς S ‖ 6 αἱ Kroll ‖ 9 ἰδιοποιούμενος ὥς S, corr.
Kroll ‖ 10 ἔλθω S, corr. Kroll ‖ 11 ἐπεὶ S, corr. Kroll ‖ 13 lac. post ζῳδίου sugg.
Kroll ‖ 18 τούτου S, ταῦτα vel τοῦτον sugg. Kroll | τοσαῦτα post ἔχει sugg. Kroll ‖
21 τὸ sup. lin. S ‖ 22 ὕστεροι] οἱ κύριοι sugg. Kroll ‖ 25 κἂν ἐπίκεντρος δὲ sugg.
Kroll ‖ οἱ S, εἰ Kroll ‖ 26 αὐτοῖς] ἄστροις S, ἀγαθοῖς vel κέντροις sugg. Kroll ‖
27 ἀγαθοποιοὶ S ‖ 28 τῆς γενέσεως τοῦ S, τοῦ τῆς γενέσεως sugg. Kroll ‖ 29 τοῦ S,
τοὺς Kroll

τὰς ἀποδημίας ποιεῖ. ἐὰν τοῦ ζῳδίου ὅπου οἱ χρόνοι εἰσὶν ὁ κύριος ἔκ- 12
κεντρος ἢ ἐναντίος αὐτοῦ ᾖ, ἢ κινήσεις ἢ ἀποδημίας ποιεῖ, εἰ ὁ κλῆρος ὁ
περὶ ἀποδημίας εἰς αὐτὸ πέσῃ ἢ εἰς τὸ διάμετρον αὐτοῦ ἢ τετράγωνον·
ἐὰν δὲ ἰδιοτοπῇ ἢ ἐν τοῖς τετραγώνοις εὑρίσκηται, οὐ δίδωσιν ἀποδημίας.
5 Ἑρμῆς μὲν οὖν καὶ Ἀφροδίτη οὐ δίδωσι μακρὰς ἀποδημίας, ἀλλὰ καὶ 13
ταχείας τὰς ἐπανόδους. | ἐὰν πίπτωσιν ἐν ἑνὶ ζῳδίῳ οἱ δύο κλῆροι, ὅ τε $\begin{smallmatrix}\text{f.248}\\14\end{smallmatrix}$
τῆς τύχης καὶ ὁ δαίμων, ἐναντίος δὲ ᾖ τῷ ζῳδίῳ ὁ περὶ ἀποδημίας κλῆρος
ἢ τετράγωνος, ἐπῇ δὲ τῷ τόπῳ κακοποιός τις, ἐν ἀποδημίαις γίνονται οἱ
γεννώμενοι· ὁμοίως καὶ τῷ ἀστέρι τῷ τοὺς χρόνους ἔχοντι ἢ ἐπὶ τοῦ
10 κλήρου τῆς τύχης ἐφεστῶτι ⟨ἐναντίος⟩ ὁ τοῦ περὶ ἀποδημίας, κἂν οἱ
δύο τόποι ὅ τε τῆς τύχης καὶ ὁ τοῦ δαίμονος ἐναντίοι πέσωσιν, ἢ κινήσεως
αἴτιος τυγχάνει ἢ ἐν ἀποδημίαις ποιεῖ τὴν γένεσιν, μάλιστα ἐὰν ἐν τοῖς
ἐκκέντροις ζῳδίοις. κἂν ᾖ δὲ ἐπίκεντρα, ἢ πάλιν τὰ ζῴδια ὅπου οἱ ἐπι- 15
μερισμοί εἰσιν ἐὰν ἔχῃ τοὺς περὶ ξένης τόπους καὶ τὸν κλῆρον ἐναντίον ἢ
15 τετράγωνον, ἐν ἀποδημίαις ποιοῦσι τὴν γένεσιν· ὁμοίως καὶ ἐὰν ᾖ εἰς
τὸ ὑπόγειον ἡμισφαίριον, φιλαποδήμους ποιεῖ. ἐὰν ὁ κλῆρος πάλιν ὁ περὶ 16
ἀποδημίας εἰς τὸν ὡροσκόπον ἢ εἰς τὸ μεσουράνημα ἢ εἰς τὴν ἐπαναφορὰν
τοῦ μεσουρανήματος πέσῃ, μὴ ἀποδημητικῆς φύσει οὔσης τῆς γενέσεως
ἢ τὰ προειρημένα σχήματα ἐχούσης, οὐ πολυαποδήμους ποιεῖ γενέσεις,
20 σπανίως δὲ ἀποδημοῦσιν οἱ γεννώμενοι, μάλιστα μὴ ἔχοντες ἐναντίους
κακοποιούς. καὶ ἐὰν τὰ ζῴδια τὰ ὑπέργεια τοὺς χρόνους ἔχῃ ἢ τῶν χρό- 17
νων τὴν ὑποδιαίρεσιν χωρὶς τοῦ δωδεκάτου ἢ ἐνάτου ζῳδίου, οὐ διδόασιν
ἀποδημίας, τοῦ κλήρου μὴ [εἰς] αὐτὸ διδόντος μηδὲ ἐναντιουμένου κακο-
ποιοῦ ἢ τῷ ζῳδίῳ ἐφεστῶτος χωρὶς ἀγαθοποιῶν. τὰ ὑπόγεια ἔχοντα τοὺς 18
25 χρόνους δίδωσιν, μάλιστα καὶ τοῦ περὶ ἀποδημίας κλήρου εἰς τὰ ὑπόγεια
πίπτοντος. κἂν οἱ κλῆροι πάλιν ὅ τε τῆς τύχης καὶ ὁ περὶ ἀποδημίας κακο- 19
ποιοὺς ἔχωσιν ἐφεστῶτας ἢ ἐναντίους, ἀποδημίας πυκνὰς παρέχουσιν.
εἰ τῷ ζῳδίῳ τῷ τοὺς χρόνους ἔχοντι ἐναντίος τύχῃ ὁ τοῦ περὶ ξένης ὢν 20
κύριος, ἐν ἀποδημίᾳ ποιήσει τὴν γένεσιν. ἐὰν δὲ τῷ κλήρῳ τῆς τύχης καὶ 21
30 ὁ τοῦ περὶ ἀποδημίας ὁμοῦ πέσῃ εἰς τὸ ὑπόγειον | κέντρον, πολυαποδή- f.24vS
μους ποιεῖ, μάλιστα ὑπὸ κακοποιῶν θεωρούμενος ἢ κατεχόμενος ἢ ὑπὸ
φωτός. ἐὰν εἴς τι τῶν ζῳδίων τῶν κληρωθέντων ἔχειν ἐπιμερισμοὺς τῶν 22
χρόνων ἤτοι μηνιαῖα πίπτῃ, κινήσεις παρέχει, μάλιστα ἐὰν ἔχῃ ἐναντίον
ἀστέρα κακοποιὸν ἢ τὰ φῶτα ἑστῶτα ὁμοίως καὶ τοῖς ὑπεργείοις τόποις
35 τοῖς ἀποκεκλικόσιν ᾖ. εἰ ἐλάττων ἐπιμερισμὸς ἢ ἐναντίος τύχῃ, παροδικὴν 23

[S] 5 καλὰς post ἀλλὰ sugg. Kroll ‖ 6 ταχίας S, corr. Kroll | οἷ S, ὅ Kroll ‖
8 ἐπιδημίαις S, corr. Kroll ‖ 10 ἐναντίος Kroll ‖ 11 οἷ S, ὅ Kroll ‖ 12 αἴτιον S,
αἴτιος sugg. Kroll | τίον (lineola inductum) post γένεσιν S ‖ 14 ξένοις S, corr.
Kroll ‖ 20 γενώμενοι S, corr. Kroll ‖ 22 ἐννάτου S ‖ 30 τοῦ secl. sugg. Kroll ‖
33 ἤτοῖ S | πίπτει S ‖ 34 ἢ post τόποις sugg. Kroll

24 ἀποδημίαν ἕξει ἡ γένεσις. καθυπέρτεροι δὲ ἀστέρες, μάλιστα τοῖς ὑπο-
γείοις οὖσι καθύγροις τοῖς ἔχουσιν ἐπιμερισμούς, ἀποδημίας ποιοῦσιν,
25 μάλιστα ἐὰν ᾖ ἔχοντα τὰ φῶτα ἐπικείμενα τὰ ζῴδια ἢ κακοποιούς. ἐξαιρέ-
τως δὲ τὰ ὑποκείμενα σχήματα ἐνεργέστερα ἔσται εἰ ὁ καταγόμενος ἐνιαυ-
τὸς τοῦ τόπου τῷ γεννωμένῳ κίνημα ἔχει ἀποδημίας εἴτε ἐκ καταβολῆς 5
26 ἄνωθεν εἶεν ἔχοντες γενέσεις ἀποδημητικὰς μάλιστα. ὅπου δ᾽ ἂν ὁ ἐπι-
μερισμὸς τῶν χρόνων πέσῃ τῶν καθολικῶν ἢ ⟨ἡ⟩ ὑποδιαίρεσις αὐτῶν,
ἐκείνου [τε] τοῦ ζῳδίου ὁ κύριος εἴτε ἔκκεντρος ὢν εἴτε ἐπίκεντρος ἐὰν μή
τινα τῶν κακοποιῶν ἔχῃ ἐναντίον ἢ τῶν ζῳδίων τῶν φώτων ἑνὶ ἐπικείμε-
27 νος ᾖ, γίνονται ἔξοδοι. ἐπὰν δὲ ἔχωσιν ἤτοι ἐπικέντρους ἤτοι ἀποκεκλικό- 10
28 τας, διδόασιν ἀποδημητικὰς ἐξόδους. καὶ οἱ ἐφεστῶτες κακοποιοὶ τοῖς
ζῳδίοις τοῖς ἀποκεκλικόσιν ἢ τοῖς ἔχουσι τοὺς χρόνους ἢ τὰς ὑποδιαιρέσεις
29 ἀποδημίας διδόασιν, τοῦ ἐνιαυτοῦ μάλιστα κίνημα ἔχοντας. ὅταν ὁ τοὺς
χρόνους ἔχων εἰς τὸν περὶ ξένης τόπον ἢ κλῆρον ἐφεστὼς εὑρίσκηται ἢ τοῦ
περὶ ξένης τόπου ὁ κύριος, ἀποδημίας παρέχει, μάλιστα εἰ κακοποιὸς ᾖ 15
30 τῷ ἀφωτίστῳ τετράγωνος ἢ διάμετρος. ὁμοίως κἂν τὸ ζῴδιον τὸ ἔχον
ἐπιμερισμὸν τῶν χρόνων ἐναντίον ᾖ τῷ κλήρῳ τῷ περὶ ἀποδημίας, ἐξό-
31 δους διδόασιν, μάλιστα ἐν τοῖς ἀποκλίμασιν. ἐὰν οἱ ἐπιμερισμοὶ πάλιν τῶν
χρόνων εἰς τὰ ἀποκλίματα πίπτωσιν, μὴ ἐχόντων ⟨τῶν⟩ ζῳδίων ἐναντίον
f.258 ἢ καθυπερτερούν, οὐ παρέχουσιν ἀποδημίας, μελλησμὸν δὲ | ἀποδημίας 20
32 ὑπομενεῖ τις καὶ πρόθεσιν ἀσυντέλεστον. ὅταν τοῖς κακοποιοῖς τοὺς χρόνους
ἢ τὸν ἐπιμερισμὸν ἔχουσιν ἀγαθοποιὸς ἐναντίος πίπτῃ ἢ καθυπερτερῇ, ἢ
συμπαρῶσιν ἐν τοῖς ὑπογείοις καὶ ἀποδημητικὸς ἐνιαυτὸς ἐμπέσῃ, μελ-
33 λησμοὺς ἐμποιοῦσιν ἢ ἐγκοπὰς τῶν ἐξόδων. ἐὰν ἡ τύχη εἰς τὸν περὶ ξένης
τόπον ἐμπέσῃ ἢ πρὸς ἀλλήλους οἱ κλῆροι ἐναντίοι πίπτωσιν, κακοποιοῦ 25
ἐφεστῶτος ἢ ἐναντίου, ἀποδημητικοὺς ποιεῖ, μὴ συναναπλεκομένου αὐ-
34 τοῖς ἀγαθοποιοῦ ἢ ἐφεστῶτός τινι αὐτῶν. καὶ ἐὰν ὁ τῆς ξένης κύριος ἐναν-
τίος αὐτῷ ἢ αὐτοῖς τύχῃ χωρὶς ἀγαθοποιῶν, Ἄρεως πάλιν ἐναντίον τῷ
κλήρῳ τῆς τύχης ἢ τῷ περὶ ξένης πίπτοντος ⟨ἢ⟩ ἐφ᾽ ἑνὸς ἑστῶτος,
35 ἐν ἀποδημίαις ποιεῖ ἱκαναῖς τὸν γεννώμενον. ἐὰν πάλιν Ἄρης ἀμφοτέρων 30
τῶν κλήρων κύριος ᾖ καὶ ἀπόστροφος πέσῃ τῶν ζῳδίων καὶ τῶν ⟨τὰς⟩
ἀποδημίας παρεχόντων ἢ εἰς κάθυγρα, ἀποδημητικὰς ποιεῖ τὰς γενέσεις.
36 Ἄρης ἀπόστροφος τοῦ κλήρου ἢ τῷ περὶ ξένης πεσών, μηδενὸς αὐτῶν
κύριος ὤν, ἀποδημίας οὐ παρέχει, ἀλλὰ τὰ πλεῖστα ἐν πατρίδι διάγοντας

[S] 5 τοῦ secl. sugg. Kroll ‖ 6 ἀποδημικὰς S, ἀποδημητικὰς sugg. Kroll ‖ 7 ἡ
Kroll ‖ 8 τε secl. Kroll ‖ 9 lac. post ἐναντίον ind. Kroll | τῶν ζῳδίων ἢ S | ἐῦ S ‖
10 εἴη S ‖ 16 παρέχ (lineola inductum) post τετράγωνος S ‖ 17 ἐπιμερισμῶν S, corr.
Kroll ‖ 19 ζῴδιον S ‖ 22 ἔχωσιν S, corr. Kroll | πίπτει ἢ καθυπερτερεῖ S, corr.
Kroll ‖ 27 τινος S, τινι sugg. Kroll ‖ 28 αὐτοῖς] αὐτῆς S ‖ 29 ἢ ἐφεστῶτος sugg.
Kroll ‖ 31 ᾖ] ὢν Kroll | ὁ S, καὶ¹ sugg. Kroll | τὰς Kroll

ἢ μελλησμοὺς ἀποδημίας πάσχοντας. ὁμοίως καὶ ἐὰν οἱ κλῆροι ἀγαθοποι- 37
οὺς ἔχωσιν ἐφεστῶτας, οὐ ποιοῦσι φιλαποδήμους ἀλλὰ σπανίως.

Σχήματα δὲ ἔστιν ἐπὶ γενέσεως εὑρεῖν τὰ μὴ ῥᾳδίως ἀποδημίαν παρ- 38
έχοντα διὰ τὸ τὰς πλείστας τῶν γενέσεων ἀποδημητικὰς γίνεσθαι, καὶ τὰς
5 μὲν συνεχέσι καὶ ποικίλαις, τὰς δὲ σπανίως καὶ ὀλιγάκις διὰ τὸ πλεονάζειν
ἔν τισι τὰ σχήματα τὰ ἀποδημίας ἐμποιοῦντα, ἔν τισι δὲ μή, ὅθεν οἱ μὲν
πολυαπόδημοι γίνονται, οἱ δὲ μετρίως καὶ οὐ συνεχέσι ταῖς ἀποδημίαις
χρῶνται. ὅσοι ἐν γενέσει ὀλίγα σχήματα περὶ ἀποδημίας ἔχουσιν, ἐὰν καὶ 39
οἱ κλῆροι ἐπὶ τῆς γενέσεως ἢ τῆς ἀντιγενέσεως οἱ περὶ ἀποδημίας καὶ τῆς
10 τύχης πρὸς ἀγα|θοὺς πέσωσιν, οὐ διδόασιν ἐξόδους, μάλιστα τοῦ ἐνιαυτοῦ f.25 v S
μὴ ἔχοντος κίνημα ἀποδημίας· ἐὰν δὲ ἔχῃ καθὼς προεῖπον σχήματα,
ποιοῦσιν ἀποδημίας. ἀσύνδετος πάλιν ὁ περὶ ἀποδημίας τῇ τύχῃ, μάλιστα 40
ἔχοντος τοῦ ἑνὸς κλήρου ἀγαθοποιόν, οὐ ποιήσει φιλαποδήμους, ἀλλ᾽ ἐν
πατρίδι τὰ πλεῖστα διάγοντας. ἀπόστροφος Ἄρης τοῦ περὶ ξένης κλήρου 41
15 μικρὰς κινήσεις ποιεῖ. τοῦ τῆς τύχης ἔχοντος ἀγαθοποιοὺς ἐπικει- 42
μένους ἀστέρας οὐ διδόασιν ἀποδημίας, μάλιστα ὑπὲρ γῆν πίπτοντες. ὁ 43
κλῆρος τῆς τύχης ἐπὶ τοῦ μεσουρανήματος πίπτων, ἀπόστροφος ὢν τοῦ
περὶ ἀποδημίας, μὴ ἔχων ἐναντίον κακοποιὸν ἢ φῶς, οὐκ ἀποδημητικὰς
ποιεῖ γενέσεις, ἀλλ᾽ ἐν πατρίδι διάγοντας. ἐὰν οἱ δύο κλῆροι συμπέσωσι 44
20 χωρὶς τοῦ ⟨Ἄρεως⟩ εἰς τὸ ἀπόκλιμα τοῦ μεσουρανήματος, εἰς ἕτερον
ζῴδιον μηδένα κακοποιὸν ἔχοντες ἐναντίον ⟨ἢ⟩ ἐφεστῶτα, οὐ ῥᾳδίως ἐν
ἀποδημίᾳ γίνονται. οἱ δὲ κλῆροι οἱ δύο κακοποιοὺς ἔχοντες ἐπικειμένους 45
ἢ ἐναντίους πολυαποδήμους ποιοῦσιν, μάλιστα τῶν ζῳδίων ὄντων καθ-
ύγρων ὅπου οἱ κλῆροι. ὁ περὶ τύχης κλῆρος καλῶς πίπτων, μηδένα ἔχων 46
25 κακοποιὸν ἢ καθυπερτεροῦντα ἢ τὰ φῶτα ἢ τὸν περὶ ἀποδημίας κλῆρον —
μάλιστα τῶν δύο κλήρων ἀπόστροφος Ἄρης ὢν — οὐ διδόασιν ἀποδημίας,
ἀλλὰ βουλόμενος ἀποδημῆσαι οὐκ ἐξῆλθεν· Ζεὺς γὰρ ἐὰν παροδικῶς ἐπὶ
τούτων τῶν ζῳδίων γένηται, κωλύει τὴν ἔξοδον, ἐξαιρέτως δὲ ἀποδημεῖ
ἐὰν τύχῃ τὸ ἔτος εἰς ἀπόκλιμα ἐκπεσὸν ἀπὸ τοῦ ὡροσκόπου ἐν καθύγροις
30 ζῳδίοις, μάλιστα ἀγαθοποιοῦ μὴ ἐφεστῶτος παροδικῶς ἢ κατὰ γένεσιν,
καὶ ὁ κύριος τῶν χρόνων τῷ κυρίῳ τοῦ περὶ ἀποδημίας κλήρου τὸ ἔτος
παραδιδούς, κακοποιοῦ μάλιστα ὁρῶντος, ἢ τὸ ἀνάπαλιν, ὁ κύριος τοῦ
κλήρου τῷ τοὺς χρόνους ἔχοντι.

[S] 1 παρέχοντας S, corr. Kroll ‖ 2 σπανίους S, σπανίως sugg. Kroll ‖ 3 τὰ]
τινα sugg. Kroll ‖ 5 ἀποδημίαις περιτρέπεσθαι post ποικίλαις sugg. Kroll ‖ 7 με-
τρίαις sugg. Kroll ‖ 9 ὁ post καὶ sugg. Kroll ‖ 12 τῆς τύχης S ‖ 16 ἐπιδημίας S,
corr. Kroll ‖ 20 Ἄρεως Kroll ‖ 21 ἔχοντα S, corr. Kroll ‖ ἢ Kroll ‖ 26 — ·—
post δύο S ‖ 30 παροδικοῦ S, παροδικῶς sugg. Kroll ‖ 33 πολυαποδήμους ποιεῖ
post ἔχοντι sugg. Kroll

VETTIVS VALENS

(II 30)   ⟨λα´.⟩ Περὶ προτελευτῆς γονέων μεθ᾽ ὑποδείγματος

f.268 1 Περὶ προτελευτῆς γονέων ἄλλοι μὲν ἄλλως διεσάφησαν, | καὶ αὐτοὶ
2 δὲ δοκιμάσαντες εὕρομεν οὕτως. ἐπειδὴ Ἥλιος σημαίνει πατέρα, δευτέρῳ
δὲ τόπῳ Κρόνος, ἀκριβέστερον ἐπὶ τῶν νυκτὸς καὶ ἡμέρας ὁ προσοικειού-
μενος τῇ Σελήνῃ (τουτέστιν ὁ ἐπιθεωρούμενος ὑπ᾽ αὐτῆς καὶ συμπαρὼν 5
ἢ ἐν οἴκῳ ἢ τριγώνῳ ὑπάρχων) – ἐκεῖνος ἀναλαμβάνει τὸν πατρικὸν τόπον·
3 ὁμοίως δὲ καὶ ἡ Ἀφροδίτη τὸν μητρικὸν τόπον καὶ ἡ Σελήνη. σκοπεῖν οὖν
δεήσει καθ᾽ ἑκάστην γένεσιν τίς μᾶλλον ὑπὸ τῶν κακοποιῶν θεωρεῖται ἢ
καὶ παραπέπτωκεν, πότερον Ἥλιος ἢ Σελήνη ἢ Ἀφροδίτη ἢ Κρόνος, καί-
4 περ αὐτὸς ἀναιρέτης ὑπάρχων τοῦ πατρός. ἐὰν γὰρ Ἥλιος τὸν πατρικὸν 10
τόπον ἀναλαβὼν κατοπτευθῇ ὑπὸ Ἄρεως ἢ Κρόνου, τῶν ἀγαθοποιῶν
ἀπόντων, περὶ τὸν πατέρα ἡ προτελευτὴ γενήσεται· ἐὰν δὲ Σελήνη ἢ
Ἀφροδίτη, περὶ τὴν μητέρα· ἐὰν δὲ ἀμφότερα τὰ φῶτα ὑπὸ κακοποιῶν
κατοπτευθῇ ἢ καὶ Ἀφροδίτη, ὁ παραπεπτωκὼς ἢ παρ᾽ αἵρεσιν τετευχὼς
τὴν προτελευτὴν σημαίνει.   15
5 Ἄλλως. ἐὰν ὁ πατρικὸς κλῆρος ἐν ἀρσενικῷ ζῳδίῳ πέσῃ ἢ ὁ κύριος
αὐτοῦ ὑπὸ κακοποιοῦ μαρτυρούμενος, πατρὸς προτελευτὴν σημαίνει·
ὁμοίως καὶ ἐπὶ τοῦ μητρικοῦ κλήρου τὸ αὐτὸ συμβήσεται, ἐὰν μάλιστα
ἀσφαλέστατά τις γνῷ εἰ πατήρ ἐστιν.
6 Ἄλλως. ἀπὸ Κυνὸς ἐπιτολῆς ἕως τῆς γενεσιακῆς ἡμέρας λαμβάνειν, 20
καὶ ἐκ τοῦ συναχθέντος ἀριθμοῦ ἀφαιρεῖν δωδεκάδας, καὶ τὸν περιλειφ-
7 θέντα ἐντὸς τῶν ιβ ἀπολύειν ἀπὸ Σελήνης ἀνὰ μίαν. ἐὰν μὲν οὖν εἰς ἀρσε-
νικὸν ζῴδιον καταλήξῃ, πατὴρ προτελευτήσει· ἐὰν δὲ εἰς θηλυκόν, μήτηρ.
8 οἷον ἐπὶ τῆς προκειμένης γενέσεως Μεχὶρ ιγ´· ἀπὸ Ἐπιφὶ κε´ ἕως τῆς ιγ´
9, 10 γίνονται σγ. ἀφεῖλον δωδεκάδας ις· λοιπὰ ια. ταῦτα ἀπὸ Σελήνης τῆς 25
⟨ἐν⟩ Σκορπίῳ κατέληξεν Παρθένῳ, ζῳδίῳ θηλυκῷ· ἐπῆν δὲ καὶ Ἄρης.
11 ἐγένετο περὶ τὴν μητέρα ἡ προτελευτή.
12 Ἄλλως. ἔστω γένεσις ὑποδείγματος χάριν Ἥλιος, Ἑρμῆς Ὑδροχόῳ,
Σελήνη Σκορπίῳ, Κρόνος Καρκίνῳ, Ζεὺς Ζυγῷ, Ἀφροδίτη Αἰγοκέρωτι,
13 Ἄρης, ὡροσκόπος Παρθένῳ. ὁ μὲν οὖν Κρόνος | προσοικειωθεὶς τῇ Σε- 30
f.26v8 λήνῃ καθ᾽ ὃ ἐν Καρκίνῳ εὑρέθη νυκτὸς καὶ τοῦ Ἡλίου οἰκοδεσπότης
ἀνέλαβε τὸν πατρικὸν τόπον· καὶ ὑπὸ Διὸς ὑπεθεωρήθη καὶ Ἀφροδίτης,

§§ 1–4: cf. App. XIII 1–4 ‖ § 5: cf. App. XIII 6 ‖ §§ 8–11 et 12–14: the-
ma 83 (8 Feb. 120) ‖ §§ 12–14 post §§ 1–4 in textu Valentis erant

[S] 4 ἐνοικειούμενος S, συνοικειούμενος Kroll (cf. 30) ‖ 26 ἐν Kroll ‖ ἐπῆ S, corr.
Kroll ‖ 31 καθὸ ἐν in marg. S ‖ 32 τόπον] κλῆρον S (cf. 6) ‖ ἐπεθεωρήθη sugg.
Kroll

96

ἀγαθοδαιμονῶν. ἡ δὲ Σελήνη καὶ Ἀφροδίτη ὑπὸ τῶν δύο κακοποιῶν 14
κατοπτευθεῖσα μητρὸς προτελευτὴν ἐσήμανεν.
Ἄλλως. ἐπὰν Ἥλιος καθυπερτερῇ Σελήνην, μήτηρ προτελευτᾷ, ἐὰν δὲ 15
Σελήνη Ἥλιον, πατήρ. ἐὰν δὲ μηδέτερος τὸν ἕτερον καθυπερτερήσῃ 16
5 καὶ ἀσχημάτιστοι γένωνται, λαμβάνω Κρόνον καὶ Ἀφροδίτην· ἐὰν δὲ
μηδὲ οὗτοι, Κρόνον καὶ Σελήνην. ἐὰν δὲ Ἥλιος καθυπερτερῇ καὶ μέσῃ 17
γένηται Ἀφροδίτῃ, μεσεμβολήσει τὴν καθυπερτέρησιν. ἰδὲ οὖν Κρόνον 18
μήποτε καθυπερτερῆται ὑπὸ ταύτης· καὶ ἔσται μὲν ἢ περὶ τὸν πατέρα ἡ
προμεταλλαγὴ ἢ τὸ ἀνάπαλιν ἀπὸ Κρόνου καὶ Ἀφροδίτης. εἰ δὲ μὴ γένη- 19
10 ται ὁ μεσεμβολῶν τοὺς καθυπερτεροῦντας ἀλλήλους δύναμιν ἔχων καθ-
υπερτερητικήν, εὐτονήσουσιν οἱ μεσέμβολοι ἀνῦσαι τὸ ἴδιον ἀποτέλεσμα.
γίνονται δὲ αἱ καθυπερτερήσεις ἐν τῷ αὐτῷ ζῳδίῳ καὶ διαμέτρῳ· καὶ 20
καθόλου ὁ ἐπερχόμενος ἀστὴρ ἑτέρῳ καθυπερτερεῖ τοῦτον ἢ ὁ τὴν μετ᾽ ἀλ-
λήλων δύναμιν ἔχων καθυπερτερητικήν.

15 ⟨λβ′.⟩ [Ἄλλως.] Περὶ γονέων ἐκ τῶν Τιμαίου (II 31)

Τὰ μὲν οὖν περὶ πατρὸς λαμβάνεται ⟨οὕτως⟩· ἡμέρας μὲν οὖν Ἥλιος 1
χρηματίσει καὶ τὸ ζῴδιον ἐφ᾽ οὗ ὁ Ἥλιος ἔστηκε καὶ ὁ κύριος τοῦ ζῳδίου
ἐφ᾽ οὗ ὁ Ζεὺς καὶ τὸ ζῴδιον τὸ ὑποδεξάμενον τὸν Δία. τὰ δὲ περὶ μητρὸς 2
λαμβάνεται οὕτως· ⟨νυκτὸς μὲν⟩ ἀπὸ τοῦ σεληνιακοῦ ζῳδίου ἐφ᾽ οὗ ἔστη-
20 κεν ἡ Σελήνη καὶ τοῦ οἰκοδοχέως τῆς Σελήνης, ἡμέρας δὲ ἀπὸ Ἀφροδίτης
καὶ τοῦ ζῳδίου ἐφ᾽ οὗ ἔστηκεν ἡ Ἀφροδίτη. ὅταν τοίνυν οἱ χρηματίζοντες 3
κατὰ τὴν ἰδίαν αἵρεσιν εὑρεθῶσιν ἐν ἰδίῳ οἴκῳ ἢ ἰδίοις ὑψώμασιν, ἐπι-
δεκατευόμενοι ὑπό τινος ἀγαθοποιοῦ ἢ μαρτυρούμενοι ὁπωσοῦν ἄλλως καὶ
μὴ ἀποκεκλικότες καὶ ἐν ᾧ χαίρουσι τόπῳ μὴ κακωθέντες ὑπό τινος τῶν
25 κακοποιῶν, ἔνδοξα καὶ ἐπίσημα καὶ λαμπρὰ τὰ περὶ τοὺς γονεῖς δηλοῦσιν.
ἐὰν δὲ ὑπό | τινος τῶν φθοροποιῶν μαρτυρηθῇ ὁ σημᾶναι ὀφείλων τὰ περὶ 4 f.278
τοὺς γονεῖς κατὰ τὴν παροῦσαν ἀκτινοβολίαν ἢ ἐπιδεκατείαν ἢ εἰς ὃν οὐ
χαίρει τόπον εὑρεθῇ, ἀσήμους δηλώσει καὶ ἀδόξους τοὺς γονεῖς. συνδη- 5
λώσουσι δὲ καὶ ⟨οἱ⟩ ὑποδοχεῖς τῷ δηλοῦντι τὰ περὶ τοὺς γονέας κατὰ τὴν
30 θέσιν καὶ τὴν ἐπιμαρτύρησιν τῶν ἄλλων ἀστέρων τὸ εὖ ἢ κακῶς. ἐὰν δὲ ὁ 6
δηλωτικὸς ἀστὴρ τῶν περὶ τοῦ γονέως παραπέσῃ τοπικῶς ἢ κακωθῇ
ὑπό τινος τῶν φθοροποιῶν καὶ ὁ ὑποδοχεὺς αὐτοῦ ἤτοι ὑπὸ τὰς αὐγὰς τοῦ
Ἡλίου δεδυκὼς εὑρεθῇ ἢ καὶ κακοδαιμονῶν ἢ καὶ μήτε οὗτος μήτε ὁ
δηλωτικὸς καταπονούμενος χρηματίζῃ τῷ τόπῳ τῷ περὶ γονέως, ἀλλ᾽ ᾖ

[S] 9 μὴ secl. sugg. Kroll ‖ 13 κατάλληλον sugg. Kroll ‖ 18 τοῦ ὑποδεξαμένου S,
corr. Kroll ‖ 24 καὶ] μηδὲ S | μὴ²] μηδὲ sugg. Kroll | κακοθέντες S, corr. Kroll ‖
29 οἱ Kroll ‖ 33 ᾖ¹ secl. sugg. Kroll ‖ 34 κακοποιούμενος sugg. Kroll | χρημα-
τίζει S | εἴη S

7 ἀπόστροφος, ταπεινοὺς καὶ ἀσήμους καὶ ἀγενεῖς δηλώσει τοὺς γονεῖς. εἰ
δὲ πρὸς τῷ μὴ χρηματίζειν καὶ κακωθεῖεν ὑπὸ φθοροποιῶν ἐπιθεωρηθέν-
τες ἢ κατὰ συμπαρουσίαν, δούλους δηλοῦσι τοὺς γονεῖς καὶ ὑποτεταγμέ-
8 νους. εἰ μέντοι τοῦ δηλοῦντος τὰ περὶ γονέων [καὶ] ἀποκλίναντος ἢ καὶ
ἄλλως κεκακωμένου ὁ ὑποδοχεὺς καλῶς κείμενος χρηματίζει [ἐν] τῷ τόπῳ 5
τῷ περὶ γονέως, ἀστέρα δηλωτικὸν ἔχων τὸν χρηματίζοντα τόπῳ μὴ
κεκακωμένῳ ὑπό τινος τῶν φθοροποιῶν, βλάβην ἢ ζημίαν ἢ ὄλεθρον ἢ
9 ἔκπτωσιν δηλοῦσι τῶν γονέων. Κρόνος μεσουρανῶν, Ζεὺς ὑπὸ γῆν τὸν
πατέρα δοῦλον καὶ ὑποτεταγμένον σημαίνει ἢ ἔκπτωτον, μάλιστα δὲ καὶ
Ἡλίου κακωθέντος.   10

10   Ὁ δὲ κλῆρος τοῦ πατρὸς λαμβάνεται οὕτως· ἐπὶ ἡμερινῆς μὲν γενέσεως
ἀπὸ Ἡλίου ἐπὶ Κρόνον καὶ τὰ ἴσα ἀπὸ ὡροσκόπου (τινὲς ἀπὸ Ἡλίου ἐπὶ
11 Δία καὶ τὰ ἴσα ἀπὸ ὡροσκόπου), ⟨νυκτὸς δὲ ἀπὸ Κρόνου ἐπὶ Ἥλιον. ὁ δὲ
κλῆρος τῆς μητρὸς λαμβάνεται νυκτὸς μὲν ἀπὸ Σελήνης ἐπὶ Ἀφροδίτην,⟩
12 ἡμέρας δὲ ἀπὸ Ἀφροδίτης ἐπὶ Σελήνην καὶ τὰ ἴσα ἀπὸ ὡροσκόπου. ὁ μὲν 15
οὖν κλῆρος τῶν γονέων οὕτως εὑρίσκεται· ⟨...⟩.
13   Περὶ δὲ τοῦ πατρὸς εἰσποιητοῦ ἀπὸ τοῦ διαμέτρου τοῦ κλήρου κατὰ
14 κάθετον ληπτέον. ἐὰν ἐπὶ τοῦ διαμέτρου τύχῃ ὁ τοῦ πατρικοῦ κλήρου
κύριος ἢ τοῦ διαμέτρου ὁ κύριος ἐπὶ τοῦ κλήρου, εἰσποιητὸν δηλοῖ τὸν
πατέρα· ὁμοίως καὶ ἐὰν ὁ τοῦ μητρικοῦ κλήρου ⟨κύριος⟩ ἐν τῷ διαμέτρῳ 20
f.27vs εὑρεθῇ καὶ ὁ τοῦ | διαμέτρου τοῦ κλήρου τῆς μητρὸς κύριος εὑρεθῇ τῷ
τῆς μητρὸς κλήρῳ, τὸ ὅμοιον δηλώσει.

(II 32)   ⟨λγ′.⟩ Περὶ ὀρφανίας πατέρων

1, 2   Ἄρης μετὰ Ἡλίου τετράγωνος Κρόνῳ ὀρφανίαν ποιοῦσιν. Κρόνος καὶ
Ἄρης Ἑρμῇ συσχηματισθέντες ὡσαύτως, Διὸς μὴ ἐπιθεωροῦντος, ὀρ- 25
3, 4 φανοὶ γονέων γίνονται. Κρόνος μετὰ Διὸς δύνων ὀρφανοὺς ποιεῖ. Σελήνη
5 ἐν διφυεῖ ζῳδίῳ οὖσα καὶ ὑπὸ Διὸς μαρτυρηθεῖσα ποιεῖ διπάτορας. ἐὰν
δὲ Ἀφροδίτη ὡροσκοπῇ, Σελήνη δὲ ὑπόγειος ᾖ ἐν Ἄρεως οἴκῳ καὶ ὁ Ζεὺς
ἐξ ἰδίου οἴκου καταμαρτυρῇ, διπάτορας ποιήσει.
6   Τὰ δὲ ἤθη τῶν γονέων ἐκ τῶν συσχηματιζομένων ἀστέρων ληπτέον. 30
7 Κρόνος μὲν γὰρ δείξει στυγνούς, φθονερούς, βαθυπονήρους, καχυπόπτους,
ῥυπαρούς, κρυπτούς, πάθεσι περικυλιομένους, ἀπρεπεῖς, ἀναλισκομέ-
νους, περί τε τὰ θεῖα ⟨...⟩, μεγιστάνων φίλους· Ζεὺς δὲ φιλαγάθους,
λαμπρούς, δωρηματικούς, ἀνειμένους, εὐφραντικούς· Ἄρης θρασεῖς,

[S] 1 ἀγονεῖς S, ἀγεννεῖς Kroll ‖ 4 καὶ secl. sugg. Kroll ‖ 5 χρηματίσειεν Rader-
macher | ἐν secl. Kroll ‖ 20 κλῆρος S ‖ 25 ἐπιθεωρούμενος corr. in ἐπιθεωροῦν-
τος S ‖ 29 καταμαρτυρεῖ S, corr. Kroll ‖ 32 κρυπτοῖς sugg. Kroll ‖ 34 ἀνημένους S,
corr. Kroll

98

ὀργίλους, προπετεῖς, ἐπηρεάστας, παραβόλους, πολυκινήτους, πολυκινδύνους, παροίνους, μοχθώδεις. ἐπὶ δὲ τῆς μητρὸς κατισχύσας τῆς Σελήνης 8
Ἄρης ἢ τῆς Ἀφροδίτης οἰκοδεσποτῶν τραχεῖαν καὶ μοιχάδα δηλοῖ τὴν
μητέρα καὶ ὑφ᾽ αἵματος ἢ φθορᾶς ὀξεῖ πάθει ἐνοχλουμένην ἐὰν μή τις
5 ἀγαθοποιὸς ἐφορῶν κουφίσῃ. Ἀφροδίτη δὲ τοῖς φωσὶ μαρτυροῦσα ἱλα- 9
ρούς, φιλομούσους, φιλευφροσύνους, φιλοστόργους, θρησκώδεις τοὺς
γονεῖς δείκνυσιν· Ἑρμῆς δὲ κοινωνικούς τε καὶ οἰκονομικούς, λόγου τινὸς
ἢ ἐπιστήμης μετέχοντας, ψευδολογουμένους δὲ τὰ πολλὰ ἢ εἰς ὑποδεέστερα
πρόσωπα ἁμαρτάνοντας.
10 Συνεπιβλέπειν δὲ χρὴ καὶ τοὺς τόπους. Ἥλιος μὲν γὰρ ἐν ἀρσενικῷ 10, 11
ζῳδίῳ κείμενος καὶ ὑπὸ ἀρσενικοῦ ἀστέρος μαρτυρούμενος γενναῖον δηλοῖ
τὸν πατέρα, ἐν δὲ θηλυκῷ καὶ ὑπὸ Σελήνης μαρτυρούμενος ἀνειμένον καὶ
θηλύφρονα δείκνυσιν· Ἥλιος ἐν θηλυκῷ ὑπὸ Κρόνου καὶ Ἀφροδίτης μαρ-
τυρούμενος οὐκ ἀσινῆ οὐδὲ ἀφήμιστον δηλοῖ τὸν πατέρα. Σελήνη ἐν θηλυ- 12
15 κῷ ζῳδίῳ καὶ ὑπὸ θηλυκῶν ἀστέρων μαρτυρουμένη ἐπιτακτικὴν καὶ ὀρ-
γίλην τὴν μητέρα δείκνυσιν, ἐν δὲ ἀρρενικῷ ζῳδίῳ καὶ ὑπὸ ἀρρενικῶν
ἀστέρων μαρτυρουμένη ὀργίλην καὶ ἀκαταμάχητον ⟨τὴν⟩ μητέρα δείκνυ-
σιν· ἐν θηλυκοῖς ζῳδίοις καὶ ὑπὸ Διὸς μαρτυρουμένη πρᾶον καὶ φιλάνθρω-
πον δηλοῖ τὴν μητέρα.

20 ⟨λδ'.⟩ | Περὶ χωρισμοῦ γονέων   (II 33)
f. 288

Ἄρης καὶ Κρόνος μεσεμβολήσαντες τὰ φῶτα ἢ μέσοι πεσόντες ἢ τοῖς 1
ὑποδεξαμένοις αὐτοὺς ἢ ταῖς ἀκτῖσιν αὐτῶν χωρίζουσι τοὺς γονεῖς. ὅταν 2
τῶν φωστήρων ὁ μὲν καθ᾽ αἵρεσιν παραπέσῃ, ὁ δὲ παρ᾽ αἵρεσιν ⟨καὶ⟩
φθοροποιὸς τῷ ἑτέρῳ συμπαρῇ, χωρίζει τοὺς γονεῖς. Κρόνος μεθ᾽ Ἡλίου 3
25 κείμενος, καὶ Σελήνης ἀλλοτριουμένης, χωρίζει τοὺς γονεῖς. ἐὰν ὁ τοῦ 4
ὡροσκόπου κύριος χρηματίζῃ καὶ ὡροσκόπος ᾖ κεκακωμένος καὶ ὁ συν-
οικοδεσπότης αὐτοῦ παραπεπτωκώς, οἱ τούτου γονεῖς χωρισθήσονται,
καὶ αὐτὸς πολλὰ ἀκαταστατήσει καὶ δυστυχήσει, καὶ τὰ τῶν γονέων
ἐλαττωθήσεται.
30 Συμφωνοῦσι δὲ οἱ γονεῖς ὅταν τὰ φῶτα καὶ οἱ οἰκοδεσπόται αὐτῶν 5
συμφώνως πρὸς ἀλλήλους ἔχωσιν. ὅταν ὁ τοῦ Ἡλίου ὑποδοχεὺς συμφώ- 6
νως ἔχῃ πρὸς τὴν Σελήνην, ὁ δὲ τῆς Σελήνης πρὸς τὸν Ἥλιον, συμφω-
νοῦσιν οἱ γονεῖς.

[S] 1 ἐπεράστας S, corr. Kroll ‖ 2 τῇ ☾ S, corr. Kroll ‖ 3 τῇ ♀ S, corr. Kroll ‖
4 ἢ secl. sugg. Kroll ‖ 5 μαρτυροῦσι S, corr. Kroll ‖ 7 κοινωνικάς S, corr. Kroll ‖
12—14 ἐν — πατέρα in marg. S ‖ 15 θηλυκῶν] ἀρσενικῶν S ‖ 17 ἀστέρων] ζῳδίων S ‖
τὴν Kroll ‖ 21—22 τῶν ὑποδειξαμένων S, τοῖς ὑποδεξαμένοις vel τὰς ἀκτίνας sugg.
Kroll ‖ 23 καὶ Kroll ‖ 27 τούτων S ‖ 32 δὲ] τε sugg. Kroll | καὶ τοῦ ἡλίου S, πρὸς
τὸν τοῦ Ἡλίου sugg. Kroll

VETTIVS VALENS

7 Ὁπότερος τῶν φωστήρων παρ᾽ αἵρεσιν κείμενος ἢ καὶ ⟨ὑπὸ⟩ φθορο-
ποιοῦ ἀθετηθεὶς ἢ δεκατευόμενος καὶ συνάπτων αὐτῷ ἢ διαμετρούμενος
ᾖ, ὃς ἂν πρῶτος ἐπὶ τὴν δύσιν φέρηται ἢ οὗ ἂν ὁ τόπος χεῖρον διάκειται
8 προτελευτήσει. ἐὰν αὐξομένη ⟨ᾖ⟩ ἡ Σελήνη καὶ συνοδικὴ ἡ γένεσις καί τις
⟨τῶν⟩ φθοροποιῶν ἐπίδῃ τὴν πρώτην πανσέληνον, ἐν μὲν θηλυκῷ ζῳδίῳ 5
9 γενομένη δηλώσει μητρὶ προτελευτήν, ἐν δὲ ἀρρενικῷ πατρός. ἐὰν δὲ
πανσεληνιακὴ ἡ γένεσις, τὴν μέλλουσαν σύνοδον σκεπτέον· ἐν οὖν θηλυκῷ
ζῳδίῳ, κακοποιοῦ ἐπιδόντος αὐτήν, προτελευτήσει ἡ μήτηρ, ἐν δὲ ἀρρε-
10 νικῷ ὁ πατήρ. ἐὰν δὲ ὁ Ἥλιος ἐν τῷ ὑπὸ γῆν ἡμισφαιρίῳ τύχῃ, ἐπὶ τὸ
11 πλεῖστον ὁ πατὴρ ἐπὶ ξένης τελευτήσει. ἐὰν δὲ ὁ τοῦ Διὸς ὑπὸ κακοποιοῦ 10
μαρτυρηθῇ, ἀποκλίνας δὲ ἔχῃ κακοποιὸν ἐπαναφερόμενον, ἐπὶ ξένης δηλοῖ
12 τὸν πατέρα τελευτῆσαι. Κρόνου ἀπὸ κέντρου ἀπορρέοντος, ἐὰν ⟨ἐπὶ⟩
Ἄρεα ἐπιφέρηται, καὶ ἐπιμαρτυρῇ τις αὐτῶν τῷ Διὶ ἢ τῷ Ἡλίῳ, ἐπὶ ξένης
13 ὁ πατὴρ τελευτήσει. ἐὰν ἡμερινῆς οὔσης τῆς γενέσεως Σελήνη ὑπὲρ γῆν
κακωθῇ ἢ ἀποκλινούσης Σελήνης φθοροποιὸς ἐπιφέρηται, ἢ περὶ τὴν 15
14 Ἀφροδίτην αἱ αὐταὶ κακώσεις γένωνται, ἡ μήτηρ προτελευτήσει. ἐὰν ὁ
f.28 vs τοῦ Ἡλίου οἰκοδεσπότης καὶ ὁ Ἥλιος μὴ | βλέπῃ τὸν ὡροσκόπον, ὁ πατὴρ
15 ἐπὶ ξένης τελευτήσει. Ἡλίου κακωθέντος ὑπὸ φθοροποιοῦ καὶ Διὸς
16 καθυπερτερουμένου ὁ πατὴρ βιαιοθανατήσει. Κρόνου μὲν οὖν μόνου
κακώσαντος τοὺς προειρημένους ἀστέρας πνιγμοὶ ἢ ὑδρωπίαι ἢ ῥεύματα 20
ἢ ψύξεις ἢ φαρμακοποσίαι ἢ ναυάγια ἢ παλαιὰ πράγματα αἴτια τῆς
τελευτῆς γίνεται, Ἄρεως δὲ μόνου κακώσαντος τομὴ σιδήρου ἢ δηγμὸς
ἢ πολυαιμία ἢ φθορὰ ἢ ὠμοτοκία ἢ ἐμπρησμὸς ἢ πτῶσις, ἀμφοτέρων δὲ
χείρων ἡ βία κατὰ τὴν ἐπιβάλλουσαν τῆς κλίσεως συμπλοκήν.

(II 34)　　　　⟨λε΄.⟩ Περὶ ἐλευθερικῶν καὶ δουλικῶν γενέσεων　25

1 Ἐνδιάφοροι δὲ περὶ τὸ γένος καὶ ὑποτακτικαὶ ἢ καὶ εὐγενεῖς γενέσεις
2 καταλαμβάνονται ἀπὸ τῶν τῆς γενέσεως φάσεων. ἐὰν γὰρ τὸ ζῴδιον τῆς
φάσεως ἢ ὁ κύριος τοῦ ζῳδίου παραπέσῃ ἢ ὑπὸ κακοποιῶν κατοπτευθῇ,
ἀγεννέστεροι γενήσονται ἢ καὶ ἐν δόξῃ γενόμενοι καὶ πίστει καθαιρεθή-
σονται· ἐὰν δὲ ἐπίκεντρος ἡ φάσις εὑρεθῇ καὶ ὁ κύριος ὑπὸ ἀγαθῶν 30
3 μαρτυρούμενος, εὐγενεῖς καὶ ἔνδοξοι γενήσονται. ἐὰν δὲ ὁ μὲν τόπος ἐν
χρηματιστικοῖς ζῳδίοις τύχῃ, ὁ δὲ κύριος παραπέσῃ ἢ ὑπὸ κακοποιῶν

[S] 1 ἐὰν ante ὁπότερος sugg. Kroll | ὑπὸ Kroll ‖ 2 ἀθρηθεὶς sugg. Kroll ‖ 3 ᾖ S,
secl. sed ᾖ sugg. Kroll | φαίνηται S, corr. Kroll ‖ 4 ἀξομένη S, corr. Kroll | ᾖ Kroll ‖
5 τῶν sugg. Kroll vel φθοροποιὸς ‖ 6 ἐὰν S, ἐν Kroll ‖ 8 ἐν δὲ ἀρρενικῷ] ἐὰν δὲ
ἥλιος S ‖ 9 ὑμισφαιρίῳ S ‖ 11 ἔχει S ‖ 12 ἐπικέντρου S, ἀπὸ κέντρου Kroll ‖ 20 πνιγ-
μὸν ἢ ὑδρωπικαὶ S, corr. Kroll ‖ 24 χεῖρον S, corr. Kroll ‖ 29 πίσει S, corr.
Kroll

100

κατοπτευθῇ, ἐλεύθεροι γεννηθέντες ἢ καλῶς ἀχθέντες ἐναντιώμασι καὶ
ὑποταγαῖς καὶ ἐνδείαις περιτραπήσονται. ἐὰν δὲ ὁ μὲν κύριος ἐν χρημα- 4
τιστικοῖς ζῳδίοις εὑρεθῇ, ὁ δὲ τόπος παραπέσῃ, ἐν τοῖς πρώτοις χρόνοις
κακοπαθήσαντες περὶ τὰς ὑποταγὰς καὶ ἀστάτως ἐνεχθέντες, ἐξ ὑστέρου
5 ἐλευθερίας καὶ προκοπῆς καὶ γένους ἐντὸς γενόμενοι εὐπορήσουσι καὶ
δοξασθήσονται, μάλιστα δὲ κἂν ἀγαθοποιοὶ προσνεύσωσιν. ἐὰν δὲ καὶ ὁ 5
τόπος καὶ ὁ κύριος παραπέσῃ καὶ ἀμφότεροι ὑπὸ κακοποιῶν κατοπτευ-
θῶσιν, ἔκθετοι ἢ αἰχμάλωτοι γενόμενοι ὑποταγῆς πεῖραν λήψονται· ἐὰν
δέ, τούτων ⟨οὕτως⟩ ὄντων, ἀγαθοποιοὶ συμπροσγένωνται ἢ συνεπιμαρτυ-
10 ρήσωσιν, μετὰ τοὺς τῶν κακοποιῶν χρόνους τῆς ὑποταγῆς ἀπολυθέντες
ἐν περιουσίᾳ γενήσονται. ἐὰν δὲ ὁ μὲν | τόπος ὑπὸ κακοποιῶν φρουρηθῇ, 6
ὁ δὲ κύριος ὑπὸ ἀγαθοποιῶν, ὑποτακτικοὶ γεννηθέντες ἐλεύθεροι τραφή- f.298
σονται ἢ εἰς ὑποβολὴν καὶ τεκνοποιίαν χωρήσουσιν· τοὐναντίον δέ, τοῦ
μὲν τόπου ὑπὸ ἀγαθοποιῶν φρουρουμένου, τοῦ δὲ οἰκοδεσπότου ὑπὸ
15 κακοποιῶν, ἐλεύθεροι γεννηθέντες εἰς δουλείαν ἀνατραφήσονται ἢ εἰς τὸ
τέλειον τῆς ἀκμῆς καταντήσαντες ἑαυτοὺς ἐκδότους ὑποταγαῖς παραδώ-
σουσιν ἢ διὰ τροφῆς ἔνδειαν ἢ πίστεως καὶ πράξεως ἀφορμήν.

⟨λς΄.⟩ Σχήματα Σελήνης ̅ι̅α̅ πρὸς ἀποτελεσμάτων δυνάμεις   (II 35)

Ἔστι δὲ τῆς Σελήνης τὰ σχήματα κατὰ μὲν τὸν φυσικὸν λόγον ̅ζ̅, καθὼς 1
20 δὲ καὶ ἐν ἑτέροις εὕρομεν ̅ι̅α̅. πρῶτον μὲν σύνοδος, δεύτερον ἀνατολή· 2
εἶτα ἀποστᾶσα τοῦ Ἡλίου μοίρας ̅μ̅ε̅ ποιεῖται φάσιν μηνοειδῆ· εἶτα ἕως
̅ς̅ μοιρῶν διχότομος, εἶτα ἕως ̅ρ̅λ̅ε̅ μοιρῶν ἀμφίκυρτος, εἶτα ἕως ̅ρ̅π̅ μοιρῶν
πανσέληνος· εἶτα ἀποστᾶσα τῆς πανσελήνου μοίρας ̅μ̅ε̅ (τουτέστιν ἕως
⟨σ̅⟩κ̅ε̅) ποιεῖται τὴν δευτέραν ἀμφίκυρτον, εἶτα ἕως ̅σ̅ο̅ μοιρῶν τὴν δευ-
25 τέραν διχότομον· εἶτα ἕως ̅τ̅ι̅ε̅ μοιρῶν δευτέρα μηνοειδής· εἶτα ἕως ̅τ̅ξ̅
τὴν δύσιν. ἔστι δὲ αὐτῆς καὶ ἄλλο σχῆμα ὅτε ἄρξηται πρῶτον μειοῦσθαι. 3

Τί σημαίνει ἑκάστη φάσις καὶ ποῖον ἔχει ἀποτέλεσμα

Ὑποτάξομεν δὲ καθὼς καὶ εἰς ἀποτελεσματογραφίαν λαμβάνεται τὰ 4
προκείμενα σχήματα καὶ τίνι θεῷ προσήκει. ἡ μὲν οὖν σύνοδος δηλοῖ 5
30 περὶ δόξης καὶ δυνάμεως καὶ βασιλικῶν καὶ τυραννικῶν διαθεμάτων καὶ
πάντων τῶν ταῖς πόλεσιν ἀνηκόντων δημοσίων πράξεων καὶ περὶ γονέων

[S] 1 γεν͂ηθέντες S ‖ 8 γεν͂ωμενοι S ‖ 9 οὕτως sugg. Kroll ‖ 14 –, –, –, –, –, –,
post δὲ S ‖ 24 κε S, corr. Kroll ‖ 26 μειοῦται S, corr. Kroll ‖ 29 προσῆκεν S,
προσήκει sugg. Kroll

καὶ γάμων καὶ μυστηρίων καὶ τῶν καθολικῶν καὶ κοσμικῶν πάντων·
ὁμοίως καὶ ὁ κύριος τῆς συνόδου καὶ ⟨τοῦ⟩ πλάτους καὶ τοῦ δρομήματος.
6 ἡ δὲ ἀνατολὴ τῆς Σελήνης (ὅπερ καὶ φῶς λέγεται) καὶ ὁ ταύτης κύριος εἰς
τὸν περὶ ζωῆς ⟨χρηματίζει καὶ⟩ περὶ πράξεως καὶ περὶ ὑποστάσεως μελ-
7 λούσης, καὶ βεβαιοῖ τὰς τῆς συνόδου πράξεις. καὶ καθάπερ ἀπὸ τῆς πρώ-   5
f.29vS της ὄψεως τὰ μη|νιαῖα θεωρεῖται καὶ κοσμικὰ κινήματα, οὕτως ὁ κύριος
τοῦ φωτὸς τὰ καθολικὰ ἀποτελέσματα δείκνυσιν· συνεπισχύει δὲ καὶ
8 Ἑρμῆς ἕως δ' Σελήνης. ἡ δὲ μηνοειδὴς σύστασις τὴν ἀνατροπὴν καὶ τὰ
ἐλπιζόμενα ἐν βίῳ σημαίνει, καὶ περὶ γυναικῶν καὶ μητρός· ἐπισχύει δὲ
9 Ἑρμῆς ἕως η'. ἡ δὲ διχότομος σύστασις περὶ σίνους καὶ πάθους καὶ τῶν   10
βιαίως συμβαινόντων, ἔτι δὲ περὶ τέκνων καὶ ἀξίας καὶ τῶν μελλόντων
10 ἀγαθῶν· συσχηματίζεται δὲ Ἀφροδίτη ἕως γένηται ιβ'. ἡ δὲ ἀμφίκυρτος
φάσις περὶ εὐδαιμονίας καὶ μελλούσης προκοπῆς καὶ ἀποδημίας καὶ
11 συμπαθείας συγγενῶν· συνομοιοῦται δὲ Ἥλιος ἕως γένηται ιδ'. ἡ δὲ παν-
σέληνος περὶ δόξης καὶ ἀδοξίας καὶ ἀποδημίας, καὶ περὶ τῶν βιαίως γι-   15
νομένων, καὶ περὶ τῶν ἐξ ὑπεροχῆς ἐκπιπτόντων καὶ ἐξ ἐλαχίστου αὐξο-
μένων, καὶ περὶ συμπαθειῶν καὶ παθῶν καὶ ἀντιπολιτειῶν καὶ γονέων
12 συμπαθείας· ἔχει δὲ καὶ ⟨τὸ⟩ τοῦ δυτικοῦ ζῳδίου χρῶμα. ὁ δὲ πρῶτος
κύριος τῆς μειώσεως τοῦ φωτὸς περὶ ἐλαττώσεως τῶν ὑπαρχόντων καὶ
ψύξεως πρακτικῆς καὶ τῶν εἰς ταπείνωσιν ἐρχομένων, καὶ περὶ αἰφνιδίων   20
πτωμάτων· ἰσοδυναμεῖ δὲ τῇ ἐπικαταδύσει Ἄρης κύριος ἕως κα' Σελήνης.
13 ἡ δὲ ἀμφίκυρτος δευτέρα σημαίνει περὶ ξενιτειῶν καὶ πράξεων μειζόνων,
καὶ περὶ εὐδαιμονίας· ἰσοδυναμεῖ δὲ τῷ θεῷ Ζεὺς κύριος ἕως γένηται κε'
14 [ἡ] Σελήνης. ἡ δὲ δευτέρα διχότομος περὶ παλαιῶν πραγμάτων καὶ
πολυχρονίων παθῶν, καὶ περὶ τέκνων· ἰσοδυναμεῖ γὰρ Κρόνος ἕως γένηται   25
15 λ'. ὁ δὲ τῆς μηνοειδοῦς κύριος σημαίνει περὶ θανάτου γυναικός, καὶ περὶ
16 ἀπραξίας ἢ διαρπαγῆς. τελευταῖον ⟨δὲ⟩ ἡ δύσις περὶ δεσμῶν καὶ συνοχῶν
17 καὶ ἀποκρύφων πραγμάτων καὶ κατακρίσεως καὶ ἀτιμίας. καὶ ἡ μὲν τῆς
Σελήνης τῶν σχημάτων τάξις οὕτως, τὰ μέντοι συγκρινόμενα τοῖς ε̄
θεοῖς καὶ Ἡλίῳ ἐν †ἀδέ† τοῖς κέντροις.   30
18 Συντομωτέρας μὲν οὖν τὰς ἀποδείξεις τῶν αἱρέσεων βουλόμενος ἐκθέ-
σθαι, τὰς πολυλογίας παραιτησάμενος καὶ τὰς μυθώδεις γοητείας, αὐτὰ
f.30S τὰ κεφάλαια προσέταξα τοῖς μάλιστα περὶ τὰ τοιαῦτα ἐσπουδακόσι | καὶ
πολλαῖς ἀγωγαῖς ἐγκεχρονικόσιν, δυναμένοις δὲ διὰ τῆς ἰδίας ἐπινοίας

[S] 2 τοῦ Kroll ‖ 4 χρηματίζει sugg. Kroll | καὶ¹ Kroll ‖ 8 ὁ S, ἡ Kroll | σύστα-
σιν S, corr. Kroll ‖ 11 βιαίων S, βιαίως sugg. Kroll ‖ 14 συνομοιοῦνται S, corr.
Kroll ‖ 18 τὸ sugg. Kroll ‖ 20 ταπεινωσῶν S, corr. Kroll ‖ 21 τὴν S, corr. Kroll ‖
22 μείζονος S ‖ 24 ἡ ☾ S ‖ 26 μονοειδοῦς S, corr. Kroll ‖ 27 τουτέστιν S, τελευταῖον
sugg. Kroll ‖ 29 τῷ S, τῶν Kroll ‖ 30 συνᾴδει sugg. Kroll ‖ 31 συντομωτέρως
sugg. Kroll ‖ 34 ἀναχρονικόσι S, corr. Kroll

ἴσα εἰσφέρειν. οἶμαι γὰρ αὐτοὺς πείσειν διὰ τῶν προγεγραμμένων καὶ 19
τῶν μελλόντων λέγεσθαι ἀποτίθεσθαι μὲν τὸ δύσπιστον καὶ εὐδιάβολον
τῆς ἐπιστήμης, ἄγνοιαν δὲ καὶ λῆρον κατὰ τῶν ἀντιπρασσόντων ψηφισα-
μένους κινδυνεύουσαν πρόγνωσιν ἀθάνατον ἀποδεῖξαι, ὅθεν οἱ φιλομαθεῖς
5 ταῖς μὲν ἀριθμητικαῖς καὶ διδασκαλικαῖς ἀγωγαῖς δι᾽ ἑτέρων ἐγγυμνασθέν-
τες τὸ νῖκος τῆς δόξης διὰ τῆσδε τῆς συντάξεως ἀποίσονται καίπερ καὶ
αὐτοὶ οὐκ ἀμύητοι ὄντες περὶ τὰς τῶν κανόνων καὶ εἰσόδων πήξεις, ἃς οὐκ
ἠβουλήθην προτάξαι καὶ δισσολογεῖν. εἰ δὲ καὶ δοκοῦμεν τὰ τῶν ἀρχαίων 20
δόγματα συγγράφειν καὶ ἑρμηνεύειν, κατὰ τοῦτο ἀρετῆς ἔπαινον ἀποισό-
10 μεθα παρὰ τῶν ἐντυγχανόντων διὰ τὸ ἀσφαλὲς καὶ ἄφθονον καὶ διδασκα-
λικὸν τῶν αἱρέσεων. ἕτεροι γὰρ πολυλογίαις καὶ ποικίλαις μεθόδοις χρη- 21
σάμενοι καὶ δόξαντες ἑρμηνεύειν προσεπικατέστρεψαν καὶ τὴν προϋπάρ-
χουσαν τῆς προγνώσεως δόξαν, καὶ οἴησιν Ἑλληνικὴν διὰ τῶν λόγων
ἀσκήσαντες βάρβαρον γνώμην ἐνεδείξαντο. τούτους δὲ ὑπολάβοι ἄν τις 22
15 Σειρήνων τρόπον ἐπιδεῖξαι ⟨αἳ⟩ τοὺς παραπλέοντας ἀπατηλῇ καὶ κεκλα-
σμένῃ φωνῇ διὰ τῆς μουσικῆς τῶν ὀργάνων καὶ ὀλεθρίας ᾠδῆς προσκα-
λούμεναι παρὰ ταῖς ἐναλίαις πέτραις διώλλυον. τὸ ὅμοιον δὲ πάσχουσί 23
τινες καὶ ἔπαθον οἱ ἐντυγχάνοντες ταῖς ἐκείνων αἱρέσεσιν· οἱ κατ᾽ ἀρχὰς
μὲν τῇ τῶν λόγων φαντασίᾳ καὶ ἀγωγῇ θελχθέντες εἴς τε ἄπειρον ὕλην
20 ἐμπεσόντες καὶ μὴ εὑρόντες τὴν ἔξοδον οὐ μόνον ἐν βυθῷ ἀλλὰ καὶ ἐν
λαβυρίνθῳ διώλοντο, οἱ δὲ καὶ δόξαντες διεκπεφευγέναι τὸν κίνδυνον,
τρυχηρᾷ καὶ πολυμερίμνῳ βασάνῳ περιπεσόντες, ἀνιαρὸν τὸ τέλος ἔσχον.
ἐὰν οὖν τις Ὀδυσσέως φρόνημα λαβὼν παραπλεύσῃ τούτους, καταλείπει 24
σεμνὴν ἐν τῷ βίῳ τὴν ἐπιστήμην, ᾗ σύνοικος καὶ συνόμιλος γενόμενος | f. 30ᵛˢ
25 ἀεὶ μεθ᾽ ἡδονῆς διανύει τὸν χρόνον, ἐκκόψας τὰς κακοτρόπους τῶν
ἀντιπρασσόντων γνώμας μυστηρίων δίκην. ὅθεν τούτους μὲν ἐάσαντες 25
εἰς τὴν τῶν προκειμένων καταντήσομεν δόξαν.

⟨λζ΄.⟩ Περὶ σίνους καὶ πάθους μεθ᾽ ὑποδειγμάτων καθ᾽ ἓν ἕκαστον (II 36)
ζῴδιον, οἷον· ὁ Κριὸς τί ποιεῖ σίνος ἢ πάθος, καὶ τὰ ἑξῆς αὐτοῦ

30 Ἐπειδὴ σκοτεινῶς οἱ παλαιοὶ τὸν περὶ σίνους τόπον ἔγραψαν, προφα- 1
νέστερον ἐπιδιασαφήσομεν. τινὲς μὲν οὖν τοῖς ὑποκειμένοις τόποις σωμα- 2
τικοῖς τε καὶ ψυχικοῖς προσέχοντες, κατὰ τὴν ἑκάστου γένεσιν τὴν ἀρχὴν

[S] 1 ζ S, ἴσα Kroll, κρίσιν Wendland || 3 τε S, δὲ Kroll || 4 ἀνατρέπεσθαι τὴν
post κινδυνεύουσαν sugg. Kroll || 6 νεῖκος S, corr. Kroll || 8 δυσσολογεῖν S, corr.
Kroll | εἰ δὲ iter. S || 10 περὶ S, παρὰ Kroll || 13 οἴησιν⟩ ῥῆσιν Cumont || 15 αἳ
Kroll | τὰς S, corr. Kroll || 17 διόλλυον S, corr. Kroll || 21 λαβυρινθώδει ὄλοντο S,
corr. Kroll || 23 καταλεί S, corr. Kroll || 28 ὑποδηγμάτων S, corr. Kroll || 32 ψυχι-
κῆς S, corr. Kroll

ποιούμενοι τῶν μελῶν ἀπὸ κλήρου τύχης καὶ δαίμονος, τὸν περὶ σίνους
καὶ πάθους τόπον πρὸς τὴν τῶν κακοποιῶν παρουσίαν ἀποφαίνονται.

3 οἷον ὁ κλῆρος τῆς τύχης στῆθος, τὸ β' πλευρόν, τὸ γ' κοιλία, τὸ δ' ἰσχία,
τὸ ε' μόριον, [καὶ] τὸ ϛ' μηροί, τὸ ζ' γόνατα, τὸ η' κνῆμαι, τὸ θ' πόδες,
4 τὸ ι' κεφαλή, τὸ ια' πρόσωπον, τράχηλος, τὸ ιβ' πήχεις, ὦμοι. τὰ δὲ πάθη 5
ἀπὸ τοῦ δαίμονος· αὐτὸς γὰρ [οὗτος] ὁ δαίμων ἐστὶ καρδία, τὸ β' ζῴδιον
ἢ ἐντὸς κοιλία, τὸ γ' δι᾽ οὗ τὸ σπέρμα φέρεται καὶ νεφρῶν τόπος, τὸ δ'
κόλον, τὸ ε' ἧπαρ, τὸ ϛ' β' κοιλία, τὸ ζ' κύστις, τὸ η' ἔντερα, τὸ θ' μη-
νίγγων τόπος καὶ ὀδόντων καὶ ἀκοῆς, τὸ ι' ἢ κατάποσις, τὸ ια' γλῶσσα,
5 τὸ ιβ' στόμαχος. ταῦτα δὲ κατὰ τὸν Λέοντα καὶ Καρκίνον ἀκολούθως 10
δεδήλωται, ἐπεὶ ἡ μὲν Σελήνη τύχη τοῦ κόσμου ἐστίν, ὁ δὲ Ἥλιος νοῦς
καὶ δαίμων.

6 Καὶ ταῦτα μὲν οἱ πρὸ ἡμῶν· ἡμῖν δ᾽ ἀκριβέστερον ἐκ πείρας ἔδοξεν
7 οὕτως. ἔστω γὰρ τὸν Κριὸν καθολικῶς σημαίνειν τὰ περὶ τὴν κεφαλὴν
καὶ τὰ αἰσθητήρια καὶ ὄψιν· ποιεῖ οὖν ὁ τόπος κατὰ τὴν μέλουσαν ἡμῖν 15
ἐπίλυσιν κεφαλαλγίας, ἐπισκιασμούς, ἀποπληξίας, δυσηκοΐας, ἀμαυρώσεις,
λέπρας, λειχῆνας, μαδαρώσεις, ἀλωπεκίας, φαλακρώσεις, ἀναισθησίας,
σηπεδόνας, πνευστικῶν ἐπιφοράς, κονδυλώματα, ὑπερσαρκώματα καὶ ὅσα
περὶ τὰ αἰσθητήρια εἶωθε συμβαίνειν περί τε τὰς ἀκοὰς καὶ τοὺς ὀδόντας.
8 ὁ Ταῦρος δὲ σημαίνει τράχηλον, πρόσωπον, κατάποσιν, ὄσφρησιν, ῥῖνα, 20
f.318 κύρτωσιν δὲ διὰ τὸ γυρὸν καὶ χόλωσιν | διὰ τὴν καμπὴν τοῦ ποδός, ὀφθαλ-
μῶν ἀλγηδόνας καὶ αἰτίας ἐπικινδύνους ἢ πηρώσεις διὰ τὴν Πληϊάδα·
ἔστι δὲ καὶ λατρευτικὸν τὸ ζῴδιον καὶ αἰσχροποιόν· ποιεῖ δὲ καὶ σπασμοὺς
καὶ σταφυλοτομίας, ἀνθρακώσεις, χοιράδας, πνιγμοὺς ἢ περὶ μυκτῆρας
σίνη, πάθη, λύπας, πτώσεις ἀπὸ ὕψους ἢ τετραπόδων, κατάγματα μελῶν, 25
9 βρογχοκήλας, ἐκκοπήν, ἰσχιάδα, ἀπόστημα. οἱ δὲ Δίδυμοί εἰσιν ὦμοι,
πήχεις, χεῖρες, δάκτυλοι, ἄρθρα, νεῦρα, ἰσχύς, ἀνδρεία, μεταβολή, θη-
λυγονία, λόγος, στόμα, ἀρτηρία, φωνή· κακωθέντες μὲν οὖν περὶ ταῦτα
τὰ σίνη ἀποτελοῦσιν, ἐπάγουσι δὲ καὶ λῃστηρίων ἢ πολεμίων ἐφόδους, καὶ
τραύμασι καὶ τομαῖς καὶ ἐκκοπαῖς μελῶν περιτρέπουσιν, ἢ ἰκτερικοὺς ἢ 30
10 ἀπὸ ὕψους πτώσεις. Καρκίνος στῆθος, στόμαχος, μαζοί, σπλήν, στόμα,
ἀπόκρυφοι τόποι, ἀμαυρώσεις, πηρώσεις διὰ τὸ νεφέλιον· γίνονται δὲ
κατὰ τοῦτον τὸν τόπον λέπραι, ἀλφοί, λειχῆνες, ἀποπληξίαι, ὑδρωπικοί
(τῆς αἰτίας ἐκ τοῦ σπληνὸς γενομένης), πλαγιοβάται ἢ ὑπόχωλοι ἢ

[S] 1 μελλῶν S, corr. Kroll ‖ 3 στῆρος S, corr. Kroll | κοιλίαν S, corr. Kroll ‖
4 καὶ secl. Kroll ‖ 6 οὗτως sugg. Kroll ‖ 8 κόλος S ‖ 15 μέλλουσαν S, corr. Kroll ‖
17 λιχῆνας S ‖ 21 διὰ δὲ S, corr. Kroll ‖ 26 βροχοκήλας S, corr. Kroll ‖ 27 θηλυ-
νομίη S, corr. Kroll ‖ 30 μελλῶν S, corr. Kroll | ἰκτέρους sugg. Kroll ‖ 33 λιχῆνες S ‖
34 πλαγιοβαθεῖς S, πλαγιοβάται sugg. Kroll

ἀνάπηροι, ἰκτερικοί, ἑτερόχροες, ἐκφυεῖς τοῖς ὀδοῦσιν ἢ τοῖς ὀφθαλμοῖς
ὑπόστραβοι, μιλφοί, πτίλοι, ἔγκυρτοι, ἀπὸ θηρίων ἐνύδρων ἀδικούμενοι
καὶ περὶ τὰς ὄψεις φακοὺς καὶ ῥαντίσματα ἔχοντες — βηχικούς, ἀναφορι-
κούς, ἰκτερικούς, πλευρικούς, πνευμονικούς. Λέων πλευραί, ὀσφῦς, καρ- 11
5 δία, ἀνδρεία, ὅρασις, νεῦρα· γίνονται οὖν μανιώδεις ἢ θεοφορούμενοι καὶ
ἀπὸ βίας ἢ μοχθηρίας σπώμενοι ἢ δι᾽ ἀνδρείαν ἢ σώματος ἄσκησιν, ἐκ-
βολὴν μέλους, κολόβωσιν ὑπομένοντες καὶ περὶ τοὺς φωστῆρας ἀδικού-
μενοι. ἔστι δὲ καὶ δυσωδίας αἴτιος, ὅθεν καὶ ἐπαίσχρους ποιεῖ ἢ ἀποκό- 12
πους, καταγματικούς, ἀπὸ ὕψους ἢ τετραπόδων πίπτοντας καὶ ὑπὸ θη-
10 ρίων δακνομένους καὶ ὑπὸ συμπτώσεως ἢ ἐμπρησμοῦ σινουμένους, ἔτι καὶ
μελαγχολικούς, φαγεδαίνας, κιναιδίας. | Παρθένος κοιλία, ἔντερα καὶ τὰ f.31vs
13
ἐντὸς ἀπόκρυφα, ὅθεν καὶ τὰς αἰτίας τῶν παθῶν ἀποτελεῖ καὶ περὶ τὰς
συνουσίας ἀσθενεστέρους ἢ ἐγκρατεῖς καὶ αἰδοίους (ἵνα δὲ μὴ δοκῶμεν
ἐπὶ πολὺ γράφειν, ἐκ τῆς τοῦ ζῳδίου καὶ τῆς τοῦ ἀστέρος φύσεως τά τε
15 σίνη καὶ πάθη πρόδηλα γίνεται)· ποιεῖ δὲ ὀρθοπνοϊκούς, κλάσματα,
θεοφορουμένους, φοιβήσεις, γυναικὶ δὲ ὑστερικὰς διαθέσεις καὶ περὶ κοι-
λίαν αἰτίαν. Ζυγὸς ἰσχία, γλουτοί, κόλον, μόριον, ὀπίσθια μέρη· ποιεῖ 14
δὲ ὁ τόπος παραλυτικούς, κλάσματα, κήλας, δυσεντερίας, ὕδρωπας, λι-
θιάσεις. Σκορπίος μόρια, ἕδρα· ποιεῖ δὲ διὰ τὸ κέντρον καὶ ἀμαυρώσεις, 15
20 πηρώσεις, ἐπισκιασμούς, λιθιάσεις, στραγγουρίας, περιοδικὰς νόσους,
πολυκοιλίας, συριγγώματα. Τοξότης μηροί, βουβῶνες· γίνονται δὲ ἑτε- 16
ρόχροες, συγγενήματα ἔχοντες, φαλακροί, ἐπισκιαζόμενοι ἢ ὀφθαλμοπόνοι
ἢ πηρώσεις, στόματος δυσωδίαι, ποδάγραι· ποιεῖ δὲ καὶ ἀπὸ ὕψους ἢ
τετραπόδων πτώσεις, μελῶν ἐκβολὰς καὶ θηρίων ἀδικίας, περισσομελεῖς.
25 Αἰγόκερως γόνατα, νεῦρα, τῶν τε ἐντὸς καὶ ἐκτὸς παθητικὰ διὰ τὸ εἶναι 17
αἰνιγματώδη· ποιεῖ δὲ ἀμαυρώσεις, πηρώσεις διὰ τὴν ἄκανθον, μανίας,
δι᾽ ὑγρῶν ὀχλουμένους, ἔτι δὲ φρενίτιδας· γυναῖκες Καννίαι, τριβάδες,
ἀσελγεῖς· λατρευτικοί, αἰσχροποιοί. Ὑδροχόος σκέλη, κνῆμαι, νεῦρα, 18
ἄρθρα· ποιεῖ δὲ ἐλεφαντιῶντας, ἰκτερικούς, μελαγχλώρους, πηρούς,
30 ὑδρωπικούς, μανιώδεις, ἀποκόπους, καταγματικούς, τοῖς δὲ στραγγου-
ρίας. Ἰχθύες πόδες, νεῦρα, ἄκρα· γίνονται ἀρθριτικοί, λεύκας, λειχῆνας, 19
λέπρας ἔχοντες, κατωφερεῖς, ἐπίψογοι, πολύσινοι, περισσομελεῖς, ψελλοί,
δύσκωφοι, ψωροί, ἀπὸ ἐνύδρων θηρίων ἀδικούμενοι ἢ δι᾽ ὑγρῶν παθῶν
ὀχλούμενοι.
35 Τούτων οὕτως ἐχόντων σκοπεῖν δεήσει ἀκριβῶς ἐπὶ πάσης γενέσεως 20

[S] 2 ἔγκυρτοι S ‖ 7 καὶ post μέλους sugg. Kroll ‖ κολόβασιν S ‖ 17 κόλων S,
corr. Kroll ‖ μορίων S, μόριον sugg. Kroll ‖ μέρους S, μέρη sugg. Kroll ‖ 21 περὶ
κοιλίαν sugg. Kroll ‖ 24 ἀπὸ post καὶ sugg. Kroll ‖ 25 παθητικῶν S, σπαστικὰ
Kroll ‖ 27 γυναικοκαυσίαι S ‖ τριβῶδες S, corr. Kroll ‖ 29 ἐλεφαντιῶνας S ‖
31 ἀρθρητικοί S, corr. Kroll ‖ λιχῆνας S

τὸν κλῆρον τῆς τύχης, εἰς ποῖον ζῴδιον ἐξέπεσεν (καὶ ἡ τοῦ ζωδίου φύσις
σημαίνει τὸ σίνος), μάλιστα δὲ ὁ τοῦ κλήρου τῆς τύχης κύριος ἐν ὁποίῳ
f.328 ᾱ̓ν ᾖ ζῳδίῳ. ὁμοίως δὲ καὶ τὸν δαίμονα καὶ τὸν τού|του κύριον σκοπεῖν,
εἰς ποῖα ζῴδια ἐξέπεσεν (καὶ οὗτοι τὰ πάθη δηλώσουσιν)· καὶ ⟨οἳ⟩ εἰς
22 τὸν περὶ πράξεως τόπον ὡσαύτως σοι νοηθήσονται. ἐνεργέστερα μὲν οὖν 5
τὰ σίνη καὶ τὰ πάθη γενήσεται, ἐπὰν κακοποιοὶ ἐπῶσιν ἢ μαρτυρῶσι
τοῖς τόποις ἢ τοῖς οἰκοδεσπόταις· γίνονται δὲ ἀσινεῖς ἢ ἀπαθεῖς ὅταν κα-
23 λῶς οἱ τόποι καὶ οἱ κύριοι ἀκάκωτοι τύχωσιν. ἕκαστος μὲν οὖν ἀστὴρ τὸ
24 ἴδιον ἀποτέλεσμα ποιεῖ ἐξ ἧς ἔλαχε φύσεως. ἐὰν γὰρ ὑποθέσεως χάριν
ὁ κλῆρος εἰς Κριὸν ἐμπέσῃ καὶ ὁ τούτου κύριος Ἄρης ἐπῇ, ⟨ἐπεὶ⟩ καὶ τοῦ 10
Κριοῦ καὶ τοῦ Σκορπίου ἐκυρίευσεν, προλέγειν σίνος περὶ κεφαλὴν ἢ
25 μόριον ἢ ἕδραν. οἷον εἴωθε κατὰ τὴν ἰδίαν φύσιν ὁ ἀστὴρ ἀποτελεῖν ἀπο-
τελέσει· ἔσθ᾽ ὅτε γάρ, ἀμφοτέρων τῶν τόπων κακωθέντων, τὰ σίνη καὶ
τὰ πάθη γίνονται, καὶ μάλιστα ὅταν κακοποιοὶ κυριεύσωσιν ἢ ἐπιμαρτυ-
ρήσωσιν. 15
26 Ἔστω δὲ ἐπὶ ὑποδείγματος (ἵνα μὴ δόξωμεν ἀποκρύφως εἰρηκέναι)
Ἥλιος, Ζεύς, Ἄρης Αἰγοκέρωτι, Σελήνη, ὡροσκόπος Λέοντι, Κρόνος
27 Ταύρῳ, Ἀφροδίτη, Ἑρμῆς Ὑδροχόῳ. ὁ κλῆρος τῆς τύχης ⟨Αἰγοκέρωτι⟩·
28 ὁ κύριος τῆς τύχης Κρόνος Ταύρῳ. γέγονε πηρὸς διὰ τὴν Πληϊάδα καὶ διὰ
29 τὸν κακοποιὸν Κρόνον. καὶ ἀρρητοποιὸς δι᾽ ἀμφότερα τὰ ζῴδια· καὶ γὰρ 20
Ζεύς, ὁ κύριος τοῦ δαίμονος τοῦ ἐν Ἰχθύσιν, ἐν Αἰγοκέρωτι εὑρέθη· καὶ
30 ἐκ τούτων δὲ ἐδηλώθη ὅτι [ὁ] ποδαγρός. ἀρκετὸν μέντοι ἦν ἀπὸ τοῦ κλή-
ρου καὶ τοῦ κυρίου τὸ πάθος καὶ τὸ σίνος εὑρηκέναι.
31 Ἄλλη. Ἥλιος, Ἀφροδίτη, Ἄρης Τοξότῃ, Σελήνη Ζυγῷ, Κρόνος Καρκίνῳ,
32 Ζεὺς Παρθένῳ, Ἑρμῆς Σκορπίῳ, ὡροσκόπος Αἰγοκέρωτι. κλῆρος Σκορ- 25
33 πίῳ· ἐσινώθη τὸ μόριον. ὁ κύριος τοῦ Σκορπίου ἐν Τοξότῃ γέγονεν·
34 φαλακρὸς καὶ πηρὸς διὰ τὴν ἀκίδα. Ζεὺς δὲ ὁ κύριος Ἄρεως καὶ τοῦ δαί-
μονος ἐν τῷ περὶ θεοῦ τόπῳ εὑρεθεὶς ἐποίησεν ἀναβλέψαι διὰ θεοῦ· γέ-
γονε δὲ καὶ χρησμοδότης.
35 Ὅθεν καὶ οἱ ἀγαθοποιοὶ σίνεσι καὶ πάθεσι περιτρέπουσι κακῶς πεσόν- 30
τες, καὶ οἱ κακοποιοὶ καλῶς ἀσινεῖς, αἰτίας μόνον καὶ χρονικὰ ἐμποιοῦν-
36 τες. ἐὰν δέ πως οἱ κυριεύσαντες κλήρου ἢ δαίμονος ἐν τῷ θεῷ ἢ τῇ θεᾷ
τύχωσιν ὑπὸ κακοποιῶν ἐναπειλημμένοι ἢ μαρτυρούμενοι, ἀποφθεγγο-
f.32vS 37 μένους ἢ μανιώδεις ἢ προγνωστικοὺς ἀποτελοῦσιν. | εἰκότως μὲν ὁ συγ-
γραφεὺς ἔφη· ʿἐὰν ᾖ τὸ σίνος ἀποδεικνύων ἐπὶ κραταιοῦ τόπου τυχὸν ὑπὸ 35

---

§§ 26–30: thema 31 (9 Ian. 87) ‖ §§ 31–34: thema 79 (26 Nov. 118)

[S] 2 μάλιστα iter. S ‖ 4 οἳ Kroll ‖ 8 πέσωσιν post καλῶς sugg. Kroll ‖
9 ἱερδιον S ‖ 10 καί¹] ᾖ S ‖ 12 γὰρ post οἷον Kroll ‖ 16 ὑποδείγματι S ‖ 18 Αἰγό-
κερῳ Kroll ‖ 22 ὁ secl. Kroll ‖ μὲν S, μέντοι sugg. Kroll

κακοποιοῦ κατοπτευθῇ, δυσεξάλειπτα καὶ οὐκ ἰάσιμα τὰ συμβαματικὰ
πάθη γενήσεται. εἰ δὲ τῷ λυπουμένῳ τόπῳ ἀγαθοποιὸς ἐπῇ ἢ προσεπι- 38
μαρτυρήσῃ, ἤτοι ἰατρείαις ἢ θεοῦ βοηθείᾳ ἀπαλλαγήσονται.᾿ κραταιοὺς 39
οὖν τόπους λέγει τὰ κέντρα καὶ τῶν κλήρων τὰς δύο ἐπαναφοράς, καὶ
5 μάλιστα ὅταν οἱ κακοποιοὶ ⟨κυρίας⟩ | λαχόντες ἐπῶσι τούτοις. χρὴ μὲν f.96V
οὖν ἀκριβῶς καὶ μοιρικῶς τοὺς κλήρους ἐξετάζειν· πολλάκις γὰρ κατὰ μὲν 40
τὴν πλατικὴν θεωρίαν εἴς τι ζῴδιον συνεκπίπτει ὁ κλῆρος, κατὰ δὲ τὴν
μοιρικὴν εἰς ἄλλο· συμβαίνει δὲ τοῦτο παρὰ τὰς τῶν φώτων καὶ ὡροσκό-
που μοίρας ⟨εἰ⟩ ἤτοι ἐπὶ τέλει ἢ ἐν ἀρχαῖς τῶν ζῳδίων εὑρίσκεται.
10 Καθολικῶς μὲν οὖν Ἥλιος, Σελήνη, Κρόνος, Ἑρμῆς διάμετροι ἢ ἐπ- 41
αναφερόμενοι σίνη περὶ ὅρασιν καὶ αἰτίας ἑτέρων παθῶν ἢ μανίας ἢ ἀπο-
πληξίας ἐπιφέρουσιν. Ἄρει Ἥλιος ἐπαναφερόμενος ἢ ἐν τῷ αὐτῷ ζῳδίῳ 42
ὑπάρχων ἀναφορικούς, αἱμοπτυϊκούς, καρδιακοὺς ἀποτελεῖ καὶ περὶ τὸ
ὁρατικὸν σίνη. Κρόνος δὲ καὶ Ἄρης ἐν τῷ ὑπογείῳ ἤτοι ὁμόσε ἢ κατὰ μό- 43
15 νας ἐπισκιασμοὺς ἢ καταπτωτικοὺς ἢ θεῶν ἢ νεκρῶν εἰδωλοποιητὰς καὶ
ἀποκρύφων ἢ ἀπορρήτων μύστας· τὸ δ᾿ ὅμοιον κἂν τὴν σύνοδον ἢ παν-
σέληνον καθυπερτερήσωσιν ἢ διαμετρήσωσιν ἢ καὶ κατὰ μόνας τὴν Σε-
λήνην, [ἢ] τῆς Σελήνης φάσιν τινὰ λυούσης, κατοπτεύσωσιν, μανιώδεις,
ἐκστατικούς, πτωματικούς, ἀποφθεγγομένους ἀπεργάζονται.
20 Ἔστω δὲ ἐπὶ ὑποδείγματος Ἥλιος, Κρόνος Αἰγοκέρωτι, Σελήνη Σκορ- 44
πίῳ, Ζεὺς Λέοντι, Ἄρης Ἰχθύσιν, Ἀφροδίτη, Ἑρμῆς Ὑδροχόῳ, ὡροσκόπος
Παρθένῳ. ὁ μὲν κλῆρος τῆς τύχης Σκορπίῳ, ὁ δαίμων Καρκίνῳ. ἠναν- 45, 46
τιώθη οὖν τῷ δαίμονι τῷ διανοητικὸν ἀποτελοῦντι καὶ ψυχικὸν Κρόνος,
⟨ὃς⟩ καὶ τὴν πανσέληνον καὶ τὴν προγενομένην φάσιν κατώπτευσεν, ὁ δὲ
25 κύριος τοῦ κλήρου ἠναντιώθη τῷ ὡροσκόπῳ. ἔσχε μὲν οὖν καὶ περὶ τοὺς 47
ἀναγκαίους τόπους σίνος καὶ ποδῶν αἴσθησιν, ἐξαιρέτως δὲ ἐσεληνιάσθη.
Ἄλλη. Ἥλιος Τοξότῃ, Σελήνη Καρκίνῳ, Κρόνος Ταύρῳ, Ζεύς, Ἑρμῆς 48
Σκορπίῳ, Ἄρης Λέοντι, Ἀφροδίτη Αἰγοκέρωτι, ὡροσκόπος | Ὑδροχόῳ. f.33S
κλῆρος τύχης Λέοντι· τούτῳ Ἄρης ἐπίκειται, Κρόνου καθυπερτεροῦντος. 49
30 ὁ δὲ Ἥλιος ἐν Διὸς τόποις εὑρεθείς, σημαίνων τὰ περὶ βουβῶνα καὶ μηροὺς 50
καὶ πόδας, ἐποίησε περὶ ταῦτα σίνος καὶ ποδάγραν· καὶ γὰρ αὐτὸς νεύρων
κυριεύει. τοῦ δὲ Κρόνου ἐν τῷ ὑπογείῳ εὑρεθέντος, θεῶν καὶ νεκρῶν εἴδω- 51
λα ἐφαντάσθη.
Ἄλλη. Ἥλιος Ὑδροχόῳ, Σελήνη Παρθένῳ, Κρόνος Ταύρῳ, Ζεύς, 52

---

§§ 44—47: thema 53 (16 Ian. 106) ‖ §§ 48—51: thema 28 (24 Nov. 85) ‖
§§ 52—55: thema 75 (21 Ian. 116)

[VS] 8 ὡροσκόπων S ‖ 9 εἰ Kroll ‖ 12 ἐπιφέρωσι S ‖ 18 ἢ secl. Kroll ‖ 23 τῷ² S,
τὸ V, τῷ τὸ sugg. Kroll ‖ 24 ὃς sugg. Kroll | καὶ¹ sup. lin. V om. S ‖ 32 κύρι-
εύει V

VETTIVS VALENS

ὡροσκόπος Διδύμοις, Ἄρης Καρκίνῳ, Ἀφροδίτη Ἰχθύσιν, Ἑρμῆς Αἰγο-
53 κέρωτι. ὁ κλῆρος τῆς τύχης Αἰγοκέρωτι, ὁ δαίμων Σκορπίῳ· τούτοις
54 ἠναντιώθησαν οἱ κακοποιοί. ἐγένετο μαλακός, ἀρρητοποιός· καὶ γὰρ ὁ
55 Αἰγόκερως ἀσελγής, καὶ ὁ τούτου κύριος Ταύρῳ, παθητικῷ ζῳδίῳ. καὶ
Σκορπίος τὸν τρόπον τῆς ἀσελγείας δηλοῖ.   5
56 Ἄλλη. Ἥλιος, Ἀφροδίτη Τοξότῃ, Σελήνη Καρκίνῳ, Κρόνος Διδύμοις,
57 Ζεύς, Ἄρης Λέοντι, Ἑρμῆς Σκορπίῳ, ὡροσκόπος Αἰγοκέρωτι. ὁ κλῆρος
τῆς τύχης Λέοντι, ὁ δαίμων Διδύμοις· τούτῳ ἐπικείμενος Κρόνος ἀπό-
58 κοπον ἐποίησεν. ἦν γὰρ καὶ ὁ κύριος, Ἑρμῆς, Σκορπίῳ σημαίνοντι τὸ
59 μόριον, καὶ Ἥλιος Τοξότῃ τοὺς περὶ βουβῶνα τόπους. ὅθεν ἐν τῷ δαίμονι 10
ἐπεισερχόμενοι οἱ κακοποιοὶ ⟨ἢ⟩ ἐναντιούμενοι μανιώδεις ἢ ἐκστατικοὺς
ποιοῦσιν.
60 Ἄλλη. Ἥλιος, Σελήνη, Ἑρμῆς, ὡροσκόπος Σκορπίῳ, Κρόνος Λέοντι,
61 Ζεὺς Καρκίνῳ, Ἄρης Αἰγοκέρωτι, Ἀφροδίτη Ζυγῷ. οἱ κλῆροι Σκορπίῳ·
62 γέγονε πηρὸς διὰ τὸ κέντρον. ἄλλως καὶ Κρόνος καθυπερτέρησε τὴν 15
σύνοδον καὶ τὰ φῶτα, καὶ ὁ κύριος, Ἄρης, παρέπεσεν.
63 Ἄλλη. Ἥλιος, Ἑρμῆς Ταύρῳ, Σελήνη Ὑδροχόῳ, Κρόνος, Ἀφροδίτη
64 Κριῷ, Ζεὺς Παρθένῳ, Ἄρης Ἰχθύσιν, ὡροσκόπος Λέοντι. ὁ κλῆρος τῆς
65 τύχης Ταύρῳ· ἡ κυρία, Ἀφροδίτη, Κριῷ σὺν Κρόνῳ. ὁ τοιοῦτος ἔσχε
περὶ τὴν κεφαλὴν ἀλωπεκίαν καὶ περὶ τὸ σῶμα ἀλφοὺς καὶ λειχῆνας· 20
ἦν γὰρ ὁ κύριος τοῦ δαίμονος Ἰχθύσιν.
66 Ἄλλη. Ἥλιος [Ταύρῳ], Ἄρης Ταύρῳ, Σελήνη Παρθένῳ, Κρόνος Το-
67 ξότῃ, Ζεὺς Διδύμοις, Ἑρμῆς, Ἀφροδίτη, ὡροσκόπος Κριῷ. ὁ κλῆρος τῆς
68 τύχης Τοξότῃ· ὁ κύριος Διδύμοις. ὁμοίως καὶ δαίμων Λέοντι· ὁ κύριος
69 Ταύρῳ. γέγονεν ὁ τοιοῦτος γαλιάγκων.   25
70 Ἄλλη. Ἥλιος, Ἑρμῆς Κριῷ, Σελήνη Ἰχθύσιν, Κρόνος, ὡροσκόπος
71 Ὑδροχόῳ, Ἄρης, Ἀφροδίτη Ταύρῳ, Ζεὺς Ζυγῷ. κλῆρος τύχης Ἰχθύσιν,
72, 73 κλῆρος δαίμονος Αἰγοκέρωτι. ὁ τοιοῦτος θεόληπτος, μανιώδης. ὁ κύριος
τοῦ κλήρου, Ζεύς, εἰς τὸν περὶ θεοῦ, Ζυγόν· ὁ τοῦ δαίμονος κύριος, Κρό-
νος, ὡροσκόπῳ· εὑρέθη δὲ καὶ Ἀφροδίτη ἐν τῷ ὑπογείῳ.   30
74 Ἄλλη. Ἥλιος, Ἑρμῆς Λέοντι, Σελήνη Σκορπίῳ, Κρόνος, ὡροσκόπος
75 Κριῷ, Ζεὺς Ἰχθύσιν, Ἄρης, Ἀφροδίτη Παρθένῳ. κλῆρος τύχης Αἰγοκέ-
ρωτι, δαίμων Καρκίνῳ· ὁ τοιοῦτος κυρτός.

§§ 56−59: thema 77 (30 Nov. 117) ‖ §§ 60−62: thema 37 (17 Nov. 92) ‖
§§ 63−65: thema 24 (28 Apr. 83) ‖ §§ 66−69: thema 49 (23 Apr. 104) ‖ §§ 70−73:
thema 55 (28 Mar. 108) ‖ §§ 74−75: thema 64 (17 Aug. 112); cf. Add. V 1−2

[VS] 6 ♐ sup. lin. V om. S ‖ 9 ♏ ☿ VS ‖ 11 ἐπισερχόμενοι S ‖ ἢ Kroll ‖ 15 τε
post ἄλλως Kroll ‖ 20 λιχῆνας VS ‖ 22 Παρθένῳ] ♍ V ♌ S ‖ 24 ὁ post καὶ S ‖
ὁ² om. S ‖ 27 τῆς post κλῆρος S ‖ 29 κρόνος κύριος VS, corr. Kroll

108

⟨λη'.⟩ | Περὶ γάμου καὶ συναρμογῆς καὶ εὐπαθείας· παντοῖαι θεωρίαι (II 37)
καὶ σχήματα παντοῖα   f.33 v S

Ὅσαι μὲν οὖν μοι ἀγωγαὶ διὰ πείρας ἔδοξαν ἀληθεύειν, ταύτας μετ᾽ ἐπι- 1
λύσεως προέταξα· νυνὶ δὲ καὶ τὸν περὶ γάμου τόπον ποικίλον μὲν ὑπάρχον-
5 τα, εὐκατάληπτον δὲ τοῖς γε νοῦν ἔχουσι διασαφήσω. ὁ περὶ γάμου τόπος 2
καταλαμβάνεται μὲν φυσικῶς ἀπὸ τοῦ ζ' ζῳδίου τοῦ ὡροσκόπου.
Προσβλέπειν δὲ δεῖ τὴν Ἀφροδίτην πῶς κεῖται, μετὰ τίνων καὶ ὑπὸ 3
τίνος ἢ τίνων μαρτυρεῖται ἢ δεσπόζεται. ἐν τροπικοῖς γὰρ ζῳδίοις οὖσα 4
ἢ δισώμοις χρηματίζουσα, μάλιστα ἐπὶ νυκτός, πολυγάμους ποιεῖ καὶ
10 πολυκοίνους, καὶ μάλιστα ἐὰν ὁ Ἑρμῆς αὐτῇ ὁμόσε τύχῃ, ἢ πολὺ μᾶλλον
ἐὰν καὶ ὁ Ἄρης αὐτῇ ἐπιμαρτυρήσῃ· καὶ γὰρ εἰς παίδων ἀρρένων ἐπι-
πλοκὰς ἔρχονται. εἰ δὲ καὶ τὸ ζῴδιον ᾖ βλοσυρώτερον, πρὸς τὰς συνου- 5
σίας ἐπιτευκτικώτεροι γίνονται. ἐὰν ἡ Ἀφροδίτη χρηματίζῃ, ὁ δὲ κύριος 6
αὐτῆς δεδυκὼς ἢ κακοδαιμονῶν — ἢ φθοροποιὸς αὐτὸν κακώσῃ — ἢ
15 φαύλως ᾖ κείμενος, ἀτυχεῖς περὶ τοὺς γάμους καὶ συναλλαγὰς ποιεῖ.
ἐὰν δὲ αὐτὴν τὴν Ἀφροδίτην φθοροποιὸς ἀθετήσῃ μαρτυρήσας ἢ καὶ τὸν 7
οἰκοδεσπότην μάλιστα, θανάτους γυναικῶν ποιήσει ἢ σίνη ἢ περιστάσεις·
ἐὰν μὲν καλῶς ἔχωσι πρὸς τὴν γένεσιν, κληρονομίας ἐξ αὐτῶν, κακῶς δὲ
κείμενοι [ἐν] πάθη καὶ λύπας.
20 Δυτικὴν Ἀφροδίτην Κρόνος ἐπιβλέπων κατὰ τὸ πλεῖστον ἀγάμους καὶ 8
δυσσυναλλάκτους ποιεῖ. ἐὰν Ἀφροδίτη ἐν Κρόνου ζῳδίῳ τύχῃ ἢ καὶ 9
ὁρίοις ἢ καὶ κατ᾽ ἰσοσκελῆ γραμμὴν ὑπ᾽ αὐτοῦ διαμετρηθῇ, καὶ μήτε
Ἄρης μήτε Ζεὺς αὐτῇ ἐπιμαρτυρήσῃ μήτε Ἑρμῆς συμπαρῇ αὐτῇ, παντε-
λῶς ἔσονται χῆραι καὶ παρθένοι. πάντοτε δὲ διαμετρῶν Κρόνος Ἀφρο- 10
25 δίτην σεσινωμένην γυναῖκα δίδωσιν ἢ στεῖραν· ὁμοίως καὶ γυναικὶ ἄνδρα.
ἐὰν δὲ Κρόνος μεσουρανήσῃ, διαμετρῇ δὲ τὴν Ἀφροδίτην, δούλην δίδωσι 11
γυναῖκα. ἐὰν Ἀφροδίτη Κρόνου οἴκῳ οὖσα ὑπὸ Διὸς μαρτυρηθῇ, ἢ ἀπορ- 12
ρέουσα Διὸς Κρόνῳ συνάπτῃ ἢ εἰς κόλλησιν αὐτοῦ ἔρχηται, βλέπηται δὲ
ὑπὸ Ἄρεως, τροφοῖς αὐτῶν ἢ καθηγητῶν | γυναιξὶν ἢ μητρυιαῖς ἢ πατέ- f.34 S
30 ρων ἢ μητέρων ἀδελφαῖς ἢ ἀδελφοῖς ἐπιμίσγονται. Ἡλίου δὲ αὐτοῖς 13
συνεπιμαρτυρήσαντος ἢ τῇ Σελήνῃ, ἔτι μᾶλλον τοῖς ἁμαρτήμασι περικυ-

---

[VS] 2 παντᾶ S ‖ 5 δὲ corr. in γε V ‖ 7 προβλέπειν VS, corr. Kroll | ὡς VS, πῶς
sugg. Kroll ‖ 8 μαρτυρῆται S ‖ 11 ἐπιμαρτυρήσει V ‖ 12 βλοσσυρώτερον VS, corr.
Kroll ‖ 13 ἐπιτακτικῶτεροι V, ἐπιτακτικώτεροι S, ἐπιτευκτικώτεροι sugg. Kroll ‖
14 αὐτὴν Kroll ‖ 15 φαύλος VS, corr. Kroll | ἀτυχῆς VS, corr. Kroll ‖ 19 ἐν secl.
Kroll | πάθει VS, corr. V | λύπαις S ‖ 21 δυσσυναλλάκτους VS, corr. Kroll ‖ 23 ἐπι-
μαρτυρήσει S | συμπαρῶσιν VS, μήτε συμπαρῶσιν Kroll ‖ 27 ἐν sup. þ S² ‖
28 βλέπηται S ‖ 29 μητρυιαῖς S ‖ 31 τὰ ἁμαρτήματα VS, ἁμαρτήμασιν αὐτοὺς sugg.
Kroll | περικυλήσει S

λίσει, μάλιστα τῆς Σελήνης μαρτυρούσης αὐτοῖς ἢ ὑπ᾽ αὐτῶν μαρτυρου-
14 μένης. Ἀφροδίτη ἐν τῷ δυτικῷ ζῳδίῳ μετὰ Κρόνου ἢ ἐν τῷ ὑπογείῳ
15 κέντρῳ ἀγενέσι γάμοις ἐπιμίξει ἢ καὶ ἐπ᾽ αὐτοῖς πένθη ποιήσει. καθόλου
ὅσοι Ἀφροδίτην ἔχουσι σὺν Κρόνῳ, ἢ καὶ οἰκοδεσποτοῦσαν αὐτοῦ ἢ καθ-
υπερτεροῦσαν καὶ τὸν Δία τούτοις μαρτυροῦντα, πρεσβυτέραις ἐπιπλακή- 5
σονται ἢ καὶ ὑπερεχούσαις· ἐὰν δὲ γυναικὸς ᾖ, τὸ αὐτό.
16 Σελήνη καὶ Ἀφροδίτη ὁμόκεντροι ἀδελφαῖς ἢ ἀδελφοῖς ἐπιπλέκονται,
17 μάλιστα Διὸς καὶ Ἄρεως ἐπιμαρτυρούντων. Σελήνη καὶ Ἀφροδίτη
τετράγωνοι ἢ διάμετροι ζηλοτύπους ποιοῦσιν· Ἄρεως δὲ ἐπιμαρτυρήσαν-
18 τος μείζων ἡ ἐπίτασις. Σελήνη ⟨καὶ⟩ Ἀφροδίτη τρίγωνοι ἐν ἰδίῳ οἴκῳ [ἢ 10
τετράγωνοι], μάλιστα ἐπίκεντροι, συγγενικοὺς δίδωσι γάμους, καὶ μᾶλ-
19 λον Ἄρεως καὶ Διὸς μαρτυρησάντων. Ἥλιος ἐν ἰδίῳ οἴκῳ ἢ ὑψώματι
μετὰ Διὸς καὶ Ἀφροδίτης συγγενικῷ γάμῳ ζευγνύουσιν ἀπὸ πατρός·
Ἀφροδίτη ἐν ἰδίῳ οἴκῳ ἢ ὑψώματι, Διὸς [καὶ Ἀφροδίτης] ὁρίοις, σὺν
20 Ἑρμῇ καὶ Σελήνῃ συγγενικῷ γάμῳ ζευγνύουσιν ἀπὸ μητρός. Ἀφροδίτη ἐν 15
τῷ ὑπογείῳ κέντρῳ τυχοῦσα μετὰ Σελήνης ἢ καὶ εἰ διαμετρήσωσιν
ἀλλήλας ἢ καὶ ἀντιμεσουρανήσωσιν, ἀδελφικοῖς ἢ συγγενικοῖς ζευγνύουσι
προσώποις.
21 Πάντοτε Κρόνος Ἀφροδίτην ἐπιδεκατεύων ἢ εἰ διαμετρήσει ἢ εἰ σὺν
αὐτῇ τύχῃ ἢ οἰκοδεσποτεῖ αὐτῆς, ψύξει τοὺς γάμους ἢ ῥυπαίνει, καὶ 20
22 μᾶλλον Ἑρμοῦ μαρτυροῦντος. Κρόνος καὶ Ἀφροδίτη — ἐν τῇ ἐπαναφορᾷ
ἢ ἐπὶ κέντρῳ αὐτῇ μαρτυρῶν ποιεῖ αἰσχροὺς καὶ καταφερεῖς καὶ νεω-
τερίζοντας καὶ ἀναξίαις ἢ δούλαις ἐπιπλεκομένους, ὧν χάριν χειμασθή-
23 σονται ἐὰν μή τις μεσεμβολῶν διακόψῃ τὴν κάκωσιν. ἐὰν δὲ ὁ τοῦ Διὸς
μαρτυρῇ, πολλὰ καὶ τῶν ἀτακτημάτων κρυβήσεται καὶ οὐκ ἔσται αἰσχρά· 25
ἐπιμισγήσονται γὰρ καὶ ὑπερεχούσαις γυναιξὶ καὶ ταῖς τῶν γνωρίμων καὶ
οὐ πολυτεκνήσουσιν, αἵ τε συνερχόμεναι αὐτοῖς στειρωθήσονται ἢ καὶ
βραδέως συλλήψονται καὶ συλλαβοῦσαι διαφθείρουσιν· τὰ δ᾽ ὅμοια καὶ
24 ἐπὶ θηλυκῆς γενέσεως νοείσθω. ἐὰν Κρόνος τῇ Ἀφροδίτῃ συμμαρτυρῇ
ἢ ὁρίοις αὐτῆς ᾖ, αὐτὴ δὲ ἡ Ἀφροδίτη σὺν Διὶ καὶ Ἄρει σχηματισθῇ, 30
προκοπὴ μὲν ἔσται διὰ τέκνου ἢ θηλυκοῦ προσώπου, καὶ ὄψεται εὐτυ-

[VS] 1 ἐπ᾽ S ‖ 3 ἀγεννέσι Kroll ‖ 4 οἰκοδεσποτοῦντα VS, corr. Kroll | αὐτοῖς VS,
αὐτοῦ Kroll | καθυπερτεροῦντα VS, corr. Kroll ‖ 5 ἐπιπιπλακήσονται V ‖ 6 γυ-
ναῖκα S ‖ 7 ἀδελφοῖς] ἀδελφανοῖς S ‖ 10 ☾ ♀ VS, καὶ sup. lin. S, Σελήνη Ἀφροδίτη
Kroll | τρίγωνος VS ‖ 11—14 τετράγωνοι — ἢ om. S, μάλιστα — ἢ in marg. S ‖
11 τετράγωνος V ‖ 14 Διὸς secl. sugg. Kroll | καὶ ἀφροδίτης del. V, om. S,
ἢ sugg. Kroll ‖ 19 διαμετρήση S et sugg. Kroll | εἰ²] εἰς S ‖ 20 οἰκοδε-
σποτῇ sugg. Kroll ‖ 23 καὶ om. S | ἀξίαις V ‖ 25 ἀκτημάτων VS, corr. Kroll ‖
27 πολυτεκνήσωσιν V, πολὺ κατεανήσωσιν S, corr. Kroll | στηρωθήσονται S ‖
30 αὐτῆς^{ου} V | καὶ om. S

ANTHOLOGIAE II 38

χίας, τὸ δὲ τέλος διαμαρτήσει ἐὰν | μὴ ἐν ἰδίοις τύχωσιν οἴκοις ἢ ὑψώμασι f.34vS
χρηματίζοντες. ἐὰν ὑπὸ Διὸς Σελήνη ἀκτινοβοληθῇ ἢ συσχηματίζηται 25
αὐτῷ, ὁ δὲ Κρόνος αὐτῇ σὺν τῷ Διὶ μαρτυρῇ, ἀναξίᾳ γυναικὶ καὶ ἀργυ-
ρωνήτῳ συνοικήσει· τὸ γὰρ ἀξίωμα ὁ Κρόνος βλάπτει.

5 Ἐὰν δὲ ἐπὶ τούτου τοῦ σχήματος ἡ Ἀφροδίτη ἐν ὑψώμασιν ὑπάρχῃ 26
ὑπὸ Διὸς μαρτυρουμένη, διὰ ταύτην ἐν προβιβασμοῖς καὶ ὑπάρξει ⟨γε-
νήσεται καὶ⟩ γνωσθήσεται παρὰ μεγάλοις ἀνδράσιν. ἐὰν δὲ καὶ Ἑρμῆς 27
σχηματίζηται ἐπὶ τοῦδε τοῦ διαθέματος, πρακτικοὶ μὲν ἔσονται καὶ
εὐεπίβολοι καὶ φρόνιμοι καὶ ἐπαφρόδιτοι, πολύκοινοι δὲ καὶ ἐπὶ πολὺ
10 ἀστατοῦντες περὶ τοὺς γάμους. καθόλου δὲ Ζεὺς Ἀφροδίτην ἐπιθεωρῶν 28
ἢ καὶ οἰκειούμενος αὐτῇ ἢ καὶ κατὰ μοῖραν σύμφωνος αὐτῇ εὐσυναλ-
λάκτους ποιήσει καὶ ἀπὸ γυναικῶν ὠφελουμένους, τάς τε γυναῖκας ἀπὸ
ἀνδρῶν· κἂν κεκακωμένη ᾖ, ἐπικουρεῖται ὡς μὴ πάντα διασφάλλεσθαι.

Ἀφροδίτη ἐπίκεντρος οὖσα, τῷ ὡροσκόπῳ μάλιστα ἢ τῷ μεσουρανή- 29
15 ματι, καὶ μὴ κεκακωμένη ὑπὸ Κρόνου εὐγάμους ποιεῖ, ὑπὸ Διὸς δὲ μαρ-
τυρουμένη ἀντέχει ταῖς κακώσεσιν εἰς τὸ μὴ σφάλλεσθαι, συμπαθείας
ποιοῦσα καὶ γάμους. κακοδαιμονοῦσα Ἀφροδίτη ἐν ἰδίῳ οἴκῳ ἢ ὑψώματι, 30
ἐπιδεκατευομένη ὑπὸ Διὸς ἢ τριγώνως θεωρουμένη, γάμον μὲν ἀγαθὸν
δίδωσιν, λυπήσει δὲ ἐπὶ θανάτῳ γυναικὸς ἀγαθῆς. ἐὰν Ἀφροδίτη καὶ Κρό- 31
20 νος κακοδαιμονῇ, τοῦ Διὸς μὴ ἐπιβλέποντος, δύσγαμοι ἢ χῆροι γίνονται
ἐν ἀπολείψει καὶ θανάτοις τρυχόμενοι. ἐὰν δὲ τούτῳ τῷ σχήματι (τουτέστι 32
κακοδαιμονούσῃ Ἀφροδίτῃ καὶ ἀκαταμαρτυρήτῳ ὑπὸ Διός) φθοροποιὸς
αὐτῇ ἐπιμαρτυρῇ οἷον Ἄρης, κατάμοιχοι γίνονται ἢ ἔνοχοι μοιχείας, ἀν-
έραστοι, ῥυπαροὶ καὶ διὰ ταῦτα εἰς περιστάσεις ἀγόμενοι. πάντοτε δὲ τῇ 33
25 Ἀφροδίτῃ συμπαρόντες ἢ διαμετροῦντες αὐτὴν χωρισμοὺς συμβίων ἢ
θανάτους ποιήσουσιν ἢ καὶ συμβιώσεις ἐπιλύπους, καὶ πολὺ μᾶλλον ἐὰν
καὶ τὴν Σελήνην συγκακώσωσιν.

Σελήνη δεδυκυῖα ὑπὸ τὰς αὐγὰς οὐκ ἀγαθὴ εἰς γάμον. Ἄρης μετὰ 34, 35
Ἑρμοῦ κείμενος μοιχείας καὶ πορνείας καὶ λαγνείας ποιεῖ· κἂν τροπικὸν
30 ἢ δίσωμον τὸ ζῴδιον, ἔτι μᾶλλον ποιεῖ. πυκνότερον γὰρ ἁμαρτάνουσιν, 36
ὀφθαλ|μοβόλοι δὲ γίνονται καὶ οὐκ ἐπιτευκτικοί, ἔσθ᾽ ὅτε δὲ καὶ ὁμοιοτρό- f.35S
ποις ἐπιμίγνυνται καὶ δεινὰ ἀπ᾽ αὐτῶν πάσχουσιν ὅσα καὶ διώκησαν·
πολὺ δὲ μᾶλλον ἐὰν τούτοις Ἑρμῆς μαρτυρήσῃ. τὰ δ᾽ αὐτὰ ἐπὶ θηλυκῆς 37
γενέσεως γίνονται. ἐὰν δὲ καὶ Κρόνος ἐπιμαρτυρήσῃ, ἔτι πλεῖον· εὖ ποιή- 38

[VS] 1 διαμαρτήσῃ V ‖ 5 ἢ VS, ἡ Kroll | ὑπάρχει S ‖ 6.7 γενήσεται καὶ sugg.
Kroll ‖ 9 εὐεπίβουλοι V, ἐπίβουλοι S, corr. Kroll | πολύκινητοι V, πολύκοιτοι Kroll |
δὲ V τε S ‖ 11 σύμφωνον S ‖ 12 τε sup. lin. V ‖ 13 διασφάλεσθαι S ‖ 16 εἰ τὸ V |
σφάλεσθαι S ‖ 18 τρίγωνος VS ‖ 19 λυπήσῃ S ‖ 23 ἐπιμαρτηρῇ V ‖ 25 καὶ post
ἢ S ‖ 31 δὲ] γὰρ VS ‖ 32 ἐδεδώκεσαν sugg. Kroll ‖ 33 θηλυκοῖς VS, corr. Kroll

111

σαντες γὰρ αὐτὰς ἀχαριστοῦνται ὥστε καὶ ἐπιβουλεύειν ὡς ἀχαριστηθέντας, ἢ τὰς γυναῖκας τοῖς ἀνδράσιν.

39 Ἐὰν δὲ καὶ δεδυκότες ὦσιν ὑπὸ τὰς αὐγὰς Ἄρης καὶ Ἀφροδίτη, λαθριμαῖοι μοιχεῖαι γενήσονται καὶ κρυπτὰ ἁμαρτήματα· ἐὰν δὲ καὶ ἀνατολικοὶ τύχωσιν ἢ ἐπίκεντροι, φανερώτερον· ἐὰν δὲ καὶ Ἑρμῆς ἀνατολικὸς 5
40 συμπαρῇ αὐτοῖς, μᾶλλον ἔσται μοιχεία ἐπικίνδυνος καὶ διαβολή. καὶ ἐὰν μὲν Ζεὺς ἐπιμαρτυρῇ, ῥύεται· εἰ δὲ μή, συσχεθήσεται ἢ συναιρεθήσεται, ἐὰν τοῦτον ἔχῃ τὸν τρόπον τοῦ θανάτου· εἰ δὲ μή, ἀναλώσας πολλὰ σω-
41 θήσεται. ὅσοις δ᾽ ἂν συμβῇ κεῖσθαι τὴν Ἀφροδίτην κακῶς καὶ Ἄρεα κακοδαιμονοῦντα καὶ παρ᾽ αἵρεσιν χρηματίζωσιν ἢ ἐν τῷ δύνοντι ζῳδίῳ 10 τύχωσιν ἢ καὶ συναιρετιστοῦ οἴκῳ, χείρονες ἔσονται φθοραὶ καὶ μοιχεῖαι ἐπικίνδυνοι, ἔσονται δὲ καὶ φθονητικαὶ κατακρίσεις, ὁμοίως δὲ καὶ διαμετροῦντες ἀλλήλους ποιοῦσι τὰ προγεγραμμένα, ἐπιτατικώτερον δὲ εἰς χωρισμοὺς καὶ ἀηδίας καὶ ζηλοτυπίας καὶ ὀργὰς καὶ μᾶλλον ἐπιβουλὰς
42 καὶ κινδύνους μεταλαμβάνουσιν. διὰ δὲ τὸ τὸν Ἑρμῆν αὐτοῖς μαρτυρεῖν τὰ 15 νεωτερικὰ ἐπακολουθεῖ ἁμαρτήματα, προσέτι δὲ καὶ εἰς δουλικὰ πρόσωπα καὶ παῖδας ἐμπλέκονται, πολυκοινοῦσι δὲ καὶ μοιχαίνουσι καὶ καταφημίζονται, ὑποφθοραί τε ὑπὸ φίλων καὶ δούλων καὶ ἐχθρῶν καὶ στάσεις γίνονται καὶ φαρμακεῖαι.
43 Ζεὺς δὲ συνὼν ἢ μαρτυρῶν [μετὰ] Ἀφροδίτῃ τὰ προγεγραμμένα ἐπι- 20 τελεῖ λεληθότως καὶ ἐπὶ μείζονα προβιβάζονται ὕπαρξιν, μάλιστα ἐὰν
44 ἀνατολικὸς ᾖ ἢ ἐπίκεντρος. ὅταν Ἄρης Ἀφροδίτῃ ἐπιμαρτυρῇ συμφώνως
45 αὐτῇ, ἐκ μοιχείας συνέρχονται. ὅταν τῇ Ἀφροδίτῃ ἀνατολικῇ Ἑρμῆς |
f.96ᵛᵛ ἐπιμαρτυρῇ, Κρόνου μὴ κοινωνήσαντος μηδὲ τῷ οἰκοδεσπότῃ, παρθένοις
f.35ᵛˢ καὶ νεωτέραις | ζεύγνυνται· κἂν Ἄρης ἐπιβλέπῃ, μᾶλλον· κἂν Ζεύς, ἀξιω- 25
46 ματικώτερον. καθόλου δὲ πάντως αὐτῇ ⟨ἐπιμαρτυρῶν⟩ Ἑρμῆς ἐγκυλίει καὶ συμπλέκει νεωτέραις καὶ ὑποτεταγμέναις· ⟨τὸ δ᾽ ὅμοιον ποιοῦσι⟩
47 καὶ οἱ ἄνδρες καὶ γυναῖκες τῇ αὐτῇ γενέσει. ὁ δὲ Ἄρης, ἐάν τε ὁμόσε αὐτῇ τύχῃ ἐάν τε τετράγωνος, μοιχούς, λάγνους, ἀναξίων ἐγκυλισμούς, ψόγους, χωρισμούς, θανάτους συμβίων ποιεῖ· χεῖρον ἐὰν διάμετρος ὁ Κρόνος· εἰς 30 πρεσβυτέρας ἢ εἰς στειρώδη συνάπτει πρόσωπα· ὁ δὲ Ζεὺς ἀξιωματικὰ
48 πρόσωπα. εἰ δὲ τῷ τοῦ Διὸς σὺν τῇ Ἀφροδίτῃ κειμένῳ καὶ ὁ τοῦ Κρόνου σχηματισθῇ, ὑπερεχούσαις γυναιξὶ ἢ δεσπότισι μίσγονται· τὸ δ᾽ ὅμοιον
49 καὶ ἐπὶ γυναικῶν. προσεπὶ τούτοις δὲ καὶ ὑστέρως ⟨γαμοῦντες⟩ καὶ ὀψί-

[VS] 6 αὐτῇ S ‖ 10 κακοδημονοῦντα S ‖ 11 χεῖρον VS, χείρονες sugg. Kroll ‖ 12 φθονικαὶVS, φονικαὶ sugg. Kroll | καὶ post (φθονητικαὶ) S ‖ 13 ἐπιτακτικώτερονS ‖ 17 πολυκοιτοῦσι Kroll ‖ 20 Ἀφροδίτῃ] ἀφροδισίας sugg. Kroll, ἐλαφρίας sugg. Kroll ‖ 25 νεωτέροις VS, corr. Kroll ‖ 26 ἐπιμαρτυρῶν] συσχηματιζόμενος Kroll ‖ 27 lac. ind. Kroll ‖ 29 ꝫ V ‖ 32 τὸ VS, τῷ Kroll ‖ 33 δεσπότησι V | σμίγονται VS, corr. Kroll ‖ 34 γυναικὶ S | ὕστεροι S, στεῖροι vel ὑστεροῦσι sugg. Kroll

112

γαμοι καὶ ἐγκρατεῖς γίνονται καὶ σώφρονες ὅταν ὁ τοῦ Ἄρεως καὶ ὁ τοῦ
Ἑρμοῦ ἀλλοτριωθῶσι τῆς Ἀφροδίτης· ἐὰν δὲ Κρόνος καὶ Ζεὺς συνῶσιν ἢ
τρίγωνοι αὐτῇ μαρτυρῶσιν, βεβαιότερον. ὅσοι Ἀφροδίτην ἑῷαν ἀνατολι- 50
κὴν ἔχουσιν ἐπὶ ἀρρενικῆς γενέσεως ἐπιτακτικοὶ γίνονται γυναικῶν, ὅσοι
5 δὲ ὑπὸ τὰς αὐγάς, ὑποτάσσονται· τὸ ἀνάπαλιν ἐπὶ θηλυκῶν.
Τὸν δὲ γαμικὸν κλῆρον οὕτως ψήφιζε· ⟨ἐφ'⟩ ἡμερινῆς γενέσεως ἀπὸ 51
Διὸς ἐπὶ Ἀφροδίτην, νυκτερινῆς δὲ τὸ ἀνάπαλιν, καὶ τὰ ἴσα ἀπὸ τοῦ ὡρο-
σκόπου. ὁ οὖν διάμετρος τόπος τοῦ κλήρου μοιχείας δηλωτικὸς ἔσται. 52
ἐὰν ὁ κύριος τοῦ γαμικοῦ κλήρου ἐπὶ τοῦ διαμέτρου εὑρεθῇ καὶ ὁ τοῦ 53
10 τῆς μοιχείας κλήρου ἐν τῷ γαμικῷ, προσμοιχεύσουσι καὶ ὕστερον συν-
αλλάσσουσι καὶ συναλλάξαντες χωρίζονται καὶ πάλιν κατὰ μοιχείαν συν-
ελεύσονται. ἐὰν ὁ κύριος τοῦ γαμικοῦ κλήρου ἔχῃ ἑῷαν ἀνατολήν, ἀπὸ 54
πρώτης ἡλικίας μίγνυνται γάμοις· ἐὰν δ' ἑσπερίαν, ὀψιγαμοῦσιν· ἐὰν δὲ
δυτικὸς ᾖ χρηματίζων, ζηλοτύπως τοῖς γάμοις ἢ ἀσυννόμως ἐπιπλέκον-
15 ται. ὁ μὲν κύριος τοῦ γάμου δίδωσι τὸν πρῶτον γάμον, οἱ δὲ συμφωνή- 55
σαντες τῷ γαμοστόλῳ ἢ τῷ κυρίῳ αὐτοῦ ἀγαθοποιοὶ δώσουσι καὶ αὐτοὶ
γάμους, καὶ μᾶλλον εἰ καὶ διφυῆ ᾖ τὰ ζῴδια τῶν μαρτυρούντων ἢ καὶ
αὐτὸς ὁ γαμοστολικός.

Ἄλλως περὶ γάμου [μετὰ ὑποδείγματος] (II 38)

20 Ἀνδράσι μὲν ἀπὸ Ἡλίου ἐπὶ Ἀφροδίτην, γυναιξὶ δὲ ἀπὸ Σελήνης ἐπὶ 56
Ἄρεα, καὶ τὰ ἴσα ἀπὸ ὡροσκόπου· ἀμφοτέρων γὰρ τῶν φώτων εἰσὶ φθο-
ρεῖς Ἀφροδίτη καὶ | Ἄρης διὰ τὸ τὸν μὲν Ἥλιον ὑψούμενον ἐν Κριῷ ἐν f.368
τῷ Ζυγῷ φθείρεσθαι καὶ μείωσιν ποιεῖσθαι τῆς ἡμέρας, τὴν δὲ Σελήνην
ὑψουμένην ἐν Ταύρῳ ἐν τῷ Σκορπίῳ ταπεινοῦσθαι καὶ ἀφαίρεσιν τοῦ
25 φωτὸς κοσμικῶς ποιεῖσθαι. ἔσται οὖν ἡ μὲν Ἀφροδίτη τῶν ἀνδρῶν γαμο- 57
στόλος, ὁ δὲ Ἄρης τῶν γυναικῶν καθολικῶς, ὅθεν ἐπὶ μὲν τῶν ἀνδρῶν
τὸν περὶ γάμου τόπον δεῖ συμφωνεῖν τῷ δαίμονι, ἐπὶ δὲ γυναικῶν τῷ κλή-
ρῳ τῆς τύχης διὰ τὴν ἀλληλουχίαν καὶ συνέλευσιν Ἡλίου καὶ Σελήνης·
οὕτως γὰρ συμπαθὴς καὶ παράνομος ὁ γάμος κριθήσεται. ἐὰν οὖν τῷ 58
30 γαμοστολικῷ τόπῳ πολλοὶ ἀστέρες ἐπῶσιν ἢ μαρτυρῶσιν, ἔσται πολυ-
γαμία. καὶ ἐὰν μὲν σὺν τῇ Σελήνῃ πλέκωνται οἱ ἀστέρες, Διὸς μαρτυροῦν- 59
τος, νόμῳ συνελεύσονται· ἐὰν δὲ Κρόνος, θανάτῳ χωρισθήσονται· ἐὰν

[VS] 2 τὴν ♀ VS, corr. Kroll | συνῇ VS || 3 αὐτὴν VS, corr. Kroll | μαρτυροῦσι VS,
corr. Kroll | 4 γυναῖκα S || 6 ἐφ' Kroll || 9 τὸ διάμετρον VS, corr. Kroll || 10 κλήρῳ VS,
corr. Kroll | προσμοιχεύσωσι VS, corr. Kroll || 14 δυτικὸς ex -ην corr. S | ᾖ VS,
ῇ Kroll | ἀσυννόμως S || 22 τὸ V sup. lin. et S, τὸν Kroll | τοῦ post μὲν V, sed del. |
ὕψωμα corr. in ὑψούμενον V, ὑψούμενα S || 23 ἐπὶ ♂ post ☾ S || 28 ἀλληλοχίαν S ||
31 πλέκονται VS, corr. Kroll

VETTIVS VALENS

60 δὲ Ἑρμῆς χωρὶς τοῦ Διός, ἐπὶ δούλαις ψογηθήσονται. ἐὰν δὲ Ζεὺς μαρτυρήσῃ Κρόνῳ, νόμιμος γάμος ἀναδειχθήσεται ἢ καί τινας ἐξευγενίσουσιν.
61 ἐὰν δέ πως τῇ Ἀφροδίτῃ προσπλέκωνται ἢ λόγον ἔχωσιν, ἀπὸ συνηθείας ὁ γάμος ἔσται· καὶ ἐὰν μὲν Ζεὺς μαρτυρήσῃ, καὶ νόμιμος ἔσται καὶ ἐπ-
62 ωφελὴς καὶ συμπαθὴς ὁ γάμος. ἐὰν δέ, τοῦ Διὸς ἀπόντος, Κρόνῳ Ἑρμῆς, 5
Ἄρης μαρτυρῶσιν, κοιναῖς καὶ ἀποτέκναις συνελεύσονται ἢ ἐπαίσχροις
63 καὶ λελωβημέναις. τῇ δὲ Ἀφροδίτῃ ἡ Σελήνη ἐὰν προσγένηται, τὸ ἑταιρικὸν καὶ λάγνον ἐπακολουθήσει, καὶ ζηλοτυπίαι καὶ στάσεις γενήσονται,
64 καὶ εὐυπόκριτος ἡ συμβίωσις. ἐὰν δὲ Ἥλιος τοῦ γαμοστόλου κυριεύσῃ καὶ καλῶς σχηματισθῇ, τῇ δὲ Σελήνῃ συμπλακῇ ὁ τοῦ Διός, νομίμως συν- 10
65 ελεύσονται καὶ βέβαιος ἢ ἔνδοξος ὁ γάμος γενήσεται. ἐὰν δέ πως ἡ Σελήνη
66 ὑπὸ Κρόνου θεωρηθῇ, ἐξ ὀρφανίας ὁ γάμος ἔσται ἢ ἀπὸ ἐπιτρόπων. ἐὰν δὲ ὁ τῆς Ἀφροδίτης καὶ ὁ Ἄρης ὁμόσε τύχωσιν ἢ τῇ Σελήνῃ προσπλέκων-
67 ται, προεσκυλμέναις ἢ ἀπὸ συνηθείας συνελεύσονται. ἐὰν δέ πως ἡ Σελήνη ἢ Ἀφροδίτη τῷ Διὶ ἢ τῷ Ἡλίῳ συσχηματίσωνται, τῶν λοιπῶν ἀπόντων, 15
μονόγαμοι γίνονται.
68 Σκοπεῖν οὖν δεήσει ἐπί τε ἀνδρῶν καὶ γυναικῶν τὸν κλῆρον τῆς τύχης καὶ τὸν δαίμονα καὶ τὰ τούτων τετράγωνα καὶ διάμετρα, τούς τε οἰκο-
f.36vs
69 δεσπότας καὶ τὸν κύριον | καὶ πότερον ἀγαθοποιοὶ ἢ κακοποιοί. καὶ εἰ μὲν τῆς ⟨αὐτῆς⟩ αἱρέσεως ὄντες συσχηματίζονται, καλὸς ἔσται καὶ συμ- 20
παθὴς ὁ γάμος· ἐὰν δὲ οἱ τόποι ἢ οἱ κύριοι διαμετρήσωσιν ἀλλήλους ἢ ὑπὸ κακοποιῶν κατοπτευθῶσιν, ἐναντιώματα, στάσεις, ζηλοτυπίαι, ἔχθραι, κρίσεις περὶ τὴν συμβίωσιν γενήσονται, ἔσθ᾿ ὅτε μὲν οὖν καὶ
70 [δι᾿] ἀνάγκην ὑπομένοντες κολάζονται. ἐὰν δέ, τούτων σχηματιζομένων,
71 οἰκείως ὁ τοῦ Κρόνου ἐπιμαρτυρήσει, θανάτῳ ⟨ὁ⟩ χωρισμὸς ἔσται. ἐὰν 25
δὲ Ἑρμῆς τύχῃ τοῦ δαίμονος κύριος, ἡ δὲ Σελήνη τοῦ γαμοστόλου, καὶ συμπαρῶσιν ἢ μαρτυρῶσιν ἀλλήλοις, συνελεύσεται κυρίαις ὁ τοιοῦτος ἢ ὑπερεχούσαις γυναιξὶν ἢ βίῳ ἢ γένει· ἐὰν δέ πως καὶ ὁ τοῦ Διὸς συμμαρτυρήσῃ, ἐπωφελὴς καὶ συμπαθὴς ἡ συνέλευσις ἔσται· ἐὰν δὲ Κρόνος ἢ Ἄρης, ταραχαὶ ἢ φθόνοι ἢ χωρισμοὶ γενήσονται καὶ κακωτικαὶ αἰτίαι 30
72 παρακολουθήσουσιν. ἐὰν δέ πως Ζεὺς οἰκοδεσποτῇ καὶ τῇ Σελήνῃ συσχηματίζηται, καὶ Κρόνος μαρτυρῇ, μητρὶ ἢ μητρυιᾷ συνελεύσεται· εἰ δὲ καὶ Σελήνη μὴ ἔχουσα λόγον πρὸς τὸν κλῆρον τῆς μητρός, πρεσβυτέ-
73 ραις συνελεύσεται. ἐὰν δὲ ὁ τοῦ Διὸς οἰκοδεσποτῇ τοῦ δαίμονος, ὁ δὲ τῆς

[VS] 1 μαρτυρήσας S ‖ 2 ἐξευγενίσασιν S ‖ 3 προσπλέκονται S | ἔχουσιν VS, corr. Kroll ‖ 4 ἐπωφελεῖς V ‖ 6 καὶ ἀποτέκναις sup. lin. V ‖ 7 τῆς δὲ ♀ S ‖ 9 εὐαπόκριτος sugg. Radermacher ‖ 10 συμπλακῇ sup. lin. V, om. S ‖ 11 ἢ] καὶ S ‖ 12 ὑπὸ VS, ἀπὸ sugg. Kroll ‖ 16 μονάγαμοι VS, corr. Kroll ‖ 24 δι᾿ secl. Kroll ‖ ἀνάγκης VS, corr. Kroll ‖ 25 ὁ Kroll ‖ 29—32 ἢ — Κρόνος om. S ‖ 31 παρακολουθήσωσιν V, corr. Kroll ‖ 32 μητριᾷ S ‖ 33 ἔχουσαν VS, corr. Kroll

114

Ἀφροδίτης τοῦ γαμοστόλου, ἀδελφαῖς ἢ συγγενέσι συνέρχονται· καὶ ἐὰν
μὲν ὁ Κρόνος ἐπιμαρτυρήσῃ, λαθραίως τὸ γινόμενον ἔσται· ἐὰν δὲ Ἑρμῆς
ἢ Ἄρης, χωρισμοὶ ⟨ἢ⟩ δειγματισμοὶ γενήσονται· ἐὰν δέ, τοῦ Κρόνου ἀπόν-
τος, Ἥλιος μαρτυρήσῃ, νόμῳ καὶ φιλίᾳ γενήσεται καὶ συμπαθὴς ὁ γάμος
5 καὶ ἐπωφελής. ἐὰν δὲ ὁ Ἥλιος οἰκοδεσποτῇ, ἡ δὲ Σελήνη κυριεύσῃ τοῦ 74
γαμοστόλου καὶ συσχηματισθῇ τῷ Ἡλίῳ καὶ Διὸς μαρτυροῦντος, συμ-
παθὴς καὶ ἰσότιμος καὶ νόμιμος ὁ γάμος ἔσται, ἔνδοξός τε καὶ λαμπρός·
ἐάν, Ἡλίου οἰκοδεσποτοῦντος, Ἀφροδίτη τοῦ γαμοστόλου κυριεύσῃ, Κρό-
νου μαρτυροῦντος, ἐπὶ θυγατρὶ ψογισθήσεται. ἐὰν δὲ ὁ γαμοστόλος γένη- 75
10 ται πρὸς Κρόνον, καὶ αὐτὸς κυριεύσῃ τοῦ δαίμονος ἢ Ἄρης, ἄγαμοι με-
νοῦσιν· ἐὰν δὲ Κρόνος οἰκοδεσποτῇ τοῦ δαίμονος, τὸν ⟨δὲ⟩ περὶ γάμου τό-
πον λάχῃ Ἀφροδίτη καὶ εὑρεθῇ σὺν Ἑρμῇ ὑπὸ Ἄρεως μαρτυρουμένη,
στεῖρα ἢ ἐπιψόγῳ συνελεύσεται. ξέναις δὲ συνέρχονται ἢ ἀλλοφύλοις ἢ 76
ἐπὶ ξένης τὸν γάμον ἀναδέχονται ἐπὰν ὁ γαμοστόλος ἔκκεντρος τύχῃ ἢ τοῦ
15 δαίμονος ἀπόστροφος· ποταπαῖς δὲ ἡ τῶν ζῳδίων καὶ ἀστέρων | φύσις f.378
δηλώσει.

Ὁμοίως δὲ καὶ ἐπὶ τῶν γυναικῶν σκοπεῖν δεήσει τὸν κλῆρον τῆς τύχης 77
καὶ τὸν γαμοστόλον ἀπὸ Σελήνης ἐπὶ Ἄρεα, καὶ συγκρίνειν ταῦτα. ἐὰν γάρ 78
πως ἡ Σελήνη κυριεύσῃ τοῦ κλήρου, ὁ δὲ Ἑρμῆς τοῦ γαμοστόλου καὶ συμ-
20 παρῇ τῇ Σελήνῃ ἢ ἐπιμαρτυρήσῃ, δούλῳ συνελεύσεται ἢ ἀπελευθέρῳ·
ἐὰν δέ πως καὶ ὁ Ζεὺς ἐπιμαρτυρήσῃ, καὶ νόμιμος ἔσται· ἐὰν δέ, τούτων
οὕτως ἐχόντων, ὁ τοῦ Διὸς τὸν περὶ τέκνων τόπον ἔχῃ καὶ συνεπιμαρτυρήσῃ
Κρόνος, τέκνῳ συνελεύσεται ἢ νεωτέρῳ τέκνου τάξιν ἐπέχοντι. ἐὰν δὲ 79
Κρόνου γένηται ὁ περὶ τέκνου τόπος, καὶ αὐτὴ ἡ Σελήνη Κρόνῳ συνέλθῃ,
25 ἄγαμοι μενοῦσιν. ἐὰν δὲ Σελήνη οἰκοδεσποτῇ, ὁ δὲ Κρόνος γαμοστολῇ καὶ 80
συμπαρῇ ἢ μαρτυρῇ τῇ Σελήνῃ, συνελεύσεται μὲν ἀνδρί, μισήσει δὲ αὐτὸν
καὶ ἀστάτως τὸν βίον διάξει. ἐὰν δὲ Σελήνη τοῦ κλήρου κυριεύσῃ, τοῦ δὲ 81
γαμοστόλου Ἄρης, καὶ μαρτυρῶσιν ἀλλήλοις, ἀβέβαιος ἔσται ὁ γάμος ἢ
δι᾽ ἁρπαγῆς ἢ πολέμου καὶ αἰχμαλωσίας· καὶ ἐὰν μὲν Ζεὺς ἐπιμαρτυρήσῃ,
30 καὶ νόμιμος ἐξ ὑστέρου γενήσεται. ἐὰν διάμετρος τύχῃ τῆς Σελήνης 82
Ἄρης ὑπὸ Κρόνου μαρτυρούμενος καὶ Ἡλίου, κατηγορηθεὶς μαλακὸς
ἔσται. ἐὰν δέ πως ἐπὶ θηλυκῶν Ἀφροδίτη κυριεύσῃ τοῦ κλήρου, ταύτῃ 83
δὲ συμπαρῇ ὁ Ἥλιος τὸν γαμοστόλον καὶ πατρικὸν κλῆρον κεκληρωμένος,
Κρόνου μαρτυροῦντος, πατράσι συνελεύσεται. ἐὰν δὲ κυριεύσῃ ὁ Ἥλιος τοῦ 84
35 πατρικοῦ τόπου, συνελεύσεται πρεσβυτέρῳ πατρὸς τάξιν ἔχοντι. ἐὰν δὲ 85

[VS] 3 ἢ² Kroll ‖ 5 κυριεύσει S ‖ 6 σχηματισθῇ S ‖ 8 ἡ ♀ S ‖ 11 δὲ Kroll ‖
13 ἐπίψογῶς S | ξένοις V | ἀλλοφίλοις S ‖ 14 τῷ γάμῳ VS, corr. Kroll ‖ 18 ταῦτα
sup. lin. V | 21 καὶ² secl. Kroll ‖ 22 ἔχει S ‖ 27 τὸν] τὸ V ‖ 28 βέβαιος VS, ἀβέ-
βαιος sugg. Kroll ‖ 31 κατηγορηθεὶς] ἄτρητος καὶ sugg. Kroll ‖ 33 κεκληρομένος S

ἡ Ἀφροδίτη οἰκοδεσποτῇ, ὁ δὲ Ἑρμῆς τὸν περὶ γάμου τόπον ἔχῃ, Κρόνος
δὲ τούτοις ἐπιμαρτυρήσῃ, πολύκοινοι γίνονται ἢ ἐπὶ τέγαις σταθήσονται·
καὶ ἐὰν μὲν ὁ τοῦ Διὸς ἐπιμαρτυρήσῃ, περικτήσονται καὶ προσφιλεῖς
86 γενήσονται, ἐὰν δὲ ὁ Ζεὺς ἀπῇ, αἰσχρῶς καὶ κακοπαθῶς διάξουσιν. ἐὰν δὲ
Ἀφροδίτη Ἰχθύσιν ἢ Αἰγοκέρωτι εὑρεθῇ, τοῦ σχήματος τοιούτου ὄντος, 5
87 καὶ αἰσχροποιήσουσιν. ἐὰν Ἄρης κληρώσηται τὸν δαίμονα, Σελήνη δὲ τὸν
γαμοστόλον, ἁρπαγμὸς ὁ γάμος ἔσται· κἂν διάμετρος εὑρεθῇ μαρτυρού-
f.37 vs 88 μενος ὑπὸ Κρόνου ἢ Ἡλίου, κατηγορη|θεὶς ἁλώσεται. ἐὰν Ἀφροδίτη τοῦ
γαμοστόλου ᾖ κυρία, ὁ δὲ τοῦ Ἄρεως τοῦ κλήρου τῆς τύχης, ἀπὸ συν-
ηθείας ὁ γάμος· ἐὰν δὲ καὶ Κρόνος καὶ Ἑρμῆς μαρτυρήσῃ, Διὸς ἀπόντος, 10
89 μοιχείας κριθήσεται. καὶ τὰ λοιπὰ δὲ σχήματα ὅσα καὶ ἐπὶ τῶν ἀνδρῶν
εἴρηται δεῖ καὶ ἐπὶ τῶν γυναικῶν φυλάσσειν· εἰ γὰρ καὶ ποικίλως δοκεῖ
τετάχθαι, σαφέστερα μέντοι γε τοῖς ἐντυγχάνουσι γενήσεται.

⟨λθ'.⟩ Περὶ τεκνώσεως ἢ ἀτεκνίας

1 Ὁ περὶ τέκνων τόπος, ὃς λαμβάνεται ἀπὸ Ἑρμοῦ καὶ Ἀφροδίτης, σκε- 15
πτέος· κακωθέντες μὲν οὖν ὑπὸ Κρόνου καὶ Ἄρεως ἀτεκνίας εἰσὶν αἴτιοι
ἢ ἀναιρέσεως τέκνων, ὑπὸ δὲ Διὸς βοηθούμενοι εὐτεκνίας εἰσὶν αἴτιοι.
2 σκεπτέον οὖν καὶ τὸν κληρικὸν οἰκοδεσπότην τῶν τέκνων, ὃς οὕτως εὑρί-
σκεται· περὶ μὲν ἀρρενικῶν ἀπὸ Διὸς ἐπὶ Ἑρμῆν, περὶ δὲ θηλυκῶν ἀπὸ
3 Διὸς ἐπὶ Ἀφροδίτην, καὶ τὰ ἴσα ἀπὸ ὡροσκόπου. ὁ τοίνυν κύριος τοῦ περὶ 20
τέκνων μαρτυρούμενος ὑπὸ φθοροποιοῦ ἀναιρεῖ τέκνα, ὑπὸ δὲ τῶν διδόν-
των τὰ τέκνα εὐτεκνίας ἐστὶ δηλωτικός.
4 Πετόσιρις δέ· ὅταν Ζεὺς καὶ Ἀφροδίτη καὶ Ἑρμῆς μὴ κακωθῶσιν,
εὐτεκνίας δηλωτικοί· ὅταν δὲ ἐναλλάξ, θρήνους καὶ θανάτους περὶ τέκνα
5 ποιοῦσιν. ὅσοι τοῖς διδοῦσι τὰ τέκνα μαρτυροῦσιν ἀπὸ δισώμων ζῳδίων 25
6 ἢ καὶ αὐτοὶ ἐν δισώμοις εἶησαν, διπλασιάζεται ⟨τούτων⟩ ὁ ἀριθμός. οἱ
θηλυκοὶ ἀστέρες τῷ τεκνοδότῃ μαρτυροῦντες θηλυκὰ διδοῦσιν, οἱ ἄρρενες
ἄρρενα.
7 Ἐπὶ ἀρσενικῆς γενέσεως ἐὰν ὁ τοῦ Διὸς τύχῃ μετὰ Ἄρεως οἰκοδεσποτῶν
ἢ οἰκοδεσποτούμενος ὑπὸ Ἄρεως, καὶ ὁ τοῦ Κρόνου μαρτυρῇ τῇ Ἀφροδίτῃ 30
ἢ οἴκῳ αὐτῆς ἐνῇ, ἀτεκνίας δοτικὸν τὸ σχῆμα, καὶ τὰ γεννώμενα ἀποβα-
8 λοῦσιν. ἐπὶ δὲ θηλυκῆς γενέσεως ἐὰν Σελήνη ἐν Ἑρμοῦ τόποις τύχῃ, ἡ δὲ

§ 4 = Nech. et Pet. fr. 22 Riess

[VS] 2 δὲ om. S ‖ 6 αἰσχροποιήσωσιν VS, corr. Kroll ‖ 7 ἁρπάγιμος sugg.
Kroll ‖ 8 ἁλώσηται VS, corr. Kroll | οὖν post ἐὰν S ‖ 13 σαφέστερος VS, corr.
Kroll ‖ 15 Ἀφροδίτης] ὃς VS | σκεπτέον S ‖ 18 ὡς VS, ὃς Kroll ‖ 19 ἀρσενικῶν S ‖
25 ὅσοι] εἰ sugg. Kroll ‖ 31 ἐνῇ] εἴη VS | δοξαστικὸν S | γενόμενα V | ἀποβαλ-
λοῦσιν S

Ἀφροδίτη ἐν ἀρρενικῷ ζῳδίῳ ὑπὸ Κρόνου μαρτυρηθῇ ἢ οἰκοδεσποτηθῇ, ἄτεκνοι γίνονται ἢ τὰ γεννώμενα διαφθείρουσιν· ἐὰν Ζεὺς βλέπῃ τὴν Σελήνην ἢ τὴν Ἀφροδίτην, Σελήνη δὲ ἐν Ἑρμοῦ τόποις, Κρόνος δὲ διαμετρῇ ἢ μεσουρανῇ, Ἄρης δὲ ἐπιμαρτυρῇ Κρόνῳ, αὗται μονοτοκοῦσιν | f.388
5 ἢ στειροῦνται. Ἀφροδίτη ἐπιμαρτυρουμένη ὑπὸ Διός, κακωθεῖσα δὲ ὑπὸ 9 Κρόνου δυσκόλως κἂν ἑνὸς δίδωσι παιδοποίησιν· εἰ δὲ καὶ συγκακωθῇ ἡ Σελήνη, παντελῶς ἄπαιδες γίνονται. Κρόνος, Ἄρης μεσουρανοῦντες ἢ 10 ἀντιμεσουρανοῦντες ἀτέκνους ποιοῦσιν εἰ μή πως ὑπὸ ἀγαθοποιοῦ μαρτυρηθῶσιν.

10 ⟨μ΄.⟩ Περὶ ἀδελφῶν

Ἥλιος ὡροσκοπῶν ποιεῖ ὀλιγαδέλφους ἢ σπαναδέλφους, Κρόνος 1 [ἐπίκεντρος] δύνων ποιεῖ σπαναδέλφους ἢ ὀλιγαδέλφους. Ζεὺς καὶ Ἑρμῆς 2 καὶ Ἀφροδίτη ἐπίκεντροι δοτῆρές εἰσιν ἀδελφῶν· Κρόνος δὲ ἐναντιωθεὶς ἀνελεῖ πρεσβύτερον. Κρόνος μετὰ Ἄρεως τυχὼν ὀλεθρεύει ἀδελφοὺς ἢ 3
15 ἀσθενικοὺς ποιεῖ. τῷ τρίτῳ τόπῳ τοῦ ὡροσκόπου (ὅς ἐστι περὶ ἀδελφῶν) 4 οἰκειουμένη μὲν Ἀφροδίτη καὶ Σελήνη ἀδελφὰς δώσουσιν, καὶ μάλιστα ἐὰν θηλυκὸν ᾖ τὸ ζῴδιον· ἐὰν δὲ Ἥλιος, Ζεύς, Ἑρμῆς ἐν ἀρρενικῷ ζῳδίῳ τυχόντες ⟨τῷ τρίτῳ τόπῳ ὦσιν⟩, ἄρρενας διδοῦσιν. οἱ δὲ φθοροποιοὶ τῷ 5 περὶ ἀδελφῶν τόπῳ μαρτυρήσαντες, εἰ μὲν ᾖ κακῶς κείμενος, τοὺς γενο-
20 μένους ἀδελφοὺς ἀνελοῦσιν ἢ καὶ ἀναδέλφους ποιοῦσιν ἢ ὀλιγαδέλφους· οἱ ἀγαθοποιοὶ τῷ περὶ ἀδελφῶν τόπῳ μαρτυροῦντες οὐ μόνον διδόασιν ἀδελφούς, ἀλλὰ καὶ ἐπ᾽ ἀγαθῷ ποιοῦσιν. ὁ τοῦ Ἄρεως χρηματίζων τῷ 6 περὶ ἀδελφῶν καὶ καλῶς κείμενος — μάλιστα ὑπὸ ἀγαθοποιοῦ μαρτυρούμενος καὶ μάλιστα τὴν Σελήνην ἐπιβλέπων — ἀδελφοδότης γίνεται. τινὲς 7
25 δὲ κληρικῶς λαμβάνουσι τὸν περὶ ἀδελφῶν τόπον ἡμέρας μὲν ἀπὸ Κρόνου ἐπὶ Δία, νυκτὸς δὲ ἀνάπαλιν, καὶ τὰ ἴσα ἀπὸ τοῦ ὡροσκόπου.

⟨μα΄.⟩ Περὶ βιαιοθανάτων· μεθ᾽ ὑποδειγμάτων

Ἡ δὲ ἀντιζυγία Ἡλίου καὶ Σελήνης οὐκ ἀεὶ χαλεπή· ἐπὰν δὲ κακοποιὸς 1 ἐπιὼν τὴν φάσιν ἐπίδῃ ἢ καί, λόγον αὐτῶν ἐχόντων, ἀκτινοβοληθῇ, τότε
30 χαλεπὴ καθίσταται, ὅθεν καὶ αἱ πανευδαίμονες γενέσεις οὐ μέχρι τέλους τὸ εὐτυχὲς ἐκληρώσαντο, ἀλλὰ περί τινα τόπον ἀστέρος οἰκοδεσποτεία

[VS] 3 δὲ¹ sup. lin. V, om. S | ᾖ post Ἑρμοῦ Kroll ‖ 3—4 διαμετρεῖ ἢ μεσουρανεῖ VS, corr. Kroll ‖ 4 ἐπιμαρτυρεῖ S ‖ 7 ᾖ om. S | 13—14 ἀνελεῖ — — ϸ° δὲ ἐναντιωθεὶς πρεσβύτερον V, ἀνελεῖ ϸ δὲ ἐναντιωθεὶς πρεσβύτερον S, corr. Kroll ‖ 14 ὀλοθρεύει VS, corr. Kroll ‖ 18—19 τὸν ... τόπον VS ‖ 21 ἀδελφῷ S ‖ 25 τόπων V ‖ 27 ὑποδείγματος VS ‖ 29 ἔχων ἀκτινοβολῇ sugg. Kroll ‖ 31 τινος τόπου S

117

f.38 v S
2 παραπεσοῦσα ἢ καὶ ἐναντιωθεῖσα τὸ δυσ|τυχὲς παρέσχεν. ἔδοξεν οὖν
τὸν τόπον τοῦτον [δι᾽] ἐκ πλήρους συντεταχέναι ὁ Πετόσιρις, εἰ καὶ μυ-
3 στικῶς ἀποκέκρυφε λέγων. ᾽ἀρχή, τέλος, κράτησις τῶν ὅλων διοπτευτη-
ρίων – ὁ καθ᾽ ἑκάστην γένεσιν ἀστὴρ οἰκοδεσποτῶν ὅστις πρόδηλα ποιεῖ
τοῖς γεννωμένοις οἵτινες ἔσονται τοῦ βίου τε ὑπόστασιν ὁποίαν τινὰ 5
fin.f.96 v V ἕξουσιν, τοῖς τρόποις τε ὁποῖοι, σώματος μορφῆς τύπον, ἃ πάντα | τούτῳ
4 κατακόλουθα γίνεται. τούτου δ᾽ ἄνευθεν οὐδέν, οὔτε πρᾶξις οὔτε δόξα,
5 προσπάρεστιν οὐδενί.᾽ πῶς γὰρ δυνατόν, περὶ ἕνα ἀστέρα οἰκοδεσποτείας
γενομένης, ἐν πᾶσιν εὐτυχῆσαι τὴν γένεσιν ἢ τοὐναντίον δυστυχῆσαι;
ἀλλὰ καθολικῶς μὲν τῆς ἐξ ἀρχῆς ὑποστάσεως ὁ ⟨κύριος⟩ τῶν ἐπισήμων 10
καὶ μέσων καὶ ταπεινῶν γεννῶν ἕτερος εὑρεθήσεται ἢ ⟨ὃς⟩ τῶν λοιπῶν
6 παρέξει δύναμιν, πρὸς δὲ τὰ λοιπὰ ἕτερος. εὑρίσκομεν δέ τινας περὶ μὲν
τὸν βίον καὶ δόξαν εὐτυχοῦντας καὶ συγκεκοσμημένους τῇ φαντασίᾳ, τοῦ
δοκοῦντος οἰκοδεσπότου οἰκείως ἐσχηματισμένου, περὶ δὲ τέκνα καὶ γυ-
ναῖκας δυστυχοῦντας, ἀσελγεῖς τε καὶ ἐπαίσχρους γενομένους καὶ μιαίνον- 15
τας τὸν βίον καὶ θρυλλουμένους ὡς ἀναξίους τῆς τοιαύτης ὑποστάσεως,
7 τινὰς δὲ καὶ ἐξ ὑστέρου καθαιρουμένους ⟨ἢ⟩ βιαιοθανατοῦντας. οὐκ ἄρα ἐν
πᾶσιν εὐτυχὴς ὁ γεννώμενος οὐδὲ κατὰ ἀκολουθίαν τοῦ οἰκοδεσπότου
ταῦτα γέγονεν, ἑτέρα δὲ οἰκοδεσποτεία κακωθεῖσα ἠμαύρωσε τὴν δόξαν
8 ἐπεισενεγκαμένη πολλὰς αἰτίας. ἄλλους δὲ ἀπὸ ταπεινῆς καὶ ἀδόξου τύχης 20
καταλαμβάνομεν εἰς ἀνυπέρβλητον καὶ δυσέλπιστον ὑπόστασιν χωροῦν-
τας· τινὰς δὲ περὶ μὲν τέκνα καὶ γυναῖκας εὐτυχοῦντας, περὶ δὲ τὸν βίον
ἐνδεεῖς· ἄλλους δὲ εὐδαίμονας μὲν περὶ τὴν ὕπαρξιν, ἀδόξους δὲ καὶ ἐπι-
σινεῖς· ἑτέρους δὲ πολυχρονίους μέν, ἐπιμόχθους δὲ καὶ λελωβημένους· |
f.39 S τινὰς δὲ πολυκτήμονας μέν, ὀλιγοχρονίους δὲ ἢ φθισικούς, μὴ δυναμένους 25
9 δὲ τῶν παρόντων μεταλαμβάνειν. ἕτερος οὖν ὁ ζωοδότης ἐγένετο καὶ
ἕτερος ⟨ὁ⟩ τῆς ὑπάρξεως καὶ τοῦ θανάτου κύριος.
10 Ἀλλ᾽ ἐρεῖ τις ὅτι ὁ οἰκοδεσπότης παραπεσὼν ὀλιγοχρόνιον ἐποίησεν·
τοιγαροῦν παραπεσὼν οὔτε εὐδαίμονα βίον ὤφειλε μετρῆσαι, οὔτε ὑπο-
τακτικὸν καὶ ταπεινὸν γεννήσαντα τὸν οἰκοδεσπότην ἐχρῆν λαμπρὸν καὶ 30
ἐπίσημον ἐξ ὑστέρου κατασκευάσαι, οὐδὲ τὸν καλῶς τεχθέντα μηδεμιᾷ

---

§§ 2–3 = Nech. et Pet. fr. 24 Riess

[VS] 2 δι᾽ secl. Kroll | ἐκπλήρους^{ες} V, ὁλοκλήρως Usener ‖ 3 κρατήσεις S ‖ 5 τοὺς
γεννωμένους Kroll | γεν͠ωμένοις S ‖ 6 τοὺς τρόπους Riess | μορφὴν Riess | τύ-
πων S | ἅπαντα V ‖ 6 – p. 129, 16 τούτῳ – ἂν om. V ‖ 10 ὁ secl. Kroll ‖ 11 γε-
ν͠ῶν S | κύριος post ἕτερος sugg. Kroll ‖ 12 ἑτέρων S, corr. Kroll ‖ 14 εὐσχηματι-
σμένου S, corr. Kroll ‖ 17 ἢ Kroll | βιαιοθανατοῦντες S, corr. Kroll ‖ 20 ἐπεισενεγ-
καμένην S, corr. Kroll ‖ 27 ὁ sugg. Kroll ‖ 30 καί¹ sugg. Kroll, οὔτε S ‖ 31 ἐξυστέ-
ρως S, corr. Kroll | ταχθέντα S, ἀχθέντα Kroll | μὴδεμιᾶ S, corr. Kroll

κακουργίᾳ συμφύραντα βιαιοθάνατον ἢ κατάδικον ⟨ποιήσει⟩ ὁ καλῶς
σχηματισθείς. ἀλλ᾽ ἥττονα μὲν γεννᾷ ὁ παραπεσών, ὁ δὲ τῆς δόξης καὶ 11
τοῦ βίου κύριος ἐπίκεντρος εὑρεθεὶς καὶ παραλαβὼν τοὺς χρόνους λαμπρὸν
κατασκευάσει· οὕτω καὶ ὁ τὸν εὐδαίμονα γεννήσας καὶ ἐπίκεντρος εὑρε-
5 θεὶς ἢ ἐν χρηματιστικοῖς τόποις διαφυλάσσει ἕως τῶν ἰδίων χρόνων, καθ-
υπερτερηθεὶς δὲ ἢ διαμετρηθεὶς ὑπὸ τοῦ τὸ πάθος ἢ τὸ σίνος ἢ ἑτέραν τινὰ
κακωτικὴν αἰτίαν μερίζοντος καὶ ἀντιπαραχωρήσας ἐξασθενήσει τῆς
ἰδίας δυνάμεως. καὶ ἕτερα δὲ πλεῖστα ἐν τῷ τῶν ἀνθρώπων βίῳ ἐξαίρετα 12
εἴωθε γίνεσθαι ἅτινα οὐ διὰ μιᾶς οἰκοδεσποτείας οὐδὲ πραγματείας συν-
10 ίσταται, ἀλλὰ διὰ πολλῶν.
　　Ἐὰν οὖν τις ἀκριβῶς διεξιχνεύσῃ τοὺς τόπους καὶ τοὺς οἰκοδεσπότας, 13
εὐκατάληπτον ἕξει περὶ ὃ εὐτυχεῖ μέρος ἡ γένεσις καὶ περὶ ὃ δυστυχεῖ.
ὅσοι οὖν λόγον ἔχοντες ἀστέρες ἤτοι περὶ βίον ἢ ζωὴν ἢ σίνος ἢ πάθος ἢ 14
πρᾶξιν ἢ καὶ περὶ τὰ λοιπὰ ἐπὶ ἑνὸς κακωθῶσιν, περὶ ἐκεῖνο τὸ εἶδος
15 καταβλάπτουσι τὴν γένεσιν. μᾶλλον μὲν οὖν εὑρίσκομεν ⟨τὸν⟩ συγγραφέα 15
μὴ χρώμενον μιᾷ δυνάμει οἰκοδεσποτείας. οὕτω γὰρ λέγει· ʿὁ μὲν γὰρ 16
ἐπέχει πρᾶξιν, ὁ δὲ ὕπαρξιν χρόνων, ὁ δὲ μονὴν ἢ μετατροπήν, ὁ δὲ φθίσιν.ʾ
καί· ʿπροκατοπτευόμενος τῆς συνοδικῆς τοπογραφίας ἢ πανσεληνιακῆς 17
ἀποχωρήσεως, ἐξ ἧσπερ καὶ τὰ ὅλα ἀνήρτηται πρός τε τὰ κέντρα καὶ τὰς
20 τούτων ἐπαναφοράς.ʾ καί· ʿσκοπεῖν δὲ δεῖ τὸν ἐν|αρχόμενον γενεθλιαλο- 18
γεῖν δύσεως, προδύσεως, ἐπικαταδύσεως ⟨τόπον⟩· ἐν γὰρ τούτοις εὑρί- f.39 v S
σκεσθαι τὴν πεπρωμένην τελευτήν·ʾ καὶ ἄλλα δὲ πολλά. δεῖ οὖν ἕτερον 19
μὲν τόπον περὶ πράξεως λαμβάνειν καὶ δόξης, ἕτερον δὲ περὶ ζωῆς,
ἕτερον περὶ σίνους καὶ πάθους καὶ θανάτου. οὐκ ἄρα οὖν πάντα ἑνὶ οἰκο- 20
25 δεσπότῃ κατακόλουθα γενήσεται· εὐλόγως οὖν καὶ ἡμεῖς διὰ πολλῶν
δυνάμεων τὰς ἀποδείξεις ποιούμεθα.
　　Ἀλλὰ περὶ μὲν τούτων καὶ ἐν ὑστέρῳ διασαφήσομεν, καὶ μάλιστα εἰς 21
τὰς τῶν χρόνων διαιρέσεις, νυνὶ δὲ ἐπείγομεν εἰς τὸν περὶ βιαιοθανάτων
λόγον. ἐπὰν ὁ κύριος τῆς συνόδου ἢ πανσελήνου τῆς κατὰ γένεσιν ἀπό- 22
30 στροφος ὢν τοῦ ζῳδίου τύχῃ ἢ καὶ παραπέσῃ ὑπὸ κακοποιοῦ μαρτυρού-
μενος, βιαιοθανάτους προδηλοῖ· ὁμοίως δὲ καὶ ἐὰν ὁ Ἑρμῆς τῇ πανσελήνῳ
ἐναντιωθῇ ὑπὸ κακοποιῶν μαρτυρούμενος, αἰτίαν θανάτου κακὴν ἀπο-
τελεῖ. κἂν τῷ τῆς τεσσαρακοσταίας ζῳδίῳ Κρόνος ἢ Ἄρης ἢ Ἑρμῆς ἐπῇ, 23

[S] 1 κακουγία S, corr. Kroll | βιοθάνατον S | lac. ind. Kroll | ὁ καλῶς]
ὅλως S ‖ 5 διαφυλάσσειν S, corr. Kroll | ἤως S, corr. Kroll ‖ 11 τοὺς²] τὰς Kroll |
οἰκοδεσποτείας S ‖ 15 τὸν Kroll ‖ 16 χρόμενον S, corr. Kroll | δυνάμεως οἰκοδε-
σποτεία S, δυνάμει οἰκοδεσποτείας sugg. Kroll | τὸ S, τῷ Radermacher, οὕτω sugg.
Kroll | λέγειν S, λέγει sugg. Kroll ‖ 17 μετατροπῆς S, corr. Kroll ‖ 19 ἀνήρτη-
σαι S, corr. Kroll ‖ 21 τόπον Kroll | ἐὰν S, corr. Kroll ‖ 22 δρωμένην S, corr.
Kroll ‖ 24 θανάτους S, corr. Kroll ‖ 28 ἐπείγει μὲν S, corr. Kroll ‖ 33 καὶ ἐν S,
κἂν Kroll

24 βιαιοθανασίας προδηλοῖ. τὸ δὲ ὅμοιον καὶ ἐπὶ τῆς δύσεως ἢ προδύσεως
κακοποιοὶ τυχόντες βιαιοθανασίας καὶ αἰτίας παθῶν καὶ κακοθανασίας
25 ἀποτελοῦσιν. τὴν δὲ αὐτὴν δύναμιν καὶ ὁ ὄγδοος τόπος ἀπὸ ὡροσκόπου
ἐφέξει πρὸς τὰς αἰτίας τῶν θανάτων, ὁμοίως καὶ ἀπὸ κλήρου τύχης τόπος
26 η΄. σκοπεῖν οὖν δεῖ τὸν κλῆρον καὶ τὸν τούτου κύριον, ἐπὶ ποίων ζῳδίων 5
τυγχάνει· ἐν γὰρ τούτοις αἱ αἰτίαι τοῦ θανάτου προδειχθήσονται, ἐπεὶ καὶ
κοσμικῶς ἡ Σελήνη (ἥτις ἐστὶ τύχη) ἐν τῷ Κριῷ Ἡλίῳ συνοδεύουσα ἐν
τῷ η΄ ζῳδίῳ, Σκορπίῳ, τὴν ἔκλειψιν καὶ ἀφαίρεσιν τοῦ φωτὸς ἐποιήσατο,
διὸ καὶ ταπείνωμα αὐτῆς προσηγορεύθη.
27 Συντομωτέραν οὖν τὴν ὑφήγησιν ἐκ τοῦ ζῳδιακοῦ κύκλου προδείξομεν 10
πρὸς τὸ εὐκατάληπτον εἶναι τὸ λεγόμενον.
28 Ὁ Κριὸς ἀναιρεῖται ὑπὸ Σκορπίου, ἔστι δὲ ἀμφότερα οἰκητήρια Ἄρεως·
ἔστιν οὖν ὁ Ἄρης ἑαυτοῦ ἀναιρέτης, ὅθεν καὶ αὐτόχειρας ποιεῖ καὶ ὑψόθεν
ῥίπτοντας καὶ ἑτοιμοθανάτους ἢ συνιστοροῦντας κακοῖς, λῃστρικούς,
φονικούς, τὰς τῶν θανάτων αἰτίας ἑαυτοῖς ἐπιφέροντας καὶ ὑπὸ θηρίων 15
f.408 ἢ πυρὸς ἢ συμπτώσεως ἀπολλυμένους, ἔτι δὲ ἀπὸ τετραπό|δων καὶ
αἱμάτων καὶ ἐπαγωγῆς.
29 Ὁ δὲ Ταῦρος ἀναιρεῖται ὑπὸ Τοξότου, ὅπερ ἐστὶν Ἀφροδίτη ὑπὸ Διός·
οὗτοι εὐθανατοῦσιν ἐκ τρυφῆς ἢ πληθώρας ἢ οἴνου ἢ συνουσίας ἢ ἀποπλη-
ξίας ἀποκοιμηθέντες, ἐκλυθέντες, μηδεμιᾶς αἰτίας κακωτικῆς παρεμπε- 20
σούσης ἐκτὸς εἰ μὴ κακοποιὸς ἐπὼν ἢ μαρτυρήσας, ἐκ τῆς ἰδίας φύσεως
τὸ τέλος ἐπεισενεγκόμενος, τὴν αἰτίαν τοῦ θανάτου δηλώσει.
30 Οἱ Δίδυμοι ὑπὸ Αἰγοκέρωτος, τουτέστιν Ἑρμῆς ὑπὸ Κρόνου· γίνονται
οὖν τινες βιαιοθάνατοι, ὑπὸ μελαίνης χολῆς ὀχλούμενοι ἢ νευρικαῖς αἰσθή-
σεσι περιπεσόντες ἢ ἐν καθύγροις τόποις, θηρίων, ἑρπετῶν κακώσει ἢ 25
καταδικασθέντες, συσχεθέντες, πνιγέντες, λῃστῶν ἢ πολεμίων ἐφόδοις
περιπεσόντες ἢ φαρμάκων πείρᾳ διὰ τὸ κάθυγρον.
31 Ὁ Καρκίνος ὑπὸ Ὑδροχόου, ὅπερ ἐστὶ Σελήνη ὑπὸ Κρόνου· ἀπόλλυνται
δὲ δι᾽ ὑγρῶν ἢ τῶν ἐντὸς ὀχλήσεων ἢ περιπεσόντες σπληνὸς ἢ στομάχου
ἀλγηδόσιν, ἀναφοραῖς ὑγρῶν, θαλάσσῃ, ποταμοῖς, ψυγμοῖς, ἑρπετῶν, θη- 30
ρίων ἐπιφοραῖς, ἐλεφαντιάσει, ἰκτέροις, σεληνιασμοῖς, φαρμακείαις,
συνοχαῖς πολυχρονίαις, ἑτέραις νόσοις, ἐπὶ δὲ θηλυκῶν μαζῶν ἀλγηδόσιν,
καρκινώμασιν, κρυπτῶν πόνοις ἢ μήτρας ἢ πνιγμῷ ἢ ἐμβρυοτομίᾳ τοκε-
τῶν.
32 Ὁ Λέων ὑπὸ Ἰχθύων, Ἥλιος ὑπὸ Διός· ὅθεν τελευτῶσι καρδιακοί, 35

[S] 6 ἐὰν S, ἐν Kroll ‖ 7 τύχῃ S ‖ 12 ἔτι S, ἔστι Kroll ‖ 16 ἔστι τε S, corr.
Kroll ‖ 17 ἁρμάτων Kroll ‖ ἀπαγωγῆς sugg. Kroll ‖ 19 τροφῆς S, τρυφῆς sugg.
Kroll ‖ 20 ἀποκενωθέντες sugg. Kroll ‖ ἢ ante ἐκλυθέντες Kroll ‖ 25 κακώσεις S,
corr. Kroll ‖ 31 φαρμακείοις S, corr. Kroll ‖ 32 [στομάχου ἀλγ] post πολυχρο-
νίαις S ‖ 33 μητρίαις S, corr. Kroll ‖ ἐμβρυοτομία S, corr. Kroll

120

ANTHOLOGIAE II 41

ἡπατικοὶ ἢ ἐν καθύγροις κινδυνεύουσιν ἢ δι᾽ ὑγρῶν αἰτιῶν καὶ πτώσεων
καὶ διὰ ῥιγοπυρέτων ἢ ἐν βαλανείοις ἢ διὰ γυναικῶν δόλους.
Ἡ Παρθένος ὑπὸ Κριοῦ, Ἑρμῆς ὑπὸ Ἄρεως· τελευτῶσι δὲ διὰ προδο- 33
σίας καὶ κακουργίας, πολέμοις ἢ λησταῖς περιπεσόντες, ἐμπρησμοῖς,
5 συμπτώσεσιν, ἐπισκιασμοῖς, αἰχμαλωσίαις, χόλῳ δυναστῶν, ἢ ⟨διὰ⟩
ἀπαγωγῆς ἢ ἀπὸ τετραπόδων ἢ ὕψους πτώσεως, συνθραύσεως μελῶν,
θηρίων ἐπιφοραῖς, ἐπὶ δὲ θηλυκῶν προσώπων πτώσεσι κοιλίας, ἐμβρυο-
τομίαις τοκετῶν, αἱμαγμοῖς, φθοραῖς.
Ὁ Ζυγὸς ὑπὸ Ταύρου, Ἀφροδίτη ὑπὸ ἑαυτῆς· ὅθεν αὐτόχειρες γίνονται 34
10 διὰ πόσεως φαρμάκου, ἀσπιδόδηκτοι, ἐγκρατευόμενοι, συνουσιάζοντες | f.40vS
τελευτῶσιν, σταφυλοτομηθέντες, ἀποπνιγέντες, κολοβωθέντες ἢ πηροὶ
καὶ παραλυτικοὶ γενόμενοι ἢ αἰτίαις διὰ θηλυκῶν προσώπων περιπεσόν-
τες ἢ ἀπὸ ὕψους ἢ τετραπόδων πεσόντες.
Σκορπίος ὑπὸ Διδύμων, Ἄρης ὑπὸ Ἑρμοῦ· διὰ σιδήρου, τομῆς μορίων, 35
15 ἕδρας ἢ στραγγουρίας, σηπεδόνος, ἀγχόνης, ἑρπετῶν, βίας, μάχης, ληστῶν
ἐφόδοις ἢ πειρατῶν ἐπιφοραῖς, ἢ δι᾽ ἐξουσίας, διὰ πυρός, σκολοπισμοῦ,
ἑρπετῶν, θηρίων αἰτίας.
Τοξότης ὑπὸ Καρκίνου, Ζεὺς ὑπὸ Σελήνης· τελευτῶσιν οὖν [καὶ] σπλη- 36
νικοὶ ἢ ἡπατικοί, στομαχικοί, ἀναφορικοί, αἱμοπτυϊκοί, ἀπὸ τετραπόδων
20 πτώσει ἢ θηρίων, δακετῶν αἰτίαις ἢ ⟨διὰ⟩ συμπτώσεων, ναυαγιῶν,
καθύγρων τόπων, σεληνιασμοῦ, πηρώσεως, ἐκλύσεως.
Αἰγόκερως ὑπὸ Λέοντος, Κρόνος ὑπὸ Ἡλίου· τελευτῶσι [γὰρ] καρδια- 37
κοί, καταγματικοί, ἐν βαλανείοις ἢ πυρίκαυστοι, χόλῳ βασιλέως ἢ δυνα-
στῶν, ἢ ⟨διὰ⟩ σκολοπισμοῦ, θηρίων κακώσεως, ⟨ἀπὸ⟩ τετραπόδων ἢ
25 ὕψους πτώσεως.
Ὑδροχόος ὑπὸ Παρθένου, Κρόνος ὑπὸ Ἑρμοῦ· τελευτῶσι δὲ ὑπὸ τῶν 38
ἐντὸς φθισικῇ αἰτίᾳ, ὑδρωπικῇ, ἐλεφαντιάσει, ἰκτερικῇ νόσῳ, σιδηροσφα-
γίᾳ, δυσεντερίᾳ, γυναικὸς προδοσίᾳ.
Ἰχθύες ὑπὸ Ζυγοῦ, Ζεὺς ὑπὸ Ἀφροδίτης· δι᾽ ὑγρῶν ἢ φαρμακοποσίας, 39
30 ῥευμάτων ἢ νεύρων αἰσθήσεως, μορίων, ἥπατος πόνων, ἰσχιάδος, ἑρπε-
τῶν, θηρίων αἰτίας.
Καὶ ταῦτα μὲν εἰς τὸν περὶ βιαιοθανάτων λόγον. ἄλλως δὲ προσπαραλαμ- 40, 41
βάνειν δεήσει τὰς καθ᾽ ἕκαστον ζῴδιον σινῶν καὶ παθῶν αἰτίας εἰς τὸ

[S] 4 κακουσίας S, κακουχίας Kroll, sed sugg. etiam κακουργίας ‖ 5 αἰχμαλω-
σίαις S, corr. Kroll | διὰ Kroll ‖ 11 πυροὶ S, corr. Kroll ‖ 12 αἰτίας S, corr. Kroll ‖
15 σιπεδόνος S, corr. Kroll ‖ 16 πηρατῶν S, corr. Kroll | σκολοπισμοὺς S, corr.
Radermacher ‖ 18 καὶ secl. Kroll ‖ 19 αἱμοπτικοὶ S, corr. Kroll ‖ 20 πτώσεως S,
πτώσει sugg. Kroll ‖ 21 σεληνιασμοὺς πυρώσεως S, corr. Kroll | [ἢ πηρατῶν ἐπι-
φοραῖς ἢ δι᾽ ἐξουσίας] post ἐκλύσεως S ‖ 22 ℞ S, corr. Kroll | γὰρ secl. Kroll ‖
22.23 καρδιακὰ κατεαγματικοὶ S, corr. Kroll ‖ 24 διὰ sugg. Kroll | ἀφ᾽ post ἢ²
sugg. Kroll ‖ 32 σοι S, εἰς Kroll

121

VETTIVS VALENS

εὐσύνοπτον γενέσθαι τὴν τοῦ θανάτου ποιότητα, ἡ συμπαρουσία δὲ ἡ
μαρτυρία ἑνὸς ἑκάστου ἀστέρος συνεπισχύσει ἐκ τῆς ἰδίας φύσεως ἐπεισ-
42 ενεγκεῖν αἰτίαν τῷ θανάτῳ. προσβλέπειν οὖν δεῖ τοὺς τόπους καὶ τοὺς
κυρίους, ὅπως εἰσὶ κείμενοι καὶ ὑπὸ τίνων μαρτυροῦνται, ἢ τῶν οἰκείων
ἢ ἐναντίων, καὶ οὕτως διακρίνειν· οἱ μὲν γὰρ κακοποιοὶ ἐπόντες τοῖς τόποις 5
ἢ μαρτυροῦντες τοῖς οἰκοδεσπόταις βιαιοθανασίας ἀποτελοῦσιν, οἱ δὲ
ἀγαθοποιοὶ διὰ προφάσεως ἢ πόνου ἢ σίνους ἢ πάθους ἢ πυρετῶν ἐπι-
43 φορᾶς. οἷον [ἐπεὶ] οἱ Δίδυμοι ὑπὸ Αἰγοκέρωτος ἀναιροῦνται | καὶ Ὑδρο-
f.418 χόος ὑπὸ τῆς Παρθένου, ὅπερ ἐστὶν Ἑρμῆς ὑπὸ Κρόνου καὶ Κρόνος ὑπὸ
44 Ἑρμοῦ. ἐὰν οὖν οὗτοι ἐπὶ γενέσεως διάμετροι ἢ τετράγωνοι τύχωσι λόγον 10
ἔχοντες, [καὶ] κακοθανάτους ποιοῦσιν ἢ ὀλιγοχρονίους, ἐπεὶ ὁ ζωοδότης
τῷ κυρίῳ τοῦ θανάτου ἠναντιώθη· εἰ δὲ ἄλλως λόγον μὴ ἔχοντες κατοπ-
τεύωσιν ἀνοικείως ἀλλήλους, ἐναντιώματα καὶ κρίσεις καὶ ἀπαγωγὰς
45 καὶ ἑτέρας αἰτίας ἀπαραμόνους ἐπάγουσιν. ὁμοίως καὶ ἐπὶ τοῦ Ἄρεως
καὶ Ἑρμοῦ τὸ αὐτὸ σχῆμα νοείσθω· οὓς βούλεται οὖν ὁ παλαιὸς διαμέ- 15
τρους [αὐτοὺς] εἶναι, λέγων· 'πᾶσα μὲν γοῦν ἀντιζυγὴς στάσις ἀνατολῆς
τε καὶ δύσεως οὕτινος τῶν ἀστέρων ἢ καὶ Ἡλίου καὶ Σελήνης ἐπιδίκως
46 ἀνυέσθω.' ἐγὼ δέ φημι τῶν λόγον ἐχόντων πρὸς ἀναίρεσιν ἢ καὶ πρὸς ἑτέ-
ραν τινὰ οἰκοδεσποτείαν τὰ αἴτια καθίστασθαι περί τε δόξης καὶ βίου καὶ
τέλους. 20
47 Ἔστω δὲ ἐπὶ ὑποδείγματος Ἥλιος, Ἄρης, Ἀφροδίτη Καρκίνῳ, Κρόνος,
Ἑρμῆς Λέοντι, Ζεὺς Ὑδροχόῳ, Σελήνη Ἰχθύσιν, ὡροσκόπος Σκορπίῳ.
48 ὁ κλῆρος τῆς τύχης Λέοντι, ὁ θανατικὸς τόπος Ἰχθύσιν· ἐκεῖ Σελήνη, καὶ
49 τῷ κλήρῳ Κρόνος ἐπῆν. ὁ κύριος Ἥλιος μετὰ Ἄρεως Καρκίνῳ, καθύγρῳ
50 ζῳδίῳ· ἐτελεύτα οὖν ἐν βαλανείῳ, ἐν ὕδατι ἀποπνιγείς. ἠναντιώθη δὲ καὶ 25
τῇ πανσελήνῳ Ἄρης, καὶ ὁ κύριος Κρόνος ἀπόστροφος· ὅθεν καὶ ἐβιαιο-
θανάτησεν.
51 Ἄλλη. Ἥλιος, Ἑρμῆς, Ἀφροδίτη Ἰχθύσιν, Κρόνος Παρθένῳ, Ζεὺς Σκορ-
52 πίῳ, Ἄρης Ταύρῳ, Σελήνη Τοξότῃ, ὡροσκόπος Λέοντι. ὁ κλῆρος τῆς
τύχης Ταύρῳ· Ἄρης ἐπίκειται κυριεύσας τοῦ δαίμονος καὶ ἐναντιωθείς. 30
53 ὁ θανατικὸς Τοξότῃ· ἐπίκειται Σελήνη καθυπερτερουμένη ὑπὸ Κρόνου
54 ὄντος ἐν τῷ πανσεληνιακῷ ζῳδίῳ. ὁμοίως καὶ ὁ κύριος Ἑρμῆς τῆς παν-
55 σελήνου ἠναντιώθη. ὁ τοιοῦτος ἐτραχηλοκοπήθη.

§§ 47—50: thema 95 (2 Iul. 123) ‖ §§ 51—55: thema 39 (23 Feb. 97)

[S] 2 ἐπεισυνεγκεῖν S, corr. Kroll ‖ 3 προβλέπειν S, corr. Kroll ‖ 6 οἰκοδεσπό-
τες S, corr. Kroll ‖ aut 8 ἐπεὶ aut 10 οὖν secl. sugg. Kroll ‖ 11 καὶ secl. Kroll ‖
ποιῶσι S, corr. Kroll ‖ 12 κατοπτεύσωσιν S, corr. Kroll ‖ 15 οὓς] οὗ S, secl. Kroll ‖
18 ἐκ post φημι sugg. Kroll | λόγων S, corr. Kroll ‖ 21 Ἀφροδίτη] ϵ S ‖ 23 ἰχθύες S,
corr. Kroll ‖ 28 ἄλλως S | Σκορπίῳ] κριῶ S

122

Ἄλλη. Ἥλιος Καρκίνῳ, Σελήνη Ἰχθύσιν, Κρόνος, Ἄρης, Ἑρμῆς Διδύ- 56
μοις, Ζεὺς Αἰγοκέρωτι, Ἀφροδίτη Λέοντι, ὡροσκόπος Ζυγῷ. κλῆρος 57
τύχης Διδύμοις· ἐν τούτοις Κρόνος, Ἑρμῆς, Ἄρης φρουρηθέντες, ἀλλήλων
ὄντες ἀναιρέται, ὑπὸ Σελήνης ἐμαρτυρήθησαν, ὁμοίως δὲ καὶ ὁ κύριος τῆς
5 πανσελήνου ἀπόστροφος. Ζεὺς δὲ τῷ θανατικῷ τόπῳ ἐπὼν καὶ ἀκρό- 58
νυχος γενόμενος οὐκ ἴσχυσε βοηθῆσαι. ὁ τοιοῦτος ἐτραχηλοκοπήθη. 59
Ἄλλη. Ἥλιος, Ἑρμῆς, Ἄρης, Ζεύς, Ἀφροδίτη Αἰγοκέρωτι, Σελήνη 60
Ὑδροχόῳ, Κρόνος Ταύρῳ, ὡροσκόπος Κριῷ. καὶ | οὗτος ἐτραχηλοκοπήθη. 61
                                                                   f.41vS
Ἄλλη. Ἥλιος, Ἀφροδίτη Ὑδροχόῳ, Σελήνη Διδύμοις, Κρόνος Σκορπίῳ, 62
10 Ζεὺς [Παρθένῳ] Ἰχθύσιν, Ἄρης Καρκίνῳ, Ἑρμῆς, ὡροσκόπος Αἰγοκέρωτι.
κλῆρος τύχης Παρθένῳ, ὁ θανατικὸς τόπος Κριῷ· οἱ τούτων κύριοι ἠναν- 63
τιώθησαν ἀλλήλοις ἐν καθύγρῳ ζῳδίῳ, ἄλλως τε καὶ ὁ Ἄρης ἐπὶ τῆς δύ-
σεως ἔτυχεν. ὁ τοιοῦτος ἐν βαλανείῳ ἐκλυθεὶς ὠπτήθη. 64
Ἄλλη. Ἥλιος, Ἀφροδίτη Αἰγοκέρωτι, Σελήνη Καρκίνῳ, Κρόνος, Ἑρμῆς 65
15 Τοξότῃ, Ζεὺς Ταύρῳ, Ἄρης Λέοντι, ὡροσκόπος Ὑδροχόῳ. κλῆρος τύχης 66
Λέοντι· τούτῳ ἐπίκειται Ἄρης ἐν πυρώδει καὶ [καὶ] ἡλιακῷ ζῳδίῳ ἐναν-
τιούμενος τῷ ὡροσκόπῳ. τὸν δὲ θανατικὸν τόπον καθυπερτέρησαν Κρό- 67
νος καὶ Ἑρμῆς. ὁ τοιοῦτος ζῶν ἐκάη. 68
Ἄλλη. Ἥλιος Αἰγοκέρωτι, Σελήνη Ζυγῷ, Κρόνος Ταύρῳ, Ζεὺς Διδύ- 69
20 μοις, Ἄρης, ὡροσκόπος Καρκίνῳ, Ἀφροδίτη Ὑδροχόῳ, Ἑρμῆς Τοξότῃ.
ὁ κλῆρος τῆς τύχης Ζυγῷ· τούτῳ Σελήνη ἔπεστι καθυπερτερουμένη ὑπὸ 70
Ἄρεως ἐναντιουμένου Ἡλίῳ. ὁ θανατικὸς τόπος Ταύρῳ· Κρόνος ἔπεστιν. 71
ὁ τοιοῦτος ἐθηριομάχησεν. 72
Ἄλλη. Ἥλιος, Σελήνη, Ἑρμῆς Διδύμοις, Κρόνος Λέοντι, Ζεὺς Ἰχθύσιν, 73
25 Ἄρης Καρκίνῳ, Ἀφροδίτη Ταύρῳ, ὡροσκόπος Αἰγοκέρωτι, ἔνθα ⟨καὶ⟩
οἱ κλῆροι κατέληξαν. ὁ κύριος Κρόνος ἐν τῷ θανατικῷ ὑπὸ Ἀφροδίτης 74
θεωρούμενος. Ἄρης τῷ ὡροσκόπῳ ἠναντιώθη. ὁ τοιοῦτος ἐτελεύτησε φαρ- 75, 76
μάκῳ.
Ἄλλη. Ἥλιος, Ἑρμῆς, ὡροσκόπος Ταύρῳ, Σελήνη Ἰχθύσιν, Κρόνος 77
30 Διδύμοις, Ζεὺς Ὑδροχόῳ, Ἄρης Παρθένῳ, Ἀφροδίτη Κριῷ. ὁ κλῆρος τῆς 78
τύχης Ἰχθύσιν· ἐκεῖ Σελήνη ὑπὸ Κρόνου καὶ Ἄρεως θεωρουμένη. ⟨ὁ⟩ κύριος 79
τοῦ δαίμονος καὶ τῆς πανσελήνου ἠναντιώθη. ὁ τοιοῦτος ἐν ἀντλίᾳ ἐτελεύτα. 80

---

§§ 56—59: thema 32 (9 Iul. 87) ‖ §§ 60—95: cf. Add. V 3—38 ‖ §§ 60—61:
thema 30 (27 Dec. 86) ‖ §§ 62—64: thema 41 (28 Ian. 101) ‖ §§ 65—68: thema 48
(10 Ian.103) ‖ §§ 69—72: thema 74 (26 Dec. 115) ‖ §§ 73—76: thema 9 (24 Mai. 65) ‖
§§ 77—80: thema 33 (5 Mai. 88)

[S] 11 τούτον S, τούτων Add. ‖ 12 δὲ S Add., τε Radermacher ‖ 13 ὀπτήθη S,
ὠπτήθη Add. ‖ 17 καθυπερτέρησεν S ‖ 18 ἐκάθη Add. ‖ 22 ἐναντιουμένη S, ἐναν-
τιουμένου Add. ‖ 25 καὶ Add. ‖ 26 [τῆς τύχης ἰχθύες ἐκεῖ σελήνη ὑπὸ ♄ καὶ ♂
θεωρουμένη κύριος] post κύριος S ‖ 29 ἰχθύες S ‖ 31 ὁ Add.

81 Ἄλλη. Ἥλιος Λέοντι, Σελήνη, Ἑρμῆς Παρθένῳ, Κρόνος Διδύμοις, Ζεὺς
82 Κριῷ, Ἄρης, ὡροσκόπος, Ἀφροδίτη Καρκίνῳ. ὁ κλῆρος τῆς τύχης Διδύ-
μοις· ἐκεῖ Κρόνος κύριος τοῦ θανάτου καὶ καθυπερτερῶν Ἑρμῆν τὸν
83 κύριον τοῦ κλήρου καὶ Σελήνην. ἄλλως τε καὶ Ἄρης τῷ θανατικῷ τόπῳ
84 ἠναντιώθη. ὁ τοιοῦτος ἑαυτὸν ἀπηγχόνησεν.   5
85 Ἄλλη. Ἥλιος, Ἑρμῆς Κριῷ, Σελήνη, Ἀφροδίτη Ἰχθύσιν, Κρόνος Καρ-
86 κίνῳ, Ζεύς, Ἄρης Ταύρῳ, ὡροσκόπος Σκορπίῳ. ὁ κλῆρος τῆς τύχης Τοξό-
87 τῃ· ὁ κύριος σὺν τῷ Ἄρει ἐν τῇ δύσει. ὁ θανατικὸς τόπος Καρκίνῳ· Κρόνος
88 ὁ κύριος τῆς πανσελήνου ἀπόστροφος. ἠναντιώθη δὲ καὶ ὁ Ἄρης τῷ ἰδίῳ
89 οἴκῳ. ὁ τοιοῦτος ἐθηριομάχησεν.   10
90 Κατελαβόμεθα δὲ ἐπὶ τῶν διαμέτρων στάσεων τοὺς κακοποιοὺς οὐκ
f.428 ἐπὶ πάσης | γενέσεως κατὰ πάντα βλαπτικούς, ἀλλ᾽ ἔσθ᾽ ὅτε καὶ ἀγαθο-
ποιούς (καὶ μάλιστα ἐπὶ τῶν ἐνδόξων γενέσεων), πλὴν καὶ αὐτοὺς πολ-
91 λαῖς κακίαις συμπεφυρμένους. βίαιοι γὰρ οἱ τοιοῦτοι, μετὰ ἀνάγκης γινό-
μενοι, ἀνοσίοις καὶ ἀθεμίτοις πράγμασι περιτρέπονται, ἀδικοῦσι δὲ ἢ   15
λεηλατοῦσιν, ἅρπαγές τε καὶ ἀλλοτρίων ἐπιθυμηταὶ καθίστανται, ὑφαυ-
χενοῦντες καὶ ἀλογιστοῦντες διὰ τὴν τῆς δόξης ἐπίκαιρον εὐδαιμονίαν·
92 τὰ γὰρ ἴδια ἁμαρτήματα ἑτέροις ἐπεισάγουσιν. ἀλλὰ καὶ θεοῦ καὶ θανάτου
καταφρονοῦσιν· ἄρχουσι γὰρ ζωῆς καὶ θανάτου, ὅθεν οὐ διὰ παντὸς τοῖς
τοιούτοις τὸ εὐτυχὲς διαμένει, διὰ δὲ τὴν τοῦ ἐναντιώματος στάσιν οἱ μὲν 20
ἀπὸ δόξης εἰς ἀτιμίαν ἢ ταπεινὴν καθαιροῦνται τύχην, οἱ δὲ βιαιοθανατοῦ-
σιν, τινὲς δὲ ὅσα ἑτέροις ἐνεδείξαντο αὐτοὶ πάσχουσιν, τιμωρούμενοι καὶ
κολαζόμενοι καὶ μεμφόμενοι τὴν προγενομένην τῆς δόξης ἀνωφελῆ φαν-
93 τασίαν. ἃ γὰρ μετὰ πόνου καὶ μερίμνης καὶ βίας [καὶ] χρόνῳ συνεσώρευ-
σαν, τούτων ἐν στιγμῇ ἀφαιρεθέντες λυποῦνται ἢ ἑτέροις ἄκοντες συνεχώ- 25
ρησαν· ἐπακολουθεῖ γὰρ τούτοις σὺν τῇ ἀβεβαίῳ τύχῃ Νέμεσις χαλιναγω-
γός, φθόνος, ἐπιβουλή, προδοσία, λῦπαι, μέριμναι, φθίσις σώματος, ὡς
καὶ βουλομένους ἀπαλλάττεσθαι τῆς ματαίας εὐδαιμονίας μετρίαν μεταμ-
φιασαμένους τὴν τύχην μὴ δύνασθαι, πάσχειν δὲ ὅσα ἡ πεπρωμένη ἄκον-
τας ἐβιάσατο.   30
94 Κατ᾽ ἀμφότερα δὲ αἱ διάμετροι στάσεις κριθήσονται, μία μὲν ὅταν
ἀστὴρ ἀστέρα διαμετρῇ ὡροσκοπῶν, ἑτέρα δὲ ὅταν ἰδίῳ οἴκῳ ἢ τριγώνῳ
95 ἢ ὑψώματι διαμετρῇ. καὶ οἱ κύριοι δὲ τῶν τριγώνων ἢ τῶν αἱρέσεων ἑαυτοῖς
ἐναντιούμενοι κάκιστοι καὶ ἀβέβαιοι περὶ τὸν βίον γενήσονται.

§§ 81 – 84: thema 34 (29 Iul. 89) ‖ §§ 85 – 89: thema 35 (4 Apr. 91)

[S] 5 ἐναντιωθείς S, ἠναντιώθη Add. ‖ 6 ἰχθύες S ‖ 13 αὐτοὺς] οὕτως sugg.
Kroll ‖ 24 καὶ³ secl. sugg. Kroll | συνεστώρευσαν S, συνεσώρευσαν Add. ‖ 25 ταῦτα S,
τούτων Add. ‖ 26 χαλεπαγωγός S, χαλιναγωγός Add., corr. Kroll ‖ 29 πάσχει S,
πάσχειν Add.

ΟΥΕΤΤΙΟΥ ΟΥΑΛΕΝΤΟΣ ΑΝΤΙΟΧΕΩΣ
ΑΝΘΟΛΟΓΙΩΝ ΒΙΒΛΙΟΝ Γ

⟨α΄.⟩ Περὶ ἐπικρατήσεως

Περὶ μὲν οὖν τῆς ὑποστάσεως τῶν ζωτικῶν χρόνων ἄλλοι μὲν ἀλλοίως 1
5 παρέδωκαν· ἐπεὶ δὲ δοκεῖ ποικίλος καὶ πολυμερὴς ὑπάρχειν ὁ τόπος, καὶ
αὐτοὶ δοκιμάσαντες αἱρέσεις ἐπιδια|σαφήσομεν. ἔστω δὲ πρῶτος ἡμῖν $\frac{\text{f.42vS}}{2}$
λόγος ὁ περὶ ἐπικρατήσεως καὶ ἀκτινοβολίας καὶ οἰκοδεσποτείας, πρὸ
πάντων δὲ ἡ ἐπικράτησις ζητείσθω περί τε τὸν Ἥλιον καὶ τὴν Σελήνην.
Τινὲς μὲν οὖν ἡμέρας ἔδοσαν Ἡλίῳ, νυκτὸς δὲ Σελήνῃ, ἐγὼ δέ φημι 3
10 καὶ νυκτὸς ἐπικρατεῖν Ἥλιον, ἡμέρας δὲ Σελήνην, ἐὰν ἐπικαίρως τύχωσιν
ἐσχηματισμένοι· ἐὰν δὲ καὶ ἀμφοτέροις τοῦτο συμβῇ, τῷ μᾶλλον οἰκείως
ἐσχηματισμένῳ καὶ αἱρέσει ἢ τριγώνῳ τετευχότι προσνέμειν τὴν ἐπικρά-
τησιν. καὶ ἐκ τῶν ὁρίων τοῦ ἐπικρατήτορος εὑρίσκεται καὶ ὁ οἰκοδεσπό- 4
της· ἐὰν δ᾽ ἀμφότεροι παραπέσωσιν, τὸ ὅριον τῆς ὡροσκοπούσης μοίρας
15 ἢ τοῦ μεσουρανήματος γεννήσει τὴν οἰκοδεσποτείαν, κατὰ τὸ πλεῖστον
δ᾽ ἐκείνου οὗ ὁ κύριος οἰκεῖον σχηματισμὸν ἐπέχει ὡροσκόπου.
Ἔστωσαν δὲ αἱ ἐπικρατήσεις ἡμῖν δεδοκιμασμέναι αὗται. πρώτη ἐπι- 5, 6
κράτησις· Ἡλίου ὄντος Λέοντι, Σελήνης Καρκίνῳ, ὁ ὡροσκόπῳ ἢ με-
σουρανήματι [ἢ] ἐπικαίρως ἐσχηματισμένος ἐπικρατήσει, ὁ δὲ κύριος
20 τοῦ ὁρίου τὴν οἰκοδεσποτείαν ἐφέξει· ἐὰν δ᾽ ἀμφότεροι ἑνὸς ἀστέρος ὅριον
ἔχωσι, ἐκεῖνος ἀναμφιλέκτως καὶ οἰκοδεσπότης κριθήσεται. δευτέρα 7
ἐπικράτησις· ἐὰν ὁ Ἥλιος ὡροσκοπῇ, τῆς Σελήνης κακοδαιμονούσης, ὁ
Ἥλιος ἐπικρατήσει. ἐὰν ὁ Ἥλιος ἀγαθοδαιμονῇ, ἡ δὲ Σελήνη μεσουρανῇ, 8
ὁ Ἥλιος ἐπικρατήσει. ἐὰν ὁ Ἥλιος δύνῃ, τῆς Σελήνης ἐν τῇ ἐπικαταδύσει 9
25 οὔσης, ὁ Ἥλιος ἐπικρατήσει. ἐὰν ἡ Σελήνη δύνῃ, τοῦ Ἡλίου ἐν τῇ ἐπι- 10
καταδύσει ὄντος, ὁ Ἥλιος ἐπικρατήσει. ἐὰν ὁ Ἥλιος ἐν τῷ ἀποκλίματι τοῦ 11
μεσουρανήματος πέσῃ, τῆς Σελήνης ὡροσκοπούσης, ⟨ἡ⟩ Σελήνη ἐπικρα-
τήσει. ἐὰν ὁ Ἥλιος ὁμοίως ἐν τῷ ἀποκλίματι τοῦ μεσουρανήματος πέσῃ, 12
τῆς Σελήνης ἐπαναφερομένης τῷ ὡροσκόπῳ, ἡ Σελήνη ἐπικρατήσει. ἐὰν 13
30 πάλιν ὁ Ἥλιος ἐν τῷ ἀποκλίματι τοῦ μεσουρανήματος πέσῃ, τῆς Σελήνης

[S] 1 οὐετίου S, corr. Kroll ‖ 6 πρῶτον S, corr. Kroll ‖ 8 ζητήσθω S, corr. Kroll ‖
19 ἢ secl. Kroll ‖ 28 ⟨ δύνῃ post ὁ S, sed del.

14 μεσουρανούσης, ⟨ἡ⟩ Σελήνη ἐπικρατήσει. ἐὰν ὁ Ἥλιος ἐν τῷ ἀποκλίματι
τοῦ μεσουρανήματος πέσῃ, τῆς Σελήνης ἐπαναφερομένης τῷ μεσουρανή-
15 ματι, ⟨ἡ⟩ Σελήνη ἐπικρατήσει. ἐὰν ⟨ἡ⟩ Σελήνη ἐν τῷ ἀποκλίματι τοῦ
μεσουρανήματος τύχῃ, ὁ δὲ Ἥλιος ἐν τῷ ὑπὸ γῆν κέντρῳ, ὁ Ἥλιος ἐπι-
16 κρατήσει. ἐὰν ἡ Σελήνη ἀποκλίνῃ τοῦ μεσουρανήματος, ὁ δὲ Ἥλιος ἐν τῇ   5
f.43 S 17 ἐπαναφορᾷ ⟨τύχῃ⟩ τοῦ ὑπὸ γῆν κέντρου, ὁ Ἥλιος | ἐπικρατήσει. ἐὰν ὁ
Ἥλιος ἀποκλίνῃ τοῦ κατὰ κορυφὴν κέντρου, τῆς Σελήνης ἐπαναφερομέ-
18 νης τῷ ὑπὸ γῆν, ⟨ἡ⟩ Σελήνη ἐπικρατήσει. ἐὰν ὁ Ἥλιος ἀποκλίνῃ τοῦ κατὰ
κορυφὴν κέντρου, ἡ δὲ Σελήνη τύχῃ ἐν τῷ ὑπὸ γῆν κέντρῳ, ⟨ἡ⟩ Σελήνη
19 ἐπικρατήσει. ἀμφοτέρων τῶν φώτων ἀποκεκλικότων τοῦ μεσουρανήμα-   10
τος, ὁ ὡροσκόπος ἐπικρατήσει, καὶ ὁ τῶν ὁρίων κύριος οἰκοδεσπότης
20 κριθήσεται. ἐὰν ⟨ἡ⟩ Σελήνη ἐπαναφέρηται τῷ μεσουρανήματι, ὁ δὲ
Ἥλιος ἐν θεῷ τύχῃ, ὁ πρῶτος ἐπιφέρων τὴν ἀκτῖνα τῷ ὡροσκόπῳ μοιρι-
21 κῶς ἐπικρατήσει. Σελήνης καὶ Ἡλίου ἐν τῷ ιβ' ἀποκεκλικότων τοῦ ὡρο-
σκόπου, τὸ μεσουράνημα ἐπικρατήσει, καὶ ⟨ὁ⟩ τῶν ὁρίων κύριος οἰκο-   15
22 δεσποτήσει. ὅθεν ἐὰν ἡμέρας γένηται ἀκυρολόγητα τὰ φῶτα ἐν τῷ ὑπὲρ
γῆν ἡμισφαιρίῳ, ⟨ὁ⟩ ὡροσκόπος ἐπικρατήσει, καὶ ⟨ὁ⟩ τῶν ὁρίων κύριος
οἰκοδεσποτήσει· νυκτὸς δὲ ἐν τῷ ὑπὸ γῆν ἀποκεκλικότων, τὸ μεσουράνημα
23 ἐπικρατήσει. ἐὰν δὲ ὁ Ἥλιος ἐν τῇ ἐπαναφορᾷ τοῦ ὑπογείου, ἡ δὲ Σελήνη
ἐν τῷ ἀποκλίματι τοῦ μεσουρανήματος, ὁ πρῶτος ἐπιφέρων τὴν ἀκτῖνα   20
24 τῷ ὡροσκόπῳ ἐπικρατήσει. ἐὰν ὁ Ἥλιος καὶ ἡ Σελήνη ἐν τῷ δυτικῷ τύχωσι
ζῳδίῳ, τὸ ὅριον τῆς συνόδου ἐπικρατήσει, καὶ ὁ κύριος τῶν ὁρίων οἰκο-
25 δεσποτήσει. ὁμοίως καὶ ἐὰν ἐν τῷ ὡροσκόπῳ ἀμφότεροι τύχωσιν ἢ ἐν τῷ
μεσουρανήματι ἢ ἐν τῷ ὑπὸ γῆν, τὸ ὅριον τῆς συνόδου ἐπικρατήσει, καὶ
ὁ κύριος τῶν ὁρίων οἰκοδεσποτήσει· ἐάν τε γὰρ ἐν αὐτῷ τῷ ζῳδίῳ ἑνὸς   25
ἀστέρος ὅριον ἔχωσιν ἐάν τε ἐν ἄλλῳ, ἀπαραβάτως ἐκεῖνος οἰκοδεσπο-
τήσει.

26 Ἐὰν δέ πως ἐν τῷ ἰδίῳ ταπεινώματι ὁ Ἥλιος εὑρεθῇ, οὐκ ἔσται ἀφέτης
ἐκτὸς εἰ μὴ μοιρικῶς ὡροσκοπῶν τύχῃ· ὡσαύτως δὲ καὶ ἡ Σελήνη Σκορ-
27 πίῳ. Σελήνη συνοδικὴ εὑρισκομένη καὶ ὑπὸ τὰς αὐγὰς τοῦ Ἡλίου πεπτω-   30
28 κυῖα οὐ γίνεται ἀφέτης ἐκτὸς εἰ μὴ καὶ αὐτὴ μοιρικῶς ὡροσκοπήσει. ἐπὶ
δὲ πανσέληνον φερομένη, ἐὰν ἐντὸς τοῦ ὡροσκόπου ὁρίου λύῃ τὴν φάσιν,
ἔστιν ἀφέτης, καὶ αὐτὴ δὲ ἀναιρέτης ἐὰν αὐτῇ τῇ ἡμέρᾳ λύῃ τὴν πανσέλη-
29 f.43v S νον. δεήσει οὖν σκοπεῖν τὰς μεταξὺ αὐτῆς καὶ τῆς παν|σελήνου πόσαι
εἰσίν, καὶ ἐπιγνόντας τὸ πλῆθος τῶν ἐτῶν ἀποφαίνεσθαι.   35

[S] 6 τύχῃ Kroll || 7 τὰ S, τοῦ Kroll || 14 ιβ'] γ S || 15 ὁ Kroll | οἰκοδεσπο-
τήσας S, corr. Kroll || 17 ἐπικρατήσας S, corr. Kroll | ὁ Kroll || 18 τὰ μεσουρανή-
ματα S, corr. Kroll || 22 ἐπικρατήσας S, corr. Kroll || 30 ζῳδιακὴ S, συνοδικὴ Kroll |
ἀπὸ S, corr. Kroll || 32 πανσελήνου S, corr. Kroll | λύει S, corr. Kroll || 33 ἀναι-
ρέτις S | λύει S, corr. Kroll

126

Οἷον ὡροσκόπος, Σελήνη [Ὑδροχόῳ] Κριοῦ κβ'· ἐν δὲ τῇ αὐτῇ ἡμέρᾳ 30
τὴν πανσέληνον λύει περὶ μοῖραν κζ' τοῦ αὐτοῦ ζῳδίου. τὸ διάστημα τὸ 31
μεταξὺ αὐτῆς καὶ τῆς πανσελήνου μοῖραι ε̄, ἅτινα συνάγεται ἔτη δ·
τοσαῦτα ἐβίωσεν ὁ γεννώμενος. καὶ μάλιστα ἐὰν κακοποιὸς ἐπιφέρῃ τὴν 32
5 ἀκτῖνα καὶ εἰ μαρτυρήσῃ [δὲ] ἢ ἐναντιωθῇ τῷ ζῳδίῳ, ἔσται ὁ θάνατος·
ἐὰν δὲ καὶ [ὁ] ἀγαθοποιὸς ὁμοίως ἐπιθεωρῇ, ὁ μὲν θάνατος οὐκ ἔσται,
σίνος δὲ ἢ πάθος. καὶ αἱ λοιπαὶ δὲ φάσεις τῆς Σελήνης ἕως τῆς τῶν συν- 33
δέσμων λύσεώς εἰσιν ἀναιρετικαί.

Δεῖ δὲ καὶ τὴν ἐπικράτησιν τότε βεβαίαν κρίνειν ἐὰν καὶ τῷ κυρίῳ τῶν 34
10 ὁρίων Ἥλιος ἢ Σελήνη ἐπιμαρτυρῇ καὶ ἐπίκεντρος τύχῃ ἢ ἐν ταῖς χρημα-
τιζούσαις μοίραις· ἐὰν δὲ ἀπόστροφος εὑρεθῇ, ἀνοικοδεσπότητος ἡ γένε-
σις κριθήσεται. ἐὰν δὲ ἐναλλάξωσι τὰ ὅρια ὅ τε κύριος τοῦ ἡλιακοῦ ἢ 35
σεληνιακοῦ ζῳδίου καὶ ⟨ὁ⟩ τῶν ὁρίων, καὶ οὕτως ἔσται ἀνεπικράτητος ἡ
οἰκοδεσποτεία. σκοπεῖν δὲ δεῖ μήποτε ὁ δοκῶν οἰκοδεσποτεῖν ὑπὸ δύσιν 36
15 τύχῃ· καὶ οὕτω γὰρ πάλιν ἀνοικοδεσπότητος ἡ γένεσις.

⟨β'.⟩ Περὶ μοιρῶν ἐπισήμων τῶν κέντρων

Πρὸ πάντων οὖν στήσαντα τὴν ὡροσκοποῦσαν καὶ μεσουρανοῦσαν μοῖ- 1
ραν καὶ ⟨τὰς⟩ τῶν λοιπῶν κέντρων, λαμβάνειν χρὴ ἀπὸ τῆς ὡροσκοπούσης
μοίρας ἕως τῆς ἀντιμεσουρανούσης, καὶ τοῦ συναχθέντος πλήθους τὸ
20 γ' μέρος ἡγεῖσθαι κεντρικῷ σχήματι χρηματιζούσας μοίρας [ἀπὸ τῆς
ἑξῆς] δυναστικούς τε τοὺς ἀστέρας ἤτοι ἀγαθοποιοὺς ἢ κακοποιοὺς ἐν
ταύταις ταῖς μοίραις, τὰς δὲ λοιπὰς ⟨ἀπὸ τῆς ἑξῆς⟩ ἕως τοῦ ὑπογείου
ἀχρηματίστους καὶ τοὺς ἐπόντας ἀστέρας ἀχρηματίστους ἢ ἀπράκτους.
τὴν δὲ αὐτὴν δύναμιν τὰ διάμετρα τοῦ τε ὡροσκόπου καὶ τῶν λοιπῶν 2
25 κέντρων ἐφέξει πρός τε τὰς χρηματιζούσας μοίρας καὶ ἀχρηματίστους,
καὶ οἱ ἐπόντες ἀστέρες ὁμοίως εὐτονήσουσιν. φανερὸν οὖν ὅτι οὐκ ἀεὶ λ̄ 3
μοῖραι ἐπίκεντροι, ἀλλ᾽ ὁτὲ μὲν πλείους, ὁτὲ δὲ ἐλάττους. ἐὰν δέ πως ἐν 4
τῷ ὡροσκοποῦντι καὶ δύνοντι ζῳδίῳ δυναστικαὶ μοῖραι ἐλάττους ὦσι τῶν
λ̄, τότε ἐν τῷ μεσουρανήματι καὶ ὑπογείῳ κέντρῳ πλείους ἔσονται τῶν
30 λ̄ μοιρῶν· ἐὰν δὲ ἐν τῷ ὡροσκοποῦντι καὶ ἀνθωροσκοποῦντι κέντρῳ πλείους
ὦσι τῶν λ̄, τότε ἐν τῷ μεσουρανήματι καὶ ὑ|πογείῳ ἐλάττους. f.448

Οἷον ἔστω ὡροσκοπεῖν Ἰχθύας περὶ μοίρας ῑγ, μεσουρανεῖν Τοξότου 5
μοῖραν κβ', ὑπὸ γῆν ⟨εἶναι⟩ Διδύμων τὴν αὐτήν, δύνειν Παρθένου μοῖραν
ιγ'. ἔλαβον τὸ ἀπὸ τοῦ ὡροσκόπου διάστημα ἕως τοῦ ὑπογείου· γίνονται 6

[S] 4 ἐπιφέροι S, corr. Kroll ‖ 5 μαρτυρήσει S ‖ 6 ὁ secl. Kroll ‖ 10 ἢ¹] καὶ S ‖
23 ἀχρηματίστου S, corr. Kroll ‖ 29 εἰ S, ἐν Kroll ‖ 33 εἶναι Kroll | τῶν αὐ-
τῶν S

127

VETTIVS VALENS

7, 8 μοῖραι ϟθ̅. τούτων τὸ γ̅ γίνεται λγ̅. ταύτας ἀπέλυσα ἀπὸ τοῦ ὡροσκόπου·
9 κατέληξεν εἰς τὴν τοῦ Κριοῦ μοῖραν ιϛ̅. αὗται ἔσονται δυναστικαὶ μοῖραι
καὶ οἱ ἐπ᾽ αὐτῶν ἀστέρες, αἱ δὲ λοιπαὶ μοῖραι ἀπὸ ιζ̅ ἕως τοῦ ὑπογείου
10 ἀχρημάτιστοι· καὶ αἱ τούτων δὲ διάμετροι τὸ ὅμοιον ἐφέξουσιν. πάλιν ἔλα-
βον ἀπὸ ⟨τῆς⟩ μεσουρανούσης μοίρας ἕως τῆς ὡροσκοπούσης· γίνονται π̅α̅. 5
11, 12 τούτων τὸ γ̅ γίνεται κ̅ζ̅. ταύτας ἀπέλυσα ἀπὸ τῆς μεσουρανούσης μοίρας·
13 κατέληξεν εἰς τὴν τοῦ Αἰγοκέρωτος μοῖραν ιθ̅. ἔσονται οὖν καὶ αὗται
14 χρηματιστικαὶ καὶ αἱ τούτων διάμετροι, αἱ δὲ λοιπαὶ ἀχρημάτιστοι. τὸ
δ᾽ ὅμοιον καὶ ἐπὶ τῶν λοιπῶν γενέσεων δεῖ ποιεῖν πρὸς τὸ γινώσκειν τοὺς
ἀστέρας πότερον ἐν χρηματιστικαῖς μοίραις εἰσὶν ἢ ἀχρηματίστοις.   10
15, 16 Ἔδοξε δέ μοι φυσικώτερον οὕτως ἔχειν. τὸ μὲν διάστημα ἀπὸ τῆς ὡρο-
σκοπούσης μοίρας ἕως τοῦ ὑπογείου λαμβάνοντα, καὶ τούτων τὸ γ̅ λο-
γισάμενον καθὼς πρόκειται, καὶ ἀπολύσαντα ἀπὸ τῆς ὡροσκοπούσης
κατὰ τὸ ἑξῆς, κρίνειν δυναστικὰς μοίρας καὶ τὰς τούτων διαμέτρους, τὸ
δὲ ἕτερον ⟨γ̅⟩ μέρος τῶν μοιρῶν κρίνειν πάλιν μέσον – μήτε πλέον 15
ἀγαθὸν μήτε φαῦλον – διὰ τὴν ἐπαναφορὰν τοῦ ὡροσκόπου καὶ τὴν
17 θεὰν καὶ τὸ διάμετρον τοῦ θεοῦ. ἔσται οὖν τὸ μὲν α̅ γ̅ μέρος τῶν ἀφ᾽ ὡρο-
σκόπου μοιρῶν χρηματιστικὸν καὶ δυναστικόν, τὸ δὲ ἕτερον γ̅ μέρος μέ-
σον, τὸ δὲ ἕτερον γ̅ αἰτιατικὸν καὶ φαῦλον· κατὰ ταὐτὰ δὲ καὶ οἱ ἀστέρες
18 ἐνεργήσουσιν. δεῖ καὶ ἀπὸ τῆς τοῦ μεσουρανήματος καὶ τῆς κεντρικῆς 20
τάξεως ⟨τὸ α̅ γ̅ χρηματιστικὸν ἡγεῖσθαι⟩, τὸ δὲ ἕτερον ⟨γ̅ – τὸ⟩ τῆς
ἐπαναφορᾶς – ⟨μέσον⟩ (καθὸ καὶ παρὰ τοῖς παλαιοῖς ἀγαθοδαίμων ὀνο-
μάσθη), τὸ δὲ λοιπὸν γ̅ ἕως τοῦ ὡροσκόπου – ⟨τὰς⟩ ἀποκεκλικυίας
19 μοίρας – κακωτικὸν καὶ ἀχρημάτιστον. ὁμοίως δὲ καὶ τὰ τούτων διά-
μετρα συνεπισχύσει.   25
20 Ταῦτα πάντα καὶ ὁ Ὠρίων ἐν τῷ βιβλίῳ ἐξέθετο.

⟨γ̅.⟩ Περὶ ἀφέσεως

1 Ἐπεὶ δέ τινες φθόνῳ φερόμενοι ἢ ἀπειρίᾳ μονομερῶς καὶ σκοτεινῶς
πραγματεύονται τὴν ἄφεσιν (πάντοτε γὰρ ἀπὸ τῆς ἀφετικῆς μοίρας ἕως
τῆς τετραγώνου πλευρᾶς τὸ πλῆθος τῶν μοιρῶν κατὰ τὰς ἀναφορὰς 30
f.44vs ποιούμενοι ἀποφαίνονται), ἀναγκαῖον ἡμᾶς | τὴν διάκρισιν ἐπιδιασαφῆσαι.
2 εὑρίσκομεν γὰρ γενέσεις καὶ τὴν τετράγωνον πλευρὰν διαβεβηκυίας, καὶ
μάλιστα ἐν τοῖς ὀλιγαναφόροις ζῳδίοις, καίπερ τοῦ παλαιοῦ ἀκριβῶς
λέγοντος ὡς ἀδυνάτου ὄντος, καὶ πάλιν ἄτερ τῆς τῶν κακοποιῶν ἀκτι-

[S] 5 τῆς Kroll ‖ 7 ἔσονται] αὕτη S ‖ 13 ὡροσκοπῆς S, corr. Kroll ‖ 19 αἰτια-
τιστικὸν S, corr. Kroll ‖ 20 καὶ¹] γὰρ S ‖ 21 lac.¹ ind. Kroll ‖ 23 τῆς post ἕως
Kroll ‖ 24 ἀσχημάτιστον S ‖ 28 ἀκοτεινῶς S, corr. Kroll

128

νοβολίας μηδὲ τὴν τετράγωνον διεληλυθυίας. τεθείσης οὖν γενέσεως 3
σκοπεῖν δεήσει εἰ οἰκοδεσποτεῖται ἡ γένεσις ἢ ἀνοικοδεσπότητος ἔσται,
καὶ πότερον Ἥλιος ἢ Σελήνη ἢ ὡροσκόπος ἀφέτης. καὶ ἐὰν μὲν ὁ Ἥλιος ἢ 4
⟨ἢ⟩ Σελήνη τὸν ἀφετικὸν τόπον λάχῃ, λογίζεσθαι δεῖ ἀπὸ τῆς ἀφετικῆς
5 μοίρας ἕως τῆς τετραγώνου πλευρᾶς πόσος χρόνος συνάγεται καθ᾽ ὃ κλίμα
[τι] γεγένηται, καὶ συνάγοντας ἀποφαίνεσθαι τοσαῦτα ἔτη ζήσεσθαι.
τοῦτο δὲ συμβαίνει ἐάνπερ ὁ οἰκοδεσπότης ἐν ἰδίοις ὁρίοις ὑπάρχων καὶ 5
οἰκείως ἐσχηματισμένος τῷ ἀφέτῃ συνάπτῃ ἢ ἐπιμαρτυρῇ καὶ μηδεὶς τῶν
ἀναιρετῶν τὴν ἀκτῖνα ἐπιφέρων λοιπογραφήσῃ τὸ πλῆθος τῶν ἐτῶν. ἐὰν 6
10 δὲ ὁ οἰκοδεσπότης ἀκαταμαρτύρητος πρὸς τὸν ἐπικρατήτορα τύχῃ, ἄλλως
δὲ καλῶς σχηματιζόμενος εὑρεθῇ (οἷον ἐὰν ὡροσκοπῇ ἢ μεσουρανῇ ἀνατο-
λικός), αὐτὸς τὰ τέλεια ἔτη μερίσει· ἐὰν δὲ ⟨οὐκ ἐπὶ⟩ τῶν κέντρων,
λοιπογραφήσας τὴν ἀφαίρεσιν τοῦ διαστήματος κατὰ τὸν τῆς κοινωνίας λό-
γον, τὰ λοιπὰ μερίσει.
15 Πάντοτε οὖν ἀπὸ τοῦ ἐπικρατήτορος δεῖ λογίζεσθαι τὴν ποσότητα τῶν 7
ἐτῶν καὶ συγκρίνειν τοῖς τοῦ οἰκοδεσπότου· καὶ ὅσα ἂν | εὑρίσκηται, το- f.90V
σαῦτα ζήσεται ἔτη. ἐὰν ᾖ τὰ τοῦ οἰκοδεσπότου ἥττονα τῶν τοῦ ἀφέτου, 8
τὰ τοῦ οἰκοδεσπότου ζήσεται· ὁ γὰρ οἰκοδεσπότης μερίζει, ἐάνπερ
οἰκοδεσποτουμένη τύχῃ ⟨ἡ γένεσις⟩, λοιπογραφουμένων τῶν κεντρικῶν
20 διαστάσεων. ἐὰν δὲ τὰ τοῦ ἀφέτου ἥττονα ὄντα τῶν τοῦ οἰκοδεσπότου 9
τύχῃ, τὰ τοῦ ἀφέτου ζήσεται, καὶ ἀνοικοδεσπότητος κριθήσεται. ἐὰν δὲ 10
οἰκείως ἡ ἐπικράτησις τύχῃ, ⟨ὁ ἀφέτης⟩ καὶ ὁ οἰκοδεσπότης, ἕκαστος τὰ
ἴδια ἔτη μερίζει.
Ἔνιοι μὲν οὖν τὴν κεντρικὴν διάστασιν πάλιν τῶν οἰκοδεσποτῶν λογί- 11
25 ζονται ἀπὸ τῆς ὡροσκοπούσης καὶ δυνούσης μοίρας· κἂν ε̄ ἢ ζ̄ ζῴδια
ἀπέχωσιν, τοσαύτην ἀφαίρεσιν ποιοῦνται. ἐγὼ δέ φημι καὶ ἐκ τῶν δ̄ 12
κέντρων τὴν διάστασιν τοῦ οἰκοδεσπότου λογίζεσθαι καὶ ἀφαιρεῖν ἐάνπερ
οἰκοδεσποτουμένη ἡ γένεσις | εὑρεθῇ· τὸ γὰρ λέγειν — ἐπὰν δὲ εὑρεθῇ f.45S
μεσουρανῶν ἢ ἀγαθοδαιμονῶν ἢ καὶ ἐπί τινος χρηματιστικοῦ τόπου, τὰ
30 τέλεια μεριεῖ. οὐκ ἄρα ἀφελεῖ τις ἀπὸ τῆς ὡροσκοπούσης ἢ δυτικῆς δια- 13
στάσεως τὸ ἐπιβάλλον. ἐὰν δέ πως μήτε Ἥλιος μήτε Σελήνη τὸν ἀφετικὸν 14
τόπον λάχωσιν ἀλλὰ ὡροσκόπος ἢ μεσουράνημα, οὐκέτι τὸ πλῆθος τῶν
ἐτῶν ἀπὸ τῆς ἀφετικῆς μοίρας ἕως τῆς τετραγώνου δέον λογίζεσθαι
ἀλλ᾽ ἕως τῆς κεντρικῆς διαστάσεως συλλογισαμένους ἀποφαίνεσθαι τὰ

[VS] 2 κοδεσποτεῖται S, corr. Kroll | ἀνηκοδεσπότητος S, corr. Kroll || 6 τι secl.
Kroll || 8 σχηματισμένος S, corr. Kroll || 9 λειπογραφήσει S, corr. Kroll || 13 λειπο-
γραφήσας S, corr. Kroll | ἀφαίρεσιν] διαίρεσιν Kroll || 14 μερίσει S, corr. Kroll ||
16 εὑρίσκηται in marg. V || 17–18 ἐὰν — ζήσεται in marg. V, om. S || 20 ὄντα
om. S || 22 οἰκείου V | ἡ om. S || 28 lac. post λέγειν ind. Kroll || 30 ἀφεῖλέ V ||
32 οὐκ ἔστι S

129

VETTIVS VALENS

ἔτη, ἐάνπερ μηδεὶς τῶν ἀναιρετῶν ἐπιφέρων τὴν ἀκτῖνα χρεωκοπήσῃ τὸ
πλῆθος τῶν ἐτῶν.
15 Ὑποδείγματος χάριν ἔστω τινὰ ὡροσκοπεῖσθαι κατὰ τὸ β′ κλίμα
⟨ὑπὸ⟩ Διδύμων μοίρας η′, μεσουρανεῖσθαι δὲ ὑπὸ Ὑδροχόου μοίρας κβ′.
16 καὶ τῆς ἀφέσεως οὔσης ἀπὸ τῆς ὡροσκοπούσης μοίρας, οὐ πάντως ἡ ⁵
κατάληξις τῶν ἐτῶν ἕως τῆς τετραγώνου πλευρᾶς (Παρθένου μοίρας η′)
ἀλλ᾽ ἕως τοῦ ὑπογείου (Λέοντος μοίρας κβ′), καὶ τὸ συνηγμένον πλῆθος
τῶν ἐτῶν ἀποφαίνεσθαι ἐάνπερ μηδεὶς ἀναιρέτης τὴν ἀκτῖνα ἐπιφέρῃ.
17 ἐὰν γὰρ ἐν τῇ κ′ μοίρᾳ τῶν Διδύμων ἢ τοῦ Καρκίνου ὁποιαδήποτε μοίρᾳ
ἀναιρέτης ἐπῇ ἢ ἀκτινοβολήσῃ, τοσαῦτα ἔτη ζήσεται ὅσα ἀπὸ τῆς ¹⁰
18 ἀφετικῆς ἕως τῆς ἀναιρετικῆς συνάγεται. ὁμοίως δὲ καὶ ἂν ἀπὸ τοῦ μεσ-
ουρανήματος (Ὑδροχόου μοίρας κβ′) τὴν ἄφεσιν ποιησώμεθα, τὴν συμ-
περαίωσιν τῶν ἐτῶν οὐκέτι ἕως τῆς τετραγώνου πλευρᾶς (Ταύρου μοίρας
19 κβ′) ἕξομεν ἀλλ᾽ ἕως τῆς η′ μοίρας τῶν Διδύμων. προφανὲς οὖν ὅτι ζω-
διακῶς μὲν τὴν τετράγωνον πλευρὰν ἡ ἄφεσις ὑπερτέθεικεν, κεντρικῶς ¹⁵
20 δὲ οὔ. ἔσθ᾽ ὅτε μὲν οὖν οὗτος ὁ τρόπος καὶ ἐπὶ Ἡλίου καὶ Σελήνης ἁρμό-
σει· πρὸς μὲν τὴν ὑπέρθεσιν ἐὰν ὑπὸ τῶν οἰκοδεσποτῶν βοηθῶνται,
τουτέστιν, ὅταν μαρτυρῶνται ὑπ᾽ αὐτῶν καλῶς πεπτωκότων καὶ δυνα-
21 μένων τὰ τέλεια μερίζειν. ὡσαύτως δὲ καὶ ἐκ τῆς δύσεως τὴν ἄφεσιν ἐὰν
ποιησώμεθα — τουτέστι Τοξότου μοίρας η′ — ἕως τῆς κβ′ τοῦ Ὑδρο- ²⁰
22 χόου, τὸ τέλος εὑρήσομεν. πάντοτε οὖν τὴν ἀφετικὴν μοῖραν εὑρόντας
σκοπεῖν δεήσει τὸ κεντρικὸν διάστημα ποῦ φθάνει, καὶ ἕως ἐκείνης τῆς
f.45ᵛˢ μοίρας τὴν ἄφεσιν ποιεῖσθαι | ἐάνπερ μηδεὶς ἀναιρέτης διακόπτῃ.
23 Μυστικώτερος δὲ ἔστω οὗτος ὁ λόγος καὶ δεδοκιμασμένος ὑφ᾽ ἡμῶν
καὶ ἀνηπλωμένος τὴν ἀφετικὴν μοῖραν λογίζεσθαι ὡς μεσουρανοῦσαν. ²⁵
24 ταύτης δὲ μεσουρανούσης, σκοπεῖν δεήσει καὶ καθ᾽ ὃ κλίμα τις ζητεῖ
πόστη μοῖρα δύναται ὡροσκοπεῖν, καὶ ἐπιγνόντας ἕως ἐκείνης τὴν ἄφεσιν
25 ποιεῖσθαι. οἷον ἔστω εἶναι ἀφετικὴν Σκορπίου μοῖραν ιβ′ κατὰ τὸ β′
26 κλίμα. ἐὰν μὲν οὖν αὐτὴν λογιζώμεθα ὡς ὡροσκοποῦσαν μοῖραν, ἡ ἄφεσις
ἔσται ἕως τῆς τοῦ Ὑδροχόου μοίρας ιγ′, ἔνθα τὸ ὑπόγειον κατέληξεν· ³⁰
ἐὰν δέ, καθὼς προείπαμεν, λογισώμεθα μεσουρανοῦσαν αὐτήν, εὑρήσομεν
ἐν τῷ ἀναφορικῷ ὡροσκόπον Αἰγόκερωτος μοῖραν κη′, καὶ ἡ ἄφεσις
27 ἔσται ἀπὸ τῆς ιβ′ μοίρας τοῦ Σκορπίου ἕως τῆς κη′ τοῦ Αἰγόκερωτος. τὸ
δὲ αὐτὸ καὶ ἐπὶ τῶν λοιπῶν [ἤτοι] γενέσεων [ἤτοι ζῳδίων] ποιήσαντες
28 εὑρήσομεν. ὁμοίως δὲ καὶ τὴν ἀναιρετικὴν ὡς ἀφετικὴν μοῖραν λογίζεσθαι ³⁵

[VS] 1 χρεωκοπήσει V, χρεοκοπήσει S, corr. Kroll ‖ 8 ἀναιρεῖται S ‖ ἐπιφέρει S ‖
10 ἀκτινοβολήσει S ‖ 15 ὑπερτέθηκε S ‖ 17 ἐπὶ VS, ὑπὸ Kroll ‖ 24 λόγος V, τό-
πος S ‖ 26 ζητᾶ S ‖ 27 πόσον S ‖ 29 λογιζόμεθα S ‖ 31 λογισάμεθα VS, corr.
Kroll ‖ 35 ὡς om. S

130

ὡροσκοποῦσαν· ταύτης ὡροσκοπούσης, πόστη δύναται μεσουρανεῖν οἱαδή-
ποτε οὖν μοῖρα ζῳδίου ⟨σκοπεῖν⟩, καὶ ἕως ἐκείνης τὴν ἄφεσιν ποιεῖσθαι ἢ
τῆς διαμέτρου. πρὸς δὲ τὸν οἰκοδεσποτικὸν λόγον πραγματεύεσθαι, κα- 29
θὼς προείπαμεν, σκοποῦντας τὴν κεντρικὴν διάστασιν καὶ τὴν σχημα-
5 τογραφίαν καὶ τὴν πρὸς τὸν ἀφέτην σύγκρισιν.
Ἔστω ὡροσκόπος Τοξότου μοῖρα ιη', μεσουράνημα δὲ Ζυγοῦ μοῖρα 30
δ', οἰκοδεσποτεῖν δὲ Ἑρμῆν καὶ εἶναι ⟨Σκορπίου⟩ μοίρᾳ ιγ'. λογίζομαι 31
τὸ διάστημα τὸ ἀπ' αὐτοῦ ἕως τῆς ὡροσκοπούσης μοίρας· γίνονται μοῖραι
λε, ἅτινά ἐστιν ὧραι β καὶ μέρος γ' ὥρας. ἐπεὶ οὖν ο̅ϛ̅ ἐπιμερίζει τὰ τέλεια, 32
10 ταῦτα παρὰ τὸν ι̅β̅· ἐπιβάλλει ἄρα ἑκάστῃ ὥρᾳ ἔτη ϛ μῆνας δ. τῶν οὖν 33
δύο ὡρῶν γίνονται ἔτη ι̅β̅ μῆνες η̅, καὶ τοῦ γ' ἔτη β μὴν ᾱ ἡμέραι ι̅· ὁμοῦ
γίνονται ἔτη ι̅δ̅ μῆνες θ ἡμέραι ι̅. ταῦτα ἀφεῖλον ἀπὸ τῶν ο̅ϛ̅· λοιπὰ ἔτη 34
ξ̅α̅ μῆνες β ἡμέραι κ̅. τὸ δ' ὅμοιον κἂν ἀπὸ τῶν ἑτέρων κέντρων ἀποσπάσῃς 35
δεῖ λογίζεσθαι. τούτων οὕτως ὄντων, ἔστω τὴν Σελήνην ἀφέτην εἶναι 36
15 Ζυγῷ περὶ μοίρας η̅. ἔλαβον τῶν λοιπῶν κ̅β̅ μοιρῶν ἔτη κ̅θ̅ μῆνας δ, καὶ 37
τοῦ Σκορπίου λ̅ϛ̅, καὶ τῶν ι̅ζ̅ τοῦ Τοξότου ἔτη ι̅η̅ μῆνα ᾱ ἡμέρας ι̅η̅· ὁμοῦ
τὰ πάντα γίνονται ἀπὸ τῆς ἀφέσεως ἔτη π̅γ̅ μῆνες ε̅ ἡμέραι ι̅η̅. ἐπεὶ οὖν 38
τὰ τοῦ ἀφέτου πλείονα τῶν τοῦ οἰκοδεσπότου ἐτῶν εὑρέθη, τοσαῦτα ἔτη
βιώ|σει ἡ γένεσις ὅσα ὁ οἰκοδεσπότης Ἑρμῆς ἐμέρισεν − ξ̅α̅ μῆνας β̄ f.468
20 ἡμέρας κ̅. εἰ δ' ἦν τὰ τοῦ ἀφέτου ἥττονα τῶν τοῦ οἰκοδεσπότου ἐτῶν ὑπὸ 39
ἀναιρετικῆς ἀκτῖνος λελοιπογραφημένα, οἷον ἔτη ν̅γ̅, συνέβαινε τὴν προ-
κειμένην γένεσιν μόνα τὰ ν̅γ̅ ἔτη ζήσεσθαι. ἐὰν μέντοι ὁ οἰκοδεσπότης 40
ἐπίκεντρος καὶ ἀνατολικὸς εὑρεθῇ ἢ καὶ ἐπὶ τῶν χρηματιζουσῶν μοιρῶν
τύχῃ τῆς ἀφέσεως πλεοναζούσης, καὶ αὐτὸς τὰ τέλεια μεριεῖ· καλῶς γὰρ
25 τοῦ οἰκοδεσπότου τετευχότος, οὐκέτι οἱ ἀναιρέται ἐπόντες ἢ ἀκτινοβολοῦν-
τες παραιρέται τῶν χρόνων γενήσονται. ἐὰν δέ πως ἀνοικοδεσπότητος ἡ 41
γένεσις εὑρεθῇ ἀφέσεως οὔσης, σκοπεῖν τότε δεήσει τὰς συμπαρουσίας
τῶν ἀναιρετῶν ἢ καὶ ἐπιμαρτυρίας ἑξαγώνους, τριγώνους, τετραγώνους,
διαμέτρους.
30 Ἀναιρέται δέ εἰσι Κρόνος, Ἄρης, Ἥλιος, Σελήνη ἐπὶ φάσιν φερομένη· 42
εἰσὶ δὲ καὶ ἀναιρετικοὶ τόποι καθ' ἕκαστον ζῴδιον τά τε ἀφετικὰ ὅρια καὶ
τὰ τῶν κακοποιῶν, ἀναιρετικαὶ δὲ μοῖραι κριθήσονται αἱ παρ' ἑκάτερα

---

§§ 30−31: thema 79 (26 Nov. 118)

[VS] 1 καὶ post ὡροσκοποῦσαν Kroll | π̅δ̅ S | οἰουδήποτε V, οἰαδήποτ' S ‖
6 ἢ post ὡροσκόπος S ‖ 10 τῶν VS, τὸν Kroll | μῆνες VS ‖ 11 τοῦ] τὰ S | ἡμέ-
ραι] β S ‖ 12 ἡμέρας S ‖ 13 ἀποσπᾶ' V, ἀποσπάσας S, corr. Kroll ‖ 15 μῆνες β S ‖
16 μὴν α β ιη S ‖ 23 ὧν post μοιρῶν Kroll ‖ 27 ἀφέσεως V, ἀφαιρέσεως S

τῆς ἀφέσεως γ̄, ὅτι πᾶσα τριμοιρία καθηγουμένη καὶ ἑπομένη δύναμιν
συμπαρουσίας ἔχει ἤτοι ἰσομοιρίας — καὶ αὐτὴ ἡ κατὰ κάθετον, ὡς εἶναι
43 τὰς πάσας ζ̄. ἐν ταύταις οἱ κακοποιοὶ ἀκτινοβολοῦντες ἀναιρέται γενή-
σονται, οἱ δὲ ἀγαθοποιοὶ κωλυταὶ τῆς ἀναιρέσεως.

44, 45 Οἷον ἔστω τινὰ ὡροσκοπεῖσθαι ὑπὸ τῆς τοῦ Κριοῦ μοίρας ιβ΄. αὕτη μὲν 5
οὖν ἔσται μέση ⟨ἀπὸ τῆς θ΄⟩ ἕως τῆς ιε΄ μοίρας Κριοῦ· ἐὰν οὖν κακοποιὸς
βάλῃ ἀκτῖνα ἀπὸ τῆς θ΄ ἕως τῆς ιε΄, ἀναιρεῖ οὐ μόνον εἰς τὸ αὐτὸ ζῴδιον
τῆς ἀφέσεως κατὰ τὴν ὑποκειμένην μοῖραν, ἀλλὰ καὶ ἐν τοῖς ἑτέροις ἕως
46 τῆς τετραγώνου πλευρᾶς. οἷον ἐάν, τοῦ Κριοῦ ὡροσκοποῦντος, Κρόνος ἢ
Ἄρης εὑρεθῇ Ταύρῳ ἢ Διδύμοις περὶ μοῖραν ιε΄, τῆς ἀφετικῆς μοίρας 10
κατὰ τὴν τῶν χρόνων ἀκολουθίαν γινομένης εἰς τὴν τοῦ Ταύρου ἢ Διδύ-
μων μοῖραν ιβ΄ ἢ ιγ΄, ἔσται ἡ ἀναίρεσις.

47 Ἐπίκεντροι μὲν οὖν ἢ καὶ ἐπαναφερόμενοι οἱ ἀναιρέται εὐτονώτεροι
καθίστανται, ἔκκεντροι δὲ ἐξασθενήσουσιν· ἔστω δὲ καὶ οὗτος ὁ λόγος
48 δυναστικὸς πρὸς τοὺς ἐπικέντρους. οἷον ἐάν, τοῦ Κριοῦ ὡροσκοποῦντος 15
καθὼς πρόκειται, Κρόνος ἐν Τοξότου τύχῃ μοίρᾳ ιγ΄ ἢ καὶ ιβ΄ ἢ καὶ κ΄,
ζῳδιακῶς μὲν ἀποκέκλικεν, ἐπειδὴ δ᾽ εἰς ἐπικέντρους καὶ χρηματιζούσας
f.46ᵛS μοίρας ἔβαλε τὴν ἀκτῖνα κατὰ τρίγωνον | εἰς τὸν Κριόν, ἀναιρέτης κρι-
θήσεται· ἐὰν δὲ ἐν Τοξότου εὑρεθῇ μοίρᾳ γ΄ ἢ ζ΄, κατ᾽ ἀμφότερα οὗτος
ἔσται ἀποκεκλικώς — καὶ μοιρικῶς καὶ ζῳδιακῶς — καὶ οὐκ ἔστιν 20
49 ἀναιρέτης. συμβαίνει δὲ καὶ ἀπὸ ἐπικέντρων τόπων τοὺς ἀναιρέτας εἰς
ἀχρηματίστους καὶ ἀποκεκλικυίας μοίρας τὰς ἀκτῖνας βάλλειν καὶ μὴ
ἀναιρεῖν· τὸ δ᾽ ὅμοιον καὶ ἐπὶ τῶν ἀγαθῶν νοείσθω.

⟨δ΄.⟩ Περὶ ἀνέμων τῶν ἀστέρων καὶ τῶν ὑψωμάτων καὶ βαθμῶν

1, 2 Τούτων οὕτως ἐχόντων δεῖ καὶ τοὺς ἀνέμους ὑποτάξαι. πρότερον δὲ 25
δεῖ σκοπεῖν ἐν αἷς ἕκαστος μοίραις ὑψοῦται· ἐκ γὰρ τούτων ἡ διάκρισις
3 γινώσκεται. ὁ μὲν οὖν Ἥλιος ὑψοῦται περὶ μοῖραν ιθ΄ τοῦ Κριοῦ, ἡ δὲ
Σελήνη περὶ τὴν γ΄ τοῦ Ταύρου, ὁ δὲ Ζεὺς περὶ τὴν ιε΄ τοῦ Καρκίνου,
ὁ δὲ Ἄρης περὶ τὴν κη΄ τοῦ Αἰγοκέρωτος, ὁ δὲ Κρόνος περὶ τὴν κα΄ τοῦ
Ζυγοῦ, ὁ δὲ Ἑρμῆς περὶ τὴν ιε΄ τῆς Παρθένου, ἡ δὲ Ἀφροδίτη περὶ τὴν 30
4 κζ΄ τῶν Ἰχθύων· ἐν δὲ ταῖς διαμέτροις μοίραις ταπεινοῦνται. τὸ οὖν
προηγούμενον ἑκάστου ὑψώματος τετράγωνον βόρειον κληθήσεται καὶ τὸ
5 ἑπόμενον νότιον. οἷον ἐπεὶ ὁ Ἥλιος ὑψοῦται περὶ μοῖραν ιθ΄ τοῦ Κριοῦ,
ἔσται προηγούμενον αὐτοῦ τετράγωνον ἀπὸ ιθ΄ μοίρας τοῦ Αἰγοκέρωτος·
ἐὰν οὖν εὑρεθῇ ἐν τούτῳ, λέγομεν αὐτὸν βορρᾶν ἀναβαίνειν καὶ ὕψος ὑψοῦ- 35
6 σθαι. ἀπὸ δὲ ιθ΄ τοῦ Κριοῦ ἕως ιθ΄ τοῦ Καρκίνου καταβαίνει τὸν βορρᾶν,

[VS] 5 αὗται S ‖ 6 ἀπὸ τῆς θ Kroll ‖ 8 κατὰ — μοῖραν in marg. V, om. S ‖
11 γενομένης S ‖ 16 κ΄] μ S ‖ 28 τὴν²] τὰς VS ‖ 34—36 ἔσται — Κριοῦ om. S,
ἔσται — ιθ in marg. S

ἀπὸ δὲ ιϑ' τοῦ Καρκίνου ἕως ιϑ' τοῦ Ζυγοῦ καταβαίνει τὸν νότον, ἀπὸ δὲ
ιϑ' τοῦ Ζυγοῦ ἕως ιϑ' τοῦ Αἰγοκέρωτος ἀναβαίνει τὸν νότον.
Ἐὰν δὲ καὶ τὸν βαθμὸν τοῦ ἀνέμου ζητῶμεν, οὕτως εὑρήσομεν. ἐπεὶ 7, 8
ἕκαστος βαθμός ἐστι μοιρῶν ιε, ἀπὸ τῆς ἑκάστης μοίρας λαβὼν τὸ διά-
5 στημα τοῦ ἀστέρος καὶ ἐκκρούσας τὸ ιε ἐπιγνώσομαι. οἷον ἔστω Ἥλιος 9
Ὑδροχόου μοίρᾳ κβ'. λαμβάνω ἀπὸ τῆς ιϑ' τοῦ Αἰγοκέρωτος ἕως κβ' 10
Ὑδροχόου· γίνονται λγ. ἀφαιροῦμεν τὰς δὶς ιε μοίρας, λ, οἵ εἰσι βαθμοὶ β· 11
λοιπαὶ γ, ὥστε εἶναι τὸν Ἥλιον τῆς τοῦ βορρᾶ ἀναβάσεως ἐπὶ βαθμοῦ τοῦ
ἀνέμου γ'. τοῦτο μὲν οὖν ὑποδείγματος χάριν ἐκτιθέμεθα· καὶ ἐπὶ τῶν 12
10 ἀνέμων τῶν λοιπῶν λογισαμένους τό τε βόρειον καὶ τὸ νότιον ἡμικύκλιον
ὡσαύτως χρὴ πραγματεύεσθαι τόν τε ἄνεμον καὶ τὸν βαθμόν.
Ἐπὶ πάσης οὖν γενέσεως ἐπιγνῶναι δεῖ πότερον Ἥλιος ἢ [ἡ] Σελήνη ἢ 13
ὡροσκόπος ἀφέτης ἐστὶ καὶ ποῖον ἄνεμον τρέχει, καὶ οὕτως τοὺς λοιποὺς
ἀστέρας συνορᾶν. ἐὰν γάρ [τισι] τινες τὸν αὐτὸν τῷ ἀφέτῃ ἄνεμον τρέχω- 14
15 σιν, ἔσονται οἰκεῖοι καὶ συμπαθεῖς, καὶ μάλιστα τοῖς ἰδίοις χρόνοις· κρείσ-
σονες δὲ καὶ ἐπωφελεῖς ἐὰν καὶ | ἀνατολικοὶ ἢ ἐπίκεντροι τύχωσιν ἢ τοῖς f.478
ἀριθμοῖς προστιθέντες καὶ τῆς αὐτῆς αἱρέσεως. ἐὰν δέ τις τῶν ἀστέρων 15
τὸν ἐναντίον τῷ ἀφέτῃ ἄνεμον τρέχῃ, ἐναντίος γενήσεται καὶ κακοποιός,
καὶ μάλιστα ἐπὶ τῆς τῶν χρόνων παραδόσεως. ἐὰν δὲ καὶ δυτικὸς καὶ τοῖς 16
20 ἀριθμοῖς ἀφαιρῶν βλαπτικὸς καὶ ἐπικίνδυνος, οὐδ' ἐὰν ἐπίκεντρος τύχῃ 17
ἐν τούτῳ τῷ μέρει ἀγαθοποιὸς κριθήσεται διὰ παντός. ἐὰν δέ τινα μὲν 17
οἰκεῖα σχήματα ἔχῃ, τινὰ δὲ ἀνοίκεια πρὸς τὸν ἀφέτην, ἀνώμαλος καὶ οὐ
κατὰ πᾶν ὠφέλιμος οὐδὲ βλαπτικός. ἐὰν δὲ ὡροσκόπος ἀφέτης εὑρεθῇ, 18
τὸν κύριον τῶν ὁρίων τότε σκοπεῖν δεήσει, καὶ ἐπιγνῶναι ποῖον ἄνεμον
25 τρέχει ἢ καὶ ἐπίκεντρος ἢ ἀνατολικὸς ἢ προσθετικός, καὶ συγκρίνειν
πρὸς τοὺς λοιπούς. τινὲς μὲν οὖν δόξουσι ταύτην τὴν εὕρεσιν ματαίαν 19
ὑπάρχειν, ἐγὼ δέ φημι φυσικωτέραν μᾶλλον καὶ ἐνεργεστέραν εἶναι· ἐν
γὰρ ταῖς κανονικαῖς συμπήξεσιν ἄλλοι ἄλλως τὸν τόπον τοῦτον πραγμα-
τευόμενοι οὐ διηκρίβωσαν.

30 ε'. Περὶ αἱρέσεως τῶν ἀστέρων

Δεῖ δὲ σκοπεῖν καὶ τὰς αἱρέσεις τῶν ἀστέρων. Ἥλιος μὲν γὰρ καὶ Ζεὺς 1, 2
καὶ Κρόνος ἡμέρας ὑπέργειοι χαίρουσιν, νυκτὸς δὲ ὑπόγειοι· Σελήνη δὲ

§§ 9–11: thema 83 (8 Feb. 120)

[VS] 1 μοίρας post ιϑ¹ S | νότον S ‖ 10 βόρρειον S ‖ 12 ἡ secl. Kroll | ὁ post ἤ² S ‖
13 ἐστὶ om. S ‖ 14 τισι secl. Kroll ‖ 17 ἐὰν] καὶ ἂν S ‖ 19 παραδόσεως S ‖ 23 ὁ post
δὲ Kroll ‖ 25 θετικὸς V ‖ 26 αἵρεσιν Kroll ‖ 27 εὐεργεστέραν V ‖ 28 τύπον S ‖
30 ε' in marg. V, om. S ‖ 31 ἀναιρέσεις V, sed corr.

133

καὶ Ἄρης καὶ Ἀφροδίτη νυκτὸς ὑπέργειοι χαίρουσιν, ἡμέρας δὲ ὑπόγειοι·
3 Ἑρμῆς παρὰ τὰς αἱρέσεις τοῦ οἰκοδεσπότου ἐν οἷς ἐστιν ὁρίοις. ὅθεν ἐπὶ
μὲν τῶν ἡμέρας γεννωμένων ἐάν τις εὑρεθῇ ἔχων Δία, Ἥλιον, Κρόνον
ὑπεργείους καλῶς ἐσχηματισμένους, ἄμεινον ἔσται τοῦ ὑπογείους ἔχον-
τος· ὁμοίως δὲ καὶ τοὺς νυκτερινοὺς ⟨νυκτὸς⟩ ἐὰν ὑπεργείους τις ἔχῃ, 5
4 σύμφορον. ἡ δὲ Ἀφροδίτη μᾶλλον χαίρει ὡροσκοποῦσα ἢ μεσουρανοῦσα,
καὶ οἱ λοιποὶ δὲ ἀστέρες χαίρουσιν ὡροσκοποῦντες ἤπερ δύνοντες.

(III 6) 5   Τῶν προκειμένων κεφαλαίων ὑποδείγματα

6 Ἔστω ἐπὶ ὑποδείγματος Ἥλιος Καρκίνου μοίρᾳ κθ′ λ′, Σελήνη Ἰχθύων
μοίρᾳ ιβ′, Κρόνος Τοξότου μοίρᾳ κζ′ η′, Ζεὺς Αἰγοκέρωτος μοίρᾳ κβ′ ιγ′, 10
Ἄρης Σκορπίου μοίρᾳ ζ′ κγ′, Ἀφροδίτη Καρκίνου μοίρᾳ κη′ ιγ′, Ἑρμῆς
7 Λέοντος μοίρᾳ ια′ κε′, ὡροσκόπος Ἰχθύων μοίρᾳ ιζ′, μεσουράνημα Τοξό-
f.47ᵛˢ του μοίρᾳ κε′. ἀνοικοδεσπότητος ἡ γένεσις διὰ τὸ ὑπὸ δύσιν ἐμπε|πτωκέ-
8 ναι Ἀφροδίτην τὴν κυρίαν τῶν ὁρίων τῆς Σελήνης. ἀφέτης ὡροσκόπος·
9 τῶν ὁρίων κύριος Ἑρμῆς, καὶ αὐτὸς ὑπὸ δύσιν ἀποκεκλικὼς εὑρέθη. ἡ 15
οὖν ἄφεσις ἀπὸ τοῦ ὡροσκόπου ἕως τῆς τετραγώνου πλευρᾶς καὶ τῆς πρὸς
Κρόνον ἀπὸ διαμέτρου ἀκτινοβολίας εἰς κακοποιοῦ ὅριον· Ἄρης γὰρ τὴν
διάμετρον ἀκτῖνα παρήλλαξε διὰ τὸ ἰσόμοιρον εὑρεθέντα Δία κεκωλυκέναι
10 τὴν ἀναίρεσιν. ἐτελεύτα οὖν ἐτῶν ξθ̅· ἐὰν δὲ μὴ ἐκώλυσεν ὁ Ζεὺς τριγω-
νίσας, μόνα ἔτη ξ[δ] ἔζησεν ἄν. 20
11 Ἄλλη. Ἥλιος Ἰχθύων μοίρᾳ κε′ η′, Σελήνη Διδύμων μοίρᾳ ις′ νγ′,
Κρόνος Ἰχθύων μοίρᾳ α′ κε′, Ζεὺς Τοξότου κδ′ ιη′, Ἄρης Ταύρου κα′ η′,
Ἀφροδίτη Ὑδροχόου μοίρᾳ θ′, Ἑρμῆς Κριοῦ μοίρᾳ ιβ′, ὡροσκόπος Ζυγοῦ
12, 13 ι[ε]′, μεσουράνημα Καρκίνου ις′. τὰ φῶτα ἀπέκλιναν. ὡροσκόπος ἀφέτης
14 ὁρίοις Διός, καὶ Ζεὺς παρέπεσεν· ἀνοικοδεσπότητος ἡ γένεσις. ἡ ἄφεσις 25
ἕως τῆς διαμέτρου Ἄρεως τῆς ἐν Σκορπίῳ μοίρας κα′· τοῖς γὰρ ἀφετικοῖς
15 ὁρίοις ἐφεστὼς εἰς τὰ αὐτὰ ὅρια βάλλων ἀνεῖλεν. ἐτελεύτα τῷ να′ ἔτει.
16 Ἔστιν οὖν τὰ ἀφετικὰ ὅρια καὶ τῶν κακοποιῶν ἀναιρετικὰ οὐ μόνον
ἐφ᾽ ὧν ἔπεισι μοιρῶν οἱ ἀναιρέται ἢ τὰς ἀκτῖνας βάλλουσιν, ἀλλὰ καὶ
17 ὅταν ἡ ἄφεσις ἐν ἀρχῇ τοῦ ὁρίου γένηται. ἄλλως τε οὐ μόνον τὸν χρόνον 30
τοῦ ἀκτινοβολουμένου ζῳδίου συλλογίζεσθαι δεῖ, ἀλλὰ καὶ τοῦ ἀκτινο-
βολοῦντος, ἐφ᾽ οὗ ὁ ἀναιρέτης τυγχάνει.

§§ 6–10: thema 19 (19 Iul. 75) ‖ §§ 11–14: thema 58 (15 Mar. 110)

[VS] 4 ἐστι S ‖ 9 καρκίνος S | ἰχθύες S ‖ 10 ♄ super aliquid deletum V | Αἰ-
γοκέρωτος] ♏ VS ‖ 12 μοίρᾳ¹ om. S ‖ 14 Ἑρμῆς ὁ post ὡροσκόπος Kroll ‖
15 Ἑρμῆς] Ἀφροδίτης Kroll ‖ 16 καὶ om. S ‖ 17 ♄ post αἰγόκερον deletum V ‖
19 τετραγωνίσας VS ‖ 21 λβ ♌ ⸗ post ♓ V ‖ 23 Κριοῦ μοίρᾳ ιβ′] ♄ ♉ λβ VS ‖
25 ὅρια VS ‖ 26 Σκορπίῳ om. S ‖ 27 εἰς sup. lin. S | τῶν VS, corr. Kroll ‖ 30 ἀρχεῖ S

ANTHOLOGIAE III 5

[ἄλλως περὶ ἐχθρῶν τόπων καὶ ἀφέσεων ἐκ τῶν Κριτοδήμου ἀπὸ Σε- (III 7)
λήνης καὶ ὡροσκόπου.] Ἀλλ᾽ ὁπόταν ἡ Σελήνη ἀφέτης εὑρεθῇ, παραφυ- 18
λάττεσθαι χρὴ τὰς κωλύσεις καὶ τὰς ἐξαγώνους πλευρὰς καὶ τετραγώ-
νους καὶ διαμέτρους τὰς πρὸς τὸν ὡροσκόπον κατὰ ἀναφοράν· αὗται γὰρ
5 ἐνεργητικαὶ κριθήσονται, καὶ μάλιστα ἐν τοῖς ἰσανατόλοις ἢ ἰσαναφόροις
ἢ ἰσοδυναμοῦσιν ἢ τοῖς ἀκούουσιν ἢ βλέπουσι ζῳδίοις ἢ ταῖς ἀντισκίοις
μοίραις. ὁμοίως δὲ κἂν ὁ ὡροσκόπος ἀφέτης εὑρεθῇ, τὰς πρὸς τὴν Σε- 19
λήνην διαστάσεις ὡσαύτως σκοπεῖν κατὰ ἀναφοράν. ἔδοξε δέ μοι ἐκ πείρας 20
θανατικὰς μοίρας κρίνειν καὶ δυναστικὰς τὰς μεσουρανούσας, τοῦ τε
10 ὡροσκόπου καὶ τῆς Σελήνης πρὸς ἀλλήλους καὶ τὰς τούτων διαμέτρους·
αὗται γὰρ κεντρωθεῖσαι οὐ τὴν τυχοῦσαν κέκτηνται δύναμιν.

[ϛ΄. Περὶ ἐχθρῶν ἀστέρων καὶ κλιμακτηρικῶν τόπων περὶ τὸ α΄ | ὄργανον (III 8)
f.488
Κριτοδήμου

Σκοπεῖν δὲ δεῖ καὶ τοὺς ἐχθροὺς τόπους καὶ τοὺς ἀστέρας οὐ τῶν 1
15 ἄλλων μόνον, ἀλλὰ καὶ τοῦ ὡροσκόπου καὶ Ἡλίου καὶ Σελήνης· οὗτοι
γὰρ ἐὰν ἐναντίοι γένωνται, τοὺς κλιμακτῆρας καὶ τοὺς θανάτους σημαί-
νουσιν. οἷον ἐπὶ τοῦ Κρόνου τῶν μοιρῶν τὰς διαμετρούσας θεωρεῖν τίνος 2
εἰσὶ θεοῦ, καθὼς ἐν τῷ ὀργάνῳ πρόκειται· κἀκεῖ Κρόνου ὄντος ἀποθα-
νεῖται ἢ ἐν τοῖς τετραγώνοις τοῦ ὡροσκόπου ἢ ἰσαναφόροις, καθὼς ἂν ὁ
20 χρόνος συντρέχῃ. τὸ δ᾽ αὐτὸ καὶ ἐπὶ τῶν ἄλλων ἀστέρων. ἐχθροὶ γάρ 3, 4
εἰσιν οἱ τῶν ἀντικειμένων μοιρῶν ὁρικοὶ κύριοι· οὗτοι οὖν παραγενόμε-
νοι ἐπὶ τοὺς τόπους τὰς ἀναιρέσεις σημαίνουσιν ἢ εἰς τὰ ἰσανάφορα τοῦ
ὡροσκόπου.

Οἷον ἔστω Κρόνος Καρκίνου μοίρα κα΄ ὁρίοις Ἀφροδίτης, διάμετρος 5
25 Αἰγοκέρωτι ὁρίοις Ἄρεως· Ἄρης Ταύρου μοίρᾳ κζ΄. ἐνθάδε Κρόνου ὄντος 6
ἀποθανεῖται Παρθένῳ· τὸ γὰρ μοιρικὸν τετράγωνον τοῦτο. Ζεὺς Σκορπίου 7
μοίρᾳ ιδ΄ ὁρίοις Κρόνου. αἱ ιδ Ταύρου εἰσὶν ὅρια Κρόνου· οὗτος ἑαυτῷ 8
ἐχθρὸς οὐ γίνεται. ἔστιν οὖν τὸ ἰσανάφορον Σκορπίου Λέων· εἰσὶν οὖν αἱ 9
ιδ μοῖραι Λέοντος ὅρια Ἡλίου. ἐλθὼν οὖν ὁ Ζεὺς ἐπὶ τοὺς τοῦ Ἡλίου 10
30 τόπους ἀναιρεῖ. Ἄρης Ταύρου μοίρᾳ κζ΄ ὁρίοις Ἡλίου. αἱ δὲ αὐταὶ Σκορ- 11, 12
πίου εἰσὶν ὅρια Ἡλίου· ἐχθρὸς δὲ αὐτὸς | ἑαυτοῦ οὐ γίνεται. ζητῶ οὖν 13
f.90vV

§§ 18—20: cf. App. XIV 1—2 ‖ §§ [1—23] = VIII 9, 1—23 ‖ §§ 5—22: thema 5
(7 Oct. 61)

[VS] 1—2 ἄλλως — ὡροσκόπου ex 12—15 ‖ 1 κριτοδόματος V ‖ 2 καὶ] ἕως S ‖
7—9 ὁμοίως — μοίρας in marg. S ‖ 9 τε sup. lin. V ‖ 12 ϛ΄ in marg. V, om. S |
κλημακτηρικῶν VS, corr. Kroll ‖ 17 τὰς om. S ‖ 20 συντρέχει S ‖ 22 τὰς ἀναφο-
ρὰς VS, cf. ἰσανάφορα VIII 9 ‖ 25 ὅρια VS ‖ 31 nota quae legi vix potest in calce
f. 90ᵛ V

135

τὰς ἐν Λέοντι μοίρας κζ ἢ ἐν τῷ ἰσαναφόρῳ· εἰσὶ δὲ Δίδυμοι κατὰ τὰς
14, 15 ὡριαίας διαστολάς. εἰσὶ δὲ αἱ κζ Διδύμων ὅρια Ἀφροδίτης. ἀποθανεῖται
οὖν ⟨Ἄρεως⟩ ὄντος ἐν Σκορπίῳ ἢ Ἰχθύσι τοῖς ἰσαναφόροις ἢ τοῖς τούτου
16 τετραγώνοις. ἐὰν οὖν λογίσηταί τις τὰς κζ τοῦ Λέοντος εὑρήσει Κρόνου
17 ὅρια· Κρόνος δὲ ἦν ἐν Καρκίνῳ. ἀποθανεῖται οὖν Ἄρεως ὄντος Καρκίνῳ 5
18 ἢ Τοξότῃ ἢ τοῖς τούτων τετραγώνοις. Ἀφροδίτη Σκορπίου μοίρᾳ κζ' ὁρίοις
19 Ἡλίου. αἱ διαμετροῦσαι Ταύρου μοῖραι κζ εἰσὶν ὅρια Ἡλίου· αὐτὸς ἑαυτῷ
20 ἐχθρὸς οὐ γίνεται. ζητῶ οὖν ἐν τῷ ἰσαναφόρῳ τοῦ Σκορπίου τὰς κζ, αἵ
21 εἰσιν ὅρια Ἑρμοῦ. ἀποθανεῖται οὖν Ἀφροδίτης οὔσης ἐν Παρθένῳ, ὅπου
22 Ἑρμῆς ἦν, ἢ ἐν τοῖς τετραγώνοις. τὸ δ᾽ αὐτὸ καὶ ἐπὶ τοῦ Ἑρμοῦ ποιητέον. 10
23 Σκοπεῖν δὲ δεῖ καὶ τὰς κατακλίσεις πρὸς τὸν ἐναντίον [τόπον] καὶ τοὺς
ἐπὶ τοὺς ἐχθροὺς τόπους ὄντας καὶ τοὺς μηνιαίους καὶ τοὺς ἡμερησίους
f.48 vs καὶ ὡριαίους | κλιμακτῆρας ποιοῦντας πρὸς τὴν τῆς Σελήνης τριακοντάδα,
ἐξ ἧς ὁ ἐναντίος ἀστὴρ εὑρίσκεται.] ·
24 Ἔκ τε οὖν Ἡλίου καὶ Σελήνης καὶ ὡροσκόπου ὁ ἀφέτης κριθήσεται· ἢ 15
ὁ μετὰ τὸν ὡροσκόπον εὑρισκόμενος ἀστὴρ καὶ ἑξῆς οἱ ἄλλοι ὡς ἔτυχον
[καὶ] ἐπὶ τῆς γενέσεως ζῳδιακῶς καὶ μοιρικῶς διακριθήσονται ἀνὰ ἔτη ῑ
καὶ μῆνας θ.

(III 9)   ⟨ϛ'.⟩ Περὶ ἀνέμων καὶ τροπῶν

1 Ἐμοὶ δ᾽ οὐκ ἔδοξεν ὥς τινες κατὰ τὴν ἑπτάζωνον τὰ ὅρια ὑπέθεντο οἷον 20
ῆ, ζ, ζ̄, ε̄, δ (καὶ οὐδ᾽ οὕτως συμφωνεῖ), ἀλλὰ ἀπὸ τῶν οἴκων καὶ τῶν
2 ὑψωμάτων καὶ τῶν τριγώνων. οἷον Ἡλίου οἶκος Λέων, ὕψωμα Κριός,
3 τρίγωνον Τοξότης· γίνονται γ̄. καθ᾽ ἕκαστον οὖν ζῴδιον γ̄ ὅρια ἔχει ὁ
4 Ἥλιος. Σελήνης οἶκος Καρκίνος, ὕψωμα Ταῦρος, τρίγωνον Παρθένος,
5 Αἰγόκερως· γίνονται δ. ὁμοίως οὖν ἔχει καθ᾽ ἕκαστον ζῴδιον ὅρια ἡ 25
6 Σελήνη δ. Κρόνου οἶκος Αἰγόκερως, Ὑδροχόος, ὕψωμα Ζυγός, τρίγωνον
7, 8 Δίδυμοι· γίνονται δ. ὁμοίως καθ᾽ ἕκαστον ζῴδιον δ ὅρια Κρόνος. Διὸς
οἶκοι Τοξότης, Ἰχθύες, ὕψωμα Καρκίνος, τρίγωνον Κριός, Λέων· ἔχει
9 οὖν καθ᾽ ἕκαστον ζῴδιον ὅρια ε̄. Ἄρεως οἶκος Κριός, Σκορπίος, ὕψωμα
Αἰγόκερως, τρίγωνον Ἰχθύες, Καρκίνος· ἔχει οὖν καθ᾽ ἕκαστον ζῴδιον 30
10 ὅρια ε̄. Ἀφροδίτης οἶκος Ταῦρος, Ζυγός, ὕψωμα Ἰχθύες, τρίγωνον Παρθέ-

---

§ 21: cf. VI 6, 3 et VI 7, 14 ‖ §§ 1–21: cf. App. XV 1–23

[VS] 1 ῆ^{el} V   ἢ εἰ S   ‖ εἰσαναφόρῳ S   ‖ ⱨ VS, διδύμων VIII 9   ‖ 2 αἱ sup. lin. S   ‖
ⱨ VS, διδύμων VIII 9   ‖ 3 ἄρεως VIII 9   ‖ 5 ἐν ⇆ V, ἢ καρκί'' S   ‖ 9 Ἀφροδίτης] ⚥̣ V   ‖
11 τούς] οἴους VS   ‖ 12 τροπὰς VS   ‖ ἡμερισίους VS, corr. Kroll   ‖ 16 τοῖς ἄλλοις VS   ‖
17 διακρίνων VS   ‖ 21 ἀλλ᾽ S   ‖ 23 γ²] δ S   ‖ 24 σελήνη S   ‖ 29–31 ἄρεως — ε in
marg. V̄   ‖ 30 Καρκίνος] καὶ S

136

ANTHOLOGIAE III 5-6

νος, Αἰγόκερως· καθ᾽ ἕκαστον οὖν ζῴδιον ἔχει ὅρια ε̄. Ἑρμοῦ οἶκος Δίδυ- 11
μοι, ὕψωμα Παρθένος, τρίγωνον Ὑδροχόος, Ζυγός· γίνεται δ. ὁμοίως 12
ἔσται ὅρια κατὰ ζῴδιον δ.

Ἐν οὖν Κριῷ, Λέοντι, Τοξότῃ ἡμέρας πρῶτος λήψεται Ἥλιος γ̄, εἶτα 13
5 δεύτερος Ζεὺς ε̄, εἶτα Ἀφροδίτη ε̄ καὶ Σελήνη δ, ὁμοίως Κρόνος δ, Ἑρμῆς
δ καὶ ἑξῆς Ἄρης ε̄· γίνονται ὁμοῦ λ̄. νυκτὸς δὲ ἀνάπαλιν Ζεὺς ε̄, Ἥλιος γ̄, 14
Σελήνη δ, Ἀφροδίτη ε̄, Ἑρμῆς δ, Κρόνος δ, Ἄρης ε̄· γίνονται ὁμοῦ λ̄.
ὁμοίως ἐν Ταύρῳ, Παρθένῳ, Αἰγόκερωτι ἡμέρας Ἀφροδίτη, Σελήνη, 15
Κρόνος, Ἑρμῆς, Ἄρης, Ἥλιος, Ζεύς, νυκτὸς δὲ Σελήνη, Ἀφροδίτη, Ἑρμῆς,
10 Κρόνος, Ἄρης, Ζεύς, Ἥλιος. ἑξῆς Διδύμοις, Ζυγῷ, Ὑδροχόῳ ἡμέρας 16
Κρόνος, Ἑρμῆς, Ἄρης, Ἥλιος, Ζεύς, Ἀφροδίτη, ⟨Σελήνη⟩, νυκτὸς δὲ
Ἑρμῆς, Κρόνος, Ἄρης, Ζεύς, Ἥλιος, Σελήνη, Ἀφροδίτη. ὁμοίως Καρκίνῳ, 17
Σκορπίῳ, Ἰχθύσιν ἡμέρας Ἄρης, Ἥλιος, Ζεύς, Ἀφροδίτη, Σελήνη, Κρόνος,
Ἑρμῆς, νυκτὸς δὲ Ἄρης, Ζεύς, Ἥλιος, Σελήνη, Ἀφροδίτη, Ἑρμῆς, Κρόνος.
15 Ἵνα οὖν ἴδῃς ὅτι ἀληθῶς ἐστι ταῦτα τὰ ὅρια, καὶ ἀπὸ τῆς τῶν ἀέρων 18
φύσεως γνώσῃ. ἐὰν ὁ Ἥλιος τὰ αὐτοῦ ὅρια παροδεύων τύχῃ, τῆς Σελήνης 19
ἐπιμαρτυρούσης αὐτῷ ἢ τοῦ δεσπότου τῶν ὁρίων ἐκείνου, τὸ φυσικὸν τοῦ
ἀστέρος πνεύσει. οἷον ἐὰν ὁ Ἥλιος τὰ ἴδια ὅ|ρια διοδεύῃ, τῆς Σελήνης 20
f.498
μαρτυρούσης, ἀπηλιώτης πνεύσει· ἐὰν δὲ Ἄρης, νότος καὶ ἀδροσία ἔσται·
20 ἐὰν δὲ Κρόνος, λίψ, ὑγρότητος αἰτία· ἐὰν δὲ Ζεύς, βορέας, δρόσος γίνεται·
ἐὰν δὲ Σελήνη, βορραπηλιώτης· ἐὰν δὲ Ἀφροδίτη, νοταπηλιώτης, ἀστα-
σία ἀνέμων γίνεται καὶ γνόφος· ἐὰν δὲ Ἑρμῆς, λίψ καὶ βορέας, καὶ στάσις
καὶ ἐπομβρία, βροντῶν καὶ ἀστραπῶν αἴτιος γίνεται. ἐὰν δέ τινες τῶν 21
[τῶν] ἀστέρων μαρτυρῶσιν Ἡλίῳ καὶ Σελήνῃ, πρὸς τὴν ἑκάστου φύσιν
25 πάντοτε δεῖ παρατηρεῖν ἀφ᾽ ἧς φάσεως φέρεται ἡ Σελήνη — ἤτοι ἀπὸ
συνόδου ἢ πανσελήνου — καὶ εἰς τίνος ὅριόν ἐστιν ἡ φάσις· καὶ πρὸς
τὸν κύριον τῶν ὁρίων καὶ τοὺς συνόντας ἀστέρας ἢ μαρτυροῦντας ἀπο-
φαίνου.

* * *

[VS] 4 ἡμέρας] ὁ S ‖ 9 νυκτός] ♀ S ‖ 10 ἡμέρας] ὁ S ‖ 11 σελήνη App. | νυκτός]
ἡμέρας S ‖ 12 καρκίνος S ‖ 14 νυκτός] ♀ S ‖ 15 ἐστι om. S | ἀστέρων VS, ἀέρων
App. ‖ 16 γνώσης V, γνώσεις S, γνώσῃ App. ‖ 18 ἀπηλιότης S | νότον V ‖
20 καὶ post βορέας Kroll ‖ 24 τῶν secl. Kroll ‖ 27 τῶν συνόντων ἀστέρων ἢ μαρ-
τυρούντων VS ‖ 29 lac. ca. 11 lin. V, lac. ca. 20 lin. et 11 pag. S; sex pagine se-
quentes vacue usque in proximum quaternionem, man. librarii vitio nude dimisse
quem proprio quaterniones implende fuissent in marg. S²

| ζ΄. Ἐκ τῶν Βάλεντος περὶ ἀριθμίου κλήρου καὶ χρόνων ζωῆς· ὁ δὲ αὐτὸς
καὶ εἰς τὸ περὶ ἐμπράκτων χρόνων. μεθ᾽ ὑποδειγμάτων

1 Ἔστι δὲ καὶ ἕτερος τρόπος ἀρίθμιος ἁρμόζων εἰς τὸν περὶ ζωῆς χρόνων
καὶ εἰς τὸν περὶ ἐμπράκτων καὶ ἀπράκτων χρόνων, ὃν καὶ ὁ βασιλεὺς
2 Πετοσίρει ἐδήλωσε μυστικῶς. ὅθεν ἐπὰν τὴν ἐπικράτησιν ἢ τὴν οἰκο- 5
δεσποτείαν εὕρωμεν οἰκείως, πρὸς τὸ μερίσαι χρησόμεθα τῇ προκειμένῃ
ἀγωγῇ, εἰ δὲ μή γε, τῇ ὑποκειμένῃ.
3, 4 Σκοπεῖν δεήσει πότερον συνοδική ἐστιν ἡ γένεσις ἢ πανσεληνιακή. καὶ
ἐὰν μὲν συνοδικὴ εὑρεθῇ, ἀριθμεῖν τὰς μοίρας ἀπὸ τῆς συνόδου ἐπὶ τὴν
κατ᾽ ἐκτροπὴν Σελήνην, καὶ τὰ ἴσα ἀπολύειν ἀπὸ τοῦ ὡροσκόπου κατὰ 10
τὸ ἑξῆς· καὶ ὅπου δ᾽ ἂν καταλήξῃ ὁ ἀριθμός, ὁ τοῦ ὁρίου κύριος ἔσται
5 οἰκοδεσπότης τῆς ζωῆς καὶ τῆς ἀφέσεως. ἐὰν δὲ πανσεληνιακὴ ἡ γένεσις
εὑρεθῇ, ἀριθμεῖν δεήσει ἀπὸ τῆς κατ᾽ ἐκτροπὴν σεληνιακῆς μοίρας ἐπὶ
τὴν μέλλουσαν σύνοδον, καὶ τὰ ἴσα ἀπὸ τοῦ ὡροσκόπου τῆς μοίρας, οὐ
κατὰ τὸ ἑξῆς ἀλλ᾽ ἀνωφερῶς ὡς ἐπὶ τὸ μεσουράνημα ἀπολύειν· καὶ ὅπου 15
6 δ᾽ ἂν καταλήξῃ, ὁ τοῦ ὁρίου κύριος κριθήσεται οἰκοδεσπότης. ὃν συνορᾶν
δεήσει καὶ τὸ ζῴδιον ἔνθα κατέληξεν ὁ ἀριθμός, τίνι μᾶλλον προσοικείω-
7 ται, πότερον Ἡλίῳ (ἐὰν ἐν ἀρσενικῷ) ἢ Σελήνῃ (ἐὰν ἐν θηλυκῷ). ἐὰν γάρ,
τοῦ Ἡλίου τὴν ἐπικράτησιν ἔχοντος, τύχῃ καὶ τὸ ζῴδιον ἔνθα ὁ ἀριθμὸς
κατέληξε προσοικειῶσθαι, ὁμοίως δὲ καὶ ὁ κύριος τοῦ ὁρίου σύμφωνος 20
τῷ Ἡλίῳ, καὶ ἐὰν καλῶς σχηματιζόμενος τύχῃ πρὸς τὸν Ἥλιον, τὰ μέ-
γιστα αὐτοῦ ἔτη μεριεῖ· ἐὰν δὲ τὸ μὲν ζῴδιον οἰκεῖον εὑρεθῇ (τουτέστιν
ἀρσενικὸν ὡς πρὸς Ἥλιον) καὶ ὁ τοῦ ὁρίου κύριος ἐναντίος τῷ Ἡλίῳ ἢ ἐν
ἀποκλίσει τοῦ ὡροσκόπου ἢ ἐκλειπτικοῖς τόποις εὑρεθῇ, ἀφαιρέτης τῶν
8 χρόνων γενήσεται ἢ καὶ τὰ ἐλάχιστα ἔτη μεριεῖ. [ἔστι δὲ Ἡλίου μὲν 25
9 ζῴδια τὰ ἀρρενικά, Σελήνης δὲ τὰ θηλυκά.] ὅθεν σκοπεῖν δεήσει τὸν
κύριον τοῦ ὁρίου πῶς πρὸς τὸν ἐπικρατήτορα σχηματίζεται καὶ πρὸς
10 τὸν κύριον τοῦ ζῳδίου. ἐὰν γὰρ ἐν οἰκείοις καὶ χρηματιστικοῖς ζῳδίοις
f.55ᵛˢ εὑρεθῇ, καὶ οἱ τῆς | ζωῆς χρόνοι τέλειοι ἔσονται· ἐὰν δὲ πρὸς τὸν μὲν οἰκείως
11 ἔχῃ, πρὸς δὲ τὸν ἕτερον ἀσυμπαθῶς, τὰ μέσα μεριεῖ. ἐὰν δὲ ὁ οἰκοδεσπό- 30
της τοῦ ζῳδίου ἔνθα ὁ ἀριθμὸς κατέληξε πρός τε τὸν ἐπικρατήτορα καὶ

§§ 1—15 = Nech. et Pet. fr. 18 Riess

[VS] 1 ζ in marg. V, om. S | ἀριθμου S | χρόνον S ‖ 3 χρόνον VS ‖ 4 τὸν]
τοὺς VS | χρόνους VS ‖ 5 Rex Petosiris καὶ πετοσιρις in marg. S² | πετό-
σιρις VS ‖ 8 συνοδηκη S ‖ 10 ἐκτρο͞οπὴν V ‖ 13 ἐκτρο͞οπὴν V ‖ 16 καταλήξει S |
ἀριθμὸς post ὁ, sed del. S ‖ 17—19 τίνι — ἀριθμὸς in marg. S ‖ 26 ἀρσε-
νικά S | καὶ post θηλυκά S ‖ 27 πρὸς¹ in marg. V ‖ 28 σχηματιστικοῖς Kroll

πρὸς τὸ χρηματιστικὸν ζῴδιον ἀσυμπαθὴς τύχῃ ἢ ἀπόστροφος ἢ κακο-
δαιμονῶν, ἀνοικοδεσπότητος ἡ γένεσις ἔσται· καὶ τότε πάλιν χρὴ σκοπεῖν
τὴν ἐπικράτησιν Ἡλίου καὶ Σελήνης. ἐὰν δέ πως ὁ κύριος τοῦ ὁρίου καὶ 12
τοῦ ζῳδίου καλῶς καὶ συμφώνως Ἡλίῳ ἢ Σελήνῃ συσχηματίζωνται, ἡ
5 ἄφεσις κριθήσεται ἀπὸ τῆς τοῦ ὁρίου μοίρας.

Καθολικῶς μὲν οὖν καὶ ἐπὶ ταύτης τῆς ἀγωγῆς δεήσει σκοπεῖν οἰκο- 13
δεσπότην πρὸς τὰς ἀπορρεύσεις τῶν κέντρων καθὼς ἐπὶ τῆς ὡριμαίας
ὑπεδείχθη, καὶ ἐὰν ἀνατολικὸς ⟨ᾖ⟩ ἢ δυτικὸς ἢ ἔκκεντρος ἢ ἐπίκεντρος ἢ
καὶ ἐνηλλαχὼς πρὸς τὸν τοῦ ζῳδίου κύριον καὶ ἀσύμφωνος αὐτῷ, καὶ
10 οὕτως ἐπικρίνειν. ὁμοίως δὲ καὶ τὰς τῶν ἀναιρετικῶν ἀκτῖνας προσβλέ- 14
πειν καὶ εἰ ἐν ἀρχῇ τῶν ὁρίων ἡ ἄφεσις ἐξέπεσεν ἢ ἐπὶ τέλει· ἐντεῦθεν
γὰρ χρὴ συλλογίζεσθαι τὰς τῶν ὀλιγοχρονίων καὶ πολυχρονίων γενέσεις
καὶ τὰς τῶν διδύμων. πολλάκις γὰρ περὶ μὲν τὸ πρῶτον τεχθὲν ὁρίου 15
κακοποιοῦ τῆς ἀφέσεως κυριεύσαντος ἢ καὶ τοῦ οἰκοδεσπότου παραπε-
15 σόντος, ὀλιγοχρονιότης ἐγένετο, περὶ δ᾽ ἕτερον ἐναλλαγέντος τοῦ ὁρίου
[καὶ τοῦ ζῳδίου καλῶς καὶ συμφώνως Ἡλίῳ ἢ τῇ Σελήνῃ ἡ ἄφεσις κριθή-
σεται ἀπὸ τῆς τοῦ Ἡλίου μοίρας. καθολικῶς μὲν οὖν καὶ ἐπὶ ταύτης τῆς
ἀγωγῆς σκοπεῖν δεήσει τὸν οἰκοδεσπότην πρὸς τὰς ἀπορρεύσεις τῶν
κέντρων καθὼς ἐπὶ] ⟨ἢ καὶ⟩ τοῦ οἰκοδεσπότου, πολυχρονιότης καὶ βίου
20 ὑπόστασις παρηκολούθησεν, ὅθεν [ὑπὸ] μιᾶς καὶ δευτέρας μοίρας πολλά-
κις ἡ παραλλαγὴ μεγίστην δύναμιν ἐνδείκνυται.

Ἔστω δὲ ἐπὶ ὑποδείγματος Ἥλιος Ταύρου μοίρᾳ κε′ ιη′, Σελήνη 16
Ὑδροχόου μοίρᾳ ζ′ ι′, Κρόνος Κριοῦ μοίρᾳ κδ′, Ζεὺς Ταύρου μοίρᾳ δ′ κε′,
Ἄρης Καρκίνου μοίρᾳ κβ′ νγ′, Ἀφροδίτη Διδύμων μοίρᾳ κη′ ιϛ′, Ἑρμῆς
25 Διδύμων μοίρᾳ ϛ′, ὡροσκόπος Αἰγοκέρωτος μοίρᾳ κζ′. πανσελήνου οὔσης 17
τῆς γενέσεως, ἔλαβον ἀπὸ τῆς σεληνιακῆς | μοίρας ἐπὶ τὴν μέλλουσαν f.568
σύνοδον, ἥτις ἐτύγχανε Διδύμων μοίρᾳ β′ κε′· γίνονται ο̅ι̅ε̅. ταύτας ἀναπο- 18
δίζω ἀπὸ τῆς ὡροσκοπούσης μοίρας· καταλήγει εἰς τὴν τοῦ Ζυγοῦ
μοῖραν β′, ἔνθεν ἡ ἄφεσις ἕως τῆς τῶν κακοποιῶν ἀκτινοβολίας. Κρόνος 19
30 μὲν γὰρ ἐκ διαμέτρου, Ἄρης δὲ ἐκ τετραγώνου περὶ τὰς αὐτὰς μοίρας
βάλλοντες τὴν ἀναίρεσιν ἐποίησαν· Ζεὺς δὲ ἦν ἀπόστροφος, ἡ δὲ Ἀφρο-
δίτη ἦν παραπεπτωκυῖα, ἡ οὐκ ἴσχυσε βοηθῆσαι. ἔζησεν ἡ γένεσις ἔτη 20
κ̅η̅ μῆνας θ.

---

§§ 16—20: thema 67 (13 Mai. 114)

[VS] 1 σχηματιστικὸν Kroll ‖ 6 τὸν post σκοπεῖν S ‖ 8 ᾖ Riess, καὶ S | ἢ δυτι-
κὸς in marg. V ‖ 9 καὶ¹ om. S ‖ 10 προβλέπειν VS ‖ 13 ὁρίου VS ‖ 14 κυριεύσαν VS ‖
15 δὲ S ‖ 16—19 καὶ — ἐπὶ secl. Riess, cf. 3—7 ‖ 20 ὑπὸ secl. sugg. Kroll ‖ 22 Ἥλιος
om. V ‖ 27 δίδυμοι V δίδυμος S ‖ 32 ᾖ sup. lin. V | ἡ γένεσις in marg. V ‖
33 μοίρας VS, μῆνας Kroll

21 Ἄλλη. Ἥλιος Τοξότου ιβ′ ιϛ′, Σελήνη Τοξότου ιζ′ κδ′, Κρόνος Ζυγοῦ
ια′ λγ′, Ζεὺς Διδύμων ιθ′ ια′, Ἄρης Σκορπίου δ′ κ′, Ἀφροδίτη Ζυγοῦ
22 κϛ′, Ἑρμῆς Σκορπίου κζ′, ὡροσκόπος Ζυγοῦ κ′. ἔλαβον οὖν ἀπὸ τῆς συν-
23 οδικῆς μοίρας ἕως τῆς σεληνιακῆς· γίνονται ε̄. ταύτας ἀπὸ τοῦ ὡροσκόπου·
24 καταλήγει Ζυγοῦ κε′. ἐντεῦθεν ἡ ἄφεσις ἕως τῆς ἐν Σκορπίῳ Ἄρεως 5
25,26 μοίρας ε′. ἐτελεύτα τῷ ιβ′ ἔτει. αὕτη δὲ ἡ συνάντησις εἰ μὴ ἐτετεύχει,
ἔζη καὶ τὰ τῆς Ἀφροδίτης ἔτη π̄δ.

(III 11)   η′. Περὶ κλιμακτῆρος ἑβδομαδικῆς καὶ ἐννεαδικῆς ἀγωγῆς

1 Ὑποδείξομεν δέ, καθὼς καὶ ὁ βασιλεὺς ἐσήμανεν, περὶ κλιμακτῆρος
ἀπὸ τῆς τοῦ Σὴθ ἀνατολῆς ἕως τῆς γενεθλιακῆς ἡμέρας λαμβάνειν, ἀπὸ 10
δὲ τοῦ συναχθέντος ἀριθμοῦ τῶν ἡμερῶν ἐκκρούειν ὁσάκις δυνατὸν ἀνὰ
ν̄β ζ′, τὰς δὲ καταλειφθείσας πολλαπλασιάζειν ὁσάκις ἂν ᾖς ἐκκεκρουκώς,
καὶ σκοπεῖν ἐὰν ὁ συναχθεὶς ἀριθμὸς ἐκ τοῦ πολυπλασιασμοῦ ἔχῃ κατ᾽ ἔλ-
2 λειψιν τὸν ἴδιον τοῦ κλιμακτῆρος ἀριθμόν. οἷον ὑποθέσεως χάριν ἔστω τὰ
3 συναχθέντα ἡμέραι σ̄κ. ἐκκρούω τετράκις ἀνὰ ν̄β ζ′· γίνονται ἡμέραι σ̄η 15
4 καὶ δ̄ ἕβδομα, καὶ καταλείπονται ῑα καὶ ἕβδομα γ̄. τοῦτόν φαμεν ἑβδομα-
δικὸν κλιμακτῆρα.
5 Λέγει δ᾽ ὁμοίως σκοπεῖν μὴ ὁ κατ᾽ ἔλλειψιν τοῦ ἀριθμοῦ τῶν ἐτῶν κλι-
6 μακτὴρ συνεμπέσῃ. οἷον ⟨ἐπὶ⟩ ὑποδείγματος ἡ ὑπόστασις ἐὰν ᾖ ἐτῶν μ̄ζ,
κλιμακτὴρ δὲ συνεμπέσῃ ἐτῶν μ̄ε, συναιρεθήσεται ὁ γινόμενος, ἐπεὶ ὁ 20
7 κατ᾽ ἔλλειψιν τῶν τῆς ὑποστάσεως κλιμακτὴρ ἐμπέπτωκεν. εἴρηκε δὲ
f.56vS ὅτι, ἐὰν ὁ ἑβδομα|δικὸς ἐμπέσῃ εἰς τὸν ἐννεαδικόν, ἀσύμφωνα τὰ πράγ-
8,9 ματα ἔσται. οἷον ὁ ἑβδομαδικὸς ἤνεγκε μοίρας ε̄. ταῦτα ἀναλύεται εἰς τὸν
10,11 θ. παράκειται γὰρ ἐννεάκις ε̄· γίνονται μ̄ε. συνεμπέπτωκεν οὖν ὁ ἑβδο-
12 μαδικὸς εἰς τὸν ἐννεαδικόν. ἐὰν μὲν οὖν ὁ κατ᾽ ἔλλειψιν τοῦ ἐκ τῶν ἐτῶν 25
κλιμακτὴρ ἐμπέσῃ καὶ γένηται τὸ προειρημένον, οὐκ ἰσχύει χρεωκοπῆσαι
τὴν ὑπόστασιν, ἀλλὰ ζήσεται τὰ μεριζόμενα· ἐὰν δὲ συμφωνήσῃ, τὸν
13 προειρημένον προλήψεται ὁ κλιμακτηρικὸς λόγος. ἡμεῖς δὲ συντομώτερον
ἔφαμεν ἐπὶ τὸν ε̄ δ᾽ πολυπλασιάζειν, καὶ κεχρῆσθαι τῷ αὐτῷ τρόπῳ ὡς
ἐπὶ τῶν ν̄β, καὶ εὑρόντα πρῶτον ἐννεαδικὸν ζητεῖν, μὴ συνεμπίπτῃ αὐτῷ 30
ἑβδομαδικός.

§§ 21−26: thema 100 (23 Nov. 127) ‖ § 1 = Nech. et Pet. fr. 23, 1−7 Riess ‖
§ 5 = Nech. et Pet. fr. 23, 9−10 Riess ‖ § 7 = Nech. et Pet. fr. 23, 12−13 Riess ‖
§ 12 = Nech. et Pet. fr. 23, 15−18 Riess

[VS] 8 η′ in marg. V, om. S ‖ 13 ἔχει VS, corr. Riess ‖ 15 ἐκκρούου S ‖ 16 τέσσα-
ρας ἑβδομάδας S ‖ 19 ἐπὶ Kroll ‖ 20 συναιρεθίσεται S ‖ 22 ἑβδοματικὸς S ‖ 26 γε-
νήσεται S | χρεοκοπῆσαι VS ‖ 29 τὸν] τῶν VS, corr. Kroll

Οὐκ ἀρέσκει δέ τισι τὸ [αὐτὸ] ἀπὸ τῆς τοῦ Σὴθ ἀνατολῆς πεποιῆσθαι 14
τὴν ἀρχήν· δυνατὸν οὖν ἰδίως τοῦτο ὑποδείγματος χάριν πεποιηκέναι,
ἐπεὶ καὶ κατὰ κλίμα εὑρήσομεν ἄλλως καὶ ἄλλως τὴν ἀρχὴν τοῦ ἔτους
ποιουμένους. φυσικώτερος οὖν ἔστω λόγος τὸ ἀπολύειν ἀπὸ τῆς πρὸ τοῦ 15
5 Κυνὸς συνόδου ἕως τῆς γενεθλιακῆς ἡμέρας· ταύτην γὰρ ἀρχὴν τοῦ ἔτους
οἱ πλείους ἀπεφήναντο. συντομώτερος δὲ οὖν περὶ ἑβδομαδικῆς καὶ ἐν- 16
νεαδικῆς ἡμέρας οὗτος ὁ τρόπος ἔστω.
Τοῖς μὲν νυκτερινοῖς τὰς ἑβδομαδικὰς ζητεῖν, τοῖς δ᾽ ἡμερινοῖς τὰς ἐν- 17
νεαδικὰς δοκεῖ τισιν· κατ᾽ ἀμφότερα δὲ ὅμοιοι. καὶ οἱ μὲν ἑβδομαδικοὶ 18
10 ἔσονται πρὸς Ἄρην, οἱ δὲ ἐννεαδικοὶ πρὸς Κρόνον· κατ᾽ ἀμφότερα δὲ καὶ
οὗτοι τὴν ἐναλλαγὴν ἐφέξουσι τῶν κλιμακτήρων. κατὰ μὲν γὰρ Ἥλιον καὶ 19
Σελήνην Κρόνος ἑβδομαδικὸς ἔσται, Ἄρης ἐννεαδικὸς διὰ τὸ τῷ Καρκίνῳ
καὶ τῷ Λέοντι ἀπὸ τοῦ ἑβδόμου τόπου ἐναντιοῦσθαι τὸν Αἰγοκέρωτα καὶ
τὸν Ὑδροχόον (ἅπερ Κρόνου οἰκητήρια), τὸν δὲ Κριὸν | ἔννατον ἀπὸ f.91ᵛ
15 Λέοντος καὶ τὸν Καρκίνον ἀπὸ Σκορπίου. φυσικώτερον οὖν λαμβάνεται 20
ἀπὸ τοῦ ὑψώματος τῆς Σελήνης, τοῦ Ταύρου, ἑβδομαδικὸς μὲν | Ἄρης διὰ f.57ˢ
τὸν Σκορπίον, ἐννεαδικὸς δὲ Κρόνος διὰ τὸν Αἰγοκέρωτα.
Ἔστω δὲ ἐπὶ ὑποδείγματος ἔτος γ᾽ Ἀδριανοῦ Ἀθὺρ κζ᾽ κατὰ Ἀλεξαν- 21
δρεῖς, ζητεῖν δὲ μετὰ ταῦτα Ἀντωνίνου ιζ᾽ Φαμενὼθ ια᾽. ἔλαβον τὰ πλήρη 22
20 ἔτη λε, καὶ γενέθλιον λοιπὸν γ, καὶ ἀπὸ Χοιὰκ ἕως Μεχὶρ ἑκάστου μηνὸς
ἀνὰ δύο· [ἐπὶ] ἑβδομάδων ε ὑφαιρουμένων, καταλείπονται θ· καὶ τὰς τοῦ
Φαμενὼθ ια. γίνονται αἱ πᾶσαι κ· καὶ ἐμβόλιμοι η· γίνονται αἱ πᾶσαι κη. 23
ἔστω οὖν ἡ ια᾽ τοῦ Φαμενὼθ κλιμακτηρικὴ ἑβδομαδικὴ ἡμέρα. ἐκπίπτει 24, 25
οὖν κατὰ τὴν τῶν ἡμερῶν ἀγωγὴν εἰς Σκορπίον· σκόπει οὖν τίνες ἐπι-
25 θεωροῦσι τὸ ζώδιον καὶ τὴν Σελήνην.
Ἡ δὲ ἐννεαδικὴ οὕτως εὑρίσκεται. τὰ πλήρη ἔτη πολυπλασιάζω ἐπὶ τὸν 26, 27
ε δ᾽, ἐπεὶ ἕκαστος ἐνιαυτὸς ἔχει ἐννεάδας μ, καὶ περιλείπονται ε δ᾽, τῶν
δὲ πλήρων μηνῶν ἑκάστου ἡμέρας γ, ἐπεὶ ἐννεάδας ἔχει ἕκαστος μὴν γ, καὶ
λοιπαὶ γ, καὶ τὰς λοιπὰς ἡμέρας ἕως τῆς ζητουμένης συναθροίσας, ἀφαιρῶ
30 ἄχρι οὗ δυνατὸν ἀνὰ θ· τὰς λοιπὰς θεωρῶ εἰ συμπληροῦσι τὰς θ. καὶ 28
οὕτως ἔσται κλιμακτηρικὴ ἡμέρα καθὼς καὶ ἐπὶ τῶν ἑβδομαδικῶν. τῷ 29
δὲ αὐτῷ λόγῳ καὶ ἐπὶ μηνὸς καὶ ἐπὶ ἐνιαυτοῦ ⟨χρῆσθαι⟩ δεήσει. κλι- 30

---

§ 14 = Nech. et Pet. fr. 23, 20−23 Riess ǁ § 21: 23 Nov. 118 et 7 Mar. 154

[VS] 1 αὐτὸ secl. Radermacher ǁ 2 δυνατοὶ S ǁ 6 συντομώτεροι VS, corr. Kroll ǁ
8 ἡμερινοῖς S ǁ 9 ζητεῖν lineola inductum, δοκεῖ sup. lin. V ǁ 12 τῶν καρκίνων VS,
corr. Kroll ǁ 13 τῷ ⳝ VS, τὸν Αἰγόκερω Kroll ǁ 18 ἀθὴρ S ǁ κς VS, κζ Kroll (cf.
Schol.) ǁ 21 ε] δ VS ǁ 26 πλήρη] πρῶτα VS | τὴν VS, τὸν Kroll ǁ 28 πλήρης VS,
corr. Kroll | ἡμέραι VS, corr. Kroll ǁ 30 εἰς S ǁ 31 ἢ post ἔσται S ǁ 32 χρῆσθαι
Kroll

VETTIVS VALENS

μακτηρικὰ δὲ ζῴδια ἑβδομαδικὰ Κριός, Ζυγός, Καρκίνος, Αἰγόκερως,
ἐννεαδικὰ δὲ Ταῦρος, Λέων, Σκορπίος, Ὑδροχόος, ἐπίκοινα δὲ Δίδυμοι,
Τοξότης, Παρθένος, Ἰχθύες.

(III 12) θ'. Συνοδικὴ καὶ πανσεληνιακὴ ἀγωγὴ καὶ σπορίμη πρὸς τὸν Ἀναβιβά-
ζοντα περὶ χρόνων ζωῆς [μεθ᾽ ὑποδειγμάτων]   5

1 Ἐπεὶ δὲ καθ᾽ ἕκαστον κεφάλαιον τὴν ἐμὴν ἀφθονίαν ἐλέγχων ὑπομιμνή-
σκω, ἵνα μὴ δόξω διὰ τῦφον ταῦτα ποιεῖν, ἀναδραμὼν εἰς τὰς τῶν πα-
λαιῶν συνταγματογράφων βίβλους κατάμαθε τὸν λόγον μὲν εἶναι κεκαλλω-
πισμένον καὶ κακόζηλον, ἐκπλῆξαι δυνάμενον τὰς τῶν ἐντυγχανόντων καὶ
ἀμαθῶν ψυχάς, ἀληθείας δ᾽ ἀνέφικτον καὶ τοῖς συμφρονοῦσι πολέμιον. 10
f.57vs 2/8 πολλοὺς γὰρ τῶν ἀνθρώπων ἐγχρονίσας καὶ βουκολήσας οὓς | μὲν τοῦ
3 ζῆν περιέγραψεν, οὓς δὲ τελέως ἐκόλασεν. ἐντυχέτω δέ τις τῇ λεγομένῃ
Ὁράσει Κριτοδήμου, πῶς μὲν τὴν ἀρχὴν εὐφαντασίωτον ἔχει καὶ τὰ λοιπὰ
τετερατολογημένα πρὸς τοὺς ἀμαθεῖς· ῾πελαγοδρομήσας, φησίν, καὶ πολ-
λὴν ἔρημον ὁδεύσας ἠξιώθην ὑπὸ θεῶν λιμένος ἀκινδύνου τυχεῖν καὶ μο- 15
4 νῆς ἀσφαλεστάτης.᾽ εἶτα αἱρέσεις ἐκτίθεται καὶ παραδόσεις διὰ φρικω-
δεστάτων ὅρκων καὶ ⟨κατ᾽⟩ ἄλλους τινὰς τρόπους ἀπαθανατίζων τοὺς
ἐντυγχάνοντας καὶ ὄνησίν τινα ἐνδειξάμενος διὰ τῆσδε τῆς βίβλου τὰ ὅλα
συνέχεσθαι δι᾽ ἑτέρων τὰς δυνάμεις ἐσήμαινεν, περικλείσας εἰς ἄπειρον
5 ὕλην τὴν τῶν μαθημάτων ἀλήθειαν. ἄξιον μὲν οὖν ἐπαινεῖν καὶ θαυμάζειν 20
τὸν ἄνδρα διὰ πάσης ἐμπειρίας διεληλυθότα καθηγεμόνα τε τῶν ἐπιζη-
τουμένων γενόμενον· μυστικῶς ⟨γὰρ⟩ καὶ ποικίλως μερίσας αὐτὰ εἰς
κανονικὰς ὀργανοθεσίας καὶ πεζικὰς λόγων συντάξεις, πολλοὺς ἐραστὰς
ἐπηγάγετο, ὧν οἱ μὲν τὰς ματαιολογίας παραπεμψάμενοι καὶ διεξιχνεύ-
σαντες τὰ δοκοῦντα κεφάλαια μετὰ παντὸς πόνου καὶ ἔπαινον καὶ ἀρετὴν 25
6 κατὰ τοῦ ἀνδρὸς ἐπεισηνέγκαντο, οἱ δὲ ἀφερέπονον ἦθος ἀναλαβόντες
ψόγον τῇ θεωρίᾳ περιεποιήσαντο. ὁ δὲ ἐμὸς λόγος πειθήνιος μὲν καὶ
διδασκαλικός, καθὼς οἶμαι, τοῖς ἐντυγχάνουσιν ἔσται καὶ ἀμετανόητος,

§ 3: cf. IX 1, 5

[VS] 4 θ' in marg. V, om. S | σπόριμς S ‖ 6 ὑπομιμνήσκων V, ὑπομιμνίσκων S,
corr. Kroll ‖ 7 δόξη S | ἀναδράμω V ‖ 8 κεκαλλωπιμένον S ‖ 10 ἀνέφεικτον VS,
corr. Kroll ‖ 12 τέλους VS, corr. Kroll | εἰ τυχέτω VS, corr. Kroll ‖ 13 κοιτωδεί-
μου VS, corr. Kroll ‖ 14 τετεραλογημένα V, τετεράλο̄ημένα S, corr. Kroll | πέλαγος
προσορμήσας VS, πελαγοδρομήσας IX 1 ‖ 16 παραδώσεις S ‖ 17 κατ᾽ Kroll | τό-
πους VS, corr. Kroll | ἀποθανατίζων S ‖ 19 συνεχεῖσθαι V ‖ 22 γὰρ Kroll ‖ 23 κα-
νονικοὺς S | πεζικοὺς S | πολλᾶ̄ς S ‖ 25 δεχοῦντα S ‖ 26 ἐπεισενέγκαντο VS, corr.
Kroll ‖ 27 πειθίνιος VS, corr. Kroll

142

ὡς καὶ τοὺς ἤδη ἀπεχθήραντας πάλιν ἀγκαλίσασθαι διὰ τὴν τῶν λεχθέν-
των καὶ ῥηθησομένων ἐνέργειαν.

Τῆς οὖν οἰκοδεσποτικῆς καὶ ἀναιρετικῆς ἀκτινοβολίας οὕτω καθὼς 7
πρόκειται διατεταγμένης, τοῦ τε ἀριθμίου κλήρου καὶ τῶν ἀναιρετικῶν
5 καὶ δυναστικῶν τόπων δοκιμάσας, οὐκ ἐβουλήθην ἀποκρύψαι ἀλλὰ
μεταδοῦναι. πρὸ πάντων οὖν σκοπεῖν δεήσει ἐπὶ πάσης γενέσεως πότερον 8
ἐπικράτησιν ἢ καὶ οἰκοδεσποτείαν ἔχει. ἐὰν μὲν οὕτως εὑρεθῇ, χρὴ τοῖς 9
προκειμένοις ὁρίοις χρῆσθαι· ἐὰν δὲ ἀνοικο|δεσπότητος ἢ ἀνεπικράτητος ἢ 1.588
γένεσις εὑρεθῇ, ὑπὸ μηδεμιᾶς κακωτικῆς ἀκτῖνος ἀναιρουμένη, τὴν προ-
10 γεγονυῖαν σύνοδον ἢ πανσέληνον μοιρικῶς ἐπιγνόντας ἐπί τε τῶν νυκτὸς
καὶ ἡμέρας γεννωμένων λαμβάνειν ἀπὸ τῆς συνοδικῆς ἢ πανσεληνιακῆς
μοίρας ἕως ὡροσκόπου ἢ ἑτέρου κέντρου, δυναστικώτερον δὲ Ἀναβι-
βάζοντος ἢ Καταβιβάζοντος ἀνωφερῶς καθὼς καὶ αὐτὸς κοσμικῶς
κινεῖται. εἶτα ἐπιγνόντας τὸ πλῆθος τοῦ ἀριθμοῦ, τὰς αὐτὰς μοίρας ἀπὸ 10
15 τῆς τοῦ ὡροσκόπου μοίρας ἀπολύειν ἀνωφερῶς ὡς ἐπὶ τὸ μεσουράνημα·
καὶ ὅπου δ' ἂν ἡ κατάληξις γένηται, λογίζεσθαι πόσα ἔτη συνάγεται ἀπὸ
τῆς ἀφέσεως πρὸς ἀναφορὰν καθ' ὃ κλίμα τις γεγένηται, καὶ ταῦτα
ἀποφαίνεσθαι. ἐὰν δέ, ἡμερινῆς τῆς γενέσεως οὔσης, ὑπερπλεονάσῃ ὁ 11
ἀριθμός, ἀπὸ συνόδου ἢ πανσελήνου ἕως Ἀναβιβάζοντος ἢ Καταβιβάζον-
20 τος ἀφελόντας κεντρικὸν διάστημα — τουτέστιν ἀπὸ ὡροσκόπου ἕως τοῦ
μεσουρανήματος — τὰς λοιπὰς πάλιν ἀπὸ τοῦ ὡροσκόπου ὡς ἐπὶ τὸ μεσ-
ουράνημα ἀνωφερῶς πραγματεύεσθαι τῷ αὐτῷ τρόπῳ. ἐπὶ δὲ νυκτερι- 12
νῆς γενέσεως τὸ μὲν ἀπὸ συνόδου ἢ πανσελήνου διάστημα ἕως Ἀναβι-
βάζοντος ἢ Καταβιβάζοντος ἢ καὶ κέντρου ἀνωφερῶς χρὴ λαβόντας τὰς
25 αὐτὰς ἀπὸ τοῦ ὡροσκόπου μοίρας ἀπολύειν κατὰ τὸ ἑξῆς, καὶ οὗ ἂν κατα-
λήξῃ ὁ ἀριθμὸς κατὰ τὰς ἀναφορὰς τὰ ἔτη λογισαμένους ἀποφαίνεσθαι·
ἐὰν δὲ ὑπερπλεονάσῃ ὁ ἀριθμός, ἀφελόντας κέντρον διάστασιν τὴν ἀπὸ
ὡροσκόπου ἕως ὑπογείου, τὰς λοιπὰς ἀπὸ τῆς δυτικῆς μοίρας ἀπολύειν
⟨κατὰ⟩ τὸ ἑξῆς ὡς ἐπὶ τὸ μεσουράνημα, καὶ ὁ συναχθεὶς πρὸς ἀναφορὰν
30 χρόνος ἔσται βιώσιμος. κατὰ τὸ πλεῖστον δὲ οὗ ἂν προσνεύσῃ ὁ Ἀναβι- 13
βάζων ἢ ὁ Καταβιβάζων ἢ ἡ σύνοδος ἢ ἡ πανσέληνος — τουτέστι πότερον
ἐν τῷ ὑπὲρ γῆν ἢ ἐν τῷ ὑπὸ γῆν ἡμισφαιρίῳ — ἐν ἐκείνῳ καὶ τὴν ἄφεσιν
δεῖ ποιεῖσθαι ἀπὸ ὡροσκόπου ἢ δύνοντος· ἐὰν μὲν συνοδικὴ ἀπὸ ὡροσκό-
που, ἐὰν δὲ πανσεληνιακὴ ἀπὸ τῆς δύσεως. ἐὰν δὲ ἐπὶ τῶν συνοδικῶν ἢ 14
35 πανσεληνιακῶν ζῳδίων ἢ εἰς τὰ τούτων διάμετρα ἢ τετράγωνα ὁ ὡροσκό-

[VS] 1 ἀποχθήραντας VS, corr. Kroll ‖ 8 ἀνοκοδεσπότητος S ‖ 15 μοίρας om. S ‖
18 ἀποφέρεσθαι VS, corr. Kroll ‖ 24 ἐπικέντρου S ‖ 25 ἀπολύει VS, corr. Kroll ‖
καταλήξει S ‖ 27 τοῦ VS, τὴν Kroll ‖ 29 κατὰ Kroll ‖ 30 βιώσημος S ‖ προσ-
νεύσει S ‖ 31 πρότερον V ‖ 33 ἢ] καὶ VS

f.58v8 πος ἢ Ἀναβιβάζων ἢ Καταβιβάζων εὑρεθῇ, | τὸν συναγόμενον τοῦ διαστή-
ματος ἀριθμὸν ἡμέρας μὲν ἀπὸ ὡροσκόπου, νυκτὸς δὲ ἀπὸ τοῦ δύνοντος
15 κατὰ τὸ ἑξῆς ἀπολύειν. ἔχει δὲ καὶ τὰ τετράγωνα τοῦ Ἀναβιβάζοντος
δύναμιν ἀναιρετικήν, ἀλλὰ δὴ καὶ ἀπὸ Ἡλίου καὶ Σελήνης ἄφεσις ἢ μοι-
ρικὴ πρὸς τὸν Ἀναβιβάζοντα καὶ τὰ τούτου διάμετρα ἢ καὶ τὰ τούτου 5
τετράγωνα.
16 Ἔσθ᾽ ὅτε δὲ καὶ ἐπικρατήσεως καὶ οἰκοδεσποτείας οὔσης καὶ αὕτη ἡ
αἵρεσις συντρέχει τῇ ἀφέσει ἢ τῇ οἰκοδεσποτείᾳ καὶ εὐτονεῖ πρὸς ἀναίρε-
17 σιν. ἐὰν οὖν ἡ ἐπικράτησις οἰκείως εὑρεθῇ καὶ ὁ δοκῶν οἰκοδεσπότης
μερίζει χρόνους, τότε καὶ ἡ ἄφεσις τῆς πραγματείας ταύτης ἀνωφερῶς 10
ἢ κατωφερῶς πρὸς τὸ πλεονάζον μέρος τῶν ἀναφορῶν κριθήσεται ἐπὶ
18 τῶν πάραυτα τελευτώντων ἢ ἐπὶ τῶν ἐν τῇ μήτρᾳ. ὁ δ᾽ αὐτὸς τρόπος
νοείσθω καὶ ἐπὶ τῆς σπορᾶς· τῷ μέντοι τῆς ἐκτροπῆς μᾶλλον ὡροσκόπῳ
19 χρηστέον. ἀναιρεῖ δὲ καὶ κατὰ μόνας ἡ σπορὰ ἐάνπερ τις τῇ συνόδῳ ἢ
πανσελήνῳ χρήσηται πρὸς τὸν Ἀναβιβάζοντα ἢ Καταβιβάζοντα καὶ πρὸς 15
τὰ κέντρα· ἐὰν δὲ καὶ ἀπὸ τῆς ἐκτροπῆς καὶ ἀπὸ τῆς σπορᾶς εὑρεθῇ τὰ
αὐτὰ ἔτη συνεγγίζοντα, ἀναμφιλέκτως ὁ θάνατος εὑρεθήσεται.

(III 13) ⟨ι΄.⟩ Πῶς δεῖ εὑρεῖν ἀκριβῶς τὸν ἐν τῇ σπορᾷ Ἥλιον καὶ τὴν Σελήνην καὶ
τὸν ὡροσκόπον

1, 2   Συντομωτέραν δὲ τὴν εὕρεσιν κατὰ πλάτος διασαφήσομεν. ἐπὶ πάσης 20
γενέσεως τὸ μὲν τετράγωνον Ἡλίου ἐστὶ σπόριμον ζῴδιον, ἔσθ᾽ ὅτε μὲν
οὖν καὶ τὸ τρίγωνον ὅταν πολλῶν μοιρῶν ὁ Ἥλιος τύχῃ, καὶ μάλιστα
ἐν τοῖς ὀλιγαναφόροις ζῳδίοις· ἐν δὲ τοῖς πολυαναφόροις εἰς τὰ ἑξάγωνα.
3 ὅπου δ᾽ ἂν ὁ ὡροσκόπος τῆς ἐκτροπῆς ἐκπέσῃ, ἐκεῖ σημειοῦσθαι τὴν
σπορίμην Σελήνην· καὶ οὕτως ἐπιγινώσκειν πότερον συνοδικὴ ἢ πανσελη- 25
νιακὴ ἡ σπορὰ τέτευχεν.
4 Οἷον Ἥλιος Ὑδροχόῳ, Σελήνη Σκορπίῳ, ὡροσκόπος Παρθένῳ· ὁ σπό-
5 ριμος Ἥλιος Ταύρῳ, Σελήνη σπορίμη Παρθένῳ. δῆλον ὅτι συνοδικὴ
ἡ σπορά· οὐδέπω γὰρ ἡ Σελήνη (τουτέστιν ὁ ὡροσκόπος) τὸ διάμετρον
6 τοῦ σπορίμου Ἡλίου παρήλλαξεν. ἐὰν δὲ ὁ ὡροσκόπος (ὁ τῆς ἐκτροπῆς) 30
μετὰ τὸ διάμετρον τοῦ σπορίμου Ἡλίου εὑρεθῇ, πανσεληνιακὴ ἡ σπορὰ
ἔσται.
7 Τὰς αὐτὰς δὲ ἀφέσεις καὶ ἐπὶ τῆς σπορᾶς δεῖ ποιεῖσθαι καθὰ καὶ ἐπὶ
8 τῆς ἐκτροπῆς δεδήλωται. κατὰ τὸ πλεῖστον δὲ οἱ συνοδικὴν σπορὰν |

§ 4: thema 83 (8 Feb. 120) et thema 81 (13 Mai. 119)

[VS] 7 αὐτὴ VS, corr. Kroll ‖ 12 παρ᾽ αὐτὰ VS, corr. Kroll ‖ 17 ἀναφιλέκτως S ‖
27 τῆς σπορίμης VS, σπόριμος Kroll ‖ 33 ἐπὶ²] ἐκ S

144

ἔχοντες ἐν πανσελήνῳ οὗτοι τελευτῶσιν, οἱ δὲ πανσεληνιακὴν συνοδικῆς f.59S
οὔσης τῆς Σελήνης τελευτῶσιν.

Ἄλλως. ἐπιγνόντας ἐν ποίῳ ζῳδίῳ γέγονεν ἡ σύνοδος ἢ ἡ πανσέληνος, 9
ἀριθμεῖν ἀπὸ τῆς αὐτῆς μοίρας κατὰ τὸ ἑξῆς ἕως Ἀναβιβάζοντος, καὶ τὸ
5 συναχθὲν πλῆθος ἐὰν μὲν ἡμερινὴ ἡ γένεσις ᾖ ἀπὸ ὡροσκόπου κατωφερῶς
ἀπολύειν, ἐὰν δὲ νυκτερινὴ ἀνωφερῶς ἐπὶ τὸ μεσουράνημα. ἐὰν δὲ εἰς τὸ 10
μεσουράνημα ἐμπέσῃ ὁ Ἀναβιβάζων, ἀπολύειν δεῖ τὸ συναχθὲν πλῆθος
ἀπὸ τοῦ μεσουρανήματος, ἐὰν μὲν ἡμερινὴ ἡ γένεσις ᾖ ὡς ἐπὶ τὸν ὡροσκό-
πον κατωφερῶς [ἀπολύειν], ἐὰν δὲ νυκτερινὴ ᾖ ἀνωφερῶς ἐπὶ τὸ δῦνον.
10 ἐὰν δέ πως εἰς τὸ δῦνον ἐμπέσῃ ὁ Ἀναβιβάζων, ἡμερινῆς μὲν οὔσης τῆς 11
γενέσεως ἀπολύειν τὸν ἀριθμὸν ἀπὸ τοῦ δυτικοῦ ὡς ἐπὶ τὸ μεσουράνημα,
νυκτερινῆς δὲ ὡς ἐπὶ τὸ ὑπόγειον. ἐὰν δὲ ὁ Ἀναβιβάζων ἐν τῷ ὑπογείῳ 12
τύχῃ, εὑρεθῇ δ᾽ ἡμερινὴ ἡ γένεσις, ὡς ἐπὶ τὸν ὡροσκόπον ἀπολύειν ἀνωφε-
ρῶς ἀπὸ τοῦ ὑπογείου τὸ πλῆθος τοῦ ἀριθμοῦ, ἐὰν δὲ νυκτερινὴ ᾖ ὡς ἐπὶ
15 τὸ δῦνον ἀπὸ τοῦ ὑπογείου.

Ἔστω δὲ ὑποδείγματος χάριν Ἀναβιβάζων Διδύμων μοίρα κγ' — τὴν δὲ 13
σύνοδον Ἰχθύσι περὶ μοίρας ῆ, ὡροσκόπον δὲ Ἰχθύων μοίρα δ', τὸ μεσ-
ουράνημα Τοξότου μοίρα ιγ'. ἔλαβον ἀπὸ τῆς συνόδου ἕως τοῦ Ἀναβι- 14
βάζοντος· γίνονται μοῖραι ϙε. ταύτας ἀπὸ ὡροσκόπου ἐπεὶ ἡμερινὴ ἡ γέ- 15
20 νεσις· καταλήγει εἰς τὴν τῶν Διδύμων μοῖραν ιθ'. κατὰ δὲ τὸ β' κλίμα 16
συνάγουσιν ἔτη ο̅θ̅ μῆνας ⟨δ⟩ ἔγγιστα· τοσαῦτα ἐβίωσεν.

Ταύτας τὰς αἱρέσεις ἔταξα αἷς καὶ αὐτὸς ἐχρησάμην· ἐσκόπουν γὰρ 17
καὶ ἐπὶ γενέσεως ἐκ τῶν προκειμένων ὅρων εἰ συντρέχουσι κατὰ τὸ αὐτὸ
δύο ἢ τρεῖς ἢ πλείους, καὶ οὕτως ἀπαραβάτως περὶ τέλους ἀπεφαινόμην.
25 ὅθεν οὐκ εἰκῇ οὐδ᾽ ὡς ἔτυχεν ἐδήλωσα ὅτι πᾶσα ἀγωγὴ καὶ καθ᾽ ἑαυτὴν 18
καὶ πρὸς ἑτέραν συγκρινομένη εὐάρμοστός ἐστιν· ἣν εἴ τις φυλάττοι,
εὐκατάληπτον ἕξει τὴν τῶν ζητουμένων ἀλήθειαν. τινὰ μὲν οὖν καὶ μυστι- 19
κῶς διεγράψαμεν εἰς διάκρισιν καὶ σύγκρισιν τῶν ἐντυγχανόντων οὐ φθό-
νῳ φερόμενοι οὐδὲ ἀφελότητι, ἀλλὰ προθυμίαν τινὰ καὶ ἐπιμονὴν βουλευό-
30 μενοι παρεισφέρειν τῷ μαθήματι· πᾶς γὰρ καταθυμίου | προαιρέσεως f.59vS
ἀκολάστως τυχὼν ἀχάριστον τὴν δωρεὰν ἡγήσατο, ὁ δὲ μετὰ πόνου καὶ
ζητήσεως οὐ μόνον ἡδονὴν ἀλλὰ καὶ κατόρθωσιν τῇ πραγματείᾳ ἐπεισ-
ήνεγκεν.

§§ 13—16: thema 18 (Feb. 75)

[VS] 3 ἐπιγνόντας S ‖ 17 ἰχθύες VS, Ἰχθύσι Kroll ‖ 20 βΓ V ‖ 21 ος VS | δ] lac.
ind. Kroll | ταῦτα VS ‖ 23 καὶ sup. lin. S | γενέσεω̅ V γενέσεων S ‖ 24 ἀποφαι-
νόμην VS, corr. Kroll ‖ 26 φυλάττῃ V φυλάττει S ‖ 29 ἀφαλὸν τέστι V, ἄφελοντ
ἔστιν S, corr. Kroll ‖ 31 ἀκόλαστος VS, corr. Kroll | πόνων S

20 Ἔστω ὑποδείγματος χάριν Ἥλιος Ταύρου μοίρᾳ αʹ, Σελήνη Διδύμων
μοίρᾳ ιςʹ, ὡροσκόπος Ταύρου μοίρᾳ ιδʹ, ἡ σύνοδος περὶ μοίρας κ̅ζ̅ τοῦ
21 Κριοῦ, Ἀναβιβάζων Αἰγοκέρωτος μοίρᾳ κεʹ. ἔλαβον ἀπὸ τῆς συνόδου ἐπὶ
22 τὸν Ἀναβιβάζοντα ἀνωφερῶς· γίνονται ϛ̅β̅. ταύτας ἀπὸ τῆς τοῦ ὡροσκό-
που μοίρας ἀνωφερῶς ἀπέλυσα· κατέληξεν εἰς τὴν τοῦ Ὑδροχόου μοῖραν 5
23 ⟨ι⟩βʹ. συνάγουσιν οὖν αἱ ϛ̅β̅ μοῖραι κατὰ τὸ Ἀλεξανδρείας κλίμα ἔτη ο̅·
24 ἐτελεύτα τῷ οʹ ἔτει καὶ μηνὶ αʹ. ἀπὸ δὲ τῆς σπορᾶς οὕτως· ἐπεὶ ἡ παν-
σέληνος τῆς σπορᾶς γέγονεν Αἰγοκέρωτος μοίρᾳ καʹ ⟨...⟩ ἅτινα συν-
εγγίζει τοῖς εὑρεθεῖσιν ἔτεσιν.
25 Ἄλλη. Ἥλιος Ὑδροχόου μοίρᾳ κθʹ, Σελήνη ἀρχαῖς Κριοῦ, ὡροσκόπος 10
Αἰγοκέρωτος μοίρᾳ ιηʹ, σύνοδος Ὑδροχόου μοίρᾳ κςʹ, Ἀναβιβάζων
26 Σκορπίου μοίρᾳ ιςʹ. ἔλαβον ἀπὸ τῆς συνόδου ἀνωφερῶς ἕως τῆς τοῦ ὡρο-
27 σκόπου μοίρας· γίνονται λ̅η̅. ταύτας ἀπὸ τῆς τοῦ ὡροσκόπου μοίρας
28 κατωφερῶς· συνάγεται ἔτη ἐν τῷ πρώτῳ κλίματι ἔγγιστα λ̅γ̅. ἔζησεν
29 ἔτη λ̅β̅ μῆνας ε̅. ὁ δὲ τῆς σπορᾶς τόπος οὐκ ἔσχε τὴν ἄφεσιν· κατὰ γὰρ 15
τὰς αὐτὰς μοίρας καὶ ἡ πανσέληνος τῆς σπορᾶς καὶ ὁ Ἀναβιβάζων ἔτυχεν·
ὅθεν καὶ ἐπικίνδυνον τὴν ἐκτροπὴν ἔσχε καὶ τὸ τέλος βίαιον.

(III 14) ιαʹ. Περὶ κλήρου τύχης εἰς τὸν περὶ ζωῆς τόπον μεθʼ ὑποδείγματος,
ἐν ᾧ καὶ τὰ ἐλάχιστα ἔτη τῶν ἀστέρων

1 Εὗρον δὲ καὶ ταύτην τὴν αἵρεσιν περὶ χρόνων ζωῆς ὑπὸ μὲν τῶν ἀρχαίων 20
ἀναπεπλεγμένην ποικίλως, αὐτὸς δὲ διὰ πείρας ἀναζητήσας διέκρινα καὶ
2 οἴομαι μᾶλλον τοῖς πλείστοις ἀρέσκειν. ἐν γὰρ τῇ ιγʹ βίβλῳ ὁ βασιλεὺς
μετὰ τὸ προοίμιον καὶ τὰς τῶν ζῳδίων διατάξεις κλῆρον τύχης ἐπιφέρει
ἀπὸ Ἡλίου καὶ Σελήνης καὶ ὡροσκόπου, ὃν μέγιστον περιποιεῖ καὶ ἐν
ὅλῃ τῇ βίβλῳ μνημονεύει καὶ κύριον κρίνει τόπον, περὶ οὗ καὶ αἴνιγμα 25
3 τέθεικε τὸ ἔμπαλιν καὶ ἀνάπαλιν. ῾καὶ ὁ Ἥλιος ἀπὸ ἠοῦς ἀρχόμενος παντὸς
f.60S αἰῶνος κύτος παραδίδωσιν ἕσπερον κύκλον διανύων, καθάπερ ὁρᾶται, |
νυκτὸς δὲ ἐπερχομένης οὐ πάντοτε ἡ Σελήνη φαεσφοροῦσα τεύξεται,
ἀλλʼ ὁτὲ μὲν ἑσπέρας φανεῖσα δύεται, ὁτὲ δὲ ἐπίμονος μέχρι τινὸς μέρους,
ἔσθʼ ὅτε δὲ διὰ τελείας τῆς νυκτὸς πορεύσεται, διόπερ ἀκολούθως ὅλο- 30

§§ 20—24: thema 16 (19 Apr. 74) ‖ §§ 25—29: thema 72 (15 Feb. 115) ‖ §§ 2—4
= Nech. et Pet. fr. 19 Riess

[VS] 4 τὸ VS, τὸν Kroll ‖ 6 ιβ Kroll | μῆνα a post o Kroll ‖ 7 μηνὸς VS, μηνὶ
sugg. Kroll ‖ 8 lac. ind. Kroll | συνεγκίζει V   συνεγγίζειν S ‖ 18 ιαʹ in marg. V,
om. S ‖ 23 ζῴων S ‖ 24 ὃ VS ‖ μεγίστην VS ‖ 26 τέθηκε S ‖ 28 φασφοροῦσα S ‖
30 τέλους VS, τελείας sugg. Kroll

τελῶς τὸν κύκλον Ἡλίῳ παρηγγεγύηκεν.' περὶ μὲν οὖν τούτου τοῦ δια- 4
νοήματος ἄλλοι ἄλλως φανοῦσιν, ἐμοὶ δ᾽ ἔδοξεν ἐπὶ μὲν ἡμερινῆς γενέσεως
λαμβάνειν ἀπὸ Ἡλίου ἐπὶ Σελήνην καὶ τὰ ἴσα ἀπὸ ὡροσκόπου, ἐπὶ δὲ
νυκτερινῆς ἐφ᾽ ὅσον μὲν ἡ Σελήνη ὑπέργειός ἐστιν (τουτέστι μέχρις οὗ
5 δύνει) ἀπ᾽ αὐτῆς ἐπὶ τὸν Ἥλιον λαμβάνειν καὶ τὰ ἴσα ἀπὸ ὡροσκόπου, μετὰ
δὲ τὴν δύσιν ἀπὸ Ἡλίου ἐπ᾽ αὐτήν· τὸ γὰρ ἐπιλέγειν, διόπερ ὁλοτελῶς τὸν
κύκλον Ἡλίῳ παρηγγεγύηκεν, τοῦτο δοκεῖ. σκοπεῖν δὲ δεήσει εἰς ποῖον 5
τόπον ἐξέπεσεν ὁ κλῆρος καὶ τοῦτον ἡγεῖσθαι κύριον, ἔπειτα συνορᾶν τὸν
τοῦ ζῳδίου [τὸν] κύριον ἐν ποίῳ ζῳδίῳ τέτευχεν, τρίτον δὲ τὸν τούτου
10 οἰκοδεσπότην· ἐκ τούτων γὰρ τῶν τριῶν τόπων καὶ τῶν τούτων οἰκο-
δεσποτῶν ὁ βιώσιμος χρόνος εὑρεθήσεται κατὰ τοὺς τρεῖς ὅρους.
     Οἷον ἕκαστος τῶν ἀστέρων ἰδίας περιόδου δεσπόζει — Κρόνος μὲν οὖν 6
ἐτῶν λ, Ζεὺς ιβ, Ἄρης ιε, Ἥλιος ιθ, Ἀφροδίτη η, Ἑρμῆς κ, Σελήνη κε·
ὁμοίως δὲ καὶ ἕκαστον ⟨τῶν ζῳδίων⟩ ἰδίων ἀναφορῶν | κατὰ κλίμα. κατὰ f.91 v V
15 τὸ κλίμα οὖν συγκρίνειν δεήσει πότερον ἐπίκεντρος ὁ κλῆρος καὶ χρημα-
τίζων ἢ ἐπαναφερόμενος ἢ ἀποκεκλικώς, καὶ τοὺς τῶν ζῳδίων οἰκοδεσπό-
τας, καθὼς καὶ ὁ παλαιὸς μέμνηται λέγων· 'πᾶς ἀστὴρ ἐπίκεντρος τοὺς
ἰδίους χρόνους πλήρεις δίδωσιν, ἔκκεντρος δὲ ὅσους ἂν μερίζῃ λοιπογρα-
φουμένους ἐκ τῶν ἰδίων ἀριθμῶν.' μερίζουσι δὲ καὶ τὰς τελείας αὐτῶν 8
20 περιόδους καὶ τὰς ἀναφορὰς ὅταν καλῶς τύχωσιν, συμμερίζουσι δὲ καὶ
οἱ συναιρετισταὶ συμπαρόντες ἢ μαρτυροῦντες ἢ ἐν οἰκείοις ζῳδίοις τυγ-
χάνοντες εἰ μή τι ἀμφότεραι αἱ αἱρέσεις συμμεριοῦσιν.
     Καὶ αὐτὸς δὲ ὁμοίως ⟨λέγει⟩. πρότερον δὲ δεῖ λογίζεσθαι τοὺς ἀριθμούς, 9, 10
ὥρας, ἡμέρας, | μῆνας, εἶτα ἐνιαυτούς, καὶ τοῖς τρισὶν ὅροις χρῆσθαι — f.60 v S
25 ἐλαχίστῳ, μέσῳ, τελείῳ — ἐπισυντιθέντας τὸν πρῶτον τῷ δευτέρῳ ἢ
τὸν ⟨δεύτερον τῷ⟩ τρίτῳ. πολλάκις γὰρ ὅδε μὲν τόπος ἐμέρισεν ἡμέρας, 11
ὁ δὲ μῆνας, ὁ δὲ ἐνιαυτοὺς παρὰ τὰς διαφορὰς τῶν χρηματιστικῶν ζῳδίων
καὶ τῶν οἰκοδεσποτῶν ἢ τῶν κακωτικῶν αἰτιῶν καὶ ⟨τῶν⟩ ἐναντιώσεων·
προσεπιμερίζουσι δὲ μετὰ τὰ ἔτη καὶ μῆνας ἰσαρίθμους τοῖς χρόνοις.
30   Τὸ δ᾽ αὐτὸ καὶ ὁ δαίμων καὶ ὁ ὡροσκοπικὸς τόπος ἐφέξει τῷ κλήρῳ 12
κατὰ τὸν μερισμὸν ὁπόταν οἱ κληρικοὶ τόποι ἢ οἱ κύριοι παραπέσωσιν,
μάλιστα ὁπόταν ὁ κλῆρος τῷ δαίμονι τὸν μερισμὸν ἐκχωρήσῃ. καὶ γὰρ 13
οἱ ἀστέρες ἀντιπαραχωροῦσιν ἀλλήλοις· δηλώσομεν δὲ καὶ ἐν τῷ προϊόντι
λόγῳ εἰς τοὺς ἐπιμερισμούς.

[VS] 1 παρηγγεγύληκεν S ‖ 4 ὅσων VS, corr. Kroll ‖ 5 δύνῃ S ‖ 7 παρεγγεγύηκε
VS ‖ 8 συνορᾷ V, συνορατὸν S, συνορᾶν Kroll ‖ 12 περιόδους VS, corr. Kroll ‖
14 ἕκαστος VS | κλίμα] κλῆρον VS ‖ 18 ἐὰν V | μερίζει S | λοιπογραφομέ-
νους V, sed corr. ‖ 22 ἀμφοτέρων corr. in ἀμφότερον V ‖ 26 τρίτον VS ‖ 33 δηλώ-
σωμεν S

14 Ἔστω δὲ ἐπὶ ὑποδείγματος Ἥλιος, Ἀφροδίτη Καρκίνῳ, Σελήνη, ὡρο-
σκόπος Ἰχθύσιν, Κρόνος Τοξότῃ, Ζεὺς Αἰγοκέρωτι, Ἄρης Σκορπίῳ,
15 Ἑρμῆς Λέοντι, ὁ κλῆρος τῆς τύχης Καρκίνῳ ἀγαθοδαιμονῶν. ἡ κυρία
τοῦ κλήρου ἐπὶ τοῦ κέντρου εὑρέθη· ἔθηκα τὰ ἐλάχιστα τῆς Σελήνης
κε ἔτη, καὶ τοῦ Καρκίνου τὴν ἀναφορὰν τοῦ δευτέρου κλίματος ἔτη λβ, 5
καὶ τοῦ οἰκοδεσπότου τῆς Σελήνης, Διός, ἔτη ιβ· γίνονται ἐπὶ τὸ αὐτὸ
16 ἔτη ξθ. τοσούτων ἐτῶν ἐτελεύτα.
17 Ἄλλη. Ἥλιος Ὑδροχόῳ, Σελήνη, ὡροσκόπος Παρθένῳ, ὁμοίως δὲ
καὶ Ἄρης, Κρόνος, Ζεύς, Ἑρμῆς Αἰγοκέρωτι, Ἀφροδίτη Ἰχθύσιν, ὁ κλῆρος
18 τῆς τύχης Ὑδροχόῳ ἀποκεκλικώς. ὁ κύριος ἀγαθοτυχῶν παρ᾽ αἵρεσιν 10
ἐμέρισε τὰ ἴδια ἔτη λ καὶ μῆνας τοὺς αὐτοὺς ἐν ἰδίῳ τυχὼν ζῳδίῳ· τούτῳ
19 δὲ συμπαρὼν Ζεὺς ἐμέρισεν ἐνιαυτόν. ἐτελεύτα τῷ λδ' ἔτει.
20 Παρατηρητέον οὖν ἐπὶ πάσης γενέσεως τὰς προγεγραμμένας ἐν ἀρχῇ
παραγγελίας καὶ τὰς φάσεις καὶ τὰς μοίρας ἵνα μὴ δόξωμεν καθ᾽ ἕκαστον
εἶδος ὑπομιμνήσκειν καὶ τὰ αὐτὰ γράφειν· ὡς ἐπὶ ὑποδείγματος γὰρ 15
ἀνάγκην ἔσχον προτάξαι γενέσεις.

(III 15)   ⟨ιβ'.⟩ Περὶ κλιμακτήρων

1 Εἰσὶ δὲ καὶ οἱ κληρικοὶ κλιμακτῆρες, καὶ μάλιστα τῶν κακοποιῶν
f.61S συνόντων ἢ μαρτυρούντων τὴν τύχην, ἐν μὲν | οὖν τῷ διαμέτρῳ τῷ διὰ
τῶν ἑβδομάδων ἐνιαυτῶν, ἐν δὲ τῷ δεξιῷ τριγώνῳ τῷ διὰ τῶν θ, ἐν δὲ 20
τῷ ἀριστερῷ τριγώνῳ τῷ διὰ ε, ἐν δὲ τῷ δεξιῷ τετραγώνῳ τῷ διὰ ι, ἐν
δὲ τῷ ἀριστερῷ τῷ διὰ δ, οἱ δὲ βλάπτοντες ἐν τῷ δεξιῷ ἑξαγώνῳ διὰ
ια, οἱ δὲ ἐν τῷ ἀριστερῷ ἑξαγώνῳ διὰ γ, οἱ δὲ ἐν τῇ προηγήσει τῆς τύχης
διὰ ιβ, οἱ δὲ ἐν τῇ συναφῇ αὐτῆς ὄντες διὰ β.
2 Ἐν Κριῷ ἐὰν ἐπιπαρῇ ὁ κεκληρωμένος τὴν τύχην ἕξει δι᾽ ἐτῶν ⟨ι⟩θ, 25
ἐν Ταύρῳ διὰ κε, ἐν Διδύμοις διὰ κ, ἐν Καρκίνῳ διὰ κε, ἐν Λέοντι διὰ ιβ,
ἐν Παρθένῳ διὰ η, ἐν Ζυγῷ διὰ λ, ἐν Σκορπίῳ διὰ ιε, ἐν Τοξότῃ διὰ ιβ,
ἐν Αἰγοκέρωτι διὰ η, ἐν Ὑδροχόῳ διὰ λ, ἐν Ἰχθύσι διὰ ιε.

(III 16)   ⟨ιγ'.⟩ Μέσα ἔτη τῶν ἀστέρων

1 Τὰ δὲ μέσα ἔτη τῶν ἀστέρων ἐστὶ ταῦτα· Κρόνου με, Διὸς μθ, Ἄρεως 30
2 μβ, Ἀφροδίτης μς, Ἑρμοῦ μη, Ἡλίου ξδ, ⟨Σελήνης ξζ⟩. μερίζουσιν οὖν

§§ 14—16: thema 19 (19 Iul. 75) ‖ §§ 17—19: thema 108 (20 Ian. 135)

[VS] 2 ἰχθύες VS, corr. Kroll ‖ 3 καρκίνος S ‖ 6 λβ VS, ιβ Kroll ‖ 10 ἀποκε-
κληκώς S ｜ ἀγαθοδαιμονῶν VS ‖ 18 κληρι S ‖ 20 τῶν²] τοῦ VS

καὶ ταῦτα τὰ ἔτη σὺν ταῖς περιόδοις ἢ ταῖς ἀναφοραῖς τῶν ζῳδίων ὁπόταν χρηματίζοντες τυγχάνωσιν.

Ἄλλως τὰ μέσα ἔτη. ἑκάστου ἀστέρος τὴν μεγάλην περίοδον καὶ τὴν 3 ἐλαχίστην συνθεὶς εὑρήσεις τὰ μέσα ἔτη. οἷον Κρόνου τὰ τέλεια ἔτη ν̅ζ̅ 4
5 καὶ τὰ ἐλάχιστα λ̅· γίνονται π̅ζ̅, ὧν τὸ ϛ̅ μ̅γ̅ ϛ̅· Διὸς τὰ τέλεια ἔτη ο̅θ̅ καὶ τὰ ἐλάχιστα ι̅β̅· γίνονται ϟ̅α̅, ὧν τὸ ϛ̅ μ̅ε̅ ϛ̅· ὁμοίως καὶ τῶν λοιπῶν ἀστέρων.

Ἐπεὶ δὲ αἱ ἀναφοραὶ τῶν ζῳδίων κατὰ τὸν Ὑψικλέους Ἀναφορικὸν 5 πταίουσιν ἐὰν παρὰ ἐνιαυτὸν ἢ διετίαν συνδράμῃ ὁ χρόνος, ⟨. . .⟩. ὁ γὰρ 6
10 βασιλεὺς τοῦ α΄ κλίματος μόνον τὰς ἀναφορὰς ἐδήλωσεν.

Οἷον ἔστω Ἥλιος, Ἀφροδίτη, Ἑρμῆς Καρκίνῳ, Σελήνη Ταύρῳ, Κρόνος 7 Ἰχθύσιν, Ζεύς, Ἄρης Λέοντι, ὡροσκόπος Παρθένῳ. ἐν τῷ α΄ κλίματι ἡ 8 ἀναφορὰ τῆς Παρθένου λ̅η̅ γ΄· καὶ ἐπεὶ ὁ κύριος Ἑρμῆς ἐν Καρκίνῳ ἀγαθοδαιμονεῖ, ἔδωκε τὴν ἀναφορὰν λ̅α̅ Μ΄. γίνονται ο̅· τοσαῦτα ἐβίωσεν. 9
15 Ἄλλη. Ἥλιος, [Ταύρῳ] Ἑρμῆς Ταύρῳ, Σελήνη Ἰχθύσιν, Κρόνος Σκορ- 10 πίῳ, Ζεύς, Ἄρης, Ἀφροδίτη Κριῷ, ὡροσκόπος Διδύμοις. ἡ ἀναφορὰ κλί- 11 ματος τοῦ β΄ κ̅η̅· Ἑρμῆς Ταύρου τὴν ἀναφορὰν κ̅δ̅, καὶ Ἄρης, Ἀφροδίτη Κριοῦ ι̅ε̅ ⟨ἔδωκαν⟩. ἐτελεύτα τῷ ξ̅ζ̅΄ ἔτει. 12

Ἄλλη. ἡ αὐτὴ ἀστροθεσία ἄλλης γενέσεως· μόνος ὁ ὡροσκόπος Αἰγοκέ- 13
20 ρωτι, ὁ κλῆρος τῆς τύχης Ἰχθύσιν. ἡ ἀναφορὰ τοῦ β΄ κλίματος | ο̅, καὶ πε- 14
f.61vS
ριόδου Διὸς ι̅β̅, καὶ ἐπεί ἐστι Κριῷ τῆς ἀναφορᾶς ο̅, καὶ Ἄρεως ι̅ε̅· γίνονται ξ̅ζ̅. τοσαῦτα ἐβίωσεν. 15

Βουληθεὶς μέντοι τὰς συντεταγμένας μοι βίβλους ἰδιωτικωτέρας οὔσας 16 διὰ τὸ τοιούτοις καὶ νέοις μου θρεπτοῖς προσπεφωνηκέναι, ὅπως εὐκατά-
25 ληπτον τὴν εἴσοδον ἔχωσιν, σαφέστερον μετασυντάξαι οὐκ ἔσχον καιρὸν διὰ τὸ κεκμηκέναι τῇ ὁράσει καὶ ὑπὸ πολλῆς λύπης ἀμαυρωθῆναί μου τὸ διανοητικὸν τιμιώτατον θρεπτὸν ἀπολέσαντι· ὅθεν συγγνωστέον.

Οὐεττίου Οὐάλεντος Ἀντιοχέως Ἀνθολογιῶν βιβλίον γ΄ τετέλεσται.

---

§§ 7−9: thema 23 (9 Iul. 82) ‖ §§ 10−12: thema 43 (30 Apr. 102) ‖ §§ 13−15: thema 44 (30 Apr. 102)

[VS] 5 τὸ] τὰ S | ϛ² om. S ‖ 9 δι' αἰτίαν VS, corr. Kroll ‖ 10 μόνας VS ‖ 17−18 ♀ ♈ ☌ ι̅ε̅ V ♀ ♈ ♂ ι̅ε̅ S ‖ 22 ταῦτα VS ‖ 27 συγγωστέον V ‖ 28 οὐεττίου — τετέλεσται om. S | τετελεῖσθαι (?) V

149

ΟΥΕΤΤΙΟΥ ΟΥΑΛΕΝΤΟΣ ΑΝΤΙΟΧΕΩΣ
ΑΝΘΟΛΟΓΙΩΝ ΒΙΒΛΙΟΝ Δ

α'. Περιόδων διαιρέσεις

1 Καθηκόντως οὖν καὶ διδασκαλικῶς οἶμαι τὴν τῶν προκειμένων ἐπί-
λυσιν ποιήσασθαι θοινημάτων, ⟨νῦν δὲ τὸν⟩ παρὰ πολλοῖς ἐζητημένον 5
καὶ ἀποκεκρυμμένον τόπον δηλώσομεν, ὅς ἐστι περὶ διαιρέσεως χρόνων
2 ἐμπράκτων καὶ ἀπράκτων. ὅσαι μὲν οὖν διαιρέσεις διὰ πείρας εἰσὶ δε-
3 δοκιμασμέναι, ταύτας δεῖ νῦν ὑποτάξαι. ἔστι δὲ πρώτη περίοδος πρὸς τὰ
4 τέταρτα τῶν ἐλαχίστων περιόδων. οἷον Κρόνου τῶν ἐτῶν λ̅ τὸ δ' ζ̅ ꞇ,
ἐπιβάλλονται δὲ αὐτῷ κατ᾽ ἔτος ἡμέραι ⟨π̅ε̅· Διὸς ἐτῶν ι̅β̅ τὸ δ' γ̅, κατὰ 10
δὲ τὸ ἔτος ἡμέραι⟩ λ̅δ̅· Ἄρεως ἐτῶν ι̅ε̅ τὸ δ' γ̅ μῆνες θ̅, κατὰ δὲ τὸ ἔτος
ἡμέραι μ̅β̅ ꞇ· Ἀφροδίτης ἐτῶν η̅ τὸ δ' β̅ ἔτη, ἐνιαύσιαι δὲ ἡμέραι κ̅β̅
υϟ· Ἑρμοῦ ἐτῶν κ̅ τὸ [δὲ] δ' ε̅ ἔτη, ἐνιαύσιαι δὲ ἡμέραι ν̅ς̅ υϟ· Ἡλίου
ἐτῶν ι̅θ̅ τὸ δ' ἔτη δ̅ μῆνες θ̅, ἡμέραι δὲ ν̅γ̅ ꞇ γ'· Σελήνης ἐτῶν κ̅ε̅ τὸ δ'
5 ζ̅ ἔτη μῆνες γ̅, ἐνιαύσιαι δὲ ἡμέραι ο̅ ꞇ γ'. γίνονται ὁμοῦ [ι] ἔτη λ̅β̅ 15
μῆνες τρεῖς.

β'. Περὶ ἀφέσεως

1 Τὴν ἀρχὴν τῆς ἀφέσεως ἐφέξει τῶν μὲν συνοδικῶν ὁ μετὰ τὴν σύνοδον
πρῶτος, εἶθ᾽ ἑξῆς καθὼς διάκεινται· ἐπὶ δὲ τῶν πανσελήνων ὁ μετὰ τὴν
2 πανσέληνον πρῶτος καὶ ὁμοίως. δεῖ δὲ συγκρίνειν τὸν ἀστέρα ὅπως 20
ἐσχημάτισται καὶ ὑπὸ τίνων μαρτυρεῖται, τούς τε λοιποὺς τοὺς παραλαμ-
βάνοντας πότερον ἐπίκεντροι ἢ ἀποκεκλικότες, ἀνατολικοὶ ἢ δυτικοί, τάς
f.62S τε κατὰ πάροδον | ἐπεμβάσεις καὶ τὰς συμπαθείας ἢ ἐναντιότητας. μετὰ
3 δὲ τὸ συμπληρωθῆναι ἔτη λ̅β̅ καὶ μῆνας γ̅ πάλιν τὸν β' κύκλον ἀπὸ τοῦ
τεταρτικοῦ ἀφετικοῦ ἀστέρος ποιητέον. 25

---

§ 4: cf. IV 30, 2

[VS] 3 α' in marg. V, om. S ‖ 4 ἐπίλησιν S ‖ 5 * * τὸν Kroll ‖ 5—6 ἐζητημένων
καὶ ἀποκεκρυμμένων τόπων VS, corr. Usener ‖ 6 ὅς VS, ὅς Usener ‖ διαιρισέ-
σεως V ‖ 8 δεῖ] δὴ S ‖ 9 τέρατα VS, corr. Kroll ‖ lac. post ꞇ ind. Kroll ‖ 10 ἐπι-
βάλλου V, ἐπιβαῖ' S, ἐπιβάλλουσι Kroll ‖ 11 ϑ om. S ‖ 13 δὲ secl. Kroll ‖ 15 ι secl.
Kroll ‖ 17 β' om. S ‖ 24 τὸ VS, τὸν Kroll

γ΄. Περὶ ἐπιδιαιρέσεως ἡμερῶν

Περὶ δὲ τῆς τῶν ἡμερῶν διαιρέσεως οὕτως ποιεῖσθαι. ἐὰν γὰρ Κρόνος 1, 2
ἀφέτης εὑρεθῇ καθολικός, μερίζει ἔτη ζ ⸏· ἐπεὶ δὲ ἐκ τούτων πάντας
τοὺς ἀστέρας δεῖ λαμβάνειν τὸν ἐπιμερισμόν, οὕτως ποιήσομεν. τὰς π̅ε̅ 3
5 ἡμέρας τοῦ Κρόνου ἐπὶ τὰ ζ ⸏ πολυπλασιάσαντες εὑρήσομεν ἡμέρας
χ̅λ̅ζ̅ ⸏· ταύτας πρῶτον Κρόνος ἑαυτῷ ἐπιμερίζει ἐκ τῶν ἰδίων ἐτῶν
ζ ⸏. εἶθ᾽ ἑξῆς ἔστω εὑρῆσθαι τὸν Διός. ἐπεὶ οὖν ἡμερῶν δεσπόζει λ̅δ̅, 4, 5
ταύτας ἐπὶ τὰ ζ ⸏ διὰ τὸ ἀφέτην εἶναι Κρόνον· γίνονται ἡμέραι σ̅ν̅ε̅. ταύ- 6
τας Ζεὺς ἕξει ἐκ τῶν τοῦ Κρόνου. εἶτα ἑξῆς τὸν τῆς Ἀφροδίτης παραλαμ- 7
10 βάνειν. ἐπεὶ οὖν κυριεύει ἡμερῶν κ̅β̅ ⸏, ταύτας ἐπὶ τὸν ζ ⸏ πολυπλα- 8
σιάσωμεν· εὑρήσομεν ρ̅ο̅. τοσαύτας Ἀφροδίτη ἕξει ἐκ τῶν τοῦ Κρόνου. καὶ 9, 10
ὁμοίως ἑκάστου ἀστέρος ἐὰν τὰς ἡμέρας ἐπὶ τὸν ζ ⸏ πολυπλασιάσωμεν,
εὑρήσομεν τὸν ἐπιμερισμόν. ἐὰν δέ πως ἡ Σελήνη κυριεύσῃ τῆς ἀφέσεως, 11
τὰς ἑκάστου ἡμέρας ἐπὶ τὸν ἑ̅ξ̅ δ΄ πολυπλασιάσαντες εὑρήσομεν· ὡσαύτως
15 δὲ καὶ ἐπὶ τῶν λοιπῶν.

Ἑκάστου ἀστέρος ἡμέρας εὑρεῖν. αἱ δὲ ἑκάστου ἡμέραι εὑρίσκονται 12, 13
τοιῷδε τρόπῳ· τὴν περίοδον διπλασιάσαντες καὶ τὴν ἡμίσειαν καὶ τὸ
τρίτον ἐπιπροσθέντες εὑρήσομεν. ἐπεὶ Κρόνου ἡ περίοδός ἐστιν ἐτῶν λ̅, 14
ταύτας ἐδίπλωσα· καὶ γεγόνασιν ξ̅. καὶ τὸ ⸏ τῶν λ̅· γίνονται ι̅ε̅. ταύτας 15, 16
20 προσέθηκα ταῖς ξ̅· γίνονται ο̅ε̅. καὶ πάλιν τὸ γ΄ τῶν λ̅ γίνεται ι̅. ταύτας 17, 18
ὁμοίως προσέθηκα ταῖς ο̅ε̅· γίνονται π̅ε̅. ταύτας τὰς ἡμέρας Κρόνος ἕξει. 19
ὁμοίως καὶ ἐπὶ τῶν λοιπῶν ἀστέρων. 20

δ΄. Περὶ χρόνων διαιρέσεως ἀπὸ κλήρου τύχης καὶ δαίμονος

Καὶ ταύτην δὲ δυναστικὴν οὖσαν ὑποτάξω τὴν ἀρχὴν τῆς ἀφέσεως ποιη- 1
25 σάμενος ἀπὸ κλήρου τύχης | καὶ δαίμονος, οἳ σημαίνουσιν Ἥλιόν τε καὶ f.62vS
Σελήνην. κοσμικῶς γὰρ ἡ Σελήνη τύχη ὑπάρχουσα καὶ σῶμα καὶ πνεῦμα, 2
περίγειος οὖσα καὶ τὴν ἀπόρροιαν εἰς ἡμᾶς πέμπουσα, τὸ ὅμοιον ἀποτε-
λεῖ κυρία οὖσα τοῦ καθ᾽ ἡμᾶς σώματος· ὁ δὲ Ἥλιος νοῦς καὶ δαίμων
κοσμικῶς ὑπάρχων διὰ τῆς ἰδίας ἐνεργείας καὶ φύσεως ἐρασμίου, τὰς
30 τῶν ἀνθρώπων ψυχὰς διεγείρων περὶ τὰς ἐγχειρήσεις, αἴτιος πράξεως
καὶ κινήσεως καθίσταται. ἐπὰν οὖν σωματικοὺς χρόνους ζητῶμεν, οἷον 3

---

cap. 3, 3–10: cf. IV 30, 4. tit.: cf. App. XVI tit. ‖ cap. 4, 3–4: cf. App. XVI 1

[VS] 1 γ΄ in marg. V, om. S ‖ 2 ἐπὶ S ‖ 5 τά] τὰς S ‖ 6 ἐπιμερήσει S ‖ 8 τὸν VS,
τὸ Kroll ‖ 10 τὸν] τὰ S ‖ 11 εὑρίσομεν S | ρ̅θ̅ VS, corr. Kroll ‖ 18 ἡμερῶν VS,
ἐτῶν sugg. Kroll ‖ 21 τὰς om. S ‖ 23 δ΄ in marg. V, om. S ‖ 24 ὑπόταξα S

κλιμακτῆρας ἢ ἀσθενείας ἢ αἱμαγμούς, πτώσεις, σίνη, πάθη καὶ ὅσα ποτὲ
ἀνήκει τῷ σώματι, περὶ ῥώσεως, τέρψεως, ἡδονῆς, καλλονῆς, ἐπαφροδι-
σίας, ἀπὸ τοῦ κλήρου τῆς τύχης δεῖ ἐκβάλλειν ζῳδιακῶς· καὶ οὗ ἂν κατα-
λήξῃ ὁ χρόνος, λογισόμεθα τὸ ζῴδιον καὶ τοὺς ἐπόντας ἀστέρας ἢ μαρ-
τυροῦντας, πῶς συσχηματίζονται πρὸς τὸν καθολικὸν οἰκοδεσπότην τῶν 5
ἀφετικῶν χρόνων, καὶ πότερον ἐπίκεντροι οἱ κύριοι [κατὰ] τῶν κλήρων
4 εἰσὶν ἢ ἔκκεντροι. ἐὰν δὲ περὶ πράξεως ἢ δόξης ζητῶμεν, τότε ἀπὸ τοῦ
δαίμονος τὴν ἄφεσιν τῶν χρόνων ποιησόμεθα ζῳδιακῶς, καὶ κατὰ τοὺς
ἐπόντας ἢ μαρτυροῦντας ἀγαθοποιοὺς ἢ κακοποιοὺς τὴν διάκρισιν εὑρή-
5 σομεν. πολλάκις μὲν οὖν, τοῦ κλήρου τῆς τύχης ἢ τοῦ κυρίου παραπεπτω- 10
κότος, ὁ κλῆρος τοῦ δαίμονος καὶ τὰ σωματικὰ καὶ τὰ πρακτικὰ μερίζει·
ὁμοίως καὶ ἡ τύχη ἀμφότερα μεριεῖ, τοῦ κλήρου τοῦ δαίμονος ἢ τοῦ
κυρίου παραπεπτωκότος, καθάπερ ἐπὶ τῶν ἐπικρατήσεων καὶ οἰκοδεσπο-
6 τειῶν. ὅταν δὲ ὁ δαίμων καὶ ἡ τύχη ἐν ἑνὶ ζῳδίῳ εὑρεθῶσιν, τὰ μὲν σω-
ματικὰ ἀπὸ τοῦ αὐτοῦ ζῳδίου, τὰ δὲ πρακτικὰ ἀπὸ τοῦ ἐπαναφερομένου 15
ληψόμεθα.
7 Ἄλλως τε καὶ ἐπὶ τῶν συνοδικῶν ἢ πανσεληνιακῶν τῇ αὐτῇ ἀφέσει
χρησόμεθα εἴγε εἰς ἓν ζῴδιον ὅ τε κλῆρος καὶ ὁ δαίμων ἐκπίπτει· ἀλλ' ἐπὶ
f.63S τῶν τοιούτων τοὺς μὲν σωματικοὺς χρόνους ὅταν ζητῶμεν, ἀπὸ τοῦ | αὐτοῦ
ζῳδίου τὴν ἄφεσιν ποιησόμεθα, τοὺς δὲ πρακτικοὺς ἀπὸ τοῦ ἐπαναφερο- 20
μένου τῷ κλήρῳ, καὶ μάλιστα ἐπὶ νυκτερινῶν γενέσεων ἢ ἐν τῷ ὑπογείῳ
τὴν σύνοδον ἐσχηκότων, ἵνα ἑκάστου κλήρου τὰ τετράγωνα ὡς κέντρα
8 χρηματίσῃ. κρείσσων μέντοι ἡ συνοδικὴ αἵρεσις τῆς πανσεληνιακῆς· ἡ μὲν
γὰρ συνοδικὴ ἐπὶ τοῦ ὡροσκόπου τοὺς κλήρους ἔχει, ἡ δὲ πανσεληνιακὴ
9 ἐπὶ τῆς δύσεως. συμβαίνει δὲ καί, κατὰ τετράγωνον τῶν φώτων ὄντων, 25
τοὺς κλήρους ἑαυτοῖς ἐναντιοῦσθαι· καὶ ἐπὶ τούτου τοῦ εἴδους τοὺς πρακτι-
10 κούς τινες χρόνους ἐκ τῶν ἀναφερομένων ζῳδίων μερίζουσιν. ἐμοὶ δὲ οὐ
δοκεῖ· ἕτερος γὰρ τοῦ κλήρου τῆς τύχης εὑρίσκεται καὶ ἕτερος τοῦ δαίμο-
νος, ἐπὶ δὲ τῶν συνοδικῶν καὶ πανσεληνιακῶν γενέσεων ὁ αὐτός.
11 Ἄλλως τε ἐπὶ τῶν ἀρρενικῶν γενέσεων αἱ πλείους ἀφέσεις ἀπὸ τοῦ δαί- 30
μονος εὑρίσκονται, διότι τὰς πράξεις διὰ λόγου καὶ δόσεως καὶ λήψεως καὶ
πίστεων μεταχειρίζονται, ἐπὶ δὲ τῶν θηλυκῶν ἀπὸ τοῦ κλήρου τῆς τύχης
12 διὰ τὴν περὶ τὸ σῶμα ἀσχολίαν. συμβαίνει δὲ καὶ τοὺς ἄνδρας σωματικὰς
πράξεις τὰς διὰ χειρῶν ἐπάγειν ἢ ἀθλήσεως καὶ σωματικῆς κινήσεως καὶ
13 τὰς γυναῖκας διὰ ἀγορασμῶν καὶ πράσεων. ὁμοίως καὶ ἐπὶ τῶν νηπίων 35

[VS] 5 σχηματίζονται S | ἢ post καθολικὸν Kroll ‖ 6 ἀφετικὸν S | κύριοι]
χρόνοι VS | τὸν κλήρου S ‖ 13 καθώσπερ S ‖ 18 εὑρεθήσεται VS, χρησόμεθα
sugg. Kroll ‖ 21 ἐκ VS, ἐν Kroll | τῶν ὑπογείων S ‖ 23 σχηματίση VS, χρηματίση
sugg. Kroll ‖ 33 ἀσχόλειαν VS, corr. Kroll ‖ 34 κισεως (lineola inductum) ante
κινήσεως V ‖ 35 δι' S

152

γενέσεων ἀπὸ τοῦ κλήρου τῆς τύχης τὴν ἄφεσιν τῶν χρόνων δέον ποιεῖσθαι,
ἕως ἐπὶ τὸν ἔλεγχον τὸν τῆς ἀκμῆς ἢ τῆς πράξεως παραγένωνται. γεννη- 14
θεῖσι μὲν γὰρ αὐτοῖς συνέπεται καὶ τὰ σωματικὰ εὐημερήματα οἷον εὐμορ-
φία, ἐπαφρο|δισία, μέγεθος, ἀστειότης, εὐρυθμία, ἢ καὶ ἃ εἴωθε ἄλλως f.92ᵛ
5 συμβαίνειν σίνη, πάθη, ἐκζέματα, ἐκβιάσματα, ἐξανθήματα, συγγενήματα,
σημεῖά τινα, χαλάσματα· τὰ δὲ πρακτικὰ καὶ διανοητικὰ ἐξ ὑστέρου γίνε-
ται.
Ἔστω ἐπὶ ὑποδείγματος τὸν κλῆρον τῆς τύχης ἢ τοῦ δαίμονος πεπτω- 15
κέναι Κριῷ. καὶ ὁ μὲν καθόλου οἰκοδεσπότης Ἄρης, οἱ δὲ παραλαβόντες 16
10 ἀπ᾽ αὐτοῦ συγκρινέ|σθωσαν εἰ οἰκείως ἢ ἀλλοτρίως συσχηματίζονται. f.63ᵛˢ
μερίζει οὖν αὐτὸς πρῶτος ἔτη ιε, ἐξ ὧν ἑαυτῷ ἐπιμερίζει μῆνας ιε, εἶτα 17
Ἀφροδίτῃ διὰ τὸν Ταῦρον μῆνας η, ἑξῆς Ἑρμῇ διὰ τοὺς Διδύμους μῆνας κ,
εἶτα Σελήνῃ διὰ τὸν Καρκίνον μῆνας κε, εἶτα Ἡλίῳ διὰ τὸν Λέοντα μῆνας
ιθ, εἶθ᾽ ἑξῆς Ἑρμῇ μῆνας κ, εἶτα Ἀφροδίτη μῆνας η, εἶτα [Ἄρης] ἑαυτῷ
15 διὰ τὸν Σκορπίον μῆνας ιε, εἶτα Διὶ μῆνας ιβ, εἶτα Κρόνῳ διὰ τὸν Αἰγο-
κέρωτα ἔτη β μῆνας ζ, εἶτα τοὺς λοιποὺς η εἰς συμπλήρωσιν τῶν ιε ἐτῶν
ἐν τῷ Ὑδροχόῳ. μετὰ τὸν Ἄρεα παραλήψεται Ἀφροδίτη τοὺς καθολικοὺς 18
χρόνους ἐπὶ ἔτη η, καὶ ὁμοίως ἐπιμερίσει ἐξ αὐτῶν ἑκάστῳ ζῳδίῳ καθὼς
πρόκειται. εἶτα μετὰ τὸν τῆς Ἀφροδίτης παραλήψεται Ἑρμῆς διὰ τοὺς 19
20 Διδύμους ἔτη κ, καὶ ἐπιμερίσει ἑκάστῳ ζῳδίῳ, εἶτα Σελήνη ἐπὶ ἔτη κε,
μεθ᾽ ἣν ὁ Ἥλιος ἐπὶ ἔτη ιθ· καὶ ἐφ᾽ ὅσον ἡ γένεσις χωρεῖ ἐφεξῆς χρὴ
διδόναι.
Ἐπεὶ οὖν ὁ κύκλος τῶν ιβ ζῳδίων συνάγει ἔτη ιζ μῆνας ζ, τὸν λοιπὸν 20
χρόνον ἐκ τοῦ διαμέτρου μεριοῦμεν. οἷον ἐπεὶ οἱ Δίδυμοι μερίζουσιν ἔτη κ, 21
25 τῆς ἀφέσεως γενομένης ἐφεξῆς καὶ συμπληρουμένων [καὶ] μηνῶν ζ ἐτῶν
ιζ, τὰ λοιπὰ ἔτη β καὶ μῆνας ε ἀπὸ Τοξότου μεριοῦμεν, αὐτῷ τῷ Τοξότῃ
διδόντες ἐνιαυτόν, εἶτα τῷ Αἰγοκέρωτι τὸν περίλοιπον χρόνον εἰς συμπλή-
ρωσιν τῶν κ ἐτῶν. ὁμοίως καὶ ἀπὸ τοῦ Καρκίνου ἢ Λέοντος ἢ Παρθένου 22
ἢ Αἰγοκέρωτος ἢ καὶ Ὑδροχόου τὴν ἄφεσιν ἐὰν εὕρωμεν, μετὰ ιζ ἔτη καὶ
30 μῆνας ζ χωρὶς ἐπαγομένων ἐκ τῶν διαμέτρων ἀρξάμενοι τοὺς λοιποὺς
χρόνους μεριοῦμεν ἐφεξῆς.
Τινὲς μὲν οὖν τοὺς λοιποὺς χρόνους μερίζουσιν ἐκ τῶν τριγώνων, ἐμοὶ 23
δ᾽ οὐ δοκεῖ φύσιν ἔχειν· ἀλλὰ καθάπερ ἐπὶ τοῦ κοσμικοῦ τὰ τέτταρα

[VS] 2 τὸ VS, τὸν² Kroll | ἢ] καὶ S ‖ 10 ὑπ᾽ VS, ἀπ᾽ sugg. Kroll | εἰ om. S |
ἢ κείως post οἰκείως S ‖ 12 ὀκτώ S ‖ 13 ἥλιος V ‖ 13—14 μῆνας ιθ διὰ τὸν λέοντα
VS, corr. Kroll ‖ 15 τὸν¹] τὸ S | ιε² S | ιβ Kroll | διὰ τὸν τοξότην post ιβ Kroll ‖
16 ς] γ VS | η] ια VS ‖ 19 Ἑρμῆς om. S | τὰς VS, τοὺς Kroll ‖ 24—26 οἷον — μεριοῦ-
μεν in marg. S ‖ 25 καί² secl. Kroll ‖ 26 μῆνες VS, μῆνας Kroll ‖ 33 φησιν S |
τέταρτα VS, corr. Kroll

στοιχεῖα τὴν πρὸς ἄλληλα συμπάθειαν κέκτηται, καὶ ἕκαστον ἀπὸ ἑτέρου
ζῳογονεῖται καὶ θάλπεται, τὸν αὐτὸν τρόπον καὶ ἐπὶ τῆς διαιρέσεως κατὰ
24 τὴν ἁρμονίαν τῶν ζῳδίων τὰς παραδόσεις ποιεῖσθαι. οἷον ἐπεὶ τὸ πῦρ καὶ
ὁ ἀὴρ ἀνωφερῆ ὑπάρχοντα ἀλλήλοις τὴν ἐπιμιξίαν ποιοῦνται, καὶ κατάξη-
ρον ὑπάρχον τὸ πῦρ ὑπὸ τῆς τῶν ἀέρων εὐκρασίας τρέφεται, καὶ αὐτὸ δὴ 5
f.64S τὸ πῦρ οὐκ ἐᾷ τὸν ἀέρα | εἰς κρυμώδη καὶ ζοφώδη φύσιν χωρῆσαι, ἀλλ᾽ ἐκ-
θερμαῖνον εὐκρασίαν ἀπεργάζεται, εὐλόγως ἄρα καὶ ὁ Λέων πυρώδης
ὑπάρχων μετὰ τὸν κύκλον παραδώσει τὸν ἐπίλοιπον χρόνον τῷ τὴν συμ-
πάθειαν ἔχοντι Ὑδροχόῳ (ὅς ἐστιν ἀήρ), καὶ πάλιν Ὑδροχόος τῷ Λέοντι.
25 ὁμοίως δὲ καὶ ἡ γῆ κατάξηρος οὖσα καὶ ὑπὸ τῆς ὑγρᾶς οὐσίας τρεφομένη 10
ζῳογονεῖ τὰ πάντα, καὶ αὐτὸ δὲ τὸ ὕδωρ διαβασταζόμενον ἐκ τῆς γῆς καὶ
ἐξ αὐτῆς γεννώμενον τὴν συμπάθειαν φυλάσσει· εὐλόγως ἄρα καὶ ὁ Καρ-
κίνος κάθυγρος ὑπάρχων καὶ ὁ Αἰγόκερως γεώδης ἀλλήλοις τὴν ἀντι-
παράδοσιν ποιήσονται, καὶ ἡ Παρθένος γεώδης ὑπάρχουσα τοῖς Ἰχθύσιν.
26, 27 καὶ τὰ λοιπὰ ζῴδια τὴν αὐτὴν δύναμιν ἐφέξει πρὸς τὰ διάμετρα. οὕτως 15
καὶ ἡ ἀκολουθία τῆς διαιρέσεως ζῳδιακῶς ἐστοιχειογράφηται· οἷον ὁ
Κριὸς πυρώδης, ὁ Ταῦρος γεώδης, οἱ Δίδυμοι ἀερώδεις, ὁ Καρκίνος
28 ὑδατώδης, καὶ τὰ τούτων τρίγωνα ὁμοίως. ἐὰν οὖν ἐν τοῖς τριγώνοις τοὺς
συνδέσμους λύωμεν, εὑρήσομεν μίαν φύσιν τοῦ τε παραδιδόντος καὶ τοῦ
παραλαμβάνοντος ζῳδίου, καὶ οὐδεμία τις σύγκρασις εὑρεθήσεται, ἀλλὰ 20
πλεονεκτούμενα ὑπ᾽ αὐτῶν τὰ στοιχεῖα.
29 Ἄλλως τε τὸν Ἥλιον εὑρίσκομεν ἀπὸ Κριοῦ τὴν ἀρχὴν ποιούμενον τῆς
τροπῆς καὶ τῆς ἰσημερίας καὶ κατὰ τὸ ἡμικύκλιον τὸ μέγεθος τῆς ἡμέρας
ἐπαύξοντα, ἐν δὲ τῷ διαμέτρῳ, Ζυγῷ, τὸν σύνδεσμον λύοντα καὶ εἰς τὸ
30 μειωτικὸν χωροῦντα. ἐπεὶ δὲ καὶ Καρκίνῳ αὐξητικὸν σχῆμα ἡμέρας ἐπέχει, 25
τοῦτο ἐν Αἰγόκερωτι γενόμενος τῇ νυκτὶ παρέχει, ἐν τῷ διαμέτρῳ τὴν
31 μεταβολὴν ποιούμενος. ὁμοίως καὶ ἡ Σελήνη τὴν σύνοδον ποιησαμένη καὶ
πληρώσασα τὸν κύκλον ἐν τῷ διαμέτρῳ τὸν σύνδεσμον λύει· διὸ μᾶλλον
ἔδοξε τῇ προκειμένῃ ἀγωγῇ χρήσασθαι εἰς τὴν τῶν συνδέσμων λύσιν.

⟨ε΄.⟩ Περὶ τῆς τῶν συνδέσμων λύσεως καὶ ἀντιπαραδόσεως τῶν ἀστέρων 30

f.64vS 1 Αἱ δὲ τῶν συνδέσμων λύσεις ἐν διαφόροις γενήσονται | διὰ τὰς τῶν
2 ἀστέρων φύσεις. Ἥλιος μὲν οὖν καὶ Σελήνη Κρόνῳ παραδιδόντες ἐναν-

[VS] 3 παραδώσεις S | ἐπὶ VS, ἐπεὶ Kroll ‖ 6 ἀλλὰ S | ἐκθερμαίνων S, ἔκθερ-
μον Kroll ‖ 9 ὅ VS, ὅς sugg. Kroll ‖ 13 ἀντιπαράδωσιν S ‖ 14 ἰχθύοις VS, corr.
Kroll ‖ 17 ἐὰν οὖν ἐντὸς post πυρώδης V, sed del. ‖ 18 ὅμοια S | ἐντὸς V, ἐν
τός͞ S ‖ 19 τοῦτο VS, τοῦ τε Kroll ‖ 22 τε sup. lin. V ‖ 23 ἀρχῆς in textu, τροπῆς
in marg. V ‖ 25 καρκίνος VS, Καρκίνῳ sugg. Kroll ‖ 26 τὴν ? VS, τῇ νυκτὶ Kroll ‖
30 ἀντιπαραδώσεως S

τιωμάτων καὶ φόβων εἰσὶ δηλωτικοί, ἐπάγοντες ἔχθρας μειζόνων καὶ
ἀπειλὰς μυστικῶν καὶ παλαιῶν πραγμάτων ἕνεκα, ἀνασκευάς, κρίσεις τε
καὶ ἀντικαταστάσεις καὶ ὑπόπτους βίους καὶ ἀξίας, καθαιρέσεις, σωματι-
κάς τε ὀχλήσεις καὶ κινδύνους ἢ ναυάγια, αἰφνιδίους τε καταπτώσεις καὶ
5 αἰτίας πλείστας, ἐκτὸς εἰ μὴ ἀγαθοποιοὶ ἐπόντες ἢ μαρτυροῦντες τῶν
αἰτιῶν τὰς ἐκβάσεις ἀμαυρώσουσιν. Ἑρμῆς δὲ ἀπὸ Παρθένου ἢ Διδύμων 3
Διὶ μεταπαραδιδοὺς τὸν χρόνον μεταβολὴν πραγμάτων ἀποτελεῖ καὶ
καινοποιίας πράξεων. καὶ ἐὰν ἐπὶ γενέσεως οἱ τόποι κακωθῶσιν ἢ καὶ 4
αὐτὸς Ἑρμῆς, τοῦ καθολικοῦ χρόνου ἐναντίου γενομένου, ἡ τοῦ συνδέσμου
10 λύσις τὴν μεταβολὴν ἐπὶ τὸ κρεῖσσον ἕξει, καὶ πράξεων δηλωτικὴ γενή-
σεται· ἐὰν δὲ οἱ τόποι ὑπὸ ἀγαθοποιῶν φρουρούμενοι ἀγαθὸν τὸν χρόνον
ἀποτελῶσιν, μετὰ ⟨τὸν⟩ κύκλον ἡ τοῦ συνδέσμου λύσις ἐπιτάραχος καὶ
ἐπιζήμιος γενήσεται. Κρόνος δὲ ἀπὸ Αἰγοκέρωτος καὶ Ὑδροχόου λύων 5
σύνδεσμον εἰς Λέοντα καὶ Καρκίνον πρακτικὸν τὸν χρόνον δηλοῖ· τὰ γὰρ
15 ἐκ σκότους εἰς φῶς ἄγει, καὶ τοῖς δυναστικοῖς ζῳδίοις τὴν διαίρεσιν τῶν
χρόνων παραδιδοὺς ἐνεργέστερος καθίσταται κατὰ τὴν ὑπόστασιν τῆς
γενέσεως, τάς τε δόξας καὶ τὰς ὠφελείας παρέχει κατὰ τοὺς ἐπόντας
ἀστέρας.

⟨ς′.⟩ Πόσα ἔτη μερίζει ἕκαστον ζῴδιον· καὶ τέλεια ἔτη τῶν ἀστέρων

20 Μερίζει δὲ ὁ μὲν Ὑδροχόος ἔτη λ̄, ὁ Αἰγόκερως κ̄ζ̄, ἐπεὶ ὁ Ἥλιος δεσ- 1
πόζει τελείων ἐτῶν ρ̄κ̄, ὧν τὸ ⊰ ξ· ἐκ τούτων τὴν ἡμίσειαν τῷ κατὰ
διάμετρον Ὑδροχόῳ ἐπιμερίσει, ἅ ἐστιν ἔτη λ̄. ἡ δὲ Σελήνη δεσπόζει 2
τελείων ἐτῶν ρ̄η̄, ὧν τὸ ⊰ ν̄δ̄· | τούτων τὴν ἡμίσειαν τῷ κατὰ διάμετρον f.65 S
Αἰγοκέρωτι ἐπιμερίζει, ἅ ἐστιν ἔτη κ̄ζ̄. τῶν οὖν δύο ζῳδίων συνάγεται 3
25 ἔτη ν̄ζ̄, ἅ ἐστι τέλεια Κρόνου. καὶ οἱ λοιπιοὶ δὲ ἀστέρες τὸν τέλειον ἐπιμε- 4
ρισμὸν τῶν ἐτῶν ἐξ Ἡλίου καὶ Σελήνης ἔσχον.
Τῷ μὲν γὰρ Διὶ συναιρετιστῇ ὄντι καὶ τριγώνου συμπάθειαν κεκτη- 5
μένῳ διὰ τὸν Τοξότην ὁ Ἥλιος τὴν ἡμίσειαν τῶν ρ̄κ̄ ἐτῶν ἐμέρισε καὶ τὰ
ἐλάχιστα ἔτη ῑθ̄· γίνονται ο̄θ̄. ὡσαύτως δὲ καὶ ἡ Σελήνη διὰ τὴν ἀγαθο- 6
30 ποιίαν καὶ τριγώνου κοσμικὴν συμπάθειαν τὴν εἰς τοὺς Ἰχθύας Διὶ ἀπεμέ-
ρισε τὴν ἡμίσειαν τῶν ρ̄η̄ ἐτῶν ν̄δ̄ καὶ τὰ ἐλάχιστα κ̄ε̄· γίνονται ο̄θ̄.

§§ 1−11: cf. App. XVII 1−11 ‖ §§ 1−3: cf. App. XVIII 1−3 ‖ §§ 5−11: cf.
App. XVIII 4−12

[VS] 6 ἀμαυροῦσι S ‖ 7 καὶ om. S ‖ 12 ἀποτελοῦσι VS, corr. Kroll | τὸν Kroll ‖
17 τε sup. lin. V ‖ 21 τῶν VS, τῷ Kroll ‖ 22 ὑδροχόων V, om. S, corr. Kroll ‖
23 τῷ] τῶν S ‖ 25 αἰγοκέρου VS, Saturni App. ‖ 27 συναιρετιστῇ VS, corr.
App. XVII ‖ 31 τὰ] τὰς V, om. S | ἐλαχίστας VS, ἐλάχιστα App.

7,8 Τῷ δὲ Ἄρει τῆς αὐτῆς αἱρέσεως ὄντι ἡ Σελήνη ἀπεμέρισε τὰ νδ. ὁ δὲ
Ἥλιος διὰ τὴν ἀντίμιμον πυρώδη οὐσίαν καὶ φθοροποιὸν τρόπον τὸν
ἐπιμερισμὸν ᾐρήσατο, ἀντιπαρεχώρησε δὲ ὁ κατὰ διαδοχὴν τοῦ τριγώνου
9 δεσπότης Ζεὺς ἅ ἐστιν ἔτη ἐλάχιστα ἐπιμερίσαι ιβ. γίνονται ξϛ.
10 Ὁμοίως δὲ καὶ τῇ Ἀφροδίτῃ διὰ τὴν συμπάθειαν τοῦ τριγώνου καὶ νυκτε- 5
ρινὴν αἵρεσιν ἡ Σελήνη ἐπεμέρισε τὰ νδ, καὶ ὁ Κρόνος διὰ τὴν ἐναντίαν
τοῦ ὑψώματος στάσιν (τουτέστι τὸν Ζυγόν) ἔτη λ· γίνονται πδ.
11 Ὁ δὲ Ἑρμῆς διὰ τὴν πρὸς Κρόνον συνοικοδεσποτείαν ἔλαβε παρ' αὐτοῦ
τὰ τέλεια ἔτη νζ καὶ παρὰ τοῦ Ἡλίου τὰ ἐλάχιστα ιθ· γίνονται οϛ.

⟨ζ'.⟩ Περὶ χρόνων διαιρέσεων ἐπὶ κλήρου τύχης καὶ δαίμονος καὶ ἐπεμ- 10
βάσεως ἀστέρων καὶ οἰκοδεσποτῶν καὶ συνόδου καὶ πανσελήνου μεθ' ὑπο-
δείγματος καὶ ἀντιπαραδόσεως

1 Τούτων οὕτως ἐχόντων, σκοπεῖν δεήσει ἐπὶ τῆς διαιρέσεως τόν τε
παραδιδόντα καὶ παραλαμβάνοντα πότερον ἐπίκεντροι ἢ ἀποκεκλικότες,
2 ὁμογνωμονοῦντες ἢ ἀλλότριοι τυγχάνουσιν. ἐὰν γὰρ ζῳδιακῶς μὲν ἡ 15
διαίρεσις ἀπὸ ἐπικέντρων τόπων εἰς ἐπικέντρους παραγένηται, ὁμοίως
f.65 vs δὲ καὶ οἱ τούτων οἰκοδεσπόται | ἐπίκεντροι τύχωσιν ὑπὸ ἀγαθοποιῶν
μαρτυρούμενοι καὶ οἰκείας αἱρέσεως, ἀγαθὴν τὴν χρονοκρατορίαν ἀπο-
τελοῦσι καὶ ἐπίσημον· ἐὰν δὲ οἱ μὲν τόποι ἐπίκεντροι, οἱ δὲ κύριοι ἀπο-
κεκλικότες ἢ ὑπὸ κακοποιῶν μαρτυρούμενοι, ἀνώμαλον τὸν χρόνον καὶ 20
3 ἐπιτάραχον δηλοῦσιν. ἐὰν δὲ τὰ πάντα σχήματα ἐν ἀποκλίμασιν εὑρεθῇ,
κάκιστος ὁ χρόνος καὶ αἰτίας καὶ ζημίας ἐπάγων, γίνεται δὲ κατὰ τούσδε
4 τοὺς χρόνους ἐν ξενιτείαις καὶ πράξεων μεταβολαῖς. καὶ ἐὰν μὲν ἀγαθο-
ποιοὶ τύχωσιν ἢ ὑπὸ ἀγαθοποιῶν μαρτυρούμενοι, ἐπὶ ξένης πραγμάτων
κατόρθωσιν ποιησάμενοι ἐπωφελῶς διάξουσιν· ἐὰν δὲ κακοποιοί, καὶ 25
ἐπὶ ξένης ταραχαῖς καὶ ζημίαις περιτραπήσονται ἢ καὶ ὑπὸ ξένων καὶ δού-
5 λων προδοθήσονται. ὅθεν τὰ ἀποκλίματα ξένης σημαντικά· ἐὰν δέ πως
ἐπίκεντροι εὑρεθῶσιν ἢ ἰδιοτοποῦντες, κατοχὰς σημαίνουσιν εἴς τινας
6 τόπους ἢ ἐπιμονάς. Ἑρμῆς μὲν οὖν καὶ Ἀφροδίτη οὔτε μακρὰς οὔτε πολυ-
χρονίους τὰς ἀποδημίας παρέχουσιν, ἐπεὶ οὐ πολὺ ἀφίστανται τοῦ Ἡλίου, 30
Κρόνος δὲ καὶ Ἄρης καὶ Σελήνη ὑπερορίους καὶ ἐπικινδύνους ἐπί τε γῆς
καὶ θαλάσσης καὶ ἐν πλάναις ἢ βαρβάροις τόποις γινομένους, Ἥλιος δὲ

[VS] 2 ἀτίμιμον V, ἀτμιδώδη S, corr. Kroll; cf. *invidiosam imitacionem* App. |
καὶ ante πυρώδη S | πυρώδη iter. V | τόπον VS, corr. Kroll ‖ 3 ὁ] τῷ VS ‖ 4 δεσ-
πότη ♃ VS | 5 νυκτερινὴν] ρν S, τὴν in marg. S² ‖ 6 ἐπιμέρισε S ‖ 8 συνοικοδεσ-
ποτείαν V | ἔλαβον VS, corr. App. XVII; cf. *recepit* App. ‖ 13 τε sup. lin. V ‖
18 οἰκείως corr. in οἰκείας V ‖ 23 ξενιτίαις S ‖ 25 κατορθώμασιν S ‖ 26 ὑπὸ] ἀπὸ
VS ‖ 31 δὲ om. S | τε sup. lin. V ‖ 32 ἢ] καὶ S

156

ἐπιδόξους καὶ ἐντίμους καὶ εὐσυστάτους, Ζεὺς δὲ ἐπωφελεῖς καὶ πολυφίλους καὶ ἡδέως διάγοντας ἐπὶ τῆς ξένης.

Ἐὰν οὖν χρόνους σωματικούς τις ἐν ἐκκέντρῳ κατάγῃ ζῳδίῳ ἢ καὶ 7 ὁ κύριος ἔκκεντρος τύχῃ ὑπὸ κακοποιῶν μαρτυρούμενος, ἐν ἀσθενείᾳ 5 γενήσεται καὶ αἱμαγμοῖς ἢ κινδύνοις· ἐὰν δέ τις κατὰ τὸν δαίμονα τοὺς χρόνους κατάγῃ ἐν ἐκκέντρῳ ζῳδίῳ, καὶ κακοποιὸς ἐπῇ ἢ καὶ τῷ οἰκοδεσπότῃ τοῦ ζῳδίου μαρτυρήσῃ, ἀπρακτήσει καὶ ἐν δυστυχίαις διάξει καὶ ἀκαταστατήσει τῇ ψυχῇ κακωτικῶς διάγων περί τε τὰς πράξεις καὶ τὰς ἐπιβολάς. καὶ ἐὰν μὲν ἐν πυρώ|δει ζῳδίῳ εὑρεθῇ κατάγων τὸν χρόνον, 8 f.66S 10 κακοποιῶν ἐπόντων ἢ μαρτυρούντων, ἔκλυσιν ψυχῆς μεγίστην ἕξει καὶ παρὰ προαίρεσίν τινα διαπράξεται ἀστατῶν τῇ γνώμῃ· ἐὰν δὲ ἐν ἀερώδει, καὶ ᾖ κεκακωμένον τὸ ζῳδίον ἢ ὁ κύριος, μετεώρως καὶ ἐπιλύπως διάξει καὶ ἄλλα διαπρασσόμενος ἕτερα προσδοκήσει· ἐὰν δὲ ἐν γεώδει ζῳδίῳ, τὰ μὲν προσπίπτοντα γενναίως οἴσει, διὰ δὲ τῆς ἰδίας ἐγκρατείας τῶν 15 πλείστων περιέσται ἐννοηματικῶς· ἐὰν δὲ ἐν ὑδατώδει ζῳδίῳ, εὐπαρηγόρητον τὴν ψυχὴν κεκτημένος καὶ ἔν τισιν ἀνωμαλίσας πολλῶν πραγμάτων κατόρθωσιν ποιήσει καὶ περὶ τὰς ἐγχειρήσεις εὐεπήβολος ἔσται.

Πάντοτε μὲν οὖν ἰδικῶς αἱ πράξεις καταλαμβάνονται ἔκ τε τοῦ δαίμονος 9 καὶ οἰκοδεσπότου· εἰσὶ γάρ τινες σωματικὰς μὲν πράξεις ἔχοντες οἷον 20 διὰ χειρῶν ἐργαζόμενοι καὶ σωματικὰς κακοπαθείας ⟨διὰ⟩ ἀχθίσεως ἢ γυμνασίας, ἕτεροι δὲ ἀπὸ λόγου καὶ ἐπιστήμης καὶ ψυχῆς ἐνεργείας. ὅπου 10 δὲ ἂν πλείους ἀστέρες προσνεύσωσιν ἤτοι τῷ κλήρῳ ἢ τῷ δαίμονι, ἐκεῖθεν τὸ πρακτικὸν δηλωθήσεται. συνεπικρίνειν οὖν δεῖ τὰς πράξεις καὶ τὴν 11 καθολικὴν ὑπόστασιν ἤτοι ἔνδοξος ἢ μετρία ἡ γένεσις ἢ καὶ εὐδαίμων ἢ 25 πενιχρὰ ἢ ἐπίδικος ἢ ἀνώμαλος, ἵνα ἐν τοῖς ἐπιμερισμοῖς καὶ τὰ ἀποτελέσματα προφανῆ γένηται. οἱ μὲν οὖν τὰς πράξεις ἀποτελοῦντες ὁ τοῦ 12 Ἄρεως καὶ τῆς Ἀφροδίτης καὶ τοῦ Ἑρμοῦ, ὁ δὲ τοῦ Κρόνου ἐπιτηδεύματα καὶ ὅσα ποτὲ δι᾽ ὑγρῶν ἢ κακοπαθείας καὶ κληρουχίας γίνεται. ταπεινοὶ 13 μὲν οὖν | καὶ ἄδοξοι καταλαμβάνονται ἔκ τε Κρόνου καὶ Ἄρεως, Διὸς f.92vV 30 ἀπόντος, ἔνδοξοι δὲ καὶ εὔποροι ἔκ τε Ἡλίου καὶ Σελήνης, συμπαρόντων τῶν ἀγαθοποιῶν ἢ συνεπιμαρτυρούντων.

Ἐὰν οὖν ἡ διαίρεσις ἀπὸ τοῦ δαίμονος εἰς τὸ μεσουράνημα τοῦ κλήρου 14 τῆς τύχης ἔλθῃ ἢ εἰς αὐτὸν τὸν | κλῆρον, τοῦ κυρίου συμπαρόντος καὶ f.66vS

---

§ 9: cf. App. XVI 1 ‖ § 11: cf. App. XVI 2 et 4 ‖ §§ 14-16: cf. App. XVI 5-7

[VS] 11 ἀερώδη S ‖ 12 μετέωρος VS, corr. Kroll ‖ 14 τῆς] τὰς S ‖ 15 ἐνοηματικῶς V ἐνονματικῶς S ‖ 16 ἀνωμαλήσας S ‖ 17 εὐεπίβολος S ‖ 20 διὰ sugg. Kroll ‖ ἀχθέσεως VS, corr. Ham. ‖ 23 τῷ πρακτικῷ S, sed πρακτικῷ corr. in πρακτικὸν ‖ 26 γενήσεται VS, corr. Kroll ‖ 32 τὸ] τὰ S

12*

ὑπὸ ἀγαθοποιοῦ μαρτυρουμένου ἢ καὶ Ἡλίου ἢ καὶ Σελήνης, ἐπιλάμπρας
μὲν οὔσης τῆς ὑποστάσεως, ὁ γεννώμενος ἐν ἡγεμονίαις καὶ μεγάλαις
δόξαις γενήσεται, ἐπίσημός τε καὶ ἀρχικὸς καὶ προφανὴς κατ' ἐκείνους
τοὺς χρόνους καὶ ὑπὸ πολλῶν μακαριζόμενος διὰ τὴν περὶ αὐτὸν εὐδαι-
15 μονίαν. καὶ ἐπὶ τοῦ ὡροσκόπου δὲ καὶ ἐπὶ τοῦ μεσουρανήματος καὶ ἐπὶ 5
τῶν λοιπῶν κέντρων ἡ διαίρεσις γενομένη δόξας ἀποτελεῖ, οὐχ ὁμοίως
16 δέ· ἐνεργέστεροι γὰρ οἱ τῶν κλήρων τετράγωνοι τόποι. ἐὰν δέ, τούτων
οὕτως ὄντων, μετρία ἡ ὑπόστασις εὑρεθῇ, ἔσται ἐν πράξεσιν ἢ ὠφελείαις,
καὶ μείζοσιν ⟨ἢ⟩ φίλοις ⟨συνελεύσεται⟩, καὶ δωρεᾶς καὶ τιμῆς καταξιω-
θήσεται, καὶ εὐημερήσει, καὶ προκόψει περὶ τὴν τῆς ἀσχολίας ἐνέργειαν, 10
καὶ ἐὰν μάλιστα ἀγαθοποιοὶ ἐπῶσιν ἢ μαρτυρῶσιν· εἰ δὲ κακοποιοί, τὰ
μὲν τῶν τόπων γενήσεται καθὼς πρόκειται προφανῆ, ἕνεκα δὲ τῆς τῶν
κακοποιῶν μαρτυρίας ἐναντιώμασι καὶ ζημίαις περιτραπήσονται καὶ
17 ἀπαράμονον τὴν τῆς ἀγαθοποιίας ἀφορμὴν ὑπομένοντες. ὥσπερ δὲ
ἕκαστος τῶν ἀστέρων ἐπὶ τοῦ κύκλου ζωδιακῶς ἐστοιχειογράφηται κατὰ 15
τοὺς οἴκους, τὸ ὅμοιον καὶ ἐπὶ γενέσεως σχηματισάμενος συμπαθὴς
πρὸς ἕτερον γενήσεται.

⟨η'.⟩ Ὑπόδειγμα ἀναγκαῖον

1 Ἔστω ἐπὶ ὑποδείγματος γένεσις οὕτως ἔχουσα· Ἥλιος, Ἀφροδίτη Καρ-
κίνῳ, Σελήνη, ὡροσκόπος Ἰχθύσιν, ⟨Κρόνος⟩ Τοξότῃ, πανσέληνος, Ζεὺς 20
⟨Αἰγοκέρωτι⟩, Ἄρης Σκορπίῳ, Ἑρμῆς Λέοντι, ὁ κλῆρος τῆς τύχης Λέοντι,
2, 3 ὁ δαίμων Σκορπίῳ. ζητῶ δὲ ἔτος ο'. ἀπέλυσα τοὺς μὲν σωματικοὺς χρό-
νους ἀπὸ Λέοντος, δοὺς αὐτῷ πρώτῳ Λέοντι ἔτη ιϑ͞, εἶτα Παρθένῳ ἔτη κ͞,
4 εἶτα Ζυγῷ ἔτη η͞, εἶτα Σκορπίῳ ἔτη ιε͞· γίνονται ἔτη ξβ͞. ἐν τούτοις πολλοὺς
5 μὲν κλιμακτῆρας ἔσχε καὶ ἀπὸ ὕψους πτώσεις καὶ μελῶν θραύσεις. καὶ 25
f.67S ἑξῆς τὰ λοιπὰ ἔτη η͞ ἀπὸ Τοξότου· ἐπικειμένου Κρόνου παρ' αἵρεσιν, ἐν
6 τούτοις καὶ ναυάγια καὶ σωμα|τικὰς ὀχλήσεις ὑπέμεινεν. τὴν δὲ αἰτίαν
τοῦ πάθους ἀπὸ τοῦ ζωδίου ἔνθα εὑρίσκεται ὁ κύριος τοῦ κλήρου διοδεύων
7 λαμβάνομεν. οἷον ὁ κλῆρος Λέοντι, ὁ κύριος τοῦ Λέοντος Ἥλιος εὑρέθη ἐν
τῷ Καρκίνῳ, σημαίνει δὲ ὁ Καρκίνος στῆθος καὶ στόμαχον· τὴν αἰτίαν 30
οὖν τοῦ πάθους λέγομεν γεγενῆσθαι ἀπὸ τοῦ Καρκίνου.

§§ 1–24: thema 19 (19 Iul. 75)

[VS] 3 γενήσονται V ‖ 9 ἢ App. | καταξοιωθήσεται V ‖ 10 εὐημερίσει VS,
corr. Kroll | ἀσχολείας V ‖ 13 ζημίας VS, corr. Kroll ‖ 15 καὶ post ἀστέρων S ‖
18 ὑποδείγματος VS, corr. Kroll ‖ 20 Κρόνος Kroll | ☾ π V, ☾ S, πανσέληνος
Kroll, sed alio in loco pon. ‖ 21 Αἰγόκερῳ Kroll ‖ 26 Κρόνου om. S ‖ 30 στο-
μάχου V

158

Τοὺς ἐπιμερισμοὺς δὲ λαμβάνει τῶν ἐτῶν, καὶ ἀνὰ τ̅ξ̅ ἡμέρας ποιεῖ· τὰς 8
γὰρ ε̅ δ΄ κατ᾽ ἴδιον ψηφίζων προστίθει τοῖς ἔτεσιν. ἔδωκεν οὖν τῷ Τοξότῃ 9
ἐνιαυτόν, Αἰγοκέρωτι ἔτη β̅ μῆνας ζ̅, Ὑδροχόῳ ἔτη β̅ μῆνας ζ̅, Ἰχθύσιν
ἐνιαυτόν, εἶτα Κριῷ τὰ λοιπὰ εἰς συμπλήρωσιν τῶν η̅ ἐτῶν. Ἄρης οὖν 10
5 τῶν σωματικῶν χρόνων κυριεύσας, ἀπὸ Τοξότου παραλαβὼν Κρόνου
ἐπικειμένου τῷ Τοξότῃ, τέλος ἐπήγαγεν. ἐτελεύτα δὲ προσινωθεὶς στό- 11
μαχον καὶ βηχὸς προπειραθείς· ἦν γὰρ καὶ ὁ θανατικὸς τόπος Ἰχθύσιν,
Σελήνης ἐπικειμένης καὶ Κρόνου καθυπερτεροῦντος, ἐξ οὗ ἡ δυσεντερία.
ἄλλως τε καὶ αὐτὸς ὁ κύριος τῆς πανσελήνου Κρόνος ἀπόστροφος γενό- 12
10 μενος τὸ εἶδος τῆς βιαιοθανασίας ἐπήγαγεν. τὸ δὲ σίνος τοῦ στομάχου καὶ 13
βηχός, ἐπεὶ ὁ κύριος τοῦ κλήρου Ἥλιος ἐν Καρκίνῳ εὑρέθη· ὁ δὲ Καρκίνος
στῆθος καὶ στόμαχον δηλοῖ.

Τοὺς δὲ πρακτικοὺς χρόνους ἐποιησάμην ἀπὸ Σκορπίου, αὐτῷ ⟨ἐπι- 14
κειμένου⟩ τοῦ Ἄρεως δοὺς ἔτη ι̅ε̅, εἶτα Τοξότῃ ι̅β̅ ἐπικειμένου Κρόνου·
15 ἕως ἐτῶν κ̅ζ̅ ἀνώμαλος, ἀλήτης γέγονεν. ὑπὸ δὲ ἐπιτρόπων ἱκανὸς ὁ βίος 15
αὐτοῦ ἀνηλώθη· ἦν γὰρ καὶ ὁ περιποιητικὸς Διδύμοις, καὶ οὐδεὶς τῶν
ἀγαθοποιῶν ἐπεθεώρησεν, μόνος δὲ Κρόνος ἠναντιώθη. εἶτα ἑξῆς Αἰγό- 16
κερως παρέλαβεν ἐπὶ ἔτη κ̅ζ̅, Διὸς ἐπικειμένου καὶ ἀγαθοδαιμονοῦντος,
ἀκρονύκτου δὲ ὑπὸ Ἡλίου καὶ Ἀφροδίτης θεωρουμένου. καὶ ὅλην μὲν 17
20 τὴν χρονογραφίαν ἔμπρακτον κατήγαγεν, καὶ δημοσίας καὶ βασιλικὰς
πράξεις ἐπιστεύθη, καὶ γέγονεν ἡγεμόνων καὶ βασιλέων φίλος, καὶ ἐκτή-
σατο πολλὰ ὁμολογουμένως, ἐναντιώματα δὲ καὶ ἀνωμαλίας κατὰ καιρὸν
ὑπομένων κατὰ | τὰς τῶν κακοποιῶν παραλήψεις ἢ ἐπιμαρτυρίας, ἀπαρά- f.67 v S
μονον δὲ τὴν κτῆσιν διὰ τὸ ἀφαιρετικὸν εὑρῆσθαι τὸν Δία καὶ ἰδίῳ τα-
25 πεινώματι. μετὰ δὲ τὸν Αἰγοκέρωτα παραλαβόντος τοὺς χρόνους Ὑδρο- 18
χόου, Ἄρεως καὶ Ἑρμοῦ μαρτυρούντων, τῶν ἀγαθοποιῶν ἀποστρόφων
ὄντων, αὐτὸς μὲν τῶν πράξεων ἐπαύσατο, πολλὰ δὲ ἀφελῶς πιστεύσας
ἀπώλεσεν, οἰκείοις δὲ καὶ δούλοις τὰς πίστεις ἐνεχείρησεν ὧν δι᾽ ἀμέλειαν
καὶ σπάνιν χρεωστίαις περιπεσὼν ἔκπτωτος εὑρέθη διὰ τὸ καὶ τὴν καθο-
30 λικὴν ὑπόστασιν οὕτω φέρειν. αὐτὸς οὖν Ὑδροχόος ἔλαβεν ἔτη β̅ μῆνας ζ̅, 19
εἶτα Ζεὺς ἐνιαυτὸν α̅, εἶτα Ἄρης ἐνιαυτὸν α̅ μῆνας γ̅, εἶτα Ἀφροδίτη μῆνας
η̅, εἶτα Ἑρμῆς ἐνιαυτὸν α̅ μῆνας η̅· ἔκτοτε εἰς μείωσιν πολλὴν ἐχώρει τὰ
πράγματα. εἶθ᾽ ἑξῆς Σελήνη παρέλαβεν ἔτη β̅ μῆνα α̅· ἐν τούτοις ἔδοξέν 20
τινα ἀπειληφέναι τὰ προπεπιστευμένα καὶ [εἰς] φίλων βοηθείας τετευχέναι.

[VS] 1 δὲ] γὰρ VS ‖ 3 ς̅¹] γ VS ‖ 4 θ VS, η sugg. Kroll ‖ 6 ἐπάγαγεν V
7 ἰχθύες VS, corr. Kroll ‖ 8 δυσεντερία] δυναστεία VS ‖ 10 ἀπήγαγεν V ‖ 14 τῷ
♂ VS ‖ 15 ὁ om. V ‖ 17 ἐπιθεώρησε VS, corr. Kroll ‖ 18 παρέλαβον S ‖ 19 ἀκρο-
νύκτου V ‖ 28 ἀπόλεσεν V | τε VS, δὲ Kroll | ἐνεχείρισεν S | διὰ S ‖ 29 σπάνην S ‖
31 α¹] καὶ VS ‖ 33 ἔδοξαν VS, corr. Kroll ‖ 34 εἰς secl. Kroll

21 εἶτα ὁμοίως ἔλαβεν ὁ Ἥλιος ἐνιαυτὸν ᾱ μῆνας ζ ἐν Λέοντι, καὶ Ἑρμῆς
22 Παρθένῳ ἐνιαυτὸν ᾱ μῆνας ῆ. κακοποιῶν οὖν μαρτυρησάντων [τοῖς τό-
   ποις καὶ] τῷ Ἑρμῇ, ἐν τούτοις τοῖς χρόνοις καθῃρέθη· καὶ γὰρ ὁ κλῆρος
23 ἐν ἀποκλίσει εὑρέθη καὶ ὁ κύριος τοῦ τριγώνου τῆς Σελήνης Ἄρης. μετὰ
   δὲ τὸν τοῦ Ἑρμοῦ ἔλαβεν Ἀφροδίτη μῆνας ῆ, ἑξῆς Ἄρης ἐνιαυτὸν ⟨ᾱ⟩ μῆ-   5
   νας ῡ, εἶτα Τοξότης ἐνιαυτὸν ᾱ· καὶ τὸ τέλος ἐγένετο.

⟨θ΄.⟩ Περὶ κοσμικοῦ ἐνιαυτοῦ καὶ τοῦ πρὸς τὴν διαίρεσιν ἐνιαυτοῦ, πόσων
       ἑκάτερος ἡμερῶν ἐστι καὶ πῶς δεῖ λογίζεσθαι

1 Ἐπεὶ δὲ ὁ μὲν κοσμικὸς ἐνιαυτός ἐστιν ἡμερῶν ⟨τ⟩ξ̄ε δ΄, πρὸς δὲ τὴν
  διαίρεσιν ὁ ἐνιαυτὸς τ̄ξ̄, τὰς ἀνὰ ε̄ ἑκάστου ἔτους ἀφαιροῦντες καὶ τὸ δ΄   10
  τῶν ἐνιαυτῶν καὶ συναγαγόντες τὰ ἔτη τότε τὰς διαιρέσεις ποιησόμεθα·
2 οὕτως γὰρ καὶ ἐπὶ τῆς προκειμένης γενέσεως ἐλογισάμεθα. οἷον ἔστω τινὰ
  [κατὰ] γένεσιν λ̄γ̄ ἔτη κατάγειν, γεγενῆσθαι δὲ Τυβὶ ιε΄, ζητεῖν δὲ τοῦ λγ΄
3 ἔτους Μεσωρὶ κ΄. ἔλαβον τῶν λ̄ ἐτῶν τὰς ἀνὰ ε̄· γίνονται ρ̄ν̄· καὶ τῶν δύο
f.68S 4 τῶν πλήρων ῑ, καὶ τὸ δ΄ τῶν λ̄β̄ | γίνονται ῆ· γίνονται ὁμοῦ ρ̄ξ̄η. εἶτα ἔλα-   15
  βον ἀπὸ τῆς ιε΄ τοῦ Τυβὶ ἕως ἧς ζητοῦμεν ἡμέρας Μεσωρὶ κ΄· γίνονται σ̄ιε.
5, 6 ταύτας προσέθηκα τοῖς ρ̄ξ̄η· γεγόνασι τ̄π̄γ. ἐκ τούτων ἀφαιρῶ τ̄ξ̄· λοιπαὶ
7 κ̄γ̄. ἔσται οὖν ἡ γένεσις κατάγουσα ἔτη κατὰ τὴν διαίρεσιν πλήρη λ̄γ̄ καὶ
  ἡμέρας κ̄γ̄· ταῦτα τὰ ἔτη καὶ τὰς ἡμέρας ἐν τῇ τῶν χρόνων ἀφέσει ποιοῦ-
  μαι.   20

⟨ι΄.⟩ Περὶ μερισμοῦ ἐτῶν καὶ μηνῶν καὶ ἡμερῶν πλειόνων τε καὶ ἐλαττό-
     νων καὶ ὡρῶν ἑκάστου ἀστέρος· καὶ τούτων χρήσεις εἰς τὰς γενέσεις

1 Καθάπερ δὲ ἑκάστης περιόδου τὸ ιβ΄ τῶν ἐτῶν λαβόντες ἐπιγνωσόμεθα
2 πόσας ἕκαστος ἡμέρας μερίζει. οἷον ἐπεὶ ὁ Κριὸς μερίζει ἔτη ῑε, τούτων
  τὸ ιβ΄ εἰσὶ μῆνες ῑε· ὁμοίως τούτων τὸ ιβ΄ ἡμέραι λ̄ζ̄ ⌐, καὶ πάλιν τού-   25
3 των τὸ ιβ΄ ἡμέραι ῡ ὧραι ῡ. ταῦτα μερίζει κατὰ τὸν ἐπιβάλλοντα χρόνον.
4 καὶ τῶν ἄλλων ἀστέρων ὁ ἐπιμερισμὸς οὕτως εὑρεθήσεται, οἷον ἐάν τις
  τῇ διαιρέσει προσέχῃ καὶ πρὸς καθολικοὺς χρόνους καὶ ἐνιαυσιαίους καὶ
5 μηνιαίους καὶ πρὸς ἡμέρας καὶ ὧρας εὕρῃ. λεπτομερέστερον οὖν ὑποτάξο-
  μεν τὰ ἐπιβάλλοντα ἑκάστῳ ἀστέρι πρὸς τὸ μὴ πλέκεσθαι τοὺς ἐντυγχά-   30

cap. 9, 2−7: thema 48 (?) (10 Ian. 103)

[VS] 5 ἔλαβον VS, corr. Kroll ‖ 8 ἐστι om. S ‖ 9 τξε Kroll ‖ 10 τξ] λζ VS ‖
13 γόνεσιν V | γεγονῆσθαι VS, corr. Kroll | ζηταῖς S ‖ 14 μεσορι κ V, μεσόρια S,
corr. Kroll ‖ 16 τυμι S | μεσορι κ V, μεσορικῶ S, corr. Kroll ‖ 17 τπς S | δὲ post
ἀφαιρῶ S ‖ 26 μερίζειν V ‖ 27 τις sup. lin. V ‖ 28 προσέχει V

νοντας. οἷον Ἥλιος ἔτη ιϑ, μῆνας ιϑ, ἡμέρας μζ ⌐, ἡμέρας γ ὥρας κγ · 6
Σελήνη ἔτη κε, μῆνας κε, ἡμέρας ξβ ⌐, ἡμέρας ε ὥρας ε · Κρόνος ἔτη
λ, μῆνας λ, ἡμέρας ō⟨ē⟩, ἡμέρας ζ ὥρας ζ · Αἰγόκερως ἔτη κζ, μῆνας κζ,
ἡμέρας ξζ ⌐, ἡμέρας ε ὥρας ⟨ι⟩ē · Ζεὺς ἔτη ιβ, μῆνας ιβ, ἡμέρας λ,
5 ἡμέρας β ὥρας ιβ · Ἄρης ἔτη ιε, μῆνας ιε, ἡμέρας λζ ⌐, ἡμέρας γ ὥρας γ ·
Ἀφροδίτη ἔτη η, μῆνας η, ἡμέρας κ, ἡμέραν ā ὥρας ιζ · Ἑρμῆς ἔτη κ,
μῆνας κ, ἡμέρας ν, ἡμέρας δ ὥρας δ.

Ἐπὰν οὖν εὕρωμεν γένεσιν ἐτῶν ν ἢ ξ, τὴν ἄφεσιν τῶν ἐτῶν ποιησόμεθα 7
ἀπὸ κλήρου τύχης ἢ δαίμονος ζῳδιακῶς, διδόντες ἑκάστῳ τὴν περίοδον
10 τῶν ἐτῶν ἐφ᾽ ὅσον δύναται ὑπακούειν · εἶτα μῆνας δώσομεν, εἶτα ἡμέρας
καὶ ὥρας. ἐὰν δὲ νηπίου ἡ γένεσις εὑρεθῇ, ἀπὸ τῆς ἀφέσεως πρῶτον ὥρας 8
μεριοῦμεν, εἶτα ἡμέρας, εἶτα μῆνας.

Οἷον ἔστω ὑπο|δείγματος χάριν Ἥλιος, Ἑρμῆς Αἰγοκέρωτι, Κρόνος, 9 f.68vS
Ζεὺς Λέοντι, Ἄρης, Ἀφροδίτη Ὑδροχόῳ, Σελήνη Διδύμοις, ὡροσκόπος
15 Λέοντι, ὁ κλῆρος τῆς τύχης Ἰχϑύσιν, ὁ τοῦ δαίμονος Αἰγοκέρωτι. ἔνϑεν 10
καὶ ἡ ἄφεσις ἔστω τῆς τύχης ἀπὸ Ἰχϑύων · ζητεῖν τοῦ δ᾽ ἔτους Μεσωρὶ ις᾽
σὺν ταῖς ἀνὰ ε ἑκάστου ἔτους. ἐπεὶ οὖν τοῖς Ἰχϑύσι τὰ ιβ οὐδέπω ἐμέρισεν, 11
δέδωκα αὐτοῖς ἔτος ā, εἶτα Κριῷ ἔτος ā μῆνας γ, Ταύρῳ μῆνας η · γίνονται
ἔτη β μῆνες ιᾱ. εἶϑ᾽ ἑξῆς δώσει Ἑρμῇ ἔτος ā μῆνας η ἕως συμπληρώσεως 12
20 τῶν δ ἐτῶν καὶ μηνῶν ζ · οὐδέπω δ᾽ ἡ γένεσις πεπλήρωκε τοῦτον τὸν χρό-
νον. ἔστω οὖν χρονοκράτωρ Ἑρμῆς ἤδη ἔχων μῆνας η ἡμέρας ιε · γίνονται 13
ἡμέραι σνε. ταύτας δέον ἐπιμερίσαι κατὰ τὸ ἑξῆς, ἐξ ὧν ἑαυτῷ πρῶτον 14
Ἑρμῆς (τουτέστι τοῖς Διδύμοις) ἔδωκεν ἡμέρας ν, εἶτα Καρκίνῳ ἡμέρας
ξβ ⌐, εἶτα Λέοντι ἡμέρας μζ ⌐, εἶτα Παρϑένῳ ν, εἶτα Ζυγῷ κ · γί-
25 νονται ἡμέραι σλ. λοιπαὶ ἡμέραι κε · ταύτας Ἄρης ἕξει ἐν Σκορπίῳ ἐκ τῶν 15
τῆς Ἀφροδίτης ἡμερῶν καὶ μέχρι συμπληρώσεως τῶν λζ ⌐. τὰς οὖν κε 16
ἡμέρας ὁ Ἄρης ἐπιμερίσει τοῖς ἑξῆς · πρῶτον δὲ ἑαυτῷ ἡμέρας γ ὥρας γ,
εἶτα Τοξότῃ ἡμέρας β ⌐, εἶτα Αἰγοκέρωτι ἡμέρας ε ὥρας ιε, εἶτα
Ὑδροχόῳ ἡμέρας ζ ὥρας ζ, εἶτα Ἰχϑύσιν ἡμέρας β ⌐, Κριῷ ἡμέρας
30 γ ὥρας γ, Ταύρῳ εἰς συμπλήρωσιν τῶν κε ἡμερῶν τὰς λοιπάς. καϑολικὸς 17
οὖν χρονοκράτωρ Ζεύς, δεύτερος Ἑρμῆς ἀπὸ Διὸς παραλαβών, τρίτος
Ἄρης ἀπὸ Ἑρμοῦ, τετάρτη Ἀφροδίτη ἀπὸ Ἄρεως · σκοπεῖν οὖν δεήσει τού-

---

§§ 9–17: thema 115 (27 Dec. 152)

[VS] 3 μῆνας¹ corr. in μηνῶν V | οε Kroll ‖ 4 ιε Kroll | μῆνες V, μῆν S, corr.
Kroll ‖ 8 ἔρωμεν S ‖ 16 μεσορὶ V, μεσώριον S, corr. Kroll ‖ 19 β om. S | μῆνες]
μῆνας S ‖ 24 νζ VS, corr. Kroll ‖ 31 κοσμοκράτωρ VS, χρονοκράτωρ sugg. Kroll |
παρέλαβεν S

VETTIVS VALENS

τους ἐπὶ γενέσεως πῶς εἰσι κείμενοι καὶ πῶς πρὸς ἀλλήλους σχηματίζον-
ται, καὶ οὕτως ἀποφαίνεσθαι.

18 Τινὲς μὲν οὖν καὶ τὰς ἡμέρας κατὰ τὸ τρίγωνον ἐπιμερίζουσιν, ὅθεν
ἐπί τινων γενέσεων καθολικὸς μὲν εὑρεθεὶς ἀγαθοποιὸς χρονοκράτωρ ἢ
καὶ Ἥλιος ἢ καὶ Σελήνη δόξαν καὶ ἡγεμονίαν περιεποίησεν ἢ καὶ ἀρχὰς 5
19 ἐπισήμους καὶ ὠφελείας καὶ συστάσεις μειζόνων. ἐν οἷς χρόνοις κατ᾽ ἐπι-
μερισμὸν κακοποιὸς παραλαβὼν τὴν ἐπιδιαίρεσιν ἀσθενείας σωματικὰς
ἢ καὶ κινδύνους ἐποίησεν, ἢ καὶ ἄλλος ἡμέρας παραλαβὼν καὶ ἐναντιωθεὶς
τῷ καθολικῷ χρονοκράτορι ἢ ἀνοικείως σχηματισθεὶς κατὰ γένεσιν καὶ
f.698 20 κατὰ πάρο|δον ταραχὰς καὶ φόβους καὶ ζημίας κατεσκεύασεν. καὶ ἐὰν 10
μὲν ὁ καθολικὸς χρονοκράτωρ ἐπὶ γενέσεως κακῶς τύχῃ κείμενος ἢ ὑπὸ
κακοποιῶν κατοπτευόμενος, ἐν ταῖς τούτων κατ᾽ ἐπιδιαίρεσιν ἡμέραις
21 καθαιρεθήσονται ἢ κινδυνεύσουσιν, ἢ ἐναντία γενήσονται. ἐὰν δέ, τούτων
παραλαβόντων, ὁ καθολικὸς χρονοκράτωρ ἐν χρηματιστικοῖς ζῳδίοις
εὑρεθῇ ὑπὸ ἀγαθοποιῶν μαρτυρούμενος παροδικῶς, ἐπισκυλέντες τῷ 15
22 βίῳ καὶ τῇ δόξῃ ἄπταιστοι διαμενοῦσιν. δεῖ δὲ καὶ ἐπὶ τῶν ἡμερησίων
διαιρέσεων συνδέσμου λύσιν μετὰ τὸ συμπληρωθῆναι τοῦ κύκλου ἡμέρας
φκη τὰς λοιπὰς ἐν τῷ διαμέτρῳ τῆς ἀφέσεως ποιεῖσθαι ἐφεξῆς, ὡσαύτως
δὲ καὶ ἐπὶ τῶν κατὰ λεπτομέρειαν ἡμερῶν καὶ ὡρῶν μετὰ τὸ συμπληρω-
θῆναι τοῦ κύκλου ἡμέρας μδ τὰς λοιπὰς ἐκ τοῦ διαμέτρου κατὰ τὸ ἑξῆς 20
ἀπολύειν.

⟨ια΄.⟩ Περὶ ἐνιαυτοῦ χρηματιστικοῦ καὶ μερικῆς ἀγωγῆς

1 Τῶν καθολικῶν καὶ χρονικῶν διαιρέσεων κατ᾽ οἰκειότητα οὕτως δια-
τεταγμένων, νῦν καὶ περὶ ἐνιαυτοῦ χρηματιστικοῦ καὶ τῆς τούτων ἀκο-
λουθίας λεκτέον, ὀλίγα δέ τινα πρότερον εἰπεῖν πρὸς τοὺς τὰ τοιαῦτα γε- 25
2 γραφότας ἀναγκαῖον. οἱ πολλοὶ τὴν τῶν χρόνων διαίρεσιν ποικίλως καὶ
ἐπιφθόνως ἐκθέμενοι οὐδεμίαν ἀληθείας αἵρεσιν παρέδωκαν, ἱκαναῖς
δ᾽ ἀγωγαῖς τὸν τόπον καθείρξαντες πλάνην μεγίστην καὶ ἀίδιον ζήτησιν
3 τοῖς ἐντυγχάνουσι κατέλιπον. τινὲς μὲν γὰρ ἀπειρίᾳ ἐνεχθέντες διὰ τῆς
τῶν λόγων ὕλης ψευδεῖς αἱρέσεις εἰσενεγκάμενοι ἐξηπάτησαν πολλούς, 30
ἕτεροι δὲ τὴν δύναμιν τῆς πραγματείας ἰδόντες καὶ τὰς ἀρχὰς ἐκθέμενοι
4 τὰς ἐπιλύσεις οὐκ ἐποιήσαντο διὰ τὸν φθόνον. ἡμεῖς δὲ πολλὴν μὲν χώραν

§§ 20–21: cf. App. XIX 7–8

[VS] 4 κοσμοκράτωρ VS, χρονοκράτωρ sugg. Kroll ‖ 5 περιεποίησαν VS, corr.
Kroll ‖ 6 ἀφελείας VS, corr. Kroll ‖ 8 ἄλλως VS, ἄλλος sugg. Kroll ‖ 13 καὶ
post ἢ¹ S ‖ 16 ἄπτεστοι S ‖ 17–19 τὸ – μετὰ om. S ‖ 22 Μ̅͜V, περὶ S, μερικῆς
dub. Kroll ‖ 28 δὴ S ‖ 29 κατέλειπον V ‖ ἀπειρίαν S

162

ANTHOLOGIAE IV 10–11

διοδεύσαντες καὶ τὴν Αἴγυπτον διελθόντες, διδασκάλοις φιλαργύροις
περιπεσόντες, τὰς μὲν τῶν χρημάτων δόσεις ἐποιησάμεθα διὰ τὴν περὶ
τὸ ἔργον ἐπιθυμίαν, τῆς δ᾽ ἀληθείας μὴ τυγχάνοντες, ἐγκρατέστερον καὶ
αὐτάρκη ἑλόμενοι βίον | περὶ ἕτερα ἠσχολήμεθα. ἐπεὶ δὲ τὸ πρόβλημα τῶν 5   f.93V
5 πλείστων τῶν μαθη|μάτων καὶ ⟨ἡ⟩ τῶν καθολικῶν χρόνων διαίρεσις f.69vs
ἀνθεῖλκον ἡμᾶς καὶ μείζω τὴν ἐπιθυμίαν κατεσκεύαζον, ἀνάγκῃ τὴν ἐπι-
μονὴν ἐποιούμεθα. διαβολῆς δὲ γενομένης περὶ τὰς καθολικὰς τῶν δι- 6
αιρέσεων ἀγωγάς, αἷς τινὲς μὲν ἐχρήσαντο πρὸς τὰς τῶν ὁρίων ἀκολουθίας,
ἕτεροι δὲ πρὸς τὰς μικρὰς περιόδους, οἱ δὲ πρὸς τὰ δωδεκατημόρια ἃ
10 συνάγεται ἔτη ῑ καὶ μῆνες ϑ, ἄλλοι δὲ πρὸς τὰ ὑψώματα, αἱ δὲ τούτων
ἐπιδιαιρέσεις τὰς ἐκβάσεις ψευδεῖς ἐσήμαινον, ἔδοξε καὶ ἡμῖν αἴσχιστον
ὑπάρχειν διορίζεσθαι ἀποτέλεσμα ἔτεσι β̄ ἢ ῑ ἢ ζ, ἀλλὰ ζητῆσαι μεριστι-
κοὺς καὶ ἐνιαυσιαίους χρόνους. καὶ δὴ πολὺν μὲν χρόνον ἀνιαρῶς διήγομεν, 7
καὶ ἐπιλύπως τὰς μεταβολὰς τῶν τόπων ποιούμενοι, τοῖς περὶ τὰ τοιαῦτα
15 ἐσπουδακόσι συμμίσγοντες, διάπειραν ἐλαμβάνομεν, μέχρις οὗ τὸ δαιμό-
νιον βουληθὲν διά τινος προνοίας τὴν παράδοσιν ἔν τινι τόπῳ πεποίηται
διά τινος φιλομαθοῦς ἀνδρός. ἀρχὴν οὖν λαβόμενοι καὶ πολὺν πόνον εἰσ- 8
ενεγκάμενοι κατελαβόμεθα τοῦ σκοποῦ ὃν καὶ ἐκτησάμεθα ἐπεισενεγκά-
μενοι καὶ αὐτοὶ πολλὰς δυνάμεων εὐχρηστίας. ἐκ γὰρ τῆς καθημερινῆς 9
20 τριβῆς καὶ πολυάνδρου συμβολῆς καὶ τῆς τῶν παθῶν αὐτοψίας ἱερὰν μὲν
καὶ ἀθάνατον τὴν θεωρίαν ἐκρίναμεν, ἄφθονον δὲ τὴν μετάδοσιν ποιησό-
μεθα, ἐπειδὴ δοκεῖ συνεκτικώτατον κεφάλαιον περὶ τὰ λοιπὰ ὑπάρχειν.
τούτου γὰρ ἄνευθεν οὐδὲν οὔτε ἐστὶν οὔτε ἔσται· ἀρχὴν γὰρ καὶ τέλος 10
ἔχει προγινωσκόμενον.
25 Ὁρκίζω σε, ἀδελφέ μου τιμιώτατε, καὶ τοὺς μυσταγωγουμένους ταύτῃ 11
τῇ συντάξει οὐρανοῦ μὲν ἀστέριον κύτος καὶ κύκλον δυοκαιδεκάζῳδον,
Ἥλιόν τε καὶ Σελήνην καὶ τοὺς ε πλανήτας ἀυτέρας δι᾽ ὧν ὁ πᾶς βίος
ἡνιοχεῖται, αὐτήν τε τὴν πρόνοιαν καὶ τὴν ἱερὰν ἀνάγκην, ἐν ἀποκρύφοις
ταῦτα συντηρῆσαι καὶ μὴ μεταδοῦναι τοῖς ἀπαιδεύτοις εἰ μὴ τοῖς ἀξίοις καὶ
30 δυναμένοις διαφυλάσσειν καὶ ἀμείβεσθαι δικαίως, αὐτῷ τε ἐμοὶ Οὐάλεντι
τῷ εἰσηγησαμένῳ ἀείμνηστον καὶ ἀγαθὴν | φήμην ἀπονέμειν, καὶ μά- f.70S
λιστα ἐπιγνόντας τὸ ἄφθονον καὶ τὸ τῆς ἀληθείας μέρος ὡς ὑπὸ οὐδενὸς
ἀνδρὸς ἐπιλελυμένον αὐτὸς ἐφώτισα, μηδὲ παρέντας τὸ ἐμὸν ὄνομα ἑτέ-
ρους ἐπεισφέρειν ταύτῃ τῇ συντάξει μηδὲ λωβῆσαί τι τῶν προγεγραμμέ-

[VS] 4 αὐτάρκως VS, corr. Kroll ‖ 5 τῶν¹] καὶ VS ‖ 6 ἀνθεῖλκεν V ‖ 8 ἃς VS,
corr. Kroll ‖ 9 τὰς VS, τὰ Kroll | ῑ(M V, ῑ(S, δωδεκατημόρια Kroll ‖
10 ἔτη ρ καὶ μϑ S ‖ 13 δεῖ VS, δὴ Kroll ‖ 14 ἐπὶ λύπαις VS, corr. Kroll ‖ 18 ἐκτη-
σόμεθα VS, corr. Kroll ‖ 25 μυσταγωγούς μου S ‖ 26 ἀστήρικτον VS, corr. Kroll ‖
28 ἱεράνάγκην S ‖ 29 ἀπαιδεύτοις² post καὶ² V, sed del. ‖ 34 τινα S

163

νων ἢ μελλόντων λέγεσθαι πρὸς τὸ ἀθετῆσαι τοὺς ἐντυγχάνοντας καί μοι
12 ψόγον ἐπενέγκαι. καὶ ταῦτα μὲν διαφυλάσσουσιν οἱ προειρημένοι θεοὶ
πάντες εὐμενεῖς ἔσοιντο, καὶ βίος εὐσταθὴς καὶ καταθύμιος λογισμῶν συν-
τέλεια, ἐπιορκοῦσι δὲ τὰ ἐναντία, μήτε γῆ βατὴ μήτε θάλασσα πλωτὴ
μήτε τέκνων σπορά, τυφλός τε νοῦς καὶ πεπεδημένος ὑπάρχων ἀσχή- 5
μονα βίον καὶ ἀνεπίτευκτον ἀγαθῶν ἐπάγοι· ἐὰν δέ τις καὶ μετὰ θάνατόν
13 ἐστι κακῶν τε καὶ καλῶν ἀμοιβή, κἀκεῖ τῶν ὁμοίων μεταλάβοιεν. ὅθεν ⟨εἰ⟩
καὶ μετὰ τὴν ἐπίγνωσίν τις τῆς ἐνθάδε διδασκαλίας ἐν ἑτέρῳ συντάγματι
αἰνιγματωδῶς εὕροι προκειμένην τὴν εὕρεσιν, οὐκ ἐκείνῳ δεῖ ἐγκώμιον
ἀπονέμειν, ἀλλὰ ἡμῖν χάριν ὁμολογεῖν ὡς οὐ μόνον προμηνυταῖς ἀλλὰ 10
καὶ εὑρεταῖς πολλῶν γενομένοις καὶ συγκοσμήσασι τὴν αἵρεσιν· καὶ γὰρ
14 πολλοὶ ἀφθόνως τινὰ παραλαμβάνοντες μετὰ φθόνου συνέταξαν. διὸ προ-
τρέπομαι τοὺς μάλιστα ἐντυγχάνοντας ταύτῃ τῇ συντάξει καὶ εἰς ἀθά-
νατον χῶρον εἰσερχομένους ἐπί τινας χρόνους καὶ θεῶν χορείας καὶ
μυστήρια κατοπτεύσαντας, ἰσόθεον δόξαν ἐπαναιρουμένους, ἀποτίθεσθαι 15
μὲν τὰς πολλὰς τῶν αἱρέσεων καὶ βίβλων ἀγωγάς, ἐγγυμνασθέντας δὲ
τῇ πινακικῇ καὶ φυσικῇ τῶν ἀστέρων καὶ ζῳδίων θεωρίᾳ καὶ τῶν πρὸς
τὰ φαινόμενα κανόνων πραγματείᾳ ταύταις ταῖς ἀγωγαῖς προσέχειν καὶ
ταῖς προσυντεταγμέναις, καὶ πρὸς μὲν μοιρικὴν διάκρισιν μοιρικῶς τοὺς
ἀστέρας συνορᾶν, πρὸς δὲ ζῳδιακὴν ὁμοίως ἵνα καὶ τὸ λεγόμενον μετ᾽ ἀλη- 20
₁₅
f.70vS θείας λέγηται. πολ\λάκις γὰρ αὐτὸς ἐγὼ κατελαβόμην κατὰ μὲν τὴν τῶν
ἐκβάσεων χρονογραφίαν ἐν ἑτέροις ζῳδίοις ὄντας τοὺς ἀστέρας καὶ κατὰ
τὰ φαινόμενα ἐν ἑτέροις, καὶ μάλιστα ὅταν ἐν ἀρχῇ ἢ ἐπὶ τέλει τῶν ζῳδίων
ὦσιν, ὁμοίως δὲ καὶ ἐν τοῖς στηριγμοῖς καὶ ἐν ταῖς ἀκρονυχίαις διαπταίον-
16 τας. δεῖ οὖν ἀκριβῶς ἐπιγνόντας ἐν ποίοις τέ εἰσι ζῳδίοις ἢ μοίραις, καὶ 25
μάλιστα τὸν ὡροσκόπον, τὴν διάκρισιν ποιεῖσθαι.
17, 18 Ἀρχὴ δὲ τῆς ὑφηγήσεως ἔστω ἐντεῦθεν. τὰ καταγόμενα ἔτη τῆς γε-
νέσεως σκοπήσαντες ἐκκρούομεν ὁσάκις δυνάμεθα δωδεκάδας, τὸν δὲ
περιλειπόμενον ἀριθμὸν ἀπὸ τοῦ δυναμένου ἀστέρος ἐπὶ τὸν δυνάμενον
19 παραλαβεῖν ἀποδόντες ἐπιγνωσόμεθα τίνι παραδίδωσι τὸ ἔτος. τὸ δὲ 30
20 λεχθὲν σύντομον μὲν ἔχει τὴν κατάληψιν, τὴν δὲ διάκρισιν ποικίλην. πάν-
τες οὖν οἱ ἀστέρες καὶ ὁ ὡροσκόπος καὶ Ἥλιος καὶ Σελήνη παραδώσουσιν
ἀλλήλοις καὶ ἀντιπαραλήψονται.

[VS] 4 θάλαττα S ‖ 5 πεπαιδευμένος S | αὐχήμονα V ‖ 6 ἀγαθὸν V | ἐπά-
γει V | 7 μεταλάβειεν S | εἰ Kroll ‖ 9 προσκειμένην VS, corr. Kroll | δὲ VS,
δεῖ Kroll ‖ 11 εὐεκταῖς S | γενομένων S ‖ 12 φθόνων S ‖ 16 αὐγάς S ‖ 20 με-
τὰ S ‖ 24 ἀκρωνυχίαις VS ‖ 30 περὶ παραδόσεων in marg. V manu rec. ‖ 31 κα-
τάληψιν V

Ἔστω δὲ ἐπὶ ὑποδείγματος, ἵνα σαφεστέραν τὴν εἴσοδον ποιησώμεθα· 21
Ἥλιος, Ἑρμῆς Ὑδροχόῳ, Σελήνη Σκορπίῳ, Κρόνος Καρκίνῳ, Ζεὺς Ζυγῷ,
Ἀφροδίτη Αἰγοκέρωτι, Ἄρης, ὡροσκόπος Παρθένῳ. ζητοῦμεν ἔτος λε΄. 22
ἀφεῖλον δωδεκάδας δύο, ἅ ἐστιν κδ· λοιπὰ ῑα. λογιζόμεθα οὖν τὰ ῑα ἀπὸ 23, 24
5 ποίου ἀστέρος ἐπὶ ποῖον φθάνει. εὕρομεν αὐτά· ἀπὸ τοῦ ὡροσκόπου 25
καὶ Ἄρεως ἐπὶ Κρόνον ἐν Καρκίνῳ, καὶ πάλιν ἀπὸ Σελήνης ἐπὶ Ἄρεα [τὰ]
ῑα, καὶ ἀπὸ Ἀφροδίτης ἐπὶ Σελήνην. αὗται πᾶσαι αἱ παραδόσεις ἐνεργοῦσιν 26
ἐν τῷ λε΄ ἔτει· καὶ καθ᾽ ἣν ἕκαστος τῶν ἀστέρων ἀποτελέσματος δύναμιν
ἔχει ἀποτελέσει ἤτοι ἀγαθὸν ἢ φαῦλον ἐν ταῖς παραδόσεσιν ἃς ἐν τῷ
10 προϊόντι λόγῳ σημανοῦμεν.

Συγκρίνειν οὖν δεῖ καὶ ὁπόταν πολλαὶ παραδόσεις γένωνται, πότερον αἱ 27
τῶν ἀγαθοποιῶν ἢ τῶν κακοποιῶν πλεονάζουσιν, κἀκείνοις τὸ βραβεῖον
ἀπονέμειν· ἐὰν δὲ ἐξ ἴσου, ἀνώμαλον καὶ ποικίλον τὸ ἔτος κριθήσεται.
καθολικῶς μὲν οὖν ἐπὶ πάσης γενέσεως δεήσει ἀπὸ Ἡλίου καὶ | Σελήνης 28
                                                                          f.71S
15 καὶ ὡροσκόπου διεκβάλλειν τοὺς ἐνιαυτούς· καὶ ἐὰν εἰς κενοὺς τόπους
ἐκπέσωσιν, τοῖς κυρίοις τῶν ζῳδίων ἔσονται παραδεδωκότες. αὗται αἱ 29
τρεῖς ψῆφοι πολλὴν δύναμιν ἔχουσι, πότερον εἰς ἀγαθοποιοὺς ἡ παράδοσις
γέγονεν ἢ εἰς κακοποιοὺς ἢ καὶ εἰς ἐπικέντρους ἢ χρηματιστικοὺς τόπους
ἢ ἐκκέντρους. εἶθ᾽ οὕτω σκοπεῖν καὶ τὴν τῶν ἄλλων ἀστέρων παρά- 30
20 δοσιν· ἐὰν γὰρ κακοποιοὶ τὸ ἔτος διακρατῶσιν, αἱ δὲ τρεῖς ἀφέσεις ἀγα-
θοποιίας δύναμιν ἔχωσιν, ἔστι μὲν τὸ ἔτος πρακτικὸν καὶ ἐπίσημον, μετὰ
δέ τινος ἀμφιλογίας καὶ φόβων καὶ σκυλμῶν. ἐὰν δὲ μηδεὶς τῶν ἀστέρων 31
ἀστέρι παραδώσῃ, ἀλλ᾽ εἰς κενοὺς τόπους ἡ διαίρεσις φέρηται, δεῖ καὶ
τοῖς κενοῖς τόποις προσέχειν· καὶ μάλιστα ἐὰν κατ᾽ ἐπέμβασιν ἐπῶσί
25 τινες, παραλήψονται. καὶ ἀπὸ τοῦ κλήρου τῆς τύχης δεῖ ἐκβάλλειν καὶ 32
ἀπὸ τοῦ δαίμονος καὶ ἔρωτος καὶ ἀνάγκης· ἐκ τούτων γὰρ καὶ τὰ καιρικὰ
πάθη καὶ αἱ εὐεργεσίαι καὶ οἱ κίνδυνοι παραλαμβάνονται.

Φυσικώτερον δὲ καὶ ἀπὸ τῶν κέντρων δεῖ ἐκβάλλειν· καθάπερ γὰρ καὶ 33
ἐπὶ τῶν καθολικῶν καὶ κοσμικῶν εὑρίσκεται τὸ ὅμοιον καὶ ἐπὶ τῶν ἀν-
30 θρώπων. ἐκ γὰρ τῆς τοῦ Κυνὸς ἐπιτολῆς τὸ ἔτος καὶ τὰ δ κέντρα ἀνα- 34
κυκλεῖται διὰ τῆς τετραετηρίδος, πλὴν ἐν διαφόροις οἱ ἐνιαυτοὶ γίνονται
παρὰ τὰς τῶν ἀστέρων σχηματογραφίας καὶ φάσεις καὶ τὰς κατὰ καιρὸν
ἐπεμβάσεις. ὁμοίως δὲ καὶ ὁ Ἥλιος δ ποιεῖ κινήσεις — μεγίστην, ἐλαχί- 35

---

§§ 21–26: thema 83 (8 Feb. 120)

[VS] 1 καὶ ante ἔστω S | σοφωτέραν VS, σαφεστέραν sugg. Kroll || 5 αὐτά] ᾶ
VS, οὖν dub. Kroll || 7 παραδώσεις S || 9 ἀγαθὴν ἢ φαύλην VS, ἀγαθὸν ἢ φαῦλον
sugg. Kroll | παραδώσειν S || 11 γίνωνται S || 15 κἀνοὺς S || 23 ῇ] καὶ S | διαί-
ρεσιν S || 24 τύποις V || 25 δεῖ om. S || 30 καθολικὴ καταρχή in marg. V manu rec. ||
33 ἐλαχίστας VS, corr. Kroll

36 στην, δύο μέσας — καὶ τὸν κύκλον διὰ δ τροπῶν διευθύνει. ἔστι δὲ καὶ
Σελήνης σχήματα φυσικὰ δ — σύνοδος, διχότομος, πανσέληνος, διχό-
37 τομος β'. καὶ αὐτὸ δὲ τὸ κοσμικὸν καὶ ἐπίγειον κατάστημα ἐκ δ στοιχείων
38 καὶ ἐκ δ ἀνέμων συνέστηκεν. εἰ οὖν ταῦτα οὕτως ἔχει, ἀναγκαῖον καὶ ἐπὶ
f.71v8 τῶν γενέσεων τὰ δ κέντρα χρηματίζειν καὶ ἀπολύειν | ἀπ᾿ αὐτῶν τοὺς 5
ἐνιαυτοὺς καὶ συγκρίνειν τούς τε κατὰ γένεσιν ἀστέρας καὶ τὰ ἰδιώματα
39 τῶν κέντρων καὶ τῶν ζῳδίων. δεῖ δὲ καὶ τὴν κοσμικὴν σύνοδον προγινώ-
σκειν καὶ τὴν τοῦ Κυνὸς ἐπιτολὴν καὶ τὴν ὥραν [εἰ τροπικὰ ὡροσκοπεῖ]
καὶ τὸν τῆς τοῦ Κυνὸς ἀνατολῆς κύριον· οὗτος γὰρ καθολικὸς ὁ τοῦ ἔτους
40 οἰκοδεσπότης κριθήσεται· κυκλικοὶ δὲ οἱ τῶν τόπων κύριοι. ὁμοίως δὲ καὶ 10
ἐπὶ ἑκάστης γενέσεως καὶ ἀντιγενέσεως καθολικὸς μὲν ὁ τοῦ ἔτους κύ-
41 ριος, κυκλικὸς δὲ ὁ τῶν συνόδων ἢ πανσελήνων. δεῖ οὖν συγκρίνειν εἰ ὁ
καθολικὸς καὶ κοσμικὸς τῷ τῆς γενέσεως καθολικῷ προσοικείωται ἢ ὁ
αὐτός ἐστιν, ὁμοίως δὲ καὶ εἰ οἱ κοσμικοὶ ⟨καὶ οἱ⟩ κυκλικοὶ τῆς γενέσεως
42 σύμφωνοι ἢ οἱ αὐτοί. πρὸς ἐπὶ τούτοις δὲ καὶ τὰς ἐκλείψεις παρατηρητέον 15
ἐν ποίοις τόποις τῆς γενέσεως γεγόνασιν ἤτοι χρηματιστικοῖς ἢ ἀχρη-
ματίστοις, ἔτι δὲ καὶ τὰς ἀνατολὰς καὶ τὰς φάσεις τῶν ἀστέρων· ἐκ γὰρ
τούτων καὶ ἐπίσημοι γενέσεις καὶ ἡγεμονικαὶ καὶ βασιλικαὶ τὴν διάκρισιν
καὶ τὴν μεταβολὴν τῆς πράξεως ἢ καὶ τῆς δόξης ἕξουσιν, μεγάλα τε καὶ
θαυμαστὰ ἀποτελέσματα συμβαίνειν εἴωθεν, τινὰ μὲν εἰς ἀνυπέρβλητον 20
τύχην ὑψούμενα, τινὰ δὲ εἰς ταπεινὴν καὶ εὐκαθαίρετον τύχην χωροῦντα.
43 Ὅθεν μή τις ἡμᾶς δόξῃ πολυλογεῖν ἢ διαπλέκειν τὴν αἵρεσιν, ἀλλὰ δι᾿ ἀσ-
φάλειαν ταῦτα αὐτὰ ποιεῖν, ἵνα ἄπταιστος ἡ διαίρεσις γένηται εἴς τε τὰς
44 λαμπρὰς καὶ τὰς μετρίας γενέσεις. ἄλλως τε ἐπὰν ζητῶμεν περὶ ζωῆς
ἢ σωματικῶν πράξεων ἢ ψυχικῶν, ἀπὸ τοῦ ὡροσκόπου διεκβαλοῦμεν, ἐπὰν 25
δὲ περὶ δόξης καὶ προεδρίας καὶ φαντασίας καὶ πατρὸς καὶ μειζόνων προσ-
ώπων καὶ ὅσα ποτὲ ἡ φύσις τοῦ Ἡλίου εἴωθεν ἀποτελεῖν, ἀπ᾿ αὐτοῦ τὴν
ἄφεσιν τῶν ἐτῶν ποιησόμεθα, ὅταν δὲ περὶ σωματικῶν κινδύνων καὶ
f.72s παθῶν καὶ αἱμαγ|μῶν ἢ μητρός, ἀπὸ Σελήνης, ἐπὰν δὲ περὶ πράξεως καὶ
βίου καὶ τέχνης, ἀπὸ τοῦ μεσουρανήματος, ὅταν δὲ περὶ εὐτυχίας καὶ περι- 30
ποιήσεως τοῦ βίου, ἀπὸ τοῦ κλήρου τῆς τύχης, ὅταν δὲ περὶ θανατικῶν
ἢ μεταβολῆς ἢ σκυλμῶν, ἀπὸ τοῦ δυτικοῦ, ὅταν δὲ περὶ θεμελίων ἢ κτι-
σμάτων ἢ ἀποκρύφων ἢ περὶ νεκρικῶν, ἀπὸ τοῦ ὑπογείου, ὅταν δὲ περὶ

§ 42: cf. App. XIX 10

[VS] 1 τεσσάρων S ‖ 2 τέσσαρα S ‖ 4 δ] τεσσάρων S ‖ 5 σχηματίζειν S ‖
9 οὕτως‾ᵒˢ V   οὕτως S ‖ καθολικῶς VS, corr. Kroll ‖ 10 ὅμοιος V ‖ 11 καὶ post
ἀντιγενέσεως S ‖ 13 καὶ om. S ‖ 14 εἰ om. S ‖ 19 ἔχουσι corr. in ἕξουσι V ‖ 23 τε
sup. lin. V ‖ 24 μετρι S ‖ 31−33 τῆς − ἀπὸ om. S ‖ 32 κτημάτων V, κτισμάτων
sugg. Kroll

γυναικὸς ἢ ἐπιπλοκῆς ἢ συνηθείας ἢ εἰδῶν γυναικείων, ἀπὸ τῆς Ἀφροδίτης,
ὅταν δὲ περὶ στρατείας ἢ δημοσίων πραγμάτων, ἀπὸ Ἄρεως, ὅταν δὲ περὶ
ἀνασκευῆς πραγμάτων ἢ κτήσεως ἢ παθῶν ἀποκρύφων ἢ κληρονομίας
πατρικῶν, ἀπὸ Κρόνου, περὶ δὲ δόξης καὶ φιλίας καὶ συστάσεως καὶ κτή-
5 σεως ἀπὸ τοῦ Διός, ὅταν δὲ περὶ κοινωνίας ἢ δουλικῶν ἢ σωματικῶν ἢ
δόσεως ἢ λήψεως ἢ γραπτῶν, ἀπὸ Ἑρμοῦ. καὶ ταῦτα μὲν ὡς πρὸς μονοει- 45
δεῖς παραδόσεις ἢ παραλήψεις. ἐπὰν δὲ δύο ἢ τρεῖς ἢ πλείους παραδιδόν- 46
τες ἢ παραλαμβάνοντες τύχωσιν, ἑκάστου ἀστέρος τὴν δύναμιν δεῖ συν-
επικρίνειν πρὸς τοὺς παρόντας· κατὰ γὰρ τὴν ἐξ ἀρχῆς ἑκάστης γενέσεως
10 ὑπόστασιν οἵ τε ἀγαθοποιοὶ καὶ οἱ κακοποιοὶ ἀποτελεστικοὶ γενήσονται,
καὶ ὅπερ εἶχεν σχῆμα καθολικὸν ἕκαστος πρὸς τὸν ἐπιμαρτυροῦντα ἢ
συσχηματιζόμενον, τὸ ὅμοιον ἀποτελέσει παραλαβὼν παρ' ἐκείνου τοὺς
χρόνους ἢ καὶ αὐτὸς παραδεδωκώς.
    Ἵνα δὲ ἀκριβὴς καὶ ἐναργεστέρα ἡ παράδοσις ἡμῶν ὀφθῇ, παραγγελίας 47
15 τινὰς καὶ νόμους ἐκθησόμεθα οὓς φυλάσσοντες εὐκατάληπτον | τὴν f.93vV
αἵρεσιν ἕξομεν. πρότερον μὲν οὖν χρὴ σκοπεῖν εἰ ἀπὸ ἐπικέντρων τόπων 48
εἰς ἐπικέντρους ἡ παράδοσις γένηται ἢ ἀπὸ τοῦ ἀγαθοῦ δαίμονος εἰς τὸν
κλῆρον ἢ χρηματιστικὸν τόπον, ἵνα καὶ τὸ σημαινόμενον πρακτικὸν ἢ
ἔνδοξον ᾖ, εἴτ' οὖν καὶ ἀπὸ τῶν ἀποκλιμάτων εἰς τὰ κέντρα ἢ καὶ ἀπὸ
20 κακοῦ δαίμονος ἐπ' ἀγαθὸν δαίμονα. χρηματιστικὰ μὲν οὖν καὶ ἐνεργη- 49
τικὰ ζῴδιά ἐστιν ὡροσκόπος, μεσουράνημα, ἀγαθὸς δαίμων, ἀγαθὴ τύχη,
κλῆρος τύχης, δαίμων, ἔρως, ἀνάγκη· μέσα δὲ θεός, θεὰ καὶ τὰ λοιπὰ δύο
κέντρα· μέτρια δὲ καὶ κακωτικὰ τὰ λοιπά. | παρὰ δὲ τοὺς ἐπόντας ἢ μαρ- 50 f.72vS
τυροῦντας ἀγαθοποιοὺς ἢ κακοποιοὺς ἡ τῶν τόπων δύναμις ἐξασθενεῖ
25 ἢ καὶ ἐνεργεστέρα καθίσταται· ἡ μέντοι κακὴ τύχη τοῦ κακοῦ δαίμονος
δοκεῖ βελτίων εἶναι καθ' ὃ τριγωνικὸν σχῆμα πρὸς τὸ μεσουράνημα κέκτη-
ται. ἐὰν δέ πως ἐπὶ γενέσεως μία παράδοσις εὑρεθῇ, πάντων τῶν ἀστέρων 51
ἐν ἑνὶ ζῳδίῳ τετευχότων, παραδώσουσι μὲν αὐτοὶ ζῳδιακῶς· ὃ ἐὰν δὲ
ἡ σύγκρασις καθολικῶς δηλοῖ ἐπὶ τῆς γενέσεως, ἐκεῖνο καὶ μεθέξει δὴ
30 παντός. ἐὰν δὲ ἐν ἑνὶ ζῳδίῳ εὑρεθῶσιν γ̄ ἢ δ̄ ἀστέρες, ἐν ἑτέρῳ δὲ εἷς ἢ 52
δύο, ὁ πρῶτος καθυπερτερῶν μοιρικῶς πρότερον καὶ μεριεῖ τοὺς χρόνους
(τουτέστι προτέρως ὁ ἐλαχίστας ἔχων μοίρας παραλαμβάνει) καὶ τότε οἱ
ἐφεξῆς, τὸ δ' ὅμοιον καὶ οἱ παραλαμβάνοντες.
    Ποικίλης δὲ τῆς διαιρέσεως οὔσης ἐάν τις προσέχῃ, οὐ διαμαρτήσει. 53

[VS] 1 γυναικῶν S ‖ 13 αὐτοῖς παραδεδοκώς S ‖ 14 ἐνεργεστέρα VS, ἐναργεστέ-
ρα sugg. Kroll ‖ 19 εἰ δ' οὖν VS, εἴτ' οὖν Kroll ‖ 23 περὶ VS, corr. Kroll ‖ 24 κα-
κωποιοὺς V | τύπων S ‖ 28 παραδόσουσι S | ζώντων τῶν ἀστέρων post αὐτοί V,
sed del. ‖ 29 συγκράτησις V, σύγκρισις S, corr. Kroll ‖ 30 τρεῖς S ‖ 32 προτέρον V
πρότερος S | παραλαμβάνειν S ‖ 34 προσείχει corr. in προσείχη V

54 ἐπεὶ γὰρ δὴ δωδεκαετίας αἱ αὐταὶ παραδόσεις σημαίνονται, οὐ τὴν αὐτὴν
55 ἐνέργειαν τῶν ἀποτελεσμάτων ἐφέξουσιν ἀλλὰ διάφορον. ὅταν ἐπί τινος
κύκλου παράδοσιν ἤτοι ἀφ᾽ ἑνὸς ἢ πλειόνων εὕρωμεν, σκοποῦμεν κατ᾽ ἐκεῖ-
νο τὸ ἔτος τὴν ἀντιγένεσιν καὶ τὰς ἐπεμβάσεις τῶν ἀστέρων εἰ ὅμοιον
σχῆμα ἔχωσιν ὁποῖον καὶ ἐπὶ γενέσεως ἢ πρὸς τοὺς παραδιδόντας ἢ παρα- 5
56 λαμβάνοντας, καὶ εἰ τὰς αὐτὰς φάσεις πρὸς τὸν Ἥλιον ποιοῦνται. ἐὰν γὰρ
οὕτως εὕρωμεν, λέγομεν καὶ τὸ ἀποτέλεσμα βέβαιον, εἰ δὲ ἀλλότριον καὶ
ἀνόμοιον οὐκέτι ὁλοτελές· ἃ μὲν γὰρ καθολικῶς γίνεται, ἃ δὲ μοιρικῶς.
57 οἷον ἐὰν Κρόνου καὶ Διός τις καθολικοὺς χρόνους κατάγῃ καλῶς κειμένων,
συμπέσῃ δὲ ἐν τούτῳ τῷ κύκλῳ τὸν ἄλλον κατάγειν τοὺς χρόνους, κλη- 10
ρονομήσει ἢ ἀπὸ νεκρικῶν εὐεργετηθήσεται· ἐὰν δὲ ⟨ἐν⟩ τῷ β΄ ἢ γ΄ κύκλῳ
Κρόνος καὶ Ζεὺς ἐπικρατῶνται τὸ ἔτος, οὗ κέωνται δὲ καλῶς, κληρο-
νόμος μὲν οὐκ ἔσται, κατάλειψις δὲ καὶ διὰ νεκρικῶν ὠφέλεια ἢ τοιαῦται
f.738 προσδοκίαι ἢ καὶ ἀγορασμοὶ κτημάτων, | θεμελίων καὶ ἑτέρας ἐπικτή-
58 σεως. ὁμοίως δὲ καὶ τὰ ἄλλα ἐν τοῖς καθολικοῖς χρόνοις κατὰ τὸν τῆς 15
δωδεκαετίας κύκλον βέβαια τὰ ἀποτελέσματα γενήσονται, ἐξ ὑστέρου δὲ
ἢ πρότερον οὐδαμῶς, πλὴν εἰ τὰς ἐννοίας τῶν ἀποτελεσμάτων οἱ ἀστέρες
ἐνδείξονται.
59 Οἷον ἔστω τινὰ τῷ α΄ κύκλῳ γεγαμηκέναι τῆς γενέσεως καταγούσης
ἔτος λδ΄ (δεῖ γὰρ κατὰ τὰς ἡλικίας καὶ τὰ ἀποτελέσματα συγκρίνειν)· 20
τῷ ἑτέρῳ κύκλῳ περὶ συνηθείας ἢ καὶ ἑτέρου γάμου ἢ ὅσα ποτὲ γυναιξὶν
60 ἀνήκει τὴν φροντίδα ποιήσει. ἕτερος δὲ ἐστρατεύσατο· πάλιν τῆς αὐτῆς
παραδόσεως γενομένης, περὶ προκοπῆς ἢ μεταβολῆς ἢ στρατιωτικῆς
61 πράξεως ἐνεργήσει. ἐὰν οὖν καὶ ἡ καθολικὴ ὑπόστασις προκοπτικὴ τυγχά-
νῃ, κατ᾽ ἐκείνους τοὺς καιροὺς προκόψει, μάλιστα ἐὰν ἀγαθοποιοὶ δια- 25
κρατῶσιν· μεγάλης δὲ τῆς γενέσεως οὔσης καὶ ἡγεμονεύσει ἢ ἐπιτροπεύσει
62 ἢ ἐξουσιαστικῆς τάξεως μεθέξει. κατὰ δὲ τὴν ἀκολουθίαν τῆς γενέσεως
63 συναρμόζεσθαι δεῖ τὰ ἀποτελέσματα. ἕτερός τις ἐτέκνωσε κατά τινας
χρόνους· τῆς αὐτῆς παραδόσεως γενομένης καὶ τῆς ἀκμῆς ἢ τῆς ἡλικίας
ἐπιτρεπούσης, πάλιν τέκνωσιν ἢ σωμάτων ἀγορασμὸν ποιήσεται ἢ ἀναθρέ- 30
ψει τινὰς ἐν τέκνων μοίραις ἢ καὶ ἀλλοτρίων τέκνων φροντίδα ποιήσεται.
64 ἄλλος δέ τις ἐν ἀρχῇ καὶ προστασίᾳ ὄχλων ἐγένετο· τῆς αὐτῆς χρονο-
γραφίας γενομένης καὶ τῆς γενέσεως καλὴν ὑπόστασιν ἐχούσης, μεγάλας

[VS] 3 ἔρωμεν S ‖ 10 συνεμπέσῃ VS, corr. Kroll | τῶν αὐτῶν VS, τὸν αὐτὸν
Kroll ‖ 11 τὸ β ἢ γ κύκλον VS ‖ 12 ἐπικρατούντων VS | κεῖνται V, κεῖται S |
καθολικῶς VS ‖ 13 κατάληψις S, corr. Kroll | νεκρικῆς ὠφελείας VS, νεκρικῶν
ὠφέλεια sugg. Kroll ‖ 15 τὸν] τὴν S ‖ 17 εἰς VS, εἰ Radermacher ‖ 19 πρῶτω S ‖
22 ἀνήκε VS, ἀνήκει sugg. Kroll | αὐτοῦ VS, corr. Kroll ‖ 25 κατεγκρατῶσι S ‖
26 ἡγεμονήσει S ‖ 30 ἐπιπρεπούσης S ‖ 32 ἄλλως S | καὶ om. S

τὰς ἀρχὰς καὶ ἐπισήμους ἀναδέξεται, μετρίας δ' οὔσης μετὰ τῶν τοιούτων
ἀναστρέψει ἢ φαντασίαν ἕξει ἀρχῆς ἢ προεδρίας. ὁμοίως τις ἐν καταδίκῃ 65
ἢ συνοχῇ ἐγένετο· τῆς αὐτῆς παραδόσεως γενομένης, ἀγαθοποιῶν μὲν
ἐπιμαρτυρησάντων τῆς συνοχῆς ἢ αἰτίας ἀπαλλαγήσεται, κακοποιῶν δὲ
5 διά τινα κακουργοτέραν ἐγχείρησιν ἢ κατηγορίαν ἐπίφθονον τῇ αἰτίᾳ
ἐπιμενεῖ ἢ καὶ χειρόνως | διάξει.   f.73vS

Καὶ τὰ λοιπὰ δὲ ὅσα ποτὲ ἐν βίῳ συντελούμενα τυγχάνει γενήσεται 66
κατὰ τὰς παραδόσεις, ἐνδιάφορα δὲ διὰ τὰς καθολικὰς χρονογραφίας καὶ
τὰς ἀντιγενέσεις καὶ τὰς ἐπεμβάσεις καὶ φάσεις τῶν ἀστέρων, τάς τε πρὸς
10 ἑκάτερον ἀνομοίους σχηματογραφίας. ἐπὰν γὰρ ἐπεμβῶσιν οἱ κατὰ καιρὸν 67
ἀστέρες ἐπὶ τοὺς παραδιδόντας κατὰ γένεσιν ἢ παραλαμβάνοντας ἢ εἰς τὰ
κέντρα, ἐκ τῆς ἰδίας φύσεως συνεπιμερίζουσι καὶ αὐτοὶ ἤτοι ἀγαθὸν ἢ
φαῦλον ἢ καὶ ἐνεργέστερον τὸ ἀποτέλεσμα ἢ κωλυτικὸν ποιήσουσιν. τὸ 68
δὲ βέβαιον κρινοῦμεν ὅταν σύμφωνον σχῆμα ὁ κατ' ἐπέμβασιν πρὸς τὸν
15 παραδιδόντα ἔχῃ ἢ οἱ αὐτοὶ οἱ παραδιδόντες τοῖς παραλαμβάνουσιν ὅμοιον
σχῆμα ⟨ἔχωσιν⟩ οἷον καὶ ἐπὶ γενέσεως. εἰ δὲ τὰ χρονικὰ ἄλλο τι σημαί- 69
νοιεν, ὁ δὲ ἐνιαυτὸς καὶ ἡ ἐπέμβασις ἄλλο, μεσότης τῶν τελουμένων ἔσται.
καθολικῶς δὲ πᾶς ἀστὴρ ἐν τῇ παραδόσει ἢ τῇ παραλήψει δύνων ἄπρακτος 70
καὶ κωλυτικὸς καθίσταται, καὶ ἐὰν ἀγαθοποιὸς εὑρεθῇ, φαντασίας μόνον
20 παρέχει. ἐὰν δέ πως καὶ αἱ γ̅ ἀφέσεις Ἡλίου καὶ Σελήνης καὶ ὡροσκόπου 71
ἀνόμοια σημαίνοιεν, ποικίλον ἔσται τὸ ἔτος. πολλάκις μὲν οὖν ἐπὶ τῆς 72
αὐτῆς αἱρέσεως παραδόσεως μὴ οὔσης, οἱ καθολικοὶ χρόνοι μεγάλα καὶ
ἐπίσημα ἀποτελέσματα ἐμήνυσαν, ὅθεν τὴν ἀρχὴν ἐκεῖθεν λαβόντας τότε
ἐπὶ τοὺς ἐνιαυσιαίους χρόνους δεῖ χωρεῖν.

25 Ἐπεὶ δέ τινες τῶν συνταγματογράφων ἠνίξαντο τὴν προκειμένην αἵρε- 73
σιν, οἱ δὲ μέλλοντες ἐντυγχάνειν τῇδέ μου τῇ συντάξει μνησθήσονται
κατ' ἀρχὰς ὡς, μηδεμιᾶς τινος ἐλεξειργασμένης ἀγωγῆς, ἀναγκαῖον
καὶ τὰς κλεῖδας ἐπιδεῖξαι δι' ὧν ἡ παράδοσις κατὰ τὸ εἶδος τοῦ ἀποτε-
λέσματος ἐναργεστέρα γενομένη θαυμαστὸν ὅρον ἀποτελεῖ. ἐὰν οὖν τις 74
30 νηπτικῶς προσέχῃ τοῖς μέλλουσι λέγεσθαι τόποις ἐν ταῖς παραδόσεσι διὰ
τῆς συγκρατικῆς | θεωρίας τῆς τε τοῦ ἀστέρος καὶ τοῦ ζῳδίου ἐνεργείας, f.74S
ἄπταιστος διαμενεῖ.

[VS] 3 παραδώσεως S ‖ 15 lac. post παραλαμβάνουσιν ind. Kroll ‖ 16 σημαίνειεν
VS, corr. Kroll ‖ 17 μεσότις S ‖ 20 τρεῖς S ‖ 21 σημαίνειεν VS, corr. Kroll | τὸ
κίλον S | ἔστω VS, corr. Kroll ‖ 23 ἐκεῖσθεν S ‖ 25 ἠνοίξαντο VS, corr. Kroll ‖
29 ἐνεργεστέρα VS, ἐναργεστέρα sugg. Kroll ‖ 31 συγκρατητικῆς VS, corr. Kroll |
τῆς] τῇ S

f.34v | ⟨ιβ'.⟩ Περὶ τῶν ὀνομασιῶν τῶν ι̅β̅ τόπων καὶ περὶ τῆς δωδεκατρόπου

f.34vv 1 Ἀρχὴ δὲ ἔστω ἀπὸ τοῦ ὡροσκόπου, ὅς ἐστι ζωή, | οἴαξ, σῶμα, πνεῦμα·
β' βίος, Ἅιδου πύλη, κατάσκιον, δόσις, λῆψις, κοινωνία· γ' ἀδελφοί,
ξενιτεία, βασιλεία, ἐξουσία, φίλοι, συγγενεῖς, ἐπικαρδία, δοῦλοι· δ' δόξα,
πατήρ, τέκνα, γυνὴ ἰδία καὶ πρεσβύτερα πρόσωπα, πρᾶξις, πόλις, οἰκία, 5
κτήματα, μοναί, μετατροπαί, μεταβολαὶ τόπων, κίνδυνοι, θάνατος, συν-
οχή, μυστικὰ πράγματα· ε' τέκνων τόπος, φιλίας, κοινωνίας, σωμάτων
ἀπελευθέρων ἐκποιήσεως, ἀγαθοῦ τινος ἢ εὐεργεσίας· ϛ' δούλων, σίνους,
ἔχθρας, πάθους, ἀσθενείας· ζ' γάμου, ἐπιτυχίας, [θανάτου] γυναικὸς
ἐπιπλοκῆς, φιλίας, ξενιτείας· η' θανάτου, ⟨ἐκ⟩ νεκρικῶν ὠφελείας, ἀργὸς 10
τόπος, δίκης, ἀσθενείας· θ' φιλίας, ἀποδημίας, ⟨ἐκ⟩ ξένων ὠφελείας,
θεοῦ, βασιλέως, δυνάστου, ἀστρονομίας, χρηματισμῶν, θεῶν ἐπιφανείας,
μαντείας, μυστικῶν ἢ ἀποκρύφων πραγμάτων, κοινωνίας· ι' πράξεως,
f.35v δόξης, προκοπῆς, τέκνων, γυναικός, μεταβολῆς, | καινισμοῦ πραγμάτων·
ια' φίλων, ἐλπίδων, δωρεῶν, τέκνων, σωμάτων ἀπελευθέρων· ιβ' ξένης, 15
ἔχθρας, δούλων, σίνους, κινδύνων, κριτηρίων, πάθους, θανάτου, ἀσθε-
νείας.

2 Ἕκαστος μὲν οὖν τόπος καθ᾽ ὃ σημαίνει ἰδίως ἀποτελέσει, συνεργήσει
3 δὲ καὶ ἡ τοῦ διαμετροῦντος τόπου φύσις. ἐπὰν οὖν παράδοσις ἐνιαυτοῦ
εὑρεθῇ, σκοποῦμεν ἐπὶ ποίου τόπου ὁ παραδιδοὺς τυγχάνει καὶ ἐπὶ ποίου 20
ὁ παραλαμβάνων κατὰ τὴν προκειμένην δωδεκάτροπον καὶ κατὰ τὴν
οἰκειότητα τοῦ ζῳδίου καὶ τοῦ τόπου τὸ ἀποτέλεσμα ἀποφαινόμεθα, τῆς
des.v
f.74vS παραδόσεως τῶν ἀστέρων | ἰδίαν ἀποτελεσμάτων δύνα|μιν ἐχούσης ἣν ἐν
4 τῷ τέλει τῶν διαιρέσεων τάξομεν. οἷον ἐὰν Κρόνος ἢ Ἄρης ἐπὶ τοῦ ὡρο-
σκόπου ὄντες παράδοσιν ἢ παράληψιν ποιήσωνται, ἐροῦμεν κατ᾽ ἐκεῖνο 25
τὸ ἔτος σωματικὴν ὄχλησιν ἢ κίνδυνον ἢ αἱμαγμόν, ἐὰν δὲ ἐν τῷ ζ' ἀπὸ
ὡροσκόπου, παρατροπὴν διὰ γυναῖκα ἢ κίνδυνον γυναικὸς ἢ διὰ γάμον
ἐπιταράχους αἰτίας, ἐὰν δὲ ⟨ἐν⟩ τῷ θ' ἀπὸ ὡροσκόπου, ξενιτείαν ἐπισφαλῆ
καὶ ἐπὶ ξένης σκυλμὸν ἢ ἀπὸ ξένων προδοσίας, ἐὰν δὲ ἐν τῷ ιβ', διὰ δούλους
λύπην ἢ ἐχθρῶν ἐπαναστάσεις· ἢ ὅσα ἕκαστος τόπος ἀποτελεῖ περὶ ἐκεῖνα 30

[VSv] 1 τῶν¹ om. v | καὶ περὶ om. v | ι̅βτρόπου v ‖ 3 γυναικὸς ἐπιπλοκὴ συν-
αλλαγὴ πρᾶξις ἐκ νεκρικῶν ὠφέλεια (ὀφελείας v) διαθήκης τόπος (cf. 9—11) post
κοινωνία VSv ‖ 4 συγγενεῖς ἐπικαρδία βασιλεία ἐξουσία (φίλοι om.) v | ἐξουσία
βασιλεία S ‖ 5 πατήρ om. v | πράξεις v | οἰκεία v | 6 μονὴ v | θανάτου συνο-
χαὶ v ‖ 7 κοινωνίαν v ‖ 8 εἰσποιήσεως v ‖ 9—10 ζ' — ξενιτείας om. VS ‖ 10 νε-
κρῶν VSv | ὀφελείας v ‖ 11 ξένων om. v | 13 ἢ om. v ‖ 15 δωρεᾶς VS ‖ 18 συν-
εργεῖ v ‖ 19 φύσης v θύσις S ‖ 22 ἤτοι ante τῆς v ‖ 23 παραδώσεως S | ἀστέ-
ρας v, post quod οἱ γὰρ ι̅β̅ τόποι κατὰ ι̅β̅ ζῴδια ὕλῃ ἀναλογοῦσιν, εἰδοποιοῦνται δὲ
ὑπὸ τῆς τῶν ἀστέρων ἐνεργείας ‖ 25 ποιήσονται VS, corr. Kroll ‖ 27 παρᾱ V |
γάμ̄ V ‖ 28 ἐν Kroll | τὸ VS, τῷ Kroll ‖ 29 τῇ S | δόλους V

170

ὁ ἀστὴρ ἐνεργήσει. ἐὰν δὲ ἀγαθοποιοὶ ἐπῶσι τοῖς τόποις, ἀγαθόν τι ση- 5
μαίνουσιν οἷον δόξας, ὠφελείας, ἀγορασμοὺς καταθυμίους, ξενιτείας.
κατὰ δὲ τοὺς παραλαμβάνοντας καὶ ἐπιμαρτυροῦντας τοῖς τόποις καὶ αἱ 6
διακρίσεις ἔσονται, πλὴν ἔκ τε τοῦ παραδιδόντος καὶ τοῦ παραλαμβάνον-
5 τος καὶ τῶν τόπων τὸ εἶδος τοῦ ἀποτελέσματος καὶ ἡ ἔκβασις τῶν πραγ-
μάτων κριθήσεται.

Προσβλέπειν δὲ δεῖ καὶ τὸν κύριον τοῦ παραδιδόντος ἢ παραλαμβάνοντος 7
ἐν ὁποίῳ ζῳδίῳ τέτευχεν· καὶ οὗτος γὰρ ἐνεργήσει ⟨καὶ⟩ πρὸς τὸ εἶδος
καὶ τὸ ἀποτέλεσμα ἔσται. τὸ δὲ β΄ ζῴδιον τὸ ἀπὸ ὡροσκόπου καὶ τὸ η΄ 8
10 ἀργὸν καὶ θανατικὸν κριθήσεται. ἐν τούτοις παράδοσις ἢ παράληψις ὅταν 9
γένηται, ἐκ θανατικῶν προφάσεων ὠφελοῦνται, καὶ μάλιστα ὅταν ἀγα-
θοποιοὶ ἐπῶσιν ἢ μαρτυρῶσι, μείζονες ὠφέλειαι γενήσονται, εἰ δὲ καὶ
κακοποιοὶ κρίσεις, ἀμφιλογίαι ἔσονται ἕνεκα τῆς καταλείψεως καὶ ἐπι-
κίνδυνον τὸ ἔτος καὶ ἐπίλωβον ἢ ἄπρακτον· ἔσθ᾽ ὅτε μὲν οὖν τῶν κακο-
15 ποιῶν μόνων ἐπόντων ἢ σὺν Ἡλίῳ ἢ Σελήνῃ ἢ Ἑρμῇ, καὶ φονικὰ ἐγκλή-
ματα ἀναλαμβάνουσι καὶ καθ᾽ ἑαυτῶν κινδυνῶδές τι μηχανῶνται, ἐὰν δὲ
καὶ ὁ τῆς Ἀφροδίτης ἐπῇ ἢ μαρτυρῇ, ἕνεκα φαρμακείας ἐπιταράσσονται ἢ
ὡς ἐπίβουλοι διαλαμβάνονται. πλὴν θανάτου καὶ καταλείψεως δηλωτικοὶ | 10
f.758
οἱ τόποι τοῦ Κρόνου, κατὰ τὴν πρὸς Δία παράδοσιν κληρονομίας καὶ
20 ὠφελείας ἐκ νεκρικῶν ἀποτελοῦντος· ἐὰν οὖν καὶ αὕτη ἡ παράδοσις συν-
δράμῃ τῇ πρώτῃ χρονογραφίᾳ, ἀπαραβάτως κληρονομίαι καὶ μεγάλαι
ὠφέλειαι ἔσονται κατὰ τὴν τῆς γενέσεως ὑπόστασιν. ἐὰν δέ, τῆς διαιρέ- 11
σεως οὔσης ἐν ταῖς Ἅιδου πύλαις, τύχῃ ἡ αὐτὴ παράδοσις ἀπὸ Κρόνου
[καὶ] εἰς Διὸς οἶκον, κληρονομία ἔσται, ἐὰν δὲ κατὰ μόνας ἡ παράδοσις
25 ἔλθῃ, καὶ ὠφέλεια ἀπὸ νεκρικῶν· ὁμοίως δὲ κἂν ἐν τῷ αὐτῷ ζῳδίῳ ὄντες
Κρόνος καὶ Ζεὺς παράδοσιν ἢ παράληψιν ποιήσωνται. ἀπὸ ἀγαθοῦ δαί- 12
μονος ἢ ἀγαθῆς τύχης ἢ κλήρου ἐὰν γένηται παράδοσις, ἀγαθοποιῶν
ἐπόντων, ἔσονται κληρονομίαι ἢ δωρεὰ ἢ ἀγαθοῦ τινος πρόφασις. ἐὰν δέ 13
πως οἱ θανατικοὶ τόποι τοῖς ἀποκλίμασι τὴν παράδοσιν ποιήσωνται ἢ
30 καὶ τὰ ἀποκλίματα τοῖς θανατικοῖς, ἐπὶ ξένης ἢ ἀπὸ ξένης θάνατόν τινος
ἀκούσονται· τὰ γὰρ δ ἀποκλίματα ξένων καὶ δούλων τόπον σημαίνουσιν.
ὁμοίως δὲ καὶ οἱ Δίδυμοι καὶ ὁ Τοξότης καθολικῶς ἐπὶ πάσης γενέσεως 14
τὸν περὶ δούλων τόπον σημαίνουσι διὰ τὸ κοσμικόν· ὡροσκοποῦντος γὰρ
Καρκίνου ὁ περὶ δούλων ἐν τούτοις καταλήγει. ἐὰν οὖν ἐν ἑτέρῳ τις ζῳ- 15

[VS] 1 ὁ om. S | τι sup. lin. V | σημαίνωσιν S ‖ 7 προβλέπειν VS ‖ 8 καὶ Kroll ‖
12 ὦσιν VS, corr. Kroll ‖ 13 ἕνεκα V, ἕνεκεν S, corr. Kroll | καταλήψεως VS, corr.
Kroll ‖ 15 ἐγκλίματα VS, corr. Kroll ‖ 17 ἕνεκε V, ἕνεκεν S, corr. Kroll | φαρ-
κίας V, φαρμακίας S, corr. Kroll ex Ham. ‖ 18 διαβάλλοντai Kroll | καταλήψεως
VS, corr. Kroll ‖ 20 νεκρῶν VS | ἀποτελοῦντες Kroll ‖ 26 ποιήσουνται VS, corr.
Kroll ‖ 30 ξένης¹] ξένοις V

δίῳ τὸν περὶ δούλων τόπον ἔχῃ, ἐν δὲ τούτοις εὑρεθῶσι κακοποιοί, ἀπὸ
δούλων ταραχὰς καὶ ἀδικίας ὑπομενοῦσιν, ἔτι δὲ καὶ ζημίας καὶ θανάτους
καὶ δρασμούς, καὶ μάλιστα τοῦ Κρόνου γενομένου κατὰ τούσδε τοὺς τό-
πους· ἐὰν δὲ ἀγαθοποιοὶ ἐπῶσιν, εὐνοηθήσονται, καὶ ἐκ τῶν τοιούτων
ὠφελείας παραδέξονται, καὶ αὐτοὶ δὲ εὐεργέται εἰς αὐτοὺς γενήσονται ἢ 5
16 καί τινας ἀναθρέψουσιν ἐν τέκνων μοίραις. τὸ αὐτὸ δὲ καὶ ἐπὶ τῶν λοιπῶν
ἀποκλιμάτων νοείσθω.

⟨ιγ'.⟩ Περὶ τῆς ἀπὸ ὑψώματος εἰς ὕψωμα παραδόσεως

f.94V,
f.75vS | Ἀπὸ δὲ ὑψώματος εἰς ὕψωμα παράδοσις γινομένη, ἀγαθοποιῶν
1 ἐπόντων ἢ μαρτυρούντων, δοξαστικὴ καὶ ἐπωφελής, καὶ μάλιστα ἐὰν 10
2 ⟨ἐν⟩ ἰδίῳ τόπῳ ὦσιν οἱ κύριοι. ὁμοίως δὲ καὶ ἀπὸ ἰδίων οἴκων εἰς ὑψώματα
παραδιδόντες ἢ καὶ ἀπὸ ὑψωμάτων εἰς οἴκους, τῶν κυρίων ἐπόντων,
ἐνεργέστερα τὰ ἀποτελέσματα καὶ ἐπίδοξα δηλοῦσιν, ἀπὸ δὲ ταπεινω-
μάτων εἰς ταπεινώματα παραδιδόντες μέτριοι καὶ ἀνώμαλοι γίνονται.
3 Κρόνος δὲ ἢ Ἄρης οἰκείως σχηματισθέντες καὶ ἀπὸ ἰδίων οἴκων ἢ ὑψω- 15
μάτων ἢ καὶ χρηματιστικῶν τόπων παραδιδόντες καὶ παραλαμβάνοντες
4 μεγάλας εὐεργεσίας καὶ δόξας ἀποτελοῦσιν. ὁ μὲν οὖν τοῦ Κρόνου κληρο-
νομίας, ἐγγείων κτημάτων, θεμελίων, ἐπικαρπίας, διοικήσεως παρεκτι-
κὸς καὶ μυστικῆς ἐγχειρήσεως καὶ παλαιῶν πραγμάτων κατορθωτικός,
5 ὁ δὲ τοῦ Ἄρεως ἡγεμονικός. τηρούντων δὲ τῶν ἀγαθοποιῶν καὶ Ἡλίου 20
καὶ Σελήνης οἰκείως ἐσχηματισμένων πρὸς αὐτούς, μεγάλας τὰς προφα-
νείας καὶ ὠφελίμους ἀποτελοῦσιν· ἀπόντων δὲ τῶν ἀγαθῶν καὶ τῶν φώ-
των ἐναντιουμένων καὶ ἀνοικείως ἐσχηματισμένων, Ἑρμοῦ δὲ παρεμπλεκο-
μένου, κατηγορίας καὶ ἐναντιώματα καὶ μεγάλους κινδύνους καὶ ἐπιβουλὰς
6 καὶ θορύβους καὶ καθαιρέσεις ἐπάγουσιν. ἐὰν δέ πως ἐπ' ἀλλοτρίων ὑψω- 25
μάτων ἢ ἰδίων ἀνοικείως παράδοσιν ἢ παράληψιν ποιήσωνται, ἀπὸ ὕψους
ἢ τετραπόδων καταρριπτοῦσιν, τραύμασί τε καὶ αἱμαγμοῖς ἢ ἐπικινδύνοις
νόσοις περιτρέπουσιν, ἐμπρησμοῖς τε ἢ ναυαγίοις περιτρέπουσιν· τῆς δὲ
γενέσεως βοηθουμένης καὶ ὑπόστασιν χρόνων ἐχούσης, τῷ βίῳ καθαιροῦ-
σιν ἢ τῇ δόξῃ. 30
7 Παρατηρητέον οὖν ⟨εἰ⟩ οἱ τῆς αἱρέσεως ἡμερινῆς ἢ νυκτερινῆς ὄντες
τοῖς λοιποῖς σχηματίζονται· ἐνεργέστεροι γὰρ πρὸς τὸ ἀγαθὸν καὶ αὐτοὶ
ὑπάρχουσι τῶν λοιπῶν ἀστέρων, καὶ κατὰ τὰς οἰκείας παραδόσεις ἢ
f.76S 8 ἐπεμβά|σεις μεγάλων ἀγαθῶν αἴτιοι καθίστανται. εἰ δ' ἄλλως, κωλυτι-

[VS] 5 παρέξονται VS, corr. Kroll ‖ 7 νοήσθω S ‖ 9 παραδόσεως γινομένης S ‖
11 ἐν sugg. Kroll ‖ 16 παραλαμβάνοντας V ‖ 18 ἐγγίων VS, corr. Kroll ‖ 23 ἀνεῖ-
κείως S ‖ 26 ποιήσονται VS, corr. Kroll ‖ 31 εἰ Kroll

ANTHOLOGIAE IV 12-14

κοὶ καὶ ἐγκοπτικοὶ δόξης καὶ ὠφελείας. κατὰ τοῦτο δὲ κακοποιοὶ ὠνο- 9
μάσθησαν, ἐπεὶ ζωῆς παραιρέται εἰσίν, πρὸς δὲ τὰ λοιπὰ εὐεργετικοί·
ἐπεὶ καὶ ὁ τοῦ Διὸς καὶ ὁ τῆς Ἀφροδίτης ἐν ταῖς παραδόσεσιν ἢ ἐπεμβά-
σεσι δυτικοὶ καταλαμβανόμενοι ἢ ἀνοικείως ἢ παραπεπτωκότες ἐπιτάρα-
5 χον τὸν χρόνον καὶ δύσπρακτον καὶ ὑπερθετικὸν ἀποτελοῦσι καὶ τῶν
προσδοκωμένων ἐλπίδων ἢ ὠφελειῶν παραιρέται γίνονται, προσεπὶ τούτοις
δὲ καὶ ζημίας ἐπάγουσι καὶ ψυχικὰς βασάνους καὶ ἐν τοῖς διαπρασσομένοις
κακίσεις.

⟨ιδ'.⟩ Περὶ φάσεως τῶν ἀστέρων καὶ ἐπεμβάσεως

10 Καθολικῶς οὖν ἐπὶ πάντων τῶν ἀστέρων παρατηρητέον. ἐπὰν γὰρ 1, 2
ἀνατολικοὶ εὑρεθῶσι παραδιδόντες ἢ παραλαμβάνοντες καὶ τοῦ ἔτους
κυριεύοντες ἢ τῶν καθολικῶν χρόνων, κατὰ δὲ τὴν ἐπέμβασιν εἰς τοὺς
χρηματιστικοὺς τόπους γένωνται καὶ τὴν ἀνατολὴν ποιήσωνται, προφα-
νῶς τὰς πράξεις ἀποτελοῦσιν· ἡ γὰρ δύναμις αὐτῶν τότε διεγείρεται. καὶ 3
15 κατὰ τὴν ἰδίαν φύσιν ἕκαστος τὸ ἴδιον ἀποτελεῖ· ὁποίας γὰρ δυνάμεως
καὶ ἀποτελέσματος κυριεύει κατὰ γένεσιν ἢ ὁ δηλοῖ ὁ ἐνιαυτὸς ἐφ᾽ οὗ
ἐστι ζῳδίου, ἐκείνου ἐνεργήσει τὸ ἀποτέλεσμα. ἐὰν δὲ τὸν πρῶτον στηριγ- 4
μὸν ἐπέχωσι καὶ ἀναποδιστικοὶ εὑρεθῶσιν, τά τε προσδοκώμενα καὶ
τὰ πράγματα καὶ τὰς ὠφελείας καὶ τὰς ἐγχειρήσεις ἐν ὑπερθέσει ποιοῦσιν.
20 ὁμοίως δὲ καὶ ἐν ταῖς ἀκρονυχίαις ἀσθενέστεροι καὶ ἐμποδιστικοὶ γενή- 5
σονται, φαντασίας μόνον καὶ ἐλπίδας προδεικνύντες. εἰ δέ πως τὸ β΄ 6
στηρίζοιεν, τὰς μὲν ὑπερθέσεις διεκλύουσι καὶ εἰς τὰς αὐτὰς πράξεις
ἀποκαθιστῶσι καὶ εἰς εὐστάθειαν καὶ κατόρθωσιν τοῦ βίου ἄγουσιν·
ἐὰν δὲ ὑπὸ δύσιν φέρωνται, ἐγκοπὰς καὶ λύπας ἐν τοῖς διαπρασσομένοις
25 ἐπάγουσιν, ἔτι δὲ καὶ σωμα|τικοὺς κινδύνους καὶ ἀσθενείας καὶ κρυπτῶν f.76vS
τόπων πόνους, πολλάκις δὲ καὶ δόξας ἢ μεγάλας ἐλπίδας προδείξαντες
ἐπὶ τὸ χεῖρον ἐτράπησαν. ἐπὰν οὖν, κακοποιοῦ τι κατὰ γένεσιν ἀποτε- 7
λοῦντος καὶ τὸν ἐνιαυτὸν ἔχοντος, κατ᾽ ἐπέμβασιν κακοποιὸς ἐπεμβῇ,
ἐπίτασιν τοῦ κακοῦ ποιήσεται· εἰ δὲ ἀγαθοποιός, παρηγορίαν τινὰ καὶ
30 βοήθειαν. τὸ ὅμοιον δὲ καὶ ἐπὶ τῶν ἀγαθοποιῶν νοείσθω. ἐπὶ πάσης δὲ 8, 9
γενέσεως ἐξαιρέτως ὁ τοῦ Διὸς ἀστὴρ κατ᾽ ἐπέμβασιν γενόμενος ἐπὶ τοὺς
ἐνιαυτοὺς ἢ τὰ τούτων τετράγωνα ἢ διάμετρα, καλῶν μὲν ὄντων τῶν
χρόνων, ἢ ἐν χρηματιστικοῖς τόποις μεγάλας εὐεργεσίας καὶ δόξας ἀπο-

§ 9: cf. App. XIX 11 ‖ §§ 4−6: cf. App. XIX 11 ‖ §§ 9−10: cf. App. XIX
12−14

[VS] 6 προσδοκομένων S ‖ 12 ἔμβασιν S ‖ 13 ποιήσονται S ‖ 18 τε sup. lin. V ‖
20 ἀκρονυχίαις VS ‖ 21 προσδεικνύντες VS, corr. Kroll ‖ 22 τάξεις S ‖ 32 καλῶς
VS, καλῶν App.

13* 173

τελεῖ, καὶ μάλιστα ἀνατολικὸς γενόμενος μέγιστον ἐπισχύσει τῶν δο-
κούντων ἐπικρατεῖν τοὺς χρόνους· κακῶν δὲ ὄντων καὶ αὐτὸς κατ᾽ ἐπέμ-
βασιν γενόμενος ἀσθενέστερος γενήσεται καὶ τὰς εὐεργεσίας καὶ δόξας
10 ὑπερθέμενος μετέωρος γενήσεται. εἰ δ᾽ ἀνατολικὸς τύχῃ, μετρίως παρ-
ηγορήσει ἢ ὠφελήσει.   5

⟨ιε΄.⟩ Περὶ γ΄ καὶ θ΄ τόπου ἀπὸ ὡροσκόπου

1 Ὁ γ΄ ἢ ὁ θ΄ τόπος ἀπὸ ὡροσκόπου παραδιδοὺς ἢ παραλαμβάνων,
ἀγαθοποιῶν ἐπόντων, ξενιτείας ἐπ᾽ ἀγαθῷ ἀποτελεῖ ἢ ἐπὶ ξένης ἢ ἀπὸ
ξένων πράξεις καὶ συστάσεις ἀποτελοῦσιν· κἂν δισώματος ὁ τόπος τύχῃ,
2 πλειστάκις ὠφεληθήσονται ἢ πολλὰ ξενιτεύσουσιν. τινὲς μὲν οὖν ἐν 10
τούτοις τοῖς τόποις χρηματίζονται ἀπὸ θεοῦ καὶ τὰ μέλλοντα προγινώ-
σκουσι καὶ θεῷ ἐκθυσίας ἢ εὐχὰς ἢ ἀναθήματα κατασκευάζουσιν, τινὲς
δὲ καὶ διὰ θεοῦ πρόνοιαν ἀσθένειαν ἢ συνοχὴν ἢ αἰτίαν ἢ πάθος ἢ κίν-
3 δυνον [οἳ] ἐκφυγόντες θεῷ εὐχαριστοῦσιν. ὑποστάσεως δὲ μεγάλης
οὔσης καὶ τῶν καθολικῶν χρόνων συνεπισχυόντων, ἀπὸ βασιλέως δωρεὰς 15
f. 778 λαμβάνουσι καὶ πίστεις ἡγεμονικὰς ἢ ἐξουσίας, | ἢ πραγμάτων καὶ αἰτίας
διὰ βασιλικῆς τύχης ἐκπλοκὴν ποιησάμενοι ἐπίδοξοι καθίστανται, οἱ δὲ
καὶ ναοὺς ἢ ἱερὰ ἢ βασιλέων τύπους κατασκευάσαντες ἀείμνηστον φήμην
4 ἀναλαμβάνουσιν. κακοποιῶν δὲ ἐπόντων ἢ μαρτυρούντων τοῖς τόποις,
ἐπηρεάζονται ἐπὶ ξένης καὶ ζημίαις ἢ ἐνδείαις περιπίπτουσι καὶ οὐ 20
διευθύνουσι κατὰ τὴν ξένην, πλάναις δὲ καὶ κινδύνοις περιτρέπονται
καὶ ὡς ἀπὸ θεοῦ μῆνιν ἔχοντες διατελοῦσι μεμφόμενοι τὴν ἰδίαν εἱμαρ-
μένην, τινὲς δὲ καὶ κατ᾽ ἐκείνους τοὺς χρόνους ἀρνοῦνται τὰ θεῖα καὶ
ἑτεροσεβοῦσιν ἢ ἀθεμιτοφαγοῦσιν, οἱ δὲ καὶ ἐν προγνώσει γίνονται καὶ
χρησμοδοσίαις ἢ μαντείαις ἢ ὡς μανιώδεις λαμβάνονται, οἱ δὲ καὶ ἐν 25
μείζονι τύχῃ καὶ δόξῃ καθεστῶτες ἀπὸ ξένης ἢ ἀπὸ ξένων ταραχὰς
ἀναδέχονται, περιβοησίας τε καὶ ὄχλων ἐπαναστάσεις ἢ πόλεων, ὧν χάριν
κίνδυνον οὐ τὸν τυχόντα διὰ τὴν περὶ αὐτῶν πίστιν ὑπομένουσιν, ἔχθρας
τε καὶ προδοσίας· ἔσθ᾽ ὅτε μὲν οὖν καὶ κατηγορίαις περιπεσόντες καὶ
βασιλικοῖς φόβοις καθαίρεσιν δόξης καὶ βίου κομίζονται.   30

⟨ις΄.⟩ Περὶ ἀνωμαλίας γενέσεων

1 Πρὸ πάντων οὖν ἀναγκαῖον πάσης γενέσεως τὴν ὑπόστασιν καὶ τὴν τάξιν
ἐπιγνόντας οὕτω καὶ τὰς τῶν ἀστέρων καὶ τῶν ζῳδίων ἁρμόζεσθαι φύσεις,

---

[VS] 1 ἐπισχήσει S ‖ 10 πλειστάκις VS, corr. Kroll | δὲ καὶ διὰ θεοῦ πρόνοιαν
(cf. 13) post τινὲς S, sed del. | οὖν om. S ‖ 12 ἀναθύματα S ‖ 14 οἳ secl. Kroll ‖
22 μήνην V ‖ 24 ἑτέρω σέβουσι VS, corr. Kroll ‖ 25 χρησμωδοσίας V, χρησμο-
δοσίας S, corr. Kroll | μαντείας VS, corr. Kroll

174

ἵνα μὴ τὸ αὐτὸ ἀποτέλεσμα ἐπὶ τῶν μετρίων καὶ ἐνδόξων λέγηται, ἀλλὰ
διάφορον. καὶ γὰρ ἕκαστος ἀστὴρ καὶ ἕκαστον ζῴδιον καὶ μετρίαν ἔχει 2
φύσιν εὐεργεσίας ἢ κακώσεως καὶ ἔνδοξον ἐπέχει ἢ μείζονα κάκωσιν,
ὅθεν καὶ μεγάλων ἀγαθῶν αἴτιοι καθίστανται, ὁτὲ δὲ κακῶν. ἐπὰν οὖν 3
5 ἐπίσημον καὶ λαμπρὰν ὑπόστασιν εὕρωμεν διαφυλασσομένην ὑπὸ τῆς τῶν
ἀγαθῶν μαρτυρίας ἐν ταῖς χρονικαῖς παραδόσεσιν, | κακοποιῶν ἐχόντων f.77vs
τοὺς χρόνους ἢ καὶ κατὰ τὴν ἐπέμβασιν τοῖς κέντροις ἢ χρηματιστικοῖς
τόποις ἐπεληλυθότων, οὐδὲν λέγομεν ἄτοπον πείσεσθαι τὴν γένεσιν, τὰς
δὲ οἰκονομίας [ὡς] παντελῶς ἀτάκτως διοικήσει καὶ περιβοησίας ἢ ψόγους
10 ἀναδέξεται, ἔν τε θορύβοις καὶ φόβοις γενήσεται. ἐὰν δέ πως ὁ Ἥλιος ἢ 4
ἡ σύνοδος ἢ ἡ πανσέληνος κακωθῇ, παράνομόν τι καὶ βίαιον διαπραξάμε-
νοι ταραχάς τε καὶ πολυθρυλλήτους ⟨κινδύνους⟩ ὑπομενοῦσι καὶ πόλεων
ἢ ἐχθρῶν ἐπαναστάσεις, ὧν χάριν ἐπιθορύβως διάγουσιν. ἐπὶ τῶν οὖν 5
τοιούτων συγκρίνειν δεήσει τὴν τῶν ἀγαθοποιῶν συμπαρουσίαν ἢ μαρτυ-
15 ρίαν, ἵνα αἱ αἰτίαι παρεκδράμωσιν — ἤγουν καθαιρέσεις καὶ ἀτιμίας προ-
λέγειν. ἐὰν δὲ μόνη ἡ Σελήνη ἢ ὁ ὡροσκόπος κακωθῇ, διὰ σκυλμοὺς 6
σωματικοὺς καὶ ἐπισφαλεῖς νόσους ἀφαντασίωτος ἡ τῆς ἀρχῆς δόξα γενή-
σεται, ἀνιαρά τε καὶ ἐπώδυνος τοῖς κεκτημένοις. ἐὰν δέ πως ἡ ὑπόστασις 7
τῆς γενέσεως ἄπρακτον καὶ ἰδιοπράγμονα βίον διάγουσα εὑρεθῇ, οὔτε ἐν
20 ταῖς τῶν χρόνων παραδόσεσιν οὔτε ἐν ταῖς τῶν κατ᾽ ἐπέμβασιν σχημα-
τογραφίαις χρὴ λέγειν ποικίλα καὶ παράδοξα πράγματα οὔτε καινοποιίας
πράξεων ἢ μεταβολάς· οὔτε τοὺς πάνυ εὐδαίμονας οἱ κακοποιοὶ ἐπεμ-
βάντες εἰς τοὺς χρηματιστικοὺς τόπους καταβλάψουσιν οὔτε μὴν οἱ ἀγα-
θοποιοὶ τοὺς μετρίους ὠφελήσουσι διὰ τὸ πρόληψιν καθολικὴν ὑπάρχειν,
25 ἣν ἀλλάξαι τὰ κατὰ μέρος οὐ δύνανται. εἰσὶ μὲν οὖν πολλαὶ γενέσεις ἀπὸ 8
μεγάλης τύχης καὶ δόξης εἰς ταπεινότητα κατερχόμεναι, ἄλλαι δὲ ἀπὸ
μετρίας τύχης καὶ ἀπὸ γένους ἀδόξου εἰς εὐδαιμονίαν καὶ περιφάνειαν
κατανταῦσαι. ἐπὰν οὖν εἰς ὕψος φερομένη ἡ γένεσις εὑρεθῇ ἐκ τῶν καθο- 9
λικῶν αἱρέσεων, ἐν ταῖς κατὰ μέρος χρονογραφίαις, ἀγαθοποιῶν μὲν ἐχόν-
30 των τοὺς | χρόνους, λαμπραὶ ἐπισημασίαι καὶ ὠφέλειαι καὶ προκοπαὶ f.78s
παρακολουθήσουσιν· κακοποιῶν δὲ ἐχόντων, μετεωρισμοὶ καὶ ταραχαὶ
καὶ ἐνοχλήσεις σωματικαί, ἡ δὲ ὑπόστασις ἀκαθαίρετος διαμενεῖ. ἐὰν δέ 10
πως ἡ γένεσις εἰς ταπεινότητα φέρηται ἐκ τῆς καθολικῆς ὑποστάσεως, οἱ
μὲν ἀγαθοποιοὶ τοὺς ἐνιαυσίους χρόνους λαβόντες ἢ ἐπεμβάντες ἀσθε-
35 νέστεροι εἰς τὸ εὐεργετεῖν γενήσονται, παραχωρήσουσι δὲ τοῖς κακοποιοῖς

[VS] 5 δὲ ante ὑπὸ S ‖ 8 ἐπιλεληλυθότων V, ἐπιληλυθότων S, corr. Kroll ‖
9 ὡς secl. Kroll | διοικήσεις VS, corr. Kroll ‖ 12 κινδύνους Kroll ‖ 14 παρου-
σίαν S ‖ 15 παρεκδρόμωσιν V ‖ 18 ἀνιαρά S ‖ 20 παραδώσεσιν S ‖ 21 ποικίλως S ‖
23 καταβλάψωσιν S ‖ 25 ἣ VS, ἣν Kroll ‖ 28 καταντᾶσαι V ‖ 30 λαμπροὺς S ‖
33 ἐς S

VETTIVS VALENS

11 [εἰς] τὸ καταβλάψαι τὴν γένεσιν. οὕτως οὖν πάντοτε οὔτε οἱ ἀγαθοποιοὶ
ἀγαθοποιὸν τόπον ἐπέχουσιν οὔτε μὴν οἱ κακοποιοὶ κακοποιόν, ἀλλὰ διὰ
τῆς καθολικῆς ὑποστάσεως εἰς τὰς κατὰ μέρος χρονογραφίας ἐναλλασσό-
μενοι καὶ γίνονται ἀγαθοποιοὶ ⟨ἢ κακοποιοί⟩.

12 Ἄλλως τε τὰς πράξεις ἑκάστης γενέσεως δεῖ ἐξετάζειν, πότερον ἀπὸ 5
Ἑρμοῦ ἢ Ἄρεως ἢ Ἀφροδίτης ἢ Κρόνου τὴν ἐνέργειαν ἔχει ἢ ἀπὸ Ἡλίου
καὶ Σελήνης καὶ Διός, ἵνα ἔνδοξος ἡ ὑπόστασις εὑρεθῇ· οὕτω γὰρ ἐν ταῖς
παραδόσεσιν ἕκαστος τῶν ἀστέρων καλῶς σχηματισθεὶς ἢ κατὰ τὴν
ἐπέμβασιν ἐπελθών, περὶ τὴν τῆς πράξεως ἀσχολίαν ὠφέλιμος καὶ δοξα-
13 στικὸς γενήσεται ὁ ἐνιαυτός. οἷον ἐὰν ἔλθῃ Κρόνος ἐπὶ Ἡλίου ἢ Σελήνης 10
τόπους, περὶ ἃ δηλοῦσιν ἐκ τῆς ἰδίας φύσεως ὁ Ἥλιος ἢ ἡ Σελήνη ἢ οἱ τόποι,
περὶ ἐκεῖνα καταβλάψει· ὁμοίως δὲ κἂν ἐπ᾽ αὐτοῦ ὁ ἐνιαυτὸς ⟨ᾖ⟩ ἢ πρὸς
αὐτὸν ἐκπέσῃ, ἤτοι ὅπου ἔκειτο κατὰ γένεσιν ἢ ὅπου κατὰ τὴν ἐπέμβασιν,
14 περὶ ἐκεῖνα ἐροῦμεν τὰ ἀποτελέσματα. καὶ οἱ λοιποὶ δὲ τῶν ἀστέρων καὶ
ὁ Ἥλιος καὶ ἡ Σελήνη ἐν τῷ σχολαστικῷ τόπῳ γενόμενοι καὶ χρονοκρα- 15
15 τοῦντες ἐνεργέστεροι καθίστανται, ἐναντιούμενοι δὲ ἐπιτάραχοι. ἐπὶ πά-
σης δὲ γενέσεως ὁ ἀπὸ Ἡλίου καὶ Σελήνης καὶ ὡροσκόπου ἐνιαυτὸς ἐάν
16 τι μηνύῃ, ἀπαράλλακτον καὶ ἤτοι ἀγαθὸν ἢ φαῦλον. οἷον ἐὰν πρὸς Ἀφρο-
f.78vS δίτην ἢ Δία ἐκπέσῃ ἢ εἰς χρηματιστικοὺς τόπους ἀγαθόν, | εἰ δὲ πρὸς
Κρόνον ἢ Ἄρεα ἢ κεκακωμένους τόπους φαῦλον, ἐὰν δὲ πρὸς ἀμφοτέρους 20
ἡ παράδοσις γένηται ἃ δηλοῦσιν οἱ ἀστέρες ἢ οἱ τόποι ἐν τῷ ἔτει γενήσον-
ται, ἐὰν δὲ αἱ τρεῖς ψῆφοι ἀνόμοια δηλῶσι ποικίλον τὸ ἔτος καὶ ἀνώμαλον
17 γενήσεται. βέλτιον μὲν οὖν καὶ τοῖς ἀγαθοποιοῖς τοὺς κακοποιοὺς παρα-
διδόναι ἢ τοῖς κακοποιοῖς τοὺς ἀγαθοποιούς· ἐὰν δὲ ἀστὴρ ἀστέρι παρα-
διδῷ ὄντι ἐν ἑνὶ ζῳδίῳ (τουτέστιν οἰκοδέκτωρ γενόμενος ἐν τοῖς χρηματι- 25
στικοῖς τόποις), πρακτικὸν τὸν χρόνον ἀποτελεῖ.

18 Δοκεῖ δὲ καὶ οὗτος ὁ λόγος | φυσικὸς ὑπάρχειν, ἵνα ἀπὸ ἑκάστου τόπου
f.94vV σημαίνοντός τι ἡ ἄφεσις τῶν ἐτῶν γένηται, οἷον ἀπὸ τοῦ μεσουρανήματος
ὅταν περὶ πράξεως ζητῶμεν, καὶ ἀπὸ τοῦ περὶ γάμων ὅταν περὶ γυναικός,
καὶ ἀπὸ τοῦ περὶ δούλων ὅταν περὶ σωμάτων, καὶ ὁμοίως ἀπὸ τοῦ περὶ 30
19 τέκνων. ἐὰν οὖν εὕρωμεν εἰς τὸν καταλήξαντα τόπον ἀγαθοποιοὺς ἐπόντας
ἢ μαρτυροῦντας ἢ καὶ χρηματιστικὸν τὸ ζῴδιον, ἐροῦμεν κατόρθωσιν
ἢ ὠφέλειαν ἢ καταθυμίαν προαιρέσεως τὴν ἔκβασιν.

20 Ἐπὶ παντὸς δὲ εἴδους τὸν οἰκοδεσπότην τοῦ οἰκοδεσπότου συνθεωρεῖν
21 δεήσει, ἐν ποίῳ ζῳδίῳ ἔπεστι καὶ πῶς ἐσχημάτισται. ἐὰν γὰρ ὁ οἰκοδεσπό- 35
της τοῦ ζῳδίου κακῶς πεσὼν αἴτιόν τι δηλοῖ, ὁ δὲ τούτου οἰκοδεσπότης

[VS] 1 εἰς secl. Kroll ‖ 4 γινόμενοι VS | ἢ κακοποιοί sugg. Kroll ‖ 5 τε sup.
lin. V ‖ 12 ᾖ Kroll ‖ 22 δηλοῦσι VS ‖ 24 ἀστέρι] ἀστέρος S ‖ 25 οἰκοδέκτως S ‖
28 γενήσεται S ‖ 35 ἔπεστις S ‖ 36 τι sup. lin. V

176

ANTHOLOGIAE IV 16

καλῶς πέσῃ, ἀντανάλυσις τοῦ κακοῦ γενήσεται καὶ ἀπὸ μέρους ὠφέλεια
ἢ τῶν προσδοκωμένων κατόρθωσις, λαμβάνουσι δὲ καὶ πίστεις τινὲς ἢ
δωρεὰς ἀπὸ μειζόνων ἢ βασιλικῶν προσώπων, τῶν καθολικῶν χρόνων
ὑπὸ Ἡλίου καὶ Σελήνης ἢ τῶν ἀγαθοποιῶν διακρατουμένων καὶ τῆς ἐπι-
5 διαιρέσεως καλῆς γενομένης· μάλιστα δὲ καθολικῶς ἐπὶ γενέσεως ἐὰν
Ζεὺς Κρόνον καθυπερτερῇ ἢ καὶ τετράγωνος ἢ ἑξάγωνος ἢ τρίγωνος ἢ
διάμετρος ὑπάρχῃ ἢ συμπαρῇ, ὁμοίως δὲ καὶ ἐὰν Ἄρης τρίγωνος ἢ τετρά-
γωνος ἢ ἐν τῇ ἐπικαταδύσει εὑρεθῇ, Διὸς ἐν τῷ ὑπογείῳ ὄντος, μείζονες
αἱ δωρεαὶ καὶ ἐπωφελεῖς. ἐπὶ δὲ τῶν παρεχομένων ἑτέροις δωρεὰς ἢ φι- 22
10 λοδοξούντων εἰς δήμους καὶ ἀναλισκόντων εἰς ὄχλους, ἐὰν μὲν ὑπὸ Κρόνου
καὶ Ἄρεως Ἑρμῆς εὑρεθῇ ἀκατα|μαρτύρητος ἐπὶ γενέσεως, ὑπὸ Διὸς καὶ f.798
Ἀφροδίτης μαρτυρούμενος, φιλόδοξοι γενήσονται καὶ πλείστης εὐφη-
μίας μεθέξουσι καὶ τιμῆς· ἐὰν δὲ ὑπὸ Ἄρεως ἐπιθεωρηθῇ, μετάνοιαν
καὶ μέμψιν καὶ ταραχὴν ἕξουσι καὶ εὐθρυλλήτους περιβοησίας κἂν ἐκτενῶς
15 εἰς τὰς ἀναλώσεις ὑπαχθῶσιν, ἐὰν δὲ ὑπὸ Κρόνου, πεφεισμένως καὶ ἐπι-
ψόγως ἢ ἐπικινδύνως διατελοῦσιν, ἐὰν δὲ καὶ ὑπὸ ἀγαθοποιῶν, ἀμφό-
τερα συμβήσεται. πᾶσα μὲν οὖν ἀστέρος μαρτυρία δυναστική, ἐξαιρέτως 23
δὲ ἡ κατὰ τετράγωνον ἢ διάμετρον. κριθήσεται δὲ καὶ ⟨ἡ⟩ ἐν τοῖς ἰσανα- 24
φόροις· ἐν δὲ Ταύρῳ καὶ Παρθένῳ ἡ παράδοσις γινομένη ἀπὸ τούτων ἀβέ-
20 βαια καὶ τὰ ἀποτελέσματα δηλοῖ καὶ ὑπερθετικὰ ἢ ἐπίδικα ἢ παν⟨ώλεθρα⟩,
ἐν δὲ Τοξότῃ καὶ Αἰγοκέρωτι αἰνιγματώδη καὶ ἐπιζήμια διὰ τὸ εἶναι ἀτελῆ
τὰ ζῴδια.

Φυσικωτέρας δὲ τῆς διαιρέσεως οὔσης, οὐ μόνον ἐπὶ γενέσεως σκοπεῖν 25
δεήσει τὰς παραδόσεις, ἀλλὰ καὶ ἐπὶ καταρχῶν καὶ δραπετῶν ἐπιγνόντας
25 τὴν ὥραν καὶ ἀστερίσαντας τῷ αὐτῷ τρόπῳ χρῆσθαι καθάπερ ἐπὶ γενέ-
σεως [καταρχῶν]. ἐπὰν Κρόνος καὶ Ἄρης λόγον ἔχωσι πρὸς Ἥλιον καὶ Σε- 26
λήνην ἢ τὸν ὡροσκόπον ἤτοι κατ' ἐναντιότητα ἢ καθυπερτέρησιν ἢ κατὰ
ἑτέραν κακώσεως δύναμιν, ἐὰν δέ πως γένεσις παιδὸς δοθῇ μηδέπω δυ-
ναμένου χωρεῖν ἀποτέλεσμα οἷον πράξεως ἀρχήν, παραδόσεις δὲ τῶν ἀστέ-
30 ρων εὑρίσκωνται, περὶ τὸν πατέρα καὶ τὴν μητέρα γενήσεται τὰ ἀποτε-
λέσματα, ἔσθ' ὅτε καὶ περὶ τὸν δεσπότην, ἕως ἂν τὸν τῆς ἀκμῆς χρόνον
καταλαβὼν ὁ γεννηθεὶς αὐτὸς ἀναλάβῃ τὰ σημαινόμενα, μόνον δὲ τὰ δυνά-
μενα χωρεῖν αὐτῷ προσνέμειν οἷον δωρεάν, κατάλειψιν ἢ διωνυμίαν, χά-
λασμα καὶ ἐξανθήματα καὶ τὰ λοιπά· ἔσθ' ὅτε μὲν οὖν καὶ παράδοξά τινα

[VS] 1 ἀντανάλησις VS, corr. Kroll ‖ 2 προδοκωμένων VS, corr. Kroll ‖ 6—8 Κρό-
νον — Διὸς om. S ‖ 9 τῶν] τῷ V ‖ 15 πεφεισμένως V πεφησμένως S ‖ 16 καὶ
om. S ‖ 18 ἡ V ‖ 20 παν et lac. ca. 5 litt. V, ca. 3 litt. S,
πανώλεθρα sugg. Kroll ‖ 21 κατεζητημία VS, καὶ ἐπιζήμια Kroll ‖ 30 εὑρίσκον-
ται VS, corr. Kroll ‖ 32 σημαινόμενα V, σημαίνοντα S ‖ 33 ζνέμειν V, νέμειν S,
corr. Kroll

177

ἀποτελέσματα τοῖς τοιούτοις εἴωθε συμβαίνειν ἅτινα πρόδηλα γίνεται ἐκ
27 τῆς καθολικῆς [καὶ] συγκρίσεως τῶν ἀστέρων. δεῖ οὖν καὶ κατὰ τὰς
ἡλικίας καὶ κατὰ τὰ ἔθη τῶν τόπων καὶ τοὺς νόμους καὶ τὰ ἀποτελέσματα
f.79vs συναρμόζεσθαι | κατὰ τοὺς σημαινομένους χρόνους· οὕτω γὰρ ἀδιάψευ-
στος ἡ πραγματεία κριθήσεται.   5

28 Ἐπὶ δὲ δυοῖν γενέσεων ἤτοι ἀδελφῶν ἢ ἀνδρὸς καὶ γυναικὸς ἢ συγγενῶν
ἢ ἄλλων φιλικῶν προσώπων δεῖ κατὰ γένεσιν τῷ προσοικειωμένῳ τὸ
ἀποτέλεσμα ἀποφαίνεσθαι κατὰ τὸν ἐπιβάλλοντα χρόνον καὶ λέγειν
ἐκείνῳ πρότερον ἢ ὕστερον συμβήσεσθαι, τῷ δ᾽ ἑτέρῳ ἐκ δευτέρου μέ-
29 ρους τὸν τρόπον ἀπονεῖμαι. οἷον ἐάν τινι φέρῃ ὠφεληθῆναι ἀπὸ νεκρικῆς 10
προφάσεως, ἑτέρῳ δὲ καθολικῶς κληρονομίαν ἐξ ἧς ὁ προειρημένος
προσδοκᾷ τὴν ὠφέλειαν, οὐκ ἐν τοῖς χρόνοις τούτοις γενήσεται ἡ ὠφέλεια
ἀλλ᾽ ἐν τοῖς τοῦ τὴν κληρονομίαν προσδοκῶντος· ἐκ γὰρ τοῦ †Μ̅ₑ̇† καὶ τὸ
†Χ̅† γενήσεται ἢ πολλάκις περὶ ἕνα μὲν τάχιον γέγονε τὸ ἀποτέλεσμα,
περὶ δὲ τὸν ἕτερον μετὰ χρόνον τὸ αὐτὸ ἤτοι δι᾽ ἀποδημίαν ἢ κρίσιν ἢ 15
30 κατηγορίαν ἢ ἑτέραν τινὰ αἰτίαν. τὸ δ᾽ ὅμοιον ἐπὶ δόξης καὶ δωρεᾶς καὶ
ἀγορασμῶν καὶ πράσεως καὶ κοινωνίας καὶ συναρμογῆς ἢ ξενιτείας καὶ
31 τῶν λοιπῶν τῶν ἐν βίῳ συντελουμένων νοείσθω. ἔνθεν ὁτὲ μὲν εἴωθε προ-
λαμβάνειν τὰ ἀποτελέσματα, ὁτὲ δὲ ἐπιβραδύνειν διὰ τὰς τῶν γενέσεων
συμπαθείας ἢ καὶ ἐναντιότητας· καὶ καθάπερ δι᾽ ὀργάνου ἡ φύσις ἐκ τῆς 20
τῶν ἀστέρων ἀνακυκλήσεως τὰς τῶν ἀποτελεσμάτων δυνάμεις ἀνήπλω-
σεν, ὁτὲ μὲν αἰφνιδίως ἢ ἀπροσδοκήτως ἐπιφέρειν, ὁτὲ δ᾽ ἐπιτείνειν καὶ
διακατέχειν μετ᾽ ἀνάγκης, μέχρις οὗ ὁ τὴν ἐναρμόνιον τῶν πραγμάτων
κεκτημένος πρόφασιν παραλάβῃ τοὺς ἀστέρας.

32 Δεῖ δὲ καὶ ἐκ τῶν κοσμικῶν τὰ τοιαῦτα ὑποδείγματα μαθόντας συγκρί- 25
νειν, ὅπου οὐ πάντοτε ὁ Ἥλιος ἐκ τῶν τροπικῶν μοιρῶν τὰς μεταβολὰς τῶν
ἀέρων τὰς αὐτὰς ποιεῖται, ἀλλ᾽ ὁτὲ μὲν εἰς εὐκρασίαν προλαμβάνων τὸ
κοσμικὸν κατάστημα ἄγει, ὁτὲ δὲ τὰς χειμερίους τροπὰς εὔδιος διελθὼν
33 ἐξ ὑστέρου πολλὴν ζάλην καὶ φοβερὰν ἀνέμων ῥοπὴν κατεσκεύασεν. οὔτε
μὴν ἡ Σελήνη κατὰ τὰς δοκούσας φάσεις τὰς ἐπομβρίας συντελεῖ ἢ μετὰ 30
f.80s τοὺς συνδέσμους ἀνοίγει τὸν | ἀέρα, ἀλλ᾽ ὁτὲ μὲν προχειμάζει καὶ προλαμ-
βάνει τὴν τῆς φύσεως αἰτίαν ὡς παρὰ προσδοκίαν σύγχυσιν οὐ τὴν τυχοῦ-
σαν τῶν καιρῶν γίνεσθαι, ὁτὲ δὲ μηδ᾽ ὅλως ἐνδειξαμένη χειμερινὴν στάσιν

[VS] 2 καὶ secl. Kroll || 6 πρὸς VS, ἐπὶ sugg. Kroll | δοιοῖν V | καὶ] ἢ VS ||
9 συμβήσεται corr. in συμβήσεσθαι(?) V | δὲ S | 13—14 μεσουρανήματος καὶ τὸ ἀπο-
τέλεσμα Kroll || 14 ἐνὸς VS, ἕνα sugg. Kroll || 20 ἐναντιώτητας S || 21 ἀνακυκλί-
σεως S || 25 καὶ om. S | μαθόντας] λαβόντας S || 28 τροπὰς] τρόπους V || 31 ἀν-
ίσχει VS, ἀνοίγει Wendland || 33 χειμερινὴν V | τὴν ante στάσιν S

ἐν αὐτῇ τῇ φάσει εὔδιον τὸν ἀέρα κατέστησεν, ἔσθ᾽ ὅτε δὲ παραλλάξασα τὴν τοῦ συνδέσμου λύσιν εἰς χειμέριον μεταβολὴν ἐχώρησεν. ὁμοίως δὲ καὶ 34 αἱ λοιπαὶ ἐπισημασίαι τῶν ἀστέρων καὶ δύσεις οὐ κατὰ τὰ αὐτὰ γενήσονται, ἀλλ᾽ ὁτὲ μὲν προλήψονται, ὁτὲ δὲ ἐξ ὑστέρου τὰς φάσεις ποιήσονται, 5 ἔσθ᾽ ὅτε δὲ οὐδ᾽ ὅλως ἐνδείξονται. ταῦτα δὲ συμβαίνει ἐναλλάσσεσθαι 35 παρὰ τὰς τοῦ ἔτους ἀνατολὰς καὶ συνόδους καὶ πανσελήνους καὶ ἐκλείψεις καὶ τετραετηρίδας καὶ καθολικοὺς καὶ κυκλικοὺς οἰκοδεσπότας καὶ πρὸς τὰς τῶν κατὰ καιρὸν ἐπεμβάσεων ἐναλλαγάς.

⟨ιζ᾽.⟩ Περὶ παραδόσεως ἀστέρων καὶ κλήρων καὶ ὡροσκόπου

10 Ἀκολούθως δὲ καὶ τὰς παραδόσεις τῶν ἀστέρων ὑποτάξομεν. 1
Ἥλιος μὲν οὖν Κρόνῳ παραδιδοὺς πονηρὸν τὸ ἔτος ἀποτελεῖ· ἀπραγίας 2 γὰρ καὶ ἐναντιώματα σημαίνει, ἔχθρας τε ἢ ἀντιλογίας καὶ ἀπὸ ὑπερεχόντων ἢ πρεσβυτέρων κακώσεις καὶ ταγμάτων ἐπαναστάσεις, νόσους τε ἢ ὀφθαλμίας, ἀνωμαλίας τε βίου καὶ κινήσεις ἐπιφόβους, ὑποτακτικῶν τε 15 ἐπιθέσεις καὶ πατρὸς θάνατον ἢ ὁμοίου πατρός. κακῶς πεσὼν καταιτι- 3 ασμοὺς ἀποτελεῖ καὶ συνοχάς.
Ἥλιος Διὶ παραδιδοὺς τὸ ἔτος λαμπρὸν τὸ ἔτος δηλοῖ καὶ πατρὸς δόξαν 4 τῷ ἔχοντι καὶ ὑπερεχόντων συστάσεις καὶ εὐημερίας καὶ δωρεὰς καὶ πράξεις ἐπισήμους ἢ ἀρχὰς ἢ σπορὰς τέκνων καὶ ἀγάμοις γάμον ἀποτελεῖ, 20 καὶ ἐν τοῖς διαπρασσομένοις ἐστὶν ἀνυστικὸς καὶ εὐκατόρθωτος, ἀγαθὰς ἐλπίδας προδεικνύων.
Ἥλιος Ἄρει νοσερὸν καὶ ἐπισφαλὲς τὸ ἔτος δηλοῖ καὶ πατρὸς κίνδυνον 5 ἢ τοῦ ὑπὸ τοιοῦτον χαρακτῆρα· αὐτῷ γὰρ χρόνους ἐμπράκτους καὶ μετὰ πολλῆς ἀνακρίσεως κατορθώσεις πραγμάτων, | ἐξοδιασμούς τε καὶ f.80vS 25 ἀκαίρους ζημίας καὶ ἀπὸ μειζόνων προσώπων ἔχθρας ἢ πατρός, ὑποτακτικῶν τε κακώσεις, τομάς τε καὶ αἱμαγμοὺς ἢ [δι᾽] αἵματος ἀναβολὴν καὶ τῶν ἡγεμονικῶν τόπων πόνους ἢ ἐπισκιασμούς, ἐπιφθόνους τε αἰτίας καὶ ἐπηρείας.
Ἥλιος Ἀφροδίτῃ ἀγαθὸν καὶ προσφιλῆ τὸν χρόνον δηλοῖ· συστάσεις γὰρ 6 30 καὶ φιλίας περιποιεῖ καὶ δωρεὰς καὶ τέρψεις, συνηθείας τε καὶ γάμους καὶ

---

§ 2: cf. Add. IV 23 et Heph. II 33, 12 ‖ §§ 4−7: cf. Add. IV 24−27 ‖ § 4: cf. Heph. II 33, 14 ‖ § 5: cf. Heph. II 33, 16 ‖ § 6: cf. Heph. II 33, 18

[VS] 2 εἰς] ἐκ S | ἐχώρισεν S | 9 κλήρων] ἀποτελεσμάτων VS ‖ 12 δὲ VS, τε sugg. Kroll | ἀπολογίας V, ἀπολογίας S | 13 πραγμάτων VS, ταγμάτων Kroll ‖ 15−16 καὶ καταιτιασμοῦ ἀποτελεῖ συνοχάς VS, corr. Kroll ‖ 19 ἀγάμοις] ἀγάμενοι S ‖ 21 προσδεικνύων VS, προδεικνύων sugg. Kroll ‖ 23 τοῦ] τὸν V | ταραχοὺς V, ταραχὰς S, γὰρ καιροὺς sugg. Kroll ‖ 24 κατορθώσει VS, corr. Kroll | πραγμάτω V ‖ 26 δι᾽ secl. Kroll ‖ 28 ἐπιρείας S

179

VETTIVS VALENS

τεκνώσεις ἢ ἀγορασμοὺς κόσμου ἢ σωμάτων, τοῖς δ᾽ ἐν ὑπεροχῇ ἀρχὰς καὶ
δόξας ἐπισήμους καὶ μειζόνων ἐλπίδων ἐπόπτας, πραγμάτων τε καὶ πά-
σης αἰτίας ἀπαλλακτικός.

7 Ἥλιος Ἑρμῇ ἀγαθός, πρακτικός, ἐπικερδής, κοινωνικός, εἰς τὰ ὑπο-
8 τακτικὰ πρόσωπα εὐεργετικός, περὶ τὰς δόσεις καὶ λήψεις ἀνυστικός. ἐὰν 5
δέ πως ὑπὸ κακοποιῶν θεωρηθῇ, δίκας καὶ ταραχὰς ἐπάγει, χάριν ἀργυρι-
κῶν ἢ γραπτῶν φόβους, δουλικῶν τε καὶ φιλικῶν καταγνώσεις, ἀκαίρους
τε ἐξοδιασμοὺς καὶ ζημίας.

9 Ἥλιος Σελήνῃ πρακτικὸς καὶ φιλάνθρωπος, ἀποτελῶν περικτήσεις καὶ
ἀπὸ ἀρρενικῶν καὶ θηλυκῶν ὠφελείας καὶ συστάσεις, γάμους τε καὶ 10
συνελεύσεις καὶ γονὰς ἐπισήμους καὶ ἀπὸ ξένων ἢ ἀπὸ ξένης εὐημερίας
καὶ δωρεάς.

10 Ἥλιος ἑαυτῷ ἐπιμερίσας καὶ καλῶς σχηματισθεὶς λαμπρὰς ἐπισημασίας
καὶ πράξεις ἀποτελεῖ, πρός τε ὑπερέχοντας καὶ μείζονας συστάσεις καὶ
11 ἀπροσδοκήτους ὠφελείας. ἐὰν δὲ καὶ μετὰ ἀγαθοποιῶν τύχῃ ἢ μαρτυρη- 15
θῇ, μείζονας τὰς δόξας καὶ τὰς ὠφελείας ἐπάγει· νυκτὸς δὲ ἧσσον, ἢ ἐπι-
12 τάραχος γενήσεται, ἔχθρας ἀποτελῶν καὶ κρίσεις ἢ ἐπιφθόνους αἰτίας. εἰ
δὲ καὶ κακοποιὸς συμπέσῃ ἢ ἐπιμαρτυρήσῃ, μείωσιν βίου ἢ καθαίρεσιν
δόξης ἐπάγει, ξενίας τε ἐπισφαλεῖς καὶ πατρὸς ἔχθραν ἢ κίνδυνον καὶ
πραγμάτων ταραχάς. 20

13 Πρότερον μὲν οὖν χρὴ σκοπεῖν τὰς τῶν ἀστέρων φύσεις καὶ σχηματο-
γραφίας· τῆς μὲν γὰρ οἰκείας αἱρέσεως ἕκαστος τυχὼν καὶ καλῶς σχημα-
τισθεὶς κατὰ τὴν ὑπόστασιν τῆς γενέσεως τὰς τῶν ἀποτελεσμάτων δυ-
f.818 νά|μεις ἐνδείξεται, τῆς τῶν λοιπῶν μαρτυρίας καὶ τῆς ἐπεμβάσεως πολὺ
δυναμένης θραῦσαι ἢ προσεπιτεῖναι τὸ κακὸν ἢ ὠφελῆσαι καὶ δοξάσαι. 25
14 βέλτιον μὲν οὖν ἐν χρηματιστικοῖς ζῳδίοις εὑρίσκεσθαι αὐτοὺς καὶ ἀνατο-
λικούς· ἐὰν δ᾽ ὑπὸ δύσιν τύχωσιν ἢ καὶ παραπέσωσιν ἀνοικείως κακωθέν-
τες, εἰς τοὐναντίον τραπήσονται.

⟨ιη΄.⟩ Ἐπιμερισμοὶ Σελήνης

1 Σελήνη ἑαυτῇ ἐπιμερίσασα ἀηδής· ἐπάγει γὰρ ἔχθρας καὶ ἀντιδικίας 30
ἀπὸ μειζόνων προσώπων καὶ βίου αὐξο⟨μειώσεις⟩, οἰκείων τε ἢ γυναικὸς
2 ἀντικαταστάσεις. ἐὰν δὲ κακοποιὸς ἐπιθεωρήσῃ, σωματικὰς ἀσθενείας

§§ 7−8: cf. Heph. II 33, 20−21 ‖ § 9: cf. Add. IV 28 ‖ §§ 10−12: cf. Heph.
II 33, 1−2 ‖ § 12: cf. Add. IV 22 ‖ §§ 1−2: cf. Add. IV 42

[VS] 9 πρακτικὰ S ‖ φιλάνθρωπα S ‖ 18 ἐπιμαρτυρήσει S ‖ 24 πολλῆς in textu,
πολὺ in marg. V ‖ 31 αὐξο V, αὐξομένου S, αὐξομειώσεις sugg. Kroll

180

καὶ κινδύνους αἰφνιδίους ἀποτελεῖ. σκοπεῖν δὲ δεῖ ἐν τούτῳ τῷ χρόνῳ 3
καὶ αὐτὸ τὸ ζῴδιον ἐν ᾧ ἔπεστιν ἡ Σελήνη, μήπως κακοποιὸς ἐπεμβὰς
χείρονά τινα ἀποτελέσει· εἰ δ᾽ ἀγαθοποιὸς λύσιν τῶν αἰτιῶν πλὴν ξενι-
τείας ἐπάγει καὶ μεταβολὰς τόπων, εἶθ᾽ οὕτως ἀπόροις κατόρθωσιν τῶν
5 πραγμάτων καὶ τῶν φαύλων ἴασιν ἀποτελεῖ.

Σελήνη Ἡλίῳ ἐπιμερίσασα κένωσιν βίου καὶ ἐξοδιασμοὺς πλείστους 4
ἀποτελεῖ, καὶ μάλιστα, ἐὰν ὑπὸ κακοποιῶν θεωρηθῇ, ἐγκοπὰς τῶν πρά-
ξεων καὶ κενὰς ἐλπίδας προδείκνυσι καὶ στάσεις καὶ ταραχάς, οἰκείων τε
ἀκαταστασίας καὶ θηλυκῶν ἐπιπλοκὰς ἢ γάμους, τοῖς δ᾽ ἐν εὐσταθείᾳ καὶ
10 δόξῃ βίου ὑπάρχουσιν ἐξοδιασμοὺς εἰς ἀγορασμὸν ἢ κατόρθωσιν πραγμά-
των καὶ προκοπὴν ἢ εἰς δωρεάς τινας καὶ εὐεργεσίας.

Σελήνη Κρόνῳ ἐπιμερίσασα ποικίλον καὶ μετέωρον τὸ ἔτος καὶ μητρὸς 5
ἀσθένειαν ἢ θάνατον ἐὰν περιῇ, ἔχθρας τε καὶ ἀκαταστασίας πραγμάτων
καὶ τόπων μεταβολὰς καὶ ψύξεις πράξεων καὶ σωματικοὺς κινδύνους καὶ
15 κρυπτῶν πόνους ἢ αἰσθητηρίων, καὶ μάλιστα λειψίφως οὖσα· ἀνατολικῆς
δὲ οὔσης ἧττον τὸ κακόν, πλὴν βλαβερὸς καὶ λυπηρὸς ὁ χρόνος.

Σελήνη Διὶ ἀγαθὸν καὶ πρακτικὸν τὸν χρόνον δηλοῖ ἐν περιποιήσει καὶ 6
συστάσει μειζόνων, | δόξας τε καὶ ἀρχάς, ἀπό τε θηλυκῶν ὠφελείας καὶ f.81vS
δωρεάς, ἀγάμοις γάμον, γεγαμηκόσι τέκνωσιν, συνηθείας τε προσφιλεῖς
20 ἢ μητρὶ αὔξησιν βίου ἢ δόξης τοῖς ἔχουσιν, κατόρθωσίν τε πραγμάτων
καὶ προσδοκωμένων, ἐλπίδων συντέλειαν.

Σελήνη Ἄρει παραδιδοῦσα — χαλεπὸς ὁ ἐνιαυτός, καὶ μάλιστα ἐὰν 7
ἀπὸ ἀνατολῆς φέρηται ἡμέρας· κινδύνους γὰρ καὶ ἀσθενείας ἀποτελεῖ,
αἱμαγμοὺς καὶ πτώσεις ἢ πυρὸς ἐπιφοράς, ζημίας τε καὶ οἰκείων ἀκατα-
25 στασίας, θηλυκῶν τε θανάτους ἢ χωρισμούς, ἔχθρας τε καὶ κρίσεις, συν-
οχάς τε καὶ ὄχλων ἐπαναστάσεις. | ἐὰν δ᾽ ἀφαιρετικὴ τύχῃ ἡ Σελήνη f.95V
ἢ ὑπὸ δύσιν φέρηται, μάλιστα νυκτός, πρὸς τὰ φαῦλα ἐπιόντων τῶν   8
χρόνων καὶ πρὸς τὰς ἐπιβολάς, εὐκατόρθωτον ἀποτελεῖ μετὰ φόβων καὶ
μόχθων.
30 Σελήνη Ἀφροδίτῃ εὐεπήβολον καὶ ἀνυστικὸν τὸν χρόνον δηλοῖ, καὶ 9
δόξας καὶ συστάσεις, ἀπό τε ἀρρενικῶν καὶ θηλυκῶν συμπαθείας τε καὶ
γάμους. ἐὰν δέ πως ἀνοικείως τύχωσιν ἢ ὑπὸ κακοποιῶν θεωρούμενοι, 10

§ 3: cf. Heph. II 36, 3 ‖ § 4: cf. Add. IV 46 ‖ §§ 5—7: cf. Add. IV 43—45 ‖
§§ 5—6: cf. Heph. II 36, 11—13 ‖ § 7: cf. Heph. II 36, 16 ‖ §§ 9—12: cf. Add.
IV 47—48 ‖ § 9: cf. Heph. II 36, 21

[VS] 3 χείρονα] χεῖρον καί S | ἀποτελέσῃ S | δ᾽ ἂν S ‖ 8 τε sup. lin. V ‖ 14 ψύ-
ξοις V ‖ 15 κρυπτῶν] στερυπτῶν S | λείφαφος V, λείφοφος S, corr. Kroll | ἀνα-
τολῆς VS, ἀνατολικῆς sugg. Kroll ‖ 20 μητρὸς S | δόξῇ V ‖ 21 καὶ post προσδοκω-
μένων Kroll ‖ 22 χαλεπὸν V ‖ 25 τε² sup. lin. V ‖ 26 ἀφαιρητικὴ V ‖ 28 οὐκ post
ἐπιβολάς Kroll | φόβον S

ἀηδίας καὶ φθόνους καὶ εἰς θηλυκὰ πρόσωπα δαπάνας καὶ ἀθετήσεις·
καθολικῶς μὲν οὖν πάντοτε ἡ παράδοσις αὕτη ζηλοτυπίας καὶ στάσεις
καὶ ἀκαταστασίας ἐπάγει, ἔχθρας τε πρὸς συγγενικὰ ἢ οἰκεῖα καὶ φιλικὰ
πρόσωπα.

11 Σελήνη Ἑρμῇ πρακτικὸν καὶ εὐκατόρθωτον πρός τε θηλυκὰ πρόσωπα 5
καὶ τὰς συστάσεις, καὶ μάλιστα ἐὰν μετὰ ἀγαθῶν συσχηματίζηται· ἐὰν
δὲ μετὰ κακοποιῶν, δίκας καὶ ταραχὰς ὑπομενοῦσι χάριν ἀργυρίων ἢ
12 γραπτῶν ἢ ψηφικῶν πραγμάτων, καὶ ἀγῶνα μέγαν ὑπομενοῦσιν. καὶ ἐὰν
μὲν ἐπιτόπως ὁ Ἑρμῆς εὑρεθῇ κείμενος, περιγίνονται, ἐὰν δὲ ἀτόπως,
καταδικασθήσονται καὶ ἐξοδιασμοὺς πλείστους ποιήσονται. 10

⟨ιθ'.⟩ Ἐπιμερισμοὶ ὡροσκόπου

1 Ὡροσκόπος ἐὰν κακοποιῷ παραδιδοῖ, κάκιστον τὸν χρόνον ἀποτελεῖ,
μάλιστα Κρόνῳ νυκτός, ἡμέρας δὲ Ἄρει· κινδύνους γὰρ σωματικοὺς καὶ
f.828 βιωτικὰς ἀνωμαλίας ἐπάγει, φόβους τε καὶ αἰτίας | ἐπιταράχους, πτώ-
σεις τε ἢ σίνη. 15

2 Ὡροσκόπος Διὶ λαμπρὸν καὶ περικτητικὸν τὸν χρόνον δηλοῖ, καὶ δόξας
καὶ τάξεις ἐπισήμους· οἱ δὲ ἀπὸ μειζόνων ὠφελοῦνται καὶ προάγονται,
τινὲς δὲ καὶ κινδύνων ἢ αἰτιῶν ἀπαλλαγέντες εὐπαρηγόρητοι καθίστανται,
οἱ δὲ καὶ ἐλευθερίας πειρῶνται.

3 Ὡροσκόπος Ἀφροδίτῃ ἀγαθὸν καὶ ἐπαφρόδιτον τὸν χρόνον δηλοῖ, 20
συστάσεις τε καὶ θηλυκῶν ἐπιπλοκάς, ἀγορασμούς τε καὶ εὐφροσύνην
καὶ κακῶν ἀπαλλαγήν.

4 Ὡροσκόπος Ἡλίῳ πρὸς τὰ μείζονα καὶ ὑπερέχοντα συμπαθέστερον καὶ
περιποιητικὸν τὸ ἔτος δηλοῖ, τοῖς δὲ ἐν δόξῃ μείζονας τὰς τάξεις καὶ
προκοπάς. 25

5 Ὡροσκόπος Σελήνῃ ἀμετάβολον καὶ πρακτικόν, ἀπό τε θηλυκῶν ὠφε-
λείας καὶ συστάσεις, καινισμούς, πράξεις τε καὶ ξενιτείας εὐκατορθώτους,
καὶ μάλιστα ἐὰν ἀγαθοποιοὶ μαρτυρήσωσιν ἐπὶ ξένης εὐημερίας, ἐὰν κακο-
ποιοὶ τὰ ἐναντία, προσεπὶ τούτοις δὲ καὶ ταραχάς.

6 Ὡροσκόπος Ἑρμῇ πρακτικὸν καὶ ἐπικερδῆ καὶ εὐκατόρθωτον, ἐὰν 30
δ' ὑπὸ κακοποιῶν βλάπτηται ἐπίδικον καὶ ἐπιζήμιον.

7 Ὁμοίως δὲ καὶ οἱ ἀστέρες τῷ ὡροσκόπῳ παραδιδόντες τὰ αὐτὰ ἀποτε-
λοῦσιν, κατὰ δὲ τὴν ἑκάστου οἰκείαν τοποθεσίαν ἢ ὡς ἐναλλὰξ καὶ τὸ
ἀποτέλεσμα κριθήσεται εἴτε ἀγαθοποιὸν ἢ φαῦλον.

§ 11: cf. Heph. II 36, 23 – 24

[VS] 1 ἐκ V, εἰς Kroll, om. S | θηλυκῶν προσώπων S ‖ 6 ἐὰν μάλιστα VS ‖
8 μέγα VS, corr. Kroll ‖ 9 ἐπιτόμως VS, corr. Kroll | δ' S ‖ 13 μάλιστα om. S ‖
31 βλάπτεται VS

⟨κ΄.⟩ Ἐπιμερισμοὶ Κρόνου

Κρόνος ἑαυτῷ ἐπιμερίσας σκυλμοὺς καὶ ἀπραξίας σημαίνει, καὶ ἀπὸ 1
μειζόνων ἢ πρεσβυτέρων ἔχθρας καὶ ἀτιμίας, πρός τε τὰς ἐπιβολὰς
ἐγκοπτικὸς γενήσεται ἢ καί, ἐάν τι πράξῃ, ἀβέβαιον ἔσται. ἐὰν δὲ καὶ 2
5 ὑπὸ Ἑρμοῦ καὶ Ἄρεως θεωρηθῇ, ἕνεκα γραπτῶν συκοφαντίας ἕξει καὶ
κρίσεις καὶ παλαιῶν πραγμάτων ἢ θανατικῶν ἀνασκευὰς ἢ κακουργίας,
δόλους τε καὶ ὅσα ἀπὸ θεοῦ μῆνιν εἶχον διατελέσει· ἠπιώτερος γενήσεται
καὶ μετὰ βραδυτῆτος καί τινων ἀνυστικός.

Κρόνος Ἡλίῳ πατρὸς κίνδυνον ἢ θάνατον, ἐὰν παρῇ ἤδη ἀσθένεια αὐτῷ, 3
10 καὶ μετέωρον | τὸν ἐνιαυτὸν ἀποτελεῖ, ἔχθρας τε καὶ ζημίας ἢ κρίσεις, f.82vS
αἰσθητηρίων τε πόνους καὶ παθῶν ὑπομνήσεις καὶ πρὸς φίλους καὶ
οἰκείους μικροψυχίας. ἐὰν δ' ἡμέρας σχηματιζόμενος καλῶς τύχῃ, μετὰ 4
ἐγκοπῶν καὶ ἐξοδιασμῶν ποιήσονται ἢ ἀπὸ θανάτου ὠφεληθήσονται.

Κρόνος Σελήνῃ μητρὸς κίνδυνον τοῖς ἔχουσιν, εἰ δὲ μή, θηλυκῶν προσ- 5
15 ώπων, ἔχθρας τε καὶ χωρισμούς, βλάβας τε καὶ κακουργίας καὶ πραγμά-
των ταραχὰς καὶ κινήσεις ἐπισφαλεῖς καὶ σωματικὰς ἀσθενείας καὶ χρο-
νικὰ πάθη, τῶν τε ἐντὸς ὀχλήσεις καὶ νεύρων αἰσθήσεις, ἐκλύσεις τε καὶ
σκοτισμοὺς καὶ πάθη ἀπροσδόκητα.

Κρόνος Ἄρει κάκιστον καὶ ἐπικίνδυνον τὸ ἔτος δηλοῖ· ἀσθενείας γὰρ καὶ 6
20 ἐπιβουλὰς καὶ ὀχλήσεις ἀποτελεῖ καὶ κινδύνους, ἰδίων τε θανάτους καὶ
ὑπὲρ ἰδίων ταραχὰς ἢ κρίσεις ὑπομένοντας, φίλων ἀχαριστίας, οἰκείων
ἀκαταστασίας, ἀπολογίας τε καὶ πρὸς μείζονας φόβους καὶ ἔχθρας, πα-
τρός τε θάνατον τοῖς ἔχουσιν ἢ πρεσβυτέρων προσώπων, ξενιτείας τε
ἐπισφαλεῖς ἢ ἀπράκτους. ἐὰν δέ πως κακῶς πέσωσιν, καὶ ναυάγια καὶ 7
25 καθαιρέσεις, πάθη τε καὶ σίνη ἀποτελοῦσιν· ἐὰν δὲ ἐν χρηματιστικοῖς
ζῳδίοις καλῶς σχηματισθῶσιν ἢ ὑπὸ ἀγαθοποιῶν μαρτυρηθῶσιν, αἱ
πλείους αἰτίαι διασκεδασθήσονται.

Κρόνος Διὶ καλὸν καὶ πρακτικὸν τὸν χρόνον δηλοῖ· κληρονομίας γὰρ ἢ 8
καταλείψεις λαμβάνουσιν, καὶ ἀπὸ πρεσβυτέρων ἢ νεκρικῶν ὠφελοῦνται
30 καὶ θεμελίων ἢ κτημάτων κυριεύσουσιν, οἱ δὲ καὶ ἐξ ὑγρῶν περικτῶνται
ἢ ναυκληροῦσιν ἢ ἀγορασμοὺς πλοίων ποιοῦνται, ἀνοικοδομοῦσί τε ἢ

§ 1: cf. Add. IV 1 et Heph. II 30, 2 ‖ § 3: cf. Add. IV 4 et Heph. II 30, 21 ‖
§ 5: cf. Add. IV 7 et Heph. II 30, 20 ‖ § 6: cf. Add. IV 3 et Heph. II 30, 13 ‖
§ 8: cf. Add. IV 2 et Heph. II 30, 11

[VS] 1 ἐπιμερισμὸς S ‖ 2 ἐπιμερίας corr. in ἐπιμερίσας V ‖ 3 τε sup. lin. V ‖
7 ὅσα] ὡς Kroll ‖ εἶχον] ἔχων Kroll ‖ lac. post διατελέσει ind. Kroll ‖ 12 κενεῶς
VS, καλῶς Kroll ‖ 13 ποιήσονται om. S ‖ 21 ἢ ἐκκρίσεις S ‖ 23 οὖσιν VS, ἔχουσιν
Kroll ‖ 27 διασχεδασθήσονται VS, corr. Kroll ‖ 29 καταλήψεις VS, corr. Kroll ‖
30 κυριεύσωσιν VS, corr. Kroll ‖ 31 ἀγορασμοῖς S

καταφέρουσιν, παλαιῶν τε πραγμάτων κατορθώσεις ποιούμενοι συγκο-
9 σμοῦνται τῷ βίῳ. ἐὰν δέ πως ὁ τοῦ Ἄρεως ἢ ὁ τοῦ Ἑρμοῦ συνεπιμαρτυ-
ρήσῃ, κρίσεις ἢ ἀντιδικίας ὑπομένοντες ἀκαίρους ἐξοδιασμοὺς ποιήσονται.
10 Κρόνος Ἀφροδίτῃ χωρισμοὺς γυναικῶν ἢ ἀπὸ θηλυκῶν ἀδικουμένους·
f.838 τινὲς δὲ καὶ θανάτους θεω|ροῦσιν, ἀστατοῦσί τε περὶ τὰς συμβιώσεις καὶ 5
τὰς ἐπιπλοκάς, οἱ δὲ καὶ ἐπιβουλεύονται ἢ φαρμάκων πεῖραν λαμβάνου-
σιν καὶ τῶν ἐντὸς ὀχλήσεις ὑπομένουσιν, ἀσθενείαις τε καὶ ψυγμοῖς καὶ
ῥευμάτων ἐπιφοραῖς περιπίπτουσι καὶ ἐναντιώμασι καὶ κρίσεσι καὶ και-
11 νοποιίαις πράξεων. ἐὰν δὲ γυναικὸς ἢ γένεσις εὑρεθῇ, ἐπωδύνως διάξει, καὶ
μάλιστα ἐὰν κατὰ γαστρὸς ἔχῃ· καὶ τοῖς κατ᾽ ἄνδρα φίλοις ἀκαταστατή- 10
σει.
12 Κρόνος Ἑρμῇ παλαιῶν πραγμάτων ἢ μυστικῶν ἀμφισβητήσεις, ἀρ-
γυρικῶν τε ἢ ψηφικῶν, δόσεών τε καὶ λήψεων, ἔν τε τοῖς διαπρασσομένοις
ἐγκοπὰς καὶ ζημίας, προδοσίας τε καὶ ἔχθρας· θεωροῦσι δὲ καὶ ἰδίων
θανάτους, καὶ πολυίστορες καὶ περίεργοι γίνονται ἐν τούτοις τοῖς χρόνοις, 15
ἐγγύαις τε καὶ δάνεσι περιπίπτουσι καὶ διὰ γραπτὰ ἐπιταράσσονται κατὰ
13 τὴν τοῦ θέματος σχηματογραφίαν αὐτῶν οἰκείαν ἢ ἀλλοτρίαν. τετράγωνοι
γὰρ ἢ διάμετροι κάκιστοι τυγχάνουσι καὶ καθαιρετικοί· ἐπάγουσι γὰρ
καὶ διὰ νεκρικὰς ἀφορμὰς φόβους καὶ ταραχάς.

⟨κα΄.⟩ Ἐπιμερισμοὶ Διός 20

1 Ζεὺς ἑαυτῷ ἐπιμερίσας ἀγαθὸν καὶ πρακτικὸν τὸν χρόνον ἀποτελεῖ
καὶ ὠφελείας ἀπὸ φίλων καὶ δωρεὰς καὶ πραγμάτων κατορθώσεις, πί-
2 στεις τε καὶ οἰκονομίας καὶ συστάσεις μειζόνων καὶ τέκνων σποράς. ἐὰν
δέ πως ὑπὸ Ἄρεως θεωρηθῇ, ἀνωμαλίας καὶ ἀκαίρους ἐξοδιασμοὺς προ-
δηλοῖ. 25
3 Ζεὺς Ἡλίῳ ἐπιμερίσας λαμπρὸν καὶ περιποιητικὸν τὸν χρόνον δηλοῖ
πρὸς τὰ ὑπερέχοντα πρόσωπα, καὶ ὀχλικὰς εὐημερίας ἐπάγει, ἀρχάς τε
καὶ προκοπάς, καὶ τιμῶν καὶ στεμμάτων καταξιοῖ, ἡγεμονίας τε καὶ
στραταρχίας καὶ ἐξουσιαστικῆς τύχης πρόδηλος κατὰ τὴν τοῦ θέματος
τάξιν καὶ τοποθεσίαν, τοῖς δὲ μετρίοις πράξεις καὶ κακῶν ἀπαλλαγὴν 30
καὶ ἐλευθερίαν, συστάσεις ἐπωφελεῖς, μεταβολὰς καὶ φιλίας συμπαθεῖς,
τεκνοποιίας, ἐπικτήσεις σωμάτων, καὶ μάλιστα ἡμερινὸς καλῶς σχημα-
τιζόμενος.

§ 10: cf. Add. IV 5 ‖ § 12: cf. Add. IV 6 et Heph. II 30, 18 ‖ § 1: cf. Add. IV
8 et Heph. II 31, 1 ‖ § 3: cf. Add. IV 11

[VS] 6 λαμβάνουσῖν V, λαμβάνουσαι S ‖ 7 ἀσθενείας VS, corr. Kroll ‖ 8 κρίσεις
καὶ καινοποιίας VS, κρίσεσι καὶ καινοποιίαις sugg. Kroll ‖ 32 καλὸς S

184

Ζεὺς Κρόνῳ | μετεώρους κινήσεις καὶ ἐξοδιασμοὺς ποιεῖ καὶ οἰκείων f.83 vs

ἀπειθείας, τινῶν δὲ καὶ θανάτους καὶ τόπων καὶ πραγμάτων μεταβολὰς
καὶ κοινωνίας ἀβεβαίους καὶ φίλων ἔχθρας καὶ ἐν τοῖς διαπρασσομένοις
δυσεπιτεύκτως ἢ μετὰ ὑπερθέσεως κατορθοῦντας καὶ ἐντεύξεις ποιου-
5 μένους καὶ αἰτήσεις καὶ ἐν ὀχλήσει γινομένους.

Ζεὺς Ἄρει — βλαβερὸς καὶ ἐπιτάραχος ὁ ἐνιαυτὸς καὶ πρὸς ὑπερέχοντας 5
ἔχθρας καὶ διαβολάς, καταγνώσεις τε καὶ προδοσίας ἐπέχων, ἐπικινδύ-
νους τε ξενιτείας καὶ νόσους ἐπισφαλεῖς, ἰδίων τε κλιμακτῆρας ἢ θανάτους,
ἀνωμαλίας τε βίου καὶ ἐξοδιασμούς. ἐὰν δὲ δημοσία ἢ στρατιωτικὴ ἢ 6
10 γένεσις εὑρεθῇ καὶ τὸ σχῆμα καλῶς τύχῃ, συστάσεις καὶ προκοπὰς μετὰ
ἐξοδιασμῶν ἀποτελεῖ, δωρεάς τε καὶ ὑποσχέσεις, ἐπιφόβως δὲ ἢ ὑπόπτως
διάγοντας.

Ζεὺς Ἀφροδίτῃ ὠφέλιμος καὶ περικτητικός, ἐπαφροδισίας ἐπάγων, συ- 7
στάσεις τε καὶ δωρεάς· καὶ ἀπὸ γυναικῶν [ἢ διὰ γυναικῶν] ὠφελουμένους,
15 συνηθείαις τε καὶ ἐπιπλοκαῖς καὶ φιλίαις περιτρεπομένους· ἀγάμοις τε
γάμον, γεγαμηκόσι τε σπορὰν ἢ τέκνωσιν. ἐπὶ δὲ τῶν ἐνδόξων γενέσεων 8
στεμματηφορίας καὶ τάξεις ἐπισήμους, ἀρχάς τε πολιτικὰς καὶ δωρεὰς
εἰς ὄχλους καὶ προκοπὰς μείζονας καὶ προστασίας ἀποτελεῖ καὶ σωμάτων
καὶ κόσμου ἐπικτήσεις.

20 Ζεὺς Ἑρμῇ πρακτικός, ἐπικερδής, ἐπιπλοκὰς ⟨ἐπάγων⟩ πραγμάτων 9
καὶ τοῖς διὰ λόγων ἢ ψήφων ἢ γραπτῶν ἐπωφελὴς καθέστηκεν, κοινωνίας
τε καὶ φιλίας μειζόνων ἐπάγει καὶ δωρεὰς ἢ καταγραφάς, καὶ ἐκ παραθη-
κῶν ἢ εὑρεμάτων ὠφελουμένους, ὅθεν καὶ σωμάτων ἀγορασμοὺς ποιοῦνται
καὶ φιλόκαλοι καθίστανται. τινὲς δὲ καὶ προβιβάζονται, καὶ μάλιστα ἐὰν 10
25 καλῶς τύχωσι κείμενοι, καθολικῶς δὲ ἐν ὄχλοις διαβάλλονται καὶ ἐπι-
ταράσσονται ἢ περιβοησίας ὑπομένουσιν· μάλιστα ⟨δὲ ἐὰν⟩ κακῶς σχη-
ματισθέντες ἢ ὑπὸ κακοποιῶν διαμετρούμενοι ἢ συνόντες ἢ τετραγωνι-
ζόμενοι, ἀγῶνα οὐ τὸν τυχόντα | ὑπομένουσι καὶ ἐπιφόβως διάγουσιν. f.84 s

Ζεὺς Σελήνῃ εὐκατόρθωτον καὶ περικτητικὸν τὸν χρόνον δηλοῖ, ἀπό τε 11
30 θηλυκῶν καὶ μειζόνων προσώπων συστάσεις καὶ ὠφελείας, δόξας τε καὶ
ἀρχὰς καὶ προστασίας καὶ ἀπαλλαγὴν κινδύνων καὶ περίκτησιν κόσμου
ἢ σωμάτων, σποράς τε ἢ τεκνώσεις καὶ ἐπιπλοκὰς θηλυκῶν, δωρεάς
τε καὶ καταγραφὰς καὶ μητρὸς εὐεργεσίαν τοῖς ἔχουσιν. ἐὰν δὲ καλῶς 12

---

§§ 4—5: cf. Add. IV 9—10 et Heph. II 31, 10—11 ‖ § 7: cf. Add. IV 12 et
Heph. II 31, 13 ‖ § 9: cf. Add. IV 13 et Heph. II 31, 14 ‖ § 11: cf. Add. IV 14 et
Heph. II 31, 17

[VS] 4 καὶ post ὑπερθέσεως S ‖ 5 ἐνοχλήσεις VS, corr. Kroll ‖ γινομένας S ‖
9 στρατιωτιωτικὴ S ‖ 11 τε sup. lin. V ‖ 15 τε¹ sup. lin. V ‖ 17 στεμματοφορίας VS ‖
19 κόσ^{μμ} V κόσμων S ‖ 22 παρακαταθηκῶν S ‖ 26 δὲ sugg. Kroll ‖ 33 τε sup. lin. V

VETTIVS VALENS

τὸ σχῆμα τύχῃ, καὶ παραθηκῶν κυριεύσουσιν ἢ θησαυρῶν εὑρετὰς ἀποτελεῖ, εὐχρη⟨μάτους τε⟩ καὶ θεῷ εὐχαριστοῦντας, κακώσεώς τε ἢ δουλείας ἀπαλλακτικούς.

⟨κβ'.⟩ Ἐπιμερισμοὶ Ἄρεως

1 Ἄρης ἑαυτῷ ἐπιμερίζων ἡμερινὸς ἀηδὴς καὶ ἐπιτάραχος γενήσεται· 5
ἐπάγει γὰρ ἔχθρας καὶ βλάβας καὶ δημοσίων πραγμάτων ἐπηρείας ἢ εἰς
δημόσια ἀναλίσκοντας· τινὲς μὲν οὖν καὶ ἀπὸ στρατηγικῶν ἢ ἐξουσιαστι-
2 κῶν προσώπων ἐπηρεάζονται ἢ συνέχονται. νυκτὸς δὲ οὐ κακός, ἀλλὰ
κατορθωτικὸς καὶ ἐπωφελής, καὶ μάλιστα ⟨εἰ⟩ ἐν τοῖς χρηματίζουσι
ζῳδίοις καθίσταται, καὶ μάλιστα τοῖς τὰς ἀρεϊκὰς πράξεις μετερχομένοις 10
ἢ δημοσίας καὶ στρατιωτικάς.

3 Ἄρης Ἡλίῳ παραδιδοὺς πατρὸς κίνδυνον τοῖς ἔχουσιν, εἰ δὲ μή γε, ὁμοίου
πατρός, ἔχθρας τε μειζόνων καὶ φίλων χωρισμοὺς ἀποτελεῖ, νόσους τε
ἐπισφαλεῖς καὶ αἰσθητηρίων πόνους καὶ ἀπὸ πυρὸς ἢ ὕψους ἢ τετραπόδων
f.95vv κίνδυνον, | αἱμαγμούς τε καὶ τομὰς καὶ καταπτώσεις, φθόνους τε καὶ 15
4 ἀμφισβητήσεις ἐπάγει καὶ ξενιτείας ἐπιφόβους. ἐὰν δέ πως ἐπὶ χρηματι-
ζόντων ζῳδίων τύχωσιν ἢ ὑπὸ ἀγαθοποιῶν μαρτυρηθῶσιν, πράξεις καὶ
ὠφελείας καὶ δόξας ἐπάγει καὶ ὑπερεχόντων συστάσεις μετὰ φόβων τε καὶ
ταραχῶν καὶ ἐπιβουλῶν καὶ περὶ τὰς πράξεις ἐπιφθόνους καὶ ἐγκοπτικούς.

5 Ἄρης Σελήνῃ σφαλερὸς καὶ ἐπικίνδυνος, ἀκαταστασίας καὶ συνοχὰς 20
καὶ δίκας καὶ φόβους ἐπέχων καὶ ξενιτείας ἐπισφαλεῖς ἢ ἀπὸ ξένων ἐπι-
f.84vs θέσεις καὶ ἐπηρείας, μητρός | τε κίνδυνον ἢ θηλυκῶν προσώπων, μάχας
τε καὶ χωρισμοὺς καὶ πρὸς ὄχλον ἢ πόλιν ἐπιτάραχος, ἐπάγει δὲ καὶ ἀσθε-
νείας καὶ αἱμαγμοὺς ἢ πτώσεις, παθῶν τε ὑπομνήσεις ἢ ἀπὸ πυρὸς κίν-
6 δυνον καὶ ναυάγια. μάλιστα δὲ ἐὰν ἡμερινὴ ᾖ ἡ γένεσις καὶ αὐξιφωτοῦσα 25
ἡ Σελήνη τύχῃ καὶ κακῶς πέσωσιν, ἔτι χεῖρον τὰ προγεγραμμένα ἀπο-
βήσεται — ἔτι δὲ καὶ ἐπισκιασμούς, τραύματα, συνθραύσεις μελῶν, ὀφ-
7 θαλμῶν πόνους καὶ σίνη. ἐὰν δὲ ὑπὸ ἀγαθοποιῶν μαρτυρούμενοι τύχωσιν
ἐν χρηματιστικοῖς τόποις, ἐπιφόβους πράξεις καὶ προκοπὰς ἀποτελοῦσιν,
ἐπὶ δὲ θηλυκῶν κινδύνους σωματικούς, αἱμαγμούς τε καὶ φθορὰς ἢ ἐμβρυο- 30
τομίας, φυσικῶν τε ⟨τόπων⟩ πόνους ἐπάγει.

§ 1: cf. Add. IV 15 et Heph. II 32, 2 ‖ § 2: cf. Heph. II 32, 1 ‖ §§ 3—4: cf.
Heph. II 32, 17 ‖ § 3: cf. Add. IV 18 ‖ § 5: cf. Add. IV 21 et Heph. II 32, 19

[VS] 2 εὐχρη in fine lin. V, εὐχρηστοι S, εὐχρημάτους Kroll | τε² sup. lin. V |
ἢ] καὶ S | δουλίας S ‖ 4 ἐπιμερισμὸς S ‖ 6 ἐπηρίας S ‖ 9 εἰ Cumont ‖ 23 τε
sup. lin. V ‖ 24 ᾖ¹] καὶ S ‖ 25 ᾖ] ἦν S | αὐξηφωτοῦσα VS, corr. Kroll ‖ 28 πό-
νους iter. S ‖ 31 τόπων Kroll | τόπους VS, πόνους Kroll

186

Ἄρης Κρόνῳ κάκιστον καὶ ταραχῶδες τὸ ἔτος δηλοῖ· γίνονται γὰρ ἐν 8
δίκαις καὶ ἐπηρείαις, ζημίαις τε καὶ ἀθετήσεσιν, καὶ ἰδίων κινδύνους ἢ
θανάτους καὶ φθορὰς ὁρῶσιν, βιαίοις τε πράγμασι καὶ ἐπιταράχοις περι-
πίπτουσιν, ξενιτείαις τε ἐπιβλαβέσι καὶ ἐπιλύποις ἢ ληστηρίων ἐπιδρο-
5 μαῖς, ἀσθενείαις τε καὶ αἰφνιδίοις κινδύνοις· ἐχθρῶν ἐπαναστάσεις καὶ
ἀπὸ δουλικῶν ἀδικίας ἢ λύπας, ἐγγύς τε συνοχῆς καὶ φόβων ἢ ἀπολογιῶν
γενόμενοι ἀνιαρῶς διατεθήσονται ἐκτὸς εἰ μή πως ἐν οἰκείοις ζῳδίοις
τυχόντες ἢ ὑπὸ ἀγαθοποιῶν μαρτυρηθέντες ἀκροθιγεῖς τὰς αἰτίας ἀναδέ-
ξονται.

10 Ἄρης Διὶ καλὸν καὶ πρακτικὸν τὸ ἔτος δηλοῖ, ἐπάγων κατορθώσεις 9
ἢ μειζόνων ὠφελείας καὶ συστάσεις καὶ ἐλπίδας ἀγαθὰς καὶ τῶν προσδο-
κωμένων συντέλειαν. καὶ ἂν λόγον ἔχῃ στρατείας, στρατευθήσεται ὁ τοιοῦ- 10
τος ἢ προκόψει· οἱ δὲ ἐν μείζονι τύχῃ ὄντες ἐν ἡγεμονίαις καὶ δόξαις ἐπίση-
μοι γενήσονται, καὶ τόπων μεταβολὰς ἐπ' ἀγαθῷ ποιήσονται, καὶ συγκο-
15 σμηθήσονται τῇ περὶ αὐτοὺς ὑποστάσει, πρότερον ἐν ἀνωμαλίαις καὶ
ἐξοδιασμοῖς γενόμενοι. ἐὰν δὲ διάμετρος τύχῃ, ἐναντιωμάτων καὶ ζημίας 11
δηλωτικός.

Ἄρης Ἀφροδίτῃ ἔχθρας καὶ χωρισμοὺς θηλυκῶν προσώπων | καὶ ἀκα- 12
f.85S
ταστασίας οἰκείων καὶ μητρὸς θάνατον τοῖς ἔχουσιν εἴτ' οὖν θηλυκῶν,
20 συνηθείας τε καὶ μοιχείας, ἀπαραμόνους τε φιλίας, δειγματισμούς τε.
ἐὰν δὲ καὶ συμπάθειάν τινα ἔχωσιν, ψύξεις ὑπομένουσι καὶ περὶ τὰς πράξεις 13
ἀστάτως ἐνεχθήσονται, αἱ δὲ γυναῖκες ἐν αἱμαγμοῖς ἢ ἐκτρώσεσι γινό-
μεναι ἐπικινδύνως διάγουσιν.

Ἄρης Ἑρμῇ παραδιδοὺς ἐπιτάραχον τὸ ἔτος δηλοῖ· κινδύνους γὰρ καὶ 14
25 ζημίας ἐπέχων χάριν γραπτῶν καὶ ἀργυρικῶν ἢ ψηφικῶν, ἀμφισβητήσεις,
μυστικῶν τε κακουργίας, ἐγγύας τε καὶ χρεωστίας, ἐπιθέσεις τε καὶ
ἀπολογίας· καὶ ἐὰν εἰς δίσωμα ζῴδια τύχωσιν, καὶ αὐτοὶ τὰ ὅμοια ἑτέ-
ροις ἐνδείξονται ἢ ῥᾳδιουργήσουσιν. καὶ ἐὰν μὲν αἱ τρεῖς ἀφέσεις σῴζωνται, 15
τῶν προειρημένων περιγενήσονται· ἐὰν δὲ κἀκεῖναι κακῶς τύχωσιν, ἐν
30 τοῖς διαπρασσομένοις ἀστατήσουσιν, καὶ ἐὰν δίκην σχῶσιν ἡττηθήσονται
ἢ καὶ μείωσιν πλείστην ὑπομείναντες αἰτίαις οὐ ταῖς τυχούσαις περιτρα-
πήσονται.

§§ 8–9: cf. Add. IV 16–17 et Heph. II 32, 10–12 || § 12: cf. Add. IV 19 et
Heph. II 32, 15 || § 14: cf. Add. IV 20 et Heph. II 32, 16

[VS] 2 ἰδίους VS, corr. Kroll || 7 γινόμενοι S || 13 τυχόντες ἢ VS, τύχῃ ὄντες
Kroll || 16 τύχοι V || 19 εἰ δ' VS, εἶτ' Kroll || 20 ἀπαρακόμους V, ἀπαρανόμους S,
corr. Kroll || 21 ψύξοις V || 27 ἕτερα S || 28 ῥᾳδιουργήσωσι VS, corr. Kroll || σῴζον-
ται VS, corr. Kroll

⟨κγ'.⟩ Ἐπιμερισμοὶ Ἀφροδίτης

1 Ἀφροδίτη ἑαυτῇ ἐπιμερίζουσα καλῶς κειμένη ἐπάγει φιλίας καὶ συστά-
σεις, ἀρρενικῶν καὶ θηλυκῶν συμπαθείας καὶ δωρεὰς καὶ συνηθείας ἐπι-
2 τερπεῖς καὶ γάμους καὶ οἰκείων εὐνοίας καὶ ἡδονὰς καὶ ὠφελείας. ἐὰν δὲ
⟨μετὰ⟩ Κρόνου ἢ Ἄρεως εὑρεθῇ ἢ ὑπὸ τούτων θεωρηθῇ ἢ καὶ ἐν ἀχρη- 5
ματίστοις ζῳδίοις τύχῃ, ψόγους καὶ δειγματισμοὺς καὶ μοιχείας ἐπάγει,
ζημίας τε καὶ ἀθετήσεις καὶ δόλους γυναικῶν, κρίσεις τε καὶ ἀκαταστα-
σίας, ὁμοίως δὲ καὶ ταῖς γυναιξὶν ἐξ ἀνδρῶν.
3 Ἀφροδίτη Ἡλίῳ δοξαστικὸν καὶ περιποιητικὸν ἀποτελεῖ τὸν χρόνον,
πρός τε ἀρρενικὰ καὶ θηλυκὰ πρόσωπα συστατικὸν καὶ ὠφέλιμον, συν- 10
ηθείας τε καὶ γάμους καὶ τεκνώσεις, ἀγορασμούς τε καὶ δωρεὰς κόσμου
καὶ σωμάτων καὶ πατρὸς τοῖς ἔχουσι δόξαν ἢ καὶ συμπάθειαν ἀπὸ τοιού-
των καὶ ὠφελείας, μάλιστα δ᾽ ἂν καὶ καλῶς σχηματιζόμενοι τύχωσιν· τοῖς
δὲ ἐν ὑπεροχῇ στεμματηφορίας καὶ ἀρχιερωσύνας καὶ προκοπὰς καὶ
f.85ᵛˢ ἀρχὰς ἐπάγει | καὶ εἰς ὄχλους δωρεάς, χρηματισμοὺς καὶ μυστικῶν πραγ- 15
μάτων ἢ θείων συνίστορας καὶ ἐπαφροδισίας καὶ εὐφροσύνας ἀποτελεῖ.
4 Ἀφροδίτη Σελήνῃ καλῶς κειμένη καὶ ἐπὶ ἐπικαίρων τόπων σχηματι-
ζομένη περικτητικὸν καὶ ὠφέλιμον τὸν χρόνον δηλοῖ καὶ τῇ περὶ τὸν βίον
συγκοσμεῖ φαντασίᾳ καὶ δόξας ἐπισήμους παρέχει, πλὴν μετὰ ζηλοτυπίας
καὶ φιλονεικίας καὶ στάσεως καί τινων λαθραίων φθόνων, τὰς δὲ περικτή- 20
5 σεις καὶ τὰς ὠφελείας ἀτελέστους ἢ ἀπὸ μέρους εἴωθεν ἐπάγειν. κακῶς
δὲ σχηματισθεῖσα ἀδικίας καὶ ἔχθρας ἀπό τε ἀρρενικῶν καὶ θηλυκῶν προσ-
ώπων ποιεῖ, μετεωρισμούς τε καὶ ἀκαταστασίας πρὸς τὰ συγγενικὰ καὶ
φιλικὰ πρόσωπα· ἀντίζηλος γὰρ καὶ φιλόνεικος ἡ παράδοσις αὐτῶν
ὑπάρχει καθόλου. 25
6 Ἀφροδίτη Κρόνῳ μετέωρον καὶ βλαβερὸν τὸν χρόνον δηλοῖ, θηλυκῶν
τε χωρισμούς, μάχας, ὕβρεις, δειγματισμούς, ἀδικίας ἐπάγει διὰ μητρὸς
ἢ θηλυκῶν, ἔχθρας τε συγγενικῶν ἢ ἀτιμίας καὶ πρὸς πρεσβύτερα πρόσ-
ωπα ἢ κοινωνικὰ ἀμφιλογίας, ψόγοις τε ἢ πάθεσιν ἐπαίσχροις περιβάλ-
λει καὶ φιλίαις καὶ συνηθείαις ἀβεβαίοις· δικάζονται δὲ πρὸς γυναῖκας 30
καὶ ἀντικαταστάσεις ὑπομένουσιν, τόπων τε ἢ πραγμάτων ψύξεις ποιοῦν-
ται, ἀσθενείαις τε περιπίπτουσι καὶ κρυπτῶν ἢ αἰσθητηρίων πόνοις, ἐπι-

---

§§ 1—2: cf. Heph. II 34, 1—2 ‖ § 1: cf. Add. IV 29 ‖ § 3: cf. Add. IV 32 et
Heph. II 34, 16 ‖ § 4: cf. Add. IV 34 ‖ § 5: cf. Heph. II 34, 18 ‖ § 6: cf. Add.
IV 30 et Heph. II 34, 10

[VS] 5 μετὰ Kroll ‖ 6 δηγματισμοὺς S ‖ 12 σώματος VS, σωμάτων sugg. Kroll ‖
14 δ᾽ S | στεμματοφορίας S ‖ 27 καὶ VS, διὰ sugg. Kroll ‖ 29 ψόγους VS, corr.
Kroll ‖ 32 τε sup. lin. V

βουλαῖς τε καὶ φαρμάκοις ἐπηρεάζονται καὶ χρονικοῖς πάθεσιν, μάλιστα
Ἄρεως ἢ Ἑρμοῦ συνεπιμαρτυρούντων.

Ἀφροδίτη Διὶ ἀγαθὸν καὶ περικτητικὸν τὸ ἔτος δηλοῖ καὶ μειζόνων 7
προσώπων συστάσεις καὶ δωρεὰς ἐπάγει, ἀρχάς τε καὶ πολιτικὰς καὶ
5 ὀχλικὰς φαντασίας, δόξας τε καὶ προκοπάς, γάμους τε καὶ συμβουλὰς
θηλυκῶν προσώπων καὶ φιλίας, σποράς τε καὶ τεκνώσεις καὶ ἐπαφροδι-
σίας ἐν τοῖς ἐγχειρουμένοις· ἐὰν δὲ καὶ μέτριός τις ᾖ, εὐπρακτήσει καὶ
τῶν φαύλων ἢ ὑποταγῆς ἀπόλυσιν ἕξει, πίστεώς τε ἢ τιμῆς καταξιωθήσε-
ται καὶ συγκοσμηθήσεται | τῇ περὶ αὐτὸν ὑποστάσει.   f.868
10 Ἀφροδίτη Ἄρει — μετέωρος ὁ ἐνιαυτός· γυναικῶν μάχας, χωρισμούς, 8
αἱμαγμούς, φθοράς, θηλυκῶν ἢ μητρὸς θάνατον· οἱ δὲ καὶ δίκας λέγουσι
διὰ γυναῖκας, ἀντιζηλίας καὶ ἔχθρας ὑπομένοντες καὶ δειγματισμούς,
ψόγους τε ἢ μοιχείας, ἀδικοῦνται δὲ ἢ προδίδονται καὶ παρὰ προαίρεσιν
πράσσοντες ἢ ὑποκρινόμενοι φέρουσι τὴν κόλασιν. ἔσθ᾽ ὅτε μὲν οὖν καὶ 9
15 εὐκταῖον τὸν χωρισμὸν τῆς συμβιώσεως ἡγούμενοι διακρατοῦσι διά τινας
προσδοκωμένας ἐλπίδας εὐθρυλλήτους περιβοήσεις.

Ἀφροδίτη Ἑρμῇ πρακτικὸν καὶ εὐεπήβολον τὸν χρόνον δηλοῖ περί τε 10
τὰς δόσεις καὶ λήψεις καὶ ἐμπορίας, καὶ τοῖς περὶ λόγον ἢ παιδείαν ὁρμω-
μένοις φιλίας περιποιεῖ, ἀγορασμούς τε κόσμου καὶ σωμάτων, κοινωνίας
20 τε καὶ συναρμογὰς ἀρρενικῶν καὶ θηλυκῶν, δόξας τε καὶ τιμάς, κατορ-
θώσεις πραγμάτων, συνίστοράς τε μυστικῶν καὶ παραθηκῶν πίστεις
καὶ συγγενῶν συμπαθείας.

⟨κδ΄.⟩ Ἐπιμερισμοὶ Ἑρμοῦ

Ἑρμῆς ἑαυτῷ ἐπιμερίσας πρακτικὸς καὶ ἐπωφελής, περί τε τὰς ἐπιχει- 1
25 ρήσεις καὶ πίστεις [καὶ] εὐεπηβόλους ἀποτελεῖ καὶ ἐχθρῶν ὑπερτέρους
ὑποκριτικῶς καὶ μυστικῶς διαπρασσομένους, πραγμάτων τε κατορθωτὰς
καὶ τὰς ἀπὸ λόγων ἢ ψήφων εὐημερίας ἀναδεχομένους· καὶ μάλιστα ἐὰν
ἀνατολικὸς τύχῃ ἢ ἐν χρηματιστικοῖς ζῳδίοις ἢ ὑπὸ Διὸς καὶ Ἀφροδίτης
ἐπιθεωρηθῇ, μείζονας πίστεις καὶ ἐπωφελεῖς δηλοῖ, ὑπὸ δὲ κακοποιῶν
30 φόβων καὶ ἐναντιωμάτων δηλωτικός.

Ἑρμῆς Ἡλίῳ παραδιδοὺς τὸ ἔτος εὐεπήβολος, κοινωνικός, πρακτικός, 2
συστάσεις ἐπάγων μειζόνων καὶ αἰτήσεις καὶ δωρεάς, μεθ᾽ ὑπερθέσεων
δὲ καὶ ἐμποδισμῶν, διοικονομίας τε καὶ προστασίας καὶ ἱστορήσεις μυστι-

§ 7: cf. Heph. II 34, 12 ‖ § 8: cf. Add. IV 31 ‖ § 10: cf. Add. IV 33 ‖ § 1: cf.
Add. IV 35 et Heph. II 35, 1–2 ‖ § 2: cf. Add. IV 39

[VS] 4 τε sup. lin. V ‖ 7 τις sup. lin. V ‖ 9 συγκομισθήσεται VS, corr. Kroll ‖
11 εἰ VS, οἱ Kroll ‖ 15 συμβρώσεως V ‖ 20 τε² sup. lin. V

14*   189

κῶν πραγμάτων, τοῖς τε ἀπὸ λόγου καὶ παιδείας δοξαστικὸς καὶ ὠφέλι-
μος· τὰ δὲ πλεῖστα μυστικῶς καὶ μεθ᾽ ὑποκρίσεως τελοῦντες περιγίνον-
ται.

f.86vs 3   Ἑρμῆς Σελήνῃ | πρακτικὸν τὸ ἔτος δηλοῖ, μάλιστα δὲ ἐὰν καὶ καλῶς
σχηματιζομένη καὶ ἀνατολικὴ ἡ Σελήνη τύχῃ καὶ ἐν χρηματιστικοῖς τό- 5
ποις τύχωσιν, συστάσεις τε ἀρρενικῶν καὶ θηλυκῶν προσώπων ἐπάγει καὶ
ὠφελείας πραγμάτων καὶ κατορθώσεις καὶ πίστεις, καὶ ἐν τοῖς διαπρασ-
4 σομένοις ἐπιτευκτικὸς καὶ πρὸς τὰ μείζονα πρόσωπα συμπαθής. ἐὰν δὲ
ἀνοικείως τύχῃ ἢ ὑπὸ κακοποιῶν θεωρηθῇ, κρίσεις καὶ ἐξοδιασμοὺς ἢ
ἐπηρείας τε καὶ μειζόνων ἀπειλὰς ἐπάγει, συνοχάς τε ἢ φόβους, μυστικῶν 10
τε προδοσίας.

5   Ἑρμῆς Κρόνῳ ἐπιτάραχον καὶ ἐπικίνδυνον τὸ ἔτος δηλοῖ, πραγμάτων
ἀνασκευάς, ἐπηρείας, ζημίας τε καὶ κρίσεις ἐπάγων μυστικῶν τε ἢ γρα-
πτῶν χάριν ἢ δανείων· γίνονται δὲ ἐν ἀσθενείαις ἢ φθίσεσι καὶ νόσοις, καὶ
ὑπὸ χολῆς ὀχλοῦνται ἢ καὶ φαρμάκων πεῖραν λαμβάνουσιν, θανάτους τε 15
ἰδίων ἢ ἀδελφῶν ἢ τέκνων θεωροῦσιν, καὶ περὶ νεκρικῶν δικάζονται ἢ
6 ἀμφισβητοῦσιν. ἐὰν δὲ καὶ διάμετροι ἢ τετράγωνοι ἢ κακῶς πεσόντες ὑπὸ
Ἄρεως θεωρηθῶσιν, καὶ καθ᾽ ἑαυτῶν κινδυνῶδές τι μηχανῶνται, ναυα-
γίοις τε καὶ κυλίσεσι περιπίπτουσι καὶ ἐπωδύνως διάγουσιν, οἰκείως δὲ
σχηματισθέντες μετὰ ἐξοδιασμῶν καὶ ὑπερθέσεως δόξας καὶ κατορθώσεις 20
πραγμάτων ἐπάγουσιν, ἀπόστροφοι δὲ μέτριοι πρὸς τὰς αἰτίας γενήσονται.

7   Ἑρμῆς Διὶ πρακτικὸς μὲν καὶ εὐεπήβολος, συστάσεις καὶ φιλίας ἐπ-
άγων, κατορθώσεις τε πραγμάτων καὶ διοικονομίας καὶ μαντείας καὶ περὶ
λόγους καὶ ψήφους εὐημερίας, πλὴν καθολικῶς ἐν ὄχλοις ἐπιταράσσονται,
καὶ περιβοησίας καὶ φόβους ὑπομένουσιν, ἀκαίροις τε ἐξοδιασμοῖς περι- 25
τρέπονται, καὶ πρὸς οἰκεῖα ἢ φιλικὰ ἢ συγγενικὰ ἀκαταστατοῦσιν, καὶ
ἀγῶνα σώματος ὑπομένουσι κἂν μὴ ἴδιον πλὴν ὑπὲρ ἑτέρων.

8   Ἑρμῆς Ἄρει οὐκ ἀγαθός· ἔχθρας καὶ κρίσεις, ζημίας τε καὶ κακουργίας
ἐπάγει, πλαστογραφίας καὶ ἐγγύας καὶ δάνη, ἐπιθέσεις τε καὶ συλήσεις,
f.87s 9 ἀστασίας τε καὶ προδοσίας, οἰκείων | τε ἀκαταστασίας. ἔσθ᾽ ὅτε μὲν οὖν 30
καὶ αὐτοὶ ἑτέροις τὰ αὐτὰ ἐνδείξονται, πλὴν περὶ τὰς ἐπιβολὰς θρασεῖς καὶ
πρακτικοὶ γίνονται, καὶ ποικίλως διευθύνουσιν ἐπιβολὰς μηχανώμενοι,
καὶ ἐπιφόβως καὶ ἐπιταράχως διάγουσιν ὑπόπτους αἰτίας ἢ καθαιρέσεις
προσδοκῶντες.

§ 3: cf. Add. IV 41 et Heph. II 35, 15 ‖ § 5: cf. Add. IV 36 et Heph. II 35, 9 ‖
§§ 7−10: cf. Heph. II 35, 10−12 ‖ §§ 7−8: cf. Add. IV 37−38

[VS] 1 τῆς VS, τοῖς Kroll ‖ 9 ἀνοκείως S ‖ 10 τε² sup. lin. V ‖ 12 ἐπιτάραχος S ‖
13 καὶ post ἀνασκευὰς S | ῇ] καὶ S ‖ 23 μάντεις VS, μαντείας sugg. Kroll ‖ 27 χρώ-
ματος VS, σώματος Kroll ‖ 30 ἀναστασίας VS, ἀστασίας Kroll

Ἑρμῆς Ἀφροδίτῃ ἀγαθὸν καὶ πρακτικὸν τὸν χρόνον δηλοῖ περί τε τὰς 10
δόσεις καὶ τὰς λήψεις, ἀγορασμούς τε καὶ συναλλαγὰς ἐπαφροδίτους, καὶ
τοῖς διὰ λόγου ἢ παιδείας ἢ διοικονομίας ὠφέλιμον· συστάσεις τε καὶ
φιλίας καινοτέρας ἐπικτῶνται καὶ συνηθείας, καὶ ἐπιπλοκαῖς ἀρρενικῶν
5 καὶ θηλυκῶν περιτρέπονται· τοῖς δ᾽ ἐν μείζονι τύχῃ καθεστῶσι σωμάτων
καὶ κόσμου περίκτησιν ἐπάγει, εἴς τε τὰς αἰτήσεις καὶ φιλίας καὶ προκο-
πὰς εὐεπιτεύκτους ἀποτελεῖ καὶ πρὸς ἰδίους εὐεργετικούς.

⟨κε′.⟩ Τῶν τεττάρων κλήρων μερισμοί

Ὁ κλῆρος τῆς τύχης παραδιδοὺς ἢ παραλαμβάνων ἐν χρηματιστικοῖς 1
10 τόποις, ἀγαθοποιῶν ἐπόντων ἢ μαρτυρούντων, εὐτυχίαν δηλοῖ καὶ προ-
κοπήν, πράξεις τε καὶ δόξας καὶ πραγμάτων κατορθώσεις καὶ προσδοκω-
μένων συντέλειαν καὶ ἀπὸ νεκρικῶν ὠφελείας. ἀποκεκλικὼς δὲ ἢ ὑπὸ 2
κακοποιῶν | μαρτυρούμενος ἥττονας μὲν τὰς πράξεις ἢ τὰς δόξας παρέχει, fin.f.95vV
ἀπαραμόνους δὲ ἢ ὅσα ἂν διαπράξωνται μετὰ ἐναντιωμάτων καὶ κινδύνων
15 ἢ κρίσεων καὶ ἐπηρειῶν.

Ὁ δαίμων παραδιδοὺς ἢ παραλαμβάνων ἐν χρηματιστικοῖς τόποις, 3
ἀγαθοποιῶν ἐπόντων, καταθυμίους προαιρέσεις ἀποτελεῖ, κριτικούς τε
καὶ εὐκατορθώτους λογισμοὺς καὶ φίλων συμβουλίας ἐπωφελεῖς, συστά-
σεις τε μειζόνων, δωρεάς τε καὶ δόξας καὶ εἰς τὰς ἐπιβολὰς εὐεπιτεύκτους,
20 παρεπηρμένους τε τῇ διανοίᾳ, οἴησιν πλείστην ἔχοντας. παραπεπτωκὼς 4
δὲ ἢ ὑπὸ κακοποιῶν μαρτυρούμενος | μετεωρισμοὺς καὶ ψυχικὰς βασάνους f.87vS
ἐπάγει, ἀναισθησίας τε καὶ ἐναντιοβουλίας, τὰ ἴδια ἁμαρτήματα κατορ-
θώσεις νομίζοντας καὶ ἄλλοις τὰς αἰτίας ἐπιφέροντας, τῶν δὲ πλείστων
ἀστοχοῦντας, ὅθεν οἱ τοιοῦτοι ἐκκακοῦντες ἔσθ᾽ ὅτε καὶ καθ᾽ αὑτῶν
25 κινδυνῶδές τι μηχανῶνται καὶ ὡς μανιώδεις διαλαμβάνονται καὶ ἐν ἐκστά-
σει φρενῶν γίνονται.

Ὁ ἔρως παραδιδοὺς ἢ παραλαμβάνων ἐν χρηματιστικοῖς τόποις, καὶ 5
ἀγαθοποιῶν ἐπόντων ἢ μαρτυρούντων, εὐπροαιρέτους ἐπιθυμίας κατα-
σκευάζει καὶ καλῶν ἐραστάς· οἱ μὲν γὰρ περὶ παιδείαν καὶ ἄσκησιν σω-
30 ματικὴν ἢ μουσικὴν τρέπονται καὶ μεθ᾽ ἡδονῆς κολακευόμενοι τῇ μελ-
λούσῃ ἐλπίδι ἀκοπίαστον ἡγοῦνται τὴν πρόνοιαν, οἱ δὲ ἀφροδισίοις καὶ

§ 10: cf. Add. IV 40

[VS] 3 τοὺς VS, τοῖς Kroll ‖ 5 δ᾽ sup. lin. S ‖ 8 τετάρτων VS, corr. Kroll |
μερισμὸς S ‖ 9 κὰϊ S ‖ 10 ἀπόντων S ‖ 13 – p. 201, 10 μαρτυρούμενος – θραῦσαι
om. V ‖ 22 κατορθώσειν S, corr. Kroll ‖ 25 ἐκτάσει S, corr. Kroll ‖ 31 πρόνοιαν]
ἀνίαν S

συνηθείαις θελχθέντες θηλυκῶν τε καὶ ἀρρενικῶν ἀγαθὸν ἡγοῦνται.
6 Ἄρης μὲν οὖν καὶ Ἑρμῆς ἐπιμαρτυρήσαντες ἢ ἐπόντες τῷ τόπῳ, καὶ
μάλιστα ἐν ἰδίοις ζῳδίοις, παιδεραστὰς ποιοῦσιν ἢ ἐπ' ἀμφοτέροις
ψογίζονται ἢ φιλόπλους τε καὶ φιλοκυνήγους καὶ φιλοπαλαίστρους,
Ἀφροδίτη δὲ θηλυκῶν συνηθείας· ἔσθ' ὅτε μὲν οὖν καὶ στερχθέντες 5
7 ἀντιστέργουσιν. ὁμοίως δὲ καὶ ἕκαστος τῶν ἀστέρων ὁ κεκληρωμένος τὸν
τόπον ἢ ἐπιμαρτυρῶν ἢ παραλαμβάνων τὸν χρόνον κατὰ τὴν ἰδίαν φύσιν
8 τὸ εἶδος τῆς ἐπιθυμίας κατασκευάσει. καθόλου μὲν οὖν κακοποιῶν ἐπόν-
των ἢ μαρτυρούντων, ἐπὶ βασάνῳ καὶ ζημίᾳ καὶ κινδύνῳ τὰ τῆς ἐπι-
9 θυμίας γενήσεται. ἐὰν δέ πως ὁ τοῦ Κρόνου σὺν τῷ τῆς Ἀφροδίτης καὶ τῇ 10
Σελήνῃ συμπαρῇ ἢ ἐπιμαρτυρήσῃ, αἰσχρῶν καὶ ἀσελγῶν ἔργων ἐρῶσιν,
ἐπί τε ἀρρενικῶν καὶ θηλυκῶν ψογίζονται καὶ περιβοησίας ὑπομένουσιν
10 ἢ μετανοοῦντες ἀνεπιστρεπτοῦσιν ὑπὸ τοῦ πάθους νικώμενοι. ἐὰν δέ πως
ὁ τοῦ Διὸς συνεπιμαρτυρήσῃ, ἀξιοπίστως ἢ δυνατῶς τὸ γενόμενον ἔσται
11 ἢ μυστικῶς. Ἄρεως δὲ καὶ Ἑρμοῦ ἐπόντων ἢ ἐπιμαρτυρούντων | ἢ παρα- 15
f.888 λαμβανόντων τὸν χρόνον, κακούργων πραγμάτων ἢ λῃστρικῶν ἐρῶσιν·
γίνονται γὰρ πλαστογράφοι, ἅρπαγες, θυρεπανοῖκται, κυβευταί, τεθηριω-
12 μένην τὴν διάνοιαν ἔχοντες. ἐὰν δὲ καὶ ὁ τῆς Ἀφροδίτης ἐπιμαρτυρήσῃ,
φαρμακοί, μοιχοί, αὐτόχειρες, ὅθεν κατὰ τοὺς ἐπιβάλλοντας χρόνους ἐγ-
γύαις καὶ δάνεσι περικυλιόμενοι καὶ κακουργίαις, συνοχῆς ἢ κρίσεως 20
πεῖραν λαμβάνοντες ἐπικινδύνως διάγουσιν· ἰσχυρὸς ⟨γὰρ⟩ ὁ τόπος πρὸς
13 πολλὰ ὑπάρχει, ὅθεν αὐτῷ προσεκτέον. [λαμβάνεται δὲ ὁ κλῆρος τοῦ
ἔρωτος ἡμέρας μὲν ἀπὸ τοῦ κλήρου τῆς τύχης ἐπὶ τὸν τοῦ δαίμονος καὶ
τὰ ἴσα ἀπὸ τοῦ ὡροσκόπου, νυκτὸς δὲ τὸ ἀνάπαλιν.
14   Περὶ ἀνάγκης.] Ἀνάγκη παραδιδοῦσα ἢ παραλαμβάνουσα ἐν χρηματι- 25
στικοῖς τόποις, ἀγαθοποιῶν ἐπόντων ἢ μαρτυρούντων, οἰκειώσεις μὲν
ἐπάγει καὶ μειζόνων συστάσεις καὶ ἐχθρῶν καθαιρέσεις ἢ θανάτους.
15 κακοποιῶν δὲ ἐπόντων, ἀντιδικίας καὶ κρίσεις ἐπάγει καὶ ἐξοδιασμούς,
ὅθεν καὶ περὶ προαίρεσιν διαπράξαντες ἀνιαρῶς διάγουσιν· ἐὰν δέ πως
16 τὸ σχῆμα κακωθῇ, τινὲς καταδικάζονται ἢ καθαιροῦνται. [λάμβανε δὲ 30
ἀπὸ δαίμονος ἐπὶ τύχην, νυκτὸς δὲ τὸ ἀνάπαλιν.]
17   Ταῦτα μὲν οὖν ἐπὶ τῶν ἀρρενικῶν γενέσεων καὶ χρόνων διέσταλται·
ὁμοίως δὲ κατὰ τὰ οἰκεῖα σχήματα τῶν παραδόσεων καὶ τὰ δυνάμενα χω-
ρεῖν ἁρμόσει καὶ ἐπὶ θηλυκῶν γενέσεων.

[S] 13 ἀντιστρεπτοῦσιν Kroll ‖ 14 γενώμενον S, corr. Kroll ‖ 15 μαρτυρούντων S,
ἐπι in marg. S ‖ 16 αἴρωσι S, corr. Kroll ‖ 21 γὰρ sugg. Kroll ‖ 26 οἰκείως S, corr.
Kroll ‖ 27 μείζονας S

ANTHOLOGIAE IV 25-27

⟨κϛ'.⟩ Τὸ δ' περὶ χρόνων διαιρέσεως κατὰ τὴν ἑπτάζωνον ἀνωφερῶς·
κατὰ Κριτόδημον

Σελήνη α', ἔτος ᾱ· Ἑρμῆς β', ἔτη β̄· Ἀφροδίτη γ', ἔτη γ̄· Ἥλιος δ', 1
⟨ἔτη δ̄⟩· Ἄρης ε', ἔτη ε̄· Ζεὺς ϛ', ἔτη ζ̄· Κρόνος ζ', ἔτη ζ̄· γίνονται ἔτη κ̄η̄.
5 μονομοιρία δὲ γίνεται οὕτως· ἐν ᾧ ἂν ἡ Σελήνη ζῳδίῳ ᾖ, αὐτὸς γίνεται 2
πρῶτος ὁ κύριος τοῦ χρόνου καὶ λήψεται· εἶτα κατὰ ζώνην οἱ ἄλλοι.
Οἷον ὑποδείγματος χάριν ἔστω Σελήνην εἶναι Ζυγοῦ μοίρᾳ ϛ'· α' Ἀφρο- 3
δίτη λήψεται, β' Ἑρμῆς, γ' Σελήνη, δ' Κρόνος, ε' Ζεύς, | ϛ' Ἄρης· γίνεται f.88vs
Ἄρεως ἡ μονομοιρία. Ἄρης οὖν πρῶτος λήψεται, ὁ κύριος τῆς μονομοιρίας 4
10 τῆς Σελήνης, ἔτη ε̄· εἶτα οἱ ἑξῆς κατὰ γένεσιν μετὰ τὸν Ἄρεα κείμενοι
ἀστέρες. μετὰ δὲ τὸ συμπληρωθῆναι ἔτη κ̄η̄, ἄρχου πάλιν ἀπὸ τοῦ μετὰ 5
τὸν Ἄρεα κειμένου ἀστέρος.
Ποίει δὲ καὶ τὰ ῑ ἔτη καὶ μῆνας θ̄ ἡμέρας μὲν ἀπὸ Ἡλίου, νυκτὸς δὲ 6
ἀπὸ Σελήνης. ἐὰν δὲ ἡμέρας ὁ Ἥλιος μὴ καλῶς κεῖται, ἀπὸ Σελήνης ἄρχου· 7
15 ὁμοίως καὶ νυκτὸς ἀπὸ Ἡλίου. ἐὰν δὲ ὁ Ἥλιος καὶ ἡ Σελήνη ἀκυρολόγητοι 8
γένωνται, ἀπὸ τοῦ οἰκοδεσπότου ἢ ἄλλου τινὸς ἀστέρος καλῶς κειμένου.

⟨κζ'.⟩ Ἄλλως ἐκ τοῦ Σεύθου περὶ ἐνιαυτῶν· ἐκ τοῦ Ἑρμείου σχολὴ τὴν
ἄφεσιν ποιοῦσα ἀπὸ Ἡλίου ἢ Σελήνης ἢ ὡροσκόπου ἢ κλήρου τύχης

Τόποι δ̄ εἰσὶν ἀφ᾽ ὧν ἡ ἀρχὴ τοῦ ἔτους λαμβάνεται, οἷον Ἡλίου ἢ Σε- 1
20 λήνης ἢ ὡροσκόπου ἢ κλήρου τύχης. ἔστι δὲ ἡ κατάκρισις ἥδε. Ἡλίου 2,3
ἐπικέντρου ὄντος, ἀπὸ αὐτοῦ ψηφίζειν δεῖ, ἐπὶ δὲ νυκτὸς ἀπὸ Σελήνης
ὁμοίως ἐπικέντρου μοιρικῶς οὔσης· τούτων δὲ ὑστερούντων, ἀπὸ τοῦ
ὡροσκόπου· ἐὰν δὲ ὁ κλῆρος τῆς τύχης ἐπίκεντρος, ὑστερούντων τῶν
φώτων, ἀπὸ αὐτοῦ τὴν ἀρχὴν τοῦ ἐνιαυτοῦ ποιοῦ.
25 Ἀλλότριον δὲ ὁμοίως ἔσται ἐπὶ τῶν τὰ φῶτα ἐπιφερόμενα τοῖς κέντροις 4
ἐχόντων ἀπὸ τοῦ παρ᾽ ἰδίαν αἵρεσιν ἄρχεσθαι· ἰσχυροτέρως γὰρ κατὰ τὴν
ἡμετέραν ἀγωγὴν ἐπιγνώσῃ ἐπὶ ποίων ζῳδίων χρηματίζει ἐπιφερόμενος
τῆς γενέσεως ὁ ἐνιαυτός. ἡμέρας μὲν ἀπὸ Ἡλίου ἐὰν μὲν τύχῃ ὡροσκοπῶν 5
ἢ μεσουρανῶν· εἰ δὲ μή γε, ἀπὸ τοῦ ὡροσκοποῦντος ζῳδίου ἔκβαλλε, καὶ
30 εἰς ὃ ἂν καταλήξῃ ὁ ἀριθμός, ἀπὸ τοῦ κυρίου τοῦ τόπου οὗ ἦν ἐπὶ γενέσεως
διέκβαλλε τὸν ἐνιαυτόν. νυκτὸς δὲ ἀπὸ Σελήνης ἐάνπερ τύχῃ ὡς προεῖπον 6
ἐπὶ τοῦ Ἡλίου, μάλιστα ἐὰν ἀνατολικὴ ᾖ καὶ τοῖς ἀριθμοῖς προσθετική.
ἐπὶ δὲ τῶν δύο φώτων τῶν προσνευομένων ἐὰν μὴ καὶ πλήρη (κἂν ἀφαιρῇ 7

[S] 4 ἔτη δ̄ Kroll ‖ 5 ἂν] ἐὰν S | ἦν S, corr. Kroll ‖ 6 ζῳδίου S, χρόνου Cumont ‖
10 κειμενον S, corr. Kroll ‖ 17 σχολὴν S ‖ 19 σελήνη S, corr. Kroll ‖ 30 ἀριθμός]
ἐνιαυτός S ‖ 32 ἀπὸ S, ἐπὶ Kroll | προθετικὴ S, corr. Kroll ‖ 33 προσνευομένων]
πνευμάτων S

193

τοῖς ἀριθμοῖς) τύχῃ, ἀπὸ τοῦ συνδέσμου ἐὰν ἐπίκεντρος μόνον ἐπὶ μέγιστα
κείμενος· εἰ δὲ μή γε καθὼς προγέγραπται, ἀπὸ τοῦ κυρίου τοῦ καταλή-
f.89Š γοντος τόπου ἀπὸ τοῦ | ὡροσκόπου. ἐὰν γὰρ εὕρῃς τὰ ζῴδια κεντρούμενα
ἢ ἀγαθοποιούμενα ἢ καὶ αἴτια ἀπὸ τῶν ἐπιπαρόντων ἢ καὶ ἐφορώντων
κατὰ τὴν πρώτην τάξιν καὶ ἐπὶ τῆς παρόδου, δηλοῖ ὅτι καλὰ ἔσται τὰ 5
⟨τῶν⟩ ἐνιαυτῶν ἀποτελέσματα· κακῶν δὲ ὄντων τῶν τόπων, τὸ ἐναντίον
ἀποβήσεται, ὡς τῶν ἐφορώντων ἀνατολικῶν ἀστέρων καὶ τὸ πράσσειν
παρεχόντων, τῶν δὲ δυτικῶν ἀπραγίας, καθαιρέσεις τῶν πρασσομένων,
ἐὰν μὴ τὰ πράγματα κρύφιμα τύχῃ.

⟨κη′.⟩ Περὶ μηνὸς ποῦ ἔσται   10

1, 2   Τὸν δὲ μῆνα λήψῃ οὕτως. ἀπὸ τοῦ παροδικοῦ Ἡλίου ἐπὶ τὸν κατὰ γέ-
νεσιν Ἥλιον καὶ τὰ ἴσα ἀπὸ τοῦ κεκληρωμένου τὸν ἐνιαυτὸν ζῳδίου, νυ-
κτὸς δὲ ἀπὸ τῆς παροδικῆς Σελήνης ἐπὶ τὴν κατὰ γένεσιν Σελήνην καὶ τὰ
3   ἴσα ἀπὸ τοῦ κεκληρωμένου τὸν ἐνιαυτὸν ζῳδίου. ἐπιτηρεῖν καὶ τὸ ζῴδιον
ἐν ᾧ ἡ σύνοδος γέγονεν ἐάνπερ ᾖ συνοδικὴ ἡ γένεσις, ὁμοίως δὲ καὶ τὸ 15
ζῴδιον ἐν ᾧ ἔσται [καὶ] ἡ πανσέληνος [καὶ] ἐάνπερ ᾖ πανσεληνιακή· ἐν
γὰρ τούτοις τοῖς ζῳδίοις οἱ μῆνες χρηματίζουσι καὶ τὴν ἀρχὴν ἔχουσιν.
4   ὁποίαν ἂν τύχῃ ἐπὶ γενέσεως ἔχουσα ἡ Σελήνη, ἤτοι ἀπὸ συνόδου ἢ ἀπὸ
πανσελήνου, καὶ ἐπὶ τὴν ὁμοίαν ἀναπληροῖ ἢ τοῦ μηνός· οἷον ἐὰν τριταία
ἢ πεμπταία, ἤτοι ἀπὸ τῆς συνόδου ἢ πανσελήνου, ἔκτοτε ἔσται ἡμέρα ἡ 20
ἀρχὴ τοῦ μηνός.

⟨κθ′.⟩ Περὶ ἡμέρας χρηματιστικῆς

1, 2   Τὰς δὲ ἡμέρας οὕτως εὑρήσεις. τὰ καταγόμενα ἔτη πλήρη τῆς γενέσεως
πολυπλασίασον ἐπὶ ε̄ [δ′], καὶ τὰς ἀπὸ τῆς γενεθλίου ἡμέρας μέχρις οὗ
ζητεῖς προσυπολάμβανε μετὰ τῶν πολυπλασιασθέντων ἀριθμῶν· κἂν μὲν 25
ᾖ κατὰ Ἀλεξανδρεῖς, πρόσθες τὰς ἐμβολίμους (τουτέστι τῶν πλήρων ἐτῶν
3, 4   τὸ δ′). καὶ ταύτας ἀπὸ τοῦ πλήθους διέκβαλλε ὁσάκις δύνασαι ἀνὰ ῑβ̄. τὰς
λοιπὰς [πολυπλασίασον ἐπὶ τὸν ε̄ καὶ περὶ τὰς ἀπὸ γενέσεως ἡμέρας μέχρις
οὗ ζητεῖς καὶ μέριζε εἰς τὸν ῑβ̄· καὶ τὰ καταλειφθέντα ἔκβαλλε ἀπὸ τῆς
f.89ᵛŠ Σελήνης τῆς κατὰ γένεσιν καὶ] ἑκάστῳ | ζῳδίῳ μίαν ψῆφον διδοὺς ἀπὸ 30

---

cap. 28: cf. V 4, 1−7 ‖ § 2: cf. App. XX 8, 1−2 ‖ c. 30, 1−5: cf. V 4, 12−13

[S] 1 τὸν ἀριθμὸν S ‖ 5 ἐὰν S, ὅτι Kroll ‖ 6 τῶν sugg. Kroll ‖ 13 τοῦ παροδικοῦ
ἡλίου S ‖ 16 καὶ¹ et καὶ² secl. Kroll ‖ ἡ sup. lin. S ‖ 20 ἡ] ᾖ S, ἡ Kroll ‖ 24 τοῦ S,
τῆς Kroll ‖ 26 τοὺς S, τὰς Kroll ‖ πλήρη S, corr. Kroll ‖ 27 ταῦτα S, ταύτας sugg.
Kroll ‖ 28 τὸ S, τὸν Kroll ‖ 29 καταληφθέντα S, corr. Kroll

τοῦ κεκληρωμένου ζῳδίου τὸν μῆνα διέκβαλλε. καὶ ὅπου δ᾽ ἂν καταντήσῃ 5
ὁ ἀριθμός, ἐκείνου τοῦ ζῳδίου τὸν κύριον σκόπει, καὶ πρὸς τοὺς ἐφορῶντας
ἀστέρας τὴν ποιότητα τῆς ἡμέρας δήλωσον.
Τὰς δὲ ὥρας οὕτως. ἀπὸ τοῦ κεκληρωμένου ζῳδίου τὴν ἡμέραν διέκβαλλε 6, 7
5 περὶ τὴν τῆς ἡμέρας ἀρχὴν ἀνὰ δύο ἀπὸ τῆς γενεσιακῆς ὥρας· καὶ γνώσῃ
τὰς καλὰς καὶ ἐμπράκτους ὥρας (εὔχρηστον δὲ καὶ πρὸς παντὸς πράγμα-
τος ἐπιβολὴν καὶ καταρχήν), καὶ μάλιστα τὰς ἀσθενικὰς καὶ κατακλιτι-
κὰς ἀκριβῶς ἐπιγνώσῃ ⟨ἐκ⟩ τῶν ὡροσκοπικῶν συνθέσεων πρὸς τὰ φῶτα
καὶ τὰ λοιπὰ κέντρα τῶν ἀστέρων.
10 Ὅσα μὲν κύρια ἦν ἐπὶ ἑτοιμοτέρας σκέψεως ἐν τούτοις εἴρηται, ὅσον δὲ 8
[τῆς] ἐκ τῆς συντόμου ταύτης ἀναπτύξεως πολλὴν ἐπίδοσιν ἑαυτῷ παρέξει
ἐάνπερ ᾖ εὐφυεῖ χρώμενος ψυχῇ καὶ πρὸς ὃν ἂν ὁ νοῦς τοῦ ἀνθρώπου
ἔρχηται λογισμὸν κἂν ἐν φύσει κεχορηγημένος.
Τὸν περίπατον ἐὰν ποιῇς τοῖς ὡριαίοις χρῶ οἷον [ῆ, ζ, ζ, ε, δ] ἐὰν ᾖ τὸν 9
15 ἀπὸ Ἡλίου ἐνιαυτὸν ἢ τὸν μῆνα ἀπὸ τοῦ κατὰ πάροδον Ἡλίου ἐπὶ τὴν
κατὰ γένεσιν Σελήνην καὶ τὰ ἴσα ἀπὸ ὡροσκόπου τοῦ ἐνιαυτοῦ ἢ ὡς παρ-
ετηρησάμην ἐγὼ Ἑρμείας. δεῖ δὲ ἀπὸ πάντων τῶν ἀστέρων ἐπὶ πάντας 10
τοὺς ἀστέρας [ἀφέσεις] τὸν περίπατον ποιεῖσθαι κατὰ τὰς ἀναφορὰς τῶν
ζῳδίων καὶ τὰ κλίματα, οἷον ἐὰν περὶ γυναικὸς ἀπὸ Ἀφροδίτης ἢ θυγα-
20 τέρων ἢ θηλυκῶν εἰδῶν, ὅταν δὲ περὶ πράξεως ἀπὸ Ἑρμοῦ καὶ τῶν ἀν-
ηκόντων, ὅταν δὲ περὶ κινδύνων ἢ θανάτου ἢ νόσων ἢ αἱμαγμῶν ἀπὸ τῶν
κακοποιῶν ἐπὶ τὸν ὡροσκόπον ἢ Ἥλιον ἢ Σελήνην, καὶ ἀπὸ τῶν ἄλλων
ὁμοίως. προσέχειν δὲ δεῖ καὶ ἐν τίσιν ὁρίοις οἱ περίπατοί εἰσι καὶ τίνες 11
τῶν ἀστέρων ἀκτινοβολοῦσι καὶ τίνες κατ᾽ ἐπέμβασιν ἐν τῷ ζῳδίῳ τοῦ
25 περιπάτου εἰσίν, ὁμοίως καὶ τὸν παραδεδωκότα ἢ παραλαμβάνοντα πῶς
ἔχουσι πρὸς τὴν γένεσιν καὶ πῶς ἀνέτειλαν καὶ πῶς ἐν τῇ γενέσει ἐγέ-
νοντο.
| Ἄλλως περὶ ἐνιαυτοῦ. τοὺς δὲ ἐνιαυτοὺς οὕτως λήψῃ· ἀπὸ Ἡλίου ὃς f.90 S
δηλοῖ τὰ ψυχικά, ἀπὸ Σελήνης ἢ δηλοῖ τὰ σωματικὰ καὶ περὶ μητρός, ἀπὸ
30 κλήρου τύχης. τούτους δὲ ἐξεταστέον πῶς ἔχουσι πρὸς ἀλλήλους· ἐὰν γὰρ 13
ἀγαθοποιοὶ ὦσι καὶ συμφώνως φανῶσι, καὶ ἀγαθὸν τὸν ἐνιαυτὸν σημαί-
νουσιν, ἐὰν δὲ κακοποιοί, ἐναντίον, ἐὰν δὲ ἀγαθοποιοὶ καὶ κακοποιοί,
μεμέμιγνον καὶ τὸ ἔτος ἀποτελοῦσιν. χρηστέον δὲ καὶ τῷ λεγομένῳ κυνι- 14
κῷ ἐνιαυτῷ.

[S] 3 δηλώσει S, corr. Kroll ‖ 8 ἐκ Kroll ‖ 11 τῆς¹ secl. Kroll ‖ 12 ἔνπέρ τι S,
ἐάνπερ ᾖ Kroll ‖ 13 λογισμῶν S, corr. Kroll ‖ 14 ὡρίοις S ‖ 16 lac. post ὡροσκόπου
ind. Kroll ‖ τῶν ἐνιαυτῶν S ‖ 18 ἀφέσεις secl. Kroll ‖ 19 θηγατέρων S, corr. Kroll ‖
30 τούτοις S, corr. Kroll

⟨λ΄.⟩ Περὶ χρόνων ἐμπράκτων καὶ ἀπράκτων πρὸς τὸ δ΄ τῆς περιόδου

1,2 Διαίρεσις χρόνων ἐμπράκτων πρὸς τὰ δ΄. οἷον Κρόνου ἔτη λ̄, τὸ δ΄ ζ̄
ἥμισυ· Διὸς ἔτη ῑβ, τὸ δ΄ ἔτη γ̄· Ἄρεως ἔτη ῑε, τὸ δ΄ ἔτη γ̄ μῆνες θ̄·
Ἡλίου ἔτη ῑθ, τὸ δ΄ ἔτη δ̄ μῆνες θ̄· Ἀφροδίτης ἔτη η̄, τὸ δ΄ ἔτη β̄· Ἑρμοῦ
ἔτη κ̄, τὸ δ΄ ἔτη ε̄· Σελήνης ἔτη κ̄ε, τὸ δ΄ ἔτη ζ̄ μῆνες γ̄.   5
3 Ταῦτα οἱ μικροὶ κύκλοι αὐτῶν, ὁ δὲ μέγιστος αὐτῶν Ἡλίου ρ̄κ, Σελήνης
ρ̄η, Κρόνου ν̄ζ, Διὸς ο̄θ, Ἄρεως ξ̄ς, Ἀφροδίτης π̄β, Ἑρμοῦ ο̄ς.
4 Μερίζουσι δὲ τὰς ἡμέρας οὕτως· οἷον Κρόνου εἰσὶν ἡμέραι χ̄λζ, Διὸς
σ̄νε, Ἄρεως τ̄ιη, Ἡλίου ῡγ, Ἀφροδίτης ρ̄ξθ ῑη, Ἑρμοῦ ῡκδ ῑη, Σελήνης φ̄λα.
5 Ζεὺς ἐκ τῶν γ̄ ἐτῶν μερίζει ἑαυτῷ ἡμέρας ρ̄β, Ἄρει ρ̄κζ ῑβ, Ἡλίῳ ρ̄ξα ζ̄, 10
6 Ἀφροδίτῃ ξ̄ζ ῑβ, Ἑρμῇ ō̄ο [ῑβ], Σελήνῃ σ̄ιβ ζ̄, Κρόνῳ σ̄νε. Ἄρης ἐκ τῶν γ̄
ἐτῶν καὶ μηνῶν θ̄ ἑαυτῷ ρ̄νθ ε̄, Κρόνῳ τ̄ιη, Διὶ ρ̄κζ ⌐, Ἡλίῳ σ̄⟨ᾱ⟩ ῑθ,
7 Ἀφροδίτῃ π̄δ ῑη, Ἑρμῇ σ̄ιβ κ̄α, Σελήνῃ σ̄ξε ҁϝ. Ἥλιος ἐκ τῶν ἐτῶν δ̄ καὶ
μηνῶν θ̄ Κρόνῳ ῡγ, Διὶ ρ̄ξα ὥρας ῑβ, Ἄρει σ̄α κ̄, Ἡλίῳ σ̄νε ⟨ῑ⟩η, Ἀφρο-
8 δίτῃ ρ̄ζ κ̄α, Ἑρμῇ σ̄ξθ δ̄, Σελήνῃ τ̄λς ζ̄. Ἀφροδίτῃ ἔτη β̄· Κρόνῳ ō̄ο, Διὶ ξ̄η, 15
9 Ἄρει π̄ε, Ἡλίῳ ρ̄ζ ῑβ, ἑαυτῇ μ̄ε, Ἑρμῇ ρ̄ιγ ῑβ, Σελήνῃ ρ̄μα ῑβ. Ἑρμῆς ἔτη ε̄·
Κρόνῳ ῡκε, Διὶ ō̄ο, Ἄρει σ̄ιβ, Ἡλίῳ σ̄ξθ [ῑζ], Ἀφροδίτῃ ρ̄ιγ, ἑαυτῷ σ̄πγ
10 ῑβ, Σελήνῃ τ̄νδ [ῑη]. Σελήνη ἐκ τῶν ἐτῶν ζ̄ καὶ μηνῶν γ̄ Κρόνῳ φ̄λα, Διὶ
σ̄ιβ, Ἄρει σ̄ξε ῑε, Ἡλίῳ τ̄λς, Ἀφροδίτῃ ρ̄μα ῑς, ⟨Ἑρμῇ τ̄νδ⟩, Σελήνῃ ῡμβ.
11 ὅπου ἂν καταλήξῃ τὸ ἔτος, ὁ κύριος τοῦ ζῳδίου πρῶτος δίδωσιν· οἷον Κρό- 20
νος π̄ε, εἶτα Ἥλιος ῡγ ὥρας κ̄, Ἑρμῆς ν̄ζ ὥρας ῑς, Ἀφροδίτῃ κ̄β ὥρας ῑς,
f.90vs Ζεὺς λ̄δ, Σελήνη ō̄ ὥρας κ̄, | Ἄρης μ̄β ὥρας ῑβ.
12 Ἄλλη ἀγωγή. ὅσα ὅρια ἔχει τις τῶν ἀστέρων ἐν τοῖς ῑβ ζῳδίοις, τοσαῦτα
13,14 ἔτη δίδωσιν. οἷον ὡροσκόπος Ζυγῷ· κατάγονται ἔτη κ̄η. Αἰγόκερως τὰς
πρώτας ν̄ζ Κρόνῳ δίδωσιν, εἶτα Ἑρμῇ ο̄ς, εἶτα Ἀφροδίτῃ π̄β, εἶτα Διὶ ο̄θ, 25
εἶτα Ἄρει ξ̄ς, εἶτα Σελήνῃ ō̄, εἶτα Ἡλίῳ ὥρας ζ̄.
15 Ἄλλη διαίρεσις. τὰ ἐλάχιστα τοῦ ἀστέρος πολυπλασίασον ἐπὶ τὸν δ̄,
16 καὶ δίδου Σελήνῃ κ̄ε, Ἡλίῳ ὥρας ζ̄. ἕξει οὖν ὁ τοῦ Κρόνου διὰ τὸν Αἰγοκέ-

---

§ 2: cf. IV 1, 4 ‖ § 4: cf. IV 3, 3—10

[S] 5 σελήνη S, corr. Kroll ‖ 9 υλγ S | τξη S | υκγ S | ιη in marg. S ‖ 10 νγ S,
γ Kroll ‖ 12 ϱλζ S, ϱκζ Kroll ‖ 14 υπ S, υγ Kroll | σα κ| σϰα S | η S, ιη sugg.
Kroll ‖ 15 ϱζ] ξς S | σξθ] σξζ S ‖ 16 ♂ S, Ἡλίῳ Kroll | ἑαυτῶ S, corr. Kroll |
ϱμδ S, corr. Kroll | ☾ ϱμδ ιβ iter. S ‖ 17 σξθ] σξη S | ϱιγ] ϱιβ S ‖ 18 τνδ] τνη S |
φλα] υκε S ‖ 19 σιβ] ϱο S | ϱμδ S, ϱμα Kroll ‖ 21 κ] ιη S | ις¹ et ις²] ιη S ‖
22 κ] ιη S ‖ 26 ξς] ξε S

ρωτα ἡμέρας ρ̅κ̅, εἶτα Ἑρμῆς π̅, εἶτα Ἀφροδίτη λ̅β̅, εἶτα Ζεὺς μ̅η̅, εἶτα
Ἄρης ξ̅, εἶτα Σελήνη κ̅ε̅, εἶτα Ἥλιος ὥρας ζ̅. ὁ ἐνιαντὸς νυκτὸς καὶ ἡμέρας 17
ἀπὸ τοῦ ὡροσκόπου. κατάγει τις ἔτη κ̅η̅ Αἰγοκέρωτος ἀπὸ Ζυγοῦ· ἔστι 18
δὲ Κρόνος Ζυγῷ. τὰ κ̅η̅ καταλήγει εἰς Λέοντα. Ζυγῷ οὖν Κρόνος παρέδω- 19, 20
5 κεν Ἡλίῳ, καὶ ἔχει τὸν ἐνιαντὸν Ἥλιος. τοῦτο ἀρέσκει Αἰγυπτίοις, Βαβυ- 21
λωνίοις καὶ Ἕλλησιν.
    Τὰ τρίγωνα συγκρίνουσιν οὕτως ⟨τοῖς⟩ κ̅η̅. Ἀφροδίτη κυρία τοῦ τριγώ- 22, 23
νου· ἀπὸ οὖν Ἀφροδίτης τῆς ἐν Καρκίνῳ καταλήγει εἰς Ζυγόν. ὁ κύριος 24
τοῦ τριγώνου ἡμέρας Κρόνος Ζυγῷ. Κρόνος ἀπὸ Ἀφροδίτης παρέλαβε τὸν 25
10 ἐνιαντόν· ἡ διαίρεσις μάχεται.

[S] 4 Ζυγῷ¹] ♉ S

ΟΥΕΤΤΙΟΥ ΟΥΑΛΕΝΤΟΣ ΑΝΤΙΟΧΕΩΣ
ΑΝΘΟΛΟΓΙΩΝ ΒΙΒΛΙΟΝ Ε
ΚΛΕΙΔΙΟΝ ΤΟ ΕΠΟΜΕΝΟΝ ΤΩΙ Δ

⟨α΄.⟩ Περὶ αἰτιατικοῦ τόπου

1 Ἐν μὲν τοῖς προτεταγμένοις βιβλίοις αἱρέσεις μετ᾽ ἐπιλύσεως ἐξεθέ- 5
μεθα, νυνὶ δὲ ἐν ταύτῃ καὶ ἑτέρους δυναστικοὺς τόπους ἐπιδιασαφήσομεν
καὶ τὰς εἰς τὴν τῶν ἀστέρων διαίρεσιν ἁρμοζούσας κλεῖδας.
2 Τούτων οὕτως ἐχόντων, ἀναγκαῖον καὶ ἕτερον τόπον ἐκ πείρας δοκιμάσαι
(ὃν ἀφθόνως ἐπιδείξω), ὅς ἐστιν αἰτιατικὸς καὶ φόβων καὶ κινδύνων καὶ
3 δεσμῶν παραίτιος. ἔστι μὲν οὖν καὶ οὗτος ὁ τόπος ἰσχυρός, λαμβανόμενος 10
ἡμέρας ἀπὸ Κρόνου ἐπὶ Ἄρεα, νυκτὸς δὲ ἀπὸ Ἄρεως ἐπὶ Κρόνον, καὶ τὰ
ἴσα ἀπὸ ὡροσκόπου [ἄλλοι τὰ ἴσα ἀπὸ Ἑρμοῦ]· ὅπου δ᾽ ἂν ἐκπέσῃ, σκο-
πεῖν δεήσει μὴ κακοποιοῦ ζῴδιον ἢ κακοποιοὶ ἐπῶσιν ἢ μαρτυρῶσιν.
4 οὕτως γὰρ ἐπισφαλεῖς ⟨καὶ ἐπι⟩κίνδυνοι αἱ γενέσεις γίνονται καὶ καθαιρε-
5 τικαί. ἑκάστου δὲ ἀστέρος καὶ ζῳδίου ἡ φύσις τὸ εἶδος ἐποίσει· οἱ δὲ 15
ἀγαθοποιοὶ ἐπόντες ἢ μαρτυροῦντες ἧττον τὸ κακὸν ἢ διεκδρομὴν τῶν
αἰτιῶν ἐποίσουσιν.

f.91 8
6, 7 Ἔδοξε δὲ μᾶλλον καὶ τούτῳ τῷ τόπῳ | χρῆσθαι. ἐπὰν γὰρ ἐξάγωνος
εὑρεθῇ ἢ Ἥλιος ἢ Σελήνη Κρόνῳ ἢ Ἄρει ζῳδιακῶς, ἐπίφοβος ἡ γένεσις
καὶ καταιτιατική, μάλιστα ἐντὸς μοιρῶν ō καὶ ἐν τοῖς ἀκούουσι ζῳδίοις· 20
ἐξαιρέτως δὲ ἐν ἐκείνῳ τῷ χρόνῳ ὅταν τις αὐτῶν τὴν παράδοσιν πρὸς τὸ
τοιοῦτον σχῆμα ποιήσηται, οἷον ἐὰν Ἥλιος Κρόνῳ ἢ Ἄρει Σελήνῃ, πάλιν
εἰ Κρόνος ἢ Ἄρης Ἡλίῳ ἢ Σελήνῃ, κἂν μὴ ἀμφότεροι κατὰ τὸ αὐτὸ
τύχωσιν, εἰς δὲ αὐτῶν ἐξάγωνος εὑρεθῇ, ὁ δὲ ἕτερος ἀπὸ τετραγώνου
ἢ τριγώνου ἢ διαμέτρου ⟨ἢ⟩ ἀπόστροφος τυχὼν παράδοσιν ἢ παράληψιν 25
8 ποιήσηται πρὸς τὸ τοιοῦτον σχῆμα. τότε γὰρ ἐπιταραχθήσεται ἡ γένεσις
καὶ ἐν ἀπολογίαις ἢ συνοχαῖς ἢ τηρήσεσι γενήσεται ἢ ὑπόπτους αἰτίας

---

§§ 2−17: cf. App. XX 4, 1−17 ‖ § 3: cf. App. XII 2

[S] 3 κλειδίου S ‖ 9 ὦν S, ὂν Kroll ‖ 14 καὶ ἐπικίνδυνοι Kroll, cf. et periculose
App. ‖ 18 ἐξ αἰῶνος S, ἐξάγωνος Kroll, cf. in sextili aspectu App. ‖ 20 καται-
τιακή S, καταιτιατική Kroll; cf. occasionalis App. | ο] similibus (= ὁμοίων) App. ‖
23 ♂ ἢ S ‖ 25 ἢ] cf. vel App. ‖ 26 τὸν S

περὶ τοιούτων ἕξει καὶ δυσσυνείδητος ἀναστρέψει· καὶ ἂν μὲν ἀγαθοποιὸς
συμπροσῇ ὁποτέρῳ τούτων ἢ οἰκείως μαρτυρήσῃ, ἀπαλλαγὴν τῶν φόβων
ἢ κινδύνων ἕξει ἢ μεταβολὴν ἐπὶ τὸ ἀγαθόν, πλὴν οὐκ ἀτάραχος διαμενεῖ.
ἐὰν δὲ τὸ σχῆμα κεκακωμένον τύχῃ χωρὶς τῆς τῶν ἀγαθοποιῶν μαρτυ- 9
5 ρίας, καταδικασθήσεται ἢ ἐν δεσμοῖς γενήσεται ἢ συνοχῇ ἢ τηρήσει. ἐὰν 10
δέ πως ἡ ὑπόστασις μεγάλη εὑρεθῇ, τοιούτου σχήματος ὄντος, [καὶ] κατὰ
τὸν χρόνον ἐκεῖνον εὐλαβηθήσεται περὶ τοῦ ἀξιώματος καὶ τοῦ βίου καὶ
κατηγορίας ἢ προδοσίας ὑπομενεῖ καὶ ἐξουσίᾳ ἢ βασιλεῖ ἀπολογήσεται,
καὶ ἐὰν μὴ ὑπὲρ ἑαυτοῦ, ὑπὲρ ἑτέρου δέ, ἵνα τὸ τοῦ φόβου καὶ τὸ τῆς ἀγω-
10 νίας ἀποτελεσθῇ. οὕτως ὁ τόπος δυναστικός. 11
Ἐὰν δὲ οἱ καθολικοὶ χρόνοι καὶ οἱ ἐνιαυτοὶ εἰς τὸ αὐτὸ συνδράμωσιν, 12
πλῆρες τὸ τῆς αἰτίας γενήσεται συνοχῆς τε ἢ καθαιρέσεως, κατὰ δὲ τοὺς
κυκλικοὺς ἐνιαυτοὺς ἡ διαίρεσις γενομένη τοὺς φόβους καὶ τὰς ἀνίας
ἀποτελέσει. ἐὰν δὲ νηπίου γένεσις τοιοῦτον σχῆμα ἔχῃ, δεήσει περὶ τὸν 13
15 πατέρα ἢ τὴν μητέρα τὸν φόβον λέγειν, ἢ περὶ τοὺς δεσπότας ἐὰν ᾖ δου-
λική· τινὲς μὲν οὖν καὶ ἔτι νήπιοι ὄντες ἐν συνοχαῖς ἢ εἰρκταῖς γίνονται καὶ
ἐν τούτοις τοῖς τόποις τὰς ἀναστροφὰς ποιοῦνται. ἐὰν δέ πως κατ' ἐκεῖ- 14
νον τὸν χρόνον ἀγαθοποιὸς κατὰ τὸν τόπον ἐπεμβῇ | ἢ μαρτυρήσῃ, διέκ- f.91vs
παυσις ἢ παρηγορία τοῦ κακοῦ γενήσεται· ἐὰν δὲ κακοποιός, χείρω· ἐὰν
20 δὲ ἀγαθοποιὸς καὶ κακοποιός, ἀμφότερα. ἄλλως τε κἂν οἱ κακοποιοὶ 15
διαμετροῦντες ἢ τετραγωνίζοντες τὸν Ἥλιον ἢ τὴν Σελήνην εὑρεθῶσιν,
φόβους καὶ συνοχὰς ποιοῦσιν. ἐὰν δέ πως ἡ γένεσις βοηθουμένη εὑρεθῇ 16
ἐκ τῆς τῶν ἀγαθοποιῶν μαρτυρίας ἢ καὶ καθολικῆς ὑποστάσεως καὶ μὴ
γένηται συνοχή, ἑτέρας τινὸς ἀφορμὴ συνοχῆς ἢ καταιτιασμοῦ γενήσεται
25 οἷον στρατείας, τηρήσεως, ἐγγυήσεως δανείων, τὸ συνδεθῆναι καταδίκοις
ἢ ἐπάνω τῶν τοιούτων γενέσθαι ἤ (ὥσπερ εἴωθεν ἐπὶ πολλῶν συμβαίνειν)
ἕνεκεν νόμου ἢ χρείας παρεδρεύειν τισὶ καὶ παρὰ προαίρεσιν πάσχειν καὶ
μὴ δύνασθαι πράσσειν τὰ καταθύμια καὶ δοκεῖν συνέχεσθαι ὑπὸ ἑτέρων
ἐξουσίαν ἔχοντας καὶ κολαζομένους κατὰ συνείδησιν ἢ καὶ ξενιτεύοντας
30 ἢ πλέοντας κατέχεσθαί που ἢ νόσοις ἢ ἐρήμοις τόποις εἴτε καὶ ἐν ἱεροῖς
τόποις ἢ ναοῖς παρεδρεύειν· ἔσθ' ὅτε μὲν οὖν χρονικοῖς πάθεσι συνέχον-
ται ἢ ἱεραῖς νόσοις, θεοληψίαις, μανίαις, σκιασμοῖς, ῥιγοπυρέτοις καὶ
τοῖς ὁμοίοις. εὐσυνέτως οὖν περὶ τούτων τῶν τόπων τὴν διάκρισιν δεῖ 17

[S] 2 μαρτυρήσει S, corr. Kroll ‖ 6 καὶ secl. Kroll ‖ 8 βασιλεία S, corr. Kroll,
cf. rege App. ‖ 10 οὗτος S, corr. Kroll, cf. taliter App. ‖ 13 ἐννοίας S, ἀνίας Kroll,
cf. sollicitudines App. ‖ 18–19 διέκπαυσιν ἢ πανηγορίαν S, corr. Kroll ‖ 19 κακο-
ποιοὶ S, corr. Kroll ‖ 20 καὶ S, κἂν Kroll, cf. si App. ‖ 24 ἀφορμῆς S, corr. Kroll ‖
28 δοκεῖ S, corr. Kroll ‖ 29 ὄντας S, cf. facientes App. | ὡς S, ᾖ sugg. Kroll, cf. vero
App. ‖ 31 νόμοις S, ναοῖς Kroll ‖ 32 μαγείαις S, cf. maniis App. | ῥηγοπυρέτοις S,
corr. Kroll, cf. rigoribus App.

ποιεῖσθαι, πότερον ἐπὶ δόξῃ ἢ δι' ἀνάγκην καὶ ἑτέραν κακωτικὴν αἰτίαν
ἡ κατοχὴ γενήσεται.

18 Ἔστω δὲ ἐπὶ ὑποδείγματος Ἥλιος, Ζεὺς Σκορπίῳ, Σελήνη, Ἑρμῆς,
19 Ἀφροδίτη, ὡροσκόπος Ζυγῷ, Κρόνος Λέοντι, Ἄρης Παρθένῳ. ἀμφότεροι
οἱ κακοποιοὶ ἐξάγωνοι Ἡλίῳ καὶ Σελήνῃ· εἰ μὲν οὖν ἄνευ τῆς τῶν ἀγα- 5
20 θοποιῶν συμπαρουσίας τὰ φῶτα ἐτύγχανεν, ἦν λέγειν συνοχήν. νυνὶ δὲ
τὸ σχῆμα εὐφαντασίωτον καὶ ἐπίδοξον γέγονεν· ὁ τοιοῦτος γὰρ στρατιώ-
της τυγχάνων ἔτει λε' ἐπὶ δεσμωτῶν καὶ φυλακῆς διάγει, καὶ ἐν τῇ εἱρκτῇ
γυναικὸς ἠράσθη δι' ἣν κατηγορίαν ἐπιτάραχον ἀναλαβὼν ἐξοδιασμὸν
ποιησάμενος διέφυγε τὸν κίνδυνον· ἐν δὲ τῷ αὐτῷ χρόνῳ καὶ δοῦλον 10
φυγόντα συλλαβὼν ἔδησεν.

⟨β'.⟩ Περὶ ἐνιαυτοῦ κλιμακτηρικοῦ καὶ ἐκλειπτικῶν τόπων καὶ καταρχῶν

f.928
1 | Λεκτέον δὲ ἀκολούθως καὶ τὰ λοιπὰ πρὸς ἀναπλήρωσιν τῆς συντάξεως,
2 νυνὶ δὲ περὶ κλιμακτηρικοῦ ἐνιαυτοῦ. ἐνιαυτὸς κλιμακτηρικὸς εὑρίσκε-
ται μὲν ἀπὸ τῆς τῶν κακοποιῶν παραλήψεως ἢ παραδόσεως πρός τε τὰ 15
3 φῶτα καὶ τὸν ὡροσκόπον καὶ πρὸς ἀλλήλους. καθολικῶς δὲ οὕτως·
4 πάντοτε ἀπὸ τοῦ ὡροσκοποῦντος ζῳδίου δεῖ ἀπολύειν τὰ ἔτη. τὸ δὲ
καταγόμενον ἔτος ἐὰν καταλήξῃ εἰς συνοδικὸν ἢ πανσεληνιακὸν ζῴδιον
ἢ ἐν τοῖς τούτων τετραγώνοις ἢ διαμέτροις, κλιμακτηρικὸν καὶ ἐπιτάραχον
τὸ ἔτος· μάλιστα δὲ ἐὰν καί, τούτων οὕτως ἐχόντων, κατὰ πάροδον Κρόνος 20
εὑρεθῇ ἐν τοῖς τέτταρσι τῆς γενέσεως ἀποκλίμασιν, καὶ τῆς ὑποστάσεως
συντρεχούσης, θάνατος ἐπακολουθήσει καὶ σωματικὴ ἀσθένεια καὶ αἱμαγ-
μοὶ καὶ ἐπισφαλεῖς νόσοι ἢ κρυπτοὶ πόνοι, πτώσεις τε καὶ αἰφνίδιοι κίν-
5 δυνοι, ἔσθ' ὅτε δὲ περὶ τὰ τοῦ βίου πράγματα καὶ τὰς δόξας συντρέχει ὁ
κλιμακτήρ, τῶν σχημάτων βοηθουμένων ὑπὸ τῆς τῶν ἀγαθοποιῶν μαρ- 25
τυρίας.
6 Ἄλλως τε ἀπὸ τοῦ κατὰ γένεσιν Κρόνου ἐπὶ τὸν κύριον τῆς συνόδου ἢ
7 πανσελήνου καὶ τὰ ἴσα ἀπὸ ὡροσκόπου. ὅπου δ' ἂν ἐκπέσῃ, ἐκεῖ γενομέ-
νου Κρόνου ἢ ἐν τοῖς τετραγώνοις ἢ διαμέτροις, ἔσται ὁ θάνατος ἢ ἐπι-
σφαλὴς κλιμακτὴρ σωματικὸς ἢ πρακτικός· ὁμοίως δὲ καὶ [ἐὰν] ἐν τῷ 30
Ἀναβιβάζοντι ἢ Καταβιβάζοντι ἢ ἐν τοῖς τούτων τετραγώνοις, γενήσεται
8 ὁ ἐνιαυτὸς κλιμακτηρικός. ἐὰν δέ πως, Ἡλίου γενομένου κατὰ πάροδον

---

§§ 18—20: thema 88 (27 Oct. 121) ‖ §§ 19—20: cf. App. XX 4, 18—19 ‖ §§ 2—5:
cf. App. XX 5, 1—4 ‖ §§ 6—16: cf. App. XX 6, 1—12

[S] 1 πρότερον S, corr. Kroll, cf. utrum App. ‖ 4 Παρθένῳ] ♏ S ‖ 7 ἀφαντα-
σίωτον S, corr. Kroll, cf. bene se habuit App. ‖ 8 ἐτῶν S, cf. anno App. ‖ ἐπάγει S ‖
12 κλιμακτηρικοῦ S, corr. Kroll ‖ 21 τέτρασι S, corr. Kroll ‖ 25 σωμάτων S, σχη-
μάτων sugg. Kroll, sed cf. rebus corporeis App. ‖ 30 ἐὰν secl. Kroll

200

ἐν τῷ Ἀναβιβάζοντι ἢ Καταβιβάζοντι ἢ ἐν τοῖς τετραγώνοις, κακοποιοῦ
ἐπιθεωροῦντος τὸν Ἥλιον, τότε κατακλιθῇ τις, ἐπισφαλὴς καὶ ἐπικίνδυνος
ἡ κατάκλισις. αἱ δ᾽ ἐπισημασίαι τῶν ἐπιτάσεων ἢ κινδύνων τότε γενήσον- 9
ται, τῆς Σελήνης κατὰ τοὺς αὐτοὺς τόπους τοῦ Ἀναβιβάζοντος διαπορευο-
5 μένης.

Τοῦ δὲ προκειμένου τόπου δυναστικοῦ τετευχότος (τουτέστι τοῦ ἐκλει- 10
πτικοῦ), παραίνεσίν τινα τοῖς ἐντυγχάνουσιν ὑποτίθεμαι, οὐχ ὅτι μὲν
δυνατὸν τὰ τῆς εἱμαρμένης δόγματα παραιτησάμενόν τινα κατὰ τὴν ἰδίαν
βούλησιν πράσσειν, ἐγὼ δέ φημι τά|χα καὶ δυνατὸν τοῖς ἐντυγχάνουσι f.92vs
10 ταύτῃ τῇ θεωρίᾳ θραῦσαι | τὸ κακὸν μετρίως. τὸ γὰρ θεῖον βουληθὲν f.97v
προγινώσκειν ἀνθρώπους τὰ μέλλοντα εἰς φῶς προήγαγε τὴν ἐπιστήμην, 11
δι᾽ ἧς τὸ καθ᾽ αὑτὸν ἕκαστος προγινώσκων εὐθυμότερος μὲν πρὸς τὸ
ἀγαθόν, γενναιότερος δὲ πρὸς τὸ φαῦλον ἀποκαθίσταται. ἐπεὶ οὖν τινα 12
[μὲν] φυλακτέα ἐκ τῆς τῶν ἀγαθοποιῶν ἀστέρων συμπαρουσίας ἢ μαρτυ-
15 ρίας προγινώσκεται, ὁμοίως δὲ καί, ἀγαθοποιοῦ τι δυναμένου παρέχειν,
εἰ κακοποιὸς συνεμπέσῃ ἢ μαρτυρῇ, κωλυτὴς τοῦ ἀγαθοῦ γενήσεται· εἰ
δὲ κακοποιοὶ ἢ ἀγαθοποιοὶ ἄνευ τῆς ἑτέρων μαρτυρίας ἐπῶσιν ἢ συσχη-
ματισθῶσιν, βέβαιον καὶ τὸ ἀποτέλεσμα γενήσεται. κατὰ τοῦτο γοῦν οἱ 13
μὲν μυσταγωγούμενοι τῇ θεωρίᾳ ταύτῃ προγινώσκειν θέλοντες ὠφε-
20 ληθήσονται ⟨διὰ⟩ τὸ μὴ κεναῖς ἐλπίσι μοχθεῖν καὶ ὀδυνηράν, ἐπάγρυ-
πνον βάσανον ἀναλαμβάνειν καὶ τὸ μὴ ματαίως ἐρᾶν ἀδυνάτων ἢ πάλιν
τὸ προθυμίαν τινὰ τῇ τοῦ καιροῦ ἀγαθοποιίᾳ εἰσενεγκαμένους ἐπιτυ-
χεῖν τῶν προσδοκωμένων. αἰφνίδιον γὰρ ἀγαθὸν πολλάκις ὡς κακὸν 14
ἐλύπησεν, καὶ αἰφνίδιον κακὸν μὴ προγεγυμνακὸς τὴν ψυχὴν μεγίστην
25 παρέσχε λύπην.

Ἵνα δὲ μὴ παρεκτραπέντες εἰς ἑτέραν καταντήσωμεν, σκοπεῖν δεήσει 15
τὸν Ἀναβιβάζοντα ἑκάστης γενέσεως ἐν ποίῳ ζῳδίῳ τέτευχεν, πότερον
τροπικῷ ἢ στερεῷ ἢ δισώμῳ, καὶ τίνος ἀστέρος· καὶ ἡ τοῦ ζῳδίου δύναμις
θραυσθήσεται. εὑρίσκομεν οὖν πολλάκις ἀστέρας δυναμένους παρασχεῖν 16
30 τι κατὰ γένεσιν ἢ κατ᾽ ἐπέμβασιν ἐν τούτοις τοῖς τόποις καὶ μηδὲν ἀπο-
τελοῦντας· ἐὰν δέ πως καὶ φάσιν τινὰ ποιήσωνται κατὰ τοῦ Ἀναβιβάζοντος
ἢ τοῦ Καταβιβάζοντος, αἴτιοι κακῶν καθίστανται, μάλιστα ἐὰν καὶ
ἀναποδίζοντες ἢ δύνοντες εὑρεθῶσιν. πρὸς δὲ τὸ καταγόμενον ἔτος σκο- 17
πεῖν δεήσει τὸν καιρικὸν Ἀναβιβάζοντα ἐν ποίῳ τόπῳ τῆς γενέσεως τὴν
35 ἐπέμβασιν πεποίηται· ὁμοίως γὰρ τοῦ τε | ζῳδίου καὶ τοῦ δεσπότου τὴν f.93s

§§ 17–18: cf. App. XX 7, 1–2

[VS] 7 ὑποτιθέμεναι S, corr. Kroll ‖ 20 cf. in eo ... quod App. ‖ 22 τῆ̣ς S ‖
24 προγεγυμνακόσι Radermacher

18 δύναμιν θραύσει. καὶ ἐὰν μάλιστα οἱ αὐτοὶ χρονοκράτορες εὑρεθῶσιν,
οὐδὲν δύνανται παρέχειν μέχρις οὗ τοῦ τόπου χωρισθῶσιν.

(V 3) 19 Περὶ καταρχῶν. πρὸς δὲ τὰς καταγομένας ἡμέρας φυλακτέον, τῆς
Σελήνης διαπορευομένης τὸν καιρικὸν Ἀναβιβάζοντα καὶ τὰ τούτου τετρά-
γωνα καὶ διάμετρα, μάλιστα δὲ κατὰ τὰς αὐτὰς μοίρας, μὴ κατάρχεσθαί 5
τινος, μὴ πλεῖν, μὴ γαμεῖν, μὴ ἐντυγχάνειν, μὴ κτίζειν, μὴ καταφυτεύειν,
μὴ συνίστασθαι, μήτε τὸ καθόλου τι πράττειν· οὔτε γὰρ βέβαιον κριθήσε-
ται τὸ γενόμενον οὔτε εὐσυντέλεστον, εὐμετανόητον δὲ καὶ ἀτελὲς καὶ
20 ἐπιζήμιον ἢ λυπηρὸν καὶ μὴ ἐπιμένον. ἐὰν δόξῃ τις ἐν αὐταῖς ταῖς ἡμέραις
ἐκπλοκήν τινα πεποιηκέναι πράγματός τινος, ἀνασκευασθήσεται καὶ ἐπι- 10
τάραχον γενήσεται καὶ ἐπιζήμιον ἢ εὐκαθαίρετον καὶ προσκοπτικόν· οὐδὲ
γὰρ οἱ ἀγαθοποιοὶ παρατυγχάνοντες τούτοις τοῖς τόποις πλῆρες ἀγαθόν
τι πράξουσιν, ὅθεν καὶ ἄνευ γενέσεως ἐάν τις τὰς καιρικὰς παρόδους τῆς
21 Σελήνης πρὸς τὸν Ἀναβιβάζοντα παραφυλάσσῃ, οὐ διαμαρτήσεται. ἐὰν
δέ πως καὶ ἕτερόν τινα ἐναρξάμενον πράγματος εὕρῃ τῆς Σελήνης φερο- 15
μένης κατὰ τῶν ἐκλειπτικῶν τόπων, προλέγει ἀτελὲς καὶ εὐμετανόητον
22 καὶ ἐπιζήμιον. καὶ αὐτὸς μὲν οὖν τὰς τοιαύτας ἡμέρας φυλαττόμενος κατὰ
τὸ δυνατὸν καὶ ποιούμενος τὰς καταρχὰς τῶν πράξεων ἢ τῶν φιλιῶν κατὰ
τὴν τῶν καιρῶν χρονογραφίαν ἀμετανόητον ἡγούμην τὴν καταρχὴν καὶ
εὐσυντέλεστον, ἔσθ᾽ ὅτε δ᾽ ἐπλανήθην καὶ διὰ φίλου ἄκαιρον παρουσίαν 20
ἢ σύστασιν ἢ μετὰ ἀνάγκης καταρξάμενός τινος ἐπιζήμιον καὶ ἐπίλυπον
23 ἢ ὑπερθετικὴν ἔκβασιν κατελαβόμην. ὅθεν ἐπὶ πάσης καταρχῆς παρατη-
ρητέον, ἐπί τε τῆς τῶν στόλων ἀναγωγῆς καὶ στρατοπεδαρχίας καὶ
πολεμαρχίας καὶ προκοπῆς καὶ ἐξόδου καὶ παν⟨τὸς⟩ ὅ τι ποτ᾽ οὖν ἐν βίῳ
f.93 v S 24 τελούμενον | τυγχάνει. οὐδὲ μὴν τῷ θεῷ θύειν καὶ ἱερὰ καθιδρύειν χρήσι- 25
μον· οὔτε γὰρ εὐχαὶ συντελεσθήσονται οὔτε θεὸς θρησκευθήσεται, ἀλλ᾽ ὡς
25 ἀργὸν καὶ ἄπρακτον διαφημισθήσεται. καὶ οἱ ὀμνύντες ἐπιορκήσουσιν, καὶ
26 αἱ πίστεις οὐ συντελεσθήσονται. οὔτε εἰς ὄχλους δωρεαὶ ἢ πολυτέλειαι
κτισμάτων εὔφημοι ἢ ἐπίμονοι γενήσονται, ἐπίψογοι δὲ καὶ εὐκαθαίρετοι.
27 οὐδὲ μὴν αἱ σωματικαὶ θεραπεῖαι εὔιατοι, ἐπίνοσοι δὲ καὶ δυσθεράπευτοι, 30
καὶ μάλιστα τῶν κακοποιῶν μαρτυρούντων τοῖς τόποις ἢ τῆς Σελήνης μοι-
ρικῶς κατ᾽ αὐτῶν φερομένης· ἐν μὲν γὰρ τῷ αὐτῷ ζῳδίῳ οὖσα μεθ᾽ ὑπερ-
θέσεως καὶ ἐμποδισμῶν τινων ἔσται ἀνυστική, πλὴν καὶ οὕτως ἀβεβαίους
τὰς πράξεις ἀποτελεῖ.

§§ 19—20, 22, 25—27: cf. App. XIX 35—40

[VS] 8 εὐκατανόητον VS, corr. Kroll ‖ 9 ἢ] καί S ‖ 13 τι sup. lin. V ‖ 15 εὕρης S ‖
16 προλέγειν VS ‖ 18 φιλῶν S ‖ 20 δῆ ἀλήθην VS, δ᾽ ἐπλανήθην Kroll | καί] ἢ S ‖
25 ἀχρήσιμον VS, corr. Kroll

γ'. Περὶ κλιμακτηρικῶν ζῳδίων (V 4)

Καὶ ταῦτα δὲ τὰ ζῴδια κλιμακτηρικὰ τυγχάνει· Κριός, Ταῦρος, Καρ- 1
κίνος, ⟨Λέων, Ζυγός⟩, Σκορπίος, ⟨Αἰγόκερως⟩, Ὑδροχόος. ἐν τούτοις οἱ 2
ἐνιαυτοὶ γινόμενοι ἐπισφαλεῖς τυγχάνουσιν· τοῦ δὲ Ἡλίου κατ' αὐτοὺς
5 γινομένου, ἐν ταύταις ταῖς παραδόσεσι καὶ ὁ μὴν πρόδηλος ἔσται.
Περὶ ἀντιγενέσεως εἰς τὸν περὶ ἐμπράκτων καὶ ἀπράκτων τόπον. τὴν 3 (V 5)
δὲ ἀντιγένεσιν ἀναγκαίως ποιήσομεν· πολλὰ γὰρ συμβάλλεται πρὸς τὰς
καιρικὰς τῶν χρόνων ἐναλλαγάς· ὁτὲ μὲν γὰρ συμβεβαιοῦσα τὰς τῶν
ἀποτελεσμάτων δυνάμεις, ὁτὲ δὲ κωλύουσα ἰδίων ἀποτελεσμάτων ἐστὶ
10 δηλωτική. τῇ οὖν γενεθλιακῇ ἡμέρᾳ κατὰ τὸ ἔτος τὸ καταγόμενον ψηφί- 4
σαντες ἀκριβῶς τοὺς ἀστέρας τὸν ὡροσκόπον οὕτως εὑρήσομεν. τοῦ 5
Ἡλίου ἔτι ὄντος ἐν τῷ γενεθλιαλογικῷ ζῳδίῳ, σκοποῦμεν ποῦ τότε ἡ Σε-
λήνη καὶ ποίᾳ ὥρᾳ ἔλθῃ ἐπὶ τὴν ἀποκαταστατικὴν μοῖραν ἥνπερ καὶ ἔσχεν
ἐπὶ γενέσεως· καὶ ἐκείνην ἐροῦμεν ὡροσκοποῦσαν. ἐὰν δέ πως, νυκτερινῆς 6
15 οὔσης τῆς γενέσεως, ἡμέρας ἡ ἀποκατάστασις εὑρεθῇ, τοὺς ἡμερινοὺς
οἰκοδεσπότας συγκρινοῦμεν καὶ τὸν κύριον τοῦ ὁρίου καὶ τοῦ ὡροσκόπου
πρὸς τοὺς κατὰ γένεσιν ἀστέρας.

δ'. | Περὶ μηνὸς χρηματιστικοῦ καὶ ἡμέρας ἀπὸ τοῦ παροδικοῦ Ἡλίου (V 6)
f.94S
ἐπὶ τὴν κατ' ἐκτροπὴν Σελήνην καὶ τὰ ἴσα ἀπὸ ὡροσκόπου

20 Περὶ δὲ μηνὸς χρηματιστικοῦ οὕτως ἔδοξε τῷ βασιλεῖ· ἀπὸ τοῦ παροδι- 1
κοῦ Ἡλίου ἐπὶ τὴν κατ' ἐκτροπὴν Σελήνην, καὶ τὰ ἴσα ἀπὸ ὡροσκόπου.
καὶ ὅπου δ' ἂν καταλήξῃ, σκοπεῖν δεήσει τὸν κύριον τοῦ ζῳδίου, εἰ ἐν τοῖς 2
χρηματίζουσι ζῳδίοις ὑπάρχει, τούς τε ἐπόντας ἢ μαρτυροῦντας ἤτοι ἀγα-
θοποιοὺς ἢ κακοποιοὺς συγκρίνειν. τὰς δὲ ἡμέρας ἀπὸ τῆς παροδικῆς 3
25 Σελήνης ἐπὶ τὸν κατὰ γένεσιν Ἥλιον, καὶ τὰ ἴσα ἀπὸ ὡροσκόπου. οἱ δὲ 4
τὸν κύριον τῶν συνοδικῶν μοιρῶν μαθόντες ἢ τῶν πανσεληνιακῶν πρὸς
ἐκεῖνον τὸν μῆνα λέγουσιν, καὶ τοῦτον δὲ τὸν μῆνά τινες ἐνεργῆ φέρουσιν.
ὁποῖον γὰρ ἂν ἡ Σελήνη [ἢ] ἐπὶ γενέσεως σχῆμα εὑρεθῇ ἔχουσα πρὸς τὸν 5
Ἥλιον, τοιοῦτον καὶ ἐπὶ τῆς παρόδου κτησαμένη προδηλώσει τὸν μῆνα.

cap. 3, 1−2 = V 5, 28−29 ‖ §§ 3−6: cf. App. XIX 41−44 et App. XX 10, 1−4 ‖
cap. 4, 1−11: cf. App. XIX 15−24 et App. XX 11, 1−11 ‖ §§ 1−7: cf. IV 28,
1−4 et App. XX 8, 1−2 ‖ §§ 1−3 = Nech. et Pet. fr. 20 Riess

[VS] 1 γ' om. S ‖ 5 παραδόσεις corr. in παρόδοις V ‖ 12 σκοποῦμεν πότε ὁ ἥλιος
VS, cf. consideramus lunam quo signo tunc fuerat App. ‖ 14 ἀπὸ VS, ἐπὶ App.
XIX, cf. in App. XX ‖ 18 δ' om. S | περὶ μηνὸς et in marg. V² ‖ 22 εἰ] εἰς S ‖
25 τὴν VS, τὸν Kroll ‖ 26 πανσεληνικῶν VS, corr. Kroll ‖ 28 ἢ secl. Kroll ‖ 29 τοῦ
VS, τῆς Kroll | κτησαμέναις S

6, 7 οἷον Ἥλιος Λέοντος μοίρᾳ ε΄, Σελήνη Ζυγοῦ μοίρᾳ κς΄. τὸ διάστημα τὸ
ἀπὸ Ἡλίου ἐπὶ Σελήνην μοῖραί εἰσι π̅α̅· τοσαύτας ἡ Σελήνη ἀποδιαστήσα-
σα τοῦ Ἡλίου κατὰ τὸν μῆνα καὶ τὸ αὐτὸ σχῆμα ποιησαμένη ὁποῖον καὶ
ἐπὶ γενέσεως ἐνδείξεται τὸν μῆνα.

8 Ἐμοὶ δὲ μᾶλλον ἔδοξεν ἐκ πείρας χρηματιστικοὺς μῆνας ἐκείνους 5
ὑπάρχειν ἐν οἷς ἂν ζῳδίοις αἱ διαιρέσεις τῶν ἐνιαυτῶν γένωνται· κατ᾽ ἐκεί-
νους γὰρ τοὺς τόπους γενόμενος ὁ Ἥλιος ἢ ἐν τοῖς τούτων τετραγώνοις
ἢ διαμέτροις τὸ ἀποτέλεσμα προμηνύει τὸ ἐν τῷ ἔτει ἢ ἐν ταῖς παραδόσεσι
σημαινόμενον, ὁμοίως δὲ καὶ ὁ Ἄρης καὶ Ἀφροδίτη καὶ Ἑρμῆς καὶ Σελήνη
9 ἐν τοῖς προειρημένοις τόποις κατ᾽ ἐπέμβασιν γενόμενοι ἐνδείξονται. ἐνερ- 10
γέστερον δὲ μᾶλλον ἐκεῖνον τὸν τόπον κρινοῦμεν πρὸς ἀποτέλεσμα ἐν ᾧ
ἂν οἱ προκείμενοι ἀστέρες ἐπεμβάντες φάσιν ποιήσωνται· τότε γὰρ καὶ
10 τῶν πραγμάτων καινοποιίαι ἢ ἐνέργειαι γενήσονται. ἐὰν δὲ ὁποῖόν τις
ἔχων σχῆμα τύχῃ οὕτω καὶ διεξέλθῃ τὸ ζῴδιον, οὐδεμία ἐναλλαγὴ οὐδὲ
f.94vS
11 καὶ|νοποιία γενήσεται οὐδὲ προσδοκωμένου ἀποτελέσματος συντέλεια. ὁ 15
μέντοι Ἥλιος διαπορευόμενος τοὺς τόπους καὶ διεγείρων τῶν χρονοκρα-
τόρων τὰς δυνάμεις ἐνεργέστερος καθίσταται.

(V 7) Περὶ ἡμέρας χρηματιστικῆς τε καὶ ἀπράκτου· ἀληθὴς αὕτη ἡ διαίρεσις
12 τῶν ἡμερῶν. περὶ δὲ ἡμέρας χρηματιστικῆς τε καὶ ἀπράκτου οὕτως· τὰ
καταγόμενα τῆς γενέσεως ἔτη πλήρη πολυπλασίασον ἐπὶ τὸν ε̅ δ΄, καὶ τὰς 20
ἀπὸ τῆς γενέσεως ἕως τῆς ζητουμένης ἡμέρας συναγαγόντες καὶ ταῖς
προτέραις ἐπισυμμίξαντες ἐκκρούομεν δωδεκάδας, τὰς δὲ περιλειπομένας
ἀπολύομεν ἀπὸ τοῦ ὡροσκόπου ἀνὰ μίαν ἑκάστῳ ζῳδίῳ διδόντες (ἔνιοι
13 δὲ ἀπὸ τοῦ παρακόλλου Σελήνης). εἰς ὃ ἂν ζῴδιον καταλήξῃ σκοποῦμεν
14 πότερον χρηματιστικὸν ἢ ὡς ἐναλλάξ. τῇ μὲν οὖν Σελήνῃ προσέχειν δεῖ 25
καὶ τῇ ταύτης προσνεύσει πῶς πρὸς τὸ ζῴδιον σχηματίζεται· ἐὰν γάρ πως
τῇ ζητουμένῃ ἡμέρᾳ ἡ Σελήνη τῷ τῆς προσνεύσεως ζῳδίῳ μαρτυρήσῃ ἐν
μὲν τοῖς χρηματιστικοῖς ζῳδίοις, καλὴ καὶ ἐπίσημος καὶ ἐπωφελὴς ἡ ἡμέ-
ρα γενήσεται· ἐὰν δὲ εἰς τὸ αὐτὸ ζῴδιον καὶ ἡ ἡμέρα καὶ ἡ πρόσνευσις τῆς
Σελήνης εὑρεθῇ, κρεῖσσον· ἐὰν δὲ ἀπόστροφος ᾖ ἡ Σελήνη ἢ ἡ πρόσνευσις 30
τῇ ἡμέρᾳ, ἐν μὲν τοῖς χρηματιστικοῖς ζῳδίοις μέση καὶ οὐ πάνυ ἄπρακτος,
ἐν δὲ τοῖς λοιποῖς λυπηρὰ καὶ ἐπιζήμιος ἢ ἐπικίνδυνος γενήσεται.
15 Σκοπεῖν δὲ δεῖ καὶ τὸν κύριον τῆς ἡμέρας πῶς σχηματίζεται καὶ ὑπὸ
τίνων μαρτυρεῖται καὶ πότερον ἐν τῷ αὐτῷ ζῳδίῳ ἢ χρηματιστικῷ ἢ

§§ 6 – 7: thema 68 (26 Iul. 114) ‖ §§ 12 – 23: cf. App. XX 12, 1 – 14 ‖ §§ 12 – 13:
cf. IV 29, 1 – 5

[VS] 3 κατὰ] καὶ VS | τὸν] τὰ V ‖ 10 τοῖς] ταῖς V ‖ 12 ποιήσουσιν VS, corr.
Kroll | καὶ sup. lin. S ‖ 20 τε δ (pro τξε δ) in marg. V ‖ 24 σκοποῦσι VS, cf. con-
sideramus App. ‖ 26 τὴν ταύτης πρόσνευσιν VS, corr. Kroll ‖ 32 λυποῖς S ‖ 34 ᾖ²
sup. lin. V, om. S

204

ἀποστρόφῳ, τούς τε κατ᾽ ἐπέμβασιν ἀστέρας πῶς πρὸς τὴν ἡμέραν ἢ
τὸν κύριον κεῖνται· κατὰ γὰρ τὴν ἑκάστου ζῳδίου καὶ ἀστέρος φύσιν πρό-
δηλος ἡ ἡμέρα γενήσεται. ἐὰν δὲ καί, ἐν ᾧ τις ζῳδίῳ τὴν ἡμέραν καταγάγῃ, 16
αὐτῇ τῇ ἡμέρᾳ ἀστέρος ἐπέμβασις γένηται ἢ ἐπιμαρτύ|ρησις, χρηματιστι- f.95 s
5 κὴ ἀγαθοῦ ἢ κακοῦ κατὰ τοὺς ἐπόντας ἀστέρας. ὁμοίως δὲ καί, περὶ ἃ 17
σημαίνει ἀποτελέσματα ὁ ἐνιαυτός, περὶ ἐκεῖνα ἐνεργὴς ἡ ἡμέρα γενομένη
κατὰ τοὺς τόπους τῶν παραδόσεων ἢ παραλήψεων καὶ ἐν τοῖς τούτων
τετραγώνοις ἢ διαμέτροις.
    Ἔστω δὲ ἐπὶ ὑποδείγματος Ἀδριανοῦ ἔτος δ᾽, Μεχὶρ ιγ᾽, ὥρα νυκτερινὴ 18
10 α᾽, ζητεῖν δὲ τῷ κ᾽ ἔτει Ἀντωνίνου Φαωφὶ ι᾽. ⟨τὰ λϛ ἔτη πλήρη εἰς ε̄ δ᾽ 19
πολυπλασιασθέντα ρπθ γίνονται, καὶ αἱ ἡμέραι ἀπὸ τῆς γενέσεώς⟩ εἰσι
σμγ· καὶ γίνονται ὁμοῦ υλβ. ἀφαιρῶ τὰς τξ· λοιπαὶ οβ. ταύτας ἀπολύω 20, 21
ἀπὸ τοῦ ὡροσκόπου, Παρθένου· κατέληξεν ἐν Λέοντι. ἡ ἡμέρα ἐν τῷ 22
ἀποκλίματι· ὁ κατὰ γένεσιν κύριος, Ἥλιος, ἠναντιώθη τῇ ἡμέρᾳ (ἦν γὰρ
15 ὁ Ἥλιος ἐπὶ τῆς γενέσεως Ὑδροχόῳ), καὶ ὁ κατ᾽ ἐπέμβασιν Ἄρης καὶ
ἡ Σελήνη Αἰγοκέρωτι ἀπόστροφοι· μετέωρος ἡ ἡμέρα. ἦν δὲ καὶ εἰς τὸν 23
περὶ δούλων τόπον· γέγονε στόμαχος πρὸς δουλικὸν πρόσωπον. καὶ αὕτη 24
δὲ ἡ ἀγωγὴ φυσικὴ ἐν οἷς ἂν ὁ Ἥλιος γενόμενος προμηνύει τὸ ἐν τῷ μηνὶ
ἀποτέλεσμα γενόμενον.

20 ε᾽. Περὶ τῶν προσνεύσεων τῆς Σελήνης ἐν ταῖς νεομηνίαις ταῖς ἀπὸ (V 8)
            Λέοντος καὶ τοῖς ἑξῆς ζῳδίοις

    Ὑπετάξαμεν δὲ καὶ τὰς προσνεύσεις τῆς Σελήνης ἀναγκαίως. συν- 1, 2
οδεύσασα γὰρ τῷ Ἡλίῳ ἐν Καρκίνῳ καὶ φανεῖσα ἐν Λέοντι προσνεύσει
τῷ Καρκίνῳ, εἶτα ἐν | Παρθένῳ προσνεύσει τοῖς Διδύμοις, εἶτ᾽ ἐν Ζυγῷ f.97 v V
25 γενομένη προσνεύσει Ταύρῳ, εἶτα Σκορπίῳ γενομένη προσνεύσει Κριῷ,
εἶτ᾽ ἐν Τοξότῃ γενομένη προσνεύσει Αἰγοκέρωτι. ὥστε τὴν α᾽ διχομηνίαν, 3
ἥτις ἐστὶ πρώτη πανσέληνος, ποιεῖ βλέπουσα πρὸς ἀπηλιώτην, εἶτα ἀπὸ
τῆς δευτέρας διχομηνίας ἀφαρπάξει βλέπουσα πρὸς λίβα. εἶτ᾽ ἐν Αἰγο- 4
κέρωτι ἀποκρούσασα προσνεύσει Τοξότῃ, εἶτ᾽ ἐν Ὑδροχόῳ γενομένη
30 προσνεύσει Σκορπίῳ, εἶτ᾽ ἐν Ἰχθύσι γενομένη προσνεύσει ⟨Ζυγῷ,

---

§§ 18 – 23: thema 83 (8 Feb. 120) ‖ §§ 2 – 4: cf. App. XX 13, 2 – 4

[VS] 3 κατάγῃ S ‖ 4 γενήσεται VS, corr. Kroll, cf. fuerit App. ‖ 6 ἐνεργήσῃ ἡ S ‖
9 μεχεὶρ VS ‖ 10 – 11 multiplicatis ergo annis completis (scilicet eisdem triginta sex)
per quinque et quartum, fiunt centum octoginta novem; dies vero qui sunt a die nati-
vitatis App. ‖ 13 κατέληξα S ‖ 16 ἀπόστροφος VS, cf. remoti App. ‖ 17 στόμαχος]
indignacio App. ‖ 18 ἀγωγή] ἀ^{χι}ωγῇ S ‖ 20 ε᾽ in marg. V, om. S ‖ 22 τὰς] τοὺς V ‖
24 εἶτ᾽ S ‖ 29 ἀποκροῦσα VS, corr. Kroll ‖ 30 – p. 206, 1 libre in ariete App.

VETTIVS VALENS

εἶτ' ἐν Κριῷ γενομένη προσνεύσει⟩ Παρθένῳ, εἶτα ἐν Ταύρῳ προσνεύσει
5 Λέοντι, εἶτα ἐν Διδύμοις γενομένη προσνεύσει Καρκίνῳ. γίνεται πρὸς
ἀπηλιώτην ζῴδια ζ καὶ πρὸς λίβα ζῴδια ζ.

f.95vS 6 Σύνοδος Λέοντι ἔστω· νεομηνίᾳ ἀνατείλασα ἡ Σελήνη καὶ | φανεῖσα
ἐν Παρθένῳ προσνεύσει Διδύμοις, ἐν Ζυγῷ προσνεύσει Ταύρῳ, ἐν Σκορ- 5
πίῳ προσνεύσει Κριῷ, ἐν Τοξότῃ προσνεύσει Ἰχθύσιν, ἐν Αἰγοκέρωτι προσ-
7 νεύσει Ὑδροχόῳ. δευτέρᾳ διχομηνίᾳ ἀποκρούσασα ἐν Ὑδροχόῳ προσνεύ-
σει Αἰγοκέρωτι, ἐν Ἰχθύσι προσνεύσει Τοξότῃ, ἐν Κριῷ προσνεύσει Σκορ-
πίῳ, ἐν Ταύρῳ προσνεύσει Ζυγῷ, ἐν Διδύμοις προσνεύσει Παρθένῳ, ἐν
Καρκίνῳ προσνεύσει Λέοντι. 10
8 Παρθένῳ· νεομηνίᾳ ἀνατείλασα ἡ Σελήνη καὶ γενομένη ἐν Ζυγῷ προσ-
νεύσει Καρκίνῳ, ἐν Σκορπίῳ προσνεύσει Διδύμοις, ἐν Τοξότῃ προσνεύσει
Ταύρῳ, ἐν Αἰγοκέρωτι προσνεύσει Κριῷ, ἐν Ὑδροχόῳ προσνεύσει Ἰχθύ-
9 σιν. δευτέρᾳ διχομηνίᾳ ἀποκρούσασα ἐν Ἰχθύσι προσνεύσει Ὑδροχόῳ,
ἐν Κριῷ προσνεύσει Αἰγοκέρωτι, ἐν Ταύρῳ προσνεύσει Τοξότῃ, ἐν Δι- 15
δύμοις προσνεύσει Σκορπίῳ, ἐν Καρκίνῳ προσνεύσει Ζυγῷ, ἐν Λέοντι
προσνεύσει Παρθένῳ.
10 Σύνοδος Ζυγῷ· ἀνατείλασα ἡ Σελήνη καὶ γενομένη ἐν Σκορπίῳ προσ-
νεύσει Λέοντι, ἐν Τοξότῃ προσνεύσει Καρκίνῳ, ἐν Αἰγοκέρωτι προσνεύσει
Διδύμοις, ἐν Ὑδροχόῳ προσνεύσει Ταύρῳ, ἐν Ἰχθύσι προσνεύσει Κριῷ. 20
11 δευτέρᾳ διχομηνίᾳ ἀποκρούσασα ⟨ἐν⟩ Κριῷ προσνεύσει Ἰχθύσιν, ἐν Ταύ-
ρῳ προσνεύσει Ὑδροχόῳ, ἐν Διδύμοις προσνεύσει Αἰγοκέρωτι, ἐν Καρ-
κίνῳ προσνεύσει Τοξότῃ, ἐν Λέοντι προσνεύσει Σκορπίῳ, ἐν Παρθένῳ
προσνεύσει Ζυγῷ.
12 Σύνοδος Σκορπίῳ γενομένῃ· ἀνατείλασα ἐν Τοξότῃ προσνεύσει Παρ- 25
θένῳ, ἐν Αἰγοκέρωτι προσνεύσει Λέοντι, ἐν Ὑδροχόῳ προσνεύσει Καρκί-
13 νῳ, ἐν Ἰχθύσι προσνεύσει Διδύμοις, ἐν Κριῷ προσνεύσει Ταύρῳ. δευτέρᾳ
διχομηνίᾳ ἀποκρούσασα ἐν Ταύρῳ προσνεύσει Κριῷ, ἐν Διδύμοις προσνεύ-
σει Ἰχθύσιν, ἐν Καρκίνῳ προσνεύσει Ὑδροχόῳ, ἐν Λέοντι προσνεύσει
Αἰγοκέρωτι, ἐν Παρθένῳ προσνεύσει Τοξότῃ, ἐν Ζυγῷ προσνεύσει 30
Σκορπίῳ.
14 Σύνοδος Τοξότῃ· [Τοξότῃ] νεομηνίᾳ ἀνατείλασα καὶ γενομένη ἐν
Αἰγοκέρωτι προσνεύσει Ζυγῷ, ἐν Ὑδροχόῳ προσνεύσει Παρθένῳ, ἐν
Ἰχθύσι προσνεύσει Λέοντι, ἐν Κριῷ προσνεύσει Καρκίνῳ, ἐν Ταύρῳ προσ-

§§ 6—27: cf. App. XX 13, 5—26

[VS] 1 ἐν ℳ πρὸς Υ ἐν ♐ προσνεύσει ♓ post ♉ V, sed del. ‖ 14 διχοτομία V
διχομηνία corr. in διχοτομία S ‖ 21 διχοτομηνία V διχοτομία S | ἐν] cf. in App. ‖
25 σύνοδος in marg. V ‖ 27 Ἰχθύσι] Ⅱ VS, cf. piscibus App. ‖ 30 προσνεύσασα corr.
in προσνεύσει[1] S ‖ 34 ἐν[2]] καὶ VS, cf. in App.

νεύσει Διδύμοις. δευτέρᾳ διχομηνίᾳ ἀποκρούσασα ⟨ἐν Διδύμοις⟩ προσνεύ- 15
σει Ταύρῳ, ἐν Καρκίνῳ προσνεύσει Κριῷ, ἐν Λέοντι προσνεύσει Ἰχθύσιν,
ἐν Παρθένῳ προσνεύσει Ὑδροχόῳ, ἐν Ζυγῷ προσνεύσει Αἰγοκέρωτι, ἐν
Σκορπίῳ προσνεύσει Τοξότῃ.

5   *Σύνοδος Αἰγοκέρωτι γενομένη· ἀνατείλασα ἐν Ὑδροχόῳ προσνεύσει* 16
Σκορπίῳ, ἐν Ἰχθύσι προσνεύσει Ζυγῷ, ἐν Κριῷ προσνεύσει Παρθένῳ,
ἐν Ταύρῳ προσνεύσει Λέοντι, | ἐν Διδύμοις προσνεύσει Καρκίνῳ. δευτέρᾳ $^{f.96S}_{17}$
διχομηνίᾳ ἀποκρούσασα ἐν Καρκίνῳ προσνεύσει Διδύμοις, ἐν Λέοντι
προσνεύσει Ταύρῳ, ἐν Παρθένῳ προσνεύσει Κριῷ, ἐν Ζυγῷ προσνεύσει
10 *Ἰχθύσιν, ἐν Σκορπίῳ προσνεύσει Ὑδροχόῳ, ἐν Τοξότῃ προσνεύσει*
Αἰγοκέρωτι.

   Ὑδροχόῳ· νεομηνίᾳ ἀνατείλασα καὶ γενομένη ἐν Ἰχθύσι προσνεύσει 18
Τοξότῃ, ἐν Κριῷ προσνεύσει Σκορπίῳ, ἐν Ταύρῳ προσνεύσει Ζυγῷ, ἐν
Διδύμοις προσνεύσει Παρθένῳ, ἐν Καρκίνῳ προσνεύσει Λέοντι. δευτέρᾳ 19
15 *διχομηνίᾳ ἀποκρούσασα ἐν Λέοντι προσνεύσει Καρκίνῳ, ἐν Παρθένῳ*
προσνεύσει Διδύμοις, ἐν Ζυγῷ προσνεύσει Ταύρῳ, ἐν Σκορπίῳ προσνεύσει
Κριῷ, ἐν Τοξότῃ προσνεύσει Ἰχθύσιν, ἐν Αἰγοκέρωτι προσνεύσει Ὑδρο-
χόῳ.

   Ἰχθύσιν· νεομηνίᾳ ἀνατείλασα καὶ γενομένη ἐν Κριῷ προσνεύσει 20
20 *Αἰγοκέρωτι, ἐν Ταύρῳ προσνεύσει Τοξότῃ, ἐν Διδύμοις προσνεύσει*
Σκορπίῳ, ἐν Καρκίνῳ προσνεύσει Ζυγῷ, ἐν Λέοντι προσνεύσει Παρθένῳ.
δευτέρᾳ διχομηνίᾳ ἀποκρούσασα ἐν Παρθένῳ προσνεύσει Λέοντι, ἐν 21
Ζυγῷ προσνεύσει Καρκίνῳ, ἐν Σκορπίῳ προσνεύσει Διδύμοις, ἐν Τοξότῃ
προσνεύσει Ταύρῳ, ἐν Αἰγοκέρωτι προσνεύσει Κριῷ, ἐν Ὑδροχόῳ προσ-
25 *νεύσει Ἰχθύσιν.*

   Κριῷ· νεομηνίᾳ ἀνατείλασα καὶ γενομένη ἐν Ταύρῳ προσνεύσει Ὑδρο- 22
χόῳ, ἐν Διδύμοις προσνεύσει Αἰγοκέρωτι, ἐν Καρκίνῳ προσνεύσει
Τοξότῃ, ἐν Λέοντι προσνεύσει Σκορπίῳ, ἐν Παρθένῳ προσνεύσει Ζυγῷ.
δευτέρᾳ διχομηνίᾳ ἀποκρούσασα ἐν Ζυγῷ προσνεύσει Παρθένῳ, ἐν Σκορ- 23
30 *πίῳ προσνεύσει Λέοντι, ἐν Τοξότῃ προσνεύσει Καρκίνῳ, ἐν Αἰγοκέρωτι*
προσνεύσει Διδύμοις, ἐν Ὑδροχόῳ προσνεύσει Ταύρῳ, ἐν Ἰχθύσι προσνεύ-
σει Κριῷ.

   Σύνοδος Ταύρῳ· [Ταύρου] νεομηνίᾳ ἀνατείλασα καὶ γενομένη ἐν Διδύ- 24
μοις προσνεύσει Ἰχθύσιν, ἐν Καρκίνῳ προσνεύσει Ὑδροχόῳ, ἐν Λέοντι
35 *προσνεύσει Αἰγοκέρωτι, ἐν Παρθένῳ προσνεύσει Τοξότῃ, ἐν Ζυγῷ*
προσνεύσει Σκορπίῳ. δευτέρᾳ διχομηνίᾳ ἀποκρούσασα ἐν Σκορπίῳ προσ- 25
νεύσει Ζυγῷ, ἐν Τοξότῃ προσνεύσει Παρθένῳ, ἐν Αἰγοκέρωτι προσνεύσει

[VS] 8 Διδύμοις] $\stackrel{X}{m}$ S ‖ 16 Ζυγῷ] $\stackrel{\approx}{ζ}$ V ‖ 33 ταύρου − καὶ in marg. S

207

Λέοντι, ἐν Ὑδροχόῳ προσνεύσει Καρκίνῳ, ἐν Ἰχθύσι προσνεύσει Διδύμοις, ἐν Κριῷ προσνεύσει Ταύρῳ.

26 *Διδύμοις· νεομηνίᾳ ἀνατείλασα καὶ γενομένη ἐν Καρκίνῳ προσνεύσει Κριῷ, ἐν Λέοντι προσνεύσει Ἰχθύσιν, ἐν Παρθένῳ προσνεύσει Ὑδροχόῳ,* 27 *ἐν Ζυγῷ προσνεύσει Αἰγοκέρωτι, ἐν Σκορπίῳ προσνεύσει Τοξότῃ. δευ-* 5 *τέρᾳ διχομηνίᾳ ἀποκρούσασα ἐν Τοξότῃ προσνεύσει Σκορπίῳ, ἐν Αἰγοκέρωτι προσνεύσει Ζυγῷ, ἐν Ὑδροχόῳ προσνεύσει Παρθένῳ, ἐν Ἰχθύσι* f.96vs *προσνεύσει Λέοντι, | ἐν Κριῷ προσνεύσει Καρκίνῳ, ἐν Ταύρῳ προσνεύσει Διδύμοις.*

28 *[Καὶ ταῦτα δὲ τὰ ζῴδια κλιμακτηρικὰ τυγχάνει· Κριός, ⟨Ταῦρος⟩,* 10 29 *Καρκίνος, ⟨Λέων⟩, Ζυγός, Σκορπίος, Αἰγόκερως, Ὑδροχόος. ἐν τούτοις οἱ ἐνιαυτοὶ γενόμενοι ἐπισφαλεῖς τυγχάνουσιν· τοῦ δὲ Ἡλίου κατ᾽ αὐτοὺς γινομένου, ἐν ταῖς παρόδοις καὶ ὁ μὴν πρόδηλος ἔσται.]*

(V 9) ⟨ϛ´.⟩ *Τίς ἡ αἰτία τοῦ μὴ τὰ αὐτὰ διὰ δωδεκαετίας ἀποτελέσματα συμβαίνειν, ἀλλ᾽ ὁτὲ μὲν προσδοκωμένων ἀγαθῶν φαῦλα συνέβη ἢ τοὐναντίον* 15 *φαύλων ἀγαθά, ἔσθ᾽ ὅτε δὲ καί, εἰς κενὰ ζῴδια τῆς διαιρέσεως πιπτούσης, μεγάλα ἀγαθὰ ἢ φαῦλα συνέβη*

1 *Προσβλέπειν δὲ δεῖ τοὺς παρῳχηκότας καὶ τοὺς ἐνεστῶτας καὶ τοὺς μέλλοντας χρόνους καὶ συγκρίνειν πότερον ἀπὸ πρακτικῶν εἰς ἀπράκτους καταντῶσιν ἢ ἀπὸ κακοποιῶν εἰς ἀγαθοποιούς· πολλάκις γὰρ ἐπίδικόν τις* 20 *τὸν καιρὸν ἔχων ἢ ἐπίφοβον διὰ τὴν κακοποιῶν χρονογραφίαν κατεδικάσθη, ἐξ ὑστέρου δὲ μεταπαραλαμβανόντων τῶν ἀγαθοποιῶν καὶ τῆς καθολικῆς χρονογραφίας ἐνδειξαμένης ἀκαθαίρετον τὴν γένεσιν, ἀποκατάστασις τῆς τε δόξης καὶ τοῦ βίου ἐγένετο δι᾽ ἑτέρας ἀπολογίας καὶ* 2 *εἰς μείζονα τύχην ἢ ὑπόστασις προεξῆκεν. ἐπὰν οὖν εἰς ἥτταν καθολικὴν* 25 *φέρηται ἡ γένεσις καὶ οἱ χρόνοι συντρέχωσιν, προκατασκευάζονται διάφοροι κατηγορίαι, κρίσεις, μειώσεις, ἔχθραι, ἕως ἂν ἐκεῖνο τὸ αἴτιον καταντήσῃ ὅπερ ἔδει γενέσθαι· ὡσαύτως κἂν ἀγαθοῦ πρόφασις γένηται κατὰ τὴν τῶν χρόνων μετέλευσιν, προκατασκευάζονται φιλίαι, συστάσεις μειζόνων καὶ συμπάθειαι, κληρονομίαι, καταλείψεις, δωρεαί, ἔνθεν καὶ οἱ* 30 *ἄδοξοι καὶ οἱ ἀσθενέστεροι κατὰ τὰς αἰτίας γενόμενοι νέοι καὶ φρόνιμοι καὶ ἐπέραστοι διαλαμβάνονται διὰ τῶν τῆς εὐδαιμονίας ὅρων, οἱ δὲ πάνυ*

§§ 28−29 = V 3, 1−2

[VS] 1 *καρκίνου* VS ‖ 10−13 *καὶ − ἔσται* secl. Kroll ‖ 10 *κλημακτηρικὰ* VS ‖ 11 ♑ ℳ VS ‖ 15 *προσδοκωμένων* V │ *εἰ* VS, *ἢ* Kroll ‖ 16 *τυπτούσης* VS, corr. Kroll ‖ 18 *προβλέπειν* VS ‖ 19 *πρότερον* S ‖ 25 *προσεξῆκεν* VS, corr. Kroll ‖ 29 *σύστασις* VS, corr. Kroll ‖ 30 *καταλήψεις* VS, corr. Kroll ‖ 31 *κατὰ* corr. in *καὶ*[1] V

ἀνδρεῖοι καὶ πεπαιδευμένοι τῇ ἐξ ἀρχῆς καταβολῇ καταδικασθέντες,
σκληροί, δειλοί τε καὶ ἄπρακτοι νομιζόμενοι, ὑπὸ τῶν ἡττόνων κατα-
δυναστεύονται καὶ τὰς ἀδοξίας | γενναίως ὑπομένοντες τοῖς τῆς εἱμαρ- f.97S
μένης νόμοις ὑπείκουσιν. εὑρίσκομεν δὲ καὶ ἐπὶ τῶν ἡγεμονικῶν γενέσεων 3
5 μηδέπω τὸν χρόνον τῆς ἀρχῆς πεπληρωκότας, κατὰ διαδοχὴν δὲ ἑτέρων
τὰς μεταβάσεις ποιουμένους οὓς μὲν ἐπὶ τὸ ἐνδοξότερον καὶ ἐπωφελές,
οὓς δὲ ἐπὶ τὸ ἐναντίον καὶ καθαιρετικὸν ἐπιβραδύνοντας, ὅθεν ἐνίοις ἐπ᾽
ἀγαθῷ καὶ σωτηρίᾳ τὰ κακὰ προσγίνεται, ἑτέροις δὲ τὰ δοκοῦντα ἀγαθὰ
ἐξ ὑστέρου κακῶν αἴτια καθίστανται.
10 Νενομοθέτηκε γὰρ ἡ εἱμαρμένη ἑκάστῳ ἀμετάθετον ἀποτελεσμάτων 4
ἐνέργειαν περιτειχίσασα πολλαῖς αἰτίαις ἀγαθῶν τε καὶ κακῶν, δι᾽ ὧν
αὐτογέννητοι ὑπουργοὶ δύο θεαὶ φερόμεναι — Ἐλπίς τε καὶ Τύχη —
διακρατοῦσι τὸν βίον καὶ μετὰ ἀνάγκης καὶ πλάνης φέρειν ἐῶσι τὰ νενο-
μοθετημένα. καὶ ἡ μὲν αὐτῶν πρόδηλος πᾶσι διὰ τῆς τῶν ἀποτελεσμάτων 5
15 ἐκβάσεως ἑαυτὴν ἀπελέγχουσα ὁτὲ μὲν ἀγαθὴν καὶ μακαρίαν, ὁτὲ δὲ
σκυθρωπὴν καὶ ἀνήμερον· οὓς μὲν γὰρ ἀνίστησιν ἵνα καταβάλῃ, οὓς δὲ
εἰς ταπεινὸν καταρρίπτει ἵνα λαμπρότερον ἀναστήσῃ. ἡ δὲ οὔτε σκυθρωπὴ 6
οὔτε φαιδρά, ἀλλὰ διὰ παντὸς ἀποκεκρυμμένη πανταχοῦ λεληθότως ἐπι-
βαίνει καὶ προσμειδιῶσα πᾶσιν οἷά τις κόλαξ πολλὰς αἱρέσεις ἀγαθῶν
20 ἐπιδείκνυσιν ὧν οὐκ ἔστι λαβέσθαι. πλανῶσα δὲ τοὺς πλείστους διακρα- 7
τεῖ· οἱ δὲ καίπερ ἀδικούμενοι καὶ κατακόλουθοι γενόμενοι ταῖς ἡδοναῖς
πάλιν ὑπ᾽ αὐτῆς ἀνθέλκονται καὶ ἐλπίζοντες ἃ θέλουσι πιστεύουσιν, ἐπι-
τυγχάνουσι δὲ ἃ μὴ προσδοκῶσιν. εἰ δέ ποτε καὶ βεβαίαν οἴησίν τινα παρά- 8
σχῃ, καταλείπουσα πρὸς ἑτέρους πεπόρευται καὶ δοκεῖ παρὰ πᾶσιν εἶναι
25 παρ᾽ οὐδενὶ μένουσα. ὅθεν οἱ μὲν ἄπειροι τῆς προγνώσεως ἢ μηδ᾽ ὅλως 9
ἐντυχεῖν βουλόμενοι ἄγονται καὶ λεηλατοῦνται ὑπὸ τῶν προειρημένων
θεῶν καὶ πᾶσαν τιμωρίαν ὑπομέ|νοντες μεθ᾽ ἡδονῆς κολάζονται· καὶ οἱ f.97vS
μὲν τῶν προσδοκηθέντων ἀπὸ μέρους ἐπιτυγχάνοντες καὶ μείζονας πί-
στεις εἰσενεγκάμενοι βεβαίας καὶ καλὰς τὰς ἐκβάσεις περιμένουσιν, οὐκ
30 εἰδότες τὸ εὐκαθαίρετον καὶ τὸ ἐπισφαλὲς τῶν ἀντιπτωμάτων· ἔνιοι δὲ
οὐ πρὸς καιρὸν ἀλλὰ διὰ παντὸς ταῖς γνώμαις καταδικασθέντες, ἔκδοτον
δὲ τὴν ψυχὴν καὶ τὸ σῶμα ταῖς ἐπιθυμίαις παραδεδωκότες, ἀτιμαζόμενοι
καὶ ἀναισχυντοῦντες ἢ μηδ᾽ ὅλως ἐπιτυχεῖν δυνάμενοι παραμένουσιν
ἀβεβαίῳ τύχῃ καὶ πλάνῳ ἐλπίδι ἐξυπηρετοῦντες· οἱ δὲ περὶ τὴν τῶν μελ-
35 λόντων πρόγνωσιν καὶ τὴν ἀλήθειαν ἀσχοληθέντες ἀδουλαγώγητον καὶ
ἐλευθέραν τὴν ψυχὴν κτησάμενοι καταφρονοῦσι μὲν τῆς τύχης, οὐ προσ-

---

[VS] 2 τε sup. lin. V | καταδυναστέονται S ‖ 4 ὑπήκουσιν VS, corr. Kroll ‖
7 ἐνίους S ‖ 11 περιστειχίσασα S ‖ 16 καταλάβῃ VS, corr. Usener ‖ 17 σκυθρωπεῖ V,
sed corr. ‖ 18 φανερά VS, φαιδρά Kroll | λεληθότος S ‖ 25 οὐδὲν VS, corr. Kroll ‖
29 ἐνεγκάμενοι VS, corr. Cumont | ὃκ S

καρτεροῦσι δὲ ἐλπίδι, τὸν δὲ θάνατον οὐ φοβοῦνται, ἀταράχως δὲ διάγουσι
προγεγυμνακότες τὴν ψυχὴν θαρσαλέαν, καὶ οὔτε μὴν ἐπὶ τοῖς ἀγαθοῖς
ἀγάλλονται οὔτε ἐπὶ τοῖς φαύλοις ταπεινοῦνται, ἀρκοῦνται δὲ τοῖς
παροῦσιν· ἀδυνάτων δὲ μὴ ἐρῶντες ἐγκρατῶς φέρουσι τὰ νενομοθετημένα
καὶ πάσης ἡδονῆς ἢ κολακείας ἀλλοτριωθέντες στρατιῶται τῆς εἱμαρμένης 5
10 καθίστανται. ἀδύνατον γάρ τινα εὐχαῖς ἢ θυσίαις ἐκνικῆσαι τὴν ἐξ ἀρχῆς
καταβολὴν καὶ κατασκευάσαι ἑαυτῷ πρὸς τὸ θέλειν ἑτέραν· τὰ γὰρ δεδο-
μένα καὶ μὴ εὐχομένων ἡμῶν γενήσεται, τὰ δὲ μὴ πεπρωμένα οὐδὲ εὐχο-
11 μένων συμβήσεται. καθάπερ οὖν οἱ ἐν τῇ σκηνῇ ὑποκριταὶ ταῖς τῶν ποιη-
τῶν γραφαῖς ὑπαλλάσσοντες καὶ τὰ πρόσωπα ὑποκρίνονται κοσμίως ὁτὲ 10
μὲν βασιλεῖς, ὁτὲ λῃστάς, ὁτὲ ἀγρότας, δημίους τε καὶ θεούς, τὸν αὐτὸν
τρόπον καὶ ἡμᾶς ⟨χρὴ⟩ τοῖς τῆς εἱμαρμένης περιτεθειμένοις προσώποις
f.98ᵛ ὑποκρίνασθαι καὶ ἐξομοιοῦσθαι ταῖς τῶν | καιρῶν τύχαις οὐ συγγινώσκον-
12, 13 τας. ἐὰν δέ τις μὴ θέλῃ, κακὸς γενόμενος αὐτὸ τοῦτο πείσεται. κἂν μέν τις
f.98ˢ προσέχῃ ταῖς ὑπ᾽ ἐμοῦ συντεταγμέναις | παραγγελίαις καὶ καθολικαῖς 15
χρονογραφίαις, πάντα κατὰ τρόπον εὑρήσει· ἐὰν δὲ κατοπτεύσῃ μέρη
τινά, τὰς δὲ αἰτίας ἢ τὰς λοιπὰς ἐπιλύσεις μὴ ἐπιγνῷ, ἔπαινον ἐμοῦ καὶ
ψόγον καταψηφιεῖται· ἐὰν δὲ μηδ᾽ ὅλως ἐντύχῃ ὑπακούσειν, ἐλεγχθήσε-
ται ὁ τοιοῦτος ἀμαθὴς καὶ ἀκόλαστος ὑπὸ τῶν φιλοκάλων καὶ ἐγκρατε-
στέρων ἀνδρῶν. 20

14 Δεῖ δὲ καὶ τοῦτο προγινώσκειν κατὰ τὸν φυσικὸν λόγον, ὅτι οὐ τὰ αὐτὰ
δίδοται πᾶσιν οὐδὲ συμφέρει·

ἄλλῳ μὲν γὰρ δῶκε θεὸς πολεμήια ἔργα,
ἄλλῳ δ᾽ ὀρχηστύν, ἑτέρῳ κίθαριν καὶ ἀοιδήν,
ἄλλῳ δ᾽ ἐν στήθεσσι τιθεῖ νόον εὐρύοπα Ζεύς 25
ἐσθλόν, τοῦ δέ τε πολλοὶ ἐπαυρίσκοντ᾽ ἄνθρωποι

15 [καὶ] κατὰ τὸν συγγραφέα. οὐ γὰρ πάντες ἄνθρωποι πάντων ἀνθρώπων
16 διανοίας ὁμοίας ἢ πράξεις ἔχουσιν. ταῦτα δὲ πρὸς τοὺς τολμῶντας κατὰ
τοῦ ἔργου λέγειν προεθέμεθα καὶ πρὸς τοὺς ἀστροδώρητον φύσιν κεκτη-
μένους καὶ φιλομαθεῖς· ὅθεν ἡ μὲν ὑπόστασις τοῦ μαθήματος ἱερὰ καὶ 30
σεβάσμιος ὡς ὑπὸ θεοῦ παραδεδομένη τοῖς ἀνθρώποις, ὅπως καὶ αὐτοὶ
μέρος ἀθανασίας διὰ τῆς προγνώσεως ἔχωσιν, περὶ δὲ τοὺς ἐντυγχάνοντας

§ 12: cf. Cleanthes fr. 527 von Arnim ‖ § 14: Hom. Il. N 730–733

[VS] 5 κολακίας S ‖ ἀλλοτριωθέντες V ‖ 8 πεπεπρωμένα V ‖ 10 ἀπαλλάσσοντες
VS, corr. Usener ‖ πρώσωπα V ‖ 11 δήμους VS, δημότας Usener, δημίους sugg.
Kroll ‖ 12 χρὴ Kroll ‖ εἱμαρμένοις VS, corr. Kroll ‖ 17 ἐμοῦ ὁμοῦ VS, corr. Kroll ‖
18 ἐλεχθήσεται V ‖ 19 ἐγκαρτεστέρων V ‖ 23 δέδωκε S ‖ 24 δὲ S ‖ ὀρχηστεύειν
VS ‖ ἀείδειν V, ἀηδὸν S ‖ 25 στήθεσι VS ‖ εὐρύπα S ‖ 26 ἐπευρίσκοντ᾽ VS ‖ 28 ἢ
πράξεις iter. V in fine lin. ‖ 29 προθέμεθα S

ἢ διάκρισις ἐλέγχεται ἤτοι ἀληθὴς ἢ ἀνυπόστατος ἢ δυσκατάληπτος.

ὅνπερ μὲν οὖν τρόπον οὐσίαν μίαν πολυτελοῦς οἴνου ἀπὸ ἑνὸς χωρίου κε- 17
ραμικὰ ἀγγεῖα δεξάμενα μετὰ χρόνον ἃ μὲν ἀπέδωκε τὴν παρακαταθήκην
τοῖς πεπιστευκόσι πλήρη τε καὶ εὐάρεστον μεθ᾽ ἡδονῆς τε καὶ τέρψεως,
5 ἃ δὲ μειώσαντα τοῦ μέτρου τὸν ὄγκον καὶ μὴ εὐτονοῦντα διαβαστάζειν
ὑπερεκζέσαν τὸ ἀνθηρότατον [καὶ] οὔτε μὴν τῆς ἡδονῆς μετέβαλεν οὔτε
ἠρνήσατο τὴν γεῦσιν τῆς οὐσίας, ἀλλ᾽ ἐν ἀμφοτέροις διεψεύσατο, ἕτερα
δὲ μήτε χρόνον ὑπομείναντα μήτε τὴν φύσιν φυλάξαντα εὐθέως μετε-
τράπη (ὡς καὶ ἐπὶ τῶν ἑτέρων φυτῶν τὸ ὅμοιον ἔστι συνιδεῖν· ἀπὸ γὰρ
10 ἑνὸς δένδρου ὁ μὲν καρπὸς ἡδύς τε καὶ πέπειρος τρυγᾶται, ἄλλος δὲ σκλη-
ρός τε καὶ κατηγριωμένος, ἕτερος δὲ πικρὸς καὶ | σεσηπὼς ἢ βλαβερὸς f.98vs
τοῖς χρωμένοις), τὸν αὐτὸν τρόπον καὶ αἱ τῶν ἐντυγχανόντων διάνοιαι. ὁ 18
μὲν γὰρ μετὰ προθυμίας καὶ ἐπιμονῆς τὰς μαθήσεις ποιησάμενος μέχρι
τέλους τὴν ἡδονὴν ἐκτήσατο, οἱ δὲ ἀφύσικοι καὶ ἀμαθεῖς, ἀκροθιγεῖς τὰς
15 εἰσόδους ποιησάμενοι καὶ μὴ ἐγχρονίσαντες διὰ τὸ ἀκαρτέρητον μηδὲ νο-
μίμοις ὑφηγηταῖς ἐσχολακότες, ἔλεγχον μὲν καθ᾽ ἑαυτῶν ἀπαιδευσίας
εἰσηνέγκαντο, ψόγον δὲ κατὰ τῶν συνταγματογράφων.

Ἐάσαντες δὲ τὰ περὶ φυτῶν [καὶ] οὐσίας ἐπὶ τὴν ἀνθρώπειον γένναν 19
κατέλθωμεν καὶ σκοπήσωμεν. ἀπὸ δύο φύσεων − ἀπὸ τοῦ αὐτοῦ πατρός 20
20 τε καὶ μητρὸς τῆς αὐτῆς − παῖδες πολλοὶ γεννῶνται, ἀλλ᾽ οὐχ ὁμοίαν
τὴν φύσιν τῇ σπορᾷ ἢ τῇ πρὸς ἑαυτοὺς συμπαθείᾳ κέκτηνται, ἀνομοίᾳ δὲ
τύχῃ διὰ τῆς καταβολῆς φερόμενοι οἱ μὲν κοσμίως καὶ εὐγενῶς ἀχθέντες
τὸ γένος δοξάζουσι καὶ μακάριοι καθίστανται, καὶ διὰ τῆς ἰδίας φιλο-
καλίας ἔργα τε καὶ ναοὺς κατασκευάζουσι καὶ ὄχλοις ἀρεστοὶ γίνονται καὶ
25 τέκνων γονὰς καὶ εἰκόνας προλείψαντες, περιόντες μὲν δοξάζονται, θα-
νόντες δὲ αἰωνίας φήμης καταξιοῦνται. οἱ δὲ οὐ μόνον τοῖς γονεῦσι καὶ 21
οἰκείοις ἔχθιστοι γενόμενοι διὰ κακότροπον ἦθος, ἀλλὰ καὶ τοῖς μὴ
προσήκουσι πολλοὺς ἀπέτρεψαν παιδοποιῆσαι, οἱ δὲ παρὰ τῆς φύσεως καὶ
θεοῦ διωχθέντες δικαίαν τιμωρίαν ὑπέμειναν ⟨καὶ⟩ πρὸς αἴσχιστον ἢ
30 βίαιον κατήντησαν τέλος. ὅπερ καὶ τοὺς κατὰ τοῦ μαθήματος οἶμαι πεί- 22
σεσθαι.

Ἵνα δὲ τῇ ἐξ ἀρχῆς πραγματείᾳ καὶ τὸ τέλος ἐπιθῶμεν, τὰς φυσικὰς καὶ 23
ἀναγκαστικὰς διαιρέσεις ὑποτάξωμεν. ἔσθ᾽ ὅτε γὰρ διὰ τῆς προκειμένης 24
δωδεκαετίας εἰς κενοὺς τόπους συνεμπεσούσης τῆς παραδόσεως ἐξαίρετα

[VS] 3 μετὰ V || 6 ἤπερ ἐξεδήμησαν VS, ὑπερεκζέσαν Kroll, ἅπερ ἐξίδισεν Usener |
καὶ secl. Kroll | μὲν VS, corr. Kroll || 9 συνειδεῖν VS, corr. Kroll || 10 ἄλλως S ||
17 εἰσενέγκαντο S || 18 τὰς VS, τὰ Kroll || 20 γενῶνται S || 21 τῇ φύσει S || 24 τε
sup. lin. V || 25 προσλήψαντες S || 28 ἀπέστρεψαν VS, corr. Kroll | ἤτοι V, ἤτοι S,
οἱ Kroll | περὶ S || 29 καὶ Kroll || 34 παραδώσεως S

συμβαίνει γίνεσθαι ἢ πάλιν, ἀγαθοποιῶν μόνων δοκούντων ἔχειν τὸν
χρόνον, αἴτια κακῶν συνεπιγίνεται.

25 Ἔστω δὲ ἐπὶ ὑποδείγματος Ἥλιος, Ἑρμῆς Ὑδροχόῳ, Σελήνη Σκορπίῳ,
Κρόνος Καρκίνῳ, Ζεὺς Ζυγῷ, Ἄρης Παρθένῳ, Ἀφροδίτη Αἰγοκέρωτι,
26 ὡροσκόπος Παρθένῳ. ἔσται οὖν ἀπὸ Ἄρεως καὶ ὡροσκόπου ἐπὶ Δία δύο, 5
καὶ ἀπὸ Διὸς ἐπὶ Σελήνην δύο, καὶ ἀπὸ Ἀφροδίτης ἐπὶ Ἑρμῆν καὶ Ἥλιον
f.998 27 δύο · | τὰ οὖν δύο καὶ τὰ δ καὶ τὰ ζ καὶ τὰ η καὶ ι πρὸς αὐτούς. εἶτα ἀπὸ
Ἄρεως ἐπὶ Σελήνην γ, καὶ ἀπὸ Κρόνου ἐπὶ Ἄρεα γ, καὶ ἀπὸ Σελήνης ἐπὶ
28 Ἀφροδίτην γ · τὰ οὖν γ καὶ ζ καὶ θ καὶ ιβ καὶ ιε πρὸς αὐτούς. εἶτα διεκβάλ-
λομεν ἀπὸ Κρόνου ἐπὶ Δία δ, καὶ ἀπὸ Διὸς ἐπὶ Ἀφροδίτην δ, καὶ ἀπὸ 10
Σελήνης ἐπὶ Ἥλιον καὶ Ἑρμῆν δ · τὰ οὖν δ καὶ η καὶ ιβ καὶ ιϛ πρὸς αὐτούς.
29 εἶτα ἀπὸ Ἄρεως καὶ ὡροσκόπου ἐπὶ Ἀφροδίτην ε, καὶ ἀπὸ Διὸς ἐπὶ
Ἥλιον καὶ Ἑρμῆν ε, καὶ ἀπὸ Κρόνου ἐπὶ Σελήνην ε · ἄρα οὖν τὰ ε καὶ τὰ ι
30 καὶ τὰ ιε καὶ τὰ κ πρὸς αὐτούς. εἶτα πάλιν ἀπὸ Ἄρεως καὶ ὡροσκόπου πρὸς
Ἥλιον καὶ Ἑρμῆν ζ, καὶ ἀπὸ Ἡλίου καὶ Ἑρμοῦ ἐπὶ Κρόνον ζ · ἄρα οὖν τὰ 15
31 ζ καὶ τὰ ιβ καὶ τὰ ιη καὶ τὰ κδ καὶ τὰ λ πρὸς αὐτούς. εἶτα ἀπὸ Κρόνου ἐπὶ
Ἀφροδίτην ζ [καὶ] · τὰ οὖν ζ καὶ τὰ ιδ καὶ τὰ κα καὶ τὰ κη καὶ τὰ λε
32 πρὸς αὐτούς · ὁμοίως δὲ καὶ ἀπὸ Ἀφροδίτης ἐπὶ Κρόνον ζ. εἶτα ἀπὸ
Κρόνου ἐπὶ Ἥλιον καὶ Ἑρμῆν η, καὶ ἀπὸ Ἑρμοῦ καὶ Ἡλίου ἐπὶ Ἄρεα καὶ
33 ὡροσκόπον η · τὰ οὖν η καὶ τὰ ιϛ καὶ τὰ κδ καὶ τὰ λβ καὶ μ πρὸς αὐτούς. εἶτα 20
ἀπὸ Ἡλίου καὶ Ἑρμοῦ ἐπὶ Δία θ, καὶ ἀπὸ Ἀφροδίτης ἐπὶ Ἄρεα καὶ ὡρο-
σκόπον θ, καὶ ἀπὸ Σελήνης ἐπὶ Κρόνον θ · τὰ οὖν θ καὶ ιη καὶ κζ καὶ λϛ
34 καὶ με πρὸς αὐτούς. εἶτα ἀπὸ Ἡλίου καὶ Ἑρμοῦ ἐπὶ Σελήνην ι, καὶ ἀπὸ
Ἀφροδίτης ἐπὶ Δία ι, καὶ ἀπὸ Διὸς ἐπὶ Κρόνον ι · τὰ οὖν ι καὶ κ καὶ λ καὶ μ
35 καὶ ν πρὸς αὐτούς. εἶτα ἀπὸ Ἀφροδίτης ἐπὶ Σελήνην ια, καὶ ἀπὸ Σελήνης 25
ἐπὶ Ἄρεα καὶ ὡροσκόπον ια, καὶ ἀπὸ ὡροσκόπου καὶ Ἄρεως ἐπὶ Κρόνον
36 ια · τὰ οὖν ια καὶ κβ καὶ λγ καὶ μδ καὶ νε πρὸς αὐτούς. εἶτα ἀπὸ Ἡλίου
καὶ Ἑρμοῦ πρὸς Ἀφροδίτην ιβ, καὶ ἀπὸ Σελήνης ἐπὶ Δία ιβ, καὶ ἀπὸ
Διὸς ἐπὶ Ἄρεα καὶ ὡροσκόπον ιβ · τὰ οὖν ιβ καὶ κδ καὶ λϛ καὶ μη καὶ ξ
37 πρὸς αὐτούς. καὶ μέχρις οὗ τις βούληται τὸν ἀριθμὸν ἐπιπροσθεὶς εὑρήσει. 30
38 Οὗτος μὲν ὁ ἀριθμὸς ἀναγκαστικὸς καὶ ἐπιδιπλούμενος διὰ τὴν φύσιν
τῆς ὀργανοθεσίας, ἐπὶ δὲ πολλῶν φυσικώτερος δοκεῖ καὶ κυριώτερος ὁ
39 διὰ τῆς δωδεκαετίας ⟨ὃς⟩ ἐν δευτέρῳ μέρει κεῖσαι. δεῖ οὖν πρότερον

§§ 25–37: thema 83 (8 Feb. 120)

[VS] 5 ὥστε VS, ἔσται Kroll | οὖν] ᾦ V ♀ S | καὶ sup. lin. V ‖ 6 ἐπὶ[1] iter. V
in fine lin. ‖ 17 lac. post καὶ[1] ind. Kroll ‖ 18 ζ] η VS ‖ 30 βάληται VS, corr.
Kroll ‖ 32 ὀργανοθέας S ‖ 33 ὃς Kroll

212

ἐκείνῳ προσέχειν καὶ ἀπολύειν τὰς δωδεκάδας καὶ τὸν ἐπίλοιπον ζητεῖν·
καὶ ἐὰν μὲν εὑρεθῇ ἔχων παράδοσιν, ἐκείνῳ μᾶλλον χρῆσθαι, εἰ δὲ | μὴ f.99vS
εὑρεθῇ, ἐξ ἀνάγκης ἐπὶ τοῦτον κατελευσόμεθα ἢ ἐπὶ τὸν ὑποκείμενον.
οἷον ἐὰν ζητῶμεν ἔτος κ′, ἀφελόντες τὰ ιβ τὰ λοιπὰ ἢ ζητοῦμεν εἰ ἔχει 40
5 παράδοσιν· ἐὰν οὖν μὴ εὑρεθῇ, τὰς ἀπὸ δ διαστάσεις ζητοῦμεν καὶ τοῖς
δ ὡς ἢ χρησόμεθα (ἐνεργεστέρα γὰρ ἡ παράδοσις) ἢ πάλιν τὰς διὰ δύο.
οἱ γὰρ συνέχοντες ἀριθμοὶ τὰ ἢ εἰσὶ β καὶ δ· δὶς γὰρ δ ἐστὶν ἢ καὶ πάλιν 41
τετράκις δύο ἢ. καὶ οὕτως γὰρ ἐνεργεῖς ἔσονται αἱ παραδόσεις. εἶτα τὰ κα 42, 43
καὶ τὰ ιθ παρὰ διάμετρον δηλοῖ· ἐάν τε γὰρ ἀφέλωμεν τὰς ιβ ἀπὸ τῶν ιθ,
10 περιλείπονται ζ, ἐάν τε γ ζ ποιήσωμεν, γίνεται κα. ἐπὶ δὲ τῶν κζ ἐνεργήσει 44
καὶ ἡ διὰ γ καὶ θ [καὶ ζ]. τὰ κδ ἐὰν εὑρεθῇ ἔχοντα παράδοσιν, χρήσομαι 45
ἐπὶ τὰ διὰ γ. τὰ ιγ καὶ τὰ κε καὶ τὰ λζ εἰς τὸ αὐτὸ ζῴδιον καταλήγει. ἐὰν 46, 47
οὖν εὑρεθῇ ἀστὴρ ἐπικείμενος αὐτῷ, καὶ τῷ ζῳδίῳ παραδεδωκὼς ἔσται·
ἐὰν δέ, τούτου ἐπικειμένου, ἕτεροι ἀστέρες ἐν τῷ ἑξῆς ζῳδίῳ τύχωσιν,
15 ἐκείνοις μᾶλλον παραδώσει. οἷον ἐπὶ τῆς προκειμένης γενέσεως τὸν ιγ′ 48
καὶ κε′ ἐνιαυτὸν Ἄρης Διὶ παραδίδωσι καὶ Ζεὺς Σελήνῃ· ἐὰν δὲ μόνοι
ἐπῶσιν οἱ ἀστέρες, ἐν δὲ τῷ ἑξῆς μηδεὶς εὑρεθῇ, ἑαυτοῖς ἔσονται παρα-
δεδωκότες τὸν ἐνιαυτόν.
Ἐπεὶ δὲ ἕκαστος ἀριθμὸς κατὰ τὴν ἰδίαν ἁρμονίαν δοκεῖ φυσικὸς 49
20 ὑπάρχειν, πρὸς τὰς ἀφαιρέσεις τῶν κύκλων ἐξαιρέτως χρησόμεθα πρῶτον
μὲν τοῖς διὰ ιβ διὰ τὰ ιβ ζῴδια, εἶτα τοῖς ⟨διὰ⟩ ζ διὰ τοὺς ζ ἀστέρας.
ἐάνπερ οὖν τῶν ιβ παράδοσις μὴ εὑρεθῇ ἵνα ἐξ ἀνάγκης ἐκ τούτων γένηται 50
(ἔδοξε δὲ καὶ τοῦτον τὸν λόγον φυσικώτερον ὑπάρχοντα προσυποτάξαι),
μοιρικῶς κατὰ συνάντησιν καὶ ἀκτινοβολίαν ἀπὸ πάντων τῶν ἀστέρων
25 τὰς ἀφέσεις ποιεῖσθαι, καὶ συγκρίνειν τὴν ἑκάστου ἀστέρος πρὸς ἑκάτερον
ἀποτελεσματογραφίαν. εἰ γὰρ ὡροσκόπος ἀφέτης κριθεὶς ἢ ὁ Ἥλιος ἢ 51
ἢ Σελήνη καὶ τὴν φορὰν ποιούμενοι κατὰ τὴν τῶν χρόνων μετέλευσιν,
περὶ τὰς τῶν ἀγαθοποιῶν ἢ κακο|ποιῶν ἀκτινοβολίας ἢ μοίρας παραγενό- f.100S
μενοι, αἴτιοι ἢ ἀγαθῶν ἢ φαύλων καθίστανται, ὁτὲ δὲ καὶ τὸ τέλος ἐπ-
30 άγουσιν, πῶς οὐχὶ μᾶλλον καὶ ἡ τῶν λοιπῶν ἀστέρων δύναμις εὐτονήσει
πρὸς ἄφεσιν καὶ ἀκτινοβολίαν; ἢ μόνοις τοῖς τρισὶ τὴν κυρίαν τῆς ἀφέσεως 52
προσνέμομεν, τοὺς δὲ λοιποὺς διὰ παντὸς στηρίζοντας καὶ πεπηγότας
καθάπερ σημείων χάριν ἐσομένους παρίεμεν; πᾶς δὲ ἀστὴρ κατὰ τὴν 53

§ 48: thema 83 (8 Feb. 120)

[VS] 3 ἢ — ὑποκείμενον secl. Kroll || 7 τά] τὴν VS || 8 δύο] β S || 9 τε sup.
lin. V || 10 ζ²] ἑπτὰ S | ποιήσομεν S || 12 αὐτὸν V || 13 ἑαυτῷ VS, αὐτῷ sugg.
Kroll || 15—16 τῶν ιγ καὶ κε ἐνιαυτῶν VS || 21 τά] τὸ S | τοὺς VS, τοῖς² Kroll |
διά³ Kroll || 27 ἡ om. S || 33 ἐσομένους] ἐῶμεν S

VETTIVS VALENS

ἰδίαν φορὰν τοῦ ἀνέμου κινούμενος ἀποτελεστικὸς ἀγαθοῦ τε καὶ κακοῦ
γενήσεται.

54 Ταῦτα δὲ ἐκ πείρας αὐτὸς δοκιμάσας συνίστημι· πολλάκις γάρ, μηδε-
μιᾶς ἐπικρατήσεως οἰκείως εὑρεθείσης μήτε οἰκοδεσποτικῆς προφάσεως
μήθ᾽ ἑτέρας ἀγωγῆς ἐνδειξαμένης ἐνέργειαν, μεγάλα αἴτια ἀγαθῶν καὶ 5
ἀπροσδόκητα ἐγένετο, ὁτὲ δὲ κινδυνώδεις καὶ θανατηφόροι περιστάσεις
55 ἐπηκολούθησαν, ἅπερ ἐκ τῆς τῶν ἀστέρων ἀφέσεως κατελαβόμην. γενό-
μενοι γὰρ οἱ κακοποιοὶ κατὰ μοιρικὴν κίνησιν ἐπὶ τὸν ὡροσκόπον ἢ τὸν
Ἥλιον ἢ τὴν Σελήνην τὸ τέλος ἐπήνεγκαν, ἐπὶ δὲ τὸ μεσουράνημα ἢ
τοὺς ἐπικαίρους τόπους ἀπραξίας καὶ αἰτίας ἐπιταράχους ἢ κινδυνώδεις, 10
ὁμοίως δὲ καὶ οἱ ἀγαθοποιοὶ δόξας καὶ προφανείας καὶ ὠφελείας, ἐάν πως
καὶ ἡ ἄφεσις τῆς ὑποστάσεως περὶ τὸν Ἥλιον ἢ τὴν Σελήνην ἢ τὸν ὡρο-
56 σκόπον εὑρεθῇ καὶ περὶ τὸν οἰκοδεσπότην. περὶ μέντοι τὰς λοιπὰς τῶν
πραγμάτων ἀφορμὰς καὶ περὶ τὸν βίον γενομένας αἱρέσεις χρὴ ταῖς λοιπαῖς
57 τῶν ἀστέρων ἀφέσεσι καὶ μαρτυρίαις καὶ ἀκτινοβολίαις προσέχειν. πῶς 15
γὰρ οὐχὶ Κρόνος καὶ Ἄρης κατὰ μοιρικὴν ἄφεσιν κατὰ τὸν ὡροσκόπον ἢ
τὸν Ἥλιον ἢ τὴν Σελήνην γενόμενοι, ὑποστάσεως ἐτῶν οὔσης, ἀσθένειαν
κατασκευάσουσι καὶ αἰφνιδίως κλιμακτῆρας ἢ πατρὸς ἢ μητρὸς θάνατον
ἢ μειζόνων ἔχθρας ἢ δόξης καθαίρεσιν ἢ φόβους ἐπισφαλεῖς καὶ τὰ λοιπὰ
f.100vs 58 ὅσα ἡ φύσις αὐτῶν | παραδεικνύει; ἐπὶ δὲ τόπων καὶ μοιρῶν Ἀφροδίτης 20
γυναικὸς ἢ θηλυκῶν προσώπων θανάτους ἢ ἔχθρας καὶ ταραχὰς καὶ
σκυλμοὺς βιωτικούς, ψόγους τε καὶ ἔπαισχρα πάθη, ἐπὶ δὲ τῶν τοῦ
Ἑρμοῦ κρίσεις καὶ ἐπηρείας γραπτῶν χάριν ἢ ἀργυρικῶν ἢ μυστικῶν
πραγμάτων ἢ ἀδελφῶν ἢ συγγενῶν ἢ σωμάτων θανάτους, ἐπὶ δὲ τῶν τοῦ
Διὸς δόξας, κληρονομίας, περικτήσεις, παιδοποιίας, προκοπάς, συστά- 25
59 σεις μειζόνων. ὁμοίως δὲ καὶ ἕκαστος ἀστὴρ κατὰ τὴν ἰδίαν δύναμιν καὶ
τοὺς ἐπικειμένους ἢ ἀκτινοβολοῦντας ἐνεργήσει· καὶ ἐν μὲν τοῖς χρημα-
τιστικοῖς ζῳδίοις ἢ ἐπικέντροις βεβαιότεροι καὶ εὐτονώτεροι πρὸς τὸ
60 ἀποτέλεσμα γενήσονται, ἐν δὲ τοῖς ἀποκλίμασιν ἥττονες. ἐὰν μέντοι
ἀναποδιστικὸς ἀστὴρ εὑρεθῇ, οὐ κατὰ τὸ ἑξῆς τὴν ἄφεσιν ποιησόμεθα, 30
ἀλλὰ ἀνωφερῶς· καὶ σκοπήσαντες ἕως ποίας μοίρας ἀναποδίζει, ἐκείνην
61 συγκρινοῦμεν τίνα δύναται ἀκτινοβολῆσαι κατ᾽ ἐκεῖνον τὸν χρόνον. ἐὰν
γάρ πως ἀπόστροφος κατὰ τὸ παρὸν οὗτινος ἀστέρος ἢ κέντρου τύχῃ,
κατὰ δὲ τὴν ⟨τοῦ⟩ ἀναποδισμοῦ χρονογραφίαν ἀπὸ ἑτέρου ζῳδίου εἰς
ἕτερον ζῴδιον γενόμενος ἀκτινοβολήσῃ, ἐνεργήσει πρὸς τὸ ἀγαθὸν ἢ φαῦ- 35
λον.
62 Χρὴ μέντοι ἐκ τῆς τῶν πρὸς τὰ φαινόμενα κανόνων πραγματείας τὰς

[VS] 10 ἐπιταράτους S ‖ 18 ἤ¹] καὶ S ‖ 33 τό] τόν V ‖ 34 τοῦ Kroll ‖ 35 ἀκτινο-
βολήσει VS, corr. Kroll | τό S, τε sup. lin. V

214

ANTHOLOGIAE V 6

μοιρικὰς κινήσεις ἐξετάζειν· αἱ γὰρ καθολικαὶ ὑποστάσεις καὶ χρονογρα-
φίαι ἐκ τούτων τῶν ἀφέσεων διακρατοῦνται. ὅθεν οἱ πλείους μὴ ἐπιστάμε- 63
νοι, ὅτι διὰ πολλῶν αἱρέσεων τὰ πράγματα συντελεῖται, ἀνύπαρκτον ἢ
ἀσυντέλεστον ἢ δυσκατάληπτον τὴν ἐπιστήμην ὑπολαμβάνουσιν, μιᾷ δυ-
5 νάμει ἀγωγῆς διὰ παντὸς ἐσχολακότες, οἱ δὲ μετὰ πάσης ἀκριβείας πολλὰς
αἱρέσεων δυνάμεις εἰσενεγκάμενοι καὶ νέᾳ ἀγωγῇ φυσικῇ χρησάμενοι
κατὰ τὴν ἐπιβάλλουσαν τῆς γενέσεως αἵρεσιν | εὐκατάληπτον τὴν τῶν f.101S
ἀποτελεσμάτων ἐνέργειαν ἐκτήσαντο. καθάπερ οὖν εἴς τινας πόλεις, 64
ἐξαιρέτως δὲ εἰς βασιλίδα χώραν ἀλλοεθνεῖς ἄνδρες κατερχόμενοι ἄλλοτε
10 ἄλλως οὐ διὰ μιᾶς ὁδοῦ τὴν ἄφιξιν ποιοῦνται, ἀλλ' οἱ μὲν πεζικῶς ἐρήμους
τόπους καὶ σκληρὰς ὁδοὺς διερχόμενοι καὶ ἐπιφόβοις κινδύνοις περιπίπτον-
τες παραγίνονται ἀπὸ περάτων, οἱ δὲ εὐχερῶς καὶ ἀκινδύνως λεωφόροις
ὁδοῖς χρησάμενοι, οἱ δὲ θαλασσίαις ζάλαις καὶ ἀνέμων ῥιπαῖς πολλάκις
εἰκονιζόμενοι τὸν θάνατον τὴν προαίρεσιν πληροφοροῦσιν, καὶ οὐδεμία τις
15 αὐτῶν φιλονεικία οὐδὲ ἔπαθλον τῆς συντόμου ἢ σκληρᾶς εἰσελεύσεως
πρόκειται, ἀλλ' ἕκαστος κατὰ τὴν τῶν τότε χρόνων ἐνέργειαν ἤτοι ὠφε-
λείας καὶ δόξης ἢ καὶ τῶν κατὰ προαίρεσιν τυγχάνει ἢ καὶ ἄλλως αἰτίαις
περιπεσὼν ἢ καθαιρεθεὶς προσαπώλεσε καὶ τὸ ζῆν, ἕτεροι δ' ἔμειναν
ἐπ' ὀλέθρῳ, τινὲς δ' ἐπὶ ἀπροσδοκήτῳ εὐεργεσίᾳ καίπερ ταχίστην τὴν
20 ἔξοδον προθυμηθέντες, τὸν αὐτὸν τρόπον δεῖ ποικίλως καὶ ἡμᾶς προσέχειν
τῇ μαθήσει καὶ ὥσπερ ἂν εἰ διὰ | πολλῶν ὁδῶν διευθύνοντας ἐπὶ τὸ ἀπο- f.98vV
τέλεσμα κατελθεῖν· πολλὰ γὰρ καὶ μυρία τὰ συμβαίνοντα τοῖς ἀνθρώποις,
ἅπερ οὐ διὰ μιᾶς ἀγωγῆς οὔτε ἑνὸς ἀστέρος συνίσταται, ἀλλὰ διὰ πολλῶν.

ἐπεὶ δὲ καθ' ἑκάστην γένεσιν ιβ τόποι σημαίνονται, ἐκ δὲ τούτων καὶ τῆς 65
25 τῶν ἀστέρων φύσεως πλεῖστοι ἐφευρίσκονται, παρατηρητέον τὰς κεντρο-
θεσίας καὶ τὰς τῶν τόπων ἐναλλαγάς· πολλάκις γὰρ εἰς ἓν ζῴδιον δύο
τόποι συνεμπίπτουσιν ἢ καὶ σχῆμα κεντρικὸν ἀποκλίναντος τρόπον ἐν-
δείκνυται· τοῦτο δὲ συμβαίνει παρὰ τὰς τοῦ ὡροσκόπου αἰτίας.

Οἷον Διδύμοις ὡροσκόπος, μεσουράνημα Ὑδροχόῳ μοιρικῶς· ἐφέξει 66
30 οὖν οὗτος ὁ τόπος τὸν περὶ πράξεως καὶ δόξης καὶ τέ|κνων λόγον καὶ τὸν f.101vS
περὶ ξένης καὶ θεοῦ, ἐπεὶ ζῳδιακῶς ἐν τῷ θ' ἀπὸ τοῦ ὡροσκόπου εὑρέθη,
καὶ ἡ παράδοσις δὲ ἡ διὰ δ καὶ ε ἐπ' αὐτοῦ εὑρέθη ἐπὶ τὸν ὡροσκόπον
χρηματίζουσα, καὶ ἡ ἀπὸ τοῦ ὡροσκόπου ἐπ' αὐτὸν ἡ διὰ ϑ καὶ ι παράδο-
σις χρηματίζει. ὁμοίως δὲ καὶ τὸ διάμετρον τοῦ Ὑδροχόου (τουτέστιν 67
35 ὁ Λέων), ὅπερ ὑπόγειον κέντρον, ἐφέξει τόν τε περὶ θεμελίων, κτημάτων
καὶ γονέων λόγον καὶ τὸν περὶ θεοῦ καὶ ἀδελφῶν καὶ ξένης, καὶ ἡ διὰ γ

[VS] 5 ἀκριβίας S ‖ 6 αἱρέσεις δυνάμεως VS, αἱρέσεων δυνάμεις sugg. Kroll ‖ 7 ἐπι-
βάλουσαν V ‖ 10 ἐρημένους S ‖ 15 αὐτοῖς sugg. Kroll ‖ 17 αἰτίαι S ‖ 25 πλείστην S ‖
28 περὶ VS, παρὰ sugg. Kroll ‖ 35 τῶν VS, corr. Kroll ‖ 36 τῶν VS, corr. Kroll |
θεᾶς S

215

VETTIVS VALENS

καὶ δ παράδοσις ἀπὸ ὡροσκόπου ἐπ᾽ αὐτὸν εὐτονήσει, καὶ ἀπ᾽ αὐτοῦ δὲ
68 ἐπὶ τὸν ὡροσκόπον ἢ διὰ ῑ καὶ ῑᾱ. ὁμοίως καὶ ἐπὶ τῶν λοιπῶν ζῳδίων καὶ
πολυαναφόρων τὸ ὅμοιον νοείσθω, ἐπὰν ἐν τῷ ἑξαγώνῳ συνεμπέσῃ τὸ
69 μεσουράνημα. ὅθεν ἐὰν μοιρικῶς τοὺς τόπους ἐξετάσωμεν ἢ καὶ τὰς
ἀποδιαστάσεις τῶν ἀστέρων, οὐ πταίσομεν.   5
70 Οἷον Ἄρης, ὡροσκόπος Παρθένῳ, Σελήνη Σκορπίῳ ὑπόγειος, τὸ μεσ-
71 ουράνημα Ταύρῳ· ζητεῖν δεῖ λδ' ἔτος. ὑφαιρουμένων δωδεκάδων δύο,
ὑπολείπονται ῑ· ἴσχυσεν ἡ παράδοσις ἡ ἀπὸ Σελήνης ἐπὶ Ἄρεα διὰ τὸ
κέντρον καὶ ἀπὸ ὡροσκόπου καὶ Ἄρεως ἐπὶ τὸν Ταῦρον (τουτέστι τὸ μεσ-
72 ουράνημα). ἔπραξε γὰρ τῷ χρόνῳ ἐπὶ ξένης, καὶ φιλίας μειζόνων ἔσχεν, 10
καὶ διὰ θηλυκὸν πρόσωπον ἐκινδύνευσεν ἀπολέσθαι, τομαῖς τε καὶ αἱμαγ-
μοῖς περιέπεσεν· καὶ ἄλλαι δὲ παραδόσεις ἐχρημάτισαν τῷ χρόνῳ τούτῳ,
73 πλὴν τὰ αἴτια οὐκ ἐδήλουν. οὕτως οὖν πολλάκις, μὴ ὑποπτευομένου τοῦ
χρόνου, αἴτια κακῶν συνίσταται, ἢ πάλιν μὴ προσδοκωμένου, μεγάλαι
δόξαι καὶ ὠφέλειαι παρακολουθοῦσιν.   15
(V 10) 74   Τῶν προκειμένων ἀγωγῶν ὑποδείγματα. ὑποδείξομεν δὲ καὶ γενέσεις
ὑποδείγματος χάριν εἰς τὸ εὐσύνοπτον τοῖς ἐντυγχάνουσι τὴν θεωρίαν
75 φανῆναι. οἷον Ἥλιος, Σελήνη, Ἀφροδίτη, Ἑρμῆς, ὡροσκόπος Σκορπίῳ,
76 Κρόνος Τοξότῃ, Ζεὺς Αἰγοκέρωτι, Ἄρης Λέοντι. ἐν τῷ κ' ἔτει παράδοσις
Διὸς Αἰγοκέρωτι Ἄρει Λέοντι ἢ διὰ ῆ· παραδέδωκεν οὖν Ζεὺς Ἄρει ἀπὸ 20
77 τοῦ γ' εἰς τὸ ι' ζῴδιον (τουτέστι τὸ μεσουράνημα). ἀξίωσις γέγονε πρὸς
βασιλέα περὶ δόξης καὶ οὐκ ἔτυχεν· χαλεπὸς γὰρ Ζεὺς Ἄρει παραδιδούς.
78
f.102S ἰσχύει δὲ καὶ ἡ διὰ δ διαίρεσις (τουτέστιν | ἀπὸ Ἄρεως ἐπὶ Ἥλιον καὶ
79 Σελήνην καὶ ὡροσκόπον καὶ Ἑρμῆν καὶ Ἀφροδίτην). ἐνόσησεν οὖν ἐν τῷ
κ' ἔτει, καὶ ἀπὸ τετραπόδου πεσὼν ἐσύρη ὡς παρά τι καὶ τὰς ὄψεις ἀφα- 25
νίσαι· γέγονε δὲ καὶ πρὸς θηλυκὸν πρόσωπον ψόγος καὶ ἐπίθεσις καὶ
ζημία ὥστε ἕκαστος τῶν ἀστέρων τὸ ἴδιον ἀπετέλεσε παρὰ κακοποιῶν
80 παραλαβών. τῷ δὲ κγ' ἔτει Ζεὺς ἀπὸ βασιλικοῦ τόπου (ὁ γὰρ γ' καὶ ὁ θ'
ἀπὸ ὡροσκόπου τόπος θεὸν καὶ βασιλέα δηλοῖ) παραδιδοὺς τοῖς φωσὶ καὶ
Ἀφροδίτῃ καὶ ὡροσκόπῳ καὶ Ἑρμῇ διὰ δωρεᾶς παρέσχεν ἐξουσιαστικὸν 30
81 συνέδριον. οὐδὲν οὖν δυνατὸν ἄνθρωπον πράσσειν φιλίας βασιλέων καὶ
μειζόνων κεκτημένον ἀντιπρασσόντων τῶν χρόνων.
82   Ἄλλη. Ἥλιος Ταύρῳ, Σελήνη, Ἑρμῆς Κριῷ, Κρόνος Ἰχθύσιν, Ζεύς,

§§ 70−72: thema 83 (8 Feb. 120) ‖ §§ 75−81: thema 107 (4 Nov. 134) ‖
§§ 82−86: thema 61 (24 Apr. 111)

[VS] 1 ἐπ᾽ VS, ἀπ᾽ Kroll ‖ 3 λνέσθω VS, νοείσθω sugg. Kroll | τὸν VS, τὸ² Kroll ‖
6 τὸν VS, corr. Kroll ‖ 8 ὑπολοίπονται S ‖ 11 τε om. S ‖ 16 ὑπόδειγμα V ‖ 20 διαί-
ρεσις in marg. S ‖ 23 αἴρεσις VS, διαίρεσις in marg. V ‖ 25 τι sup. lin. V ‖ 32 μει-
ζόνων] Μ̅ VS | κεκτημένων VS, corr. Kroll

216

Ἄρης Ὑδροχόῳ, Ἀφροδίτη Διδύμοις, ὡροσκόπος Παρθένῳ. ἐν τῷ μβ' 83
ἔτει ἐκληρονόμησε θηλυκὸν πρόσωπον· ἦν γὰρ διὰ ζ παράδοσις ἀπὸ Σε-
λήνης καὶ Ἑρμοῦ ὄντων ἐν τῷ θανατικῷ τόπῳ, Κριῷ, εἰς τὴν Παρθένον,
οἶκον Ἑρμοῦ, καὶ ἀπὸ ὑψωματικοῦ ζῳδίου εἰς ὑψωματικόν. τῷ δὲ με' 84
5 ἔτει ἀρχὴν ἐπίσημον ἔσχε δημοσίων χάριν πραγμάτων· Ἀφροδίτη γὰρ ἀπὸ
μεσουρανήματος παρέδωκεν Ἄρει δηλοῦντι τὸ ταραχῶδες, τῷ δὲ Διὶ τὸ
τῆς δόξης· ἦν δὲ καὶ ἡ ἀπὸ ὡροσκόπου ἄφεσις ἐπὶ τὸν Ἥλιον, ὅθεν καὶ
βασιλεῖ γνωστὸς ἐγένετο κατ᾽ ἐκεῖνον τὸν χρόνον. ἐν δὲ τῷ αὐτῷ ἔτει 85
καὶ παλλακίδας ἠλευθέρωσε διὰ τὸ εἰς τὸν περὶ δούλων τόπον Δία ὄντα
10 παρειληφέναι ἀπὸ Ἀφροδίτης. τῷ μς' ἔτει πράγματα ἔσχε καὶ ἀνασκευ- 86
ασμοὺς τηκτῶν πραγμάτων καὶ διὰ θηλυκῶν προσώπων ταραχὰς καὶ
παλλακίδων δυοῖν θάνατον· ἦν γὰρ ἡ παράδοσις ἀπὸ Ἀφροδίτης ἐπὶ Κρόνον
ἐν τῷ γαμοστολικῷ καὶ ἀπὸ Ἡλίου ἐπὶ Ἄρεα καὶ Δία· τῶν μὲν οὖν
ταραχῶν ἐπαύσατο.

15 Ἄλλη. Ἥλιος Ταύρῳ, Σελήνη, Ἀφροδίτη, ὡροσκόπος Κριῷ, Κρόνος 87
Αἰγοκέρωτι, Ζεὺς Παρθένῳ, Ἄρης Σκορπίῳ, Ἑρμῆς Διδύμοις. τῷ να' 88
ἔτει ἐξενίτευσεν, καὶ ἐπὶ βασιλέως ἐλθὼν δίκην ὑπὲρ φίλου ἀρχιερωσύνης
ἐνίκησεν· ἦν γὰρ ἡ παράδοσις ἀπὸ Σελήνης καὶ Ἀφροδίτης καὶ ὡροσκόπου
⟨ἐπὶ⟩ Ἑρμῆν ὄντα ἐν τῷ περὶ | θεοῦ καὶ βασιλέως. ἐν δὲ τῷ αὐτῷ ἔτει καὶ f.102 vs
20 τέκνου θάνατος ἐγένετο· Ἄρης γὰρ ἀπὸ θανατικοῦ τόπου Κρόνῳ παρέδω- 89
κεν ὄντι ἐν τῷ περὶ τέκνων τόπῳ.

Ἄλλη. Ἥλιος, Ἑρμῆς Σκορπίῳ, Σελήνη, Ἄρης Τοξότῃ, Κρόνος Αἰγο- 90
κέρωτι, Ζεὺς Ὑδροχόῳ, Ἀφροδίτη Παρθένῳ, ὡροσκόπος Ταύρῳ. τούτου 91
τοῦ προκειμένου θέματος ὁ υἱὸς ὡς πρὸς σύγκρισιν ἐδηλώθη, καὶ ἐκ
25 ταύτης τῆς αἱρέσεως τῷ κβ' ἔτει περὶ τὸν πατέρα ⟨θάνατος⟩ ἥκει· Ζεὺς
γὰρ Ἡλίῳ τὴν παράδοσιν ἐποιήσατο δηλοῦντι πατέρα, καὶ ἡ ἀπὸ Ἄρεως
ὄντος ἐν τῷ θανατικῷ τόπῳ πρὸς Ἀφροδίτην παράδοσις τοῦ θανάτου τὸ
αἴτιον.

Ἄλλη. Ἥλιος, Ἄρης, Ἀφροδίτη Λέοντι, Σελήνη Ὑδροχόῳ, Κρόνος Κριῷ, 92
30 Ζεὺς Ἰχθύσιν, Ἑρμῆς Καρκίνῳ, ὡροσκόπος Παρθένῳ. τῷ κδ' ἔτει 93
ἀπὸ νεκρικῶν ὠφελήθη καὶ φίλων. τῷ κς' ἔτει γάμος καὶ ὠφέλεια ⟨ἀπὸ⟩ 94
γυναικός. τῷ κθ' ἔτει διὰ θάνατον ἀλλοτρίου δούλου καὶ πρόφασιν φαρ- 95
μάκου πράγματα καὶ ταραχὰς ἔσχηκεν· Κρόνος γὰρ Ἡλίῳ, Ἄρει,
Ἀφροδίτῃ ἐν τῷ περὶ δούλων τόπῳ οὖσι τὴν παράδοσιν ἐποιήσατο· ἔτυχε

---

§§ 87−89: thema 54 (8 Mai. 107) ‖ §§ 90−91: thema 109 (27 Oct. 135) ‖
§§ 92−99: thema 63 (27 Iul. 112)

[VS] 3 τὴν] τὸν S ‖ 4 οἶκον] οἳ S ‖ ὑψωτικόν VS ‖ 8 αὐτῷ iter. V ‖ 10.11 ἀνα-
σκευὰς μυστικῶν sugg. Kroll ‖ 12 δοιοῖν V ‖ 13 δι᾽ αὐτῶν VS, Δία· τῶν Kroll ‖
15 ἄλη S ‖ 16 τῶν V ‖ 19 ἐπὶ Kroll ‖ 31 ἀπὸ sugg. Kroll ‖ 34 οὔσῃ VS, corr. Kroll

96 δὲ βοηθείας διὰ μειζόνων φιλίας ἀρρενικῶν τε καὶ θηλυκῶν. τῷ λα′ ἔτει
ἐξενίτευσεν, καὶ ἐπὶ τῆς ξένης ἡδέως μὲν καὶ ἐπωφελῶς κατ᾽ ἀρχὰς
διῆξεν, ἐξ ὑστέρου δὲ φθείρας παιδίσκην ζηλοτυπίας καὶ ταραχὰς ἔσχεν·
ἦν γὰρ ἡ παράδοσις ἀφ᾽ Ἡλίου καὶ Ἀφροδίτης καὶ Ἄρεως ὄντων ἐν τῷ
περὶ δούλων τόπῳ ἐπὶ Σελήνην, καὶ ἀπὸ ὡροσκόπου ἐπὶ Δία ⟨ἐν⟩ τῷ γα- 5
97 μοστόλῳ. τῷ δὲ λγ′ ἔτει κατεδικάσθη ὡς δοῦλον ἀπὸ νεὼς ἐκβαλών, πλὴν
ἐν τῇ καταδίκῃ φιλανθρωπίας μετέσχε διὰ τὴν ἀπὸ Ἑρμοῦ πρὸς Δία
παράδοσιν· ἡ μέντοι συνοχὴ πρόδηλος ἐγένετο ἐκ τῆς σεληνιακῆς ἐξαγώ-
νου στάσεως πρὸς Κρόνον, καθὼς ἐν τοῖς πρότερον ἐδηλώσαμεν, ὁ δὲ χρό-
νος ἀπὸ Ἄρεως καὶ Ἡλίου εἰς τὸν αἰτιατικὸν τόπον γενόμενος (τουτέστι 10
98 πρὸς Κρόνον) τὴν καταδίκην παρέσχεν. τῷ δὲ με′ ἔτει διὰ σπουδῆς μει-
ζόνων προσώπων ὡς ἐπισινὴς ἀπελύθη· ἦν γὰρ καὶ ἡ παράδοσις τοῦ τε
πρώτου χρόνου καὶ τούτου συγκεκραμένη ⟨ἐξ⟩ ἀγαθοποιῶν καὶ κακο-
99 ποιῶν. ἄλλως τε καὶ οἱ | κακοποιοὶ ὑπὸ τῆς ἡλιακῆς ἀκτῖνος ἀφαιρετικοὶ
f.103S
καὶ ἀμαυρότεροι γεγόνασι καὶ εἰς ἀσθενεστέρους τόπους πεπτώκασιν. 15
100 Ὅθεν σκοπεῖν δεήσει πάντων τῶν ἀστέρων τὰς παραδόσεις καὶ πότερον
αἱ τῶν κακοποιῶν πλεονάζουσιν ἢ αἱ τῶν ἀγαθοποιῶν ἢ ἀναμεμιγμέναι
101 εἰσίν, καὶ οὕτως ἀποφαίνεσθαι. περὶ μὲν οὖν τούτων ἐν τοῖς παραγγέλμα-
σιν ἐδηλώσαμεν· ἵνα δὲ μὴ δόξωμεν πολυλογεῖν, αὐτὰ τὰ κεφάλαια τῶν
ἀποτελεσμάτων ὑποδείξομεν, τοὺς δὲ τόπους καὶ τὰς αἰτίας οἱ ἐντυγχά- 20
νοντες ἐκ τῶν προδεδηλωμένων καταλήψονται ἢ τῶν μελλόντων.
102 Ἄλλη. Ἥλιος, Ἑρμῆς, Ἀφροδίτη Ζυγῷ, Κρόνος Ὑδροχόῳ, Ζεύς, ὡρο-
103 σκόπος Τοξότῃ, Ἄρης Παρθένῳ, Σελήνη Λέοντι. τῷ μζ′ ἔτει ἐκληρονό-
μησε φίλον, ἐν δὲ τῷ αὐτῷ καὶ γυναικὸς ἐχωρίσθη διὰ ζηλοτυπίαν καὶ
ψόγον. 25
104 Ἄλλη. Ἥλιος, Ἄρης Ταύρῳ, Σελήνη, ὡροσκόπος Κριῷ, Κρόνος Λέοντι,
105 Ζεὺς Καρκίνῳ, Ἀφροδίτη Ἰχθύσιν, Ἑρμῆς Διδύμοις. τῷ δ′ ἔτει πατρὸς
θάνατος ἐγένετο.
106 Ἄλλη. Ἥλιος, Ἑρμῆς, Κρόνος Τοξότῃ, Σελήνη Ἰχθύσιν, Ἄρης Λέοντι,
107 Ἀφροδίτη Αἰγοκέρωτι, ὡροσκόπος, Ζεὺς Ταύρῳ. τῷ με′ ἔτει τέκνων 30
108 διδύμων γέννα ἄχρηστος, ἐν δὲ τῷ αὐτῷ καὶ ἀρχιερωσύνη. τῷ να′ ἀρχὴ
109 ἐπίσημος. τῷ νβ′ ἔτει τέκνου θάνατος.
110 Ἄλλη. Ἥλιος, Ἀφροδίτη Ταύρῳ, Σελήνη Κριῷ, Κρόνος Καρκίνῳ,

§§ 102−103: thema 59 (27 Sept. 110) ‖ §§ 104−105: thema 116 (8 Mai. 153) ‖
§§ 106−109: thema 46 (4 Dec. 102) ‖ §§ 110−111: thema 84 (12 Mai. 120)

[VS] 5 τὸν γαμοστόλον VS ‖ 6 λγ′] λς S ‖ νήσου VS, νεὼς sugg. Kroll ‖ 13 συγ-
κεκραμμένη VS, corr. Kroll ‖ ἐξ Kroll ‖ 15 εἰς om. S ‖ πεπράκασιν VS, πεπτώ-
κασιν sugg. Kroll ‖ 26 ☿ et ♂ sup. lin. V ‖ 27 ♂ ♌ ♀ ♎ post ♓ V, sed del. ‖ 31 ἀρ-
χιεροσύνη S ‖ ἀρχὴ iter. V

218

Ζεὺς ⟨Ζυγῷ⟩, Ἄρης Παρθένῳ, Ἑρμῆς Διδύμοις, ὡροσκόπος Τοξότῃ. ἐν 111
τῷ λς′ ἔτει κρίσεις καὶ πράγματα ὑπὲρ τῆς γυναικὸς ἔσχε καὶ φίλων ἔχ-
θρας.

Ἄλλη. Ἥλιος, Ἀφροδίτη Ὑδροχόῳ, Σελήνη, Ζεὺς Τοξότῃ, Κρόνος 112
5 Λέοντι, Ἑρμῆς Αἰγοκέρωτι, Ἄρης, ὡροσκόπος Ζυγῷ. τῷ λε′ ἔτει ἐκιν- 113
δύνευσε συσχεθῆναι διὰ στάσιν καὶ βίαν· εἶχε γὰρ καὶ ἡ Σελήνη ἑξάγωνον
σχῆμα πρὸς Ἄρεα, καὶ αὐτὸς Ἄρης παρειληφὼς παρ᾽ αὐτῆς τὸν ἐνιαυτὸν
καὶ Κρόνῳ παραδεδωκώς· αὗται οὖν αἱ ἀντιπαραδόσεις χαλεπαὶ καὶ
ἐπιτάραχοι. ἴσχυσε δὲ Ζεὺς σὺν τῇ Σελήνῃ τυχὼν καὶ παραλαβὼν ἀπὸ 114
10 Ἡλίου καὶ Ἀφροδίτης τὸ αὐτὸ ἔτος ὄντων ἐν τῷ περὶ φιλίας τόπῳ· ὁ αὐτὸς
οὖν ἐν τῷ περὶ ξένης τόπῳ τυχὼν ἐπετέλεσε ξενιτείαν ἑκούσιον μέν,
ἐπίφοβον δέ, καὶ φίλων βοηθείας καὶ συστάσεις.

Ἄλλη. Ἥλιος, Ἄρης, Ἑρμῆς Σκορπίῳ, Κρόνος Κριῷ, Σελήνη Παρθένῳ, 115
Ζεὺς Ταύρῳ, Ἀφροδίτη Ζυγῷ, ὡροσκόπος Τοξότῃ. τῷ μβ′ ἔτει διὰ γυ- 116
15 ναῖκα ταραχαὶ καὶ ἀ|καταστασίαι καὶ ὄχλων περιβοήσεις. τῷ δὲ μδ′ δού- f.103 vs
λου βιαιοθανασία καὶ πατρὸς κλιμακτὴρ καὶ κατηγορία περὶ γένους ὡς 117
ἀδόξου καὶ περὶ βίας, πλὴν ἀπὸ φίλων ἔτυχε βοηθείας καὶ δωρεᾶς· ἐτα-
ράχθη δὲ καὶ εἰς τὸν περὶ γραπτῶν λόγον, καὶ ζημίας καὶ ἐπιθέσεως ἐπει-
ράθη καὶ ψευδοκατηγορίας, καὶ ἐπὶ δούλοις ἐλυπήθη, καὶ σωματικῶς
20 ὠχλήθη. ἑκάστη οὖν παράδοσις τὸ ἴδιον ἀποτελεῖ, ὁμοίως δὲ καὶ ἕκαστος 118
τόπος.

Ἄλλη. Ἥλιος, Ζεὺς Αἰγοκέρωτι, Σελήνη, Κρόνος Λέοντι, Ἄρης Ἰχθύσιν, 119
Ἀφροδίτη, ὡροσκόπος Σκορπίῳ, Ἑρμῆς Τοξότῃ. οἱ αἰτιατικοὶ τόποι εὑρέ- 120
θησαν Ἰχθύσι καὶ Σκορπίῳ· ἐν δὲ Σκορπίῳ Ἀφροδίτη, ἐν Ἰχθύσιν Ἄρης.
25 ὀρχηστὴς ὤν, διὰ στάσιν ὄχλων τῷ κ′ ἔτει ἐν συνοχῇ γενόμενος καὶ 121
ἀπολογηθεὶς ἡγεμόνι, διὰ φίλων βοήθειαν καὶ ὄχλων δέησιν ἀπολυθείς,
ἐνδοξότερος ἐγένετο. ἦν μὲν γὰρ ἡ παράδοσις τοῦ ἔτους ἀπὸ Κρόνου καὶ 122
Σελήνης ἐπὶ Ἄρεα καὶ τὸν αἰτιατικὸν τόπον, καὶ ἀπὸ Διὸς καὶ [ἀπὸ] Ἡλίου
ὄντων ἐν τῷ περὶ ἐξουσίας τόπῳ ἐπὶ Κρόνον καὶ Σελήνην ὄντας ⟨ἐν⟩ τῷ
30 μεσουρανήματι καὶ πρακτικῷ τόπῳ· ἄλλως τε καὶ κατὰ τὴν [διὰ ῆ] διὰ δ
αἵρεσιν σημαίνει ἀπὸ Κρόνου καὶ Σελήνης ἐπὶ Ἀφροδίτην καὶ ὡροσκόπον,
ἵνα γένηται ἡ στάσις καὶ φιλονεικία καὶ ἀντιζηλία διὰ τὴν πρᾶξιν, καὶ ἀπὸ
Ἑρμοῦ δ᾽ ἐπὶ Ἄρεα καὶ τὸν αἰτιατικὸν τόπον. πάντες οὖν οἱ ἀστέρες τῷ κ′ 123
ἔτει ἐχρημάτισαν· εὐλαβήθη ἡ γένεσις περὶ καθαιρέσεως δόξης καὶ περὶ

----

§§ 112—114: thema 89 (22 Ian. 122) ‖ §§ 115—117: thema 71 (10 Nov. 114) ‖
§§ 119—125: thema 94 (3 Ian. 123)

[VS] 10 ὂν VS, ὄντων Kroll ‖ 19 δόλοις VS, δούλοις sugg. Kroll ‖ 24 δὲ]
τῷ VS ‖ 25 ὀρχίστης S ‖ 26 ἀπολογιθεὶς S ‖ 29 ἐν Kroll ‖ 30 παρακτικῶ (?) corr.
in πρακτικῶ V

124 καταδίκης καὶ πνευματικοῦ κινδύνου. Ἀφροδίτης δὲ εὑρεθείσης ἐν τῷ
ὡροσκόπῳ καὶ ⟨Ἄρεως⟩ ἐν τῷ αἰτιατικῷ καὶ Διὸς σὺν Ἡλίῳ, εὐφαντα-
σίωτον τὴν ἀπόλυσιν ἔσχε καὶ περὶ τὴν πρᾶξιν εὐημέρησεν· ἦν γὰρ καὶ
ὁ κλῆρος τῆς τύχης Κριῷ, τοῦ δὲ ὑψώματος κατὰ τὴν γένεσιν κύριος ὁ
Ἥλιος εὑρέθη μεσουρανῶν κατὰ τὸν κλῆρον καὶ Ἄρης κατὰ τὸν δαίμονα. 5
125 ἐξ ὑστέρου τῷ λβ′ ἔτει τιμῆς καὶ δόξης καὶ βίου καθαιρεθεὶς ἀτίμως
διῆξε διὰ τὸ ἐν ἀποκλίσει τετευχέναι τὸν κλῆρον καὶ Κρόνον παρ᾽ αἵρεσιν
μεσουρανοῦντα ἐναντιωθῆναι τῷ περιποιητικῷ τόπῳ, Ὑδροχόῳ, ἰδίῳ
οἴκῳ, ὅθεν καὶ ἑαυτῷ παραίτιος τῆς καθαιρέσεως ἐγένετο, ὑβριστὴς καὶ
f.1048 ἀλαζὼν γενόμενος· | καὶ γὰρ ὁ κύριος τοῦ δαίμονος καὶ τοῦ διανοητικοῦ 10
τόπου Ἑρμῆς ἑαυτῷ ἠναντιώθη (τουτέστι τοῖς Διδύμοις).
126 Ἄλλη. Ἥλιος, Σελήνη Καρκίνῳ, Κρόνος, Ζεύς, Ἄρης Κριῷ, Ἀφροδίτη,
127 Ἑρμῆς, ὡροσκόπος Διδύμοις. τῷ κ′ ἔτει οἱ τούτου γονεῖς ἐν πανηγύρει
ληστῶν ἐφόδῳ ἀμφότεροι ἀνηρέθησαν· ἦν μὲν οὖν καὶ ἡ παράδοσις ἀπὸ
ὡροσκόπου εἰς τὸν θανατικὸν τόπον, ἐχρημάτισε δὲ μᾶλλον καὶ ἡ διὰ δ 15
ἀπὸ Κρόνου καὶ Ἄρεως ἐπὶ Ἥλιον καὶ Σελήνην, οἳ ἐτύγχανον ἐν τῷ θανα-
128 τικῷ τόπῳ δηλοῦντες πατέρα καὶ μητέρα. καὶ αὐτὸς μέντοι ἐν τῇ ταραχῇ
γενόμενος διέφυγε τὸν κίνδυνον, ἵνα καὶ ἡ Διὸς παράδοσις ἐν τῷ αὐτῷ
ἰσχύσῃ.

(V 11)   ⟨ζ′.⟩ Περὶ ἀφέσεως   20

1 Αἱ μὲν οὖν ἀφέσεις τῶν ἐνιαυτῶν ἀπὸ πάντων τῶν ἀστέρων χρηματί-
σουσιν, ἐνεργεστέρα δὲ ἐκείνη ἡ ἄφεσις κριθήσεται — ἡμέρας μὲν ἀπὸ
Ἡλίου, νυκτὸς δὲ ἀπὸ Σελήνης, μάλιστα ἐὰν ἐπίκεντροι τύχωσιν· ἔπειτα
2 ἡ ἀπὸ ὡροσκόπου. κἂν μὲν ἔλθῃ ὁ ἀπὸ ὡροσκόπου ἢ ὁ ἀπὸ Σελήνης ἢ ὁ
ἀπὸ Ἡλίου δεδομένος ἐνιαυτὸς εἴς τινα τῶν κατὰ γένεσιν ἀστέρων, χρῆ- 25
σθαι τοῖς ἀποτελέσμασιν· εἰ δ᾽ οὖν καὶ τῶν κατὰ πάροδον ἀστέρων τις
3 ἐπεμβῇ τῷ τόπῳ ἐκείνῳ, ἔσται παραδεδωκὼς τὸν χρόνον. εἰ δὲ κενὸν
τύχῃ τὸ ζῴδιον εἰς ὃ κατέληξεν ὁ ἀριθμός, ἀπὸ τοῦ κυρίου τοῦ ζῳδίου
τοῦ κατὰ γένεσιν τὸν αὐτὸν καὶ ἀποδιδόναι καὶ σκοπεῖν ὁμοίως ἐπὶ τίνα
λήγει τῶν κατὰ γένεσιν ἢ κατὰ πάροδον, καὶ πάντων τὰς ἐκβάσεις προ- 30
4 λέγειν τῶν τε τόπων καὶ τῶν ἀστέρων. κἂν μὲν ἀπὸ ἀστέρος ἐπὶ ἀστέρα
καταλήξῃ ὁ ἀριθμός, χρῆσθαι τοῖς ἀποτελέσμασι τῶν ἀστέρων· εἰ δὲ
εἰς κενά, τοῖς τῶν τόπων κυρίοις.
5 Οἷον ἐὰν ἀπὸ Σελήνης ἡ ἄφεσις γενομένη ἔλθῃ ἢ εἰς Κριὸν ἢ εἰς Σκορ-

----

§§ 126–128: thema 65 (1 Iul. 113)

[VS] 6 καὶ² om. S ‖ 9 παραίτιον S ‖ 16 οἷον VS, οἱ Kroll ‖ 27 καινὸν V, κἂν S,
corr. Kroll ‖ 32 καταλήξει S

220

πίον, ἐκεῖ δὲ μηδεὶς ἐπῇ, ἀπ᾽ αὐτοῦ δὲ τοῦ κατὰ γένεσιν Ἄρεως τὸ αὐτὸ
πλῆθος τῶν ἐτῶν δοθὲν ἔλθῃ πρὸς Κρόνον, ἔσται ἐπικίνδυνον καὶ ἐπιτάρα-
χον τὸ ἔτος καὶ ὅσα ἐὰν ᾖ παράδοσις καὶ οἱ τόποι σημαίνωσιν· τὸ δ᾽ ὅμοιον
καὶ ἀπὸ Ἡλίου καὶ ἀπὸ ὡροσκόπου διδόμενον τὸ ἔτος καὶ ἀπὸ τῶν κλήρων,
5 ἑκάστου τὸ ἴ|διον ἀποτελοῦντος κατὰ τὴν παράδοσιν ἢ παράληψιν. ἐὰν $\overset{\text{f.104vS}}{6}$
δέ πως ἐπὶ τοῦ ἔτους δύο ἐνεργήσωσιν ⟨. . .
. . .⟩ ἐξαιρέτως δὲ ἡ ἀπὸ τῶν κέντρων, εἶτα ἡ ἀπὸ τῶν ἀναφορῶν, ἑξῆς 7
ἢ ἀπὸ τῶν ἀποκλιμάτων. καὶ οἱ μὲν ἀγαθοποιοὶ ἀπὸ τῶν κέντρων καὶ 8
ὑψωμάτων ἢ χρηματιστικῶν τόπων παραδιδόντες ἢ παρα|λαμβάνοντες f.99v
10 μεγάλων ἀγαθῶν καὶ δόξης αἴτιοι καθίστανται, ἀπὸ δὲ τῶν ἐπαναφορῶν
μέσοι, ἀπὸ δὲ τῶν ἀποκλιμάτων ἀσθενέστεροι· διάμετροι δὲ ἥσσονες καὶ
ἐπιτάραχοι. ὁμοίως δὲ καὶ οἱ κακοποιοὶ ἐπίκεντροι μὲν κάκιστοι, ἐπὶ δὲ 9
τῶν ἐπαναφορῶν μέσοι καὶ ἐξ ὑστέρου τὰς αἰτίας ἐπάγοντες, ἐν δὲ τοῖς
ἀποκλίμασιν ἥσσονες τῇ κακίᾳ γενήσονται· διάμετροι δὲ ἐναντιωμάτων
15 καὶ κινδύνων εἰσὶ δηλωτικοί. ὅταν δὲ οἱ κακοποιοὶ καθυπερτεροῦντες παρὰ 10
τῶν καθυπερτερουμένων λαμβάνωσι τοὺς χρόνους, χείρονα τὰ κακὰ ἀπερ-
γάζονται, κἂν ἀγαθοποιοὺς [δὲ] διαμετρῶσι καὶ παρ᾽ αὐτῶν λαμβάνωσιν·
τριγωνίζοντες δὲ συμφωνότερα τὰ ἀποτελέσματα ποιοῦσι καὶ ἠπιώτερα.
Ἐνεργέστεροι δὲ κριθήσονται οἱ παραλαμβάνοντες ἢ οἱ παραδιδόντες. 11
20 κάλλιον μὲν οὖν τὸ ἀγαθοποιὸν ἀγαθοποιῷ παραδιδόναι ἢ κακοποιὸν 12
ἀγαθοποιῷ, χείριστον δὲ τὸ κακοποιὸν κακοποιῷ. ἐὰν δέ πως ἡ ἄφεσις 13
εἰς κενὸν κατὰ τὸ παρὸν ἔλθῃ ζῴδιον, ἐξ ὑστέρου δὲ τῷ τόπῳ ἀστὴρ ἐπεμ-
βῇ, ἔσται ἐκεῖνος παρειληφὼς τὸν χρόνον. εὐτονώτερος δὲ κριθήσεται 14
πρὸς ἀποτέλεσμα ἤτοι ἀγαθοποιὸς ἢ κακοποιὸς ἐὰν φάσιν ἐν τῷ αὐτῷ
25 ζῳδίῳ ποιήσηται, ἐὰν δὲ παροδεύῃ ἄτονος, ἐὰν δέ πως ἡ ἄφεσις εἰς κενὸν
τόπον συνεκπέσῃ ἢ ἐν τῷ α΄ ἔτει ἐπικρατεῖ ἕως ἑτέρα συνδράμῃ. αἱ μὲν 15
οὖν δύσεις καὶ οἱ ἀναποδισμοὶ τῶν ἀστέρων ἄτονοι γενήσονται, αἱ δὲ
ἀνατολαὶ καὶ ⟨οἱ⟩ στηριγμοὶ εὔτονοι, συγκρινομένων τῶν ἀποτελεσμάτων
πολυμερῶς. πρὸς τὴν ὑπόστασιν οὖν τῆς γενέσεως ⟨. . .⟩ πλουσίοις, με- 16
30 σοβίοις, ἀσχοληματικοῖς, πένησιν, | ἐργαστηριακοῖς. βεβαιότερα δὲ τὰ $\overset{\text{f.105S}}{17}$
ἀποτελέσματα κριθήσεται εἴς τε τὰ πρακτικὰ καὶ τοὺς κλιμακτηρικοὺς
λόγους ἐπὰν οἱ αὐτοὶ ἀστέρες τὸν αὐτὸν σχηματισμὸν ἐπέχωσιν ὁποῖον
καὶ ἐπὶ γενέσεως· τούτου γὰρ καὶ ὁ θειότατος Κριτόδημος μέμνηται.
ὑποδείξομεν δὲ δι᾽ ὀργάνου καὶ δι᾽ ἀγωγῆς ἑξῆς τὸ σχῆμα. 18

[VS] 4 διδόμενος V ‖ 6.7 lac. ind. Kroll ‖ 7 ἤ² corr. ex αἱ S ‖ 11 δὲ²] ἢ S ‖
13 ὑστέρους S ‖ 16 λαμβάνουσι VS, corr. Kroll ‖ 17 δὲ secl. Kroll | διαμενῶσι
VS, corr. Kroll ‖ 18 συμφανέστερα V, συμφωνέστερα S, συμφωνότερα sugg. Kroll ‖
20 τὸν VS, corr. Kroll ‖ 21 ἀγαθοποιῷ S | τὸν VS, corr. Kroll ‖ 22 καινὸν VS,
corr. Kroll ‖ 24 ζ VS, πρὸς Kroll ‖ 25 κενὸν corr. ex καινὸν S ‖ 26 ἐπικρατῇ S ‖
27 οἱ om. S ‖ 29 lac. ind. Kroll ‖ 30 ἀσχολιματικοῖς S

	♈	♉	♊	♋	♌	♍	♎	♏	♐	♑	♒	♓
♈	α	ιβ	ια	ι	ϑ	η	ζ	ϛ	ε	δ	γ	β
♉	β	α	ιβ	ια	ι	ϑ	η	ζ	ϛ	ε	δ	γ
♊	γ	β	α	ιβ	ια	ι	ϑ	η	ζ	ϛ	ε	δ
♋	δ	γ	β	α	ιβ	ια	ι	ϑ	η	ζ	ϛ	ε
♌	ε	δ	γ	β	α	ιβ	ια	ι	ϑ	η	ζ	ϛ
♍	ϛ	ε	δ	γ	β	α	ιβ	ια	ι	ϑ	η	ζ
♎	ζ	ϛ	ε	δ	γ	β	α	ιβ	ια	ι	ϑ	η
♏	η	ζ	ϛ	ε	δ	γ	β	α	ιβ	ια	ι	ϑ
♐	ϑ	η	ζ	ϛ	ε	δ	γ	β	α	ιβ	ια	ι
♑	ι	ϑ	η	ζ	ϛ	ε	δ	γ	β	α	ιβ	ια
♒	ια	ι	ϑ	η	ζ	ϛ	ε	δ	γ	β	α	ιβ
♓	ιβ	ια	ι	ϑ	η	ζ	ϛ	ε	δ	γ	β	α

19 Ὁ προκείμενος κανών ἐστι συναποκαταστάσεως πρὸς τὰς διαστάσεις
20 τῶν ἀστέρων καὶ συμπλοκάς. οἷον ὑποδείγματος χάριν Ἥλιος, Ἄρης,
Ἑρμῆς, ὡροσκόπος Τοξότῃ, Σελήνη Λέοντι, Κρόνος Παρθένῳ, Ζεὺς
21 Σκορπίῳ, Ἀφροδίτη Αἰγοκέρωτι. κεκλήρωται ἡ Σελήνη τὴν δυάδα ἐπεὶ
ἀφέστηκε Κρόνου β· ὁμοίως καὶ Ἥλιος καὶ Ἄρης, Ἑρμῆς, ὡροσκόπος ἐπὶ
Ἀφροδίτην· τὴν δὲ τριάδα Κρόνος καὶ Ζεὺς καὶ Ἀφροδίτη· τετράδα δὲ καὶ
πεντάδα Κρόνος· καὶ Σελήνη ἑξάδα· ἡ δὲ ἑβδομὰς κενὴ πάντων· ὀγδοάδα
δὲ Ἀφροδίτη· ἐννεάδα δὲ καὶ δεκάδα Ἥλιος, Ἄρης, Ἑρμῆς, ὡροσκόπος·
22 καὶ Ζεὺς δὲ τὴν δεκάδα καὶ ιᾱ· καὶ Ἀφροδίτη τὴν δωδεκάδα. ἄγει δὲ τὸ
θέμα ἔτος λα'· εὑρίσκονται οἱ χρηματίζοντες ἀστέρες καὶ οἱ κλιμακτηρί-
23 ζοντες οὕτως. ἀρχὴ δέ ἐστι τῶν προκειμένων κλιμακτήρων ἐπὶ τοῦ γ'
στίχου τῆς τριάδος· οἱ γὰρ προκείμενοι β, ἥ τε μονὰς καὶ ἡ δυάς, ἀχρη-
μάτιστοι διὰ τὸ τὴν μονάδα χρηματίζειν μέχρι ιβ, τὴν δὲ δυάδα μέχρι
24 κδ, τὴν δὲ τριάδα μέχρι καὶ λϛ, καὶ ἑξῆς ὁμοίως. θεωρεῖται δὲ οὕτως·
ἐπεὶ τὸ λα' ἔτος πίπτει εἰς τὴν ιᾱ τῆς τριάδος, κεκλήρωται δὲ Κρόνος καὶ
Ζεὺς καὶ Ἀφροδίτη ἐπὶ γενέσεως τὴν τριάδα, ἐπιζήτει τοὺς ἐπὶ καιροῦ

§ 20−35: thema 1 (15 Dec. 37)

[VS] 1−13 tab. om. VS, spat. ca. 13 lin. V ‖ 20 κοινὴ VS ‖ 24 ἀρχὴν S | ἐπὶ
VS, ἐστι sugg. Kroll | γ'] ϛ S ‖ 25 στοίχου S | δύο S ‖ 28 ἐπεί] ἐπὶ S | ϯ sup.
lin. V, τὸ S, τὴν Kroll

παροδεύοντας μήποτε τὴν ι̅α̅ παραδῶσιν ἑτέρῳ ἢ καὶ ἀλλήλοις. οἷον ἐπὶ 25
τῆς προκειμένης γενέσεως ἐπὶ τοῦ καιροῦ ἦσαν οἱ ἀστέρες Ἥλιος, Ζεύς,
Ἑρμῆς Διδύμοις, Κρόνος Παρθένῳ, Ἄρης, Ἀφροδίτη Ταύρῳ, Σελήνη
Ἰχθύσιν. οἱ δὲ κληρωσάμενοι ἀστέρες τὴν ι̅α̅ ἦσαν Ζεὺς καὶ Κρόνος καὶ 26
5 Ἀφροδίτη· εὑρίσκομεν δὲ Σελήνην ἀποκαθισταμένην τῇ Ἀφροδίτῃ, Δία
δὲ οὐδενί. εὐθέως μεταβαίνω ἐπὶ τὸν τέταρτον· εὑρίσκω τὰ λ̅β̅ ἐν τῇ ὀγδο- 27
άδι· οὐδεὶς τῶν κυριευσάντων τῆς τετράδος κλιμακτηρίζει. μεταβαίνω 28
ἐπὶ τὴν πεντάδα· | χρηματίζει δὲ τῆς πεντάδος ἡ Σελήνη καὶ Κρόνος, καὶ f.105 vs
εὑρίσκονται οὗτοι ἀλλήλοις ἀποκαθιστάμενοι. ἔρχομαι ἐπὶ τὴν ἑξάδα· 29
10 οὐδεὶς διὰ τῶν ζ̅ διέστηκεν. μεταβαίνω ἐπὶ τὸν στίχον τῆς ἑβδομάδος· 30
[εὑρίσκεται δὲ τῆς πεντάδος ὁ χρόνος ἀγόμενος] κενὴ δὲ πάντων ἀστέρων,
ὡς εἴρηται, ἡ ἑβδομὰς εὑρέθη. Ἄρης καὶ Ἀφροδίτη Κρόνῳ. ἔρχομαι δὲ 31, 32
ἐπὶ τὸν τῆς ὀγδοάδος κανόνα· κυριεύει δὲ τῆς ὀγδοάδος Ἀφροδίτη διὰ δ̅·
οὐκ ἀποκαθίσταται οὐδενί. ἑξῆς ἐπὶ τὸν τῆς ἐννεάδος κλιμακτῆρα· κυ- 33
15 ριεύσουσι δὲ τῆς ἐννεάδος Ἥλιος, Ἄρης, Ἑρμῆς, ὡροσκόπος, Ἀφροδίτη·
ἔστι δ᾽ ἐν τούτῳ τῷ στίχῳ τὰ λ̅ς̅. ἐπὶ τῆς τετραετηρίδος εὑρέθησαν 34
Ἥλιος, Ζεύς, Ἑρμῆς ἀποκαθιστάμενοι Κρόνῳ. πάλιν μεταβαίνω ἐπὶ τὴν 35
δεκάδα· κυριεύσουσι δὲ τῆς δεκάδος Ἥλιος, Ἄρης, Ἑρμῆς, Ζεύς, ὡροσκό-
πος· ἐν δὲ τῷ στίχῳ τούτῳ δ̅, διὸ καὶ εὑρίσκονται παραδιδόντες Ἥλιος,
20 Ἑρμῆς, Ζεὺς Κρόνῳ.

Ἀπαραβάτως οὖν ἐνεργεῖς καὶ χρηματιστικοὶ οἱ χρόνοι οὗτοι γίνονται 36
τῶν διαστάσεων ὅταν οἱ ἐπὶ γενέσεως κυριεύοντες αὐτῶν ἐν ταῖς ἐπικαίροις
παρόδοις ἣν εἶχον ἐπὶ γενέσεως διάστασιν ἔχουσιν.

⟨η΄.⟩ Ἄλλως περὶ κλιμακτήρων καθὼς Κριτόδημος ἀπὸ Σελήνης τὴν (V 12)
25   ἄφεσιν ποιεῖται

Οἷον Ἥλιος Ὑδροχόῳ, Σελήνη Λέοντι, Κρόνος Καρκίνῳ, Ζεὺς Διδύμοις, 1
Ἄρης Σκορπίῳ, Ἀφροδίτη Κριῷ, Ἑρμῆς Ἰχθύσιν. τὰ μὲν οὖν ι̅β̅ ἔτη πρὸς 2
τὴν τοῦ Ἄρεως ἀποδιάστασιν διὰ τῶν δ̅· ἔστι δὲ ἁπλοῦς ὁ κλιμακτήρ.
τετράκις γὰρ τὰ δ̅ γίνεται ι̅ς̅· οἱ γὰρ τετράγωνοι ἁπλοῖ, οἱ δὲ ἑτερομήκεις 3
30 σύνθετοι. ὁ δὲ ι̅η̅ πρὸς Ἀφροδίτην σύνθετος ἐκ τοῦ [τὰ] δὶς θ̅. τὰ μὲν οὖν 4, 5
β̅ ἐν Παρθένῳ, ἐν Παρθένῳ δὲ οὐδείς· ἐν δὲ τῷ θ΄ ἐστὶν Ἀφροδίτη. εἰ 6

§§ 25—35: thema 12 (11 Iun. 68) ‖ §§ 1—17: thema 36 (11 Feb. 92)

[VS] 1 παροδεύωσιν V, παροδεύσωσιν S, παραδῶσιν Kroll ‖ 7 χρηματίζει post
τετράδος V, sed punctis circumscr. ‖ 9 ἀλλήλως VS, corr. Kroll │ ἀποκαθιστανό-
μενοι V ‖ 10 στοῖχον S ‖ 11 κοινῇ VS ‖ 15—18 ὡροσκόπος — Ἑρμῆς om. S ‖ 24 ἄλ-
λως κριτοδήμου περὶ κλιμακτήρων in marg.V manu saec. XVI/XVII ‖ 27 δώδεκα S ‖
28 ἔχουσιν post ἀποδιάστασιν S │ τῶν] τὸν S ‖ 29 γίνονται S ‖ 30 τὰ secl. Kroll ‖
31 ἐστὶν om. S

223

δὲ ἦν τις καὶ ἐν Παρθένῳ, συναπεκαθίστατο ἂν διὰ τὸ καὶ †ἑνὸς ī†.
7 ἐπεὶ δὲ καὶ τρὶς ζ ὁμοίως īη, καὶ ταῦτα ἐξετάζομεν· ἀλλ᾽ οὔτε Ζυγῷ
8 τῷ τρίτῳ ἐστί τις ἀστὴρ οὔτε ἐν Αἰγοκέρωτι τῷ ἕκτῳ. πάλιν τὰ κ̄
9 σύνθετα· τετράκις γὰρ ē γίνεται κ̄, καὶ τὰ πεντάκις δ ὁμοίως. Ἄρης ὁ ἐν
10 Σκορπίῳ χρηματίζει, ἐν τῷ ε΄ Τοξότῃ οὐδείς. τὰ δὲ κ̄α ἔχει τὸ τρὶς ζ· 5
11 Ζυγῷ οὐδείς, Ὑδροχόῳ Ἥλιος· πρὸς Ἥλιον οὖν. τὰ δὲ κ̄δ ἔχει τετράκις
12 ζ· ἐν Σκορπίῳ πάλιν Ἄρης, Αἰγοκέρωτι δὲ οὐδείς. τὰ δὲ κ̄ε ἔχει τετράγω-
13 νον ἁπλοῦν ἀριθμόν· ἀλλ᾽ οὐδεὶς ἐν Τοξότῃ. τὰ δὲ κ̄ζ συνέστηκεν ἐκ
14 τῆς γ̄, θ· διὰ τριῶν ἐστιν οὐδείς, μόνη δὲ ἡ Ἀφροδίτη διὰ θ. ὁ κ̄η διὰ δ
15 f.106s πρὸς Ἄρεα καὶ διὰ ζ πρὸς Ἥλιον. ὁ μ̄ ἔχει μὲν δ καὶ ī, καὶ ē καὶ η̄· | 10
16 συμφωνεῖ δὲ πρὸς Ἄρεα διὰ τῶν δ, πρὸς Ἑρμῆν διὰ τῶν η̄. ὁ μ̄δ πρὸς
17 Ἄρεα καὶ Δία. συναποκατασταθήσονται δὲ καὶ πλείονες ἔσθ᾽ ὅτε· οἷον
ἐπὶ τοῦ μ΄ ὥσπερ ἐν τῷ δ΄ ἐστὶν Ἄρης καὶ ἐν τῷ η΄ Ἑρμῆς· εἰ ἦν τις καὶ
ἐν τῷ ι΄ καὶ ἐν τῷ ε΄, συναπεκαθίστατο ἂν αὐτοῖς.
18 Λέγει δὲ τὰ συμβαίνοντα μᾶλλον εὐτονώτερα καὶ ἐμφανέστερα γίνεσθαι 15
ἐὰν ἴδιος ᾖ ὁ τῶν ἐτῶν ἀριθμὸς τοῦ συμφωνοῦντος πρὸς τὴν ἀποδιάστασιν
ἀστέρος, οἷον οὕτως· τὰ μὲν γ̄ εἶναι Κρόνου, τὰ δὲ ē Ἀφροδίτης, τὰ δὲ
ζ Ἄρεως, τὰ δὲ η̄ Ἑρμοῦ, τὰ δὲ θ Διός, τὰ ῑγ Σελήνης, τὰ ῑη Ἡλίου.
19 ἐὰν οὖν ἅμα συνεμπίπτῃ οὗτός τε ὁ ἀριθμὸς καὶ ἡ διάστασις εἰς τὸν
αὐτὸν ἀστέρα, γίνεται χρηματίζων ἐν χρηματιστικῷ· ἐὰν δὲ ὁ ἐνιαυτὸς μὴ 20
συνεμπίπτῃ εἴς τινα τοῦ διαστήματος ἐπ᾽ αὐτὸν φέροντος, ἀχρημάτιστος
20 ἐν ἀχρηματίστῳ. καὶ ἐὰν μέν τις διάστασις χρηματίζουσα εὑρεθῇ, ἐν δὲ
τοῖς μεταξὺ ἔτεσι μὴ εὑρεθῇ, τῇ πρώτῃ χρηστέον ἕως ἑτέρα εὑρεθῇ.
21 οἷον ἐπὶ τοῦ προκειμένου θέματος ὁ κ̄η πρὸς Ἄρεα, Ἥλιον· ὁ κ̄θ οὐκ ἔχει
διάστασιν· ὁ λ̄ ἔχει μὲν γ̄ καὶ ē καὶ ζ καὶ ī· κενὰ καὶ ταῦτα τὰ ζῴδια· ὁ 25
22 δε λ̄α πάλιν οὐχ ἁρμόζει τινὶ διαστήματι. ταῦτα τὰ ἔτη ἐπικρατήσει ὅ τε
Ἄρης καὶ Ἥλιος οἱ ἐν τῷ κη΄ ἔτει χρηματίσαντες ἕως λβ΄, ὧν συναποκαθ-
ιστῶσιν Ἄρης διὰ δ καὶ Ἑρμῆς διὰ η̄.
23 Ὑποτάξομεν δὲ καὶ τὰς διαφορὰς τῶν κλιμακτήρων κατὰ τὴν τῶν
ἀστέρων χρονογραφίαν καὶ τὴν πρὸς ἀλλήλους ἀποκατάστασιν. 30
24 α΄. ἀσθενήσει καὶ ἐπίφοβος ἔσται.
25 β΄. κινδυνεύσει δι᾽ ὑγρῶν ⟨ἢ⟩ σπασμῶν.

§§ 21−22: thema 36 (11 Feb. 92) ‖ §§ 24−26: cf. App. XX 15, 2−4

[VS] 1 ι om. S ‖ 2 ϛ] γ S | ταῦτα ἐξετάζομεν] καὶ ἑξάκις τ̄π̄π̄ V ἑξάκις S ‖
3 ἀνὴρ VS, ἀστὴρ Kroll ‖ 4 σύνθετος V σύνθετο S | πεντάκι S ‖ 6 τετράκι V ‖
9 τῆς] τε S | τρὶς S ‖ 18 δὲ post τὰ⁴ S ‖ 19 τε sup. lin. V, om. S ‖ 20 χρηματιστι-
κοῖς S ‖ 25 κενὰ] καὶ α VS ‖ 29 ἀποτελέσματα in marg. V manu saec. XVI/XVII |
κλιμακτήρων S ‖ 32 cf. vel spasmis App.

γ'. Κρόνου κλιμακτήρ. ἐπισφαλής. 26
ε'. Φωσφόρου. ἀσθενήσει. 27
ϛ'. Κρόνου β'. 28
ζ'. Ἄρεως πρῶτος. ἐπικίνδυνος· πυρετοῖς, αἵμασιν, τραύμασιν, πτώμα- 29
5 σιν, ἑλκώσεσι περιτρέπων ἢ σιδήρου τομαῖς.
η'. Ἑρμοῦ πρῶτος. ἀσύνθετος. 30
θ'. Διὸς πρῶτος, Κρόνου γ'. ἐπικίνδυνος· ἀσθενήσει ἢ ῥιγοπυρέτοις 31
ὀχληθήσεται καὶ τῶν ἐντὸς ἢ κοιλίας πόνοις.
ι'. Ἀφροδίτης β'. ἀσθενήσει ἐκ πληθώρας. 32
10 ιβ'. κλιμακτὴρ Κρόνου τέταρτος. ἀπροσ|δοκήτως ἢ δι᾿ ὑγρῶν. 33
f.106vS
ιγ'. Σελήνης α'. πυρετὸς δύσκολος ἐπιγενήσεται ἢ κατάπτωσις καὶ τῶν 34
ἐντὸς ἢ θώρακος πόνοι.
ιδ'. Ἄρεως β'. ἐπικίνδυνος, δύσκολος. 35
ιε'. Κρόνου ε', Ἀφροδίτης γ'. ἀνετικός. 36
15 ιϛ'. Ἑρμοῦ β' κλιμακτήρ. σύνθετος διὰ χολέρας ἢ ἀρτηρίας καὶ δυσ- 37
αναληψίας.
ιη'. Διὸς β', Κρόνου ϛ', Ἡλίου α'. χαλεπὸς λίαν. 38
κ'. Ἀφροδίτης δ'. ἀκίνδυνος κατὰ τὸ πλεῖστον, νόσοι δὲ ἐκ πληθώρας ἢ 39
κόπου παρακολουθοῦσιν.
20 κα'. Ἄρεως γ', Κρόνου ζ'. δύσκολος καὶ ἐπικίνδυνος. 40
κδ'. Κρόνου η', Ἑρμοῦ γ'. δύσκολος διὰ μελαγχολίας καὶ ὑγρῶν. 41
κε'. Ἀφροδίτης ε'. σύνθετος. 42
⟨κϛ'. Σελήνης β'. ἐπικίνδυνος.⟩ 43
κζ'. Διὸς γ', Κρόνου θ'. μέσος. 44
25 κη'. Ἄρεως δ' κλιμακτήρ. ἐπισφαλής. 45
λ'. Κρόνου ι', Ἀφροδίτης ϛ'. ἀκίνδυνος κατὰ τὸ πλεῖστον. 46
λβ'. Ἑρμοῦ δ'. σκυλτικός. 47
λγ'. Κρόνου ἑνδέκατος. δύσκολος. 48
λε'. Ἄρεως ε, Ἀφροδίτης ζ'. ἐπικίνδυνος καὶ εὐεπιβούλευτος. 49
30 λϛ'. Διὸς δ', Κρόνου ιβ', ⟨Ἡλίου β'⟩. χαλεπὸς καὶ ἐπικίνδυνος. 50
λθ'. Σελήνης γ', Κρόνου ιγ'. ἐπισφαλὴς καὶ ἐπικίνδυνος. 51
μ'. Ἀφροδίτης η', Ἑρμοῦ ε'. οὐ χαλεπός. 52

§§ 27–32: cf. App. XX 15, 6–11 ‖ §§ 33–37: cf. App. XX 15, 13–17 ‖ § 38:
cf. App. XX 15, 19 ‖ §§ 39–40: cf. App. XX 15, 21–22 ‖ §§ 41–45: cf. App.
XX 15, 25–29 ‖ § 46: cf. App. XX 15, 31 ‖ §§ 47–48: cf. App. XX 15, 33–34 ‖
§§ 49–50: cf. App. XX 15, 36–37 ‖ §§ 51–52: cf. App. XX 15, 40–41

[VS] 1 ἐπισφαλεῖς V ‖ 7 ἐκπληθώρα post ἀσθενήσει V, sed punctis circumscr. |
ἐκ post ἢ S ‖ 8 πόνον S ‖ 10 τέταρτος] δ S ‖ 12 πόνος S ‖ 14 ἀναιρετικός S ‖
17 ϛ'] γ S ‖ 19 κόποι S ‖ 23 cf. lune secundus periculosus App. ‖ 28 ἐνδίκα-
στος V

53 μβ'. Ἄρεως ϛ', Κρόνου ιδ'. χαλεπὸς καὶ ἐπικίνδυνος.
54 με'. Διὸς ε', Ἀφροδίτης ϑ', Κρόνου ιε'. οὗτος ὁ κλιμακτὴρ καλεῖται
Στίλβων. καὶ προσέχειν δεῖ μή πως περὶ τοὺς πόδας γένηται πάϑος κατὰ
τοῦτον τὸν χρόνον, τοῦ Ἑρμοῦ χρηματίζοντος ἐν τῇ γενέσει· κινδύνους
γὰρ ἐπιφέρει ἄρϑρων καὶ ἀσϑενείας καὶ βιωτικὰ συμπτώματα καὶ 5
ἀηδίας.
55 μη'. Ἑρμοῦ ϛ', Κρόνου ιϛ'. χαλεπὸς λίαν καὶ ἐπικίνδυνος.
56 μϑ'. Ἄρεως ζ'. ἐπι|κίνδυνος ἢ αἰφνίδιος διὰ πυρετῶν ἢ αἱμαγμῶν καὶ
f.99ᵛV βιαίας αἰτίας.
57 ν'. Ἀφροδίτης ι'. ἐπικίνδυνος.   10
58 να'. Κρόνου ιζ'. νόσους, βλάβας, ἀτυχίας ἐπιφέρει.
59 νβ'. Σελήνης δ'. οὐ καλός.
60 νδ'. Κρόνου ιη', Διὸς ϛ', Ἡλίου γ'. χαλεπὸς καὶ κινδυνώδης.
61 νε'. Ἀφροδίτης ια'. οὐ κακός.
62 νϛ'. Ἄρεως η', Ἑρμοῦ ζ'. λυπηρός, σκληρός.   15
63 νζ'. Κρόνου ιϑ'. χαλεπώτατος.
64 ξ'. Κρόνου κ', Ἀφροδίτης ιβ'. ἐπισφαλής.
65 ξγ'. Κρόνου κα', Διὸς ζ', Ἄρεως ϑ'. ἀνδροκλάστης, χαλεπὸς καὶ
ϑανατηφόρος.
66 ⟨ξδ'. Ἑρμοῦ η'. οὐ λίαν κακός.⟩   20
67 ⟨ξε'. Σελήνης ε', Ἀφροδίτης ιγ'. κοινός.⟩
68 ⟨ξϛ'. Κρόνου κβ'. ...⟩
69 ⟨ξϑ'. Κρόνου κγ'. χαλεπός.⟩
70 ⟨ο'. Ἄρεως ι', Ἀφροδίτης ιδ'. δύσκολος καὶ χαλεπός.⟩
71 οβ'. Κρόνου κδ', Διὸς η', Ἑρμοῦ ϑ', ⟨Ἡλίου δ'⟩. χαλεπὸς καὶ ϑανατη- 25
φόρος.
72 οε'. Κρόνου κε', Ἀφροδίτης ιε'. ἐπικίνδυνος.
73 οζ'. Ἄρεως ια'. δύσκολος καὶ ϑανατηφόρος.
74 οη'. Κρόνου κϛ', Σελήνης ϛ'. χαλεπός.
75 π'. Ἀφροδίτης ιϛ', Ἑρμοῦ ι'. συγκρατικός.   30
76 πα'. Κρόνου κζ', Διὸς ϑ'. ἐπικίνδυνος.

§ 53: cf. App. XX 15, 43 ‖ § 54: cf. App. XX 15, 46 ‖ §§ 55−59: cf. App. XX
15, 49−53 ‖ §§ 60−63: cf. App. XX 15, 55−58 ‖ § 64: cf. App. XX 15, 61 ‖
§§ 65−68: cf. App. XX 15, 64−67 ‖ §§ 69−70: cf. App. XX 15, 70−71 ‖ § 71:
cf. App. XX 15, 73 ‖ § 72: cf. App. XX 15, 76 ‖ §§ 73−74: cf. App. XX 15,
78−79 ‖ §§ 75−76: cf. App. XX 15, 81−82

[VS] 3 καὶ del. V ‖ 5 ἀσϑενείας post καὶ³ VS, sed punctis circumscr. V ‖ 7 ιϛ']
ιβ S ‖ 8 ζ'] 2ͻ VS ‖ 9 βίας VS, cf. violentas App. ‖ 12 σελήνη S ‖ 13 νδ'] ιδ S ‖
18 ἀνδροσκάστης VS, cf. androclastes App. ‖ 20 cf. non valde malus App. ‖ 21 cf.
promiscuus App. ‖ 23 cf. difficilis App. ‖ 24 cf. discolus et difficilis App. ‖ 30 ι'] η
VS, cf. decimus App.

πδ'. Κρόνου κη', Ἄρεως ιβ'. δύσκολος καὶ κακοποιός. 77
| πε'. Ἀφροδίτης ιζ'. κοινός. f.107S
78
πζ'. Κρόνου κθ'. ἐπικίνδυνος. 79
⟨πη'. Ἑρμοῦ ια'. ...⟩ 80
5 ϛ'. Κρόνου λ', Ἀφροδίτης ιη', Διὸς ι', ⟨Ἡλίου ε'⟩. χαλεπός. 81
ϛα'. Ἄρεως ιγ', Σελήνης ζ'. δύσκολος. 82
ϛγ'. Κρόνου λα'. χαλεπός. 83
ϛε'. Ἀφροδίτης ιθ'. οὐ καλός. 84
ϛϛ'. Κρόνου λβ', ⟨Ἑρμοῦ ιβ'⟩. δύσκολος. 85
10 ϛη'. Ἄρεως ιδ'. χαλεπός. 86
ϛθ'. Κρόνου λγ', ⟨Διὸς ια'⟩. μέσος. 87
ρ'. Ἀφροδίτης κ'. οὐ κακός. 88
ρβ'. Κρόνου λδ'. χαλεπός. 89
⟨ρδ'. Σελήνης η', Ἑρμοῦ ιγ'. οὐ λίαν κακός.⟩ 90
15 ρε'. Κρόνου λε', Ἀφροδίτης κα', Ἄρεως ιε'. δύσκολος. 91
ρη'. Κρόνου λϛ', ⟨Διὸς ιβ', Ἡλίου ϛ'⟩. θανατηφόρος. 92
ρι'. Ἀφροδίτης κβ'. οὐ κακός. 93
ρια'. Κρόνου λζ'. ἐπισφαλής. 94
ριβ'. Ἄρεως ιϛ', Ἑρμοῦ ιδ'. δύσκολος καὶ δεινός. 95
20 ριδ'. Κρόνου λη'. ἐπικίνδυνος. 96
ριε'. Ἀφροδίτης κγ'. κοινός. 97
ριζ'. Κρόνου λθ', Σελήνης θ', Διὸς ιγ'. ἐπικίνδυνος. 98
ριθ'. Ἄρεως ιζ'. ἐπισφαλής. 99
ρκ'. Κρόνου μ', Ἀφροδίτης κδ', ⟨Ἑρμοῦ ιε'⟩. θανατηφόρος. 100

25 Ἔστω ὑποδείγματος ⟨χάριν⟩ Ἥλιος, Ζεύς, Ἄρης Καρκίνῳ, Σελήνη 101
Ζυγῷ, Κρόνος Τοξότῃ, Ἀφροδίτη, Ἑρμῆς Λέοντι, ὡροσκόπος Διδύμοις.
ἐτελεύτα τῷ νδ' ἔτει· ἦν γὰρ κύκλος Κρόνου μὲν ιη', Διὸς δὲ ϛ', Ἡλίου 102
δὲ γ'· τούτων συναποκατάστασις. εὑρέθη δὲ καὶ ἐν τῷ θανατηφόρῳ 103
μηνὶ Ἥλιος καὶ Ζεύς (τουτέστι Τοξότῃ). ἄλλως τε τὸν νδ' ἐνιαυτὸν ἀπὸ 104
30 θανατικοῦ τόπου παρεδίδοσαν Ἥλιος καὶ Ζεὺς καὶ Ἄρης Κρόνῳ τῷ ἐν
Τοξότῃ· χαλεπὴ οὖν ἡ παράδοσις.

---

§§ 77−78: cf. App. XX 15, 85−86 ‖ §§ 79−80: cf. App. XX 15, 88−89 ‖
§§ 81−82: cf. App. XX 15, 91−92 ‖ § 83: cf. App. XX 15, 94 ‖ §§ 84−85: cf.
App. XX 15, 96−97 ‖ §§ 86−88: cf. App. XX 15, 99−101 ‖ § 89: cf. App. XX
15, 103 ‖ §§ 90−91: cf. App. XX 15, 105−106 ‖ § 92: cf. App. XX 15, 109 ‖
§§ 93−95: cf. App. XX 15, 111−113 ‖ §§ 96−97: cf. App. XX 15, 115−116 ‖
§ 98: cf. App. XX 15, 118 ‖ §§ 99−100: cf. App. XX 15, 120−121 ‖ §§ 101−104:
thema 50 (17 Iul. 104)

[VS] 6 ζ'] ε S ‖ 8 καλό S ‖ 14 cf. *non valde malus* App. ‖ 21 κοινά S ‖ 30 παρε-
δίδωσαν V   παραδίδωσαν S

105 Ἐπὶ πάσης οὖν γενέσεως ἔδοξε μὴ μόνον ἀπὸ τῆς Σελήνης τὴν ἄφεσιν
τῶν κλιμακτήρων ποιεῖσθαι, ἀλλὰ καὶ ἀπὸ πάντων τῶν ἀστέρων ἐξ ὧν
106 οἵ τε θανατηφόροι χρόνοι καὶ βιωτικοὶ σκυλμοὶ συννοηθήσονται. κἂν
μὲν οἱ βιώσιμοι χρόνοι κατὰ τὰς προκειμένας αἱρέσεις συντρέχωσιν,
ἀπαραβάτως ὁ κλιμακτὴρ ἐπακολουθήσει· ἐὰν δὲ ἡ μὲν ὑπόστασις 5
διάστασιν ἔχῃ, συνεμπέσῃ δὲ κλιμακτηρικὸς χρόνος, περὶ τὰς πράξεις
καὶ βιωτικὰς ἀφορμὰς συντελεσθήσεται, οἷον ἀδοξίαι, καθαιρέσεις,
βίαι, καταδίκαι, ναυάγια, κρίσεις, συνοχαί, φυγαδεῖαι, φόβοι, ἀπώλειαι,
ζημίαι, αἰφνίδιοι κίνδυνοι, ἐπήρειαι, συλήσεις καὶ τὰ ἄλλα ὅσα τῷ τῶν
ἀνθρώπων βίῳ αἴτια καθίστανται, σίνη τε καὶ πάθη καὶ ἀκρωτηριασμοί, 10
107 καύσεις, τομαί, ἀσθένειαι, ἐπισφαλεῖς ἐπιβουλαί. κἂν μὲν συναποκαθιστά-
f.107vs μενοι οἱ ἀστέρες οἱ κλιμακτηρίζοντες | εὑρεθῶσιν ἐπὶ τῆς γενέσεως
ἐναντιούμενοι ἢ καὶ ὑπὸ κακοποιῶν κατοπτευόμενοι καὶ παρ᾽ αἵρεσιν
πεπτωκότες, ἐπισφαλῆ καὶ ἐπιτάραχον τὸν χρόνον προδείξουσιν· ἐὰν δὲ
οἰκεῖον σχῆμα ἔχωσιν, τὰς τῶν αἰτιῶν ἐπιφορὰς ἀμαυρώσουσι καὶ 15
108 ἠπιώτερον τὸν κλιμακτῆρα κατασκευάσουσιν. εὔτονοι μὲν οὖν καὶ ἀπὸ
τῶν ἰσαναφόρων ζῳδίων αἱ παραδόσεις ἢ παραλήψεις κριθήσονται, οἷον
ἀπὸ Κριοῦ εἰς Ἰχθύας καὶ ἀπὸ Ταύρου εἰς Ὑδροχόον καὶ ἀπὸ Διδύμων εἰς
Αἰγόκερωτα καὶ ἀπὸ Καρκίνου εἰς Τοξότην καὶ ἀπὸ Λέοντος εἰς Σκορπίον
καὶ ἀπὸ Παρθένου εἰς Ζυγόν· ὁμοίως καὶ τὰ ἐναλλάξ. 20
109 Καὶ ταῦτα μὲν ἡμεῖς νήφοντι λογισμῷ καὶ πολυμερίμνοις ἀνίαις
δοκιμάσαντες μετὰ πολλοῦ πόνου προεθέμεθα τοῖς γε νοῦν ἔχουσι καὶ
ὥσπερ οἱ παλαιοὶ καὶ περὶ ταῦτα ἠσχολημένοι ἔπραττον δυνάμενοι
110 ἐξομοιοῦσθαι καὶ συμπάσχειν. ἀλλὰ νῦν ῥᾳδίως μὲν τούτων ⟨τις τῶν⟩ τὴν
ἐπιστήμην νοθευόντων λόγοις κεκαλλωπισμένοις καὶ ποικίλαις μεθόδων 25
ἀγωγαῖς πείσειεν ⟨ἂν⟩ οὐ μόνον τοὺς τῆς θεωρίας ἀμυήτους, ἀλλὰ καὶ
τοὺς ποσῶς αὐχοῦντας ἢ ἐν μεγάλῃ δόξῃ καθεστῶτας διὰ τὸ ἀκατάληπτον
111 τῆς περὶ αὐτὸν γοητείας τε καὶ τόλμης. τὰ γὰρ ἀποπτώματα μὴ κρίνων
ἐναντιώματα εὐημερεῖ διὰ τοῦ θάρσους μὴ ἔχων ἐρύθημα ἔλεγχον
ἀμαθίας, ἀλλ᾽ ὥσπερ τραγικὸν ἢ κωμικὸν πρόσωπον περικείμενος 30
112 σκηνοβατεῖ, πλάνης μᾶλλον ἢ ἀληθείας τρόπον κεκτημένος. ὁ δὲ ἀπὸ
δογμάτων καὶ ἀπὸ θεωρημάτων φερόμενος, πολυχρονίαν μάθησιν μὴ
βουλόμενος καταρρῖψαι, ἐπερειδόμενος τῇ ἐμπειρίᾳ ἅτε δὴ βακτηρίᾳ,

---

§§ 105–108: cf. App. XX 15, 123–126

[VS] 7 ἀδοξίας VS, corr. Kroll ‖ 8 βίαν V | καταδίκηξ S ‖ 9–10 τῶν ... βίων
corr. in τῷ ... βίω V ‖ 13 ὑπὸ] ἀπὸ VS ‖ 15 ἀμαυρώσωσι VS, corr. Kroll ‖ 17 ἰνα-
ναφόρων VS, corr. Kroll | παραδώσεις V ‖ 22 γε sup. lin. V ‖ 23 δεινοὶ post ταῦ-
τα S ‖ 24 τις τῶν Kroll ‖ 25 κεκακαλλωπισμένοις V ‖ 26 ἂν Kroll ‖ 28 αὐτῶν VS,
αὐτὸν sugg. Kroll ‖ 29 ἐρίθημα S ‖ 30 κωμηκὸν S | παρακείμενος VS, corr. Kroll ‖
33 ἅτε] εὖτε S

ANTHOLOGIAE V 8

βραδέως μὲν καὶ δεδιότως φθέγγεται καὶ τῇ διανοίᾳ συννεκρούται,
λογιζόμενος τὸ μὲν ἀπόπτωμα φυγῆς ⟨καὶ⟩ θανάτου ἄξιον, τὸ δὲ ἐπίτευγμα
κέαρ πεπονημένον ἀρετῆς. τοῦτο δὲ περὶ τοὺς ἀμαθεῖς ἢ μετὰ ἀκριβείας 113
μὴ φέροντας τὸν χρόνον ἢ τὴν ὥραν γίνεται, ὅθεν ἐχρῆν τοὺς μάλιστα f.108S
5 μετὰ ἀσφαλείας βουλομένους ἀκούειν περὶ τῶν ὄντων καὶ ἑπομένων,
κρίναντας τοὺς ἄνδρας οἵτινες εἶεν μετὰ πάσης σπουδῆς συναγωνίζεσθαι
καὶ ἐξομολογεῖσθαί τινα τῶν πραγμάτων, ὅπως καταλαμβανόμενος ὁ
προγνωστικὸς τὰς κεντροθεσίας ἀκριβεῖς ἢ καὶ τοὺς δυναστικοὺς τόπους
ἐξ ἀριθμῶν καὶ ἀγωγῆς περὶ τῶν ὄντων ἀποφαίνηται. πολλάκις γάρ, 114
10 καθὼς προεῖπον, οὐ μόνον αὐτοὶ ἀλλὰ καὶ οἱ τούτων γεννήτορες τὰς
ὥρας διαψευδόμενοι ἀδικοῦσι τὴν ἐπιστήμην· ὁμοίως γὰρ καὶ αὐτὸς ἐκ
τῶν ἐμῶν φυτοσπόρων κατελαβόμην. ἀλλὰ ταῦτα μὲν οὖν οὐ πράσσουσιν, 115
βουλόμενοι ἐν στιγμῇ περὶ τῶν καταθυμίων καὶ μὴ συγκεκραμένων
ἀκούειν καὶ ἀδυνάτων πραγμάτων ἐπιτυγχάνειν διά τινος μυστικῆς
15 κακουργίας, ἀκούοντες μὲν παρὰ τῶν ἀμαθῶν καὶ πρασσόντων μετὰ προ-
θυμίας ἃ μὴ θέμις, ἡδόμενοι παραυτίκα ἐπαίνῳ καὶ τιμαῖς ἀμείβονται
τοὺς πολεμίους, κακολογοῦσι δὲ τοὺς σεμνοὺς καὶ ἐμπείρους ὡς μὴ
δυναμένους μήτε οὕτως ῥᾳδίως ἀποφαίνεσθαι μήτε πράσσειν λεπτομερῶς,
οὐκ εἰδότες ὅτι μετὰ πολλοῦ πόνου καὶ ζητήματος τὰ πράγματα ἑκά-
20 στης γενέσεως καταλαμβάνεται. ἐξ ὑστέρου δὲ σφαλέντες τῶν προσδοκω- 116
μένων καὶ μετανοοῦντες ἐπισφαλῶς καὶ ἀνιαρῶς οὐ μόνον ψόγον κατὰ
τῶν ψευσαμένων ἐπεισφέρουσιν, ἀλλὰ καὶ τὸ μάθημα ἀνύπαρκτον φημί-
ζουσι καὶ τοὺς μεταχειριζομένους ἐχθροὺς ἡγοῦνται. συμβαίνει δὲ δι' 117
ὀλίγους καὶ ἀναξίους τῆς ἐπιστήμης πολλοὺς ἀτιμάζεσθαι.

25 Οὐεττίου Οὐάλεντος Ἀνθολογιῶν βιβλίον ε' τετέλεσται.

[VS] 1 συνεκρούται S ‖ 2 καὶ Kroll ‖ 3 πεπονημένης S ‖ παρὰ τὰς S ‖ 5 ἑσο-
μένων Kroll ‖ 8 ἀκριβὴς S ‖ τινας VS, τοὺς sugg. Kroll ‖ 9 ἀποφαίνεται VS, corr.
Kroll ‖ 13 συγκεκραμμένων S ‖ 15 πράσσοντες VS, πρασσόντων sugg. Kroll ‖
25 Οὐεττίου – τετέλεσται om. S

229

(VI pr.)   α΄. *Προοίμιον*

f.108ᵛ S

1   Πᾶσα μὲν οὖν ἐπιστήμη καὶ τέχνη ἀρεστὴ κατὰ ⟨τὴν⟩ τοῦ | ἐπάγοντος
πρᾶξίν τε καὶ σύνεσιν ἢ καὶ σώματος ἕξιν οἰκείαν ἢ ἀνάρμοστον πρὸς τὴν   5
2 πρᾶξιν. ὅθεν καὶ πολλοὶ μέμφονταί τε καὶ χλευάζουσι τοὺς πλησίον,
ἐπεὶ μὴ τῆς αὐτῆς κεκοινωνήκασι πράξεως· ὅπερ ἐστὶν ἀδύνατον καὶ
ἀσύμφορον πάντας τὰ αὐτὰ εἰδέναι, ἴδιον δὲ ἕκαστος ἀγαθὸν ἡγούμενος
3 ⟨ἃ⟩ κέκτηται συμβούλεσθαί τε καὶ φρονεῖν δοκεῖ βέλτιστα. πολλάκις γὰρ
εὑρίσκεταί τις ὢν δημιουργὸς καὶ μεθοδικὸς πρὸς τὰς ἐπιβολὰς τῶν 10
πράξεων καὶ ἐπιτευκτικὸς κἂν ἄπειρος γραμμάτων ἐπιτυγχάνῃ, ὁ δὲ
πάνυ πεπαιδευμένος ῥᾳδίως ἁλίσκεται ὡς ἄπειρος τῶν πρακτέων, ὑπ᾽ ἀφε-
λότητος καὶ ἀδιοικησίας προδεδομένος· καὶ οὗτος ὀδυνώμενος ματαίαν
ἡγεῖται τὴν τῆς παιδείας ἐπιβολὴν καὶ εὐδαίμονα προκρίνει τὸν ἀμαθῆ.
4   Ταῦτα δὲ εἱμαρμένης καὶ τύχης ἐστὶν ἔργα, αἵτινες ἀφάτως ἠρέμα 15
συνερχόμεναι τοῖς ἀνθρώποις οὓς μὲν μακαρίους, οὓς δὲ κακοδαίμονας
5 ἀπεργάζονται ἀλογίστως καὶ ἀπρεπῶς. καὶ οὕτως διὰ πλάνης καὶ
κακουργίας ὁ βίος ὁδεύων ἃ μὲν αὔξει καὶ δοξάζει καὶ εἰς εὐημερίαν καὶ
προφάνειαν ἄγει, ὡς καὶ πολλοὺς ἐραστὰς τῶν τοιούτων γίνεσθαι, ἃ δὲ
λυπεῖ καὶ φθείρει καὶ μαραίνει καὶ εἰς λήθην καὶ κίνδυνον καὶ μῖσος 20
μεταφέρει, τινὰς δὲ εἰς τὰς ἐχθίστας αὐτοῖς τέχνας καὶ ἐπιστήμας
μετατρέψας ἀμετανόητον γνώμην καὶ πρᾶξιν καὶ τύχην ἐνηρμόσατο.
6 ταῦτα δὲ πάντα τελίσκεται καὶ γίνεται μεθ᾽ ἡδονῆς καὶ ἁρμονίας καὶ
λύπης κατὰ τὰς τῶν καιρῶν μεταβολὰς καὶ τὰς τῶν χρόνων ἀνακυκλήσεις.
7   Προέγραψα μὲν οὖν ταῦτα καὶ αὐτὸς σεμνυνόμενος ἐπὶ τῇ περιχυθείσῃ 25
μοι ὑπὸ τοῦ δαίμονος οὐρανίᾳ θεωρίᾳ, ἥτις νῦν ἀτιμάζεται καὶ ἀπελαύνεται
καίπερ προγενεστέρα ὑπάρχουσα καὶ τὰ πάντα διέπουσα ἐν τῷ βίῳ, ἧς

[VS] 1 Οὐάλεντος om. S ‖ 3 α΄ in marg. V, om. S ‖ 4 τὴν Kroll ‖ 6 ἕξιν VS,
πρᾶξιν sugg. Kroll | τε sup. lin. V ‖ 7 μὴ] μὲν S ‖ 8 ἑκαστοῦ^{ος} V ‖ 9 ἃ sugg. Kroll |
συμβαίνει VS ‖ 11 ἐπιτυγχάνει VS, corr. Kroll ‖ 12 παθῶν VS, πρακτέων sugg.
Kroll | ὑπὸ S ‖ 13 ὁ δυνάμενος VS, ὀδυνώμενος Kroll ‖ 17 οὗτος δὲ VS, οὕτως διὰ
Kroll ‖ 18 ὁδεύων ὁ βίος S ‖ 21 ἐχθίστους VS, corr. Kroll ‖ 24 ἀνακυκλίσεις S ‖
25 ἐπὶ τὴν περιχυθεῖσή^{μ} V ‖ 27 καὶ VS, καίπερ Usener

230

ἄνευθεν οὐδὲν οὔτ᾽ ἔστιν οὔτ᾽ ἔσται, ποτὲ δὲ ἐπίφθονον δοκεῖ καὶ τοὔνομα
κεκτῆσθαι, ὅτε οἱ πρὸ ἡμῶν | ἐπὶ τούτῳ ηὔχουν καὶ ἐμακαρίζοντο. f.109s
ἄρχομαι οὖν καὶ ζηλωτῆς τυγχάνω τῶν παλαιῶν βασιλέων τε καὶ τυράννων 8
[καὶ] τῶν περὶ τὰ τοιαῦτα ἐσπουδακότων, ἐπεὶ μὴ τοῖς αὐτοῖς ηὐτύχησα
5 βιῶναι χρόνοις εὐπαρρησίαστον καὶ ἄφθονον τὸν αἰθέρα καὶ τὴν ἀναζήτη-
σιν κεκτημένοις. εἰς τοσοῦτον γὰρ ἐπιθυμίας καὶ ἀρετῆς ἔσπευσαν ὡς τὰ 9
ἐπὶ γῆς καταλιπόντας οὐρανοβατεῖν, ἀθανάτοις ψυχαῖς καὶ θείαις καὶ
ἱεραῖς γνώμαις συνεπιστήσοντας, καθὼς καὶ ὁ Νεχεψὼ ἐμαρτύρησε
λέγων·

10   ἔδοξε δή μοι πάννυχον πρὸς ἀέρα
    ⟨...........................⟩
    καὶ μοί τις ἐξήχησεν οὐρανοῦ βοή,
    τῇ σάρκας [μὲν] ἀμφέκειτο πέπλος κυάνεος
    κνέφας προτείνων,

15 καὶ τὰ ἑξῆς. τίς γὰρ οὐκ ἂν κρίναι ταύτην τὴν θεωρίαν πασῶν προὔχειν 10
καὶ μακαριωτάτην τυγχάνειν, ἐν ᾗ Ἡλίου μὲν τακτοὶ δρόμοι κατὰ
πρόσθεσιν καὶ ἀφαίρεσιν ἀριθμῶν τροπαῖς ἐπεμβαίνοντες καιρῶν
μεταβολὰς προσημαίνουσιν, ἀνατολὰς καὶ δύσεις, ἡμέρας καὶ νύκτας,
ὡρῶν, καιρῶν κρύος καὶ θάλπος, ἀέρων εὐκρασίας, ἔτι δὲ συνιδεῖν ἔστι
20 καὶ Σελήνης ἀνωμάλους δρόμους, προσνεύσεις τε καὶ ἀναχωρήσεις,
αὐξήσεις τε καὶ μειώσεις, ὕψος τε καὶ βάθος, ἀνέμων φοράς, συναφὰς καὶ
ἀπορροίας, ἐκλείψεις τε καὶ σκιασμούς, καὶ τὰ λοιπὰ πάντα; ἐκ τούτων 11
δοκεῖ συνεστάναι τά τε ἐπὶ γῆς καὶ θαλάσσης καὶ οὐρανοῦ, καὶ ἀρχὴ καὶ
[τὸ] τέλος τῶν γενομένων. τῶν δὲ λοιπῶν ἀστέρων ε̄ αἱ πορεῖαι καὶ 12
25 ἄστατοι δρόμοι καὶ ποικίλαι φάσεις, ἀλλὰ καίπερ ἀνώμαλοι καὶ πλανῆται
ὀνομαζόμενοι, ἐστηριγμένην τὴν φύσιν κέκτηνται καὶ διὰ τακτῶν ἀνακυ-
κλήσεων καὶ περιόδων εἰς τοὺς αὐτοὺς ἀποκαθίστανται τόπους.
Τὰ νῦν δὲ ἡ ἐξίχνευσις καὶ κατόρθωσις τῶν πραγμάτων ὑπὸ τοῦ φόβου 13
ἀμαυροῦνται καὶ προμαραίνονται, ἡ δὲ διάνοια ἀρνουμένη καὶ ἀστήρικτος
30 λογισμοῦ ὑπάρ|χουσα ἐν τοῖς αὐτοῖς οὐκ ἐπιμένει, ⟨ἀλλ᾽⟩ ἄλλοτε ἀλλαχοῦ f.109vs
πηδῶσα τὴν πρώτην λήθην ἀναλαμβάνει. εὐπροαίρετος δέ τις ὢν καὶ 14
φιλόκαλος ῥᾳδίως ὄκνον ἀναλαμβάνει καὶ ἀμαθίαν αἱρεῖται μᾶλλον ἢ
ἐπικίνδυνον ἀρετήν, ἀλλ᾽ ὅμως ἐπὶ πάντων ἡ ἐπιθυμία κρατεῖ καὶ κο-
λαζομένη καὶ λυπουμένη ἐπιμένει ἐπὶ τοῖς αὐτοῖς. ἐμὲ δὲ οὔθ᾽ ἵππων 15

[VS] 1 ὁπότε VS, ποτὲ Kroll ‖ 4 καὶ secl. Reitzenstein ‖ 6 ἔσπευσα V, ἐσπού-
δασαν S, corr. Usener ‖ 10 δέ VS | πάννυχον S ‖ 11 lac. ind. Kroll ‖ 13 κυανόχροα
VS ‖ 19 καιρῶν secl. Kroll ‖ 20 καί¹ om. S ‖ 24 τὸ secl. Reitzenstein | δὲ] τε S |
ε in marg. S ‖ 29 ἀμοιροῦνται VS, corr. Kroll ‖ 30 ἀλλ᾽ Kroll

231

VETTIVS VALENS

δρόμοι ποικίλοι καὶ ταχεῖα μάστιγος ῥοπὴ ἀνεπτέρωσεν οὔτε ῥυθμοὶ
ὀρχηστῶν καὶ δι' αὐλῶν καὶ Μούσης καὶ κεκλασμένης ἀοιδῆς θέλξις ὡς
ματαία ἔτερψεν οὔθ' ὅσα ποτὲ διὰ μεθόδων ἢ χλεύης ἐπάγεται τοὺς
ἀκούοντας, ἀλλ' οὐδὲ μὴν ἐπιβλαβέσι καὶ ἐπωφελέσι πράξεσιν ἡδονῇ
καὶ λύπῃ μεμερισμέναις ἐκοινώνησα οὔτε μυσαράς τε καὶ ἐπαχθεῖς 5
⟨ἑταίρας⟩ ἔσχον, ἀλλὰ θείᾳ καὶ σεβασμίᾳ θεωρίᾳ τῶν οὐρανίων ἐντυχὼν
ἠβουλήθην καὶ τὸν τρόπον μου ἐκκαθᾶραι πάσης κακίας καὶ παντὸς
16 μολυσμοῦ καὶ τὴν ψυχὴν ἀθάνατον προλῆψαι. ἔνθεν καὶ τὰ θεῖά μοι
προσομιλεῖν ἐδόκει καὶ τὸ διανοητικόν μου πρὸς τὴν ἀναζήτησιν νηπτικὸν
17 ἐκεκτήμην. ἐπεὶ οὖν πολλά τε καὶ θαυμαστὰ συνέταξα δυνάμενα παρὰ 10
τοὺς ἀρχαίους πείσειν τοὺς ἐντυγχάνοντας, ἀναπολήσας ὅτι οἱ ἀρχαῖοι
πολλὰς ἀγωγὰς προέθεντο δυσλύτους καὶ αἰνιγματώδεις, ἀναγκαίως
ἔσχον ἐν ταύτῃ τῇ συντάξει μυστικὰς καὶ ἀπορρήτους ἀγωγὰς προτάξαι
18 περί τε χρόνων ἐμπράκτων καὶ περὶ ἐσομένων. οὕτως γὰρ εὐκατάληπτος
φανεῖσα ἡ ἐπιστήμη καὶ ὑπὸ τῆς ἀληθείας στηριζομένη τὸ μὲν μῖσος 15
ἀποδιώξει, μετάνοιαν δὲ πολλὴν ἐνδειξαμένη ἱερὰ καὶ σεβάσμιος προ-
19 δειχθήσεται. εἰ δὲ δοκεῖ πολλάκις περὶ τῶν αὐτῶν λέγεσθαι, ἀδιάφορον·
ἃ μὲν γὰρ ἐντυγχάνων τοῖς προγενομένοις συνέτασσον διὰ τὸ τῆς ἐπιθυ-
μίας καὶ εὑρέσεως αἰφνίδιον (ἐνθουσιᾷ γὰρ ὁ συγγράφων, μάλιστα δὲ περὶ
f.110S τούτων, καὶ θεῷ προσομιλεῖν | δοκεῖ), ἃ δὲ καὶ ἐπίτηδες, ⟨ὥστε⟩, εἴ τις 20
φθόνος προσδραμὼν λυμήνηται τὰς συντάξεις ἡμῶν, εὑρεθῆναι καὶ ἐν
ἑτέροις συγγεγραμμένα.

(VI 1) β'. Περὶ ἐμπράκτων καὶ ἀπράκτων χρόνων κατὰ τὴν τῶν χρόνων μοιρικὴν
διάστασιν καὶ συναφήν

f.100V
1 | Καὶ ἡ μὲν τῶν χρόνων διαίρεσις κατὰ ζῳδιακὴν καὶ πλατικὴν ἀπο- 25
τελεσματογραφίαν ἐν τοῖς ἔμπροσθεν ἡμῖν δεδήλωται, νυνὶ δὲ περὶ
μοιρικῆς διαστάσεως καὶ συναφῆς λεκτέον, ἣν καὶ πρότερον ἠνιξάμην,
2 ἡ δὲ πεῖρά με προηγάγετο ἐπιδιασαφῆσαι. ἐπὶ πάσης γενέσεως ἀκριβῶς
ἀστερίσαντας τὸν χρόνον μοιρικῶς ἐκ τῆς τῶν Αἰωνίων κανόνων πραγ-
ματείας χρὴ λαμβάνειν ἀπὸ ἑνὸς ἑκάστου ἀστέρος μοίρας ἐφ' ὃν βούλεταί 30
τις, ἤτοι σύνεγγυς ὄντα ἢ πόρρωθεν, κατὰ τὸν ἐπιδεχόμενον χρόνον καὶ

§§ 2−3: cf. App. XIX 45−48

[VS] 1 ταχεῖαν V, ταχεῖαι S, corr. Kroll | ῥοπὴν VS, corr. Kroll ‖ 6 ἑταίρας
Usener ‖ 7 τόπον VS, corr. Kroll ‖ 8 εδει (lineola inductum) post μοι V ‖ 9 προ-
ωμ̄ῑ εῖν V | νήπτικον V, νιπτικὸν S ‖ 11 ἀναπολέσας VS, corr. Kroll ‖ 18 ἕνα VS, ἃ
Kroll ‖ 20 ὥστε Diels ‖ 23 β' in marg. V, om. S ‖ 24 δίστασιν V ‖ 25 καὶ¹ secl.
Kroll ‖ 30 ὧν VS, ὃν Kroll ‖ 31 καὶ VS, ἢ sugg. Kroll

232

τὴν ἀκολουθίαν τῶν ζῳδίων μέχρις ἄλλου ἀστέρος μοιρικῆς συναντήσεως,
καὶ συλλογισάμενον τὸ πλῆθος τῶν μοιρῶν κατατάσσειν εἰς τὰς ἑκάστου
ἀστέρος περιοδικὰς ὥρας καὶ ἡμέρας, μῆνας, ἐνιαυτούς, καὶ κατὰ τὸν
συντελειωθέντα χρόνον προλέγειν τὰ τῶν ἀστέρων ἀποτελέσματα ἔκ τε
5 τῆς ἰδίας φυσικῆς ἐνεργείας καὶ ἐκ τῆς τῶν παραδόσεων πρὸς ἕκαστον
ἀποτελεσματογραφίας. ἐὰν δέ πως ὁ συναχθεὶς ἀριθμὸς ἥττων ᾖ τοῦ 3
χρόνου, σκοπήσαντας τὸ λεῖπον πόσον ἐστὶ προλέγειν μετὰ τοσοῦτον
χρόνον γίνεσθαι τὸ ἀποτέλεσμα· ἐὰν δὲ πλεονάζῃ, ἀφελόντας τὸν συνέχον-
τα πάλιν τὰς λοιπὰς ἀπὸ τῆς ἀφετικῆς μοίρας ἀπολύειν καὶ σκοπεῖν μή
10 τινες τῶν ἀστέρων ἀκτῖνες προσνεύσωσι τῇ μοίρᾳ ἤτοι κατὰ γένεσιν ἢ
κατ᾽ ἐπέμβασιν· οὕτως γὰρ εἴωθεν ἐξαίρετα καὶ μεγάλα γίνεσθαι
ἀποτελέσματα. πολλάκις γάρ, τῆς πλατικῆς διαιρέσεως μηδὲ φαινούσης 4
τι καὶ ἄλλοτε μετὰ τὸν συνέχοντα τὸν περιλειπόμενον χρόνον, εἰς ἥττονα
μηνῶν καὶ ἡμερῶν ἀριθμὸν κατατάξαντας καὶ συνέχοντας | ἁρμοσαμένους f.110vS
15 κατὰ ἀνακύκλησιν ἀπολύειν μέχρι τοῦ ζητουμένου χρόνου.

Ἄλλως τε καὶ ποικίλαι ἀφέσεις καὶ κολλήσεις γινόμεναι τῶν τε ἀγαθο- 5
ποιῶν καὶ κακοποιῶν ποικίλα καὶ ἀλλεπάλληλα καὶ εὐμετάθετα τὰ
ἀποτελέσματα προφαίνουσιν. καὶ γὰρ ἔστι συνιδεῖν πολλοὺς οἳ ἑνὶ χρόνῳ 6
πολλῶν ἐπειράθησαν πραγμάτων, ἀθρόως συνεκπεσουσῶν τῶν ἀφέσεων
20 ἢ χρηματισασῶν κατὰ τὴν τῶν ζητουμένων χρόνων ἁρμονίαν· ἔνιοι
δ᾽ οὐδ᾽ ὅλως μεταβολὴν ἔσχον ἀγαθοῦ τε καὶ κακοῦ, ἀλλὰ τοῖς αὐτοῖς
ἐπέμειναν· τινὲς δὲ δοξασθέντες ἢ καὶ εἰς ἀνυπέρβλητον τύχην χωρήσαντες
κατὰ τὴν ἐξ ἀρχῆς καταβολὴν καὶ ὑπὸ πολλῶν μακαρισθέντες θανάτῳ ἢ
κινδύνῳ περιέπεσον· ἕτεροι ἐν χαλεπῇ καιροῦ περιστάσει γενόμενοι ἢ καὶ
25 ἀστοχήσαντες τῷ βίῳ καὶ μηδεμίαν ἀγαθὴν ἐλπίδα προσδοκήσαντες,
ἀλλὰ ματαίως ὀδυνηθέντες, εἰς τὰς αὐτὰς πάλιν ἐπαλινδρόμησαν τύχας
ἢ καὶ μείζονα τὴν φαντασίαν ἐκτήσαντο. ἔσθ᾽ ὅτε γάρ τις ἐκλείψει 7
παράδοσις ἐμπεσοῦσα καὶ μεγάλην ἀπειλὴν ἐνδειξαμένη ἠμαυρώθη ὑπὸ
τοῦ κατὰ ἁρμονίαν χρόνου ἑτέρας ἀγαθοποιοῦ παραδόσεως, ὁμοίως δὲ
30 καὶ ἡ τῶν ἀγαθοποιῶν κωλύεται ὑφ᾽ ἑτέρας κακωτικῆς αἰτίας. καὶ οἱ μὲν 8
συνέχοντες μοιρικοὶ ἀριθμοὶ οἱ αὐτοὶ ἐξ ἀρχῆς παραμένουσι καὶ ἐπὶ
τοσοῦτον ἀπολύονται ἀνακυκλούμενοι ἐφ᾽ ὅσον ἂν ὁ ζητούμενος χρόνος
χωρῇ· καὶ ἐπὶ μὲν τῶν πρακτικῶν καὶ ἐνιαυσιαίων ἀφέσεων κατά τινας
ἁρμονικοὺς ἀριθμοὺς εἰς τοὺς αὐτοὺς τόπους ἢ καὶ τοὺς ἀστέρας συνεκ-

---

[VS] 6 ἀποτελεσματογραφίαν VS, corr. Kroll | ἥττον VS, corr. Kroll ‖ 10 ἀκτί-
νας VS, corr. Kroll ‖ 13 ἄλλο VS ‖ 14 κατάξαντας VS, κατατάξαντας sugg. Kroll ‖
15 κύκλησιν S ‖ 16 κονήσεις S ‖ 18 συνειδεῖν S | πολλοί VS, πολλοὺς οἱ Kroll ‖
19 συνεκπεσῶν V ‖ 23 μεταβολὴν VS, corr. Kroll ‖ 27 ἐκλείπει VS, corr. Kroll ‖
28 ἐνδεξαμένη VS, corr. Kroll ‖ 33 χωρεῖ S

πίπτουσιν αἱ διαιρέσεις καὶ τὰς ἐννοίας τῶν ἀποτελεσμάτων προδηλοῦσιν,
ἐπὶ δὲ ταύτης ἄλλοτε ἄλλη συγκιρναμένη κατὰ τὴν τῶν χρόνων μετέλευσιν
9 ἐναλλοιοῖ τὰ πράγματα καὶ ἀγαθῶν ἢ φαύλων αἰτία καθίσταται. νηπτικῶς
f.111S οὖν τοῖς ἀριθμοῖς | προσχρηστέον, καὶ σκοπεῖν τά τε κέντρα καὶ τὰς
ἐπαναφορὰς καὶ τὰ ἀποκλίματα, τά τε ζῴδια εἰ προσοικείωται τῇ τῶν 5
ἀστέρων παρουσίᾳ, ἀνατολάς τε καὶ δύσεις καὶ τὰς αἱρέσεις καὶ τὰ λοιπὰ
ὅσα ποτὲ ἐν ταῖς προσυντεταγμέναις βίβλοις δεδήλωται, ἵνα μὴ πολυλογῶ-
μεν· οὐδὲ γὰρ πρὸς ἀμαθεῖς οὐδ᾽ ἀμυήτους ἐποιησάμην τοὺς λόγους.
10 σκοπεῖν δὲ δεῖ καὶ τὰς κατὰ καιρὸν ἐπεμβάσεις· πολὺ γὰρ συμβάλλον-
ται πρὸς τὸ ἀναστρέψαι καὶ κατορθῶσαι τὰ πράγματα, καὶ μάλιστα 10
ὁπότε κατὰ συμπαρουσίαν ἢ ἐπιμαρτυρίαν ἢ ἐναντιότητα ἐπεμβῶσι τοῖς
χρηματιστικοῖς τόποις, ἢ τὸν τῶν χρόνων δεσπόζοντα κατοπτεύωσιν.
11   Οὐδὲ δεῖ λογίζεσθαι μόνην αὐτὴν τὴν μοῖραν ἐφ᾽ ἢν βέβηκεν ἡ συναφή,
ἀλλὰ καὶ τὰς παρ᾽ ἑκάτερα ἀνὰ γ̅ ἄλλας, καθὼς ἐν τοῖς ἔμπροσθεν ἡμῖν
δεδήλωται· ἐκ τούτων γὰρ καὶ ὁ χρόνος πρόδηλος ἔσται προληπτικὸς 15
ἢ ἐπίμονος τοῦ ἀποτελέσματος, ὡς καὶ ἐπὶ τῶν ἐκλείψεων ἔστι συνιδεῖν
τὸν τῆς μονῆς ἢ ἀνακαθάρσεως χρόνον – καὶ σκοπεῖν εἰ ὁ παραδιδοὺς
12 τὸν παραλαμβάνοντα ἐπιβλέπει οἰκείως καὶ χρηματιστικῶς. καὶ ἡ μὲν
τῆς συναφῆς κάθιξις πρὸς βραχὺ ἐνδείκνυται τὸ γινόμενον, ἐπιμενεῖ δὲ
μέχρις οὗ ἑτέρα παρεμπλακεῖσα θραύσῃ τὴν ἐκείνης δύναμιν· ἑκάστῳ δὲ 20
13 τῶν ἀστέρων ἀπομερίζει χρόνον τὸν ὑποτεταγμένον. οἷον Ἥλιος μὲν
κατὰ ζῴδιον μερίζει μῆνας ι̅θ̅, κατὰ δὲ μοῖραν ἡμέρας ι̅θ̅· Σελήνη δὲ
προσοικείωται καὶ ὁ μηνιαῖος κύκλος, φυσικῶς δὲ κατὰ μὲν ζῴδιον ἔτη
β̅ μῆν ᾱ, κατὰ δὲ μοῖραν ἡμέραι κ̅ε̅· ὁ δὲ Κρόνος κατὰ μὲν ζῴδιον μερίζει
ἔτη β̅ μῆνας ζ̅, κατὰ δὲ μοῖραν ἡμέρας λ̅· Ζεὺς κατὰ ζῴδιον ἐνιαυτὸν ᾱ, 25
κατὰ δὲ μοῖραν ἡμέρας ι̅β̅· Ἄρης κατὰ ζῴδιον μερίζει μῆνας ι̅ε̅, κατὰ
δὲ μοῖραν ἡμέρας ι̅ε̅· Ἀφροδίτη κατὰ μὲν ζῴδιον μῆνας η̅, κατὰ δὲ μοῖραν
14 ἡμέρας η̅· Ἑρμῆς κατὰ ζῴδιον μῆνας ζ̅, κατὰ δὲ μοῖραν ἡμέρας κ̅. καὶ
f.111vS οὕτως | ὁ ζῳδιακὸς τερματίζεται κατὰ τὴν ἑκάστου ἀστέρος περίοδον καὶ
ἀνακύκλησιν. ὁπόταν οὖν ἄφεσίν τις ποιήσηται ἀπό τινος ἀστέρος εἰς 30
τινα, κατ᾽ ἰδίαν τοὺς ἀριθμοὺς ἀπογραφέσθω καὶ τίς πρὸς τίνα· οὐ γὰρ
οἱ αὐτοὶ τυγχάνουσιν ἀριθμοὶ οὐδὲ αἱ αὐταὶ δυνάμεις τῶν παραδιδόντων
15 καὶ παραλαμβανόντων. οἷον ἀπὸ Διὸς ἐπὶ Ἄρεα ἐάν τις παράδοσιν εὕρῃ
ἢ ἀπὸ Ἄρεως ἐπὶ Δία, οὔθ᾽ οἱ αὐτοὶ ἀριθμοὶ τῶν χρόνων ἔσονται διὰ τὰς

§ 11: cf. App. XIX 49

[VS] 1 εὐνοίας VS, corr. Kroll ‖ 3 ἐναλλωοῖ V, ἐναλλοιοῦσι S, corr. Kroll ‖
4 προσχηστέον V ‖ 5 τε sup. lin. V ‖ 9 συμβάλλεται S ‖ 10 ἀνατρέψαι sugg. Kroll |
μάλιστ᾽ V ‖ 11 ἐναντιώτητα S ‖ 13 τῆς συναφῆς VS ‖ 14 ἄλλας in marg. S ‖ 24 μοῖ-
ραν sup. lin. S ‖ 30 ἀνάκλησιν S ‖ 33 ἔρῃ S

περιόδους οὔτε τὸ αὐτὸ ἀποτέλεσμα· βέλτιον γὰρ τὸ παραδιδόναι Ἄρεα
Διὶ τὸν χρόνον ἤπερ Δία Ἄρει. ὁπόταν μέντοι ἀπὸ πάντων τῶν ἀστέρων 16
πρὸς ἀλλήλους αἱ ἀφέσεις ἀναγραφῶσιν, συγκρίνειν δεῖ καὶ προλέγειν τὸ
ἀποτέλεσμα πότερον αἱ τῶν κακοποιῶν πλεονάζουσιν ἢ τῶν ἀγαθοποιῶν.
5 Ἀλλ᾽, ἐρεῖ τις, ἐπὶ τῶν διδύμων ἀδελφῶν οἱ αὐτοὶ χρόνοι ἔσονται, τῶν 17
αὐτῶν ἀστέρων εἰς τὰς αὐτὰς μοίρας συνεμπιπτόντων. ἀλλ᾽ ἐπὶ τῶν 18
τοιούτων ὁ ὡροσκόπος μόνος ἐναλλαγεὶς ἐνηλλοίωσε τὰ κέντρα καὶ τὴν
τοῦ γεννωμένου τύχην τε καὶ κατάστασιν, ἔσθ᾽ ὅτε δὲ καὶ τὸ τέλος
ἐπήγαγεν. ἐκ τούτων δεῖ διαλογίζεσθαι τὰς διαιρέσεις πρός τε τὰς 19
10 κεντροθεσίας καὶ τὰς πρὸς ἀλλήλους μαρτυρίας, κἂν μὴ κατὰ τὸ κοσμικὸν
ἐπίκεντροι τύχωσιν, ἄλλως δὲ εἰ ἐφ᾽ ἧς βέβηκε μοίρας ὅστις ποτὲ τὸν
καθυπερτεροῦντα ἢ μαρτυροῦντα ἐν κεντρικῷ διαστήματι ἔχοι, οἷον εἰ,
ὡροσκοπούσης ἐκείνης, δύναται ἡ τοῦ ἑτέρου μεσουρανεῖν κατὰ τὴν ⟨τῶν⟩
ζῳδίων διαφορὰν ἤτοι ἐναλλὰξ πρὸς ἕτερον κέντρον· οὕτως γὰρ εὔτονος ἡ
15 μαρτυρία γενήσεται.

Παραπλησίαν δὲ ἄν τις εἰκάσειεν ταύτην τὴν ἀγωγὴν τῇ διὰ λευκῶν 20
καὶ μελαινῶν ψήφων μαρτυρίᾳ· παίγνιον γὰρ ὁ βίος καὶ πλάνη καὶ
πανήγυρις. καὶ γὰρ φιλόνεικοί τινες ἄνδρες δόλον πανοῦργον ἀλλήλοις 21
μηχανώμενοι, κινοῦντες τὰς ψήφους διὰ πολλῶν εὐθειῶν, | κατατίθενται f.112S
20 εἴς τινας χώρας προμαχεῖν προκαλούμενοι. καὶ ἐφ᾽ ὅσον μὲν ὁ τόπος 22
ἄφρακτος τυγχάνει, ἀνεμπόδιστος φέρεται ὁ πεσσὸς κατὰ τὴν τοῦ
κινοῦντος θέλησιν, φεύγει τε καὶ μένει καὶ διώκει καὶ ἀντιτάσσεται καὶ
νικᾷ καὶ ἡττᾶται πάλιν· ἐπὰν δὲ δικτύου τρόπον ὑπὸ τῶν ἐναντίων περι-
φρουρηθῇ, ἀδιεξόδους τὰς εὐθείας ἔχων καὶ μεσολαβηθεὶς ἀπόλλυται.
25 καὶ οὕτως ἑκάτεροι, ὁ μὲν ἡδονὴν καὶ τέρψιν, ὁ δὲ χλεύην καὶ λύπην 23
ἀπαράμονον κατεργάζεται· ὁ γὰρ πεπονθὼς τὸ ἀνιαρὸν μετ᾽ οὐ πολὺ διά
τινος μεθόδου ἀναλαβὼν χαρὰν ἀντιπαραδίδωσι τὸ λύπης βάρος τῷ
προδεδωκότι.

Τὸν αὐτὸν τρόπον καὶ ἐπὶ τῆς τῶν ἀστέρων δυνάμεως νοείσθω. ἐφ᾽ ὅσον 24, 25
30 μὲν γὰρ ἀγαθοποιὸς διακρατεῖ τῶν χρόνων, μηδενὸς κακοποιοῦ παρεμ-
φερομένου, πρακτικὸς καὶ ὑγιεινὸς καὶ εὐπόριστος καὶ εὐεπήβολος
τυγχάνων τὸν πάσχοντα εὐτυχῆ καὶ θαρραλέον καὶ συνετὸν διαφημίζει
κἂν ἄπειρος παιδείας τυγχάνῃ· ἢ καὶ μὴ ὢν ἄξιος τῆς ὑπὸ τοῦ καιροῦ
περιχυθείσης αὐτῷ εὐδαιμονίας, σεμνυνόμενος δὲ καὶ ἀγαλλόμενος

[VS] 7 ἀναλλαγεὶς VS, corr. Kroll ‖ 8 γεν̄ωμένου S | τε sup. lin. V ‖ 9 ἐπίγα-
γεν S | δὲ αἱρέσεις VS, διαιρέσεις sugg. Kroll ‖ 11 δὲ] τε Kroll ‖ 13 τῶν Kroll ‖
14 ἢ τὸ VS, ἤτοι Kroll ‖ 16 ἐάν VS, corr. Usener | τις sup. lin. V ‖ 17 μελαίνων
VS, corr. Kroll ‖ 19 μετατίθενται Usener ‖ 21 ἄπρακτος VS, ἄφρακτος sugg. Kroll |
πεσὸς S ‖ 28 προσδεδωκότι VS, corr. Kroll ‖ 31 εὐπάριστος S ‖ 33 ἢ secl. Kroll ‖
34 σεμνηνόμενος S

VETTIVS VALENS

ἐφ᾽ οἷς κέκτηται καὶ μὴ σκοπῶν τὰς τῶν καιρῶν μεταβολὰς πολλοῖς
ἀνιαρὰς λύπας ἐπιπέμπει· ὁπότε δὲ κακοποιὸς ἐπιδιακατέχει τὸν χρόνον,
ἄπρακτος καὶ ἐπίνοσος, δυσκαταγώνιστος, ἐναντιωμάτων πλήρης, ὡς καὶ
πρὸς τοῖς κακοῖς ἀδρανῆ καὶ ἄτολμον καὶ πανοῦργον τὸν πάσχοντα
διακηρύσσεσθαι (κἂν ἄξιος τυγχάνῃ) καὶ εἰς ἀπόγνωσιν τὰς ἐλπίδας 5
ἀνατυπούμενον διὰ τὴν τῶν καιρῶν κακίαν, ἀνθελκόμενον ὑπὸ τοῦ
λογισμοῦ πρὸς τὰ παράδοξα τῆς τύχης γενναῖον καὶ εὐπαρηγόρητον
26 καθίστασθαι. ἐπὰν δὲ ἀγαθοποιοὶ κεκακωμένοι διακρατῶσι τοὺς χρόνους,
ἀμφοτέρως συμβήσεται μετ᾽ ὠφελείας βλάβη, μετὰ δόξης δειγματισμός,
f.112vs καθαίρεσις, κατηγορίαι, ἐπισφαλεῖς φόβοι, | νόσοι εὐίατοι· ὅθεν ἡδονῇ 10
καὶ λύπῃ συγκεκραμένοι οἱ πάσχοντες οὔτε πλῆρες τὸ φαῦλον οὔτε ⟨τὸ⟩
ἀγαθὸν κεκτημένοι διατελοῦσιν.
27 Συγκρίνειν δὲ δεῖ τὰς τῶν παραδόσεων δυνάμεις, τίνων εὐτονωτέρα ἂν
28 εἴη. ἐὰν μὲν γὰρ ἡ τῶν κακοποιῶν, σφαλέντες τῶν προσδοκωμένων
ἀγαθῶν οἱ γεννώμενοι, κεναῖς ἐλπίσι βουκοληθέντες, ἀνιαρὰς λύπας 15
ἀναδέξονται· ἐὰν δὲ ἡ τῶν ἀγαθοποιῶν, μετ᾽ ἀναβολῆς καὶ κακοπαθείας
καὶ ἐναντιωμάτων καὶ ἐξοδιασμῶν περιγενήσονται ἢ καὶ μετὰ φόβων καὶ
κινδύνων θανατικῶν σίνη τε καὶ πάθη καὶ κακωτικὰς αἰτίας διαφυγόντες
καὶ αὐτὸ τοῦτο κέρδος ἀγαθὸν ἡγούμενοι μετ᾽ ἀνάγκης τὴν τιμωρίαν
29 ὑπομενοῦσιν. ὁ δὲ ὁλοτελὴς τρόπος τῶν παραδόσεων νοείσθω κατὰ τὴν 20
τῆς γενέσεως ὑπόστασιν καὶ κατὰ τὴν τῶν καθολικῶν χρόνων διαίρεσιν,
καθὼς ἐν τοῖς πρότερον δεδήλωται, καὶ σκοπεῖν πότερον ἐπισήμου ἐστὶν
ἡ γένεσις ἢ μετρίου ἢ εἰς ὕψος μετεωρισθέντος ἢ καθαιρουμένου ἢ
ἐπιδίκου καὶ τὰ λοιπά· τοιαύτην γὰρ δύναμιν ἀναλαμβάνουσιν οἱ ἀστέρες
κατὰ τὰς τῶν χρόνων ἀνακυκλήσεις ὁποίαν ἡ καταβολὴ προδείκνυσιν. 25
30 Αἱ μέντοι πόρρωθεν διαστάσεις βραδυτέραν τὴν ἀποτελεσματογραφίαν
31 κέκτηνται, αἱ δὲ πλησίον σύντομον. τινὲς δὲ συνοδεύουσαι τοῖς χρόνοις τὸ
ὅμοιον ἀποτελοῦσιν, διὰ παντὸς κατὰ τὴν τοῦ ἀγαθοποιοῦ [ἢ κακοποιοῦ]
παράδοσιν πρὸς βραχὺν χρόνον χρηματίσασαι, προκοπὴν καὶ πίστιν καὶ
ὠφέλειαν ἐνεδείξαντο καὶ μακαριότητα καὶ εὐεργεσίαν καὶ . . . ⟨μείζονος⟩ 30
δὲ τοῦ διαστήματος καὶ ἑτέρου, κακοποιοῦ ἀντιπαραλαμβάνοντος τὸν
χρόνον, διὰ κατηγορίαν καὶ φθόνον εἰς καθαίρεσιν καὶ ἀτιμίαν καὶ
δυστυχίαν ἐχώρησεν ἢ καὶ αἰφνίδιον κίνδυνον· ἔσθ᾽ ὅτε δὲ ἐπί τινων

[VS] 5 διακηρύσσεται S | τυγχάνει VS, corr. Kroll | καὶ] κἂν V ‖ 9 δογματισμός
VS, δειγματισμός sugg. Kroll ‖ 11 συγκεκραμένη V, συγκεκραμμένη S, corr. Kroll ‖
14 ἢ VS, εἴη sugg. Kroll ‖ 15 γενόμενοι VS | βουληθέντες VS, corr. Kroll ‖ 18 κα-
κωτικῆς VS, corr. Kroll ‖ 23 ἢ μέσης VS, ἡ γένεσις Kroll | μετεωρισθέντος] με-
τροῦντος VS ‖ 24 γὰρ] τὴν S ‖ 25 ἀνακλήσεις S | προδεικνύει S ‖ 27 τὸν χρό-
νον VS ‖ 30 spat. ca. 6 litt. V, ca. 3 litt. S, τιμήν. αὐξηθέντος sugg. Kroll ‖ 32 φθό-
νον post καὶ² V, sed punctis circumser.

236

συνδραμοῦσα, ἐπὶ πολὺ πάλιν ἀγαθοποιοῦ ⟨παραλαμβάνοντος⟩, ἀποκατά-
στασιν τῆς τύχης καὶ | δόξης ἐποιήσατο.   f.113S

Συγκρίνειν δὲ δεῖ καὶ πρὸς τὴν τοῦ ὡροσκόπου μοῖραν τὰς καταντήσεις · 32
ἐκ τούτων γὰρ καὶ κλιμακτηρικοὶ χρόνοι καὶ ἐπίνοσοι καὶ ἐπισινεῖς καὶ
5 κινδυνώδεις καταλαμβάνονται, ἄλλως τε καὶ ὑγιεινοὶ καὶ ἐπιτερπεῖς καὶ
ἐπέραστοι καὶ καταθύμιοι κατὰ τὴν τῶν ἀγαθοποιῶν καὶ κακοποιῶν
παρουσίαν. οὕτως γὰρ ἡ ψυχὴ ἀτάραχος καὶ ἰσχυρὰ ὑπάρχουσα δοκεῖ 33
φρονεῖν καὶ πράσσειν τὰ καθήκοντα καὶ εἰς πολλὰ ἐκτείνεται καὶ εὐεργε-
τικὴ καθίσταται καὶ εὐφημεῖταί τε καὶ μακαρίζεται, παρηγορεῖται δὲ καὶ
10 τὸ σῶμα. ἐκ τούτων δὲ ὑπολαμβάνω τοὺς ἐπιπλάστους κατὰ καιρὸν 34
ἀγαθούς τε καὶ πονηροὺς ἀνθρώπους τυγχάνειν, ὧνπερ οἱ φυσικοὶ τὴν ἐξ
ἀρχῆς κρίσιν δια|φυλάττουσιν. ὁπόταν δὲ κακωθῇ, δολουμένη, ἀδιανόητος f.100vV
γίνεται · εἰ γὰρ καὶ πολυαπεχθής, πανοῦργός τε καὶ πονηρὰ διαλαμβάνεται 35
καὶ μανιώδης, τὰ ἐναντία φρονοῦσα, ὡς καὶ καθ᾽ ἑαυτῆς κινδυνῶδές τι
15 μηχανήσασθαι, καὶ οὕτως βαρουμένη, τὸν ζωτικὸν χρόνον ἐναντίον πρὸς τὸ
τέλος μὴ ὑπομένουσα, τῷ ἀνιαρῷ ἀδοξοῦσα, χωρίζεται τοῦ σώματος καὶ
συνοδεύουσα τῷ καταναγκάσαντι δαίμονι, φέρεται ὅποι ποτὲ ἐκεῖνος
βούλεται.

γ'. Διὰ ποίαν αἰτίαν τοιαύταις χροιαῖς τοὺς ε̄ πλάνητας καὶ τὴν Σελήνην (VI 2)
20   καὶ τὸν Ἥλιον οἱ παλαιοὶ ἐτύπωσαν

Δοκιμάζειν δὲ χρὴ τοὺς ἀστέρας ὁποῖοι τυγχάνουσιν. ὅνπερ γὰρ τρόπον 1, 2
ἐπὶ τῶν ζωγραφικῶν χρωμάτων ἕκαστον καθ᾽ ἣν κέκτηται φύσιν ἀνθη-
ρότατον ἢ καὶ διαυγέστατον καθ᾽ αὑτὸ τυγχάνει καὶ τέρπει τοὺς ὁρῶντας
καὶ χρήσιμον εἰς πολλὰ γίνεται, ἐπὰν δ᾽ ἕτερον συμφυρῇ, θολούμενον
25 ἀλλοιοῦται καὶ οὔτε ἐκ φύσεως ὃ ἦν ἔτι ἐστὶν οὔτε τὴν τοῦ μιγέντος
μόρφωσιν ἐφύλαξεν, ἀλλ᾽ ἐπ᾽ ἀμφοτέροις διεψεύσθη, ἐπίπλαστον καὶ
ἀναγκαστικὸν ἀναλαβὸν χρῶμα, τυφλόν τε καὶ ἀτερπές, ἔσθ᾽ ὅτε δὲ
ἁρμόζουσαν τὴν μῖξιν, | εὐτυχοῦσαν τὴν κρᾶσιν καὶ καλλονὴν εἰργάσατο f.113vS
(ἀλλ᾽ ὅμως ὁ τεχνίτης διὰ πολλῶν καὶ ποικίλων μορφοῖ τὸν ἄνθρωπον,
30 σκιὰν ἔργου καὶ ἀληθείας ἐνδεικνύμενος) — οὕτως δὲ καὶ οἱ ἀστέρες ὁτὲ
μὲν διαφυλάσσουσι τὴν ἐξ ἀρχῆς φύσιν κατὰ μόνας ὄντες, ἕτερος δ᾽ ἑτέρῳ

[VS] 1 παραλαμβάνοντος Kroll ‖ 6 καὶ²] ἢ S ‖ 9 τε om. S ‖ 10 ἐπὶ πλάτους VS ‖
11 ὅπερ VS, ὥσπερ sugg. Kroll ‖ 12 κρᾶσιν sugg. Kroll | θολουμένη sugg. Kroll ‖
15 ἐναντία S ‖ 16 ἀτύζουσα sugg. Kroll ‖ 17 φερομένη VS ‖ ὅπῃ S ‖ 19 γ' in
marg. V, om. S ‖ 19—20 οἱ παλαιοὶ τοιοῦται χροιαὶ τοὺς πέντε πλάνητας καὶ τὴν ☽
καὶ τὸν ☉ S ‖ 19 τοιαῦται χροιαί V, corr. Kroll ‖ 21 ὅπερ V ‖ 23 τὰς S ‖ 25 μισγέν-
τος S ‖ 26 ἐπὶ πλάτος VS, ἐπίπλαστον sugg. Kroll ‖ 27 λαβὼν V, ἀναλαβὼν S, corr.
Kroll ‖ 28 εὐτυχεῖσαν ἀκρασίαν VS, ⟨ποιεῖσθαι⟩ εὐτυχῆσαν εὐκρασίαν Kroll

17*   237

3 συγκιρνάμενος συσταλάξει καὶ τὸ τῆς φύσεως ἰδίωμα. καὶ οὕτως χαλιν-
αγωγοῦντες τὸν ἄνθρωπον μετὰ λύπης καὶ φαυλότητος καὶ συγκράσεώς
τινος ἄγουσι πρὸς τὰ τοῦ βίου πράγματα, ἐν οἷς διαθλεύσας ποικίλως καὶ
τὸ τῆς ἐγκρατείας στέφος λαβών, ὅπερ ἦν οὐκ ὤν, τοῦτο γίνεται.
4, 5 Ὅθεν εἰκότως οἱ παλαιοὶ τοῖς χρώμασι τοὺς ἀστέρας ἀπείκασαν. τὸν 5
μὲν οὖν τοῦ Κρόνου μέλανα, ἐπεὶ χρόνου ἐστὶ σημεῖον (βραδὺς γὰρ ὁ
θεός)· ἔνθεν καὶ Βαβυλώνιοι Φαίνοντα αὐτὸν προσηγόρευσαν ἐπεὶ πάντα
6 τῷ χρόνῳ φανερὰ γίνεται. τὸν δὲ τοῦ Διὸς λαμπρόν· ζωῆς γὰρ αἴτιος καὶ
7 ἀγαθῶν δοτήρ. τὸν δὲ τοῦ Ἄρεως κιρρόν· πυρωτὸς γὰρ καὶ τομὸς καὶ
κατεργαστικὸς ὁ θεός· Αἰγύπτιοι γὰρ καὶ Ἄρτην αὐτὸν προσηγόρευσαν 10
8 ἐπεὶ τῶν ἀγαθῶν καὶ τῆς ζωῆς παραιρέτης ἐστίν. τὸν δὲ Ἥλιον διαυγέστα-
9 τον διὰ τὸ εἰλικρινὲς καὶ ἀίδιον φῶς τὸ ἐν αὐτῷ. Ἀφροδίτην δὲ ποικίλην
τῷ σώματι ἐπεὶ δεσπόζει ἐπιθυμίας (ἥτις εἰς πολλὰ ἐκτείνεται ἀγαθά τε
καὶ φαῦλα) καὶ τῶν πολλῶν τῶν ἐν βίῳ τελουμένων, οἰκείων τε καὶ
ἀναρμόστων, μόνη δοκεῖ κυριεύειν ἐπεὶ μετὰ τὴν μέσην τοῦ Ἡλίου ζώνην 15
τὴν διορίζουσαν κληρωσαμένη τὸν κύκλον, τάς τε τῶν ὑπὲρ αὐτὴν ἀστέρων
ἀπορροίας καὶ τὰς τῶν ὑπ᾽ αὐτὴν ἀναλαμβάνουσα, πολυμερεῖς καὶ τὰς
10 ἐπιθυμίας καὶ τὰς πράξεις ἀπεργάζεται. τὸν δὲ τοῦ Ἑρμοῦ ὠχρὸν ἐποίησαν
χολῇ παραπλήσιον (συνέσεως γὰρ λόγου καὶ πικρίας δεσπόζει)· ἔνθεν καὶ
11 οἱ ὑπ᾽ αὐτὸν γεννώμενοι ὅμοιοι τῇ φύσει καὶ τῇ χροιᾷ τυγχάνουσιν. τὴν 20
δὲ Σελήνην ἀερώδη· ἄστατος γὰρ καὶ ἀνώμαλος αὐτῆς ὁ δρόμος, ὁμοίως
f.114ᵛ 12 δὲ καὶ αἱ πράξεις | καὶ αἱ διάνοιαι τῶν ὑπ᾽ αὐτὴν τεταγμένων. καὶ ἵνα μὴ
δόξωμεν δισσολογεῖν, πρόκεινται αὐτῶν αἱ φύσεις ἐν τῇ πρώτῃ βίβλῳ.

(VI 3) δ΄. Διὰ τί οἱ κακοποιοὶ δοκοῦσι μᾶλλον ἐνεργέστεροι εἶναι τῶν ἀγαθοποιῶν

1, 2 Δοκοῦσι δὲ οἱ κακοποιοὶ πλεῖον σθένειν τῶν ἀγαθοποιῶν. καὶ γὰρ τοῦ 25
μέλανος καὶ ῥυπώδους ἡ σταγὼν ἐκχυθεῖσα εἰς λαμπρὰν χρωμάτων
οὐσίαν ἀμαυροῖ τὴν εὐμορφίαν, τὸ δὲ διαυγὲς πλῆθος ἀτονεῖ τὸ βραχὺ
καὶ μιαῖνον ἐπικαλύψαι· τὸν αὐτὸν τρόπον καὶ ἐπὶ τῶν κακοποιῶν, οἳ,
ἐν οἷς τινες δοκοῦσιν εὐτυχεῖν — γένει, βίῳ, σώματι, δόξῃ, εὐμορφίᾳ
ἢ τοῖς λοιποῖς ὧνπέρ ἐστι σπάνις — [οἳ] ἐλέγχοντες καὶ ἀφαιρέται τῶν 30

[VS] 1 συναλλάξει sugg. Kroll ‖ χαλεπαγωγοῦντες VS, corr. Kroll ‖ 2 συγκρα-
σίας VS ‖ 3 ἀπείλλασαν S ‖ 9 δ^ομτ V, δόμα S, δομάτων Kroll, δωτήρ vel δώτωρ sugg.
Kroll ‖ 11 ἀγαθοποιῶν VS, ἀγαθῶν vel ἀγαθοποιῶν sugg. Kroll ‖ 14—15 τὸ ἐν βίῳ
τελούμενον οἰκεῖόν τε καὶ ἀνάρμοστον VS, corr. Kroll ‖ 16 τε sup. lin. V | ὑπὲρ αὐτὴν
τῶν VS, τῶν ὑπὲρ αὐτὴν sugg. Kroll ‖ 17 πολυμερὴς VS, corr. Kroll ‖ 20 γενόμενοι
VS ‖ 23 δικολογεῖν VS, corr. Kroll | α S ‖ 24 δ΄ in marg. V, om. S | τί sup. lin. V ‖
25 νοας (?) post γὰρ V, sed del., om. S, ὡς Kroll ‖ 26 πυρώδους VS, corr. Kroll ‖
26. 27 χρώματος ἀσίαν S ‖ 28 καὶ¹ secl. sugg. Kroll | ἐκὸ (?) V, εἰ καὶ S, οἳ Kroll ‖
30 ὅπερ ἐστὶ σπάνιον VS, ὧνπέρ ἐστι σπάνις sugg. Kroll | οἳ secl. Kroll

περικτηθέντων γενόμενοι, αἰτίαις περιτρέποντες ἢ καὶ σίνεσι καὶ πάθεσιν,
μιαίνουσι τὰς γενέσεις. οἱ μὲν οὖν ἀγαθοὶ ἄνδρες οἰόμενοι πάντας τὰ 3
αὐτὰ αὑτοῖς φρονεῖν, ἁπλῶς φερόμενοι, πιστεύοντές τε καὶ εὐεργετοῦντες,
ῥᾳδίως ἁλίσκονται· εἰ καὶ μὴ ὦσιν, ἀλλ᾽ ὅμως ἐπὶ ταῖς καλοκαγαθίαις
5 διαφημίζονται. οἱ δὲ φαῦλοι ὁμοίως τοιούτους εἶναι πάντας νομίζοντες 4
[ἀλογίστως] καὶ μήτε ἰδίοις μήτε οἷς δεῖ πιστεύοντες, ἀλλὰ πλεονεκτοῦντες
ἀλογίστως, ἔτι τε τῶν ὄντων στερηθέντες ἡδονὴν πολλὴν ἀπεργάζονται.
διαφυλάσσει γὰρ ⟨ἡ Τύχη⟩ τινὰς τῶν ἀνθρώπων καίπερ ἄκοντας μέχρι εἰς 5
ὃ βούλεται αὐτοὺς περιτρέψαι, οὓς μὲν εἰς ὕψος, οὓς δὲ ἐπὶ τὸ χείριστον.
10 τοιγαροῦν πολλοὶ μάτην εὐχόμενοι τὸ ζῆν, κακοῖς περιπαρέντες, ἀλγοῦντες 6
ἐπὶ τοῖς γενομένοις μέμφονται βραδύνοντα τὸν θάνατον καὶ καθ᾽ ἑαυτῶν
τι μηχανῶνται ἢ βίαιον τέλος ἀναδέχονται, φύσει δὲ πάντες ἠρέμα
ἀλλήλων χλευασταὶ καὶ κατήγοροι τῶν ἁμαρτημάτων τυγχάνουσι καὶ
σφόδρα ἐπὶ τοῖς κακοῖς χαίροντες καὶ ταῖς τῶν πέλας κατηγορίαις,
15 μετανοοῦντες δ᾽ ἐφ᾽ οἷς ἔπραξαν συνήγοροι τῶν ἁμαρτημάτων καθ-
ίστανται.
Ὥσπερ οὖν αἱ προλήψεις, περὶ ὧν ἄν τις κρίνῃ, | οἴησιν ἀληθείας 7
ἐνδείκνυνται οὐ μόνον αὐτοῖς τοῖς πεπιστευκόσιν, ἀλλὰ καὶ πολλοῖς   f.114vS
⟨ἄλλοις οἳ⟩ κἂν ἕτερα βούλωνται πράττειν ἄγονται ὑπὸ τῆς πλάνης,
20 οὕτως καὶ ἐπὶ τῶν τὰς κανονοποιίας συμπεπηχότων τινὲς μὲν εὐχερεῖς καὶ
ἐπακτικοὶ τῆς ἀληθείας ἀποδέχονται οἷς καὶ οἱ ἀμαθεῖς προσφέρονται, οἱ
δὲ φυσικοὶ καὶ ἀκριβεῖς ἢ διὰ φθόνον ἢ διὰ τὸ σκολιὸν τῆς εἰσόδου
παραπέμπονται καὶ καταγινώσκονται. ὅθεν χρὴ δοκιμάσαντας τὸ ἀκριβὲς 8
προσέχειν τῇ φυσικῇ θεωρίᾳ κἂν ἐπὶ τὸ σύνεγγυς· καὶ γὰρ Ἀπολλινάριος
25 πρὸς τὰ φαινόμενα κατὰ τὰς παλαιὰς τηρήσεις καὶ ἀποδείξεις ποικίλων
ἀποκαταστάσεων καὶ σφαιρῶν πραγματευσάμενος καὶ κατὰ πολλῶν
ψόγον εἰσενεγκάμενος ὁμολογεῖ παρὰ μίαν μοῖραν ἢ καὶ δύο διαπίπτειν. ἔστι 9
δ᾽ εὐκατάληπτον τὸ τῆς παραμφοδίσεως τρόπῳ τοιῷδε, καθὼς καὶ αὐτὸς
ἐπειράθην ἐξ αὐτῶν τῶν προγενομένων ἀποτελεσμάτων ἱστάναι τὴν τοῦ
30 ἀστέρος ἀκριβῆ μοῖραν κατὰ τὴν φυσικὴν αὐτῶν ἐνέργειαν, ὡς καὶ ὁ

§ 8: cf. IX 12, 10—11

[VS] 1 σύνεσι V ‖ 3 αὐτοῖς in marg. S ‖ 4 ἁλίσκοται V | εὐήθεις post μὴ Cu-
mont ‖ 5 τοιούτοις S ‖ 6 ἀλογίστως secl. Kroll ‖ 7 ἔτι τε] ἐπὶ τέλει sugg. Kroll |
ἡδονῆς πολλῆς ἀπείργονται Cumont | πολὺ VS, corr. Kroll ‖ 8 ἀκούοντας VS, corr.
Kroll ‖ 10 ἐχόμενοι τοῦ sugg. Kroll | εὖ post τὸ Cumont | καὶ post περιπαρέντες
Diels | ἀλγοῦσιν S ‖ 17 κρίνει S ‖ 18 πολλῶς V ‖ 19 ἄλλοις οἳ Kroll | βούλονται
VS, corr. Kroll | ἄγωνται V ‖ 20 ὑπ in marg. S | μετ᾽ S | ὡς post μὲν sugg.
Kroll ‖ 21 ἀπακτικοὶ VS, corr. Kroll ‖ 22 σχόλιον V, σκ in marg. V ‖ 24 κἂν]
καὶ S | ἀπολινάριος VS, corr. Kroll ‖ 25 στηρίσεις S, τερήσεις in marg. S² ‖ 26 ἀνα-
καθάρσεων VS ‖ 28 τῷ VS, τὸ Kroll | παρεμφάσεως Usener, παρεμποδίσεως sugg.
Kroll

10 παλαιὸς εἶπεν. προβαινούσης δὲ τῆς διηγήσεως, αὐτά σοι τὰ πράγματα
11 ὑπ᾽ ὄψιν ⟨τεθέντα⟩ πάντα φανερώτερον ποιήσει τὸ λεγόμενον. ὁπόταν
οὖν εὑρεθῇ ἡ μοῖρα, καὶ τὸ περὶ τῶν μελλόντων βεβαίως ἀποφαίνεσθαι·
ἔστι γὰρ δυσεπίληπτος ἡ μοῖρα, οὐκ ἀκατάληπτος.

(VI 4)   ε΄. Περὶ ἐπεμβάσεων   5

1   Εὔτονοι μὲν οὖν αἱ ἐπεμβάσεις τῶν ἀστέρων κριθήσονται ὁπόταν τῶν
χρόνων δεσπόζοντες ἐπεμβῶσι τοῖς τόποις ἢ καὶ ἐπὶ τούτων τετράγωνοι
⟨ὦσιν⟩ ἢ διάμετροι, ὅνπερ τρόπον καὶ ἐπὶ τῶν ἀρχὰς ἢ καὶ ἡγεμονίας
λελογχότων ἕκαστος καθ᾽ ἣν ἐκληρώσατο ὥραν τὴν ἐπέμβασιν ποιησάμε-
νος εὐτονεῖ εἰς τὸ σῴζειν ἢ ἀναιρεῖν, καὶ οὐδεὶς τὴν τούτου ἀπειλὴν ἢ 10
καὶ πρός τινας εὐεργεσίαν κωλῦσαι δύναται κἂν πάνυ μείζων γένει, βίῳ,
δόξῃ τυγχάνῃ, ἀλλ᾽ εἴκει τοῖς τοῦ καιροῦ νόμοις μέχρις οὗ τὴν ἀρχὴν
ἀποθῆται· ἐπὰν δὲ συμπληρώσῃ τὸν χρόνον, παραδιδοὺς ἑτέρῳ τὴν
f.115S ἡγεμονίαν ἄτο|νος πρός τε τὸ ἀγαθὸν ἢ φαῦλον ἀποκαθίσταται. αἱ μὲν
2
οὖν ἀποτελεσματογραφίαι τῶν παραδόσεων καὶ συγκρατικαὶ πρὸς 15
ἀλλήλους μαρτυρίαι τε καὶ συμπαρουσίαι ἐν τοῖς ἔμπροσθεν ἡμῖν δεδήλων-
ται, αἷς καὶ προσχρηστέον, ἑκάστου κατὰ τὴν ἰδίαν φύσιν καὶ κατὰ τὸν
ἐπιβάλλοντα χρόνον ἐνεργοῦντος καὶ τὸ εἶδος τοῦ ἀποτελέσματος ἐνδεικνυ-
μένου.

(VI 5)   ϛ΄. Περὶ τῆς εἰς ι ἔτη καὶ μῆνας θ διαιρέσεως ἐμπράκτων τε καὶ ἀπράκτων 20
χρόνων

1   Καὶ ταύτην δὲ τὴν διαίρεσιν κωφῶς καὶ εἰκαίως παρερριμμένην διὰ τὸ
τὰς εἰσόδους αἰνιγματώδεις ἐσχηκέναι δοκιμάσας καὶ ἀνευρὼν καὶ
συγκομίσας ὑπέταξα, ὅπως οἱ φιλόκαλοι διὰ πολλῶν εἰς μίαν δύναμιν
ἀποτελέσματος κατελθόντες ἐκθειάσωσι τὴν φύσιν, λογισάμενοι διὰ 25
πολλῶν εὐθειῶν ὁδῶν τε καὶ δυσβάτων εἰς ἓν χωρίον κατηντηκέναι.
2   Ἔστω οὖν ἡμῖν ὁ λόγος ἐπὶ μὲν τῶν ἡμερινῶν γενέσεων λαμβάνειν
ἀφέτην Ἥλιον ἐάνπερ ᾖ καλῶς κείμενος, ἐπὶ δὲ τῶν νυκτερινῶν Σελήνην,
ἐπεί (καθὼς προγέγραπται ἡμῖν ἐν ταῖς ἐπικρατήσεσιν) ἐκεῖνον ⟨χρὴ⟩

cap. 5, 1: cf. App. XIX 50

[VS] 2 τεθέντα sugg. Kroll | πάντα om. S ‖ 3 δυνατὸν ἔσται post ἀποφαίνεσθαι
Diels ‖ 5 ε΄ in marg. V, om. S | ἐμβάσεων S ‖ 7 ἐπὶ] εἰσὶ Kroll ‖ 8 τὰς VS, τῶν
Kroll ‖ 10 οὐδὲ VS, corr. Kroll ‖ 12 τυγχάνει S ‖ 13 ἀπίθειτο (?) corr. in ἀπο-
θοῦνται V, ἀπωθεῖται S, corr. Kroll ‖ 14 τε in marg. V ‖ 16 δεδήλῶται S ‖ 18 καὶ
post ἀποτελέσματος V ‖ 20 ϛ΄ in marg. V, om. S ‖ 22 εἰκέως VS, corr. Kroll ‖
25 ἐκθνάσωσι S ‖ 26 εὐρειῶν sugg. Kroll ‖ 29 χρὴ Radermacher

κρίνειν ἀφέτην τῶν ἡμερινῶν καὶ νυκτερινῶν τὸν καλῶς κείμενον. ἐὰν δὲ 3
κατ᾽ ἀμφότερα παραπέσῃ τὰ φῶτα, ὁ μετὰ τὸν ὡροσκόπον εὑρισκόμενος
ἀστὴρ πρῶτος μεριεῖ τοὺς χρόνους, καὶ δεύτερος ὁ μετ᾽ αὐτὸν κείμενος,
καὶ ἑξῆς οἱ λοιποί. ὑποδείγματος χάριν τῆς διαιρέσεως τῆς δεκαετηρίδος 4
5 καὶ μηνῶν θ ἔστω Ἥλιος ἀφέτης. λήψεται αὐτὸς ἔτη ι μῆνας θ, καὶ 5
μετ᾽ αὐτὸν ἑξῆς ὁ κείμενος ἀστὴρ ἐπὶ τῆς γενέσεως κατὰ τὴν τοῦ ζῳδιακοῦ
κύκλησιν ἔτη ι καὶ μῆνας θ, καὶ μέχρις οὗ ἂν ἐπιδέχηται ὁ ἀριθμὸς τῶν
ἐτῶν διδόναι τοὺς ἐνιαυσιαίους χρόνους.

Ἐπὶ ⟨δὲ τούτοις⟩ τοὺς περιοδικοὺς ἑκάστου — ὡριαίους, ἡμερησίους, 6
10 μηνιαίους — συναναλαμβάνειν χρὴ τοῖς ἐνιαυσιαίοις καὶ συγκρίνειν τόν
τε καθολικὸν τῶν χρόνων δεσπόζοντα καὶ τὸν τῶν μηνιαίων καὶ τὸν τῶν
ἡμερῶν τε καὶ | ὡρῶν, τούς τε κύκλους πόσοι ἦσαν, καὶ τίς ἀπὸ τίνος f.115vS
δέχεται τὸν κύκλον καὶ τὴν ἑβδομάδα. οὕτως γὰρ ἀνακυκλούμενοι οἱ 7
χρόνοι καὶ εἰς τοὺς αὐτοὺς καταντῶσιν ἀστέρας, οὐ μέντοι ἐκ τῶν αὐτῶν
15 ἑβδομάδων οὐδὲ τῶν αὐτῶν κύκλων· ἕτερος δ᾽ ἑτέρῳ κύκλῳ συναρμοζόμε-
νος κατὰ τὴν ἀκολουθίαν τοῦ χρόνου τὰς τῶν ἀστέρων ἐναλλοιοῖ δυνάμεις,
καὶ γίνεται ὁ αὐτὸς ἀστὴρ ὁτὲ μὲν ἀγαθῶν αἴτιος, ὁτὲ δὲ φαῦλος κατὰ τὴν
τοῦ παραδιδόντος καὶ παραλαμβάνοντος ἐνέργειαν καὶ διάθεσιν, οἰκείαν
ἢ ἐναντίαν. προσβλέπειν δὲ δεῖ τοὺς ἐνεστῶτας καὶ μέλλοντας χρόνους καὶ 8
20 σκοπεῖν· κἂν μὲν εἰς ἀγαθοποιοὺς χωρῶσιν, προλέγειν τὸ ἀγαθὸν κἂν
ἔτι διακατέχῃ ὁ κακοποιὸς ἐλάχιστον χρόνον. προμαραίνεται γὰρ ἡ τοῦ 9
κακοποιοῦ δύναμις ὑπὸ τῆς τοῦ παραλαμβάνοντος ἀστέρος ἀγαθοποιίας
προκατασκευάζοντος ἀφορμὰς ποικίλας, φιλίας, συμπαθείας, συστάσεις,
εὐημερίας, δόξας, ὠφελείας, καταθυμίων συντέλειαν, ἔσθ᾽ ὅτε μὲν οὖν καὶ
25 μυστικαῖς πράξεσιν ἢ ἀπορρήτοις ἢ παραβόλοις μολύνας εὐτυχίαν εἰργά-
σατο, ὡς τοὺς γεννωμένους ἥδεσθαι ἢ μέσως φέρειν ἐφ᾽ οἷς πρότερον
ἤχθοντο καὶ μετανοεῖν ὡς μάτην ἀπολέσαντας ἄπρακτον χρόνον. ὁμοίως 10
δὲ καὶ ὁπόταν ἀγαθοποιῶν εἰς κακοποιοὺς χωρῶσιν οἱ χρόνοι, εἰς ἔχθραν
καὶ ἀτιμίαν καὶ προδοσίαν καὶ ζημίαν καὶ κίνδυνον προσλαμβάνονται, καὶ
30 εἰς αἰφνιδίους καὶ ἀπροσδοκήτους αἰτίας καὶ καθαιρέσεις, ὅθεν πολλοὶ
μετανοοῦσι μὴ προαμυνόμενοι τοὺς ἐχθρούς, ἀλλὰ καὶ πίστιν καὶ συμπά-

§ 3: cf. III 5, 21 et VI 7, 14

H
[VS] 2 ὅ] καὶ S ‖ 7 ⊙⟩V, ⊙ S, κύκλησιν Kroll ‖ ἐὰν VS ‖ 9 ἐπεὶ Kroll ‖
ἡμερισίους S ‖ 10 συναναβαίνειν S ‖ 11 τε sup. lin. V ‖ τῶν¹ sup. lin. V ‖ 14 κἂν
VS, καὶ sugg. Kroll ‖ 15 οὗ VS, οὐδὲ Kroll ‖ συναμοζόμενω V, συναρμοζόμενοι S,
corr. Kroll ‖ 16 ἀναλλοιοῖ S ‖ 19 προβλέπειν VS ‖ 25 ἀπαραβόλοις VS, corr. Kroll ‖
26 εἰς VS, ὡς Kroll ‖ τοῦ V ‖ γενομένους VS ‖ ἀμέσως VS, corr. Kroll ‖ 29 προ-
λαμβάνονται V, παραλαμβάνονται S, corr. Kroll

θειαν φυλάξαντες ματαίως, μὴ περιγινόμενοι δὲ ὧν θέλουσιν ἐπὶ τοῖς
ἀλλοτρίοις ἀγαθοῖς ὀδυνῶνται καὶ ἄκοντες ὑποτάσσονται.

11 Ἔστω δὲ ἡμῖν ἐπὶ ὑποδείγματος γένεσις ἵνα συντομώτερον τὴν εἴσοδον
12 ἐνδειξώμεθα. Σελήνη Ἰχθύων μοίρᾳ ιη', Ἀφροδίτη Κριῷ, Ζεὺς Ζυγῷ,
f.116ᵛ Κρόνος, ὡροσκόπος Τοξότῃ, Ἄρης Ὑδροχόῳ, Ἥλιος Ὑδροχόου | ἀρχαῖς, 5
13 Ἑρμῆς Ἰχθύσιν· οὕτως γὰρ διέκειντο ἐφεξῆς. ζητοῦμεν ἔτη νβ καὶ τοῦ
14 νγ' Παῦνὶ ιε'. ἐπεὶ οὖν ἐπὶ ταύτης τῆς διαιρέσεως ⟨αἱ⟩ ἡμέραι καὶ οἱ
κύκλοι πρὸς τϛ ἡμέρας τὴν πραγματείαν ἔχουσιν, τὰ δὲ γενεθλιακὰ ἔτη
πρὸς τὸν τϟε δ', ἔλαβον τῶν ὁλοκλήρων ἐτῶν νβ τὰς ἀνὰ ε δ' · γίνονται
15 σογ. καὶ ἀπὸ Μεχὶρ ιβ' ἕως Παῦνὶ ιε' γίνονται ρκδ· καὶ ὁμοῦ γίνονται 10
16, 17 ἡμέραι τϟζ. ἀφεῖλον κύκλον τϛ· λοιπαὶ ἡμέραι λζ. ἐκρίθη οὖν, νυκτερινῆς
οὔσης τῆς γενέσεως, Σελήνη – ὑπόγειος οὖσα ἐν θηλυκῷ ζῳδίῳ, τριγώνῳ
συναιρετιστοῦ καὶ οἰκείως κειμένη – ἀφέτης τῶν καθολικῶν χρόνων.
18 πρώτη οὖν ἔλαβεν ἐκ τῶν προκειμένων ἐτῶν ἔτη ῑ μῆνας ϑ, εἶθ' ἑξῆς
Ἀφροδίτη ἐν Κριῷ ἔτη ῑ μῆνας ϑ, εἶτα ἑξῆς Ζεὺς Ζυγῷ ἔτη ῑ μῆνας ϑ, 15
εἶθ' ἑξῆς Κρόνος Τοξότῃ ἔτη ῑ μῆνας ϑ· γίνονται κύκλοι δ ἔτη μγ.
19 μετ' αὐτοὺς ἑξῆς ἀκολουθεῖ Ἄρης· τούτου ὁ κύκλος ἔτη ῑ μῆνες ϑ εἰς
f.101ᵛ συμπλήρωσιν | ἐτῶν νγ καὶ μηνῶν ϑ.

20 Ἐπεὶ οὖν ὑπὲρ τὸν προκείμενον χρόνον καὶ ζητούμενον ὑπερβάλλει ὁ
21 ἐνιαύσιος χρόνος, εἰς τὸν μηνιαῖον κατέδραμον. καὶ ἔδωκα αὐτῷ τῷ Ἄρει 20
τῷ κυρίῳ τοῦ κύκλου μῆνας ῑε, προσθεὶς δὲ τῷ συντελεσθέντι τετάρτῳ
22 κύκλῳ ἐτῶν δι' ἀριθμοῦ μγ· καὶ ἐγένοντο ἔτη μδ μῆνες γ. εἶτα Ἡλίῳ
ἔτος ᾱ μῆνας ζ, εἶτα Ἑρμῇ μῆνας κ, εἶτα Σελήνῃ μῆνας κε, εἶτα Ἀφροδίτῃ
23 μῆνας η, εἶτα Διὶ μῆνας ιβ· καὶ γίνονται ἔτη να καὶ μῆνες γ. ἑξῆς Κρόνος
λαμβάνει μῆνας λ εἰς συμπλήρωσιν τοῦ ἀρεϊκοῦ κύκλου, ἐτῶν νγ καὶ 25
μηνῶν ϑ.

24 Ἐπεὶ οὖν καὶ οὗτος ὁ χρόνος ὑπερβάλλει τὸν προκείμενον, εἰς ἡμέρας
25 ἀνέλυσα οὕτως. ἕως τοῦ Διὸς συνήγετο ἔτη να μῆνες γ· ἀνέλαβον τὰς
λοιπὰς ἡμέρας τοῦ νβ' ἔτους σο καὶ τοῦ νγ' τϛ καὶ τοῦ νδ' ἔτους ἡμέρας
λζ· καὶ γίνονται ὁμοῦ ἡμέραι χξζ, Κρόνου [καὶ] ἀπὸ Ἄρεως παραλαμβάνον- 30
26 τος. ἐξ ὧν παρέδωκεν ἑαυτῷ καὶ τοῖς ἑξῆς κειμένοις κύκλον α' ἡμερῶν

§§ 11−31: thema 103 (7 Feb. 132)

[VS] 1 περιγενόμενοι S ‖ 7 ἰουνίῳ sup. παῦνὶ V | αἱ Kroll ‖ 8 πρὸς om. S |
γενεθλικὰ V, γενέθλια S, corr. Kroll ‖ 9 νγ corr. in νβ V ‖ 14 ι] ν S, ι in marg. S ‖
17 αὐτὸν ͞ον V, αὐτῶν S, corr. Kroll | μῆνας VS, μῆνες Kroll ‖ 18 μηνῶν] μῆνας S ‖
23 μῆνες VS, μῆνας¹ Kroll ‖ 24 μῆνες] μῆνας VS ‖ 25 νιγ VS, νγ in marg. S ‖
26 μῆνας S ‖ 29 νε VS, νγ Kroll ‖ 31 ἑαυτὴν S

ϱκϑ, εἶτα τὸν | β′ κύκλον παρεχώρει Ἄρει ὁμοίως ἡμέρας ϱκϑ (κἀκεῖνος f. 116 v s
ἐμέρισεν ἑκάστῳ τὰς ἰδίας ἡμέρας), τὸν δὲ γ′ κύκλον Ἥλιος διεδέξατο
ἀπὸ Κρόνου (καὶ ἐμέρισεν ϱκϑ ἡμέρας), τὸν δὲ δ′ Ἑρμῆς, τὸν δὲ ε′
Σελήνη (καὶ ἐμέρισεν ἡμέρας ϱκϑ). λοιπὸν περιλείπονται ἡμέραι κβ τοῦ 27
5 ϛ′ κύκλου, ὅς ἐστιν Ἀφροδίτης· ἐμέρισεν οὖν ἑαυτῇ ἡμέρας ῆ, ἔπειτα
Διὶ ἡμέρας ιβ· λοιπαὶ β ἡμέραι εἰς τὴν ζητουμένην ἡμέραν, αἵ εἰσι
Κρόνου πρῶται. γέγονεν οὖν ὁ μὲν καθολικὸς χρονοκράτωρ τῶν ἐτῶν 28
Ἄρης ἀπὸ Σελήνης παραλαβών, ὁ δὲ τῶν μηνιαίων Κρόνος ἀπὸ Ἄρεως
παραλαβών, τῶν δὲ ἡμερῶν Ἀφροδίτη παρὰ Κρόνου τὸν κύκλον παραλα-
10 βοῦσα.
    Τῷ οὖν νβ′ ἔτει ἐγένετο γυναικὸς θάνατος ἐπίλυπος, καὶ νόσοι ἐπισφα- 29
λεῖς αὐτῷ ἐπηκολούθησαν καὶ ζημίαι. ἐν δὲ ταῖς προκειμέναις ἡμέραις ἡ 30
γένεσις κατεδικάσθη δίκην ἔχουσα ὑπὲρ γυναικός, καὶ πρὸς γυναῖκα περὶ
νεκρικῶν καὶ παλαιῶν πραγμάτων καὶ ὑπὸ μειζόνων κατεσπουδάσθη,
15 καὶ μικροῦ δεῖν ἐκινδύνευσεν, καὶ οἰκείων ἢ ἀλλοτρίων λύπην ἀνεδέξατο,
ὡς εἰς ἀπόγνωσιν χωρῆσαι, καὶ ἑτέροις πράγμασι καὶ ἐπισφαλέσι καὶ
ἐπιζημίοις περιεπλάκη. ἔτι γὰρ διεκράτει τὸν χρόνον Κρόνος παρ᾽ αἵρεσιν 31
ὡροσκοπῶν καὶ καθυπερτερῶν Σελήνην, τὴν ἄφεσιν, καὶ Ἑρμῆν, ὅθεν
καὶ πλαστογραφίαι πλεῖσται παρηκολούθησαν καὶ ψευδηγορίαι καὶ πλάναι
20 καὶ ἐξοδιασμοὶ πλεῖστοι καὶ νόσοι ἐπισφαλεῖς.
    Περὶ τῆς ὑποδιαιρέσεως τῆς προκειμένης ἀγωγῆς. ἡ δὲ γ′ ἐπιδιαίρεσις 32 (VI 6)
οὕτως γίνεται. Κρόνος δεσπόζει ἐτῶν β καὶ μηνῶν ζ. παραδώσει ἑαυτῷ 33, 34
μῆνας ζ ἡμέρας κϑ ὥρας ζ δ′, Διὶ μῆνας β ἡμέρας κγ ὥρας ιζ γ′. Ἄρει
μῆνας γ ἡμέρας ιδ ὥρας ιε ⟨ꝑ⟩ ϛ′, Ἡλίῳ μῆνας δ ἡμέρας ιβ ὥρας ιγ ⟨δ′⟩
25 ϛ′, Ἀφροδίτῃ μῆνα ᾱ ἡμέρας κε ὥρας ιϑ ꝑ, Ἑρμῇ μῆνας δ ἡμέρας ιϑ
ὥρας ιβ ꝑ ϛ′, Σελήνη μῆνας ε ἡμέρας κδ ὥρας ι· καὶ οὕτως συμπληροῦν-
ται τὰ τοῦ Κρόνου ἔτη β μῆνες ζ.
    Ὁ Ζεὺς ἔχει ἐνιαυτόν. παραδώσει ἑαυτῷ μῆνα ᾱ ἡμέρας γ ὥρας ια 35, 36
⟨ꝑ δ′⟩, Ἄρει μῆνα ᾱ ἡμέρας ⟨ι⟩ᾱ ὥρας κ ⟨ꝙ⟩, Ἡλίῳ μῆνα ᾱ ἡμέρας
30 κγ ὥρας [κ] ꝑ, Ἀφροδίτῃ | ἡμέρας κβ ὥρας ζ ꝑ γ′, Ἑρμῇ μῆνα ᾱ f.117 s
ἡμέρας κε ὥρας ιϑ ꝑ, Σελήνη μῆνας ιβ ἡμέρας ϑ ὥρας ιη γ′, Κρόνῳ
μῆνας β ἡμέρας κγ ὥρας ιζ δ′.
    Ἄρης ἔχει ἐνιαυτὸν ᾱ μῆνας γ. παραδίδωσιν ἑαυτῷ μῆνα ᾱ ἡμέρας κβ 37, 38

[VS] 1 τὸν iter. S ‖ 2 γ sup. lin. S ‖ 7 πϱῦ^{γⁿ} (?) V, πϱώτη S ‖ 11 νόσοι ἐπισφαλεῖς
corr. in νόσος ἐπισφαλὴς V ‖ 12 προκειμέναι S ‖ 15 ἢ] καὶ S ‖ 22 μῆνας VS, corr.
Kroll ‖ 23 ζ δ′] ζ̅ ϛ̅V ξ ϛ S | κγ] κϛ VS | ιζ γ′] η δ VS ‖ 27 μῆνας V ‖ 29 μῆνα²]
μην V ‖ 30 κβ] ιβ VS ‖ 31 ιϑ ꝑ] ιβ ϛ V ιβ γ S

243

ὥρας ζ ϙϛ, Ἡλίῳ μῆνας β̅ ἡμέρας ζ̅ ὥρας ζ̅ ϙϛ, Ἀφροδίτῃ ἡμέρας κ̅ζ̅
ὥρας κ̅α̅ ᴗ γ', Ἑρμῇ μῆνας β̅ ἡμέρας ϑ ὥρας ι̅η̅ γ', Σελήνη ⟨μῆνας β̅⟩
ἡμέρας κ̅ζ̅ ὥρας ε̅, Κρόνῳ μῆνας γ̅ ἡμέρας ι̅δ̅ ὥρας ⟨ι⟩ε̅ ⟨ϙϛ⟩, Διὶ μῆνα
α̅ ἡμέρας ι̅α̅ ὥρας κ̅ ⟨ϙϛ⟩.

39, 40 Ἥλιος ἔχει ἐνιαυτὸν α̅ μῆνας ζ. παραδίδωσιν ἑαυτῷ μῆνας β̅ ἡμέρας κ̅γ̅ 5
ὥρας κ̅β̅ ⟨ᴗ⟩ δ', Ἀφροδίτῃ μῆνα α̅ ἡμέρας ε̅ ὥρας η̅ γ', Ἑρμῇ μῆνας β̅
ἡμέρας κ̅η̅ ὥρας η̅ ⟨ϙϛ⟩ δ', Σελήνη μῆνας γ̅ ἡμέρας κ̅ ὥρας ι̅α̅ δ', Κρόνῳ
μῆνας δ̅ ἡμέρας ι̅β̅ ὥρας ι̅γ̅ δ', Διὶ μῆνα α̅ ἡμέρας κ̅γ̅ ὥρας [η̅] ᴗ, Ἄρει
μῆνας δύο ἡμέρας ζ̅ ὥρας ζ̅ ϙϛ.

41, 42 Ἀφροδίτη δεσπόζει μηνῶν η̅. ἐξ αὐτῶν ἑαυτῇ παραδίδωσιν ἡμέρας ι̅δ̅ 10
⟨ὥρας κ̅α̅ ε'⟩, Ἑρμῇ μῆνα α̅ ἡμέρας ζ̅ ὥρας δ̅ δ', Σελήνη μῆνα α̅ ἡμέρας
ι̅ϛ̅ ὥρας ι̅β̅ δ', Κρόνῳ μῆνα α̅ ἡμέρας κ̅ε̅ ὥρας ι̅ϑ̅ ⟨ᴗ⟩, Διὶ ἡμέρας κ̅β̅
ὥρας ⟨ζ̅ ᴗ⟩ δ', Ἄρει ἡμέρας κ̅ζ̅ ὥρας κ̅α̅ ⟨ᴗ⟩ δ', Ἡλίῳ μῆνα α̅ ἡμέρας
ε̅ ὥρας η̅ ⟨γ'⟩.

43 Ἑρμῆς ἔχει ἐνιαυτὸν α̅ μῆνας η̅, ἐξ ὧν ἑαυτῷ παραδίδωσι μῆνας γ̅ 15
ἡμέρας γ̅ ὥρας [ϑ] ᴗ, Σελήνη μῆνας γ̅ ἡμέρας ⟨κ̅⟩ζ̅ ὥρας ζ̅ ⟨ᴗ⟩ δ',
Κρόνῳ μῆνας δ̅ ἡμέρας ι̅ϑ̅ ὥρας ι̅β̅ ⟨ᴗ⟩ δ', Διὶ μῆνα α̅ ἡμέρας κ̅ε̅ ὥρας
ι̅ϑ̅ ⟨ᴗ⟩, Ἄρει μῆνας β̅ ἡμέρας ϑ ὥρας ι̅η̅ δ' ⟨ϛ'⟩, Ἡλίῳ μῆνας β̅ ἡμέρας
κ̅η̅ ὥρας η̅ ⟨ϙϛ⟩ δ', Ἀφροδίτῃ μῆνα α̅ ἡμέρας ζ̅ ὥρας ε̅.

44 Σελήνη δεσπόζει ἐτῶν β̅ μηνὸς α̅, ἐξ ὧν ἑαυτῇ μερίζει μῆνας δ̅ ἡμέρας 20
κ̅ε̅ ὥρας η̅ ⟨γ'⟩, Κρόνῳ μῆνας ε̅ ἡμέρας κ̅δ̅ ὥρας ι̅, Διὶ μῆνας ⟨β̅⟩ ἡμέρας
ϑ ὥρας ι̅η̅ ⟨δ' ϛ'⟩, Ἄρει μῆνας β̅ ἡμέρας κ̅ζ̅ ὥρας ε̅, Ἡλίῳ μῆνας γ̅
ἡμέρας κ̅ ὥρας ι̅α̅ ⟨ϛ'⟩, Ἀφροδίτη μῆνα α̅ ἡμέρας ι̅ϛ̅ ὥρας ι̅β̅ δ', Ἑρμῇ
μῆνας γ̅ ἡμέρας κ̅ϛ̅ ὥρας ζ̅ ⟨ᴗ⟩ δ', [Κρόνῳ μῆνας ε̅ ἡμέρας κ̅δ̅ ὥρας δ].

ζ'. Μαθεῖν τίνος ἀστέρος εἰσὶν αἱ καταγόμεναι ἡμέραι τῆς προκειμένης 25
ἀγωγῆς

1 Ἄλλως δ' ἂν θέλωμεν εἰδέναι αἱ καταγόμεναι ἡμέραι τίνος ἀστέρος
2 εἰσίν, οὕτως ποιήσωμεν. τὰ καταγόμενα ἔτη ἐπὶ τὰς τ̅ξ̅ε̅ δ' πολυπλασιά-
σαντες καὶ τὰς ἀπὸ γενεθλίων ἕως τῆς ζητουμένης ἡμέρας ἐπισυνθέντες
καὶ συγκεφαλαιώσαντες ἀφαιροῦμεν κύκλους ἀνὰ ρ̅κ̅ϑ̅ ἡμερῶν ὅσους 30

[VS] 1 ζ¹] ιϛ S | post ϙϛ ² 2–3 σελήνη – ε VS ‖ 2 ϑ] κζ VS ‖ 3 κζ] οα VS ‖
6 post δ' 6–7 ἑρμῇ – δ VS | γ'] ⸋ V ‖ δ S ‖ 7 ια] ιδ VS ‖ 8 ᴗ] δ VS ‖ 9 ϙϛ]
δ VS ‖ 10 μῆνας VS, corr. Kroll | ἑαυτῶν VS, αὐτῶν Kroll ‖ 11 ζ] ϛ VS | δ δ']
ζ ε VS ‖ 13 κζ] κη VS ‖ 20 μῆνα VS, μηνὸς Kroll ‖ 21 κε] κδ VS | η] ι VS |
κδ] ιδ VS ‖ 22 κζ] κβ VS ‖ 23 post ια 23–24 ἑρμῆ – δ VS | ιϛ] ιζ VS | ιβ] ϛ VS ‖
24 Κρόνῳ – δ secl. Kroll ‖ 25 ζ' in marg. V, om. S ‖ 30 βκϑ S

244

δυνάμεθα, καὶ σκοποῦμεν πόσοι κύκλοι γεγόνασιν, ἐξ ὧν πάλιν ἑβδομαδι-
κοὺς κύκλους διεκβαλοῦμεν· καὶ ὁ ἐντὸς τῆς ἑβδομάδος περιλειφθεὶς
κύκλος προδηλώσει τίνος | ἀστέρος εἰσὶν [καὶ τίνος] αἱ ἡμέραι. οἷον ἐπὶ ³ f.117 v S
τοῦ προκειμένου θέματος τὰ πλήρη νβ̅ ἔτη ἐπὶ τ̅ξ̅ε̅ δ΄ πολυπλασιάσαντες,
5 γίνονται ἡμέραι μυριὰς ͵η̅͞λ͞ϛ̅γ̅· καὶ ἀπὸ Μεχὶρ ιβ΄ ἕως τῆς ζητουμένης
Παῦνὶ ιε΄ ἡμέραι σ̅κ̅γ̅. ὁμοῦ γίνονται ἡμέραι μυριὰς ͵θ̅ρ̅ις, ἐξ ὧν ἀφεῖλον 4
κύκλους ἀνὰ ρ̅κ̅θ̅· γίνονται κύκλοι ρ̅μ̅η̅, καὶ λοιπαὶ ἡμέραι κ̅δ̅ τοῦ ρμθ΄
κύκλου. πάλιν ἐκ τούτων ἀφεῖλον ἑβδομαδικοὺς κύκλους κ̅α̅ (τουτέστιν 5
ἐκ τῶν ρ̅μ̅θ̅)· λοιποὶ περιλείπονται κύκλοι β̅. ἐπεὶ οὖν, καθὼς πρόκειται, 6
10 ἡ Σελήνη ἀφέτης εὑρέθη, ἔδωκα πάλιν τὸν α΄ κύκλον τῆς ἑβδομάδος αὐτῇ
τῇ Σελήνῃ πρώτῃ. τὸν δὲ β΄ κύκλον ἔσχεν ἡ μετ᾿ αὐτὴν Ἀφροδίτη ἡμέρας 7
κ̅δ̅ ἔχουσα, ἐξ ὧν ἑαυτῇ ἔδωκεν ἡμέρας η̅, ἔπειτα Διὶ ἡμέρας ι̅β̅· λοιπαὶ
περιλείπονται ἡμέραι δ̅ Κρόνου, ἐν αἷς κατεδικάσθη. ἢ πάλιν πειρατέον 8
τοὺς ἑβδομαδικοὺς κύκλους εἰς μ̅θετηρίδας κατάξαντας ἀπολύειν ἀπὸ τοῦ
15 ἀφέτου ἀνὰ μίαν· καὶ εἰς οἷον ἂν ἀστέρα καταλήξῃ, ἐκεῖνος ἄρξει τῆς
μ̅θετηρίδος καὶ τοῦ α΄ κύκλου τοῦ ἑβδομαδικοῦ· εἶθ᾿ ἑξῆς τοῖς λοιποῖς
παραδώσεις τοὺς κύκλους. οἷον ἐπὶ τοῦ προκειμένου θέματος, ἐπεὶ ρμθ̅ 9
κύκλοι ἑβδομαδικοὶ εὑρέθησαν, ἐκ τούτων ἀφεῖλον μ̅θετηρίδας γ̅· λοιποὶ
περιλείπονται κύκλοι β̅ τῆς τετάρτης μ̅θετηρίδος. τὰς οὖν δ̅ ἀπέλυσα ἀπὸ 10
20 Σελήνης καὶ κατέληξα ἐπὶ Κρόνον, ὥστε τῆς μὲν δ΄ μ̅θετηρίδος ἄρχει
Κρόνος. καὶ τὸν πρῶτον ἑβδομαδικὸν κύκλον ἑαυτῷ μερίσας τὸν β΄ 11
παρέδωκε τῷ μετ᾿ αὐτὸν Ἄρει ἔχοντι ἡμέρας κ̅δ̅, ἐξ ὧν ἑαυτῷ ἐμέρισεν
ἡμέρας ι̅ε̅· καὶ λοιπαὶ ἡμέραι θ̅ Ἡλίου.
Ὅτι οὐ δεόντως ἔνιοι τὴν ἄφεσιν τῆς προκειμένης ἀγωγῆς ποιοῦνται. 12
25 οἱ πλεῖστοι μέντοι μερίζουσι τοὺς χρόνους ἐπὶ πάσης γενέσεως κατὰ τὴν
ἑπτάζωνον ἀρξάμενοι ἀπὸ Κρόνου· ἔπειτα Διί, εἶτα Ἄρει, εἶτα Ἡλίῳ,
μεθ᾿ ὃν Ἀφροδίτῃ, ἔπειτα Ἑρμῇ καὶ ἑξῆς Σελήνῃ. καὶ ὁμοίως κατὰ 13
ἀνακύκλησιν τῶν χρόνων σκοποῦσι τὸν δεσπόζοντα τῆς ἑβδομάδος καὶ
τῶν ἡμερῶν, | ἐμοὶ δ᾿ οὐκ ἀρέσκει τὸ τοιοῦτον ἐπεὶ οἱ αὐτοὶ χρονοκράτορες f.118 S
30 ἐπὶ τῶν πλείστων γενέσεων εὑρεθήσονται. ἀλλά, καθὼς πρόκειται, ἔκ 14

---

§§3—11: thema 103 (7 Feb. 132) ‖ §§12—14: cf. Add. VI 1—3 ‖ §14: cf.
III 5, 21 et VI 6, 3

[VS] 3 ἐσὶ S | καὶ τίνος secl. Kroll ‖ 5 μ̅ ͵η̅͞λϛγ V, spat. 3 litt. ͞λϛγ S ‖ 6 ᵃ/μ̅ VS,
μυριὰς Kroll ‖ 7 κύκλου¹ S | ρμθ] ρμδ S ‖ 14 καταμίξαντας V, καταλ̅η̅ξαν S, corr.
Kroll ‖ 15 ἄρξῃ VS, corr. Kroll ‖ 17 παραδόσεις S | ἐπὶ VS, ἐπεὶ Kroll ‖ 19 β]
λβ S ‖ 21 πρῶτον] α S | ἐν αὐτῶ VS, ἑαυτῷ Kroll ‖ 24 οὐδὲ ὄντως VS, corr. Kroll ‖
26 εἶτα² om. S ‖ 28 καὶ om. S ‖ 29 ἀρέσει S

245

τε Ἡλίου καὶ Σελήνης ὁ ἀφέτης κριθήσεται ἢ ὁ μετὰ τὸν ὡροσκόπον
εὑρισκόμενος ἀστήρ, καὶ ⟨οἱ⟩ ἑξῆς καθὼς ἔτυχον ἐπὶ γενέσεως ζῳδιακῶς
τε καὶ μοιρικῶς διακείμενοι.

η΄. Περὶ χρόνων ζωῆς ἀπὸ πανσεληνιακοῦ καὶ ὡροσκοπικοῦ γνώμονος

1 Ἐπεὶ δὲ τὴν μὲν εὕρεσιν τῶν ζητουμένων ῥᾳδίαν ἐκεκτήμην διὰ τὴν 5
συνεχῆ γυμνασίαν καὶ ποικίλης ἀγωγῆς ὕλην, ἡ δὲ διάκρισις καὶ ὁ σαφὴς
ἔλεγχος ἐδεῖτο χρόνου, οὗτος δέ μοι βραχὺς περιελείπετο (ἔστι γὰρ
στιγμιαῖος ὁ τῶν ἀνθρώπων βίος κἂν πάνυ τι δόξῃ ὑπερχρονεῖν), ὡς
πατὴρ πρὸς τῷ τέλει τοῦ βίου νόσῳ βαρούμενος τέκνοις ἐντολὰς συντόμους
καταλείπει πρὶν φθάσαι τὴν φίμωσιν, καὶ αὐτὸς μετὰ πάσης σπουδῆς τὰ 10
συνεμπίπτοντά μοι κεφάλαια τῶν θεωρημάτων ἀνασκοπούμενος ἐσημειού-
2 μην, τοῖς φιλοκάλοις ἀρχὴν εἰσόδου δωρούμενος. εἰ δὲ ἦν μακρόβιος ἢ
ἀθάνατος ὁ νοῦς, ἀναμφίλεκτος καὶ μονομερὴς ἡ διάκρισις ἐτύγχανεν·
3 θεοὶ δέ ⟨τε⟩ πάντα ἴσασιν. ἐπεὶ οὖν τὸ συνεκτικώτατον κεφάλαιόν ἐστι τὸ
περὶ χρόνων ζωῆς, πολυμερῶς [τε] τοῦτο ἐν τοῖς ἔμπροσθεν συντέτακται. 15
4 συμβαλὼν δέ τινι μεγαλαυχοῦντι περὶ ἑτέρας ἀγωγῆς εὗρον διὰ πολλῆς
πλάνης μεθοδικῶν ἀριθμῶν πεποικιλμένην τὴν αἵρεσιν, ἣν καὶ αὐτὸς
πρότερον μὲν ἠπιστάμην σαφέστερον, καὶ νῦν δὲ διὰ τὴν φιλονεικίαν
5 διασαφήσω, ἐκκόψας τὰς ματαιολογίας. πᾶσα γὰρ ἀγωγὴ συγκρινομένη
πρὸς ἑτέραν καὶ τὸν ἔλεγχον λαβοῦσα φυσικὴν καὶ ἀκριβῆ τὴν θεωρίαν 20
ἐνδείκνυται.

6 Ἔστω οὖν ἡμῖν λόγος πρός τε τὴν φωσφόρον Σελήνην καὶ πρὸς τὸν
ὡροσκόπον· οὗτοι γὰρ ἑαυτοῖς συγκιρνάμενοι κατὰ τὰς ὡριαίας κινήσεις
πρὸς τὰς ἐπικαίρους στάσεις καὶ τὴν φυσικὴν μοιρ⟨οθεσίαν ποι⟩οῦσι
f.118ᵛˢ τὴν | ἄφεσιν, καὶ τὴν ἀρχὴν καὶ τὸ τέλος ἐνδείκνυνται· τῆς γὰρ σπορᾶς 25
καὶ τῆς ἐκτροπῆς μυστικῶς τὴν δύναμιν ἐκληρώσαντο, καὶ οὔτε Ἄρης
οὔτε Κρόνος ἀναιρέται κριθήσονται οὔτε μὴν οἱ ἀγαθοποιοὶ βοηθοί.
7 ἀλλ᾽ ὁπόταν Σελήνη ἀφέτις εὑρεθῇ, παραφυλάσσειν χρὴ τὰς κολλήσεις
καὶ τὰς ἑξαγώνους πλευρὰς καὶ τετραγώνους καὶ διαμέτρους τὰς πρὸς
τὸν ὡροσκόπον, μάλιστα ἐν τοῖς ἰσανατόλοις ἢ ἰσαναφόροις ἢ ἰσοδυνα- 30
μοῦσι τοῖς ἀκούουσι καὶ βλέπουσι ζῳδίοις ἢ ἀντισκίοις μοίραις· ὁμοίως

---

§ 2: Hom. Odyss. δ 379

[VS] 2 οἱ Kroll ‖ 4 η΄ in marg. V, om. S ‖ 8 ἐὰν VS, κἂν Kroll ‖ τῇ VS, corr.
Kroll ‖ ὑπερφρονεῖν VS, ὑπερχρόνιον sugg. Kroll ‖ ὡς] οὕτως VS ‖ 10 φήμωσιν S ‖
13 διαίρεσις S ‖ 15 τε secl. Kroll ‖ 17 πεποικιλμένα S ‖ 18 πρώτερον S ‖ 20 καὶ
post ἀκριβῆ Kroll ‖ 22 γε S ‖ 24 μοιροῦσι VS, μόρφωσιν Kroll, μοιροθεσίαν ποιοῦσι
sugg. Kroll ‖ 25 ἐνδείκνυται VS, corr. Kroll ‖ 27 ἀναρέται S, ἀναιρέται in marg. S ‖
28 ἀφέτης S

δὲ κἂν ὁ ὡροσκόπος ἀφέτης, τὰς πρὸς Σελήνην διαστάσεις ὡσαύτως σκοπεῖν κατὰ ἀναφοράν.

Ἔδοξε δέ μοι ἐκ πείρας θανατικὰς κρίνειν μοίρας καὶ δυναστικὰς τὰς 8 μαρτυρίας τοῦ τε ὡροσκόπου καὶ τῆς Σελήνης πρὸς ἀλλήλους καὶ τὰς 5 τούτων τετραγώνους καὶ διαμέτρους· αὗται γὰρ εἰς κεντροθεσίαν οὐ τὴν τυχοῦσαν κέκτηνται ⟨δύναμιν⟩. πολλῆς δὲ πλάνης συνεμπιπτούσης 9 ἑκάστοτε περὶ τοὺς ἀφετικοὺς ἤτοι ἀναιρετικοὺς τόπους, καὶ σχεδόν τινων καὶ παρεχομένων τὰς τῆς θεωρίας ⟨ἀπορίας, διότι⟩ ὁ μὴ παρὼν ἔλεγχος τῆς ἀληθείας ψόγον καὶ ἀποτροπὴν ἐργάζεται, ἀναγκαίως 10 ἔσχον ἐξευρὼν ἐπιδιασαφῆσαι τὴν πλάνην. ὁπόταν μὲν γὰρ κατὰ μόνας αἱ 10 ἀφέσεις πρὸς τὴν δοκοῦσαν ἀναίρεσιν ἀσυμφώνως εὑρεθῶσιν, σκοπεῖν δεῖ ἀμφοτέρους τοὺς ἀριθμοὺς καὶ κατὰ ἀναφορὰν ἡγεῖσθαι βιώσιμον χρόνον τοῦτον ἐάνπερ μὴ κατὰ πολὺ ὑπερβάλλῃ τὸν μέγιστον χρόνον· σπανίως γάρ τινες ⟨ἐπὶ πλέον⟩ βιοῦσιν. ἢ καὶ ἄλλως ὁπόταν πολὺ διάστημα 11 15 τῆς ἀφέσεως εὑρεθῇ, τῆς Σελήνης [ἢ] καὶ τοῦ ὡροσκόπου ἐν τῷ αὐτῷ ζῳδίῳ ὄντων, ἢ καὶ καθ᾽ ἑτέραν τινὰ ἄφεσιν μὴ συμβῇ τὸ διάστημα ἐν τοῖς πολυαναφόροις ζῳδίοις εὑρεῖν, ὥστε τοὺς ἀφετικοὺς τόπους συνεγγίζειν ἀλλήλοις, ἐξαριθμήσαντας τοὺς χρόνους κατὰ ἀναφορὰν καὶ τούτων λαβόντας τὴν ἡμίσειαν ἡγεῖσθαι ζωτικὸν χρόνον. οὐ μόνον δ᾽ ἐπὶ 12 20 τοῦ μεγίστου διαστήματος ἢ τῶν πολυχρονίων σκοπεῖν δεῖ τὴν ἄφεσιν, ἀλλὰ καὶ τοῦ ἐλαχίστου καὶ ἐπισυνθέτου τῶν ἀφέσεων πρὸς τοὺς ὀλιγοχρονίους. πρὸς δὲ τὴν ἀφετικὴν τῶν χρόνων διά|κρισιν αἱ τῆς Σελήνης 13 f.119S μοιρικαὶ φάσεις καθ᾽ ἕκαστον ζῴδιον λογίζομεναι πρὸς τὰς ἀφέσεις καὶ συναρμοζόμεναι ⟨πρὸς⟩ τὴν τοῦ διαστήματος χρονογραφίαν τὴν ἀναίρεσιν 25 προδηλοῦσιν, καὶ μάλιστα αἱ ἀπὸ Σελήνης. αὕτη γὰρ ἀφέτις γενομένη 14 ὑπὸ ἑαυτῆς ἀναιρεθήσεται· εἰσὶ δὲ αἱ τῆς συνόδου ἢ πανσελήνου καὶ τῶν δυοῖν διχοτόμων, ἐνεργητικῆς οὔσης τῆς ἐπὶ δυτικὸν πρῶτον φερομένης.

Ὅθεν μή τις ἡμᾶς δόξῃ πολυμερῶς καὶ ποικίλως συντετάχεναι· 15 ἀγαπητὸν γὰρ ἐμοὶ μὲν πᾶσαν ζητήματος θέσιν προμεμηνυκέναι, δυνατὸν 30 δὲ καὶ τοῖς ἐντυγχάνουσι προγυμνασθεῖσι χρόνῳ ταῖς ἀγωγαῖς καὶ τὰ πολλὰ παραπεμψαμένοις ἐπὶ τὴν φυσικὴν καὶ ἀτρεκῆ ὁδὸν καταντῆσαι. προεῖπον γὰρ ἐν τοῖς ἔμπροσθεν ὅτι ἃ μὲν ἐκ τῶν παλαιῶν σκοτεινῶς 16 συντεταγμένα ἐπελυσάμην, ἃ δὲ καθὼς ἔδοξέ τισιν οὕτως ἔχειν [καθὼς]

[VS] 1 κἂν] καὶ S ‖ 3.4 τ M̅ ̇ᵒ ͬᵃ ͬˢ V, τὰ M̅ ͬᵃ ͬˢ S, τὰς μαρτυρίας Kroll ‖ 4 τε sup. lin. V ‖ 6 δύναμιν Kroll ‖ 7 σχεδόν S ‖ 8 ἀπεχομένων τῆς θεωρίας διότι sugg. Kroll ‖ 11 lac. post ἀφέσεις ind. Kroll | ἀσύμφωνος εὑρεθῇ VS | δὲ VS, δεῖ Kroll ‖ 14 ἐπὶ πλέον sugg. Kroll ‖ 15 ἢ secl. Kroll ‖ 16 συνθῇ VS, corr. Kroll ‖ 19 λαβόντες VS, corr. Kroll ‖ 23 λογίζομαι S ‖ 24 πρὸς Kroll ‖ 25 αἱ om. S ‖ 29 προμεμενηκέναι VS, corr. Kroll ‖ 32 σκοτεινῶν S ‖ 33 καθὼς² V, κακῶς S Diels, καλῶς Kroll, secl. Radermacher

VETTIVS VALENS

ἐδόκουν, ἵνα μὴ δόξω ἀμύητος τῆς ἐντεύξεως γεγονέναι, ἃ δὲ καὶ αὐτὸς
ἰδίως ἀνευρὼν συνέταξα, οἷς οἱ πεισθέντες ἀμετανόητον τὴν εἴσοδον
17 κτήσονται. παρατηρητέον δὲ τοὺς ἀφετικοὺς καὶ ἀναιρετικοὺς τόπους
τίνων ἀστέρων ζῳδίοις ἢ καὶ ὁρίοις ἔτυχον· ἐκ γὰρ τούτων αἵ τε αἰτίαι
18 καὶ οἱ θάνατοι καταλαμβάνονται κατὰ τὰς φυσικὰς αὐτῶν ἐνεργείας. χρὴ 5
οὖν σκοπεῖν τίς ὑπὸ τίνος κακοῦται ἢ βοηθεῖται ἢ καὶ συμπαθὴς ἢ
ἀλλότριος τυγχάνει, ὅπως τε αἱ πρὸς ἀλλήλους σχηματογραφίαι κατὰ
f.101ᵛᵛ γένεσιν τυγχάνουσι καὶ κατ᾽ ἐπέμβασιν | καὶ κατὰ τὰς τῶν χρόνων
παραλήψεις.
19 Καὶ περὶ μὲν ζῳδιακῶν καὶ μοιρικῶν ὡροσκόπων καὶ χρηματιζουσῶν 10
μοιρῶν πολὺς ἡμῖν ὁ λόγος ἔμπροσθεν δεδήλωται τὴν ἁρμονίαν ἐχουσῶν
εἰς τὸν περὶ ζωῆς χρόνον πολυμερῶς καὶ ποικίλως, καὶ εἰ μὴ κατὰ τὰς
f.119ᵛˢ αὐτὰς μοίρας ἢ κατὰ τὰ αὐτὰ ζῴδια τὴν κατάληψιν | ἔχουσι τὴν αὐτὴν
καὶ συνεγγίζουσαν (ὅπερ σπάνιον καὶ δύσπιστον παρὰ πολλῶν νομίζεται),
ἀλλὰ τῷ κοσμικῷ περιπολήματι πάντα δυνατὰ καὶ ἐφικτὰ καὶ σεμνὰ καὶ 15
ἀληθινὰ τυγχάνει, καὶ χωρεῖ ἐπὶ τοσοῦτον διὰ μυρίων καὶ ποικίλων
ἀγωγῶν, ἐφ᾽ ὅσον ἂν ζητῶν τις εὑρίσκῃ οὐ διὰ πλάνων ἀλλὰ φυσικῆς
20 δημιουργίας. καὶ γὰρ αὐτὸς ὁ κόσμος ἀπλανὴς τυγχάνει καὶ ἃ κέκτηται
ἀγαθὰ καὶ σεβάσμια ἡμέρας καὶ νυκτὸς προφανῆ πᾶσι δείκνυται ἀφθόνως·
καὶ βλεπόμενα μὲν οὖν οὐ καταλαμβάνεται, συνέσει δὲ νοούμενα γινώσκε- 20
21 ται καθὼς ἕκαστος ὑπολαμβάνει. ἐκ τούτου δὲ τὸ μὲν ὁρώμενον καὶ
γινόμενον καὶ λεγόμενον καταληπτὸν ὂν καὶ αὐτὸς μετέλαβον παραπεμψά-
μενος τίνες ἂν εἴησαν καὶ πόθεν καὶ πῶς· ἕτεροι γὰρ περὶ τῶν τοιούτων
22 ἀπείρους λόγους ἐποιήσαντο. ἀλλ᾽ ἅ γε ἐκ παρατηρήσεως χρόνων εὑρεθέντα
καὶ δοκιμασθέντα συγκρίνας καὶ μύστης γενόμενος συνέταξα, δοκῶν 25
⟨εἰς⟩ κόρον ἐν ταῖς γραφαῖς τεθεικέναι ἀρχήν, ἀνατυποῦμαι καὶ οὐ
διαλιμπάνω κάμνων μεθ᾽ ἡδονῆς· ἄγει γάρ με ἡ τῶν κοσμικῶν δημιουργία
καὶ ἡ τῶν ζητουμένων ἀνεύρεσις περιπλέκουσα καινοτέροις θεωρήμασιν.

ϑ΄. Εὕρεσις σπορίμης Σελήνης καὶ ὡροσκόπου

1 Ψηφίζεται ἡ Σελήνη ἐπὶ πάσης γενέσεως μήκει καὶ πλάτει, καὶ 30
σκοποῦμεν εἰς ποῖον [ζῴδιον] ἐκπίπτει τὸ πλάτος τῆς Σελήνης· ὅπου

[VS] 1 τοῖς ἐντάξεως VS, corr. Kroll ‖ 7 ἀλλότριος] ἄλλο τι S ‖ 12 χρόνων corr.
in χρόνον V ‖ 13 κατάληξιν VS | ἐχουσῶν VS, ἔχουσιν sugg. Kroll ‖ 16 μορίων VS,
corr. Diels ‖ 17 πλάνων S ‖ 21 ἔκαστα VS, ἕκαστος sugg. Kroll | ὑπόστασιν λαμβά-
νει Diels | ἡμέρας καὶ νυκτὸς post ὁρώμενον S ‖ 22 γινωσκόμενον Diels ‖ 23 οἱ
εὑρόντες post εἴησαν sugg. Kroll ‖ 24 ἀλλᾶ V, ἀλλά γε S, corr. Kroll | χρό V ‖
25 δοκῶ VS, corr. Kroll ‖ 26 κόρον] ἰσχυρὰν sugg. Kroll, ὅρον Diels | ἀρχήν] διαρκῆ
Diels ‖ 29 ϑ΄] N̄ V, om. S

248

ANTHOLOGIAE VI 8—9

δ᾽ ἂν εὕρωμεν, ἐκεῖ ἕξει τὴν σπορίμην Σελήνην. πάντοτε γὰρ ἐπὶ πάσης 2
γενέσεως τῆς ἐκτροπῆς τὸ πλάτος ἐκπίπτει [ἐπὶ τὴν σπορίμην Σελήνην]
ἐπὶ τὴν αὐτὴν μοῖραν ἣν καὶ εἶχεν ἐπὶ τῆς σπορᾶς· οὐ γὰρ δυνατόν,
πληρωθέντος τοῦ χρόνου, ὑπερβῆναι τὴν Σελήνην τὸν ἴδιον σκοπόν.
5 Ἀνάδραμε γὰρ τὰς ἡμέρας καί, στήσας τὴν Σελήνην ἐπὶ τὴν μοῖραν, 3
ἰδὲ πρὸς τίνα γέγονεν ἡ προγενομένη σύνοδος, καὶ ἀπ᾽ αὐτῆς προστίθει
τὰς ἡμέρας· | καὶ γνώσῃ ποίᾳ ἡμέρᾳ καὶ ὥρᾳ συνελήφθη καὶ πότερον f.120S
μηνῶν ἦ ἢ ῑ ἐγένετο ὁ γεννηθείς. ἐὰν γὰρ ὁ σπόριμος Ἥλιος, ὑποδείγματος 4
χάριν, ἐν Κριῷ ᾖ, τῆς Σελήνης φερομένης ἀπὸ συνόδου ἄχρι μοιρῶν ο̅κ̅,
10 ἕξει τὴν τελείαν σποράν (οὐ γὰρ δυνατὸν ὑπερβῆναι τὰς ο̅κ̅ μοίρας διὰ τὸ
ἐν αὐταῖς πληροῦσθαι τὸν τέλειον ὡροσκόπον) τῶν σ̅ο̅ μοιρῶν, καὶ
γίνεται ἐν τῷ ι΄ μηνί. ἐὰν οὖν ὑπερβῇ τὰς ο̅κ̅ μοίρας, πάντοτε τοῖς ϑ 5
προστίθει μησὶ τὰς ἡμέρας, καὶ ἐπικεφαλαιώσας ἐπιγνώσῃ πόσαις
ἡμέραις συνελήφθη.
15 Πάντοτε οὖν θηρεύσας τὴν μοῖραν τοῦ πλάτους, ἰδὲ διὰ πόσων ἡμερῶν 6
καὶ ὡρῶν ἡ Σελήνη ἐπέχει ἐπὶ τὸν αὐτὸν σκοπόν· ὥσπερ γὰρ τροχὸς
κυλιόμενος ἐνέκοψεν ἐπὶ τὴν ἰδίαν ἐλθοῦσα ἐποχήν.
Ταῦτα μὲν οὖν συνέταξα οὐ ποιητικῶς ὥς τινες ἢ ἐπακτικὴν ἀκρόασιν 7
πράσσουσιν, τῇ τῶν λόγων συνθήκῃ ἢ καὶ μέτρου ἁρμονίᾳ θέλγοντες τοὺς
20 ἀκούοντας, μυθώδεις καὶ ἐπιπλάστους ἐπιφερόμενοι σκοτεινολογίας, ἐγὼ
δὲ οὐ λόγῳ καλῷ χρησάμενος, πολλὰ δὲ καμὼν καὶ παθών, αὐτόπτης
γενόμενος τῶν πραγμάτων, δοκιμάσας συνέγραψα. τὸ γὰρ παθεῖν τοῦ 8
ἀκούειν βέλτιον καὶ ἀληθέστερον ὑπάρχει· ὁ μὲν γὰρ ἀκούσας δύσπιστον
καὶ ἀμφίβολον τὴν χρῆσιν ἔχει, ὁ δὲ πεπονθὼς παρεὶς πολλὰ καὶ μεμνημέ-
25 νος ἐκύρωσε τὸ πάσχον. ἀλλὰ φυσικῶς τινες βάσκανοι καὶ φιλόνεικοι καὶ 9
ἐναντιόβουλοι ὑπάρχοντες ῥαδίως ἁλίσκονται καὶ τιμωροῦνται, φύσις δὲ
ῥυθμισθῆναι μὲν οὐ δύναται, ἀναγκασθεῖσα δὲ μετὰ αἰδοῦς καὶ λύπης
πραΰνεται, ἐλεγχομένη δὲ ἀγανακτεῖ καὶ τολμηροτέρα γίνεται ἐρεθιζο-
μένη. καὶ μάλιστα ἐπὶ τῶν νέων ἔστι συνιδεῖν ὡς ἄλλου τὸ πράσσειν 10
30 οἴονται καὶ τὴν ἐξουσίαν αὐτῷ διαδιδόασι τοῦ τε φαύλου καὶ ἀγαθοῦ, καὶ
πρὸς τὸ θέλειν φερόμενοι βιάζονται ἄρχειν τε καὶ ἀντιπράσσειν ⟨καὶ⟩
πρὸς πάντα θρασύνεσθαι, | φίλων τε γένους ἀλλότριοι γινόμενοι ἐχθροῖς f.120vS

[VS] 3 ἐπὶ¹] ἐὰν S | καὶ om. S || 4 τὸν sup. lin. S || 6 π̅ ō̅ τ̅ V, πῶς S | προτίθει
VS, προστίθει sugg. Kroll || 9 κ VS, οκ Kroll || 12 καὶ post μηνὶ S || 13 μησὶ]
εἰς VS || 19 τὴν . . . συνθήκην VS, corr. Kroll | μέτρα V || 20 μυθόδεις S || 21 κα-
μὼν S || 24 πάθεσι post πεπονθὼς Radermacher || 26 φύσιν S || 28 τολμητοτέρα V ||
29 ἄλλο VS, ἄλλου sugg. Kroll || 30 αὐτῶν VS, αὐτῷ sugg. Kroll | αὐτοῖς ἰδίᾳ
διδόασι Diels || 31 θέλων corr. in θέλον V, θέλον S, θέλειν sugg. Kroll | καὶ
Kroll

249

ἤδονται, βουκολοῦντες δὲ τὸ μέλλον πάντων καταφρονοῦσιν, χαίροντες
ἐπὶ τοῖς ἀλλοτρίοις κακοῖς ὡς καὶ καθ᾽ ἑαυτῶν ἐπιβάλλεσθαι καὶ ἐπικίνδυ-
11 νον εὔξασθαι διὰ τοὺς ἐχθροὺς κακίαν. τοὐναντίον δὲ πάσχουσιν ὀδυνώμε-
νοι μάτην, θεούς τε μὴ τιμῶντες τὸν θάνατον οὐ φοβοῦνται, ἄγονται δὲ
ὑπὸ τοῦ δαίμονος· τῶν δὲ τοιούτων καὶ τὸ τέλος αἰφνίδιον καὶ ἐπισφαλὲς 5
12 καὶ ὁ βίος εὔθραυστος. βέλτιον οὖν ἐστι κατὰ τὸ δυνατὸν ἑκόντας ἀνθρώ-
πους ἀποθέσθαι μὲν ἀπὸ τῆς ψυχῆς ὑψηλὸν αὐχένα καὶ μὴ θρασύνεσθαι,
μεταμφιασαμένους δὲ ⟨πρὸς⟩ τὸν λογισμὸν ἐκδότους ἑαυτοὺς παρέχειν·
οὐδεὶς γὰρ ἐλεύθερος, πάντες δὲ δοῦλοι τῆς εἱμαρμένης πεφύκασιν, ᾗ
κατακόλουθοι γενόμενοι ἀτάραχοι μὲν καὶ ἀλύπητοι κατὰ τὸ ὅλον 10
13 διεξάγουσιν, προγεγυμνακότες θαρραλέαν τὴν ψυχήν. ἂν δέ τις ⟨οὐκ⟩
ἀληθινὸν ἀναλαβὼν φρόνημα τὴν ἐξουσίαν τῶν πρασσομένων ἑαυτῷ
ἀπονέμῃ, ἐλεγχόμενος ὑπὸ τοῦ μὴ δύνασθαι καὶ μάτην καταγέλαστος
γενόμενος μιμήσεται τὸν τραγικὸν Εὐριπίδην λέγων·

ἄγου δέ μ᾽ ὦ Ζεῦ καὶ σύ γ᾽ ἡ πεπρωμένη,   15
ὅποι ποθ᾽ ὑμῖν εἰμι διατεταγμένος,
ὡς ἕψομαί γε κἂν ὀκνῶ· κἂν μὴ θέλω,
κακὸς γενόμενος αὐτὸ τοῦτο πείσομαι.

14 ἀλλ᾽ ἐπὶ παντὶ εἴδει λογικῆς τε καὶ ἀλόγου τέχνης καὶ ἐπιτηδεύσεως ἢ
καὶ ἄλλης ἡσδηποτοῦν αἰτίας Νέμεσις χαλιναγωγὸς ἔπεστιν, κατὰ τὸν 20
μυθικὸν λόγον πῆχυν κατέχουσα, μηδὲν πράσσειν ὑπὲρ τὸ μέτρον ἐμ-
φαίνουσα, καὶ τροχὸν ὑποκείμενον τῷ σφυρῷ κέκτηται, σημαίνουσα τὰ
λεγόμενα ἄστατα καὶ ἀβέβαια τυγχάνειν, ἐπεὶ καὶ ὁ τροχὸς εἰς ἑαυτὸν
15 ἀνακυκλούμενος ἀστήρικτος ὑπάρχει. τὸν αὐτὸν τρόπον καὶ ψέγοντες καὶ
μεγαλαυχοῦντες, παλίνδρομον τὴν διάνοιαν κτησάμενοι καὶ ἀμετανόητον 25
λογισμόν, τοῖς αὐτοῖς πάθεσι περιπεσόντες, ἐν ἱδρῶσι διάγουσι μὴ
f.121S δυνάμενοι τυχεῖν, | ὧν προτέρως μὲν καταφρονοῦντες, ἐξ ὑστέρου δὲ
θελήσαντες ἐσφάλησαν.

Οὐεττίου Οὐάλεντος Ἀνθολογιῶν βιβλίον ϛ´ τετέλεσται.

§ 13: Cleanthes fr. 527 von Arnim et VII 3, 53

[VS] 1 εἴδονται V, ᵉⁱ̃δονται S ‖ 3 ὀδυνόμενοι VS, corr. Kroll ‖ 4 τε sup. lin. V,
om. S ‖ 5 τὸ om. S ‖ 8 πρὸς sugg. Kroll ‖ 10 ὅσιον VS, ὅλον sugg. Kroll ‖ 11 θαρ-
ραλέον VS, corr. Kroll ‖ 12 ἀλιτήριον Radermacher, ἀχθεινὸν Diels ‖ 15 ἀγούμε-
νος VS, ἄγε δήμ εἰμὶ in marg. S², corr. Kroll | σύ χ᾽ VS, corr. Kroll ‖ 16 ποθ᾽] ᵖᵒϑ᾽ S |
εἰ μὴ VS, εἰμι Kroll ‖ 19 λογικοῦ VS, λογικῆς sugg. Kroll ‖ 22 κέκτημαι S ‖
23 λεγόμενα] γενόμενα Diels ‖ post ἀνακυκλούμενος S ‖ 26 ἱερῶσι S ‖ 27 τῶν
VS, ὧν Kroll | προτέρως S ‖ 29 Οὐεττίου − τετέλεσται om. S

250

ΟΥΕΤΤΙΟΥ ΟΥΑΛΕΝΤΟΣ ΑΝΤΙΟΧΕΩΣ
ΑΝΘΟΛΟΓΙΩΝ ΒΙΒΛΙΟΝ Ζ

α′. Προοίμιον

Χρὴ μὲν οὖν πρὸ πάντων καὶ περὶ ταύτης τῆς βίβλου ὅρκον προτάξαι 1
τοῖς ἐντυγχάνουσιν, ὅπως πεφυλαγμένως καὶ μυστικῶς ἔχωσι τὰ λεγό-
μενα· ποικίλως γὰρ καὶ ἀκολούθως τὰς προκειμένας αἱρέσεις ἐθέμην εἰς
προτροπὴν καὶ ἀγωγὴν φιλόκαλον πολλὴν δύναμιν ἐχούσας, ὅπως ἀπὸ
τῶν ἐλαχίστων ἐπὶ τὰ μείζονα τὴν ἐπιθυμίαν ἐπεκτείνωσι καὶ μὴ διαλιπόν-
τες ψόγον καθ᾽ ἡμῶν οἴσονται. βέλτιον οὖν ἐστι προγυμνασθέντας ταῖς 2
συντεταγμέναις ὑφ᾽ ἡμῶν βίβλοις ἐπὶ ταύτας ἐλθεῖν· ἐκ γὰρ τῶν καθολι-
κῶν καὶ μερικῶν συγκρίσεων ἄπταιστος ἡ διαίρεσις καὶ σεβάσμιος
κριθήσεται. καὶ καθάπερ ἂν εἴς τινα ἀκρώρειαν διὰ βαθμῶν καὶ περικαμ- 3
πῶν τόπων ἀνελθών τις μετὰ πολλοῦ πόνου καὶ εὑρὼν ναοῦ κατασκευὴν
καὶ πολυτέλειαν ἀγαλμάτων

χρυσοῦ ⟨τ᾽ ἠλέκτρου⟩ τε καὶ ἀργύρου ἠδ᾽ ἐλέφαντος

ἤ τινα ἀλουργήματα ἀμετανόητον καὶ ἀκοπίατον ἡγεῖται τὴν ἄνοδον καὶ
μεθ᾽ ἡδονῆς θρησκεύει φαντασιούμενος οὐρανίοις θεοῖς προσομιλεῖν,
τὸν αὐτὸν τρόπον καὶ οἱ ταῖς παραγγελίαις ἡμῶν πειθόμενοι· οὓς ὁρκίζω
Ἡλίου μὲν ἱερὸν κύκλον καὶ Σελήνης ἀνωμάλους δρόμους, τῶν τε λοιπῶν
ἀστέρων δυνάμεις καὶ κύκλον δυοκαίδεκα ζῳδίων, ἐν ἀποκρύφοις ταῦτα
ἔχειν καὶ τοῖς ἀπαιδεύτοις ἢ ἀμυήτοις μὴ μεταδιδόναι τιμήν τε καὶ
μνήμην τῷ εἰσηγησαμένῳ ἀπονέμειν. εὐορκοῦσι μὲν εὖ εἴη καὶ καταθύμιοι 4
οἱ προκείμενοι θεοί, ἐπιορκοῦσι δὲ τὰ ἐναντία.

β′. Ἀγωγὴ περὶ χρόνων ἐμπράκτων καὶ ἀπράκτων καὶ ζωῆς πρός τε τὸν (VII 1)
οἰκοδεσπότην καὶ τὰς ἀναφορὰς καὶ τὸν ὡροσκόπον

Ἐπεὶ οὖν ⟨ἐν⟩ τοῖς ἔμπροσθεν περὶ τῶν ἀναφορῶν ἐδηλώ|σαμεν ὡς δύνα- $\frac{1}{\text{f.121vS}}$
μιν ἔχουσι περὶ τὰς τῶν χρόνων αἱρέσεις, ἀναγκαῖον καὶ νῦν ἐπιδια-

---

§ 3: Hom. Odyss. δ 73

[VS] 1 Ἀντιοχέως om. S ‖ 3 α′ in marg. V, om. S ‖ 12 περικαμπείων VS, corr.
Kroll ‖ 21 τε sup. lin. V ‖ 24 β′ in marg. V, om. S ‖ 26 ἐν Kroll

VETTIVS VALENS

2 σαφῆσαι. ἐπὶ πάσης γενέσεως ἀκριβῶς τῶν ἀστέρων ἐκτεθέντων σκοπεῖν
δεήσει τὸν οἰκοδεσπότην πῶς ἐσχημάτισται ἢ ὑπὸ τίνων μαρτυρεῖται καὶ
εἰ ἀνατολικὸς ⟨ἢ⟩ ἢ δυτικὸς καὶ εἰ οἰκεῖον σχῆμα ἢ ἀλλότριον τῆς αἱρέ-
σεως κέκτηται, τόν τε τούτου ἐπίκοινον καὶ τὸν κλῆρον τῆς τύχης καὶ
3 τὸν κύριον συνορᾶν, ὁμοίως δὲ καὶ τὸ μέγεθος τῆς γενέσεως. ἐὰν γάρ 5
πως ἐπίκεντρος ἢ χρηματίζων εὑρεθῇ ὁ οἰκοδεσπότης, αὐτὸς ἄρξει τῶν
4 χρόνων, εἶτα ἑξῆς οἱ μετ᾽ αὐτόν. ἐὰν δὲ ἐν τῷ αὐτῷ ζῳδίῳ ὦσιν, κατὰ
τὰς μοίρας λογιστέοι πρότεροί γε οἱ ἀνατολικώτεροι.
5 Προηγουμένως δὲ συνορᾶν χρὴ τὸ ὡροσκοπικὸν κέντρον, τόν τε τούτου
6 οἰκοδεσπότην ὅπως ἐσχημάτισται. ἐὰν γὰρ αὐτῷ τύχῃ παρὼν ἢ οἰκείως 10
ἐν ἑτέρῳ, ἀγαθὸς πρὸς τοὺς ζωτικοὺς χρόνους καὶ πρὸς τὰ τῆς ψυχῆς
ἐνεργήματα· εἰ δὲ ὑπὸ δύσιν τύχῃ ἢ ἐναντίως ἢ ἀνοικείως σχηματισθῇ,
7 χαλεπός. ἢ γὰρ τὴν τοῦ ὡροσκοποῦντος ζῳδίου ἀναφορὰν ἢ τὴν ἐφ᾽ οὗ
πάρεστιν ἢ τὴν οὗ τὸ ζῳδιόν ἐστι [ἢ τὴν] περίοδον τελέσας ἀπολείπει τοὺς
χρόνους· ποιεῖ δὲ καὶ οὕτω τυχὸν ὀλιγοχρονίους ἢ καὶ ἀντὶ ἐτῶν μῆνας 15
8 ἢ ἀντὶ μηνῶν ἡμέρας παρέχει. ἐὰν δὲ ὁ κύριος μὲν τοῦ ὡροσκόπου μὴ
συμπαρῇ, ἕτερος δέ, ἐκεῖνος ἄρξει τῶν χρόνων· ἂν δὲ καὶ ἕτεροι συμπαρ-
ῶσιν, κἀκεῖνοι συμμεριοῦσιν, πρότερος μέντοι ὁ ἀνατολικώτερος ἢ οἰκειού-
9 μενος τῷ ζῳδίῳ. ὅμοια δὲ ἀποτελέσματα ἔκ τε τῆς τοῦ ἀστέρος καὶ ἐκ
10 τῆς τοῦ ζῳδίου φύσεως καταληφθήσεται. εἰ δέ πως ἐν τῷ κέντρῳ μὴ 20
εὑρεθεῖεν, προανηνεγμένοι δέ, πρὸς ὀλίγον ἄρξουσι τῶν χρόνων ἢ καὶ
ὅσον τοῦ ζῳδίου μέρος κατὰ τὰς μοίρας διώδευσαν, ἀφελοῦσιν ἐκ τῶν
ἰδίων ἀριθμῶν ἢ καὶ ἀναφορῶν.
11 Μετὰ δὲ τὸ ὡροσκοπικὸν κέντρον θεωρεῖν δεῖ τὸ μεσουράνημα ὁμοίως
f.122 8 καὶ τὸν τούτου κύριον συγκρίνειν, καὶ ἑξῆς τὸ δῦνον, | μεθ᾽ ὃ τὸ ὑπόγειον. 25
12 ἐὰν δέ πως ἐπὶ τῶν κέντρων μὴ εὑρεθῶσιν, τὴν ἐπὶ τῶν ἀναφορῶν
13 ἡγεμονίαν σκοπητέον. ἐὰν δὲ μηδὲ αὐτοῖς τύχωσιν οἱ ἀστέρες ἐπιπαρόντες,
τοὺς ἐν τοῖς ἀποκλίμασι συνορᾶν χρή· εἰ γὰρ καὶ μὴ τοσαύτην δύναμιν
κέκτηνται πρός τε τὰς πράξεις καὶ τοὺς τελείους χρόνους, πλὴν ἐνεργή-
14 σουσιν. ἀναγκαῖον δὲ καὶ τὴν τῆς Σελήνης συναφὴν ἢ ἐπιμαρτυρίαν καὶ 30
15 τὸν τοῦ ζῳδίου κύριον συνθεωρεῖν. ἐὰν γάρ πως ἐπίκεντρος εὑρεθῇ,
αἱρέσεως σχῆμα ἔχων, οὗτος ἄρξει τῶν πρώτων χρόνων, μεθ᾽ ὃν οἱ
ἐπικεντρότεροι ἢ φάσιν πεποιημένοι· οἱ μέντοι ἀνατολικώτεροι τῶν
ἑσπερίων διοίσουσιν.

[VS] 4 τε sup. lin. V ‖ 8 λογιστέον VS ‖ πρότεροί] ἐπί τοι VS, ἐπεί τοι Kroll ‖
γε sup. lin. V ‖ lac. post ἀνατολικώτεροι ind. Kroll ‖ 9 προηγουμένη V ‖ τε sup.
lin. V ‖ 10 αὐτοῦ VS, αὐτῷ sugg. Kroll ‖ 12 ἐναντίος V ‖ 14 ἢ τὴν secl. Kroll ‖
18 συμμετριοῦσι VS, corr. Kroll ‖ 22 διόδευσαν VS, corr. Kroll ‖ 24 δὲ om. S ‖
27 αὐτοῖς] οὕτως VS, τούτοις sugg. Kroll ‖ 29 τε sup. lin. V ‖ 32 τὸν πρῶτον χρό-
νον VS, corr. Kroll ‖ 33 πεποιημένος S ‖ 34 ἑσπερίων] ἀπεράτων VS

252

Τούτων οὕτως κατ᾽ ἐξέτασιν ἠκριβωμένων, λοιπὸν ἐνταῦθα ἀναγκαῖον 16
προειδέναι τὴν καθολικὴν ὑπόστασιν τῆς γενέσεως καὶ εἰς ποῖον μέγεθος
ἢ ἐλάττωμα καταντᾷ, τούς τε βλάπτοντας καὶ ὠφελοῦντας ἀστέρας καὶ τίς
τίνος τόπου | ἢ εἴδους τὴν κυρίαν κεκλήρωται, οἷον πράξεως, δόξης, f.102V
5 γυναικός, τέκνων, πατρός, μητρός, ἀδελφῶν καὶ τῶν λοιπῶν τῶν περὶ τὸ
σῶμα καὶ ψυχὴν καὶ τὸν βίον ἀνηκόντων, ὧν ἐν τοῖς ἐπιμερισμοῖς πρόδηλα
τὰ ἀποτελέσματα γίνονται· ἀλλὰ περὶ μὲν τούτων ἐν τοῖς ἔμπροσθεν
ἐδηλώσαμεν. πολλάκις δὲ οἱ αὐτοὶ ἀστέρες πολλῶν πραγμάτων δεσπόζου- 17
σιν, ἅτινα ἀποτελέσουσι κατὰ τοὺς ἰδίους χρόνους· κἂν ὁμόσε δὲ τύχωσιν
10 ἐν τῷ αὐτῷ χρόνῳ, τὰ πράγματα προδηλώσουσιν.

Γνωστέοι δὲ οἱ χρόνοι ἐκ τῆς τῶν ζῳδίων ἀναφορᾶς καὶ ἐκ τῆς ἑκάστου 18
ἀστέρος περιόδου. ἐὰν μὲν οὖν ἐπίκεντροι τύχωσιν ἢ ἐπαναφερόμενοι, τὰς 19
ἀναφορὰς καὶ τὰς ἑκάστου ἀστέρος περιόδους ὁλοκλήρους μερίζουσιν. καὶ 20
εἰ μὲν πλείων ἡ περίοδος εὑρίσκοιτο τῆς τοῦ ζῳδίου ἀναφορᾶς, ὁ τοὺς
15 χρόνους ἔχων τὴν περίοδον μεριεῖ· εἰ δὲ ἡ ἀναφορὰ τῆς περιόδου πλείων,
τὴν ἀναφορὰν μεριοῦμεν. ποτὲ δὲ τὰ ὁλόκληρα αὐτῶν ἔτη μερίσουσιν. 21
πολλοὶ | δὲ ἅμα παρόντες, εἰ μὲν αἱ περίοδοι ἐκ πάντων ὑπερβάλλοιεν τὸ 22
τῆς ἀναφορᾶς μέγεθος, τὰς περιόδους μερίζουσιν· εἰ δὲ ἐλάττους εὑρίσ- f.122vS
κοιντο αἱ περίοδοι τῆς ἀναφορᾶς, τὴν ἀναφορὰν μεριοῦσιν, ⟨οὐ μὴν
20 πάντες⟩ ἀλλὰ οἱ λόγον πρὸς τὸ μερίσαν ἔχοντες ζῴδιον· οἱ γὰρ μὴ
ἔχοντες λόγον ὥσπερ ⟨οἱ⟩ ἐπὶ τῶν ἀποκλιμάτων ὄντες μερίζουσι τὰ
ἐλάχιστα. εἰ δέ τις ἰδιοπροσωπῶν ἢ ἄλλο τι οἰκεῖον ἔχων ζῴδιον τύχῃ, 23
τὴν τοῦ ζῳδίου ἀναφορὰν μόνην μεριεῖ. τὰ δ᾽ ἀποτελέσματα γίνεται 24
συμπεραιουμένων τῶν ἀναφορῶν ἢ τῶν περιόδων. ἐὰν δέ πως ἐν τοῖς 25
25 ἀποκλίμασιν εὑρίσκωνται, οὔτε τὰς ἑαυτῶν ἀναφορὰς οὔτε τὰς περιόδους
τελείας μερίζουσιν.

Χρὴ δὲ καὶ τοῦτο προγινώσκειν, ὅτι οὐ πάντοτε οἱ κακοποιοὶ βλαπτικοὶ 26
τυγχάνουσιν, ἀλλὰ καὶ ὠφέλιμοι καὶ ζωῆς καὶ δόξης παραίτιοι, ὁμοίως
δὲ καὶ οἱ ἀγαθοποιοὶ κινδύνων καὶ βλάβης παρεκτικοί· ἅπερ διὰ τῆς
30 οἰκείας αὐτῶν σχηματογραφίας ἢ καὶ ἐναντιότητος προγινώσκεται.
κατελαβόμην μὲν οὖν τοὺς κακοποιοὺς ἐκ πείρας ἐπὶ μὲν τῶν μετρίων καὶ 27
ταπεινῶν γενέσεων ἀληθῶς κακοποιούς· ἀλλεπαλλήλοις γὰρ κακοῖς
περιτρέπουσιν. κἂν πρὸς ὀλίγον ἀγαθοποιοὶ βοηθεῖν δόξωσιν, ἀφαιροῦνται 28
τὰ περικτηθέντα καὶ ἀπράκτους καὶ δυστυχεῖς κατασκευάζουσιν, πλήν
35 τινας εὐεκτοῦντας περὶ τὸ σῶμα καὶ ὀρεκτικοὺς περὶ τὰς τροφὰς καὶ
ἀδιαφόρους καὶ ἱλαροὺς περὶ τὰς πράξεις καὶ μεθ᾽ ἡδονῆς κοπιῶντας, ἐπὶ

[VS] 13 ὁλοκλήρως VS, corr. Kroll ‖ 17 ὑπερβάλλειεν VS, corr. Kroll ‖ 19 lac.
post μεριοῦσιν ind. Kroll, οὐ μὴν πάντες τὰς μεγίστας περιόδους μεριοῦσιν sugg.
Kroll ‖ 21 οἱ sugg. Kroll | ἀπὸ VS, ἐπὶ sugg. Kroll | ὄντες] οὕτως VS ‖ 25 εὑρίσ-
κονται V ‖ 33 κἂν] καὶ S ‖ 35 γραφὰς VS, συναφὰς vel τροφὰς sugg. Kroll

29 δὲ τῶν μειζόνων πρακτικοὺς καὶ ἐπιδόξους καὶ περιποιητικούς. ἀλλ᾽ ὅμως
οὐδ᾽ οὕτως λείπονται τῆς οἰκείας αὐτῶν φύσεως· ἕξουσι γὰρ τὸ τολμηρὸν
καὶ ἐπίφοβον καὶ τυραννικὸν καὶ τὸ πλεονεκτικὸν καὶ τὸ ἀναιρετικὸν καὶ
τὸ ἀλλοτρίων ἐπιθυμεῖν καὶ παρανόμοις καὶ βιαίοις πράγμασι μολύνεσθαι,
τό τε καθαιρετικὸν τῆς δόξης καὶ τὸ εὐμετάβολον τῆς τύχης, ὅθεν οὐδὲ 5
τὰς ἀρχὰς οὐδὲ τὰς ἡγεμονίας οὐδὲ τὸν βίον ὁμαλῶς διευθύνουσιν,
θορύβοις δὲ καὶ ἐπιβουλαῖς περιπίπτουσιν, πολέμοις τε καὶ ὄχλων
30
f.123S ἐπαναστάσεσι καὶ ὕβρεσιν. συμβαίνει δὲ πολλάκις καὶ ἐπί τινων | γίνεσθαι
λοιμούς, ἐμπρησμούς, ἀφορίας καρπῶν, κατακλυσμούς, σεισμοὺς κατὰ τὴν
ἑκάστου κακοποιοῦ σχηματογραφίαν, ὅθεν καὶ ἃ ἕτεροι ἐνεδείξαντο 10
αὐτοῖς πάσχοντες ἀνιαρῶς διάγουσι καὶ θανάτοις δὲ βιαίοις ἢ ἀπροσδοκή-
τοις περιπεσόντες ἀπέτισαν δίκας· τῶν δὲ τοιούτων καὶ ἡ τύχη μυθώδης
καὶ τὸ τέλος πολυθρύλητον γίνεται.
31 Ἵνα δὲ συντόμως τὴν ἀπόδειξιν ποιησώμεθα, ὁποῖον ἂν σχῆμα ἐπὶ
γενέσεως οἱ ἀστέρες εὑρίσκωνται ποιούμενοι πρὸς ἀλλήλους, ἤτοι ἀγαθὸν 15
ἢ φαῦλον κατὰ τὴν ὑπόστασιν τῆς καταβολῆς, ἐκεῖνο ἀποτελέσουσι τῶν
32 χρόνων δεσπόζοντες. οἱ μέντοι καθυπερτεροῦντες ἢ ἐναντιούμενοι
δυναμικώτεροί εἰσιν, εὐτονώτεροι δὲ καὶ βεβαιότεροι πρὸς ἀποτέλεσμα
οἱ ἐν οἰκείοις καὶ ἐπικαίροις ζῳδίοις ὄντες καὶ οἱ τῶν χρόνων δεσπόζον-
33 τες. τὸ μέντοι Κρόνου καὶ Διὸς διάμετρον πρακτικὸν καὶ ὠφέλιμον 20
διαλαμβανέσθω, καὶ μάλιστα ἐν τοῖς οἰκείοις ζῳδίοις ἐάνπερ μὴ ἀναλύηται
ὑπὸ ἑτέρας κακωτικῆς δυνάμεως· ὁμοίως δὲ καὶ ἡ Διὸς καὶ Ἄρεως
34 σχηματογραφία, ἐὰν ⟨ἐν⟩ οἰκείοις τύχῃ, ἀγαθή. καὶ ἕτερος δὲ ἐν ἑτέρου
ζῳδίῳ παρὼν καὶ λόγον ἔχων πρακτικὸς καὶ ὠφέλιμος ἐν τοῖς ἐπιβάλλουσι
35 χρόνοις. χρηματίσει δὲ καὶ ἕκαστος ἀστὴρ συντελειουμένης τῆς ἰδίας 25
μεγίστης περιόδου.

(VII 2) γ᾽. Ἀγωγὴ β᾽ περὶ χρόνων διαιρέσεως πρὸς τὰς τῶν ζῳδίων ἀναφορὰς καὶ
τὰς τῶν ἀστέρων περιόδους

1 Τῶν μὲν οὖν καθολικῶν χρόνων κατὰ σύγκρισιν προκειμένων λεπτο-
μερεστέραν διαίρεσιν ἐκ πείρας καὶ πόνου ἐξηρευνημένην ὑποτάξω. 30
2 προλέγω δὲ πᾶσι τοῖς τὰ βέλτιστα μετιέναι βουλομένοις, καὶ μάλιστα
ταῖς ἡμετέραις αἱρέσεσιν ⟨ἐσχολακόσιν⟩ ἢ καὶ τοῖς πολυχρονίαν νόσον τοῦ
f.123vS μαθή|ματος ἀνίατον κτησαμένοις, νηπτικῶς περὶ τὴν ἀγωγὴν φέρεσθαι

[VS] 4 τῶν VS, τὸ Kroll | παρανόμον V ‖ 4—7 μολύνεσθαι – περι in marg. S ‖
7 θορύβους S ‖ 13 πολυθρύλητον V ‖ 14 συντόμω V ‖ 15 εὑρίσκονται VS, corr.
Kroll | εἴ τι VS, ἤτοι Radermacher ‖ 19 οἰκείοι S ‖ 20 post μέντοι in parenth.
17—18 καθυπερτεροῦντες – ἀποτέλεσμα S ‖ 23 ἐν Kroll ‖ 24 ζωδίου S ‖ 27 γ᾽ in
marg. V, om. S ‖ 28 ἀστέρων] χρόνων S ‖ 31 προλέγων S ‖ 32 ἐσχολακόσιν sugg. Kroll

καὶ μὴ παρέργως μηδεμιᾷ αἱρέσει χρησαμένους ἀποφαίνεσθαι. πολλάκις 3
γὰρ μιᾷ μὲν συνδραμοῦσα τὸν χρόνον ἀγαθὸν [τε] ἐσήμανεν (ὅπερ καὶ
γενήσεται ἐὰν μόνη τῶν χρόνων κυριεύσῃ)· ἐὰν δὲ καὶ ἄλλαι κακοποιῶν
συνδράμωσιν, οὐ μόνον τὸ ἀγαθὸν ἀνέτρεψαν, ἀλλὰ καὶ φαύλων παραίτιαι
5 γεγόνασιν. κἂν μὲν εὔτονος ἡ τῶν ἀγαθοποιῶν χρονογραφία κατὰ τὴν 4
γένεσιν τύχῃ, πρᾶξις ἢ δόξα γενήσεται μετ᾽ ἐναντιωμάτων καὶ ἀναλω-
μάτων· ἐὰν δὲ ἡ τῶν κακοποιῶν, ἀπραξίαι καὶ ζημίαι καὶ θόρυβοι
παρακολουθήσουσι μέχρις ἂν ἡ τῶν ἀγαθοποιῶν χρηματίσῃ. πολλάκις 5
μὲν οὖν ἀστὴρ ἔν τινι ζῳδίῳ ὑπάρχων καὶ συντελέσας ἰδίαν περίοδον ἢ
10 τὴν τοῦ ζῳδίου χρονογραφίαν καὶ δοκῶν ἀπολείπειν τοὺς χρόνους,
⟨ἑτέρῳ⟩ συναρμοζόμενος καὶ ἑτέρου ἀποτελέσματος αἴτιος καθίσταται ἢ
καὶ ἐν τοῖς αὐτοῖς πράγμασι διακατέχει τὴν γένεσιν. προσπαραληπτέον δὲ 6
καὶ τὰς ἑξαγώνους πλευράς, καὶ μάλιστα ὅταν μόναι χρηματίζωσιν, ὡς
εὐτόνους καὶ εὐεργετικάς. ἐπὶ μέντοι τῶν νηπίων γενέσεων χρὴ τοὺς 7
15 χρόνους τῶν μαρτυριῶν λογίζεσθαι πρῶτον ἡμέρας, εἶτα αὐτὰ τὰ ἔτη.
Ὡς ἐπὶ ὑποδείγματος δὲ γενέσεις ὑποτάξωμεν ἃς μετὰ ἀκριβείας 8
ἐδοκιμάσαμεν ἔν τισιν ἀποτελέσμασι καὶ ὡς παρέτυχον. οἷον ὑποδείγματος 9
χάριν Ἥλιος, Σελήνη, Ἑρμῆς Τοξότῃ, Κρόνος Καρκίνῳ, Ζεύς, ὡροσκόπος
Σκορπίῳ, Ἄρης Αἰγοκέρωτι, Ἀφροδίτη Ὑδροχόῳ, κλῆρος τύχης Σκορπίῳ·
20 κλίμα β'. τῷ λγ' ἔτει ἐφυγαδεύθη· ἡ γὰρ τοῦ Καρκίνου ἀναφορά, ἐν ᾧ 10
ἦν Κρόνος, ἐναντιουμένου Ἄρεως. καὶ ἑξάγωνος Σελήνης στάσις πρὸς 11
Ἀφροδίτην ⟨ἐπιβουλὴν⟩ ἐδήλου διὰ θηλυκῶν προσώπων κατὰ τὰ λ̄γ̄
ἔτη. καὶ τῷ μὲν κζ' ἔτει ἔσχε κίνδυνον διὰ τὸν Αἰγοκέρωτα, καὶ τῷ 12
λ' ἔτει καὶ τῷ μ' σωματικὰ πάθη περὶ τὰς ὄψεις καὶ τοὺς πόδας· Καρκίνου
25 γὰρ περίοδος κ̄ε̄ καὶ Ἄρεως ἐναντιουμένου ῑε̄. καὶ ἕως μὲν μ̄β̄ ἡ τοῦ 13
Ἄρεως περίοδος καὶ ἡ τοῦ Αἰγοκέρωτος ἀναφορὰ ἐχρημάτισεν, ἐν οἷς
πολλὰ αἴτια ἐγένετο, ὅθεν ὁρικῶς | ἐπὶ τῶν τοιούτων σχημάτων προ- f.1248
λέγειν χρή, ἐὰν μή πως ἀκτὶς ἀγαθοποιῶν συνδραμοῦσα τὰ πολλὰ τῶν
φαύλων ἐκκόψῃ.
30 Ἄλλη. Ἥλιος, Ἀφροδίτη Ζυγῷ, Κρόνος Κριῷ, Ζεὺς Ταύρῳ, Ἄρης, 14
Ἑρμῆς Παρθένῳ, Σελήνη Τοξότῃ, ὡροσκόπος Ζυγῷ· κλίμα γ'. τῷ 15
λθ' ἔτει ἐφυγαδεύθη. τοῦ Κριοῦ ἀναφορὰ κ̄ (ἐκεῖ Κρόνος) καὶ Ἡλίου 16
διαμετροῦντος ῑθ̄· ἠναντιώθησαν γὰρ ἀμφότεροι τοῖς ἰδίοις ὑψώμασιν.
ἔσχε μὲν οὖν καὶ ἐν τοῖς ἔμπροσθεν χρόνοις κλιμακτῆρας, ἀλλὰ πρὸς 17

---

§§ 9−13: thema 86 (8 Dec. 120) ‖ §§ 14−17: thema 70 (24 Sept. 114)

[VS] 1 χρησομένους S ‖ 2 τε sup. lin. V ‖ lac. post τε ind. Kroll, καὶ πρακτικὸν
sugg. ‖ 10 lac. post χρόνους ind. Kroll ‖ 14 μὲν S ‖ 15 αὐτὰ τὰ] μῆνας εἶτα S ‖
20 Καρκίνου] χρόνου VS, ζῳδίου Kroll ‖ 22 ἐπιβουλὴν Kroll ‖ 27 μερικῶς sugg. Kroll

VETTIVS VALENS

σύγκρισιν τῆς προκειμένης γενέσεως (ἔστι γὰρ ἀδελφός) παρεφυλάξαμεν
τὸ λθ' ἔτος· θαυμάζειν οὖν δεῖ τὴν φύσιν ὅτι ἐπὶ τὸ αὐτὸ συνήγαγε τοὺς
χρόνους, καίτοι ἐν διαφόροις κλίμασι γεννηθέντων.
18 Ἄλλη. Ἥλιος, Ἑρμῆς, ὡροσκόπος Τοξότῃ, Σελήνη Καρκίνῳ, Κρόνος
Λέοντι, Ζεὺς Αἰγοκέρωτι, Ἄρης Ὑδροχόῳ, Ἀφροδίτη Σκορπίῳ· κλίμα β'. 5
19 τῷ λδ' ἔτει γυναικὸς θάνατος· τοῖς Λέοντος ιθ καὶ Σκορπίου ιε ἢ αὐτοῦ
20 τοῦ Ἄρεως· ἀμφότεροι δὲ οἱ κακοποιοὶ ἐμπεριέσχον τὴν Ἀφροδίτην. τῷ
δὲ λς' ἔτει διὰ τὴν αἰτίαν τοῦ θανάτου τῆς γυναικὸς ὡς ἐπιβουλευθείσης
ἔμελλε κινδυνεύειν ἐπὶ βασιλέως κατηγορηθείς, πλὴν ἐφυγαδεύθη· τὰ
γὰρ λς ἔτη ἀναφορὰ Λέοντος, ὁμοίως δὲ καὶ Σκορπίου ἔνθα ἔτυχεν Ἀφροδίτη 10
21 καθυπερτερουμένη ὑπὸ Κρόνου. ἔμελλε δὲ καὶ φιλανθρωποτέρα χρονογρα-
22 φία γίνεσθαι τῷ λζ' ἔτει· Διὸς ιβ καὶ Σελήνης κατὰ διάμετρον κε. πολλοὶ
μὲν οὖν καὶ ἄλλοι ἐπὶ τῶν παρῳχημένων καὶ μελλόντων ἐχρημάτιζον,
ἀλλ᾽ ὡς αὐτὸς ἀκριβέστερον ἐπέγνων καὶ αἷς παρέτυχον ἐκείνας ἀναγ-
καῖον ἡγησάμην προτάξαι. 15
23 Ἄλλη. Ἥλιος, Ἄρης, Ἀφροδίτη Τοξότῃ, Σελήνη Ζυγῷ, Κρόνος Διδύ-
24 μοις, Ζεὺς Παρθένῳ, Ἑρμῆς Σκορπίῳ, ὡροσκόπος Αἰγοκέρωτι. τῷ ιθ'
25 ἔτει πατρὸς βιαιοθανασία καὶ αὐτὸς ὀφθαλμοὺς πονήσας ἐπηρώθη. ἐν δὲ
τῷ αὐτῷ ἔτει ἐξενίτευσε καὶ κίνδυνον κατὰ θάλασσαν ἔσχεν· ἐχρημάτισε γὰρ
26 Ἡλίου περίοδος, συνόντος Ἄρεως καὶ διαμετροῦντος Κρόνου. τῷ δὲ 20
κ' ἔτει χρησμῷ θεοῦ, ἀγωγῇ καὶ χρίσμασιν ἀνέβλεψεν· ἐχρημάτισε μὲν γὰρ
τότε Κρόνος, τῶν [δὲ] Διδύμων τὰ κ δόντων, ὅθεν καὶ πολλὰ κακὰ
ἔπαθεν· καὶ ἡ Παρθένος τὰ κ ἐδήλου Διὸς ἐπόντος· ἢ Διὸς ιβ καὶ τῆς
κατὰ τετράγωνον Ἀφροδίτης ἦ γίνεται κ.
27
f.124vs [καὶ] Πρὸς πολλοὺς | οὖν ἀστέρας ὁ χρόνος ἐχώρησεν, πλὴν δυναμικοὶ 25
οἱ χρηματίζοντες· οἱ δὲ συμπαρόντες ἢ μαρτυροῦντες ἥττονες εἰς τὸ
εὐεργετεῖν ἢ κακοποιεῖν, ἀλλ᾽ ὅμως σθένουσιν, καὶ μάλισθ᾽ ὅταν, καθὼς
28 προείπομεν, συναιρετιστοῦ ζῴδιον ἢ ὕψωμα ἢ τρίγωνον ἔχωσιν. τὴν αὐτὴν
οὖν δύναμιν ἔσχον οἱ ἀγαθοποιοὶ καὶ οἱ κακοποιοὶ οἱ ἐν ἀποκλίμασι
29 τετευχότες. ἐνεργέστερος δὲ Ζεὺς ζῳδίῳ καὶ τόπῳ ⟨τῷ⟩ περὶ θεοῦ καὶ 30
ξένης· ἄλλως τε καὶ ἐὰν ἐν ἰσαναφόροις ζῳδίοις ἢ ὁμοζώνοις εὑρεθῶσιν,
εἰσὶν εὔτονοι ὡς κατὰ μαρτυρίαν, καὶ μάλισθ᾽ ὅταν ἐπίκεντρα ἢ χρηματί-
ζοντα ⟨τὰ⟩ ζῴδια εὑρεθῇ.

§§ 18—26: cf. App. I 88—103 ‖ §§ 18—22: thema 93 (4 Dec. 122) ‖ §§ 23—26:
thema 79 (26 Nov. 118)

[VS] 3 γενηθέντων S ‖ 6 τοῖς] τοῦ S App. ‖ 11 καθυπερτερουμένης S ‖ 21 ἀρωγῇ
sugg. Kroll | χρήσμασιν S ‖ 22 δὲ secl. Kroll ‖ 23 καὶ²] ἢ S ‖ 25 καὶ secl. Kroll ‖
29 οἱ³ secl. Kroll ‖ 30 ἐνεργεστέραν S | τῷ sugg. Kroll ‖ 33 τὰ Kroll

256

ANTHOLOGIAE VII 3

Ἄλλη. Ἥλιος, Ζεύς, ὡροσκόπος Καρκίνῳ, Σελήνη Τοξότῃ, Κρόνος 30
Διδύμοις, Ἄρης Ταύρῳ, Ἀφροδίτη, Ἑρμῆς Λέοντι· κλίμα γ'. ἐν ἐπισήμῳ 31
τάξει στρατευσάμενος, κατηγορίᾳ περιπεσὼν τῷ λη' ἔτει καθῃρέθη τῆς
δόξης· ἐχρημάτισε γὰρ ἡ ἀναφορὰ τοῦ Ταύρου κγ καὶ Ἄρεως περίοδος ιε·
5 γίνονται λη. ἀλλὰ καὶ ἐξάγωνος πλευρὰ Κρόνου καὶ Ἀφροδίτης λη. ἀπὸ 32, 33
μὲν οὖν τοῦ λζ' ἔτους φθόνους καὶ ἐναντιώματα ὑπέμεινεν· Σελήνη γὰρ
τὰ κε ἐδήλου καὶ Τοξότης τὰ ιβ· γίνονται λζ, ἐναντιουμένου Κρόνου
(ἀλλὰ καὶ Καρκίνος κε καὶ Ζεὺς ιβ), ὅθεν μικρᾶς βοηθείας ἔτυχεν. τῷ δὲ 34
λθ' ἔτει ἀπολογηθεὶς καὶ δεηθεὶς οὐδὲν ἴσχυσε κατορθῶσαι· Ἑρμῆς γὰρ
10 Λέοντι ὢν τὰ κ ἐμέρισε καὶ τοῦ ζῳδίου ιθ· καθυπερτερηθεὶς ⟨γὰρ⟩ ὑπὸ
τοῦ τὸ αἴτιον ἀποτελοῦντος ἥττων ἐγένετο. ἄλλως τε καὶ ἔμελλεν ἑτέρου 35
ἐναντιώματος ἄρχεσθαι Κρόνος· Διδύμων ἀναφορὰ κη καὶ Τοξότου ιβ
γίνονται μ. γέγονεν οὖν καὶ ἐν τούτοις τοῖς χρόνοις [καὶ] ἐν ξενιτείαις καὶ 36
προδοσίας ἀπὸ γυναικὸς ἔσχε διὰ γραπτὰ καὶ ὑπόχρεως ἐγένετο καὶ ἐπὶ
15 δούλοις ἐλυπήθη, ὧν μὲν δι' ἀλλοτρίωσιν, ὧν δὲ διὰ φθορὰν καὶ ζημίαν,
καὶ αὐτὸς δὲ σωματικῶς ὠχλήθη.

Ἐπὰν οὖν κακοποιῶν ὄντων τῶν χρόνων μέλλῃ τι ὑπὸ ἀγαθοποιῶν 37
ὑποφαίνεσθαι, οὐ παντελὴς μείωσις οὐδ' ἀδοξία παρακολουθήσεται·
προϋποσπείρονται γὰρ φιλίαι καὶ ἐλπίδες, δι' ὧν ὁ γεννώμενος εὐπαρ-
20 ηγόρητος καθίσταται. ὁμοίως δὲ ἐὰν ἀγαθοποιῶν ὄντων τῶν χρόνων 38
μέλλῃ τι κακοποιὸν συντρέχειν, αἱ μὲν φιλίαι εἰς ἔχθρας μετατίθενται καὶ f.125S
κατ' ὀλίγον τοῦ μὲν βίου μείωσις γίνεται, τῆς δὲ δόξης καθαίρεσις
κατασκευάζεται. ἐὰν δέ πως οἱ ἐν τριγώνοις ἢ ἑξαγώνοις ἢ καθ' ἑτέραν 39
μαρτυρίαν χρηματίσωσιν ἀστέρες, ἐν δὲ τῷ ἑξῆς χρόνῳ μὴ συντρέχῃ
25 ἑτέρα μαρτυρία, ἡ πρώτη διακρατήσει· ἢ κἂν ἐξ ὑστέρου οἱ αὐτοὶ ἀστέρες
παραλάβωσι τὸν χρόνον, τὴν αὐτὴν δύναμιν τῶν ἀποτελεσμάτων ἐνδείξον-
ται ἐν τοῖς αὐτοῖς πράγμασιν ἢ ταῖς αὐταῖς δόξαις διακρατοῦντες μέχρις
ἂν ἑτέρα δύναμις χρηματίσῃ.

Ἄλλη. Ἥλιος, Κρόνος, Ζεύς, Ἑρμῆς Τοξότῃ, Σελήνη Καρκίνῳ, Ἄρης 40
30 Παρθένῳ, Ἀφροδίτη, ὡροσκόπος Ζυγῷ· κλίμα α'. τῷ ξθ' ἔτει ἡγεμονίας 41
κατηξιώθη, καὶ ἐπίφοβος καὶ εὐφαντασίωτος γενόμενος καὶ ὑπὸ πολλῶν

§§ 30—36: thema 76 (30 Iun. 117) ‖ §§ 40—43: thema 17 (26 Nov. 74)

[VS] 1 ε in marg. V ‖ 3 στρατευσάμενοι S ‖ κατήρια V, κλιμακτήρια S, corr.
Kroll ‖ 9 κατωρθῶσαι S ‖ 10 τὰς VS ‖ γὰρ] δὲ Kroll ‖ 11 ἥττον VS, corr. Kroll ‖
τε sup. lin. V ‖ ἔμελεν V ‖ 13 τοῖς] τοι V ‖ καὶ² secl. Kroll ‖ 17 μέλλῇ V, μέλα-
νι S ‖ τινὶ VS, τι sugg. Kroll ‖ 18 παρηκολουθήσεται S ‖ 19 γενόμενος VS ‖ 21 μέλ-
λει S ‖ τις κακοποιὸς sugg. Kroll ‖ συγκατατίθενται VS, μετατίθενται sugg. Kroll ‖
22 δὲ τοῦ VS, τοῦ μὲν sugg. Kroll ‖ 23 τρυγώνοις VS, corr. Kroll ‖ 31 ἐπὶ φόβῳ
VS, corr. Kroll

257

μακαρισθεὶς διεφθονήθη, καὶ θορύβοις ὀχλικοῖς καὶ ταραχαῖς περιπεσὼν
ἀτέλεστον τὴν ἀρχὴν ἐκτήσατο, ἐπωδύνοις νόσοις καὶ θανάτῳ προληφθείς.
42 ἐχρημάτισε γὰρ τότε ἡ ἀναφορὰ τοῦ Ζυγοῦ λη‾ κ′ καὶ ἡ τοῦ Καρκίνου λα‾
43 μ′ (γίνονται ξ‾θ‾), ἔνθα οἱ κακοποιοὶ ἐτύγχανον. ἀλλὰ καὶ Κρόνου λ‾ καὶ
   Ἡλίου ι‾θ‾ καὶ Ἑρμοῦ κ‾ γίνονται ξ‾θ‾· καὶ πάλιν Παρθένου λη‾ κ′, Διὸς ι‾β‾, 5
   Ἡλίου ι‾θ‾ γίνονται ξ‾θ‾.
44 Πάντες οὖν οἱ ἀστέρες ἐχρημάτισαν, καὶ ἕκαστος αὐτῶν κατὰ τὴν
   ἰδίαν φύσιν καὶ σχηματογραφίαν τὸ ἴδιον ἀπετέλεσεν, ὅτι δὲ οἱ πλείους
   τῶν ἀστέρων ἢ καὶ πάντες κατὰ τὸν αὐτὸν χρόνον δύνανται ἐνεργεῖν πρὸς
45
f.102vv τὰ ἀποτελέσματα ἐκ τούτων ἔστι συνιδεῖν. εὑρίσκομεν | ἐν τῷ κοσμικῷ 10
   καταστήματι τῆς γῆς κατὰ πᾶσαν ἡμέραν καὶ πᾶσαν ὥραν πράγματα
   γινόμενα οἷον γέννας, θανάτους, κληρονομίας, δόξας, καθαιρέσεις, σίνη,
   πάθη καὶ τὰ λοιπὰ ὅσα τῷ τῶν ἀνθρώπων βίῳ συνέστηκεν ἀγαθά τε καὶ
46 φαῦλα. ὁ γὰρ κόσμος σφαιρηδὸν εἰλούμενος καὶ τὰς τῶν ἀστέρων ἀπορ-
f.125vs ροίας εἰς τὸ οὖδας πέμπων οὐδὲν ἄπρακτον ἀποτελεῖ | οὐδ᾽ ἀργόν, κατὰ 15
   πᾶσαν δὲ στιγμῆς παρέγκλισιν πολλὰ τῷ βίῳ καινίζει ἅπερ ἕκαστος
   ἄλλοτε ἄλλως ὑπομένων τὸν τῆς εἱμαρμένης ἐκπληροῖ σκοπόν.
47 Πολλοὶ μὲν οὖν περὶ τὰ τοιάδε ἐσχολακότες πολλὰς βίβλους καὶ πολλὰς
   αἱρέσεις συνέταξαν, καίτοι γε πάντες διηγήματα αἰώνια μεγάλα καὶ
48 πολλὰ κατέλιπον τοῖς ἀνθρώποις. ὅνπερ οὖν τρόπον οἱ πλούσιοι μὲν τῇ 20
   φαντασίᾳ, πολλὰ δὲ ὀφείλοντες, ⟨ὀλίγα⟩ τοῖς κληρονόμοις καταλείπουσιν,
   οἵτινες κατ᾽ ἀρχὰς μὲν ἡδέως φέρονται ὀλίγων ἁψάμενοι καὶ πολλῶν
   ὀλιγοχρόνιον τὴν κτῆσιν ἔχοντες (ἡ γὰρ πρόφασις τῆς ἀγνοίας τῦφον μέγαν
   αὐτοῖς περιτίθησιν), ἐπὰν δὲ δίκαις καὶ μόχθοις καὶ ἐναντιώμασι περι-
   πέσωσιν, αἱροῦνται οὐ μόνον τῆς κενοδόξου κληρονομίας ἀπαλλαγῆναι 25
   ἀλλὰ καὶ ὧν ἡδέως ἐκέκτηντο διὰ τὸν φθόνον καὶ τὴν μέριμναν, τὸν αὐτὸν
   τρόπον καὶ οἱ πολλαῖς ὕλαις συνταγμάτων ἐνδιατρίψαντες πολυχρονίαν
   νόσον μὴ θεραπεύσαντες προσαπώλεσαν καὶ τὸν νοῦν καὶ τὴν προϋπάρχου-
49 σαν παιδείαν καὶ τὴν πρᾶξιν. ἐγὼ δὲ εἰ καὶ φαντασίᾳ λόγων ἢ πλήθει
   βίβλων οὐ περιπεφρούρημαι, ἀλλ᾽ οὖν γε τῇ συντομίᾳ καὶ ἀληθείᾳ 30
   συγκεκόσμημαι ὥστε τοὺς κληρονόμους ἄτερ δίκης καὶ φθόνου καρπώ-
   σασθαι ἐφ᾽ ὅσον χρόνον διαμένουσιν, τοὺς μὲν προσιόντας μετὰ πόνου καὶ
   ἀκριβείας πολλὰ τῶν ἀποτελεσμάτων, ⟨τοὺς⟩ δὲ ἀκροθιγεῖς ἢ ἀκολάστους

[VS] 1 ταραχὰς S ‖ 3 καὶ post τότε S ‖ 6 γίνεται S ‖ 15 τὸ] τ̅ sup. lin. V, τὰ S,
τὸν Kroll | οὔ‾ V, οὖ S, οὐρανὸν Kroll | οὐδὲ VS, οὐδὲν Kroll ‖ 19 γε sup. lin. V ‖
20 κατέλειπον VS ‖ 21 ὀλίγα Diels ‖ 22 πολλῶν ἁψάμενοι καὶ ὀλίγων sugg. Kroll |
ὀλίγων] ἐλπίδων Diels ‖ 23 ἐχόντων VS, corr. Kroll ‖ 26—28 μέριμναν — προ
om. S ‖ 31 τούς] τὰς S ‖ 33 τοὺς Kroll | διακροθίγως V, διὰ κρο ίγως S, δὲ
ἀκροθιγῶς Kroll | ἀκολάστου S, ἀκολάστως Kroll

ὀλίγα, πλὴν περισσότερα καὶ μείζονα τῶν διὰ μοχθηρίας καὶ πολυχρονιότη-
τος ἑτέραις αἱρέσεσιν ἐσχολακότων. ἐπεὶ οὖν αὐτὸς θησαυροῦ μηνυτὴς 50
ἐγενόμην καὶ οὐ μόνον τοὺς παραφυλάσσοντας τόπους ἐμήνυσα, ἀλλὰ καί
τινα τῶν ἐναποκειμένων ἐφώτισα, συνεπινοεῖν [δὲ] δεῖ καὶ τοὺς ἐντυγχά-
5 νοντας ὅπως κατὰ βάθους ὀρύττοντες τὰ μυστικῶς κατακεχωσμένα ἀνεύ-
ρωσιν.

Δεῖ μέντοι καὶ τὸν ἀπογραψάμενον τῇ ἐμῇ αἱρέσει προγινώσκειν τὸ 51
ἴδιον διάθεμα ὁποίαν δὴ ὑπόστασιν κέκτηται, καὶ κατὰ τοὺς πρακτικοὺς
χρόνους ἐπιβάλλεσθαι τοῖς ἀποτελέσμασιν, ἵνα καὶ ὠφελείας ἢ μαρτυρίας
10 τύχῃ· ἐὰν δὲ κακοποι|οῖς χρόνοις ἐπιβάληται ἀποτυχὼν δι᾽ ἄγνοιαν ἢ f.1268
παραλιπών τινα τόπον, μέμψεται τὴν ἀγωγήν. ἀλλ᾽ ὅμως, ἐὰν μετὰ 52
ἀκριβείας τις ζητῇ, οὐ διαψευσθήσεται τῆς δωρεᾶς ἢ καὶ τοιαύτης τιμῆς
καταξιωθήσεται ὅσην οἱ τῶν καιροφίλων τις ἐδήλου κατὰ τὴν τῆς
γενέσεως ὑπόστασιν. ταῦτα δὲ ἐν τοῖς ἐμαυτοῦ πεπειρακὼς ἐδήλωσα ὥστε 53
15 οὐ δεῖ μέμφεσθαι τοὺς χρόνους οὔτε ἐμαυτῷ οὔτε τῇ προγνώσει, ἀλλὰ
καταμαθόντα τὸ μέγεθος τῆς ἑαυτοῦ γενέσεως συστρατεύεσθαι τοῖς
καιροῖς γενναίως καὶ ἀλύπως (οὐδὲν γὰρ ἀνύει μοχθηρῶς διάγων καὶ
ἑτέρων τύχαις ἐξισοῦσθαι βουλόμενος ἑαυτόν), ἔχειν δὲ κατὰ νοῦν τὸ
τοιοῦτον·

20   ἄγου δέ μ᾽ ὦ Ζεῦ καὶ σύ γ᾽ ἡ πεπρωμένη
        ὅποι ποθ᾽ ὑμῖν εἰμι διατεταγμένος,
        ὡς ἕψομαί γ᾽ ἄοκνος. ἂν δὲ μὴ θέλω,
        κακὸς γενόμενος αὐτὸ τοῦτο πείσομαι,

καὶ τό·

25   γινομένῳ ἐπένησε λίνῳ, ὅτε μιν τέκε μήτηρ,

καί·

        μοῖραν δ᾽ οὔ τινά φημι πεφυγμένον ἔμμεναι ἀνδρῶν.

20—23 Cleanthes fr. 527 von Arnim; cf. V 6, 12 et VI 9, 13 ‖ 25 Hom. Il. Υ 128 ‖
27 Hom. Il. Ζ 488

[VS] 1 περισσοτέρως S ‖ 4 ἀποκειμένων VS, ἐναποκειμένων sugg. Kroll | δὲ secl.
Kroll ‖ 5 ὀρύττοντας VS, corr. Kroll ‖ 8 δι V, om. S, δὴ Kroll ‖ 9 ἐπιβουλεύε-
σθαι S ‖ 10 κακοποιοῦ sugg. Kroll | ἐπιβάλληται S ‖ 13 ἤ VS, οἱ Kroll | καιροφυλά-
κων sugg. Kroll ‖ 14 πεπειραμένος sugg. Kroll ‖ 15 οὔτε¹] οὔτ᾽ S ‖ 17 μοχθη-
ρὰ S ‖ 18 τύχῇς^{αι} S ‖ 20 χ᾽ VS, γ᾽ Kroll ‖ 23 κακῶς VS, corr. Kroll ‖ 24 τῷ V
τῶ S

259

(VII 3) δ΄. Ἀγωγὴ περὶ χρόνων ζωῆς πρὸς τὸν κλῆρον τῆς τύχης καὶ τὸν τούτου κύριον

1 Πότερον οἱ παλαιοὶ τὴν ἐνέργειαν τῆς προγνώσεως ἐπιστάμενοι διὰ τὸ μεγαλαυχὲς καὶ ἀνθρωπίνῃ φύσει δυσέφικτον φθόνῳ ἐνεχθέντες ἀπέκρυψαν ἢ μὴ καταλαμβανόμενοι ἅπερ ἡ φύσις διήρθρωσε καὶ ἐνο- 5 μοθέτησε καὶ ἀνάγκῃ περικλείσασα ἀφθόνως ἀνθρώποις ἐδωρήσατο 2 ὅμως ἠνίξαντο, οὐκ ἔχω λέγειν. οὐδὲν γάρ μοι δοκεῖ τῶν ἐν κόσμῳ καλλίστων στοιχείων καὶ πλείστων καὶ μεγάλων δημιουργημάτων ὑπὸ τοῦ θεοῦ ἐφθονημένον ἀνθρώποις πρὸς καιρικὴν χρῆσιν· οὐδὲ γὰρ ἂν 3 προέδειξε τὸ θεῖον μὴ βουληθὲν παρέχειν. ἀλλ᾿ ἐκεῖνοι μὲν ὡς ἠθέλησαν 10 ἢ ὡς ἠδυνήθησαν, διὸ καὶ τὸ κάτω κεφάλαιον αὐτῶν μνημονεύων θαυμάζω 4 τὴν γνώμην σκολιάν τε καὶ δυσθήρατον. ἐγὼ δὲ ὅσα ποτὲ μὲν εὗρον διὰ
f.126 v s πείρας προέδειξα, ὅσα δὲ καὶ ἐν τῷ με|ταξὺ χρόνῳ ἐπεξεῦρον οὐκ ἐβουλήθην ἀποκρύψαι διὰ τὸ παράδοξον τῶν πολλῶν ἀποτελεσμάτων, ἀγαθῶν τε καὶ φαύλων, ἐν ὀλίγῳ χρόνῳ γινομένων ἢ καὶ ἐπὶ τοῖς αὐτοῖς 15 5 ἐπιμενόντων. ἡ δὲ ὑποκειμένη ὑποδιαίρεσις διδάξει τοὺς φιλομαθεῖς· ταύτην γὰρ προκρίνας μὲν πασῶν καὶ συγκοσμῆσαι βουλόμενος ἀλλεπαλ- 6 λήλως κατὰ τὴν λεπτομέρειαν διασαφήσω. ἡ γὰρ πλατικὴ θεωρία ἀμαυροτάτην τάξιν ἔχουσα διὰ τὴν ἀκόλαστον τῶν ἐντυγχανόντων 7 γνώμην ἐλέγχεται ῥᾳδίως. μὴ ὑπολάβῃ δέ τις διὰ τὸ ποικίλον καὶ πολυ- 20 μερὲς τεχνικὸν ὑπάρχειν τὸν λόγον, ἀλλ᾿ ἐκθειάζειν τὴν φύσιν· πολλοὶ μὲν γὰρ πολλὰς αἱρέσεις διαγραψάμενοι οὐδεμίαν βεβαίαν συνέταξαν.
8, 9 Τοιγαροῦν ἐπὶ τὰ προκείμενα βαδιστέον. οἱ μὲν οὖν θανατικοὶ κλιμακτῆ-ρες καταληπτέοι ἔσονται, καθὼς ἐν τῷ περὶ χρόνων ζωῆς προέταξα καὶ 10 νῦν δὲ ἐν τούτῳ ἀκριβέστερον δηλώσω. ἐκ τριῶν ὅρων συνεστώτων τῶν 25 χρόνων – ἐλαχίστου, μέσου καὶ μεγίστου – τὴν σύγκρασιν οὕτως ἀνεῦρον, ἐκ τοῦ κλήρου τῆς τύχης καὶ τοῦ οἰκοδεσπότου λογιζόμενος τὰς περιόδους τῶν ἀστέρων καὶ τὰς ἀναφορὰς τῶν ζῳδίων πρῶτον ὥρας, εἶτα ἡμέρας, εἶτα μῆνας, εἶτα ἔτη, ἢ ὧν μὲν ὥρας, ὧν δὲ ἡμέρας, ὧν δὲ μῆνας, ὧν δὲ ἐνιαυτούς – κατὰ τοὺς ἐπικέντρους καὶ ἀνατολικοὺς 30

§§ 1–4: cf. App. XXI 1

[VS] 1 δ΄ in marg. V, om. S ‖ 3 πρότερον VS, corr. Kroll ‖ 4 φθόνον S ‖ 5 οἱ VS, ἡ Kroll ‖ 7 ὁμοίως VS, corr. Kroll | ἠνοίξαντο V | μοι sup. lin. V ‖ 8 κάλλιστον στοιχεῖον VS, corr. Kroll ‖ 9 ἐφθονημένον V, ἐφεισμένον S, corr. Kroll ‖ 11 καὶ] κατὰ Usener ‖ 12 τε sup. lin. V ‖ 13 προσέδειξα VS, corr. Kroll ‖ 15 γενομένων VS, γινομένων sugg. Kroll ‖ 16 διαίρεσις V, διαίρεσις S ‖ 17 προκρίνας μὲν] προκρινάμενος Diels ‖ 18 διασαφήσει VS, corr. Usener | πλαστικὴ S ‖ 21 ὑπᾶρ V, ὑπάρξαι S, ὑπάρχειν Kroll | τὸν] spat. 2 litt. V ‖ 27 ἐκ] καὶ S ‖ 30 ἢ post ἐνιαυτοὺς sugg. Kroll

ἀστέρας καὶ τὰ οἰκεῖα σχήματα ἡμέρας, εἶτα μῆνας, εἶτα τοὺς ἐνιαυτούς·
ἐπὶ μὲν γὰρ τῶν ἤδη τὴν ἡλικίαν προβεβηκότων δυνατὸν τὰς περιόδους
καὶ τὰς ἀναφορὰς μερίζειν, ἐπὶ δὲ τῶν νηπίων ἀπὸ τῶν ἐλαχίστων
ἀρξάμενος.

5 Ἔστω δὲ ἐπὶ ὑποδείγματος Ἥλιος, Ἀφροδίτη Ὑδροχόῳ, Σελήνη, Ζεὺς 11
ἀρχαῖς Κριοῦ, Κρόνος Κριῷ, Ἄρης Τοξότῃ, Ἑρμῆς Αἰγοκέρωτι, ὡροσκό-
πος Σκορπίῳ, κλῆρος τύχης Ζυγῷ· κλίμα ϛ'. οἱ μερίζοντες οὗτοι· 12
Ἀφροδίτη διὰ τὸν Ζυγόν, Κρόνος διὰ τὸ τὴν Ἀφροδίτην εἶναι Ὑδροχόῳ,
Ἄρης διὰ τὸ τὸν Κρόνον Κριῷ εἶναι. ἐλογισάμην οὖν κατά τε τὰς περιόδους 13
10 καὶ τὰς ἀναφορὰς πρῶτον ὥρας, εἶτα ἡμέρας, εἶτα μῆνας οὕτως. ἔλαβον | 14 f.127S
τοῦ Ζυγοῦ ἡμέρας η̄ καὶ ὥρας η̄, καὶ πάλιν τοῦ Ζυγοῦ ἀναφορὰς κλίματος
ϛ' ὥρας μ̄γ̄· καὶ ἐπεὶ Ἀφροδίτη Ὑδροχόῳ ἐστίν, ἔλαβον Κρόνου ὥρας
ν̄ζ̄· καὶ πάλιν ἐπεὶ ὁ Κρόνος ἐν τῷ Κριῷ ἐστιν, ἔλαβον Ἄρεως ὥρας ῑε̄.
γίνονται ἐπὶ τὸ αὐτὸ ἡμέραι η̄ καὶ ὧραι ο̄κ̄γ̄, αἵ εἰσιν ἡμέραι ε̄ ὧραι γ̄· 15
15 γίνονται αἱ πᾶσαι ἡμέραι ῑγ̄ ὧραι γ̄· ἔζησεν ἡμέρας ῑγ̄ ὧρας γ̄.

Ἄλλη. Ἥλιος, Ἀφροδίτη, Ἑρμῆς Καρκίνῳ, Σελήνη Αἰγοκέρωτι, Κρόνος 16
Σκορπίῳ, Ζεὺς Ὑδροχόῳ, Ἄρης Λέοντι, ὡροσκόπος Ταύρῳ, κλῆρος
τύχης Σκορπίῳ, ὁ κύριος Λέοντι, ὁ τούτου κύριος Καρκίνῳ. τὰς ὥρας καὶ 17
τὰς ἡμέρας τῶν τε ἀστέρων καὶ τῶν ζῳδίων παρεληλύθει· διὰ τοῦτο οὖν
20 τρίτῳ τόπῳ μῆνας ἐλογισάμην. Ἄρεως μῆνες ξ̄ϛ̄ καὶ ῑε̄, καὶ Ἡλίου τοῦ 18
ἐν Καρκίνῳ μῆνες κ̄ε̄· γίνονται μῆνες ο̄ϛ̄, οἵ εἰσιν ἔτη η̄ μῆνες ῑ.

Ταύτας προεθέμην τὰς γενέσεις· προσκοπεῖν οὖν χρὴ τοὺς οἰκοδεσπότας 19
καὶ τοὺς τόπους μὴ ὑπὸ τῶν κακοποιῶν διακατέχονται ἢ ἐναντιοῦνται ἢ
παρ' αἵρεσιν τύχωσιν, καὶ τὰς λοιπὰς παραγγελίας.

25 Ἄλλη. Ἥλιος, Ἑρμῆς Ὑδροχόῳ, Σελήνη Ταύρῳ, Κρόνος Τοξότῃ, Ζεὺς 20
Κριῷ, Ἄρης Αἰγοκέρωτι, Ἀφροδίτη, ὡροσκόπος Ἰχθύσιν· κλίμα ϛ'·
κλῆρος τύχης Διδύμοις. ἔλαβον Ἑρμοῦ μῆνας ο̄ϛ̄· καὶ ἐπεὶ Ἑρμῆς ἐν 21
Ὑδροχόῳ ἐστίν, ἔλαβον τοῦ Ὑδροχόου τὴν ἀναφορὰν μῆνας κ̄γ̄· καὶ
Κρόνου ἐν Τοξότῃ ὄντος τοῦ Τοξότου μῆνας λ̄γ̄. γίνονται οἱ πάντες μῆνες 22
30 ρ̄λ̄β̄, ἃ γίνονται ἔτη ῑᾱ· τοσούτων ἐτελεύτα.

Τὰς δὲ λεπτομερεῖς ἡμέρας καὶ σταλαγμιαίας ὥρας ἀπὸ τῆς ἑκάστου 23
ἀστέρος περιόδου τὸ ιβ' λαμβάνοντες εὑρήσομεν.

Συμμερίζουσι δὲ οἱ ἀστέρες ἀλλήλοις οἰκείως κείμενοι καὶ τῆς αἱρέσεως 24
ὄντες. οἷον Ἥλιος, Ἑρμῆς Καρκίνῳ, Σελήνη, Ἄρης Ζυγῷ, Κρόνος, Ἀφροδίτη 25

§§ 11—15: thema 121 (3 Feb. 173) ‖ §§ 16—18: thema 119 (18 Iul. 159) ‖
§§ 20—22: thema 120 (9 Feb. 162) ‖ §§ 25—28: thema 92 (30 Iun. 122)

[VS] 1 τοὺς ἐνιαυτούς] τὰς περιόδους VS ‖ 4 ἀρξάμενος sugg. Kroll ‖ 9 τε sup.
lin. V ‖ 12 κγ S ‖ 23 διακατέχωνται S

Λέοντι, Ζεὺς Τοξότῃ, ὡροσκόπος Παρθένῳ· κλίμα ς'· ὁ κλῆρος τῆς
26 τύχης Τοξότῃ. τούτου ⟨ὁ⟩ κύριος Ζεὺς ἐπίκειται τῷ κλήρῳ· ἐμέρισεν
οὖν τὴν ἀναφορὰν τοῦ Τοξότου ἔτη λγ καὶ τὴν ἰδίαν περίοδον ἔτη ιβ·
27 γίνονται ἔτη με. τούτῳ οὖν τρίγωνος Κρόνος ὑπάρχων συνεμέρισε τῆς
ἰδίας περιόδου μῆνας νζ· γίνονται ἔτη ἔγγιστα ν· ἐν τούτῳ καὶ ἐτελεύτα. 5
28 εἰ δέ τις λογίσηται καὶ τῆς τοῦ Λέοντος ἀναφορᾶς μῆνας λη καὶ Ἡλίου
μῆνας ιϑ, τοσούτους μῆνας συνάξει.

f.127ᵛˢ ²⁹ Αὗται αἱ γενέσεις δεδοκιμασμέναι ἐξ αὐτοψίας πρόκεινται· | εἰ δέ τις
ἐξ ἀκοῆς θέλει δοκιμάζειν λαβὼν γένεσιν, διαψευσθήσεται τὴν ἀγωγήν.
30 καὶ ἕτεροι δὲ κλιμακτῆρες σημαίνονται ὁπόταν κακοποιοῦ σχήματος καὶ 10
μαρτυρίας ⟨ὁ⟩ χρόνος συνδράμῃ· ὁ δὲ αὐτὸς λόγος καὶ περὶ τοῦ ὡροσκόπου
καὶ τοῦ τούτου κυρίου ὁπόταν κατὰ διαδοχὴν ἢ ἀντιπαραχώρησιν οἱ
ἀστέρες τύχωσι μὴ χρηματίζοντος τοῦ κλήρου τῆς τύχης ἢ τοῦ οἰκο-
δεσπότου.

(VII 4) ε'. Ἀγωγὴ λεπτομερεστέρα καὶ περὶ χρόνων ἐμπράκτων καὶ ἀπράκτων 15
πρὸς τὰς ἀναφορὰς καὶ τὰς περιόδους τῶν ἀστέρων

1 Ὁμοίως δὲ καὶ περὶ τῶν πρακτικῶν καὶ ἀπράκτων χρόνων στοιχητέον,
μετὰ τοὺς ἐνιαυσίους χρόνους μηνιαίους ἐπιμερίζειν τοῖς χρηματίζουσι
2 ζῳδίοις καὶ τοῖς τούτων οἰκοδεσπόταις. καὶ ὥσπερ κανονικῆς συμπήξεως
φυσικῶς ἐχούσης διὰ πολυχώρων ἀριθμῶν καὶ λεπτομερῶν μορίων εἰς 20
στερεὰν σύμπηξιν τὴν ἁρμονίαν οὐ καθεστῶσαν ὁρῶμεν ⟨μὴ⟩ προκειμένης
τῆς ἀρχῆς τοῦ ἀριθμοῦ ἐνδηλοτέρας, οὕτως χρὴ καὶ τοὺς βουλομένους
δι' ἀκριβείας διεξιέναι ἀρξαμένους ἀπὸ ὡρῶν καὶ μηνῶν κατάγειν τοὺς
χρόνους πολυμερῶς ἐπὶ τοσοῦτον μέχρις οὗ ἡ τοῦ ζητουμένου χρονογρα-
3 φία ἐπιτρέπῃ. οὕτως γὰρ εὑρήσομεν ἀναφορὰς μὲν ἕτερον χρονοκρατοῦντα, 25
περιόδου δὲ ἕτερον· καί, προκειμένου πλατικῶς τοῦ ἀποτελέσματος
ἀγαθοῦ ἢ φαύλου, ἐν ταῖς μεταξὺ ἡμέραις καὶ μησὶ τὸ ἐναντίον γίνεται·
4 καί ποτε μὲν δοκεῖ προλαμβάνειν, ποτὲ δὲ μετέπειτα γίνεσθαι. ὅνπερ οὖν
τρόπον λίθος ἀκοντισθεὶς ἐπί τι χάλκειον δαιδαλούργημα τὴν μὲν εὐθεῖαν
στιγμὴν ἔχει, τὸν δὲ ἦχον ἐπὶ πολὺ κατασκευάζει, τὸν αὐτὸν τρόπον καὶ 30
οἱ ἀστέρες, ἐπὰν τῶν χρόνων κυριεύσωσιν, πρὸς ὀλίγον ἐνδειξάμενοι ⟨τὸ⟩
5 ἀποτέλεσμα ἐξ ὑστέρων ἀπηχήματος τρόπον ἐνεργοῦσιν. οἱ μὲν οὖν

[VS] 1 Παρθένῳ] ♌ VS ‖ 2 ὁ Kroll ‖ 5 μῆνες V ‖ 7 τοὺς αὐτοὺς sugg. Kroll ‖
11 μάρτυρας S | ὁ sugg. Kroll ‖ 12 τοῦ om. S ‖ 15 ε' in marg. V, om. S ‖ 18 ἐνι-
αυσιαίους S ‖ 19 ὥσπερ] ὡς ἐπὶ sugg. Kroll ‖ 20 φυσικῆς VS, φυσικῶς sugg. Kroll |
ἔχουσι S ‖ 21 καθιστῶσαν S | μὴ Kroll ‖ 26 πλαστικῶς VS, corr. Kroll ‖ 30 στιγ-
μιαίαν sugg. Kroll ‖ 31 ἐνδειξάμενος V | τὸ sugg. Kroll ‖ 32 ἀποχήματος S

262

ANTHOLOGIAE VII 4–5

σχηματισμοὶ τῶν ἀστέρων καὶ αἱ πρὸς | ἀλλήλους μαρτυρίαι εὐτονοῦσιν f.128S
ἐν τοῖς ἁρμόζουσι χρόνοις, ἐξαιρέτως δὲ αἱ πρὸς τὸν κλῆρον τῆς τύχης·
τὰ γὰρ ὅλα ἐκ τούτου συνορᾶται καὶ συνέστηκεν καὶ ἐκ τούτου ⟨τοῦ⟩
οἰκοδεσπότου.

5 Ἔστω δὲ ἐπὶ ὑποδείγματος Ἥλιος, Ἑρμῆς Διδύμοις, Σελήνη Ὑδροχόῳ, 6
Κρόνος, Ἀφροδίτη Λέοντι, Ζεὺς Τοξότῃ, Ἄρης, ὡροσκόπος Ζυγῷ·
κλίμα α'. ἔστω ἡμᾶς ζητεῖν ἔτος μβ'. ἔλαβον τὴν ἀναφορὰν τοῦ Ζυγοῦ 7, 8
λη κ', ἅ ἐστιν ἔτη λη μῆνες δ· καὶ πάλιν τούτων ἰσάριθμοι μῆνες λη, οἵ
εἰσιν ἔτη γ̄ μῆνες β̄· γίνονται ὁμοῦ ἔτη μ̄α μῆνες ζ. τούτῳ τῷ ἔτει ἐκ 9
10 πολέμου φεύγων καὶ ἀπὸ ἵππου πεσών, ἐπελθόντων τῶν πολεμίων καὶ
πολλῶν ἀναιρεθέντων, καὶ αὐτὸς τρωθεὶς συνεφυρήθη ἑτέροις πτώμασι
καὶ ὑποκριθεὶς νεκρὸς διέφυγε τὸν κίνδυνον καὶ διέμεινεν εἰς τὴν τῶν
πολεμίων χώραν ἕως τοῦ μδ' ἔτους στρατεύματος ἡγούμενος. προσεπι- 10
κατήγαγον οὖν τοῖς προκειμένοις ἔτεσι καὶ τοὺς Ἀφροδίτης μῆνας ῆ διὰ
15 τὸν Ζυγὸν καί, Ἄρεως ἐπικειμένου, μῆνας ιε. ἄλλως τε καὶ τὸ διάμετρον 11
Κρόνου καὶ Σελήνης ἐχρημάτιζε κατ' ἐκεῖνον τὸν χρόνον· Λέοντος
ἀναφορὰ ⟨ἔτη⟩ λε καὶ Κρόνου μῆνες νζ καὶ Ἀφροδίτης μῆνες ῆ καὶ
Σελήνης μῆνες κε καὶ Λέοντος μῆνες ιθ· γίνονται ὁμοῦ ἔτη μδ μὴν ᾱ.
Ὥστε ἐφ' ὅσον μὲν ⟨ἡ⟩ γένεσις χωρεῖ, πλῆθος ἀναφορῶν ἢ περιόδων 12
20 διδόναι χρή, ἔπειτα δὲ μῆνας καὶ ἡμέρας ἕως ἐπὶ τὸ λεπτομερέστατον τοῦ
χρόνου τὸ ἀπο|τέλεσμα καταντήσῃ. ὅθεν ἐπὶ πάσης γενέσεως παρατηρη- f.103 V
τέον τὰ τετράγωνα καὶ διάμετρα, μάλιστα κακοποιῶν συσχηματιζομένων 13
ἀνοικείως· δυσεκλύτοις γὰρ καὶ ἀλλεπαλλήλοις πράγμασι περιτρέπουσιν.
οἱ γοῦν τοιοῦτοι ἐν τῷ βίῳ ἀθλοῦσι δυσκαταγωνίστοις καιροῖς παλαίοντες, 14
25 εὔθραυστοι δὲ ὄντες καὶ ὀλισθηροὶ ῥᾳδίως σφάλλονται. ἐὰν δὲ καὶ 15
κατοπτεύσωσιν, οὐκ ἀφίστανται μεμφόμενοι τοὺς θεοὺς καὶ ὀδυνηρῶς
διάγοντες μάτην τὸν θάνατον ἀνακαλοῦνται, ἐκτὸς εἰ μὴ ἑτέρα ἀγαθοποιῶν
μαρτυρία εὐτονήσασα βοηθήσῃ. | ὁπόσον ἂν χρηματίσῃ χρόνον ἀγαθοποιὸς f.128vS
κακοποιῷ, ἡμιτελὲς τὸ φαῦλον ἔσται καὶ εὔκρατον· ἐὰν δὲ κατὰ μόνας 16
30 ὁποῖός τις ἂν ᾖ, βέβαιον καὶ πλῆρες τὸ ἀποτέλεσμα δηλοῖ. κωλύεται μὲν 17

§§ 6–11: thema 91 (12 Iun. 122)

[VS] 1 χρηματισμοὶ S ‖ 2 τ post τῆς V ‖ 3 τούτου τοῦ] τούτου VS, τοῦ Kroll ‖
9 μῆνες¹] μῆνας S ‖ 11 συνεφυρήθην S ‖ 12 οὕτω κριθεὶς sugg. Kroll | διέμη-
νεν S ‖ 14 τοῖς V, τῆς S, τοὺς Kroll ‖ 15 μῆνες VS, μῆνας Kroll | τε sup.
lin. V ‖ 17 μῆνας¹,² VS, corr. Kroll ‖ 18 μῆνας¹,² VS, corr. Kroll ‖ 19 ἢ
Kroll | ῆ] οὖ VS | περϊόδον VS, corr. Kroll ‖ 20 ἐπεί τοι γε VS, corr. Kroll ‖
21 τὸ ἀπο iter. VS | καταντήσει VS, corr. Kroll ‖ 23 περιτρέχειπουσιν V ‖ 25 ὀλι-
στηροὶ V, ὀλισϑηροὶ S | σφάλονται S ‖ 26 κατοπεύσωσιν S ‖ 28 οὖν post ἂν sugg.
Kroll

263

γὰρ τὸ ἀγαθὸν ὑπὸ τοῦ κακοποιοῦ νικώμενον, θραύεται δὲ τὸ φαῦλον ὑπὸ
τοῦ ἀγαθοῦ παρηγορούμενον.

18 Σημαίνεσθαι δεῖ τὰς ἀρχὰς καὶ τὰ πέρατα τῶν χρόνων καθ᾽ οὓς ἂν
ἄρξωνται οἱ ἀστέρες χρονοκρατορεῖν ἢ καὶ ἀπολείπειν τοὺς χρόνους· ἐν
19 τούτοις γὰρ τὰ ἀποτελέσματα ἐνεργῆ τὴν δύναμιν κέκτηνται. ἔστι δὲ καὶ 5
τοῦτο ἀκριβέστερον ἐξιχνευτέον – τὰ σχήματα τῶν ἀστέρων καὶ αἱ
μαρτυρίαι ἢ κατὰ μόνας ἢ ὁμοῦ ὄντων πότερον ἀγαθοποιῶν ἢ ⟨κακο-
ποιῶν – εἰ⟩ κακοποιὸν ἢ μέσον ἢ εὔκρατον ὑπάρχει, ἵνα καὶ πρὸς τοῦτο
20 ἡ ἀπόφασις γένηται. πολλάκις γὰρ διάμετροι καὶ τετράγωνοι σχηματογρα-
φίαι κακοποιῶν οὐδὲν φαῦλον εἰργάσαντο, ἀλλὰ καὶ μᾶλλον ὠφέλησαν 10
21 διὰ ἰδιοτοπίαν ἢ ἀγαθοποιοῦ μαρτυρίαν ἢ οἰκείου σχήματος αἵρεσιν. καὶ
ἐν τούτοις οἱ ἀμαθεῖς πλανῶνται, ὅθεν περὶ τῶν αὐτῶν πολλάκις ὑπομι-
22 μνήσκω. ἄμεινον γάρ ἐστι δισσολογοῦντα καὶ πολυλογοῦντα τὴν σύνταξιν
ἀκατηγόρητον διαφυλάξαι ἢ τοῖς βασκάνοις καὶ ματαίοις ἀφορμὴν τοῦ
23 κακῶς λέγειν καταλεῖψαι. ἀχθόμενοι γὰρ ἐπὶ τῇ ἑτέρων εὐημερίᾳ λοιδο- 15
ροῦσι τὰ καλῶς ἔχοντα, μήτε παρακολουθεῖν δυνάμενοι τοῖς λεγομένοις
μήτε ψέξαι ἃ λέγουσιν· πρὸς τοὺς τοιούτους ὁ λόγος οὗτος ἁρμόσει.
24 λέγεταί ποτε νεανίσκον τινὰ ψέξαντα τὰ Εὐριπίδου δράματα διορθῶσαι,
τὸν δ᾽ Εὐριπίδην παραγενόμενον λέγειν· κακῶς γέγραπται, σὺ κρεῖττον
25 ποίησον. τὸν δὲ εἰρηκέναι· γράφειν ποιήματα οὐκ ἐπίσταμαι, τὰ δὲ κακῶς 20
26 γραφέντα διορθοῦσθαι. τοιγαροῦν κακῶς γράψας, φησίν, τὰ σαυτοῦ καλῶς
27 διόρθωσον. καὶ δοκεῖ μὲν ἡ προκειμένη αἵρεσις τὴν εἴσοδον εὐχερεστάτην
f.129ᵛ κεκτῆσθαι, | λαβυρινθοειδὲς δὲ τὸ τέλος καὶ τὴν δίοδον τοῖς τὸ ἀκριβὲς
φιλοπευστοῦσιν· τῆς γὰρ ἀρχῆς δραξάμενοι καθάπερ μίτου ὁδηγούσης
τῆς Ἀριάδνης (τουτέστι τῆς ἐπιδιαιρέσεως), εἰς τὸν ζητούμενον τόπον 25
κατανήσαντες καὶ εὑρόντες τὸν περαιούμενον χρόνον καὶ τὸ ἀποτέλεσμα
ὡς ὁ Θησεὺς τὸν Μινώταυρον, εἴδησιν μεγίστην ἀναδέξονται.
28 Μερίσουσι δὲ οἱ ἀστέρες καὶ τοὺς μέσους χρόνους ὧν δεσπόζουσιν
29 ἐτῶν. Ἥλιος μὲν τὴν ἡμίσειαν τῶν ο̅κ̅ ἐτῶν κεκτημένος τὰ ξ παραλήψεται
καὶ τὰ ἐλάχιστα τὰ ι̅θ̅· καὶ γίνονται ο̅θ̅, ὧν τὸ ἥμισυ γίνεται λ̅θ̅ μῆνες 30
30 ζ̅. Σελήνη δὲ τὴν ἡμίσειαν τῶν ο̅η̅ ν̅δ̅ καὶ ἐλάχιστα κ̅ε̅· καὶ γίνονται ὁμοῦ
31 ο̅θ̅, ὧν τὸ ἥμισυ λ̅θ̅ μῆνες ζ̅· ταῦτα μερίσει. Ἄρης δὲ τὰ μὲν μέγιστα ξ̅ς̅

[VS] 2 ἀγαθοποιοῦ S ‖ 3 σημειοῦσθαι S | δὲ post σημαίνεσθαι sugg. Kroll |
παρὰ τὸν χρόνον VS, corr. Kroll | ἐὰν VS ‖ 4 ἄρξωται S | χρονοκρατεῖν sugg.
Kroll ‖ 6 καὶ om. S ‖ 6.7 τῶν μαρτυριῶν VS ‖ 7 εἰ VS, ἢ¹ sugg. Kroll | ἀγαθο-
ποιὸν VS, ἀγαθοποιῶν sugg. Kroll ‖ 10 οὐδὲν V, οὐδὲ S | εἰργάσατο S ‖ 15 λειδο-
ροῦσι S ‖ 17 ὁ λόγος] ὀλίγος V ‖ 18 διορθοῖ VS, corr. Kroll ‖ 19 δ᾽ om. S ‖ 21 τὰς
αὐτοῦ VS, corr. Kroll ‖ 22 εὐχαρεστάτην VS, corr. Kroll ‖ 23 λαβυρινθοδὲς S
24 μίλτου S ‖ 27 κένταυρον S ‖ 28 ὅθεν VS, ὧν Kroll ‖ 29 προλήψεται VS, corr.
Kroll ‖ 31 κη VS, ρη Kroll

καὶ τὰ ἐλάχιστα ιε· καὶ γίνονται πα, ὧν τὸ ἥμισυ μ̄ ἔτη καὶ μῆνες ζ̄.
Ἀφροδίτη τὰ τέλεια πδ καὶ τὰ ἐλάχιστα η̄· γίνονται ϙβ, ὧν τὸ ἥμισυ μ̄ς. 32
Ἑρμῆς τὰ μέγιστα ο̄ς καὶ τὰ ἐλάχιστα κ̄· γίνονται ϙ̄ς, ὧν τὸ ἥμισυ μ̄η. 33
Ζεὺς τὰ μέγιστα ο̄θ [καὶ τὰ ο̄ς] καὶ τὰ ἐλάχιστα ιβ· γίνονται ϙ̄α, ὧν τὸ 34
5 ἥμισυ γίνεται μ̄ε μῆνες ζ̄. οὗτοι οἱ μέσοι χρόνοι φυσικώτεροί μοι ἔδοξαν 35
τυγχάνειν.

ς'. Ἀγωγὴ περὶ χρόνων ἐμπράκτων καὶ ἀπράκτων πρὸς τὸ ꞇ καὶ γ' (VII 5)
καὶ ꞷ τῶν τε ἀναφορῶν καὶ τῶν περιόδων τῶν ἀστέρων

Μετὰ πολλῆς μὲν οὖν κακοπαθείας καὶ ζητήσεως εὑρόντες τὰς αἱρέσεις 1
10 καὶ ἐπιδιακρίναντες ἐκ τῶν γενέσεων προεθέμεθα, ὑποτάξομεν δέ, καθὼς
ὁ βασιλεὺς καὶ Πετόσιρις ᾐνίξαντο, περὶ χρόνων ἐμπράκτων τε καὶ
ἀπράκτων. εἰ δέ πως δόξει τοῖς ἐντυγχάνουσι ποικίλην καὶ ἀναμεμιγμένην 2
ὑπάρχειν αὐτὴν τὴν αἵρεσιν, τὰ τῆς ἀποτελεσματογραφίας καὶ τῆς
φυσικῆς ἐνεργείας ἀποθαυμάσειεν· τὸ γὰρ ἕνα χρονοκράτορα τῶν
15 ἀστέρων καὶ πρὸς τὰς λοιπὰς ἀγωγὰς εὑρόντα ἀποφαίνεσθαι περὶ τῶν
μελλόντων, δι' ἀνακυ|κλήσεως χρόνων τὸν αὐτὸν πάλιν παραλαβόντα τὰ f.129vs
αὐτὰ πράγματα ἀποτελεῖν, ἀμαθές μοι δοκεῖ καὶ πλάνης ἀνάμεστον. ὁ γὰρ 3
εἷς ἤτοι ἀγαθὸν ἢ φαῦλον ἀποτελεῖ [καὶ] κατὰ τὴν ἰδίαν φύσιν ἐν τῷ
ἔτει ἢ δυσὶν ἢ τρισὶν ἔτεσιν, εὑρίσκομεν δὲ ἐν ἑνὶ χρόνῳ ἢ καὶ μησὶ καὶ
20 ἡμέραις διάφορα ἀποτελέσματα συμβαίνοντα καὶ ἀναμεμιγμένα κακῶν τε
καὶ ἀγαθῶν, ὅθεν πίστιν ἡμῖν παρέχει αὐτὰ τὰ πράγματα. εὑρίσκομεν 4
γὰρ ἐπὶ γενέσεως καθ' ἕνα χρόνον δόξαν, κληρονομίαν, κατηγορίαν,
φυγαδείαν ἢ πάλιν ἀρχὴν ἐπίσημον, πένθος ἐπίλυπον, ἀσθένειαν καὶ πάλιν
ἡγεμονίαν, περίκτησιν βίου, θάνατον, καί τινας μὲν περὶ τὸ σῶμα
25 κακοδαιμονοῦντας, περὶ δὲ τὸν βίον εὐτυχοῦντας, ἑτέρους περὶ γυναῖκα
καὶ πράξεις ἀνωμαλοῦντας, ῥωμαλέους δὲ καὶ ἱλαρούς. ταῦτα δ' οὐκ 5
οἶμαι ἀπὸ ἑνὸς κοσμοκράτορος συντελεῖσθαι, ἀλλὰ ὑπὸ τῶν πολλῶν· καὶ
τὸ μὲν ἀγαθὸν προδειχθὲν ἀναλύεται ὑπὸ τῆς τῶν κακοποιῶν δυνάμεως,
ὁμοίως δὲ καὶ τὸ φαῦλον ὑπὸ τῆς τῶν ἀγαθοποιῶν.
30 Ὅθεν καὶ ὁ συγγραφεὺς ἔφη τινὰ μὲν εἶναι ἀφύλακτα, τινὰ δὲ φυλακτά, 6
ἀφύλακτα μὲν ἐπὰν οἱ κακοποιοὶ μόνοι παρατυγχάνοντες ἐνεργῶσί τι,
φυλακτὰ δὲ ὅταν, τῶν κακοποιῶν ἀποτελούντων, ἀγαθοποιὸς περιπεσὼν

§§ 1 – 26 = Nech. et Pet. fr. 21, 1 – 123 Riess

[VS] 4 καὶ τὰ ος secl. Kroll ‖ 5 de Saturno om. VS ‖ 7 ζ' in marg. V, om. S ‖
10 τε VS, δέ Kroll ‖ 11 πετόσυρις S | τε om. S ‖ 13 τὰς VS, τὰ Kroll ‖ 14 ἀπο-
θαυμάσει ἐν τῷ VS, corr. Kroll ‖ 15 λοιπὰς iter. V ‖ 16 καὶ post μελλόντων sugg.
Kroll ‖ 17 μοι sup. lin. V ‖ 18 καὶ secl. Riess ‖ 27 καὶ post ἀλλὰ S ‖ 31 παρα-
τυχόντες S

7 τὴν ἐκείνων δύναμιν θραύσῃ. ὅταν δὲ ἐπὶ γενέσεως σχῆμα ἀγαθοποιοῦ
εὑρεθῇ καὶ τῶν χρόνων δεσπόζῃ, πλῆρες τὸ ἀγαθὸν γενήσεται, ὁμοίως
δὲ καὶ τῶν κακοποιῶν ἐὰν συγχρηματίσωσι τῶν μαρτυριῶν οἱ χρόνοι,
8 ἀμφότερα γενήσεται κατὰ τὴν τῶν ἀστέρων τε καὶ ζῳδίων φύσιν. ἄλλως
τε καὶ κατὰ τὸ μέγεθος τῆς γενέσεως καὶ τῆς ὑποστάσεως τά τε ἀγαθὰ 5
9 καὶ φαῦλα συντελεῖται. καὶ καθάπερ ἐπὶ τῶν νηπίων καθολικῶς γενέσεων,
f.130 ἐπὰν τοὺς ἀγαθοποιοὺς εὕρωμεν χρηματίζοντας | καὶ τὸν Ἥλιον ἢ τὴν
Σελήνην ἐπιθεωροῦντας καὶ τὸν ὡροσκόπον, ἐπαγγελλόμεθα καὶ χρόνον
ζωῆς καὶ δόξαν καὶ ὑπόστασιν βίου, ἐὰν δὲ τοὺς κακοποιούς, ἀποδοκιμάζο-
μεν τὴν γένεσιν, τὸν αὐτὸν τρόπον καὶ ἐπὶ τῆς τῶν χρόνων διαιρέσεως 10
σκοπεῖν δεήσει ⟨καὶ⟩ ἐφ᾽ ὅσον μὲν ἂν οἱ ἀγαθοποιοὶ διακρατῶσι, μεγάλα
καὶ πρακτικὰ ἐπαγγέλλεσθαι, ἐὰν δὲ ἀναμεμιγμένοι, ὁμοίως, ἐὰν δὲ
μόνη κακοποιῶν χρονογραφία συνδράμῃ, κινδύνους, καθαιρέσεις καὶ
πολλῶν αἰτιῶν ἐπιφορὰς προλέγειν.
10   Φησὶν οὖν ὁ βασιλεύς· ῾ἐπὰν τῆς χρονογραφίας ὑπ᾽ ὄψιν ἐκτεθείσης 15
(τουτέστι τῆς γενέσεως) χρηματίσωσιν ὁποῖοι ἂν τύχωσιν – πρὸς
πάντας λέγει τοὺς ἀστέρας – ἕτερος δέ τις κατὰ τὸ ἐναλλὰξ ἐφεστὼς
ἐπιμαρτυρήσῃ ἢ καὶ τὴν συναφὴν ἐπίσχῃ, συναμφοῖν οἱ χρόνοι ἀναγρα-
11 πτέοι. οἷον οὕτως· ἐὰν ἡ Σελήνη τὸν ἀρίθμιον τόπον ἐπίσχῃ, ἕτερος δέ τις
ἐπὶ τοῦ τῆς Σελήνης τύχῃ ζῳδίου, ἐπειδὴ αὐτὴ ἡ Σελήνη ἐφ᾽ ἑτέρου 20
τόπου τὴν συναφὴν ἐπίσχει, τοὺς μὲν τοῦ ζῳδίου χρόνους κατάξει οἵτινές
12 ποτε ἂν ὦσιν, εἴτε ἀγαθοποιοὶ ⟨οἱ⟩ προσόντες ἢ καὶ [ὡς] ἐναντίοι. ἐπὰν
γὰρ ὁ τοῦ Διὸς ἐπὶ τοῦ προκειμένου τόπου τύχῃ, δόξης δηλωτικὸς ἢ δόξα
μέτριος ἐπικτητικοῦ βίου συλλογῇ γενήσεται (τουτέστι τοῦ κλήρου τῆς
τύχης ὅστις τὸν περὶ ὑπαρχόντων καὶ ὠφελείας δηλοῖ, τὸν δὲ περὶ δόξης 25
ἕτερος)· εἰ δὲ τούτῳ συνεπιμαρτυρήσῃ ἢ καὶ τούτῳ συναφὴν ἐπίσχῃ
κακοποιός, ἐν τοῖς τῶν ἀγαθοποιῶν χρόνοις καὶ τὸ κακὸν ἐπιτελεσθήσεται.
13 συμπαραλαμβανομένου δὲ καὶ συμψηφοθετουμένου τοῦ τὴν συνεπιπλοκὴν
ἔχοντος τοῦ ἀστέρος χρόνου, ὅσοι ἂν ὦσι συμπεραιούμενοι, πρὸς τὰ τέλη
14 τῶν περιόδων ἢ τῶν ἀναφορῶν τὰ ἀποτελέσματα λέγειν γίνεσθαι. πᾶς 30
μὲν οὖν ἀστὴρ ἐπίκεντρος ὑπάρχων τοὺς ἰδίους χρόνους πλήρεις δίδωσιν
(περὶ τούτου καὶ ἡμεῖς ἐν τοῖς ἔμπροσθεν ἐδηλώσαμεν), ἔκκεντρος δὲ

ὑπάρχων | ὅσους ἂν ἀπομερίζῃ λοιπογραφουμένους ἀπὸ τῶν ἰδίων f.130vS
ἀριθμῶν (τοῦτον δὲ τὸν λόγον, ὡς ἐμοὶ δοκεῖ, ἐν τῷ περὶ χρόνων ζωῆς
ἐδηλώσαμεν).

Ἄλλως δὲ πάλιν ὑπόθου τὴν Σελήνην ἐπικρατεῖν τῷ προκειμένῳ τόπῳ, 15
5 ἐπιπαρεῖναι δὲ τούτῳ τὸν τοῦ Κρόνου, ὡροσκοπεῖν δὲ τὸν τῆς Σελήνης
τόπον ὅπου ὁ τοῦ Κρόνου τέτευχεν ἐπιπροσών. ὁ μὲν οὖν ὁλοτελὴς τοῦ 16
Κρόνου χρόνος ἔχει τὰ λ ἔτη πλήρη, ὁ δὲ τῆς Σελήνης λ ἡμέρας. ἔστω 17
δὲ καὶ τὴν Σελήνην ἐν ᾧ δήποτε ζῳδίῳ τετευχυῖαν ἐπίκεντρον, ἐπ-
αναφέρεσθαι δὲ ἢ ἐπικαταφέρεσθαι τὸν τοῦ Ἄρεως ἐπὶ τοῦ ἐχομένου
10 ζῳδίου ἐφ᾽ ὃν καὶ τὴν συναφὴν ποιήσεται, μαρτυρεῖσθαι δὲ τὸν τοῦ
Κρόνου ὑπὸ τοῦ Ἄρεως ἢ καὶ αὐτῆς τῆς Σελήνης ἢ καὶ τοῦ Ἡλίου. οἱ 18
τοιοῦτοι ἐκ ταπεινῶν γονέων ἔσονται· τοὺς δὲ τοῦ ζῳδίου χρόνους
ἐφ᾽ οὗ ὁ τοῦ Κρόνου τέτευχε καὶ τοὺς τοῦ Ἄρεως ἐπισυνθέντας, τούτους
ἀνωμαλήσει ἢ καὶ ἐν ξενιτείαις ἔσται· ἐν δὲ τοῖς αὐτοῖς χρόνοις σινῶν καὶ
15 τομῶν παραίτιος γενήσεται τῶν περὶ τὰς ὄψεις. ἐὰν δέ πως ἡ Σελήνη ἐπὶ 19
προσθέσεως ὑπάρχουσα καὶ μηδέπω ἐπὶ τὴν πανσέληνον φέρηται,
ἀποσκότωσιν ἐπιδεῆ σημαίνει ἐπὶ μηδενὸς τῶν ὁρατικῶν μέντοι γε τὰ
περὶ τοὺς ὀφθαλμοὺς γενόμενα αἴτια· ἤτοι προσβάλλει πυρώσεσιν ἢ καὶ
τομαῖς ἐπὶ τῶν αὐτῶν τόπων διὰ τὸ φωσφορούσῃ συνάπτειν Ἄρεα, ἢ καὶ
20 καύσεσιν ἐμπεριισχάνονται. εἶτ᾽ ἐχομένως τὰ τοῦ ἐπιμαρτυροῦντος 20
ἀστέρος τῷ τῆς Σελήνης ζῳδίῳ ἢ καὶ συμπροσόντος, εἴ τις ἢ καί τινες
τύχωσιν ἐπισυμπαρεῖναι τῷ κλήρῳ, λέγειν, εἶθ᾽ ἐξῆς τοὺς ἐπαναφερομέ-
νους καθ᾽ ὃν ἂν τόπον ἐπαναφερόμενοι κέντρῳ οἱῳδήποτε τύχωσιν.᾽

Καὶ ταῦτα μὲν αὐταῖς λέξεσι προεθέμεθα διὰ τὴν ἐπακολουθοῦσαν 21
25 ἐπίλυσιν· καὶ αὐτοὶ γὰρ δοκιμάσαντες καὶ συνεπινοήσαντες εὕρομεν. ἐὰν 22
οὖν, καθὼς προείπαμεν, ⟨ὁ τοῦ⟩ σχήματος χρόνος συντρέχῃ τῷ ζητουμένῳ
χρόνῳ κατ᾽ ἐπισύνθεσιν ζῳδίου ἀναφορᾶς ἢ καὶ | περιόδου ἀστέρος, f.131S
χρῆσθαι τοῖς προκειμένοις παραγγέλμασιν· εἶτ᾽ οὖν διὰ τὸ συνθέτους
χρόνους συντρέχειν τοῖς μέλλουσι λέγεσθαι προσέχειν καὶ συγκρίνειν τὰ

§ 17: cf. VII 6, 203

[VS] 1 ὅσα S | ἀπομερίζει S | λοιπογραφομένους V, λειπογραφουμένους S, corr.
Kroll ‖ 2 λόγον] χρόνον S | ἐκ τῶν VS, ἐν τῷ Kroll ‖ 4 τρόπῳ VS, corr. Kroll ‖
6 ἐπίπροσῶ V, ἐπιπρόσω S, corr. Kroll ‖ 7 λ ἡμέρας] λα μοίρας VS ‖ 8 τετευχέ-
ναι Riess ‖ 13 καὶ VS, corr. in ὁ V | τοὺς] τὰς S | ἐπισυντεθέντας sugg. Kroll ‖
16 − 17 ἐπιδεῆ σημαίνει φέρεται φέρεται (φέρεται² om. S) ἀποσκότωσιν VS ‖ 17 γε
sup. lin. V ‖ 18 πρὸς VS, vel πηροῖ vel προσβάλλει sugg. Kroll | πυρώσεσιν] ἀνα-
φοραῖς VS ‖ 19 φωσφορούσης VS, corr. Kroll ‖ 20 ἐμπεριστάνοντα corr. in ἐμπερι-
ισχάνοντα V, ἐμπερισχάνοντα S, corr. Kroll | εἴτε VS, corr. Kroll ‖ 21 τὸ . . . ζῷ-
διον VS, τῷ . . . ζῳδίῳ sugg. Kroll ‖ 25 εὕρωμεν V, τῷ ‖ 26 χρόνοι S ‖ 28 τοῖς] δὲ S |
εἰ δ᾽ VS, corr. in εἴ γ᾽ V ‖ 29 μέλουσι S

VETTIVS VALENS

ἀποτελέσματα κατὰ τὰς τῶν κέντρων καὶ ἐπαναφορῶν καὶ ἀποκλιμάτων
τοποθεσίας τῶν τε κλήρων καὶ συνόδων καὶ πανσελήνων κατὰ τὰς
23 οἰκείας μαρτυρίας τῶν ἀστέρων ἢ καὶ ἐναντιότητας. ἐὰν οὖν συντεθῶσι
τῶν μαρτυριῶν οἱ χρόνοι, ἐν τοῖς διὰ μέσου τούτων ἢ καὶ τρίτοις ἢ καὶ
διμοίροις συντελεσθήσονται τὰ ἀποτελέσματα ἐάνπερ μὴ κατὰ μόνας 5
συνάπτωσιν.
24 Σκοπεῖν δὲ δεῖ καὶ τὴν τῆς Σελήνης συναφήν, κἂν μὴ ἐν τῷ αὐτῷ
ζῳδίῳ ἢ καθ᾽ ἑτέρου σχηματογραφίαν ἀλλ᾽ ἐν τῷ ἑξῆς, ἀμφοτέρων συν-
θέντας τοὺς χρόνους ἢ τῶν ζῳδίων ἐν οἷς πάρεισιν ἀποφαίνεσθαι.
25 πολυμερῶς μὲν οὖν τὰ τῶν χρόνων γενήσονται, ὁτὲ μὲν ἐκ τῆς σεληνιακῆς 10
φορᾶς καὶ τοῦ κλήρου, ὁτὲ δὲ πρὸς τὰ κέντρα, ὁτὲ δὲ πρὸς τὰς ἑῴας καὶ
ἑσπερίους καὶ τὰς λοιπὰς φάσεις [ὁτὲ δὲ] ληγόντων ⟨τῶν ἀστέρων⟩, οἵ
τε χρόνοι καταληπτέοι ἔσονται ἐκ τῆς τῶν κακοποιῶν καὶ ἀγαθοποιῶν
26 παρεμπλοκῆς. τὸ μέντοι λέγειν ἐν τῷ διὰ μέσου ἢ καὶ ἐπὶ τρίτοις ἢ καὶ
διμοιριαίοις χρόνοις − εἰς τὸν περὶ σίνους τόπον ἡ τομὴ γενήσεται τῷ 15
μοιρικὸν διάστημα λαβόντα λογίζεσθαι, ἡμεῖς δὲ ἐπεξεύρομεν καὶ εἰς
τὸν περὶ ἐμπράκτων καὶ ἀπράκτων χρόνων τόπον.
27 Ἔστω δὲ ἐπὶ ὑποδείγματος Ἥλιος, Σελήνη Λέοντι, Κρόνος Παρθένῳ,
Ζεὺς Ἰχθύσιν, Ἄρης Τοξότῃ, Ἀφροδίτη Διδύμοις, Ἑρμῆς Καρκίνῳ,
28 ὡροσκόπος Ζυγῷ· κλίμα ζ'. τῷ λζ' ἔτει ὑπὲρ γυναικὸς ἐξ ἧς μεγάλην 20
ὠφέλειαν προσεδόκα δίκην περὶ κληρονομίας ὑπομείνας ἡττήθη ἐπὶ
βασιλέως· οὐ μέντοι ἐπιβλαβὴς αὐτῷ ὁ χρόνος παντελῶς ἐγένετο, πλὴν
f.103vV 29 τῆς ἐλπίδος ἀφαιρετικός. τὰ μὲν οὖν λζ ἔτη καὶ αἱ τρίγωνοι στάσεις |
ἐδήλουν Σελήνης πρὸς Ἄρεα (Σελήνης μὲν κε, Τοξότου δὲ ιβ· γίνονται
30 λζ) καὶ Διὸς πρὸς Ἑρμῆν (Διὸς ιβ, Καρκίνου κε· γίνονται λζ). ζητήσαντες 25
f.131vS καθὼς | προεκτεθείμεθα εὕρομεν τὴν ἐναντίωσιν Ἄρεως καὶ Ἀφροδίτης
χρηματίζουσαν οὕτως κατὰ τὸ ζ' κλίμα καὶ τὴν τετράγωνον πλευρὰν
Κρόνου· τῶν Διδύμων κζ καὶ Ἀφροδίτης η καὶ Παρθένου α· γίνονται νε,
31 ὧν τὸ ᵞᵖ γίνεται λϛ μῆνες η. τὸ αὐτὸ καὶ οἱ Ἰχθύες ἐσήμαινον, πλὴν
32 ἴσχυσαν οἱ ἀγαθοποιοί· ἦν γὰρ καὶ Ἀφροδίτη κυρία τοῦ κλήρου. τὴν 30
αὐτὴν δίκην τῷ λε' ἔτει ἐνίκησεν, ἐπικλήσεως δὲ γενομένης ἡττήθη·
ἐσήμαινε γὰρ ὁ †Μ† τὸ μὲν ἀγαθὸν ἀπὸ τῆς ἀναφορᾶς τῶν Ἰχθύων ιε καὶ

§§ 27−35: thema 96 (29 Iul. 124)

[VS] 3 τῶν] αὐτῶν S ‖ 7 καὶ om. S ‖ σελής S ‖ 11 τοὺς ἑῴους VS ‖ 12 λήγον-
τες VS ‖ lac. ind. Kroll ‖ 14 ὃ μέντοι λέγει sugg. Kroll ‖ 15 διμοιραίοις S ‖ τὸ VS,
τῷ sugg. Kroll ‖ 16 δ' S ‖ 17 τὴν VS, τὸν Kroll ‖ τύπον S ‖ 22 αὐτῶν VS, corr.
Kroll ‖ 23 καὶ om. S ‖ 26 προεκτεθέμεθα S ‖ εὕρωμεν VS, corr. Kroll ‖ 28 post η
add. p. 269, 1−2 γίνονται − κ¹ V, sed del. ‖ 30 κακοποιοί VS ‖ 32 Μ V λε S

268

Διδύμων π̄. καὶ πάλιν Διδύμων κ̄ζ καὶ Ἀφροδίτης ἢ γίνονται λ̄ε, καὶ πάλιν 33
Διδύμων π̄ καὶ Ἄρεως ῑε γίνονται λ̄ε, καὶ πάλιν Παρθένου π̄ καὶ Ἄρεως ῑε
γίνονται λ̄ε. ἐχρημάτισαν οὖν καὶ οἱ ἀγαθοποιοὶ καὶ οἱ κακοποιοί, καὶ 34
καθότι ἐν δισώμοις δεήσει πολλάκις περὶ ⟨τῶν⟩ αὐτῶν ⟨ἀποφαίνεσθαι⟩.
5 ἡ οὖν καθυπερτέρησις καὶ ἐναντίωσις τῶν κακοποιῶν πολλὴν δύναμιν 35
ἔχουσιν, ὅθεν καὶ αὐτὸς Πετόσιρις ἔφη· ʿοἱ δὲ χρόνοι ἔσονται ἐκ τῆς τῶν
κακοποιῶν καὶ ἀγαθοποιῶν παρεμπλοκῆς.ʾ
Ἦν δὲ καὶ τῆς ἡττηθείσης γυναικὸς τὸ θέμα οὕτως ἔχον. ἄλλη. Ἥλιος 36, 37
Καρκίνῳ, Σελήνη, Κρόνος, Ζεὺς Τοξότῃ, Ἄρης, Ἀφροδίτη, Ἑρμῆς
10 Διδύμοις, ὡροσκόπος Αἰγοκέρωτι· κλίμα ζ'. τῷ μὲν κε' ἔτει ἔδοξε 38
περιγενέσθαι τοῦ πράγματος· ἐσήμανε γὰρ ἡ Σελήνη τὰ κ̄ε μετὰ τοῦ
Διὸς καὶ Κρόνου ὑπάρχουσα, καὶ ὁμοίως Ἥλιος ἐν Καρκίνῳ τὰ κ̄ε
ἐδήλου. ἀλλὰ καὶ οἱ λοιποὶ ἀστέρες κατὰ συμπλοκὴν καὶ ἐναντίωσιν 39
ἐχρημάτισαν, οἷον Κρόνου ἔτη λ̄[ε̄] καὶ Ἑρμοῦ κατὰ διάμετρον π̄· γίνονται
15 π̄, ὧν τὸ ἥμισυ γίνεται κ̄ε. καὶ πάλιν Κρόνου λ̄ καὶ Ἑρμοῦ π̄ καὶ Σελήνης 40
κ̄ε· γίνονται ο̄ε, ὧν τὸ γ' γίνεται κ̄ε. ὅθεν εἰς ἐναντίωμα ἐχώρει τὸ πρᾶγμα 41
τότε. τῆς δὲ ἐπικλήσεως γενομένης τῷ κ̄ζ' ἔτει κατεδικάσθη· ἐχρημάτισε 42
γὰρ ἡ ἀναφορὰ τῶν Διδύμων, ἔνθα ὁ κλῆρος τῆς τύχης, Ἄρεως καὶ
Ἑρμοῦ ἐπόντων. ἄλλως τε καὶ Σελήνης κ̄ε καὶ Ἄρεως διαμέτρου ῑε· 43
20 γίνονται μ̄, ὧν τὸ ♌ γίνονται κ̄ζ μῆνες η̄. ὡσαύτως δὲ καὶ ἐνθάδε ἐν 44
δισώμοις οἱ ἀστέρες ἔτυχον.
Ἄλλη. Ἥλιος, Ἑρμῆς, Ζεὺς Σκορπίῳ, Σελήνη Ταύρῳ, Κρόνος Ὑδροχόῳ, 45
Ἄρης Παρθένῳ, Ἀφροδίτη Ζυγῷ, ὡροσκόπος Λέοντι· κλίμα δεύτερον.
τῷ νβ' ἔτει μεγίστην ταραχὴν καὶ πρὸς ἀδελφὴν ⟨δίκην⟩ ἔσχε περὶ 46
25 ὑπαρχόντων | καὶ κληρονομίας καὶ ἐπὶ βασιλέως ἐνίκησεν· ἐχρημάτισε f.132S
γὰρ ἡ διάμετρος στάσις Σελήνης κ̄ε, Διὸς ῑβ, Σκορπίου ῑε· γίνονται νβ.
ἄλλως τε καὶ κατὰ β' κλίμα Σκορπίου λ̄ς, Διὸς ῑβ, Κρόνου ἐπικειμένου 47
τῷ κλήρῳ λ̄· γίνονται ο̄η, ὧν τὸ ♌ γίνεται νβ. καὶ πάλιν Ταύρου κ̄δ, 48
Ὑδροχόου κ̄δ καὶ Κρόνου λ̄· γίνονται ο̄η, ὧν τὸ ♌ νβ. ἐχρημάτισαν οὖν 49
30 πάντες οἱ ἀστέρες ἐκτὸς Ἄρεως. ἐνόσησε μὲν οὖν ἐν τούτῳ τῷ χρόνῳ καὶ 50
ἐν θαλάσσῃ μικροῦ δεῖν ἐκινδύνευσε καὶ πολλὰ ἀναλώματα ἐποίησεν,
ἀλλὰ οἱ ἀγαθοποιοὶ ἔδοξαν καθυπερτερεῖν τὸν Κρόνον καὶ μᾶλλον
ἴσχυσαν.

§ 35 = Nech. et Pet. fr. 21, 125 − 128 Riess ‖ §§ 36 − 44: thema 106 (23 Iun. 134) ‖
§§ 45 − 50: thema 56 (6 Nov. 108)

[VS] 1 κ in marg. S ‖ 4 τῶν sugg. Kroll | ἀποφαίνεσθαι sugg. Kroll ‖ 6 ἔχωσιν
VS, corr. Kroll ‖ 14 ε secl. Kroll ‖ 16 ὧ S ‖ 20 τὸ om. S ‖ 24 δίκην Kroll ‖ 27 τε
sup. lin. V

19*   269

51,52 Ἡ δὲ ἡττηθεῖσα οὕτως εἶχε τὸ θέμα. ἄλλη. Ἥλιος, Ἑρμῆς Τοξότῃ,
Σελήνη Καρκίνῳ, Κρόνος Ὑδροχόῳ, Ζεὺς [Παρθένῳ], Ἀφροδίτη
53 Αἰγοκέρωτι, Ἄρης Σκορπίῳ, ὡροσκόπος Διδύμοις· κλίμα β'. τὸ νδ' ἔτος·
54 Κρόνος καὶ Ἀφροδίτη ἐδήλουν λ̄ καὶ κ̄δ̄· γίνονται ν̄δ̄. καὶ πάλιν Σκορπίου
λ̄ς καὶ Ἄρεως ἐπικειμένου τῷ κλήρῳ, ὃς ἐχρημάτισεν, ῑε καὶ Κρόνου λ̄· 5
55 γίνονται π̄α, ὧν τὸ ϙ̄ ν̄δ̄. ἐχρημάτισε γὰρ καὶ αὕτη ἡ καθυπερτέρησις
56 τῶν κακοποιῶν. τῷ μὲν οὖν νγ' φαντασίαν καὶ οἴησιν νίκης ἔσχε διὰ
μειζόνων προσώπων βοηθείας, ὅθεν καὶ ἐπὶ τὴν δίκην προετράπη, ἐπεὶ
57 Σελήνη ἐμέρισεν κ̄ε καὶ Αἰγόκερως κ̄η· γίνονται ν̄γ. τῷ δὲ νδ' ἔτει ὑπὸ
τῶν βοηθῶν κατελείφθη· οὐδὲ γὰρ συμπαρῆσαν τοῖς χρόνοις οἱ ἀγαθο- 10
ποιοί.
58 Ἄλλη. Ἥλιος, Σελήνη Καρκίνῳ, Κρόνος, Ζεύς, Ἄρης Κριῷ, Ἀφροδίτη,
59 Ἑρμῆς, ὡροσκόπος Διδύμοις· κλίμα α'. τῷ μὲν μζ' ἔτει καὶ μη' καὶ
μθ' ἐνόσησε καὶ αἵματος πολλὴν ῥύσιν ὑπομείνας παρείθη, ἐν δὲ τοῖς
60 αὐτοῖς χρόνοις καὶ ἔκπτωτος ἐγένετο. τὰ μὲν οὖν μ̄ζ ἔτη ἐδήλου Καρκίνος 15
61 λ̄α μ' καὶ Ἄρης ῑε· γίνονται μ̄ς μῆνες η̄. τὰ δὲ μ̄η πάλιν Καρκίνου λ̄α
62 μ' καὶ Σελήνης κ̄ε καὶ Ἄρεως ῑε· γίνονται ο̄β, ὧν τὸ ϙ̄ μ̄η. ἐχρημάτισε
μὲν οὖν τῷ μη' ἔτει καὶ ἡ τῶν Διδύμων ἀναφορὰ κ̄η κ' καὶ ἡ τοῦ Ἑρμοῦ
63 περίοδος κ̄· γίνονται μ̄η μῆνες δ. ὅθεν καὶ μικρᾶς φιλανθρωπίας ἔτυχε
64 καὶ πορισμοῦ τῷ μθ' ἔτει. Ἥλιος καὶ Κρόνος ἐμέρισαν ῑθ καὶ λ̄· γίνονται 20
65 μ̄θ. οἱ οὖν κακοποιοὶ καθυπερτερήσαντες τὰ φῶτα μεγάλων κινδύνων
f.132ᵛS παραίτιοι· καὶ εἰ μὴ συμπαρῆν | Ζεύς, πάντως ἂν καὶ βιαιοθανασίαν
ἐπήγαγον.
66 Ἄλλη. Ἥλιος, Ἑρμῆς Αἰγοκέρωτι, Σελήνη, Ἄρης, ὡροσκόπος Ταύρῳ,
67 Κρόνος Σκορπίῳ, Ζεὺς Καρκίνῳ, Ἀφροδίτη Ἰχθύσιν· κλίμα ς'. τῷ λ' ἔτει 25
ἀπὸ δουλείας φυγὼν πολλὰ ἐσύλησε καὶ πρὸς ὀλίγον χρόνον διαλαθὼν
68 συνελήφθη τῷ αὐτῷ ἔτει. ἀμφότερα γὰρ τὰ διάμετρα ἐχρημάτισεν·
69 συνήγαγε γὰρ ἀνὰ ξ, ὧν τὸ ☍ λ̄. Αἰγοκέρωτος γὰρ κ̄η καὶ Ἑρμοῦ κ̄
70 καὶ Διὸς ῑβ· γίνονται ξ, ὧν τὸ ἥμισυ λ̄. καὶ Κρόνου λ̄ καὶ Ἄρεως ῑε ⟨καὶ
71 Σκορπίου ῑε· γίνονται ξ⟩, ὧν τὸ ἥμισυ λ̄. καὶ Καρκίνου κ̄ε καὶ Διὸς ῑβ, 30
72 ἐκ τριγώνου δὲ Ἀφροδίτης η̄· γίνονται μ̄ε, ὧν τὸ ϙ̄ γίνεται λ̄. ἔδοξεν οὖν
διὰ τοὺς ἀγαθοποιοὺς πρὸς ὀλίγον ἀποπεφευγέναι τὸν κίνδυνον καὶ

---

§§ 51−57: thema 60 (15 Dec. 110) ‖ §§ 58−65: thema 65 (1 Iul. 113) ‖ §§ 66−72:
thema 101 (16 Ian. 129)

[VS] 3 β'] δ VS ‖ 4 ἐδήλου VS, corr. Kroll ‖ 6 γὰρ om. S ‖ 13 νζ VS, μζ
Kroll ‖ 14 παρήθη VS, corr. Kroll ‖ 19 κ corr. in δ V ‖ 25 λε S ‖ 32 ἀποφευγέναι
VS, corr. Kroll

ANTHOLOGIAE VII 6

ἡδέως διατεθεῖσθαι ἐκ τῶν συλῶν διὰ ⟨τὸ⟩ τοὺς κακοποιοὺς ἐμπεπτω-
κέναι.
Ἄλλη. Ἥλιος, Κρόνος, Ἑρμῆς Τοξότῃ, Σελήνη Καρκίνῳ, Ζεὺς Ταύρῳ, 73
Ἄρης Λέοντι, Ἀφροδίτη Αἰγοκέρωτι, ὡροσκόπος Παρθένῳ· κλίμα β'.
5 οὗτος ἡγεμονικὸς ὑπάρχων, ἡγεμονικῇ ἔχθρᾳ περιπεσὼν τῷ λδ' ἔτει 74
κατεδικάσθη εἰς μέταλλον· Ἄρης γὰρ σὺν Ἡλίῳ ἐπικρατεῖ τοῦ χρόνου.
Ἡλίου μὲν ιθ, Ἄρεως δὲ ιε· γίνονται λδ. τῷ δὲ λϛ' ἔτει διὰ βοήθειαν 75, 76
μειζόνων ἀνείθη τῆς συνοχῆς ὡς ἐπισινής· καὶ τότε μὲν ἡ ἀναφορὰ τοῦ
Λέοντος ἐχρημάτισε τῷ λϛ' ἔτει. ἀλλὰ ⟨καὶ⟩ Διὸς καθυπερτεροῦντος ιβ 77
10 καὶ Ταύρου κδ· γίνονται λϛ. ἀλλὰ καὶ Αἰγοκέρωτος κη καὶ Ἀφροδίτης η̄· 78
γίνονται λϛ. οἱ οὖν ἀγαθοποιοὶ ἴσχυσαν. τῷ δὲ λθ' ἔτει, τοῦ πράγματος 79, 80
ἀνασκευασθέντος, διὰ τὴν προϋπάρχουσαν ἔχθραν εἰς νῆσον κατεδικάσθη·
οἱ γὰρ ἐν Τοξότῃ ἐκράτουν τῶν χρόνων. Ἡλίου ιθ καὶ Ἑρμοῦ κ̄· γίνονται 81
λθ. πάλιν Ἡλίου ιθ, Ἑρμοῦ κ̄ καὶ Λέοντος διὰ τὸν Ἄρεα τρίγωνον ιθ· 82
15 γίνονται νη. [Ἄρεως γὰρ ιθ καὶ Ἡλίου ιθ καὶ Ἑρμοῦ κ̄· γίνονται νη.] καὶ 83
λαβὲ τὸ ⫴ τῶν νη, ὅπερ ἐστὶν λη μῆνες η. τῷ δὲ μ' ἔτει ἐπικινδύνως 84
διῆξε καὶ νόσοις περιέπεσεν, πλὴν συνεξελθοῦσα αὐτῷ γυνὴ κατὰ φιλοστορ-
γίαν τά τ' ἄλλα παρηγόρει καὶ τῶν ὑπαρχόντων μέτοχον ἐποίησεν. τὰ μὲν 85
οὖν μ̄ ἔτη καὶ ἡ τῆς Σελήνης συναφὴ πρὸς Ἄρεα δηλοῦται (Σελήνης γὰρ
20 κε καὶ Ἄρεως ιε· γίνονται μ̄), καὶ ἡ τρίγωνος δὲ Διὸς καὶ Ἀφροδίτης 86
στάσις τὸ αὐτὸ ἐδήλου (Διὸς γὰρ ιβ καὶ Ἀφροδίτης κη· γίνονται μ̄). καὶ
τούτοις τοῖς ἀποτελέσμασιν αὐτὸς παρέτυχον.
Ἄλλη. | Ἥλιος, Ἑρμῆς Αἰγοκέρωτι, Σελήνη, Κρόνος Τοξότῃ, Ζεὺς 87
f.133S
Καρκίνῳ, Ἄρης Παρθένῳ, Ἀφροδίτη Ὑδροχόῳ, ὡροσκόπος Ζυγῷ·
25 κλίμα β'. τῷ μη' ἔτει πένθος βαρύτατον τέκνου φιλοστόργου θάνατον 88
θεασάμενος, ἐν δὲ τῷ αὐτῷ καὶ μητρός. ἐσήμανεν οὖν καὶ ἡ Παρθένος καὶ 89
ὁ Ζυγὸς διὰ τὸ ἰσανάφορον — Ζυγοῦ μὲν ἔτη η, Παρθένου δὲ μ̄· γίνονται
μη, ὅθεν ὡς κατὰ συμπαρουσίαν ὁ Ἄρης τῷ ὡροσκόπῳ τὸ ψυχικὸν
ἐλύπησεν. ἄλλως τε καὶ Παρθένου μ̄ καὶ Τοξότου λβ· γίνονται οβ, ὧν τὸ 90
30 ⫴ γίνεται μη.
Ἄλλη. Ἥλιος, Ἑρμῆς, Ἀφροδίτη Λέοντι, Σελήνη Παρθένῳ, Κρόνος 91

§§ 73–86: thema 47 (14 Dec. 102) ‖ §§ 87–90: thema 51 (1 Ian. 105) ‖ §§ 91–
110: thema 118 (14 Aug. 158); cf. App. XIX 51–66

[VS] 1 σέλων S | τὸ Kroll ‖ 8 ἀνήθη VS, corr. Kroll ‖ 9 καὶ sugg. Kroll ‖
13 ἐκράτει V, ἐκράτη S, corr. Kroll ‖ 14–15 πάλιν – νη² post 16 η VS ‖ 15 Ἄρεως –
νη² secl. Kroll ‖ 16 ἔλαβε S | ν V, νε S, μ Kroll ‖ 18 ὑπερεχόντων S ‖ 19 τῇ . . .
συναφῇ Kroll | δηλοῦνται V ‖ 26 θεασαμένη S ‖ 28 ὡροσκόπους S ‖ 29 τε sup. lin. V

271

Ζυγῷ, Ζεὺς Αἰγοκέρωτι, Ἄρης Κριῷ, ὡροσκόπος Καρκίνῳ· κλίμα ς'.
92 ἐκ παρατηρήσεως καὶ τούτους τοὺς χρόνους ἐσημειωσάμην· καὶ ἐπεὶ ἔτι
93 νήπιος ἦν, ἀντὶ τῶν ἐτῶν μῆνας ἐλογισάμην. τῷ γὰρ η' μηνὶ συμπληρου-
μένῳ καὶ ἕως μέρους τοῦ θ' σπασμοῖς περιέπεσεν ὥστε μικροῦ δεῖν
94, 95 κινδυνεῦσαι. τὸ μὲν οὖν ἦ Ζυγὸς ἐδήλου, ἐπικειμένου Κρόνου. καὶ τῷ 5
ἐνάτῳ ἡμίσει· ἀναφορὰ γὰρ τοῦ Κριοῦ [τῶν] ιζ ἕως συμπληρώσεως μηνῶν
96 ἦ καὶ ἡμερῶν ιε. ἀλλὰ καὶ ἡ ἀναφορὰ τοῦ Αἰγοκέρωτος ἐχρημάτισεν
οὕτως· τῶν κζ τὸ γ' γίνεται θ, καὶ Ἡλίου ιθ καὶ Ἀφροδίτης ἦ· γίνονται
97 κζ, ὧν τὸ γ' γίνεται θ. καὶ τοῖς μὲν ἄλλοις μησὶ τοῖς ὑπὸ τῶν κακοποιῶν
διακατεχομένοις ἐπεσημαίνετο καὶ ἐξανθήμασι καὶ ἐκζέμασι περιέπεσεν, 10
οἷον τῷ ιε' καὶ ιζ' καὶ κγ' καὶ τοῖς λοιποῖς, ἐξαιρέτως δὲ περὶ τὸν κζ'
μῆνα· ἐκ προφάσεως γὰρ τετράποδος παιγνίῳ πεσὼν ἐπλήγη περὶ τοὺς
98 φυσικοὺς τόπους. τὸν μὲν κζ' Ἄρης καὶ Σελήνη ἐδήλουν· Ἄρεως ιε καὶ
99 Σελήνης κε· γίνονται μ, ὧν τὸ ↻ γίνεται κϛ ἡμέραι κ. Κριὸν καὶ
100 Παρθένον διαμέτρους ἡγοῦμαι ἢ καὶ ὅτι πρὸς αὐτὸν ἐφέρετο. ἄλλως τε 15
Ἄρεως ‾ καὶ τοῦ ὡροσκόπου Καρκίνου κε· γίνονται μ, ὧν τὸ ↻ κϛ
101 ἡμέραι κ. ἀλλὰ καὶ τότε ἡ ἀναφορὰ τοῦ Αἰγοκέρωτος ἐχρημάτισε τὰ κζ.
102, 103 καὶ ἡ Ἄρεως ⟨περίοδος⟩ ιε καὶ Διὸς ιβ· γίνονται κζ. καὶ πάλιν Ἡλίου ιθ
104 καὶ Ἀφροδίτης ἦ· γίνονται κζ. ἀπὸ οὖν τοῦ κη' μηνὸς ἀνωμάλως διῆγεν·
105 συνέτρεχε γὰρ καὶ ἡ ἀναφορὰ τοῦ Ζυγοῦ καὶ ἡ τοῦ Κρόνου περίοδος. τῷ 20
106 δὲ λβ' μηνὶ ἐπισφαλῶς ἐνόσησε καὶ ἐσπάσθη. Ἄρεως γὰρ ιε καὶ τῆς
f.133vS
107 ἀναφορᾶς τοῦ Κριοῦ ιζ· | γίνονται λβ. τῷ δὲ λγ' μηνὶ ἐτελεύτα· συνετε-
108 λεῖτο γὰρ ἡ ἀναφορὰ τοῦ Καρκίνου. ἀλλὰ καὶ Καρκίνου κε καὶ Ζυγοῦ ἦ·
109, 110 γίνονται λγ. ἢ καὶ Σελήνης κε καὶ Ζυγοῦ ἦ· γίνονται λγ. ὡς συνούσης
οὖν τῷ Ζυγῷ καὶ τῷ Κρόνῳ διὰ τὸ ἰσανάφορον ἐλογισάμην. 25
111 Ἄλλη. Ἥλιος, Ἑρμῆς Ζυγῷ, Σελήνη Ὑδροχόῳ, Κρόνος Ἰχθύσιν, Ζεὺς
112, 113 Αἰγοκέρωτι, Ἄρης Κριῷ, Ἀφροδίτη Λέοντι, ὡροσκόπος Καρκίνῳ· κλίμα
ς'. οὗτος πλούσιος ὑπάρχων περὶ τὸ μζ' ἔτος ἐξέπεσεν. ἐχρημάτισε γὰρ
Κρόνος μεσουρανῶν λ καὶ ἡ ἀναφορὰ τῶν Ἰχθύων — Κρόνου μὲν λ,
114 Ἰχθύων δὲ ιζ· γίνονται μζ. ἀλλὰ καὶ τὸ διάμετρον Ἡλίου καὶ Ἄρεως καὶ 30
Ἑρμοῦ — Ἄρεως μὲν ιε καὶ τῆς ἀναφορᾶς τοῦ Κριοῦ ιζ καὶ Ἡλίου ιθ καὶ
Ἑρμοῦ ⸎ [καὶ Λέοντος λη] · γίνονται ὁμοῦ οα, ὧν τὸ ↻ γίνεται μζ μῆνες

§§ 111–116: thema 62 (30 Sept. 111)

[VS] 1 Αἰγοκέρωτι om. S ‖ 3 μηνὶ] μ́ VS ‖ συμπληρουμένους S ‖ 5–6 τὸ τοῦ ἐνά-
τον ἥμισυ ⟨Κριὸς⟩ sugg. Kroll ‖ 6 ιζ V, ιζ S ‖ 12 μῆναν S ‖ παιγνίῳ V ‖ 14 ἡμέ-
ρας VS, corr. Kroll ‖ 15 τε sup. lin. V ‖ 17 ἡμέρας VS, corr. Kroll ‖ ἐχρημάτιζε
VS, sed corr. V ‖ 18 ιθ] ιβ VS ‖ 19 η] γ V, ν S ‖ 29 λ¹] γ VS, ϑ Kroll ‖ 31 ιε] ιϛ S

δ, ἀλλὰ καὶ ἡ τετράγωνος πλευρὰ Ζυγοῦ τε καὶ Αἰγοκέρωτος — Αἰγο- 115
κέρωτος μὲν κζ, Ἑρμοῦ δὲ κ· γίνονται μζ. τῇ μὲν οὖν φαντασίᾳ ἔδοξε 116
περισκέπτεσθαι, ἐναντιώματα δὲ καὶ μείωσιν διὰ γυναῖκα ὑπέμεινεν.
Τοὺς οὖν ὑποτεταγμένους τόπους δοκιμάσαι ἀναγκαίως ὑπῆρξεν. 117
5 Κρόνος νυκτὸς μεσουρανῶν ἐκπτώσεως δηλωτικός, Ἄρης ἡμέρας ἐπανα- 118
φερόμενος τῷ μεσουρανήματι τὸ αὐτὸ ἀποτελεῖ· ἐὰν δὲ ὁ κύριος τοῦ
μεσουρανήματος ἐπιθεωρήσῃ τὸ μεσουράνημα ἢ χρηματίσῃ, μετὰ τὴν
ἔκπτωσίν ἐστιν ἀνάσφαλσις καὶ ἀποκατάστασις ἀπὸ τῶν τῆς ἀναφορᾶς
τοῦ ζῳδίου χρόνων ἢ ἀπὸ τῆς τοῦ ἀστέρος κυκλικῆς ἀποκαταστάσεως.
10 Ἥλιος νυκτὸς ὑπὸ γῆν ἄνευ οἰκοδεσποτείας χρηματίσας, Σελήνη ὑπὲρ 119
γῆν κεκινδυνευμένας τὰς γενέσεις ἀποτελοῦσιν. σύνοδοι καὶ διχότομοι 120
Σελήνης ὑπὸ Κρόνου τετραγωνιζόμεναι ἢ διαμετρούμεναι ἢ συνόντα
ἔχουσαι ἐκπτώσεως δηλωτικαί· ὁμοίως δὲ καὶ αἱ πανσέληνοι καὶ αἱ
πρῶται διχότομοι ὑπὸ Ἄρεως διαμετρούμεναι ἢ τετραγωνιζόμεναι ἢ
15 συνόντα ἔχουσαι μεγάλας ἄτας καὶ συμφορὰς σημαίνουσιν, ἀοιδίμους τε
καὶ περιβοήτους τὰς ἐκπτώσεις. καὶ ἐπὶ μὲν τῶν στερεῶν ζῳδίων ἢ 121
μοιρῶν παρόντες ἅπαξ τε καὶ ἀπαραιτήτως δαμάζουσιν, ἐν δὲ τοῖς
δισώμοις πλεονάκις, ἐν δὲ τοῖς τροπικοῖς πολυθρυλήτως περιάπτουσιν·
καὶ ἐπίκεντροι μὲν τυχόντες ἐκ μεγίστων εὐτυχιῶν εἰς μεγίστας ἀτυχίας
20 | περιστάνουσιν, ἐν δὲ ταῖς ἐπαναφοραῖς ἐξ ἑτέρων ἕτερα πάσχειν ποιοῦσι f.134S
καὶ προσδοκᾶν, ἐν δὲ τοῖς ἀποκλίμασιν ⟨εἰς⟩ σφάλσιν ἢ ἐπαγωγὴν ἢ
λατρείας καὶ ὕβρεις καὶ βασάνους καὶ κακοθανασίας περιτρέπουσιν.
χαλεπὸν τοῖς νυκτὸς τὴν Σελήνην ἐν ἀποκλίμασι κεκτημένοις καὶ τὸν 122
Ἥλιον ἡμέρας· ἐὰν δέ πως καὶ οἱ κακοποιοὶ τετραγωνίσωσι τὸν Ἥλιον
25 καὶ τὴν Σελήνην, ἐν καθολικοῖς πολέμοις καὶ περιστάσεσιν ἐμπίπτουσι καὶ
ἀναιροῦνται. ἢ καθολικῶς Κρόνος Ἄρει κατὰ διάμετρον οὐκ ἀγαθὸς οὔτε 123
ἐπὶ δούλου οὔτε ἐπὶ ἐλευθέρου· πολὺ γὰρ τὸ δυστυχὲς παρέξεται· καὶ
τετραγωνίζοντες δὲ καὶ συνόντες ἐπιμόχθους ποιοῦσι καὶ ἐπιταράχους.
βέλτιον δὲ τοὺς τοιούτους αὐτῶν σχηματισμοὺς ἐν ἀποκλίσει τετευχέναι· 124
30 ἐπὶ μὲν γὰρ τῶν κέντρων ὄντες τῇ τε τύχῃ τὸν θάνατον καὶ τῇ πράξει καὶ
τῇ ὅλῃ ὑποστάσει τοὺς κινδύνους ἐπιφέρουσιν, ἐπὶ δὲ τῶν ἐπαναφορῶν τὰ
ἐλπιζόμενα ἐπὶ τὸ χεῖρον ἀποβαίνειν ποιοῦσι καὶ θλίβουσι τὰς ἐγχειρήσεις,

§§ 117—127 = Nech. et Pet. fr. 21, 130—179 Riess ‖ §§ 122 et 124—125: cf. App. XIX 67—68

[VS] 8 ἀνασφάλσις S ‖ 11 κεκινδυνευκυίας Kroll ‖ 13 ἔχουσι VS, corr. Kroll | post ἔχουσι add. 15 μεγάλας ἄτας καὶ συμφορὰς V, sed punctis circumscr. ‖ 15 ἔχουσι S | ἄτας] ἂν τὰς S | καὶ om. S | ἀοιδήμους S ‖ 18 πολυθρυλήτως V, πολυθρυλήτους S ‖ 19 ἐκ VS, εἰς Kroll ‖ 20 περιστάνουσιν VS, corr. Kroll ‖ 21 ἀπαγωγὴν sugg. Kroll ‖ 22 βασάνοις Kroll ‖ 26 ἢ καθολικῶς] καθόλου sugg. Kroll

ἐπιμόχθους δὲ καὶ ἐπιπόνους ποιοῦσι τὰς τύχας, ἐν δὲ τοῖς ἀποκλίμασι
περὶ τὰ βιωτικὰ ποικίλως καὶ εὐπροφασίστως τοῖς ποριζομένοις ἀντήλ-
125 λακται. ἐὰν δέ πως οἱ ἀγαθοποιοὶ τοῖς προειρημένοις σχήμασι μαρτυρήσω-
σιν, ἧττον τὸ φαῦλον ἢ εὐπαραμύθητον γενήσεται· τὸ δ' ὅμοιον καὶ ἐπὶ
τῆς τῶν χρόνων διαιρέσεως ἀποτελοῦσι τῶν σχημάτων κυριεύσαντες. 5
126 ἐπεὶ δὲ δοκοῦσιν οἱ πλείους ἀστέρες ἢ καὶ πάντες πλειστάκις τῶν χρόνων
ἐπικρατεῖν, ἡ διάκρισις τοῦ τε φαύλου καὶ ἀγαθοῦ καταληφθήσεται ἐκ
τῶν κατὰ καιρὸν ἐπεμβάσεων, καὶ μάλιστα ὁπόταν ἀστὴρ χρονοκρατῶν
ἐπεμβῇ εἰς τοὺς χρηματιστικοὺς τόπους λόγον ἔχων εἰς τὰ τῆς γενέσεως
f.104ᵛ πράγματα· βέβαιον γὰρ | τὸ σημαινόμενον ἀποτέλεσμα δηλοῖ. 10
127 Πρὸς δὲ τὸ θαυμάσαι τὴν φύσιν καὶ ὅτι χωρὶς εἱμαρμένης οὐδὲν γίνεται,
f.134ᵛˢ ἀλλὰ καὶ οἱ ἐν πολέμῳ καὶ συμπτώσει ἢ ἐμπρησμῷ | καὶ ναυαγίῳ ἢ καὶ
κατὰ ἄλλην αἰτίαν τινὰ ἁλισκόμενοι ὁμοθυμαδὸν συνάγονται ὑπὸ τῆς
128 εἱμαρμένης, ἐκ μικροῦ ὑποδείγματος δηλώσομεν. Ἥλιος, Ἑρμῆς Λέοντι,
Σελήνη Ζυγῷ, Κρόνος Κριῷ, Ζεὺς Ταύρῳ, Ἄρης, Ἀφροδίτη Παρθένῳ, 15
129, 130 ὡροσκόπος Αἰγοκέρωτι· κλίμα β'. τῷ μ' ἔτει κλιμακτῆρα ἔσχεν. Σελήνης
131 μὲν κ̄ε̄, Κριοῦ δὲ ῑε̄· γίνονται μ̄. ἢ καὶ αὐτοῦ τοῦ διαμετροῦντος Κριοῦ κ̄,
132 Ζυγοῦ μ̄· γίνονται ξ̄, ὧν τὸ ¼ γίνεται μ̄. γέγονεν οὖν διπλοῦς ὁ κλι-
133 μακτήρ. ἐν δὲ τῷ αὐτῷ χρόνῳ εὗρον καὶ Αἰγοκέρωτος τοῦ ὡροσκόπου κ̄η̄
134 καὶ τοῦ κατὰ τρίγωνον Διὸς ῑβ̄· γίνονται μ̄. καὶ πάλιν Αἰγοκέρωτος λ̄ καὶ 20
Ταύρου κ̄β̄ καὶ περιόδου η̄· γίνονται ξ̄, ὧν τὸ ¼ μ̄.
135 Ἄλλη. Ἥλιος, Ἑρμῆς Ὑδροχόῳ, Σελήνη Σκορπίῳ, Κρόνος Καρκίνῳ,
Ζεὺς Ζυγῷ, Ἀφροδίτη Αἰγοκέρωτι, Ἄρης, ὡροσκόπος Παρθένῳ· κλίμα
136, 137 ζ'. τῷ λε' ἔτει κλιμακτῆρα ἔσχεν. ἐχρημάτισε γὰρ Ἄρεως ἡ περίοδος ἔτη
138 ῑε̄ καὶ Παρθένου κ̄· γίνονται λ̄ε̄. ἀλλὰ καὶ Ἀφροδίτης η̄ καὶ ἡ ἀναφορὰ τοῦ 25
139 Αἰγοκέρωτος κ̄ς̄ ⟨¼⟩· γίνονται λ̄ε̄. καὶ πάλιν τὸ διάμετρον Κρόνου λ̄
καὶ Καρκίνου λ̄β̄ λ' καὶ Ἀφροδίτης η̄· γίνονται ō μῆνες ζ̄, ὧν τὸ ¼ γίνεται
140 λ̄ε̄ μῆνες γ̄. ἀλλὰ καὶ Ζεύς, Κρόνος τότε συμμετέσχον τοῦ χρόνου —
Ζυγοῦ μ̄β̄ μῆνες ζ̄, Καρκίνου κ̄ζ̄ μῆνες ζ̄· γίνονται ō, ὧν τὸ ἥμισυ γίνεται λ̄ε̄.
141 Ἄλλη. Ἥλιος, Ἄρης, Ἀφροδίτη Τοξότῃ, Σελήνη Ζυγῷ, Κρόνος Διδύμοις, 30
142 Ζεὺς Παρθένῳ, ὡροσκόπος, Ἑρμῆς Αἰγοκέρωτι· κλίμα ς'. τῷ λς' ¼
143 ἔτει κλιμακτῆρα ἔσχεν. Διδύμων κ̄ζ̄ μῆνες ζ̄ καὶ Ἀφροδίτης η̄· γίνονται λ̄ε̄

---

§§ 128–134: thema 68 (26 Iul. 114) ‖ §§ 135–140: thema 83 (8 Feb. 120) ‖
§§ 141–144: thema 79 (26 Nov. 118)

[VS] 14 δηλώσωμεν S ‖ 17 post μ add. 20 καὶ πάλιν ⟨ λ V, sed del. ‖ 18 μ¹]
μὲν S ‖ 21 ξ] ζ S ‖ 24 περίοδον V ‖ 27 η iter. S | μῆνες] μ S | post ς add. 29 ⊏
μζ V, sed del. ‖ 28 συμμετέσχε VS, corr. Kroll ‖ 29 λβ VS, corr. Kroll

274

μῆνες ζ· Ἡλίου ιϑ· γίνονται νδ μῆνες ζ, ὦν τὸ ♏ γίνεται λϛ μῆνες δ.
συμμετέσχον οὖν καὶ ἐνθάδε οἱ ἀγαθοποιοί. 144

Ἄλλη. Ἥλιος, Ἑρμῆς, Ἀφροδίτη Καρκίνῳ, Σελήνη Κριῷ, Ζεύς, ὡροσκό- 145
πος Διδύμοις, Κρόνος Ζυγῷ, Ἄρης Λέοντι· κλίμα α΄. τῷ κζ΄ κλιμακτῆρα 146
5 ἔσχεν. Ἡλίου μὲν ιϑ, Ζυγοῦ δὲ ῆ· γίνονται κζ. ἀλλὰ καὶ Διδύμων κη 147, 148
μῆνες δ καὶ Διὸς ιβ· γίνονται μ̄ μῆνες δ, ὦν τὸ ♏ κζ ἔγγιστα. καὶ πάλιν 149
Λέοντος ιϑ καὶ Καρκίνου λα μῆνες ῆ, Κρόνου λ· γίνονται π̄ μῆνες ῆ, ὦν
τὸ γ΄ γίνεται κζ ἔγγιστα.

Ἄλλη. Ἥλιος Ὑδροχόῳ, Σελήνη Κριῷ, Κρόνος Λέοντι, Ζεὺς Τοξότῃ, 150
10 Ἄρης Ζυγῷ, Ἀφροδίτη, Ἑρμῆς Αἰγοκέρωτι, ὡροσκόπος Ἰχθύσιν· κλίμα
ϛ΄. τῷ λγ΄ ἔτει κλιμακτῆρα ἔσχεν. Σελήνης κε καὶ Ζυγοῦ ῆ· γίνονται λγ. 151, 152
καὶ Κρόνου λ καὶ Ἡλίου ιϑ· γίνονται μϑ, ὦν τὸ ♏ λβ μῆνες ῆ. ἀλλὰ καὶ 153, 154
Τοξότου ἀναφορὰ ἐχρημάτισε Διὸς ἐπικειμένου, τουτέστι τὰ λγ.

Ἄλλη. Ἥλιος, Ἑρμῆς, Ἀφροδίτη, Σελήνη Ταύρῳ, Κρόνος Τοξότῃ, Ζεὺς 155
15 Σκορπίῳ, Ἄρης Λέοντι, ὡροσκόπος Ἰχθύσιν· κλίμα β΄. τῷ κβ΄ ἔτει 156
κλι|μακτῆρα ἔσχεν. Λέοντος ιϑ καὶ Σελήνης κε· γίνονται μδ, ὦν τὸ f.1358
157
ἥμισυ γίνεται κβ. ἀλλὰ καὶ Σκορπίου λϛ καὶ Ταύρου ῆ· γίνονται μδ, ὦν 158
τὸ ♏ γίνεται κ⟨β⟩.

Οὗτοι οἱ ζ ἄνθρωποι πλέοντες καὶ ἕτεροι δὲ πολλοὶ [καὶ] βίᾳ ἀνέμου 159
20 περιπεσόντες, ἀποπτερυγωθέντος τοῦ πηδαλίου, ἐκινδύνευσαν ὑποβρύχιοι
ἀπελθεῖν τοῦ σκάφους τὸ κῦμα ἐκδεξαμένου. ἀλλὰ τῇ φορᾷ τοῦ πνέοντος 160
ἀνέμου καὶ τῷ ἁρμένῳ χρησαμένου τοῦ κυβερνήτου διέφυγον· καὶ
ἑτέροις δὲ κινδύνοις περιέπεσον κατὰ τὸν αὐτὸν χρόνον κατὰ θάλασσαν
καὶ διὰ πλάνην πειρατικήν.

25 Ὅθεν ἐὰν πολλάκις κατά τινας χρόνους οἱ πλείους ἢ πάντες οἱ ἀστέρες 161
εὑρίσκωνται χρηματίζοντες, συγκρίνειν δεήσει ἑκάστῳ πῶς σχηματίζεται
καὶ τίς τίνος ἐπικαιρότερος ἢ δυναστικώτερος τυγχάνει, πότερον ὁ τὸ
φαῦλον ἢ ὁ τὸ ἀγαθὸν ἀποτελῶν, κἀκείνῳ τὸ βραβεῖον τοῦ ἀποτελέσματος
ἀπονέμειν, εἶτα τοῖς λοιποῖς τοῖς ἀσθενέστερον δυναμένοις ἀποτελεῖν
30 δι᾽ ἐλπίδος καὶ ὑπερθέσεως καὶ φόβου καὶ ζημίας· πολλάκις γὰρ ὑπ᾽ ὄψιν
προδείξαντες τὸ ἀποτέλεσμα ἠτόνησαν διὰ τὸ ἐπὶ δυναστικοῦ τόπου
ἕτερον τετευχότα ἐξισχῦσαι. ἐὰν δὲ τὴν αὐτὴν δύναμιν τῆς σχηματογρα- 162

§§ 145—149: thema 98 (18 Iul. 127) ‖ §§ 150—154: thema 92 (30 Ian. 122) ‖
§§ 155—158: thema 104 (24 Apr. 133) ‖ §§ 161—163 = Nech. et Pet. fr. 21, 181—
197 Riess

[VS] 2 συμμετέσχη S ‖ 5 ἄλλως S ‖ 6 κζ] μζ V ‖ 11 λγ] λϛ S ‖ 18 κβ Kroll ‖
19 ἑτέροις τε πολλοῖς sugg. Kroll ‖ 20 πεσόντες S ‖ 22 χρησαμέν^ω ^{ου} V ‖ 26 εὑρί-
σκονται S | ἐφ᾽ post δεήσει sugg. Kroll ‖ 27 ὁ om. S ‖ 32 ἕτερον] ὕστερον S

VETTIVS VALENS

φίας ἢ τῶν ζῳδίων ἐπισχῶσιν, ἀμφότερα γενήσεται τά τε φαῦλα καὶ τὰ
163 ἀγαθά. πολλάκις μὲν οὖν πρὸς χρόνους δυσέκλυτοι καὶ εὔτονοι πλευραὶ
εὑρισκόμεναι ἐπὶ πολὺ διακατέχουσιν, κἂν ἤδη δοκῶσι τῶν χρόνων
ἐξίστασθαι, πάλιν ἐπικρατοῦσι καὶ ἄρχουσιν, ὡς καὶ ἂν ἑτέρα μαρτυρία
χρηματίσῃ, οὐκ εὐτονήσει νικωμένη ὑπὸ τῆς πρώτης, καὶ μάλιστα ὅταν 5
κατὰ διάμετρον ἢ καθυπερτέρησιν τύχῃ κακοποιὸς ἐνεργῶν τι.
164 Ἔστω δὲ ἐπὶ ὑποδείγματος [χάριν] Ἥλιος, Κρόνος, Ἑρμῆς Κριῷ,
Σελήνη, Ζεὺς Λέοντι, Ἄρης Ταύρῳ, Ἀφροδίτη Ὑδροχόῳ, ὡροσκόπος
165 Παρθένῳ· κλίμα α'. τῷ ιη' ἔτει σὺν ἐπισήμῳ γυναικὶ ἐξενίτευσε διὰ
φιλίαν καὶ δόξαν καὶ πρὸς ἄλλην συνήθειαν καὶ ἐρωτικὴν ἐπιθυμίαν 10
166 ἔσχεν. ἐσήμαινε γὰρ τὰ κ̅ε̅ [ἔτη] ἡ ἀναφορὰ τοῦ Ὑδροχόου ἔνθα ἡ Ἀφρο-
f.135ᵛˢ δίτη ἐπῆν· καὶ εἰ μὲν μόνη | κεχρημάτικει τὸ τῆς εὐεργεσίας ἐν τάχει
συνετελεῖτο, νυνὶ δὲ καὶ Ἄρης διὰ τὴν τοῦ Ταύρου ἀναφορὰν τὰ κ̅ε̅
ἐπεκράτει, ἀλλὰ καὶ ἡ Σελήνης περίοδος τὰ κ̅ε̅ ἔφερεν, ὧν τὸ ⳛ γίνεται
167 ι̅ς̅ μῆνες η̅. εἰ μὲν οὖν ἐπισυνῆγεν ἑτέρα ἀγαθοποιῶν μαρτυρία μετὰ τοὺς 15
προγεγραμμένους χρόνους, τὸ ἐλπιζόμενον ἐτελεῖτο, νυνὶ δὲ οἱ αὐτοὶ πάλιν
168 ἐπεκράτησαν. τῷ γὰρ ιη' ἔτει τὸ μὲν θηλυκὸν πρόσωπον ἐτελεύτα, αὐτὸς
169 δὲ τῆς ἐλπίδος σφαλεὶς ὑπέστρεψεν ὀλίγα ὠφεληθείς. Ζεὺς γὰρ ἐμέρισε
170 ι̅β̅ καὶ Ἄρης αὐτὸν καθυπερτερήσας ι̅ε̅· γίνονται κ̅ζ̅, ὧν τὸ ⳛ ι̅η̅. ἀλλὰ
171 καὶ Λέοντος ι̅θ̅ καὶ Ταύρου η̅· γίνονται κ̅ζ̅, ὧν τὸ ⳛ ι̅η̅. τῷ ιθ' ἔτει 20
ὠφελείας μὲν καὶ περικτήσεως ἔτυχεν, στάσεις δὲ καὶ μετεωρισμοὺς
172 ψυχῆς καὶ πρὸς οἰκείους ἔχθρας ἔσχεν. τὰ μὲν γὰρ ι̅θ̅ ὁ Λέων ἐσήμαινε
173 Διὸς καὶ Σελήνης ἐπόντων. ἀλλὰ καὶ αὐτὸς Ἥλιος σὺν Κρόνῳ ὢν ἐν Κριῷ
174 ἐσήμαινε τὰ ι̅θ̅. καὶ πάλιν Ὑδροχόου λ̅ καὶ Ταύρου η̅, ὧν τὸ ⳛ γίνεται ι̅θ̅.
175 τῷ δὲ κ' ἔτει διὰ τὴν τῆς γυναικὸς φιλίαν ἐξενίτευσε καὶ μείζονας ἐλπίδας 25
καὶ ὠφελείας προσεδόκησεν, πλὴν καὶ τότε ἐσφάλη θανούσης αὐτῆς.
176,177 ἐδήλου γὰρ Ἄρης ι̅ε̅ καὶ Σελήνη κ̅ε̅· γίνονται μ̅, ὧν τὸ ⳛ κ̅. ἀλλὰ καὶ
178 Ταύρου ἀναφορὰ κ̅ε̅ καὶ Λέοντος λ̅ε̅· γίνονται ξ̅, ὧν τὸ γ' γίνεται κ̅. καὶ
179 Ἑρμῆς δὲ ἐν Κριῷ σὺν Κρόνῳ ἐσήμαινε τὰ κ̅. ὁμοίως δὲ καὶ τῷ κα' ἔτει
180 οἱ αὐτοὶ κατέσχον. Λέοντος ι̅θ̅ καὶ Ταύρου η̅, Ἄρεως ι̅ε̅· γίνονται μ̅β̅, ὧν 30
181 τὸ ⳛ γίνεται κ̅α̅. καὶ ἀναφορὰ Κριοῦ κ̅α̅ μῆνες η̅ καὶ Ἑρμοῦ κ̅· γίνονται
182 μ̅α̅ μῆνες η̅, ὧν τὸ ⳛ ἔτη κ̅ μῆνες ι̅. καὶ τῷ κβ' ἔτει ὁμοίως οἱ αὐτοὶ
183 κατέσχον. Λέοντος ι̅θ̅ καὶ Ταύρου κ̅ε̅· γίνονται μ̅δ̅, ὧν τὸ ⳛ γίνεται

§§ 164–192: thema 111 (25 Mar. 142)

[VS] 3 εὐρινάκομαι S | κατέχουσι S | δοκῶ VS, corr. Kroll ‖ 5 ἐκτονήσει VS,
corr. Kroll ‖ 7 ἐπὶ secl. Kroll ‖ 10 καὶ³ om. S ‖ 12 τὸ] καὶ S ‖ 19 γίνεται VS ‖
28–31 κε – ἀναφορά om. S

276

κβ. τῷ κγ΄ ἔτει Ἀφροδίτη καὶ Ἄρης. Ἀφροδίτης ῆ, Ἄρεως ιε · γίνονται κγ. 184, 185
οὕτως πολλάκις κατὰ πλατικὴν καὶ καθολικὴν θεωρίαν οἱ ἀστέρες καλῶς 186
δοκοῦντες ἐσχηματίσθαι ἐναντιωμάτων εἰσὶ δηλωτικοί, ἀνταναλυόμενοι
ὑπὸ τῆς τῶν χρόνων δυνάμεως. οἷον τὸ κα΄ ἔτος ἐσήμαινε μὲν Λέων ιϑ 187
5 καί, Διὸς ἐπικειμένου, ιβ, ὧν τὸ ʒ γίνεται ἔτη κ μῆνες ῆ · ἀλλὰ καὶ τὸ
τρίγωνον Διὸς καὶ Ἡλίου τὸ αὐτὸ ἐδήλου. ἔσχεν οὖν φιλίαν πρὸς μείζονα 188
καὶ βασιλικὸν πρόσωπον, παρ᾽ οὗ καὶ στεμματηφορίαν καὶ ἀρχιερωσύνην
προσεδόκησεν. | ἀναμφιλέκτως οὖν τὸ τοιοῦτο ἐγεγόνει ἂν εἰ μὴ Ἄρης f.136S
189
καθυπερτερῶν κεχρηματίκει. καὶ Κρόνου δὲ συνόντος τοῖς τὴν δωρεὰν 190
10 παρεχομένοις ἀνακρίσεις καὶ βραδυτῆτες καὶ ἀναλώματα καὶ φθόνοι
παρηκολούθησαν · καὶ οὐ τοσοῦτον Κρόνος ἐμποδιστικὸς δόξης ἐφαίνετο
τρίγωνος Διὶ τυγχάνων ὅσον παρ᾽ αἵρεσιν Ἄρης καθυπερτερήσας.
ἐγένετο οὖν καὶ κλιμακτηρικὴ νόσος καὶ αἱμαγμὸς καὶ ἐμπόδιον τῆς 191
δόξης, δούλων προδοσία, ἐπιθέσεις, ζημίαι, ἔνδειαι. εἶθ᾽ οὗτος ἐξ ὑστέρου 192
15 εὐπόρησεν, καὶ εἰς μέλλοντα χρόνον ἀναβολῆς γενομένης ἀπηλλάγη εἰς
τὴν τῶν ἀγαθοποιῶν καὶ κακοποιῶν κατὰ τὸν αὐτὸν χρόνον χρηματίσιν ·
ἔσονται μὲν πράξεις, ἀναλώματα δὲ πλεῖστα, ἢ καὶ ἐκ προγενομένης
πράξεως αὐτάρκεια ἔσται ἢ καὶ ἐξ ἑτέρας τινὸς πρόσοδος καὶ φίλων
ἐπικουρία.
20 Γίνεται δὲ καὶ τὰ ἀποτελέσματα μετὰ τὸ συμπληρωθῆναι τὰς ἀναφορὰς 193
τῶν ζῳδίων ἢ τὰς τῶν ἀστέρων περιόδους, καθὼς καὶ αὐτός φησιν ὁ
βασιλεὺς ἐπὶ γενέσεως · ʽὁ τοιοῦτος διελθὼν τοὺς τῆς Ἀφροδίτης καιρικοὺς
χρόνους ἄτεκνος τῶν ἀναγκαίων στερηθήσεται, καὶ πάντα ἀχρειώσας
τρόπον ἐπαίτου ζήσεται.᾽ ἄρχονται οὖν τότε ἐνεργεῖν οἱ χρόνοι ἐπὰν εἰς 194
25 συντέλειαν συντρέχωσιν, προκατασκευάζοντες ἐπὶ τῶν ἀγαθῶν ἀποτελε-
σμάτων φιλίας, συστάσεις, ὠφελείας, συμπαθείας, δόξας, ἐπὶ δὲ τῶν
φαύλων κακωτικὰς αἰτίας.
Ἔστω δὲ ἐπὶ ὑποδείγματος Ἥλιος, Ζεύς, Ἑρμῆς Ζυγῷ, Σελήνη Ταύρῳ, 195
Κρόνος Καρκίνῳ, Ἄρης Τοξότῃ, Ἀφροδίτη, ὡροσκόπος Σκορπίῳ · κλίμα
30 β΄. ὁ τοιοῦτος διελθὼν τὸ μ΄ ἔτος κατεδικάσθη φυγῇ. ἐδήλου ⟨οὖν⟩ τὰ 196, 197
μ ἔτη ἡ καθυπερτέρησις Κρόνου Ζυγοῦ. Καρκίνου ἀναφορὰ λβ καὶ Ζυγοῦ 198

---

§§ 193—214 = Nech. et Pet. fr. 21, 199—275 Riess ‖ §§ 195—202: thema 85
(28 Sept. 120)

[VS] 1 κβ] μβ S ‖ τὸ κγ ἔτος VS ‖ 6 ἐδήλουν VS, corr. Kroll ‖ 7 στεμματο-
φορίαν VS ‖ ἀρχιεροσύνην S ‖ 8 τοιοῦτον S ‖ 9 δὲ om. S ‖ τῆς S οι ‖ 12 διὸς S,
corr. Kroll ‖ 14 ἑτέρου S ‖ 15 οὕτως post εἰς¹ S ‖ 18 προσόδους VS, πρόσοδοι sugg.
Kroll ‖ 19 ἐπικουρίας VS, ἐπικουρίαι sugg. Kroll ‖ 20 μετὰ om. S ‖ 22 δὲ ἐλθὼν S ‖
τοὺς] τὰ S ‖ 30 ἐδήλουν VS ‖ 31 ἀναφορὰ] μοῖραι VS ‖ λϑ VS, λβ Kroll

VETTIVS VALENS

199, 200 ἦ· γίνονται μ̅. καὶ τὸ διάμετρον Σελήνης πρὸς Ἀφροδίτην. Ταύρου κ̅ε̅,
Σκορπίου ι̅ε̅· γίνονται μ̅, ἔνθεν καὶ δι᾽ εἴδη θηλυκὰ καὶ ὠφελείας πρό-
201 φασιν ἐνήργει τὸ ἀποτέλεσμα. καὶ πάλιν ἡ τῆς Σελήνης συναφὴ πρὸς
f.136ᵛˢ Ἄρεα. | Σελήνης κ̅ε̅ καὶ Ἄρεως ι̅ε̅· γίνονται μ̅.
202
203 ῾Ως καὶ ὁ βασιλεύς φησιν· ῾ἔστω δὲ καὶ τὴν Σελήνην ἐν ᾧ δήποτε 5
ζῳδίῳ τετευχέναι ἢ ἐπίκεντρον εἶναι, ἐπαναφέρεσθαι δὲ ἢ ἐπικαταφέρε-
σθαι τὸν τοῦ Ἄρεως ἐν τῷ ἐχομένῳ ζῳδίῳ ἐπόντα ᾧ καὶ τὴν συναφὴν
ποιήσεται· ὥστε κἂν μὴ ἐν τῷ αὐτῷ ζῳδίῳ συμπαρῇ ἀστὴρ τῇ Σελήνῃ,
ἐν δὲ τῷ μεταξὺ ἢ ἐν τῷ τούτου τετραγώνῳ ἢ διαμέτρῳ εὑρεθῇ, βέβαιον
τὴν συναφὴν προκρίνειν καὶ συμπεριθέντα τὰς τούτων περιόδους ἢ καὶ 10
τὰς τῶν ζῳδίων ἀναφορὰς ἀποφαίνεσθαι τὸν χρόνον.᾽
204 Πρὸ πάντων οὖν, καθὼς προείπαμεν, ἐκ τῶν καθολικῶν ἀποτελεσμάτων
σκοπεῖν δεήσει τὰ σχήματα τῶν ἀστέρων ὁποῖα τυγχάνει, πότερον
ἀγαθοποιὰ ἢ φαῦλα, καὶ τίς ὁ τόπος, καὶ τί δύναται σημᾶναι, καὶ τῶν
ἐπιπαρόντων ἀστέρων ἢ μαρτυρούντων τὰς φάσεις, καὶ οὕτως ἐν τοῖς 15
205 ἐπιμερισμοῖς τὰ ἀποτελέσματα προλέγειν. οἷον τὸ διάμετρον οὐ πάντως
206 κακοποιὸν οὐδὲ τὸ τετράγωνον, ἀλλ᾽ ἔσθ᾽ ὅτε. ὥσπερ οὖν ἐν τοῖς καθολι-
κοῖς ἀποτελέσμασιν ἐναλλοιοῦται ὑπὸ τοῦ τόπου ἢ μαρτυρίας ἢ κέντρου
ἢ ἄλλης τινὸς φύσεως, οὕτως καὶ ἐπὶ τῆς τῶν χρόνων διαιρέσεως ἐναλ-
λοιοῦται ἢ βεβαιοῦται τὰ ἀποτελέσματα ἐκ τῆς τῶν ἀστέρων καιρικῆς 20
207 ἐπεμβάσεως. τῇ οὖν ἐπεμβάσει τῶν ἀστέρων ἀναγκαίως δεῖ προσέχειν
ὅπως καὶ τὸ λεγόμενον ἀκριβὲς ⟨ᾖ⟩ καὶ εὐκατάληπτον τὴν δύναμιν ἔχῃ.
208 Ἵνα δὲ μὴ δόξω πάλιν τὰ αὐτὰ σοφίζεσθαι, καθὼς ἐμήνυσεν ὁ βασιλεὺς
209 περὶ τούτων αὐταῖς λέξεσιν ὑποτάξω. ῾πάντα δὲ ἀστέρα ἢ ἐπὶ τοῦ ἰδίου
τόπου ἐπιπαρόντα ἢ καὶ ἐπὶ τῶν τετραγώνων ὄντα, ἐάνπερ ᾖ προσφορώτε- 25
ρος ἐπὶ τῆς γενέσεως ἢ βλαπτικὸς ἐπὶ τῶν ὁμοίων τόπων, [ἐάνπερ ᾖ]
210 βλαβερὸν ἐπὶ τῶν τῆς γενέσεως χρόνων. εἰ δὲ ὁ μὲν ὠφέλιμος ὑπάρχει, ὁ
δὲ βλαβερός, καὶ τύχωσιν ἑκάτεροι ἐπὶ ἰδίου τόπου ἢ τετραγώνου, [καὶ]
f.137ˢ ὁ μὲν περιποιῶν ἐπιμερίσει ἐπὶ τὸν κακοποιοῦ τόπον ἐπιπαρελθών, | ὁ
δὲ στερητικὸς γενήσεται ὧν προεμέρισε χάριν τοῦ ἑκάτερον αὐτῶν ἐκ 30
τετραγώνου γενομένους τὸν μὲν δοτικὸν γεγονέναι, τὸν δ᾽ ἕτερον ἐπι-
211 μαρτυρήσαντα τῇ δόσει τῆς βλάβης τὸ μεῖον ἀποδεδειχέναι.᾽ πάλιν λέγει·
῾νοεῖν δὲ χρὴ καὶ τὸν τῶν χρόνων κρατοῦντα [τὸ] πῶς τέτακται πρὸς τὰ

§ 203: cf. VII 6, 17

[VS] 2 δὴ VS, δι᾽ Riess ‖ 3 ἐνείργει V ‖ 5 δεσποτῶ (?) V, δεσποτικῶ S, δήποτε
Kroll ‖ 6 ἀνεπίκεντρον VS, corr. Kroll ‖ 10 συμπεριθέντας S ‖ 12 προείπομεν S ‖
17 καὶ ἀγαθοποιόν post ὅτε sugg. Kroll ‖ 19 καὶ om. S ‖ 22 ᾖ Usener ‖ 25 καὶ
om. S | ἰόντα VS, corr. Kroll ‖ 27 ὑπὸ VS, ἐπὶ sugg. Kroll vel ὑπὸ τὸν ... χρόνον ‖
28 καὶ secl. sugg. Kroll ‖ 31 τὸ¹ S | ἐπιμαρτυρῆσαι V, sed corr. ‖ 33 τὸ secl. Kroll |
ὅπως Usener

278

ANTHOLOGIAE VII 6

τῆς γενέσεως πράγματα, ἔτι δὲ τοὺς ἐπικρατήτορας καὶ περιποιητικοὺς
ἢ βλαπτικοὺς τόπους. οὐκ ἐπὶ μόνης δὲ τῆς καταρχῆς τῶν χρόνων ὅπου 212
τετεύχασιν οἱ ἀστέρες συνορατέος ὁ τρόπος ἔσται ὁλοτελῶς, ἀλλὰ καὶ ἐν
τοῖς διαμέσοις προσκοπητέον τὰς ἐπεμβάσεις τῶν λοιπῶν ἀστέρων τὰς
5 τῶν προσμαρτυρούντων ἢ συμπαρεδρευόντων τῷ δεσπόζοντι τῶν χρόνων,
συμπαραλαμβανομένων δὲ καὶ Ἑρμοῦ καὶ Σελήνης. ἐνδέχεται γὰρ ἐπὶ 213
τῆς καταρχῆς τῶν χρόνων, συμφόρων ὄντων αὐτῶν, τὸν ἀγαθοποιὸν ἐπὶ
τοῦ περιποιητικοῦ τόπου παρεῖναι ἢ μεθ' ὁποσονοῦν δήποτε χρόνον τὴν
ἐπέμβασιν ποιεῖσθαι, κακοποιὸν δὲ ἐπεμβεβηκέναι, καί, τῶν χρόνων
10 καλῶν ὄντων, ἀποβολὴν τῶν εἰσοδιασθέντων ποιήσεται. εἰ δέ, τῶν 214
χρόνων κατὰ τὸ ἐναλλὰξ ἀποβάντων, ἀγαθοποιὸς ἐπὶ τοῦ περιποιητικοῦ
τύχῃ, ὁ δὲ κακοποιὸς χρηματίσας πρὸς τὴν γένεσιν τύχῃ, ἐφ' ὧν χρόνων
ὁ κακοποιὸς ἐπικρατεῖ, τότε πάντοτε περιποιητικὸς ἔσται ὁ χρόνος οὐδενὶ
τῶν χρόνων ἐναντίων ὄντων, προσεπισημανθήσεται δὲ ταῖς προσκρουούσαις
15 δυσκολίαις καὶ ἀντερείσεσιν. παρ' ἕκαστα δὲ ἐπιτηρεῖν τὰς ἑκάστου 215
ἀστέρος ἐπεμβάσεις εἰς τὰ προσήκοντα τῇ γενέσει ζῴδια.'
Καὶ τῆς Σελήνης ἐπιμελῶς τοὺς δρόμους σκοπεῖν. ὁπότε γὰρ ἐπ' ἀνα- 216, 217
τολῆς τύχῃ ἐν τοῖς τετραγώνοις τοῖς δεξιοῖς ἢ εὐωνύμοις ὑπὸ Ἄρεως ἢ
Κρόνου κατοπτευομένη, προφυλακτέα ἡ παράδοσις ἔσται − ὅπερ οὐδὲν
20 ὄφελος. κἂν μὲν ἐν χρόνοις κακοποιῶν τοῦτο συμβῇ (οἷον ἐπὶ τῶν τοῦ 218
Ἄρεως χρόνων), | ἐν συνοχαῖς καὶ βάρεσι γίνονται ἢ τραυμάτων περιπλο- f.137 v s
καῖς· εἰ δὲ ὁ τοῦ Ἑρμοῦ τούτοις συμπροσγένηται τοῖς χρόνοις ἤτοι σὺν τῷ
τοῦ Ἄρεως ἢ ἐπὶ τῶν προσηκόντων ζῳδίων | τῷ τοῦ Ἄρεως, γραπτῶν f.104 v v
[γὰρ] χάριν τὴν ἐπιφορὰν ἢ τὴν σύσχεσιν ἔσεσθαι σημαίνει· Κρόνος δὲ
25 ἐπιμαρτυρῶν ἢ συμπαρὼν χάριν παλαιῶν τινων ἢ χρονίων ἢ πατρικῶν ἢ
τῶν ὁμοίων, ⟨ἢ⟩ πρεσβυτέρας κεφαλῆς χάριν· ἐπὰν δὲ τῶν χρόνων ὁ τῆς
Ἀφροδίτης τὴν κυρίαν ἔχῃ, ὁ δὲ τοῦ Ἄρεως ἐπὶ τῶν τῆς Ἀφροδίτης τύχῃ,
γυναικείας χάριν κεφαλῆς· εἰ δὲ ὁ τοῦ Διὸς τοὺς χρόνους ἔχῃ, ἐπὶ δὲ τῶν
τοῦ Διὸς ὁ τοῦ Ἄρεως τύχῃ, βασιλικῶν χάριν ἢ καὶ μεγιστᾶνός τινος.
30 Ἰσχάνουσι δὲ καὶ προκοπὰς μεγίστας ἐπάν, τῶν χρόνων τοῦ Διὸς 219
ὄντων, ὁ τοῦ Διὸς ἐπὶ τοῦ κατὰ κορυφὴν ἢ τοῦ περιποιητικοῦ σὺν τῷ
τοῦ Ἄρεως ὑπάρχῃ. σκοπεῖν οὖν δεήσει ἐπί τε τοῦ Διὸς καὶ τοῦ Ἄρεως τὸ 220
πράσσειν παρεχόντων, ἐπὰν ὁ τοῦ Κρόνου τὴν ἐπέμβασιν ἐπιλάβῃ καὶ τὴν

[VS] 6 συμπαραλαμβανόμενον VS, corr. Kroll ‖ 8 δήποθεν VS, δήποτε sugg.
Kroll ‖ 13 τοῦτο V, τούτος S, τότε Usener ‖ 14 πάρεστι σημανθήσεται S ‖
15 ἀνταιρέσεσι VS, corr. Usener ‖ 20 ὄφελος S ‖ 23 τῶν VS, τῷ Kroll ‖ 24 γὰρ
secl. Kroll ‖ 25 ἐπιμαρτυρᾀμενος VS ‖ χρόνων VS, χρονίων sugg. Kroll ‖ 26 ἢ
Kroll ‖ 27 ἔχει S ‖ οἴκων post Ἀφροδίτης² Kroll ‖ 28 ὁ] Ἀφροδίτη Kroll ‖ κατ-
έχουσα post χρόνους sugg. Kroll ‖ ἔχῃ] τύχῃ VS ‖ 29 καὶ om. S ‖ 32 ὑπάρχει VS,
corr. Kroll

VETTIVS VALENS

221 ἐναντιότητα ἵνα οἱ χρόνοι τῶν πράξεων ἐναντίοι γένωνται. εἰ δὲ ὁ τοῦ
Ἑρμοῦ τὴν κυρίαν ἔχει, ὁ δὲ τοῦ Διὸς ἀπ᾽ αὐτοῦ παραδέξηται, τοῖς χρόνοις
τούτοις ἐπὶ πράγματος προβιβασθήσεται καὶ καλῶς διάξει· κἂν μὲν ἐπὶ
τῆς γενέσεως τύχῃ καλῶς διακείμενος, μείζονας τὰς πράξεις ἕξει κατὰ
τὴν ἐπὶ τῆς γενέσεως διαστολήν· ἐναλλοιοῦται γὰρ ταῦτα ἐκείνοις καὶ 5
ἐκεῖνα τούτοις ἐπὶ τῶν ἐκ γενετῆς διαστολῶν.

222 Τῶν γὰρ προσηκόντων κατὰ γένεσιν τόπων ἀκυρολογήτων κατὰ τὰς
θέσεις τῶν ἀστέρων φανέντων ἐπὰν δοτῆρες οἱ χρόνοι τύχωσιν, καθάπερ
223 προείπαμεν, ἐπὶ τοῦ περιποιητικοῦ παρῆν ὁ ἀστήρ. παροδικὸς οὖν γενόμε-
νος οὐ παράμονα ποιήσει τὰ προσοδιασθέντα ὑπὸ τῶν ἀνοικείως κατὰ 10
γένεσιν ἠστερισμένων, τὰ δ᾽ ὑπὸ τῶν ἰδίως πρὸς ἑκάστην γένεσιν ἠστερι-
σμένων δοθέντα, ἐπὰν οἰκείως τύχῃ κατὰ τοὺς χρόνους δοθέντα, κυρίως
f.138ᵛ περιέσται ἐπὰν οἱ πλείους τῶν ἀστέρων τῶν ἀγαθοποιῶν συμπρο|σῶσιν
ὁποτέρῳ εἴτε καὶ ἐπὶ τῶν προσκυρούντων τῇ γενέσει ζῳδίων ἐπιμαρτυρῶσι
224 τῷ κρατοῦντι τῶν χρόνων ὑπὸ τὸν τῆς γενέσεως καιρόν. τοῦ δὲ τοῦ 15
Κρόνου ἐπιλαβόντος τὸν τόπον, ἐναντιότητα καὶ ψῦξιν ἀποτελεῖ τῶν
πράξεων· εἰ δὲ καὶ τὸν τῶν ἐπόντων ἀστέρων τόπον ἐπιλάβῃ, ὁ δὲ τοῦ
Ἄρεως τὸν περιποιητικὸν ἐπέχῃ, τοῦ τοῦ Κρόνου καὶ τὸν τῶν πράξεων
225 τόπον ἔχοντος, καὶ κινδύνοις ἰσοθανάτοις περιβαλεῖ. δεῖ μὲν οὖν νοεῖν
πάντοτε τὸν τοῦ Κρόνου κατὰ τὸ περιποιητικὸν ζῴδιον ἐπόντα βλαπτικὸν 20
ὑπάρχοντα καὶ ἐπὶ τοῦ τούτου ἐναντίου, ἐπί τε τῶν τοῦ Ἄρεως καὶ
226 Ἀφροδίτης καὶ Ἑρμοῦ κατὰ τὴν ὁποτέρου τούτων διαστολήν. τὸ δ᾽ ὅμοιον
ἀποτελεῖ καὶ ὁ τοῦ Ἑρμοῦ ἐπὶ τῶν τῆς Σελήνης καὶ τῶν οἰκείων ζῳδίων
μαρτυρούμενος ὑπὸ Ἄρεως καὶ Κρόνου· τὸ δ᾽ αὐτὸ καὶ ὁ τῆς Ἀφροδίτης,
πᾶς τε ἀστὴρ ἐπιπαρὼν τοῖς κατὰ γένεσιν ζῳδίοις οἰκείως ἐπί τε τοὺς 25
Ἡλίου καὶ Σελήνης τόπους καὶ συγκερασθεὶς τῇ προκειμένῃ συγκρατικῇ
227 διαστολῇ. τὸ δ᾽ ὅμοιον ἀποδείκνυσι τῶν ἀποτελεσμάτων, τῆς κυρίας τοῦ
δεσπόζοντος τῶν χρόνων συνεπικρατούσης σὺν τοῖς παρατυγχάνουσι τῶν
λοιπῶν ἀστέρων.

228 Πάντοτε δὲ δεῖ τηρεῖν κατὰ φάσιν τὴν Σελήνην ἀπὸ συνόδου φωτιζο- 30
μένην τοῖς τετραγώνοις, μάλιστα ἐπὶ τοῦ δεκάτου ζῳδίου, καθὼς πρό-
κειται, ὑπὸ τῶν κακοποιῶν μαρτυρουμένην, εἰ δὲ καὶ ὁ τοῦ Ἄρεως καὶ ὁ
τοῦ Κρόνου τὸν ἐναντίον τόπον θεωρῶσι κατὰ τὸν τῆς γενέσεως χρόνον,
229 καὶ τοὺς κυρίους τόπους διαπορευομένης τῆς Σελήνης. ὠφέλιμος δέ ἐστιν

[VS] 2 ἐπ᾽ αὐτοῦ παρέξει VS, ἀπ᾽ αὐτοῦ παραδέξηται sugg. Kroll | χρόνοι V ||
2—3 τοὺς χρόνους, τότε sugg. Kroll || 3 διέξει S || 9 προσοδικῶς VS, παροδικὸς
sugg. Kroll || 10 παράμεινα VS, corr. Kroll || 14 ὁπότεροι VS, corr. Kroll || 15 ὑπὸ
τῆς γενέσεως καιρῶν VS, corr. Kroll || 16 ἐναντιότητα S || 18 τὸν¹] τὸ S || 21 ἐπὶ
τούτου τοῦ S | τὸν VS, τῶν sugg. Kroll || 25 δὲ S, τε¹ sugg. Kroll || 26 προκο-
μένη S || 33 ἐπὶ τῶν ἐναντίων τόπων Kroll | θεωρούμενοι VS

280

ANTHOLOGIAE VII 6

ἐπὶ τοὺς τῶν ἀγαθοποιῶν τόπους παριοῦσα εἴπερ ἐπὶ τῶν ἐπικαιρίων τῆς
γενέσεως τόπων τετευχυῖα καταλαμβάνεται.
Καὶ ταῦτα μέν, ὦ Μάρκε, μετὰ πολλοῦ πόνου καὶ ἐγκρατείας ζητήσας 230
καὶ ἀνευρὼν συνέταξα καὶ τὰς αἱρέσεις ἐξεδόμην. τοιγαροῦν ὁρκίζω σε 231
5 Ἥλιον καὶ Σελήνην καὶ τῶν ε̄ ἀστέρων τοὺς δρόμους, φύσιν τε καὶ πρό-
νοιαν καὶ τὰ | δ στοιχεῖα μὴ ταχέως τινὶ μεταδοῦναι καὶ ταῦτα ἀμαθεῖ f.138vS
μηδ᾽ ὅστις ἔτυχεν, λογισάμενον τὸν πόνον καὶ τὸν πόθον καὶ τὴν πολυχρο-
νίαν εἰς τὰ τοιαῦτα διατριβήν τε καὶ ζήτησιν. τοῦ γὰρ χρόνου τὴν πρᾶξιν 232
εἰκάσας ἀντὶ πολλῶν σοι χρημάτων κατέλιπον· τὸ γὰρ ἀργύριον εὐανάλω-
10 τον καὶ ἐπίφθονον καὶ εὐεπιβούλευτον ὑπάρχει, τὰ δὲ συντάγματά μου
καὶ βίον σοι καὶ δόξαν καὶ τιμὴν καὶ ἡδονὴν καὶ ὠφέλειαν παρέξει ἐάνπερ
κοσμίως καὶ ἀσφαλῶς ἐνεχθῇς, καθὼς προγέγραπται, καὶ μὴ ἐγκληματι-
κῶς μηδ᾽ ἀκροθιγῶς. καὶ αὐτὸς οὖν ὁμοίαν τὴν κακοπάθειαν ἡγησάμενος 233
ὥσπερ ἂν εἰ αὐτὸς συνέταξας − ἀλλ᾽ ὅμως ἐκακοπάθησας παραλαμβάνων
15 καὶ ἀνεκρίθης ἀξίαν ἀμοιβὴν κομισάμενος − μετάδος τοῖς δυναμένοις·
τοῦτο δὲ ποιήσας ἐμὲ μὲν καὶ τὸ μάθημα δοξάσεις, σαυτὸν δὲ ὠφελήσεις
καὶ φιλόπονον καὶ φιλόκαλον ἀποδείξεις. εὐορκοῦντι μέν σοι καταθύμιος 234
συντέλεια.

Οὐεττίου Οὐάλεντος Ἀντιοχέως τῆς πρὸς Δάφνην Γενεθλιαλογουμένων
20 βιβλίον ζ′ τετέλεσται.

[VS] 2 τετευχυίας καταλαμβάνονται VS, corr. Kroll ǀǀ 4 σε sup. lin. V ǀǀ 7 ὃς VS,
ὡς Kroll ǀ λογισάμενος VS, corr. Kroll ǀǀ 12 ἐνεχθῇ VS, corr. Kroll ǀ ἐγκλιμα-
τικῶς S ǀǀ 15 χωρῆσαι post τοῖς sugg. Kroll ǀ δυᾴμένοις S ǀǀ 18 συντέλει S

281

ΟΥΕΤΤΙΟΥ ΟΥΑΛΕΝΤΟΣ ΑΝΤΙΟΧΕΩΣ
ΑΝΘΟΛΟΓΙΩΝ ΒΙΒΛΙΟΝ Η

⟨α΄.⟩ Πῆξις τοῦ α΄ ὀργάνου

1, 2 Τὸ α΄ ὄργανον τὴν πῆξιν ἔχει ἀπὸ α΄ ἕως μοίρας ϑ΄ τοιαύτην. τῇ α΄
μοίρᾳ τοῦ Ζυγοῦ παράκειται ἀριθμὸς β̄, τῇ β΄ δ̄, τῇ γ΄ ζ̄, τῇ δ΄ η̄, τῇ ε΄ ῑ, 5
3 τῇ ϛ΄ ῑβ — τουτέστι παραύξησις μοιρῶν β̄. εἶτα ἀπὸ τῆς ζ΄ μοίρας
συνδέσμου λύσις, παραύξησις προσθέσεως μοιρῶν ῑδ· καὶ γίνονται ἐπὶ τῆς
μοίρας ζ΄ μοῖραι κ̄ϛ, ἐπὶ τῆς η΄ μοίρας κ̄η, ἐπὶ τῆς ϑ΄ μοίρας λ̄, ἐπὶ τῆς
4 ι΄ β̄, ἐπὶ τῆς ια΄ δ̄, ἐπὶ τῆς ιβ΄ ζ̄. ἔπειτα πάλιν συνδέσμου προσθέσεως
μοῖραι ῑδ· καὶ γίνονται ἐπὶ τῆς ιγ΄ μοίρας κ̄, ἐπὶ τῆς ιδ΄ μοίρας κ̄β, ἐπὶ 10
f.139S τῆς ιε΄ μοίρας κ̄δ, ἐπὶ τῆς ιϛ΄ μοίρας κ̄ϛ, ἐπὶ τῆς | ιζ΄ μοίρας κ̄η, ἐπὶ τῆς
5 ιη΄ μοίρας λ̄. εἶτα συνδέσμου προσθέσεως μοῖραι ῑδ· καὶ γίνονται μοῖραι
μ̄δ, ἐξ ὧν ἀφελὼν τὰς λ̄, λοιπαὶ ῑδ· αὗται ἔσονται ἐπὶ τῆς ιϑ΄ μοίρας, ἐπὶ
τῆς κ΄ ῑϛ, ἐπὶ τῆς κα΄ ῑη, ἐπὶ τῆς κβ΄ κ̄, ἐπὶ τῆς κγ΄ κ̄β, ἐπὶ τῆς κδ΄ κ̄δ.
6 καὶ πάλιν συνδέσμου προσθέσεως μοῖραι ῑδ· καὶ γίνονται λ̄η, ἐξ ὧν 15
ἀφελὼν τὰς λ̄, λοιπαὶ η̄· αὗται ἔσονται ἐπὶ τῆς κε΄, ἐπὶ τῆς κϛ΄ ῑ, ἐπὶ τῆς
7 κζ΄ ῑβ, ἐπὶ τῆς κη΄ ῑδ, ἐπὶ τῆς κϑ΄ ῑϛ, ἐπὶ τῆς λ΄ ῑη. ὥστε κατὰ μὲν
μοίρας ζ̄ συνδέσμου λύσις ἔσται, προστιθεμένων τῶν ῑδ μοιρῶν καὶ
ἐφεξῆς τῶν τῆς παραυξήσεως β̄, ἐπὶ πάντων ζῳδίων.
8 Ἕξει οὖν ὁ μὲν Ζυγὸς ἐπὶ τῆς α΄ μοίρας παρακειμένας β̄, ἐπὶ δὲ τῆς 20
λ΄ μοίρας ῑη· ὁμοίως δὲ τοῖς αὐτοῖς ἀριθμοῖς τοῦ Ζυγοῦ ὅ τε Λέων καὶ
9 οἱ Ἰχθύες ὠργανοθέτηνται. εἶτα ἀκολούθως Σκορπίος ἕξει ἐπὶ μὲν τῆς
α΄ μοίρας ῑδ, καὶ τῆς παραυξήσεως τῶν β̄ προστιθεμένων γενήσονται ἕως
τῆς ϛ΄ μοίρας κ̄δ, καὶ ὁμοίως τῶν συνδέσμων λυομένων ἕξει τῇ μοίρᾳ
λ΄ παρακειμένας λ̄· τοὺς δὲ αὐτοὺς ἀριθμοὺς ἕξει ὅ τε Κριὸς καὶ ἡ 25
10 Παρθένος. ἵνα δὲ συντομωτέραν τὴν πῆξιν δηλώσωμεν πρὸς τό τινας καὶ
11 ὅλον τὸ ὄργανον μνημονεύειν, οὕτω λογισόμεθα ἐπὶ προσθέσεως. ἐπὶ τῆς
12 α΄ μοίρας τοῦ Ζυγοῦ παρακειμένας ἔχει β̄. ταύταις προσέθηκα ῑβ τοῦ

[VS] 4 α¹ om. S ‖ 7, 9, 12 προϑέσεως VS, corr. Kroll ‖ 15 προϑέσεως S ‖ 16 τὰ
VS, τὰς Kroll ‖ 23 δύο V

κύκλου, καὶ γίνονται ιδ· ταύτας ὁ Σκορπίος ἐπὶ τῆς α' μοίρας ἕξει. πάλιν 13
τὰς ιδ προσέθηκα ταῖς ιβ, καὶ γίνονται κϛ· ταύτας ὁ Τοξότης ἕξει ἐπὶ
τῆς α' μοίρας. καὶ ἐφεξῆς ἀνὰ ιβ προστιθέντες εὑρήσομεν τοῦ ἑξῆς 14
ζῳδίου ταύτας παρακειμένας τῇ α' μοίρᾳ, αἷς ἐπισυνθέντες τὰς ιβ καὶ
5 λύοντες συνδέσμους τῇ τῶν ιδ μοιρῶν συνθέσει ὅλον τὸ ὄργανον συμπήξο-
μεν. ὅσας οὖν ὁ Τοξότης ἔχει παρακειμένας τοσαύτας καὶ Ταῦρος, ὅσας 15
ὁ Ὑδροχόος τοσαύτας καὶ ὁ Καρκίνος, ὅσας ὁ Αἰγόκερως τοσαύτας καὶ
οἱ Δίδυμοι· καὶ ἔσται τούτων ἰσοδυναμία μὲν καὶ ἀλληλουχία, διάφορος |
δὲ διὰ τὰς ἀνωμαλίας τῶν ἀναφορῶν.   f.139vS
10 Ἔστι δὲ τὸ ὄργανον τοῦτο ἔχον καὶ τὰ ἔτη παρακείμενα τοῖς ἀριθμοῖς 16
καὶ ταῖς μοίραις ὑποδείγματος χάριν, τὴν δὲ ἀκρίβειαν καθ᾽ ἕκαστον
κλίμα καὶ τὰς τῶν τόπων ἀλλαγὰς οἵ γε νοῦν ἔχοντες εὐκατάληπτον
ἕξουσιν.

β'. Πῆξις τοῦ δευτέρου ὀργάνου φυσική

15 Τῆς περὶ τὸ ὄργανον οἰκονομίας προκειμένης, ἀναγκαῖον ἔσχον καὶ 1
τὴν καταγωγὴν τῆς πήξεως ὑποτάξαι. ἡ μὲν οὖν τῶν συνδέσμων πρόσθε- 2
σις — τουτέστιν αἱ ιδ — σημαίνουσι τὰ φῶτα τῆς Σελήνης, αἱ δὲ ⟨ι⟩β
τῆς παραυξήσεως δακτύλους Ἡλίου· δὶς δὲ τὰ ιδ γίνονται κη, κύκλος
Σελήνης.
20 Ἐπεὶ οὖν α' μοίρᾳ τοῦ Ζυγοῦ παράκεινται β, ἐκ τούτων ἀφεῖλον μοῖραν 3
ᾱ μ'· λοιπὰ γίνονται ο κ', ὅ ἐστι μέγεθος τρίτον. ταῦτα ἐπὶ τὸν ξ γίνονται 4
ρπ· ταῦτα ἀναλύω ἕως τῶν ξ, καὶ γίνονται μύρια καὶ ὀκτακόσια. ταύτας 5
ποιῶ εἰς φμ — κύκλον ἕνα ἥμισυ — καὶ γίνονται ο κ'· ταῦτα ἔσται
παρακείμενα ἐπὶ τῆς τοῦ Ζυγοῦ α' μοίρας. ταῦτα γ̄ γίνονται ξ, ὅπερ 6
25 ἐστὶν ἐνιαυτὸς εἷς.
Προσεπικατάξομεν δὲ καὶ τοὺς λοιποὺς ἀριθμοὺς οὕτως, προστιθέντες 7
ἑκάστῳ [ἔτει] β̄ κ'. ἔσονται οὖν ἐπὶ τῆς β' μοίρας τοῦ Ζυγοῦ β̄ μ', ἐπὶ 8
τῆς γ' ε̄ ο, ἐπὶ τῆς δ' ζ κ', ἐπὶ τῆς ε' θ μ', ἐπὶ τῆς ϛ' ιβ ο. εἶτα ἐπὶ τοῦ 9
συνδέσμου προσθέντες τὰ ιδ, φῶτα τῆς Σελήνης, τοῖς ιβ ἃ ἕξομεν κϛ ο·
30 ἐκ τούτων ἀφείλαμεν ᾱ μ', καὶ λοιπὰ ἔσονται ἐπὶ τῆς ζ' μοίρας κδ κ'. ἐπὶ 10
τῆς η' μοίρας παλινδρομήσομεν β̄ κ', καὶ ἔσονται κϛ μ', ἐπὶ τῆς θ' κθ ο,
ἐπὶ τῆς ι' ᾱ κ', ἐπὶ τῆς ια' γ̄ μ', ἐπὶ τῆς ιβ' ϛ ο. ὥστε ἐπὶ τῶν συνδέσμων 11

[VS] 4 προκειμένας VS, corr. Kroll | τὴν VS, τῇ Kroll ‖ 9 διὰ om. S ‖ 11 καὶ
VS, καθ᾽ sugg. Kroll ‖ 14 β' in marg. V, om. S ‖ 18 δακτύλου S ‖ 21 γ S ‖ 22 ρη
VS ‖ 23 φμ εἰς VS ‖ 26 ἀριθμούς] ἐνιαυτοὺς VS ‖ 30 λοιπὸν VS ‖ 31 δύο V ‖
32 τὸν σύνδεσμον VS, τῶν συνδέσμων sugg. Kroll

καὶ τῶν πρώτων ἀριθμῶν ἀφαιρεῖν δεῖ ᾱ μ', ἐπὶ δὲ τῆς παραυξήσεως
12 προστιθέναι β̄ κ'. τῷ δὲ αὐτῷ τρόπῳ καὶ ἐπὶ τῶν λοιπῶν ζῳδίων οἰκονο-
μεῖν δεῖ· καθάπερ δὲ καὶ ἐπὶ τοῦ α' ὀργάνου εὑρίσκομεν τοῦ ἑξῆς ζῳδίου
τὸν παρακείμενον ἀριθμὸν τῇ α' μοίρᾳ, οὕτω καὶ ἐπὶ τοῦ β' ὀργάνου
εὑρήσομεν.   5

f.140S   γ'. | Πῆξις ὡροσκοπούσης μοίρας πρὸς τὰ προκείμενα β̄ ὄργανα

1 Πρὸ παντὸς μὲν τὴν τοῦ Ἡλίου μοῖραν ἀκριβῶς στήσαντας σκοπεῖν
δεήσει τὴν προγενομένην σύνοδον, ἐάνπερ συνοδικὴ τυγχάνῃ ἡ γένεσις,
2 πότε [δὲ] γέγονε καὶ πόστῃ ὥρᾳ καὶ πόστῃ μοίρᾳ τοῦ ζῳδίου. καὶ οὕτως
λαβὼν ἀπ᾽ αὐτῆς ἕως τῆς γεννητικῆς ἡμέρας τε καὶ ὥρας, τὸ γενόμενον 10
πλῆθος τῶν ἡμερῶν τε καὶ ὡρῶν στοχάζεται πόσον ἐστὶ μέρος τοῦ ἀπὸ
3 συνόδου ἐπὶ τὴν πανσέληνον χρόνου (τουτέστι τῶν ῑε ἡμερῶν). καὶ τοῦτο
ἐκκρούειν ἀπὸ τοῦ μεγέθους τῆς ἡλιακῆς μοίρας ἐπὶ τῶν ἡμέρας γεννω-
μένων, νυκτὸς δὲ ἀπὸ τοῦ διαμετροῦντος· τὸ δὲ περιλειπόμενον ἡγεῖσθαι
4 μέρος ὥρας. ἢ καὶ ἄλλως ἀπὸ τῆς ἡλιακῆς μοίρας ἐπὶ τὴν σεληνιακὴν 15
ἐξαριθμήσαντας καὶ τούτων τὸ ιβ' λαβόντας σκοπεῖν πόστον μέρος ἐστὶ
τῶν ῑε, καὶ τοσαύτας ἀφελόντας ἐκ τοῦ μεγέθους τὸ περιλειφθὲν μέρος
5 ὥρας ἡγεῖσθαι. ἐὰν οὖν δοθῇ ὥρα δ', ψηφίζομεν ὡρῶν γ̄ καὶ τοῦ μέρους·
οὐ γὰρ δύνανται πάντες πεπληρωμέναις ὥραις γεννᾶσθαι.
6 Ὅθεν καὶ οἱ δίδυμοι πολλὴν διαφορὰν ἔχουσι παρὰ τὰς ἐναλλαγὰς τῶν 20
ὡρῶν καὶ τῶν ζῳδίων καὶ τῶν συνδέσμων· συμβαίνει γὰρ τὸν μὲν
ὀλιγοχρόνιον γίνεσθαι ἢ παραυτίκα τελευτῆσαι, τὸν δὲ πολυχρόνιον, τῆς
7 ὥρας ἀπὸ συνδέσμου ἢ εἰς σύνδεσμον ἐκπεσούσης. ἐὰν δέ πως ἀπὸ
πανσελήνου ἡ Σελήνη φέρηται, τῷ αὐτῷ τρόπῳ χρὴ λογίζεσθαι καὶ
ποιεῖν τὸ μέρος· ὅταν δὲ συνοδεύσῃ ὁ Ἥλιος καὶ ἡ Σελήνη ἢ κατὰ τὸ 25
πανσεληνιακὸν ζῴδιον τύχῃ μηδέπω β̄ ἢ γ̄ μοίρας ἀπέχουσα τοῦ Ἡλίου,
8 πλήρης ἡ ὥρα κριθήσεται. ὅσας δ᾽ ἂν ἀποστῇ μοίρας, ἐκεῖνο μέρος
ἔσται (τουτέστιν ὁ φωτισμὸς τῆς Σελήνης) ὡς ἂν τύχῃ, ἤτοι ἀπὸ συνόδου
9 ἢ πανσελήνου. ἐὰν δέ ποτε μὴ συμφωνῇ ἡ ὥρα τῇ αἱρέσει, ἀναδραμόντες
μίαν μοῖραν ἢ καὶ ἐπιπροσθέντες εὑρήσομεν τὴν πλάνην τοῦ δεδωκότος, | 30
f.105V, καὶ μάλιστα ἐπὶ τῶν τετελευτηκότων· ἐκ γὰρ τούτων καὶ ἔτη τῶν ζώντων
f.140vS
10 ἔστιν εὑρεῖν. ὅθεν πρὸς τὴν ἐπιζήτησιν οὐ χρὴ ἀμελῶς φέρεσθαι, ἀλλὰ

§§ 1–4: cf. Add. I 2–5 ‖ §§ 1–2: cf. App. XXI 9 ‖ § 7: cf. App. XXI 6

[VS] 1 τὸν πρῶτον (α S) ἀριθμὸν VS, corr. Kroll ‖ 6 γ' in marg. V, om. S ‖ 9 δὲ
secl. Kroll ‖ πῶς τῇ¹,² VS, corr. Kroll ‖ 10 λαβὼν iter. V ‖ αὐτοῦ VS ‖ 13 γενο-
μένων VS ‖ 15 σελ post τῆς V, sed del. ‖ 16 πόσον S ‖ ἐπὶ VS, ἐστὶ Kroll ‖ 18 ψη-
φιζομένων VS ‖ ιγ S ‖ 22 τὴν VS, τὸν Kroll ‖ 29 ἢ πανσέληνος VS, corr. Kroll ‖
31 ἔτι S ‖ 32 ἀμιλῶς S

284

μετὰ πάσης ἀκριβείας πραγματευσάμενον ἐπισταμένως ἀποφαίνεσθαι.
σκοπεῖν δὲ δεῖν πότερον ἀπὸ τῆς συνοδικῆς ἡμέρας τε καὶ μοίρας ἕως 11
ἐπὶ τὴν γεννητικὴν ἡμέραν (τουτέστιν ἕως τῆς σεληνιακῆς μοίρας) χρὴ
λαμβάνειν τὸ διάστημα, ἢ ἀπὸ τῆς ἡλιακῆς μοίρας ἐπὶ τὴν σεληνιακήν, ἢ
5 ἀπὸ τοῦ φωτισμοῦ (τουτέστιν ἀπὸ τῆς διαμετρούσης τὸν Ἥλιον μοίρας)
⟨ἕως⟩ τῆς πανσελήνου.
Ὑποδείγματος χάριν ἔστω Ἥλιος Ταύρου μοίρᾳ γ', Σελήνη Κριοῦ 12
μοίρᾳ β'. τὸ μὲν ἀπὸ Ἡλίου ἕως Σελήνης διάστημα γίνεται τκθ, αἵπερ 13
εἰσὶν ἡμέραι σεληνιακαὶ κζ, τὸ δὲ ἀπὸ τῆς συνοδικῆς ἕως τῆς σεληνιακῆς
10 ἡμερῶν ἐστι κθ. ἀφεῖλον τὰς ⟨ἀπὸ⟩ συνόδου ἡμέρας ἕως πανσελήνου, 14
αἵπερ εἰσὶν ἡμέραι ιε· λοιπαὶ γίνονται ἡμέραι ιδ. ταύτας πολλαπλασιάζων 15
ἐπὶ τὸν ιβ, γίνονται ρξη. τὸ δὲ διάστημα ⟨ἀπὸ⟩ τῆς διαμετρούσης τὸν 16
Ἥλιον μοίρας [ἀπὸ] (Σκορπίου μοίρας γ') ἕως τῆς Σελήνης μοίρας
γίνεται ρμθ μοιρῶν. πλεονάζουσι δὲ αἱ ρξη τῶν ρμθ μοίραις ιθ· δεῖ γὰρ 17
15 ἴσους τοὺς ἀριθμοὺς λογίζεσθαι. ἔσται οὖν ἡ διάστασις οὐκ ἀπὸ τῆς 18
συνοδικῆς ἡμέρας καὶ μοίρας, ἀλλ' ἀπὸ τῆς ἐχομένης ⟨συζυγίας⟩,
τουτέστι [τοῦ φωτισμοῦ] τῆς πανσελήνου. δεῖ οὖν ἀφαιρεῖν τὸ μέγε- 19
θος τὸ δοκοῦν περισσὸν εἶναι τῶν ιθ μοιρῶν, ὅπερ ἐστὶν ἡμέρα ᾱ ৭
σεληνιακή. ἐὰν οὖν τὴν ᾱ ৭ ἡμέραν ἀφέλωμεν ἀπὸ τῶν ιδ, ἔσονται 20
20 λοιπαὶ ιβ ৭, ὅσαι ἀπὸ τῆς διαμετρούσης τὸν Ἥλιον μοίρας εἰσὶν ἐπὶ τὴν
σεληνιακήν. καὶ ἐπειδὴ τὸ ἀπ' αὐτῆς τῆς σεληνιακῆς ἕως ἐπὶ τὴν 21
μέλλουσαν σύνοδον διάστημά ἐστι μοιρῶν λβ, ὅπερ ἐστὶν ἡμέραι σεληνια-
καὶ β ৭, ἐὰν ταύτας προσθῶμεν ταῖς ιβ ৭, ἔσονται ιε· πλήρης δὲ ὁ
κύκλος. ὁ γὰρ τῆς Σελήνης συνοδικὸς κύκλος ἐστὶν ἡμερῶν κθ ৭, ὁ δὲ 22
25 περιδρομικὸς ἡμερῶν κζ γ', ὁ δὲ ἀνώμαλος κζ ৭.
Ἄλλως. | λογισάμενος τὸ ἀπὸ συνόδου ἐπὶ τὴν Σελήνην διάστημα ἢ 23
τὸ ἀπὸ πανσελήνου ἐπὶ τὴν Σελήνην — καὶ ἐὰν μὲν ἐντὸς τῶν ρπ μοιρῶν f.141S
εὑρεθῇ, χρῆσθαι τῷ ὑποδεδειγμένῳ τρόπῳ, ἐὰν δὲ ὑπὲρ τὰς ρπ μοίρας,
ἀφελόντες τὰς ρπ τὰς λοιπὰς συγκρίνειν πόστον μέρος ἐστὶ τοῦ δρόμου,
30 καὶ τοῦτο ἐκκρούειν ἐκ τοῦ ὡριαίου μεγέθους.
Ἄλλως. ἐπεξεύρομεν δὲ καὶ ἄλλως τὸ μέγεθος τὸ τῇ ἡλιακῇ μοίρᾳ 24

---

§ 23: cf. Add. I 15 ‖ §§ 24—27: cf. IX 11, 5—8, Add. I 6—9 et App. XXI 4—8

[VS] 1 ἀκριβήας V ‖ 4 τὴν] τῇ V ‖ 10 συνοδικὰς VS ‖ 17 τοῦ μεγέθους VS ‖
20 εἰσὶν] ἕως VS ‖ 21 ὅτι VS, τὸ Kroll ‖ 23 δὲ] τὰ VS ‖ 23.24 τοῦ κύκλου VS ‖
25 δ' S ‖ 28 ὑποδεδειγμένων V ‖ 29 πόσον S ‖ 31 ἐπεξάρομεν VS, corr. Kroll | τῆς
ἡλιακῆς S, sed corr. | ἡλιαθὴ V

25 παρακείμενον ῑβ̄πλασιάσαντες, νυκτὸς δὲ τὸ διάμετρον. πολλαπλασιάσομεν
πάλιν τὰς αὐτὰς ἐπὶ τὰς δεδομένας ὥρας τῆς ἀποκυήσεως· καὶ ἐκκρούσαν-
26 τες ἀνὰ τ̄ξ̄ τὰς λοιπὰς ἡγεῖσθαι γνώμονα ὡροσκοπικόν. ἔπειτα τὸ διάστημα
τὸ ἀπὸ Ἡλίου ἐπὶ Σελήνην λαβὼν πρὸς ἀναφορὰν συγκρῖναι τῷ πρώτῳ
γνώμονι τῷ ὡροσκοπικῷ· ἐὰν μὲν γὰρ πλεονάζῃ ὁ ἡλιακὸς γνώμων, 5
27 προστίθει τῇ ὥρᾳ, ἐὰν δὲ ἐλλείψῃ, ἀφαίρει. τοσοῦτον δὲ προστιθέναι δεῖ
ἢ ἀφαιρεῖν ὅσον ἂν ἡ ὑπεροχὴ τοῦ ἡλιακοῦ μεγέθους σημαίνῃ· ὁ γὰρ
ὁλοτελὴς πρὸ τῆς συγκρίσεως καταληφθήσεται ἐκ τῆς κατὰ τὴν ὥραν ἢ
καὶ μέρος ὥρας προσθέσεως καὶ ἀφαιρέσεως.

δ'. Πῶς χρὴ τῶν διδυμογόνων τὴν γεννητικὴν ὥραν ἱστάνειν 10

1,2 Περὶ διδύμων λόγος ἔσται τοιόσδε. ἐὰν τις λέγῃ τὸν [ἕνα] α' γεγενῆσθαι
ὥρᾳ πρώτῃ, νοείσθω ἐν τῷ αὐτῷ ἡμίσει ἀμφοτέρους γεγενῆσθαι ὥρας —
α' μέρει δ', τὸν δὲ ἄλλον ἐν τῷ ἄλλῳ μέρει τῷ δ'· δυνατὸν δέ ἐστι καὶ
ἀμφοτέρους ἐν τῷ αὐτῷ μέρει τῷ δ' γεγενῆσθαι καὶ ἕτερον ἑτέρῳ
3 ἀκολουθῆσαι. εἰ δὲ λέγει τὸ μὲν πρῶτον γεγενῆσθαι ὥρᾳ β' πρωίας, τὸ δὲ 15
4 δεύτερον ὥρᾳ γ', γίνωσκε αὐτὸ γεγενῆσθαι ὥρᾳ β' ⟨↰⟩. ἐὰν δὲ λέγῃ
αὐτὸ γεγενῆσθαι ὥρᾳ ε', γίνωσκε αὐτὸ γεγενῆσθαι ὥρᾳ δ' ↰, ἐὰν δὲ
ὥρᾳ ζ', γίνωσκε ὥρᾳ ϛ' ⟨↰⟩, ἐὰν δὲ ὥρᾳ η', γίνωσκε ὥρᾳ ζ' ↰, ἐὰν
δὲ ὥρᾳ ι', γίνωσκε ὥρᾳ θ' ⟨↰⟩, ἐὰν δὲ ὥρᾳ ια', γίνωσκε ὥρᾳ ι' ⟨↰⟩,
ἐὰν δὲ ὥρᾳ ιβ', ἀσφαλές ἐστιν· οὐ γὰρ δυνατόν ἐστι διάστασιν ἑτέραν 20
5 γεγονέναι. ἐὰν δὲ λέγῃ τὸ μὲν πρῶτον ὥρᾳ α' πλήρει, τὸ δὲ β' ὥρᾳ ⟨β'⟩,
· 41 v S οὐ δυνατόν, | ἀλλὰ καὶ τὸ ἕτερον ἤτοι ὥρᾳ β' ↰ ἢ ὥρᾳ β' δ'. ἐὰν δὲ
6 λέγῃ τὸ μὲν πρῶτον ὥρᾳ β', τὸ δὲ β' ὥρᾳ γ', οὐ δυνατόν, ἀλλὰ καὶ αὐτὸ
7 ὥρᾳ [α] γ' ↰. ἐὰν δὲ λέγῃ τὸ μὲν πρῶτον ὥρᾳ γ', τὸ δὲ β' ὥρᾳ δ', οὐ
8 δυνατόν, ἀλλὰ καὶ αὐτὸ ὥρᾳ γ' ἢ δ' ↰. ἐὰν δὲ λέγῃ τὸ μὲν α' ὥρᾳ ϛ', 25
τὸ δὲ β' ὥρᾳ ζ', οὐ δυνατόν, ἀλλὰ καὶ τὸ β' ὥρᾳ ϛ' ἢ ζ' ↰· ἐὰν δὲ τὸ
μὲν ζ' [↰], τὸ δὲ η', γίνωσκε η' ↰· ἐὰν δὲ τὸ μὲν η', τὸ δὲ θ', οὐ
δυνατόν, ἀλλὰ καὶ τὸ β' ὥρᾳ η' ἢ θ' ↰· ἐὰν δὲ τὸ μὲν θ' ὥρᾳ, τὸ δὲ ι',
οὐ δυνατόν, ἀλλὰ καὶ τὸ β' ὥρᾳ θ' ἢ ι' ⟨↰⟩· ἐὰν δὲ τὸ μὲν ι', τὸ δὲ
ια', γίνωσκε καὶ τὸ β' ὥρᾳ ι' ἢ πρώτη ὥρᾳ τῆς νυκτὸς γεγενῆσθαι. 30
9 Δυνατὸν μὲν οὖν καὶ ἐν τῷ αὐτῷ μέρει τῆς ὥρας διδύμους γεννᾶσθαι,
ἡ δὲ τῆς ὥρας ὀξυρροπία παραλλάξασα τὴν μοῖραν ἀνεικάστους ⟨τοὺς⟩

[VS] 5 πλεονάζει VS, corr. Kroll ‖ 7 σημένει VS, αι sup. έ S ‖ 9 μέρους VS, corr.
Kroll ‖ προθέσεως VS, corr. Kroll ‖ 10 δ' in marg. V, om. S ‖ διδυμαγόνων VS, corr.
Kroll ‖ 11 λέγει S ‖ 12 νωείσθω V ‖ ἡμίσει] σημείῳ VS ‖ 13 τὸ δὲ ἄλλο VS ‖ μή-
ρει V ‖ 16 δεύτερον] β S ‖ γίνεκε S ‖ 17 ὥραν¹ V ‖ αὐτῶ V ‖ δ'] γ VS ‖ 19 κ VS,
ι² Kroll ‖ 20 ὥρᾳ om. S ‖ 21 πλήρη S ‖ β² Kroll ‖ 23 λέγο τὸν V ‖ 24 ↰] ϛ S ‖
ϛ VS, γ Kroll ‖ 25 α'] πρῶτον S ‖ 27 π VS, η² Kroll ‖ η³] κ S ‖ 29 κ VS, ι² Kroll ‖
32 τοὺς Kroll

χρόνους εἰργάσατο · καὶ ἀπὸ ἐλαχίστου συνδέσμου εἰς μείζονα περιγράψασα
πολυχρόνιον ἐποίησεν ἢ ἀπὸ μείζονος εἰς ἐλάχιστον ὀλιγοχρόνιον τὸν
ἕτερον. δεῖ οὖν συγκρίνειν τὰς μεταξὺ μοίρας καὶ λογίζεσθαι τὴν δια- 10
φοράν.

5 <ε΄.> Εἴσοδος τῶν προκειμένων β̄ ὀργάνων

Τὸ πρότερον ὄργανον ἁρμόζει πρὸς χρόνους ζωῆς, τὴν σύστασιν ἔχον 1
καὶ τὴν εἴσοδον ἐκ τῆς τοῦ ὡροσκόπου μοίρας · καθ᾽ ἣν γὰρ ἂν εὑρεθῇ,
ταύτῃ τὸ παρακείμενον κατὰ τὸ κλίμα μέγεθος <καιρικῆς ὥρας> ῑβπλα-
σιάσαντες καὶ τὸ λ΄ λαβόντες τοσαῦτα ἔτη φήσομεν τὴν [παρακειμένας]
10 μοῖραν μερίζειν καὶ τοσοῦτον διάστημα ἀπέχειν τὸν θάνατον τῆς ζωῆς.
ὁμοίως δὲ καὶ τὸ ξ΄ τοῦ ῑβπλασιασθέντος λαβόντες λογιούμεθα ἑκάστην 2
μοῖραν τοῦ ζῳδίου τοσαῦτα ἔτη μερίζειν · ἐὰν δέ πως ἐπὶ συνδέσμου
καταντήσῃ ἡ ὡροσκοποῦσα μοῖρα, τὰ γεννηθέντα ὀλιγοχρόνια ἔσται.
ἔπειτα εἰσελθόντες εἰς τὸ ὄργανον κατὰ τὴν τοῦ ὡροσκοποῦντος ζῳδίου 3
15 μοῖραν θεωροῦμεν τίς ἀριθμὸς παράκειται, καὶ τοῦτον συγκρίναντες
πόστον μέρος ἐστὶ τῆς ἑξηκοντάδος, τοσοῦτον ἐκ τοῦ ῑβπλασιασθέντος
ἀριθμοῦ ἡγησόμεθα | πλῆθος βιωσίμων ἐτῶν. δεῖ μέντοι λογίζεσθαι τὸν $\frac{f.142S}{4}$
παρακείμενον [καὶ] ταῖς μοίραις ἀριθμὸν τῶν ἐτῶν πρῶτον ὥρας, εἶτα
ἡμέρας, εἶτα μῆνας, εἶτα ἐνιαυτούς. ἄλλως τε καὶ ἐπεὶ β΄ ὁ ἀριθμὸς 5
20 παράκειται ταῖς μοίραις ἐν τῷ ὀργάνῳ, δεῖ σκοπεῖν [τούτων] τὴν ἡμίσειαν
τοῦ χρόνου τοῦ ἐπιβάλλοντος τῇ μοίρᾳ κατὰ τὰς ζῳδιακὰς καὶ κλιματικὰς
διαφοράς.

Οἷον ἐπὶ τῆς τοῦ Ζυγοῦ α΄ μοίρας παράκειται ἀριθμὸς β̄. τὰ δὲ β̄ τῆς 6, 7
ἑξηκοντάδος ἐστὶ τριακοστόν, τὸ δὲ λ΄ τῶν ο̄π̄ (τουτέστι τοῦ <τῆς ἡμέρας>
25 μεγέθους τοῦ Ζυγοῦ) ἐστὶν ζ̄, ὃ κεῖται ἑκάστῃ <τῶν> μοιρῶν. ἐὰν τοσού- 8
των ἐτῶν λογισώμεθα, αἱ λ̄ μοῖραι ο̄π̄ ἔτη μεριοῦσιν, ἅπερ ἀδύνατόν
ἐστιν ἀνθρώπῳ βιῶσαι. ἐὰν <δὲ> τὸ ξ΄ τῶν ο̄π̄ λάβωμεν, εὑρήσομεν γ̄, 9
ἃ μία μοῖρα μεριεῖ · τρὶς [οὖν] τὰ λ̄ γίνεται ς̄. ἢ καὶ τῶν ο̄π̄ ἐξ ἡμισείας 10
λαβόντες (ἅπερ ἐστὶ τὰ αὐτά) γίνονται ς̄. φήσομεν <οὖν> τὸν Ζυγὸν τὰ 11
30 τέλεια ἔτη τοσαῦτα μερίζειν κατὰ τὴν ἐπιβάλλουσαν μοῖραν τοῦ μεγέθους.

Ὁμοίως δὲ καὶ ἐπὶ τῶν λοιπῶν ζῳδίων τὸ παρακείμενον ἑκάστῃ μοίρᾳ
μέγεθος ῑβπλασιάσαντες καὶ τούτου τὸ ξ΄ ἢ τὸ ◁ λαβόντες εὑρήσομεν τὰ

[VS] 2 πολὺν χρόνον VS, corr. Kroll ‖ 5 ἔκοδος V, ἔκδοτος S, corr. Kroll ‖ 8 ταύ-
της VS ‖ 9 ἔτι V ‖ 9—10 τὰς παρακειμένας μοίρας VS ‖ 11 τὸ om. S | δωδεκα-
πλασιασθέντος S ‖ 12 ἔτι V ‖ 14 ἔπιτα V | τὸν V ‖ 16 πόσον τὸ S ‖ 18 ἀριθμὸν
καὶ ταῖς μοίραις VS ‖ 19 ἐπὶ VS, ἐπεὶ Kroll | βων VS ‖ 23 α΄] ⊂ S ‖ 24 τριακοστόν]
λ̄ S ‖ 25 ὃ κεῖται] οὐ κεῖται VS, σύγκειται Kroll | ἑκάστη] γὰρ VS | λ̄ post μοιρῶν
Kroll ‖ 27 εὑρήσωμεν V ‖ 28 ἃ] ἢ S ‖ 32 ◁] λ̄ S

13 ἐλάχιστα ἢ τὰ τέλεια ἔτη. ἑκάστη δὲ μοῖρα ἑκάστου ζῳδίου διαφόρους
χρόνους παραυξήσεως ἔχει, ὅθεν αἱ στιγμαὶ ἢ ῥοπαὶ τῶν ὡροσκοπουσῶν
καὶ παραλλαγαὶ τῶν μοιρῶν πολλὴν δύναμιν κέκτηνται.

14 Τοῖς οὖν μάλιστα βουλομένοις πάσῃ αἱρέσει μεθοδικῇ προσέχειν,
ἐπειδὴ ἕκαστος τῶν συνταγματογράφων ἰδίως καὶ ποικίλως τὰς αἱρέσεις 5
πραγματευσάμενος ἀποκρύφως καὶ ἐφθονημένως τὰς ἐπιλύσεις μὴ
ἐκθέμενος εἴασεν, ἐγὼ [δὲ] διὰ πολλοῦ πόνου καὶ πολλῆς πείρας ζητήσας
15 προέταξα. τοῦτο δέ μοι δοκεῖ μέγιστον − τὸ ἐξελέγξαι ἀλλοτρίας ἐνθυμή-
σεις μυστικῶς κατακεχωσμένας − ἐπεὶ καὶ αὐτὸς πολλὰς δυνάμεις διὰ
f.142vS πολλῶν λόγων ὕλης δυνάμενος συντάξαι οὐκ ἠβουλήθην | ὅμοιον ἑαυτὸν 10
ἀποδεῖξαι τοῖς ματαιολόγοις· γελοῖον γὰρ ἂν εἴη ἐνάρχεσθαι κατά τινων
16 λέγειν μὴ ἐπιγνόντα πρότερον τὸ ἴδιον ἁμάρτημα. ὅθεν ἐὰν πλειστάκις
περὶ τῆς ἐμῆς ἀφθονίας καὶ ἁπλότητος ὑπομιμνήσκω, συγγνωστέος ὁ
λόγος· ἔπαθον γὰρ πολλὰ καὶ πολὺν πόνον ἐπηνεγκάμην καὶ ὑπὸ πολλῶν
ἐβουκολήθην καὶ τὰ δοκοῦντά μοι ἀπερείσια χρήματα ἐξανάλωσα πειθό- 15
17 μενος γόησι καὶ πλεονέκταις ἀνθρώποις. ἀλλ᾽ ὅμως διὰ τῆς ἐμῆς ἐγκρα-
τείας καὶ φιλομαθείας περιεγενόμην τῶν αἱρέσεων, ἃς οὐ μόνον οἱ
ἐντυγχάνοντες καὶ ἐπιγνόντες τὸ ἀκριβὲς μεθ᾽ ἡδονῆς καθ᾽ ἡμῶν εἰσοί-
σουσιν ἔπαινον, ἀλλὰ καί τινες διὰ τὸ ἀφελὲς ἐπιφθονήσουσι καὶ κακολογή-
σουσιν ἐπαρασάμενοι διὰ τὴν τῶν μυστικῶν καὶ ἀποκρύφων φωταγωγίαν 20
18 ἢ καὶ ἐκκόψουσί τινας αἱρέσεις ἐκ τῆς ἐμῆς συντάξεως. πρὸς τοὺς τοιού-
τους οὖν ἀρὰς ἐθέμην δείξας ἃς οἶμαι αὐτοὺς πείσεσθαι.

19 Οἱ οὖν ἐντυγχάνοντες ταῖς ὑφ᾽ ἡμῶν συντεταγμέναις βίβλοις πάσας
20 αἱρέσεις διελεγχούσαις μὴ λεγέτωσαν· αὕτη μέν ἐστι τοῦ βασιλέως,
ἑτέρα δὲ Πετοσίρεως, ἄλλη δὲ Κριτοδήμου καὶ τῶν λοιπῶν, ἀλλ᾽ ἰδέτωσαν 25
ὅτι ἐκεῖνοι μὲν προθέμενοι κωφῶς καὶ κατεζητημένως ἀνυπόστατον τὴν
ἐπιστήμην κατέδειξαν, ἡμεῖς δὲ τὰς ἐπιλύσεις ποιησάμενοι οὐ μόνον
θνήσκουσαν τὴν αἵρεσιν ἀνερρώσαμεν, ἀλλὰ καὶ ἑαυτῶν δόξαν κατεψηφι-
σάμεθα καὶ ἑτέρους δὲ ἀξίους ἐμυσταγωγήσαμεν, οὐ χρημάτων προτροπῇ
21 θελχθέντες ἀλλὰ φιλομαθεῖς καὶ ἐπιθυμητὰς ἐπιγνόντες. καὶ γὰρ αὐτοὶ 30
τοιούτῳ χαρακτῆρι Νεμέσεως ἐχαλιναγωγήθημεν.

22, 23 Ἔστω οὖν ὁ λόγος ἡμῖν πάλιν εἰς τὸν περὶ χρόνων ζωῆς τόπον. πᾶσαι
f.143S μὲν οὖν αἱ προσυντεταγμέναι ἀγωγαὶ κατ᾽ ἰδίαν | αἵρεσιν ἀκριβεῖς καὶ

[VS] 1 ἔται V | ἑκάστη] ἑκάσται V ‖ 1,2 διαφόρου χρόνου VS, corr. Kroll ‖ 4 τοὺς
... βουλομένους πᾶσαν αἵρεσιν μεθοδικὴν VS | lac. post μεθοδικὴν ind. Kroll ‖
5 συνταγμάτων VS, corr. Kroll | ἡδέως S ‖ 6 φθονημένως S ‖ 9 ἐπεί] ἐπὶ S ‖
12 ἂν S ‖ 13 ὑπομιμνήσθω VS, corr. Kroll | συγγνωστέως V ‖ 16 ἐγκρατίας V ‖
19 ἔπενον V | διαιὸ V, δὲ ὡς S, διὰ τὸ Kroll ‖ 23 συντεταγμένοις VS, corr. Kroll ‖
24 διελεγχούσης V ‖ 26 ὅτοι V ‖ 31 χαρακτὴρ V | Νεμέσεως] αἱρέσεως Kroll ‖
32 ἐκ VS, εἰς Kroll | τῶν S ‖ 33 προσυντεταγμένοι V

δεδοκιμασ|μέναι, καὶ αὕτη δὲ δοκιμαστὴ καὶ θαυμαστὴ τριζῳδία. f.105vV
περιέχει δὲ οὕτως· μαθὼν ἀκριβῶς τὴν σεληνιακὴν καὶ ἡλιακὴν μοῖραν 24
πρὸς τὴν ὡροσκοποῦσαν τῆς γενέσεως εἰσέρχομαι εἰς τὸ ὑποκείμενον
ὄργανον, καὶ κατὰ τὸν ὑποταχθησόμενον τρόπον ἐπιγνοὺς τὸν λήγοντα
5 τῆς τριζῳδίας τόπον ἐκ τῆς ἡλιακῆς μοίρας ἔρχομαι ἐπὶ τὸ ὡροσκοποῦν
ζῴδιον, καὶ ἐπιγνοὺς κατὰ πόστης μοίρας τυγχάνει ἐκτίθεμαι τοῦτον
ἡλιακὸν γνώμονα. εἶτα ὁμοίως καὶ [εἰς] τὸ τῆς Σελήνης ζῴδιον παράκειται· 25
καὶ κατ᾽ ἐκεῖνο εἰσενέγκας τὰς τοῦ ἡλιακοῦ γνώμονος μοίρας, πάλιν δὲ
ὁρῶν τίνος τόπος ζῳδίου τυγχάνει κἀκεῖνο εἰσενέγκας εἰς τὸ ὡροσκοποῦν
10 ζῴδιον ἡγοῦμαι σεληνιακὸν γνώμονα. καὶ συγκρίνω πότερον ὁ ἡλιακὸς 26
ὑπερέχει ἢ ὁ σεληνιακός· ἐὰν μὲν γὰρ ὁ τοῦ Ἡλίου προάγῃ πρόσθεσιν ἢ
ὥρα ἔχει τῶν ἀνὰ μέσον ζῳδίων, ἐὰν δὲ ὁ τῆς Σελήνης ἀφαίρεσιν. οὗτος 27
γάρ ἐστιν ἀναγκαστικὸς καὶ φυσικὸς ὡροσκόπος, ὅθεν μή τις ξενισθῇ
ἐὰν ἐν ἄλλῳ ζῳδίῳ ὑπονοῶν εἶναι τὸν ὡροσκόπον ἐν ἑτέρῳ εὕρῃ. μετὰ δὲ 28
15 τὴν πρόσθεσιν ἢ ἀφαίρεσιν ἐπιγνοὺς πόσων μοιρῶν ὁ ὡροσκόπος ἐστίν,
εἰσελθὼν εἰς τὰς ⟨τῆς⟩ τριζῳδίας ἀναφορὰς σκοπῶ πόσα ἔτη παράκεινται
τῇ εὑρεθείσῃ μοίρᾳ κατὰ τὸ κλίμα καὶ ἀποφαίνομαι.

Παραπεσούσης δὲ μιᾶς ἢ καὶ β̅ μοίρας ἡλιακῆς ἤτοι σεληνιακῆς ἢ καὶ 29
τῆς ὡροσκοπικῆς, ἀσύμφωνα τὰ πράγματα κριθήσεται. εἰ δέ τις βούλοιτο 30
20 ἐλέγχειν, ἀναδραμὼν μίαν ἢ καὶ β̅ μοίρας ἢ καὶ ἐπιπροσθεὶς τῇ ἡλιακῇ ἢ
σεληνιακῇ (ἐάνπερ δοκῇ πεπλανῆσθαι) ἢ καὶ ἕτερον ὡροσκόπον λογισά-
μενος τῷ αὐτῷ τρόπῳ πραγματευσάσθω· καὶ τὴν ὁδὸν ἐξευρήσει. τοῦτο 31
δ᾽ ἔξεστι δοκιμάζειν ἐκ τῶν ἤδη τετελευτηκότων καὶ μὴ πιστεύειν τοῖς
πεπλανημένας ἐξ ἀκοῆς γενέσεις κομίζουσι καὶ δοκεῖν διαπταίειν, ἀλλὰ
25 κρίνοντα | βεβαίαν τὴν ὑπόθεσιν μὴ ξενίζεσθαι. f.143vS

Προσπαραληπτέον δὲ ἀναγκαίως ἐνταῦθα τὰς ἀκτινοβολίας καὶ τὰς 32
συμπαρουσίας τῶν κακοποιῶν πρός τε τὸν Ἥλιον καὶ τὴν Σελήνην καὶ τὸν
ὡροσκόπον τόν τε οἰκοδεσποτικὸν λόγον· ἐκ γὰρ τούτων καὶ οἱ ὅροι τῆς
ὑποστάσεως καταλαμβάνονται. πρὸς δὲ τοὺς ἀχρόνους ἢ ὀλιγοχρονίους 33
30 λογισόμεθα τοὺς προκειμένους χρόνους τῶν ὅρων πρῶτον μὲν ὥρας, εἶτα
ἡμέρας, εἶτα μῆνας, εἶτα ἐνιαυτούς· μετὰ δὲ τὸ συμπληρῶσαι τὸν πρῶτον
ὅρον τῶν ἐτῶν τὸν β̅ καὶ τὸν γ̅ ὁμοίως λογισόμεθα ὥρας, ἡμέρας, μῆνας,
καὶ ἐπιπροσθήσομεν τῷ α̅. ἐν δὲ τοῖς ὀλιγαναφόροις ζῳδίοις ἐπὰν 34

[VS] 1 δοκιμαστικὴ VS, corr. Kroll | θαυμαστικὴ VS, corr. Kroll ‖ 3 εἰσέρχο-
μεν VS, corr. Kroll | ὑποκειμένων V ‖ 4 ὑπὸ χθησόμενον V, ὑπαχθησόμενον S, corr.
Kroll ‖ 6 πόσης S ‖ 8 εἰσὶν ἐγκαστὰς S ‖ 9 ὁρῶν] ὡρᾶς VS | καὶ ἐκεῖνο S ‖ 11 προ-
άγει VS, corr. Kroll ‖ 11.12 ἢ ὥραν VS, corr. Kroll ‖ 12 μέσων S | οὕτως V̅S̅,
corr. S ‖ 15 ἀφαίρεσι S | πόσον S ‖ 16 τῆς Kroll ‖ 18 ☾ S ‖ 21 δοκεῖ V | πεπλα-
νεῖσθαι S ‖ 22 πραγματεύσασθαι VS, corr. Kroll ‖ 26 πρὸς παραληπταίον V | ἀνα-
καίως V ‖ 32 τρίτον S

VETTIVS VALENS

εὕρωμεν πολυχρονίους γενέσεις, τὸν πρῶτον ἢ τὸν τρίτον ἐπισυνάγομεν ἢ
τὸν β′ καὶ τὸν γ′ ἢ τὸν δ′ ὁλόκληρον καὶ τῶν λοιπῶν τὰ τῇ μοίρᾳ παρακεί-
μενα, καὶ ἀποφαινόμεθα.

35, 36 Πάλιν δὲ ποῖος ὅρος τῶν γ̅ ἰσχύσει οὕτω γνωστέον. εἰσελθὼν κατὰ τὴν
ὡροσκοποῦσαν μοῖραν θεωρῶ πόσα ἔτη παράκειται τῷ πρώτῳ ὅρῳ. 5
37 ἔπειτα εἰσελθὼν εἰς τὴν κατ᾽ εὐθὺ μοῖραν ζητῶ τοῖς εὑρεθεῖσιν ἔτεσι καὶ
38 μησὶ πόσος ἀριθμὸς παράκειται. καὶ τοῦτον προσθεὶς ταῖς τοῦ ὡροσκόπου
μοίραις ἀπολύω ἀπὸ τοῦ ὡροσκοποῦντος ζῳδίου ἢ τῆς Σελήνης ἐὰν
39 ἐπίκεντρος ἢ ἐπαναφερομένη τύχῃ. ὅπου δ᾽ ἂν καταλήξῃ ὄψομαι τὰς
ἀκτῖνας τῶν κακοποιῶν μήπως ἐμποδίσωσιν· ἐὰν γὰρ οὕτως εὑρεθῇ, ὁδὶ 10
ὀλέτης τῶν κύκλων· ὁμοίως δὲ καὶ ἐπὶ τοῦ β′ καὶ γ′ ὅρου.
40 Ἄλλως τε πάλιν λήψομαι ἐκ τῶν ἀπὸ συναφῆς τὰ ἔτη, ἐκ τῶν ζῳδίων
καὶ ἐκ τῶν ἀστέρων, καὶ ὄψομαι μήπως ὁ τῆς λύσεως οἰκοδεσπότης τῶν
τριῶν ἐπικρατήσῃ καθ᾽ ὃν δήποτε οὖν ⟨τρόπον⟩· λύσεως δέ ἐστιν ὁ ιβ′
41 τόπος. προσβλέπειν δὲ δεῖ καὶ τὸν κλιμακτηρικὸν λόγον καθὼς ἐπελυσά- 15
42 μεθα. ἐὰν ὁ κατ᾽ ἔλλειψιν ἀριθμὸς συνεμ|πέσῃ, χρεωκοπήσει ἐκ τῶν
f.144S
ἐτῶν μέρος· πολλάκις οὖν ἢ προλήψεται ὁ κλιμακτὴρ ἢ μετὰ τὸν λογιζό-
43 μενον ἀριθμὸν τῶν ἐτῶν τὸ τέλος ἐποίησει. παρατηρητέον δὲ εἰς ποῖον
σελίδιον ἐξέπεσεν ὁ τοῦ ὡροσκόπου τόπος, πότερον β̅ ἢ γ̅ ἢ δ̅ ἀριθμοὺς
44 ἔχει, καὶ οὕτω τῷ συναμφοῖν ἀριθμῷ χρῆσθαι ἐπὶ τῶν ἐτῶν. οἷον ἔστω 20
ὡροσκοπικὴν μοῖραν ἐκπεπτωκέναι Καρκίνου μοίρᾳ η′, ἥτις σημαίνει
τόπον Ταύρου, ἐν δὲ τῷ αὐτῷ σελιδίῳ καὶ μοῖρα θ′ χρηματίζει· ἰσχύσει
45 οὖν καὶ αὕτη ἡ θ′ μοῖρα πᾶσαν αἵρεσιν. ὁμοίως ἐν αὐτῷ τῷ Καρκίνῳ ἀπὸ
κε′ ἕως κη′ μοίρας τόπος Ὑδροχόου· χρηματίσει οὖν καὶ ἡ κϛ′ καὶ κζ′
fin.
f.105vV μοῖρα. | 25

⟨ϛ′.⟩ Περὶ πήξεως τῶν ἀναφορῶν καὶ τῶν τριῶν ὅρων

1 Ἡ δὲ πῆξις τῶν ἀναφορῶν καὶ τῶν τριῶν ὅρων συνέστηκεν οὕτως.
2 ἔστω οὖν ὑποδείγματος χάριν κατὰ τὸ β′ κλίμα τὸν Κριὸν ἀναφέρεσθαι
3, 4 ἐν κ̅. ταύτας ἐδίπλωσα· γίνονται μ̅. προσέταξα τὴν α′ μοῖραν ο μ′,
αἵτινές εἰσι μ̅ ξ′, τὴν β′ μοῖραν α̅ κ′, τὴν γ′ β̅ ο, τὴν δ′ β̅ μ′, τὴν ε′ γ̅ κ′· 30
5 καὶ ἕως τῆς λ′ μοίρας ἐπισυναγόμενα τὰ ο μ′ πληροῖ τὰ κ̅ ἔτη. ἑξῆς δὲ τὸν
6 β′ ὅρον οὕτω συναρμόσομεν κατὰ τὴν α′ μοῖραν ἀκολούθως. ἐπεὶ ὁ

[VS] 5 τὸν πρῶτον ὅρον VS, corr. Kroll ‖ 7 πόστος V ‖ 9 ἐπίκτος VS, ἐπίκεντρος
Kroll ‖ 10 οὗτος S ‖ 11 ϱ post τῶν S │ δευτέρου S │ ὅρου ex ὀργάνου corr. S ‖
12 ζῳδίου] δευτέρου VS ‖ 14 τρόπον Kroll ‖ 15 προβλέπειν VS │ κλημακτηρικὸν V ‖
16 συνεμπέσαι V │ χρυκοπήσει V, χρυκοπήσει S, χρεοκοπήσει Kroll ‖ 18 τῶν]
τὸν V │ παρατηρησέον V ‖ 20 τὸν συναμφοῖν ἀριθμὸν VS, corr. Kroll ‖ 24 τόπω
VS │ καὶ² om. V │ post 25 spat. ca. 31 lin. f. 105ᵛ V ‖ 26–p. 348, 26 ϛ′ — εὕρον
om. V ‖ 29 ταῦτα S ‖ 30 ξ′] η S

290

Ταῦρος ἀναφέρεται ἐν κ̄δ̄, ταύτας ἐδίπλωσα· γίνονται μ̄η̄, ἃς προσέθηκα
ταῖς κ̄ τοῦ Κριοῦ. καὶ γίνονται κατὰ τὴν α' μοῖραν τοῦ Ταύρου κ̄ μη', 7
κατὰ τὴν β' μοῖραν κ̄ᾱ λϛ', κατὰ δὲ τὴν γ' κ̄β̄ κδ', κατὰ δὲ τὴν δ' κ̄γ̄ ιβ',
κατὰ δὲ τὴν ε' κ̄δ̄ ο· καὶ ἑξῆς ἕως τῆς λ' μοίρας τὰς ο μη' ταῖς κ̄ ἐπιπροσ-
5 θέντες εὑρήσομεν μ̄δ̄ ο. τὸν τρίτον ὅρον οὕτως ἐπισυντάξομαι ἀκολούθως· 8
⟨κατὰ⟩ τὴν α' μοῖραν τοῦ τρίτου ὅρου μ̄δ̄ νϛ', κατὰ δὲ τὴν β' μ̄ε̄ νβ', κατὰ
δὲ τὴν γ' μ̄ϛ̄ μη', κατὰ δὲ τὴν δ' μ̄ζ̄ μδ', κατὰ δὲ τὴν ε' μ̄η̄ μ', καὶ ἕως
τῆς λ' τὰς ο νϛ' ἐπισυντάξαντες εὑρήσομεν ο̄β̄. ὁμοίως δὲ καὶ ἐπὶ τῶν 9
λοιπῶν ζῳδίων προστάξαντες τὴν ἀναφορὰν τοῦ ζῳδίου ἐν τῷ α' ὅρῳ καὶ
10 ἐπικατάγοντες | εὑρήσομεν, ἐν δὲ τῷ β' τοῦ ἑξῆς ζῳδίου, ἐν δὲ τῷ γ' τοῦ f.144vS
γ' ζῳδίου καθ᾽ ὃ κλίμα τις βούλεται.

Περὶ μὲν οὖν τῶν ἀναφορῶν καὶ ἐν τῇ α' βίβλῳ ἐδηλώσαμεν, νυνὶ δὲ 10
τοὺς ὅρους διεκρίναμεν. διδασκαλικῶς μὲν οὖν οἶμαι καὶ προκεῖσθαι τὴν 11
ὑφήγησιν. καὶ ἦν ἀρκετὸν κατὰ τοὺς λοιποὺς ἐᾶσαι ἢ καὶ ὑποτάξαντας 12
15 γενέσεις οὐ μόνον ζ̄ (ὥς τινες) ἀλλὰ καὶ πλείους τὰς αἰτίας μὴ ἐκφᾶναι· οὐ
χρὴ δὲ συνεξομοιοῦσθαι κακίᾳ καὶ φθόνῳ. μή τις δὲ ἡμᾶς δόξῃ εὐμετά- 13
γνωτον ἦθος εἰληφέναι, ὑποτάξομεν [δὲ] ἀποδείξεις γενέσεων. ὅτι δὲ 14
ταύτῃ τῇ ἀγωγῇ καὶ οἱ παλαιοὶ κέχρηνται πρόδηλον ἡμῖν γέγονε καὶ ἐκ
τοῦ μυστικῶς εἰρηκέναι τὸν συγγραφέα· ῾ὅρον παντὸς ἀποτελεῖ ζωῆς
20 χρόνου ὁ κατὰ τὴν ἀναφορὰν τυχὼν τόπος· εἶτα ἐπὰν χρόνους μερίζῃ
ζωτικούς, ἐχόμενος ὁρᾶται πρακτικῶν τε καὶ ἀπράκτων χρόνων.᾿

⟨ζ'.⟩ Ὑποδείγματα γενέσεων

Ἔστω δὲ ἐπὶ ὑποδείγματος γένεσις· Νέρωνος ἔτος α', Ἀθὺρ β', ὥρα γ' 1
ἡμερινή. Ἥλιος Σκορπίου μοίρᾳ ι', Σελήνη Ὑδροχόου μοίρᾳ λ', ὡροσκόπος 2
25 Τοξότῃ. τὰς ῑ Ἡλίου μοίρας εἰς τὸ ὄργανον εἰσφέρω τὸ προκείμενον κατὰ 3
τὸν Σκορπίον, καὶ εὑρὼν παρακειμένους Ἰχθύας εἰς τοὺς Ἰχθύας πάλιν
τὰς ῑ τοῦ Ἡλίου μοίρας εἰσήνεγκα [τοῦ ὡροσκόπου], καὶ εὑρὼν παρακεί-
μενον Ζυγὸν ζητῶ ἐν τῷ Τοξότῃ· εὗρον περὶ μοίρας ιδ', ιε'. οὗτος οὖν 4
ἔσται ὁ ἡλιακὸς γνώμων ὁ ὡροσκοπικός, ὃν καὶ σημειοῦμαι. μετὰ τοῦτο 5

---

§§ 1–11: thema 3 (29 Oct. 54)

[S] 8 τῆς] τῶν S | ο] οὖν S | ἐπὶ συντάξεως S, corr. Kroll ‖ 9 ὅρων S, corr.
Kroll ‖ 10 τῶ S, τοῦ² Kroll ‖ 13 καὶ secl. Kroll | προσκεῖσθαι S, corr. Kroll ‖
14 ὑποτάξαντες S, corr. Kroll ‖ 15 ἐκφῆναι Kroll ‖ 16 εὐμετάγνωτον S, corr. Kroll ‖
17 ὑποτάξομαι S ‖ 20 χρόνος corr. in χρόνους S, χρόνου Kroll ‖ 21 ἐχομένως S, corr.
Kroll ‖ 22 ὑπόδειγμα γενέσεως⁷ S ‖ 24 νυκτερινὴ S, corr. G. H. ‖ 28 ζητῶν S, corr.
Kroll | εὑρὼν S, corr. Kroll | οὕτως S, corr. Kroll ‖ 29 κλῆρος (lineola inductum)
ἥλιος ἐ S, ἡλιακὸς Kroll

VETTIVS VALENS

ἔρχομαι ἐπὶ τὸ τῆς Σελήνης ζῴδιον (τουτέστι τὸν Ὑδροχόον), καὶ ζητῶ
6 ταῖς λ μοίραις ποῖον ζῴδιον παράκειται· εὗρον πάλιν Ὑδροχόον. εἰς τὸν
7 Ὑδροχόον δὲ εἰσφέρω τὰς εὑρεθείσας τοῦ ἡλιακοῦ γνώμονος ιδ, καὶ
εὑρίσκω παρακείμενον ζῴδιον Τοξότην. τοῦτο ζητῶ ἐν τῷ ὡροσκόπῳ·
8 εὗρον περὶ μοίρας α', β', γ'. οὗτος γέγονε σεληνιακὸς γνώμων ἐν τῷ α' 5
9 σελιδίῳ, ὁ δὲ ἡλιακὸς ἐν τῷ ϛ' σελιδίῳ. ἐπεὶ οὖν ὁ ἡλιακὸς γνώμων
f.145 8 προάγει, τὰ δὲ μεταξὺ σελίδιά ἐστι δ, ἅπερ εἰσὶ μοῖραι δ, ταύ|τας προσ-
τίθημι ταῖς προευρεθείσαις τοῦ ἡλιακοῦ γνώμονος μοίραις ιδ· ἄρα οὖν ὁ
10 ὡροσκόπος ἔσται Τοξότου μοίρᾳ ιη'. ταύτας ἔχων εἰσέρχομαι εἰς τὰ
ἀπογώνια, καὶ εὑρίσκω κατὰ τὸ ϛ' κλίμα ἐν τῷ γ' ὅρῳ ἔτη ογ· καὶ 10
11 ἐτελεύτησε τῷ ογ' ἔτει. εἰ δὲ ὁ τῆς Σελήνης γνώμων ὑπερεῖχεν, ἀφεῖλον
ἂν ἀπὸ τοῦ ἡλιακοῦ γνώμονος (τουτέστι τῶν ιδ) τὴν προσθαφαίρεσιν
(τουτέστι ⟨δ⟩)· καὶ γέγονεν ὁ ὡροσκόπος ἐν Τοξότου μοίρᾳ ι'.
12, 13 Ἄλλη. κλίμα δ'· Τίτου ἔτος α', Φαμενὼθ κ' εἰς τὴν κα'. Ἥλιος Ἰχθύων
14 μοίραις κθ, Σελήνη Αἰγοκέρωτος κζ', ὡροσκόπος Σκορπίῳ. ταῖς κθ τοῦ 15
15 Ἡλίου ἐν τῷ ὀργάνῳ κατὰ τοὺς Ἰχθύας παράκειται Καρκίνος. ἐν Καρκίνῳ
16 ταῖς κθ παράκειται Αἰγόκερως. τοῦτον ζητῶ ἐν τῷ Σκορπίῳ τῷ ὡροσκο-
17 ποῦντι· εὗρον παρακειμένας μοίρας δ', ε'. οὗτος ἡλιακὸς ὡροσκοπικὸς
18 γνώμων, ὃν σημειοῦμαι. εἶτα ἔρχομαι ἐπὶ τὸ σεληνιακὸν ζῴδιον τὸν
19 Αἰγοκέρωτα, καὶ κατὰ τὰς κζ μοίρας εὑρίσκω Κριόν. ἐν Κριῷ ζητῶ τὰς 20
δ', ε' τοῦ ἡλιακοῦ γνώμονος· εὗρον ἐν τῷ β' σελιδίῳ περὶ μοίρας δ', ε' τὸ
20 ζῴδιον Αἰγοκέρωτα. τοῦτον ἐν τῷ ὡροσκοποῦντι Σκορπίῳ ζητῶ· εὗρον
21 περὶ τὰς αὐτὰς μοίρας δ', ε' ἐν τῷ β' σελιδίῳ. συνεφώνησεν οὖν ὁ ἡλιακὸς
γνώμων τῷ σεληνιακῷ, καὶ δῆλον ὅτι οὔτε πρόσθεσιν οὔτε ἀφαίρεσιν ἡ
22 ὥρα ἔχει. ἔχων οὖν τὰς δ μοίρας ἔρχομαι εἰς τὰς ἀναφοράς, καὶ εὑρίσκω 25
κατὰ τὸ δ' κλίμα ἐν τῷ Σκορπίῳ τῷ ὡροσκοποῦντι εἰς τρίτον ὅρον
παρακείμενα ἔτη οβ λγ'· ἐτελεύτα ἐτῶν οβ 𐅵.
23 Ἄλλη. Τραϊανοῦ ἔτος ιζ'· κλίμα β'· ⟨Μεσωρὶ ιζ'⟩ εἰς ⟨ι⟩η', ὥρα
24 νυκτερινὴ δ'. Ἥλιος Λέοντος κβ', Σελήνη Ταύρου ιδ', ὡροσκόπος Κριῷ.
25 ἐν τῷ ὀργάνῳ κατὰ τὰς κβ μοίρας τοῦ Ἡλίου ἐν τῷ Λέοντι εὗρον Παρθέ- 30
26, 27 νον. ἐν Παρθένῳ εἰς τὰς κβ εὗρον Καρκίνον. τοῦτον ζητῶ ἐν ὡροσκόπῳ

---

§§ 12—22: thema 21 (16 Mar. 79) || §§ 23—35: thema 69 (10 Aug. 114)

[S] 2 εὑρὼν S, corr. Kroll | 3 δὴ sugg. Kroll | εὑρεθήσας S, corr. Kroll || 4 ὡρο-
σκόπῳ] ὅρῳ sugg. Kroll || 5 εὑρὼν S, corr. Kroll || 6 ὁ δὲ ἡλιακὸς iter. S, sed del. ||
7 αἵπερ sugg. Kroll || 8 προσευρεθείσαις S, corr. Kroll | ιη S, ιδ Kroll || 10 κ S,
κλίμα Kroll || 13 δ Kroll || 14 καὶ S, κλίμα Kroll || 15 ιθ S, κθ¹ Kroll || 16 παρά-
κεινται S, corr. Kroll || 18 εὑρὼν S, corr. Kroll || 20 μετὰ S, κατὰ Kroll || 22 εὑρὼν S,
corr. Kroll || 28 μεσωρὶ ιζ εἰς ιη G. H. || 29 ι S, δ G. H.

292

Κριῷ — τὸν Καρκίνον· εὗρον περὶ μοίρας κε̅. οὗτος ἔσται ὁ ἡλιακὸς 28
ὡροσκοπικὸς γνώμων. εἶτα ὁμοίως τὰς Σελήνης μοίρας ι̅δ̅ ἔχων εἰσέρχομαι 29
εἰς τὸν Ταῦρον, καὶ εὑρίσκω παρακειμένους Διδύμους. καὶ εἰσφέρω τὰς 30
τοῦ ἡλιακοῦ γνώμονος μοίρας κε̅, καὶ εὑρίσκω παρακείμενον Ὑδροχόον.
5 τοῦτον ζητῶ ἐν Κριῷ τῷ ὡροσκοποῦντι· εὗρον | περὶ μοίρας κα̅. οὗτος $^{31,\,32}_{\text{f.145vS}}$
γέγονε σεληνιακὸς γνώμων. μεταξὺ δὲ τούτου καὶ τοῦ ἡλιακοῦ γνώμονος 33
εὑρέθη σελίδιον ᾱ, ὃ δηλοῖ μοῖραν ᾱ. ταύτην προσέθηκα ταῖς προευρεθεί- 34
σαις μοίραις κε̅, καὶ γίνονται μοῖραι κζ̅· ὁ ὡροσκόπος Κριοῦ ἔσται
μοίραις κζ̅. εἰσῆλθον εἰς τὰς ἀναφορὰς τοῦ Κριοῦ κατὰ τὸ β′ κλίμα, καὶ 35
10 εὗρον ἐν τῷ β′ ὅρῳ κατὰ τὰς κζ̅ παρακείμενα ἔτη μ̅α̅ λς′· ἐτελεύτα τῷ
μβ′ ἔτει.

Ἄλλη. Τραϊανοῦ ἔτος ιη′, Παϋνὶ ιδ′, ὥρα ἡμερινὴ ε′· κλίμα α′. ὁ Ἥλιος 36, 37
Διδύμων κ′, Σελήνη Ταύρου κζ′, ὡροσκόπος Παρθένῳ. ταῖς κ̅ μοίραις 38
τοῦ Ἡλίου παράκειται Καρκίνος· ἐν Καρκίνῳ ταῖς κ̅ παράκειται Παρθέ-
15 νος. Παρθένον ζητῶ ἐν τῷ ὡροσκοποῦντι· εὗρον περὶ μοίρας α′, β′, γ′. 39
οὗτος ἡλιακὸς γνώμων. εἶτα ταῖς τῆς Σελήνης μοίραις κζ̅ παράκειται 40, 41
Κριός. ἐν Κριῷ τὰς τοῦ ἡλιακοῦ γνώμονος ζητῶ α′, β′, γ′· εὗρον Λέοντα. 42
τοῦτον ζητῶ ἐν Παρθένῳ· εὗρον περὶ μοίρας δ′, ε′. μεταξὺ δὲ οὐδὲν 43, 44
σελίδιον· ὡροσκόπος Παρθένου α′ μοίρα. εἰσῆλθον εἰς τὰς ἀναφορὰς 45
20 ἐν τῷ α′ κλίματι, καὶ εὗρον κατὰ τὴν α′ μοῖραν τῆς Παρθένου ἐν τῷ β′
ὅρῳ ἔτη λ̅θ̅ λς′· ἐτελεύτα ἐτῶν μ̅.

Ἄλλη. Ἀδριανοῦ ιβ′, Ἀθὺρ α′, ὥρα ἡμερινὴ θ′· κλίμα α′. Ἥλιος 46, 47
Σκορπίου η′, Σελήνη Αἰγοκέρωτος ιζ′, ὡροσκόπος Ἰχθύσιν. μοίραις η̅ 48
⟨ἐν⟩ τῷ Σκορπίῳ παράκειται Ταῦρος, ἐν Ταύρῳ Ζυγός. τοῦτον ἐν 49
25 Ἰχθύσιν εὗρον περὶ μοίρας θ. εἶτα ταῖς ι̅ζ̅ ἐν τῷ Αἰγοκέρωτι ταῖς σεληνια- 50
καῖς μοίραις παράκειται Ταῦρος· ἐν Ταύρῳ ταῖς τοῦ ἡλιακοῦ γνώμονος
μοίραις θ παράκειται Παρθένος. Παρθένον ἐν Ἰχθύσιν εὗρον περὶ μοίρας 51
ι̅ζ̅. τὰ μεταξὺ σελίδια β̅, ἅτινά εἰσι β̅ μοῖραι. ταῦτα ἀφαιρῶ ἀπὸ τοῦ 52, 53
ἡλιακοῦ γνώμονος, τῶν θ̅, ἐπεὶ ὁ σεληνιακὸς γνώμων εὑρέθη προάγων·
30 καὶ λοιπαὶ γίνονται ζ̅, αἵτινες ἐν Ἰχθύσιν ὡροσκοποῦσιν. αἷς παράκεινται 54
κατὰ τὸ α′ κλίμα ἐν τῷ β′ ὅρῳ ἔτη κ̅ς̅ μγ′· ἔζησεν ἔτη κ̅ζ̅.

Ἄλλη. Οὐεσπασιανοῦ ἔτος α′, Ἐπιφὶ κβ′, ὥρα ἡμερινὴ ε′· κλίμα ς′. 55
Ἥλιος Καρκίνου κη′, Σελήνη Σκορπίου γ′, ὡροσκόπος Ζυγῷ. ταῖς κ̅η̅ 56, 57

§§ 36—45: thema 73 (8 Iun. 115) ‖ §§ 46—54: thema 99 (28 Oct. 127) ‖ §§ 55—
63: thema 13 (16 Iul. 69)

[S] 9 εἰσελθὼν S, corr. Kroll ‖ 10 εὗρων S, corr. Kroll ‖ 12 κλίμα α′] κδ S ‖
17 πρῶτον S, a Kroll ‖ 18 ζητῶν S, corr. Kroll ‖ 22 α′²] ε S ‖ 25 ἐν ταῖς ιζ τοῦ S ‖
31 ἔξησεν S

μοίραις τοῦ Ἡλίου παράκειται Ὑδροχόος, ἐν Ὑδροχόῳ ταῖς κη πάλιν
58, 59 Ὑδροχόος. τοῦτον Ζυγῷ εὗρον περὶ μοίρας δ′, ε′, ϛ′. εἶτα ταῖς τῆς
60 Σελήνης μοίραις γ̄ ἐν Σκορπίῳ παράκειται Σκορπίος. ἐν τούτῳ ζητῶ τὰς
τοῦ ἡλιακοῦ γνώμονος μοίρας δ′, ε′· εὗρον παρακείμενον Αἰγοκέρωτα.
61, 62 τοῦτον Ζυγῷ εὗρον περὶ μοίρας κβ̄. τὰ | μεταξὺ σελίδια τοῦ τε ἡλιακοῦ 5
f.146 8 καὶ τοῦ σεληνιακοῦ γνώμονος εὑρέθησαν [μοῖραι] ζ, ἅτινα ἀφαιρῶ ἀπὸ
τῶν δ τοῦ Ζυγοῦ· λοιπαὶ γίνονται Παρθένου μοῖραι κζ̄, αἵτινες ὡροσκο-
63 ποῦσιν. ταύταις παράκειται ἐν τῷ ϛ′ κλίματι ἐν τῷ β′ ὅρῳ ἔτη πα·
ἐτελεύτα ἐτῶν πᾱ.
64, 65 Ἄλλη. Τραϊανοῦ ἔτος ιη′, Θὼθ ιδ′ εἰς ιε′, ὥρα νυκτερινὴ θ′. Ἥλιος 10
66 Παρθένου κβ′, Σελήνη Ὑδροχόου δ′, ⟨ὡροσκόπος Λέοντι. ταῖς κβ̄
μοίραις τοῦ Ἡλίου⟩ παράκειται Καρκίνος, ἐν Καρκίνῳ ⟨Τοξότης.
67, 68 τοῦτον ἐν Λέοντι εὗρον περὶ μοίρας⟩ α′, β′, γ′. ⟨εἶτα ταῖς τῆς Σελήνης
69 μοίραις δ ἐν Ὑδροχόῳ⟩ παράκειται Τοξότης. τοῦτον ἐν Λέοντι τῷ
70 ὡροσκοποῦντι ὁμοίως εὗρον περὶ τὴν αὐτὴν μοῖραν α′, β′, γ′. ὡροσκοπεῖ 15
Λέοντος μοῖρα α′, ᾗ παράκειται κατὰ τὸ α′ κλίμα ἔτος ᾱ· ἐτελεύτα τῷ
α′ ἔτει.
71, 72 Ἄλλη. Ἀντωνίνου ἔτος ε′, Τυβὶ κη′ εἰς κθ′, ὥρα νυκτερινὴ ια′. Ἥλιος
73 Ὑδροχόου ϛ′, Σελήνη Ταύρου κη′, ὡροσκόπος Αἰγοκέρωτι. ⟨μοίραις⟩
74 ζ̄ ⟨ἐν⟩ τῷ Ὑδροχόῳ παράκειται Παρθένος, ἐν Παρθένῳ Καρκίνος. τοῦτον 20
75 ἐν Αἰγοκέρωτι τῷ ὡροσκοποῦντι εὗρον περὶ μοίρας α′, β′. τῇ δὲ κη′
σεληνιακῇ μοίρᾳ ἐν Ταύρῳ παράκειται Κριός· ἐν Κριῷ τὴν α′, β′ εἰσενέγ-
76, 77 κας εὗρον Λέοντα. τοῦτον ἐν Αἰγοκέρωτι εὗρον περὶ μοίρας ι′, ια′. τὰ
78 μεταξὺ σελίδια γ̄. ἀφαιρῶ ἀπὸ τῆς α′ τοῦ Αἰγοκέρωτος τὰς γ̄· καὶ
79 γίνονται λοιπαὶ Τοξότου κη̄, ⟨αἵ⟩ εἰσιν ⟨ὡροσκοποῦσαι. ταύταις παράκειν-25
ται κατὰ τὸ ο κλίμα λ̄ ο⟩· εἰσὶν μῆνες· ἐτελεύτα ἐτῶν γ̄.
80, 81 Ἄλλη. Ἀντωνίνου ἔτος ιε′, Τυβὶ ιβ′, ὥρα ἡμερινὴ α′. Ἥλιος Αἰγοκέρω-
82 τος κ′, Σελήνη Διδύμων κη′, ὡροσκόπος Αἰγοκέρωτι. ταῖς κ̄ τοῦ Αἰγο-
83 κέρωτος παράκειται Ζυγός, ἐν Ζυγῷ Ἰχθύες. τούτους ἐν τῷ ὡροσκοποῦντι
84 εὗρον Αἰγοκέρωτι περὶ μοίρας κθ′, λ′. εἶτα ταῖς κη̄ σεληνιακαῖς μοίραις ἐν 30
Διδύμοις ⟨εὗρον⟩ παρακείμενον Ὑδροχόον, ἐν Ὑδροχόῳ ταῖς κθ̄ μοίραις
85 τοῦ ἡλιακοῦ γνώμονος εὗρον πάλιν Ὑδροχόον. τοῦτον ἐν Αἰγοκέρωτι

___

§§ 64–70: thema 66 (10 Sept. 113) ‖ §§ 71–79: thema 110 (24 Ian. 142) ‖
§§ 80–87: thema 114 (8 Ian. 152)

[S] 6 μοῖραι secl. Kroll ‖ 8 για (ex ΓΙΑ) S, πα Kroll ‖ 12 ♎ ἐν ♎ τῇ S ‖ 18 τι-
μὶ S, Τυβὶ Kroll ‖ 20 ♊ S, τοῦτον Kroll ‖ 22 τῇ S, τὴν Kroll ‖ 24 α′] β S | τῆς
♍ S ‖ 25 αἵ Kroll ‖ 27 τυμὶ S, corr. Kroll ‖ 28 Αἰγοκέρωτος] ♀ S ‖ 29 τοῦτον S,
corr. Kroll ‖ 31 εὗρον Kroll | μ S, μοίραις Kroll

εὗρον περὶ μοίρας κγ′, κδ′. τὰ δὲ μεταξὺ σελίδια β̄, ἃ προσέθηκα ταῖς κ̄θ̄ 86
τοῦ Αἰγοκέρωτος. καὶ γέγονεν ὁ ὡροσκόπος Ὑδροχόου μοίρᾳ α′, ῇ 87
παράκειται κατὰ τὸ ϛ′ κλίμα ο μδ′· ἐτελεύτα ἐν τῷ α′.
Ἄλλη. Ἀντωνίνου ἔτος κα′, Ἀθὺρ κη′ εἰς κθ′, ὥρα νυκτερινὴ γ′. Ἥλιος 88, 89
5 Τοξότου ϛ′, Σελήνη Ὑδροχόου γ′, ὡροσκόπος Καρκίνῳ. ταῖς ζ̄ τοῦ 90
Τοξότου παράκειται Καρκίνος, ἐν Καρκίνῳ ⟨Κριός. τοῦτον ἐν Καρκίνῳ⟩ 91
τῷ ὡροσκοποῦντι εὗρον περὶ τὴν αὐτὴν ϛ′ μοῖραν. ὁμοίως ταῖς τῆς 92
Σελήνης γ̄ μοίραις ἐν Ὑδροχόῳ παράκειται Καρκίνος, ἐν Καρκίνῳ γ′
παράκειται Παρθένος. ταύτην ἐν Καρκίνῳ τῷ ὡροσκοποῦντι εὗρον περὶ 93
10 μοίρας κ̄. τὰ μεταξὺ σελίδια ε̄. ταύτας ἀφεῖλον ἀπὸ τῶν ζ̄, καὶ λοιπαὶ 94, 95
γίνονται Καρκίνου μοῖρα α′, ἥτις | καὶ ὡροσκοπεῖ. ταύτῃ παράκειται ᾱ $\frac{\text{f.146vS}}{96}$
β′· ἔζησεν ἔτος ᾱ.
Ἄλλη. κλίμα ϛ′· Τραϊανοῦ ἔτος η′, Φαρμουθὶ κϛ′. ὡροσκόπον οἱ 97, 98
πλείους ἔφερον Καρκίνῳ βουλόμενοί που ἀγαθοποιοὺς κεντρῶσαι,
15 εὕρομεν δὲ ἡμεῖς ἐκ τῶν πραγμάτων Διδύμοις. Ἥλιος Ταύρου γ′, Σελήνη 99
Τοξότου κα′. ταῖς γ̄ μοίραις τοῦ Ἡλίου παράκειται Ὑδροχόος, ἐν τούτῳ 100
⟨.... τοῦτον ἐν Διδύμοις περὶ⟩ τὰς κ̄γ̄ εὗρον. ⟨ταῖς τῆς Σελήνης κ̄ᾱ 101, 102
μοίραις παράκειται ..., ἐν ...⟩ Σκορπίος. τοῦτον ἐν Διδύμοις εὗρον περὶ 103
μοίρας ῑη̄. τὸ μεταξὺ σελίδιον ᾱ. προστίθημι ταῖς κ̄γ̄· καὶ γίνονται κ̄δ̄, 104, 105
20 αἵτινες ἐν Διδύμοις ὡροσκόπουν. εἰσελθὼν κατὰ τὸ ϛ′ κλίμα εὗρον κ̄ᾱ 106
νε′· ἐβίωσεν ἔτη κ̄β̄ ἡμέρας μ̄ε̄.

Ταῖς μὲν οὖν συντεταγμέναις παραγγελίαις καὶ κλιμακτηρικαῖς 107
ἀγωγαῖς προσέχων τις οὐ διαμαρτήσει. ὥσπερ δὲ οἰκοδεσπότης ἢ αἵρεσις 108
ἢ ἀκτινοβολία ὁτὲ μὲν πρόσθεσιν ἐτῶν ἔχει, ὁτὲ δὲ ἀφαίρεσιν κατὰ τὰς
25 τῶν ἀγαθοποιῶν μαρτυρίας, τὸν αὐτὸν τρόπον καὶ αὕτη ἡ ἀγωγὴ ἔχει·
ἔστι δὲ ἡ διάκρισις μετὰ πολλοῦ πόνου οὕτως ἡμῖν ἐζητημένη, ἣν καὶ
ὑποτάξομεν δι᾽ ὑποδειγμάτων.

Ἄλλη. Ἀδριανοῦ ἔτος θ′, Φαμενὼθ κη′ εἰς κθ′, ὥρα νυκτερινὴ γ′. 109
Ἥλιος Κριοῦ ϛ′, Σελήνη Κριοῦ λ′, ὡροσκόπος Σκορπίῳ. ταῖς ζ̄ τοῦ 110, 111
30 Κριοῦ παράκειται Τοξότης, ἐν Τοξότῃ ταῖς ζ̄ Καρκίνος. τοῦτον ἐν 112
Σκορπίῳ εὗρον περὶ μοίρας κ̄β̄· οὗτος ἔσται ἡλιακὸς ὡροσκοπικὸς
γνώμων. εἰσελθὼν δὲ κατὰ τὰς λ̄ τῆς Σελήνης μοίρας εὗρον Σκορπίον, ἐν 113
Σκορπίῳ τὰς τοῦ ἡλιακοῦ γνώμονος μοίρας κ̄β̄ εὗρον περὶ τὸν αὐτόν.
συνεφώνησεν οὖν ὁ ἡλιακὸς γνώμων τῷ σεληνιακῷ γνώμονι. τὴν οὖν 114, 115

§§ 88—96: thema 117 (24 Nov. 157) ‖ §§ 97—106: thema 52 (21 Apr. 105) ‖
§§ 109—122: thema 97 (24 Mar. 125)

[S] 1 ἃ secl. Kroll ‖ 5 γ] ε S ‖ 8 γ′] ζ S ‖ 9 ταύτην] ⥥ S ‖ 12 ἔτος] μ S ‖
20 κα] κδ S ‖ 26 ἐζητημένου S, corr. Kroll ‖ 28 νυκτερινὴ ὥρα S, corr. Kroll ‖
32 δὲ] καὶ S

116 διάκρισιν οὕτως ἐποιησάμην. ἔλαβον τὰς λοιπὰς τοῦ ὡροσκόπου μοίρας
ῆ καὶ ἃς ἐπέχει ὁ Ἥλιος μοίρας ζ καὶ ἃς ἐπέχει ἡ Σελήνη μοίρας λ· καὶ
117 γίνονται μοῖραι μδ. ταύτας ἀπέλυσα ἀπὸ τοῦ σεληνιακοῦ ζῳδίου, Κριοῦ·
καὶ κατέληξε περὶ τὴν δ' καὶ ι' μοῖραν τοῦ Ταύρου ἐν τόπῳ Διδύμων.
118, 119 τούτους ζητῶ ἐν Σκορπίῳ τῷ ὡροσκόπῳ, καὶ εὗρον περὶ μοίρας ιβ. τὰ 5
120 οὖν μεταξὺ τῆς κβ' μοίρας σελίδιά ἐστι γ. ταύτας προστίθημι ταῖς κβ
μοίραις· καὶ γίνονται ὡροσκοποῦσαι διευκρινημένως ἐν Σκορπίῳ μοῖραι
121 κε, αἷς παράκειται κατὰ τὸ ς' κλίμα ἐν τῷ α' ὅρῳ λα κη'. ἐτελεύτα τῷ
f.147 8 λα' ἔτει. | οἱ μέντοι πλεῖστοι περιφεύγοντες τὴν τοῦ Ἄρεως ἀντίζυγον
122
στάσιν ἔφερον Ζυγῷ τὸν ὡροσκόπον. 10
123, 124 Ἄλλη. Ἀδριανοῦ ἔτος ιε', Ἐπιφὶ ις', ὥρα ἡμερινὴ γ'. Ἥλιος Καρκίνου
125 κ', Σελήνη Διδύμων κε', ὡροσκόπος Παρθένῳ. ταῖς κ τοῦ Καρκίνου
126 παράκειται Παρθένος, ἐν Παρθένῳ Καρκίνος. τοῦτον ἐν τῷ ὡροσκοποῦντι
127 εὗρον ἐν τῇ κ' μοίρᾳ. ὁμοίως ταῖς τῆς Σελήνης μοίραις κε παράκειται
Ὑδροχόος, ⟨ἐν⟩ Ὑδροχόῳ ἐν ταῖς κ τοῦ ἡλιακοῦ γνώμονος εὑρέθη Κριός. 15
128, 129 τοῦτον ἐν Παρθένῳ εὗρον περὶ μοίρας κθ. ἐπεὶ οὖν ὁ σεληνιακὸς γνώμων
130 προάγει τοῦ ἡλιακοῦ γνώμονος, τὰ μεταξὺ σελίδιά ἐστι β. ταύτας ἀφαιρῶ
131 ἐκ τῶν κ· καὶ λοιπαὶ γίνονται ἐν Παρθένῳ μοῖραι ιη. τὴν δὲ διευκρίνησιν
οὕτως ἐποιησάμην· ἔλαβον τὰς λοιπὰς τῆς Παρθένου μοίρας ιβ καὶ
132 ἅσπερ εἶχεν ὁ Ἥλιος κ καὶ ἃς ἐπέχει ἡ Σελήνη κε· καὶ γίνονται νζ. ταῦτα 20
ἀπέλυσα ἀπὸ τοῦ σεληνιακοῦ ζῳδίου· καὶ κατέληξε Καρκίνου μοίραις
133 κζ, αἵτινες σημαίνουσι τόπον Ὑδροχόου. Ὑδροχόον ζητῶν ἐν Παρθένῳ
134, 135 εὗρον περὶ μοίρας κς. τὰ δὲ μεταξὺ τῆς κ' μοίρας σελίδια β. ἀφαιρῶ ἐκ
τῶν ⟨ι⟩η· λοιπαὶ γίνονται ις Παρθένου, αἷς παράκειται κατὰ τὸ β' κλίμα
136 κα κ'. ἐτελεύτα τῷ κα' ἔτει. 25
137, 138 Ἄλλη. Νέρωνος ἔτος ιδ', Θὼθ ιδ' εἰς ιε', ὥρα νυκτερινὴ ια'. Ἥλιος
139 Παρθένου κε', Σελήνη Κριοῦ ι', ὡροσκόπος Παρθένῳ. ταῖς κε μοίραις
τῆς Παρθένου παράκειται Αἰγόκερως, ἐν Αἰγοκέρωτι κε παράκειται
140, 141 Σκορπίος. τοῦτον ζητῶ ἐν Παρθένῳ· εὗρον περὶ μοίρας ια. εἶτα τῇ
σεληνιακῇ μοίρᾳ ι' ἐν Κριῷ παράκειται Παρθένος, ἐν Παρθένῳ ταῖς ια 30
142 Σκορπίος. λαμβάνω οὖν τὰς λοιπὰς μοίρας τῆς Παρθένου ιθ καὶ ἃς
143 ἐπέχει ὁ Ἥλιος μοίρας κε καὶ ἃς ἐπέχει ἡ Σελήνη ι· γίνονται νδ. ταύτας

§§ 123—136: thema 102 (10 Iul. 131) ‖ §§ 137—148: thema 11 (13 Sept. 67)

[S] 2 ἀπέχει S, ἐπέχει² Kroll ‖ a S, λ Kroll ‖ 5 τὰ] τὰς S ‖ 8 παράκεινται Kroll ‖
9 πλεῖστον S, corr. Kroll ‖ 11 ἔτο S, corr. Kroll ‖ 17 τὸν ἡλιακὸν γνώμονα S, τοῦ
ἡλιακοῦ γνώμονος sugg. Kroll ‖ 20 ἅπερ S, ἅσπερ sugg. Kroll ‖ 23 κ'] ιη S ‖ β]
η S ‖ 29 τῆς S

ἀπολύω ἀπὸ τοῦ σεληνιακοῦ ζῳδίου· καὶ καταλήγει Ταύρου μοίραις κδ͞,
αἷς παράκειται Καρκίνος. τοῦτον ἐν Παρθένῳ εὗρον περὶ μοίρας κ͞. τὰ δὲ 144, 145
μεταξὺ σελίδια τῆς ια' μοίρας ἐτύγχανεν γ͞. ταύτας ἀφαιρῶ ἀπὸ τῶν ια͞· 146
καὶ λοιπαὶ η͞. τοσούτων μοιρῶν ὁ ὡροσκόπος Παρθένῳ. εἰσελθὼν οὖν εἰς 147, 148
5 τὰς ἀναφορὰς εὗρον ἐν τῷ γ' ὅρῳ τοῦ α' κλίματος παρακείμενα ἔτη π͞ς·
τοσούτων ἐτελεύτα.

Ἄλλη. Τραϊανοῦ ἔτος ιβ', Παϋνὶ η', ὥρα ἡμερινὴ β'. Ἥλιος Διδύμων 149, 150
μοίραις ι͞γ, Σελήνη Αἰγοκέρωτος δ͞, ὡροσκόπος Καρκίνῳ. ταῖς τῶν 151
Διδύμων μοίραις ι͞γ παράκειται Ζυγός, ἐν Ζυγῷ Παρθένος. ταύτην ἐν 152
10 τῷ | ὡροσκοποῦντι Καρκίνῳ εὗρον περὶ μοίρας κ͞. εἶτα ταῖς δ μοίραις τῆς f.147vS 153
Σελήνης ἐν Αἰγοκέρωτι εὗρον ⟨παρακειμένην⟩ Παρθένον, ἐν Παρθένῳ
ταῖς κ͞ τοῦ ἡλιακοῦ γνώμονος εὗρον Καρκίνον. τοῦτον ἐν τῷ ὡροσκοποῦντι 154
εὗρον περὶ μοίρας δ͞· οὗτος σεληνιακὸς γνώμων. ἐπεὶ οὖν προάγει ὁ 155
ἡλιακὸς γνώμων τοῦ σεληνιακοῦ, τὰ δὲ μεταξὺ σελίδια ζ͞, ταύτας προσ-
15 τίθημι ταῖς κ͞· καὶ γίνονται κ͞ς μοῖραι, αἵτινες ὡροσκοποῦσι Καρκίνῳ.
εἶτα λαμβάνω τὰς λοιπὰς δ τοῦ Καρκίνου καὶ τὰς ι͞γ τοῦ Ἡλίου καὶ τὰς 156
δ τῆς Σελήνης· γίνονται κ͞α. ταύτας ἀπέλυσα ἀπὸ Αἰγοκέρωτος· καὶ 157
καταλήγει περὶ τὴν κα' μοῖραν τοῦ αὐτοῦ ζῳδίου. ταύτας ζητῶ ἐν 158
Αἰγοκέρωτι· εὗρον Ζυγόν. τοῦτον ἐν Καρκίνῳ εὗρον περὶ μοίρας ι͞η. τὰ 159, 160
20 δὲ μεταξὺ τῆς κ͞ς σελίδια β͞. ταῦτα προστίθημι πάλιν ταῖς κ͞ς· καὶ γί- 161
νονται μοῖραι κ͞η, ὡροσκόπος Καρκίνῳ· διευκρινημένος δὲ οὗτος. εἰσελ- 162
θὼν οὖν εἰς τὸ ς' κλίμα εὗρον τῷ μὲν α' ὅρῳ παρακείμενα λ͞ κε', τῷ δὲ
β' ξ͞ξ νε', τῷ δὲ γ' ρι͞β η'. τοῦ μὲν α' ὅρου λογιζόμεθα ἔτη, τοῦ δὲ β' 163
καὶ τοῦ γ' μῆνας, οἳ γίνονται ἔγγιστα ρπ͞[ᾱ] ἅ ἐστιν ἔτη ι͞ε. καὶ τὰ τοῦ 164
25 α' ὅρου ἔτη λ͞· γίνονται ὁμοῦ μ͞ε ἔτη. ἐτελεύτα δὲ τῷ με' ἔτει. πρῶτον 165, 166
δέ, καθὼς προεῖπον, τῶν ὅρων τὰς παρακειμένας ὥρας λογίζεσθαι, εἶτα
ἡμέρας, εἶτα μῆνας, εἶτα ἔτη.

Ἄλλη. Δομετιανοῦ ἔτος β', Παχὼν κ', ὥρα ⟨ἡμερινὴ⟩ α'. Ἥλιος Ταύρου 167, 168
κζ', Σελήνη Παρθένου κ', ὡροσκόπος Διδύμοις. ταῖς κ͞ζ τοῦ Ταύρου 169
30 παράκειται Κριός, ἐν Κριῷ Καρκίνος. τοῦτον ἐν Διδύμοις εὗρον περὶ 170
μοίρας κ͞. ταῖς κ͞ τῆς Σελήνης ἐν Παρθένῳ παράκειται Καρκίνος, ἐν 171
Καρκίνῳ ταῖς προευρεθείσαις κ͞ παράκειται Παρθένος. ταύτην ἐν Διδύμοις 172
εὗρον περὶ μοίρας δ͞. τὰ μεταξὺ τῆς κ' σελίδια ζ͞· ταύτας προστίθημι ταῖς 173
κ͞· καὶ γίνονται κ͞ς Διδύμων. εἶτα λαμβάνω τὰς λοιπὰς τῶν Διδύμων δ 174
35 καὶ τὰς τοῦ Ἡλίου κ͞ζ καὶ τὰς τῆς Σελήνης κ͞· γίνονται ν͞α. ταύτας ἀπολύω 175

---

§§ 149–166: thema 57 (2 Iun. 109) ‖ §§ 167–178: thema 25 (15 Mar. 83)

[S] 5 πς] νς S ‖ 14 τὸν σεληνιακὸν S ‖ 16 εἶναι S, εἶτα Kroll ‖ 21 διευκρινημένως
δὲ οὕτως sugg. Kroll ‖ 23 ρι κη S ‖ λογιζόμενοι S, corr. Kroll ‖ 28 ιβ S

ἀπὸ τοῦ σεληνιακοῦ ζῳδίου· καὶ καταλήγει Ζυγοῦ μοίραις κ̄ᾱ, τόποις
176, 177 Καρκίνου. τοῦτον ἐν Διδύμοις εὗρον περὶ μοίρας ῑθ. τὰ μεταξὺ σελίδια ε̄.
178 ταύτας προστίθημι ταῖς κ̄ς τῶν Διδύμων· καὶ γίνεται ὁ ὡροσκόπος
Καρκίνου μοίρᾳ α', ᾗ παράκειται ἐν τῷ δ' κλίματι καὶ κατὰ τὸν γ' ὅρον
ἔτη ο̄ᾱ, ἃ καὶ ἐβίωσεν.   5
179, 180
f.1488 Ἄλλη. Δομετιανοῦ ἔτος ε', Ἀθὺρ κδ', | ὥρα ⟨ἡμερινὴ⟩ ε' ⌐. Ἥλιος
181 Τοξότου γ', Σελήνη Διδύμων δ', ὡροσκόπος Ἰχθύσιν. ταῖς ⟨γ̄⟩ μοίραις
182 τοῦ Τοξότου παράκειται Τοξότης, πάλιν ταῖς γ̄ Τοξότης. τοῦτον ἐν
183 Ἰχθύσι περὶ ια', ιβ' μοίρας εὗρον. εἶτα καὶ ταῖς τῆς Σελήνης μοίραις
δ ἐν Διδύμοις παράκειται Παρθένος, ἐν Παρθένῳ ταῖς ῑᾱ παράκειται 10
184, 185 Σκορπίος. τοῦτον ἐν Ἰχθύσιν εὗρον περὶ μοίρας κ̄ς. τὰ μεταξὺ σελίδια ε̄.
186, 187 ταύτας ἀφεῖλον ἀπὸ τῶν ῑᾱ· καὶ λοιπαὶ ζ. ἔλαβον οὖν τὰς λοιπὰς κ̄δ καὶ
188 Ἡλίου γ̄ καὶ Σελήνης δ̄· γίνονται λ̄ᾱ. ταύτας ἀπέλυσα ἀπὸ τῶν Διδύμων·
189 καὶ κατέληξαν Καρκίνου μοίρᾳ α', τόποις Σκορπίου. τοῦτον ἐν Ἰχθύσιν
190, 191 εὗρον πάλιν περὶ μοίρας κ̄ς. μεταξὺ σελίδια ζ. ταῦτα ἀφαιρῶ ἀπὸ τῶν ζ 15
τῶν Ἰχθύων· [εὗρον πάλιν περὶ μοίρας κ̄ς] λοιπαὶ γίνονται Ὑδροχόου
192 μοῖραι κ̄θ, αἵτινες ὡροσκοποῦσιν. ταύταις παράκειται κατὰ τὸ δ' κλίμα
193 τῷ μὲν πρώτῳ ὅρῳ κ̄β λγ', τῷ δὲ β' ὅρῳ μ̄β κζ'· γίνονται ξ̄ε. ἐτελεύτα
τῷ ξε' ἔτει.
194, 195 Ἄλλη. Τίτου ἔτος β', Χοιὰκ α', ὥρα ⟨ἡμερινὴ⟩ θ' ⌐. Ἥλιος Τοξότου 20
196 η', Σελήνη Ταύρου κζ', ὡροσκόπος Ταύρῳ. ταῖς η̄ τοῦ Τοξότου παράκειται
197 Καρκίνος, ἐν Καρκίνῳ Ταῦρος. τοῦτον ἐν τῷ αὐτῷ, ὡροσκόπῳ, περὶ
198 μοίρας α', β', γ' εὗρον. ταῖς κ̄ς τῆς Σελήνης ἐν Ταύρῳ παράκειται Κριός,
199 ἐν τῷ Κριῷ τῇ α', β', γ' παράκειται Λέων. τοῦτον ἐν Ταύρῳ εὗρον περὶ
200, 201 μοίρας ῑθ. τὰ μεταξὺ σελίδια ζ. ταῦτα ἀφαιρῶ ἀπὸ τῆς α' Ταύρου· καὶ 25
202 λοιπαὶ Κριοῦ κ̄ε. λοιπαὶ Κριοῦ ε̄ καὶ Ἡλίου η̄ καὶ Σελήνης κ̄ς· γίνονται
203 ⟨μ̄⟩. ταύτας ἀπολύω ἀπὸ τοῦ σεληνιακοῦ ζῳδίου· καὶ καταλήγει Διδύμων
204, 205 μοίρᾳ ι', τόποις Τοξότου. τοῦτον ἐν Κριῷ εὗρον περὶ μοίρας ς', ζ'. καὶ τὰ
206 μεταξὺ τῆς κε' μοίρας ἐστὶν ζ. ταύτας προσέθηκα ταῖς κ̄ε τοῦ Κριοῦ·
γίνεται ἡ ὥρα Ταύρου μοίρᾳ α', ᾗ παράκειται κατὰ τὸ Βαβυλῶνος κλίμα 30
207 τῷ μὲν α' ὅρῳ ο μη', τῷ β' κ̄δ νς', τῷ δὲ γ' ν̄γ δ'. συνέθηκα οὖν τοὺς γ̄
208 ὅρους· γίνονται ο̄η μη'. ἐβίωσεν ἔτη ο̄ζ μβ'.

§§ 179–193: thema 27 (20 Nov. 85) ‖ §§ 194–208: thema 22 (28 Nov. 79)

[S] 2 τούτοις S, ταύτας Kroll | ιθ] ια S ‖ 7 τὰς S, ταῖς Kroll ‖ 9 τὰς S, ταῖς
Kroll ‖ 12 ιβ S, ια Kroll ‖ 14 τόπος S, τόπῳ Kroll ‖ 15 σελίδια] ζώδια S ‖ 16 εὗρον –
κς secl. Kroll ‖ 22 ὅρῳ sugg. Kroll ‖ 23 γζ S, κζ Kroll ‖ 26 λοιπὸν S, λοιπαὶ[1] sugg.
Kroll ‖ 26–28 κε – κριῷ in marg. S ‖ 27 μ Kroll ‖ 28 τόπος S, τόπῳ Kroll ‖
32 μβ'] μῆνας β sugg. Kroll

Ἄλλη. Ἀντωνίνου ἔτος ιδ΄, Μεχὶρ κγ΄, ὥρα ἡμερινὴ ϑ΄. Ἥλιος Ἰχϑύων 209, 210
γ΄, Σελήνη Λέοντος ιγ΄, ὡροσκόπος Καρκίνῳ. ταῖς τοῦ Ἡλίου ȳ μοίραις 211
παράκεινται Ἰχϑύες. τούτους ἐν Καρκίνῳ εὗρον περὶ μοίρας ῑ. ὁμοίως 212, 213
ταῖς ῑγ μοίραις τῆς Σελήνης τῆς ἐν Λέοντι παράκειται Ὑδροχόος,
5 ⟨Ὑδροχόου⟩ ταῖς ῑ παράκειται Ζυγός. τοῦτον ἐν Καρκίνῳ εὗρον περὶ 214
μοίρας ῑη. τὰ μεταξὺ σελίδια β̄. ταῦτα ἀφεῖλον ἀπὸ τῶν ῑ· λοιπαὶ ῑη. 215, 216
ἔλαβον τὰς λοιπὰς κ̄β̄ τοῦ Καρκίνου καὶ Ἡλίου ȳ καὶ Σελήνης ῑγ· γίνονται 217
λ̄η. ταύτας ἀπέλυσα ἀπὸ Σελήνης· καὶ κατέληξεν ἐν Παρθένῳ η΄, τόποις 218
Ζυγοῦ. τοῦτον εὗρον ἐν Καρκίνῳ περὶ μοίρας ῑη. τὰ μεταξὺ τῆς η΄ μοίρας 219, 220
10 ἐστὶ σελίδια ȳ. ταύτας ἀφεῖλον ἀπὸ τῶν η̄· λοιπαὶ γίνονται ē | Καρκίνου 221
μοῖραι, αἷς παράκειται ē κ΄. ἐτελεύτα τῷ ς΄ ἔτει. 222 f.148vS

Ἄλλη. Ἀδριανοῦ ἔτος ε΄, Παχὼν κγ΄ εἰς κδ΄, ὥρα νυκτερινὴ δ΄. ⟨ὡροσκό- 223, 224
πος⟩ γέγονεν Αἰγοκέρωτι· εὕρομεν δὲ ἡμεῖς Ὑδροχόῳ οὕτως. Ἥλιος 225
Ταύρου κϑ΄, Σελήνη Σκορπίου ιε΄. ταῖς κ̄ϑ̄ τοῦ Ταύρου παράκειται 226
15 Σκορπίος, ἐν Σκορπίῳ Ζυγός. τοῦτον ἐν Ὑδροχόῳ εὗρον περὶ μοίρας ῑ. 227
εἶτα ταῖς ῑε τῆς Σελήνης παράκειται Παρθένος, ἐν Παρθένῳ ἐν ταῖς 228
προευρεθείσαις Ζυγός. τοῦτον ἐν Ὑδροχόῳ περὶ τὴν αὐτὴν μοῖραν εὗρον. 229
λοιπαὶ οὖν τοῦ Ὑδροχόου κ̄ καὶ Ἡλίου κ̄ϑ̄ καὶ Σελήνης ῑε· γίνονται ξ̄δ. 230
ταύτας ἀπολύω ἀπὸ Σελήνης· καὶ καταλήγει Αἰγοκέρωτος δ΄, τόπῳ 231
20 Παρθένου. ζητῶ Παρθένον ἐν Ὑδροχόῳ τῷ ὡροσκοποῦντι· εὗρον περὶ 232
μοίρας ζ̄. τὸ μεταξὺ σελίδιον ᾱ. τοῦτο προστίθημι ταῖς ῑ μοίραις· καὶ 233, 234
γίνεται ὡροσκόπος Ὑδροχόου μοῖρα ῑα, αἷς παράκειται κατὰ τὸ β΄
κλίμα ἐν τῷ β΄ ὅρῳ λ̄α κε΄. ἐτελεύτα συμπληρώσας ἔτη λ̄β. 235

Ὅθεν οὐ δεῖ πιστεύειν πάντοτε τοῖς διδομένοις ὡροσκόποις, καὶ μάλιστα 236
25 ἐπὶ τῶν νυκτερινῶν γενέσεων ἢ ἐν τῷ χειμερινῷ κύκλῳ ἐχόντων τὸν
Ἥλιον διὰ τὸ ζοφῶδες τοῦ ἀέρος καὶ εἰκαστικὸν τῶν ὡρῶν, ἀλλὰ καὶ [κατὰ]
τὸν λογιζόμενον ὡροσκόπον συγκρίνειν καὶ τὰ παρ᾽ ἑκάτερα ζώδια. καὶ 237
ἐὰν μὲν τὸ προαναφερόμενον δοκιμάζειν θέλῃ, ἀφαιρεῖν δεήσει ἐκ τῶν
προεψηφισμένων σεληνιακῶν μοιρῶν κατὰ τὴν λογισθεῖσαν ὥραν τὸ
30 ἐπιβάλλον τῷ ζῳδίῳ ἢ ταῖς ὥραις κατὰ τὸ δρόμημα, ἐν δὲ τῷ ἐπαναφερο-
μένῳ ζῳδίῳ προστιθέναι ταῖς τῆς Σελήνης μοίραις ὁμοίως τὸ ἐπιβάλλον·
οὕτως γὰρ ἀεὶ ἄπταιστος ἡ διαίρεσις κριθήσεται.

§§ 209–222: thema 112 (17 Feb. 151) ǁ §§ 223–235: thema 87 (18 Mai. 121)

[S] 1 περὶ S, ὥρα Kroll ǁ 2 καὶ S, Σελήνη Kroll ǁ 3 παράκειται S, corr. Kroll ǁ
6 σελίδια] ζώδια S̃ | τῶν] τοῦ S ǁ 8 τόπος S, τόπῳ Kroll ǁ 10 σελίδια] ζώδια S ǁ
11 ἔτη S ǁ 12 εἰς κδ iter. S | ει S, ι Kroll, ὃ G. H. | ὡροσκόπος Kroll ǁ 13 εὗρον
μὲν S, corr. Kroll ǁ 14 Ταύρου¹] ζ S, Ταύρῳ Kroll ǁ 17 προσευρεθείσαις S, corr.
Kroll ǁ 26 κατὰ secl. Kroll ǁ 29 ☾ κὸς S, corr. Kroll ǁ 29–31 λογισθεῖσαν − προσ-
τιθέναι in marg. S ǁ 30 ζῴδιον S, corr. Kroll

VETTIVS VALENS

238 Ἄλλη. Ἀδριανοῦ ἔτος γ', Φαμενὼθ κθ' εἰς λ', ὥρα νυκτερινὴ α' ᵋ.
239, 240 Ἥλιος Κριοῦ μοίραις ζ, Σελήνη Ἰχθύων β, ὡροσκόπος Σκορπίῳ. ⟨οὗτος⟩
μὲν καθ᾽ αὑτὸν οὐκ ἐδήλου [δὲ] τὴν ὑπόστασιν τῶν ἐτῶν, ἐκ δὲ τῆς
ἐκβάσεως τοῦ ἀποτελέσματος καὶ τῆς διακρίσεως ἀπὸ τοῦ Τοξότου ἐν
241 τῷ Σκορπίῳ εὑρέθη οὕτως. ταῖς ζ τοῦ Κριοῦ παράκειται Τοξότης, ταῖς 5
242 τοῦ Τοξότου ζ παράκειται Καρκίνος. τοῦτον ἐν τῷ ἀναγκαστικῷ ὡρο-
σκόπῳ τῷ Τοξότῃ ⟨ζητῶ⟩ ἵνα ὁ κατὰ φύσιν εὑρεθῇ· δῆλον περὶ τὴν
243 αὐτὴν μοῖραν ς' εἶναι. εἶτα Σελήνης Ἰχθύων μοίραις β παράκεινται
244 Ἰχθύες, ἐν Ἰχθύσι ταῖς ζ παράκειται Ταῦρος. τοῦτον ἐν Τοξότῃ ⟨εὗρον⟩
245, 246 περὶ μοίρας ιβ. μεταξὺ σελίδιον ā. τοῦτο ἀφεῖλον ἀπὸ τῶν ζ· λοιπαὶ 10
247 γίνονται ē Τοξότου. εἶτα ἔλαβον τὰς λοιπὰς τοῦ Τοξότου μοίρας κε καὶ
248 Ἡλίου ζ καὶ Σελήνης β· γίνονται λδ. ταῦτα | ἀπέλυσα ἀπὸ Σελήνης· καὶ
f.149ᵇ
249 κατέληξε περὶ μοίρας δ τοῦ Κριοῦ, τόποις Αἰγοκέρωτος. τοῦτον ἐν
250 Τοξότῃ εὗρον περὶ μοίρας κδ. τὰ μεταξὺ τῆς ε' μοίρας σελίδιά ἐστιν ζ.
251 ταῦτα ἀφεῖλον ἀπὸ τῶν ē μοιρῶν τοῦ Τοξότου· καὶ λοιπαὶ γίνονται 15
252 Σκορπίου κη, αἵτινες ὡροσκοποῦσιν. ταύταις κατὰ τὸ β' κλίμα παράκειται
[ἔτη κη μοῖραι] ἐν τῷ α' ὅρῳ λγ λγ'· ἐτελεύτησε πληρώσας ἔτη λγ.
253 Τῆς δὲ προκειμένης διευκρινήσεως οὕτως ἐχούσης, εὕρομεν καὶ ἑτέραν
ἐπὶ ἐνίων γενέσεων σπανίως, ἣν καὶ ὑποτάξομεν πρὸς τὸ μὴ πλέκεσθαί
τινας ἢ ἀποδοκιμάζειν τὴν αἵρεσιν. ἐπὰν γὰρ κατὰ τὸ τετράγωνον 20
εὑρεθῇ τὰ φῶτα ἢ κατὰ τὸ διάμετρον ἢ ἐν τῷ αὐτῷ ζῳδίῳ ἡ Σελήνη
254 ὁμοίως τῷ Ἡλίῳ, ψηφιοῦμεν οὕτως. οἷον ἔστω ὑποδείγματος χάριν
Ἥλιον Τοξότου μοίραις λ, Σελήνην Τοξότου μοίραις κε, ὡροσκόπος
255 Παρθένῳ. ταῖς λ μοίραις παράκειται ταῖς τοῦ Τοξότου Κριός, ἐν Κριῷ
256 ταῖς λ παράκειται Σκορπίος. τοῦτον εὗρον ἐν Παρθένῳ περὶ μοίρας ιā· 25
257 οὗτος ἡλιακὸς γνώμων ἐστίν. ὁμοίως καὶ ταῖς τῆς Σελήνης μοίραις κε ἐν
258 Τοξότῃ παράκειται Σκορπίος. τὰς αὐτὰς πάλιν κε ζητῶ ἐν Σκορπίῳ·
259 εὗρον [ἐν] Ὑδροχόον. τοῦτον ζητῶ ἐν Παρθένῳ· εὗρον περὶ μοίρας κς
260 οὗτος ἔσται σεληνιακὸς γνώμων. τὰ δὲ μεταξὺ σελίδια τοῦ ἡλιακοῦ
261 γνώμονος εὑρέθη ē. ταῦτα ἀφαιρῶ ἀπὸ τῶν ιā· γίνονται ζ· τοσούτων ὁ 30
ὡροσκόπος γίνεται. ⟨. . . .⟩
262 ⟨Ἄλλη. . . . ταύταις παράκειται⟩ κατὰ τὸ ζ' κλίμα ἔτη ōα, ἃ ἔζησεν.
263 Ἄλλη. Ἥλιος Τοξότου μοίραις γ̄, Σελήνη Τοξότου μοίραις ζ, ὡροσκόπος

§§ 238–252: thema 80 (25 Mar. 119)

[S] 1 δ S, α G. H. ‖ 2 οὗτος Kroll ‖ 3 αὑτὸν S | δὲ¹ secl. Kroll | τε S, δὲ² Kroll ‖
8 παράκειται S, corr. Kroll ‖ 10 σελίδια S, corr. Kroll | τοῦτον S, corr. Kroll |
λοιπαί] λοιπαὶ S ‖ 12 λα S, λδ Kroll ‖ 13 τόπος S, τόπον Kroll ‖ 17 ἔτη καὶ μῆνες
sugg. Kroll ‖ 21 τῆς ☾ S, ἡ Σελήνη sugg. Kroll ‖ 27 ♌ S, Τοξότῃ Kroll ‖ 28 Ὑδρο-
χόον] ♒ S ‖ 30 ἐν S, ε Kroll ‖ 32 αἷς παράκειται Kroll | ā in marg. S

300

Ζυγῷ. ταῖς γ̄ τοῦ Τοξότου παράκειται Τοξότης. τοῦτον ἐν Ζυγῷ εὗρον 264, 265
περὶ μοίρας ῑᾱ· οὗτός ἐστιν ὁ ἡλιακὸς γνώμων. ὁμοίως ⟨ταῖς⟩ τῆς Σελήνης 266
ζ ἐν Τοξότῃ παράκειται Καρκίνος, ἐν Καρκίνῳ τὰς ζ πάλιν εὗρον Κριοῦ.
τοῦτον εὗρον ἐν Ζυγῷ περὶ μοίρας ῑη̄· οὗτος σεληνιακὸς γνώμων. ἔσται 267, 268
5 [εἰς τὸ] μεταξὺ σελίδια β̄. ταῦτα ἀφαιρῶ ἐκ τοῦ ἡλιακοῦ γνώμονος τῶν 269
ῑᾱ· λοιπαὶ ὡροσκοποῦσι Ζυγοῦ μοῖραι ϑ̄ ⟨....⟩
⟨...⟩ ἅμα Ἡλίου τε καὶ Σελήνης. οὗτοι γὰρ τὰ πάντα συνέχουσι καὶ 270, 271
τῶν ἀστέρων τὰς φάσεις διέπουσιν, ἄλλοτε ἄλλως περιδινούμενοι καὶ
ἐναλλασσόμενοι τὴν δύναμιν.
10 Ἀλλὰ κατὰ τὸν ἡμέτερον λόγον μοῖραί εἰσι τοῦ κύκλου τ̄ξ̄, ἃς | ὁ κοσ- 272
μοκράτωρ Ἥλιος διιππεύει ⟨ἐν⟩ ἐνιαυτῷ· καὶ τὸν μὲν ὡρισμένον χρόνον   f.149vS
ἐπιμερίζει ἑκάστῳ, τὰ δ᾽ εἴδη τῶν θανάτων ἐναλλαγήσεται. καὶ γὰρ 273
ἔστιν ἰδεῖν τῶν μὲν αὐτῶν ἐτῶν πολλοὺς τελευτῶντας, ἀλλ᾽ οὐ τῇ αὐτῇ
ἡμέρᾳ ἢ τῇ αὐτῇ ὥρᾳ ἢ τῷ αὐτῷ πάθει καὶ μόρῳ. καὶ γὰρ ὁ Ἥλιος μίαν 274
15 μὲν μοῖραν ἡμερονυκτίῳ διέρχεται, ἀλλ᾽ οὐχὶ τὰ αὐτὰ τοῖς τότε γεννωμέ-
νοις ἀποτελεῖ διὰ τὰς στιγμιαίας καὶ ὡριαίας παρεγκλίσεις.
Πολλὴν οὖν διαφορὰν προσθέσεως ἢ ἀφαιρέσεως ἐτῶν καὶ ⟨ἡ⟩ μοῖρα 275
αὐτοῦ καὶ ἡ ὥρα ἐπέχει καὶ τὰ λεπτά, καὶ μάλιστα ὅταν ἐπὶ συνδέσμους
δράμῃ. οἷον τῇ τοῦ Λέοντος μοίρᾳ ιβ΄ παράκειται ζ, ἅτινα σημαίνει κατὰ 276
20 τὸ μέγεθος ἔτη κ̄ ζ̄· τῇ ⟨ι⟩γ΄ μοίρᾳ τοῦ αὐτοῦ ζῳδίου, ἐπεί ἐστι συνδέσμου
λύσις, παράκειται ᾱ, ἅτινα σημαίνει ἔτη ο̄ε̄. τὸ ὅμοιον καὶ ἐπὶ τῶν λοιπῶν 277
ζῳδίων νοείσθω. ὥσπερ οὖν οἱ ἐξ ἐλαχίστων συνδέσμων εἰς τοὺς μεγίστους 278
ἐμπίπτοντες πολυχρόνιοι γίνονται, οὕτως οἱ ἐκ τῶν μειζόνων εἰς τοὺς
ἥττονας ὀλιγοχρόνιοι· εἰσὶ δὲ καὶ σύνδεσμοι μεσοχρονίους ἀποτελοῦντες
25 ὅταν εὔκρατος ὁ ἀριθμὸς συνεμπέσῃ. ἐκ δὲ τούτων ἔστιν εὑρεῖν τὴν 279
διάκρισιν τῶν διδύμων τῇ αὐτῇ ὥρᾳ ἔγγιστα γεγενημένων.
Ἐπὶ πάσης οὖν γενέσεως παραφυλακτέον τάς τε ἡλιακὰς καὶ σεληνιακὰς 280
μοίρας μή ποτε κατὰ σύνδεσμον συνδράμωσιν. οὗτοι γὰρ οὐ μόνον δυσεπι- 281
τεύκτους κατὰ τὰς ἐγχειρήσεις ἀποτελοῦσιν, ἀλλὰ καὶ βιαίοις μόροις καὶ
30 κακωτικοῖς περιτρέπουσι καὶ τοὺς θανάτους παραβόλους ⟨ποιοῦσι⟩ καὶ
ἀοιδίμους καὶ αἰφνιδίους καὶ ἀπροσδοκήτους, τῶν δὲ τοιούτων καὶ αἱ
νόσοι ἐπισφαλεῖς καὶ δυσίατοι. ὥστε ἡ μὲν ὑπόστασις τῆς ἀγωγῆς ταύτης 282
βεβαία καὶ ἀδιάπτωτός ἐστιν, παρὰ δὲ τὰς μοίρας τῶν [τε] φώτων καὶ
τῶν ὡρῶν τοὺς ὅρους διαψεύσεται, ὅθεν μετὰ πάσης [τῆς] ἐπιμελείας καὶ

[S] 1 κ̄ post ἐν S ‖ 2 ταῖς Kroll ‖ 4 ἔστι sugg. Kroll ‖ 6 ϑ post λοιπαὶ Kroll ‖
8—9 περιδινουμένους καὶ ἐναλλασσομένους S, περιδινουμένων καὶ ἐναλλασσομένων
Kroll ‖ 11 ἐν Kroll ‖ ὁρώμενον S ‖ 13 εἰδεῖν S, corr. Kroll ‖ 15 γενομένοις S,
corr. Kroll ‖ 16 παρεγκλίσεις S, corr. Kroll ‖ 17 ἡ Kroll ‖ 19 τὴν S, corr. Kroll ‖
20 ς̄] β S ‖ 20, 21 συνδέσμους οὐδεις S, συνδέσμου λύσις Kroll ‖ 30 τοὺς] ποιοῦσι
Radermacher ‖ 33 τε secl. Kroll ‖ 34 τῆς secl. Kroll

VETTIVS VALENS

σπουδῆς ἐξετάζειν δεῖ καὶ πραγματεύεσθαι, τῆς θεωρίας μηδέν τι
f.150S πάρεργον | καὶ τὸ τυχὸν ἀλλ᾽ ἰσόθεον πρᾶγμα καὶ ἀθανασίαν ἐπαγγελλο-
283 μένης. προκειμένου δὲ καὶ τούτου τοῦ λόγου πρός τε ὀλιγοχρονίους καὶ
πολυχρονίους, διὰ τὸ παράδοξον καὶ δύσπιστον τῆς πλάνης ὅπως ἀκατ-
ηγόρητος ἡ σύνταξις ἡμῶν διαμένοι ἐπάνιμεν ἐπ᾽ αὐτόν.   5
284 Ὁπόταν μὲν γὰρ ἡ ὡροσκοποῦσα μοῖρα εἰς τὴν ἁρμόζουσαν ἀκολουθίαν
τῆς καταγωγῆς εὑρεθῇ (τουτέστιν ἀνὰ δύο προστιθεμένη), οὐ ῥᾳδίως
285 διαψεύσεται τοὺς χρόνους. εἰ δὲ καὶ μιᾶς μοίρας γένοιτο παραλλαγὴ οὐ
πολὺ τὸ διάφορον τῶν ἐτῶν γενήσεται, ὁπόταν δὲ εἰς σύνδεσμον ἢ τριακον-
τάδος συμπλήρωσιν ἀμφιβολίας δεῖται ποικίλης διὰ τὴν ἀνυπέρβλητον 10
286 τῶν ἐτῶν παραλλαγήν. οἷον τῇ τοῦ Καρκίνου μοίρᾳ κζ΄ παράκειται ἔτη
ρδ, τῇ δὲ κη΄ μοίρᾳ ἔτη ζ· ἔσται οὖν πολλὴ διαφορά, καὶ ἔστιν εἰκάσαι
τινὰς τοὺς τοιούτους παρὰ μοῖραν ἢ ὑπὲρ μοῖραν βεβιωκέναι ἢ τεθνηκέναι.
287 ὁ μὲν οὖν λόγος οὗτος ἀληθής· τοὺς μὲν γὰρ παρὰ μοῖραν ἢ ὑπὲρ μοῖραν
οἱ β τόποι διὰ στιγμῆς σημαίνουσι τῶν πολυχρονίων ἢ ὀλιγοχρονίων. 15
288 δοκεῖ δὲ μὴ πιθανὸν ὑπάρχειν· ἡ γὰρ φυσικὴ καὶ ἀκριβὴς τοῦ Ἡλίου
μοῖρα ἐνδειξαμένη τὴν ἐνέργειαν τὸν ὡρισμένον χρόνον ἐμέρισε καὶ τὸ
πιθανὸν τῆς πλάνης ἠμαύρωσεν.
289 Παραφυλάσσειν οὖν χρὴ τοὺς ἀριθμοὺς τῶν τριακοντάδων ἐν τῷ θερινῷ
κύκλῳ (πάντως γάρ τινες τὸν χρόνον βιώσονται), ἐν δὲ τῷ χειμερινῷ 20
290 δυνατὸν πολλοὺς ⟨τὸν μέγιστον χρόνον⟩ (τουτέστι τὰ ϛα ἢ ο̅ε̅) βιῶσαι. δεῖ
γὰρ λογίζεσθαι ἀπὸ τῶν ἰσημερινῶν ζῳδίων — Κριοῦ τε καὶ Ζυγοῦ —
τὰς προσθέσεις τε καὶ ἀφαιρέσεις τῶν ἐτῶν κατὰ τὴν ἁρμονίαν τοῦ
μεγέθους, καὶ δεῖ εἰδέναι ἑνὸς ἑκάστου ζῳδίου τὸ πλῆθος τῶν ἐτῶν· οὐ
γὰρ δυνατὸν τὸν Ζυγὸν ὑπὲρ τὰ ϛα μερίσαι οὐδὲ τὸν Αἰγόκερωτα ὑπὲρ 25
291 τὰ ο̅ε̅. εἰ δέ τις τῶν πανούργων τὸν ὡροσκόπον καὶ ἐν τούτῳ τῷ κύκλῳ
ἀντιβαλὼν φήσει τινὰ ὑπὲρ τὰ ϛ⟨α⟩ ἔτη βεβιωκέναι, αὐτόθεν χρὴ νοεῖν
f.150vS ὅτι διαψεύσεται βουλόμενος τὸ ἀδύνα|τον μεθοδεύειν, καὶ οὕτως τῆς
ἰδίας ἀμαθίας κατεγνωκὼς ἔκλειψιν ἀληθείας ἀναλήψεται.
292 Εἴ ποτε κατὰ μέρους ὥρας ὅρος χρόνου μὴ ἀληθής, συνεγγίζων δὲ τῇ 30
ἀκριβείᾳ συνδραμεῖ τῷ καταγομένῳ χρόνῳ, κλιμακτὴρ μὲν ἰσοθάνατος
καὶ κινδυνώδεις αἰτίαι γενήσονται, οὐ παρακολουθήσει δὲ θάνατος διὰ

[S] 1 δὲ S, δεῖ Kroll ‖ 2 ἐπαγγελλομένη S, corr. Kroll ‖ 4 ὁδὸς S, ὅπως Kroll ‖
5 ἐπάνειμεν S, corr. Kroll ‖ 7 προστιθέμεναι S, προστιθεμένων sugg. Kroll ‖ 8 δια-
φεύξεται S, διαψεύσεται sugg. Kroll ‖ 13 τινὰς secl. sugg. Kroll ‖ 15 τὸν πολὺν
χρόνον S, τῶν πολυχρονίων sugg. Kroll ‖ 16 μὴ θανὸν S, ἀπίθανον sugg. Kroll ‖
18 πειθανὸν S, corr. Kroll ‖ 21 ἀδύνατον Kroll ‖ τὸν μέγιστον χρόνον sugg. Kroll ‖
24 τὸ sup. lin. S ‖ 25 τὰ] τὰς S ‖ 26 τὰ] τὰς S ‖ πανούργος S, corr. Kroll ‖ 27 ἀντὶ
καλῶν S, vel ἀντιβάλλων vel ἀντιλαβὼν sugg. Kroll ‖ 29 ἔκλημψιν S, ἔκνηψιν sugg.
Kroll ‖ 30 ἢ S, εἴ sugg. Kroll ‖ κατὰ] καὶ S ‖ μέρος sugg. Kroll ‖ ὅρους S, ὅρος
sugg. Kroll ‖ μηνῶν S, μὴ sugg. Kroll

302

τὸ τὴν διάστασιν τῶν ἐτῶν ἀμφίβολον γεγονέναι καὶ ὕποπτον. οἷον ἐὰν 293
βάλῃ τις ὥρας γ̄, προσκοπεῖν δεήσει καὶ τὸ τῆς β' ὥρας καὶ τὸ τῆς δ' καὶ
τούτων τοὺς χρόνους εἰ συνεγγίζουσι τῇ δεδομένῃ ὥρᾳ· δυνατὸν γὰρ τὴν
κατὰ ὡροσκόπον παραπεσεῖν. οὐ λέγω δὲ τὴν πόρρωθεν ὥραν συγκρίνειν 294
5 τῇ γ' οἷον τὴν ζ' ἢ η' ἢ θ', ι', ια', ιβ' (τεχνικὸς γὰρ οὗτος ὁ τρόπος
γενήσεται), ἀλλὰ τὴν πλησίον. τῆς μέντοι γε ὑστέρας μοίρας τὸ ⸓ τῶν 295
ἐτῶν δεῖ λογίζεσθαι ἐπεί, καθὼς προεῖπον, ἐν τῷ ὀργάνῳ αἱ μοῖραι ἀνὰ β̄
προσθέσεως ἀριθμὸν ἔχουσιν, ὧν ἥμισυ τῶν ἐτῶν λογισθήσεται. οἷον 296
ἐὰν τὸ ῑβ̄πλασιασθὲν μέγεθος σημαίνῃ ἔτη ζ̄, ῑϚ̄, ῑε̄, ῑδ̄ ⸓, τούτων τὸ ⸓.
10 ἐὰν δὲ εἰς σύνδεσμον ἔλθῃ ἡ ὡροσκοποῦσα μοῖρα, μίαν ἀφαίρεσιν ἐτῶν 297
ποιήσεται τοῦ μεγέθους (τουτέστι τῶν ζ̄, ῑϚ̄, ῑε̄, ῑδ̄ ⸓).

Σκοπεῖν δὲ δεῖ καὶ τὴν τοῦ Ἡλίου μοῖραν ἀκριβῶς· ἐὰν γὰρ παρὰ 298
λεπτὸν ᾖ, ἀφαιρῶ τὸ ἀνάλογον ⟨. . . . . . . ἐκ⟩ παρατηρήσεως δὲ Ἡλίου 299
καὶ τὸν ὡροσκόπον εὗρον ἐν Παρθένῳ παρὰ μίαν μοῖραν καὶ δύο φέροντα
15 ⟨. . . .⟩

⟨η'.⟩ Τῶν προκειμένων ἐφόδων εἰς τὸ β' ὄργανον ὑποδείγματα   (VIII 7)

Ἔστω δὲ ἐπὶ ὑποδείγματος ἔτος Ϛ' Τραϊανοῦ, Χοιὰκ α' εἰς τὴν β', ὥρα 1
νυκτερινὴ η'· ⟨σύνοδος⟩ Τοξότου η' λ'. ἔλαβον ἀπὸ τῆς συνοδικῆς 2
ἡμέρας τε καὶ ὥρας ἕως τῆς τῆς γενέσεως ἡμέρας καὶ ὥρας· γίνονται
20 ἡμέραι ζ̄ ὧραι ῑδ̄, αἵπερ εἰσὶν ⸓ τοῦ ἀπὸ συνόδου δρόμου ἕως τῆς
πανσελήνου (τουτέστι τῶν ῑε̄ ἡμερῶν). τούτου τὸ ⸓ ἀφεῖλον ἀπὸ τοῦ 3
μεγέθους τοῦ παρακειμένου τῇ τοῦ Τοξότου μοίρᾳ η', ὅπερ ἐστὶ ῑβ̄, ὧν
τὸ ⸓ γίνεται Ϛ̄· τοῦτο τὸ μέρος ὥρας ἡγοῦμαι. ψηφίσας οὖν ὥρας θ̄ καὶ 4
προστιθεὶς τὸ μέρος καὶ ἐγκλί|ματος σν̄θ̄ ⟨κ'⟩ εὗρον τὰς πάσας τ̄ο̄ς̄ κ', f.151S
25 ἐξ ὧν ἀφεῖλον κύκλου ἑνὸς τ̄Ϛ̄· λοιπαὶ ῑϚ̄ κ'. ταύτας ἔχων εἰσῆλθον κατὰ τὸ 5
ἔγκλιμα καὶ εὗρον κατὰ τὴν κθ' μοῖραν τοῦ Κριοῦ παρακειμένας ἐγκλί-
ματος ῑϚ̄ κδ'· χρηματίζει ἄρα αὕτη. καὶ προσέθηκα ταῖς κ̄θ̄ ἄλλας η̄, ἃς 6
ἀφεῖλον ἀπὸ τῆς ἡλιακῆς μοίρας· καὶ γίνεται Ταύρου ζ' μοῖρα ὡροσκο-
ποῦσα. ταύτας ἔχων εἰσῆλθον εἰς τὸ προκείμενον ὄργανον κατὰ τὴν τοῦ 7

§§ 1–13: thema 45 (28 Nov. 102)

[S] 2 λάβῃ sugg. Kroll ‖ 3 εἰπεῖν S, εἰ Kroll ‖ 4 τ̣ post κατὰ S | σκοπὸν S |
5 τόπος S ‖ 6 ⸓] ς S ‖ 8 προθέσεως S, corr. Kroll | ἢ μία S, ἥμισυ sugg. Kroll ‖
9 τὰ ιβπλασιασθέντα S | σημαίνει S, corr. Kroll | ⸓²] ς S ‖ 10 εἰ⸲ S ‖ 11 ⸓] ς S ‖
13 εἴη S | ἐκ Kroll | παρατηρήσας δὲ Ἥλιον sugg. Kroll ‖ 14 διαφέροντα sugg.
Kroll ‖ 17 ἔτους S, corr. Kroll ‖ 18 σύνοδος Kroll ‖ 19 τῶν γενέσεων S ‖ 21 τούτου]
vel τούτων vel τοῦτο sugg. Kroll ‖ 22 τοῦ παρακειμένου] εἰς τὸν ὡροσκόπον ιβ o S |
τῆς . . . μοίρας S ‖ 24 τογ S ‖ 25 ιϚ] ιγ S ‖ 26 κλίματος S ‖ 27 κε S

VETTIVS VALENS

Ταύρου μοῖραν ζ΄ · καὶ εὗρον παρακείμενα κ̄ · τὰ δὲ κ΄ τῆς ἑξηκοντάδος
8, 9 ἐστὶ γ̄. λαμβάνω τοῦ μεγέθους τὸ γ΄ οὕτως. ἐπεὶ τῇ κθ΄ μοίρᾳ τοῦ Κριοῦ
ὅπου κατέληξε τὸ ἔγκλιμα παράκειται μέγεθος ῑζ κδ΄, ταῦτα ποιῶ ἐπὶ
10 τὸν ιβ΄ · καὶ γίνονται ρ̄ς̄ς μη΄. τούτων λαμβάνω τὸ γ΄ · γίνονται ἔτη ξ̄ε ⊰.
11, 12 τῷ ξε΄ ⊰ ἔτει ἐτελεύτα. τὴν δὲ ἀφαίρεσιν τῶν ἢ μοιρῶν καὶ πρόσθεσιν 5
ἐκ τῶν ἡλιακῶν μοιρῶν δι᾽ ἢν αἰτίαν ἐποιησάμην ἐν τῷ προϊόντι λόγῳ
13 δηλώσω. καὶ αὕτη μὲν συνοδικὴ γένεσις καὶ ἐγνωσμένη μοι ἐξ ἀκοῆς ὥς
τινες μαθεῖν βουλόμενοι τὴν τοῦ μαθήματος ὕπαρξιν ταῦτα πράσσουσιν.
14 Ἄλλη. Οὐεσπασιανοῦ ἔτος ζ΄, Ἐπιφὶ κε΄ εἰς τὴν κς΄, ὥρα νυκτερινὴ γ΄ ·
15 κλίμα γ΄. Ἥλιος Καρκίνου κ̄ζ μγ΄, Σελήνη Ἰχθύων ιβ νβ΄, πανσέληνος 10
16 Ἐπιφὶ κβ΄, ὥρα ἡμερινὴ γ΄, Αἰγοκέρωτος κ⟨δ΄⟩. ἀπὸ πανσεληνιακῆς
ἡμέρας τε καὶ ὥρας ἐπὶ τὴν γενεθλιακὴν ἡμέραν τε καὶ ὥραν γίνονται
ἡμέραι γ̄ ὧραι ιβ, αἵπερ εἰσὶ τοῦ ἀπὸ πανσελήνου δρόμου ἐπὶ σύνοδον
17 (τουτέστι τῶν ῑε) ε΄ λ΄. τούτων ἀφεῖλον ἀπὸ τοῦ μεγέθους τοῦ παρακει-
μένου τῇ τοῦ Αἰγοκέρωτος μοίρᾳ κ΄, ὅπερ ἐστὶ ιβ κ΄ · καὶ λοιπαὶ γίνονται 15
18, 19 θ ιβ΄. τοῦτο μέρος ὥρας ἔσται. ἐψήφισα οὖν ὥρας β καὶ προσέθηκα τὸ
20 μέρος ⟨καὶ⟩ ἐγκλίματος τ̄ζ · γίνονται τ̄μ νε΄. ταύτας εὗρον ἐν τῷ ἐγκλίματι
21 περὶ τὴν κθ΄ τοῦ Ὑδροχόου. καὶ προσέθηκα τὰς ἢ · καὶ γίνεται ὁ ὡροσκό-
22 πος Ἰχθύων μοίρᾳ ζ΄. ταύτας ἔχων εἰσῆλθον εἰς τὸ ὄργανον κατὰ τὴν
ζ΄ μοῖραν τῶν Ἰχθύων, καὶ εὗρον παρακειμένας κ̄ς, αἵπερ εἰσὶ τῆς ἑξηκον- 20
23
f.151vS τάδος γ΄ ι΄. τὸ δὲ παρα|κείμενον μέγεθος τῇ τοῦ Ὑδροχόου μοίρᾳ κθ΄
24, 25 ἐτύγχανεν ῑγ ἐγγύς. ταῦτα ποιῶ ἐπὶ τὸν ιβ΄ · γίνονται ρ̄ν̄ς. εἶτα λαμβάνω
26 τὸ γ΄ καὶ τὸ ι΄ · γίνονται ξ̄η. ἐτελεύτα κατ᾽ ἀρχὰς τῷ ξθ΄ ⊰ ἔτει.
27, 28 Ἄλλη. ἔτος ιη΄ Ἀδριανοῦ, Φαμενὼθ β΄, ὥρα ἡμερινὴ δ΄. Ἥλιος Ἰχθύων
29 θ μς΄, Σελήνη Παρθένου θ μ΄, πανσέληνος ἤμελλε γενέσθαι. τὸ τῆς 25
Σελήνης φῶς πλῆρες · καὶ ἡ ὥρα ἡ δ΄ πλήρης ψηφισθεῖσα σὺν ἐγκλίματι
30 ἤνεγκεν ὡροσκόπον Ταύρου μοίρᾳ κθ΄. κατὰ δὲ τὸ ὄργανον παράκειται
31 τῇ κθ΄ μοίρᾳ τοῦ Ταύρου ῑ, ὅπερ ἐστὶ τῆς ἑξηκοντάδος ς΄. τὸ δὲ μέγεθος
32 ἦν τῆς κθ΄ μοίρας τοῦ Ταύρου ῑζ κζ΄. ταῦτα ἐπὶ τὸν ιβ γίνονται σ̄ι ἔγγιστα.
33, 34, 35 τούτων τὸ ς΄ λαμβάνω · γίνεται λ̄ε. ἐτελεύτα τῷ λδ΄ ⊰ ἔτει. αἱ γὰρ 30
ὕστεραι μοῖραι τῶν χρόνων τὴν ἔλλειψιν ἔχουσι παρὰ τὰ τοῦ Ἡλίου

§§ 14—26: thema 19 (19 Iul. 75) ‖ §§ 27—35: thema 105 (26 Feb. 134)

[S] 2 ἐστι̅ S ‖ 6 ✓ κ̅ S, corr. Kroll | προσιόντι S, corr. Kroll ‖ 9 ἔτη S, corr.
Kroll | ς S, γ΄ Jones ‖ 10 γ΄] σελήνης S, Σνήνης sugg. Kroll ‖ 11 ς S, γ΄ Jones |
κδ΄ Jones ‖ 13 σεληναίου S, πανσελήνου Kroll ‖ 14 τούτων] τοῦτο Kroll ‖ 16 θ] ε S ‖
19 ἰχθύων] ⧺ S ‖ 24 ἔτους S, corr. Kroll ‖ 25 ☾ ♄ θ μ in marg. S, παρθένου G. H. ‖
30 γίνετε S, γίνεται Kroll | λδ΄] λα S

304

λεπτὰ λογιζομένης τῆς μοίρας πρὸς τὰ ἐπιβάλλοντα ἑκάστῃ ἔτους τὸ δ',
ις', ιζ'.

Ἄλλη. ἔτος ιε' Ἀντωνίνου Εὐσεβοῦς, Ἀθὺρ κε' εἰς τὴν κς', ὥρα νυκτε- 36
ρινὴ ϑ' [ἔληγεν]· κλίμα ς'. Ἥλιος Τοξότου β νβ', Σελήνη Τοξότου ζ 37
5 μη'. σύνοδος γέγονεν· οὐ πολὺ τὸ διάστημα. πλήρης ἡ ὥρα ψηφισθεῖσα 38, 39
ἡ ϑ' οὐ συνεφώνησεν, ἡ δὲ η' ἤνεγκεν ὡροσκόπον Ζυγοῦ ιβ'. μετὰ τῆς 40
προσθέσεως τῶν η μοιρῶν, ταύταις παράκειται ἐν τῷ ὀργάνῳ δ, ἅπερ
εἰσὶ τῆς ἑξηκοντάδος ιε'. τὸ παρακείμενον τῇ τοῦ Ζυγοῦ μοίρᾳ κ' μέγεθος 41
ιε. ταῦτα ἐπὶ τὸν ιβ γίνονται ρπ· τούτων τὸ ιε' γίνεται ιβ. ταῦτα ἔζησεν. 42, 43

10 ⟨ϑ'.⟩ [Περὶ τῶν ἐχϑρῶν τόπων καὶ ἀστέρων.] Περὶ κλιμακτηρικῶν (VIII 8)
τόπων πρὸς τὸ α' ὄργανον

Σκοπεῖν δὲ δεῖ τοὺς ἐχϑροὺς τόπους καὶ τοὺς ἀστέρας οὐ μόνον ἐπὶ τῶν 1
ἄλλων, ἀλλὰ καὶ τοῦ ὡροσκόπου καὶ Ἡλίου καὶ Σελήνης· οὗτοι γὰρ καὶ
ἐναντίοι ἐν ταῖς παρόδοις γενόμενοι τοὺς κλιμακτῆρας καὶ τοὺς θανάτους
15 σημαίνουσιν. οἷον ἐπὶ τοῦ Κρόνου τῶν μοιρῶν τὰς διαμετρούσας θεωρεῖν 2
χρὴ τίνος εἰσὶ θεοῦ ὅρια, καθὼς ἐν τῷ ὀργάνῳ πρόκειται· κἀκεῖ Κρόνου
ὄντος ἀποθανεῖται ἢ ἐν τοῖς τετραγώνοις ἢ ἰσαναφόροις, καθὼς ἂν καὶ ὁ
χρόνος συντρέχῃ, ἐν τοῖς τετραγώνοις τοῦ ὡροσκόπου ἢ ἰσαναφόροις. τὸ 3
δ' αὐτὸ καὶ ἐπὶ τῶν ἄλλων ἀστέρων. ἐχϑροὶ γάρ εἰσιν | οἱ ἐκ τῶν ἀντικει- 4
f.152S
20 μένων μοιρῶν τῶν ὁρίων [οἳ] κύριοι· οὗτοι οὖν παραγενόμενοι ἐπὶ τοὺς
τόπους τὰς ἀναιρέσεις σημαίνουσιν ἢ εἰς τὰ ἰσανάφορα τοῦ ὡροσκόπου.

Οἷον ἔστω Κρόνος Καρκίνου μοίρᾳ κα' ὁρίοις Ἀφροδίτης· διαμετρεῖ 5
Αἰγοκέρωτος ὅρια Ἄρεως· οὗτος ἦν Ταύρου μοίρᾳ κζ'. ἐνθάδε Κρόνου 6
ὄντος ἀποθανεῖται· Παρθένῳ ἀπέθανεν· τὸ γὰρ μοιρικὸν τετράγωνον
25 τούτου. ⟨Ζεὺς⟩ Σκορπίου μοίρᾳ ιδ' ὁρίοις Κρόνου. ἡ δὲ ιδ' τοῦ Ταύρου 7, 8
ἐστὶν ὅρια Κρόνου· οὗτος μὲν αὐτῷ ἐχϑρὸς ⟨οὐ⟩ γίνεται. ἔστιν οὖν τὸ 9
ἰσανάφορον Σκορπίου Λέων, ἡ δὲ ιδ' μοῖρα Λέοντός εἰσιν ὅρια Ἡλίου.
ἐλθὼν οὖν ὁ Ζεὺς ἐπὶ τοὺς τόπους Ἡλίου ἢ ἐλθὼν εἰς τὸ ἰσανάφορον ἐκεῖ 10
ἀνεῖλεν. Ἄρης Ταύρου μοίρᾳ κζ' ὁρίοις Ἡλίου. αἱ δὲ αὐταὶ ἐν Σκορπίῳ 11, 12
30 ὅρια Ἡλίου· ἐχϑρὸς δὲ αὐτοῦ οὐδεὶς γίνεται. ζητῶ οὖν τὰς Λέοντος μοίρας 13

§§ 36—43: thema 113 (23 Nov. 151) ‖ §§ 1—23 = III [6, 1—23] ‖ §§ 5—22:
thema 5 (7 Oct. 61)

[S] 1 ἔκασται ἔτος S ‖ 7 προσθήκης S ‖ 8 κ'] γ S ‖ 10 κλιμακτήρων S, κλιμακ-
τηρικῶν III [6] ‖ 18 συντρέχει S, συντρέχῃ III [6] ‖ 19 οἱ secl. Kroll ‖ 21 ἐκ S,
εἰς III [6] ‖ 25 ζεὺς III [6] ‖ μοίραις S ‖ 26 οὐ III [6] ‖ εἰσὶ S, ἔστιν III [6] ‖
28 ἢ ἐλθὼν] ἀπεχθεῖν S, τῷ ἀπελθεῖν sugg. Kroll ‖ 30 ☾ S, ἡλίου III [6]

κζ ἢ [εἰ] ἐν τῷ ἰσαναφόρῳ, οἵ εἰσι Δίδυμοι κατὰ τὰς ὡριαίας διαστολάς.
14, 15 εἰσὶ δὲ αἱ κζ Διδύμων ὅρια Ἀφροδίτης. ἀποθανεῖται οὖν Ἄρεως ὄντος ἐν
16 Σκορπίῳ ἢ Ἰχθύσι τοῖς ἰσανατόλοις ἢ τοῖς τούτων τετραγώνοις. ἐὰν δὲ
λογίσηταί τις τὰς κζ τοῦ Λέοντος εὑρήσει Κρόνου ὅρια· Κρόνος δὲ ἦν ἐν
17 Καρκίνῳ. ἀποθανεῖται οὖν Ἄρεως ὄντος ἐν Καρκίνῳ ἢ Τοξότῃ ἢ τοῖς 5
18, 19 τούτων τετραγώνοις. Ἀφροδίτη Σκορπίου μοίρᾳ κζ' ὁρίοις Ἡλίου. αἱ
διαμετροῦσαι Ταύρου κζ εἰσὶν ὅρια Ἡλίου· αὐτὸς δὲ ἑαυτῷ ἐχθρὸς οὐ
20 γίνεται. ζητῶ οὖν ἐν τῷ ἰσανατόλῳ τοῦ Σκορπίου τὰς κζ· εἰσὶ δὲ Ἑρμοῦ
21 ὅρια. ἀποθανεῖται οὖν Ἀφροδίτης οὔσης ἐν Παρθένῳ, ὅπου Ἑρμῆς, ἢ ἐν
22 τοῖς τετραγώνοις. τὸ δ' αὐτὸ καὶ ἐπὶ τοῦ Ἑρμοῦ ποιητέον. 10
23 Σκοπεῖν δὲ δεῖ καὶ τὰς κατακλίσεις πρὸς τὸν ἐναντίον [τόπον] ⟨καὶ
τοὺς⟩ ἐπὶ τοῖς ἐχθροῖς τόποις ὄντας καὶ τοὺς μηνιαίους καὶ ἡμερησίους
καὶ ὡριαίους κλιμακτῆρας ποιοῦντας πρὸς τὴν τῆς Σελήνης τριακοντάδα,
ἐξ ἧς ὁ ἐναντίος ἀστὴρ εὑρίσκεται.
24 Πρῶτον εἰπεῖν χρὴ περὶ τῆς πήξεως τοῦ ὀργάνου, ἵνα, κἂν βούληταί τις 15
25 ἀποκατάγειν ἀπὸ χειρῶν, ῥᾳδίως εὕρῃ τὴν σύστασιν. περὶ μὲν οὖν τῆς
26 συστάσεως τοῦ ὀργάνου κατὰ τάξιν εὑρήσεις οὕτως. τοῦ κατὰ τὴν ἡμέραν
f.152vs μεγέθους τὸ ξ' | πολυπλασίασον ἐπὶ τὸ λ· καὶ τὸ ἐκβὰν ἔσται ζωῆς
χρόνος, καὶ οὐδεὶς τῶν ἀστέρων οὔτε προσθήσει οὔτ' ἀφαιρήσει.
27, 28 Ὁ δὲ λέγω τοιοῦτόν ἐστιν. ὑποτίθεταί τις στήλας τινὰς ἐν τοῖς ἱεροῖς 20
29 ἀδύτοις εὑρημένας, ὧν ἡ παραύξησίς ἐστι δυάδος προστιθεμένης. ἑκάστη
δὲ τῶν στηλῶν τὸ ξ' τοῦ μεγέθους τῆς ἡμέρας· πολυπλασιασθὲν ⟨ἐπὶ τὸ λ⟩
30 ποιεῖ χρόνον ζωῆς. οἷον ἀρχή ἐστιν ἀπὸ Θώθ· ἡ πρώτη μοῖρα ἔχει
παρακείμενα β, ἡ β' δ· ἕως ζ παραύξεται ἡ δυάς, καὶ γίνονται ζ αἱ παρα-
31 κείμενον ἀριθμὸν ἔχουσι τὸν ιβ. ἔπειτα λύει τὸν σύνδεσμον· κατὰ γὰρ ζ 25
32 αἱ ἀναλύσεις γίνονται τοῦ συνδέσμου. προστίθησιν οὖν τὸν ιδ ἀριθμὸν τῇ
προκειμένῃ ἑξάδι, ἃ δὴ ἔσται φῶτα τῆς Σελήνης· γίνονται οὖν τῶν ζ
33 κζ, τῶν η κη, τῶν θ λ. καὶ ἐπειδὴ πεπλήρωται τὰ λ, πάλιν ἀπὸ τῆς
34 δυάδος ἄρχεται. καὶ πάλιν εὑρίσκεται παρακείμενα τοῖς ια δ, τοῖς ιβ ζ· καὶ
35 πάλιν πεπλήρωται τῆς δυάδος ἑξάς. λύσις γίνεται τοῦ συνδέσμου· καὶ 30
πάλιν προστίθεται τὰς ιδ ταῖς ζ, καὶ γίνονται ἐπὶ τοῦ ιγ' στίχου κ.
36 Οὕτως οὖν ποιοῦσιν, κατὰ ἑξάδα συνδέσμου λυομένου καὶ προστιθε-

---

[S] 1 ἢ εἰ secl. Kroll ‖ 6 μοίραις S ‖ 7 ἑαυτῶν S, ἑαυτῷ III [6] ‖ 11 κατακλή-
σεις S, κατακλίσεις III [6] | τόπον secl. Kroll ‖ 11, 12 καὶ τοὺς III [6] ‖ 12 ὄντα S,
ὄντας III [6] | μονιαίους S, μηνιαίους III [6] | ἡμερισίους S, corr. Kroll ‖ 19 χρό-
νοι S, corr. Kroll ‖ 21 ἕκαστον S ‖ 28 καὶ in marg. S ‖ 30 τῆς δυάδος ἑξάδος S,
τὸ τῆς ἑξάδος sugg. Kroll

306

μένων τῶν ῑδ τῷ προκειμένῳ ἀριθμῷ. ἐὰν κατὰ τὰ μέσα ἡσδηποτοῦν 37
ἑξάδος, ὡς ἐπὶ τῆς δευτέρας δεδήλωται, ἀπαρτηθῇ ὁ τριακοστὸς ἀριθμός,
οὐκέτι προσθήσομεν τὸν ῑδ, ἀλλὰ πάλιν ἀπὸ δυάδος ἡ ἀρχή. οὕτως οὖν 38
ἀπὸ τῆς ⟨α΄⟩ ἀρχὴν ἡ σύστασις λαβοῦσα πέρας τέθεικε τῷ ὀργάνῳ ἄχρι
5 μοίρας τριακοστῆς.

Πρὸς τὸ εἰδέναι τὸν πρῶτον ἀριθμὸν ἑκάστου ζῳδίου μέθοδος ἥδε, 39
ἥτις ὑπόκειται ἑξῆς· ⟨. . . .⟩

[S] 3 ἀρχῆς S ‖ 4 τέλος post λαβοῦσα sugg. Kroll ‖ 5 μοίρας] μιᾶς S | τριακον-
τάδος sugg. Kroll ‖ 7 ἥστινος S, ἥτις sugg. Kroll

VETTIVS VALENS

| Κανόνιον α' · πλινθίον

μοῖραι	Ζυγοῦ	ἀριθμοί	ὥραι	ἡμέραι	Σκορπίου	ἀριθμοί	ὥραι	ἡμέραι	Τοξότου	ἀριθμοί	ὥραι	ἡμέραι	
α	♂	β	ς a	ιε		ιδ	λϑ	ο	♃	κς	ξζ	ς	
β		δ	ιβ γ			ις	μδ	ε		κη	οβ	⟨ς⟩	
γ		ς	ιη γ			ιη	μϑ	ϙ		λ	οζ	⟨ς⟩	5
δ		η	κδ δ			κ	νε	β		β	ε	β	
ε		ι	λ γ	ιε		κβ	ξ	ϛ		δ	ι[ε]	γ	
ς	♂	ιβ	λς ζ		⟨♃⟩	κδ	ξε	ϙ	♄	ς	ιε	ε	
ζ		κς	οη ϙ			η	κα	ι[α]		κ	να	β	
η		κη	πδ ο			ι	κζ	β		κβ	νς	β	
θ		λ	πθ ια			ιβ	λβ	ϑ		κδ	ξα	γ	10
ι		β	ς ο			ιδ	λη	ο		κς	ξς	δ	
ια	♃	δ	ια ϑ		⟨♄⟩	ις	μγ	β	⟨♀⟩	κη	οα	ς	
ιβ		ς	ιζ a			ιη	μη	δ		λ	ο⟨ς⟩	ζ	
ιγ		κ	νθ [ι]a			β	ε	ϑ		ιδ	λε	η	
ιδ		κβ	ξδ ε	ιε		δ	ι	a		ις	μ	η	15
ιε		κδ	ο ς			ς	ιε	ϑ		ιη	με	ϑ	
ις	♄	κς	ος η		⟨☿⟩	ς	ιϛ	a	♀	κ	ν	ϑ	
ιζ		κη	πα γ			η	κα	ε		κβ	νε	ι	
ιη		λ	πζ δ			ιβ	λβ	ϑ		κδ	ξ	ι	
ιθ		ιδ	μ ια			κς	ξϑ	β		η	κ	δ	20
κ		ις	μς ϑ			κη	οδ	δ		ι	κε	ε	
κα	☿	ιη	να ε		⟨♀⟩	λ	οθ	ς	♂	ιβ	λ	ε	
κβ		κ	νζ ια			β	ε	γ		ιδ	λε	ε	
κγ		κβ	ξβ ε	ιε		δ	ι	ϑ		ις	μ	ε	
κδ		κδ	ξη η			ς	ιε	ϑ		ιη	με	ε	25
κε		η	κβ ϑ			κ	νβ	ς		β	ε	γ	
κς	⟨♀⟩	ι	κη ε	ιε	♂	κβ	νζ	ϙ	♂	δ	ι	a	
κζ		ιβ	λγ ι⟨a⟩			κδ	ξβ	ϙ		ς	ιε	a	
κη		ιδ	λθ ε			κς	ξζ	ια		η	κ	γ	30
κθ		ις	μδ ι	ιε		κη	οβ	ια		ι	κε	β	
λ		ιη	ν δ			λ	οζ	ζ		ιβ	λ	β	

numeri sub quos lineae extenduntur cum computationibus non consentiunt; symboli planetarum eodem ordine, sed non semper ad eundem numerum in S picti sunt

μοῖραι: ιϑ] ιη S
Ζυγοῦ: 3 β] ζ S || 6 κδ] κα S || 13 δ] ϑ S || 15 μϑ S || 18 ογ S || 27 ϑ] δ S || 31 μϑ S
Σκορπίου: 11 λε S || 21 ξε S || 30 ξβ S
Τοξότου: 3 ξς S || 8 ιε] ιϑ S || 28 α] δ S

	Αἰγοκέρωτος					Ὑδροχόου					Ἰχθύων				f.156 v S
	ἀριθμοί	λιϑ	σαδιμ	παραλλημ		ἀριθμοί	ἐτη	σαδιμ	ἡμεραι		ἀριθμοί	λιϑ	σαδιμ	ἡμεραι	μοιραι
⟨♄⟩	η	κ	ςͺ		☿	κ	ν	ι		♀	β	ε	δ		α
	ι	κε	α			κβ	νε	ια			δ	ι	ϑ		β
	ιβ	λ	β			κδ	ξα	ο			ς	ις	β		γ
5	ιδ	λε	α			κς	ξς	β			η	κα	ζ		δ
	ις	μ	α			κη	οα	δ			ι	κζ	ο		ε
⟨☿⟩	ιη	με	ο		♀	λ	ος	ς		♂	ιβ	λβ	[π]ε	ι	ς
	β	ε	ο			ιδ	λε	η			δ	ια	ο		ζ
	δ	ι	α			ις	μ	ι			ς	ις	ς	ιε	η
	ς	ιε	α			ιη	μς	α			κ	νε	δ		ϑ
10	η	κ	α			κ	να	δ			κβ	ξα	β		ι
	ι	κε	α	♂		κβ	νς	ζ		♃	κδ	ξς	ι		ια
⟨♀⟩	ιβ	λ[α]	α			κδ	ξα	ι			κς	οβ	η		ιβ
	κς	ξε	β			η	ιϑ	γ			κη	οη	ς		ιγ
	κη	ο[γ]	γ			ι	κε	γ			λ	πδ	ϑ		ιδ
15	λ	οε	δ	♂		ιβ	λα	α			ιδ	με	δ		ιε
⟨♂⟩	β	ε	ο			ιδ	λς	ς		♄	ις	να	β		ις
	δ	ι	α			ις	μα	ϑ			ιη	νζ	ο		ιζ
	ς	ιε	α			ιη	μζ	ι			κ	ξβ	ια		ιη
20	κ	ν	δ			β	ε	γ			κβ	ξη	ια		κ
⟨♂⟩	κβ	νε	ε	♃		δ	ι	ς		☿	κδ	να	ια		κα
	κδ	ξ	ς			ς	ιε	ϑ			κ	νζ	ο		κβ
	κς	ξε	η			η	κα	ο			κβ	ξβ	ια		κγ
25	κη	ο	ε			ι	κς	δ			κδ	ξη	ια		κδ
	λ	οε	ϑ	♄		ιβ	λα	ϑ			η	κγ	ια		κε
⟨♃⟩	ις	μ	ς			κς	ξϑ	ο			ι	κη	ια		κς
	ιη	με	η			κη	οδ	δ			ιβ	λδ	ε		κζ
	κ	ν	η			λ	οϑ	ι			ιδ	μ	ε		κη
30	κβ	νε	ϑ			β	ε	η			ις	μς	η		κϑ
	κδ	ξ	ι⟨α⟩			ς	ις	ς			ιη	νβ	ζ		λ

Αἰγοκέρωτος: 17 ε] ο S ‖ 20 ν] η S ‖ 31 κα S
Ὑδροχόου: 2 ν] μ S ‖ 4 κα S ‖ 8 λϑ S ‖ 9 ι] η S ‖ 25 λα] μ S ‖ 28 ι] η S
Ἰχθύων: 2 δ] α S ‖ 18 οη] ιη S ‖ 19 πα S ‖ 21 δ] α S ‖ 26 κς S ‖ 30 μς] νς S

309

VETTIVS VALENS

f.158 vS

	Κριοῦ				Ταύρου				Διδύμων				
μοῖραι	☌	ἀριθμοί	ἔτη	μῆνες	☌	ἀριθμοί	ἔτη	μῆνες	☌	ἀριθμοί	ἔτη	μῆνες	
α	♂	ιδ	μα	a	♀	κς	πγ	ς	⟨☿⟩	η	κζ	γ	
β		ις	μζ	a		κη	ϙ	ς		ι	λδ	α	
γ		ιη	νγ	β		λ	ϙζ	o		ιβ	μα	o	
δ		κ	νθ	γ		β	ς	ς		ιδ	μζ	ι⟨α⟩	5
ε		κβ	ξε	ε		δ	ιγ	γ		ις	νδ	ι	
ς	♀	κδ	οα	ζ	⟨☿⟩	ς	ιθ	ζ	⟨♄⟩	ιη	ξα	θ	ιε
ζ		η	κδ	o		κ	ξε	ϙ		β	ς	ι	ιε
η		ι	κδ	o		κβ	ξε	ο		δ	ιγ	θ	
θ		ιβ	λ	a		κδ	οη	β		ς	κ	θ	
ι		ιδ	μβ	β		κς	πε	ε		η	κζ	ζ	10
ια	☿	ις	μη	δ	⟨♄⟩	κη	ϙβ	γ	⟨2|⟩	ι	λδ	ς	
ιβ		ιη	νδ	ς		λ	ϙθ	o		ιβ	μα	ε	
ιγ		β	ς	a		ιδ	μς	γ		κς	πθ	η	ιε
ιδ		δ	ιβ	β		ις	νγ	o		κη	ϙς	η	
ιε		ς	ιη	δ		ιη	νθ	η		λ	ργ	η	15
ις	♄	η	κδ	ζ	⟨2|⟩	κ	ξς	θ	⟨3⟩	β	ς	η	η
ιζ		ι	λ	ι		κβ	ογ	ο		δ	ιγ	ια	
ιη		ιβ	λζ	θ		κδ	π	o		ς	ιγ	θ	
ιθ		κς	π	ϙ		η	κς	η		κ	ξθ	δ	20
κ		κη	πζ	ϙ		ι	λγ	ε		κβ	ος	γ	
κα	2|	λ	ϙγ	ς	⟨3⟩	ιβ	μ[α]	⟨β⟩	⟨•⟩	κδ	πγ	β	
κβ		β	ς	γ		ιδ	μς	ζ		κς	ϙ	a	ιε
κγ		δ	ιβ	ς		ις	νγ	ε		κη	ϙζ	o	ιε
κδ		ς	ιη	ια		ιη	ξ	ζ		λ	ρδ	β	25
κε		κ	ξγ	a		β	ς	θ		ιδ	μη	η	[ιε]
κς	3	κβ	⟨ξ⟩θ	η	⟨♀⟩	δ	ιγ	ς	⟨♀⟩	ις	νε	ζ	ιε
κζ		κδ	ος	β		ς	ιθ	γ		ιη	ξβ	ζ	
κη		κς	πβ	θ		η	κζ	α		κ	ξθ	η	
κθ		κη	πθ	ε		ι	λδ	o		κβ	ος	ζ	30
λ		λ	ϙς	η		ιβ	μ	o		κδ	πγ	ζ	

Κριοῦ: 2 α] μ S ‖ 18 ι²] η S ‖ 23 γ ς S ‖ 24 δ] β S ‖ 27 η] ν S ‖ 29 πα S
Ταύρου: 11 πδ S ‖ 16 η] κ S
Διδύμων: 3 κδ S ‖ 12 λα S ‖ 20 δ] α S ‖ 21 ογ S ‖ 26 μη] με S

		Καρκίνου					Λέοντος					Παρθένου					f.160 S
		ἀριθμοί	ἔτη	μῆ	παραβ		ἀριθμοί	ἔτη	μῆ	ἡμέραι		ἀριθμοί	ἔτη	μῆ	παραβ	νεαινοι	
	⟨ђ⟩	κ	ξθ	ϑ		2|	β	ϛ	ια		♂	ιδ	μϛ	ε		α	
		κβ	ος	η			δ	ιγ	ι			ιϛ	νγ	η		β	
		κδ	πγ	η			ϛ	κ	ε			ιη	νθ	ο		γ	
5		κϛ	ϛ	ϑ			η	κζ	ζ			κ	ξϛ	ο		δ	
	⟨2|⟩	κη	ϛζ	ϑ		♂	ι	λδ	ϛ		✓	κβ	ογ	ϛ		ε	
		λ	ϱδ	ι			ιβ	μα	ε			κδ	οη	ια	ιε	ϛ	
		ιδ	μϑ	ο			κϛ	πθ	ζ			η	κϛ	γ		ζ	
		ιϛ	νϛ	ο			κη	ϟϛ	ϛ			ι	λβ	ε		η	
10		ιη	ξγ	ο			λ	ϱγ	ϑ			ιβ	λθ	γ		ϑ	ιε
	⟨♂⟩	κ	ξθ	ια		✓	β	ϛ	ι		♀	ιδ	με	ζ		ι	
		κβ	ος	ϛ			δ	ιγ	η			ιϛ	νβ	ο		ια	
		κδ	πγ	ϑ	ε		ϛ	κ	ζ			ιη	⟨νη⟩	⟨δ⟩		ιβ	
		η	κζ	ια			κ	ξη	ε			β	ϛ	γ		ιγ	ιε
15		ι	λδ	ι	ιε		κβ	οε	α			δ	ιβ	ε		ιδ	
	⟨✓⟩	ιβ	μα	ι		♀	κδ	πα	η		ђ	ϛ	ιθ	γ		ιε	ιε
		ιδ	μη	ϑ			κϛ	πη	ε			η	κε	⟨ζ⟩		ιϛ	
		ιϛ	νε	ϑ			κη	ϟε	ο			ι	λα	λα		ιζ	
		ιη	ξβ	η			λ	ϱα	⟨ζ⟩			ιβ	λη	ια		ιη	ιε
20		β	ϛ	ια			ιδ	μζ	δ			κϛ	πβ	ο		ιθ	
	⟨♀⟩	δ	ιγ	γ		☿	ιϛ	νδ	⌐		λ	κη	πη	ια		κ	
		ϛ	κ	ι			ιη	ξ	η			λ	ϛδ	η		κα	
		η	κζ	ι[α]			κ	ξζ	δ			β	ϛ	γ		κβ	ιε
25		ι	λδ	ε			κβ	ογ	ια			δ	ιβ	ϛ		κγ	κ
		ιβ	μα	η			κδ	π	ε			ϛ	ιη	ϑ		κδ	ζ
	⟨☿⟩	κϛ	ϛ	α	ιε	ђ	η	κϛ	ε		⟨2|⟩	κ	ξβ	ξη		κε	
		κη	ϛζ	ϛ			ι	λγ	ε			κβ	ξη	ε		κϛ	
		λ	ϱδ	ο			ιβ	μ	α			κδ	οδ	π	δ	κζ	ιε
		β	ϛ	ια			ιδ	μϛ	η			κϛ	πϛ	π		κη	
30		δ	ιγ	ι			ιϛ	νβ	νβ	ια		κη	πϛ	πϛ	β	κθ	
		ϛ	κ	∟			ιη	νθ	νθ	ι		λ	ϛ⟨β⟩	⟨β⟩		λ	

Καρκίνου: 13 πη S
Λέοντος: 15 α] δ S ‖ 23 ξϛ S ‖ 28 α] δ S
Παρθένου: 8 γ] ϛ S ‖ annos menses dies linearum 14−21 in lineis 13−20 S ‖ 16 γ] ϛ S ‖ 21 ζ η S

f.161S

| *Κανόνιον δεύτερον καὶ πλινθίον* |

μοῖραι	Ζυγοῦ				Σκορπίου				Τοξότου			
	ἀριθμοί	συγ	ζωῆ	ἡμέραι	ἀριθμοί	συγ	ζωῆ	ἡμέραι	ἀριθμοί	συγ	ζωῆ	ἡμέραι
α	ο	κ	α	ο	ιβ	κ	λδ	δ	κδ	κ	ξγ	α
β	β	μ	η	β	ιδ	μ	μ	γ	κς	μ	ξϑ	ο
γ	ε	ο	ιε	γ	ιζ	ο	μη	ϑ	κϑ	ο	οδ	ια
δ	ζ	κ	κβ	δ	ιϑ	κ	νγ	δ	α	κ	γ	α
ε	ϑ	μ	κϑ	δ	κα	μ	νϑ	δ	γ	μ	ϑ	ο
ς	ιβ	ο	λς	γ	κδ	ο	ξε	ια	ς	ο	ιε	δ
ζ	κδ	κ	ογ	γ	ς	κ	ιζ	δ	ιη	κ	μς	ια
η	κς	μ	π	ο	η	μ	κγ	η	κ	μ	να	ο
ϑ	κϑ	ο	πζ	ϑ	ια	ο	κϑ	⟨ια⟩	κγ	ο	νη	η
ι	α	κ	δ	ια	ιγ	κ	λζ	ο	κε	κ	ξδ	ζ
ια	γ	μ	ια	ϑ	ιε	μ	μβ	⟨ε⟩	κζ	μ	ο	ε
ιβ	ς	ο	ιη	ι[β]	ιη	ο	μη	ζ	λ	ο	ος	α
ιγ	ιη	κ	νε	ι	ο	κ	ο	ια	ιβ	κ	λα	ο
ιδ	κ	μ	ξβ	ς	β	μ	ζ	β	ιδ	μ	λζ	β
ιε	κγ	ο	ξϑ	ϑ	ε	ο	ιγ	γ	ιζ	ο	μγ	α
ις	κε	κ	ος	η	ζ	κ	ιϑ	ζ	ιϑ	κ	μϑ	ζ
ιζ	κζ	μ	πγ	η	ϑ	μ	κε	ι	κα	μ	νε	ο
ιη	λ	ο	ς	ϑ	ιβ	ο	λβ	ο	κδ	ο	ξ	⟨ι⟩α
ιϑ	ιβ	κ	λζ	δ	κδ	κ	ξδ	ϑ	ς	κ	ις	α
κ	ιδ	μ	μδ	ια	κς	μ	ο[β]	ι	η	μ	κα	ια
κα	ιζ	ο	να	ς	κϑ	ο	ος	ι	ια	ο	κζ	ι
κβ	ιϑ	κ	νη	α	α	κ	γ	ς	ιγ	κ	λγ	η
κγ	κα	μ	ξε	ς	γ	μ	ϑ	η	ιε	μ	λϑ	γ
κδ	κδ	ο	οβ	γ	ς	ο	ιε	ι	ιη	ο	μς	δ
κε	ς	κ	ιϑ	ια	ιη	κ	μη	α	ο	κ	ο	ι
κς	η	μ	κς	ο	κ	μ	νδ	α	β	μ	ς	η
κζ	ια	ο	λγ	ο	κγ	ο	ξ	α	ε	ο	ιβ	ζ
κη	ιγ	κ	μ	ς	κε	κ	ξε	ια	ζ	κ	ιη	⟨ς⟩
κϑ	ιε	μ	μζ	ια	κζ	μ	οα	ια	ϑ	μ	κδ	δ
λ	ιη	ο	νδ	δ	λ	ο	οη	ο	ιβ	ο	λ[β]	β

Ζυγοῦ: **20** η S, ς Kroll ‖ **21** ιβ] ιϑ S
Σκορπίου: menses linearum **3−10** in lineis **4−11** S ‖ **3** κδ S ‖ **7** κα] κδ S ‖ **9** δ] α S ‖ menses linearum **14−32** in lineis **13−31** S ‖ **19** ι] η S ‖ **22** ι] η S ‖ **23** οβ S ‖ **25** η] ι S ‖ **26** ι] η S
Τοξότου: **4** ξδ S ‖ **9** μγ S ‖ **13** ο] ϑ S ‖ menses linearum **31−32** in lineis **30−31** S ‖ **32** β] ο S

	Αἰγοκέρωτος				Ὑδροχόου				Ἰχθύων				f.163S
	ἀριθμοῖ	σνγ	μηξ	ξαδμι	ἀριθμοῖ	σνγ	μηξ	ξαδμι	ἀριθμοῖ	σνγ	μηξ	ξαδμι	ναριθμοι
	ς	κ	ις	ςιθ	ιη	κ	μς	ζ	ο	κ	ο	ια	α
	η	μ	κα	ϑ	κ	μ	νβ	ζ	β	μ	ς	ι	β
	ια	ο	κζ	ς	κγ	ο	νη	ς	ε	ο	ιγ	ϑ	γ
5	ιγ	κ	λγ	ς	κε	κ	ξδ	ς	ζ	κ	ιϑ	ϑ	δ
	ιε	μ	μ	ς	κζ	μ	ο	ς	ϑ	μ	κς	α	ε
	ιη	ο	με	ο	λ	ο	ος	ε	ιβ	ο	λβ	ς	ς
	ο	κ	ο	ια	ιβ	κ	λα	β	κδ	κ	ξς	ςζ	ζ
	β	μ	ς	γ	ιδ	μ	λζ	β	κς	μ	οβ	ζ	η
10	ε	ο	ιγ	ια	ιζ	ο	μβ	ια	κϑ	ο	οϑ	ϙ	ϑ
	ζ	κ	ιη	ζ	ιϑ	κ	νε	ζ	α	κ	γ	ια	ι
	ϑ	μ	κδ	ζ	κα	μ	νε	ζ	γ	μ	ϑ	ια	ια
	ιβ	ο	λ	[ι]α	κδ	ο	ξε	ι[α]	ς	ο	ις	ς	ιβ
	κδ	κ	ξα	γ	ς	κ	ις	ϑ	ιη	κ	μη	α	ιγ
15	κς	μ	ξς	⟨ι⟩β	η	μ	κβ	ς	κ	μ	νζ	γ	ιδ
	κϑ	ο	οβ	γ	ια	ο	κη	ς	κγ	ο	ξδ	β	ιε
	α	κ	γ	ς	ιγ	κ	λε	ς	κε	κ	ο	γ	ις
	γ	μ	ϑ	ϑ	ιε	μ	μ	ϑ	κζ	μ	οζ	δ	ιζ
	ς	ο	ιε	ϙ	ιη	ο	μζ	ς	λ	ο	πδ	δ	ιη
20	ιη	κ	μς	ι	ο	κ	ο	ι[α]	ιβ	κ	λε	α	ιϑ
	κ	μ	νβ	[ι]α	β	μ	ς	α	ιδ	μ	μα	ς	κ
	κγ	ο	νη	α	ε	ο	ια	β	ιζ	ο	μη	β	κα
	κε	κ	ξβ	β	ζ	κ	⟨ι⟩ϑ	γ	ιϑ	κ	νε	α	κβ
	κζ	μ	ϙ	ς	ϑ	μ	κε	ϑ	κα	μ	ξα	ια	κγ
25	λ	ο	οβ	η	ιβ	ο	λα	γ	κδ	ο	ξη	ια	κδ
	ιβ	κ	λα	γ	κδ	κ	ξδ	α	ς	κ	ιη	β	κε
	ιδ	μ	λζ	ϑ	κς	μ	ο	ϑ	η	μ	κε	ο	κς
	ιζ	ο	μγ	ς	κϑ	ο	ος	η	ια	ο	λα	ια	κζ
	ιϑ	κ	μϑ	η	α	κ	γ	ϙ	ιγ	κ	λη	δ	κη
30	κα	μ	νδ	ϑ	γ	μ	ϑ	ϑ	ιε	μ	με	η	κϑ
	κδ	ο	ξ	ια	ς	ο	ις	ο	ιη	ο	νβ	η	λ

Αἰγοκέρωτος: **14** κδ] κα S ‖ **17** α] λ S ‖ **26** γ] ς S
Ὑδροχόου: **2** μγ S ‖ **18** μ²] ν S ‖ **23** γ] ς S ‖ **25** ιδ S ‖ **26** et **27** κς et κδ interpon. S ‖ **29** α] λ S ‖ **31** ις] κ S
Ἰχθύων: **6** α] λ S ‖ **10** οε S ‖ **24** ξδ S

f.164 v S | *Κανόνιον καὶ πλινθίον β′*

μοῖραι	Κριοῦ				Ταύρου				Διδύμων			
	ἀριθμοὶ	σvy		ὡσαύτ	ἀριθμοὶ	λαο	λιβ̅	ὡσαύτ	ἀριθμοὶ	λαο	λιβ̅	ὡσαύτ
α	ιβ	κ	λζ	α	κδ	κ	οη	β	ς	κ	κα	ζ
β	ιδ	μ	μβ	β	κς	μ	πε	ια	η	μ	κϑ	ς
γ	ιζ	ο	ν[α]	δ	κϑ	ο	ςγ	η	ια	ο	λς	η ⟨5⟩
δ	ιϑ	κ	νζ	ε	α	κ	δ	δ	ιγ	κ	με	α
ε	κα	μ	ξδ	ς	γ	μ	ια	ια	ιε	μ	νε	α
ς	κδ	ο	οα	ζ	ς	ο	ιϑ	ζ	ιη	ο	ξα	ι
ζ	ς	κ	ιη	γ	ιη	κ	νϑ	ζ	ο	κ	α	β
η	η	μ	κς	ο	κ	μ	ξζ	ϑ	β	μ	η	ς ⟨10⟩
ϑ	ια	ο	λγ	ε	κγ	ο	ος	ι	ε	ο	ιζ	γ
ι	ιγ	κ	λϑ	ς	κε	κ	πγ	δ	ζ	κ	κβ	γ
ια	ιε	μ	μζ	ε	κζ	μ	ςα	β	ϑ	μ	λγ	δ
ιβ	ιη	ο	νδ	ς	λ	ο	ςδ	ς	ιβ	ο	μα	ε
ιγ	ο	κ	α	γ	ιβ	κ	μ	ϑ	κδ	κ	πδ	η ⟨15⟩
ιδ	β	μ	η	α	ιδ	μ	μη	ζ	κς	μ	ςβ	β
ιε	ε	ο	ιε	ϑ	ιζ	ο	⟨ν⟩ς	ε	κϑ	ο	ϱ	γ
ις	ζ	κ	κ⟨β⟩	ς	ιϑ	κ	ξδ	β	α	κ	δ	ζ
ιζ	ϑ	μ	κϑ	δ	κα	μ	οβ	α	γ	μ	ιβ	η
ιη	ιβ	ο	λζ	η	κδ	ο	π	β	ς	ο	κ	ϑ ⟨20⟩
ιϑ	κδ	κ	οε	ζ	ς	κ	κα	β	ιη	κ	ξγ	ς
κ	κς	μ	πβ	ς	η	μ	κζ	ια	κ	μ	οα	η
κα	κϑ	ο	ς	ε	ια	ο	λζ	δ	κγ	ο	οϑ	ϑ
κβ	α	κ	δ	ο	ιγ	κ	μδ	η	κε	κ	πα	ϑ
κγ	γ	μ	ια	ο	ιε	μ	νβ	η	κζ	μ	ςς	α ⟨25⟩
κδ	ς	ο	ιη	γ	ιη	ο	ξ	ζ	⟨λ⟩	ο	ϱδ	β
κε	ιη	κ	νη	γ	ο	κ	α	α	ιβ	κ	μβ	ϑ
κς	κ	μ	ξε	β	β	μ	ϑ	ο	ιδ	μ	να	α
κζ	κγ	ο	ογ	β	ε	ο	ις	⟨ι⟩α	ιζ	ο	νϑ	β
κη	κε	κ	π	α	ζ	κ	κδ	ι	ιϑ	κ	ξζ	δ ⟨30⟩
κϑ	κζ	μ	πη	δ	ϑ	μ	λβ	ϑ	κα	μ	οε	ς
λ	λ	ο	ςς	α	ιβ	ο	μ	ϑ	κδ	ο	πβ	η

Κριοῦ: 11 κγ S ‖ 13 ε] ϑ S ‖ 16 α] δ S ‖ 18 ς] γ S ‖ 19 κε S ‖ 20 κζ S ‖ 24 δ¹] a S ‖ 31 δ] a S ‖ 32 a] o S
Ταύρου: 28 o] ϑ S ‖ 29 ια] δ S ‖ 31 ϑ] ε S ‖ 32 ϑ] ε S
Διδύμων: 8 ι] η S ‖ 11 ιδ S

314

	Καρκίνου				Λέοντος				Παρθένου				
	ἀριθμοί	συν	ἑξήκ	σελήν	ἀριθμοί	συν	ἑξήκ	σελήν	ἀριθμοί	συν	ἑξήκ	σελήν	ἀριθμοί
	ιη	κ	⟨ξγ⟩	ια	ο	κ	α	β	ιβ	κ	μ[α]	⟨ι⟩α	α
	κ	μ	⟨οβ⟩	α	β	μ	ϑ	β	ιδ	μ	μη	ζ	β
5	κγ	ο	⟨π⟩	γ	ε	ο	ιζ	β	ιζ	ο	νς	α	γ
	κε	κ	⟨πη⟩	δ̣	ζ	κ	κε	γ	ιϑ	κ	ξγ	ι	δ
	κζ	μ	⟨ςς⟩	η	ϑ	μ	λγ	δ	κα	μ	οα	δ	ε
	λ	ο	⟨ρδ⟩	ια	ιβ	ο	μα	δ	κδ	ο	οη	ια	ς
	ιβ	κ	⟨μγ⟩	α	κδ	κ	πγ	ι	ς	κ	κ	ϑ	ζ
10	ιδ	μ	⟨να⟩	δ	κς	μ	ςα	ι	η	μ	κη	δ	η
	ιζ	ο	⟨νϑ⟩	α	κϑ	ο	ςϑ	ζ	ια	ο	λε	ια	ϑ
	ιϑ	κ	⟨ξζ⟩	ζ	α	κ	δ	ζ	ιγ	κ	μγ	β	ι
	κα	μ	⟨οε⟩	ϑ	γ	μ	ιβ	ζ	ιε	μ	ν	ια	ια
	κδ	ο	⟨πγ⟩	β	ς	ο	κ	ς	ιη	ο	νη	δ	ιβ
15	ς	κ	⟨κβ⟩	[ι]α	ιη	κ	ξβ	η	ο	κ	α	α	ιγ
	η	μ	⟨λ⟩	γ	κ	μ	ο	ς	β	μ	η	ζ	ιδ
	ια	ο	⟨λη⟩	β	κγ	ο	οζ	δ	ε	ο	ιζ	α	ιε
	ιγ	κ	⟨μς⟩	ς	κε	κ	πε	β	ζ	κ	κγ	ς	ις
	ιε	μ	⟨νδ⟩	ζ	κζ	μ	ςγ	ια	ϑ	μ	λ	ς	ιζ
20	ιη	ο	⟨ξβ⟩	ια̲	λ	ο	ρα	η	ιβ	ο	λη	α	ιη
	ο	κ	⟨α⟩	ζ̲	ιβ	κ	μα	ϑ	κδ	κ	μς	ς	ιϑ
	β	μ	⟨ϑ⟩	α	ιδ	μ	μϑ	ς	κς	μ	νδ	δ	κ
	ε	ο	⟨ιζ⟩	δ̣	ιζ	ο	νζ	δ	κϑ	ο	ξβ	β	κα
	ζ	κ	⟨κε⟩	δ̣	ιϑ	κ	ξε	[ι]α	α	κ	ο	γ	κβ
25	ϑ	μ	⟨λγ⟩	β	κα	μ	οβ	ς	γ	μ	οζ	δ	κγ
	ιβ	ο	⟨μα⟩	α̲	κδ	ο	π	γ	ς	ο	πε	δ	κδ
	κδ	κ	⟨πδ⟩	δ	ς	κ	κα	ς	ιη	κ	ν	γ	κε
	κς	μ	⟨ςβ⟩	γ	η	μ	κη	γ	κ	μ	νζ	δ	κς
	κϑ	ο	⟨ρ⟩	δ̣	ια	ο	λς	ια	κγ	ο	ξδ	δ	κζ
30	α	κ	⟨δ⟩	ζ	ιγ	κ	⟨μδ⟩	⟨ε⟩	κε	κ	οα	δ	κη
	γ	μ	⟨ιβ⟩	η	ιε	μ	⟨νβ⟩	⟨β⟩	κζ	μ	πδ	δ	κϑ
	ς	ο	⟨κ⟩	ϑ	ιη	ο	⟨νϑ⟩	⟨ϑ⟩	λ	ο	ςς̲	γ	λ

Καρκίνου: annos om. S, menses in col. annorum ‖ 17 ιδ S
Λέοντος: 7 δ] ϑ S ‖ 17 δ] α S ‖ 29 κς S ‖ 30—32 anni mensesque ex Virgine S ‖ 30 ον δ S ‖ 31 πδ δ S ‖ 32 ςς ς S
Παρθένου: 9 ς] ο S ‖ 30 ον S ‖ 32 γ] ς S

⟨ΟΥΕΤΤΙΟΥ ΟΥΑΛΕΝΤΟΣ ΑΝΤΙΟΧΕΩΣ ΑΝΘΟΛΟΓΙΩΝ ΒΙΒΛΙΟΝ Θ⟩

⟨α′.⟩ | Προοίμιον

1, 2   Οὐάλης Μάρκῳ χαίρειν. ὅσα μὲν ὁ θειότατος βασιλεὺς εἴρηκε Νεχεψὼ
ὁ τὴν ἀρχὴν ποιησάμενος τῆς ιγ′ βίβλου ἐν ταῖς προσυντεταγμέναις 5
ὑφ᾽ ἡμῶν καὶ ⟨ἐν τοῖς⟩ ἄλλων πόνοις κατημαξευμένα ἐστίν· νυνὶ δὲ
3 ταύτην συντάσσω λειπομένην ἐν οὐδενί. ὅτι μὲν οὖν μυστικῇ συνέσει τὴν
ὑφήγησιν πεποίηται καὶ ἀρχηγὸς τῆς εἰς ταῦτα εἰσόδου καὶ ἡμῖν ἐγένετο
πρόδηλον· τό τε ὁμολογεῖν περὶ τῶν ἡμαρτημένων αὐτῷ πρότερον, ἐξ
ὑστέρου δὲ κατωρθωμένων, ἀνδρὸς ἀγαθοῦ καὶ σοφοῦ ἀπολογίαν καὶ 10
μετάνοιαν ἐπιφερομένου, καθ᾽ ὃ καταφρονεῖ ὅλης τῆς βασιλείας καὶ
τυραννίδος, ⟨καὶ⟩ τὸ περὶ τὰ τοιαῦτα ἐσπουδακέναι, ἐμπείρου καὶ πεποιθό-
τος καὶ ἐρωτικὴν καὶ προτρεπτικὴν θεωρίαν ἐνδεικνυμένου τοῖς μετα-
4 γενεστέροις. οὐδέ γε αὐτὸν μεθεῖλκεν ἀνάγκη βιωτικὴ καὶ πλάνη φιλάργυ-
ρος ὥσπερ πολλοὺς τῶν νῦν· ὅθεν ἀποδεκτέος ὁ τοιοῦτος.   15

5   Ὁ δὲ σοφώτατος Κριτόδημος ἐν τῇ ἐπιγραφομένῃ αὐτοῦ Ὁράσει
συνεκτικωτάτῃ πολλῶν μυστηρίων ἀρχὴν τοιαύτην ἐποιήσατο· ῾ἤδη ποτὲ
πελαγοδρομήσας καὶ πολλὴν ἔρημον διοδεύσας ἠξιώθην ἀπὸ θεῶν λιμένος
6 ἀκινδύνου τυχεῖν καὶ μονῆς ἀσφαλεστάτης᾽. ἄλλως τε καὶ ὁ Τίμαιος καὶ
Ἀσκλατίων καὶ ἕτεροι πλεῖστοι· οὗτοι μὲν οὖν καλλονῇ λόγων ἐνεχθέντες 20
καὶ τερατολογίᾳ οὐ κατὰ τὰ ἐπαγγέλματα τὰ ἔργα ἐπέδειξαν οὐδὲ τὰς
συντάξεις πλήρεις καὶ ἐπιλελυμένας, ἀλλὰ λειπομένας ἐν πολλοῖς τισιν
ἀεὶ τῶν ἐντυγχανόντων, ἐν πᾶσι δὲ τὸ σκολιὸν καὶ ἐφθονημένον καὶ
ἀναδυόμενον καὶ ἐπιπλεκόμενον, καὶ μηδεμιᾷ ὁδῷ διευθύνοντες ἀλλὰ
προσεισφέροντες αἵρεσιν αἱρέσει καὶ ἀ|ναπομπίμους βίβλους, πλάνης 25

---

§ 5: cf. III 9, 3

[S] 1—2 Οὐεττίου − ϑ Kroll ‖ 4 εἴρηκεν ἐχεψῶ S, corr. Kroll ‖ 5 ὁ secl. sugg.
Kroll ‖ 7 μυστικῶς συνέξει S, corr. Kroll ‖ 8 ἐκ S, εἰς Kroll ‖ 10 κατορθωμένου S,
corr. Kroll ‖ 11 διάνοιαν S, μετάνοιαν sugg. Kroll ‖ καὶ τὸ καταφρονεῖν sugg. Kroll ‖
12 καὶ¹ Kroll, παρὰ sugg. Kroll ‖ 15 πολλοῖς S, corr. Kroll ‖ 16 ὄρασις S, corr.
Kroll ‖ 17 μαρτυριῶν corr. in μυστηρίων S ‖ 18 διωδεύσας S, corr. Kroll ‖ 20 ἀσ-
κλαπίων S, corr. Kroll ‖ 21 οὐδὲν S, corr. Kroll ‖ 22 πλήρης S, corr. Kroll ‖ 23 καὶ
πλανητικὰς post ἀεὶ sugg. Kroll ‖ 24 ἀναλύομενον S, corr. Kroll

μᾶλλον ἢ ἀληθείας τεκμήρια. ὁ μὲν οὖν Κριτόδημος, πλῆθος θεωρημάτων 7
κεκτημένος καὶ τοῖς ἄλλοις συγκεκοσμημένος καὶ δυνάμενος σαφῶς διερ-
μηνεῦσαι, διὰ τῆς τούτων τῶν ὀργάνων φαντασίας ἠμαύρωσε τὴν ἐπι-
στήμην.

5 Ἐγὼ δὲ ἐν ταῖς προσυντεταγμέναις μοι βίβλοις οὔτε κενῶν οὔτε ματαίων 8
ὕθλων πόνους διήνυσα οὔτε μὴν κατὰ τὴν δόκησίν τινων ἀμφιβόλους
ἐπιλύσεις καὶ γραφὰς ἀναρίθμους περιττῶν συντάξεων, διὸ καὶ τὰ
δοκοῦντα ἀληθείας ἐφικνεῖσθαι εἰς ἄπειρον ζήτησιν καὶ ψόγον ἐχώρησεν.
χρὴ δέ γε τὸν βουλόμενον οὕτως συγγράφειν [ὡς] μὴ χρῄζειν ἑτέρου· εἰ 9
10 δ᾽ οὖν, διὰ τὸ ἀγνοεῖν καὶ φθονεῖν τὴν πλοκὴν ἐπεισφέρει. πελαγοδρομήσας 10
οὖν καὶ πολλὴν γῆν διοδεύσας, κλιμάτων τε καὶ ἐθνῶν κατόπτης γενό-
μενος, πολυχρονίᾳ πείρᾳ καὶ πόνοις συνεμφυρείς, ἠξιώθην ὑπὸ θεοῦ καὶ
τῆς προνοίας βεβαίου καὶ ἀσφαλοῦς λιμένος τυχεῖν.

Οὐ γὰρ φθαρτὰ πάντα καὶ μοχθηρὰ ἔλαχον οἱ ἄνθρωποι, ἔστι δέ τι 11
15 καὶ θεῖον ἐν ἡμῖν θεόπνευστον δημιούργημα· ὅ γε περικεχυμένος ἀὴρ
ἄφθαρτος ὑπάρχων καὶ διήκων εἰς ἡμᾶς ἀπόρροιαν καιρικὴν ἀθανασίας
ἀπονέμει τακτῷ καὶ μεμετρημένῳ χρόνῳ, ἣν ἕκαστος ἡμῶν καθ᾽ ἡμέραν
μελετᾷ γυμναζόμενος λαμβάνειν ἢ καὶ ἀποδιδόναι τὸ ζωτικὸν πνεῦμα.
καθὼς καὶ ὁ θειότατος Ὀρφεὺς λέγει· 12

20   ψυχὴ δ᾽ ἀνθρώποισιν ἀπ᾽ αἰθέρος ἐρρίζωται.
καὶ ἄλλως· 13
            ἀέρα δ᾽ ἕλκοντες ψυχὴν θείαν δρεπόμεσθα.
ἄλλως· 14
            ψυχὴ δ᾽ ἀθάνατος καὶ ἀγήρως ἐκ Διός ἐστιν.
25 ἄλλως· 15
            ψυχὴ δ᾽ ἀθάνατος πάντων, τὰ δὲ σώματα θνητά.

ἔνθεν ἐφ᾽ ὅσον ἔχομεν τὴν ψυχὴν κινούμεθα καὶ ὁμιλοῦμεν καὶ πράσσομεν 16
καὶ μηχανώμεθα καὶ ποιοῦμεν ἔργα ἰσόθεα. ὁπότε δ᾽ εἰς τὸν ἀέρα 17
ἀναδράμῃ τὸ χρέος, πρό|κειται τὸ σῶμα νεκρόν, ἄναυδον, κατὰ διαδοχὴν f.154S
30 ἑτέρῳ τὸ πνεῦμα συγκεχωρηκός, κενὸν εἱμαρμένης δημιούργημα, οὐδενὸς

§§ 12−15 = Orphica fr. 228 Kern

[S] 1 τεκμείρια S, corr. Kroll ‖ 2 συγκεκοσμιμένος S, corr. Kroll ‖ 5−6 κενῶς
οὔτε ματέως ἄθλων S, corr. Kroll ‖ 6 οὐ S, οὔτε sugg. Kroll ‖ 7 ὑπὲρ τῶν S,
περιττῶν Wendland ‖ 8 λόγον Kroll ‖ 9 σύγράφειν S | ὡς] ὅλως Wendland | ἕνι
μάλιστα post ὡς sugg. Kroll ‖ 11 κριμάτων S, ĭ. κλι in marg. S² ‖ 12 συνεμφυρής S,
corr. Kroll ‖ 15 καὶ post ἡμῖν sugg. Kroll | τε Kroll ‖ 16 ἀπόρροι S, corr. Kroll |
μερικὴν Wendland ‖ 17 ἀπονέμειν S, corr. Kroll ‖ 21 ἄλλων S, corr. Kroll ‖ 22 δρε-
πόμεθα S, corr. Kroll ‖ 29 τὸ¹ iter. S ‖ 30 ἑτέρας S, corr. Kroll

22*

ὃν δεκτικόν· τῆς γὰρ φύσεως ἀναλυθείσης, εἰς τὸν οἰκεῖον τόπον ἐλέγχεται
τότε τὸ θνητὸν σῶμα.

18 Ὅθεν, τοῦ θεοῦ συνεργοῦντος, ἀνεῦρον ταῦτα ἐν σκότει τεθησαυρισμένα,
καί μοι κατ᾽ ἀρχὰς μὲν δαψιλὴς λόγος συνεμπεσὼν ἀπορρήτους, ἀμεταδό-
19 τους τὰς ὑφηγήσεις διαφυλάσσει διὰ πολλοὺς τῶν ἀναξίων. ἵνα δὲ μὴ 5
δόξω κατήγορος ⟨γενόμενος⟩ μείζονι ψόγῳ περιπίπτειν καὶ τὰς ἑτέρων
αἰτίας ἀνάπτεσθαι, ἔδοξέ μοι μὴ κατεζητημένως μηδὲ ἐπεσκοτισμένως ἐν
ταύτῃ τῇ βίβλῳ μυστικῶς προτάξαι τὰ δοκοῦντα κεφάλαια εἰς συμπλήρωσιν
τῶν προσυντεταγμένων καὶ ἀτρεκῆ σαφήνειαν διὰ πολλῆς συνέσεως τοῖς
γε νοῦν ἔχουσιν, ὅπως διὰ τούτων οἱ ἀμαθεῖς καὶ θεομάχοι πίστιν 10
ἐνεγκάμενοι καὶ ἑταῖροί γε τῆς ἀληθείας γενόμενοι ὑπαρκτὴν καὶ σεβά-
σμιον τὴν ἐπιστήμην καταλάβωσιν.

(IX 1) β′. Περὶ κλήρου τύχης καὶ δαίμονος εἰς τὸν περὶ ἐμπράκτων καὶ ἀπράκτων
χρόνων καὶ ζωῆς τόπον

1 Περὶ μὲν οὖν τοῦ κλήρου τῆς τύχης καὶ τοῦ δαίμονος ἐν τοῖς ἔμπροσθεν 15
ἡμῖν δεδήλωται, καὶ νῦν δὲ ἐπάνιμεν εἰς αὐτοὺς διαβεβαιούμενοι δυναστι-
2 κοὺς καὶ κραταιοὺς τόπους. ὅνπερ γὰρ τρόπον ἐπὶ τοῦ κοσμικοῦ περιπο-
λίσματος ὁ παντεπόπτης Ἥλιος ἀκαμάτοις φοραῖς δινούμενος καὶ μακροῦ
αἰῶνος χρόνον διιππεύων τὰς τῶν ἀστέρων χορείας ἀλλεπαλλήλοις
δρόμοις ἀποκαθίστησι καὶ ἀποχωρίζει, τροπάς τε καὶ καιροὺς καὶ φάσεις 20
ποιούμενος, ἀρχόμενος ὅθεν ἔληξε καὶ λήγων ὅθεν ἄρχεται, τὰς δὲ
ψυχὰς τῶν ἀνθρώπων θέλγων καὶ διεγείρων, αἴτιος δόξης καὶ πράξεως
f.154 vᵛˢ καὶ πάσης προκοπῆς τυγχάνει, ὁμοίως δὲ καὶ ἡ Σελήνη, τύχη | τοῦ
κόσμου ὑπάρχουσα καὶ ὑπὸ τῆς ἡλιακῆς δυνάμεως αὐξομειουμένη, τὰς
φάσεις ποιεῖται καὶ τὰς τῶν ἀέρων μεταβολάς, καὶ τοὺς καρποὺς πεπαίνου- 25
σα τοῖς ἀνθρώποις ζωῆς παραιτία γίνεται, τῷ αὐτῷ τρόπῳ καὶ ἐπὶ πάσης
γενέσεως σκοπεῖν δεήσει τὸν κλῆρον τῆς τύχης καὶ τοῦ δαίμονος ἐν
f.155 8 3 ποίοις | μέρεσι τοῦ κόσμου ἀπερρύησαν. πρὸς μὲν γὰρ τὸν ἀποτελεσματι-
κὸν λόγον, ἐὰν ἐν τοῖς χρηματιστικοῖς ὦσι ζῳδίοις καὶ ὑπὸ ἀγαθοποιῶν
μαρτυρῶνται, ἐμπράκτους καὶ ἐνδόξους καὶ εὐπόρους τὰς γενέσεις 30
ἀποτελοῦσιν· μάλιστα ἐὰν ἐν ἀρσενικοῖς ζῳδίοις οἱ κλῆροι ἐμπέσωσι καὶ
οἱ κύριοι ἐν ἀρσενικοῖς ἢ θηλυκοῖς οἴκοις καὶ χρηματίζοντες ἐπιθεωρῶσι

τὸν τόπον, μείζονάς τε καὶ ἐπισήμους καὶ ἀπροσδοκήτως προκόπτοντας
καὶ εἰς ἀνυπέρβλητον τύχην χωροῦντας. ἐὰν δὲ οἱ μὲν κλῆροι ἐν ἀρσενικοῖς 4
ὦσι ζῳδίοις, οἱ κύριοι δὲ αὐτῶν ἐν θηλυκοῖς ἀχρημάτιστοι, ὑπὸ κακοποιῶν
ἐναντιούμενοι ἢ καθυπερτερούμενοι, πτώσεως ὁ τόπος δηλωτικός,
5 καθαιρέσεώς τε καὶ ἐνδείας καὶ πάσης αἰτίας ἐπακτικός, δημοσίαις τε καὶ
πολυθρυλήτοις ἢ βασιλικαῖς συμπεφυρμένος κακίαις· τῶν δὲ τοιούτων
καὶ τὸ τέλος εὕρηται κακόν. πρὸς δὲ τοὺς τῆς ζωῆς χρόνους συγκρινόμενοι 5
οἱ δύο κλῆροι, πρός τε τὸν Ἥλιον καὶ τὴν Σελήνην καὶ τὴν μοιρικὴν αὐτῶν
ἀπόρροιαν, πρός τε τὸν ὡροσκόπον καὶ τὸν πλανητικὸν σκοπὸν καὶ τὴν
10 μοῖραν προδηλώσουσι καὶ τοὺς βιωσίμους χρόνους ἐκ τοῦ διαστήματος,
τὴν ἡμίσειαν ἔμπαλιν καὶ ἀνάπαλιν ἐκμετρηθέντες, ἢ προλαβόμενοι τοῦ
μεγέθους τῆς ὥρας ἢ ἀπολειφθέντες τούτου, ὡς δύο μοίρας χρηματίζειν
τοῦ ζῳδίου ἐξ ἀνάγκης, τὴν δὲ γένεσιν καίπερ ἐπίκηρον οὖσαν πρὸς τὴν
τοῦ κόσμου συμπάθειαν τὸ ζωτικὸν ἀναλαβεῖν πνεῦμα.
15 Προσεκτέοι οὖν οἱ τρόποι μυστικῶς καὶ μὴ παρέργως ἡγητέοι· ἐκ 6
τούτων γὰρ συνορᾶται καὶ εὐκατάληπτα γίνεται τὰ πολλῷ χρόνῳ ⟨καὶ⟩
καμάτῳ ἐπισωρεύοντα τοῖς ἀνθρώποις τὴν παρὰ τούτων ἐνέργειαν. οὐκ 7
ἀσκόπως δὲ ὁ Πετόσιρις περὶ συμπαθείας Ἡλίου καὶ Σελήνης λέγει ἐν
τοῖς Ὅροις· εἴτε τὴν ἀπὸ Ἡλίου ἐπὶ Σελήνην καὶ τὰ ἴσα ἀπὸ ὡροσκόπου
20 εἴτε ἀπὸ Σελήνης ἐπὶ τὸν Ἥλιον καὶ τὰ ἴσα ἀπὸ ὡροσκόπου κατὰ τὸ
αὐτὸ ἐμπεπτωκότα εὑρήσεις, ὁρᾶταί τε ἔνθεν ὁ διακρατῶν τοῦ ζητουμέ-
νου πρὸς ὃν τὰ ὅλα | τετύχηκε καὶ συμβήσεται'. καὶ ὁ βασιλεὺς δὲ ἐν τῇ
ἀρχῇ τῆς ⟨ιγ'⟩ βίβλου εἶπεν· 'εἶτ' ἐχομένως δεήσει σαφῶς ἀριθμεῖν ἀπὸ
Ἡλίου ἐπὶ Σελήνην εἴτε ἔμπαλιν (οἱ δὲ ἀνάπαλιν), ἀπὸ ὡροσκόπου
25 ἰσότητα ποιεῖν καὶ τὸν ἀποβάντα κύριον τόπον συνορᾶν τίνος τετύχηκεν
ἀστέρος καὶ τίνες ἐν τούτῳ πρόσεισιν· ἐκ γὰρ τῆς [διὰ] τῶν τόπων
συγγνώσεως πρόδηλα κρίνειν τῶν γεννωμένων τὰ πράγματα' (καὶ τὸ
λέγειν [μὲν] κύριον τόπον κρατητικόν, καὶ ὁρᾶται ἔνθεν τὰ ὅλα δυναστι-
κόν).
30 Ἄλλως τε καὶ ἐν τοῖς μεταξὺ τῆς διηγήσεως πλειστάκις περὶ τοῦ αὐτοῦ 9
λέγων ἰσχυροποιεῖται ὅτι, εἰ μὲν ἀγαθοποιοὶ ἐπῶσιν ἢ καὶ προσμαρτυρῶ-

---

§ 7: cf. II 3, 3 ‖ § 8: cf. II 3, 1

[S] 1 προσκόπτοντας S, corr. Kroll ‖ 4 τρόπος S, τόπος sugg. Kroll ‖ 5 ὑπα-
κτικός S ‖ 6 συμπεφυρμένους S, corr. Radermacher | κακίας S, corr. Kroll ‖ 9 ἀπό-
ρροιαν S, corr. Kroll | πλανιτικὸν S, corr. Kroll ‖ 11 προσλαβόμενοι S, corr. Kroll ‖
13 ἐπίκληρον S, corr. Kroll ‖ 15 τόποι sugg. Kroll | ἡγεῖσθαι S, secl. Kroll ‖
16 τῶ S, τὰ Kroll | καὶ Kroll ‖ 17 ἐπισορεύοντα S, corr. Kroll | περὶ S, corr. Kroll ‖
21 εὑρήσεις S, corr. Kroll | γε S, τε sugg. Kroll | ζησομένου sugg. Kroll ‖ 23 ιγ
Kroll ‖ 25 ἰσότητας S | οὕτινος S ‖ 26 διὰ secl. Kroll ‖ 27 συμπτώσεως S, συγ-
γνώσεως Π 3 | γενομένων S ‖ 27.28 καὶ τὸ λοιπὸν sugg. Kroll ‖ 28 ἔνθεν ὁρᾶ-
σθαι S, ὁρᾶται sugg. Kroll

319

VETTIVS VALENS

10 σιν ἀγαθῶν πρόδηλοι καὶ ὑπαρχόντων δοτῆρές εἰσιν, εἰ δὲ φθοροποιοὶ
ἀποβολὰς ὑπαρχόντων καὶ φθίσεως σώματος αἰτίας καὶ τὰ λοιπά. εἰ δὲ καί,
γεννωμένου τινός, ἐν θηλυκῷ τύχῃ ἡ Σελήνη, ἀνδράσι μὲν γεννωμένοις οὐκ
ἀγαθὴν ἀποτελεῖ φύσιν, γυναιξὶ δὲ ὁμογενέσιν ὑπόστασιν, καὶ ἐπὶ Ἡλίου
πρὸς τοὺς ἐν ἀρσενικοῖς καὶ θηλυκοῖς ἐσχηκότας τοὺς τόπους καὶ τοὺς 5
11 κυρίους. ἐὰν δέ πως οἱ κακοποιοὶ μόνοι ἐπῶσι τοῖς τόποις καὶ προσνεύσω-
σιν, ἀποτελοῦσιν ἐμπρησμούς, ναυάγια, ἀπὸ ὕψους πτώσεις, θραύσεις
μελῶν, αἱμαγμούς, καὶ μάλιστα ἐν στερεοῖς ζῳδίοις, ἢ παθήματα ἢ
σπασμούς, καὶ ἐπὶ τὸ χεῖρον τρέπονται ὁπόταν καὶ τῶν τόπων κυριεύσω-
12 σιν. ἀλλὰ περὶ μὲν τούτων καὶ ἐν τοῖς μεταξὺ τῆς διηγήσεως δηλώσομεν, 10
ἀποδεικνύντες ἑτεροσχημόνως ὁπηλίκη δύναμις περὶ αὐτοὺς νενόμισται ἐπί
τε τῶν πρακτικῶν καὶ βιωσίμων χρόνων.
13 Παρατηρητέον δὲ κατὰ τὸ πλεῖστον ἐάν πως οἱ κύριοι εἰς Καρκίνον ἢ
Λέοντα ἢ Αἰγόκερωτα ἢ Ὑδροχόον συνεμπέσωσιν, ὑπὸ ἀγαθοποιῶν
14 μαρτυρούμενοι ἢ ὑπὸ οἰκείων ἀστέρων ἐν χρηματιστικοῖς ζῳδίοις. λαμπρᾶς 15
μὲν ⟨οὖν⟩ οὔσης τῆς ὑποστάσεως ἡγεμονικοί, βασιλικοί, στραταρχικοὶ
καθίστανται, ἐξουσίαν ζωῆς καὶ θανάτου ἔχοντες, συμπάθειάν τε βασιλι-
f.156s κὴν κεκτημένοι | δωρεᾶς καὶ δόξης καταξιοῦνται καὶ ἐν ταῖς ἐπιβολαῖς
εὐημεροῦσιν· ἄπρακτοι δὲ τὰ πρῶτα τῆς ψυχῆς ἀποβολὰς ὑπομείναντες καὶ
χαλεπανθέντες, μεταμφιασάμενοι εἰς ἀπροσδόκητον ἔρεισμα καταντῶσιν 20
ὑπὸ τῶν πλείστων εὐφημούμενοι καὶ μακαριζόμενοι· ὅσοι δὲ τὴν ὑπόστα-
σιν μετρίαν ἐκληρώσαντο βασιλέως πράγματα πιστεύονται καὶ διοικοῦσι
καὶ ἀνωμάλως καὶ ἐπιφθόνως διευθύνουσιν, τινὲς δὲ στρατιωτικοὶ ἢ
μεταξὺ τούτων ἀναστρεφόμενοι ἢ ἐν βασιλικαῖς αὐλαῖς καὶ δημοσίοις
τόποις ὀψωνίων μετέχουσιν, οὐ τοσοῦτον περὶ τὸν βίον συγκεκοσμημένοι 25
ὅσον τῇ κακοδόξῳ φαντασίᾳ καὶ πολυμερίμνῳ καὶ εὐθραύστῳ κακοπαθείᾳ.

(IX 2) γ'. Περὶ τῆς ιβτρόπου εἰς τὸ περὶ ἐμπράκτων καὶ ἀπράκτων τόπων

1 Καὶ τούτων μὲν κατὰ κοσμικὴν ἁρμονίαν οὕτως διατεταγμένων κατὰ
τὸν παλαιόν, ἄνδρες Αἰγύπτιοι [κατὰ τὸ ἀρχαῖον] ἀπὸ τούτων μονομερῆ
παραλαβόντες εἰς ποικίλας καὶ συγκρατικὰς διαστολὰς κατέκλεισαν, 30
σοφιστικοῖς λόγοις καὶ ἐφόδοις χρησάμενοι, περιτειχίσαντες δὲ τὴν
θεωρίαν μυρίοις ἐρείσμασι καὶ κλειδῶν ἀχαλκεύτων γομφώμασιν ἀπηλ-

[S] 2 ἀποβλὰς S, corr. Kroll | τὸ λέγειν S, τὸ λοιπόν sugg. Kroll ‖ 3 γενομένου S |
γενομένοὺς S ‖ 4 φάσιν S | ὑπόστασις S, ὑπόστασιν sugg. Kroll ‖ 11 αὐτοῦ S, αὐτὸν
sugg. Kroll ‖ 16 vel γὰρ vel οὖν sugg. Kroll ‖ 19 ταῖς ψυχαῖς S, τῆς τύχης sugg.
Kroll | καταβολὰς S, ἀποβολὰς sugg. Kroll ‖ 25 συγκεκοσμιμένοι S, corr. Kroll ‖
26 εὐθράστω S, corr. Kroll ‖ 27 γ' in marg. S | τοῦ S, τῆς Kroll | τὸν ... τόπον
Kroll ‖ 29 τὸ S, τὸν sugg. Kroll

320

λάγησαν. ὅθεν οἱ ἐμπεσόντες εἰς τοὺς περιβόλους, τρόπον τετυφλωμένων 2
ἀλητεύοντες διὰ τὸ ἀπύλους ποιεῖν ἢ τὴν τῶν πυλῶν τοποθεσίαν μὴ
εὐτυχηκέναι, τῆς εὑρέσεως τοῦ μυριάκις περινοστεῖν ἐκτήσαντο τὴν
συμφοράν. ἐγὼ δὲ τούτου τοῦ φρουρίου ἐκκόψας τινὰ μέρη πυλῶν δίκην 3
5 τοῖς βουλομένοις τὴν διέξοδον ἐμήνυσα πλέον. ἐπὶ οὖν τὸν προκείμενον 4
πάλιν δρόμον τὴν διάνοιαν μεταθήσομαι· καὶ ἔστω ὁ λόγος περὶ τῆς
ιβ̄τρόπου. ἐκ ταύτης γὰρ καὶ ὁ Ἀσκληπιὸς κινηθεὶς συνέταξε τὰ πλεῖστα 5
καὶ ἕτεροι δὲ πολλοὶ Αἰγυπτίων τε καὶ Χαλ|δαίων, ὁμοίως δὲ καὶ ⟨ἐκ⟩ τῆς f.156vs
ὀκτατρόπου.
10 Ὅθεν δὴ οἱ τόποι ἀπὸ ὡροσκόπου λαμβάνονται οὕτως. τὸ α΄ ζωὴ καὶ 6, 7
ὑπόστασις τῶν χρόνων καὶ τὸ ψυχικὸν πνεῦμα (τουτέστιν αὐτὸς ὁ ὡροσκό-
πος), τοῦ δὲ περὶ ἀδελφῶν ὁ ἀγαθὸς δαίμων καὶ [τέκνων καὶ] φίλων
τόπος, γονέων δὲ ὁ πρακτικός, γυναικὸς δὲ γαμοστόλος, τέκνων ἔνατος. | f.157s
τὸ β΄ βίος καὶ ὑπαρχόντων πρόσοδος, τοῦ δὲ περὶ ἀδελφῶν κακὸς δαίμων 8
15 καὶ δούλων καὶ ἐχθρῶν τόπος καὶ κακωτικῆς αἰτίας, γονέων δὲ ἀγαθὸς
δαίμων καὶ φίλων τόπος, τέκνων δὲ περὶ πράξεως καὶ δόξης, γυναικὸς δὲ
θανατικὸς τόπος· ἐν τούτῳ ⟨δὲ⟩ τῷ ζῳδίῳ ἢ τῷ τούτου διαμέτρῳ ὁ κύριος
τῆς συνόδου ἢ πανσελήνου εὑρεθεὶς ἔκπτωσιν δηλοῖ, ὁμοίως δὲ καὶ ἡ σύν-
οδος καὶ ἡ πανσέληνος παρατηρεῖται.⟨τὸ⟩γ΄ ἀδελφῶν περὶ ζωῆς, καὶ γονέων 9
20 περὶ ἐχθρῶν καὶ δούλων, καὶ γυναικὸς ἔνατος, [περὶ δόξης καὶ πράξεως
καὶ τεκνώσεως] ἔστι δὲ καὶ θεᾶς καὶ βασιλίσσης [καὶ πράξεως] τόπος. τὸ 10
δὲ δ΄ γονέων περὶ ζωῆς, καὶ μυστικῶν ἢ ἀποκρύφων καὶ θεμελίων καὶ
κτημάτων καὶ εὑρημάτων τόπος, ἀδελφῶν δὲ περὶ βίου, γυναικὸς δὲ περὶ
δόξης καὶ πράξεως. τὸ ε΄ τέκνων περὶ ζωῆς, καὶ ἀγαθῆς τύχης τόπος, 11
25 ἀδελφῶν δὲ [ὁ] περὶ ἀδελφῶν νόθων καὶ ἐπιμίκτων, [καὶ θεᾶς καὶ
βασιλίσσης] γυναικὸς δὲ ἀγαθὸς δαίμων. τὸ ς΄ περὶ σίνους καὶ πάθους 12
καὶ κακωτικῆς αἰτίας, γονέων δὲ περὶ ἀδελφῶν, ἀδελφῶν δὲ περὶ γονέων
ἐπιμίκτων ἢ ἐπιπλάστων, γυναικὸς δὲ περὶ ἐχθρῶν καὶ δούλων. τὸ ζ΄ 13
γαμοστόλος τῆς γενέσεως, καὶ γυναικὸς περὶ ζωῆς, καὶ ἀδελφῶν περὶ
30 τέκνων καὶ ἀγαθῆς τύχης τόπος, καὶ γονέων περὶ γονέων καὶ θεμελίων καὶ
κτημάτων καὶ εὑρημάτων καὶ μυστικῶν. τὸ η΄ περὶ θανάτου ὁμοίως τῆς 14
γενέσεως, ἀδελφῶν δὲ περὶ σίνους καὶ πάθους, καὶ γονέων περὶ τέκνων
νόθων, γυναικὸς δὲ περὶ βίου. τὸ θ΄ περὶ ξένης καὶ θεοῦ καὶ βασιλέως καὶ 15

[S] 1 τόπων S, τρόπον Kroll ‖ 2 ἀλυτένοντες S, corr. Kroll ‖ 3 τὰ S, τοῦ Kroll ‖
5 ἐπεὶ S, corr. Kroll ‖ 8.9 τὴν ὀκτάτροπον S ‖ 10 δὲ S, δὴ sugg. Kroll | ὡροσκόπου
iter. S | λαμβανόμενοι S | μ S, α Kroll ‖ 13 ἔννατος S, corr. Kroll ‖ 17 τούτω² S,
τούτου Kroll ‖ 18 πανσελήνη S, corr. Kroll ‖ 19 περὶ ἀδελφῶν S | γονεῦσι S ‖
20 δόξαν S, corr. Kroll ‖ 21 θεοὺς βασιλίσσις S, corr. Kroll | τὸ] ὁ S ‖ 24 περὶ
τέκνων S ‖ 26 γυναιξὶ S | τὸ] ὁ S ‖ 27 κακοτικῆς S, corr. Kroll ‖ 29 παρὰ S, περὶ¹
Kroll ‖ 30 γονέων¹] γονεῦσι S

μαντικῆς καὶ χρηματιστικῆς, ἀδελφῶν δὲ γαμοστόλος, καὶ γονέων περὶ
σίνους καὶ πάθους καὶ κακωτικῆς αἰτίας, γυναικὸς δὲ περὶ ἀδελφῶν [καὶ
16 βίου περὶ θανάτου]. τὸ δέκατον περὶ πράξεως καὶ δόξης, καὶ γυναικὸς περὶ
17 θεμελίων καὶ κτημάτων καὶ μυστικῆς ἐγχειρήσεως καὶ γονέων τόπος. τὸ ια′
[περὶ] ἀγαθοῦ δαίμονος καὶ φίλων καὶ ἐπιθυμίας καὶ περικτήσεως τόπος, 5
f.157vs ἀδελφῶν δὲ θεοῦ καὶ βασιλέως | καὶ μαντικῆς καὶ χρηματιστικῆς, καὶ
γονέων περὶ θανάτου, τέκνων δὲ γαμοστόλος, καὶ γυναικὸς περὶ τέκνων
18 ἐπιμίκτων. τὸ ιβ′ περὶ ἐχθρῶν καὶ δούλων καὶ κακωτικῆς αἰτίας, ἀδελφῶν
δὲ περὶ πράξεως καὶ δόξης, γονέων περὶ ξένης καὶ θεοῦ καὶ βασιλέως,
τέκνων δὲ περὶ θανάτου, γυναικὸς δὲ περὶ σίνους καὶ πάθους. 10
19 Πρὸς μὲν οὖν λεπτομερῆ διάκρισιν τῶν σημαινομένων ἑτέροις δεδήλωται.
20 τούτων δὲ τῶν τόπων κατὰ σύγκρισιν στοιχειογραφηθέντων σκοπεῖν
δεήσει τίνες ἀστέρες ἔπεισιν ἢ προσμαρτυροῦσι, πότερον ἀγαθοποιοὶ ἢ
κακοποιοί, καὶ τίνων τὰ ζῴδια τυγχάνει, καὶ εἰ τροπικὰ ἢ στερεὰ ἢ
δίσωμα ἢ κάθυγρα ἢ χερσαῖα ἢ ἀσελγῆ ἢ λατρευτικὰ καὶ τὰ λοιπά, 15
ὁμοίως δὲ καὶ τοὺς κυρίους τῶν τόπων τίς τίνος κυριεύσας ἐν ποίῳ τόπῳ
ἔπεστιν, ἐν δὲ ταῖς ἰδίαις διαιρέσεσι τῶν χρόνων σκοπεῖν ἀπὸ ποίου τόπου
εἰς τίνα ὁ χρόνος καταλήγει, τά τε ἔτη ἃ κατάγει τις ἀπὸ ἑκάστου τόπου
ἀπολύειν· οὕτως τε ἀνακυκλούμενοι οἱ ιβ̄ τόποι εἰς ἀλλήλους καὶ τὸ
ἀποτέλεσμα καὶ τὸ εἶδος προδηλώσουσιν. 20
21 Πρὸ πάντων δὲ τοὺς τόπους μοιρικῶς δεῖ λογίζεσθαι· καὶ ὁπόταν γε
ἡ τοῦ ὡροσκόπου μοῖρα καταληφθῇ, ἀπ᾽ ἐκείνης τῆς μοίρας ἐξαριθμεῖν
22 ἕως συμπληρώσεως τριακονταμοίρου τοῦ ἑξῆς ζῳδίου. καὶ ἐκεῖνος ἔσται
περὶ ζωῆς τόπος· εἶθ᾽ ὁμοίως ἕως συμπληρώσεως ἄλλων μοιρῶν λ̄ περὶ
23 βίου, καὶ τὰ ἑξῆς ὡς πρόκειται. πολλάκις γὰρ εἰς ἓν ζῴδιον δύο τόποι 25
συνεμπεσόντες ἀμφότερα τὰ εἴδη προδηλοῦσι κατὰ ⟨τὰς⟩ μοιρικὰς αὐτῶν
24 διαστάσεις. ὁμοίως δὲ καὶ τὸν κύριον τοῦ ζῳδίου σκοπεῖν ⟨ἐν⟩ ποίῳ
ζῳδίῳ τυγχάνει ἢ ποῖον τόπον διακρατεῖ κατὰ τὴν ἑαυτοῦ μοιρικὴν
25 κανονογραφίαν· οὕτως γὰρ εὐσύνοπτος ὁ τρόπος κριθήσεται. εἰ δέ τις
πλατικῶς καθ᾽ ἕκαστον ζῴδιον ἕνα τόπον λογίζοιτο (ὅπερ ἐστὶ σπάνιον), 30
f.158s ἐν συνοχαῖς | καὶ ὕβρεσι γίνονται ἢ πραγμάτων περιπλοκαῖς.
26 Εἰ δ᾽ ὁ τοῦ Ἑρμοῦ τούτοις συμπροσγένηται τοῖς χρόνοις ἤτοι σὺν τῷ
[τοῦ] Ἡλίῳ ἢ καὶ ἐπὶ τῶν προσηκόντων ζῳδίων τῷ τοῦ Ἄρεως, γραπτῶν
χάριν τὴν ἐπιφορὰν ἢ τὴν σύσχεσιν ἔσεσθαι δηλοῖ καὶ τὰ ἑξῆς.
27 Γινώσκεσθαι οὖν καὶ τὰς ἐπεμβάσεις τῶν ἀστέρων καὶ τὰς μετεμβάσεις 35
28 ἐκ τῶν ζῳδίων κατὰ τοὺς χρόνους καθὼς πρόκειται. δεῖ οὖν λογίζεσθαι

[S] 4 τὸ] ὁ S ‖ 12 στοιχειογραφέντων S, στοιχειογραφηθέντων sugg. Kroll ‖ 18 κατ-
άγη S, corr. Kroll ‖ 21 τε S, γε sugg. Kroll ‖ 26 τὰς Kroll ‖ 27 ἐν Kroll ‖ 28 ἰσο-
μοιρικὴν S, corr. Kroll ‖ 33 τῶν S, τῷ Kroll ‖ 35 γενήσεται S, γνώσῃ sugg. Kroll

οὕτως· ὅσα ἂν κατάγῃ ἡ γένεσις ἔτη, τοσαύτας ἡμέρας ἐπιπροσθέντες τῇ
γενεσιακῇ ἡμέρᾳ καὶ σκοπήσαντες πόσοι μῆνες ⟨. . .⟩ ἑτέρου ἢ αὐτοῦ τοῦ
γεννητικοῦ, ἐκείνην τὴν ἡμέραν ἀστερίσαντες πρῶτον εἰ ὡροσκοπεῖ τις
ἢ ἐπί τινα μετῆλθεν, καὶ πότερον ἀπὸ κέντρου εἰς ἐπαναφορὰν ἢ εἰς
5 ἀπόκλιμα ἢ ⟨ἀπὸ⟩ ἀποκλίματος εἰς ἐπίκεντρον τόπον, ἢ ἀνατολικὸς
ὑπάρχων κατὰ τὴν τῆς καταβολῆς χρονογραφίαν ὑπὸ δύσιν κατῆλθεν ἢ
εἰς ἑτέραν ἄτακτον φάσιν ἢ βελτίονα· καὶ τούτων αἱ καιρικαὶ ἀποτελεσ-
ματογραφίαι σοι νοηθήσονται. ἔδοξε δέ μοι καὶ τοῦτο ἔχειν κατὰ ⟨τὸ 29
ἀληθές⟩· τὰ καταγόμενα ἔτη ἐπιπροσθέντες τῇ γενεσιακῇ ἡμέρᾳ καὶ
10 λογισάμενοι εἰς ποῖον μῆνα ἡ ἡμέρα ἐκπίπτει, αὐτοῦ τοῦ καταγομένου
ἐνιαυτοῦ τῶν ἀστέρων ⟨ἐπεμβάσεις⟩ ποιεῖν τε καὶ συγκρίνειν καθὼς
πρόκειται. ἐπὶ μὲν τῆς προδεδηλωμένης ἐπεμβάσεως καὶ μεταβάσεως 30
τῶν ἀστέρων [εἰς] πολλὴν διαφορὰν πρὸς Κρόνον καὶ Δία καὶ Ἄρεα ⟨οὐχ⟩
εὑρήσομεν ἀλλ᾽ ἀνεπαίσθητον καὶ ἐν αὐτοῖς τοῖς τόποις ἐπόντας, ἐπὶ δὲ
15 ταύτης κατὰ τὸ τετράγωνον καὶ τρίγωνον καὶ διάμετρον γινομένους
εὑρήσομεν.

δ΄. Ἀγωγὴ περὶ χρόνων ἐμπράκτων καὶ ἀπράκτων καὶ ζωῆς πρὸς Σελήνην (IX 3)

Ἐξεῦρον δὲ καὶ ἑτέραν ἄφεσιν ἐκ πείρας, καθὼς ᾐνίξατο Ζωροάστρης, 1
πρὸς τὰς τῶν ἀστέρων ζώνας. ἀπὸ Σελήνης ἀρχὴν ποιησάμενος ἀνωφερῶς 2
20 ἑκάστῳ ἀ|στέρι· Σελήνη θ, εἶτα Ἑρμῇ θ, ἑξῆς Ἀφροδίτῃ θ, εἶτα Ἡλίῳ f.158vS
θ, εἶτα Ἄρει θ, εἶτα Διὶ θ, εἶτα Κρόνῳ θ, καὶ ἑξῆς κατωφερῶς ἕως
συμπληρώσεως ἐτῶν ρη, τῶν τῆς Σελήνης τελείων χρόνων. ταῦτα δὲ 3
κοσμικῶς προέθετο ὑποδείγματος χάριν ὡς καὶ ὁ βασιλεὺς καὶ ἕτεροι
πλεῖστοι.

25 Πάντες μὲν οὖν καθὼς πρόκειται ⟨τούτοις⟩ χρῶνται. ἐμοὶ | δ᾽ ἔδοξε τὸν 4, 5
f.159S
μερισμὸν οὕτω ποιεῖσθαι· τὸ πλῆθος τῶν καταγομένων ἐτῶν ἀπολύειν
ἀπὸ τοῦ σεληνιακοῦ ζῳδίου προεκκρούσαντας τὸ διάφορον ὧν ἐπέχει
ἡ Σελήνη, καὶ τὸ ἐπίλοιπον εἰς συμπλήρωσιν τῶν θ ἐτῶν ἀπομερίζειν,
ἔπειτα τοῖς ἑξῆς ζῳδίοις διδόναι ἀνὰ θ ἔτη· ἐὰν δὲ μὴ χωρῇ ζῴδιον θ ἔτη,
30 εἶτα μηνιαίους χρόνους ἑκάστῳ ζῳδίῳ διδόναι μέχρι συμπληρώσεως τοῦ
ζητουμένου χρόνου προκατοπτεύσαντας τὸ κεκληρωμένον ζῴδιον τὴν
ἐννεατηρίδα ὅθεν καὶ ἡ ἄφεσις τῶν θ μηνῶν ἐγένετο· ὅπου δ᾽ ἂν καταλήξῃ,

[S] 2 μηνὸς S ‖ 3 γενητικοῦ S, corr. Kroll | ἀστερήσαντες S, corr. Kroll ‖ 5 ἀπὸ
Kroll ‖ 8 κατὰ] καλῶς Kroll ‖ 12 ἠνίσεως S, ἐπεμβάσεως in marg. S² ‖ 13 πρὸς]
ἐπὶ S ‖ 17 δ΄ in marg. S ‖ 18 ζωροάστρις S, corr. Kroll ‖ 19 ἀνωμερῶς S, corr.
Kroll ‖ 25 πρόκεινται S, πρόκειται Kroll ‖ 26 τοῦτον S, οὕτω sugg. Kroll ‖ 28 ἀπο-
μερίσειν S, corr. Kroll ‖ 29 ζωδίων S, ζῴδιον Kroll ‖ 30 οἶδα S, εἶτα Kroll ‖
31 προκατοπεύσαντας S, corr. Kroll ‖ 32 καταλήξει S, corr. Kroll

συγκρίνειν κατὰ τὴν προγεγραμμένην αἵρεσιν πότερον ἐνεργὴς ἢ ἄτονος
6 τερματίζεται. ἐὰν γάρ πως αἱ ῑβ ἀφέσεις τὴν αὐτὴν δύναμιν ἐπισχῶσιν,
πρὸς μὲν τὰ ζωτικὰ τὸ τέλειον ἐποίσουσιν, πρὸς δὲ τὰ πρακτικὰ εὐτονή-
7 σουσι προσημαινόμενα. καὶ οὕτως μὲν τοῖς ῑβ ζῳδίοις μερίζοντες ἀνὰ
ἔτη ϑ̅ εὑρήσομεν τὴν συμπλήρωσιν ρη̅ ἐτῶν· εἰ δὲ τοῖς ζῳδίοις προμερίσαν- 5
τες ἐκ δευτέρου τοῖς αὐτοῖς πάλιν προσνέμομεν, πλεονεξία τις καὶ μειότης
εὑρεθήσεται πρὸς τοὺς ἀστέρας.
8 Ἄλλως τε καὶ τὰς πλείους γενέσεις ὑπὸ τὸν αὐτὸν χρόνον ἕνα ἔχειν
9 χρονοκράτορα ἀδύνατον καὶ ἀνάρμοστον. ἡ οὖν ζῳδιακὴ ἄφεσις καθ᾽ ἑκά-
τερα ἤ τε Σελήνη παρὰ τὰς στάσεις ἀλλοιουμένη κατὰ γένεσιν οὐ τὴν 10
τυχοῦσαν διαφορὰν ἀπεργάζεται.
10 Σκοπεῖν οὖν χρή (καθὼς προεῖπον καὶ νῦν δὲ διασαφήσω ἀναγκαίως)
τὸν τοῦ Διὸς ἀστέρα εἰ ἐπιθεωρεῖ τὸν ὡροσκόπον μοιρικῶς — τουτέστι
πότερον ἐντὸς τῶν μοιρῶν αὐτοῦ ἢ ὑπὲρ τὰς μοίρας ἔβαλλε τὰς ἀκτῖνας.
11 ἐὰν μὲν πλειόνων μοιρῶν εὑρεθῇ ἀναποδιστικὸν σχῆμα ἔχων εὔτονος 15
πρὸς βοήθειαν (φέρεται γὰρ ὡς ἐπὶ τὰς τοῦ ὡροσκόπου μοίρας), ἐὰν δὲ
ἡττόνων τὸ κατὰ φύσιν βέλτιον, ἐὰν δὲ ἀπόστροφος τοῦ ὡροσκόπου
12 εὑρεθῇ χαλεπός. καὶ ἐφ᾽ ὅσον μὲν | ἐπιθεωρεῖ τόπον τινὰ ἀφετικὸν ἢ
f.159 v S
ἀστέρος ἢ ζῳδίου κατὰ τὴν τοῦ ζητουμένου χρόνου μετάβασιν ἀγαθοποιὸς
καθίσταται, ὅταν δὲ ἀπαλλαγῇ τοῦ ζῳδίου ἢ τῶν μοιρῶν κατὰ προποδιστι- 20
κὴν ἢ ἀναποδιστικὴν φάσιν κακοποιὸς καὶ βλαπτικὸς ὑπάρχει.
13 Παρατηρητέον δὲ καὶ τὴν Σελήνην πρὸς τὰς τοῦ Ἡλίου καὶ τῶν κέντρων
ἰσομοιρίας ἢ τετράγωνον ἢ τρίγωνον ἢ διάμετρον, οὐ μόνον δὲ ἀλλὰ καὶ
κατὰ τὰς διαστάσεις τῶν ῑε μοιρῶν ἢ τῆς τοῦ ζῳδίου ἡμισείας ἀναφορᾶς·
14 τότε γὰρ δοκεῖ τὴν κίνησιν ποιεῖσθαι. μάλιστα μὲν οὖν καὶ ὁπόταν ἔν τινι 25
χρόνῳ κατὰ ⟨τῶν⟩ δύο συνδέσμων φέρηται ἀναμφίλεκτος ἔσται ἡ ἀναίρε-
σις, ἡ δὲ διάκρισις τοῦ θανατικοῦ κύκλου καταληφθήσεται ἔκ τε τῆς
ἡλιακῆς καὶ σεληνιακῆς μοίρας, καθὼς ἐκτεθείμεθα — κατ᾽ ἀμφοῖν
⟨τῶν συνδέσμων⟩ καὶ κατὰ τὰς ἀγωγὰς ἀνακυκλουμένων — ἢ καὶ ἐξ
ἑτέρας δυναστικῆς ἀγωγῆς συντρεχούσης τοῖς συνδέσμοις. 30

[S] 2 αἰὰν S, ἐὰν Kroll ‖ 3.4 εὐτονήσουσι προσημαινομένων S, ἀτονήσουσι προση-
μαινόμενα sugg. Kroll ‖ 5 προμερίζοντες S, προμερίσαντες sugg. Kroll ‖ 7 περὶ S,
πρὸς Kroll ‖ 8 ἕνα iter. S ‖ ἔχει S, corr. Kroll ‖ 16 τὰς in marg. S ‖ 20 ἀπαλλα-
γὴν S, corr. Kroll ‖ post (ἀπαλλαγὴν) iter. 19—20 τοῦ ζητουμένου χρόνου μετάβα-
σιν [ἀγαθοποιὸς καθίσταται] S ‖ 21 ὑπάρχειν S, corr. Kroll ‖ 22 τὰ S, τὰς Kroll ‖
23 εἰ τετράγωνος ἢ τρίγωνος ἢ διάμετρος sugg. Kroll ‖ 25 δοκεῖν S, corr. Kroll ‖
28 κατ᾽ ἀμφοῖν] κατὰ φύσιν sugg. Kroll, κατὰ συναφὴν Radermacher ‖ 30 post
συνδέσμοις lin. vac. S

| ε΄. Περὶ κλιμακτήρων

Ἰδίως μὲν οὖν συναφαὶ καὶ κολλήσεις τῶν ἀστέρων, Ἡλίου τε καὶ 1
Σελήνης, πρός τε τὸ ἀγαθὸν καὶ τὸ φαῦλον ἐνεργητικαὶ καθίστανται·
σκοπεῖν δὲ δεῖ καὶ τοὺς ἑκάστου ἀστέρος περιοδικοὺς χρόνους εἰ συντρέ-
5 χουσι τοῖς τῶν ἀγαθοποιῶν ἢ κακοποιῶν χρόνοις | καὶ ἐκ τίνων ἀριθμῶν f.160vS
σύγκεινται. οἷον ἐπὶ Κρόνου ἡ περίοδός ἐστιν ἔτη λ· ζητῶ ἐπὶ πόσων 2
ἄλλων δύνανται τὰ λ χρηματίζειν. εὗρον οὕτως· ἠρξάμην ἀπὸ τετάρτου καὶ 3
ἐφεξῆς τοὺς ἄλλους συντιθέναι· δ, ἔπειτα ε̄ (γίνονται θ), εἶτα ζ̄, εἶτα ζ
(γίνονται κ̄β̄), εἶτα η̄ (λ). συμπληροῦται ἄρα τὰ λ ἐκ τεσσάρων· ἔσται οὖν 4
10 κρονικὸς κλιμακτὴρ ὁ διὰ δ, εἶτα καὶ αὐτὸς ὁ λ. Ζεὺς δὲ πρὸς ἀγαθοποιίαν 5
καὶ δόξαν διὰ τριάδος· γ̄, δ, ε̄ γίνονται ῑβ̄. Ἄρης δὲ ⟨διὰ δ⟩· δ, ε̄, ζ̄ γίνονται 6
ῑε̄. Ἀφροδίτη δὲ ἀσύνδετος εὑρέθη· ἕξει οὖν τὸν διὰ τῆς η̄. Ἑρμῆς δὲ τὸν 7, 8
διὰ τῆς δυάδος· β̄, γ̄, δ, ε̄, ζ̄ γίνονται κ̄. Σελήνη δὲ ἐκληρώσατο τὴν 9
τριάδα· γ̄, δ, ε̄, ζ̄, ζ γίνονται κ̄ε̄. Ἥλιος δὲ τὴν θ· θ, ῑ γίνονται ῑθ. ἔτι δὲ 10, 11
15 καὶ τῆς εἰκοσάδος δεσπόζει ὁ Ἥλιος (συνέστηκε δὲ αὕτη ἔκ τε μονάδος
καὶ ἐννεακαιδεκάδος), ἐπειδὴ ὁ Ἥλιος ἐν τῷ ἡμερονυκτίῳ μίαν μοῖραν
διαπορεύεται — τουτέστιν ἐν ταῖς κ̄δ̄ ὥραις ποιεῖται φάσεις δ, μίαν μὲν
ἀπὸ ἀνατολῆς ἕως μεσημβρίας, δευτέραν δὲ ἀπὸ μεσημβρίας ἕως δύσεως,
τρίτην δὲ ἀπὸ δύσεως ἕως μεσονυκτίου, τετάρτην δὲ ἀπὸ μεσονυκτίου ἕως
20 ἀνατολῆς. ἐὰν οὖν συνθῶμεν τὰς μοίρας τῶν φάσεων — τῆς μὲν α΄ ὥρας ζ̄ 12
καὶ τῆς [ι] β΄ δώδεκα καὶ τῆς γ΄ δεκαοκτὼ καὶ τῆς τετάρτης κ̄δ̄ — γίνονται
ξ· συμπληροῦται δὲ ξ. ἄλλως τε καὶ ἐπεὶ τὰ τέλεια ἔτη μερίζει ϙ̄κ̄, ὧν τὸ 13
ↄ ξ, τὸ ἡμικύκλιον γίνεται ξ. ὁ δὲ τρόπος νοητέος ὅσπερ ἐστὶ κατὰ τὰς 14
τοποθεσίας τῶν ἀστέρων χρηματιστικός, παραχρῆμα ⟨δὲ⟩ κατὰ τὴν τῶν
25 ζῳδίων φύσιν.

ϛ΄. Περὶ κατακλίσεως καὶ καταρχῶν

Συγκρίνειν δὲ δεῖ καὶ τὰς γινομένας κατακλίσεις τὸν τρόπον τοῦτον. ἀπὸ 1, 2
τῆς γενεθλίου συνόδου | ἕως τῆς γεννητικῆς ἡμέρας μαθόντες τὸ τῶν f.161S
ἡμερῶν πλῆθος ἐκκρούομεν ὁσάκις δυνατὸν τετραετηρίδας, τὸ περιττὸν
30 τῶν δ ἀριθμῶν σημειωσάμενοι. λαμβάνομεν ἀπὸ τῆς συνόδου τοῦ καταγο- 3

[S] 1 ε΄ in marg. S ‖ 3 σελήνη S, corr. Kroll ‖ 6 σύγκειται S, corr. Kroll ‖ 8 συν-
τιθῆναι S, corr. Kroll | ε S, ς Kroll | ζ^ς S ‖ 16 ἐννεακαιδέκατος S, corr. Kroll ‖
21 β Kroll | δεκαοτὼ S ‖ 23 ἡμιοκύκλιον S, ἡμερονύκτιον Kroll | ὅσπερ S, corr.
Kroll ‖ 24 χρηματιστικὰς S, corr. Kroll | παραχρῆμα δὲ κατά] παρὰ τὸ σχῆμα καὶ
sugg. Kroll ‖ 26 ϛ΄ in marg. S | κατακλήσεως S, corr. Kroll ‖ 28 γεύητικῆς S

f.161vs 4
μένου ἔτους ἕως τῆς γενεθλιακῆς ἡμέρας, καὶ ἐκκρούσαντες τετραετηρίδας τὸ περίλοιπον σημειού|μεθα. τρίτῳ δὲ λόγῳ λαμβάνειν χρὴ ἀπὸ τῆς πρὸ τῆς κατακλίσεως συνόδου ἕως τῆς κατακλιτικῆς ἡμέρας, καὶ ἐκκρούσαντας

5 τὰς τετραετηρίδας τὸν λοιπὸν ἀριθμὸν συγκρίνειν τοῖς προτέροις. ἐὰν δέ πως αἱ τρεῖς γραφαὶ εἰς ἕνα ἀριθμὸν καταλήξωσιν, θανατικὸς ὁ χρόνος 5 κριθήσεται· ἐὰν δὲ διάφοροι, κίνδυνος διὰ νόσου ἢ πάθους ἢ σίνους ἐπερχόμενος.

6 Διὰ πείρας δ᾽ ἡμῖν ἔδοξεν οὐ μόνον τὰς καταρχὰς τῶν κατακλίσεων χρηματιστικὰς ἡγεῖσθαι, ἀλλὰ καὶ παντὸς οἱουδήποτε οὖν πράγματος – ἥττονος, ἐπισήμου, συστατικοῦ, ἐπιψόγου, κοινωνικοῦ – καὶ ἁπλῶς οὐ 10 μόνον τὰ εἰς ἀνθρώπους συντελούμενα, ἀλλὰ καὶ τὰ ἐξ ἀνθρώπων οἷον κτίσεων, ἀναθημάτων κατασκευάς, ἀγωγάς, στραταρχίας, πολεμαρχίας,

7 φαύλων καὶ ἀγαθῶν ἐγχειρημάτων. καὶ κατὰ εἶδος εἰ βουλοίμην λέγειν, πολὺς ἄν μοι ὁ περὶ τούτων λόγος ἀνυσθήσεται.

8 Ὅθεν κατὰ τὸν τῆς καταρχῆς χρόνον καὶ τὸν τῆς ὥρας καὶ τὸν αὐτοῦ 15 μόνον τοῦ εἴδους ἡ ἀποτελεσματογραφία κριθήσεται ἤτοι ἀγαθὴ ἢ καὶ ὡς ἐναλλὰξ ἢ ἐπίμονος ἢ εὐκαθαίρετος ἢ ὠφέλιμος ἢ ἐπιβλαβής, καὶ οὐχ ὥς τινες γόητες πάντα τὰ πράγματα ἀπὸ μιᾶς καταρχῆς λέγειν πειρῶνται, οὐ μόνον περὶ πραγματικῶν ἀλλὰ καὶ περὶ χρόνων ζωῆς ἀπατᾶν βουλό-

9 μενοι τὰς τῶν προσιόντων ψυχάς. ἀγαπητὸν γὰρ εἰ, θέματος τεθέντος, 20 νήφοντι λογισμῷ κατὰ τὸ τῆς συγκρατικῆς καὶ κεντρικῆς συστάσεως ἄρξαιτό τις ἑρμηνεύειν μὴ διὰ πλήθους λόγων, ἀλλὰ διὰ βραχέων εἰς

10 ἀλήθειαν εὐθυνόντων. οὗτος δόξειεν κυβερνήτης μὲν βίου, σύμβουλος δὲ

f.162s 11
ἀγαθὸς καὶ ἀτρεκὴς προφήτης εἱμαρμένης καθεστάναι. ἀλλά τινα μὲν | παρὰ τοὺς ἀμαθεῖς καὶ χρημάτων ἐραστὰς γίνονται· κολακεύοντες γὰρ 25 καὶ ψευδεῖς ἡδονὰς ἐπεισφέροντες ἀμαυροῦσι μὲν τὸν λογισμὸν καὶ μεταρσίους τὰς ψυχὰς τηρήσαντες ἀπ᾽ αἰθέρος εἰς γῆν καταρριπτοῦσιν, ὅθεν οἱ πλείους ὀδυνηρὰ λαμβάνοντες κατασκευάζουσι τὴν πρόγνωσιν ἀνυπόστατον.

(IX 6) ζ'. Περὶ εὑρέσεως ὡροσκοποῦντος ζῳδίου καὶ μοίρας ὡροσκοπούσης 30

1 Ζῳδιακῶς μὲν οὖν ὡροσκόπος καταλαμβάνεται ἡμέρας ἀπὸ τῶν Ἡλίου μοιρῶν ἀπολυομένων ἀπὸ τοῦ ἡλιακοῦ ζῳδίου, ἑκάστῳ μοῖραν ᾱ.

[S] 3 ἐκκρούσαντες S, corr. Kroll ‖ 5 τῆς γραφῆς S, τρεῖς ἀγωγαὶ vel ψῆφοι sugg. Kroll ‖ 7 διερχόμενος S, ἐπερχόμενος sugg. Kroll ‖ 10.11 μειζόνων S, οὐ μόνον Kroll ‖ 12 κτήσεων S, κτίσεων sugg. Kroll ‖ ἀναθυμάτων S, corr. Kroll ‖ πολεμαχίας S, corr. Kroll ‖ 13 βουλόμην S, corr. Kroll ‖ 21 στάσεως sugg. Kroll ‖ 28 τραύματα post πλείους Kroll ‖ διασκευάζουσι S, κατασκευάζουσι sugg. Kroll (vel διαγράφουσι) ‖ 30 ζ' in marg. S ‖ 32 ἡλιακοῦ in marg. S

ὅπου δ᾽ ἂν καταλήξῃ, ἐκεῖνο ὡροσκοπεῖ τῇ γενέσει ἢ τὸ ὁμοιόπτωτον τού- 2
τῳ· καὶ τὸ ἡμερινὸν ἢ νυκτερινὸν ἡμικύκλιον. ἐὰν δέ πως εἰς νυκτερινὴν 3
ἐμπέσῃ ἡ μονομοιρία ἢ ἡμερινῆς οὔσης τῆς γενέσεως, τὸ ἀντίθετον τούτου
ὡροσκοπήσῃ ζῴδιον ἢ τὸ τετράγωνον. νυκτὸς τὴν μονομοιρίαν τῆς 4
5 Σελήνης ἀπ᾽ αὐτῆς ⟨τοῦ ζῳδίου⟩ ἀπολύειν ὁμοίως.

Ἄλλως. τὸ ιβμόριον τοῦ Ἡλίου δεῖ ἐκβάλλειν ἀπὸ τοῦ εὐωνύμου τριγώ- 5
νου· ὅπου δ᾽ ἂν καταλήξῃ, ἐκεῖνο ὡροσκοπήσει ἢ τὸ ὁμοιόπτωτον.

Ἄλλως πρὸς ἀναγκαστικὴν ἀγωγήν. ἐφ᾽ ὅσον μὲν ὁ Ἥλιος ἐν τῷ 6
συνοδικῷ ζῳδίῳ ἐπιπάρεστιν, τῆς Σελήνης διαπορευομένης τὸ ἑξῆς ἀπὸ
10 συνόδου ζῴδιον, ἐστὶν ὡροσκόπος ἐν τῷ συνοδικῷ ζῳδίῳ ἢ εἰς τὰ ἐξάγωνα
ἢ τρίγωνα ἢ διάμετρα τῆς Σελήνης ἀπό γε τῆς προσνεύσεως αὐτῆς,
ἀφ᾽ ἧς ὁ ἔλεγχος εὑρίσκεται. ὅταν δὲ σὺν τῷ Ἡλίῳ τύχῃ ⟨καὶ⟩ κεντροῦται 7
ἡ Σελήνη, ἐὰν παραλλάξῃ ὁ Ἥλιος τὸ συνοδικὸν ζῴδιον, τῆς Σελήνης ἔτι
τὸν πρῶτον κύκλον διαπορευομένης, ⟨εἰς⟩ τὰ τετράγωνα τῆς Σελήνης ἢ
15 εἰς τὸ ἀσύνδετον ⟨ὁ⟩ ὡροσκόπος εὑρεθήσεται. ἐὰν δέ τις προεπιγνῷ νυκτὸς 8
ἢ ἡμέρας, ἄτερ ὥρας, δύο ζῴδια ὡροσκοποῦντα δεῖ κρίνειν.

η᾽. Περὶ ἀρσενικῆς καὶ θηλυκῆς γενέσεως καὶ τεράτων ἢ τετραπόδων (IX 7)

| Ἐπὶ πάσης γενέσεως σκοπεῖν δεῖ ποῦ τὸ ιβμόριον τῆς Σελήνης   f.162vS
ἐξέπεσεν. κἂν μὲν ἐν θηλυκῷ ζῳδίῳ καὶ ὁ τούτου κύριος ἐν θηλυκῷ, 2
20 λέγειν κατὰ τὸ πλεῖστον θηλυκὴν τὴν γένεσιν· ἐὰν δὲ ἀρσενικὴ τύχῃ,
πρόσθεσιν καὶ ἀφαίρεσιν λογίζεσθαι τῆς ὥρας τοσαύτην ὅσον δύναται τὸ
ἀρσενικὸν ιβμόριον ὡροσκοπεῖν ἐκ τοῦ ἀναφορικοῦ ψηφίσαντας. σκοπεῖν 3
δὲ καὶ τὸ διάμετρον τοῦ ιβμορίου· ἐὰν δέ πως τὸ ιβμόριον εἰς θηριῶδες
ἐκπέσῃ ἢ τὸ τούτου διάμετρον ἢ οἱ τούτων κύριοι, τέρας ἢ ἄλογον ζῷον
25 ἀποφαίνεσθαι.

Οἷον ἔστω ἡ Σελήνη Ἰχθύων μοίρᾳ ιθ᾽. τὸ ιβμόριον Ζυγῷ, ἀρσενικῷ 4, 5
καὶ ἀνθρωποειδεῖ ζῳδίῳ· καὶ ἡ γένεσις ἀρσενική. ἡ κυρία, Ἀφροδίτη, 6
Τοξότῃ· ἡ ὥρα οὔτε πρόσθεσιν οὔτε ἀφαίρεσιν ἔχει ἐπεὶ εἰς ἀνθρωποειδῆ
ἐξέπεσεν. λαμβάνω οὖν τοὺς κυρίους τοῦ τε Ζυγοῦ καὶ Κριοῦ, Ἀφροδίτην 7
30 καὶ Ἄρεα· ἦν δὲ ὁ μὲν Ἄρης Παρθένῳ, ἡ δὲ Ἀφροδίτη Τοξότῃ. ὁ δὲ 8
ὡροσκόπος ἐκ τοῦ ἀναφορικοῦ ψηφισθεὶς κατὰ τὸν διδόμενον ὡροσκόπον
εὑρέθη Λέοντος μοίρᾳ ιε᾽. ἐκβάλλω οὖν ἀπὸ τούτου ιβμόριον ἕως Ἄρεως 9

[S] 1 γενέσει] σελήνη S | ἢ] καὶ S | τὸ ὅμοιον πρῶτον τούτων S, corr. Rader-
macher ‖ 3 τῶν ἀντιθέτων S, corr. Kroll ‖ 4 ζῳδίου S, corr. Kroll ‖ 10 τῷ iter. S |
ἐξάγωνα] ςᵃ S ‖ 12 καὶ Kroll ‖ 13 ἐπὶ S, ἔτι Kroll ‖ 14 εἰς Kroll ‖ 15 τὸν S, τὸ
Kroll | ὁ Kroll ‖ 16 ἢ] καὶ S ‖ 17 η᾽ in marg. S ‖ 22 ἰβμόρια S, δωδεκατημόριον
Kroll | ψηφίσαντες S ‖ 23 τοῦ] καὶ S ‖ 24 τούτῳ S, τούτῳ sugg. Kroll ‖ 32 ἐκ-
βάλλας S, corr. Kroll

⟨καὶ⟩ Ἀφροδίτης, καὶ τὴν συνέγγιστα τῆς ὡροσκοπούσης μοίρας τοῦ
10 Λέοντος ιε′ ἡγοῦμαι κυρίαν τῆς μονομοιρίας. ἕως οὖν Ἄρεως τοῦ ἐν
11 Παρθένῳ ἀπὸ Λέοντος μοίρας ιε′ γίνεται ν̄[ε̄] ἡ διάστασις. ἐκ τῆς ιε′
12 ἀπολύω ἄλλα β̄ ῑβμόρια ἕως Σκορπίου· γίνονται μοῖραι ν̄ϛ̄. ἡ γὰρ Ἀφροδίτη
    Τοξότῃ εὑρέθη ὥστε καὶ Τοξότου μέρος ἐὰν δῶμεν τοῦ ῑβμορίου, ἔσονται 5
13 ῑβ̄· συνέγγισται αὗται αἱ μοῖραι τῇ τοῦ Λέοντος ιε′. ἐπεὶ οὖν τὸ ῑβμόριον
    ἔγγιστα ἔχει, δεῖ ζητεῖν μονομοιρίαν Ἀφροδίτης ἐν Λέοντι περὶ μοίρας ια′
    καὶ ιβ′ καὶ ιγ′ κἀκεῖνο ἡγεῖσθαι ὡροσκοπικόν.
14 Ἄλλως. ἀεὶ μὲν οὖν ὁ Ἥλιος τὸ μέγεθος τῆς ἡμέρας καὶ τῆς ὥρας
15 ἀποδείκνυσι καθ᾽ οἷον ζῴδιον ἐπιπαρὼν τυγχάνει. ἐκ δὲ τῆς ὥρας 10
    συνίσταται ὁ ὡροσκόπος, ἐκ δὲ τοῦ ὡροσκόπου ⟨ἡ⟩ μοῖρα, ἐκ δὲ ταύτης ἡ
f.163S τοῦ ὡροσκόπου ἀτρεκὴς | μοῖρα, ὑπ᾽ ἀλλήλων φυόμενοι καὶ ἡνιοχούμενοι,
    στηρίζοντες, καὶ μάλιστα ἐπὶ τῶν ἡμέρας γεννωμένων· ἐπὶ δὲ τῶν νυκτὸς
    λαμβάνειν χρὴ τὰς ὑπολειπομένας τοῦ Ἡλίου μοίρας καὶ τὰς καταληφθεί-
16 σας μοίρας ἐφέξειν τῶν ἀνακειμένων εἰς τὰς τριακοντάδας. εἰ δέ τις 15
    πλάνη περὶ τὸν ὡροσκόπον νομίζοιτο, εἰσελθόντας χρὴ εἰς τὸ ἀναφορικὸν
f.163vS κατὰ τὴν τοῦ | θέματος διαταγὴν σκοπεῖν τὸ ὡριαῖον μέγεθος πόσον
    διάστημα τῶν ἀριθμῶν ἐπέχει, καὶ προσθέντας τῷ ἐγκλίματι καὶ
    ἀφελόντας κατὰ τὴν δοκοῦσαν πλάνην τὴν εὑρεθεῖσαν μοῖραν κρίνειν
    ὡροσκοπικήν· αὕτη γὰρ στιγμῇ διὰ τῆς παρεγκλίσεως ἑκάστης γενέσεως 20
17 τὸν ἔλεγχον ἀποδείκνυσιν. ἐντεῦθεν δὲ ὁ τῆς ὡριμαίας λόγος μυστικῶς
    προδηλοῦται· οὐ γὰρ πᾶσα γένεσις τὸν αὐτὸν ἀφηλιώτην ἢ τὴν ἴσην
    διάστασιν ἐφέξει, ἀλλ᾽ ὁτὲ μὲν εἰς μῆκος ἀνακυκλούμενον, ὁτὲ δὲ β̄ ἢ γ̄
18 ζῴδια, ὁτὲ δὲ οὐδ᾽ ὅλως. εἰ δέ τις βούλοιτο καὶ τὸ μέρος τῆς ὡροσκοπούσης
    προγινώσκειν, ἐξ αὐτῆς τῆς εὑρεθείσης μοίρας καταληπτὸς ἔσται καθὼς 25
19 καὶ ἐν τῇ προτέρᾳ βίβλῳ ἀπεδείξαμεν. καὶ νῦν δὲ προσυπομιμνήσκωμεν
20 σαφέστερον. τὸν ἀπὸ συνόδου ἐπὶ τὴν κατ᾽ ἐκτροπὴν Σελήνην μοιρικῶς
    λόγον ἐξαριθμησάμενος δίπλου τὸν ἀριθμόν· [ὃν] ὁ πρῶτος ἀριθμὸς ἀπὸ
    τῆς συνοδικῆς μοίρας ἀφεθεὶς ἀνωφερῶς τὸ ἀφηλιωτικὸν μέρος ἐμφαίνει,
21 ὁ δὲ δεύτερος ἀπὸ συνόδου κατωφερῶς τὸ λιβυκὸν μέρος. λαμβάνειν οὖν 30
    χρὴ ἀπὸ τῆς ἀφηλιωτικῆς μοίρας ἐπὶ τὴν λιβυκήν, καὶ τὸ συναχθὲν
    πλῆθος σκοπεῖν πόσον μέρος ποιεῖ τῶν τ̄ξ̄· καὶ ἐκεῖνο τὸ μέρος τῆς
22 ὥρας ἡ γένεσις φέρει πρὸς τὰς πεπληρωμένας ὥρας. ὡσαύτως δὲ καὶ

[S] 1 καὶ Kroll ‖ 3 ♀ S, Παρθένῳ Kroll | ἐκ] εἰς Kroll | τῆς] τὰς S ‖ 4 νϛ] ιϛ S ‖
6 συνέγγιστος S, συνέγγισται Kroll qui et συνέγγιστα sugg. ‖ 11 ἡ Kroll ‖ 13 ἐπὶ¹]
περὶ S | γενομένων S, corr. Kroll ‖ 14 τοὺς καταλειφθέντας S, τὰς καταλειφθείσας
sugg. Kroll ‖ 15 ἐφεξῆς sugg. Kroll | τριακοντάδος S, corr. Kroll ‖ 17 ὀρθοῖον S,
corr. Kroll ‖ 26 πρωτέρα S, corr. Kroll ‖ 27 τῆς . . . ⟨ S, corr. Kroll ‖ 28 ὃν secl.
Kroll ‖ 30 κατωφερῶν S ‖ 32 τὰς S, τῆς Kroll

ἀπὸ τῆς ὡροσκοπούσης μοίρας τὸ πλῆθος τῶν μηνῶν διεκβάλλειν ἀνωφε-
ρῶς καὶ κατωφερῶς πρός τε τὸ ἀφηλιωτικὸν καὶ λιβυκὸν ἡμισφαίριον.
Ἄλλως. κατὰ μόνας μὲν ἕκαστος τῶν κλήρων ἐμφαίνει τὴν ὡροσκοποῦ- 23
σαν μοῖραν. οἷον εἰ τύχῃ ὁ κλῆρος τῆς ⟨τύχης⟩ ἐπί τινος ζῳδίου ἐκπεπτω- 24
5 κὼς πλατικῶς, κατὰ μέντοι τὸν μοιρικὸν λόγον τῆς Σελήνης εὑρεθείσης,
τὰς μοίρας ἐξαριθμῆσαι [οἷον ἄχρι] ἀπὸ Σελήνης ἐπὶ Ἥλιον, καὶ τὸ
γινόμενον πλῆθος ἀποδιδόναι ἀπὸ τοῦ κλήρου ἀνωφερῶς. ὅπου δ᾽ ἂν 25
καταλήξῃ, ἐκεῖνο ὡροσκοπήσει. ὁμοίως δὲ καὶ δαίμων καθολικῶς ἐπί τε 26
τῶν νυκτερινῶν καὶ ἡμερινῶν ἐνεργή|σει ζῳδιακῶς πρὸς σύγκρισιν, f.164S
10 μοιρικῶς δὲ κατὰ τὸν Ἥλιον. εἶθ᾽ οὕτως ἀριθμεῖν ἡμέρας μὲν ἀπὸ 27
Ἡλίου ἐπὶ Σελήνην καὶ τὰ ἴσα ἀπὸ δαίμονος ἀνωφερῶς, νυκτὸς δὲ ἀπὸ
Σελήνης ἐπὶ Ἥλιον καὶ τὰ ἴσα ἀπὸ δαίμονος κατωφερῶς ἢ ἀπὸ Ἡλίου ἐπὶ
Σελήνην καὶ τὰ ἴσα ἀπὸ δαίμονος ἀνωφερῶς (κατ᾽ ἀμφότερα δὲ τὸ
ἐκβησόμενον εἰς τὸ αὐτὸ τὴν κατάληξιν ἔχει)· αὕτη οὖν ἡ χρηματιστικὴ
15 μοῖρα κριθήσεται. ἡ δὲ σύγκρισις τοῦ ζητουμένου κατὰ τὴν προκειμένην 28
ἀγωγὴν ληφθήσεται ἐκ τοῦ ἀναφορικοῦ καὶ τῆς παρεγκλίσεως, ὅσον
χρόνον διείληπται τὸ μέγεθος τῆς ὥρας, ἐπιπροσθέντας τῷ ἐγκλίματι ἢ
ἀφελόντας λογίζεσθαι ὅσον τὸ διάστημα τῶν μοιρῶν, καὶ ταῦτα πάλιν
ἐπιπροσθέντας τῇ προευρεθείσῃ χρηματιστικῇ μοίρᾳ ἢ ἀφελόντας
20 ἐκείνην ἡγεῖσθαι ὡς ὡροσκοπικήν. ὅθεν αἱ τῶν οἰκήσεων τοποθεσίαι κατὰ 29
τὴν τοῦ ὁρίζοντος παρέγκλισιν ἄλλοτε ἄλλως ἀναμετρούμεναι διαφορὰν οὐ
τὴν τυχοῦσαν ἐνδείκνυνται, οὔτε τοὺς αὐτοὺς χρόνους βιώσονται οἱ ἐν
τῇ Ῥώμῃ γεννηθέντες τοῖς ἐν Βαβυλῶνι οὐδ᾽ ἕτεροι ἑτέροις, ἀλλ᾽ ὁτὲ μὲν
διαφορᾷ ἐλαχίστη εὑρεθήσεται, ὁτὲ δὲ μεγίστη, ὁτὲ δὲ ὑπερβάλλουσα. εἰ 30
25 γὰρ ὥρα ὥρας μορίῳ ὑπερτείλασα δύναμιν ἔχει καὶ ⟨ἡμέρα⟩ ἡμέρας, πῶς
οὐχὶ καὶ κλίμα κλίματος διὰ τὰ τοῦ γνώμονος σκιάσματα καὶ τὰς ἀνοδίας
καὶ στάσεις τοῦ Ἡλίου πρὸς τοὺς ὁρίζοντας; ἀλλὰ ταῦτα τοῖς πλείστοις
δυσέφικτα καὶ ληρώδη τυγχάνει· τοῖς δὲ σοφοῖς ἀποδείξεις τῶν προκει-
μένων τὰ γινόμενα ἀποτελέσματα.
30 Ἄλλως. τὰς τοῦ Ἡλίου καὶ τὰς τῆς Σελήνης μοίρας ἐπισυνθέντας 31
χρηματιστικὸν γνώμονα ἡγεῖσθαι καὶ συνεκτικὴν μοῖραν καὶ κατὰ τὴν
⟨τοῦ⟩ προστάσσοντος διάκρισιν ἐνεργητικήν· ἔπειτα ἀπὸ τοῦ δοκοῦντος
ὡροσκοπικοῦ ζῳδίου ἀπὸ τῆς α' μοίρας ἀρξάμενος ποίει τοὺς δύο κλήρους,

[S] 4 τύχης ὁ κλῆρός τισι S, ἐστιν pro τισι Radermacher ‖ 5 εὑρεθείσης] ἐφέξει S,
ἐφεξῆς Kroll ‖ 10 ἀριθμὼν (?) S, corr. Kroll ‖ 11 νυκτῶς S ‖ 14 καὶ S, εἰς Kroll |
ἢ secl. Kroll ‖ 16 διαληφθήσεται S, ληφθήσεται sugg. Kroll ‖ 19 ἐπιπροσθέντες S,
corr. Kroll | προευρεθείσει S, corr. Kroll ‖ 22 ἐνδείκνυνται S | καὶ post ἐνδείκνυνται
Radermacher ‖ 24 ὁτὲ¹] ὅτε S ‖ 25 μυρία S, μορίῳ sugg. Kroll | ἡμέρα sugg. Kroll ‖
26 κλίματι S, κλίματος sugg. Kroll | τοῦ γνώμονος] τῆς γῆς S | ἀνωδίας S, corr.
Kroll

32 ἕως ἂν ἀριθμοὶ γένωνται Ἡλίου καὶ Σελήνης. πάντως γὰρ δεῖ δύο μοίρας
ἑκάστῳ ζῳδίῳ ὡροσκοπεῖν μετ᾽ ἀνάγκης ἢ ἔσθ᾽ ὅτε καὶ γ̄ ὅταν ἐν ἀρχῇ
f.164vs τοῦ ζῳδίου κα|ταλήξῃ ὁ σύμπας ἀριθμὸς Ἡλίου καὶ Σελήνης ⟨ἢ⟩ ἐν
μέσοις ἢ ἐπὶ τέλει· κατὰ γὰρ τὸν ἰσημερινὸν χρόνον ἡ πρόσθεσις καὶ
33 ἀφαίρεσις γινομένη τὴν συμφωνίαν τῶν μοιρῶν ἐνδείξονται. ὁμοίως δὲ 5
καὶ ἐπὶ Ἡλίου καὶ Σελήνης· καὶ γὰρ ἡ Σελήνη διὰ δύο ἡμερῶν καὶ
34 ἡμίσους διέξεισι τὸ ζῴδιον. δίχα μὲν οὖν τμηθεὶς ὁ γνώμων εἰς τὴν
αὐτὴν συμφωνίαν ἀποκαθίσταται.
35
f.165s   Ἀπὸ γὰρ τῶν ἀθανάτων [τῶν] | στοιχείων ἡ φύσις εἰς ἡμᾶς τὰς ἀπορ-
ροίας πέμπουσα σύμπηξιν κοσμικὴν ἀπεργάζεται καὶ δημιουργεῖ ἠρέμα 10
τὰ πάντα ἀμίκτως τε καὶ ἀποικίλως, μὴ ὑπερβαίνουσα δὲ τοὺς ὅρους τῆς
νομοθεσίας κόσμον διευθύνει, ὑπηρετοῦσα δὲ τοῖς κοσμικοῖς καὶ ἐξ ὕπνου
ἐγειρομένη καὶ εἰς μακρὸν αἰῶνα κυκλοστρεφουμένη τὰς τῶν ἀνθρώπων
καὶ ζῴων γενεάς, φυτῶν τε καὶ καρπῶν εἴδη ἃ μὲν φθείρει καὶ δαπανᾷ καὶ
36 εἰς λήθην ἄγει, ἃ δὲ γεννῶσα καὶ τρέφουσα ἀνανεοῖ πάλιν. καὶ οὔτε μὴν 15
ἀΐδιόν τι καὶ ἐπίμηκες περὶ μονὴν τῶν ἐπὶ γῆς οὔτε φθαρτὸν καὶ ἔρημον
ὅπως καὶ ἡ γῆ χηρεύουσα ἀμορφίας τύπον ἀναλάβῃ, ἀλλὰ καὶ κυβερνω-
μένη ὑπὸ τῶν οὐρανίων καὶ ἀγαλλομένη τοῖς περὶ αὐτὴν ἀγαθοῖς καὶ
ἀγλαοφοροῦσα καὶ χρωμάτων εἴδεσι μεταμορφουμένη εὐμορφώσῃ·
37 οὐδὲν γὰρ τῶν ἐν κόσμῳ στοιχείων ἄμορφον. καὶ τὴν θάλασσαν ὑπὸ τῶν 20
ἀμπώτεων καὶ τῶν ἀνέμων γυμναζομένην ἀνανεοῦται, καὶ διὰ τὴν χρείαν
ἀποκαθίσταται πλοῦς καὶ ναμάτων ἀπὸ τῆς γῆς ἐπισωρευομένων, καὶ
πάντοτε πλημμυρουμένη οὐδέποτε λήγει οὐδὲ μὴν πλημμυρεῖ ὑπὲρ τὴν
φύσιν, τοῖς εἰς ἑαυτὴν δὲ ἀνακεχυμένη μυρίοις κλύδωσιν ἑστάναι δοκεῖ
καίπερ ἀστήρικτος οὖσα, νηκτῶν δὲ πλῆθος ἰχθύων ἐν τοῖς κόλποις καὶ 25
κοιλώμασιν ἀνατρέφουσα ἃ μὲν εἰς κήτους, ἃ δὲ εἰς χρῆσιν ἀνθρώπων
38 δημιουργεῖ, ἃ δὲ εἰς ἀλλήλων βοράν. ἀλλ᾽ οὐδὲ μὴν ὁ δοκῶν ἀὴρ κενὸς
ὁρᾶσθαι ἀργὸς καὶ ἄπρακτος τυγχάνει, ὑπὸ δὲ τῶν πνευμάτων ἡνιοχούμε-
νος καὶ ταχέως μεταμορφούμενος ποικίλως ὁρᾶται καὶ λεληθότως ἡμῖν
τὸ ζωτικὸν πνεῦμα μετὰ εὐκρασίας ἀπεργάζεται, πτηνῶν δὲ παντοίων 30
39 ἰδέα αὐτοῖς ἐγχορεύουσα ὄχλον καὶ τέρψιν τῇ θεωρίᾳ παρέχεται. ⟨. . . .⟩

[S] 1 ἂν ἀριθμοὶ] ἰσάριθμοι S ‖ 5 διαίρεσις S, ἀφαίρεσις sugg. Kroll ‖ 9 θα-
νάτων S | τῶν secl. Kroll ‖ 11 ἀμισθαφῶς S, ἀμεταθέτως sugg. Kroll ‖ 12.13 ἐξ
ὕπνου μέγεθος S, ἐξυπνουμένη sugg. Kroll ‖ 13 κυκλοστροφουμένη sugg. Kroll ‖
16 τε S, τι Kroll | φθαρτῶν S, corr. Kroll ‖ 19 εὐμορφῶσιν S, corr. Kroll ‖ 20 ἀνά-
μορφον S, corr. Kroll ‖ 21 ἀναμποτέων S, corr. Kroll | χειμαζομένην sugg. Kroll |
ἀνανεῶσι S, ἀνανεοῦσιν Kroll | χροιὰν S, χρείαν sugg. Kroll ‖ 22 ἐπισωρευομένη S,
ἐπισωρευομένων sugg. Kroll ‖ 23 πλημμυρουμένην S, πλημμυρεῖ Kroll | πλημ-
μυρεῖ S ‖ 26 ἀπὸ κήτοις S, ἀποκητοῖ sugg. Kroll ‖ 27 ἀὴρ S ‖ 29 ποικίλος Kroll ‖
31 ἰδέαν S, corr. Kroll | αὐτὸν S, αὐτῷ sugg. Kroll | ἐγχορεύουσαν S, corr. Kroll |
de igne om. S

ANTHOLOGIAE IX 8–9

καὶ οὕτω τῶν στοιχείων κατὰ τὸν φυσικὸν λόγον ἕτερον ἐξ ἑτέρου γινόμε- 40
νον καὶ ἀνατυπούμενον καὶ εὐμορφίαν καὶ χρῆσιν | ἰδίαν κεκτημένον τὴν f.165vS
κοσμικὴν σύστασιν ἐνδείκνυται· οὐδὲν γὰρ καθ᾽ ἑαυτὸ μένον πλεονεκτεῖ
τὸ ἕτερον, ἀλλ᾽ ἄχρηστον καὶ βλαβερὸν τυγχάνει, συγκιρνάμενον δὲ
5 ἑτέρῳ εὐκρασίαν ἀποτελεῖ ⟨καὶ⟩ διὰ παντὸς χρώμενον ὑπὸ πάντων οὐκ
ἀναλοῦται, δοκεῖ δέ, καθὼς ὁρῶμεν, ἡ γῆ καταβραβεύειν τῶν λοιπῶν
ἐπέχουσα αὐτὴ τὰ πάντα ὡς πρόγονος.

ϑ′. Ἀγωγὴ περὶ χρόνων ζωῆς πρὸς τὰ ἀπογώνια   (IX 8)

Πᾶσαι μὲν οὖν αἱ προκείμεναι ἀγωγαὶ χρηματιστικαὶ καὶ εὐκατάληπτοι 1
10 τοῖς ἐντυγχάνουσίν εἰσιν αἵτινες εἰς ταὐτὸ καταλήγουσιν — τουτέστιν
[καὶ] εἰς τὴν αὐτὴν μοῖραν, οὐ μέντοι τὴν αὐτὴν δύναμιν τῶν χρόνων —,
ὅθεν χρὴ τοὺς βουλομένους τυχεῖν τῶν τοιούτων μετὰ πάσης σπουδῆς καὶ
προθυμίας ἐπιβάλλεσθαι. ὁ γὰρ θέλων πονεῖν κρατεῖ ὧν ἐπιθυμεῖ· παντὶ 2
γὰρ πράγματι καλῷ τε καὶ φαύλῳ συνέπεται πόνος καὶ λογισμὸς ἄστατος
15 ἐπί τε βασιλικῶν καὶ ἡγεμονικῶν, ἀρχηγικῶν, πλουσίων, πενήτων καὶ
ἐπὶ τέχναις καὶ ἐπιστήμαις, ἀλλ᾽ οὐδὲ μὴν ἡδοναὶ καὶ τέρψεις ἀμερίμνως
καὶ ἀλύπως διευθύνουσιν, ἔχουσι δὲ παρείσδυσιν καὶ φιλαυτότητα καὶ
λύπην ψυχικὴν αἰωνίαν. πλουσίαν οὖν μαθημάτων τράπεζαν παρασκευασά- 3
μενος συνεστιάτορας ἐπὶ τὸ σύνδειπνον ἀνακέκληκα.
20   Οἱ οὖν βουλόμενοι θοινᾶσθαι διὰ τὴν τοῦ σώματος φυσικὴν ὑπηρεσίαν 4
ἐνεργείτωσαν, βοηθοῦντος αὐτοῖς μὴ λάβρως μηδὲ ἀκορέστως ταῖς
τροφαῖς χρωμένοις, ἀλλ᾽ ἐφ᾽ ὅσον ἡδονὴν αὐτάρκη τὰ ἐδέσματα δύναται
παρέχεσθαι. τὰ δὲ παρὰ φύσιν βλάπτειν εἴωθεν· εἰ δέ τις τῶν κεκλημένων 5
ἐθέλοι ἀβλαβὴς διαμένειν, μιᾷ μερίδι ἢ καὶ δευτέρᾳ χρησάμενος εὐφραν-
25 θήσεται. καθάπερ γὰρ ἐπί τινος πυρὸς κατὰ βραχὺ ὕλη προσμεμιγμένη 6
ἀκμαιοτέραν καὶ μείζονα τὴν φλόγα παρασκευάζει κατεργαστικωτέραν τε
καὶ λαμπροτέραν, ἀθρόως δὲ αὐτῷ συνεμπεσοῦσα ἠμαύ|ρωσε καὶ κατέ- f.166S
σβεσε τὴν εὐμορφίαν τοῦ φωτός, καὶ πρὸς τούτοις θολώδη καπνὸν καὶ
βαρυτάτην ὀδμὴν τοῖς πλησίον μετὰ δακρύων παρέχεται, τοῖς δὲ πόρρωθεν
30 θρυαλλὸν μέγαν, τὸν αὐτὸν τρόπον καὶ ἐπὶ τῶν προκειμένων ἀγωγῶν
ἐάν τις μιᾷ ἢ καὶ δευτέρᾳ συγχρονίσαι, εὐκατάληπτον ἕξει τὸ ζητούμενον,
μεθ᾽ ἡδονῆς καὶ τέρψεως εἰς ἀεὶ [δὲ] διατρίβων καὶ φαντασιούμενος.
    Εἰ δέ τις εἴη μὲν εἰς τὸ ἀναγινώσκειν δυσνόητος, θέλοι δὲ εἰς μίαν 7

ἡμέραν δύο καὶ τρεῖς βίβλους διεξιέναι, τὴν μὲν ἀλήθειαν οὐκ ἐξιχνεύσει,
παραπλήσιος δὲ ἔσται χειμάρρῳ ποταμῷ σύροντι φορτίον ἄκαρπον καὶ
ἀνωφελὲς τοῖς ὁρῶσιν ἢ παλινδρόμῳ εἰς μάτην ὀξέως φερομένῳ· οὐδέ
γε ἵππος χωρὶς σταδίου καὶ πολέμου ἐπ᾽ ἐρημίας τρέχων ἔπαινον οἴσεται.
8 ἐὰν δὲ ὁ μὲν ποταμὸς φέρῃ ἔγκαρπον φορτίον, ῥᾳδίως εἰς αὐτόν τινες 5
9 εἰσπηδήσουσι τυχεῖν τοῦ καρποῦ, κἂν ῥοθίως ἢ ἐπικινδύνως. ἡ δὲ ναῦς
ῥοθίως δρομήσασα κατὰ τρόπον μεγίστην χαρὰν τοῖς ναυτιλλομένοις
παρέχει, ὁ δὲ ἵππος ἕξει σταδίῳ διαθεύσας ἀγάλλεται μὲν πρὸ τῶν
ἐπαίνων, καὶ πολλοὺς ἐραστὰς ἐπάγεται, καὶ πολλῆς ἐπιμελείας τυγχάνει,
καὶ ἄθλων πόνους διαμείβεται. 10

10 Οὕτως καὶ οἱ μετὰ ἀκριβείας καὶ συνέσεως μεμυσταγωγημένοι ἐπαίνου
μὲν καταξιοῦνται, ἡδονὴν δὲ καὶ ὠφέλειαν ἑαυτοῖς περιποιοῦνται, οἱ δὲ
ἀκροθιγεῖς τὰς εἰσόδους ποιησάμενοι ῥᾳδίως τὴν ἐπιστήμην χλευάζουσι
11 διὰ τὸ μὴ καὶ εὐμάθειαν ἑαυτοῖς ἐπιμείρεσθαι καὶ ἀθανασίαν. οὐδὲ γὰρ
ἀρκετόν τι ἡ φύσις τοῖς ἀνθρώποις ἐδωρήσατο τὰς ἐπικύκλους τῶν 15
ἀστέρων θεωρίας εἰδέναι σταθμοῖς καὶ μέτροις ἀμεταθέτοις, ἀλλ᾽ ἔτι
12 καὶ κύκλοις διηρθρώσατο πάντα, διὸ εὐσύνοπτα τὰ θνητῶν τελίσκεται. εἴ
γε τὰ μεριζόμενα καὶ συλλογιζόμενα ἐπὶ τῆς γῆς τοῖς ἀνθρώποις πρὸς
f.166vS ἀκριβῆ μάθησιν δυσέφικτα | τυγχάνει (οἷον κλιμάτων καὶ ἐθνῶν ἀπο-
μετρήσεις, θαλάσσης ὅροι καὶ σταθμοί), τὸ βραχύτατον καὶ ἐθνῶν 20
ἀσθενέστατον τὴν τοῦ μὴ συνορᾶν πόρρωθεν (ἅπερ εἰκάζει τις μέχρις οὗ
πλησίον γένηταί πως) ἰσχὺν ἔχει, διὰ ⟨δὲ⟩ τῆς τῶν ἄλλων ἁρμονίας
ἄνθρωποι διεξιχνεύοντες τὸν οὐράνιον κύκλον καὶ τὰς τῶν ἀστέρων
f.167S κινήσεις, Ἡλίου τε καὶ Σελήνης δρόμους, ἐνιαυσίων τε καὶ μηνιαίων | καὶ
ὡριαίων μέρη, τροπάς τε καὶ μεταβολὰς ἀέρων, συναφάς τε καὶ ἀπορροίας 25
ἐκ τοιαύτης προγνώσεως ἀθανασίας δόξαιεν ἂν μετειληφέναι καὶ πρὸ
καιροῦ τοῖς θεοῖς προσομιλεῖν, εἴ γε κατὰ τὸν ποιητὴν

Ἑρμῆς δὲ ψυχὰς Κυλλήνιος ἐξεκαλεῖτο
ἀνδρῶν μνηστήρων.

13 Καὶ ἔστιν ἐπιχθόνιος δηλονότι καὶ οὐράνιος ὑπάρχων· κοινὸς γὰρ ὁ 30
θεὸς τὰς ψυχὰς τῶν ἀνθρώπων μετεώρους ἀνάγει ἐπὶ τὴν τοῦ κόσμου
ἀστροθεσίαν, ἐνθουσιαστικοῖς καὶ φυσικοῖς περιβάλλων νοήμασιν, μάλιστα

28.29 = Hom. Odyss. ω 1–2

[S] 1 ἐξιχνεύειν S, corr. Kroll ‖ 10 διαλαμβάνεται S, διαμείβεται sugg. Kroll
14 καὶ μὴ S, μὴ καὶ sugg. Kroll ‖ ἑαυτοῖς εὐμάθειαν sugg. Kroll ‖ οὖτε S, corr.
Kroll ‖ 15 ἀρκιτόν S, corr. Kroll ‖ 17 κύκλους S, corr. Kroll ‖ διήρθρωσε τὰ Kroll ‖
21 μέχρης S, corr. Kroll ‖ 22 ἴσχει S, ἰσχὺν ἔχει Radermacher ‖ 26 δόξειεν S, corr.
Kroll ‖ 30 καὶ ἔστιν] καὶ τὰ ἑξῆς sugg. Kıoll, τουτέστιν Wendland ‖ κονός γε S,
corr. Kroll ‖ 31 περὶ S, ἐπὶ sugg. Kroll ‖ 32 ἀστεροθεσίαν S, corr. Kroll

τοῖς περὶ ταῦτα σεμνῶς ἐσπουδακόσιν. ὧν οἵ γε ἀθεεῖς καὶ πανοῦργοι οὐ 14
μόνον τοῦ μέρους τῆς ἀθανασίας ἠτύχησαν, ἀλλὰ καὶ τῆς ἀνθρωπότητος,
δίκην δὲ θηρίων καὶ ἀλόγων ἀγελαζόμενοι διὰ τῆς πλεονεξίας καὶ ἀκρίτου
λογισμοῦ, ἐξ ὑστέρου τιμωρίας ἀξίας ἔδοσαν μὴ φυγόντες τὸν νόμον. ὅτι 15
5 μὲν γὰρ οἱ θεοὶ σθένουσιν ὑπακούειν ἀνθρώπων καὶ τὰ κάλλιστα καὶ τὰ
τίμια παρέχειν καὶ βοηθεῖν παντελῶς πρόδηλον, βουλόμενοι δ᾽ οὓς
ἐψηφίσαντο νόμους διαφυλάσσειν οὐκ ἀθετοῦσι τὰς μοίρας, ταύταις γε
τὴν ἐπιτροπίαν τῶν ἀνθρωπίνων πραγμάτων ἀνύσιμον ἰσχυροποιησάμενοι
ἀλύτοις ὅρκοις. ἔστι γὰρ καὶ ἐπὶ θεοῖς στύγιος ὅρκος φόβον ἔχων καὶ 16
10 τιμωρίαν, συνέπεται δ᾽ αὐτοῖς λογισμὸς εὐσταθὴς καὶ ἀμετάθετος ἀνάγκη.
μαρτυρεῖ δὲ τούτοις ὁ ποιητὴς λέγων· 17

σειρὴν χρυσείαν ἐξ οὐρανόθεν κρεμάσαντες

καὶ τὰ ἑξῆς. τὴν μὲν ἀπειλὴν τοῦ Διὸς ἐνεδείξατο ὡς δυναμένου τοῦτο 18
πρᾶξαι ὅπερ εἶπεν, ἀλλ᾽ ὑπέμνησεν αὐτὸν μηδὲν παρὰ τοὺς νόμους ὑπερβῆ-
15 ναι οὐδ᾽ ἀδικεῖν ἐπὶ θεοῖς. μυστικῶς δὴ ταῦτα εἴρηται καὶ οὐχ ὥς τινες 19
διαλαμβάνουσιν, ⟨ὅτε⟩ μέμνηται αὐτὸς καὶ ἐπὶ τῆς Ἕκτορος ἀριστείας
ὅτι ἐφ᾽ ὅσον μὲν αὐτοῦ ἡ ὑπόστασις τῶν χρόνων ὑπῆρχεν ἀκατάληπτος
ἦν καὶ πολλοὺς ἀνήρει τήν τε τάφρον διελθὼν καὶ τὰς πύλας ῥήξας τῶν |
Ἑλλήνων, ἐμπρήσας τε τὸν σταθμὸν

f.167vS

20 μαίνετο δ᾽ ὡς ὅτ᾽ Ἄρης ἐγχέσπαλος ἢ ὀλοὸν πῦρ·

καὶ ἐδόκει γὰρ βοηθεῖσθαι ὑπὸ Ἀπόλλωνος. ὅτε δὲ τὸ μοιρίδιον αὐτῷ 20
ἐπέστη, πληρωθέντων τῶν χρόνων, τρωθεὶς ὑπὸ Ἀχιλλέως

ᾤχετο δ᾽ εἰς Ἀΐδαο, λίπεν δέ ἑ Φοῖβος Ἀπόλλων.

Ὁμοίως δὲ καὶ Ἀχιλλεὺς τὸ Τρωικὸν πεδίον αἵματι πληρώσας καὶ 21
25 Ξάνθον τὸν ποταμὸν νεκρῶν πλήσας καὶ δόξας θεομαχεῖν καὶ [ὑπὲρ] ὑπὸ
θεῶν βοηθούμενος, καταλειφθεὶς ὑπὸ Ἀθηνᾶς ἀνῃρέθη ὑπὸ Ἀλεξάνδρου,
μητρὸς αὐτῷ θεᾶς παρεστώσης. ἀλλὰ μὴν καὶ ἐπὶ Διομήδους καὶ Ὀδυσ- 22
σέως, Ἀθηνᾶ ὕπνῳ μεθύσασα τοὺς βαρβάρους ὅπως Ῥῆσος ὁ Θρακῶν
βασιλεὺς ἀπόληται τούτοις παρέσχε τὴν ἀριστείαν. καὶ ἕτερα δὲ τεκμήρια 23
30 περὶ τοιούτων ὑπὸ πολλῶν συντεταγμένα φέρεται. τοῖς δὲ ἐν ῥώμῃ 24
σωμάτων οὖσι καὶ δυνάμει πράξεων βοηθουμένοις ὑπὸ τοῦ χρόνου καὶ

---

12 = Hom. Il. Θ 19 ‖ 20 = Hom. Il. Ο 605 ‖ 23 = Hom. Il. Χ 213

[S] 1 ἀφνεῖς Radermacher ‖ 14 περὶ S, παρὰ Kroll ‖ 16 lac. ind. Radermacher |
μεμνῆσθαι αὐτὸν S ‖ 17 ἀκατάλειπτος S, corr. Kroll ‖ 21 ἀπόλωνος S, corr. Kroll ‖
23 λεῖπεν S, corr. Kroll ‖ 24 παῖδίον S ‖ 25 θεοπαχεῖν S | ὑπὲρ secl. Kroll ‖ 27 πε-
ριστώσης S, corr. Kroll ‖ 29 ἀπόλειται S, corr. Kroll | παρέσχες S, corr. Kroll

θεοῖς προσομιλεῖν δοκοῦσι καὶ παρεστάναι δεῖ συλλογίζεσθαι ὅτι καὶ οἱ
θεοὶ τῶν μοιρῶν ὑπουργοὶ γενόμενοι ὧν μὲν βοηθοί, ὧν δὲ πολέμιοι
καθίστανται· ἀπροφάσιστον γὰρ οὐδὲν ἐν ἀνθρώποις ἐπί τε τῶν φαύλων
25 καὶ ἀγαθῶν δημιουργεῖται. ἔτι δὲ καὶ κατασκευάζεται ὑπὸ εἱμαρμένης
τὰ μέλλοντα ἔσεσθαι διά τε ἁρμονίας καὶ φιλίας καὶ δόξης, συστάσεως 5
προκειμένης, ἔχθρας, σίνους, πάθους, ἀπορρήτων πραγμάτων καὶ
μυστικῶν καὶ θανάτου καὶ τῶν λοιπῶν.
26 Τούτων οὕτως ἐχόντων νῦν καὶ περὶ τῆς τῶν ἀπογωνίων δυνάμεως
27 ἀκτέον. τὴν μὲν πῆξιν Κριτόδημος ἐποιήσατο, τὴν δὲ εἴσοδον πρότερον
οὗτος ἀνευρών, διασαφήσας δὲ ἐν ἑτέραις βίβλοις καὶ νῦν δὲ ἀκριβέστερον 10
ἐξευρὼν ἐπιδιαγραφήσω· πᾶσα γὰρ ἀγωγῆς εἴσοδος κατ᾿ ἀρχὰς ἀμελεστέ-
ραν τὴν εὕρεσιν ἔχει, ἐξιχνευθεῖσα δὲ ἐξ ὑστέρου βεβαιοτέρα καθίσταται.
28
f.168ᵛ εἰ μὲν οὖν τις συν⟨νοοίη⟩ πότερος βελτίων, ὁ συν|τάξας σοφῶς καὶ
κατεζητημένως ἢ ὁ τὰς ἐπιλύσεις ἐξευρών, φήσει κατὰ τὸν ἐμὸν νοῦν τὸν
29 ἐξευρόντα βελτίονα. καὶ γὰρ ὄργανον μουσικὸν οὐ τῷ κατασκευάσαντι τὸν 15
ἔπαινον παρέχει, ἀλλὰ τῷ μέλλοντι ἐμπείρως διὰ πνεύματος μουσικὸν
30 ἦχον ἐνδείκνυσθαι. ὁμοίως δὲ καὶ πᾶν εἶδος ὀργανοποιίας ἢ συντάξεως
μὴ ἔχον τὸν εἰδημόνως προεστῶτα τοῦ ἔργου κενὸν καὶ μάταιον καὶ
ἀργὸν νομίζεται· ἢν δέ τις αὐτὸ διαιρήσῃ κατὰ τρόπον ἢ καὶ ἐπιγνῷ
τὴν δύναμιν, οὐ μόνον ἡδονὴν καὶ τέρψιν παρέχει, ἀλλὰ καὶ ὠφέλειαν 20
31 καὶ δόξαν. πολλοὺς γοῦν ἐγὼ κατελαβόμην λογίους παραιτησαμένους τι-
νὰς τῶν συγγραφέων διὰ τὸ σκολιὸν καὶ κατεζητημένον.
32, 33 Ἀλλ᾿ εἰς τὸ προκείμενον τὴν διάνοιαν μετάγειν. καὶ γὰρ ἐν ταύτῃ τῇ
ἀγωγῇ συνθεωρεῖν Ἥλιόν τε καὶ Σελήνην, ὧν καὶ τὴν εἰς ἀλλήλους
συμπάθειαν κοσμικὴν καὶ ἁρμονίαν μετὰ τὰς προγεγραμμένας ⟨οὐκ⟩ 25
34 ἀναγκαῖον ἐπιβεβαιῶσαι διὰ πολλῶν. τὴν οὖν ἀπόδειξιν ποικίλως ἔχει,
πρότερον δὲ καθὼς ἑτέροις ἔδοξε προτάξω.
35 Ἐπιγνόντας οὖν χρὴ πόσων μοιρῶν ἐστιν ὁ Ἥλιος εἰσέρχεσθαι εἰς τὸ
ἀπογώνιον καθ᾿ ὃ κλίμα ἔπεστιν, καὶ τὸ παρακείμενον τῶν μοιρῶν
πλῆθος πολυπλασιάζειν ἐπὶ τὰς Ἡλίου μοίρας, καὶ τοῦτο ἀπογράφεσθαι. 30
36 ἔπειτα εἰς τὸ ἀναφορικὸν εἰσελθόντας κατὰ τὴν ἡλιακὴν μοῖραν τὸ
παρακείμενον μέγεθος ἐπὶ τὰς γεννητικὰς ὥρας πολυπλασιάζειν, καὶ μὴ
προσθέντας τὸ πλῆθος πολυπλασιάζειν ἐπὶ τὸ πρότερον εὑρεθὲν πολυπλα-

---

[S] 6 προκειμένης] προθυμίας sugg. Kroll ‖ 9 ἀκτέον Kroll ‖ 10 αὐτὸς Kroll |
ἑτέροις S | βιβλίοις Kroll ‖ 11 ἐπιδιασαφήσω sugg. Kroll ‖ 13 συν et spat. ca. 4
litt. S, συννοοίη Kroll | βιοτίων S, corr. Kroll ‖ 14 φύσει S, corr. Kroll ‖ 18 ἔχων
εἰδημόνως τὸν S, corr. Kroll ‖ 19 ἢ secl. sugg. Kroll ‖ 21 καταλαβόμην S, corr.
Kroll | παρετησαμένας S, corr. Kroll ‖ 23 δεῖ post μετάγειν Kroll ‖ 24 συμφο-
ρεύειν S, σύμφορον θεωρεῖν sugg. Kroll | ἄλλους S, ἀλλήλους sugg. Kroll ‖ 25 οὐκ
Kroll, qui et βίβλους οὐκ sugg. ‖ 31 εἰσελθόντες S, corr. Kroll ‖ 33 προσθέντες S,
corr. Kroll

σίασμα τῶν τοῦ Ἡλίου μοιρῶν καὶ τοῦ ἀπογωνίου πρὸς λεπτά. ὅταν 37
δ᾽ ἅμα ⟨πλῆθος⟩ συγκεφαλαιωθῇ ἤτοι μυριάδων ἢ χιλιάδων ἢ ἑκατον-
τάδων, ἐκκρούειν ἐκ τούτων ὁσάκις δυνατὸν τριακοντάδας· τὸν δὲ
λειπόμενον ἀριθμὸν ἀπογράφεσθαι, καὶ σκοπεῖν πόστον μέρος ἐστὶ τῆς
5 τριακοντάδος. καὶ τοῦτο ἀφαιρεῖν ἢ προστιθέναι τῷ καταλειφθέντι 38
| μέρει τῆς τριακοντάδος ἢ τῷ μεγέθει τῆς ἡλιακῆς μοίρας· καὶ εὑρόντας f.168vS
τὰς μοίρας εἰσέρχεσθαι εἰς τὰ ἀπογώνια, καὶ τὰ παρακείμενα ἔτη
ἀποφαίνεσθαι κατὰ τοὺς γ̄ ὅρους.
Οὐ μὴν τισιν ἔδοξε παραμένον ἐμοῦ σαφέστερον ὑφηγησαμένου· ἡ 39
10 δὲ πλάνη τῆς ψήφου οὐ μόνον ἐξαμαυροῖ τὴν διάνοιαν, ἀλλὰ καὶ λήθην
τῶν ἐξαριθμηθέντων ἐπάγει, καὶ ὡς ἠβουλήθη τις διὰ πλάνην ἐκ δευτέρου
ἢ τρίτου ἐξαριθμήσασθαι, ἀπεχθαίρων καταλείψει. καὶ γὰρ ἐμὲ περὶ τὰ 40
τοιαῦτα εὔτονον καὶ φιλομαθῆ ἀπέστρεψέν τι ἡ πλοκή.
Ἐγὼ δὲ ἐπεὶ τὰ πλεῖστα ἀπὸ Ἡλίου καὶ Σελήνης ἐπραγματευσάμην καὶ 41
15 ἐπέγνων ὅτι ⟨ὁ⟩ περὶ ζωῆς καὶ τέλους λόγος ἀπὸ τούτων καταλαμβάνεται,
καθὼς καὶ πρότερον συνέταξα τριζῳδίαν μυστικὴν καὶ εἰς ταύτην
ἐπεβαλόμην, οὕτως ἀκριβῶς χρὴ ἐπιστήσαντας Ἥλιον καὶ Σελήνην πρὸς
ὡριαίαν κίνησιν καὶ πρὸς λεπτόν (τοῦτο δὲ πλειστάκις λέγω ὅπως μὴ
δόξω διαμαρτάνειν) ἐξαριθμεῖν ⟨ἀπὸ⟩ Ἡλίου ἐπὶ Σελήνην ἢ ⟨ἀπὸ⟩
20 Σελήνης ἐπὶ Ἥλιον· κατὰ τὸ αὐτὸ γὰρ ἐκπεσεῖται μυστικῶς. τὸ δὲ 42
συναθροισθὲν πλῆθος συγκεφαλαιώσαντας ἀφαιρεῖν τριακοντάδας, τὸ
δ᾽ ἐντὸς τῶν τριάκοντα λειφθὲν σκοπεῖν πόστον μέρος ἐστὶ τῆς τριακον-
τάδος, καὶ τοῦτο ἀφαιρεῖν ἀπὸ ἰσημερινοῦ, τὸ δ᾽ ἐντὸς περιλειφθέντος
μέρος ἔδει προστεθῆναι τῇ τοῦ Ἡλίου μοίρα· καὶ αὕτη μὲν οἴσει τὸ
25 ἀπογώνιον ἤτοι ὡροσκοπικὴν μοῖραν – ἢ καὶ ⟨τὰ⟩ ταύτῃ ἐπιπροστεθέντα
ἢ καὶ ἀφαιρεθέντα ἀπὸ τοῦ ἰσημερινοῦ – κατὰ τὴν συνεγγίζουσαν
ὥραν. πάντως γὰρ πᾶσα γένεσις εἰς β̄ μοίρας τοὺς γνώμονας ἔχει. ἐὰν 43, 44
γὰρ κατὰ τὴν ὑποδεδειγμένην μοι τροπὴν τῶν δύο κλήρων τὴν ἁρμονίαν
ζητῶμεν πρότερον Ἡλίου καὶ Σελήνης κατὰ τὰς μοιρικὰς κινήσεις, οὐκ
30 ἦν ἕτερον, ἀλλὰ εὑρήσομεν ἁρμόζον οὔτε μείζονα οὔτε ἥττονα τοῦ
ἰσημερινοῦ· καὶ γάρ ἐστι κοσμικὸς γνώμων καὶ ἀρχηγὸς κλιμάτων καὶ
μεσίτης δίκαιος νυκτὸς καὶ ἡμέρας.

[S] 2 πλῆθος sugg. Kroll | μοιριάδων S, μυρι in marg. S² || 4 ἄλλων S, ἀριθμὸν
Wendland | πόσον S, corr. Kroll || 8 καὶ S, κατὰ Manitius || 9 ὥς post μὴν Kroll |
παραμένον] παρὰ μὲν S | ὑφηγησομένου S || 12 ἀπεχθαίρει S, ἀπεχθαίρων sugg.
Kroll | καταλίψει S, corr. Kroll || 13 ἀπεστρέψαντι ἢ πλοκὴ S, corr. Kroll || 15 ὁ
Kroll || 17 Ἡλίῳ καὶ Σελήνη Kroll || 20 εἰσπεσεῖται S, corr. Kroll || 22 πόσον S,
corr. Kroll || 23.24 περιλειφθέντι μέρει S || 24 ἔτει S, ἔδει sugg. Kroll | προστεθεῖ-
ναι S, corr. Kroll | τῆς ... μοίρας S || 25 ταύτην ἐπιπροσθέντα S, ταύτῃ προστε-
θέντα sugg. Kroll || 26 ἀπὸ] τὰ S || 30 εὑρήσομαι ἁρμόζων S, corr. Kroll

335

f.169S
45 | Ὁπότε οὖν εὑρεθῇ ἡ μοῖρα, εἰς τὰ ἀπογώνια εἰσελθὼν εἶτα ἐκζητεῖν
46 τὰ ἔτη κατὰ τὸν α' καὶ β' καὶ γ' τῶν ὅρων. εἰ δέ ποτε ἡ μοῖρα εἰς ὀλιγανά-
φορα ζῴδια ἐμπέσῃ, ἡ δὲ ὑπόστασις τῆς γενέσεως ἄλλων ἐτῶν ἐπιδέχηται
πλῆθος, συντιθέναι χρὴ τοὺς γ̅ ὅρους εἰς τὸ αὐτό, καὶ μετὰ τοὺς γ̅ τοὺς α'
47 καὶ β' ἐπισυντιθέναι, καὶ οὕτως ἀποφαίνεσθαι. ὁμοίως δὲ καὶ ἐν τοῖς 5
πολυαναφόροις ζῳδίοις ἐπὰν πλῆθος ἐτῶν ⟨οὐ⟩ συνδράμῃ, τὸν ὅρον
ὁλόκληρον λογίζεσθαι, καὶ τοῖς β' τὰς εὑρεθείσας μοίρας ἐπιβάλλοντας
ἢ καὶ πρὸς τούτοις ἀναδραμόντας ἐπισυντιθέναι [τε] τὰ ἐν τῷ α' ὅρῳ τῇ
μοίρᾳ παρακείμενα ἔτη.
48 Τοῦτο δ' ἀκριβέστερον ἐξιχνευθήσεται ἐπάν τις ἐκ τῶν προκειμένων 10
λόγων δοκιμάσας καὶ ἐξαριθμησάμενος εὑρήσῃ τὰ ἔτη συντρέχοντα τοῖς
49 ἀπογωνίοις. πολὺ γάρ τι συμβάλλεται δύναμις δυνάμει συνανακερασθεῖσα·
τὸ γὰρ ἓν καθ' αὑτὸ οὐδὲν τυγχάνει, ἀστήρικτον δ' ὑπάρχει καὶ ὑπὸ
50 μηδενὸς βοηθούμενον ἀμφίβολον τὴν χρῆσιν ἔχει καὶ ὀλισθηράν. καὶ γὰρ
οἱ νήπιοι παῖδες οἵ τε ὑπέργηροι ὀλισθηρὰν τὴν βάσιν ἔχοντες, ὁμοίως δὲ 15
51 καὶ οἱ τυφλώττοντες βάκτρῳ ἐπερειδόμενοι τὴν πορείαν ποιοῦνται. ἀλλὰ
μὴν οὐδὲ ἡ φύσις τελείως οὐδὲν καθ' αὑτὸ μόνον εὔχρηστον ἐδημιούργησε
τοῖς ἀνθρώποις· παρέπεται γὰρ τῇ ἡμέρᾳ νύξ, καὶ τῇ ζωῇ θάνατος, καὶ
τῷ λευκῷ τὸ μέλαν, καὶ τῷ ὑγρῷ τὸ ξηρόν, καὶ τῷ ἀγαθῷ τὸ φαῦλον, καὶ
⟨τῷ⟩ γλυκεῖ τὸ πικρόν, καὶ τὰ λοιπὰ εἰς ἄλληλα χωροῦντα καὶ τελούμενα 20
οἷς μὲν ἀγαθὴν ἐλπίδα ζωῆς τε καὶ βίου καὶ σωτηρίας ἐνδεικνύμενα
προθυμίαν ὑπομονῆς ἐπάγεται, οἷς δὲ διὰ τὰς κακωτικὰς αἰτίας μετ' ἀνάγ-
κης ἀπόγνωσιν καὶ εὐπροαίρετον θάνατον μηνύει.
52 Ὁπότε δ' εἰς τὰς ἀρχὰς τοῦ ζῳδίου ἡ ὥρα συνεκπίπτῃ, δοκιμάζειν καὶ
τὸ πρὸ αὐτοῦ ζῴδιον πρὸς τὴν ἄφεσιν· ὁπόταν δὲ ἐπὶ τέλει, καὶ τὸ ἐχό- 25
μενον αὐτῷ συμφωνήσει.
53
f.169vS Κριτόδημος | μὲν οὖν ἐπὶ ταύτῃ τῇ ἀγωγῇ κοινῶς τῷ Ἡλίῳ κέχρηται,
μεθόδῳ δ' ἑτέρᾳ ἣν οὐκ ἐξέδοτο.

(IX 9)   ι'. Ἀγωγὴ περὶ χρόνων ζωῆς πρὸς Ἥλιον καὶ Σελήνην

1 Πλειστάκις δὲ βουλόμενος ἐλέγχειν τὴν ἐμὴν ἀφθονίαν ἐπάνειμι εἰς τὸν 30
περὶ συμπαθείας Ἡλίου καὶ Σελήνης λόγον· ὁπότε γὰρ εἰς τὸ αὐτὸ
συνέλθωσιν, ⟨ὁ⟩ μοιρικῶς τῆς ἀπορροίας αὐτῶν ἐπικρατῶν τὸν ζωτικὸν
ἀπολήψεται χρόνον καὶ τὴν ποσότητα κατὰ ⟨τὴν⟩ τοῦ κλίματος ἁρμονίαν.

[S] 2 τὸ S, τὸν Kroll ‖ 4 τούς³] εἰς S ‖ 8 ἐπισυντιθεῖναι S, ἐπισυνθεῖναι Kroll |
τε secl. Kroll ‖ 13 ἔν S, ἀστήρικτος S, corr. Kroll ‖ 14 βοηθούμενος S, corr. Kroll |
ὀλισθηρήν S, corr. Kroll ‖ 15 ἔτι S, οἵ Kroll ‖ 20 τρεπόμενα vel κυκλούμενα sugg.
Kroll ‖ 23 μόνον S, μηνύει sugg. Kroll ‖ 25 ἐπιτέλη S, corr. Kroll ‖ 29 ι' in
marg. S ‖ 32 ὁ Kroll ‖ 33 τὴν Kroll

336

ὅτε δέ τις κατὰ μόνας αὐτοὺς ἀνακυκλήσῃ (ἡμέρας μὲν Ἥλιον, νυκτὸς δὲ 2
Σελήνην) καὶ ἀφέλῃ διάστημα ζῳδιακόν, τὸ περιλειφθὲν λογιζέσθω [τι]
μέρος τοῦ ζῳδίου ὅπερ ἀφαιρεῖν χρὴ ἀπὸ τοῦ ἰσημερινοῦ, τῷ δ᾽ ἀπολειφ-
θέντι μορίῳ ἐπιπροσθεὶς τὰς ἡλιακὰς ἢ σεληνιακὰς μοίρας εὑρήσει τὸ
5 ζητούμενον ἐάνπερ σκοπῇ. οὗτος μὲν οὖν ὁ λόγος προκείσθω διὰ τὴν εἰς 3
ἀλλήλους συνάφειαν. καθολικῶς δ᾽ ἐπί τε τῶν νυκτὸς καὶ ἡμέρας ὁμοίως 4
χρηματίσει ἀνακυκλωθεὶς κατὰ τὸν προκείμενον τρόπον. ἄλλως τε τὰς 5
ὑπολοίπους τοῦ Ἡλίου μοίρας ἡμέρας ἐπισυνθεὶς τῇ Σελήνῃ, νυκτὸς δὲ
τὰς τῆς Σελήνης ταῖς τοῦ Ἡλίου, τὴν αὐτὴν δύναμιν εὑρήσει.
10 Τοῦτο μέντοι ἐγὼ ἐπεξεῦρον· ἐπὶ μὲν τῶν ἡμερινῶν γενέσεων τὴν 6
Σελήνην χρηματίζειν ἀπὸ γ᾽ ὥρας ἕως γ᾽ τῆς ἡμέρας, ἔπειτα τὸν Ἥλιον
ἀπὸ τῶν ̄γ ὡρῶν ἕως γ᾽ τῆς ἐπακολουθούσης νυκτὸς καὶ πάλιν ἀπὸ τῆς
αὐτῆς νυκτὸς ὥρας ι᾽, ια᾽, ιβ᾽· ὁμοίως δὲ καὶ ἡ Σελήνη τῆς ἡμέρας ι᾽,
ια᾽, ιβ᾽ ἐφέξει. καὶ οὕτως κατὰ τὴν προκειμένην ἀγωγὴν οἰκονομεῖν κατὰ 7
15 τὴν τοῦ ἰσημερινοῦ διάκρισιν ἐπειράθημεν καὶ τὰς ἀντιβαλλούσας μοίρας
τῇ εὑρεθείσῃ ἐπισυντιθέναι ὅπως ἡ ἑτέρα χρηματίσῃ μοῖρα, ὧν γε τὴν
διαφορὰν οἵ γε νοῦν ἔχοντες δοκιμάσουσιν.

ια᾽. Ἀγωγὴ περὶ ὡροσκόπου μοίρας (IX 10)

Ἐπεὶ δὲ πολλοὶ τῶν φιλομαθῶν ἀλλεπαλλήλοις αἱρέσεσι τέρπονται, καὶ 1
20 ἑτέραν ἀγωγὴν ὑπό τινων αἰνιγματωδῶς ἀναγεγραμμένην ὑποτάξω ὅπως
καὶ τὰ δοκοῦντα | ἑτέροις τίμια οἱ φιλομαθεῖς δι᾽ ἡμῶν ἐπιγνόντες καὶ f.170S
τὰς δυνάμεις συγκομίσαντες ἀείμνηστον ἡμῶν δόξαν καταψηφίσωνται.
δύσκολον μὲν οὖν καὶ ἐργῶδες ἀλλοτρίας δόξας ἐλέγχειν, καὶ ταῦτα μηδὲ 2
διὰ γεγραμμένων βιβλίων μηδὲ διὰ λόγων ἐνεργητικῶν παρειληφότα
25 καθάπερ ὁ Πετόσιρις τῷ βασιλεῖ περὶ πολλῶν μυστικῶς ἐκτίθεται. ὁ 3
γὰρ συντάσσων πρότερος τὴν ἀρχὴν καὶ τὴν δύναμιν εἰδώς – οὗτος
ἐναρμόζει καὶ τὸ τέλος. πολλὰς οὖν αἱρέσεις ἐκτίθεται ἐξεπίτηδες διά τε 4
τοὺς μεμυσταγωγημένους καὶ ἀπαιδεύτους, ὧν τὴν δύναμιν οἵ γε νοῦν
ἔχοντες εὐκατάληπτον ἕξουσιν, καὶ ἃς μὲν ἰδίας, ἃς δὲ λεληθότως ἀναγε-
30 γραμμένας, αἷς τινες καίπερ ἐντυγχάνοντες καταφρονοῦσιν, ἀγνοοῦντες τὴν
δύναμιν, καθάπερ ἂν εἴ τινας τόπους γῆς τεθησαυρισμένους ἄνθρωποι
βαδίζοντες οὐ συνορῶσι τὸ ὑποκείμενον, ἀλλὰ μάτην ὑπερβαίνουσι διὰ

[S] 2 σύστημα S | τι secl. Kroll ‖ 4 μωρίω S, corr. Kroll | εὑρήσῃ S, corr.
Kroll ‖ 8 ὑπολύπους S, corr. Kroll ‖ 10 ἡμερῶν S, corr. Kroll ‖ 11 γ᾽¹] α S ‖
12 γ¹] ϛ S ‖ 13 τῆς] τὴν S ‖ 16 εὑρεθείσει S, corr. Kroll | χρηματίσει S, χρηματίσῃ
sugg. Kroll ‖ 17 δοκιμάσωσιν S, δοκιμάσουσιν sugg. Kroll ‖ 18 ια᾽ in marg. S |
μόρας S, corr. Kroll ‖ 19 τρέπονται S, corr. Radermacher ‖ 24 γραμμάτων S, γραμ-
ματικῶν sugg. Kroll | ἐνεργιτικῶν S, corr. Kroll ‖ 26 οὕτως sugg. Kroll

337

τὴν ἄγνοιαν· ἦν δέ τις αὐτοῖς προμηνύσῃ τὸ θησαύρισμα, ἀνορύξαντες καὶ εὑρόντες ἡδονὴν οὐ τὴν τυχοῦσαν ἀναδέχονται.

5 Λαμβάνειν οὖν χρὴ πάντοτε ἀπὸ τῆς ἡλιακῆς μοίρας ἐπὶ τὴν σεληνιακὴν κατὰ τὸ ἑξῆς πρὸς ἀναφοράν, καὶ τὸ συναχθὲν πλῆθος τῶν μοιρῶν ἀπογράφεσθαι γνώμονα ἡλιακόν· ἔπειτα εἰσελθόντας εἰς τὸν ἀναφορικὸν 5 κατὰ τὸ γεννητικὸν κλίμα σκοπεῖν τί μέρος παράκειται τῇ ἡλιακῇ μοίρᾳ ἡμέρας, νυκτὸς δὲ ἐν τῷ διαμέτρῳ, ὅπερ πολυπλασιάζειν ἐπὶ τὸν ιβ̅, καὶ τὸ 6 γενόμενον πλῆθος πάλιν ἐπὶ τὰς ὥρας τὰς γεννητικὰς πολυπλασιάζειν. καὶ ἐὰν μὲν ὑπερπέσῃ ὁ ἀριθμὸς τὰς τ̅ξ̅ μοίρας, ἀφελόντα κύκλον τὸν περιλει- φθέντα σκοπεῖν εἰ συντρέχει τῷ εὑρεθέντι γνώμονι· ἐὰν γάρ πως οὕτως 10 7 εὑρεθῇ, σύμφωνος ἔσται ἡ δοθεῖσα ὥρα, καὶ ταύτῃ χρῆσθαι. ἐὰν δὲ πολὺ f.170vs ὑπερβάλλῃ τοῦ ἡλιακοῦ γνώ|μονος, ὁ ὡροσκοπικὸς ἀφαίρεσιν ἔχει τοσαύτην ὅση ἡ ὑπεροχή· ἥνπερ λογίζεσθαι χρὴ πόσον μέρος ἐστὶ τοῦ 8 μεγέθους, καὶ τοῦτο ἀφαιρεῖν. ἐὰν δ᾿ ὁ ἡλιακὸς γνώμων ὑπερβάλῃ, 9 προσθήκην ἔχει ὁ ὡροσκόπος ὁμοίως ὅση ἡ ὑπεροχή. καὶ οὕτως μὲν 15 ἐπιγνόντας τὸ μέρος καὶ εἰσελθόντας πάλιν εἰς τὸν ἀναφορικὸν ἐπιψηφίσαι τάς τε πλήρεις ὥρας καὶ τὸ μέρος· ἔπειτα τὰ ἔτη προσθέντας τὸ ἔγκλιμα σκοπεῖν εἰς πόσην μοῖραν τοῦ ζῳδίου καταλήγει, καὶ ἐκείνην ἡγεῖσθαι 10 ὡροσκοπικὴν παραπλησίως. ταύτῃ τῇ ἀγωγῇ ἐνεχθεὶς ὁ Θράσυλλος καὶ τὴν ἀρχὴν φυσικὴν ποιησάμενος τὸ τέλος συνέπλεξεν. 20

(IX 11) ιβ΄. Ποίοις δεῖ κανόσι χρῆσθαι, καὶ τίνα δεῖ παρατηρεῖν, καὶ ὅτι οὐδὲν ἐφ᾿ ἡμῖν

1 Ἱκανῶς μὲν οὖν ἡγοῦμαι καὶ ἀφθόνως τὰς τῶν προκειμένων δυνάμεις συντετα χέναι, τούτων δ᾿ οὕτως ἐχόντων ἔτι καὶ φιλοκάλοις πρὸς ἀναζήτη- 2 σιν καὶ ἐπίνοιαν μέρος καταλεῖψαι. οὐ γὰρ πρὸς ἀμυήτους ἐποιησάμην τοὺς 25 λόγους, ἀλλὰ πρὸς τοὺς τὰ τοιαῦτα δεινοὺς ὅπως καὶ αὐτοὶ τὸ πολυμερὲς καὶ ποικίλον καὶ ἀκμῇ ἐλλῆγον τῆς θεωρίας διὰ πολλῶν ὁδῶν, εἰσόδων τε 3 καὶ ἐξόδων, ἐπιγνόντες θεοῖς προσομιλεῖν δόξωσιν. ὅτι μὲν γὰρ ἡ θειοτάτη ἐπιστήμη καθ᾿ ἑαυτὴν μὲν ὑπόστασιν ἀέναον καὶ ἀναμφίλεκτον καὶ ἀΐδιον κέκτηται, πρόδηλον ἐκ τῶν εἰρημένων καὶ ῥηθήσεσθαι μελλόντων, ὅτι 30

§§ 5–8: cf. VIII 3, 24–27 et App. XXI 4–8

[S] 5 τὸ S, τὸν sugg. Kroll ‖ 12 ὑπερβάλῃ Kroll ‖ 13 ὅσην S, corr. Kroll ‖ 16 ἐκ S, εἰς Kroll | τὸ S, τὸν sugg. Kroll ‖ 17 προσθέντες S | ἐν κλίμα S, ἔγκλιμα sugg. Kroll ‖ 19 θράσυλος S, corr. Kroll ‖ 21 ιβ΄ in marg. S ‖ 26 περὶ S, πρὸς Kroll ‖ 27 ἀκμαῖον λῆγον S | ἐλλῆγον] καὶ θέλγον sugg. Kroll, κηλοῦν Wendland ‖ 28 ἐπι- γνόντας S, corr. Kroll | δόσωσιν S, corr. Kroll ‖ 29 ἀέναον S, corr. Kroll ‖ 30 ὁρω- μένων ἔσεσθαι καὶ S, εἰρημένων καὶ ῥηθήσεσθαι sugg. Kroll

δὲ παρὰ τὴν ἀνανδρείαν τῶν μετιόντων τὸ μάθημα καὶ τοὺς μὴ ἐγγυμνα-
σθέντας κατὰ τρόπον περὶ τὰς τῶν κανόνων διαφορὰς ἔσθ᾽ ὅτε παραμφο-
δεῖ, καὶ τοῦτο πρόδηλον. ἐάσω μὲν γὰρ λέγειν καὶ περὶ τῶν τοὺς ἀναφορι- 4
κοὺς συμπεπηχότων ὅσην διαφορὰν κέκτηνται γραμμικήν τε καὶ ἀριθμητι-
5 κὴν Ἡλίου τε καὶ Σελήνης κανονοποιοὶ καὶ τῶν λοιπῶν ἀστέρων. τὸν μέν 5
γε ἐνιαυτὸν ἄλλοι ἄλλως | διέλαβον· Μέτων μὲν ὁ Ἀθηναῖος καὶ Εὐκτήμων f.171s
καὶ Φίλιππος τ̄ξε ε̄ ιθ', Ἀρίσταρχος δὲ ὁ Σάμιος ⟨τ̄ξε⟩ δ' ρ̄ξβ', Χαλδαῖοι
τ̄ξε δ' σζ', Βαβυλώνιοι δὲ τ̄ξε δ' ρμδ', καὶ ἕτεροι δὲ πλεῖστοι ἄλλως. εἰ 6
οὖν κατὰ τετραετηρίδα μία ἡμέρα συνελθοῦσα τῇ τοῦ Ἡλίου κανονοποιίᾳ
10 ἀτρεκῆ μοῖραν ἐνδείκνυται, πῶς οὐκ ἀνάγκη καὶ μετὰ χρόνον καὶ καθ᾽ ἣν
ἕκαστος ἐλογίσατο ἐνιαύσιον κίνησιν προστεθεῖσαν ἐπουσίαν τῇ ζητουμένῃ
ἡμέρᾳ τὴν ἀκριβῆ μοῖραν ἐμφαίνειν;
    Ἐλογισάμην οὖν κατ᾽ ἐμαυτὸν ὅτι οἱ προειρημένοι ἄνδρες τὴν μὲν 7
δύναμιν τῆς ἀριθμητικῆς ἠπίσταντο, τὴν δὲ τῶν ζωτικῶν χρόνων εὕρεσιν
15 οὐκ εὐτύχησαν· εἰ γάρ τις αὐτῶν καὶ τοῦτο ἐξίχνευσεν, πάντως ἂν καὶ
τὴν κανονοποιίαν τῷ λείποντι μορίῳ προσηρμόκει. ἐπειράθην μὲν οὖν καὶ 8
αὐτὸς κανόνα συμπῆξαι Ἡλίου τε καὶ Σελήνης πρὸς τὰς ἐκλείψεις. ἐπεὶ δέ 9
με ὁ χρόνος περιέκλειε τὸ τέλος ἐπάγων, ἠνέχθην κατὰ τὸν βασιλέα εἰς τὸ
εἰρηκέναι· ᾽ἕτεροι μὲν οὖν κατημάξευσαν τάσδε τὰς τρίβους, διόπερ
20 παρίημι τὸν ὑπὲρ τούτων λόγον᾽. ἔδοξεν οὖν μοι χρῆσθαι Ἱππάρχῳ μὲν 10
πρὸς τὸν Ἥλιον, Σουδίνῃ δὲ καὶ Κιδυνᾷ καὶ Ἀπολλωνίῳ πρὸς τὴν Σελήνην,
ἔτι δὲ καὶ Ἀπολλιναρίῳ πρὸς ἀμφότερα τὰ εἴδη, ἐάνπερ τις τῇ προσθέσει
τῶν η̄ μοιρῶν χρῆται, καθὼς ἐμοὶ δοκεῖ. ἀλλὰ μὴν καὶ καλῶς πραγματευ- 11
σάμενος τοὺς κανόνας ⟨ὡς⟩ πρὸς τὰς τῶν φαινομένων θεωρίας ὁμολογεῖν
25 ὡς θνητὸς παρὰ μίαν ἢ δύο μοίρας διαφέρει· τὸ γὰρ ἀπλανὲς καὶ ἀναμφί-
λεκτον παρὰ θεοῖς μόνοις πέφυκεν. ἀναφορικῶς δὲ κέχρηνται τῷ προεγκλί- 12
ματι πεπραγματευμένων κλιμάτων ῑδ.
    Πρὸ πάντων οὖν δεῖ τοῖς ἀριθμοῖς προσέχειν μετὰ πάσης ἀκριβείας 13
Ἡλίου τε καὶ Σελήνης καὶ τῶν ε̄ ἀστέρων, τῆς ὥρας ⟨τὰς⟩ σχηματογρα-
30 φίας καὶ τὰς πρὸς ἀλλήλους μαρτυρίας βραβευούσης· | ἐκ γὰρ αὐτῆς ὁ f.171vs
ὡροσκόπος εὐκατάληπτος τελίσκεται, οἵ τε ῑβ τόποι συνορῶνται μοιρικῶς.

§ 5: cf. App. XXIII ‖ §§ 10–11: cf. VI 4, 8

[S] 1 περὶ S, παρὰ Kroll | μεόντων S, corr. Kroll ‖ 2 παραμφορεῖ S, corr. Kroll ‖
3 ἔσω S, corr. Kroll ‖ 5 κανονοποιίαι S ‖ 6 μεθ᾽ ὧν S, Μέτων Kroll ‖ 7 ϑ S, ε Boll |
κξβ S, ρξβ sugg. Kroll vel σξβ ‖ 8 σζ'] εζ S | ἤ S, εἰ Kroll ‖ 11 ἐπουσία S, corr.
Kroll ‖ 12 ἐμφαίνει S, corr. Kroll ‖ 18 ἐκ τοῦ S, εἰς τὸ Kroll ‖ 20 παρίειμι S, corr.
Kroll ‖ 22 ἀπολλωνίῳ S, Ἀπολλιναρίῳ Jones ‖ 23 μὲν S, corr. Kroll ‖ 24 ὡς Kroll ‖
25 φέρειν S ‖ 27 ιϑ Kroll ‖ 29 ὡριαίας sugg. Kroll ‖ 31 πᾶς σκόπος S, ὡροσκόπος
sugg. Kroll | ἁλίσκεται Kroll

339

VETTIVS VALENS

14 οὕτως γὰρ ἀκριβὴς ἡ ἐπίσκεψις φανεῖσα τοὺς μὲν προλέγοντας δοξάσει,
τοῖς δ᾽ ἐπισταμένοις ἐπισφραγίζει τὰ φαῦλα καὶ τὰ μὴ πρὸς ἡδονήν, τοῖς
δὲ βουλομένοις τὴν ἐπίσκεψιν ποιεῖσθαι προθυμίαν τινὰ καὶ προτροπὴν καὶ
15 πίστιν τῶν λεγομένων ἀναλαμβάνει. εἰ μὲν ⟨οὖν⟩ καθολικὸν τοῦτο
ὑπῆρχε τὸ πλουτήσαντά τινα μηδέποτε πένεσθαι μηδὲ τὸν εὐδαίμονα 5
ὄντα βασιλείας καὶ ἡγεμονίας ἢ δόξης ⟨ἢ⟩ ἑτέρας οἱασδήποτε οὖν αἰτίας
ἀκαθαίρετον διαφυλαχθῆναι ἢ τὸν ἐν ῥώμῃ σώματος ἀσινῆ ἢ τὸν ἐν πράξει
καιροῦ εὐτυχήσαντα μηδέποτε δυσπραγῆσαι ἢ τὸν κυβερνήτην κλυδωνίζε-
σθαι καὶ ἀστοχεῖν θαλασσομαχοῦντα ἢ τὸν ἰατρὸν μὴ νοσεῖν ἢ τὸν προγνω-
στικὸν μηδὲν πάσχειν ἢ τινα προφήτην τῶν θείων ἐπιτυχῆ τοῖς ἀνθρώποις 10
ἀμετάβλητον τυγχάνειν, οὐκ ἂν ἦν εὔχρηστος ἡ πρόγνωσις, ἀλλ᾽ ὡς
ἕκαστος περὶ ὃν τετύχηκε κεκτημένος κλῆρον ἀσχολούμενος καὶ μηδεμίαν
16 προσδοκῶν καινοποιίαν διετέλει τὸν χρόνον. νυνὶ δὲ καὶ ἀβέβαια καὶ
σαθρὰ τὰ τῶν ἀνθρώπων πάντα καὶ ἀστήρικτα νομίζεται εἰς τὸ ἐναντίον
17 τρεπόμενα. γίνεται μὲν γὰρ ὁ βασιλεὺς αἰχμάλωτος καὶ ὑπηρέτης, ὁ δὲ 15
πλούσιος πένης καὶ ἐνδεής, ὁ δὲ ἐν ῥώμῃ σώματος καὶ δυνάμει ἐπισινὴς
καὶ ἀδρανής· καὶ τὰ λοιπὰ πάντα ὅσα ἐν τῷ βίῳ περὶ σῶμα ἢ μορφὴν καὶ
δόξαν καὶ πρᾶξιν κεκαλλώπισται μεταμορφούμενα ἕτερα ἐξ ἑτέρων πεῖραν
18 δίδωσι τοῦ πάσχειν, ἅπερ ἕτερος πάσχων ἠγνόησεν. σπάνιον γάρ τινα
ἀμέμπτως τὸν βίον καὶ ἀμερίμνως διευθῦναι, τοὺς δὲ πλείστους κατὰ τὴν 20
ἰδίαν ὑπόστασιν ταῖς τῶν καιρῶν ἐναλλοιοῦσθαι τύχαις συμβαίνει.

19   Τοιγαροῦν καὶ αὐτὸς καταμαθὼν ἐμαυτὸν ἐκ τῆς προγνώσεως καὶ
ὁποίαν καταβολὴν ἔλαχον τοῦ κλήρου καὶ ὅτι παρὰ τοῦτο ἀδύνατον
f.172 S γενέσθαι ἕτερον | οὔτε ἡγεμονίας οὔτε ἀρχῆς οὔτε ἑτέρας φαντασιώδους
δόξης ἢ πλούτου δαψιλείας καὶ κτημάτων ἢ σωμάτων πλήθους ἐραστὴς 25
ἐγενόμην ἢ δοῦλος ἐπιθυμίας καὶ κόλαξ ἀσεβὴς θεῶν τε καὶ ἀνθρώπων,
⟨οὐ⟩ δυνάμενος τυχεῖν ὧν μὴ ἐβούλετο τὸ δαιμόνιον παρέχειν· ἀλλὰ
καθάπερ δεσπότου φαύλου ⟨ὁ⟩ ἐν συνέσει δοῦλος ἐπίσταται ἤθη καὶ τὰς
περὶ τὸν βίον ἀναστροφὰς κοσμίως τὰς ἐξυπηρετήσεις ποιούμενος καὶ τῇ
τοῦ κελεύοντος διαταγῇ μὴ ἀντιτασσόμενος ἀλύπητον καὶ ἀκοπίατον 30
ἡγεῖται τὴν ὑπόστασιν, τὸν αὐτὸν τρόπον καὶ αὐτὸς οὔτε μοχθηρὰν οὔτε
ἐπώδυνον τὴν ὑπηρεσίαν ἐποιησάμην, πάσης δὲ ματαίας ἐλπίδος καὶ
φροντίδος ἀπαλλαγεὶς τὸν τῆς εἱμαρμένης νόμον διεφύλαξα.

[S] 2 τοὺς S, τοῖς¹ sugg. Kroll | ἀνυπόστατον λέγουσι τὴν post δ᾽ sugg. Kroll |
ἐπιστήμην S ‖ 4 οὖν sugg. Kroll | 5 ʽμηδὲ pro καὶ lapsu calami᾽ Kroll | 6 ἢ Kroll |
αἰτίας] ἀξίας sugg. Kroll ‖ 7 πρᾶξη S, corr. Kroll ‖ 11 ὡς] εἰς sugg. Kroll ‖ 12 ὧν S,
corr. Kroll | τετύχη S, corr. Kroll ‖ 20 διενθῆναι S, corr. Kroll ‖ 22 κἂν S, καὶ¹
Kroll ‖ 25 δαψιλίας S, corr. Kroll ‖ 26 δούλων S, corr. Kroll ‖ 27 οὐ sugg. Kroll
(vel οἰόμενος pro δυνάμενος) | διανοούμενος Radermacher ‖ 28 ὁ sugg. Kroll ‖
29–30 κατὰ τὴν . . . διαταγὴν S, καὶ τῇ . . . διαταγῇ sugg. Kroll ‖ 33 ἡμαρμένης S,
corr. Kroll

340

Ἐὰν οὖν φιλοπευστῶν τις καὶ ἰσχυροποιησάμενος τὴν διάνοιαν βούληται 20
ἀκούειν παρ᾽ ἀνδρὸς ἐμπείρου περὶ τῶν ὄντων καὶ τῶν ἐσομένων, τῶν
πλείστων καταφρονήσας ἐκείνων ἐραστὴς γενήσεται τῶν συνηρμοσαμένων
τῇ καταβολῇ. ἀνατυπούμενος γὰρ καθ᾽ ἑκάστην ἡμέραν ἅπερ δεῖ παθεῖν 21
5 τῶν φαύλων τὸν φόβον προμαραίνει· ἀμβλύνεται γὰρ τὸ χαλεπὸν ὑπὸ
τῆς εὐθυμίας ἐπιτρεφόμενον, οὕτως τε ὡς ὑπὸ ἑτέραν δεσποτείαν καὶ
ἐξουσίαν τεταγμένος διὰ τῆς ἰδίας ἐγκρατείας ἀκηρύκτως καὶ κοσμίως
τὸ τέλος τοῦ βίου ὑποίσει. ἐὰν δέ τις πείρᾳ βουλόμενος μαθεῖν ἐπιγνῶναι 22
θέλῃ ταῦτα ὅπως ἔχει, ἀντιτασσέσθω τοῖς βουλευομένοις ὑπό τινος
10 ἀπείρου καὶ τὰ ἐναντία πρασσέτω. οἷον εἰ πένης ὢν πλούσιος γένηται ἢ 23
μέτριος, ἀρχοντικὸς ἢ ἄπρακτος, εὐεπίβολος, ἀσυκοφάντητος, ἀλύπητος,
ἀμέριμνος (πάντες γὰρ ἄνθρωποι καλῶν ἐρασταὶ πεφύκασιν) — τούτων
δή τις τυχὼν καταφρονήσει τῆς πεπρωμένης. ἀδύνατον δ᾽ ὁπόσα βούλεταί 24
τις συντελεῖσθαι ἢ ἐπὶ τοῖς αὐτοῖς διαμένειν διὰ τέλους. σύμφορον τοιγα- 25
15 ροῦν ἔσεσθαι τὴν τύχην | καὶ ἀστήρικτον ὑπάρχειν· τὰς γὰρ εὐημερίας f.172vs
αὐτῆς οὐ φέρουσιν ἄνθρωποι· καθάπερ γὰρ λυσσώδεις, ἐξοιστρημένοι καὶ
ὑπὸ πολλὰς δεσποτείας τεταγμένοι, ἐπιθυμιῶν τε καὶ παθῶν ὄρεξιν
πάσχοντες, κἂν μὴ θέλοντες τὰς ἁρμοζούσας τιμωρίας κομίσονται.

Τισὶ μὲν οὖν ἔδοξε τῶν εὐήθων λέγειν πάντα ἐν ἡμῖν· μὴ δυνάμενοι δὲ 26
20 τοῦτο ἀποδεῖξαι διὰ πείρας εἰς μέρος τι τοῦ λόγου κατέδραμον, φάσκοντες
ἃ μὲν ἐν ἡμῖν, ἃ δὲ ἐν τῇ εἱμαρμένῃ. τυχόντες δὲ τούτου καὶ ἀναισχυντοῦν- 27
τες εἰς ἄπειρα καὶ ἀνοίκεια ζητήματα ἐχώρησαν λέγοντες· τὸ προελθεῖν ἐκ
τῆς οἰκίας ἐν ἐμοὶ καὶ τὸ λούσασθαι καὶ πορευθῆναι ὅπου βούλομαι καὶ
πρᾶξαί τι καὶ πρίασθαι καὶ συντυχεῖν φίλῳ καὶ ἕτερα πλεῖστα εὔπορα.
25 τοὐναντίον δ᾽ ἐγώ φημι πρὸς τούτους ὅτι οὐδὲ ταῦτα τὰ μάταια ἐν αὐτοῖς 28
ἐστιν· εἰς τὸ ἐναντίον γὰρ χωρεῖ τὸ τῆς προαιρέσεως διά τινας ἀποφα-
σίστους αἰτίας. καὶ γὰρ αὐτὸς πολλάκις πρᾶξαί τι βουλόμενος ἢ συντυχεῖν 29
φίλῳ ὥραν καλὴν ἐκλεξάμενος οὐκ ἔτυχον τοῦ προκειμένου, οὐδὲ μὴν
ὅπου ἐβάδιζον ἐγένετο· ὁπότε δ᾽ οὐκ ἐβουλήθην, τὸ τοιοῦτον συνετελέσθη.
30 πάντως γὰρ ἔδει τὴν ὥραν ἐναρμόνιον τῷ μέλλοντι ἔσεσθαι τυχεῖν. 30
τοιγαροῦν χρὴ τούς γε νοῦν ἔχοντας ἕπεσθαι τῷ δαιμονίῳ καθὼς βούλεται 31
(κατασκευάζει γὰρ τὴν ⟨ἔννοιαν⟩ πρὸς ὃ θέλει) ἢ καλὰς ὥρας ἐκλέγεσθαι,

[S] 1 βούλεται S, corr. Kroll ‖ 3 συνηρμοσμένων S, corr. Kroll ‖ εἰς post συνηρ-
μοσμένων sugg. Kroll ‖ 4 τὴν καταβολὴν S ‖ 5 τὸν φαῦλον S, corr. Kroll ‖ 6 ἐπι-
τριβόμενον Kroll ‖ 8 πεῖραν S, corr. Kroll ‖ 9 θέλοι S, corr. Kroll | οὕτως S,
ὅπως Kroll | βουλομένοις S, corr. Kroll ‖ 11 εὐεπιβλος S ‖ 13 δέ S, δή Wendland |
δὲ πρὸς ἃ S, δ᾽ ὁπόσα Radermacher ‖ 14 συμφορὰν S, corr. Kroll ‖ 15 ἔχεσθαι S,
εὔχεσθαι Wendland | ἀημερίας S, corr. Kroll ‖ 16 καὶ post λυσσώδεις sugg. Kroll |
ἐξιστημένοι S, corr. Kroll ‖ 19 τὶς S, corr. Radermacher, Wendland ‖ 20 λογι-
κοῦ S, corr. Kroll ‖ 24 ἄπορα S, εὔπορα sugg. Kroll ‖ 29 γενόμενος S ‖ 32 lac. ind.
Kroll | καλ ως ὰς S

ἀρχικῆς δὲ πράξεως τῆς καταρχῆς γενομένης κατὰ τὴν κοσμικὴν κίνησιν
καὶ ἀνάγκη συνορᾶν τὸ ἀποτέλεσμα ἐκ τῆς τότε ἀστροθεσίας καὶ τῆς τοῦ
ὡροσκόπου.

(IX 12)
32 Περὶ τῶν συνδέσμων. παρατηρητέον δέ, ὁπόταν εἰς σύνδεσμον ἐμπέσῃ
μοιρικῶς ἢ ἐπὶ τέλει τῆς ἐξαμοιρίας, τὴν πρόσθεσιν ἢ ἀφαίρεσιν ποιεῖσθαι 5
33 τῶν ἐπιβαλλόντων ἐτῶν κατὰ τὴν ζῳδιακὴν ὀργανοθεσίαν. πρὸς δὲ σύγκρι-
f.173ᵛ σιν δυεῖν | αἱρέσεων καὶ ἀγωγῶν εἰ τοὺς αὐτοὺς φέροιεν χρόνους ἢ
συνεγγίζοντας ἀλλήλοις, σκοπεῖν μὴ κατὰ τὸ αὐτὸ ζῴδιον συνεμπέσωσιν
34 αἱ μοῖραι. εἰς δὲ τὰ ὅμορα ἰσχυροποιοῦνται τὴν ὑπόστασιν τῶν ἐτῶν
⟨ἐὰν⟩ ἀπὸ ἡμέρας εἰς νύκτα ἢ ἀπὸ νυκτὸς εἰς ἡμέραν ὁ ἱερὸς γνώμων 10
συνεμπέσῃ· ἐκ τούτων γὰρ καὶ αἱ ἀτρεκεῖς μοῖραι τῶν φώτων καταληπταὶ
ἔσονται.

ιγ'. Ἀγωγὴ περὶ χρόνων ζωῆς ἐμπράκτων καὶ ἀπράκτων πρὸς Ἥλιον καὶ
Σελήνην

1 Καὶ τοῦτο δέ μοι παρεισῆλθε περὶ τῆς προκειμένης ἀγωγῆς (τουτέστι 15
2 τῶν κζ ἐτῶν) καὶ κδ κύκλους σεληνιακοὺς ὑποτάξαι. ὁπόταν μὲν τὸν
ἀριθμὸν ἐπιδέχηται ἡ γένεσις, πραγματεύεσθαι ὡς προγέγραπται· περὶ
3 δὲ τῶν νηπίων γενέσεων οὕτως. ἀπὸ μὲν τῆς Σελήνης τὴν ἄφεσιν ποιούμε-
νον διδόναι ἑκάστῳ ζῳδίῳ μῆνας β καὶ ἡμέρας ⟨ι⟩ε [ἔπειτα] ἕως τῆς
σεληνιακῆς συναφῆς ⟨ἢ⟩ καὶ τριγώνου ἢ τετραγώνου, εἶτα καὶ τῆς τῶν 20
κακοποιῶν ἀκτινοβολίας κέντρου, κατὰ τὴν αὐτὴν συνηγγισμένων τῶν
τῆς ὑποστάσεως χρόνων· ἀπὸ δὲ τῆς ἡλιακῆς ἀφέσεως ἑκάστῳ ζῳδίῳ
4 διδόναι μῆνας λ̅. καθὼς ἐπὶ τοῦ κλήρου τὴν διαίρεσιν λεπτομερεστέραν
προετάξαμεν οἰκονομεῖν μέχρις ἂν μηνιαίαν ἢ ἐνιαυσιαίαν ὑπόστασιν
ἀναδέξηται ὁ χρόνος. 25

ιδ'. Περὶ σπορᾶς εἰς τὸν περὶ χρόνων ζωῆς τόπον

1 Παραληπτέον δὲ καὶ τοῦτον τὸν τρόπον καθὼς εἰς τὸν περὶ σπορᾶς
λόγον ἐν τοῖς ἔμπροσθεν ἐδηλώσαμεν· καὶ ἡγεῖσθαι τὴν κατ' ἐκτροπὴν
μοιρικὴν Σελήνην σπόριμον ὡροσκόπου, τὴν δὲ ὥραν τῆς ἐκτροπῆς
2 σπορίμην Σελήνην. καὶ ἐπιγνόντας τὸ διάστημα ⟨περὶ⟩ τῶν ἡμερῶν τῆς 30

[S] 2 ἀνάγκην S, ἀνάγκη sugg. Kroll ‖ 9 ὅμμορα S, corr. Kroll ‖ 10 ἐὰν Kroll ‖
13 ιγ' in marg. S ‖ 18 ποιούμενος S, ποιούμενον sugg. Kroll ‖ 21 ἐπικέντρου
sugg. Kroll | συνηγμένην S, συνηγγισμένων sugg. Kroll ‖ 21—22 τῷ . . . χρόνῳ
sugg. Kroll | 24 ἂν] ἐκ S, secl. sugg. Kroll | μηνιαίων ἢ ἐνιαυσιαίων S ‖ 26 ιδ'
in marg. S ‖ 29—p. 343, 1 μοιρικὴν — πραγματεύεσθαι in marg. S ‖ 30 περὶ (τῶν
om.) Kroll | ἡμέρας sugg. Kroll

ANTHOLOGIAE IX 12–15

σπορᾶς πραγματεύεσθαι πρός τε τὰς συνόδους καὶ πανσελήνους καὶ τὰς
λοιπὰς ἀποδιαστάσεις· καὶ ⟨ἐκ ταύτης τῆς⟩ ἀγωγῆς ὁ τῆς ἐκτροπῆς
ὡροσκόπος συμφωνήσει.

⟨ιε΄.⟩ Ὅτι δεῖ τὴν γεννητικὴν ὥραν πρὸς μέρος ἀκριβῶς στῆσαι

5 Ἐπεὶ δὲ ὁ παλαιὸς καὶ Μούσαις μεμελημένος σοφὸς ἀνὴρ ἔριδας ὑπεστή- 1
σατο ὧν τὴν μὲν πολεμικὴν καὶ φοβεράν, αἵματι καὶ λύπαις καὶ θανάτῳ
χαίρουσαν, μά|χαις τε καὶ φθόνοις καὶ κακωτικαῖς αἰτίαις, τὴν δ᾽ ἑτέραν f.173vS
ἐργοπόνον τε καὶ φιλόκαλον, εἰρηνικήν τε καὶ ἀμετανόητον τοῖς ἔργοις
διὰ τὸ τοὺς πόνους εἰς ἡδονὰς μετατίθεσθαι (ἀγαθὴ δὲ ἡ θεὸς ἧς καὶ
10 αὐτὸς ἐραστὴς ἐγενόμην βουληθεὶς κατὰ τῶν ἀντιτασσόντων καὶ βασκάνων
νῖκος ἄρασθαι διὰ τῆς ἐμῆς ἐμπειρίας καὶ φιλοκάλης γνώμης), οὐκ
ἠρκέσθην ταῖς προγεγραμμέναις ἀγωγαῖς εἰς ⟨τὸ⟩ πίστιν τοῖς μεταγενε-
στέροις καὶ φιλοκάλοις καταλεῖψαι, ἀλλὰ καὶ ἑτέραν δυναστικὴν ἐξεῦρον,
διασαφήσας ὅπως δοκιμάσαντες καθ᾽ ἕκαστον κεφάλαιον τὴν ἐμὴν
15 ἀφθονίαν μετὰ πάσης παρρησίας καὶ σεμνῆς φιλονεικίας τὰς ὀλεθρίας καὶ
βλασφήμους τῶν πολεμίων κατασβέσωσι φωνάς (μαραίνεται γὰρ ὀργὴ
ὑπὸ φθόνου καὶ λύπης τρεφομένη, καὶ μάλιστα ὁπόταν αἱ ἔχθραι εἰς
ἧτταν ῥέπωσιν), οὕτως τε ἐγγυμνασθέντες προθύμως ταῖς ὑφ᾽ ἡμῶν
⟨ἐκπονηθείσαις⟩ συντάξεσι τὸν ψόγον τῆς θεωρίας εἰς ἔπαινον διακηρύξω-
20 σιν, εἰδότες ὅτι καὶ τέρψιν καὶ ἡδονήν, ὠφέλειάν ⟨τε⟩ καὶ μακαριότητα καὶ
ὑπὲρ πολλῶν φρόνησιν ἡ ἐπιστήμη κέκτηται. ἀλλ᾽ ἐπὶ τὸ προκείμενον τὴν 2
διάνοιαν τρέψωμεν.
Τὸ ἀπὸ συνόδου ἢ πανσελήνου μοιρικὸν διάστημα ἕως τῆς κατ᾽ ἐκτροπὴν 3
Σελήνης λαβόντας καὶ ἀφελόντας ζωδιακὸν διάστημα τὸ περιλειφθὲν
25 ἡγεῖσθαι μέρος ὡροσκόπου, ὅθεν καὶ τὴν ἀτρεκῆ τῆς Σελήνης μοῖραν
ἐμφανῆ ⟨ποιεῖν⟩· ἐκ ταύτης δ᾽ ὁ σκοπὸς τῶν ζητουμένων νοηθήσεται, τοῦ
Ἡλίου βραβεύοντος τὰ μεγέθη τῆς ἡμέρας καὶ ὡρῶν κατὰ τὰς κλιματικὰς
διαφορὰς καὶ τῶν χρόνων ἑτεροιώσεις. τὸ λεχθὲν εἰ καὶ σύντομον τὴν 4
ὑφήγησιν καὶ βραχυτάτην κέκτηται, οὐκ ἀμελεῖν χρὴ τοὺς ἐντυγχάνοντας
30 καὶ ⟨ἐν⟩ παρέργῳ τίθεσθαι, ἀλλὰ μετὰ πάσης ἐπιμελείας καὶ σπουδῆς
ἐξιχνεύειν· διδάσκει γὰρ τὰ πλεῖστα, καθὼς | ἐπειράθην, ἀνάγκη, πόνος, f.174S
πενία, φιλονεικία, ἐγκράτεια, ἐπιθυμία. ὧν ἡμεῖς τυχόντες, καὶ ἐὰν 5
μεγαλαυχῶμεν, οὕτως εἰς τὸ τέλειον τῆς ἀρετῆς μέρος ηὐτυχήσαμεν

[S] 2 lac. ind. Kroll ‖ 12 τὸ Kroll ‖ 14 διασαφῆσαι S, corr. Kroll ‖ 19 ἐκπονη-
θείσαις dub. sugg. Kroll ‖ 20 τε sugg. Kroll ‖ 23 ἦ] καὶ S ‖ 24 λαβόντες καὶ ἀφ-
ελόντες S | ζωδιακῷ συστήματι S, ζωδιακὸν σύστημα sugg. Kroll ‖ 26 ποιεῖν sugg.
Kroll | δὲ S, δὲ ὁ sugg. Kroll ‖ 27 βραβεύοντες S, corr. Kroll ‖ 28 ἦ S, εἰ Kroll ‖
30 ἐν Kroll ‖ 33 οὔπω sugg. Kroll | ἔστω S, εἰς τὸ Kroll | ἠτυχήσαμεν S, ηὐτυχή-
σαμεν sugg. Kroll

343

παραγενέσθαι, ἀλλά τινες σφαλέντες καὶ θρυληθέντες ἐδυστύχησαν,
6 ματαίαν τὴν ἐγχειρισθεῖσαν κτησάμενοι κενοδοξίαν. καὶ αὐτὸ δὲ καθ᾿ αὑτὸ
τὸ μέρος δύναμιν ὡροσκοπικὴν κέκτηται.

7 Ἄλλως τε τὸ ἀπὸ συνόδου ἐπὶ Σελήνην μοιρικὸν διάστημα κατὰ
ἀναφορὰν λαβόντας καὶ ἀφελόντας ζῳδιακὸν διάστημα εἰς ἣν κατέληξε 5
μοῖραν ἡγεῖσθαι ὡροσκοπικήν, ὁμοίως δὲ καὶ ἀπὸ τῆς [Σελήνης] παν-
8 σελήνου ἐπὶ Σελήνην. ὡς ἐμοὶ ἔδοξεν, ἀπὸ Σελήνης ἐπὶ τὴν μέλλουσαν
σύνοδον [ὡς] οὕτως λαβόντας καὶ ἀφελόντας τὸ ζῳδιακὸν τὴν εὑρεθεῖσαν
9 ἡγεῖσθαι ὡροσκοπικὴν μοῖραν. τὴν μέντοι δύναμιν τῶν ἐτῶν συμπλη-
ροῦσθαι ἐπιπροσθέντας ἢ ἀφελόντας τῶν ἰσημερινῶν χρόνων πρότερον· 10
ἀμφοτέρους γὰρ τοὺς γνώμονας ἐπισυνθέντες καὶ τὴν ἡμίσειαν λαβόντες
εὑρήσετε τὸ συνεχὲς ζητούμενον ἐκ τῆς ἀληθείας καὶ πολυμόρφου φύσεως.
10 παντὸς γὰρ εἴδους ἡ μὲν ἀρχὴ μονομερὴς καὶ ποικίλη καὶ δυσκατάληπτος,
ἡ δ᾿ ἐξίχνευσις πολυμερὴς καὶ ποικίλη· ἐὰν μὲν οὖν τὸ διάστημα ἀκριβῶς
τὴν κατάληψιν ἐπίσχῃ, καὶ μονομερῇ τὸν χρόνον προδηλοῖ. 15
11 Ὅθεν μοι, τιμιώτατε Μάρκε, εἰδὼς τὴν ἀριθμητικὴν κανονοποιίαν
καὶ τὰς τῶν συνταγμάτων ἀγωγὰς ἃς δι᾿ ἔργων καὶ λόγων καὶ τῶν ἐξ
ἐμοῦ παραδόσεων ἐδοκίμασας, συνεπεισφέρων ἐκ τῆς ἰδίας φύσεως τὸ
συγκρατικόν, φροντίδα ποιῶν τοῦ μετὰ πάσης ἀκριβείας τὰς πραγματείας
ποιεῖσθαι, τοῖς [γὰρ] πολλοῖς ἔθνεσι καὶ κλίμασι τῆς οἰκουμένης ἐπεμ- 20
βαίνων καὶ τὰς ἐπιδείξεις ποιούμενος ἐμὲ μὲν ἂν ἀειμνήστου φήμης
καταξιώσεις, αὐτὸς δ᾿ ὡς ἄξιος τῆς οὐρανίου θεωρίας παρὰ πολλοῖς
f.174vs δοξασθήσῃ ἔκ τε τῆς περὶ τὰ μαθήματα δαψιλείας προ|θεμελιωθεὶς εἰς
τὴν τῶν συνταγματογράφων χώραν καταντήσεις· καὶ γὰρ πάρεστί σοι
φύσις, πόνος, ἐγκράτεια, καὶ σεμνῆς γε καὶ ἱερᾶς εἰσόδου τυχὼν πεφωτι- 25
12 σμένην τὴν μυσταγωγίαν ἐκτήσω. ἣν φυλάσσειν σε διὰ τῶν προγεγραμ-
μένων ὅρκων παραινῶ καὶ ⟨κρύπτειν⟩ τοὺς ἀναξίους ἢ ἀμυήτους μηδὲ
φιλονείκως πρὸς αὐτοὺς φέρεσθαι· ἄμεινον γάρ ἐστί σε σιγῶντα ἡττᾶσθαι
ἢ νικῶντα ἀσεβεῖν εἰς τὰ θεῖα.

ιϛ′. Ἀγωγὴ περὶ χρόνων ζωῆς πρὸς Ἥλιον καὶ Σελήνην 30

1 Ἤδη ποτὲ πολλοὺς ἀγῶνας διαθλεύσας καὶ μυρίοις μόχθοις συνεμ-
πεσών, ὁδηγούμενος ἐπιθυμίᾳ καὶ φιλονεικίᾳ τῇ ἐμῇ πρὸς τοὺς ἀνταγωνι-

[S] 5 λαβόντες καὶ ἀφελόντες S ‖ 6 Σελήνης secl. Kroll ‖ 7 ἢ post Σελήνην Kroll ‖
8 ὡς] εἶθ᾿ sugg. Kroll | λαβόντες καὶ ἀφελόντες S, λαβόντας καὶ ἀφελόντας sugg.
Kroll ‖ 12 εὑρήσεται S, corr. Kroll | ὁ S, ἐκ Kroll ‖ 22 καταξιώσης S, corr. Kroll ‖
23 δαψηλίας S, δαψιλίας Kroll ‖ 24 καταντήσης S, corr. Kroll ‖ 25 ἐπεφωτισμένην S,
corr. Kroll, qui et ἐπιπεφωτισμένην sugg. ‖ 27 κρύπτειν sugg. Kroll ‖ 30 ιϛ′ in
marg. S ‖ 31 μοιρίοις S, corr. Kroll

344

στὰς καὶ προσδοκῶν ἤδη πεπᾶσθαι τῶν ζητημάτων καὶ τὴν συγγραφὴν
μέλλων καταλύειν ὥσπερ ἀγαθὸς ἀθλητὴς ἐπὶ τὸν ἱερὸν ἀγῶνα, τὴν τῶν
Ὀλυμπίων θέαν, παλίνδρομον τὴν διάνοιαν ποιοῦμαι διὰ τὰς πολυμερεῖς
τῆς φύσεως ἐνεργείας· ταύτας γὰρ ὁ ἄγων καὶ αἴρων εἰς τὸ φῶς καὶ
5 τιμὴν καὶ δόξαν αἰωνίαν κέκτηταί τε καὶ τοὺς προγενομένους μόχθους εἰς
ἡδονὴν καὶ τέρψιν μετάγων ἰσχυροποιεῖ τὴν δύναμιν καὶ ἐλέγχει τὰς
πράξεις καὶ τὰς ματαιολογίας παραπέμπεται καὶ τοὺς ἐχθροὺς φίλους καὶ
συμπαθεῖς καίπερ ἄκοντας κατασκευάζει καὶ πολλοὺς ἐραστὰς προσ-
άγεται.

10 Ὅθεν ἐπὶ τοὺς κοσμοκράτορας πάλιν − Ἥλιόν τε καὶ Σελήνην − 2
χωρητέον, οὓς χρὴ κατὰ μοῖραν ψηφίσαντας πρὸς ἀναφορὰν κατὰ τὸ
μέγεθος καὶ τὸ κλίμα ἀφαιρεῖν ζῳδιακοὺς κύκλους, τὴν δὲ περιλειφθεῖσαν
μοῖραν ἡγεῖσθαι δυναστικὴν καὶ τὴν τοῦ ὡροσκόπου ἐπίκοινον ἦν ὁ
ἰσημερινὸς δηλώσει. τέσσαρες δὲ πάντως μοῖραι χρηματίσουσιν, ἐκ δὲ 3
15 τῶν δ πάλιν β κραταιαὶ περιλειφθήσονται· ἔσθ' ὅτε μὲν οὖν καὶ ē τόποι
χρηματίσουσιν ἢ πάλιν β.

Σκοπεῖν δὲ δεῖ τόν τε ὡροσκόπον καὶ τὰ τούτου παρ' ἑκάτερα ζῴδια· 4
καὶ ἐκ τούτων γὰρ αἱ χρηματιστικαὶ μοῖραι λογισθεῖσαι φέ|ρουσι τοὺς f.175S
χρόνους, καὶ μάλιστα ὅταν δοκῇ πλάνην ἔχειν ὁ ὡροσκόπος ἢ καὶ ἑνὶ μὲν
20 γνώμονι χρῆσθαι πρὸς τὸ ὡροσκοποῦν ζῴδιον, τῷ δ' ἑτέρῳ οὐ τῷ
παρακόλλῳ − καὶ ις′ μοῖρα σημαίνει μίαν καὶ τριακοστήν. νοεῖν δὲ δεῖ 5
καὶ τὰς τῶν κλιμάτων διαφοράς· πολλάκις ⟨γὰρ⟩ τόπος τις ἢ καὶ ἔθνος
δοκοῦν ἀρχὴν ἢ τελευτὴν ἔχειν παραλλήλου εἰς ἕτερόν ἐστι χώραν κυρίως
ἢ καὶ σχίζεται εἰς β παραλλήλους καὶ τοῦ χρόνου κατὰ πρόσθεσιν ἢ
25 ἀφαίρεσιν παραμφοδεῖν δοκεῖ. ἄλλως τε καί, ὡς δοκεῖ τισι τῶν περὶ τὰ 6
τοιαῦτα ἐσπουδακότων, τὰς χωρογραφίας [καὶ] διαφόρους ἐκτήσαντο· ἡ
μέντοι γε θεωρία καὶ ἀγωγὴ ἱερὰ καὶ ἄπταιστος τοῖς γε νοῦν ἔχουσιν.

ιζ′. Ἀγωγὴ περὶ χρόνων ζωῆς πρὸς Ἥλιον καὶ Σελήνην

Καὶ τοῦτο δὲ φυσικὸν καὶ ἐναρμόνιον· τὰς λοιπὰς τοῦ Ἡλίου μοίρας 1
30 ταῖς τῆς Σελήνης ἐπισυνθέντας καὶ ἀφελόντας ζῳδιακὸν διάστημα τὴν
περιλειφθεῖσαν μοῖραν ἡγεῖσθαι δυναστικὴν καὶ τὴν τοῦ ὡροσκόπου

[S] 1 πεπαῦσθαι Radermacher ‖ 3 πανύδρομον S, corr. Kroll | ποιούμενος S,
ποιοῦμαι sugg. Kroll ‖ 4 οὔτε S, ταύτας sugg. Kroll | τε¹] τὸ Kroll ‖ 8 κατα-
σκευάζειν S, corr. Kroll | προσαγωνίζεται S, προσαγκαλίζεται Kroll ‖ 11 ψηφήσαν-
τας S, corr. Kroll ‖ 13 τοῦ ὡροσκόπου] τούτου S ‖ 15 κραταιοὶ S, corr. Rader-
macher ‖ 19 ἔχει S, corr. Kroll ‖ 20 χρῆσαι S, χρῆσθαι sugg. Kroll | τὸ δ' ἔτε-
ρον S ‖ 21 παραβόλλῳ S, corr. Kroll ‖ 22 γὰρ Kroll ‖ 23 ἔχει S, corr. Kroll | κύ-
ριος S, corr. Kroll ‖ 25 ὅσω S, ὡς Kroll ‖ 26 καὶ secl. Kroll ‖ 28 ιζ′ in marg. S ‖
30 ἐπισυνθέντες καὶ ἀφελόντες S | σύστημα S ‖ 31 τοῦ ὡροσκόπου] τούτου S

345

ἐπίκοινον, τὴν δὲ λειπομένην εἰς τὴν τριακοντάδα καὶ κατὰ τὴν τοῦ
ἰσημερινοῦ πρόσθεσιν ἢ ἀφαίρεσιν σεληνιακὸν γνώμονα, ὃν ἐπισυνθέντας
τῷ ἡλιακῷ καὶ τὴν ἡμίσειαν τῶν χρόνων λαβόντας ἡγεῖσθαι ζωτικούς.
2 πολλάκις μέντοι κατὰ μόνας ὁ τοῦ Ἡλίου γνώμων ἢ τῆς Σελήνης κατὰ τὴν
τοῦ ἰσημερινοῦ πρόσθεσιν ἢ ἀφαίρεσιν ⟨...⟩ τῶν β̄ τόπων ἐπισυντεθέντων 5
ἢ ἡμίσεια φέρει τοὺς ζωτικοὺς ⟨χρόνους⟩ κατὰ τὰς ἐπικαίρους αὐτῶν ἢ
3 καὶ χρηματιστικὰς στάσεις. βέλτιον μὲν οὖν τὰ μοιρικὰ καὶ τὰ ζῳδιακὰ
4 διαστήματα πρὸς ἀναφορὰν λογίζεσθαι. ἐὰν μέντοι κατὰ μόνας ὁ γνώμων
χρηματίσῃ, αὐτοῦ μόνου τοὺς χρόνους λογίζεσθαι.

ιη΄. Περὶ ὡροσκοπικοῦ ζῳδίου καὶ ἀναγκαστικῆς καὶ φυσικῆς ὥρας 10

1 Τὸ ὑποκείμενον ὄργανον τὴν πῆξιν ἔχει περὶ ὡροσκοπικοῦ ζῳδίου καὶ
ἀναγκαστικῆς καὶ φυσικῆς ὥρας, καθὼς καὶ ὁ βασιλεὺς ᾐνίξατο ἀπὸ τοῦ
σπορίμου Ἡλίου παχυμερῶς, ἐγὼ δὲ λεπτομερέστερον τὴν ἀρχὴν ἀπὸ τοῦ
f.175vs Θὼθ μηνὸς ποι|ησάμενος· ὅς ἐστιν ἀπόζυγος διὰ τὴν μονάδα, ὁ δὲ Φαωφὶ
ἄρτιος διὰ τὴν δυάδα, ὁ δὲ Ἀθὺρ ὁμοίως ἀπόζυγος, ὁ δὲ Χοιὰκ ἄρτιος· καὶ 15
2 ἀκολούθως ἐν παρ᾽ ἓν τὰ λοιπὰ δεῖ ζῴδια σκοπεῖν. κατὰ τὴν ζητουμένην
οὖν ἡμέραν καὶ τὸν χρηματίζοντα μῆνα εἰσελθόντες εἰς τὸ ὑποκείμενον
κανόνιον ἐπί τε τῶν νυκτὸς καὶ ἡμέρας γεννωμένων κατ᾽ εὐθὺ εὑρήσομεν
τὰς γεννητικὰς ὥρας.

ιθ΄. Σεληνιακὴ μοῖρα πρὸς ὡριαῖον δρόμημα· ⟨ἀγωγὴ⟩ ἀναγκαστικὴ ἣν 20
εὗρον

1 Τῶν δὲ περιπεπονημένων μοι μηδὲν ἀποκρύπτειν βουλόμενος καὶ
ἑτέραν φιλοκαλίαν ἐπεισφέρω τοῖς περὶ τὰ τοιαῦτα ἐσπουδακόσιν ἀφθόνως
2 ἅτε δὴ γνησίοις παισίν. οἱ κατατεταγμένοι ἔσονται κανόνες τῶν β̄
3 πλινθίων· πάλιν ἐν ἴσῳ διαστήματι τοῦ πλάτους συνηρμόσθησαν. καὶ 25
ἔστιν ὁ μὲν πρότερος προκείμενος Σελήνης [καὶ] ἡμερήσιον δρόμον ἔχων
ἀπὸ ἐλαχίστου ὅρου τῶν ῑα εἰς ἔκτασιν χωρῶν ἔτι ἐν τῷ πρώτῳ στίχῳ, τὸ
4 δ᾽ αὐτὸ διάστημα ἐν τῷ κάτω στίχῳ εἰς ῑε χώρας τοῦ τελείου ὅρου. εἰσὶ
δὲ ἄνωθεν ἕως κάτω στίχου ⟨στίχοι⟩ μ̄η̄· ἐπεὶ οὖν ἀπὸ τῶν ῑα ē παραυξο-
5 μένων λεπτῶν εἰς τὸν μη΄ στίχον πλήρη τὰ δ̄, ταῦτ᾽ ἐστὶν ὑπεροχή. ὅπου 30

[S] 2 σεληνικὸν S, corr. Kroll ‖ 5 ἐπισυνθέντων S, corr. Kroll ‖ 6 τὴν ἡμίσειαν
sugg. Kroll | τοὺς ζωτικοὺς] τοῦ ζωδιακοῦ S ‖ 10 ιη΄ in marg. S | ζ S, ζῳδίου
Kroll ‖ 12 ἠνοίξατο S, corr. Kroll ‖ 14 ὥς S, ὅς Kroll ‖ 20 ιθ΄ in marg. S ‖ 22 περι-
πονημένων S, corr. Kroll ‖ 24 κατατεταγμένοι S, corr. Kroll ‖ 25 συνηρμόθησαν S,
corr. Kroll ‖ 27 τῶν] ἐτῶν S | ἔκτασιν Kroll ‖ 28 χώρας] ὥρας S | ἔστι S ‖
29 στίχων S | ἐπεὶ] ἔσται sugg. Kroll ‖ 30 τοῦτ᾽ S

δὲ ἡ ἑξηκοντὰς πληροῦται, κινναβάρει ἐπιγέγραπται ἑτέρου δρόμου
ἀρχὴν σημαίνων, καὶ ⟨ἐπὶ⟩ τούτου ὁ δρόμος τῆς Σελήνης πεπλήρωται.

Τὸ δὲ ἕτερον κανόνιον τοῦ μεγέθους τῶν ὡρῶν πρὸς τὰ ζ κλίματα· 6
τοῦτο γὰρ καὶ τῶν λοιπῶν κλιμάτων ἔχει τοὺς ἀριθμοὺς ἀπὸ ἐλαχίστου
5 ἕως μεγίστου (τουτέστιν ἀπὸ τῶν ι λ' προκειμένων ἐν τῷ α' στίχῳ ἕως
τῶν ιθ λ' κειμένων ἐν τῷ ἔξω στίχῳ). προκατάγω οὖν ἐν τῷ α' στίχῳ ι 7
λ' ἕως τοῦ κάτω στίχου ο. ἔστι μὲν οὖν λεπτῶν ε̄ ἡ παραύξησις. εὗρον ἐν 8, 9
τῷ κάτω στίχῳ ιε καταλήξαντα, ἃ σημαίνει τὸν ἰσημερινὸν χρόνον·
ὁμοίως κατ' ἄντικρυ τῶν ιε, προστιθεμένων πάλιν ε̄ λεπτῶν καὶ ἀνωφερῶς,
10 πληροῦται ιθ λ' εἰς τὸν α' στίχον. αἱ δὲ πλατικαὶ περιγραφαὶ εἰς β̄ ὥρας 10
διαιροῦνται ἐφεξῆς ἐπὰν εἰς τὸ ἰσημερινὸν ἡμικύκλιον ἰσωθῇ. ἢ κατὰ τὸ 11
διάμετρον λογιζέσθω νυκτός· ἔστι δὲ ἡ διαχω|ρίζουσα γραμμὴ διπλῆ. f.176ᵛ
ὃν δὲ λόγον ἔχει νὺξ πρὸς τὴν ἡμέραν, τὸν αὐτὸν λόγον ὥρα πρὸς ὥραν 12
ἕξει ⟨κατὰ⟩ τὸ μέγεθος, οἷον τὰ ιζ πρὸς τὰ ιγ· δωδεκάκις τὰ δεκαεπτὰ
15 γίνεται σδ καὶ δωδεκάκις τὰ ιγ γίνεται ρνς· συμπληροῖ τὰς τξ.

Ἀμφότερα οὖν τὰ κανόνια τὰς τῆς Σελήνης μοίρας καὶ τὰς φάσεις 13
αὐτῆς προδηλώσουσιν. ἐὰν οὖν θέλωμεν ἐπιγνῶναι πόσων μοιρῶν ἡ 14
Σελήνη ἐστὶν ἐπὶ γενέσεως πρὸς ὡριαίαν κίνησιν, οὕτως πραγματευσό-
μεθα. πάντοτε δεῖ πρῶτον εἰσέρχεσθαι εἰς τὸ τῶν κλιμάτων κανόνιον, 15
20 ἔχοντα δὲ διαβήτην κεχηνότα καὶ κατὰ τὴν ἡλιακὴν μοῖραν εἰς τὸ νυκτὸς
ἡμισφαίριον, ἐπιγνόντα τὸ μέγεθος τῶν ὡρῶν κατ' αὐτὸ ἐπιθεῖναι τὴν
ἀρχὴν τοῦ διαβήτου ⟨στιγμῆς⟩ δίκην, εἶθ' οὕτως τὴν ἑτέραν ἐπεκτείνειν
ἕως τῆς ζητουμένης ὥρας· εἰσὶ γὰρ κεκανονισμέναι αἱ ιβ ὧραι τῆς
νυκτός. ἐὰν οὖν ᾖ ἡμερινὴ ἡ γένεσις, τὸ διάστημα τοῦ νυκτὸς ἡμισφαιρίου 16
25 ἀνατυπώσαντα εἰς τὸν διαβήτην ἐκτείνειν πάλιν ἕως τῆς ζητουμένης
ὥρας ἡμερινῆς. εἶθ' οὕτως τὸ πᾶν πλῆθος τῶν ὡρῶν ἐκμετρήσαντα 17
εἰσφέρειν τὸν διαβήτην εἰς τὸν τῆς Σελήνης κανόνα, καὶ κατὰ τὸ δρόμημα
παραπλησίως θέντα τὴν ἀρχὴν τοῦ διαβήτου συνορᾶν ἐκ ποίας μοίρας
τερματίζεται τὸ μέγεθος. αἱ δὲ μοῖραι πρόδηλοι ἔσονται ἐφεξῆς κατὰ τὴν 18
30 τοῦ δρομήματος χωρογραφίαν, ἃς δεῖ προστιθέναι μετὰ τὴν Ἡλίου δύσιν
ταῖς προευρεθείσαις μοίραις [κατὰ] τῆς Σελήνης, καὶ ἔξωθεν πάλιν τὰς
κλιματικὰς διαφορὰς ἐπιπροστιθέναι, καὶ τοσούτων λογίζεσθαι τὴν
Σελήνην μοιρῶν. δεῖ οὖν ἀκριβῶς τὰ ἡμισφαίρια ἐπίστασθαι, καὶ μάλιστα 19

[S] 1 κιναβάρει S, corr. Kroll ‖ 2 σημαῖνον Kroll | τούτου] οὕτω Kroll | πε-
πληροῦται S, corr. Kroll ‖ 5 μ S, μεγίστου Kroll | λ'] α S ‖ 6 προκατάγων S, corr.
Kroll ‖ 7 ἔστι] ἐπὶ Kroll | ε ἡ παραύξησις] ἐκ παραυξήσεως S ‖ 9 ε λεπτῶν] ἐτῶν S ‖
10 πληροῖται S, corr. Kroll | τὸν sup. lin. S ‖ 11 εἰς] εἴ S ‖ 12 νύκτα S, corr. Kroll ‖
14 τοῦ μεγέθους sugg. Kroll | τὰ¹] τὸ S ‖ 14—15 δωδεκάκι bis S, corr. Kroll ‖ 17 πό-
σον S, corr. Kroll ‖ 21 τὸν S, τῶν Kroll ‖ 30 τιθέναι S ‖ 32 τοσοῦτον S, corr. Kroll

20 τὸ νυκτερινὸν ἀεί. δυνατὸν μὲν οὖν καὶ ἐκ τοῦ ἡμερινοῦ ἡμικυκλίου
ἐκμετρήσαντα τὰς λειπούσας εἰς τὸ ἡλιοδύσιον εἰσφέρειν εἰς τὸ τῆς
Σελήνης καὶ λογίσασθαι ἔχειν ἐκεῖνο τὸ διάστημα καὶ τὰς εὑρεθείσας
21
f.176vs μοίρας φέρειν. ἀλλ᾽ ἐὰν οὕτως μεθοδεύσωμεν, οὐ χρη|ματίσει ὅλον τὸ
κανόνιον τῆς Σελήνης κατὰ πλάτος, ἀλλὰ μέρος αὐτοῦ· ὅθεν τῷ νυκτερινῷ 5
προσχρηστέον.
22, 23 Σαφέστερον δὲ τὴν εἴσοδον ποιησόμεθα δι᾽ ὑποδειγμάτων. ἔστω
γένεσις Ἀδριανοῦ ἔτει γ᾽, Ἀθὺρ λ᾽, ὥρᾳ ἡμέρας δ᾽· Ἥλιος Τοξότου μοίρᾳ
24, 25 ζ᾽, Σελήνη Παρθένου μοίρᾳ λ᾽, ἕως ὀψέ. δρόμημα μοιρῶν ιδ ιε᾽. τὸ δὲ
26 τῆς ἡμέρας μέγεθος κατὰ ἡμερινὰς μοίρας εὑρέθη ι⟨ᾱ μ⟩β᾽ μοῖραι. εἰσελ- 10
θὼν εἰς τὸ σελίδιον τῶν κλιμάτων κατὰ τὰς ιᾱ μοίρας καὶ εὑρὼν ιᾱ μβ᾽,
27 τούτῳ χρῶμαι τῷ στίχῳ. ἐπεὶ οὖν ἡμερινόν ἐστιν ἡμισφαίριον, εἰς τὸ
ἄντικρυ αὐτοῦ εἰσελθὼν (ὅπερ ἐστὶ νυκτερινόν) κατὰ τὰς ιη μοίρας καὶ
λεπτὰ ⟨ι⟩η (τὰ ιᾱ μβ᾽ πληροῖ τὴν τριακοντάδα) — ἔθηκα οὖν τὴν ἀρχὴν
τοῦ ⟨διαβήτου⟩ κατὰ τὰς ιη μοίρας καὶ ἐξέτεινα ἕως τῶν ἄλλων ὡρῶν τῆς 15
28 ἡμέρας ὑπὲρ τὴν γραμμὴν κατὰ τὰς πάσας ιᾱ με᾽. καὶ τοῦτο τὸ μέγεθος
τῆς ἐκτάσεως τοῦ διαβήτου εἰσήνεγκα εἰς τὸ προκείμενον ὄργανον τῆς
Σελήνης κατὰ τὸ δρόμημα· ἔτρεχεν δὲ ἐπὶ τῆς προκειμένης γενέσεως ιδ
29 ιε᾽. εἰσῆλθον οὖν κατὰ ταῦτα καὶ ἔθηκα τὴν ἀρχὴν τοῦ διαβήτου καὶ
ἐσκόπησα κατὰ πᾶσαν χώραν ποῦ καταλήγει ἡ ἑτέρα ἀρχὴ τοῦ διαβήτου· 20
30 καὶ εὗρον κατὰ τὴν δεκάτην περὶ δ᾽ μέρος. ἐπεὶ οὖν ἑκάστη χώρα μοῖραν
δηλοῖ, ταῦτα προσέθηκα ταῖς εὑρεθείσαις ἐπὶ ἡλιοδυσίου Παρθένου
31 μοίρᾳ λ᾽· καὶ ἐξευρέθη Σελήνη Ζυγοῦ μοίρᾳ ια᾽ ἔγγιστα. καὶ ἄλλως δὲ
εἰσελθὼν εἰς τὸ ἡμερινὸν ἡμικύκλιον κατὰ τὰς ιᾱ μβ᾽ (τὸ μέγεθος τῆς
ἡμερινῆς μοίρας) ἐξέτεινα τὸν διαβήτην ἕως τῶν ῆ ὡρῶν τῶν κυπτουσῶν 25
fin.
f.176vs κατὰ τὴν γένεσιν εἰς τὸ ἡλιοδύσιον, καὶ τὸ αὐτὸ μέγεθος | ⟨εὗρον⟩.

§§ 23−31: thema 79 (26 Nov. 118)

[S] 1 τῶν ρν S, τὸ νυκτερινὸν Kroll ‖ 2 ἡλιοδύσιν S, corr. Kroll ‖ 8 ἔτος S |
Τοξότου] ℳ S, corr. G. H. ‖ 9 δὲ] δ᾽ ἐκ S ‖ 10 ἡμερινὰς μοίρας] ＜ κ μ̄ S ‖ 14 ιη
Kroll | τριακάδα S ‖ 15 διαβήτου Kroll ‖ 22 ἐπὶ] ἕως S ‖ 23 κα S ‖ 24 τοῦ μεγέ-
θους S ‖ 25 ἡμερινῆς] ἡλιακῆς S ‖ 26 ἡλιοδύσιν S, corr. Kroll | post μέγεθος lin.
vac. S

ADDITAMENTA ANTIQVA

⟨α΄.⟩ | Περὶ χρόνων ζωῆς εἰς τὰ ἐν τοῖς ὀργάνοις τοῦ ιβ΄ κεφαλαίου

Πῆξις ὡροσκοπούσης μοίρας πρὸς τὰ β ὄργανα Οὐάλεντος τὰ ἐν τῷ 1
ιβ΄ κεφαλαίῳ. πρὸ παντὸς μὲν οὖν τὴν ἡλιακὴν ἀκριβῶς στήσαντας 2
5 σκοπεῖν δεήσει τὴν προγενομένην σύνοδον ἢ πανσέληνον. καὶ λαβὼν ἀπὸ 3
τῆς συνοδικῆς ἢ πανσεληνιακῆς ἡμέρας τε καὶ ὥρας βλέπε πόσαι εἰσὶν
ἡμέραι καὶ ὧραι, καὶ βλέπε πόστον μέρος γίνεται τῶν ιε ἡμερῶν τῶν ἀπὸ
συνόδου ἐπὶ πανσέληνον ἢ ἀπὸ πανσελήνου ἐπὶ σύνοδον· καὶ ποιήσας τὸ
μέρος ἰδίᾳ ἀπόγραψαι. καὶ τοῦτο τὸ μέρος ζήτει πότερον προσθετικόν 4
10 ἐστιν ἢ ἀφαιρετικὸν τῷδε τῷ τρόπῳ. λαμβάνειν χρὴ πάντοτε ἀπὸ τῆς 5
ἡλιακῆς μοίρας ἐπὶ τὴν σεληνιακὴν μοῖραν κατὰ τὸ ἑξῆς πρὸς τὴν ἀνα-
φορὰν τοῦ οἰκείου κλίματος, καὶ τὸ συναχθὲν τῶν μοιρῶν πλῆθος ὑπογρά-
φεσθαι γνώμονα ἡλιακόν. ἔπειτα πάλιν εἰσελθὼν εἰς τὰς ἀναφορὰς τοῦ 6
οἰκείου κλίματος σκόπει τοὺς ὡριαίους χρόνους τῆς ἡλιακῆς μοίρας ἐπὶ
15 ἡμέρας, νυκτὸς δὲ τὰς κατὰ διάμετρον. καὶ τούτους πολυπλασίασον ἐπὶ 7
τὸν ιβ, καὶ τὸ γενόμενον πλῆθος πάλιν πολυπλασίασον ἐπὶ τὰς γεννητικὰς
ὥρας· καὶ ἐὰν ὑπερβάλλῃ ὁ ἀριθμός, ἄφελε κύκλον — τξ μοίρας. καὶ τὸν 8
περιλειφθέντα σκόπει εἰ συντρέχει τῷ ἡλιακῷ γνώμονι· ἐὰν γάρ πως
οὕτως εὑρεθῇ, σύμφωνος ἔσται ἡ δοθεῖσα ὥρα, καὶ ταύτῃ χρῆσθαι. ἐὰν 9
20 δὲ ὑπερβάλλῃ ὁ ὡροσκοπικὸς γνώμων τὸν ἡλιακὸν γνώμονα, ἀφαίρεσιν
ἔχει ἡ ὥρα τοσαύτην ὅσον μέρος γίνεται τῶν ὡριαίων χρόνων τοῦ Ἡλίου
τὸ ἐκβληθὲν ἀπὸ συνόδου ἢ πανσελήνου ἐπὶ τὴν γεννητικὴν ἡμέραν καὶ
ὥραν· καὶ ⟨τοῦτο⟩ τὸ γενόμενον μέρος τῶν ιε μοιρῶν.

Οἷον ἐγεννήθη τις ὥρᾳ ἡμερινῇ γ΄. ἀφέστηκέν τε ἀπὸ συνόδου ἢ παν- 10, 11
25 σελήνου ἕως τῆς γεννητικῆς ἡμέρας καὶ ὥρας ἡμέραι ε, ὃ γίνεται τῶν ιε
ἡμερῶν τὸ γ΄. εὑρέθησαν δὲ ὡριαῖοι χρόνοι τοῦ Ἡλίου ιζ. ἀφαιρεῖς τούτων 12, 13
τὸ γ΄· ὃ γίνεται ⟨...⟩ λοιπὸν ποιεῖς ὥρας β ὁμοῦ, καὶ οὕτως | ψηφίσεις
τὸν ὡροσκόπον. εἰ δὲ ὁ ἡλιακὸς γνώμων ὑπερβάλλει, πρόσθεσιν ἔχει ἡ 14

---

§§ 2—5: cf. VIII 3, 1—4 ‖ §§ 6—9: cf. VIII 3, 24—27

[VS] 2 κεφαλέου VS, corr. Kroll ‖ 4 στήσαντες VS, corr. Kroll ‖ 5 σκοπην V ‖
10 τρόπῳ] πρώτω VS ‖ 11 κατὸ V ‖ 15 τούτων VS, τούτους Kroll ‖ 16 τῶν VS,
corr. Kroll ‖ 20 ἡλιακὸν V ‖ 24 ἐγεννήθην V | ἀφέστηκάν Radermacher ‖ 27 lac.
ind. Kroll | ὁμοῦ] ⌀ VS | οὕτως] οὔ V

ὥρα· καὶ λοιπὸν ποιεῖς ὥρας γ̄ γ′, καὶ οὕτως ψηφίζεις τὸν ὡροσκόπον κατὰ τοὺς ὡριαίους χρόνους καὶ τὴν ἀναφοράν.

15 Ἄλλως. λογισάμενος ἀπὸ συνόδου ἐπὶ τὴν Σελήνην τὸ διάστημα ἢ τὸ ἀπὸ πανσελήνου ἐπὶ τὴν Σελήνην, καὶ ἐὰν μὲν ἐντὸς τῶν ο̅π̅ μοιρῶν, δωδεκαπλασιάσας βλέπε πόστον μέρος γίνεται τῶν ι̅ε̅ ἡμερῶν, ἐὰν δὲ 5 ὑπὲρ ο̅π̅ μοίρας εὑρεθῇ, ἀφελόντας τὰς ο̅π̅ μοίρας τὰς λοιπὰς συγκρίνειν πόστον μέρος ἐστὶ τοῦ δρόμου τῆς Σελήνης, καὶ τοῦτο ἐκκρούειν ἐκ τοῦ ὡριαίου μεγέθους.

16 Ὑπόδειγμα β′. Διοκλητιανοῦ ἔτος ρμ̄ζ̄, Τυβὶ ιδ′ εἰς ιε′, ὥρα νυκτερινὴ 17 γ′· κλίμα δ′. Ἥλιος Αἰγοκέρωτος ῑθ̄ β′, Σελήνη Ταύρου κ̄γ̄ λ′, σύνοδος Αἰ- 10 18 γοκέρωτος θ̄ κθ′. [Τυβὶ ιδ′ εἰς ιε′] ἀπὸ συνόδου ἕως τῆς γεννητικῆς ἡμέ- ρας καὶ ὥρας γίνονται [ἀναφοραὶ ἀπὸ Ἡλίου ἐπὶ Σελήνην κα] ἡμέραι ⟨ι⟩, 19 τουτέστιν ὥρας ᾱ τὸ Β̦. ζητῶ πόσαι γίνονται ἀναφοραὶ ἀπὸ Ἡλίου ἐπὶ Σελήνην κατὰ τὸ δ′ κλίμα, καὶ ηὗρον χρόνους ϛ̄· τούτους τοὺς ϛ̄ χρόνους 20 ἡλιακὸν γνώμονα ἀπεγραψάμην. εἶτα πάλιν λαβὼν τοὺς ὡριαίους χρόνους 15 τοὺς κατὰ διάμετρον τῆς ἡλιακῆς μοίρας διὰ τὸ νυκτερινὴν εἶναι τὴν γένεσιν ηὗρον ἐν τῇ ιθ′ μοίρᾳ τοῦ Καρκίνου ὡριαίους χρόνους ῑζ̄ νε′. 21,22 τούτους δωδεκαπλασιάσας ηὗρον χρόνους σ̄ῑε̄. τούτους τοὺς σ̄ῑε̄ χρόνους 23 ἐψήφισα παρὰ τὰς γεννητικὰς γ̄ ὥρας· καὶ γίνονται χρόνοι χ̄μ̄ε̄. ἄφελε 24 κύκλον (τουτέστι τ̄ξ̄)· λοιποὶ γίνονται χρόνοι σ̄π̄ε̄. τοῦτον ἀπογράφομαι 20 25 ὡροσκοπικὸν γνώμονα. ἐπεὶ οὖν ⟨ὁ⟩ ὡροσκοπικὸς γνώμων ὑπερβάλλει 26 τὸν ἡλιακὸν γνώμονα, ἀφαίρεσιν ἔχει ἡ ἀποκνητικὴ γ′ ὥρα. ἀφαίρει οὖν μιᾶς ὥρας Β̦ διὰ τὸ ῑ ἡμέρας ἀφεστάναι τὴν Σελήνην ἀπὸ συνόδου ἕως τῆς γεννητικῆς ἡμέρας καὶ ὥρας· καὶ οὐκέτι ψήφιζε ὥρας γ̄ νυκτερινάς, 27,28 ἀλλ᾽ ὥρας β̄ γ′. ποιεῖς οὖν οὕτως. Ἥλιος Αἰγοκέρωτος ῑθ̄ β′· ὡριαῖοι 25 29 χρόνοι Καρκίνου διὰ τὸ νυκτερινὴν εἶναι τὴν γένεσιν ῑζ̄ νε′. ψηφίζεις παρὰ 30 τὰς β̄ γ′ ὥρας· καὶ γίνονται χρόνοι μ̄ᾱ μη′. πρός|θες καὶ τὴν ἀναφορὰν
f.178ˢ
31 τοῦ Καρκίνου ϛ̄γ̄ ζ′· ὁμοῦ γίνονται χρόνοι ρ̄λ̄δ̄ νε′. τούτους εἰσάγω ἐν τῷ δ′ 32 κλίματι, καὶ εὑρίσκω τὸν ὡροσκόπον Λέοντος μοίρᾳ κγ′ ο. ταύτας τὰς κ̄γ̄ μοίρας εἰσήγαγον ἐν τῷ ὀργάνῳ τοῦ Λέοντος· καὶ εὑρέθησαν παρακείμενον 30 33 μέρος τῆς ἑξηκοντάδος κ̄β̄, ὃ γίνονται γ′ λ′, ἔτη δὲ ο̄γ̄ μῆνες ῑᾱ. ζητήσας 34 οὖν καὶ τὸ ἐξ ἀναλόγου ἐποίησα οὕτως. ὡροσκόπος Λέοντος μοίρᾳ κγ′,

---

§ 15: cf. VIII 3, 23 ‖ §§ 16–37: thema 123 (9 Ian. 431)

[VS] 5 πόσον S ‖ 6 ἀφελόντες VS ‖ 7 πόσον S ‖ 8 μέγεθος V ‖ 9 διοκυτιανοῦ V, διοκλυτιανοῦ S, corr. Kroll | τυμὶ S ‖ 11 τυμὶ S ‖ 12 ἀναφοραὶ – κα secl. Kroll | ι Kroll ‖ 14 εὗρον S ‖ 16 τούς] τοῦ VS ‖ 17 εὗρον S | νε′] νγ VS ‖ 19 χμ S ‖ 20 λοιπὸν VS, corr. Kroll | τούτων VS, corr. Kroll ‖ 21 ὁ Kroll | ὡροσκοπικὸν V ‖ 23 ι] ε S ‖ 24 ψηφίζει VS, corr. Kroll ‖ 28 ὁμοῦ] ⌀ VS

ὡριαῖοι χρόνοι ιϛ με′. τούτους ἐποίησα παρὰ τὸν ιβ · γίνονται σα. τούτους 35, 36
ποιῶ παρὰ τὸν γ′ λ′ · τὸ γ′ γίνεται ἔτη ξϛ καὶ τὸ λ′ γίνεται ἔτη ϛ Β⎮ λ′.
ὁμοῦ γίνονται ἔτη ογ Β⎮ λ′.   37
Ἄλλο ὑπόδειγμα γ′ · Οὐαλεντινιανοῦ βασιλέως, κλίμα τὸ διὰ Σπανίων · 38
5 οὗτος ἐσφάγη ἐτῶν λϛ. ἔτους Διοκλητιανοῦ ρλε′, Ἐπιφὶ η′, ἀρχὴ ὥρας α′. 39
Ἥλιος Καρκίνου ζ′ ια′, Σελήνη Κριοῦ κβ′ λ′, ὡροσκόπος Καρκίνου ζ′ κ′ · 40
πανσέληνος Διδύμων κη′ μ′ ὥρᾳ ἡμερινῇ ζ′ Παϋνὶ κϑ′. ἀπὸ πανσελήνου 41
ἕως τῆς γεννητικῆς ἡμέρας γίνονται ἡμέραι ξ ꝶ, ὃ γίνεται μέρος τῶν
ιε τὸ ꝶ. ἐπεὶ οὖν ὁ ἡλιακὸς γνώμων ὑπερβάλλει τὸν ὡροσκοπικὸν 42
10 γνώμονα, τοῦτο τὸ ꝶ μέρος προστίθημι τῇ ἀρχομένῃ πρώτῃ ὥρᾳ · καὶ
ποιῶ οὕτως. ὡριαῖοι χρόνοι Ἡλίου ιη ε′ · τούτων τὸ ꝶ γίνεται ϑ. καὶ 43, 44
ἀναφοραὶ Ἡλίου οϑ ζ′ · ὁμοῦ γίνονται χρόνοι πη. τούτους εἰσήγαγον ἐν 45
τῷ ὀργάνῳ καὶ εὗρον τὸν ὡροσκόπον Καρκίνου ιδ′ ἔγγιστα. ταύτας τὰς 46
ιδ [χρόνους] εἰσήγαγον ἐν τῷ ὀργάνῳ καὶ εὗρον χρόνους μὲν λδ μῆνας ι,
15 παρακείμενα δὲ ι, ὃ γίνεται τῆς ἐξηκοντάδος τὸ ϛ′. λαβὼν οὖν τοὺς 47
ὡριαίους χρόνους τῆς ιδ′ μοίρας τοῦ Καρκίνου ηὗρον ιη ο. τούτους 48
δωδεκαπλασιάσας εὗρον χρόνους σιϛ ο. τὸ ϛ′ τούτων γίνεται χρόνοι λϛ, 49
ἅτινα ἐβίωσεν.

⟨β′.⟩ Περὶ συνελεύσεως

20   Μέλλων δὲ συγγίνεσθαι ὁ γαμῶν ἔστω μὲν ἱλαρὸς καὶ ἀπὸ ἱλαρῶν καὶ 1
ἄλυπος μήτε ἄγαν βεβαρημένος τροφῇ καὶ μέθῃ. φυλασσέσθω δὲ τὸν 2
Ἥλιον καὶ τὴν Σελήνην καὶ τὸν κλῆρον ἐν τῷ η′ ἢ ἐν τῷ τούτου διαμέτρῳ,
ἐπιτηρείτω δὲ καὶ τὸν τῆς ὥρας κύριον ἀκάκωτον. ὁ δὲ κλῆρος ἔστω ἐν 3
τῷ περὶ φιλίας ἢ ἐν τῷ περὶ τέκνων ἢ ἐν τῷ κύκλῳ ἢ ἐν τῷ θεῷ (του|τέστι f.178ᵛS
25 τῷ ϑ′), ἔστω δὲ καὶ ἡ Σελήνη ἀκάκωτος καὶ σύμφωνος τῷ ὡροσκόπῳ. ὁ 4
δὲ Ἑρμῆς ἀπ᾽ ἀνατολῶν τυγχάνων ὑπὸ Διὸς καὶ Ἀφροδίτης μαρτυρούμενος

---

§§ 38–49: thema 122 (2 Iul. 419) ‖ cap. 2 = Heph. III 10

[VS] 1 ὦ̥ V, ὦ̥ S, ὡριαῖοι χρόνοι Kroll | τῶν VS, τὸν Kroll | οα S ‖ 2 τῶ VS,
τὸν Kroll ‖ 3 ὁμοῦ] ⦸ VS ‖ 4 οὐαλεντηνιανοῦ VS, corr. Kroll | κλίμα] κατὰ S |
σπάνιον VS, corr. Kroll ‖ 5 διοκλιτιανοῦ VS, corr. Kroll | ριε VS, corr. Kroll ‖
9 ἐπὶ V ‖ 10 τὸ om. S ‖ 11 ὦ̥ V, ὦ̥ S, ὡριαῖοι χρόνοι Kroll ‖ 12 οε VS, οϑ sugg.
Kroll | ὁμοῦ] ⦸ VS ‖ 13 τούτους τοὺς VS ‖ 16 ἦρον S ‖ 17 ϱ V ‖ 21 βεβαρυμένος S |
μέθει VS ‖ 23 καὶ sup. lin. V, om. S | εἶναι post ἀκάκωτον Heph. ‖ 24 κύκλῳ]
⊙ VS, μεσουρανήματι Heph. | ἐν post τουτέστιν S ‖ 26 ἀπ᾽] ἐπὶ Heph.

ἐν τῇ ὥρᾳ τῆς καταβολῆς ποιήσει τὰ τικτόμενα εὐτυχῆ καὶ εὐπαίδευτα καὶ
5 εὐδαίμονα. λέγουσι δὲ οἱ περὶ Πετόσιριν· ἡμέρας ἐν ᾧ ζῳδίῳ εὑρίσκεται ἡ
Σελήνη ἐν τῇ σπορᾷ τοῦτο ὡροσκοπήσει ἐν τῇ ἐκτέξει, ὅπου δὲ ἐν τῇ
6 ἐκτέξει παροδεύει τοῦτο ὡροσκόπησεν ἐν τῇ σπορᾷ. καὶ περὶ μὲν γάμου
καὶ τῶν περὶ αὐτὸν τοσαῦτα εἰρήσθω.   5

⟨γ΄.⟩ Περὶ χωρισμῶν

1 Τοὺς δὲ χωρισμοὺς αὐτῶν καὶ ἐπανελεύσεις ἐπιβλέπειν δεῖ οὕτως.
2 ⟨κατὰ⟩ τὴν καταρχὴν ἐν ᾗ γεγένηται ὁ χωρισμὸς ὅρα τὴν Σελήνην καὶ
τὸν Ἥλιον· ἐὰν τοίνυν εὕρῃς τὸν μὲν Ἥλιον ἐν τῷ κύκλῳ ἢ ἐν τῷ ια΄, τὴν
δὲ Ἀφροδίτην ἑσπερινὴν ἀναποδίζουσαν, λέγε αὐτῷ αὖθις τὴν γυναῖκα 10
ἐπανελεύσεσθαι θυμήρως.

3   εἰ δέ γε μὴν ἄλοχος δόμον ἀνέρος ἐκλείπῃσι,
          πρὶν Μήνην διάμετρον ἐς Ἠελίοιο περῆσαι,
          οὐ μάλα ῥηιδίως εἰς ἀνέρος ἵξεται οἶκον,
          ἂψ δ᾽ ἀπὸ παμμήνου ὁπότ᾽ ἔρχεται Ἠελιόνδε,   15
          τηνίκα οἱ νόστον τεκμαιρέμεν εἶναι ὀπίσσω,

4 ἐπ᾽ αὐτῆς δὲ τῆς συνόδου δυσχερῶς, ἐὰν δὲ ὁ Ἥλιος ἐν ὅσῳ ἡ Σελήνη
ἀπαρτίζει τὸν κύκλον μεταβεβηκὼς εὑρεθῇ εἰς ἕτερον ζῴδιον θηλυκὸν
Ἀφροδίτης σὺν αὐτῷ οὔσης, ὁ ἀνὴρ διαλυθέντος τοῦ γάμου ἑτέραν γαμήσει.
5 ἐπιτηρητέον δὲ καὶ τὸν ὡροσκόπον καὶ τὴν Σελήνην ἐπειδὴ τυχόντες 20
οὗτοι ἐπὶ στερεῶν ζῳδίων ἐν τῇ καταρχῇ βέβαια ποιοῦσιν, ἐπὶ δὲ δισώμων
τὰ ἐοικότα, ἐπὶ δὲ τροπικῶν τρεπτὰ καὶ ἀβέβαια.

⟨δ΄.⟩ Ἀστέρων μεταπαραδόσεις

1 Κρόνου ἐπιμερισμός. Κρόνος ἑαυτῷ παραδιδοὺς βλαβερὸς καὶ ἄπρακτος.
2 Κρόνος Διὶ παραδιδοὺς ἀγαθός· ἐξ ἐγγαίων καὶ θεμελίων κτήσεις καὶ 25
3 κληρονομίας καὶ ὑπερεχόντων φιλίας. Κρόνος Ἄρει ἂν οἰκείως σχηματι-
σθῇ, ἀγαθός· εἰ δὲ μή, πένθη, νόσους, ζημίας – ὅλος ὁ ἐνιαυτὸς κατ-
f.179ᵛ 4 αράσιμος. | Κρόνος Ἡλίῳ δίκας ἐγγαίων χάριν καὶ πατρὸς κινδύνους καὶ
5 ζημίας καὶ τοὺς ἐνιαυτοὺς ἐπιβλαβεῖς μᾶλλον. Κρόνος Ἀφροδίτῃ ἐὰν μὲν

§ 5 = Nech. et Pet. fr. 10c Riess ‖ cap. 3 = Heph. III 11; cf. Dor. V 17, 1–2
et 7–8 add. 4, 1: cf. IV 20, 1 ‖ § 2: cf. IV 20, 8 ‖ § 3: cf. IV 20, 6 ‖ § 4: cf.
IV 20, 3 ‖ § 5: cf. IV 20, 10

[VS] 1 τικτώμενα VS ‖ 2 ἡμέρας] ὅτι Heph. ‖ 5 αὐτῶν VS ‖ εἰρείσθω S ‖
8 Σελήνην] Ἀφροδίτην Heph. ‖ 9 εὕρῃς] εὖ V ‖ ☉ VS, μεσουρανήματι Heph. ‖
13 μῆνα S ‖ 18 ☉ VS ‖ 20 ἐπιδὴ V ‖ 21 οὗτοι] ου V, οὐκ S ‖ 22 εἰκότα S ‖
25 ἐγαίων S ‖ 26 ἀνοικείως σχηματισθεὶς S

οἰκείως, γυναικῶν ψυγμοὺς ἢ ἀηδίας ἢ καὶ πένθη θηλυκῶν προσώπων · οὐ
μέντοι γε ἐν τοῖς κατὰ βίον πονηρὸς ὑπάρχει. Κρόνος Ἑρμῇ πράγματα 6
χρόνια καὶ ἐκ παλαιοῦ καὶ καθύγρους ἀσθενείας καὶ ἐξ ὑποτεταγμένων
βλάβας · οὐ μέντοι κατὰ πᾶν ἀδικουμένους. Κρόνος Σελήνῃ νόσους καὶ 7
5 ὑπὸ ὑγράνσεως ὀχλήσεις καὶ μητέρων κινδύνους καὶ πτώσεις ἀπεργάζεται ·
πάντα δὲ πρὸς τὸ κατὰ γένεσιν σκόπει σχῆμα.
    Διὸς ἐπιμερισμός. Ζεὺς ἑαυτῷ ἀγαθός. Ζεὺς Κρόνῳ παραδιδοὺς 8, 9
ἐπιβλαβής, ἄπρακτος, ὁτὲ δὲ καὶ τέκνων κινδύνους. Ζεὺς Ἄρει βλάβας, 10
ἀναστασίας, νόσους, ἔσθ᾽ ὅτε καὶ συνοχῆς πεῖραν καὶ τέκνων θανατη-
10 φόρους κινδύνους. Ζεὺς Ἡλίῳ · τὰ μὲν κρύφιμα πάντα φωτίζει · πρακτικὸς 11
δὲ καὶ περὶ πατέρα δοξαστικὸς καὶ πρὸς ὑπερέχοντας συστατικός · ὁτὲ καὶ
τέκνων σπορὰς ποιεῖ. Ζεὺς Ἀφροδίτῃ νυκτὸς μὲν ἀγαθός, ἡμέρας δὲ 12
μέτριος · ἀγαθοὺς μέντοι γε τοὺς ἐνιαυτοὺς καὶ ἐπικερδεῖς καὶ καταγραφὰς
ἔχοντας · ποτὲ δὲ καὶ αἱ γυναῖκες ἔγκυοι γίνονται. Ζεὺς Ἑρμῇ πρακτικός, 13
15 ἐπικερδής, πρὸς φίλους χρηματιστικός. Ζεὺς Σελήνῃ εὔδιος, ἐκ πραγ- 14
μάτων ῥύεται καὶ κινδύνων, πρακτικούς τε ποιεῖ καὶ ἐπικερδεῖς καὶ ἐκ
θηλυκῶν εἰδῶν προβιβασμούς, καὶ μητρὸς δοξαστικός τε καὶ τέκνων
σπορὰς ποιῶν.
    Ἄρεως ἐπιμερισμός. Ἄρης ἑαυτῷ ἐπιμερίσας θορύβους καὶ πράξεις 15
20 μετὰ ταραχῆς. Ἄρης Κρόνῳ ἀπραξίας, δυσαρεστησίας καταψύχεται τῶν 16
πράξεων ζημίας, πένθη, νόσους. Ἄρης Διὶ πρακτικός, ἐπικερδής, πρὸς 17
ὑπεροχὰς καλός, δυναμικός. Ἄρης Ἡλίῳ οὐκ ἀγαθός, | κλιμακτηρικός, 18
f.179 vS
ταρακτικός, θορυβώδης, ὀφθαλμίας, σκυλμοὺς ποιῶν ἐπισινεῖς ἢ καὶ πυρὶ
ἢ σιδήρῳ πειραζομένους καὶ πατρὸς κινδύνους ἰσοθανάτους, χόλους τε
25 ὑπερεχόντων ἢ καὶ νεύρων ἀσθενείας ἢ ὀστέων κατεάξεις. Ἄρης Ἀφροδίτῃ 19
ἀγαθὸς μὲν καὶ πρακτικός, ἐπίψογος δὲ εἰς τὰ περὶ γυναῖκα · ποιεῖ γὰρ
καὶ χωρισμοὺς καὶ μάχας καὶ εἰσπρώσεις καὶ αἱμαγμοὺς καὶ ἐκ γυναικῶν
ἐπιθέσεις καὶ μοιχείας · οὐ μέντοι γε ἄπρακτος ὁ ἐνιαυτός. Ἄρης Ἑρμῇ 20
συκοφαντίας, ἐκ γραπτῶν δόλους καὶ ἐπιθέσεις, κλοπάς · ἐν μέντοι
30 κριτηρίοις οὐ κακός · πάντα δὲ πρὸς τὸ κατὰ γένεσιν ὅρα σχῆμα. Ἄρης 21
Σελήνῃ χαλεπὸς ἐν πᾶσιν, συνοχάς, κρυβάς, φυγάς, βλάβας, νόσους
ἐπιφέρων καὶ μητράσι κινδύνους καὶ ἐπὶ θηλυκοῖς εἴδεσι λύπας.

---

§ 6: cf. IV 20, 12 || § 7: cf. IV 20, 5 || § 8: cf. IV 21, 1 || §§ 9—10: cf. IV 21,
4—5 || § 13: cf. IV 21, 9 || § 14: cf. IV 21, 11 || § 15: cf. IV 22, 1 || §§ 16—17:
cf. IV 22, 8—9 || § 18: cf. IV 22, 3 || § 19: cf. IV 22, 12 || § 20: cf. IV 22, 14 ||
§ 21: cf. IV 22, 5

[VS] 3 ἀσθενείας VS || 5 ὑγρανὸς V, ὑγρῶν S || 9 θανατηφόρων VS || 10 κρύ-
φημα S || 13 μέντοι γε] μὲν S || 17 προβιβασμένους S || 23 θωρυβώδης VS || 24 ἴσος
θανάτους VS || 25 ὑπερέχοντας V | ὠστέων V || 27 αἱμόρρους S

VETTIVS VALENS

22 Ἡλίου ἐπιμερισμός. Ἥλιος ἑαυτῷ παραδιδοὺς οὐκ ἀγαθός, σκυλτικός,
23 μεριμνητικός, νυκτὸς δὲ χείρων. Ἥλιος Κρόνῳ χαλεπὸς ἐπὶ νυκτερινῆς
γενέσεως, ἐπιβλαβής· καὶ πατρὸς ζημίας· ἐπὶ δὲ ἡμερινῆς γενέσεως
24 μέτριος, ἐκτὸς εἰ μὴ πρὸς ἀλλήλους ἀνοικείως σχηματίζοιντο. Ἥλιος Διὶ
f.106ᵛV ἀγαθός, πρα|κτικός, δοξαστικός, πρὸς ὑπερέχοντας συστατικός, προσλαμ- 5
25 πής, τέκνων σπορὰς διδούς. Ἥλιος Ἄρει δίκας, ἐκπτώσεις, κλιμακτῆρας,
ὀφθαλμοῖς πυρίκαυτα, νόσους, κινδύνους, ὑπερεχόντων χόλους, νεύρων
26 ἀσθενείας, ὀστέων κλάσεις. Ἥλιος Ἀφροδίτῃ πρακτικὸς μὲν ὑπάρχει,
γυναικῶν δὲ ποιεῖ ἐπαναστάσεις πονηρὰς καὶ θορύβους ἐν ὄχλοις καὶ
κρίσεις· ἐὰν καλῶς ᾖ τε Ἀφροδίτη καὶ ὁ Ἥλιος σχηματίζωνται τῇ 10
γενέσει, πρακτικοὺς ἐνιαυτοὺς καὶ ἐπαφροδίτους· καὶ γὰρ ἐπιπλέκονται
γάμοις ἢ γυναιξίν· τὸ δὲ ὅλον καλοὶ οἱ ἐνιαυτοὶ καὶ ἐκ θηλυκῶν προβεβι-
27 βασμένοι· ἢ διὰ φίλων εὐτυχίας. Ἥλιος Ἑρμῇ πράξεις καὶ κέρδη ποιεῖ,
σὺν μέντοι φόβοις καὶ μόχθοις· οὐ μετρίους, ἐπινοηματικοὺς δὲ καὶ
28 ποριστικοὺς τοὺς ἐνιαυτούς. Ἥλιος Σελήνῃ ἀνωμαλίας, ἀστασίας, μετεω- 15
f.180S ρισμούς, σκυλμούς, ἀλλ᾽ ἐὰν μὲν αὔξῃ | δι᾽ ὑπερεχόντων προκοπὰς καὶ
συστάσεις, ἐὰν δὲ λείπῃ τούτων ἀτονία.
29 Ἀφροδίτης ἐπιμερισμός. Ἀφροδίτη ἑαυτῇ ἀγαθὴ πρὸς γυναῖκας καὶ
πάντα τὰ θηλυκὰ πρόσωπα, πρὸς φίλους καὶ πάντα, εὐφροσύνας, ἱλαρίας,
30 ἡδονάς. Ἀφροδίτη Κρόνῳ γυναικῶν χωρισμοὺς ἢ θανάτους καὶ ἀηδίας ἐκ 20
θηλυκῶν εἰδῶν, ἀλλ᾽ ἐπικερδὴς ὁ χρόνος καὶ προσφιλὴς καὶ καταγραφὰς
31 ἔχων, καὶ γυναῖκες ἔγκυοι γίνονται. Ἀφροδίτη Ἄρει χαλεπή· διὰ γυναῖκας
μερίμνας, ἐκ γυναικῶν ἐπιθέσεις, μοιχείας, ἐχθρασμούς, αἱμορροίας,
32 ἀηδίας. Ἀφροδίτη Ἡλίῳ γυναικῶν χωρισμούς, δίκας, μάχας, ἀηδίας·
33 ἄλλως δὲ προσφιλεῖς, εὐσχήμονας, ἐπιτευκτικοὺς τοὺς ἐνιαυτούς. Ἀφρο- 25
δίτη Ἑρμῇ πρακτικοὺς τοὺς ἐνιαυτούς, ἐπιχαρεῖς, ἡδεῖς, φίλους τέκνοις,
34 γυναιξὶν ἀρεστούς. Ἀφροδίτη Σελήνῃ· τὰ πρὸς γυναῖκα ἀνώμαλα, ζηλοτυ-
πίας, μάχας, ἀνωμαλίας, πρακτικοὺς τοὺς ἐνιαυτοὺς καὶ ἱλαροὺς καὶ
εὐσχήμονας· μεμνῆσθαι μέντοι τοῦ κατὰ γένεσιν σχήματος ἵνα πρὸς
τοῦτο συγκρίνῃς. 30
35 Ἑρμοῦ ἐπιμερισμός. Ἑρμῆς ἑαυτῷ πρακτικός, ἐπινοηματικός, εὔπορος,
ἐπικερδὴς ἐὰν μὴ πρὸς τοὺς κακοποιοὺς ἀνοικείως σχηματίζηται, ἀλλὰ
πρὸς τοὺς ἀγαθοποιοὺς οἰκείως· πάντα γὰρ πρὸς τὸ κατὰ γένεσιν σχῆμα

§ 22: cf. IV 17, 12 ‖ § 23: cf. IV 17, 2 ‖ §§ 24—27: cf. IV 17, 4—7 ‖ § 28: cf.
IV 17, 9 ‖ § 29: cf. IV 23, 1 ‖ § 30: cf. IV 23, 6 ‖ § 31: cf. IV 23, 8 ‖ § 32: cf. IV
23, 3 ‖ § 33: cf. IV 23, 10 ‖ § 34: cf. IV 23, 4 ‖ § 35: cf. IV 24, 1

[VS] 3 ἡμερινῇ γενέσει S ‖ 4 σχηματίζωνται V ‖ 9 θωρύβους V ‖ 12 προβεβασ-
μένοι VS ‖ 16 σκαλμούς V ‖ δι᾽] δὲ VS ‖ 20 θανάτου V ‖ 23 ἐχθροσμούς V

354

δεῖ λογίζεσθαι. Ἑρμῆς Κρόνῳ κακός· οἰκείων θανάτους ἐπιφέρει καὶ 36
ὑποτεταγμένων καὶ ἀδελφῶν νεωτέρων, καὶ αὐτῷ νόσους καθύγρους καὶ
παλαιῶν πραγμάτων ἐπεγέρσεις καὶ δίκας. Ἑρμῆς Διὶ καλωνυμίας, 37
εὐμνημίας ἐπιφέρει, ἱλαρίας, εὐσχημονίας, χρηματισμοὺς διὰ χειρός.
Ἑρμῆς Ἄρει ἐχθρῶν ἐπεγέρσεις, δίκας, ἐγκλήματα, κατηγορίας, ἐλαττώ- 38
σεις, νεωτέρου ἀδελφοῦ ἢ τέκνου πολλὰ κακὰ ἐπόψεται, ὁτὲ δὲ καὶ
θανάτους. Ἑρμῆς Ἡλίῳ κατὰ πᾶν ὠφέλιμος, μᾶλλον δὲ βλαβερός. 39
Ἑρμῆς Ἀφροδίτῃ καλός, εὔπρακτος, ἐπιχαρής, προσφιλής, ἡδὺς καὶ 40
φίλοις καὶ γυναιξίν, καθ᾽ ὅλον εὐάρεστος. | Ἑρμῆς Σελήνῃ ἀγαθοὺς τοὺς f.180vS
ἐνιαυτοὺς καὶ πρακτικούς, ἐπικερδεῖς τε καὶ οἰκονομικούς· πιστευομένους 41
τινὰς χρησμούς.

Σελήνης ἐπιμερισμός. Σελήνη ἑαυτῇ παραδιδοῦσα ἐὰν κακοποιοῖς 42
συσχηματίζηται, οὖσα δὲ καὶ ἀφαιρετική, κακή· πολλάκις καὶ θανάτους
ἐπιφέρει· εἰ δὲ πρὸς ἀγαθοποιοὺς συσχηματίζοιτο καὶ αὐξίφως ὑπάρχει,
μετὰ πολλῶν κόπων ἐλαχίστην παρέχει κτῆσιν· εἰσὶ γὰρ οἱ ἐνιαυτοὶ
Σελήνης καὶ Ἡλίου ἀλλότριοι, μάλιστα ἂν κακοποιὸς συμπαρῇ· κινδύνους
γὰρ ἐν ὑγροῖς καὶ βλάβας ἐπιφέρει. Σελήνη Κρόνῳ μητέρων νόσους καὶ 43
αὐτῶν δὲ ἀσθενείας καθύγρους, ναρκώδεις, ναυάγια, πτώσεις ἀπὸ
τετραπόδων, κινδύνους ἐν ὁδοῖς, ἐναντιώματα. Σελήνη Διὶ λαμπροὺς τοὺς 44
ἐνιαυτούς, φαντασιωτικούς, ἐπικερδεῖς, συστάσεις ὑπερεχόντων προσ-
ώπων, τέκνων σποράς, θηλυκῶν εἰδῶν εὐνοίας, μητέρων δόξας. Σελήνη 45
Ἄρει θορύβους ἐπιφέρει, βλάβας, κινδύνους αἰφνιδίους, μητέρων κινδύ-
νους, ἐπὶ θηλυκοῖς εἴδεσι λύπας. Σελήνη Ἡλίῳ κακή· πυρετούς, ἐνιαυσιαί- 46
ας ἀσθενείας. Σελήνη Ἀφροδίτῃ νυκτερινῇ γενέσει εὐσχήμων, ἀγαθή, 47
εὐεπίβολος, ἐπαφρόδιτος· αἰεὶ μέντοι τοῦ θέματος ἐναντιουμένη ἢ
καθυπερτεροῦσα τὴν Ἀφροδίτην διὰ γυναῖκας ἀδικίας ποιεῖ· ἡμερινῆς
γενέσεως ποιεῖ ζηλοτυπίας. Σελήνη Ἑρμῇ δυσαρεστήσεις, ψυχρίας· 48
ἄλλως δὲ πρακτικὸς ὁ χρόνος· πρόβλεπε δὲ μή πως ἐναντιοῦνται πρὸς
ἀλλήλους ἢ καθυπερτερεῖται ἡ Σελήνη· ἔνεκεν γραπτῶν ἢ χαλκῶν
ἐπιφέρουσι ταραχὰς καὶ ἐναντίαις γνώμαις περιπίπτουσιν.

Παράδοσις χρόνων ἀστέρων β̄· ἐπιμερισμοὶ ἐκ τῶν Κριτοδήμου.

---

§ 36: cf. IV 24, 5 ‖ §§ 37—38: cf. IV 24, 7—8 ‖ § 39: cf. IV 24, 2 ‖ § 40: cf.
IV 24, 10 ‖ § 41: cf. IV 24, 3 ‖ § 42: cf. IV 18, 1—2 ‖ §§ 43—45: cf. IV 18, 5—7 ‖
§ 46: cf. IV 18, 4 ‖ §§ 47—48: cf. IV 18, 9—12

[VS] 4 εὐμηνίας VS | ἱλαρείας VS | διὰ] δὴ VS ‖ 5 ἐγκλίματα κατηγορείας VS ‖
9 καθόλου S ‖ 11 χρισμούς VS ‖ 14 σχηματίζοιτο S ‖ 16 κινδύνοις VS ‖ 18 ναυ-
αγίοις VS ‖ 22 θώρβους V, θωρύβους S ‖ 23 ἐνιαυσιαίους S ‖ 27 ποιεῖ V ‖ 28 ἐναν-
τιεῖται VS

⟨ε΄. Ὑποδείγματα.⟩

1 Ἥλιος, Ἑρμῆς Λέοντι, Σελήνη Σκορπίῳ, Κρόνος, ὡροσκόπος Κριῷ,
Ζεὺς Ἰχθύσιν, Ἄρης, Ἀφροδίτη Παρθένῳ, κλῆρος τύχης Αἰγοκέρωτι,
2 δαίμων Καρκίνῳ. ὁ τοιοῦτος κυρτός.
3 Ἥλιος, Ἑρμῆς, Ἄρης, Ζεύς, Ἀφροδίτη Αἰγοκέρωτι, Σελήνη Ὑδροχόῳ, 5
4 Κρόνος Ταύρῳ, ὡροσκόπος Κριῷ. καὶ οὗτος ἐτραχηλοκοπίσθη.
5 Ἥλιος, Ἀφροδίτη Ὑδροχόῳ, Σελήνη Διδύμοις, Κρόνος Σκορπίῳ, Ζεὺς
6 Ἰχθύσιν, Ἄρης Καρκίνῳ, Ἑρμῆς, ὡροσκόπος Αἰγοκέρωτι. κλῆρος τύχης
f.1818 Παρθένῳ, ὁ θανατικὸς Κριῷ· οἱ τούτων κύριοι ἠναντιώθησαν | ἀλλήλοις
7 ἐν καθύγρῳ ζῳδίῳ, ἄλλως δὲ καὶ ὁ Ἄρης ἐπὶ τῆς δύσεως ἔτυχεν. ὁ 10
τοιοῦτος ἐν βαλανείῳ ἐκλυθεὶς ὠπτήθη.
8 Ἥλιος, Ἀφροδίτη Αἰγοκέρωτι, Σελήνη Καρκίνῳ, Κρόνος, Ἑρμῆς
9 Τοξότῃ, Ζεὺς Ταύρῳ, Ἄρης Λέοντι, ὡροσκόπος Ὑδροχόῳ. κλῆρος τύχης
Λέοντι· τούτῳ ἐπίκειται Ἄρης ἐν πυρώδει καὶ ἡλιακῷ ζῳδίῳ ἐναντιούμε-
10 νος τῷ ὡροσκόπῳ. τὸν δὲ θανατικὸν τόπον καθυπερτέρησαν Κρόνος καὶ 15
11 Ἑρμῆς. ὁ τοιοῦτος ζῶν ἐκάθη.
12 Ἥλιος Αἰγοκέρωτι, Σελήνη Ζυγῷ, Κρόνος Ταύρῳ, Ζεὺς Διδύμοις,
13 Ἄρης, ὡροσκόπος Καρκίνῳ, Ἀφροδίτη Ὑδροχόῳ, Ἑρμῆς Τοξότῃ. ὁ
κλῆρος τῆς τύχης Ζυγῷ· τούτῳ Σελήνη ἔπεστι καθυπερτερουμένη
14 ὑπὸ Ἄρεως ἐναντιουμένου Ἡλίῳ. ὁ θανατικὸς τόπος Ταύρῳ· Κρόνος 20
15 ἔπεστιν. ὁ τοιοῦτος ἐθηριομάχησεν.
16 Ἥλιος, Σελήνη, Ἑρμῆς Διδύμοις, Κρόνος Λέοντι, Ζεὺς Ἰχθύσιν,
Ἄρης Καρκίνῳ, Ἀφροδίτη Ταύρῳ, ὡροσκόπος Αἰγοκέρωτι, ἔνθα καὶ οἱ
17 κλῆροι κατέληξαν. ὁ κύριος Κρόνος ἐν τῷ θανατικῷ ὑπὸ Ἀφροδίτης
18, 19 θεωρούμενος. Ἄρης τῷ ὡροσκόπῳ ἠναντιώθη. ὁ τοιοῦτος ἐτελεύτα 25
φαρμάκῳ.
20 Ἥλιος, Ἑρμῆς, ὡροσκόπος Ταύρῳ, Σελήνη Ἰχθύσιν, Κρόνος Διδύμοις,
21 Ζεὺς Ὑδροχόῳ, Ἄρης Παρθένῳ, Ἀφροδίτη Κριῷ. κλῆρος τύχης Ἰχθύσιν·
22 ἐκεῖ Σελήνη ὑπὸ Κρόνου καὶ Ἄρεως θεωρουμένη. ὁ κύριος τοῦ δαίμονος
23 καὶ τῆς πανσελήνου ἠναντιώθη. ὁ τοιοῦτος ἐν ἀντλίᾳ ἐτελεύτα. 30
24 Ἥλιος Λέοντι, Σελήνη, Ἑρμῆς Παρθένῳ, Κρόνος Διδύμοις, Ζεὺς
25 Κριῷ, Ἄρης, ὡροσκόπος, Ἀφροδίτη Καρκίνῳ. ὁ κλῆρος τῆς τύχης
Διδύμοις· ἐκεῖ Κρόνος κύριος τοῦ θανάτου καὶ καθυπερτερῶν Ἑρμῆν τὸν

---

§§ 1−2: thema 64 (17 Aug. 112); cf. II 37,74−75 ‖ §§ 3−38: cf. II 41,60−95 ‖
§§ 3−4: thema 30 (27 Dec. 86) ‖ §§ 5−7: thema 41 (28 Ian. 101) ‖ §§ 8−11: the-
ma 48 (10 Ian. 103) ‖ §§ 12−15: thema 74 (26 Dec. 115) ‖ §§ 16−19: thema 9
(24 Mai. 65) ‖ §§ 20−23: thema 33 (5 Mai. 88) ‖ §§ 24−27: thema 34 (29 Iul. 89)

[VS] 6 ἐτραχηλοκοπίθη S ‖ 14 πυρώδη S ‖ 15 καθυπερτέρησεν S ‖ 16 ἐκαύθη S

ADDITAMENTA 5

κύριον τοῦ κλήρου καὶ Σελήνην. ἄλλως τε καὶ Ἄρης τῷ θανατικῷ ἠναντι- 26
ώθη. ὁ τοιοῦτος ἑαυτὸν ἀπηγχόνησεν.   27
Ἥλιος, Ἑρμῆς Κριῷ, Σελήνη, Ἀφροδίτη Ἰχθύσιν, Κρόνος Καρκίνῳ, 28
Ζεύς, Ἄρης Ταύρῳ, ὡροσκόπος Σκορπίῳ. ὁ κλῆρος τῆς τύχης Τοξότῃ· 29
5 ὁ κύριος σὺν τῷ Ἄρει ἐν τῇ δύσει. ὁ θανατικὸς τόπος Καρκίνῳ· Κρόνος ὁ 30
κύριος τῆς πανσελήνου ἀπόστροφος. ἠναντιώθη δὲ καὶ ὁ Ἄρης τῷ ἰδίῳ 31
οἴκῳ. ὁ τοιοῦτος ἐθηριομάχησεν.   32
    Κατελαβόμεθα δὲ ἐπὶ τῶν διαμέτρων στάσεων τοὺς κακοποιοὺς οὐκ 33
ἐπὶ πάσης γενέσεως κατὰ πάντα βλαπτικούς, ἀλλὰ ἔσθ᾽ ὅτε καὶ ἀγαθο-
10 ποιούς (καὶ μάλιστα ἐπὶ τῶν ἐνδόξων γενέσεων) πλὴν καὶ αὐτοὺς πολλαῖς
κακίαις συμπεφυρμένους. βίαιοι γὰρ οἱ τοιοῦτοι, μετὰ ἀνάγκης γινόμενοι, 34
ἀνοσίοις καὶ ἀθεμίτοις πράγμασι περιτρέπονται, ἀδικοῦσι δὲ ἢ λεηλα-
τοῦσιν, ἅρπαγές τε καὶ ἀλλοτρίων ἐπιθυμηταὶ καθίστανται, ὑψαυχενοῦντες
καὶ ἀλογιστοῦντες διὰ τὴν τῆς δόξης ἐπίκαιρον εὐδαιμονίαν· τὰ γὰρ
15 ἴδια ἁ|μαρτήματα ἑτέροις ἐπεισάγουσιν. ἀλλὰ καὶ θεοῦ καὶ θανάτου f.181vS
καταφρονοῦσιν· ἄρχουσι γὰρ ζωῆς καὶ θανάτου, ὅθεν οὐ διὰ παντὸς τοῖς 35
τοιούτοις τὸ εὐτυχὲς διαμένει, διὰ δὲ τὴν τοῦ ἐναντιώματος στάσιν οἱ
μὲν ἀπὸ δόξης εἰς ἀτιμίαν ἢ ταπεινὴν καθαιροῦνται τύχην, οἱ δὲ βιαιο-
θανατοῦσιν, τινὲς δὲ ὅσα ἑτέροις ἐνεδείξαντο αὐτοὶ πάσχουσιν, τιμωρού-
20 μενοι καὶ κολαζόμενοι καὶ μεμφόμενοι τὴν προγενομένην τῆς δόξης
ἀνωφελῆ φαντασίαν. ἃ γὰρ μετὰ πόνου καὶ μερίμνης καὶ βίας [καὶ] χρόνῳ 36
συνεσώρευσαν, τούτων ἐν στιγμῇ ἀφαιρεθέντες λυποῦνται ἢ ἑτέροις
ἄκοντες συνεχώρησαν· ἐπακολουθεῖ γὰρ τούτοις σὺν τῇ ἀβεβαίῳ τύχῃ
Νέμεσις χαλιναγωγός, φθόνος, ἐπιβουλή, προδοσία, λύπη, μέριμνα,
25 φθίσις σώματος, ὡς καὶ βουλομένους ἀπαλλάττεσθαι τῆς ματαίας
εὐδαιμονίας μετρίαν μεταμφιασαμένους τὴν τύχην μὴ δύνασθαι, πάσχειν
δὲ ὅσα ἡ πεπρωμένη ἄκοντας ἐβιάσατο.
    Κατ᾽ ἀμφότερα δὲ αἱ διάμετροι στάσεις κριθήσονται, μία μὲν ὅταν 37
ἀστὴρ ἀστέρα διαμετρήσῃ ἢ ὡροσκόπον, ἑτέρα δὲ ὅταν ἴδιον οἶκον ἢ
30 τρίγωνον ἢ ὕψωμα διαμετρῇ. καὶ οἱ κύριοι δὲ τῶν τριγώνων ἢ τῶν 38
αἱρέσεως ἑαυτοῖς ἐναντιούμενοι κάκιστοι καὶ ἀβέβαιοι περὶ τὸν βίον
γενήσονται.

    Τέλος τοῦ β′ βιβλίου Οὐάλεντος.

§§ 28—32: thema 35 (4 Apr. 91)

[VS] 5 Ἄρει] ♐ VS ‖ 8 διαμέτρων διαμέτρων στάσεων post στάσεων S ‖
11 βίονοι V, βίον οἱ S ‖ 12 ἀνουσίοις S ‖ 15 ἑταίροις V ‖ ἐπειγάοσιν V, ἐπεισάγω-
σιν S ‖ 20 κοζόμενοι V ‖ 24 χαληναγωγός VS ‖ ἐπιβολή S ‖ 25 βουλομένης S ‖
26 μεταφιασαμένους S ‖ post 33 lineae 10 vac. V, lin. 1 vac. S

357

f.107V ⟨ς'.⟩ | Περὶ ὁρίων.

f.182S

Κριός			Ταῦρος			Δίδυμοι			Καρκίνος		
♃	ς	ς	♀	η	η	☿	ς	ς	♂	ζ	ζ
♀	ς	ιβ	☿	ς	ιδ	♃	ς	ιβ	♀	ς	ιγ
☿	η	κ	♃	η	κβ	♀	ε	ιζ	☿	ς	ιθ
♂	ε	κε	♄	ς	κη	♂	ζ	κδ	♃	ζ	κς
♄	ε	λ	♂	β	λ	♄	ς	λ	♄	δ	λ

Λέων			Παρθένος			Ζυγός			Σκορπίος		
♃	ε	ε	☿	ζ	ζ	♄	ς	ς	♂	ζ	ζ
♀	ς	ια	♀	ι	ιζ	☿	η	ιδ	♀	δ	ια
♄	ζ	ιη	♃	δ	κα	♃	η	κβ	☿	η	ιθ
☿	ς	κδ	♂	ζ	κη	♀	ς	κη	♃	ε	κδ
♂	ς	λ	♄	β	λ	♂	β	λ	♄	ς	λ

Τοξότης			Αἰγόκερως			Ὑδροχόος			Ἰχθύες		
♃	ιβ	ιβ	☿	ζ	ζ	☿	ζ	ζ	♀	ιβ	ιβ
♀	ε	ιζ	♃	ζ	ιδ	♀	ς	ιγ	♃	δ	ις
☿	δ	κα	♀	η	κβ	♃	ζ	κ	☿	γ	ιθ
♄	ε	κς	♄	δ	κς	♂	δ	κδ	♂	θ	κη
♂	δ	λ	♂	δ	λ	♄	ς	λ	♄	β	λ

⟨ζ'.⟩ Τόποι ζῳδιακοὶ τῶν ιβ ζῳδίων ἁρμόζοντες περὶ χρόνων ζωῆς πρὸς τὸν ἐλάχιστον καὶ μέσον καὶ μέγιστον ὅρον

1 Οἱ πλείους μέντοι μερίζουσι τοὺς χρόνους ἐπὶ πάσης γενέσεως κατὰ τὴν ἑπτάζωνον ἀρξάμενοι πρῶτον Κρόνῳ διδόναι, ἔπειτα Διί, εἶτα Ἄρει, 2 εἶθ' Ἡλίῳ, μεθ' ὃν Ἀφροδίτῃ, ἔπειτα Ἑρμῇ, καὶ ἑξῆς Σελήνῃ. καὶ f.182S ὁμοίως κα|τ' ἀνακύκλησιν τῶν χρόνων σκοποῦσι τὸν δεσπόζοντα τῆς 3 ἑβδομάδος καὶ τῶν ἡμερῶν. ἐμοὶ δὲ οὐκ ἀρέσκει τὸ τοιοῦτο ἐπεὶ οἱ αὐτοὶ χρονοκράτορες ἐπὶ τῶν πλείστων γενέσεων εὑρεθήσονται, ἀλλά, καθὼς πρόκειται, ἔκ τε Ἡλίου καὶ Σελήνης ὁ ἀφέτης κριθήσεται ἢ ὁ μετὰ τὸν ὡροσκόπον εὑρισκόμενος ἀστήρ, καὶ ἑξῆς καθὼς ἔτυχον ἐπὶ γενέσεως ζῳδιακῶς τε καὶ μοιρικῶς διακείμενοι.

§§ 1–3: cf. VI 7, 12–14

[VS] 1 περὶ ὁρίων post 21 ὅρον VS ‖ 2 δίδυμος S ‖ 5 η¹] ν S | ♀] β S ‖ 11 ιη] ια VS | ιϑ] ιδ VS ‖ 14 αἰγόκερος S ‖ 20 χρόνου S ‖ 24 εἶϑ'] εἶτα S ‖ 25 ἀνακύκλισιν S ‖ 26 ἀρέσκῃ V | τοιοῦτον S ‖ 29 ἀπὸ VS, ἐπὶ sugg. Kroll

ADDITAMENTA 6—7

Πρὸς δὲ τὸ ἐκ προχείρου λαμβάνειν τὸν ἐπιμερισμὸν ὧδε γινέσθω. τοὺς 4, 5
ἑκάστου τῆς δεκαετηρίδος ⟨κυρίου⟩ μῆνας ἀναλύσας εἰς ἡμέρας μεριεῖς
παρὰ τὸν ρκθ, καὶ τὸ γινόμενον ἐκ τοῦ μερισμοῦ πολυπλασιάσας ἐπ᾽ αὐτοὺς
τοὺς ἑκάστου μῆνας, ἕξεις ἡμέρας τὰς ἑκάστῳ ἐπιβαλλούσας ἀπὸ τῆς
5 *ἐκείνου τοῦ ἀστέρος δεσποτείας* | *τῶν ἀναλυθέντων εἰς ἡμέρας καὶ* f.182vS
μερισθέντων παρὰ τὸν ρκθ. οἷον ἐπεὶ Κρόνος δεσπόζει μηνῶν λ, τὸν 6
τούτων εἴς τε αὐτὸν καὶ τοὺς ἀστέρας ἐπιμερισμὸν ποιήσεις, λαβὼν τὰς ⟩
ἡμέρας καὶ μερίσας παρὰ τὸν ρκθ. καὶ τὸ γινόμενον ἐκ τοῦ μερισμοῦ ζ 7
ἔγγιστα ἕξεις, ἐφ᾽ ὃν δεῖ πολυπλασιάζοντα τὸ ἑκάστου τῶν μηνῶν πλῆθος
10 εὑρίσκειν τὰς ἡμέρας ἃς Κρόνος ἐκ τῶν ἑαυτοῦ ἐπιμερισμῶν ἑαυτῷ
τε παρέχει καὶ τοῖς ἄλλοις. ἔσονται γὰρ Κρόνου ἡμέραι σι, Διὸς πδ, 8
Ἄρεως ρε, Ἡλίου ρλγ, Ἀφροδίτης νς, Ἑρμοῦ ρμ[α], Σελήνης ροε. εἰ δὲ 9
τοὺς τοῦ Διός, ἔσται ἐκ τοῦ μερισμοῦ τῶν τξ[ε] ἡμερῶν παρὰ τὸν ρκθ
μεριζομένων β ⊰ γ', ὃ πάλιν πολυπλασιάσας ἐπί τε τὸ αὐτοῦ τοῦ Διὸς
15 τῶν μηνῶν πλῆθος καὶ ἐπὶ τὸ τῶν ἄλλων ποιήσεις τὰς ἑκάστῳ ἐπιβαλλού-
σας ἡμέρας ⟨ἃς⟩ ἐπιμερίζει ὁ Ζεύς. ἔστι δὲ ἐπὶ μὲν Κρόνου ζ ἔγγιστα, ἐπὶ 10
δὲ Διὸς β ⊰ γ', ἐπὶ δὲ Ἄρεως ᾱ ⊰, ἐπὶ δὲ Ἀφροδίτης ᾱ ⊰ γ', ἐπὶ δὲ
Ἑρμοῦ δ ῑβ κα', ἐπὶ δὲ Σελήνης ē ῑβ ⟨ι⟩δ', ἐπὶ δὲ Ἡλίου δ ⊰.

Δήλη δὲ ἡ ἀπόδειξις· ἔστι γὰρ ὡς ρκθ ἡμέραι πρὸς λ ἡμέρας, οὕτως λ 11
20 μῆνες πρὸς σι ἡμέρας· ὁμοίως καὶ ἐπὶ τῶν ἄλλων. κἂν αὐτῶν δὲ τῶν σι 12
ἡμερῶν τὸν ἐπιμερισμὸν [εἰ] ζητῶμεν, πάλιν πρὸς τοὺς ρκθ παραβαλοῦμεν·
ἔσονται γὰρ ὡς αἱ ρκθ ἡμέραι πρὸς τὰς σι ἡμέρας. οὕτως ἐπὶ μὲν Κρόνου 13
αἱ σι ἡμέραι τῶν ρκθ ἐπιδίμοιρος ὥστε, εἰ ἅπαξ καὶ διμοιράκις τὰ λ
ποιήσομεν, ἕξομεν τοῦ μὲν Κρόνου τὰς ν̄ ἡμέρας· τὰ δὲ τοῦ Διὸς ῑβ ἅπαξ
25 καὶ διμοιράκις, ἕξομεν τοῦ Διὸς κ̄ ἡμέρας ἃς παρέχει Κρόνος αὐτῷ· καὶ
τὰς τοῦ Ἄρεως τῶν ῑε ἅπαξ καὶ διμοιράκις κ̄ε· καὶ ἑξῆς ὡσαύτως.

Καὶ πάλιν αὐτῶν τῶν τοῦ Κρόνου ν̄ ἡμερῶν τὸν ἐπιμερισμὸν ποιώμεθα. 14
ὡς ἔχει τὰ ρκθ πρὸς τὰ ν̄, οὕτως ἐπὶ μὲν Κρόνου τὰ λ πρὸς ἄλλο τι, ἐπὶ 15
δὲ Διὸς τὰ ῑβ, ἐπὶ δὲ τῶν ἄλλων ἑκάστου ἡ οἰκεία περίοδος τῶν ρκθ.

§§ 4—10: cf. Heph. II 29

[VS] 1 τοὺς] τῆς S ‖ 2 κυρίου Kroll ‖ 3 περὶ S | ἐπ᾽ αὖ τοὺς V ‖ 4 ἑξῆς V | ἐπιβα-
λούσας VS, corr. Kroll ‖ 6 ρθκ V ‖ 7—8 λαβὼν τοὺς λ' μῆνας καὶ ἀναλύσας εἰς
ἡμέρας εὑρήσεις ⟩ ἃς μερίσεις παρὰ τὸν ρκθ' sugg. Kroll ‖ 7 λ S ‖ 8 παρὰ τὸν] γί-
νονται VS | γενόμενον S ‖ 9 ἑξῆς sugg. Kroll ‖ 11 ἡμέραι] μῆνας V, μῆνες S ‖
12 νε VS, νς Kroll | ρμ Kroll | ē S ‖ 13 ἔσται] ᾱ S ‖ τξ Kroll | τὸ S ‖ 14 μερι-
ζόμενον V, corr. Kroll ‖ 16 δ᾽ ἐπὶ S | ἐγγὺς S ‖ 18 ⊰] γ' VS ‖ 21 εἰ secl. Kroll ‖
22 οἱ ρκθ μῆνες VS ‖ 23 ἐπιδίμοιρον sugg. Kroll ‖ 24 τὰ] τοὺς VS ‖ 28 ἄρεως VS,
Κρόνου sugg. Kroll

359

16 Καὶ ἡ μὲν λεπτοτέρα τῶνδε μέθοδος ἐπειδὰν εἰς μόρια ἥκῃ δυσκατάληπτος ἤδη γίνεται, ἡ δὲ ἑτέρα ἡ παρέχουσα ἑκάστῳ κατ᾽ ἀναλογίαν τῶν
f.183s μηνῶν καὶ τὰς ἡμέρας καὶ τὰς ὥρας | εὐμαρής τέ ἐστι καὶ πλείω λόγον
17 ἔχουσα. ὡς γὰρ Κρόνος, φέρε εἰπεῖν, ἐν τοῖς ο̅κ̅θ̅ μησὶ τῆς δεκαετηρίδος τριάκοντα μηνῶν κύριός ἐστιν, οὕτω καὶ ἐν ο̅κ̅θ̅ ἡμέραις τῶν λ̅ ὁποσάκις 5 οὖν λαμβανομέναις κύριος ὢν αὐτῶν κύριος ἔσται καὶ τῶν ἐν αὐταῖς λ̅ ἡμερῶν, καὶ πάλιν τῶν λ̅ ἡμερῶν (αἵπερ εἰσὶ ψ̅κ̅ ὧραι) κύριος ὢν κύριος
18 ἔσται καὶ τῶν ἐν αὐταῖς λ̅ ὡρῶν. ὡς γὰρ ο̅κ̅θ̅ μῆνες πρὸς τοὺς λ̅ μῆνας, οὕτως ο̅κ̅θ̅ ἡμέραι πρὸς λ̅ ἡμέρας καὶ ο̅κ̅θ̅ ὧραι πρὸς λ̅ ὧρας.
19 Ἔστω οὖν ἐπὶ ὑποδείγματος τὸ αἱρετικὸν φῶς Σελήνη καὶ πρώτη 10 λόγον ἐχέτω καὶ τὴν πρώτην δεκαετηρίδα, μεθ᾽ ἣν ἔστω κείμενος ἐν τῇ γενέσει Κρόνος, εἶτα Ζεὺς τυχόν, μεθ᾽ ὃν Ἄρης, εἶθ᾽ Ἥλιος, μεθ᾽ ὃν
20 Ἀφροδίτη, καὶ τελευταῖος Ἑρμῆς. ἐπεὶ οὖν ἀφετεύει Σελήνη, ἔχει μῆνας
21 κ̅ε̅, αἱ γίγνονται ἡμέραι ψ̅ξ̅. εἰ οὖν μ̅ ἡμερῶν εἴη τὸ τεχθέν, δοτέον τῇ Σελήνῃ τὰς κ̅ε̅ ἡμέρας, τὰς δὲ λοιπὰς ι̅ε̅ τῷ ἐφεξῆς Κρόνῳ· αὐτοῦ γάρ 15
22 ἐστιν ἕως ν̅ε̅ ἡμερῶν πλήθους. φαμὲν οὖν Σελήνην Κρόνῳ παραδεδωκέναι.
23 εἰ δ᾽ ὑπὲρ τὰς ν̅ε̅ ἡμέρας ὁ ζητούμενος εἴη χρόνος, οἷον ἡμέραι ξ̅, τοῦ Διὸς
24 ἔσονται ἕως ξ̅ζ̅ ἡμερῶν· κυριεύει γὰρ ἡμερῶν ι̅β̅. εἰ δὲ ο̅ ἡμέραι, σκεπτέος
25 Ἄρης ὁ μετ᾽ αὐτὸν πεσών· κύριός ἐστι [δὲ] ι̅ε̅. οὗτος ἄρα παρὰ Διὸς ἔχει
26 λαβὼν ἕως π̅β̅ ἡμερῶν. εἰ δὲ καὶ ὑπὲρ ταύτας, οἷον ς̅ε̅, εἰ μὲν Ἀφροδίτη 20
27 εἴη, ὁ μετ᾽ αὐτὴν πάλιν ἔσται· ἢ γὰρ ἡμερῶν δεσπόζει. εἰ δὲ Ἥλιος, αὐτὸς
28 ἔχει τὰς ἡμέρας ἕως ρ̅α̅· δεσπόζει γὰρ ἡμερῶν ι̅θ̅. εἰ δὲ ὁ ζητούμενος χρόνος εἴη ἡμερῶν ρ̅κ̅, εἰ μὲν Ἀφροδίτη εἴη μεθ᾽ Ἥλιον, παρεληλύθασιν
29 αὐτῆς αἱ ἡμέραι· δεσπόζει γὰρ ἕως ρ̅θ̅, ὥστε ἔσονται Ἑρμοῦ ἕως ρ̅κ̅θ̅. εἰ
30 δ᾽ ὑπὲρ τὰς ρ̅κ̅θ̅, πάλιν λήψεται Σελήνη. ὅθεν καὶ λέγεται περίοδος ἡ τῶν 25 ο̅κ̅θ̅ ἡμερῶν συμπλήρωσις· διὰ γὰρ τῶν ζ πορευθεῖσα πάλιν ἐπὶ τὸν πρῶτον
31 ἐνάνεισι καὶ τὸν αὐτὸν ἕξει μερισμόν. καὶ ἡ δευτέρα τῶν ο̅κ̅θ̅ ἡμερῶν περίοδος καὶ ἡ τρίτη καὶ τετάρτη καὶ ὁποστηοῦν ἕως ἂν δαπανηθῇ τὸ
32 πλῆθος τῶν ψ̅ξ̅ ἡμερῶν τῆς Σελήνης. δαπανῶνται δὲ μετὰ τὴν ε΄ περίοδον καὶ τῆς ἕκτης μεθ᾽ ἡμέρας ρ̅ι̅ε̅, ὡς λείπειν εἰς τὴν συμπλήρωσιν τῆς ς΄ 30 συνόδου ἡμέρας δ καὶ ι, ὧν κύριός ἐστι Κρόνος ἐφεξῆς ὢν τῆς Σελήνης
f.183vs δεσπόζων λ̅ μηνῶν ἐν ταῖς μηνιαίαις | περιόδοις, ἐν δὲ ταῖς ἡμερησίαις λ̅ ἡμερῶν.

[VS] 1 ἥκει VS, corr. Kroll ‖ 2 περέχουσα V, περιέχουσα S, corr. Kroll ‖ 5 ἔστω VS, ἔστιν Kroll ‖ 5—7 ὁποσάκις — λ om. S ‖ 6 κύριος ὢν αὐτῶν iter. V | ꝫ V, καὶ Kroll ‖ 8 ἔσται] ἂν S ‖ 11 δεκαετιρίδα V ‖ 12 τυχήν VS, corr. Kroll ‖ 13 τελευταῖον S ‖ 14 γίνονται S ‖ 17 νε] ιε VS ‖ 18 σκεπτέον VS ‖ 19 αὐτῶν V | πόσων VS ‖ 26 πρώτων V ‖ 28 ὁποσηοῦν S ‖ 30 ἕκτης] ς΄ S ‖ 31 καὶ] ς΄ VS ‖ 32 ἡμερησίαις λ in marg. S

360

Πληρωθέντων οὖν τῶν μηνῶν τῆς Σελήνης τῶν κ̄ε̄, διαδέξεται Κρόνος 33
τοὺς λ̄ μῆνας. καὶ δώσει πάλιν ἑαυτῷ οὐχ ὡς λέγεται σ̄ῑ [β̄] ἡμέρας μηνῶν 34
ζ̄ (τί γὰρ δεῖ καὶ ἄλλων μηνῶν μερισμοὺς ἐπεισφέρειν ἀλλὰ μὴ τὸν τῶν
ἡμερῶν ἀπὸ τῶν μηνῶν;) — οὐκοῦν δίδωσιν ἑαυτῷ ἐκ τῶν ἑαυτοῦ λ̄
5 μηνῶν ἡμέρας λ̄, καὶ τῷ μετ᾽ αὐτὸν Διὶ τὰς ῑβ̄, τῷ δὲ μετὰ τοῦτον εἴπερ
Ἄρης εἴη τὰς ε̄ῑ, τῷ δὲ μετ᾽ αὐτὸν τυχὸν Ἡλίῳ τὰς ῑθ̄, καὶ τῇ Ἀφροδίτῃ
τὰς η̄ εἰ μετ᾽ αὐτὸν εἴη, τῷ δὲ Ἑρμῇ τὰς κ̄ καὶ ὑστάτῃ Σελήνῃ τὰς κ̄ε̄.
καὶ πληρωθείσης τῆς πρώτης περιόδου τῶν ρ̄κ̄θ̄ ἡμερῶν, αὖθις Κρόνος 35
λήψεται μετὰ Σελήνην τὰς λ̄ ἡμέρας τῆς β̄' περιόδου τῶν ρ̄κ̄θ̄ ἡμερῶν,
10 εἶθ᾽ οἱ μετ᾽ αὐτὸν κατὰ τὴν οἰκείαν θέσιν ἕως τῶν ζ̄. καὶ συμπληρωθείσης 36
τῆς β̄' περιόδου, πάλιν τὰς τῆς γ̄' πρώτας λ̄ αὐτὸς λήψεται, εἶθ᾽ οἱ κατὰ
τὸ ἑξῆς ἕως ἢ τρίτη συμπληρωθῇ. ὁμοίως καὶ ἐπὶ τῆς δ̄' καὶ ε̄' ⟨καὶ ς̄'⟩ 37
καὶ ζ̄' ἕως συμπληρώσεως τῶν λ̄ μηνῶν ἤτοι τῶν λ̄ῑ [β̄] ἡμερῶν· λείψονται
γὰρ μετὰ τὴν ζ̄' περίοδον μόναι αἱ ζ̄ ἡμέραι.
15 Εἶθ᾽ ὁ μετ᾽ αὐτὸν τυχὸν οὕτω Ζεὺς ⟨διαδέξεται⟩ τοὺς ῑβ̄ μηνιαίους 38
χρόνους, ἀφ᾽ ὧν ἑαυτῷ δίδωσι τὰς ῑβ̄ πρώτας ἡμέρας, εἶτα Ἄρει, μεθ᾽ ὃν
Ἡλίῳ, ἐξ οὗ Ἀφροδίτη, μεθ᾽ ἣν Ἑρμῇ, ἔπειτα Σελήνη καὶ ὑστάτῳ Κρόνῳ·
καὶ ὁμοίως τῆς δευτέρας περιόδου τὴν πρώτην δωδεχήμερον ἑαυτῷ, εἶτα
τοῖς ἑξῆς. πληρωθείσης δὲ τῆς β̄', τῆς δὲ γ̄' οὐκ ἀπαρτιζομένης, ἀλλ᾽ ἄχρις 39
20 ρ̄ζ̄ ἡμερῶν ἐχούσης, τὰς μὲν πρώτας ῑβ̄ πάλιν αὐτὸς λήψεται παρὰ
Κρόνου, τὰς δὲ ῑε̄ Ἄρης παρ᾽ αὐτοῦ διὰ τὸ ἑξῆς κεῖσθαι, ὁ δὲ Ἥλιος τὰς
ῑθ̄ μετὰ τὸν Ἄρεα, μεθ᾽ ὃν Ἀφροδίτη τὰς η̄ καὶ Ἑρμῆς κ̄, Σελήνη δ᾽ ἐξῆς
κ̄ε̄, τὰς δὲ λοιπὰς η̄ Κρόνος ὕστατος λήψεται εἰς τὴν συμπλήρωσιν τῶν ρ̄ζ̄.
Μεθ᾽ ὃν ὁ μηνιαῖος μερισμὸς τοῦ Ἄρεως τῶν ῑε̄ μηνῶν, ὃς εἰς τὸν 40
25 ἡμερήσιον λυθεὶς ποιήσει ἡμέρας ῡν̄ε̄, ἀφ᾽ ὧν πρῶτος ⟨Ἄρης⟩ ἕξει τὰς ῑε̄
ἡμέρας, εἶτα τοῖς ἐφεξῆς· ὁμοίως καὶ ἐπὶ β̄' καὶ γ̄' περιόδου. τῶν δὲ 41
λειπομένων ξ̄η̄ ἡμερῶν τῆς δ̄' περιόδου τὰς μὲν πρώτας αὐτὸς | πάλιν f.184ᵛ
λήψεται ῑε̄, Ἥλιος δὲ τὰς ῑθ̄, εἶτα Ἀφροδίτη τὰς η̄ καὶ Ἑρμῆς τὰς κ̄, τὰς
δὲ λειπομένας ἓξ ἡ Σελήνη λήψεται. ἐπὶ πάντων δὲ ὅταν ἐξήμερος γένηται, 42
30 τῷ τὰς λειπομένας ἔχοντι τὴν ἡμέραν προσθετέον ὡς νῦν ταῖς ἓξ ἡμέραις
τῆς Σελήνης μίαν προσθήσομεν.
Συμπληρωθέντος δὲ καὶ τοῦ μηνιαίου καὶ τοῦ ἡμερησίου μερισμοῦ τοῦ 43
Ἄρεως, ἐπὶ τὸν ἑξῆς αὐτῷ κείμενον τυχὸν οὕτως Ἥλιον ὁ τῶν μηνῶν ἥξει

[VS] 2 σι Kroll ǁ 3 μερισμῶν VS ǁ 4 ἑαυτῷ² VS, ἑαυτοῦ Kroll ǁ 7 ὑστάσι VS,
corr. Kroll ǁ 13 ﹥ ψιβ S ǀ λήψεται VS ǁ 14 μόνας τὰς ζ ἡμέρας VS ǁ 17 ♀ VS,
Ἑρμῇ Kroll ǁ 19 ἀπαρτιζομένους VS, corr. Kroll ǀ ἄχροις V ǁ 22 κατὰ VS, μετὰ
Kroll ǁ 23 ὗπτος V, ὕπατος S, ὕστατος Kroll ǁ 29 πάντως S ǁ 33 ♄ VS, οὕτως
Kroll ǀ ἕξει VS, corr. Kroll

44 μερισμὸς ἀπὸ τῆς αὐτῆς δεκαετηρίδος. καὶ λήψεται ιθ̄ μῆνας Ἥλιος, ὧν
ὁμοίως λυομένων ἔσται ἡμερῶν πλῆθος φοε̄· εἰ δ᾽ ἐξήμερος γίνηται,
45 προστεθήσεται ταῖς φοε̄ ἡμέρα μία. ἀφ᾽ ὧν πρῶτος Ἥλιος λήψεται τὰς
ιθ̄ ἡμέρας, εἶτα Ἀφροδίτη, εἶτα Ἑρμῆς, εἶτα Σελήνη, ἐφ᾽ ᾗ Κρόνος,
46 μεθ᾽ ὃν Ζεύς, εἶτα ὕστατος Ἄρης. καὶ πληρωθείσης τῆς τῶν ρκθ̄ ἡμερῶν 5
πρώτης περιόδου, πάλιν ἑαυτῷ Ἥλιος τὰς ιθ̄ ἡμέρας νέμει, μεθ᾽ ὃν οἱ
ἑξῆς αὐτῷ κείμενοι κατὰ τὴν [τοῦ διαθέματος] γένεσιν· καὶ τοῦτο ἕως
47 δ̄ περιόδων. λειπομένων δὲ ἡμερῶν νθ̄ τῆς ε΄, δῆλον ὡς ἐξ αὐτῶν πάλιν
Ἥλιος λήψεται τὰς ιθ̄ ⟨πρώτας⟩ [τῆς ε΄], εἶτα Ἀφροδίτη η̄, εἶθ᾽ Ἑρμῆς κ̄,
καὶ λοιπὸν Σελήνη τὰς λειπομένας δυοκαίδεκα (ἢ τρισκαίδεκα εἰ ἐξήμερος 10
εἴη γεγονυῖα ἐν τοῖς ιθ̄ μησίν).
48 Κατὰ τὰ αὐτὰ δὲ καὶ τοῖς ἑξῆς τοὺς μῆνας καὶ τὰς ἐξ αὐτῶν λυομένας
f.107 v v ἡμέρας δοτέον ἕως ἡ δεκαετηρὶς ἡ πρώτη πληρωθῇ τῆς Σελήνης. |
49 μεθ᾽ ἣν λήψεται Κρόνος δεύτερος ὢν ἀπὸ Σελήνης τὴν δευτέραν, ἧς πάλιν
ἄρξει πρῶτος ἔν τε τῇ μηνιαίᾳ περιόδῳ διδοὺς ἑαυτῷ μῆνας λ̄ καὶ ἐκ 15
τούτων ἡμέρας λ̄, καὶ τῷ ἑξῆς τούς τε μῆνας καὶ τὰς ἐπιβαλλούσας
⟨ἡμέρας⟩ ἕως καὶ τούτου ἥ τε ἡμερησία καὶ ἡ μηνιαία καὶ ἡ δεκαετηρικὴ
50 περίοδος πληρωθῇ. καὶ πάλιν ὁ ἑξῆς ἄλλης ἄρξεται δεκαετηρίδος καὶ
μηνῶν τῶν ἐπιβαλλόντων αὐτῷ καὶ ἡμερῶν, ἀφ᾽ ὧν καὶ τοῖς ἄλλοις
ἐπιμεριεῖ κατὰ τὰ προειρημένα μέχρι τέλους τῶν τῆς γενέσεως χρόνων. 20
51 Ἔστω δὲ τὸν τῆς γενέσεως χρόνον ἐτῶν εἶναι με̄ καὶ μηνῶν θ̄ | καὶ
f.184 v s
52 ἡμερῶν κε̄. καὶ λαμβανέτω Ἥλιος τυχὸν οὕτω τὴν πρώτην δεκαετηρίδα,
ἑξῆς δὲ αὐτοῦ ἔστω Σελήνη, εἶτα Ἄρης, ἔπειτα Ἑρμῆς, εἶτα Ζεύς,
53 μεθ᾽ ὃν Ἀφροδίτη καὶ ὕστατος Κρόνος. τὰ μὲν μγ̄ ἔτη γίνονται δ̄ δεκα-
54 ετηρίδες. ἔσται δὲ τὰ λοιπὰ ἔτη β̄ καὶ μῆνες θ̄ καὶ ἡμέραι κε̄ τῆς ε΄ 25
δεκαετηρίδος, ἧς δεσπόζει ὁ ε΄ ἀπὸ Ἡλίου Ζεύς, ὃς δέδωκεν ἑαυτῷ τῆς
μηνιαίας περιόδου μῆνας ιβ̄ καὶ τῇ μετ᾽ αὐτὸν Ἀφροδίτῃ μῆνας η̄· λοιπὸν
εἰς τὴν ἐπιζητουμένην ἡμέραν ἄλλοι μῆνες τρισκαίδεκα καὶ ἡμέραι κε̄.
55 δεσπόζει δὲ Κρόνος μετὰ Ἀφροδίτην κείμενος λ̄ μηνῶν, ἐξ ὧν εἰσιν οἱ
τρισκαίδεκα μῆνες καὶ ἡμέραι κε̄ — τουτέστι πᾶσαι ἡμέραι υκ̄, ἃς ἔλαβε 30
56 Κρόνος παρὰ Διός. ἐπειδὰν οὖν τοὺς λ̄ μῆνας τοῦ Κρόνου λύσωμεν εἰς
τὰς ϡι[β̄] ἡμέρας, ἀφέλωμεν δὲ ἐκ τούτων γ̄ ἡμερησίας περιόδους τῶν

[VS] 1 δεκαετερίδος V | ὁ post μῆνας S ‖ 2 εἰ] ἢ S | γένηται S ‖ 3 προστεθή-
σεται V ‖ 13 δεκαετερὶς V ‖ 14 τῆς post ἀπὸ S ‖ 17 ἡμέρας Kroll | καὶ¹ sup. lin. S ‖
18 ἄλλος V | ἄρξηται VS, corr. Kroll | δεκαετερίδος V ‖ 19 τὴν VS, τῶν Kroll ‖
21 ἔτους VS, corr. Kroll ‖ 22 λαμπρ τω V, λαμπρῶ τῶ S, λαμβανέτω Kroll | δεκα-
ετερίδα V ‖ 24 δεκαετερίδες V ‖ 25 ε] (V | δεκαετ̇εδος V ‖ 29 τουτέστι πᾶσαι VS,
δεσπόσει οὖν sugg. Kroll ‖ 31 λύσας μὲν VS, corr. Kroll ‖ 32 τῶν] ἀπὸ VS, ἀνὰ
sugg. Kroll

ρκθ ἡμερῶν αἳ γίγνονται τπζ, τῶν λοιπῶν [λγ] εἰς τὰς ῡκ λ̄γ τὰς μὲν λ̄
πρώτας ἑαυτῷ πάλιν δίδωσι Κρόνος, εἶτα τῷ μετ᾽ αὐτὸν Ἡλίῳ τὰς
λοιπὰς τρεῖς. ἔστι τοίνυν τῆς μὲν ε΄ δεκαετηρίδος κύριος Ζεύς, τῶν δὲ 57
μηνῶν Κρόνος ἐξ Ἀφροδίτης λαβών, τῶν δὲ ῡ ἡμερῶν Ἥλιος παρὰ Κρόνου
5 λαβὼν ἕως ἄλλων ἡμερῶν † ἑξήδεκα †. ὥστε εἶναι τρεῖς μερισμούς· τὸν 58
μὲν γὰρ ἐτηρίδων, τὸν δὲ μηνῶν, τὸν δὲ ἡμερῶν.

Ἔνιοι δὲ καὶ τετάρτας ὥρας μερίζουσι λύοντες ἡμέρας ἑκάστου εἰς κ̄δ 59
ὥρας τοῦ νυχθημέρου, οἷον τὰς ῑθ τοῦ Ἡλίου εἰς ῡνς ὥρας, ἀφ᾽ ὧν αὐτὸς
ἑαυτῷ παρέξει ῑθ ὥρας, εἶτα Σελήνῃ κ̄ε, μεθ᾽ ἃς Ἄρει ῑε, εἶτα Ἑρμῇ ⟨κ̄⟩,
10 εἶτα Διὶ ῑβ, μεθ᾽ ὃν Ἀφροδίτῃ η̄, εἶτα Κρόνῳ λ̄, καὶ πάλιν Ἥλιος ἑαυτῷ
καὶ τοῖς ἑξῆς ἄλλας ρκθ ὥρας, καὶ τοῦτο τρίτον. τὰς δὲ λειπομένας ταῖς 60
ῡνς ὥρας ξ̄θ – πάλιν ἑαυτῷ μὲν Ἥλιος νέμει ῑθ, Σελήνῃ δὲ κ̄ε, Ἄρει ῑε.
τῶν γὰρ λειπομένων Ἑρμῆς κύριος ἔσται ἐν τῇ συμπληρώσει τῶν ῑθ 61
ἡμερῶν τοῦ Ἡλίου.

15 Τῶν δὲ πρώτων ῡ ἡμερῶν ὧν παρὰ Κρόνου λαβὼν εἶχεν, αἵπερ ἦσαν 62
λειπόμεναι τῶν μ̄ε ἐνιαυτῶν καὶ μηνῶν θ̄ καὶ ἡμερῶν κ̄ε – τὰς ῡ ἡμέρας
λύσωμεν εἰς ὥρας ο̄β. ἐπιβαλεῖ τῶν ῑθ ὡρῶν ἡ πρώτη Ἡλίῳ μέχρις 63
ἑβδόμης ὥρας νυκτερινῆς, μεθ᾽ ὃν Σελήνη κ̄ε ὧραι ἀπὸ ὀγδόης νυκτερινῆς
ἕως ὀγδόης τῆς ἑξῆς νυκτός, μεθ᾽ ἣν Ἄρης τῶν ῑε ὡρῶν κύριος ἀπὸ
20 θ΄ | ὥρας νυκτερινῆς ἕως ια΄ ἡμερινῆς, μεθ᾽ ὃν Ἑρμῆς λήψεται ἀπὸ f.185S
ιβ΄ ἡμερινῆς τὰς λοιπὰς ῑγ ὥρας εἰς τὰς ο̄β ἕως α΄ ὥρας ἡμερινῆς.

Καὶ σκοπεῖν τὰς ἐν ταῖς παραδόσεσι δυνάμεις. ἅπερ Ἄρης Ἑρμῇ 64, 65
παραδιδοὺς ἐν ταῖς δεκαετηρίσιν ἀποτελεῖ, ταῦτα καὶ ἐν τοῖς μηνιαίοις
ἐπιμερισμοῖς καὶ ἐν τοῖς ἡμερησίοις ἐπιμερισμοῖς καὶ ἐν τοῖς ὡριαίοις
25 καταμερισμοῖς, ἐξ ὧν αἱ τῆς ἡμέρας ἑκάστης ἐναλλαγαὶ τῶν πράξεων
ἐπιγνωσθήσονται, πολὺ δὲ μᾶλλον καὶ ἐκ τοῦ πολεύοντος καὶ διέποντος.
καὶ πεῖραν δέδωκε πολλὴν ἐν ταῖς καταρχαῖς εὐδοκιμῶν καὶ οὐδὲ κατὰ 66
σμικρὸν τῶν προσώπων ἢ τῶν πράξεων διαμαρτάνων.

Οὗτος ὁ τρόπος τῶν ἐπιμερισμῶν κείμενος καὶ παρὰ τῷ Βάλεντι 67
30 ἁπλοῦς τέ ἐστι καὶ ἀληθὴς μᾶλλον οὐκ ἐπεισάγων μόρια μηνῶν τε καὶ
ἡμερῶν ἅπερ οὐδὲ τῷ ἀκριβεῖ λόγῳ λαμβάνουσιν. δεῖ δέ, εἰ μέλλοιμεν 68
πάντα ἐν τῷ αὐτῷ λόγῳ λαμβάνειν τῆς ἑκάστου τῶν μηνῶν περιόδου τὸ

[VS] 1 γίνονται S ‖ 3 γ S ‖ δεκαετερίδος V ‖ 4 δὲ] μὲν V ‖ 5 ἑξήδεκα] ις Kroll ‖
εἶναι] οὖν V ‖ τῶν VS, τὸν Kroll ‖ 6 γὰρ secl. sugg. Kroll ‖ τὸν¹] τῶν S ‖ 7 τετάρ-
των ὡρῶν VS ‖ καὶ ὥρας sugg. Kroll ‖ 8 ἑαυτὸς VS, αὐτὸς Kroll ‖ 11 τούτου VS,
τοῦτο Kroll ‖ δὲ] τε sugg. Kroll ‖ 13 λθ VS, ξθ Kroll ‖ 17 ἡμέραι V, ἡμέρα S,
Ἡλίῳ Kroll ‖ 18 πρὸς VS, ἀπὸ Kroll ‖ 20 ὧν VS, ὃν Kroll ‖ 23 τοῖς VS, ταῖς
Kroll ‖ 24 ἡμερισίοις S ‖ 25 ἐναλλαγὴ VS, corr. Kroll ‖ πράξαιων V ‖ 27 εὐδό-
κιμον S ‖ 28 πράξαιων V

ε′, λ′, τξ′ λαβόντας καὶ εὑρόντας σύμφωνον τῷ ἑκάστου ἐπιμερισμῷ
δευτέρῳ μεταλαβεῖν αὖθις τὸ ε′, λ′, τξ′ εἰς πολυπλασιασμόν· εὐχερέστερον
69 γὰρ τοῦ μερίζειν τὸ πολυπλασιάζειν. οἷον ἐπὶ τοῦ Κρόνου τῶν λ̅ ἡμερῶν
ἢ τῶν λ̅ μηνῶν τὸ ε′ ἐστὶν ἡμέραι μὲν ρπ̅, μῆνες δὲ ἕξ, οἵπερ εἰσὶ πάλιν
ἡμέραι ρ̅π̅· ὃ γὰρ μέρος ἐστὶ τῶν ἡμερῶν αἱ ἡμέραι, τὸ αὐτὸ καὶ τῶν 5
70 μηνῶν οἱ μῆνες. ὁμοίως καὶ τὸ τριακοστὸν εἴτε τῶν λ̅ ἡμερῶν λ̅ εἰσὶν
ἡμέραι εἴτε τῶν λ̅ μηνῶν μήν, ὅπερ πάλιν ἐστὶν ἡμέραι λ̅· ἐπεὶ γὰρ τὸ
πλῆθος τῶν ἡμερῶν τοῦ πλήθους τῶν μηνῶν τριακονταπλάσιόν ἐστιν
ἑκάστου ἀστέρος, δῆλον ὅτι ὡς τὸ λ′ ἑκάστου μηνὸς μία ἐστὶν ἡμέρα,
οὕτω τὸ λ′ τῶν λ̅ μηνῶν λ̅ εἰσὶν ἡμέραι καὶ τῶν ι̅β̅ μηνῶν ι̅β̅ ἡμέραι, καὶ 10
ὅλως ἰσάριθμοι τοῖς μησὶν αἱ ἡμέραι ἑκάστου ἀστέρος τριακοστὸν οὖσαι
71 τῶν ἑκάστου μηνῶν. ἐπειδὴ δὲ καὶ τὸ ε′ ταὐτόν ἐστιν ἐπί τε τῶν ἡμερῶν
ἑκάστου καὶ ἐπὶ τῶν μηνῶν — οἷον τοῦ Διὸς τῶν μὲν τ̅ξ̅ ⟨ο̅β̅⟩ ἡμέραι, τῶν
δὲ ι̅β̅ μηνῶν β̅ γ′ ιε′, ὅπερ πάλιν ἐστὶν ἡμέραι ο̅β̅· καὶ τῶν τοῦ Ἄρεως υ̅ν̅
f.185vs ἡμερῶν | ἡμέραι ϛ̅, τῶν δὲ ι̅ε̅ μηνῶν τὸ ε′ τρεῖς μῆνες, ὅπερ πάλιν ἐστὶν 15
ἡμέραι ϛ̅· ἀλλὰ καὶ τοῦ Ἡλίου τῶν μὲν φ̅ο̅ τὸ ε′ ρ̅ι̅δ̅, τῶν δὲ ι̅θ̅ μηνῶν
μῆνες γ̅ Γ^β ι′, λ′, ὅπερ πάλιν ἡμέραι ⟨ρ̅ι̅δ̅· καὶ τῶν τῆς Ἀφροδίτης σ̅μ̅
ἡμερῶν ἡμέραι μ̅η̅, τῶν δὲ η̅ μηνῶν μῆνες ᾱ γ′ ε′ ιε′, ὅπερ πάλιν ἡμέραι⟩
μ̅η̅· καὶ τοῦ Ἑρμοῦ ὡσαύτως τῶν τε χ̅ ἡμερῶν ἤτοι ⟨κ̅⟩ μηνῶν τὸ ⟨ε′
ἡμέραι⟩ ρ̅κ̅ ἤτοι μῆνες δ̅, ⟨ὅπερ⟩ πάλιν ἡμέραι ρ̅κ̅· ὁμοίως καὶ ἐπὶ Σε- 20
λήνης τῶν τε ψ̅ν̅ ἡμερῶν ἤτοι μηνῶν κ̅ε̅ τὸ ε′ ἡμέραι ρ̅ν̅ ἤτοι μῆνες ε̅ —
ἐπεὶ οὖν τὸ ε′ τῶν ἡμερῶν ταὐτόν ἐστι τῷ ε′ τῶν μηνῶν, τὸ δὲ τοῦ πλή-
θους τῶν μηνῶν ε′ περιέχει τὸ ἑκάστου μηνὸς ε′, ὅπερ ἐστὶν ἡμέραι ϛ̅,
αἱ δὲ ϛ̅ ἡμέραι τῆς μιᾶς εἰσιν ἑξαπλάσιοι, δῆλον ὁπόσοι εἰσὶν ἑκάστου
μῆνες ἑξαπλασιασθέντες, τοσαύτας ἡμέρας ποιήσουσιν ὅσας τὸ ε′ ἐποίει. 25
72 ἵν᾽ οὖν εὐμαρέστερον λαμβάνωμεν, ἑξαπλασιάσαντες τοὺς ἑκάστου μῆνας
ἕξομεν τὰς ἑκάστου ἡμέρας· οἷον Κρόνου [τοὺς] λ̅ ἑξάκις γίγνονται [γὰρ]
πάλιν αἱ αὐταὶ ρ̅π̅ ἡμέραι, τοῦ δὲ Διὸς ἑξάκις ι̅β̅ ο̅β̅, τοῦ δὲ Ἄρεως ἑξάκις
ι̅ε̅ γίγνονται ϛ̅, τοῦ δὲ Ἡλίου ἑξάκις [τὰ] ι̅θ̅ γίνονται ρ̅ι̅δ̅, τῆς δὲ Ἀφροδίτης
ἑξάκις [τὰ] η̅ γίνονται μ̅η̅, τοῦ ⟨δὲ⟩ Ἑρμοῦ ἑξάκις κ̅ ρ̅κ̅, τῆς ⟨δὲ⟩ Σελήνης 30
73 ἑξάκις [τὰ] κ̅ε̅ γίνονται ρ̅ν̅. καὶ ἐκ τοῦ λ′ ἄνευ πολλαπλασιασμοῦ ληψόμεθα
τὰς ἰσαρίθμους τῶν ἑκάστου μηνῶν ἡμέρας· τῶν γὰρ τοῦ Κρόνου τυχὸν
μηνῶν λ̅ τὸ λ′ ἡμέραι εἰσὶ λ̅, τῶν δὲ τοῦ Διὸς ι̅β̅ μηνῶν ι̅β̅ ἡμέραι εἰσὶ τὸ
λ′, καὶ τῶν ἄλλων ὡσαύτως.

[VS] 3 ἐπεὶ V ‖ 4 οἷ πάρεστι VS, corr. Kroll ‖ 6 μῆνες] μὲν S ‖ 9 μία om. S ‖
13 οβ Kroll ‖ 14 ὅπως VS, ὅπερ Kroll ‖ 15 γ S | ὅπως V, ὃ S, ὅπερ Kroll ‖ 17 Γο
VS, δίμοιρον Kroll | ὅπως VS, ὅπερ Kroll ‖ 19 κ Kroll ‖ 19. 20 ε ἡμέραι Kroll ‖
27 γὰρ secl. Kroll ‖ 28 ἑξάκι¹ VS, corr. Kroll ‖ 29 γίγνονται² S ‖ 31 πολλιαπλασιασ-
μοῦ V

364

Λοιπὸν δὲ ἔσται τὸ τξ´ καταλαβεῖν δυσμεταχείριστον, ὅπερ ἐστὶν ἐπὶ 74
μὲν τῶν ϡ̅ τοῦ Κρόνου β̅ Ϟ, ἐπὶ δὲ τῶν τ̅ξ̅ τοῦ Διὸς ᾱ, ἐπὶ δὲ τῶν ῡῡ τοῦ
Ἄρεως ᾱ δ´, ἐπὶ ⟨δὲ⟩ τῶν φ̅ο̅ τοῦ Ἡλίου ᾱ Ϟ ιβ´, ἐπὶ ⟨δὲ⟩ τῶν σ̅μ̅ τῆς
Ἀφροδίτης Ϟ ϛ´, καὶ ἐπὶ τῶν χ̅ τοῦ Ἑρμοῦ ᾱ Ϟ ϛ´, ἐπὶ δὲ τῶν ψ̅ν̅ τῆς
5 Σελήνης β̅ ιβ´. μεταληψόμεθα τοίνυν καὶ τοῦτο ⟨τὸ⟩ τξ´ μόριον εἰς 75
ἐγγύτερόν τι καὶ εὐμαρέστερον. ἐπεὶ γὰρ τὸ πλῆθος τῶν μηνῶν τοῦ 76
πλήθους τῶν περιεχομένων ἐν αὐτοῖς ἡμερῶν λ´ ἐστίν (ὃ γὰρ μέρος ὁ εἷς
τῶν λ̅ τοῦτο οἱ β̅ τῶν ξ̅ καὶ οἱ γ̅ τῶν ϙ̅ καὶ ὅλως τὸ πλῆθος αὐτῶν τοῦ τῶν
ἡμερῶν), ἀνάπαλιν ἄρα τὸ πλῆθος τῶν ἡμερῶν τοῦ πλήθους τῶν μηνῶν
10 τριακονταπλάσιόν ἐστιν, ὥστε κἂν ἄλλο τι τῶν μηνῶν λάβω μόριον ἀντὶ
τοῦ λ´, τὸ τριακονταπλάσιον τοῦ ληφθέν|τος μορίου ἔσται ἡμερῶν μόριον. f.186ᵛ
ἐπεὶ οὖν τὸ τῶν ἡμερῶν τξ´ τριακονταπλάσιόν ἐστι τοῦ ιβ´ τῶν μηνῶν 77
(τριακοντάκις γὰρ τὰ ι̅β̅ γίνονται τ̅ξ̅), ἐὰν τὸ ιβ´ τῶν μηνῶν ἑκάστου
λάβωμεν, ἔσται ταὐτὸν τῷ τξ´ τῶν ἡμερῶν· ἔστι δὲ τὸ ιβ´ τῶν μὲν τοῦ
15 Κρόνου λ̅ μηνῶν β̅ Ϟ αἵπερ εἰσὶ τῶν ϡ̅ αὐτοῦ ἡμερῶν τὸ τξ´, τῶν δὲ
τοῦ Διὸς ι̅β̅ μηνῶν ᾱ ἥτις ἐστὶ πάλιν τῶν τ̅ξ̅ ἡμερῶν αὐτοῦ τὸ τξ´, καὶ τῶν
τοῦ Ἄρεως ι̅ε̅ τὸ ιβ´ ἐστὶν ᾱ δ´ αἵπερ εἰσὶ τῶν ῡῡ αὐτοῦ ἡμερῶν τὸ τξ´, καὶ
ἐπὶ τῶν ἄλλων ὡσαύτως.

Τοιγαροῦν ἀντὶ τοῦ τξ´ τῶν ἡμερῶν μεταληψόμεθα τὸ ιβ´ τῶν μηνῶν, 78
20 ὃ πάλιν εἴ τις μεταλάβοι εἰς τὰς κ̅δ̅ ὥρας τοῦ νυχθημέρου πολυπλασιάσας
τὰς μὲν τοῦ Κρόνου β̅ Ϟ ὥρας ξ̅ εὑρήσει ἅπερ δίωρα ποιεῖ λ̅ ἰσάριθμα
τοῖς τε μησὶν αὐτοῦ καὶ ταῖς ἡμέραις, τὴν δὲ τοῦ Διὸς ᾱ ὥρας κ̅δ̅, δίωρα
δὲ ι̅β̅ ὅσοι καὶ μῆνές εἰσι τοῦ Διὸς καὶ ἡμέραι, τήν τε τοῦ Ἄρεως ᾱ δ´
ὥρας λ̅, δίωρα δὲ δηλονότι πεντεκαίδεκα ὁπόσαι καὶ ἡμέραι καὶ μῆνές
25 εἰσι τοῦ Ἄρεως, τὴν ⟨δὲ⟩ τοῦ Ἡλίου ᾱ Ϟ ιβ´ ἅπερ γίνονται ὧραι λ̅η̅,
δίωρα δὲ ι̅θ̅ ἰσάριθμα ταῖς τε ἡμέραις αὐτοῦ καὶ τοῖς μησίν, τῆς δὲ
Ἀφροδίτης τὸ Γᵝ [καὶ] ὥρας ι̅ϛ̅, δίωρα η̅ ⟨ᾱ⟩ γίνονται ἰσάριθμα ταῖς τε
ἡμέραις αὐτῆς ταῖς η̅ καὶ τοῖς μησίν· ὡσαύτως δὲ καὶ τοῦ Ἑρμοῦ ἡ ᾱ Ϟ
ϛ´ ἡμέρα ὥρας ποιεῖ μ̅, δίωρα δὲ κ̅ ἰσάριθμα ταῖς κ̅ ἡμέραις αὐτοῦ καὶ
30 τοῖς κ̅ μησίν, καὶ τῆς Σελήνης αἱ β̅ ιβ´ ἡμέραι ὧραι οὖσαι ῡ δίωρά εἰσι κ̅ε̅
ὅσαι καὶ ἡμέραι εἰσὶν αὐτῆς καὶ ὅσοι μῆνες.

Ἐπεὶ οὖν τοῦ τῶν μηνῶν ἑκάστου πλήθους λυθέντος εἰς ἡμέρας τὸ μὲν 79

[VS] 1 ἔστω VS, ἔσται sugg. Kroll ‖ 4 ο VS, ᾱ Kroll | τῆς iter. S ‖ 5 τὸ Kroll ‖
8 οἱ β] ὁ ιβ VS ‖ 9 ἄρα] ἐστι S ‖ 10 ἄλλοτε VS, ἄλλο τι Kroll ‖ 11 ἡμερῶν] ἡμέ-
ρας VS ‖ 13 τριακοντάδη VS, τριακοντάκις Kroll ‖ 15 ἐστὶ VS, corr. Kroll | τῶν²]
τὸ S ‖ 17 τὸ ο VS, τοῦ Kroll ‖ 19 ἡμερῶν VS, μηνῶν Kroll ‖ 24 δῆλον ἔστι S ‖
25 ι VS, Ϟ Kroll ‖ 26 τῆς] τοῖς S ‖ 27 Ϟ VS, δίμοιρον Kroll | καὶ] γίνεται Kroll |
ᾱ Kroll ‖ 30 διώρων VS

25*

ε' ἑξαπλάσιον ἐδείχθη τοῦ πλήθους τῶν μηνῶν, τὸ δὲ τριακοστὸν ἴσον
τῷ πλήθει τῶν μηνῶν, ἑκάστου δηλονότι τὸ ε' ἅμα καὶ τριακοστὸν
80 ἑπταπλάσιον ἔσται τοῦ αὐτοῦ πλήθους. οἷον ἐπὶ Κρόνου τὸ ε' τῶν ⲗ̄ ρπ̄,
ὅπερ ἐστὶν ἑξαπλάσιον τῶν λ̄, ἀλλὰ καὶ τὸ λ' ἐστὶ λ̄· τὰ ἄρα σῑ ἑπταπλάσιά
81 ἐστι τῶν λ̄, ὅς ἐστιν ἀριθμὸς τῶν Κρόνου μηνῶν. καὶ ἐπὶ Διὸς τὰ ο̄β̄ καὶ 5
82 τὰ ῑβ̄, ἅπερ ἐστὶ π̄δ̄· ἑπταπλάσιά ἐστι τῶν ῑβ̄. καὶ ἐπὶ τῶν ἄλλων ὡσαύτως.
83   Ἐπεὶ οὖν ἕκαστος οὐ μόνον τῶν ἀποκαταστατικῶν αὐτοῦ μηνῶν κύριός
f.186ᵛˢ ἐστιν, ἀλλὰ καὶ ἡμερῶν ἑπταπλασίων | τοῦ πλήθους τῶν μηνῶν, δῆλον
ὡς, ἐπειδὰν αὐτὰ δεήσῃ νεῖμαι τοῖς ζ̄ ἀστράσιν, ὅσα ἑαυτῷ παρέχει
τοσαῦτα καὶ ἑκάστῳ διδοὺς τῶν ἄλλων οὐδὲν καταλείπει πλὴν τὸ ξ', ὃ 10
84 δέδεικται καὶ αὐτὸ ἐκ διώρων ἰσαρίθμων τοῖς ἑκάστου μησίν. ἔστω
τοίνυν καὶ κατὰ ταύτην τὴν ἔφοδον τὸν δοθέντα χρόνον εὑρεῖν τίνες
ἔχουσι τῶν ἀστέρων.
85   Ἔστω δ' ἐνιαυτῶν ῑη̄ καὶ μηνῶν δ̄ καὶ ἡμερῶν ῑγ̄, καὶ λαμβανέτω (καθὰ
καὶ ἔμπροσθεν ἐλέγετο) Σελήνη τὴν πρώτην δεκαετηρίδα μηνῶν ρ̄κ̄θ̄ ἐκ 15
86 τῶν σ̄κ̄· λοιπὸν τῆς β' δεκαετηρίδος ϙ̄ᾱ. ἐφεξῆς Σελήνη κείσθω Ἄρης
87 κύριος τῆς β' δεκαετηρίδος. ἐπεὶ οὖν οὐκ ἔστι τελεία, δώσει ἑαυτῷ μῆνας
ῑε̄· μεθ' ὃν Ἑρμῆς μῆνας κ̄, μεθ' ὃν Ζεὺς μῆνας ῑβ̄, μεθ' ὃν Ἀφροδίτη η̄,
μεθ' ἣν Κρόνος λ̄ μῆνας, μεθ' ὃν Ἥλιος τοὺς λειπομένους ἕξει μῆνας ζ̄
88 καὶ ἡμέρας ῑγ̄ ὡς εἶναι ἡμέρας ρ̄ϙ̄γ̄. ἐπεὶ γὰρ οὐκ ἔχει τελείους Ἥλιος 20
μῆνας διὰ τὸν δοθέντα χρόνον, ἀνάγκη τοὺς ἀτελεῖς λυθῆναι εἰς τὰς ρ̄ϙ̄γ̄
ἡμέρας, ἀφ' ὧν ἑαυτῷ δίδωσιν Ἥλιος κατὰ τὴν μέθοδον ταύτην ἡμέρας
89 ρ̄ξ̄γ̄. μεθ' ὃν Σελήνη, ἐπειδὴ ⟨οὐ⟩ δύναται τὰς τελείας αὐτῆς ἡμέρας
λαβεῖν τὰς ρ̄ο̄ε̄, λαβοῦσα τὰς λ̄ ὡς ἀτελεῖς ἀναλύσει εἰς ὥρας ψ̄κ̄, δίωρα
τ̄ξ̄, ἀφ' ὧν δίδωσιν ἑαυτῇ κ̄ε̄, εἶτα Ἄρει ῑε̄, Ἑρμῇ κ̄, Διὶ ῑβ̄, Ἀφροδίτῃ η̄, 25
Κρόνῳ λ̄, Ἡλίῳ ῑθ̄· εἶτα μετὰ ρ̄κ̄θ̄ δίωρα πάλιν ἀφ' ἑαυτῆς ἀρξαμένη
δίδωσιν ἄλλα ρ̄κ̄θ̄ δίωρα, καὶ τὰ λοιπὰ ο̄β̄ πάλιν ἀφ' ἑαυτῆς ἀρξαμένη
90 δίδωσι τοῖς ἑξῆς. καὶ λειφθήσονται κ̄β̄ ὧν δεσπόζει Κρόνος ἐπειδὴ ἕως λ̄
91 διώρων δεσπόζει. ἔσται οὖν τῆς μὲν β' δεκαετηρίδος κύριος Ἄρης, τῶν δὲ
μηνῶν Ἥλιος κύριος, τῶν δὲ ἡμερῶν Σελήνη, τῶν δὲ ὡρῶν Κρόνος τῶν 30
μ̄δ̄· τὰ γὰρ κ̄β̄ δίωρα λῦσαι δεῖ εἰς ὥρας.
92   Καὶ ἔστιν ἡ μὲν διαίρεσις μηνῶν, ἡ δὲ ἐπιδιαίρεσις ἡμερῶν, ἡ δὲ ὑποδι-
93 αίρεσις ὡρῶν. τὰς δ' ἑκάστης ἡμέρας ἐξαλλαγὰς ὁ πολεύων καὶ διέπων

[VS] 1 ε' om. S ‖ 7 αὐτῶν VS, corr. Kroll ‖ 9 δεήσειν οἶμαι S ‖ 14 ἐνιαυτοὶ
Kroll | πη VS | μῆνες S Kroll | ἡμέραι Kroll ‖ 16 τὴν VS, τῶν Kroll ‖ 17 ἑαυ-
τῶν VS, corr. Kroll ‖ 19 ἣν⟩ ὃν V ‖ 23 ξγ S | οὐ Kroll | ρϲγ ἡμέρας post τὰς S,
sed del. ‖ 24 διώρων VS ‖ 27 ἐφ' VS, ἀφ' Kroll ‖ 30 τω VS, τῶν³ Kroll

σημαίνει σαφῶς. δεῖ δὲ τοὺς κυρίους τῶν δεκαετηρίδων καὶ μηνῶν καὶ 94
ἡμερῶν σκοπεῖν ποίας ἔχουσιν ἐπεμβάσεις καὶ σχηματισμούς· ὑπὸ γὰρ
ἀγαθοποιῶν | [τόπων ἢ] ἀστέρων ὁρώμενοι συμφώνως καὶ † τοὺς ἀστέρας † f. 18ᵃ
δηλώσουσιν, ὑπὸ δ᾽ ἐναντίων ἐναντίως.

5 SCHOLIA BYZANTINA

Ad II 36, 2 in S:

α΄ σύνοδος	β΄ ἀνατολή
γ΄ μηνοειδὴς μ̄ε̄	δ΄ διχότομος
ε΄ ἀμφίκυρτος ο̄λε	ϛ΄ πανσέληνος
10 ζ΄ ἀμφίκυρτος σ̄κ̄ε	η΄ διχότομος
θ΄ μηνοειδὴς τ̄ῑε	ι΄ δύσις

Ad II 36, 7—14 in S:

ἀπὸ συνόδου ἕως ἡμερῶν η̄	Ἑρμῆς
ἀπὸ ἡμερῶν θ̄ ἕως ἡμερῶν ῑβ̄	Ἀφροδίτη
15 ἀπὸ ἡμερῶν ῑγ̄ ἕως ἡμερῶν ῑδ̄	Ἥλιος
ἀπὸ ἡμερῶν ῑδ̄ ἕως ἡμερῶν ῑε̄	Ἄρης
ἀπὸ ἡμερῶν ῑϛ̄ ἕως ἡμερῶν κ̄ᾱ	Ἄρης
ἀπὸ ἡμερῶν κ̄β̄ ἕως ἡμερῶν κ̄ε̄	Ζεύς
ἀπὸ ἡμερῶν κ̄ϛ̄ ἕως ἡμερῶν λ̄	Κρόνος

20 Ad III 3, 15 in V: περὶ ὡριμαίας ἄλλως ὁ ἐπικρατήτωρ, ἄλλως ὁ οἰκο-
δεσπότης.

Ad III 3, 37 in V: ὅτι οὐ κατὰ τὴν ὀρθὴν σφαῖραν ποιεῖ τὴν ἄφεσιν καὶ
τὸ τῆς Σελήνης μεσουράνημα, ἀλλὰ πρὸς τὰς τῶν ζῳδίων ἀναφοράς.

Ad III 4, 3—6 in V:

25	⟨♂	☽	♄	♃	♂	♀	☿⟩
ἀναβιβάζων	♋ ιθ΄	♒ γ΄	♎⟨κα΄	♈ ιε΄	♎ κη΄	♐ κζ΄	♊ ιε΄⟩
βόρειον πέρας	♈ ιθ΄	♉ γ΄	♎ κα΄	♎ ιε΄	♋ κη΄	♓ κζ΄	♍ ιε΄
καταβιβάζων	♎ ιθ΄	♌ γ΄	♋ κα΄	♎ ιε΄	♈ κη΄	♊ κζ΄	♐ ιε΄
νότ⟨ι⟩ον πέρας	♎ ιθ΄	♏ γ΄	♈ κα΄	♋ ιε΄	♎ κη΄	♍ κζ΄	♓ ιε΄

[VSSᵃ] 2 σχηματιμοὺς V ‖ 3—4 τόπων — ἐναντίως in Sᵃ, add. S² in S ‖ 3 οἱ
ἀστέρες S² ‖ 4 συμφώνουσι S²

Ad III 8, 1 in **V**: τοῦ Κυνὸς Αἰγυπτιστί.

Ad III 8, 21 in **V**:

Ἀλεξανδρέων Ἀθὺρ κς' Φαμενὼθ ια', Ἑλλήνων Νοέμβριος κβ' Μάρτιος [κ]ζ', Αἰγυπτίων Τυβὶ α' Φαρμουθ⟨ὶ⟩ ια'. Οἶμαι ὅτι ἡ ἀντιγένεσις ἢ γένεθλον θέλει Ἀθὺρ γέγονεν κζ'. Ἀλεξαν- 5 δρέων ἔτη.

Ὁ τῶν Ἀλεξανδρέων μὴν λ̄ ἡμερῶν ὑπάρχει· ἐὰν οὖν ὑφέλῃς ἡμέρας κ̄η̄ — τουτέστιν ἑβδομάδας δ̄ — ἑκάστου μηνός, λοιπαὶ ἡμέραι β̄. γίνεται οὖν ἡ μὲν ὑπόλοιπος τοῦ Ἀθὺρ ποσότης ἡμέραι γ̄, τοῦ δὲ Χοιάκ, Τυβί, Μεχὶρ ἀνὰ ἡμέρας β̄ μετὰ τὴν τῶν ῑβ̄ ἑβδομάδων ὑφαίρεσιν ἡμέραι ζ̄· 10 γίνονται ἡμέραι θ̄. καὶ τοῦ Φαμενὼθ ἡμέραι ῑᾱ· γίνονται ἡμέραι κ̄. τὰ δὲ μεταξὺ ἔτη λ̄ε̄ τετραετηρίδας ποιοῦσι η̄, ἃς ἐμβολίμους ἐκάλεσεν· γίνονται κ̄η̄. τοῦτο δὲ τὸ κεφάλαιον σαφέστατα κεῖται ἐν τῇ ε' βίβλῳ τῶν ἐπῶν Δωροθέου κεφαλαίῳ ρλη'.

APPENDICES

| Περὶ κράσεως καὶ φύσεως τῶν ἀστέρων καὶ τῶν ἀποτελουμένων καὶ ^{f.184C,}_{f.149vH}

5 σημαινομένων ἐκ τῆς συμπαρουσίας καὶ τοῦ σχηματισμοῦ αὐτῶν
Περὶ τοῦ Κρόνου

Τὸν Κρόνον φασὶ μικρολογίας καὶ βασκανίας ποιητικόν, τύφου τε καὶ 1
μερίμνας καὶ μονοτροπίας καὶ ὑποκρίσεως, φειδωλίας, αὐστηρίας, μελαν-
ειμοσύνης, αὐχμηρίας, κακοπαθείας, φυγαδείας, ἐκπτώσεως, στυγνότη-
10 τος, ἐνδείας, ἀπραξίας, νωχελίας, γονέων ἀλλοτριώσεως, ταπεινότητος,
ἀργίας, ῥαθυμίας, βραδυτῆτος, ἐγκοπῶν πράξεων, ἀποκρυβῆς, συνοχῆς,
καταιτιασμῶν, δεσμῶν, ὀρφανίας, ἐκθέσεως, πένθους, χηρείας, ἀτεκνίας.
ἔστι δὲ φιλοχρηματίας αἴτιος, βαθυφροσύνης, μονογνωμοσύνης, φθόνου, 2
δειλίας, ἀναχωρήσεως, φιλερημίας, ἀστοργίας, ἀηδίας, ἀνευφρανσίας.
15 ταῦτα δὲ πάντα καθ᾽ ἑαυτὸν ὢν καὶ μὴ σχηματιζόμενος πρός τινα ποιεῖ· 3
ἑτέρῳ γὰρ συσχηματισθεὶς συγκεκραμένα τὰ ἰδιώματα αὐτοῦ ποιεῖ ἔκ τε
τῆς αὐτοῦ φύσεως καὶ τοῦ συσχηματιζομένου. καίπερ γὰρ φιλοχρήματος 4
καὶ θησαυριστικὸς ὤν, εἰ τῷ Διὶ συνοικειωθείη, μεταδοτικὸς γίνεται καὶ
εὐπροαίρετος καὶ φιλοίκειος. ἀλλὰ τότε τοιοῦτος γίνεται ὅταν ἀμφότεροι 5
20 ἐνδόξως κατὰ τὸ κοσμικὸν ὦσι διακείμενοι· πάντα γὰρ τὰ καλὰ καλῶς
κειμένων τῶν ἀστέρων γίνεται, ὥσπερ κακῶς κειμένων πάντα τὰ κακά.
προσώπων δὲ κυριεύει πατρικῶν καὶ πρεσβυτικῶν, οὐσίας δὲ μολύβδου, 6
ξύλων, λίθων. τῶν δὲ τοῦ σώματος μερῶν | κατὰ μὲν Πτολεμαῖον ἀκοῆς ⁷_{f.150H}
δεξιᾶς, σπληνός, κύστεως, φλέγματος, ὀστέων καὶ τῶν ἐντὸς ἀποκρύφων,
25 κατὰ δὲ Οὐάλεντα σκελῶν καὶ γονάτων διὰ τὸν Αἰγόκερωτα καὶ τὸν
Ὑδροχόον. σινῶν δὲ καὶ παθῶν ποιητικὸς τῶν ἐκ ψύξεως καὶ ὑγρότητος 8
γινομένων οἷον ὑδρωπικῶν, νεύρων ἀλγηδόνων, ποδάγρας, βηχός, κήλης,

§ 1: cf. I 1, 7−8 et 14 ‖ §§ 2−4: cf. Ptol. III 14, 10−12 ‖ §§ 6−9: cf. I 1,
11−13 et 15 ‖ § 7: cf. Ptol. III 13, 5

[CH] 4 ξζ′ in marg. C, ρςζ′ in marg. H ‖ 7 τύφον C ‖ 8 φειδολίας H | μελανη-
μοσύνης CH, corr. Kroll ‖ 13 ἔτι H ‖ 14 ἀηδίας ἀστοργίας H | ἀνευφρασίας H ‖
17 φιλοχήματος CH, corr. Kroll ‖ 18 συνοικειωθῇ C ‖ 22 μολίβδου C ‖ 24 ὀστέων
φλέγματος H ‖ 26 καί¹ om. C ‖ 27 ὑδροπικῶν H

σπασμῶν, δυσπνοίας, μακρονοσίας, φθίσεως, ὑγρῶν ὀχλήσεων, ῥευ-
ματισμῶν, τεταρταϊκῶν ἐπισημασιῶν, φρίκης, κοιλιτικῶν, σπληνῶν,
f.184vC 9 ὑστερικῶν καὶ ὅσα κατὰ πλεονασμὸν τοῦ ψυχροῦ | συνίστανται. αἴτιος δὲ
καὶ ὑποβρυχίων θανάτων καὶ τῶν δι᾿ ἀγχόνης ἢ δεσμῶν καὶ τῶν ἐκ
10 συμπτωμάτων οἰκείων. ἔστι δὲ καὶ χειμόνων καὶ ναυαγίων αἴτιος καὶ 5
ἀπωλείας τῶν καρπῶν τῆς γῆς ἀπὸ ὑδάτων ὀμβρίων, ἐπικλύσεως ἢ
11 κάμπης ἢ ἀκρίδος ἢ χαλάζης. περὶ δὲ τὴν τοῦ ἀέρος κατάστασιν, ὅταν
οἰκοδεσποτήσῃ τῆς προγενομένης συζυγίας, φοβερὰ ψύχη ποιεῖ παγώδη
καὶ ὀμιχλώδη καὶ λοιμικά, δυσαερίας τε καὶ συννεφίας καὶ νιφετῶν
πλήθη οὐκ ἀγαθῶν, ἀλλὰ φθοροποιῶν. 10
12 Μετὰ δὲ Διὸς ὢν ὁ Κρόνος, ἀνατολικῶν ἀμφοτέρων ὄντων καὶ προσθετι-
κῶν, συμβάλλεται εἰς οἰκονομίας καὶ ἐπιτροπὰς καὶ ἀλλοτρίων ἔργων καὶ
κτημάτων ἐμπίστευσιν· ἔσονται δὲ καὶ τιμητικοί, τοῦ Ἄρεως μὴ ὁρῶντος.
13 Οὐάλεντος· ἡ τοῦ Κρόνου καὶ Διὸς συμπαρουσία τῆς ἐκ θανατικῶν
προφάσεων ὠφελείας δηλωτικὴ καὶ τῆς ἐκ κτημάτων ἀκινήτων καὶ ἐξ 15
ἐπιτροπῶν καὶ οἰκονομίας.
14 Μετὰ δὲ Ἄρεως ὢν ὁ Κρόνος περὶ μὲν τὸ σῶμα δεινός, καὶ μάλιστα
ὅταν τις αὐτῶν τὴν συναφὴν τῆς Σελήνης ἐπέχῃ ἢ τοῦ ϛ΄ ἐστὶ κύριος.
15 κινοῦσι γὰρ χολὰς μελαίνας καὶ νόσους ἐκ ῥιγοπυρέτων ἢ καὶ ἐν ταῖς
πράσεσιν οὐκ ἀγαθοί· κωλυτικοὶ γὰρ καὶ ἀστοχίας ἐν τοῖς ἔργοις ποιοῦν- 20
16 τες. τόν τε πατρικὸν βίον σκορπίζουσι διὰ τὸ τὸν Κρόνον τὸ πατρικὸν
17 πρόσωπον ἐπέχειν ὥστε καὶ πατρὸς προτελευτὴν σημαίνουσιν. τοὺς δὲ
προγενεστέρους ἀδελφοὺς ἢ φθείρουσιν ἢ νοσεροὺς ποιοῦσι διὰ τὸ τὸν
Ἄρεα προγενεστέρους ἀδελφοὺς σημαίνειν· τῶν γὰρ νεωτέρων ὁ Ἑρμῆς
18, 19 ἐστι κύριος. περὶ δὲ τὰς γνώμας ἀμετάτρεπτοι καὶ μνησίκακοι. χείρονα 25
δὲ τὰ κακὰ ἔσται εἰ τοῖς κέντροις ἐπίκεινται, ἐπεὶ καὶ πλείονα δύνανται οἱ
ἀστέρες κεκεντρωμένοι

εἰ μὴ ἄρ᾿ Αἰγίοχος δαμάσει σθένος ὀλοὸν αὐτῶν.

20 Οὐάλεντος· ἡ τοῦ Κρόνου καὶ Ἄρεως συμπαρουσία καθαιρέσεων καὶ
στάσεων καὶ ἔχθρας καὶ ἐπιβουλῆς καὶ ἀπροσδοκήτων κινδύνων καὶ 30
κρίσεων καὶ ποικίλων ἐναντιωμάτων ποιητικὴ πλὴν εἰ μὴ ὦσιν ἐν οἰκείοις

---

§ 10: cf. Ptol. II 9, 7—8 ‖ § 11: cf. Ptol. II 9, 6 ‖ § 12: cf. Anub. 94 et Ptol.
III 14, 12 ‖ § 13: cf. I 19, 2 ‖ §§ 14—17: cf. Anub. 95 ‖ § 20: cf. I 19, 3

[CH] 2 κοιλιακῶν H | σπληνικῶν H ‖ 3 ψυχροῦ] ὑγροῦ H ‖ 5 οἰκιῶν H | χει-
μόνων H ‖ 6 καρπῶν om. H ‖ 9 δυσαερίας H | συνεφίας CH, corr. Kroll ‖ 11 δὲ
om. H | προσθετῶν CH, corr. Kroll ‖ 13 μὴ om. H ‖ 14,15 θανατικῆς προφά-
σεως C ‖ 17 δὲ om. C ‖ 19 ἢ om. C ‖ 20 πολυτικοὶ H ‖ 21 τὸ om. C | τὸ om. C ‖
22 προτελευτὰ C ‖ 29—30 καθαρο καὶ ϛ C ‖ 31 ποιητικὴ om. C | ἐὰν H | οἴκοις CH

[ἢ] ζωδίοις ἢ ὑπὸ Διὸς ἢ Ἀφροδίτης ὁρῶνται· ὅμως καὶ οὕτως ἀβεβαίους
τὰς εὐδαιμονίας καὶ κινδύνους αἰφνιδίους σημαίνουσιν.

 Μετὰ δὲ Ἡλίου ὢν ὁ Κρόνος, καὶ μάλιστα εἴσω τῆς τριμοιρίας, | τῷ $^{21}_{\text{f.150vH}}$
μὲν πατρὶ κακὸν θάνατον ἐπάγει (ἄμφω γὰρ τὸ πατρικὸν ἐπέχουσι
5 πρόσωπον), τὰ δὲ πατρικὰ κτήματα διαφθείρει, καὶ χεῖρον ἐν νυκτί· εἰ δὲ
ἐν ἥττοσι μοίραις ἐστὶν ὁ Ἥλιος, ὁ δὲ Κρόνος ἐν πλείοσιν, χαλεπώτερος ὁ
τοῦ πατρὸς ἔσται θάνατος καὶ τὰ εἰρημένα πάντα δεινότερα. τοὐναντίον 22
μέντοι περὶ τούτου φησὶν ὁ Πτολεμαῖος· ἐκεῖνος γὰρ τὸν μὲν Ἄρεά φησιν
ἐπαναφερόμενον βλάπτειν τῷ Ἡλίῳ καὶ τῇ Σελήνῃ τὸν Κρόνον, τὸν δὲ
10 Κρόνον καθυπερτεροῦντα τὸν Ἥλιον καὶ τὸν Ἄρεα καθυπερτεροῦντα τὴν
Σελήνην. νοσοποιοὶ δέ εἰσιν ἐξ ὀχλήσεως ὑγρῶν καὶ ὀφθαλμιῶν. οἱ δὲ 23, 24
οὕτως ἔχοντες γεωργικὸν βίον φιλοῦσι καὶ τούτῳ μόνῳ εὐτυχοῦσι τἆλλα
βαρυδαίμονες ὄντες. εἰ δὲ καὶ ἐν θηλυκῷ ἐστιν ὁ Κρόνος ἢ ὁ Ἥλιος ἐν 25
οἴκῳ Κρόνου καὶ οὕτω σύνεισιν, εὐκλεῆ μὲν τὸν πατέρα, οὐ μέντοι
15 ἀφνειόν. Οὐάλεντος· ὁ τοῦ Κρόνου καὶ Ἥλιος μετὰ φθόνου τὰς κτήσεις 26
καὶ τὰς φιλίας παρέχει καὶ ἀφαιρεῖ, καὶ ἔχθρας κρυφίας ἐκ μεγάλων
προσώπων ἐπάγει καὶ ἀπειλάς, ἐπιβουλάς τε καὶ τὸν βίον ἐπίφθονον, πλὴν
ὑποκρίσει τῶν πλείστων περιγίνεται. οὐκ ἄπορος δέ, ἐπιτάραχος δὲ | καὶ $^{27}_{\text{f.185C}}$
ἀνεξίκακος καὶ ἐγκρατὴς τῆς περὶ τῶν αἰτιῶν διαγωγῆς.
20 Σὺν δὲ τῇ Ἀφροδίτῃ ὢν ὁ Κρόνος 28

  ἀνάξια λέκτρα γυναικῶν

δίδωσι διότι ἡ Ἀφροδίτη τὰ τοῦ γάμου δηλοῦσα ἀκαθάρτῳ ἀστέρι
σύνεστι καὶ μωμητῷ καὶ σινοποιῷ. ὅθεν ὡς ἐπίπαν στείραις συζεύγνυνται 29
ἢ σεσινωμένοις προσώποις ἐπιψόγοις ἢ δουλικοῖς· ἔνθεν καὶ ἀτεκνία
25 ἔσται ἢ σπανοτεκνία ἢ βραδυτεκνία πρὸς τὴν τοῦ Κρόνου κρᾶσιν, τά τε
τῶν γάμων ψυχικὰ καὶ ἄστατα. Οὐάλεντος· ὁ τοῦ Κρόνου καὶ Ἀφροδίτης 30
εὐεπίβουλοι περὶ τὰς ἐπιπλοκὰς καὶ τὰς συναρμογὰς καὶ ἐν ταῖς γυναιξὶ
συμπαθεῖς καὶ ὠφέλιμοι, πλὴν οὐ μέχρι τέλους ἀλλ᾽ ἄχρι τινὰ χρόνον διὰ
τὸ παραιρέτας εἶναι ἀλλήλων τάχα. ἀποτελεῖ δὲ ψόγους, θανάτους, 31
30 χωρισμούς, ἀστασίας.

 Σὺν δὲ Ἑρμῇ ὢν ὁ Κρόνος ψεύδους αἴτιος καὶ ἐνέδρας καὶ δολιότητος· οἱ 32
τοιοῦτοι, φησίν, οὐδ᾽ ὅταν ἀληθῆ λέγωσιν πιστεύονται. ὁ μὲν γὰρ Ἑρμῆς 33

---

§ 21: cf. Anub. 96 ‖ § 22: cf. Ptol. III 10, 4 ‖ §§ 23—25: cf. Anub. 96—97 ‖
§ 23: cf. Ptol. III 5, 7 ‖ §§ 26—27: cf. I 19, 8—9 ‖ §§ 28—29: cf. Anub. 98 ‖
§§ 30—31: cf. I 19, 5 ‖ § 32: cf. Anub. 99

[CH] 1 ἀβεβαίως C ‖ 12 καί] κἂν H ‖ 14 εὐκλεᾶ H ‖ 15 Οὐάλεντος ὁ om. C |
κτίσεις C ‖ 16 φιλείας H ‖ 18 παραγίνεται C | δέ² legi haud potest in C |
19 παρά H ‖ 25 πανοτεκνία C | κραδυτεκνία C ‖ 27 τάς² om. C | ἐν om. H ‖
29 παραίτας H

34 λόγου δεσπόζει, ὁ δὲ Κρόνος ὑποκρίσεως καὶ ἀπάτης. οἱ τοιοῦτοι δὲ καὶ
δυσεπίτευκτοι (τὸν γὰρ Κρόνον πρὸς τὰς πράξεις ἀποδοκιμάζουσιν),
35 βαθυπόνηροι δὲ καὶ περίεργοι ἔσονται. Οὐάλεντος· ὁ δὲ τοῦ Κρόνου καὶ
Ἑρμοῦ πρακτικοὶ μέν, ἀλλὰ διαβολὰς ἐπάγουσι διὰ μυστικῶν καὶ κρίσεις
καὶ χρέη καὶ ταραχὰς διὰ γραπτῶν ἢ δοσοληψίας· οὐ μέντοι ἀσυνέτους 5
οὐδ᾽ ἀπράκτους ποιεῖ.
36 Σὺν δὲ τῇ Σελήνῃ ὁ Κρόνος νοσοποιός· τοῦ γὰρ σώματος ἡ Σελήνη
37 δεσπόζει. ἐπεὶ δὲ καὶ μητέρα δηλοῖ, ὀλεθρευτικὸς ἔσται μητρικῶν προσ-
38 ώπων καὶ βίου μητρικοῦ. αἱ δὲ πράξεις ἀδρανεῖς ἔσονται διότι καὶ αὐτὴ
39 πάσης πράξεως κυριεύει. καὶ ταῦτα μὲν ἐν νυκτί· οἱ γὰρ κακοποιοὶ 10
f.151H βλάπτοντες χεῖρον βλά|πτουσιν ἡνίκα καὶ παρ᾽ αἵρεσιν εἶεν, ὥστε ἐν νυκτὶ
εἴτε αὐξιφωτεῖ εἴτε λειψιφωτεῖ ὑπὸ τοῦ Κρόνου βλαπτομένη, κἂν οἱ δύο
40 ἀγαθοποιοὶ μαρτυρῶσιν, οὐ μετατρέψουσι τὰ κακά. ἐν δὲ ἡμέρᾳ αὐξι-
φωτούσης αὐτῆς καὶ τῶν ἀγαθοποιῶν ὁρώντων, κώλυσις ἔσται τῶν κακῶν.
41 Οὐάλεντος· ὁ τοῦ Κρόνου καὶ Σελήνη συμπαρόντες τῆς ἐκ κτημάτων καὶ 15
θεμελίων καὶ θανατικῶν καὶ ναυκληρίας, εὐεργεσίας ποιητικοί, καὶ
μᾶλλον ἐν πανσελήνῳ.
42 Ἐν δὲ τοῖς σχηματισμοῖς τρίγωνος μὲν ὁ Κρόνος πρὸς Δία πολυκτη-
μοσύνης ποιητικός, γῆς σπορίμης καὶ ἀμπελοφύτων καὶ θεμελίων καὶ
οἴκων (τούτων γὰρ ὁ Κρόνος δεσπόζει), ἐπιτροπῆς τε καὶ κληρονομίας· 20
ὡς ἐπίπαν γὰρ ἡ συμπαρουσία καὶ ὁ τρίγωνος σχηματισμὸς τῶν αὐτῶν
43 ἐστι ποιητικός. συγκιρνάμενος δὲ τούτοις καὶ ὁ Ἑρμῆς πολιτικὰς ἀρχὰς
44 δίδωσι διὰ τὸ κοινωνικὸν ἢ μυστικοὺς ποιήσει. ἐν τροπικοῖς δὲ μάλιστα
ἔσονται αἱ πολιτικαὶ ἀρχαί· τότε γὰρ συντρέχει τῇ φύσει τοῦ ἀστέρος καὶ
45 τὸ ζῴδιον ἐπεὶ καὶ πολιτικά φαμεν τὰ τροπικά. ἢ φορολόγοι βασιλέων 25
γίνονται ὅταν μεσουρανῶν ὁ Ἑρμῆς ᾖ τρίγωνος τῷ Κρόνῳ καὶ Διί· ἔοικε
46 γὰρ τὸ μεσουράνημα ἀναλογεῖν τῷ βασιλικῷ προσώπῳ. ἐγὼ δέ φημι· καὶ
ὅταν ὁ Ἥλιος ὁρᾷ, ἄλλοι πρέσβεις καὶ ὑπὲρ πατρίδος στέλλονται, πολλάκις
47 δὲ καὶ ἀλλότρια τέκνα ἀνατρέφουσιν. τούτων δ᾽ οὕτως ἐχόντων — ἤτοι
τοῦ Κρόνου καὶ Διὸς καὶ Ἑρμοῦ — εἰ ὁ Ἄρης ἴδοι τετραγωνικῶς ἢ 30
διαμετρικῶς, βασκανίας ἐγείρει καὶ διαβολὰς καὶ ζημίας διότι τῷ λογικῷ
τοῦ Ἑρμοῦ καὶ τῷ οἰκονομικῷ καὶ τῷ τιμητικῷ τοῦ Κρόνου καὶ Διὸς
ἀντιτάττεται τὸ θυμικὸν καὶ τυραννικόν.

§ 35: cf. I 19,4 ‖ §§ 36—40: cf. Anub. 100—101 ‖ § 41: cf. I 19,6 ‖ §§ 42—44:
cf. Anub. 1—2 ‖ § 42: cf. II 17, 69 ‖ § 47: cf. Anub. 3

[CH] 1 Κρόνος om. H ‖ 3 δὲ² om. H ‖ 4 μυστήρων H ‖ 12 αὐξιφωτεῖ C ‖ λει-
ψιφωτεῖ C ‖ β H ‖ 13 αὐξηφωτούσης C ‖ 15 ἤ C ‖ τῆς post καὶ¹ H ‖ 16 θανατι-
κοῦ H ‖ 19 σπορίμου H ‖ 20 τε] δὲ C ‖ 21 ἐπιπάντων C ‖ 22 συγκιρνόμενος H
συγκρινόμενος C ‖ 24 ἀρχαὶ πολιτικαὶ H ‖ 26 ᾖ] ὢν C ‖ τοῦ C ‖ 30 ἴδῃ C ‖ 32 οἰκο-
νωμικῷ H ‖ 33 τυρανικὸν C

Τετράγωνος δὲ ὢν ὁ Ζεὺς τῷ Κρόνῳ, εἰ μὲν ὁ Κρόνος καθυπερτερεῖ 48
| ἤτοι δεξιός ἐστιν, ἐλαττοῦται τὰ κτήματα· ἐπικρατέστερος γὰρ εὑρίσκε- f.185 v C
ται ὁ κακοποιὸς διὰ τὴν καθυπερτέρησιν, ὅθεν καὶ ὀγκωτικός ἐστι τῶν
πράξεων, καὶ ἐναντιοβουλίας ποιεῖ, καὶ τὸν πατέρα δὲ κακοῖ, καὶ τὰ
5 πατρικὰ φθείρει, καὶ ἐν ἀμφοτέροις μὲν τοῖς τετραγώνοις, χεῖρον δὲ τοῦ
Κρόνου καθυπερτεροῦντος. εἰ δὲ ὁ τοῦ Διὸς τὸν Κρόνον καθυπερτερεῖ, 49
ἥττων ἡ κάκωσις· οἴσει γάρ τινα τῷ πατρὶ εὔκλειαν καὶ τῷ παιδὶ τοῦ
χρόνου προϊόντος καὶ προκοπὴν μερικήν.

Διαμετρικῶς δὲ ὁρῶν τὸν Δία ὁ Κρόνος βλαβερὸς μὲν περὶ τὰς πράξεις, 50
10 λυπεῖ δὲ τοὺς γονεῖς ἐπὶ τέκνα. καὶ εἰ μὲν ὁ Κρόνος ὡροσκοπεῖ, ὁ δὲ Ζεὺς 51
δύνει, τὰ μὲν πρῶτα τοῦ βίου δυστυχῆ, τὰ δὲ ἔσχατα εὐτυχῆ· εἰ δ᾽ ὁ μὲν
Ζεὺς ὡροσκοπεῖ, ὁ δὲ Κρόνος δύνει, τὰ πρῶτα εὐτυχῆ καὶ τὰ ἔσχατα
ἀτυχῆ. ἔοικε γὰρ τὰς μὲν ἀρχὰς τοῦ βίου ὁ ὡροσκόπος σημαίνειν, τὰ δὲ 52
μέσα τὸ μεσουράνημα, τὰ δὲ τελευταῖα τὸ δῦνον.

15 Ἐκ δὲ τούτων ἐστὶ δῆλον ὅτι οἱ ἀγαθοποιοὶ ἐν τοῖς τριγώνοις καὶ 53
ἑξαγώνοις καὶ ταῖς συμπαρουσίαις ἧττον βλάπτονται ὑπὸ τῶν κακοποιῶν,
ἐν δὲ τοῖς τετραγώνοις καὶ διαμέτροις κατ᾽ ἐπίτασιν.

Ἑξάγωνος δὲ ὢν ὁ Ζεὺς τῷ Κρόνῳ τὰ ὅμοια τῷ τριγώνῳ σχήματι 54
δηλοῦται, ἀδρανέστερος δὲ ὅμως.

20 Πρὸς δὲ τὸν Ἄρεα τρίγωνος ὢν ὁ Κρόνος εὐπορίας καὶ εὐπραγίας καὶ 55
ἀρχῆς ποιητικός. τὰ γὰρ τρίγωνα καὶ ἑξάγωνα τῶν σχημάτων τῶν 56
μὲν | ἀγαθοποιῶν τὴν δύναμιν ἐπιτείνουσιν, τῶν δὲ φθοροποιῶν τὴν f.151 v H
κακίαν ἀμβλύνουσιν. ὅθεν, κἂν ὁ Ζεὺς μὴ ὁρᾷ, εὐπραγοῦσιν, πλὴν 57
πρεσβυτέρων ἀδελφῶν ὁρῶσι τελευτὴν διὰ τὸ τὸν Ἄρεα ἀδελφοὺς δηλοῦντα
25 βλάπτεσθαι ὑπὸ τοῦ Κρόνου· εἰ δὲ καὶ ὁ Ἑρμῆς μαρτυρεῖ, καὶ νεωτέρων
ἀδελφῶν θάνατον ὄψονται.

Τετράγωνος δὲ ὢν ὁ Ἄρης τῷ Κρόνῳ, τοῦ Κρόνου καθυπερτεροῦντος, 58
τῷ τε σώματι φρικαλέους ποιεῖ καὶ πυρέττοντας καὶ πυκνῶς νοσοῦντας,
ἀπράκτους δέ, καὶ τὰ πατρικὰ κτήματα ἀφανίζει· θάπτουσι δὲ καὶ τὰς
30 ἑαυτῶν γυναῖκας. τοῦ δὲ Ἄρεως τὸν Κρόνον καθυπερτεροῦντος, πρὸ τῆς 59
μητρὸς τελευτᾷ ὁ πατήρ. περὶ δὲ τὰς βιωτικὰς πράξεις ἐνεργές ἐστι τὸ 60
τοιοῦτον σχῆμα· τὰ μέντοι πατρικὰ κτήματα καὶ οὕτως ὄλλυνται, οἱ
τοιοῦτοι δὲ καὶ ἐξ οἰκείων φθονοῦνται.

___

§§ 48—49: cf. Anub. 24—25 ‖ §§ 50—51: cf. Anub. 61—62 ‖ § 54: cf. Anub. 91 ‖
§§ 55 et 57: cf. Anub. 4 ‖ §§ 58—60: cf. Anub. 26—27

[CH] 5 ἐν om. H ‖ 7 ἴσει C | εὔκλιαν C ‖ 8 καὶ] βίου C ‖ 11 δυστυχήσει H |
εὐτυχήσει H δυστυχῆ C ‖ 12 εὐτυχεῖ H ‖ 13 ἀτυχεῖ H ‖ 18 ὁ ♄ τῷ ♃ H ‖
20 μὲν post τρίγωνος C ‖ 25 τοῦ om. C ‖ 27 ὁ ♄ τῷ ♂ H ‖ 31 βιοτικὰς C κινη-
τικὰς H | ἐνεργείας C ‖ 32 ὄλλυνται C

61 Διάμετρος δὲ ὢν ὁ Κρόνος τῷ Ἄρει ἐναντιοῖ εἰς περίκτησιν βίου.

62 δηλοῖ δὲ τὸ σχῆμα φθόνους καὶ ἐνδείας καὶ σωματικὰς κακώσεις καὶ
κινδύνους ζωῆς καὶ ἀτεκνίαν, ἔχθραν, οἰκείων στάσιν, ταχυθανασίαν
πατρός, ἐκ πόνων πόνους ἤτοι ἐκ μόχθων μόχθους, ἐν δὲ ὑγροῖς ζῳδίοις
ναυάγια ἢ ἐκ ποταμῶν κινδύνους ἢ ἐκ ῥεύματος, ἐν δὲ θηριώδεσιν ἐκ 5
θηρίων ἢ φαρμακοποσίας βλάβην καὶ κίνδυνον, ἐν δὲ τετράποσιν ἐκ τῶν
63 ὁμοίων πτώσεις (καὶ χεῖρον ὅταν τῆς Σελήνης οἰκοδεσπόται ὦσιν). καὶ
ἐν μὲν τοῖς κέντροις θανατοῦσιν, ἐν δὲ ταῖς ἐπαναφοραῖς τῶν ἀγαθῶν
ἐλπίδων ἀποστεροῦσι καὶ περὶ μέσους χρόνους καθαίρεσιν ἐπάγουσιν, ἐν
δὲ τοῖς ἀποκλίμασιν ἧττον μὲν βλάπτουσιν, λύπας δὲ ὅμως καὶ ἐκπτώσεις 10
64 ἐπάγουσιν. τινὰς δὲ καὶ ξενιτεύοντας ποιοῦσιν ἢ δούλους ἐξ ἐλευθέρων
ἐπίκεντροι ὄντες ἐν τοῖς διαμέτροις σχήμασιν· μεγάλων γὰρ κινδύνων εἰσὶ
παραίτιοι ἀλλήλους διαμετροῦντες· ἀμφότεροι γὰρ κακοποιοὶ ὄντες
ἐπιτείνουσι τὴν κακίαν ἐκ τοῦ τοιούτου σχήματος.

65 Τρίγωνος δὲ ὢν ὁ Κρόνος πρὸς Ἥλιον συμβάλλεται εἰς βίου προκοπὴν 15
καὶ κλέος καὶ ἐπισήμους ἀρχάς, καὶ μάλιστα ἐν ἀρρενικοῖς ζῳδίοις καὶ ἐν
ἡμέρᾳ (τὰ γὰρ ἀρρενικὰ τῶν ζῳδίων ἐπιτακτικὰ καὶ δραστικά, ὥσπερ τὰ
θηλυκὰ ἀδρανέστερα καὶ ὑποτακτικά)· καὶ τοῦ πατρὸς δὲ ὁ βίος ἔνδοξος.
66 ἐν δὲ νυκτὶ εὐπορία μὲν καὶ οὕτως ἔσται, πλὴν οὐ φυλάττονται τὰ πα-
τρικὰ κτήματα εἰς τέλος, ὡς πάντων τῶν παρ᾽ αἵρεσιν ἀστέρων ἀβεβαίων 20
ὄντων καὶ καταλύσεις ἐπαγόντων.

f.186C
67 | Τετράγωνος δὲ ὢν ὁ Κρόνος πρὸς Ἥλιον, τοῦ Κρόνου καθυπερτεροῦν-
τος, περὶ τὸν πατέρα ἔκπτωσις βίου ἔσται ἢ σπασμός, προτελευτὴ δὲ καὶ
πρὸ τῆς μητρός, περὶ δὲ [τὴν γέννησιν ἤτοι] τὸν τεχθέντα σφάλματα ἐν
68 τῷ βίῳ καὶ ὕβρεις παρὰ πολλῶν. τῷ δὲ σώματι νόσους ἐπάγει ἐκ φρίκης 25
καὶ πυρετοὺς διὰ τὴν σύγκρασιν τοῦ Ἡλίου, ἐξαιρέτως δὲ καὶ ἐκ φρίκης·
69 περικόπτονται δὲ καὶ ἐν αἷς ἐπιβάλλονται πράξεσιν. τοῦ δὲ Ἡλίου τὸν
Κρόνον καθυπερτεροῦντος, τὰ πατρικὰ σκεδάννυνται, καὶ ἐχθροὶ πρὸς τοὺς
f.152H οἰκείους ἔσονται· αἱ δὲ τοῦ νοῦ ὁρμαὶ | καὶ αἱ πράξεις ἀμαυροῦνται καὶ αἱ
βουλαὶ ἐκκόπτονται, νόσοι δὲ ἄλλοτε ἄλλαι καὶ κακοπάθειαι σωματικαὶ 30
ἐν τῇ πρώτῃ ἡλικίᾳ καὶ βίος οὐκ ἐπίσημος ἐν τῇ πατρίδι.

70 Διάμετρος δὲ ὢν ὁ Κρόνος τῷ Ἡλίῳ, τοῦ Διὸς μὴ ὁρῶντος, καματηρὸς
ὁ πατὴρ καὶ φειδωλὸς ἢ ἐπισινής, ἔτι δὲ καὶ δαπανηρὸς περὶ τὴν περιου-
σίαν αὐτοῦ καὶ ἀφανιστικὸς ὡς καὶ τὰ καταλειφθέντα καὶ αὐτὰ ἀπόλλυ-

§§ 61−63: cf. Anub. 63−68 ‖ §§ 65−66: cf. Anub. 5−6 ‖ §§ 67−69: cf. Anub.
28−29 ‖ § 70: cf. Anub. 69

[CH] 3 ἀτεχνίαν CH ‖ 5 ἤ¹] καὶ C ‖ 6 τετραπόδοις C ‖ 11 δούλους ἐλευθέρους C ‖
17 δρασματικά H ‖ 21 καταλύσει H ‖ 24 τῷ τεχθέντι H ‖ 25 φρύκης C ‖ 28 σκε-
δάννυται C ‖ 30 καὶ om. H ‖ 33 ἔστι C

APPENDIX I

σιν, ἢ καὶ κακοθάνατος ἔσται, τῷ δὲ παιδὶ μόχθον διηνεκῆ, καὶ μᾶλλον
ἐν θηλυκῷ ζῳδίῳ.

Τρίγωνος δὲ ὢν ὁ Κρόνος πρὸς Ἀφροδίτην εὐσταθεῖς μὲν καὶ σεμνοὺς 71
καὶ περιβλεπτικοὺς ποιεῖ καὶ ἐκ χειρόνων βλαπτομένους, πλὴν οὐ ταχυγά-
5 μους.

Τετράγωνος δὲ ⟨ὢν ὁ Κρόνος τῇ Ἀφροδίτῃ⟩, τοῦ Κρόνου καθυπερτε- 72
ροῦντος, βίου ἐκπτώσεις ⟨ποιήσει⟩, βλάβας καὶ λύπας ἐκ θηλυκῶν
προσώπων· οἱ τοιοῦτοι καὶ χαρίτων ἄμοιροι καὶ ἀτυχεῖς ἐν ταῖς πράξεσιν.
τῆς δὲ Ἀφροδίτης τὸν Κρόνον καθυπερτερούσης, αἱ μὲν γυναῖκες ἃς 73
10 λήψονται ἄψεκτοι ἔσονται, αὐστηρὸν δὲ καὶ ἀρχικὸν ἦθος ἔχουσαι,
στέργουσαι δὲ τὰ περὶ τὸν ἄνδρα καὶ εὔνοιαν διασῴζουσαι περὶ αὐτόν,
κρυφίως δὲ τὸν πόθον ἐπ᾽ ἀλλήλαις οἴσονται.

Διάμετρος δὲ ὢν ὁ Κρόνος τῇ Ἀφροδίτῃ τοὺς μὲν πορνικοὺς ⟨ποιήσει⟩ 74
καὶ ἀσχήμονας, τοὺς δὲ ἀγυναίους ἢ κοινὰς καὶ ὑβρισμένας γαμοῦντας
15 ἢ σεσινωμένας ἢ δούλας· οἱ δὲ καὶ χαρίτων ἄμοιροι.

Τρίγωνος δὲ τῷ Ἑρμῇ ὢν ὁ Κρόνος νοήμονας ποιήσει καὶ συνετούς, 75
στερεοὺς τὸν λογισμὸν καὶ παγίους· αἱ δὲ πράξεις ἐκ λόγων ἢ γραμμάτων
ἢ ψήφων ἢ ἐμπορίας, ἀφ᾽ ὧν αὐτάρκης ἔσται καὶ ἱκανὸς ὁ βίος.

Τετράγωνος δὲ ⟨ὢν ὁ Κρόνος τῷ Ἑρμῇ⟩, καθυπερτερῶν τὸν Ἑρμῆν, 76
20 κατ᾽ ἐξοχὴν ἐναντίος, τὰς μὲν βουλὰς ἐκκόπτει, ψύξεις δὲ ⟨περὶ⟩ τὰς
πράξεις ἐπάγει, αὐτοὺς δ᾽ ἑτέροις προσώποις ὑποτεταγμένους, βασκάνους
δὲ σημαίνει· καί τινες τραυλοὶ ἔσονται ἢ μογιλάλοι καὶ ψελλίζοντες ἢ
βρυχιῶντες ἢ κωφοί. τοῦ δὲ Ἑρμοῦ τὸν Κρόνον καθυπερτεροῦντος οὐκ 77
ἀγαθὸν μὲν τὸ σχῆμα, ὅμως ἥττων ἡ κάκωσις.
25 Διάμετρος δὲ ὢν ὁ Κρόνος τῷ Ἑρμῇ βραδυγλώσσους ⟨σημαίνει⟩ καὶ 78
δυσέκφορον τὴν λαλιὰν ἔχοντας ἢ τραυλούς, καὶ μάλιστα τοῦ Ἑρμοῦ
ὑπαύγου ὄντος ἢ ἐν ἀφώνῳ ζῳδίῳ· καὶ [μάλιστα] χεῖρον εἰ πρὸς τούτοις
καὶ ἡ Σελήνη σύνεστι τῷ Ἑρμῇ ἢ τῷ Κρόνῳ. οὐ πάντως δὲ ἐν ἅπασιν 79
ἰσχύσει τὸ σχῆμα ἀφωνίαν ἢ δυσφωνίαν ποιῆσαι. τότε γὰρ τοῦτο ἔσται 80
30 ὅταν κύριός ἐστιν ὁ Ἑρμῆς τοῦ σινωτικοῦ τόπου καὶ ἔστι τοῦ Κρόνου
διάμετρος· τῆς γὰρ λαλιᾶς δεσπόζων εἰκότως τὰ εἰρημένα ποιεῖ ὑπὸ τοῦ
Κρόνου βλαπτόμενος. τοῦ μέντοι Ἄρεως ὁρῶντος ἀναλύεται ἡ κάκωσις, 81
μοχθηροὶ δὲ ἔσονται καὶ συνετοὶ μὲν καὶ ἐπιστήμονες, οὐκ ἐκ ταύτης δὲ
τῆς αἰτίας ὠφελούμενοι ἢ ἐπικτώμενοί τι, στυγνοὶ δὲ ἀεὶ καὶ τυφώδεις,

§ 71: cf. Anub. 7 ‖ §§ 72–73: cf. Anub. 30–31 ‖ § 74: cf. Anub. 70 ‖ § 75:
cf. Anub. 8 ‖ §§ 76–77: cf. Anub. 32–33 ‖ §§ 78–81: cf. Anub. 71–72

[CH] 1 μόχθω CH ‖ διηνεκεῖ H ‖ 10 ἦθος] ἥττον C ‖ 12 ἀλλήλοις ἔσονται CH ‖
16 τρίγωνος — Ἑρμῇ] κρόνος τῶ ἑρμῆ τρίγωνος C ‖ ὢν ὁ Κρόνος om. H ‖ νοή-
μους C ‖ 22 μογγιλάλοι CH, corr. Kroll ‖ 25 δὲ om. C ‖ τοῦ ἑρμοῦ C ‖ 33 ἐκ] ἐν C

375

VETTIVS VALENS

f.152vH ὡς τὰ πολλὰ δὲ καὶ πρεσβύτεροί εἰσι τῶν ἀδελφῶν, | εἰ δέ τινες προτεχθή-
σονται τεθνήξονται· καὶ ὁ πατὴρ δὲ πρὸ τῆς μητρὸς τελευτᾷ.

f.186vC
82 | Τὸ δὲ τρίγωνον Κρόνου καὶ Σελήνης συστάσεις δίδωσι καὶ γνωρίμους
βασιλέων ποιεῖ καὶ ἐνδόξους, εἴ γε μάλιστα αὐξιφωτεῖ ἡ Σελήνη, εἰ δὲ
λειψιφωτεῖ μετριότερα ἔσται τὰ εἰρημένα.   5

83 Τὸ δὲ τετράγωνον, τοῦ Κρόνου καθυπερτεροῦντος, ἡ μὲν μήτηρ
κακοθάνατος, περὶ δὲ τὸν τεχθέντα πυκναὶ νόσοι καὶ μάλιστα ἐκ ῥευ-
μάτων, ἐξαιρέτως εἰ ἐν θηλυκῷ ζῳδίῳ ὁ Κρόνος ἐστίν· εἰ δὲ ἄλλως
εἵμαρται καὶ γάμος τῇ γενέσει, οὐκ εὐνοϊκῶς ἕξει πρὸς τοῦτον ἡ γυνή,
84 σφαλερὸν τὸ σχῆμα περὶ τὰ τέκνα. εἰ δὲ ἡ Σελήνη δεκατεύει τὸν Κρόνον, 10
τὰ μητρικὰ κτήματα ἀφανίζει, καὶ ῥεύματα κινεῖ, καὶ οἱ παῖδες ἐχθροὶ
ταῖς μητράσιν ἔσονται, καὶ ἀπραξίας αἴτιον τὸ σχῆμα.

85 Τὸ δὲ διάμετρον Κρόνου καὶ Σελήνης τὴν μητρικὴν περιουσίαν ἀπόλλυσι
καὶ αὐτῇ δὲ τῇ μητρὶ κρυπτοὺς πόνους δίδωσιν, ἢ δύστροπος ἔσται καὶ
λυπηρά. εἰ δὲ μὴ ἀγαθοποιὸς ἴδοι, δεινὸν τὸ σχῆμα περὶ τὰ σωματικά· 15
κίνδυνον γὰρ σημαίνει κατὰ τὴν τῶν ζῳδίων φύσιν — εἰ μὲν ἐν τετραπό-
δοις ἐκ τετραπόδων, εἰ δὲ ἐν θηριώδεσιν ἐκ τῶν ὁμοίων, εἰ δὲ ἐν καθύγροις
86 ἐκ τῶν ὑδάτων καὶ κακοχυμίας. εἰ δὲ μὴ παρῇ βοήθεια, καὶ σίνεται· ὧν
μὲν γὰρ οἱ ὀφθαλμοὶ ἡμαύρωνται, ὧν δὲ τὰ μέλη κλῶνται, ἔνιοι δὲ τῆς
πατρίδος ἐξελαύνονται ἐπεὶ ἡ Σελήνη καὶ πατρίδα δηλοῖ.   20

87 Ἰστέον δὲ ὅτι τὰ τοιαῦτα ἀποτελέσματα οἷον τὰ ἐκ τῶν σωματικῶν
κολλήσεων καὶ τὰ ἐκ τῶν πρὸς ἀλλήλους σχηματισμῶν ἐν ἐκείνοις
μάλιστα τοῖς καιροῖς ἀποτελοῦνται ἐν οἷς αἱ ἀναφοραὶ τούτων ἢ αἱ
περίοδοι ἢ καθ᾽ ἑαυτὰς ἢ μετ᾽ ἀλλήλων πληροῦνται.

88 Οἷον ἔστω γένεσις κλίματι β´· Ἥλιος, Ἑρμῆς, ὡροσκόπος Τοξότῃ, 25
Σελήνη Καρκίνῳ, Κρόνος Λέοντι, Ζεὺς Αἰγοκέρωτι, Ἄρης ⟨Ὑδροχόῳ⟩,
89 Ἀφροδίτη Σκορπίῳ. τῷ οὖν λδ´ ἔτει γυναικὸς ἐγένετο θάνατος· τὸ γὰρ
τετράγωνον Κρόνου καὶ Ἀφροδίτης, τοῦ Κρόνου καθυπερτεροῦντος ὡς
90 νῦν, ἐκ γυναικῶν ἐπάγει βλάβας καὶ λύπας. ὁ δὲ καιρὸς εὔλογος· τοῦ
γὰρ Λέοντος ιθ´ ἐν ᾧ Κρόνος, τοῦ δὲ Σκορπίου ὅπου Ἀφροδίτη ιε´· ὁμοῦ 30
91 ἔτη λδ. ἐκ γὰρ τῶν κυρίων ἀστέρων τοῦ Λέοντος καὶ τοῦ Σκορπίου
ἐλήφθησαν αἱ περίοδοι· ὁτὲ δὲ ἐκ τῶν ἀναφορῶν οἱ ἀποτελεσματικοὶ
92 καιροὶ γίνονται, ὁτὲ δὲ ἐκ τῶν περιόδων καὶ ἀναφορῶν. τῷ δὲ λς´ ἔτει

§ 82: cf. Anub. 9 ‖ §§ 83—84: cf. Anub. 34—35 ‖ §§ 85—86: cf. Anub. 73—76 ‖
§§ 88—103: cf. VII 3, 18—26 ‖ §§ 88—95: thema 93 (4 Dec. 122)

[CH] 3 ἀσυσ̄τ C ‖ 4 αὐξηφωτεῖ C ‖ 5 μετριώτερα H ‖ 7 τόσοι C ‖ 9 ἥμαρται C ‖
10 σφάλλερον H | τὸ om. H ‖ 13 ὅλλυσι C ‖ 15 λυπρά C | ἴδη C ‖ 18 γίνεται CH,
corr. Kroll ‖ 22 τὰ] τῶν C ‖ 24 ἑαυτὸν H ‖ 25 κλίματα C ‖ 30 ᾧ] τῷ CH ‖ 32—33
οἱ — ἀναφορῶν om. C

376

κατηγορηθεὶς ὡς ἐπιβουλευθείσης ὑπ᾽ αὐτοῦ τῆς γυναικὸς ἔμελλε κιν-
δυνεύειν καὶ ἐφυγαδεύθη· ὁ γὰρ Κρόνος καθυπερτερῶν τὴν Ἀφροδίτην
καὶ ἐκπτώσεις ποιεῖ καὶ πένθη διὰ θηλυκῶν προσώπων. ἐδήλου δὲ τὸν 93
καιρὸν ἡ ἀναφορὰ τοῦ Λέοντος ἐν ᾧ ὁ Κρόνος· καὶ γὰρ καθ᾽ ἑαυτοὺς οἱ
5 ἀστέρες τὸν ἀποτελεσματικὸν δηλοῦσι καιρὸν καὶ συγκρατικῶς. διὰ μὲν 94
οὖν τὸ τετράγωνον τοῦ Κρόνου πρὸς Ἀφροδίτην ἔμελλε κινδυνεύειν, ἡ δὲ
αἰτία ἐκ τοῦ πρὸς Ἀφροδίτην σχήματος, ἀλλ᾽ ἐπεὶ καὶ ὁ Ζεὺς ἑώρα τὴν
Ἀφροδίτην ἔμελλε δι|εκφυγεῖν τὸν κίνδυνον· καὶ γὰρ καὶ ἡ Ἀφροδίτη ἐν f.153H
Σκορπίῳ τὰ λϛ ἔτη ἐδήλου. τῷ δὲ λζ′ ἔτει καὶ μείζονος φιλανθρωπίας 95
10 ἀπέλαυσε διὰ τὸ διάμετρον Σελήνης καὶ Διός· Σελήνης κε καὶ Διὸς ιβ·
ὁμοῦ λζ.

Ἄλλο καὶ πάλιν. Ἥλιος, Ἄρης, Ἀφροδίτη Τοξότῃ, Σελήνη Ζυγῷ, 96
Κρόνος Διδύμοις, Ζεὺς Παρθένῳ, Ἑρμῆς Σκορπίῳ, ὡροσκόπος Αἰγο-
κέρωτι. τῷ ιθ′ ἔτει ἐβιοθανάτησεν ὁ πατήρ· ἐχρημάτισε γὰρ ἐν τοιούτῳ 97
15 ἀποτελέσματι ἡ περίοδος Ἡλίου διὰ τὸ συνεῖναι τῷ Ἄρει. Ἄρης γὰρ σὺν 98
Ἡλίῳ κακοθάνατον τὸν πατέρα δηλοῖ, αὐτοὶ δὲ τοὺς ὀφθαλμοὺς βλάπτον-
ται καὶ κινδύνους ὑφίστανται· ἃ πάντα ἐγένοντο. ὁ μὲν γὰρ πατὴρ τῷ 99
ιθ′ ἔτει βιαίως ἐτελεύτησεν, αὐτὸς δὲ τοὺς ὀφθαλμοὺς ἐπηρώθη καὶ
ξενιτεύσας κίνδυνον κατὰ θαλάσσης ἔσχεν· ἐν γὰρ Τοξότῃ ἡ Ἀργὼ τὸ
20 πλοῖον. εἴρηται δὲ ὅτι εἰ καὶ ἀνὰ δύο κεῖνται οἱ ἀστέρες ὁμοῦ | ἢ κατὰ 100
σχῆμα ὁρῶσιν, ἀλλ᾽ οὖν ἡ ἑκάστου περίοδος ἢ ἡ ἀναφορὰ καὶ κατὰ μόνας f.187C
ἐνεργήσει καὶ μετὰ τῆς τοῦ ἐπικειμένου ἢ τοῦ συσχηματιζομένου· ἐκεῖνα
δὲ ἐνεργήσει ἅπερ ἡ ἐξ ἑκατέρου δηλοῖ σύγκρισις. ἐπεὶ οὖν ὁ Ἥλιος καὶ 101
πατέρα δηλοῖ καὶ ὄψιν, ἄμφω ἐγένοντο, καὶ μάλιστα ἐν σινωτικοῖς τόποις
25 καὶ ὀφθαλμικοῖς τοῦ Ἡλίου ὑπὸ κακοποιῶν βλαπτομένου. ἀλλὰ τῷ κ′ 102
ἔτει θείᾳ προνοίᾳ ἀνέβλεψεν· παρῆν γὰρ καὶ ἡ Ἀφροδίτη τῷ Ἡλίῳ, καὶ ὁ
Ζεὺς ἑώρα ἐκ τετραγώνου. τὰ δὲ κ ἔτη ἐδήλου ἡ Παρθένος διὰ τὸν κύριον 103
Ἑρμῆν, ἐν ᾗ ὁ τοῦ Διὸς ἑώρα τὸν Ἥλιον, ἀλλὰ καὶ ὁ Ζεὺς ιβ καὶ ἡ Ἀφροδίτη
ἐκ τετραγώνου ἦ· ἀμφότεροι γὰρ τὸ ὀφθαλμικὸν πάθος ἔβλεπον, καὶ
30 ὑπερίσχυσαν οἱ ἀγαθοποιοὶ διὰ τὸ ἐν χρηματιστικωτέροις τόποις εὑρε-
θῆναι.

Ἐνεργήσει δὲ τὰ εἰρημένα ἀποτελέσματα καὶ ἐν ταῖς ἀντιγενέσεσιν. δεῖ 104, 105
γὰρ ὁρᾶν τὸν κύριον τοῦ ἔτους τίσι κατὰ πάροδον σχηματίζεται, καὶ

---

§§ 96—103: thema 79 (26 Nov. 118)

[CH] 1 ὑποβουλευθείσης C ‖ 12 ἄλλο om. C ‖ 13 Διδύμοις] ⚹ H ‖ Αἰγοκέρω-
τι] ♏ H ‖ 15 διὰ τὸ ἥλιον συνεῖναι H ‖ 21 ἦ¹] ὁ C ‖ ἦ² om. C ‖ 22 τὴν CH ‖ ἐκεῖ-
νο CH ‖ 23 σύγκρασις H ‖ 24 πατρίδα CH ‖ ἐγένετο C ‖ 32 τῇ ἀντιγενέσει H

μάλιστα εἰ τὸ ὅμοιον σχῆμα σῴζει οἷον καὶ ἐπὶ γεννήσεως· δεῖ δὲ καὶ τὰς
ἐπεμβάσεις ὁρᾶν.

Περὶ τοῦ Διός

106 Ὁ δὲ Ζεὺς τέκνων αἴτιος γονῆς, ἐπιθυμίας, γνώσεως, συστάσεως,
φιλίας ἐξ ὑπερεχόντων προσώπων, δωρεῶν, εὐπορίας, ἀρχῆς καὶ δόξης, 5
προστασίας ἱερῶν, μεσιτειῶν, πίστεως, ἱερατείας, ἐπιτροπίας, δικαιοσύ-
νης, κακῶν ἀπαλλαγῆς, καρπῶν εὐφορίας, κληρονομίας, υἱοθεσίας,
ἐλευθερίας, αἰδοῦς, σεμνότητος, μεγαλοψυχίας, εἰρήνης, φιλοστοργίας,
εὐποιίας, εὐετηρίας, εὐθηνίας, εὐεξίας σωματικῆς καὶ ψυχικῆς, τῆς ἐκ
βασιλέων εὐεργεσίας, ὑγείας, καρπῶν δαψιλείας, στόλων εὐπλοίας· 10
107 πρόσωπα δὲ δηλοῖ μεσοχρόνια καὶ τιμητικά. παθῶν δέ ἐστιν αἴτιος ὅταν
κακῶται καὶ λόγον ἔχῃ πρὸς τὸν θανατικὸν τόπον, συνάγχης, περιπνευ-
μονίας, ἀποπληξίας, σπασμῶν, κεφαλαλγίας καὶ καρδιακῶν διαθέσεων.
108 τῶν δὲ τοῦ σώματος μερῶν | κυριεύει κατὰ μὲν Πτολεμαῖον ἁφῆς,
f.153 v H
109 πνεύμονος, σπέρματος καὶ ἀρτηριῶν. ὡς δὲ Οὐάλης, περὶ μὲν τὰ ἐκτὸς 15
μηρῶν καὶ ποδῶν διὰ τὸν Τοξότην καὶ τοὺς Ἰχθύας (ὅθεν καὶ δρόμον ἐν
ἄθλοις παρέχει), περὶ δὲ τὰ ἐντὸς σπορᾶς, μήτρας, ἥπατος, δεξιῶν,
110, 111 ὀδόντων. οὐσίας δὲ κασσιτέρου. πλὴν μειώσεως ὕστερον τῆς ὑπάρξεως
ποιητικὸς καὶ ὅλως ἀνώμαλος περὶ τὸν βίον καὶ τὸ ἦθος.
112 Σὺν Ἄρει δὲ ὢν ὁ Ζεὺς προκοπῆς καὶ κτήσεως αἴτιος καὶ τιμῶν πολιτι- 20
113 κῶν καὶ ἡγεμονίας λαοῦ καὶ συνεχῶν ἐπιτεύξεων. εἰ δὲ καὶ ἐν οἴκῳ Διὸς
ἢ Ἄρεώς εἰσιν οὗτοι συνόντες, κρατεροὺς δυνάστας σημαίνουσι τῶν
ἰδίων ὅπλων· ἴδια δὲ ὅπλα τοῦ μὲν Διὸς σκῆπτρα, τοῦ δὲ Ἄρεως δόρυ,
τόξον, ξίφος.
114 Ὁ δὲ Ζεὺς σὺν Ἡλίῳ, εἰ μὲν ὕπαυγος εἴη, πάντων τῶν ἀγαθῶν σπάνις 25
ἔσται, εἰ δὲ ἔξαυγος, εὐτυχία καὶ περίκτησις βίου καὶ ὄφελος, οἵδε δὲ
ἐπὶ εὐτυχίᾳ τῶν γονέων τίκτονται καὶ τὰς ἀπολαύσεις ἐκ βρέφους
ἔχουσιν.
115 Σὺν δὲ τῇ Ἀφροδίτῃ ὢν ὁ Ζεὺς τὸ τιμητικὸν ἐπιδείκνυται καὶ ταῖς
χάρισι κεκοσμημένον καὶ τὴν παρὰ πολλῶν φιλίαν, τό τε ἀγαθόφρον καὶ 30
εὐσεβὲς καὶ ἀστεῖον καὶ τὸ παρ᾽ ἡγεμόσι ποθεινὸν καὶ εὔφημον καὶ
116 εὐκλεές. οὗτοι καὶ ἐξ ἐπισήμων τινῶν γυναικῶν τὸν βίον αὔξουσιν ἢ
ἱερῶν προστατεύουσιν, κατ᾽ ἐξοχὴν δέ εἰσι φιλέρωτες καὶ πολλαῖς

§ 106: cf. I 1, 17 ‖ § 107: cf. Ptol. IV 9, 4 ‖ § 108: cf. Ptol. III 13, 5 ‖ §§ 109–
110: cf. I 1, 18–19 ‖ §§ 112–113: cf. Anub. 103 ‖ §§ 114–117: cf. Anub. 107–
110

[CH] 1 γενέσεως H ‖ 3 περὶ τοῦ Διός om. H ‖ 6 ἐπιτροπὰς ἱερατείας C ‖ 10 εὐ-
πλωίας C ‖ 11 δὲ om. C ‖ 12 συνά χης C ‖ 16 τοὺς] τοῦ C̃ ‖ 17 ἐκτὸς C ‖ 18 κασσι-
τήρου H ‖ 20 δὲ om. C ‖ 25 σπάνης C ‖ 26 περίκτισις C ‖ ὤφελος C ‖ 29 ὢν
om. C ‖ 32 ἢ post τινῶν C ‖ 33 πολλοῖς C

γυναιξὶν ἐν συνουσίᾳ γίνονται, εὔγαμοί τε καὶ εὔτεκνοι εἰ μὴ ὁρᾷ Κρόνος
καὶ Ἄρης· ἡ αὐτὴ σκέψις καὶ ἐπὶ γυναικῶν. εἰ δέ, τοῦ Διὸς σὺν Ἀφροδίτῃ 117
ὄντος ἐπὶ δυνατῶν τόπων, ἡ Σελήνη τούτους ὁρᾷ καὶ ὁ Ἄρης ποθὲν
μαρτυρεῖ, περὶ | συγγενικὰ πρόσωπα ὁ ψόγος ἔσται τῆς μίξεως [καὶ], ὡς f.187vC
5 ἔοικεν, διὰ τὸ συγγενικὸν τῶν ζῳδίων. ὁ γὰρ Καρκίνος ὕψωμα μέν ἐστι 118
τοῦ Διός, τρίγωνον δὲ Ἀφροδίτης, οἶκος δὲ Σελήνης, καὶ οἱ Ἰχθύες
ὕψωμα μὲν Ἀφροδίτης, οἶκος δὲ Διός, τρίγωνον δὲ Ἄρεως καὶ Σελήνης.
Οὐάλεντος· ὁ δὲ τοῦ Διὸς καὶ τῆς Ἀφροδίτης δόξης περιποιητικοὶ καὶ 119
ἐπικτήσεων καὶ δωρεῶν καὶ κόσμου σωματικοῦ, τέκνων τε γονῆς καὶ
10 ἀρχιερωσύνης καὶ στεμματοφορίας, ὄχλων προστασίας, τῆς ἐν εἰκόσι
τιμῆς· ἀνώμαλος δὲ περὶ γάμον καὶ τέκνα, ἔτι δὲ καὶ χρυσοφορίας
παρεκτικός.

Σὺν δὲ Ἑρμῇ ὢν ὁ Ζεὺς τὸ εὔβουλον ἐπισημαίνει καὶ τὸ ἐν λόγοις 120
δυνατὸν καὶ ἐν φρεσὶν ἄριστον καὶ τὸ σοφόν, ἐφ᾽ οἷς εἰσι καὶ τῇ πόλει
15 σεμνότεροι· γίνονται γὰρ γραμματικοὶ ἢ γραμματεῖς βασιλέων, ῥήτορές
τε καὶ σοφισταί. Οὐάλεντος· ἡ τοῦ Διὸς καὶ Ἑρμοῦ συμπαρουσία διοικητι- 121
κοὺς καὶ οἰκονομητικοὺς πραγμάτων καὶ ἐμπιστεύτους καὶ ἀπὸ λόγων ἢ f.154H
ψήφων συστατικοὺς καὶ | ἀπὸ παιδείας φιλικούς τε καὶ εὐσυστάτους. εἰ 122
δὲ καὶ ἐν χρηματιστικῷ ζῳδίῳ εὑρεθῶσιν, καὶ θησαυρῶν εὑρέται γίνονται,
20 ἔκ τε παρακαταθήκης καὶ δανείων ὠφελείας διδοῦσιν.

Σὺν δὲ Σελήνῃ ὢν ὁ Ζεὺς αὔξησιν τύχης καὶ πλοῦτον πολύν· εἴπερ 123
ἔξαυγός ἐστι καὶ αἱρέτης καὶ ἐν κρείττονι τόπῳ, κρείττονα [γὰρ καὶ]
τῶν γονέων ποιεῖ, ἐν δὲ νυκτερινῇ γενέσει εἴπερ ἡ Σελήνη πλειόνων
ἐστὶ μοιρῶν, ⟨ἐλάττονα⟩.

25   καί κεν ἀμαυρώσειε τύχην καὶ μείονα θείη.   124

Τρίγωνος δὲ ὢν πρὸς Ἄρεα ὁ Ζεὺς ἀρχὰς δίδωσι καὶ τιμὰς παρ᾽ ἡγε- 125
μόνων καὶ δραστικοὺς ποιεῖ.

Τετράγωνος δὲ καθυπερτερῶν δόξης, συστάσεως, εὐκλείας καὶ τιμῆς 126
αἴτιος· οἱ μὲν ἐν βασιλείοις αὐλαῖς ἀναστρέφονται, οἱ δὲ ἐν στρατιαῖς
30 εἰσιν, οἱ δὲ τὰ δημόσια πράττοντες, τῶν δὲ πατρικῶν κτημάτων καὶ τοῦ

---

§ 119: cf. I 19, 13 ‖ § 120: cf. Anub. 111 ‖ §§ 121—122: cf. I 19, 14—15 ‖
§§ 123—124: cf. Anub. 112—113 ‖ § 125: cf. Anub. 10 ‖ §§ 126—128: cf. Anub.
36—37

[CH] 1 ἐόγαμοι C ‖ 2 εἰ δέ legi vix potest in C ‖ 3 τούτοις C ‖ 4 καὶ secl.
Kroll ‖ 7 δὲ¹ om. C ‖ 8 οὐάλεντος in marg. CH ‖ ἡ C ‖ 9 καὶ post τε H ‖
11 γάμων C ‖ τέκνων C ‖ ἔστι C ‖ 14 καὶ τὸ σοφόν om. C ‖ 16 Οὐάλεντος om. H ‖
18 συστατοὺς C ‖ φιλικοί H ‖ εὐσύστατοι H, εὐαστάτους C ‖ 21 ☾ δὲ H ‖ ὢν
om. C ‖ 22 αἱρετικὸς C ‖ 25 κεν om. H, κενα C, corr. Kroll ‖ ἀμαυρώσειεν CH,
corr. Kroll ‖ 28 καθυπερτερεῖ C

127 βίου οὐκ ἀγαθοὶ φύλακες. λυπεῖ δὲ καὶ εἰς τέκνα· ἢ γὰρ ἀτεκνίαν ἢ
128 ὀλιγοτεκνίαν ποιεῖ. Ἄρης δὲ τὸν Δία καθυπερτερῶν ὀξυτάτους ταῖς
ὁρμαῖς καὶ τῷ βίῳ σφαλλομένους καὶ ματαιοπονοῦντας ἐν βασιλικαῖς
ὑπηρεσίαις καὶ πράξεσιν ἢ ἐν δημοσίαις, ἀφ' ὧν διαβολαὶ καὶ κατηγορίαι
ἐγείρονται. 5
129 Διάμετρος δὲ ὢν ὁ Ζεὺς τῷ Ἄρει πᾶσαν ἀνωμαλίαν καὶ σκέδασιν τοῦ
βίου ποιεῖται καὶ τοὺς φίλους ἐχθροὺς ποιεῖ (καὶ εἰκότως· ὁ μὲν γὰρ
Ζεὺς εἰρήνης αἴτιος, ὁ δὲ Ἄρης ὀργῆς καὶ θυμοῦ, καὶ τὸ διάμετρον σχῆμα
ἐχθρῶδες)· ἐκ προπετείας δὲ καὶ ἐκ ταραχῆς λογισμῶν θλίψεις σημαίνει.
130 Τὸ δὲ τρίγωνον Διὸς καὶ Ἡλίου πλούτου καὶ δόξης καὶ τεκνώσεως καὶ 10
γάμου καὶ βίου ἐμφανοῦς αἴτιον.
131 Τὸ δὲ τετράγωνον Διὸς καὶ Ἡλίου, τοῦ Διὸς ὑπερτεροῦντος, προκοπῆς
μεγίστης καὶ συστάσεως ἀγαθῆς τῷ πατρὶ καὶ τῷ παιδὶ αἴτιον, καὶ
132 ἔτι τῆς τῶν πολλῶν ὑπεροχῆς. εἰ δὲ ὁ Ἥλιος δεκατεύει τὸν Δία, ὁ μὲν
πατὴρ λαμπρὸς πάνυ ἔσται, τὰ δὲ κτήματα τούτου μειοῦται· ἢ γὰρ τῇ 15
πόλει κοινοῦται ἢ τῷ λαῷ, ἐνίοτε δὲ καὶ οἱ ἐχθροὶ αὐτοῦ τὴν κτῆσιν
αὐτοῦ κληρονομοῦσιν.
133 Τὸ δὲ διάμετρον Διὸς καὶ Ἡλίου τοῖς πατρικοῖς κτήμασιν ὀλέθριον·
καὶ ὁ παῖς ὑποτεταγμένος ἔσται ἀνδρὶ ἐλάττονι.
134 Τὸ δὲ τρίγωνον Διὸς καὶ Ἀφροδίτης χαρίεντας, ποθεινοὺς ποιεῖ, ἐκ 20
γυναικῶν καὶ φίλων προκόπτοντας.
135 Τὸ δὲ τετράγωνον Διὸς καὶ Ἀφροδίτης, τοῦ Διὸς ὑπερτεροῦντος, πολλῶν
f.188C φίλους, ἀπὸ θηλυκῶν προσώπων | προστάσεις καὶ κέρδη ἔχοντας, ἀστεί-
136 ους δὲ λίαν, θεοσεβεστάτους. εἰ δὲ ἡ Ἀφροδίτη τὸν Δία καθυπερτερεῖ,
ἐρωτικοὶ ἔσονται, περικαλλῶς ἔχοντες εἰς γυναῖκας, φιλοχαρεῖς τε καὶ 25
φιλοκόσμιοι, πλὴν οὐχ οὕτως ἐν ταῖς τῶν πράξεων ἐπιβολαῖς ἐπιτυγχάνον-
τες· ἐν γὰρ ταύταις ἄμεινον τὴν Ἀφροδίτην ὑπὸ Διὸς καθυπερτερεῖσθαι.
137 Τὸ δὲ διάμετρον Διὸς καὶ Ἀφροδίτης ἐν ταῖς τοῦ βίου προκοπαῖς οὐ
138 καλόν. τούτοις δὲ οὐδεὶς φίλος ἀληθής, | ἀλλ' ἕτερα μὲν λέγοντες, ἕτερα
f.154vH δὲ βυσσοδομεύοντες, ἐξ ὧν καὶ ἐπανάστασιν ἕξουσι καὶ κακὰς ἀμοιβὰς ἐκ 30
τούτων ἀντιλήψονται· ἐν ἄλλοις δὲ πράγμασιν εὐτυχεῖς ἔσονται καὶ βίον
ἕξουσιν ἱκανόν, καὶ πρὸς μὲν τὰς γνησίας γαμετὰς ἄστατοι, ἐν δὲ ἀλλο-
τρίαις μίξεσιν ἐπιτευκτικοί.

§ 129: cf. Anub. 77 ‖ § 130: cf. Anub. 11 ‖ §§ 131−132: cf. Anub. 38−39 ‖
§ 133: cf. Anub. 78 ‖ § 134: cf. Anub. 12 ‖ §§ 135−136: cf. Anub. 40−41 ‖
§§ 137−138: cf. Anub. 79

[CH] 1 ἀγαθὸς φύλαξ CH ‖ 3 σφαλομένους C ‖ 4 ἀφῶν^αι C ‖ 10−11 γάμου καὶ
τεκνώσεως C ‖ 16 δὲ om. C ‖ 18 ὀλέθρια C ‖ 23 πράσεις C ‖ 24 καὶ post δὲ² C ‖
℄ C ‖ ὑπερτερεῖ C ‖ 25 περικαμῶς C ‖ 26 ἐπιτυγχάνοντες C ‖ 30 βυσσυμβεύοντες H,
βυσσημεύοντες C, corr. Kroll ‖ 31 ἀντιλήψεται C ‖ 32 ἀλλοτρίοις C

APPENDIX I

Τὸ δὲ τρίγωνον Διὸς καὶ Ἑρμοῦ περινοηματικοὺς ποιεῖ καὶ λίαν 139
συνετοὺς καὶ ἐμπράκτους καὶ σεβασμίους καὶ τῇ πόλει περιβοήτους, ὑπὸ
πολλῶν τιμωμένους, γραμματεῖς τε ἢ δημοσίας διοικήσεις πιστευο-
μένους ἐκ βασιλέων καὶ ταῖς πράξεσιν ἀμέμπτους.

5   ἄλλοι δ᾽ αἰθερίων ἄστρων ἐπιίστορές εἰσιν·   140

εἰκὸς δὲ τοῦτο γίνεσθαι ὅταν ἐν τῷ θ΄ τόπῳ τὸ σχῆμα γένηται.
Ζεὺς ⟨δὲ⟩ τὸν Ἑρμῆν τετραγωνίζων, τοῦ Διὸς καθυπερτεροῦντος, 141
γραμματεῖς καὶ ψήφων διευθυντῆρας καὶ λογιστὰς σημαίνει, οἷς δὲ ἀπὸ
κοινῆς προστασίας ὁ βίος καὶ ἡ πρᾶξις ἔσται. εἰ δὲ ὁ τοῦ Ἑρμοῦ τὸν Δία 142
10 καθυπερτερεῖ, τὸν μὲν βίον οὐκ ἄποροι, τῇ δ᾽ ἀκρισίᾳ πολλὰ τὰ ἐναντία
διαπράττοντες καὶ τὰ μὲν ἀγαθὰ ὡς φαῦλα ἐκτρέπονται, ὅπερ ἄλλοι
λαβεῖν εὔχονται οὗτοι λαβεῖν οὐκ ἐθέλοντες καὶ αὐτόματα τὰ ἀγαθὰ
ἰόντα εἰς αὐτοὺς ἀποφεύγοντες καὶ ἐπὶ ταῖς εὐεργεσίαις ἀχαριστούμενοι.
Τὸ δὲ διάμετρον Διὸς καὶ Ἑρμοῦ φαῦλον τοῖς περὶ λόγους ἐσπουδακόσιν· 143
15 ὄχλων γὰρ ἐπανάστασιν καὶ ὀργὴν σημαίνει ἢ διαβολὰς ἐκ φθόνου πρὸς
μείζονας, ἀδελφῶν τε θάνατον καὶ δίκας καὶ κρίσεις πρὸς συγγενεῖς.
Τὸ δὲ τρίγωνον Διὸς καὶ Σελήνης εὐκλεεῖς καὶ ἔμφρονας ⟨ποιεῖ⟩· οἱ 144
μὲν ἡγεμόνες ἔσονται ἢ κριταὶ ὅταν τὸ σχῆμα ἐν τόπῳ Διός ἐστιν, οἱ δὲ
δημηγόροι ὅταν ἐν τόπῳ Ἑρμοῦ, οἱ δὲ στρατιῶται ἔνοπλοι ὅταν ἐν τόπῳ
20 Ἄρεως, ἢ τοιούτοις προσώποις συνδιατρίβουσιν. εἰ μὲν γὰρ αὐξιφωτεῖ ἡ 145
Σελήνη, αὐθεντικοὶ στρατιῶται ἔσονται, εἰ δὲ λειψιφωτεῖ, ὑπηρέται
ἔσονται τῶν ἡγεμόνων· καὶ ἐν πᾶσι δὲ τοῖς λοιποῖς (ἤγουν ἐν ταῖς μείζοσι
καὶ ἥττοσι πράξεσιν) παραπλησίως διακριτέον.
Τὸ δὲ τετράγωνον Διὸς καὶ Σελήνης, τοῦ Διὸς ἐπικειμένου νυκτὸς καὶ 146
25 ἡμέρας, τῇ τε μητρὶ καὶ αὐτῷ πρᾶξιν καὶ βίον δώσει· καὶ τοῦ ἰδίου
γένους ὑπέρτερος ἔσται ἕνεκα τιμῆς καὶ ἐπὶ προεδρίας λαοῦ τεταγμένος,
ὄνομα μέγα καὶ φήμην πολλὴν ἐν τῇ πόλει ἔχων. εἰ δὲ ἡ Σελήνη τὸν Δία 147
δεκατεύοι, κλέος καὶ σύστασιν σημαίνει ἐν ἡγεμονικοῖς προσώποις, πλὴν
ἐν προβάσει τῶν χρόνων ἐλάττωσίν τινα καὶ ἀπραξίαν ἔν τινι καιρῷ
30 οἴσει.
Τὸ δὲ Διὸς καὶ Σελήνης διάμετρον αὐξιφωτούσης μὲν προεδρίας αἴτιον 148

§§ 139—140: cf. Anub. 13 ‖ §§ 141—142: cf. Anub. 42—43 ‖ § 143: cf. Anub. 80 ‖
§§ 144—145: cf. Anub. 14 ‖ §§ 146—147: cf. Anub. 44—45 ‖ §§ 148—149: cf.
Anub. 82—83

[CH] 3 δημοσίους C ‖ 7 Ζεὺς — Ἑρμῆν om. H ‖ τετραγωνίζων om. C, □ δὲ H ‖
τοῦ Διὸς om. C ‖ καθυπερτερῶν C ‖ 9 ὁ ἑρμῆς C ‖ 10 τἀναντία H ‖ 12 ἔχονται C ‖
13 ἀποφεύγουσι C ‖ ὑποφεύγοντες H ‖ 14 λόγοις C ‖ 19 δημηγορίας H ‖ 20 συνδια-
τρίβωσιν C ‖ αὐξηφωτεῖ C ‖ 21 λειψηφωτεῖ C ‖ 22 τοῖς δὲ C ‖ τοῖς CH, ταῖς Kroll ‖
23 ὁμοίως H ‖ 26 προεδρίᾳ H ‖ 30 ἴσει C

26*   381

καὶ βίου ἐπισήμου· ἀρχικὸς γὰρ ἔσται, ἤθεσι δ᾽ ὁρμητὴς καὶ ἄλλῳ τινὶ
οὐκ εἴκων, καὶ μᾶλλον ἡνίκα ἡ Σελήνη τὸν Δία ὑπερτερεῖ ἐλαττόνων
149 μοιρῶν οὖσα. λειψιφωτοῦσα δὲ μειώσει τὰ εἰρημένα καὶ σφάλματα πολλὰ
ἐπεισάξει τῷ βίῳ.

f.188vC | Περὶ τοῦ Ἄρεως   5

150   Τὸν δὲ Ἄρεα ποιητικὸν εἶναί φασι βίας, τυραννίδος, ἁρπαγῆς, στρα-
f.155H τείας, ὅπλων, πολέμων, | ἀνδροκτασιῶν, ἔριδος, ταραχῆς, κραυγῆς,
ἐπιβουλῆς, ὕβρεως, αἰχμαλωσίας, μοιχείας, ἐμβρυοτομίας, φυγῆς,
ἐκπτώσεων, ψεύδους, κλοπῆς, λῃστείας, φίλων διαλύσεως, ὀργῆς, θυμοῦ,
ἔχθρας, δικῶν, φόνων, αἱμαγμῶν, θράσους, προπετείας, ὀξύτητος, 10
τόλμης, ῥιψοκινδυνίας, καύσεων, πληγῶν καὶ τομῶν ἐκ σιδήρου, ἐμπρη-
σμῶν, πλάνης, ξενιτείας, ἐπιορκίας, ἱεροσυλίας, κακουργίας, ἀναιδείας,
κυνηγεσίας, αὐθαδείας, ἀνυποταξίας, καταφρονήσεως, ὠμότητος· γίνονται
δὲ καὶ μέθυσοι, ἀνελεήμονες, πλῆκται, φιλοθόρυβοι, ἄθεοι, μισοίκειοι.
151 αἴτιος δὲ καὶ στάσεων καὶ ἐμφυλίων πολέμων, ἀνδραποδισμῶν, ἐπαναστά- 15
σεων, χόλων ἡγεμονικῶν, αἰφνιδίων θανάτων καὶ πάσης παρανομίας,
152 καλῶς δὲ κείμενος στρατιωτῶν ἀρχὰς καὶ ἡγεμονίας παρέχει. περὶ δὲ τὸν
ἀέρα καυσωνίας καὶ πνευμάτων θερμῶν αἴτιος, λοιμικῶν, συντηκτικῶν,
πρηστήρων, κεραυνῶν, ἀνομβρίας, περὶ δὲ θαλάσσας αἰφνιδίων ναυαγίων
ἐξ ἀτάκτων πνευμάτων ἢ κεραυνῶν, περὶ δὲ ποταμοὺς καὶ πηγὰς λειψ- 20
153 υδρίας. φθορᾶς δὲ καρπῶν αἴτιος ἐκ καυμάτων φλογερῶν ἢ βρούχου ἢ
154 πνευμάτων ἐκτινάξεως ἢ τῆς ἐν ταῖς ἀποθέσεσι συγκαύσεως. πρόσωπα
155 δηλοῖ ἀκμαστικά. τῶν δὲ τοῦ σώματος μερῶν κυριεύει κατὰ μὲν Πτολε-
μαῖον ἀκοῶν εὐωνύμων, νεφρῶν, φλεβῶν καὶ μορίων, κατὰ δὲ Οὐάλεντα
κεφαλῆς, ἕδρας, μορίου, αἵματος, χολῆς, σκυβάλων ἐκκρίσεως, ὀπισθίων 25
156 μερῶν. πάθη δὲ ποιεῖ πτώσεις ἀφ᾽ ὕψους ἢ τετραπόδων, ἐπισκιασμούς,
ἀποπληξίας, πυρετοὺς τριταϊκοὺς καὶ ἡμιτριταϊκὰς περιόδους, νεφρίτιδας,
αἱμοπτυσίας, αἱμορραγίας, ἐκτρωσμούς, ἐρυσιπέλατα, αἰφνιδίας πληγὰς
157 καὶ ὅσα κατ᾽ ἐκπύρωσιν ἀμετρίας τοῦ θερμοῦ. τέχνας δὲ δίδωσι τὰς διὰ
158 πυρὸς καὶ σιδήρου. οὐσίας δὲ κύριος σιδήρου διὰ τὸν Κριὸν καὶ κόσμου, 30
ἱματίων καὶ οἴνου καὶ ὀσπρίων.
159   Σὺν δὲ Ἡλίῳ ὢν ὁ Ἄρης τὸν μὲν πατέρα ταχυθάνατον ἢ κακοθάνατον

---

§ 150: cf. I 1, 21−22 ‖ §§ 151−153: cf. Ptol. II 9, 11−13 ‖ § 155: cf. Ptol. III
13, 5; I 1, 24 ‖ § 156: cf. I 1, 23 ‖ § 158: cf. I 1, 26 ‖ § 159: cf. Anub. 114

[CH] 3 λειψηφωτοῦσα C ‖ μειώσεις C ‖ 4 ἐ . . . αξει C ‖ 5 περὶ τοῦ Ἄρεως
om. H ‖ 8 ἐμβροτομίας om. C ‖ 12 ἀναιδίας C ‖ 15 στάσεως C ‖ 17 ἡγεμονι-
κοὺς C | ἐπὶ H ‖ 18 συντοκτικῶν C ‖ 19 κερῶν C ‖ 23 ἀκματικά C ‖ 25 χολῶν C ‖
28 αἱμορραγίας H | αἰφνιδίους H ‖ 29 ἄμετρον C

APPENDIX I

σημαίνει· εἰ δὲ καὶ ἐπίκεντρός ἐστιν ὁ Ἄρης ἢ ἐπανερχόμενος, χεῖρον. εἰ 160
δὲ μὴ ἔχει πατέρα, εἰς πατρυὸν ἢ ὃν ἐν τάξει πατρὸς ἔχει ἀποβήσεται·
ὡσαύτως καὶ ἐπὶ μητρός. κίνδυνοι δὲ πυκνοὶ περὶ τὸν γεννηθέντα· ἔνιοι 161
καὶ τοὺς ὀφθαλμοὺς ἐβλάβησαν ἢ ἐκ σιδήρου καὶ πυρὸς τὸ σῶμα πάσχου-
5 σιν, ἄλλοι μανίαν νοσοῦσι καὶ φρενοβλάβειαν, ὁ δὲ πατρικὸς βίος σκεδάν-
νυται.

Σὺν δὲ Ἀφροδίτῃ τὰ ἴσα τῶν τετραγώνων ποιοῦσιν. ἡ δὲ τοῦ Ἄρεως καὶ 162, 163
Ἀφροδίτης συμπαρουσία· ταῖς γνώμαις ἄστατοι καὶ ἄκρατοι καὶ ζηλότυ-
ποι, πολύφιλοι δὲ καὶ περὶ τὰς μίξεις ἀδιάφοροι· καὶ κακουργίας ἐκ
10 θηλυκῶν παρέχει προσώπων καὶ φαρμακείας καὶ κρίσεις καὶ διαβολὰς καὶ
ταραχάς.

Σὺν δὲ τῷ Ἑρμῇ ψεύστας μέν, συνετοὺς δὲ | καὶ πολλῶν ἴδριας κατ᾽ ἐξο- 164
χὴν ποιεῖ, κρίσεις ὡς τὰ πολλὰ καὶ πανουργίας ἔχοντας, ἐνίους γυμναστάς, f.155vΗ
ἀθλητάς, ἡνιόχους καὶ ἐκ τούτων ἐπισήμους γινομένους εἴπερ οἱ ἀγαθο-
15 ποιοὶ ὁρῶσιν· ὅμως παιδερασταὶ ἔσονται, καὶ εἰ ὁ Κρόνος ἴδοι, ψόγον
πολὺν ἐν τούτοις ἐποίσει. εἰ δέ, τοῦ Ἄρεως καὶ Ἑρμοῦ συνόντων, αὐτοί τε 165
ὕπαυγοι εὑρεθεῖεν καὶ κατά τι κέντρον, καὶ ἔτι ἡ Σελήνη τούτους ὁρᾷ,
κακόβουλοι ἔσονται καὶ ψεῦσται, λῃστῶν τρόπον ἔχοντες, ἔτι τε μὴν καὶ
πλαστογράφοι· καὶ εἰ μὲν ὑπὸ Διὸς ὁραθῶσιν, | εὐτυχοῦσιν ἐν τούτοις, f.189C
20 εἰ δὲ ὑπὸ Κρόνου, ἐλέγχονται καὶ δεινὰ πάσχουσιν.

Σὺν δὲ Σελήνῃ ὢν ὁ Ἄρης θερμόν τε καὶ οὐ δύστευκτον ἔθηκεν, καὶ 166
μᾶλλον ἐπίκεντρος· τινὲς ὀλιγοχρόνιοι, ἄλλοι σεσινωμένοι καὶ κινδύνοις
περιπίπτουσιν, ἕτεροι κακοθάνατοι ἢ ἐκ ξίφους ἀποτεμνόμενοι εἰ μὴ ὁ
Ζεὺς ἴδοι· καὶ ἡ μήτηρ δὲ ἀσθενικὴ ἔσται.

25 Τρίγωνος δὲ ὢν ὁ Ἄρης τῷ Ἡλίῳ ἀρχοντικοὺς ποιεῖ, ἀλλὰ βελτίων ἢ 167
ἀρχὴ ἔσται εἴπερ ἐν νυκτερινῇ γενέσει τὸ μὲν δεξιὸν ὁ Ἥλιος ἔχει, τὸ δὲ
ἀριστερὸν ὁ Ἄρης· καθυπερτερεῖ γὰρ τότε τὸν Ἄρεα ὁ Ἥλιος καὶ κρατε-
ροὺς δυνάστας ποιεῖ. εἰ δὲ πρὸς τούτοις καὶ ὁ Ζεὺς τρίγωνός ἐστιν αὐτοῖς 168
καὶ ἐπίκεντρος, τῆς Σελήνης ἐν τόπῳ καλῷ οὔσης, τότε καὶ ζωῆς καὶ
30 θανάτου γίνονται κύριοι.

Ἐκ δὲ τετραγώνου καθυπερτερῶν τὸν Ἥλιον ὁ Ἄρης ἀεὶ βλάπτει καὶ 169
νόσοις περικυλίει καὶ ἐν ταῖς προκοπαῖς ἐναντιοῦται. εἰ δὲ ὁ Ἥλιος δεκα- 170
τεύει τὸν Ἄρεα, αὐτῷ τε καὶ τῷ πατρὶ ὀλέθριος· πταίσματα γὰρ πάμ-

§§ 161—162: cf. Anub. 115—116 ‖ § 163: cf. I 19, 18 ‖ §§ 164—166: cf. Anub.
117—121 ‖ §§ 167—168: cf. Anub. 15—16 ‖ §§ 169—170: cf. Anub. 46—47

[CH] 1 ἢ] καὶ H ‖ 2 πατρυὸν H ‖ 3 μητρί H ‖ 7 σὺν — ποιοῦσιν om. H ‖
7—11 ἡ — ταραχάς post 16 ἐποίσει C ‖ 9 κακοῦργοι C ‖ 10 φαρμακίας C ‖ 10—11
καὶ² — ταραχάς legi non possunt in H ‖ 12 τῷ om. C ‖ ἴδρυας H ‖ 13 ποιεῖ] περὶ
CH ‖ 14 ἀθλίτας H ‖ 19 ὁραθῶσιν om. C ‖ 27 γὰρ om. C ‖ 28 ἐστι τρίγωνος αὐ-
τοῦ C ‖ 31 ὁ om. H ‖ 32 νόσους C | τῇ προκοπῇ C

383

VETTIVS VALENS

πολλα φέρει, καὶ τὴν κτῆσιν ἀποστερεῖ, καὶ οἷς μὲν παραφροσύνας ἐπάγει,
ὧν δὲ τοὺς ὀφθαλμοὺς ἤμβλυνεν, καὶ χεῖρον ἐν ἡμερινῇ γενέσει.

171 Διάμετρος δὲ τῷ Ἡλίῳ ὁ Ἄρης τῷ πατρὶ ὀλέθριος ἢ καὶ τὰ ὄμματα
σινοῖ, αὐτῷ δὲ κίνδυνον ἀφ᾽ ὕψους καὶ πολλὰς ἐναντιώσεις· καὶ ταῦτα μὲν
ἡμέρας, νυκτὸς δὲ ἀδράνειαν καὶ ἔκπτωσιν βίου.   5

172 Πρὸς δὲ τὴν Ἀφροδίτην τρίγωνος ὢν ὁ Ἄρης εὐπορίαν καὶ λέχος
εὔνυμφον δίδωσιν· φιλοκόσμους ποιεῖ καὶ μεγαλόφρονας καὶ πολλῶν
γυναικῶν λέχη θηρῶντας.

173 Τετράγωνος δὲ καθυπερτερῶν ὁ Ἄρης τὴν Ἀφροδίτην κρίσεις, μάχας
καὶ ζημίας διὰ γυναῖκας σημαίνει, εἰ δὲ ἐν τροπικοῖς ζῳδίοις ἀνδρόγαμος 10
ἔσται κίναιδος, μαλακός, πασχητιῶν, εἰ δὲ μέτρα ζωῆς ἔχουσι συμπράξουσι
τῇ μοιχείᾳ τῶν γυναικῶν αὐτῶν ἢ εἰδότες ἀνέξονται, εἰ δὲ γυναικός ἐστιν
ἡ γέννησις ὁμοίως καὶ αὐτὴ ἀνέξεται, πολλὰ λυπουμένη ἐπὶ ταῖς πρὸς
174 ἀλλοτρίας μίξεσι τοῦ ἀνδρός. εἰ δὲ ἡ Ἀφροδίτη δεκατεύοι τὸν Ἄρεα, τὰ
ἴσα ποιεῖ πλὴν λαθραίως καὶ οὐ φανερῶς.   15

175 Ἄρης δὲ διαμετρῶν Ἀφροδίτην ῥέμβους καὶ ἀστατοῦντας ⟨ποιεῖ⟩,
176 βάσκανος δ᾽ ἡ Ἀφροδίτη καὶ ἐν γάμῳ καὶ ἐν τέκνοις. εἰ δὲ καὶ ἐν τροπικοῖς
ζῳδίοις, τὰ ἴσα τῶν τετραγώνων ποιεῖ.

177 Τὸ δὲ τρίγωνον Ἄρεως καὶ Ἑρμοῦ ἐμπράκτους καὶ συνετοὺς καὶ ἐν
βουλαῖς ἐπιτευκτικούς, τοῖς τε ἔργοις ὀξεῖς· οὗτοι δὲ καὶ ἐκ γραμμάτων 20
καὶ λόγου καὶ παιδείας τὸν βίον αὔξουσιν.

178
f.156H   Ἄρης δὲ τὸν Ἑρμῆν δεκατεύων | δεινῶν πολλῶν αἴτιος, συνοχὰς ἐπάγων
καὶ τὰς πράξεις κωλύων, διαβολάς τε καὶ κατηγορίας παρέχων, καὶ
μᾶλλον ἐν ἡμέρᾳ, ἐν δὲ νυκτὶ ἧττον.

179 Ἄρης Ἑρμῆν διαμετρῶν πλαστογράφους ποιεῖ καὶ φαρμάκων συνίστο- 25
ρας, ἐν ἐγγύαις καὶ χρέεσι γινομένους, ὅθεν πολλάκις, φησίν, πίστιν
ἀποστέργουσι δικαίων καὶ τούτων ἕνεκα κρίνονται παρ᾽ ἡγεμόσι καὶ φό-
βους ὑπομένουσιν· οἱ δὲ καὶ τῆς πατρίδος ἀπελαύνονται, καὶ μᾶλλον εἰ
ἐν ὁρίοις Κρόνου ἢ τοῖς ἰδίοις ὁρίοις εἰσὶν ἢ ὁ Ἑρμῆς ἐν ἰδίοις ζῳδίοις.

180 Ἄρης τρίγωνος ὢν τῇ Σελήνῃ ἀποκρουστικῇ οὔσῃ ἐμπράκτους ⟨ποιεῖ⟩, 30

§ 171: cf. Anub. 84 ‖ § 172: cf. Anub. 17 ‖ §§ 173−174: cf. Anub. 48−49 ‖
§§ 175−176: cf. Anub. 85−86 ‖ § 177: cf. Anub. 18 ‖ § 178: cf. Anub. 50 ‖
§ 179: cf. Anub. 87 ‖ §§ 180−181: cf. Anub. 19−20

[CH] 1 κτίσιν C | παραφροσύνην C ‖ 2 ἠμέλυνε C ‖ 3 τῷ δὲ ἡλίω διάμετρος
ἄρης H | τοῦ πατρὸς C ‖ 4 τῷ CH, αὐτῷ sugg. Kroll ‖ 6 λέχος C ‖ 7 φιλόκο-
σμον C ‖ 9 τετράγωνος om. C | καθυπερτερεῖ δὲ C | ὁ Ἄρης om. H | τὴν Ἀφροδί-
την] αὐτὴν H ‖ 11 πασχήτων C | μετρίως H ‖ 14 δεκατέει H ‖ 16 Ἄρης om. H |
διαμετρῶν δὲ H | δὲ om. C | Ἀφροδίτην om. H ‖ 17 καὶ³ om. H ‖ 18 τῷ τετρα-
γώνω H ‖ 19 δὲ om. C ‖ 21 παιδείας καὶ λόγου C ‖ 25 Ἄρης Ἑρμῆν om. H | δὲ
post διαμετρῶν H ‖ 27 τούτοις C ‖ 28 οἱ] οἰκίας H | ἀπολαύονται C ‖ 29 τοῦ ἑρ-
μοῦ CH ‖ 30 Ἄρης om. H | ὢν] δὲ H

384

APPENDIX I

ῥᾳδίως περιγινομένους ὧν ἐθέλουσι πράξεων, εἰ δ᾽ ἔτι καὶ ὁ Ζεὺς ὁρᾷ
ἀρχικοὺς καὶ ἐνδόξους καὶ λίαν ἰσχυρούς. ἐν ἡμέρᾳ δὲ αὐξιφωτοῦσα τῷ τε 181
βίῳ καὶ τῷ σώματι χαλεπή.

Τὴν δὲ Σελήνην δεκατεύων ὁ Ἄρης χηρείᾳ τὴν μητέρα περιβάλλει ἢ τὸν 182
5 βίον ἐλαττοῖ, καί τινων αἱ μητέρες ἐξ αἵματος ἢ κακοθανασίας ἀναιροῦν-
ται, | οἱ δὲ μανίας νοσοῦντες ἐπὶ ναοὺς καταφεύγουσιν, καὶ μᾶλλον ὅταν f.189vC
ὁ Ἄρης ἐν ὁρίοις Κρόνου ἐστίν, ἡ δὲ Σελήνη ἐν ὁρίοις Ἄρεως ἢ Ἑρμοῦ·
πολλάκις γὰρ ἡ δύναμις τῶν ὁρίων ἢ ἐπέτεινεν ἢ ἀνῆκεν.

Ἄρης Σελήνην διαμετρῶν ὀλιγοχρονίους ποιεῖ καὶ κινδύνους συχνοὺς 183
10 δίδωσιν· οἱ μὲν ἄγαμοί εἰσιν, οἱ δὲ θάπτουσι τὰς γυναῖκας, καὶ ἡ τελευτὴ
τούτων κακή· ἢ γὰρ μανίας ἢ τομὰς μελῶν ἢ δεσμῶν πεῖραν σημαίνει.

Περὶ τοῦ Ἡλίου

Ὁ δὲ Ἥλιος αἴτιός ἐστιν ψυχικῆς αἰσθήσεως καὶ νοός, βασιλείας, 184
ἡγεμονίας, ὕψους, θείων χρηματισμῶν, δημοσίων πράξεων, προστασίας
15 ὀχλικῆς, πατέρων, δεσποτῶν, εἰκόνων, ἀνδριάντων, στεμμάτων, ἀρχιεραρ-
χίας, πατρίδος. τῶν δὲ τοῦ σώματος μερῶν κυριεύει ὀφθαλμοῦ δεξιοῦ, 185
ἐγκεφάλου, καρδίας, νεύρων καὶ τῶν δεξιῶν πάντων, κατὰ δὲ Οὐάλεντα
κεφαλῆς, αἰσθητηρίων, ὀφθαλμοῦ ⟨δεξιοῦ⟩, καρδίας, νεύρων, πλευρῶν,
οὐσίας δὲ χρυσοῦ καὶ καρπῶν σίτου καὶ κριθῆς.
20 Συνὼν δὲ τῇ Ἀφροδίτῃ ἑσπερίᾳ ἀνατολικῇ ἐν νυκτί, ἐν δὲ ἡμέρᾳ ἑῴᾳ 186
ἀνατολικῇ, ἐνδόξους καὶ ἐμπράκτους ⟨ποιεῖ⟩, εἰ δὲ ἑσπερία μέν ἐστιν ἐν
ἡμέρᾳ, ἑῴα δὲ ἐν νυκτί, μέσους. ἔστι δὲ καὶ δωρηματικὴ ἡ τούτων 187
συμπαρουσία καὶ ἐν ταῖς ἐπιβολαῖς εὐεπίτευκτος, καὶ μάλιστα ἐν προ-
στασίαις ὄχλων, εἰς δὲ τὸν περὶ γυναικῶν καὶ τέκνων λόγον οὐκ ἄλυπος,
25 καὶ μάλιστα ὑπαύγου οὔσης τῆς Ἀφροδίτης.

Σὺν δὲ Ἑρμῇ ὢν ἐπὶ ἑῴας ἀνατολῆς καὶ ἑσπερίας πεπαιδευμένους ἢ 188
γραμματεῖς ἐξ ἀγχινοίας πλουτοῦντας καὶ εὐπραγοῦντας καὶ ἄλλων
ἄρχοντας. ἡ δὲ τοιαύτη συμπαρουσία κατὰ Οὐάλεντα· εἰσὶ πολύφιλοι 189
καὶ ὑποκριτικοὶ καὶ ποικίλοι καὶ ἐν δημοσίοις τόποις ἀναστρεπτικοί,
30 κριτικοί τε καὶ καλῶν ἐρασταὶ καὶ περὶ θεὸν εὐσεβεῖς, εὐεργετικοὶ καὶ
φιλοσυνήθεις, αὐ|τάρκεις, θρασύδειλοι, γενναίως τὰ προσπίπτοντα f.156vH

§ 182: cf. Anub. 52 ‖ § 183: cf. Anub. 88 ‖ § 184: cf. I 1, 1 ‖ § 185: cf. Ptol.
III 13, 5; I 1, 2 ‖ § 186: cf. Anub. 122 ‖ § 187: cf. I 19, 16 ‖ § 188: cf. Anub.
123 ‖ § 189: cf. I 19, 20

[CH] 2 αὐξηφωτοῦσα C ‖ 8 ἀνῆξεν C ‖ 9 Ἄρης Σελήνην om. H | δὲ post δια-
μετρῶν H ‖ 12 περὶ τοῦ Ἡλίου om. H, in marg. C ‖ 15 στεμάτων C ‖ 18 δεξιοῦ
Kroll ‖ 20 ἑσπέρα C ‖ 22 ἡμέρα δὲ καὶ ἑῴα μὲν νυκτὸς δὲ C | δὲ² om. H ‖
24 τῶν C ‖ 25 ὕπαυγος C ͵ σελήνης C ‖ 28 συμπαροῦσα C ‖ ἔστι C ‖ 29 ἀνατρε-
πτικοί CH, corr. Kroll

385

φέροντες, περὶ δὲ τὰς δόξας δυσεπίτευκτοι καὶ περὶ τὸν βίον ἀνώμαλοι·
ὑψοταπεινώματα ἔχουσιν, οὐ πάντῃ δὲ ἄποροι.

190 Τὸ δὲ τρίγωνον Ἡλίου καὶ Σελήνης· καλὸν μὲν τὸ σχῆμα, ὅμως πρὸς
τὰς μαρτυρίας τῶν ἀστέρων δεῖ ἀποβλέπειν.

191 Ἥλιος, Σελήνη τετράγωνοι ἐν τοῖς κέντροις καὶ ὑπὸ Διός, Ἀφροδίτης 5
ὁρώμενοι, πράξεως, δόξης καὶ συστάσεως αἴτιοι, ὑπὸ δὲ κακοποιῶν
ὁρώμενοι χαλεποὶ πρός τε τὸν βίον καὶ αὐτὴν τὴν ζωήν· εἰ δὲ ὑπὸ κακο-
ποιῶν μὲν ὁρῶνται, ἡ δὲ Σελήνη συνοδεύει τῷ Διί, λαμπροὶ μέν, βασκαινό-
μενοι δέ.

Περὶ Ἀφροδίτης 10

192 Ἡ δὲ Ἀφροδίτη ἐστὶν αἰτία ἔρωτος καὶ ἐπιθυμίας, δηλοῖ δὲ καὶ μητέρα
καὶ γυναῖκα καὶ πᾶσαν ὄρεξιν καὶ ἀκολασίαν καὶ ἡδονήν, ἱερωσύνην τε
καὶ γυμνασιαρχίαν, χρυσοφορίαν, στεμματοφορίαν, γάμον, ἀφροδισιακὰς
ἐπιπλοκὰς καὶ πᾶσαν τρυφὴν σωματικὴν καὶ ἀπόλαυσιν καὶ κόσμου
εὐπρέπειαν, βλακείαν, ἱλαρότητα, ποικιλτικόν, χρωματουργίαν, ζωγρα- 15
φίαν, ἐλεφαντουργίαν, μυραλοιφίαν καὶ τέχνας καθαρὰς καὶ τὰς ἐκ λίθων
πολυτίμων, τάς τε ἐκ βασιλίδων ἢ ἀρχοντίδων ὠφελείας καὶ προκοπὰς
καὶ τιμάς, φιλοσαρκίαν, γέλωτα, ὄρχησιν, μισοπονηρίαν, φιλοθεΐαν,
εὐσχημοσύνην σωματικήν, εὐεξίαν, φιλοστοργίαν, εὐεργεσίαν, ἐλεημοσύ-
f.190C
193 νην, ἐπιτυχίαν καὶ παντοίας ἐπαφροδισίας. | κακουμένη δὲ μοιχείαν, 20
φαρμακείαν, ῥαθυμίαν, θηλυμανίαν, ὀνείδη, ψόγους, αἰσχρουργίας, καλῶς
δὲ κειμένη δόξης αἰτία καὶ ἐπικτήσεως, εὐγαμίας, πολυτεκνίας καὶ τῆς
194 πρὸς τοὺς ἡγεμονεύοντας συνοικειώσεως. περὶ δὲ τὸν ἀέρα πνεύματα
δίυγρα καὶ θρεπτικὰ ποιεῖ καὶ εὐκρασίας, εὐαερίας, αἰθρίας, ὑδάτων
γονίμων δαψιλεῖς ἐπομβρίας, περὶ δὲ θαλάσσας εὐπλοίας στόλων, 25
ἐπιτυχίας, ἐπικερδείας, ποταμῶν δὲ πλήρεις ἀναβάσεις, καρπῶν δαψίλειαν
195 καὶ εὐφορίαν. τῶν δὲ τοῦ σώματος κυριεύει ὀσφρήσεως, ἥπατος καὶ
σαρκῶν, κατὰ δὲ Οὐάλεντα τραχήλου, προσώπου, χειλέων, συνουσιαστι-
κῶν μορίων, τῶν δὲ ἐντὸς πνεύμονος, παθῶν δὲ τῶν στομαχικῶν πάντων
καὶ ἡπατικῶν καὶ δυσεντερικῶν διαθέσεων, λειχήνων, νομῶν, συρίγγων, 30
φαρμακοποσίας καὶ ὅσα τοῦ ὑγροῦ πλεονάσαντος ἢ φθαρέντος συνίστανται.

§ 190: cf. Anub. 21 ‖ § 191: cf. Anub. 54—55 ‖ §§ 192—193: cf. Ptol. III
14, 33 ‖ § 192: cf. I 1, 28—29 ‖ §§ 193—194: cf. Ptol. II 9, 14—15 ‖ § 195: cf.
Ptol. III 13, 5; I 1, 33

[CH] 1 φέρουσι C ‖ 2 δ᾽ H ‖ 3 καλὸν] δεξιὸν CH ‖ 5 Ἥλιος Σελήνη om. H |
τὸ δὲ τετράγωνον H | Ἀφροδίτης om. C ‖ 6 κακοποιοῦ H ‖ 7 κακοποιοῦ H ‖
8 λαμπροὺς CH | βασκαινομένους C ‖ 10 περὶ Ἀφροδίτης om. H ‖ 11 ἔστι δὲ ἡ
ἀφροδίτη C ‖ 13 γυμνασίαν ἀρχαίαν (ἀρχίαν C) CH, corr. Kroll ‖ 22—23 εὐγαμίας —
συνοικειώσεως om. C ‖ 25 δὲ om. C | εὐπλωίας C ‖ 27 ὀσφρύσεως C

APPENDIX I

οὐσίας δὲ κυριεύει πολυτίμων λίθων καὶ γυναικείου κόσμου καὶ ποικίλης 196
τέρψεως, καρπῶν δὲ ἐλαίας.

Ἡ δὲ Ἀφροδίτης καὶ Ἑρμοῦ συμπαρουσία σύμφωνος· κωτίλους γὰρ καὶ 197
εὐομίλους καὶ χαρίεντας ποιεῖ, | φιλοφίλους τε καὶ φιλοκάλους καὶ περὶ f. 157 H
5 παιδείαν καὶ σωφροσύνην τὸν νοῦν ἔχοντας, τιμητικούς τε καὶ δωρητικούς,
περὶ δόσεις καὶ λήψεις καὶ ἀγορασμοὺς ἀσχολουμένους· ταῦτα δὲ πάντα
ἢ ἐπιτείνεται ἢ ἀνίεται ἐκ τῆς τοπικῆς διαγνώσεως καὶ τῆς τῶν ἀστέρων
φάσεως. περὶ δὲ γυναῖκας ἄστατος καὶ εὐμετανόητος. Ἀφροδίτη καὶ 198, 199
Ἑρμῆς ἀλλήλους καθυπερτεροῦντες ἀστείους τέχνης εἰδήμονας ἢ παιδείας
10 καὶ ἐκ τούτων ἐμφανεῖς ὄντας, πλὴν ψεγομένους ἐπὶ ἀφροδισιακῶν
πράξεων.

Ἡ δὲ τῆς Ἀφροδίτης καὶ Σελήνης ἀγαθὴ περὶ δόξαν μὲν καὶ περίκτησιν, 200
περὶ δὲ τὰς συμβιώσεις τὰς γαμικὰς ἄστατος καὶ ἀντίζηλος καὶ ἐχθρά·
προξενεῖ γὰρ καὶ τὰς ἐκ συγγενῶν ἢ φίλων κακουργίας καὶ ταραχάς·
15 ἀλλ᾽ οὐδὲ περὶ τέκνα ἢ σώματα ἀγαθή, τήν τε κτῆσιν ἀπαράμονον ποιεῖ
καὶ ψυχικὰς ἀνίας ἐπάγει.

Ἀφροδίτη Σελήνην δεκατεύουσα ἐπ᾽ ἀγαθοῖς ἀγαθὰ δώσει καὶ πρᾶξιν 201
καὶ καλὸν σχῆμα βίου καὶ στοργὴν ἐν γυναικὶ καὶ εὐφροσύνην καὶ βίον
εὔχαριν καὶ γλυκὺν ἐν ὁμιλίαις, πλὴν ἀστατοῦσιν ἐν ταῖς συζυγίαις· αἱ δὲ
20 μητέρες τῷ μὲν ἤθει σεμναί, δίγαμοι δέ.

Ἀφροδίτη Σελήνην διαμετροῦσα οὐκ ἀγαθὴ πρὸς γάμον· καθόλου γὰρ 202
ἡ Ἀφροδίτη τετράγωνος ἢ διάμετρος πρὸς Σελήνην ἐπὶ παντὸς πράγματος
ζηλοτυπίας ποιεῖ. σημαίνει δὲ ἀτεκνίας· εἰ γὰρ καὶ τέκνα γεννῶνται, 203
θανατοῦνται. διὰ δὲ γυναῖκας ὑβρίζονται καὶ δεινὰ πάσχουσιν. 204

25   Περὶ Ἑρμοῦ

Ὁ δὲ Ἑρμῆς τῆς γραμμάτων παιδείας αἴτιος, λόγου, ἐλέγχων, σοφιστι- 205
κῆς, ῥητορικῆς, γεωμετρίας, ἀστρονομίας, συνέσεως, ψήφου, ἀδελ-
φότητος, ὑπηρεσίας, ἀγγελίας, κέρδους, εὑρημάτων, φωνασκίας, πάλης,
ἀσκήσεως, κρίσεως σφραγίδων, πάσης δοσοληψίας καὶ ἐμπορίας, ἐπι-
30 στολῶν, τέκνων νεωτέρων, μηχανημάτων, ὀξυπραγιῶν. ἔστι δὲ κύριος τοῦ 206
νοεροῦ μέρους τῆς ψυχῆς. ποιεῖ δὲ γυμναστάς, πλάστας, ἀγαλματοποιούς, 207

---

§ 196: cf. I 1, 35 ‖ §§ 197–198: cf. I 19, 19 ‖ § 200: cf. I 19, 17 ‖ § 201: cf.
Anub. 58 ‖ §§ 202–204: cf. Anub. 89 ‖ §§ 205–207: cf. I 1, 37–39

[CH] 2 καρπώσεως C ‖ 3 κοτίλους C ‖ 4 πολυφίλων C ‖ 5 ἔχοντας] ἐλς C ‖
8–9 Ἀφροδίτη καὶ Ἑρμῆς om. H ‖ 9 δὲ post ἀλλήλους H ‖ 12 ἢ] ὃ C ‖ ἀγαθὸς μὲν
περὶ δόξαν C ‖ περίκτισιν C ‖ 13 συμβάσεις CH ‖ 15 κτίσιν C ‖ 16 ἀνοίας C ‖
17 Ἀφροδίτη] τὴν δὲ H ‖ 19 εὔχαρι C ‖ γλυκὺ C, γλυκὺν H ‖ 21 Ἀφροδίτη] τὴν
δὲ H ‖ 23 γίνονται H ‖ 25 περὶ Ἑρμοῦ om. H, in marg. C ‖ 28 φωσασκίας C

387

VETTIVS VALENS

ἱεροτεύκτας, ἰατρούς, νομικούς, γραμματικούς, ψηφιστάς, φιλοσόφους,
μάντεις, θύτας, ὀρνεοσκόπους, μουσικούς, ἀρχιτέκτονας, ὀνειροκρίτας,
ὑφάντας, μεθοδικοὺς καὶ τοὺς εἰς δημοσίας χρείας ἢ πρεσβείας στελλο-
μένους, ἱερουργούς, νεωκόρους, νοήμονας, εὐεργετικούς, πολυΐστορας,
ἐμπείρους, εὐφυεῖς, φυσιολόγους, εὐστόχους, ἐπιτευκτικούς, ἐπὶ δὲ 5
f.190vc τῆς | ἐναντίας διαθέσεως πανούργους, προπετεῖς, ἐπιλήσμονας, κούφους,
εὐμεταβόλους, μωροκάκους, ἄφρονας, ψεύστας, ἀστάτους, ἀπίστους,
πλεονέκτας, ἀδίκους καὶ ὅλως σφαλεροὺς τῇ διανοίᾳ.
208 Συσχηματισθεὶς δὲ τῷ Κρόνῳ [καὶ] δολερούς, λῃστάς τε καὶ κλέπτας
f.157vH καὶ ἐνεδρευτὰς καὶ ὀξεῖς πρὸς | τὸ κακόν, ἐπάγει δὲ καὶ πλαστογραφίας 10
καὶ ἀθεμιτουργίας καὶ περιβοησίας.
209 Περὶ δὲ θαλάσσας κεκακωμένος δυσπλοίας ποιητικός. ἀποτελεστικὸς
δὲ καὶ τῶν περὶ τὸν ἱερατικὸν λόγον καὶ τὰς θρησκείας καὶ τὰς βασιλικὰς
προσόδους καὶ τῆς τῶν ἐθίμων ἢ νομίμων κατὰ καιροὺς ἐναλλοιώσεως ἐπὶ
210 τὸ χεῖρον ἢ κρεῖττον. περὶ δὲ τὸν ἀέρα πνεύματα ὀξέα καὶ ἄτακτα ἐγείρει 15
καὶ εὐμετάβολα, βροντῶν τε ποιητικὸς καὶ ἀστραπῶν καὶ χασμάτων καὶ
211, 212 σεισμῶν. πρόσωπα δὲ σημαίνει νέα. τῶν δὲ τοῦ σώματος μερῶν κυριεύει
λόγου, διανοίας, γλώσσης, χολῆς, ἕδρας· ὡς δὲ Οὐάλης, χειρῶν, ὤμων,
213 δακτύλων, ἄρθρων, ἀρτηρίας, κοιλίας, γλώσσης. πάθη δὲ ποιεῖ μανίας,
ἐκστάσεις, ἐπιληψίας, μελαγχολίας, πτωματισμούς, βηχικά τε καὶ 20
αναφορικὰ καὶ ὅσα τοῦ ξηροῦ πλεονάσαντος ἢ φθαρέντος συνίστανται.
214 οὐσίας δὲ κυριεύει χαλκοῦ καὶ νομίσματος παντός.
215 Ὁ Ἑρμῆς σὺν Διί — τετράγωνοι πρὸς ἀλλήλους — κριτὰς ποιεῖ ἢ πό-
λεων ἄρχοντας.
216 Ὁ Ἑρμῆς σὺν Ἄρει κακὸς εἰς παρακαταθήκας· ἀρνοῦνται γὰρ οἱ 25
λαμβάνοντες.
217 Ἡ δὲ τοῦ Ἑρμοῦ καὶ τῆς Σελήνης συμπαρουσία ἀγαθὴ περὶ δόξαν καὶ
σύστασιν ἀρσενικῶν καὶ θηλυκῶν καὶ τὴν εἰς παιδείαν καὶ λόγον ἰσχύν,
καὶ περὶ τὰς λοιπὰς ἐγχειρήσεις καὶ συναλλαγὰς κοινωνική· μηχανικῆς
πολύπειρος καὶ πολύεργος, ἀνεπίμονος δὲ ταῖς πράξεσι καὶ ταῖς γνώμαις 30
καὶ περὶ τὸν βίον ἀνώμαλος.
218 Εἰ δ᾽ ὁ Ἑρμῆς τὸν Ἥλιον δεκατεύει, δεινούς, πανούργους, ἅρπαγας,

§§ 209–210: cf. Ptol. II 9, 16–18 || § 212: cf. Ptol. III 13, 5; I 1, 42 || § 214:
cf. I 1, 43 || § 217: cf. I 19, 21

[CH] 5 φισιολόγους C | εὐστίχους C || 8 σφαλλεροὺς H || 9 εὐσχηματισθεὶς CH,
corr. Kroll | καὶ secl. Kroll || 10 πρὸς] εἰς C || 11 ἀθεμετουργίας C || 12 δυσπλω-
ίας C || 13 τῶν ἱερατικῶν C | θρισκείας C || 14 ἐθίμων C || 17 μερῶν om. H ||
20 ἐκτάσσεις C | μελαγχολίας ἐπιλειψίας C || 25 ὁ Ἑρμῆς om. H | δὲ post σὺν H |
παρακαταθήκην C || 26 λαβόντες C || 27 ἤ] ὁ C || 28 λόγους H

388

ἀλλότρια πρόσωπα ἐνεδρεύοντας καὶ τούτους προδιδόντας καὶ διαβάλλοντας καὶ τῶν προσόντων γυμνοῦντας.

Ἑρμῆς τὴν Σελήνην δεκατεύων εἰς μὲν λόγους καὶ σύνεσιν ἄριστος, 219
χάριν δὲ ὄχλου καὶ πλήθους λυπεῖ, εἰ δὲ καὶ κακοποιὸς ἔτι τὸν Ἑρμῆν
5 καθυπερτερεῖ, διά τινα γραπτὰ συνοχῶν καὶ δεσμῶν πειραθήσεται.

Ἑρμῆς τὴν Σελήνην διαμετρῶν ἐκ πλήθους στάσεις ἐγείρει καὶ ταραχὰς 220
καὶ βοάς, αὐτοὺς δὲ δειλοὺς εἶναί φασι τῷ λόγῳ καὶ ἀθαρσεῖς.

Περὶ τῆς Σελήνης

Ἡ δὲ Σελήνη αἰτία σώματος συστάσεως καὶ τοῦ αἰσθητικοῦ μέρους 221
10 τῆς ψυχῆς κυρία, συμαίνει δὲ ζωήν, σύλληψιν, μητέρα, μορφὴν καὶ
διάπλασιν σώματος, συμβίωσιν, οἰκουρίαν, πόλιν, δέσποιναν, χρήματα,
λήμματα, ἀναλώματα, πλοῖον, οἰκίαν, ξενιτείαν, πλάνην, ὄχλων συστρο-
φήν. τῶν δὲ τοῦ σώματος μερῶν κυριεύει γεύσεως, καταπόσεως, στο- 222
μάχου, κοιλίας, μήτρας, ὀφθαλμοῦ ἀριστεροῦ καὶ τῶν εὐωνύμων πάντων,
15 κατὰ δὲ Οὐάλεντα μαζῶν, σπληνός, ὅθεν καὶ ὑδρωπικοὺς ποιεῖ. οὐσίας 223
δὲ κυριεύει | ἀργύρου.   f.158 H
                                                                        f.191 C
| Σελήνη τὸν Ἄρεα δεκατεύουσα δύσκλειαν τῇ μητρὶ καὶ τοῦ βίου σπά- 224
νιν, αὐτῷ δὲ πλάνας καὶ τύχης καθαίρεσιν.

Σελήνη τὴν Ἀφροδίτην δεκατεύουσα ἐμπορίαν μὲν δώσει, βλάπτει δὲ 225
20 τοὺς ἄνδρας ἐκ θηλυκῶν προσώπων ἀεί, ταῖς δὲ ψόγον ἐπιφέρει.

Σελήνη τὸν Ἑρμῆν δεκατεύουσα κούφους ⟨ποιεῖ⟩ ἐν τοῖς βουλεύμασιν, 226
οὐδὲν εὐσταθὲς ἐννοοῦντας, διὸ καὶ οἱ βουλόμενοι ὅπου ἂν βούλωνται
τούτους περιστρέφουσιν.

Τὰ δὲ ἑξάγωνα τῶν ἀστέρων ἰσοδυναμεῖ μὲν τοῖς τριγώνοις, ἐπὶ τὸ 227
25 ἀμαυρότερον δέ, αἱ δὲ συμπαρουσίαι τῶν ἀστέρων, ἀλλὰ καὶ τὰ λοιπὰ
σχήματα, ἐξαιρέτως ἐπὶ τῶν κέντρων καὶ ἐπαναφορῶν καὶ τοῦ κλήρου
τῆς τύχης ἰσχύουσιν.

§ 219: cf. Anub. 60 ‖ § 220: cf. Anub. 90 ‖ § 221: cf. I 1, 4 ‖ § 222: cf. Ptol.
III 13, 5; I 1, 5 ‖ § 223: cf. I 1, 5 ‖ § 224: cf. Anub. 53 ‖ § 225: cf. Anub. 57 ‖
§ 226: cf. Anub. 59 ‖ § 227: cf. Anub. 92

[CH] 2 προσώπων H ‖ 3 Ἑρμῆς om. H | δὲ post τὴν H ‖ 6 Ἑρμῆς om. H |
δὲ post τὴν H | στάσεως C, συστάσεις H ‖ 8 περὶ τῆς Σελήνης om. H ‖ 9 σωμά-
των C ‖ 10 μορφὴν C ‖ 11 χρήματα H ‖ 12 λείμματα C ‖ 13 καταπώσεως C ‖
17 εὐπορίαν μὲν δώσει post δεκατεύουσα C, sed del. | τοῦ om. C ‖ 18 τῷ CH,
αὐτῷ sugg. Kroll ‖ 19 Σελήνη om. H | δὲ post τὴν H ‖ 21 Σελήνη om. H | δὲ
post τὸν H ‖ 26 ἀλλὰ post ἐπαναφορῶν H

Appendix II. **D** ff. 144ᵛ – 145ᵛ; iam a F. Boll in CCAG 7; 213 – 224 editum. cf. D. Pingree, CPh 72, 1977, 220 – 221.

f.144 v D | *Περὶ τῆς τῶν πλανωμένων ἀστέρων φύσεως καὶ δυνάμεως, καὶ ὧν κυριεύει μελῶν ἕκαστος, καὶ τί σημαίνει*

1, 2 Ὁ Κρόνος φύσεώς ἐστι ψυχρᾶς καὶ ξηρᾶς καὶ σκοτεινοῦ εἴδους. κυριεύει δὲ τοῦ σώματος σκελῶν, γονάτων, νεύρων, ἰχώρων, φλεγμάτων, κύστεως, νεφρῶν καὶ τῶν ἀποκρύφων, ὅσα διὰ ψύξεως καὶ ψυχρότητος, ποδάγρας, 5
3 χειράγρας. σημαίνει δὲ πατέρα, μείζονας ἀδελφούς, ὀρφανίαν, γεωπονίας, στυγνούς, ἐνδομύχους, ῥυπαρούς, βραδεῖς, μονοτρόπους, τυφώδεις, με-
4 λανείμονας, κληρονομικούς, πλευστικούς, βιαίους. ἔστι δὲ καὶ Νεμέσεως
5 ἀστήρ, ἔστι δὲ τῆς ἡμερινῆς αἱρέσεως, ⟨τῇ δὲ γεύσει στυφός. ἐπέχει δὲ
6 ἐν τοῖς μετάλλοις τὸν μόλιβδον. ἐπικοινωνεῖ δὲ τῇ Ἀφροδίτῃ ἐν τοῖς 10 μυκτῆρσιν.⟩

Περὶ φύσεως Διός

f.145 D
7, 8 | Ὁ Ζεὺς φύσεώς ἐστι πνευματικῆς, γονῆς, θερμός. κυριεύει δὲ τοῦ σώματος μηρῶν, ποδῶν, σπορᾶς, μήτρας, ἥπατος, δεξιῶν μερῶν καὶ
9 ὀδόντων. σημαίνει δὲ τέκνωσιν, γονήν, συστάσεις, φιλίας μεγάλων 15 ἀνδρῶν, χρημάτων ὄρεξιν καὶ δαψιλείας, εὐπορίας ἢ δωρεάς, δικαιοσύνην, ἀρχάς, πολιτείας, δόξας, προστασίας, ἱερωσύνας, πίστεις, νίκας.
10 ἔστι δὲ τῆς ἡμερινῆς αἱρέσεως, ⟨τῇ δὲ χρόᾳ φαιός, τῇ δὲ γεύσει γλυκύς.
11, 12 ἐπέχει δὲ ἐν τοῖς μετάλλοις τὸν ἄσημον. ἐπίκοινος δὲ τῷ Ἑρμῇ ἐν τοῖς ὠσίν.⟩ 20

Περὶ φύσεως Ἄρεως

13 Ὁ Ἄρης φύσεώς ἐστι πυρώδους καὶ καυσώδους καὶ ξηραινούσης.
14 κυριεύει δὲ τοῦ σώματος κεφαλῆς, ἕδρας, μορίου, χολῆς, αἵματος,
15 σκυβάλων ἐκκρίσεως, ὀπισθίων μερῶν. σημαίνει δὲ μέσους ἀδελφοὺς καὶ σίνη καὶ πάθη, βίας, φόβους, πολέμους, ἁρπαγάς, ἐμπρησμούς, 25 μοιχείας, φυγαδείας, αἰχμαλωσίας, φθοράς γυναικῶν, ἐμβρυοτομίας, τομάς, κολλήσεις, στρατιωτικὰς ἢ ληστρικὰς ἐφόδους ἢ βίας, ψεύσματα ἢ κλοπάς, ληστείας, ἐπιορκίας, τοιχωρυχίας, τυμβωρυχίας καὶ ὅσα τούτοις

§ 2: cf. I 1, 12 – 13 ‖ § 3: cf. I 1, 7 – 10 ‖ § 4: cf. I 1, 16 ‖ § 5: cf. I 1, 11 ‖ § 8: cf. I 1, 18 ‖ § 9: cf. I 1, 17 ‖ § 10: cf. I 1, 20 ‖ § 11: cf. I 1, 19 ‖ § 14: cf. I 1, 24 ‖ § 15: cf. I 1, 21 – 22

[**D**] 7 ἐνδυμίους **D** ‖ 9 – 11 additiones hic alibique in hac App. ex ed. Boll. sumpsi ‖ 28 τοιχορυχίας τυμβορυχίας **D**

390

παραπλήσια. ἔστι δὲ τῆς νυκτερινῆς αἱρέσεως, ⟨τῇ δὲ χρόᾳ ἐρυθρός, τῇ 16
δὲ γεύσει πικρός. ἐπέχει δὲ ἐν τοῖς μετάλλοις τὸν σίδηρον, ἐπικοινωνεῖ δὲ 17
τῷ Ἑρμῇ ἐν τῷ στόματι.⟩

Περὶ φύσεως Ἡλίου

5 Ὁ Ἥλιος φύσεώς ἐστι θερμῆς καὶ ξηρᾶς καὶ φῶς νοερόν, ψυχῆς ταμίας, 18
δεσπότης. κυριεύει δὲ ⟨τοῦ⟩ σώματος κεφαλῆς, αἰσθητηρίων, ὀφθαλμοῦ 19
δεξιοῦ, πλευρῶν, καρδίας. σημαίνει δὲ βασιλέα, πατέρα, δεσπότην, 20
ἀδελφὸν μείζονα, θεόν, δαίμονα, ἀξίαν. ἔστι δὲ τῆς ἡμερινῆς αἱρέσεως, 21
⟨τῇ δὲ χρόᾳ κίτρινος, τῇ δὲ γεύσει δριμύς. ἐπέχει δὲ ἐν τοῖς μετάλ- 22
10 λοις τὸν χρυσόν, ἐπικοινωνεῖ δὲ τῇ Σελήνῃ ἐν τοῖς ὀφθαλμοῖς.⟩

Περὶ φύσεως Σελήνης

Ἡ Σελήνη φύσεώς ἐστιν ὑγρᾶς καὶ ἠρέμα θερμῆς, τὸ δὲ φῶς | ἐκ τῆς $^{23}_{f.145vD}$
ἀνακλάσεως τοῦ ἡλιακοῦ φωτὸς κεκτημένη. κυριεύει δὲ τοῦ σώματος 24
ὀφθαλμοῦ ἀριστεροῦ, στομάχου, μαζῶν, σπληνός. σημαίνει δὲ βασιλίδα, 25
15 δέσποιναν, μητέρα, ὅρασιν ἀριστεράν, σῶμα, σύλληψιν, γάμον νόμιμον
καὶ τροφόν, ἀδελφὴν μείζονα, μορφὴν προσώπου, θέαν, τύχην. ἔστι δὲ 26
νυκτερινῆς αἱρέσεως, ⟨τῇ μὲν χρόᾳ πράσινος, τῇ δὲ γεύσει ἁλμυρά.
ἐπέχει δὲ ἐν τοῖς μετάλλοις τὸν ὕελον, ἐπικοινωνεῖ δὲ τῷ Ἡλίῳ ἐν τοῖς 27
ὀφθαλμοῖς.⟩

20 ## Περὶ φύσεως Ἀφροδίτης

Ἡ Ἀφροδίτη κράσεώς ἐστιν εὐκράτου καὶ ὑγρᾶς. κυριεύει δὲ ὀσφρήσεως 28, 29
καὶ πάντων τῶν ὀπισθίων μερῶν, συνουσίας μορίου, τῶν δὲ ἐντὸς
πνεύμονος καὶ ἡδονῆς. σημαίνει δὲ μητέρα, μικροτέρας ἀδελφάς, ἔρωτας, 30
ἐπιθυμίας, διαφόρους μίξεις (ἀρρενόθηλυς γὰρ ἡ θεός), ἱερωσύνας,
25 στεμματηφορίας, εὐφροσύνας, φιλίας, γάμους, τέκνα, τέχνας καθαρίους,
μουσουργίας, εὐμόρφους, ζωγραφίας, χρωμάτων κράσεις, βαφάς, ποικίλ-
ματα, ἀγορανομίας, μέτρα, σταθμούς, γέλωτας, ἱλαροψυχίας. ἔστι δὲ 31
νυκτερινῆς αἱρέσεως, ⟨τῇ μὲν χρόᾳ λευκή, τῇ δὲ γεύσει ἐλλιποτάτη.
ἐπέχει δὲ ἐν τοῖς μετάλλοις τὸν κασσίτερον, ἐπικοινωνεῖ δὲ τῷ Κρόνῳ ἐν 32
30 τοῖς μυκτῆρσιν.⟩

---

§ 16: cf. I 1, 27 ‖ §§ 18—21: cf. I 1, 1—3 ‖ §§ 23—26: cf. I 1, 4—6 ‖ § 29:
cf. I 1, 33—34 ‖ § 30: cf. I 1, 28—29 et 31 ‖ § 31: cf. I 1, 36

[D] 6 δεσπότις D ‖ 16 ἀδελφὸν D ‖ 26.27 ποικίλματος ἀγορανομία D

Περὶ φύσεως Ἑρμοῦ

33, 34 Ὁ Ἑρμῆς φύσεώς ἐστί ποτε μὲν ὑγρᾶς, ποτὲ δὲ ξηρᾶς. κυριεύει δὲ τοῦ
σώματος χειρῶν, ὤμων, δακτύλων, ἄρθρων, ποικιλίας ἐντέρων, ἀρτηρίας,
35 γλώσσης. σημαίνει δὲ μικροτέρους ἀδελφούς, μάθησιν λόγων, σοφίαν,
ψῆφον, γεωμετρίαν, ἀστρονομίαν, ἐμπορίαν, ἀγγελίαν, πρόγνωσιν, 5
36 μαντείαν, ἄθλησιν. ἔστι δὲ τῆς ἡμερινῆς καὶ νυκτερινῆς αἱρέσεως (ἐπί-
37 κοινος γὰρ ὁ ἀστήρ), ⟨τῇ μὲν χρόᾳ βένετος, τῇ δὲ γεύσει ὄξινος. ἐπέχει
δὲ ἐν τοῖς μετάλλοις τὸν χαλκόν, κοινωνεῖ δὲ τῷ Ἄρει ἐν τῷ στόματι.⟩

Appendix III. L ff. 153ᵛ – 155, R ff. 174 – 176; iam ab A. Ludwich,
Maximi et Ammonis Carminum de actionum auspiciis reliquiae, Lipsiae
MDCCCLXXVII, 112 – 119 editum.

f.153vL,
f.174R | Αἱ χῶραι συνοικειούμεναι τοῖς ιβ ζῳδίοις

1 Κριός. κατὰ μὲν Πτολεμαῖον Βρετανία, Γαλατία, Γερμανία, Παλαι- 10
2, 3 στίνη, Ἰδουμαία, Ἰουδαία. κατὰ δὲ Παῦλον Περσίς. κατὰ δὲ Δωρόθεον
4 Βαβυλωνία, Ἀραβία. ὡς δὲ Αἰγύπτιοι ἐν μέρει οὕτως διώρισαν· ὑπὸ μὲν
τὸν ἀριστερὸν ὦμον Βαβυλωνία, κατὰ δὲ τὸν δεξιὸν Θράκη, ὑπὸ δὲ τὸ
στῆθος Ἀρμενία, ὑπὸ δὲ τὰς πλευρὰς Ἀραβία ἢ πρὸς Αἰγύπτῳ, ὑπὸ δὲ
τὴν ῥάχιν καὶ κοιλίαν Περσίς, Καππαδοκία, Μεσοποταμία, Συρία, 15
5 Ἐρυθρὰ θάλασσα. ὡς δὲ Οὐάλης, ὑπὸ τὰ ἐμπρόσθια Βαβυλωνία, ὑπὸ
τῇ κεφαλῇ Ἐλυμαῖς, δεξιὰ Περσίς, ἀριστερὰ κοίλη Συρία καὶ οἱ συνεχεῖς
τόποι, κατὰ τὴν ἐπιστροφὴν τοῦ προσώπου Βαβυλωνία, κατὰ τὸ στῆθος
Ἀρμενία, ὑπὸ τοὺς ὤμους Θράκη, ὑπὸ τὴν κοιλίαν Καππαδοκία καὶ
f.154L Σούσσα, Ἐρυθρὰ θάλασσα καὶ ἡ Ῥυπαρά, ὀπίσθια | Αἴγυπτος καὶ ὁ 20
Περσικὸς ὠκεανός.
f.174vR
6 | Ταῦρος. ὡς μὲν Πτολεμαῖος, Παρθία, Μηδία, Περσίς, Κυκλάδες,
7, 8 Κύπρος, Μικρὰ Ἀσία. κατὰ δὲ Παῦλον Βαβυλωνία. ὡς δὲ Δωρόθεος,
9 Μηδία, Ἀραβία, Αἴγυπτος. ὡς δέ τινες, κατὰ μὲν τὰ κέρατα Μηδία, τὰ
δὲ δεξιὰ Σκυθία, τὰ δὲ ἀριστερὰ Ἀρμενία, κατὰ δὲ τὴν Πληϊάδα Κύπρος. 25
10 κατὰ δὲ Οὐάλεντα τῇ μὲν κεφαλῇ Μηδία, τῷ δὲ στήθει Βαβυλωνία· τὰ

§ 34: cf. I 1, 42 ‖ § 35: cf. I 1, 37 ‖ § 36: cf. I 1, 43 ‖ § 1: cf. Heph. I 1, 6 ‖
§ 2: cf. Paul. II ‖ § 3: cf. Heph. I 1, 5 ‖ § 4: cf. Heph. I 1, 7 ‖ § 5: cf. I 2, 7 ‖
§ 6: cf. Heph. I 1, 26 ‖ § 7: cf. Paul. II ‖ § 8: cf. Heph. I 1, 25 ‖ § 9: cf. Heph.
I 1, 27 ‖ § 10: cf. I 2, 16

[LR] 9 κ′ in marg. R | αἱ² post χῶραι R ‖ 12 αἴγυπτος R ‖ 14 ἀραβία R ‖
15 καὶ post συρία R ‖ 20 σοῦσσα R ‖ 22 ὁ μὲν πτωλεμαῖος R | παρθήα R ‖
24 μιδία¹,² L | ἀραβία R

πρὸς τῷ Ἡνιόχῳ δεξιὰ Σκυθία, Πληϊὰς Κύπρος, ἀριστερὰ Ἀραβία·
ὤμοις Περσὶς καὶ Καύκασος, ὀσφύϊ Αἰθιοπία, μετώπῳ Ἔλυμαῖς, ὑπὸ
τοῖς κέρασι Καρχηδονία, τῷ μέσῳ Ἀρμενία, Ἰνδική, Γερμανία.
Δίδυμοι. ὡς μὲν Πτολεμαῖος, Ὑρκανία, Ἀρμενία, Μαντιανή, Κυρη- 11
5 ναϊκή, Μαρμαρική, Αἴγυπτος ἢ κάτω χώρα. ὡς δὲ Παῦλος, Καππαδοκία. 12
ὡς δὲ Δωρόθεος, Καππαδοκία, Περαιβία, Φοινίκη. ὡς δὲ Αἰγύπτιοι, τοῦ 13, 14
μὲν βορείου διδύμου ὑπὸ τοὺς πόδας Βοιωτία, ὑπὸ τὴν χεῖρα Θράκη, ὑπὸ
τὸν νῶτον Γαλατία, τοῦ δὲ νοτίου ὑπὸ τὸν γλουτὸν Πόντος, ὑπὸ τὸν νῶτον
Κιλικία, ὑπὸ τὴν ὠμοπλάτην Φοινίκη, ὑπὸ τὴν κορυφὴν Ἰνδική. ὡς δὲ 15
10 Οὐάλης, ἐμπρόσθια Ἰνδική, Κελτική· ὑπὸ τὸ στῆθος Κιλικία, Γαλατία,
Θράκη, Βοιωτία, ὑπὸ τὰ μέσα Αἴγυπτος, Λιβύη, Ῥωμαῖοι, Ἀραβία,
Συρία.
Καρκίνος. ὡς μὲν Πτολεμαῖος, Νουμηδία, Καρχηδονία, Ἀφρική, Βιθυ- 16
νία, Φρυγία, Κολχική. ὡς δὲ Παῦλος, Ἀρμενία. ὡς δὲ Δωρόθεος, Θράκη, 17, 18
15 Αἰθιοπία. ὡς δὲ Ὠδαψός, τὰ μὲν ἐμπρόσθια Βακτριανή, | τὰ δὲ ἀριστερὰ 19
Σκυθία, Ἀκαρνανία, Ἑλλήσποντος, Λιβυκὸν πέλαγος, Βρεττανία, Θούλη   f.175R
νῆσος, κατὰ δὲ τοὺς πόδας Ἀρμενία, Καππαδοκία, Ῥόδος, Κῶς, Αἰόλου
νῆσοι, κατὰ δὲ τὰ μέσα Ἀσία, ἐν δεξιοῖς δὲ Λυδία, Ἑλλήσποντος. ὡς δὲ 20
Οὐάλης, ἐμπρόσθια Βακτριανή, ἀριστερὰ Ζάκυνθος, Ἀκαρνανία, ὀπίσθια
20 Αἰθιοπία, Σχίνη, κατὰ τὴν κεφαλὴν Μαιῶτις λίμνη, Ἐρυθρά, Ὑρκανία
θάλασσα, Ἑλλήσποντος, Λιβυκὸν πέλαγος, Βρεττανία, Θούλη· κατὰ τοὺς
πόδας Ἀρμενία, Καππαδοκία, Ἄραδος, Κῶς, κατὰ δὲ τὰ ἔσχατα ἐπὶ τοῦ
στόματος Τρωγλοδυξία, Λυδία, Ἰωνία, Ἑλλήσποντος.
Λέων. ὡς μὲν Πτολεμαῖος, Ἰταλία, Γαλλία, Σικελία, Ἀπουλία, Φοινίκη, 21
25 Χαλδαία, Ὀρχηνία. ὡς δὲ Παῦλος, Ἀσία. ὡς δὲ Δωρόθεος, Ἑλλάς, Φρυ- 22, 23
γία, Πόντος. ὡς δὲ ἄλλοι, κατὰ μὲν τὴν κεφαλὴν Προποντίς, | κατὰ δὲ 24
τὸ στῆθος Ἑλλάς, ὑπὸ δὲ τὴν κοιλίαν Μακεδονία, ὑπὸ δὲ τὴν οὐρὰν   f.154vL
Φρυγία. ὡς δὲ Οὐάλης, ἐπὶ μὲν τῇ κεφαλῇ οἱ περὶ τὴν Κελτικὴν τόποι· 25

---

§ 11: cf. Heph. I 1, 45 ‖ § 12: cf. Paul. II ‖ § 13: cf. Heph. I 1, 44 ‖ § 14: cf.
Heph. I 1, 46 ‖ § 15: cf. I 2, 31 ‖ § 16: cf. Heph. I 1, 64 ‖ § 17: cf. Paul. II ‖
§ 18: cf. Heph. I 1, 63 ‖ § 19: cf. I 1, 65 ‖ § 20: cf. I 2, 39 ‖ § 21: cf. Heph. I
1, 84 ‖ § 22: cf. Paul. II ‖ § 23: cf. Heph. I 1, 83 ‖ § 24: cf. Heph. I 1, 85 ‖
§ 25: cf. I 2, 48

[LR] 1 ἀραβία R ‖ 2 ἐλιβάης R ‖ 3 καρχιδονία R ‖ 4 ὁ μὲν πτωλεμαῖος R ‖
κυριναϊκὴ LR ‖ 6 αἴγυπτος R ‖ 7 βιωτία R ‖ 8 νότον L ‖ 9 κυλικία R ‖ Ἰνδική]
ἰνδηκοὶ R ‖ 10 Κελτικὴ om. R ‖ κυλικία R ‖ 11 ἀραβία R ‖ 13 ὁ μὲν πτωλε-
μαῖος R ‖ 15 πρόσθια L ‖ 16 ἐλίσποντος R ‖ 16. 17 βρετανία θουλίνησος R ‖ 17 δὲ
om. R ‖ Ἰλίου Heph. ‖ 18 ἐλίσπωτος R ‖ 19 βακρηανή L ‖ ζάκινθος R ‖ 20 αἰ-
θιοπία R ‖ 21 ἐλίσποντος R ‖ θούλλη L ‖ 22 ἄραθος R, Ῥόδος Val. ‖ 23 τρο-
γλωδεξία R ‖ ἐλίσποντος R ‖ 24 ὁ μὲν πτωλεμαῖος R ‖ Σικελία om. Heph., cf.
Ptol. II 4, 3 ‖ 25 χαλδία LR

ἐμπρόσθια Βιθυνία, δεξιὰ Μακεδονία, ἀριστερὰ Προποντίς, πόδες Γα-
λατία· κατὰ τὴν κοιλίαν Κελτική, Θράκη· λαγόσι Φοινίκη, Ἀδρίας, Λιβύη·
ἐν τοῖς μέσοις Φρυγία, Συρία· οὐρᾷ Πεσινοῦς.

26 Παρθένος. ὡς μὲν Πτολεμαῖος, Μεσοποταμία, Βαβυλωνία, Ἀσσυρία,
27, 28 Ἑλλάς, Ἀχαΐα, Κρήτη. ὡς δὲ Παῦλος, Ἑλλὰς καὶ Ἰωνία. ὡς δὲ Δωρόθεος, 5
29 Ῥόδος, Κυκλάδες νῆσοι, Πελοπόννησος, Ἑλλάς. ὡς δὲ ἄλλοι, κατὰ μὲν
f.175vR τὸν νῶτον Ἰωνία, κατὰ δὲ τὰ μέσα ἐξ ἀριστερῶν | Ῥόδος, Πελοπόννησος,
κατὰ δὲ τὸ σύρμα ἐξ ἀριστερῶν Ἀρκαδία, Κυρήνη, κατὰ τὴν δεξιὰν
χεῖρα Δωρίς, κατὰ τὴν εὐώνυμον Σικελία, κατὰ τὸν Στάχυν Περσίς.

30 Ζυγός. ὡς μὲν Πτολεμαῖος, Βακτριανή, Κασπειρία, Σηρική, Θηβαῖς, 10
31, 32 Ὄασις, Τρωγλοδυτική. ὡς δὲ Παῦλος, Λιβύη καὶ Κυρήνη. ὡς δὲ Δωρό-
33 θεος, Κυρήνη, Ἰταλία. ὡς δὲ Ὠδαψὸς καὶ ἄλλοι, κατὰ μὲν τὸ μέτωπον
Ἰταλία, μέσα Ἀραβία, Αἴγυπτος, Αἰθιοπία, Καρχηδών, ὀπίσθια Λιβύη,
Κυρηναϊκή, δεξιὰ Σπάρτη καὶ Λιβύη, Σμύρνης ὄρος, κατὰ τὴν κεφαλὴν
Τύρος, νῆσος Θρακῶν ἡ πάγκαρπος ἡ κατὰ τὴν Ἀραβίαν κειμένη, κατὰ 15
τὸ στῆθος Κιλικία, κατὰ τὴν κοιλίαν Σινώπη.

34 Σκορπίος. ὡς μὲν Πτολεμαῖος, Μεταγωνῖτις, Μαυριτανία, Γαιτουλία,
35, 36 Συρία, Κομμαγηνή, Καππαδοκία. ὡς δὲ Παῦλος, Ἰταλία. ὡς δὲ Δωρόθεος,
37 Καρχηδών, Ἀμμωνιακή, Λιβύη, Σικελία. ὡς δὲ ἄλλοι, ἐν μὲν τοῖς
ἐμπροσθίοις Ἰταλία, ὑπὸ τὰ μέσα Ἰβηρία, κατὰ τὸ μέτωπον Ῥώμη, 20
Βασταρνία.

38 Τοξότης. ὡς μὲν Πτολεμαῖος, Τυρρηνία, Κελτική, Σπανία, Ἀραβία
39, 40 Εὐδαίμων. ὡς δὲ Παῦλος, Κιλικία, Κρήτη. ὡς δὲ Δωρόθεος, Γαλλία,
41 Κρήτη. ὡς δὲ Ἵππαρχος, κατὰ μὲν τὴν ῥάχιν Κρήτη, Σικελία, κατὰ δὲ τὰς
42 πλευρὰς Ἰταλία, κατὰ δὲ τὸ μέσον καὶ τὴν κοιλίαν Ἰβηρία. ὡς δὲ Ὠδαψός, 25
τὰ μὲν ἐμπρόσθια Κρήτη καὶ οἱ συνεχεῖς τόποι, ἀριστερὰ δὲ Σικελία,
δεξιὰ Κύπρος, Ἐρυθρὰ θάλασσα, κατὰ δὲ τοὺς ὀπισθίους πόδας Οὐξιανοί,

§ 26: cf. Heph. I 1, 103 ‖ § 27: cf. Paul. II ‖ § 28: cf. Heph. I 1, 102 ‖ § 29:
cf. I 1, 104 ‖ § 30: cf. Heph. I 1, 122 ‖ § 31: cf. Paul. II ‖ § 32: cf. Heph. I 1,
121 ‖ § 33: cf. Heph. I 1, 123 ‖ § 34: cf. Heph. I 1, 142 ‖ § 35: cf. Paul. II ‖
§ 36: cf. Heph. I 1, 141 ‖ § 37: cf. Heph. I 1, 143 ‖ § 38: cf. Heph. I 1, 161 ‖
§ 39: cf. Paul. II ‖ § 40: cf. Heph. I 1, 160 ‖ § 41: cf. Heph. I 1, 162 ‖ § 42: cf.
Heph. I 1, 163

[LR] 3 ταῖς μέσαις R ‖ πισηνούς L πισσινοῦς R ‖ 4 ἀσυρία R ἀσσυρίας L ‖
6 ῥόδες L ‖ 7 πελοπόννησος R ‖ 8 δὲ om. R ‖ 9 συκελία R ‖ 10 βακτρηανή L ‖
κασπηρία L R ‖ θηβάης R ‖ 11 τρωγλοδιτηκαὶ R ‖ καὶ om. R ‖ κυρίνη R ‖ 12 Κυ-
ρήνη] κυρέ R ‖ 13 ἀρραβία R ‖ καρχιδῶν R ‖ 14 κυριναϊκή L κυρηναηκή R ‖
15 τήρος R ‖ ἀρραβίαν R ‖ 17 μεταγωνήτης R ‖ 18 κομμαγινή R ‖ 19 καρχιδῶν R ‖
σηκελία R ‖ 22 τυρρηνία R τυρηνία L ‖ ἀρραβία R ‖ 23 κρίτη L ‖ 24 ὕπαρχος R ‖
26 δὲ om. L ‖ 27 Οὐξιομάτοι Heph.

Τυρρηνοί, κατὰ δὲ τὴν ῥάχιν Κασπάνιοι καὶ τὰ περὶ τὸν Εὐφράτην ἔθνη,
κατὰ δὲ τὴν οὐρὰν Μεσοποταμία, Καρχηδονία, Λιβυκὴ θάλασσα, κατὰ δὲ τὴν
κεφαλὴν | Ἰταλία καὶ ὁ Ἀδριατικὸς κόλπος, κατὰ δὲ τὸ στῆθος Συρία, f.176R
κατὰ | δὲ τὴν φαρέτραν Ἀτλαντικὸν πέλαγος, κατὰ δὲ τὴν κοιλίαν Τριβαλ- f.155L
5 λοί, Βακτριανή, Σικελία, ἐπὶ τοῖς ἐμπροσθίοις ποσὶν Αἴγυπτος καὶ οἱ
συνεχεῖς τόποι.
  Αἰγόκερως. ὡς μὲν Πτολεμαῖος, Ἰνδική, Ἀριανή, Γεδρουσία, Θρᾴκη, 43
Μακεδονία, Ἰλλυρίς. ὡς δὲ Παῦλος, Συρία. ὡς δὲ Δωρόθεος, Κιμμερία. ὡς 44, 45, 46
δὲ ἄλλοι, τὰ πρὸς ἑσπέραν καὶ μεσημβρίαν πάντα, κατὰ δὲ τὰς πλευρὰς
10 Αἰγαῖον πέλαγος, Κόρινθος, κατὰ δὲ τὴν ζώνην Σικυών, κατὰ δὲ τὸν
νῶτον ἡ Μεγάλη θάλασσα, κατὰ δὲ τὴν οὐρὰν Ἰβηρία, κατὰ δὲ τὴν κεφαλὴν
Τυρρηνικὸν πέλαγος, κατὰ δὲ τὴν κοιλίαν μέση Αἴγυπτος, Συρία, Καρία. | hic des. R
  Ὑδροχόος. ὑπόκειται αὐτῷ κλίμα τῆς Αἰγύπτου καὶ ἡ μέση τῶν 47
ποταμῶν, Σαυροματική, Ὀξιανή, Σουγδιανή, Ἀραβία, Ἀζανία, Γερ-
15 μανική. κατὰ μέρος δὲ ὑπόκειται αὐτῷ κατὰ μὲν τὴν ἀριστερὰν χεῖρα καὶ 48
τὸ στῆθος Συρία, ὑπὸ δὲ τὴν δεξιὰν Εὐφράτης καὶ Τίγρις, κατὰ τὴν
ὑδροχόην Τάναϊς καὶ οἱ πρὸς νότον καὶ ζέφυρον πνέοντες.
  Ἰχθύες. ὑπόκειται ἡ Ἐρυθρὰ θάλασσα ἕως τῶν Ὠκεανοῦ ῥοῶν, Φαζανία, 49
Νασαμωνῖτις, Λυδία, Κιλικία, Παμφυλία. κατὰ μέρος δὲ κατὰ μὲν τὸ 50
20 νότιον Μεσοποταμία καὶ κατὰ τὸν νῶτον τῆς Ἀνδρομέδας ⟨...⟩, κατὰ δὲ
τὸ βόρειον ⟨...⟩. κατὰ τὸν Ὠδαψὸν τὰ ἐμπρόσθια Εὐφράτης καὶ Τίγρις, 51
καὶ τὰ μέσα Συρία καὶ Ἐρυθρὰ θάλασσα, Ἰνδική, μέση Περσίς, καὶ ὑπὸ
τὸν νῶτον Ἀραβικὴ θάλασσα καὶ Βορυσθένης, κατὰ δὲ τὸν σύνδεσμον
τοῦ βορείου Θρᾴκη, τοῦ νοτίου Ἀσία καὶ Σαρδώ.
25 Κατὰ Παῦλον οὕτως· ὁ μὲν Κριὸς κεῖται κλίματι τῷ τῆς Περσίδος, 52
ὁ δὲ Ταῦρος τῷ τῆς Βαβυλῶνος, οἱ δὲ Δίδυμοι τῷ τῆς Καππαδοκίας,
ὁ δὲ Καρκίνος τῷ τῆς Ἀρμενίας, ὁ δὲ Λέων τῷ τῆς Ἀσίας, ἡ δὲ Παρθένος
τῷ τῆς Ἑλλάδος καὶ Ἰωνίας, ὁ δὲ Ζυγὸς τῷ τῆς Λιβύης καὶ Κυρήνης, ὁ
Σκορπίος δὲ τῷ τῆς Ἰταλίας, ὁ δὲ Τοξότης τῷ τῆς Κιλικίας, ὁ δὲ Αἰγό-
30 κερως τῷ τῆς Συρίας, ὁ δὲ Ὑδροχόος τῷ τῆς Αἰγύπτου, οἱ δὲ Ἰχθύες τῷ
τῆς Ἐρυθρᾶς θαλάσσης καὶ Ἰνδικῆς χώρας.

§ 43: cf. Heph. I 1, 181 ‖ § 44: cf. Paul. II ‖ § 45: cf. Heph. I 1, 180 ‖
§ 46: cf. I 2, 65 et Heph. I 1, 182 ‖ §§ 47—48: cf. Heph. I 1, 199—201 ‖ § 48:
cf. I 2, 77 ‖ §§ 49—51: cf. Heph. I 1, 218—221 ‖ § 51: cf. I 2, 90 ‖ § 52: cf.
Paul. II

[LR] 1 τυρρινοί R τυρηνοί L | κασπάνιοι et Heph. (A) ‖ 2 καρχιδονία R ‖
4 ἀντλατικὸν L ‖ 5 βακτρηανή L βακτροιανή R | σικελλία R | ἐμπροσθέτοις R ‖
7 ἀριανή L ‖ 10 Σικυών om. Heph. ‖ 12 τυρινηκὸν R ‖ 14 ὀξιανή L ‖ 17 ῥέοντες
Heph. ‖ 19 νασσαμωνῖτης L ‖ 20 et 21 lac. ut in Heph. ‖ 22 συρίας L ‖ 23 νότον L ‖
25—30 τῷ] τὸ L semper ‖ 28 ἑλάδος L | κυρίνης L

Appendix IV. J f. 303ᵛ.

f.303vJ | *Περὶ ἀρρενικῶν καὶ θηλυκῶν μοιρῶν*

1, 2 *Περὶ ἀρρενικῶν καὶ θηλυκῶν μοιρῶν οὕτως. τῶν μὲν γὰρ ἀρσενικῶν ζῳδίων αἱ πρῶται β̄ ∠ μοῖραι ἔσονται ἀρσενικαί, αἱ δὲ ἑξῆς β̄ ∠ θηλυκαί· τῶν δὲ θηλυκῶν ζῳδίων αἱ πρῶται β̄ ∠ θηλυκαὶ καὶ αἱ*
3 *ἑξῆς ἀρσενικαί, αἱ δὲ ἑξῆς θηλυκαί. τοῖς οὖν συνοδικοῖς ἡ μοῖρα τῆς* 5 *συνόδου δηλώσει, τοῖς δὲ πανσεληνιακοῖς ἡ μοῖρα τῆς πανσελήνου, οἱ δὲ ἐν ᾗ μοίρᾳ ὁ ὡροσκόπος ἢ ἡ Σελήνη.*

Appendix V. J ff. 303ᵛ—304.

f.303vJ | *Περὶ κρύψεως Σελήνης*

1 *Περὶ δὲ κρύψεως Σελήνης· ἀφανὴς αὕτη γίνεται ἐπὶ σύνοδον φερομένη*
2 *καθ᾽ ἕκαστον ζῴδιον μοιρικῶς οὕτως. ὅπου ἂν εὑρεθῇ ὁ Ἥλιος, τοῦ* 10
3 *ζῳδίου λάμβανε τὴν ἡμίσειαν ἀναφοράν· κἀκεῖ ἔσται λείπουσα. οἷον*
f.304J *Ἥλιος Κριῷ ἐπὶ τοῦ β̄′ κλίματος· | ἡ ἀναφορὰ τοῦ ζῳδίου κ̄, ὧν τὸ*
4 ∠ ῑ. *ἀφαιρουμένων τῶν ῑ ἐκ τῶν λ̄, Σελήνη ἀφανὴς Ἰχθύσι περὶ μοίρας*
5, 6 κ̄. *Ἥλιος Ταύρῳ· τὸ ∠ τῆς ἀναφορᾶς ῑβ. ἔσται ἡ Σελήνη ἀφανὴς ἐν*
7 *Ἰχθύσι περὶ μοίρας ῑη. Ἥλιος Διδύμοις· τὸ ∠ τῆς ἀναφορᾶς τοῦ ζῳδίου* 15
8, 9 ῑδ. *ἔσται οὖν ἡ Σελήνη περὶ τὰς ῑϛ μοίρας τοῦ Κριοῦ ἀφανής. Ἥλιος*
10 *Καρκίνῳ· τὸ ∠ τῆς ἀναφορᾶς ῑϛ. ἔσται ἡ Σελήνη ἀφανὴς Διδύμοις περὶ*
11, 12 *μοίρας ῑδ. Ἥλιος Λέοντι· τὸ ∠ τῆς ἀναφορᾶς ῑη. ἔσται ἀφανὴς ἡ*
13 *Σελήνη Καρκίνῳ περὶ μοίρας ῑβ. Ἥλιος Παρθένῳ· ⟨τὸ ∠⟩ τῆς ἀναφορᾶς*
14, 15 κ̄. *ἔσται ἀφανὴς ἡ Σελήνη Λέοντι περὶ μοίρας ῑ. ὁμοίως καὶ ἐπὶ τῶν* 20
λοιπῶν ζῳδίων.

Appendix VI. R f. 170; iam a F. Cumont in CCAG 8, 4; 239 editum.

f.170R | *Ἀναβιβάζοντα, Καταβιβάζοντα ἀπὸ χειρὸς λαβεῖν*

1, 2 *Ἀναβιβάζοντα καὶ Καταβιβάζοντα ἀπὸ χειρὸς εὑρεῖν. ψηφίσας τὰ ἀπὸ Αὐγούστου Καίσαρος ἔτη ἕως οὗ ζητεῖς ἐνιαυτοῦ, πρόσθες αὐτοῖς ἔτη δύο*

App. IV 1—3: cf. I 11, 1—3 ‖ App. V 1—15: cf. I 13, 1—15 ‖ App. VI 1—3: cf. I 15, 1—3

[JR] 1 *νμθ′* in marg. J ‖ 8 *υνα′* in marg. J ‖ 22 *ι′* in marg. R

APPENDIX IV–VIII

ἔξωθεν. τοῦ δὲ συναχθέντος ἀριθμοῦ ἀφαῖρε ὁσάκις δύνῃ ιθ· τὸν δὲ 3
καταλειφθέντα ἀριθμὸν ἥττονα τῶν ιθ ἄφες ἀπὸ Καρκίνου ⟨....⟩

⟨...⟩ ἀνάπαλιν ἀνὰ ⟨ιθ⟩ γ΄, καὶ εἰς ὃ καταντήσει ζῴδιον, ἐν ἐκείνῳ 4
εὑρήσεις τὸν ἐκλειπτικὸν σύνδεσμον καὶ εἰς τὸ τούτου διάμετρον· ὁ γὰρ
5 Καρκίνος καὶ Αἰγόκερώς εἰσι τοῦ κόσμου ἐκλειπτικοὶ τόποι.

Appendix VII. B ff. 46–46ᵛ, C f. 82, G f. 91ᵛ, H f. 117ᵛ.

| Περὶ βαθμῶν καὶ ἀνέμων τῆς Σελήνης

f.46B,
f.82C,
f.91vG,
f.117vH

Τὸν δὲ βαθμὸν καὶ τὸν ἄνεμον οὕτως εὑρήσομεν. ἀπὸ Λέοντος ἕως 1, 2
Ζυγοῦ ἡ Σελήνη κατάβασιν βορείαν ποιεῖται, ἀπὸ δὲ Σκορπίου ἕως
Αἰγόκερωτος κατάβασιν νότιον, ἀπὸ δὲ Ὑδροχόου ἕως Κριοῦ ἀνάβασιν
10 νότιον ποιεῖται, ἀπὸ δὲ Ταύρου ἕως Καρκίνου βορείαν. οἱ δὲ βαθμοὶ 3
εὑρίσκονται οὕτως. ἐπεὶ ἕκαστος βαθμὸς μοιρῶν ἐστι ιε, τὸ δὲ ζῴδιον λ, 4
ἐφέξει ἐν ἕκαστον βαθμοὺς β· ἀπὸ Λέοντος οὖν τὴν ἀφαίρεσιν ποιούμενοι
τοῦ πλάτους εὑρήσομεν τὸν βαθμόν. ἐπεὶ οὖν | ἐν τῇ προκειμένῃ γενέσει τὸ 5
πλάτος εὑρέθη κγ νε΄, ἀπολύσαντες ἀπὸ Λέοντος ⟨ἀνὰ⟩ μοίρας β εὑρήσο- f.46vB
15 μεν Καρκίνου μοῖραν ᾱ νε΄, καὶ γνῶμεν ὅτι ἡ Σελήνη ἀναβαίνει τὰ
βόρεια περὶ βαθμοὺς τοῦ ἀνέμου ζ. τοῦτο δὲ τὸ κεφάλαιον ἐξ ἐννοίας 6
τοιαύτης προέρχεται. ὁ γὰρ Ταῦρος ὕψωμά ἐστι τῆς Σελήνης καὶ οἷον 7
Ἀναβιβάζων ἐστίν, ὁ δὲ Σκορπίος οἷον ὁ Καταβιβάζων, ὁ δὲ Λέων οἷον
Ἀναβιβάζοντος βόρειον πέρας, ὁ δὲ Ὑδροχόος οἷον Καταβιβάζοντος
20 νότιον πέρας.

Appendix VIII. Preceptum Canonis Ptolomei I 23.

De Luna quota sit

Quota sit Luna vel fuerit vel futura sit in quolibet loco sic invenies. 1
annis ab Augusto computatis adicies IX, et de omni numero quotiens 2
potueris deducis X et IX, et id quod remanserit videbis. si enim I re- 3
25 manserit addis X, si II remanserint addis XX, si III remanserint nihil

§ 4: cf. I 15, 9 ‖ App. VII 1–5: cf. I 16, 1–5 ‖ App. VIII 1–7: cf. I 17, 1–5

[R] [BCGH] 1 ἀφαίρῃ ὁσάκις R, corr. Cumont ‖ 6 ργ΄ in marg. C, νδ΄ in marg. H ‖
8 ποιῆται G ‖ 9 δὲ om. C | Ὑδροχόου] ζυγοῦ B | τοῦ post ἕως G ‖ 9.10 κατάβασιν
βορείαν CGH ‖ 10 ποιεῖται G | ἀπὸ δὲ] καὶ ἀπὸ G | ἀνάβασιν post βορείαν G ‖
11 ἐστι μοιρῶν C ‖ 12 ἐφέξει] ἐφ᾽ ἕκαστον G | ἑνὸς G | ζῴδιον post ἕκαστον B |
βαθμοί εἰσιν δύο G | δὲ post ἀπὸ G | οὖν om. G ‖ 14 κγ κε CH ‖ 15 ἐν καρκίνῳ G |
μοῖραν om. H | μοίραις G ‖ 16 παρὰ δὲ τοὺς βαθμοὺς G ‖ 17 εὑρίσκεται G ‖ 18 δ²
om. G | καταβιβάζων] ἀναβιβάζων BCGH | οἷον² om. G ‖ 19 καταβιβάζων BG Ω CH

27*

397

addis, si IIII remanserint addis X, si V remanserint addis XX, si VI
remanserint nihil addis, si VII remanserint addis X, si VIII remanserint
addis XX, si IX remanserint nihil addis, si X remanserint addis X, si
XI remanserint addis XX, si XII remanserint nihil addis, si XIII re-
manserint addis X, si XIIII remanserint addis XX, si XV remanserint 5
nihil addis, si XVI remanserint addis X, si XVII remanserint addis XX,
4 si XVIII remanserint nihil addis. et invento numero addes dies mensis
5 Alexandrini usque ad diem quem queris. dehinc a Thot usque quem
6 queris mensem per binos menses addis unum diem. et omnibus compu-
7 tatis extrinsecus addis unum diem semper. et supputatis omnibus iste 10
numerus significabit quota Luna erit eo die quo queres, ita ut si excesserit
XXX detrahes XXX; et si X remanserint decimam Lunam pronuntiabis.
8 Verbi gratia. si queres annos ab Augusto, CCCLXXXIII anni sunt
VIII kal. Septembris (id est epagomenas deuteru); quota Luna fuerit?
9, 10 CCCLXXXIII annis addis semper VIIII; fiunt CCCXCII. ex his deduc 15
quotiens potueris XIX; remanent XII, cui numero iuxta preceptum
11 illud ternarium nihil addes quoniam par numerus excedit. sed addis
usque ad VIII kal. Septembris (epagomenas duas); et fiunt simul XIIII.
12 his addis Thot et Faophi unum, Farmenoth et Farmuthi unum, Pachon
et Paphini unum, Epiphi et Mesore unum, et extrinsecus unum diem. 20
13 fiunt de combinatis mensibus dies VI et ille unus qui extrinsecus adicie-
tur illis XIIII; et fiunt simul XXI.
14 Hoc ideo compendiose fit quia tribus tantum Lunis panselenos fieri
15 potest − aut XV Luna aut XIIII aut XVI. sicut eclypsis Lune cetus
quoque tribus tantum Lunis potest fieri − aut XXX Luna aut XXIX 25
16 aut prima; ceterum eclipsis Solis. cum dies quesitus in Thot exciderit,
diem addendum scias.

Appendix IX. A ff. 8−9ᵛ, J ff. 288ᵛ−289ᵛ, N ff. 12−14ᵛ, O ff. 90ᵛ−92,
Q ff. 23ᵛ−26; §§ 58−84 iam a A. Tihon in Bull. Inst. Hist. Belge de
Rome 39 (1968) 51−82 editae, reliquae ib. 52 (1982) 5−29.

f.8A,
f.90vO,
f.23vQ

f.288vJ
1

| *Ψηφηφορία Ἡλίου*

| *Ταῖς συναγομέναις ἀπὸ α' Σεπτεμβρίου ἡμέραις ἕως τῆς ἐπιζητου-*
μένης ἡμέρας πάντοτε προστίθει ὅνη, καὶ τὰ ὁμοῦ γινόμενα ἔκβαλλε ἀπὸ 30

[**AJOQ**] 28 πῶς δυνάμεθα εὑρεῖν τὸ ζώδιον καὶ τὴν μοῖραν ἔνθα ἐστὶν ὁ ἥλιος
OQ ‖ 29 ιθ' in marg. **J** ‖ 29−30 ταῖς − ἡμέρας om. **Q** ‖ 29 τοῦ post α **O** ‖ σε-
πτεβρίου **J** ‖ 30 προτίθει **OQ** ‖ ἡμέρας post προτίθει **Q** ‖ ϱξ ὅτι δὲ ἔνι βίσεκτος
ϱξα **J** ‖ ὁμοῦ om. **J** ‖ ἔκβαλε **A**

Κριοῦ διδοὺς ἑκάστῳ τῶν ζῳδίων ἀνὰ λ. καὶ ὅπου δ᾽ ἂν καταντήσῃ ὁ 2
ἀριθμός, ἐν ἐκείνῳ τῷ ζῳδίῳ φήσομεν εἶναι τὸν Ἥλιον.
Ὑπόδειγμα. μηνὶ Ἰαννουαρίῳ α᾽ ἰνδικτιῶνος θ᾽ ἔτη ͵ϛυιδ. αἱ συναγόμεναι 3, 4
ἀπὸ ἀρχῆς Σεπτεμβρίου ἡμέραι ἕως πρώτης Ἰαννουαρίου μετὰ καὶ
5 αὐτῆς ρκγ. πρόσθες αὐταῖς ρνη· ὁμοῦ γίνονται σπα. λέγομεν τοίνυν· 5, 6
ἐννάκις τὰ λ γίνονται σο· λοιπαὶ ῑα. δίδωμι οὖν Κριῷ, Ταύρῳ, Διδύμοις, 7
Καρκίνῳ, Λέοντι, Παρθένῳ, Ζυγῷ, Σκορπίῳ, Τοξότῃ ἀνὰ λ. καὶ καταντᾷ 8
ἐπέχων ὁ Ἥλιος | ἐν Αἰγοκέρωτι μοίρας ῑα.   f.8vA

Ψηφηφορία Σελήνης

10 Τὴν ποσταίαν τῆς Σελήνης πάντοτε δωδεκαπλασίαζε, καὶ τὰ γινόμενα 9
ἔκβαλλε ἀπὸ τῆς μοίρας τοῦ ζῳδίου ἐν ᾧ ἐστιν ὁ Ἥλιος, διδοὺς ἑκάστῳ τῶν
λοιπῶν ζῳδίων ἀνὰ λ. καὶ ὅπου δ᾽ ἂν καταντήσῃ ὁ ἀριθμός, ἐν ἐκείνῳ 10
τῷ ζῳδίῳ φήσομεν εἶναι τὴν Σελήνην.
Ὑπόδειγμα. μηνὶ καὶ ἰνδικτιῶνι τῇ αὐτῇ ἡμέρᾳ δ᾽ τῆς Σελήνης· λέγομεν 11
15 οὖν δωδεκάκις τὰ δ μη. ἄρξαι ἀπὸ Αἰγοκέρωτος, καὶ δὸς αὐτῷ μοίρας ιθ. 12
ἕνδεκα γὰρ εἶχεν ὁ Ἥλιος ἐν αὐτῷ· λοιπαὶ μένουσιν κθ. ἔστιν οὖν ἡ 13, 14
Σελήνη ἐν τῷ Ὑδροχόῳ ἔχουσα μοίρας κθ.

| Ψηφηφορία τοῦ ὡροσκόπου
f.12N,
f.24Q

Τὰς ἀπὸ ἀνατολῆς Ἡλίου ὥρας ὅσας βούλει πολλαπλασίαζε πάντοτε 15
20 παρὰ τῶν ῑε, καὶ προστίθει τῷ ἀπὸ τοῦ πολλαπλασιασμοῦ ἀριθμῷ τὰς τοῦ

[AJNOQ] 1 τῶν ζῳδίων om. J | ζωδίῳ Q | ἀνὰ om. AO | ἡμέρας Q ‖ 1—2
ὅπου — ζῳδίῳ] ἔνθα λήξη ἐκεῖ J ‖ 1 δ᾽ om. Q | καταντήσει Q ‖ 3 παράδειγμα
τούτου O | παραδείγματος ἕνεκεν Q | οἷον J | μηνὶ — ςυιδ om. JOQ ‖ 4 ἀπ᾽ OQ |
ἀρχῆς] α᾽ J | τοῦ post ἀρχῆς OQ | σεπτεβρίου J | μηνὸς post σεπτεμβρίου Q |
ἡμέραι om. J | τῆς post ἕως OQ | α᾽ J | μηνὸς post ιαννουαρίου J ‖ 4,5 καὶ αὐτῆς
om. Q ‖ 5 ἐπ᾽ αὐτὰς Q | γίνονται] τελειοῦσι Q | 6 ἐννάι O | ἐννέα Q | τὰ om. O |
λοιπαὶ J λοιπάζονται O | λοίποντια Q | δίδομεν OQ | οὖν om. J ‖ 6—7 Κριῷ —
Τοξότῃ] τοῖς ἐννέα ζωδίοις ἀρχομένοις ἀπὸ κριοῦ ἑκάστῳ OQ ‖ 7 σκορπίῳ om. J ‖
7—8 καταντᾷ — ια] λήγει ἐν αἰγοκέρωτος μοίρα ια J | 8 ἐπέχων om. Q | ζωδίου
τοῦ ϛ Q ‖ 9 ἔτι δὲ antepon. Q | ψηφηφορία om. J | πῶς δυνάμεθα εὑρεῖν τὸ ζώ-
διον καὶ τὴν μοῖραν ἔνθα ἐστὶν ἡ σελήνη OQ ‖ 10 κ᾽ in marg. J | ποστέαν Q | ιβ
δεκαπλασίαζε J ‖ 11 ἔκβαλε A ‖ 11—12 ἀπὸ — λ] ἀνὰ λ ἀφ᾽ οὗ ἐστιν ὁ ἥλιος ζω-
δίου J | 12 ἀνὰ] μοίρας OQ ‖ 12 ὅπου — Σελήνην] ἔνθα λήξη ἐκεῖ ἐστιν ἡ σε-
λήνη J ‖ 12 καταντήσει Q ‖ 14 ὑπόδειγμα — Σελήνης om. J | οἷον OQ | ἡμέρα
δ OQ ‖ 15 δ ιβ γίνονται O τε δ ἡ ιβ γίνονται Q | ιβ J | ια JO ‖ 16 αὐτῷ] αὐτῇ A |
κθ] ιθ AJ ‖ 17 τῇ τοῦ ⚹ κθ μοίρα O υδροχόου μοίρα ιθ J | ἔχουσα] ἐπὶ Q | κθ]
ιθ A ‖ 18 ψηφηφορία τοῦ ὡροσκόπου om. J περὶ ὁροσκόπου N πῶς δυνάμεθα
εὑρεῖν τὸ ὡροσκοποῦν ζώδιον OQ | ἤγουν τὸ ὡροσκοποῦν τι add. Q ‖ 19 κα᾽ in
marg. J | ἀνατολῶν N | πολλαπλασίαζε ὅσας βούλει (βούλη Q) OQ | πολυπλα-
σίαζε N | πάντοτε om. J ‖ 20 τὸν J | καὶ] αἶς J | προτίθει Q προστίθον N |
τῷ — ἀριθμῷ om. J τούτοις NOQ

16 Ἡλίου μοίρας ὅσας ἂν τύχῃ ἔχων ἐν τῷ ζῳδίῳ. καὶ τὸν οὕτω συναχθέντα
ἀριθμὸν ἔκβαλλε ἀπὸ τῆς ἀρχῆς τοῦ ζῳδίου ἐν ᾧ ἐστιν ὁ Ἥλιος, διδοὺς
17 ἑκάστῳ τῶν ζῳδίων ἀνὰ λ̄. καὶ ὅπου δ᾽ ἂν καταντήσῃ ὁ ἀριθμός, ἐκεῖνο
φήσομεν ὡροσκοπεῖν τὸ ζῴδιον.
18,19 Ὑπόδειγμα. ὥρα ἡμερινὴ γ̄· πεντεκαιδεκάκις τὰ γ̄ μ̄ε̄. καὶ ὁ Ἥλιος 5
20 ἔχει ἐν τῷ Αἰγοκέρωτι μοίρας ῑᾱ· ὁμοῦ γίνονται μοῖραι ν̄ϛ̄. ἐξ αὐτῶν δὸς
21 Αἰγοκέρωτι λ̄· λοιπαὶ μένουσιν κ̄ϛ̄. λέγομεν τοίνυν ὡροσκοπεῖν τὴν τοῦ
22 Ὑδροχόου κϛ΄ μοῖραν. ἐπὶ δὲ νυκτὸς τὰς ἀπὸ δύσεως Ἡλίου ὥρας ὅσας
f.12vN βούλει πολλαπλασίαζε παρὰ τῶν δεκαπέντε, | καὶ τὸν συναγόμενον
f.910 ἀριθμὸν | μετὰ τῆς προσθέσεως τῶν τοῦ Ἡλίου μοιρῶν ἔκβαλλε ἀπὸ τοῦ 10
κατὰ διάμετρον Ἡλίου ζῳδίου· καὶ εὑρήσεις τὸ ὡροσκοποῦν ζῴδιον καὶ
τὴν τούτου μοῖραν.

Ψηφηφορία τῶν ē πλανωμένων. περὶ Κρόνου

23 Τὰ ἀπ᾽ ἀρχῆς Αὐγούστου ἔτη πλήρη ἀναλάμβανε, καὶ ὑπέξελε αὐτὰ
24 παρὰ τῶν λ̄. καὶ τὰ καταλειφθέντα ἐλάττω τῶν λ̄ πολλαπλασίαζε παρὰ 15
τῶν ῑβ̄, καὶ τῷ γινομένῳ ἀριθμῷ πρόσθες ὅσας ἂν τριακοντάδας ὑπεξέλῃς
ἀνὰ ē, καὶ ἀπ᾽ ἀρχῆς Σεπτεμβρίου μηνὸς ἕως οὗ ἐπιζητεῖς ἑκάστου μηνὸς

§§ 23−25: cf. I 18, 7−9

[AJNOQ] 1 ἔχειν J ‖ 1−2 καὶ − ζῳδίου om. Q ‖ 1 ιὰ J ‖ 2 ἀριθμὸν om. J ‖
ἔκβαλε AN ‖ 2−3 ἀπὸ − λ] ἀνὰ λ ἀφ᾽ οὗ ἐστιν ὁ ἥλιος J ‖ 3 τῶν ζῳδίων] ζῳδίῳ Q ‖
λ ἀνὰ N ‖ 3−4 ὅπου − ζῴδιον] ἔνθα λήξῃ ἐκεῖνό ἐστιν ὡροσκοποῦν J ‖ 3 δ᾽ om. A ‖
ἐν (om. Q) ἐκείνω OQ ‖ 4 ὡροσκοποῦν A ‖ τὸ om. Q ‖ 5 παράδειγμα οἷον O παρά-
δειγμα Q οἷον J ‖ ἔστω post ὑπόδειγμα N ‖ εἰς γ ὥρας J ‖ ἡμερινὴ] μὲν εὑρέθη Q ‖
γ οὖν ιε γίνονται O γ γὰρ τὰ ιε γίνονται Q τρὶς οὖν ιε N τρὶς ιε J ‖ 6 ἔχει om. J
εὑρέθη ἔχων ι̅ϛ̅ om. J, corr. in τῇ A ‖ λέοντι N ‖ μοῖρα J ‖ ια] θ N ‖ συνάπ-
τοντας ταύτας γίνονται ὁμοῦ νϛ Q ‖ γίνονται μοῖραι om. JN ‖ μοῖραι om. O ‖ νδ N ‖
6−8 ἐξ − μοῖραν] καὶ ἐκβαλλόμεναι ὡς εἴρηται καταντοῦσιν ἐν ὑδροχόου κϛ J ‖
6−7 ἐξ − κϛ] ἄρξου γὰρ ἀπὸ ♑ δὸς ἀνὰ λ μοίρας ἑκάστω ζωδίω μένουσι λοιπαὶ
μοῖραι κϛ Q ‖ 7 τῷ λέοντι N ‖ μένουσιν om. N ἔμειναν A ‖ κδ N ‖ οὖν N ‖ τὴν
om. Q ‖ 8 παρθένου N ‖ ζῳδίου post ♒ Q ‖ μοῖρα κϛ Q ‖ κδ N ‖ τοῦτο ποίει ὅτε
ἡμέρα τύχει ἡ ζήτησις post (κϛ) Q ‖ ἐπὶ δὲ νυκτὸς] ὅτε δὲ νυκτὶ τύχει Q ‖ 8−9
τὰς − βούλει] αὖθις OQ ‖ 9 τῶν om. Q τὸν J ‖ ιε JNOQ ‖ 9−10 τὸν − μοιρῶν]
ἑνώσας καὶ τὰς τοῦ ἡλίου J ‖ 10 προθέσεως ANQ ‖ ἔκβαλλε ἀπὸ] ἐκ et spat. ca. 6
litt. O, spat. ca. 6 litt. Q ‖ ἔκβαλε N ‖ 11 διάμετρον] γε O ‖ Ἡλίου om. OQ αὐτῶ J ‖
εὑρήσις Q ‖ 11−12 ζῴδιον − μοῖραν om. J ‖ 13 τὰ περὶ ἀστέρος ♄ antepon. J ‖
ψηφηφορία − Κρόνου om. J ‖ 13 πρόχειρος εὕρεσις τῶν πέντε πλανομένων καὶ πρῶτον
περὶ κρόνου N ‖ πῶς δυνάμεθα εὑρεῖν τὸν ἀστέρα τοῦ κρόνου (τὸν − κρόνου] αὐτὸν Q)
ἐν ποίω ζωδίω ἐστίν OQ ‖ 14 κβ΄ in marg. J ‖ ἀπὸ N ‖ πλήρη om. N πλήρης Q ‖
ὑφέξελε AJO ἔξελε Q ὑφειλε N ‖ 15 τῶν¹] τὸν J ‖ ἐλάττω τῶν λ om. J ‖ ἐλάτ-
των Q ‖ 16 τὸν J ‖ τὸν ἐρχόμενον ἀριθμὸν Q ‖ τοῖς γινομένοις J ‖ προστίθει O προ-
τίθει Q ‖ ἂν om. J ‖ ὑφεξέλης A ὑφέξελε Q ὑφεῖλον JN ‖ 17 ἀπὸ AN ‖ σεπτε-
βρίου J ‖ μηνὸς om. J ‖ ἑκάστω μηνὶ OQ

ἀνὰ γ̄. καὶ ἑνώσας ἔκβαλλε ἀπὸ Καρκίνου, διδοὺς ἑκάστῳ τῶν ζῳδίων ἀνὰ 25
λ̄· καὶ ὅπου δ᾽ ἂν καταντήσῃ ὁ ἀριθμός, ἐκεῖ ἔσται ὁ Κρόνος.

| Ὑπόδειγμα. τὰ ἀπὸ Αὐγούστου ἔτη ἕως τῆς ἐνισταμένης θ᾽ ἰνδικτιῶ- 26 f.24vQ
νος καὶ μηνὸς Ἰαννουαρίου α΄ ⳿λϛ̄. ὑφεῖλον αὐτὰ παρὰ τῶν λ̄· τριακοντάκις 27
5 γὰρ λ̄α ⳿λ̄· λοιπὰ ἔμειναν ζ̄. δωδεκαπλασίασον αὐτά· δωδεκάκις γὰρ τὰ 28
ζ̄ γίνονται ο̄β̄. πρόσθες | τούτοις τὸν ἀπὸ τοῦ πολλαπλασιασμοῦ τῆς λα΄ 29
f.13N
τριακοντάδος ἀριθμόν, ἅπερ εἰσὶν ρ̄νε, καὶ ἀπὸ τοῦ Σεπτεμβρίου μηνὸς
ἕως Ἰαννουαρίου α΄ τῶν δ̄ μηνῶν ἀνὰ γ̄, καὶ τοῦ Ἰαννουαρίου ᾱ ⳽ διὰ τὸ
ἐπιζητεῖν ἡμᾶς ἐν ἀρχῇ τοῦ αὐτοῦ μηνός· ὁμοῦ γίνονται σ̄μ̄ ⳽. ἀπόλυε 30
10 ἀπ᾽ ἀρχῆς Καρκίνου ἀνὰ λ̄. λέγομεν τοίνυν ὀκτάκις λ̄ σ̄μ̄. λοιπὰ ἔμειναν 31, 32
μοίρας τὸ ἥμισυ. καὶ καταντᾷ ὁ Κρόνος ἐπέχων ἐν Ἰχθύσι τῆς πρώτης 33
μοίρας τὸ ἥμισυ.

Περὶ τοῦ Διός

Τὰ ἀπ᾽ ἀρχῆς Αὐγούστου Καίσαρος ἔτη ὕφελε παρὰ τῶν δώδεκα. καὶ 34, 35
15 πρόσθες τῷ λειπομένῳ ἀριθμῷ ὅσας ἂν δωδεκάδας ὑπεξέλῃς ἀνὰ μίαν·
ἔξωθεν δὲ τούτων πρόσθες ἄλλα η̄· καὶ ἀπὸ Σεπτεμβρίου μηνὸς ἕως οὗ
ζητεῖς ἑκάστου μηνὸς ἀνὰ δύο. καὶ ἑνώσας ἔκβαλλε ἀπὸ Ταύρου, διδοὺς 36

---

§§ 34—36: cf. I 18, 11—13

[AJNOQ] 1 συνάψας αὐτὰ Q | ἔκβαλε N ‖ 1—2 ἀπὸ — λ] ἀνὰ λ ἀπὸ καρκίνου J ‖
1 ἀπὸ sup. lin. A | ἀνὰ] ἀπὸ N ‖ 2 ὅπου — ἀριθμός] ὅπου λήξει J | ἔστιν J ‖
3 ὑπόδειγμα om. Q παράδειγμα O ⟨ο⟩ῖον J | ἀπ᾽ J | τοῦ post ἀπὸ AQ | ἐν-
ισταμένης om. J | ἐννάτης NOQ | ἐπινεμήσεως OQ | 4 ὕφελον A | οὖν post ὑφεῖ-
λον OQ | ταῦτα OQ | παρὰ] ἐπὶ N | τὰ J | 4—5 τριακοντάκις — ⳿λ om. J ‖
4.5 τριακοντάκις γὰρ om. O | 5 λλ ⳿ καὶ ἅπαξ λ O πρὸς τριάκοντα ἀποτελοῦσι ⳿
καὶ ἅπαξ τὰ λ Q | ἔμειναν λοιπὰ J | λοιπαὶ O | ἔμειναν om. N | δωδεκαπλασίασον
αὐτά om. JO | δωδεκαπλάσιον N | 5—6 δωδεκάκις — ς om. J | δωδεκάι (et spat.
ca. 6 litt. Q) οὖν ς OQ | γὰρ τὰ ς] αὐτὰ J ‖ 6 γίνονται om. JO | ἐν post πρόσ-
θες Q | τὸν — πολλαπλασιασμοῦ om. NOQ ‖ 6—7 τῶν τριακοντάδων J ‖ 6 τῆς] τοῖς
OQ | τριακοστῆς καὶ μίας N | 7 ἀριθμόν] ἀνὰ ε NOQ | ἀποτελούμενα ἐν τῇ αὐξίσει
post εἰσὶ Q | τοῦ] πρώτη O α΄ NQ | σεπτεβρίου J | μηνὸς om. J | 8 α΄ om. J
πρώτης OQ | πρόσθες post α΄ NOQ | α ⳽] μίαν ἡμέραν OQ | 9 τῇ post ἐν OQ |
καὶ post μηνός N | οὖν post ἀπόλυε OQ | 10 ἀπὸ A | λέγομεν — σμ om. J | η OQ |
τὰ post ὀκτάκις A | λοιπὰ om. JN λοιπὸν OQ | ἔμεινεν N μένει J ‖ 11 λεπτὰ λ
OQ | μοίρας τὸ om. N | τὸ om. J | εὑρίσκεται N | τῆς πρώτης om. JOQ |
α΄ N | 12 λεπτὰ λ OQ | 13 περὶ τοῦ Διός om. J | παράδειγμα διός A πῶς δυνά-
μεθα εὑρεῖν τὸν (τῶν Q) ἀστέρα τοῦ διὸς ἐν ποίω ζωδίω ἐστὶν (Q) | κατὰ σῶμα
περιοδεύων κατὰ τὴν τυχοῦσαν αὐτοῦ κίνησιν add. Q | 14 κγ΄ in marg. J | ἀπ᾽ —
Καίσαρος] αὐτὰ J | τοῦ post αὐγούστου O | Καίσαρος om. N | ὕφειλε N ὕφειλ-
λον J ὑπέξελε OQ | περὶ N | τὸν J | ιβ JNOQ ‖ 15 τῷ λειπομένῳ ἀριθμῷ]
καὶ J | γινομένῳ Q | ἂν om. J | ιβ J | εὕρῃς post δωδεκάδας Q | ὑφεξέλης AN
ὑπέξελε OQ | ὑφείλες J | α O ἕνα Q ‖ 16 ἔξωθεν — πρόσθες] καὶ J | ἄλλα] ἀνὰ
OQ | η Q | σεπτεβρίου J | μηνὸς om. J ‖ 17 ἑκάστου om. J | β AJO | ἔκβαλε
NQ | ἀπὸ] ἀπ᾽ ἀρχῆς OQ | τοξότου J

37 ἑκάστῳ τῶν ζῳδίων ἀνὰ ι̅β̅. καὶ ὅπου ⟨δ᾽ ἂν⟩ καταντήσῃ ὁ ἀριθμός, ἐκεῖ
ἔσται ὁ Ζεύς.
f.9A | Ὑπόδειγμα. τὰ ἀπ᾽ ἀρχῆς Αὐγούστου Καίσαρος ἔτη εἰσὶν λ̅ς̅.
38
39, 40 ὑφεῖλον αὐτὰ παρὰ τῶν ι̅β̅. λέγομεν γάρ· δωδεκάκις τὰ ο̅η̅ γίνονται λ̅ς̅·
41 λοιπὸν ἔμεινεν οὐδέν. κράτει τοίνυν τῶν ο̅η̅ δωδεκάδων ἀνὰ μίαν, ἅπερ 5
42 εἰσὶν ο̅η̅. πρόσθες τούτοις ἄλλα κ̅, | καὶ ἀπὸ α᾽ μηνὸς Σεπτεμβρίου ἕως
f.25Q
43 Ἰαννουαρίου α᾽ ἑκάστου μηνὸς ἀνὰ δύο· ὁμοῦ γίνονται ρ̅ς̅. ἔκβαλλε οὖν
44 αὐτὰ ἀπ᾽ ἀρχῆς Ταύρου, διδοὺς ἑκάστῳ τῶν ζῳδίων ἀνὰ ι̅β̅. λέγω τοίνυν·
45 ὀκτάκις ι̅β̅ γίνονται ζ̅ς̅· λοιπὰ ἔμειναν ι̅. καὶ καταντᾷ ὁ Ζεὺς ἐπέχων ἐν
Αἰγοκέρωτι μοίρας ι̅. 10

Περὶ Ἄρεως

46, 47 Τὰ ἀπὸ Αὐγούστου Καίσαρος ἔτη — ὑπέξελε αὐτὰ παρὰ τῶν λ̅. τὸν δὲ
καταλειπόμενον ἀριθμὸν ἐλάττω τῶν λ̅ σκόπει· καὶ εἰ μὲν ἄρτιός ἐστιν ὁ
f.289J καταλειφθεὶς ἀριθμὸς ἀπὸ τοῦ Κριοῦ ἔκβαλλε, εἰ δὲ περιττὸς ἀπὸ | τοῦ
48 Ζυγοῦ. μετὰ οὖν τὸ διακρῖναι τὸν ἀριθμὸν εἰ ἄρτιός ἐστιν ἢ περιττός, 15
δίπλωσον αὐτόν, καὶ πρόσθες αὐτῷ ἀπὸ Σεπτεμβρίου μηνὸς ἕως οὗ
49 ζητεῖς ἑκάστου μηνὸς ἀνὰ β̅ ꝶ. καὶ ἀθροίσας ὁμοῦ, εἰ μὲν | ὑπὲρ τὰ ξ̅
f.91vO

§§ 46—51: cf. I 18, 15—18

[AJNOQ] 1 τῶν ζῳδίων om. J | καταντήσει Q | ὁ ἀριθμός om. J ‖ 2 ἐστιν J |
ὁ τοῦ διὸς ἀστὴρ NOQ ‖ 3 παράδειγμα AQ   οἷον J ‖ 3 τὰ – ιβ ,om. J ‖
3 τοῦ post αὐγούστου O | Καίσαρος om. N | εἰσὶν om. A | δὲ post εἰσὶ Q | 4 ὑφεῖ-
λον A ‖ 4—5 λέγομεν – ἅπερ om. Q ‖ 4 λέγομεν – ꝶ λς om. N | λέγομεν γάρ
om. O   οἷον J | ιβ ιβ οη O ‖ 4—5 γίνονται – ἅπερ om. O ‖ 5 λοιπὸν om. J
λοιπὰ A | ἔμεινεν om. N   ἔμειναν A | τοίνυν] λοιπὸν A̅ | α J   ἕν A ‖ 6 ἐστιν A |
καὶ post τούτοις Q | ἄλλα om. J | η Q | α᾽ om. J | πρώτης OQ | μηνὸς om. J |
σεπτεβρίου AJ | οὗ ζητεῖς post ἕως Q ‖ 7 α᾽ om. J | πρώτης OQ | ἑκάστου μηνὸς
om. J   δὸς Q | β JO | ὁμοῦ om. N | γίνονται om. J | ρος Q | ἔκβαλε ANOQ ‖
8 αὐτὰ om. J | τοξότου J | τῶν ζῳδίων om. J   ζωδίω Q | καὶ post ιβ OQ ‖
8—9 λέγω – λοιπὰ om. J ‖ 8 λέγε OQ | τοίνυν om. NOQ ‖ 9 η NOQ | τὰ post
ὀκτάκις A, ἡ Q | γίνονται om. NO | ς γ A | λοιπὸν OQ | ἔμειναν om. N   ἔμει-
νεν J ‖ 9—10 ἐν ζωδίω τοῦ ꝶ ἐπέχων Q ‖ 9 ἐπέχων om. J | ἔχων N | ἐν om. AO ‖
10 μοίρας om. J   μοῖραι A | ι] κε OQ ‖ 11 περὶ Ἄρεως om. J   πῶς δυνάμεθα
εὑρεῖν ἐν ποίῳ ζωδίῳ ἐστὶν ὁ τοῦ ἄρεως (ἄρεος Q) ἀστὴρ OQ | κατὰ σῶμα περι-
οδεύων add. Q ‖ 12 κδ᾽ in marg. J | ἀπὸ Αὐγούστου Καίσαρος] αὐτὰ J | τοῦ post
ἀπὸ A | τοῦ post αὐγούστου A | Καίσαρος om. N | ἔτη om. O | ꝶ λς post ἔτη
AJN | ὑπέξελε JO   ὄφελε A   ὤφειλε N | αὐτὰ om. JOQ | περὶ N | τὸν J | τὸν]
τὰ Q ‖ 13 καταλειφθέντα N | ἀριθμὸν om. J | ἐλάττω τῶν λ om. N | ἐλάττων Q |
τὸν J | εἰ] ἢ N ‖ 13—14 ὁ καταλειφθεὶς ἀριθμὸς om. NOQ ‖ 14 ἄρχου post (ἀριθ-
μός) Q | τοῦ¹ om. NOQ | Κριοῦ] λ J | ἔκβαλε ANOQ | ἄρχου post περιττὸς Q |
τοῦ² om. NOQ ‖ 15 τὸ] τοῦ A ‖ 16 δήλωσον OQ | σεπτεβρίου AJ | μηνὸς om. J ‖
17 ἑκάστου μηνὸς om. JN | δύο καὶ ἥμισυ Q | δύο A | η᾽᾽ O | ἀθροίσας] σύναψον
πάντα Q | καὶ post ὁμοῦ Q | εἰ μὲν iter. O | ὑπὲρ] ἔξω N | τὰ iter. Q | ἐξήκον-
τα O   ξήκοντα Q

γένηται ὁ ἀριθμός, καταλιπὼν τὰ ξ τὰ λοιπὰ ἔκβαλλε ἢ ἀπὸ τοῦ Κριοῦ
ἢ ἀπὸ τοῦ Ζυγοῦ καθὼς ὁ προρρηθεὶς δηλώσει ἀριθμός, διδοὺς ἑκάστῳ
τῶν ζῳδίων ἀνὰ ε̄. | καὶ ὅπου ⟨δ᾽ ἂν⟩ καταντήσῃ ὁ ἀριθμός, ἐκεῖ ἔσται ὁ
τοῦ Ἄρεως ἀστήρ. εἰ δὲ ἔνδον τῶν ξ εὑρεθῇ ὁ συναχθεὶς ἀριθμός, τοῖς 51
5 αὐτοῖς χρῶ καθὼς ὑποδέδεικται.
Ὑπόδειγμα. τὰ ἀπὸ Αὐγούστου Καίσαρος πλήρη ἔτη εἰσὶν ⟩λϛ. 52
ὑφεῖλον αὐτὰ παρὰ τῶν λ· λοιπὰ μένουσιν ζ̄. δῆλον οὖν ὅτι ἀπὸ Κριοῦ δεῖ 53, 54
ἡμᾶς ποιῆσαι | τὴν ἄφεσιν διὰ τὸ ἄρτιον εἶναι τὸν ζ̄. ταῦτα γοῦν δίπλωσον·
καὶ γίνονται ῑβ. καὶ πρόσθες αὐτοῖς ἀπὸ Σεπτεμβρίου μηνὸς ἕως Ἰαννουα- 56
10 ρίου α᾽ ἀνὰ β̄ ϛ· ὁμοῦ γίνονται κ̄β. ἄρξαι ἀπὸ Κριοῦ, διδοὺς ἑκάστῳ τῶν 57
ζῳδίων ἀνὰ ε̄· καὶ καταντᾷ ὁ Ἄρης ἐν τῷ Λέοντι.

f.13 v N 50

f.25 v Q 55

Περὶ Ἀφροδίτης

Τὰ ἀπ᾽ ἀρχῆς Αὐγούστου Καίσαρος ἔτη πλήρη ὑπέξελε παρὰ τῶν η̄. 58
τὸν δὲ καταλειφθέντα ἐντὸς τῶν η̄ ἀριθμὸν σκόπει· καὶ εἰ μέν ἐστι τὸ 59
15 περιττεῦον ᾱ, ἄρξαι ἀπὸ τῆς κα᾽ Μαρτίου μηνὸς τὰς ἡμέρας ἀριθμεῖν
ἕως τῆς ἐπιζητουμένης ἡμέρας. καὶ ἀριθμήσας ὁμοῦ ὕφελε ἐξ αὐτῶν ρ̄κ, 60
καὶ τὸν καταλειφθέντα ἀριθμὸν ἀπόλυε ἀπ᾽ ἀρχῆς τῶν Διδύμων, διδοὺς
ἑκάστῳ τῶν ζῳδίων ἀνὰ κ̄ε. καὶ ὅπου ⟨δ᾽ ἂν⟩ καταντήσῃ ὁ ἀριθμός, 61
ἐκεῖ ἔσται ἡ Ἀφροδίτη. εἰ δὲ οὐκ ἐξαρκεῖ ὁ συναχθεὶς ἀριθμὸς ὡς πρὸς 62

---

§§ 58—75: cf. I 18, 22—28

[AJNOQ] 1 γίνηται J | ἑξήκοντα OQ | ἔκβαλε ANO | ἢ om. NOQ | τοῦ om.
NOQ ‖ 2 τοῦ om. NOQ | προρηθεὶς NOQ ‖ 3 τῶν ζῳδίων] ζῳδίω Q | ὁ ἀριθμός
om. J | ἔστιν Q ‖ 4 τοῦ Ἄρεως] ☿ J | ἀστήρ om. NO | εἰ] ἢ N | ἑξήκοντα OQ ‖
5 χρῶ om. J | 6 ὑπόδειγμα om. Q παράδειγμα in marg. O οἷον J | τὰ – εἰσὶν
om. J | τοῦ post ἀπὸ A | τοῦ post αὐγούστου A | Καίσαρος om. N | πλήρη om.
AOQ πλήρης N | εἰσὶν om. A ‖ 6—7 ὑφεῖλον αὐτὰ τὰ ⟩ λϛ J ‖ 7 ὑφείλουν οὖν
αὐτὰ Q | ὕφελον A | ταῦτα περὶ N | λοιπὰ om. J λοιπὸν OQ | μένουσιν om. N |
δηλοῦσιν OQ ‖ 7—8 ποιεῖσθαι δεῖ ἡμᾶς OQ ‖ 8 ποιῆται N | ὕφεσιν A | ἄρτια OQ |
τὰ OQ | οὖν Q | δίπλασον NOQ ‖ 9 καὶ² om. OQ | σεπτεβρίου AJ | μηνὸς om. J ‖
10 α᾽ om. J | πρώτης OQ | δύο AOQ | ϛ om. OQ | καὶ post (ϛ) NQ | ὁμοῦ
om. J | ἄρξε Q ‖ 10—11 διδοὺς – ζῳδίων om. J ‖ 11 Ἄρης] ☿ J | ἐν ζῳδίω τοῦ
Ω Q | τῷ om. J | ἐπέχων μοίρας β post λέοντι N ‖ 12 περὶ Ἀφροδίτης om. J πῶς
δεῖ εὑρίσκειν τὸν ἀστέρα τῆς ἀφροδίτης ἐν ποίω ζῳδίω ἐστί OQ | ἀστέρος post ἀφ-
ροδίτης N | 13 κε᾽ in marg. J | τοῦ post αὐγούστου A | Καίσαρος om. N | πλήρη
om. AJOQ πλήρης N | ὑφέξελε O ὕφελε A ὕφειλε N ὑφεῖλον J | τὸν J ‖
14 καταληφθέντα N | μέν om. OQ ‖ 15 ἓν OQ | μία A | τῆς κα᾽ J | τῆς om.
NOQ | μηνὸς μαρτίου A | μηνὸς om. JN ‖ 16 ἐνώσας OQ | ὁμοῦ om. J | ὑφεῖλον
JOQ ἄφελε N ‖ 17 τὰ καταλυφθέντα N | ἀριθμὸν om. JN | ἀπὸ A ‖ 18 τῶν ζῳ-
δίων om. J ζῳδίω Q | καταντί̄ Q ‖ 19 ἐκεῖ – ἀριθμός iter. A

403

VETTIVS VALENS

ἀφαίρεσιν τῶν ο̅κ̅, προστίθει πάντοτε τ̅ξ̅ε̅ (ἤγουν κύκλον) καὶ οὕτως ποίου
63 τὴν ἀφαίρεσιν τῶν ο̅κ̅· καὶ τὰ λοιπὰ ἔκβαλλε ὁμοίως. εἰ δὲ δύο μόνα εἰσὶ
τὰ περιλειπόμενα, ἄρξαι ἀπὸ ιδ′ μηνὸς Αὐγούστου τὰς ἡμέρας ἀριθμεῖν
ἕως τῆς ἐπιζητουμένης ἡμέρας καὶ αὐτῆς, προστιθεὶς κύκλον ἀπὸ α′
μηνὸς Σεπτεμβρίου ἕως Φεβρουαρίου ι′· καὶ οὕτως ἀφεὶς τὰ ο̅κ̅ ἀπόλυε 5
64 ἀπὸ ἀρχῆς τοῦ Σκορπίου ἀνὰ κ̅ε̅. εἰ δὲ ζητεῖς εὑρεῖν τὴν τοῦ ἀστέρος
ἐποχὴν μετὰ τὴν τοῦ Φεβρουαρίου παρέλευσιν ἕως συμπληρώσεως τοῦ
f.26Q ὅλου ἐνιαυτοῦ, οὐ δεῖ τὸν κύκλον προσ|τιθέναι (τὰ τ̅ξ̅ε̅), ἀλλὰ μόνοις τοῖς
65 εὑρισκομένοις χρῶ. εἰ δὲ τρία μόνα | εἰσὶ τὰ περιλειπόμενα, ἄρξαι ἀπὸ
f.14N
τῆς ι′ μηνὸς Ὀκτωβρίου τὰς ἡμέρας ἀριθμεῖν ἕως τῆς ἐπιζητουμένης 10
66 ἡμέρας καὶ αὐτῆς. καὶ εἰ ἐξαρκεῖ ἄφες τὰ ο̅κ̅, εἰ δὲ μὴ πρόσθες κύκλον·
67 καὶ μετὰ τὴν ἀφαίρεσιν τῶν ο̅κ̅ τὰ λοιπὰ ἔκβαλλε ἀπὸ Παρθένου. καὶ
68 ὅπου ἂν καταντήσῃ ὁ ἀριθμός, ἐκεῖ ἔσται ἡ Ἀφροδίτη. εἰ δὲ τέσσαρά εἰσι
τὰ περιλειπόμενα, ἄρξαι ἀπὸ κβ′ μηνὸς Ἰουνίου τὰς ἡμέρας ἀριθμεῖν ἕως
69 τῆς ἐπιζητουμένης ἡμέρας καὶ αὐτῆς. καὶ ἄφες τὰ ο̅κ̅, καὶ τὰ λοιπὰ 15
70 ἔκβαλλε ἀπὸ Αἰγοκέρωτος· καὶ εὑρήσεις τὴν Ἀφροδίτην. εἰ δὲ πέντε
εἰσίν, ἄρξαι ἀπὸ ιδ′ μηνὸς Αὐγούστου, προστιθεὶς καὶ κύκλον, ἕως ι′
71 μηνὸς Φεβρουαρίου. καὶ ἄφες ο̅κ̅, καὶ τὰ λοιπὰ ἔκβαλλε ἀπὸ Σκορπίου
72 ἀνὰ κ̅ε̅· καὶ εὑρήσεις τὴν Ἀφροδίτην. εἰ δὲ ζ εἰσίν, ἄρξαι ἀπὸ ιγ′ μηνὸς
Δεκεμβρίου τὰς ἡμέρας ἀριθμεῖν ἕως τῆς ἐπιζητουμένης ἡμέρας καὶ 20
73 αὐτῆς. καὶ ἄφες ο̅κ̅, καὶ τὰ λοιπὰ ἔκβαλλε ἀπὸ Κριοῦ ἀνὰ κ̅ε̅· καὶ εὑρήσεις
74 τὴν Ἀφροδίτην. εἰ δὲ ἑπτά εἰσιν, ἄρξαι ἀπὸ ιδ′ μηνὸς Αὐγούστου· καὶ

[AJNOQ] 1 ἄφεσιν NOQ ὕφεσιν A | πρόστιθε N πρόσθες OQ | κύκλον ἤγουν
τξε J | κύκλον] ὅλον τὸν ζωδιακὸν Q ‖ 1—2 οὕτως ἀφαίρει οκ J ‖ 1 οὕτως] ἐξ αὐ-
τοῦ Q | ποίειε Q ‖ 2 ἔκβαλλε om. Q ἔκβαλε ANO | β N | εἰσὶ] ἴσα Q ‖ 3 παραλει-
πόμενα Q | τὰς post ἀπὸ Q ‖ 4 προτιθεὶς Q προστίθων N ‖ 4—5 ἀπὸ — σεπτεμ-
βρίου om. OQ ‖ 5 σεπτεβρίου AJ | φευρουαρίου OQ | ι′ om. Q | ἀφεὶς om. Q
ἀφαιρεῖν N ὕφελε O | καὶ post οκ OQ ‖ 6 ἀπ′ JOQ | καρκίνου OQ | ἀπὸ OQ |
ζητοίης A ζητήσῃ O ζητῆσις Q | ἀστέρος] κύκλον OQ ‖ 7 ἀποχὴν N | τὴν
om. Q | φευρουαρίου OQ ‖ 8 τὸν om. J | τὰ τξε om. J | τὰς N τὸν OQ ‖ 8—9
μόνας τὰς εὑρισκομένας N ‖ 9 γ AN | παραλειπόμενα OQ ‖ 10 τῆς ι′ om. OQ |
μηνὸς] τοῦ N | σεπτεβρίου N ‖ 11 ἡμέρας om. J | ἐξαρκοῦσι OQ | ἄφες om. Q ‖
11—12 εἰ δὲ — οκ om. N ‖ 11 μήγε OQ | κύκλον] ο AJ ‖ 12 ὑπεξαίρεσιν O ἀποξαί-
ρεσιν Q | ἔκβαλε ANOQ | αἰγοκέρωτος AJNOQ, corr. Jones ‖ 13 ἂν om. AJNO |
κατανΤί Q | ὁ ἀριθμὸς om. J | δ ANQ ‖ 14 τὰ περιλειπόμενα om. NOQ | τοῦ
post κβ Q ‖ 15 ἀφαιροῦ N ὕφελε O ὕφε Q | καὶ³ om. NO | δὲ post λοιπὰ OQ ‖
16 ἔκβαλε ANOQ | παρθένου NOQ | ε AJN ‖ 17 τεσσαρεσκαιδεκάτης O τέσσα-
ρεις καὶ δεκάτης Q | ἕνα post κύκλον Q | ι′ om. JOQ ‖ 18 φευρουαρίου OQ | ι′
post φεβρουαρίου J | ἄφαιρε N ὕφειλε OQ | καὶ τὰ] τὰ δὲ O | ἔκβαλε ANOQ |
λέοντος N καρκίνου OQ ‖ 19 ἀνὰ κε om. AJN | τῆς post ἀπὸ Q ‖ 20 δεκεβρίου
JO ‖ 21 ὕφελε OQ | τὰ post ὕφελε Q | καὶ τὰ] τὰ δὲ O | καὶ² om. N | ἔκβαλε
ANOQ ‖ 22 ζ ANOQ | αὐγούστου μηνὸς J

404

ποίει ὁμοίως καθὼς ἐν τῷ ε' καὶ τῷ β'. εἰ δὲ ἦ εἰσίν, ὁμοίως ἄρξαι ἀπὸ 75
ιδ' μηνὸς Αὐγούστου· καὶ ποίει καθὼς ἐν τῷ β' | καὶ ε' καὶ ζ'.   f.920

Ὑπόδειγμα. μηνὶ Ἰαννουαρίῳ α'· τὰ ἀπὸ Αὐγούστου Καίσαρος ἔτη 76
λϛ — ὑφεῖλον αὐτὰ παρὰ τῶν η̄· λοιπὰ ἔμειναν η̄. | ἄρξαι ἀπὸ τῆς ιδ' hic des. OQ
77
5 μηνὸς Αὐγούστου τὰς ἡμέρας ἀριθμεῖν ἕως Ἰαννουαρίου α'· καὶ γίνονται ρ̄μ̄.
καὶ ἐπεὶ ἦ εἰσὶ τὰ περιλειφθέντα, δεῖ προστιθέναι κύκλον (ἤγουν τ̄ξ̄ε̄)· 78
ὁμοῦ γίνονται φ̄ε̄. ἄφες ἐξ αὐτῶν ρ̄κ̄· λοιπὰ ἔμειναν τ̄π̄ε̄. λέγω τοίνυν· 79, 80
δεκαπεντάκις τὰ κ̄ε̄ γίνονται τ̄ο̄ε̄. λοιπὰ ῑ ἔκβαλλε ἀπ᾽ ἀρχῆς Σκορπίου 81
ἀνὰ κ̄ε̄· καὶ καταντᾷ ἡ Ἀφροδίτη ἐν Ὑδροχόῳ μοίρᾳ ι'.
10 | Ὑπόδειγμα ἄλλο. μηνὶ Μαρτίῳ α'· τὰ ἀπ᾽ ἀρχῆς Αὐγούστου Καίσαρος f.289vJ
82
ἔτη λϛ — ὑφεῖλον αὐτὰ παρὰ τῶν η̄· λοιπὰ ἔμειναν η̄. ἄρξαι ἀπὸ τῆς 83
ιδ' μηνὸς Αὐγούστου τὰς ἡμέρας ἀριθμεῖν ἕως Μαρτίου α'· γίνονται
ρ̄ϙ̄η̄. μὴ προσθήσῃ κύκλον διότι μετὰ τὸν Φεβρονάριον | ζητοῦμεν τὴν τοῦ 84
f.14vN
ἀστέρος ἐποχήν, ἀλλὰ ἄφες ρ̄κ̄ καὶ τὰ λοιπὰ ἔκβαλλε ἀπὸ Σκορπίου ἀνὰ
15 κ̄ε̄· καὶ καταντᾷ ἡ Ἀφροδίτη ἐν Ὑδροχόῳ.

Περὶ Ἑρμοῦ

Ταῖς συναγομέναις ἀπὸ α' Σεπτεμβρίου μηνὸς ἡμέραις ἕως τῆς ἐπιζη- 85
τουμένης ἡμέρας καὶ αὐτῆς πάντοτε προστίθει ρ̄ξ̄β̄, καὶ τὰ γινόμενα
—ἔκβαλλε ἀπὸ Κριοῦ, διδοὺς ἑκάστῳ τῶν ζῳδίων ἀνὰ λ̄. καὶ ὅπου δ᾽ ἂν 86
20 καταλήξῃ ὁ ἀριθμός, ἐκεῖ ἔσται ὁ Ἑρμῆς.

§§ 85—86 et 90—91: cf. I 18, 30—32

[AJNOQ] 1 ὁμοίως[1] om. OQ | καθὼς om. J | καθὰ OQ | τῷ[2] om. AJ ‖ 1—2
εἰ — β' om. OQ ‖ 2 μηνὸς om. J | 3 κς' in marg. J | ὑπόδειγμα om. J | παρά-
δειγμα OQ | μηνὶ Ἰαννουαρίῳ α' om. JOQ | τοῦ post ἀπὸ A | τοῦ post αὐγού-
στου OQ | Καίσαρος om. N | 4 ὕφελον N | ἐπὶ N | τὸν J | λοιπὸν OQ | ἔμειναν
om. N | ὀκτώ Q | τῆς om. N | 5 μηνὸς om. J | α' ἰαννουαρίου N | καὶ om. N |
γίνεται N ‖ 6 προσθεῖναι AN | ἤγουν τξε om. J | 7 ὁμοῦ] καὶ J | γίνονται om. N |
ἄφες ἐξ αὐτῶν] ἀφ᾽ ὧν ἀφαιροῦ N | ἔμειναν om. JN ‖ 8 ιε κε (τὰ om.) N | γίνε-
ται N | ἔκβαλε N | ἀπὸ N ‖ 9 ἦ om. A | διδύμοις A | ἐπέχων post ὑδροχόῳ N |
μοίρας N ‖ 10 ὑπόδειγμα — α' om. J | ἄλλον N | τὰ — Καίσαρος] ἦ τὰ αὐτὰ J |
τοῦ post αὐγούστου A ‖ 10.11 Καίσαρος ἔτη om. N ‖ 11 λϛ ἔτη J | ὕφελον A |
αὐτὰ om. JN | περὶ N | τὸν J | ἔμειναν om. JN | τῆς om. AN ‖ 12 αὐγούστου
μηνὸς J | τὰς ἡμέρας om. J ‖ 13 δὲ post προσθήσῃ N ‖ 14 ἀλλ᾽ A | ἀφαιροῦ N |
καὶ om. N | ἔκβαλε AN | ἀπὸ σκορπίου evan. in A ‖ 16—17 περὶ — ἡμέρα evan.
in A ‖ 16 περὶ Ἑρμοῦ om. J | ἀστέρος post ἑρμοῦ N ‖ 17 κζ' in marg. J | σεπτε-
βρίου J | μηνὸς om. J ‖ 18 ἡμέρας om. J | προστίθει πάντοτε J ‖ 18—19 προστί-
θει — δι evan. in A ‖ 18 τὸ γινόμενα — τὴν ὁμάδα N ‖ 19 ἔκβαλε J | διδοὺς —
ζῳδίων om. J | ἔνθα J | δ᾽ ἂν om. J ‖ 20—p. 406, 1 καταλήξῃ — ὑπόδειγμα evan.
in A ‖ 20 καταλήξει N | ὁ ἀριθμός om. J

VETTIVS VALENS

87 Ὑπόδειγμα. αἱ συναγόμεναι ἀπὸ ἀρχῆς τοῦ Σεπτεμβρίου ἡμέραι ἕως
88 Ἰαννουαρίου α΄ μετὰ καὶ αὐτῆς γίνονται ͞ο͞κ͞γ. πρόσθες οὖν αὐταῖς ͞ρ͞ξ͞β·
89, 90 ὁμοῦ γίνονται ͞σ͞π͞ε. ἔκβαλλε αὐτὰ ἀπὸ ἀρχῆς ἀνὰ ͞λ. πάντοτε μὲν οὖν
91 ἔγγιστα τοῦ Ἡλίου ζήτει αὐτόν. οἷον ἐν ἀρχῇ | τοῦ ζῳδίου ἐστὶν ὁ
f.9vA
Ἥλιος, ἐν τῷ ὄπισθεν αὐτοῦ δυνατὸν αὐτὸν εὑρεθῆναι· ἐὰν δὲ ἐπὶ τέλει, 5
92 ἐν τῷ ἑξῆς ζῳδίῳ. ὡς καὶ νῦν ὁ μὲν Ἥλιος ἐν μέσῳ Αἰγοκέρωτος καὶ
93, 94 Ἑρμῆς ἐν μέσῳ τοῦ Τοξότου. ἐννάκις τὰ ͞λ γίνονται ͞σ͞ο· λοιπὰ ͞ι͞ε. καὶ
καταντᾷ ὁ Ἑρμῆς ἐν τῷ ὄπισθεν Ἡλίου ζῳδίῳ (ἤγουν ἐν τῷ Τοξότῃ)
ἐπέχων μοίρας ͞ι͞ε.

Appendix X. C ff. 191–194, H ff. 158–161ᵛ.

f.191C,
f.158H | Περὶ σχηματισμοῦ τῶν ἀστέρων κατὰ σύνοδον γινομένου οὐχ ἑνὸς πρὸς 10
ἕνα ὡς διείληπται πρότερον ἀλλ᾽ ἑνὸς πρὸς δύο ἢ καὶ πλείους

1 Ἡ τοῦ Κρόνου καὶ Διὸς καὶ Ἄρεως σύνοδος ἀπὸ ἀνατολῆς συγκράσει
ἀγαθή· τινὰς μὲν ἐνδόξους, ἀρχιερατικούς, ἡγεμονικούς, ἐπιτροπικούς,
ὄχλων καὶ χωρῶν προεστῶτας ἢ στρατιωτικῶν πραγμάτων κελεύοντας
καὶ ἀκουομένους, οὐ τοσοῦτον τῇ περὶ τὸν βίον φαντασίᾳ κεκοσμημένους, 15
καὶ ἐναντιώμασι δὲ καὶ κατηγορίαις καὶ βιαίοις πράγμασι περικυλιομένους
καὶ ἐπιφόβως διάγοντας, τινὰς δὲ καὶ τῇ περὶ τὸν βίον ὑπάρξει συγκεκο-
σμημένους καὶ κτημάτων καὶ θεμελίων δεσπότας καὶ ἀπὸ νεκρικῶν
ὠφελουμένους, περὶ δὲ τὴν δόξαν ἥττονας, ὅθεν παρὰ τὰς τοποθεσίας καὶ
τὰς τῶν ζῳδίων ἐνεργείας τὰ πράγματα κριθήσεται. 20

2 Ἡ δὲ τοῦ Κρόνου καὶ Διὸς καὶ Ἡλίου ἀποτελεῖ ἀνωμάλους καὶ ἀβε-
βαίους, εἴς τε τὰς περικτήσεις καὶ φιλίας καὶ τὰς λοιπὰς τῶν πραγμάτων
ἐπιβολὰς καὶ φθόνου ἕνεκεν ἐναντία περιπίπτοντας ἐξ ἀπροσδοκήτων, ἀπὸ

§ 1: cf. I 20, 3 ‖ § 2: cf. I 20, 1

[AJN] [CH] 1 οἷον J | αἱ – ἡμέραι] ταὐταὶ J | ταῖς συναγομέναις A | ἀπ᾽ N ˙|
τοῦ om. N | σεπτεβρίου A ‖ 1–2 ἡμέραι – πρό evan. in A | 2 μετὰ καὶ αὐτῆς
om. J | αἷς post ρκγ J | οὖν om. JN | αὐταῖς om. J | αὐτοῖς N ‖ 3 ὁμοῦ om. J |
γίνονται om. N | ἔκβαλλε – πάντοτε evan. in A | ἔκβαλε N | αὐτὰ om. J | ἀρχῆς
om. J | ἀνὰ] περὶ τῶν N | οὖν om. J ‖ 5–9 ἐν – ιε΄ om. J | 6 μέσῃ N | 7 μέσῃ N |
οἷον post τοξότου J | ϑ N | τὰ om. N | γίνονται om. N | 9 ψηφηφορίας ἐνθαδὶ τέρ-
μα φίλεον. ἰστέον ὅτι τὰ τοῦ αὐγούστου καίσαρος ἔτη ἀριθμοῦνται ἀπὸ τοῦ ‚ενοη΄ ἔτους
διὰ τὸ τοῦτο, καὶ κατὰ μὲν τὸ ‚ςυιδ΄ ἔτος ἀριθμοῦνται ⅄λς, κατὰ δὲ τὸ νῦν ‚ςψοη΄
ἔτος τῆς ιγ΄ ἰνδικτιῶνος ἀριθμηθήσονται ‚ατ΄. καὶ εἰς τὸ ἑξῆς κατὰ λόγον προβήσον-
ται add. A; κη΄. τὰ ἀπὸ αὐγούστου καίσαρος ἔτη ἕως τῆς νῦν ε΄ ἰνδικτιῶνος τοῦ ‚ςω΄
ἔτους εἰσὶν ἔτη ‚ατκβ΄ add. J; τὰ ἀπὸ αὐγούστου καίσαρος ἔτη λαμβάνονται ἀπὸ τοῦ
‚ενοη΄ ἔτους, καὶ εἰσὶ κατὰ τὸ νῦν ‚ςωιγ΄ ἔτος (ἔτους N) ἔτη ‚ατκε΄ add. N ‖ 10 ρςη΄
in marg. H | κατὰ σύνοδον γινομένου τῶν ἀστέρων C ‖ 13 ἀγαθοῦ H | οὖν post
μὲν C ‖ 21 ὁ C | ἀποτελεῖ] ἀπὸ ἀνατολῆς H

406

νεκρικῶν ὠφελουμένους καὶ τῇ δόξῃ προαύξοντας, καθαιρέσεις ἢ αἰτίας
ὕστερον ὑπομένοντας, αἰφνιδίους τε κινδύνους καὶ ἐπιβουλάς· ἀποτελοῦσι
δὲ προστασίας ἢ ἐπιτροπὰς ἢ φορολογίας ἢ μισθώσεις ἀλλοτρίων πραγ-
μάτων ὧν χάριν ἢ ταραχὰς ἢ κρίσεις ὑφίστανται καὶ τὴν ὑπόστασιν
5 ἀνώμαλον ἢ ἐπίφοβον κατασκευάζουσιν.

Ἡ δὲ τοῦ Κρόνου καὶ Διὸς καὶ Ἀφροδίτης ὠφελείας καὶ περικτήσεις ἐν 3
ταῖς πράξεσιν ἀποτελεῖ, καὶ συστάσεις ἀρρενικῶν καὶ θηλυκῶν, εὐεργεσίας
τε καὶ φιλίας καὶ προβιβασμοὺς ἀπὸ νεκρικῶν ὑποθέσεων, περὶ δὲ τὰς
συνηθείας ἐπιψόγους καὶ ἐπιφθόνους καὶ ἀνωμαλίας περὶ συναρμογάς,
10 ψύξεις κατὰ καιρὸν ὑπομένοντας καὶ ἔχθρας καὶ κρίσεις πλὴν φιλοσυνήθεις
καὶ εὐσυμβιώτους, καινοτέραις καὶ πολλαῖς ἡδομένους φιλίαις, εἰς δὲ τὸν
περὶ τέκνων λόγον καὶ σωμάτων οὐ διὰ παντὸς | εὐσταθοῦντας οὐδὲ f.158vH
ἀλύπους ὑπομένοντας.

Ὁ δὲ τοῦ Κρόνου καὶ Διὸς καὶ Ἑρμοῦ συσχηματισμὸς ἀποτελεῖ οἰκονομι- 4
15 κούς, πιστούς, προεστῶτας ὄχλων, κελεύοντας καὶ ἐνακονομένους,
χρημάτων χειριστὰς καὶ λόγων ἢ ψόγων διευθυντάς· οἱ τοιοῦτοι δὲ τό τε
ἐλευθέριον, ὑποκριτικὸν ἦθος κεκτημένοι, ὁτὲ μὲν παροῦργοι | καὶ f.191vC
κακοῦργοι φαίνονται, ὁτὲ δὲ ἀγαθοὶ καὶ καλοί, γενήσονται δὲ πλεονέκται
καὶ ἀλλοτρίων ἐπιθυμηταὶ ὧν χάριν ταραχὰς καὶ κρίσεις ὑπομένουσιν.

20 Ὁ δὲ τοῦ Κρόνου καὶ Διὸς καὶ Σελήνης δόξης καὶ ὠφελείας περιποιητικὸς 5
καὶ συστάσεως καὶ δωρεῶν, ποιεῖ δὲ τὰς τῶν πράξεων κατορθώσεις ἐν
ξενιτείαις, τινὰς δὲ οὐ μόνον οἰκείων ἀλλὰ καὶ ἀλλοτρίων πραγμάτων
προεστῶτας καὶ ἐκ θηλυκῶν προσώπων εὐεργετουμένους καὶ ἐν περικτήσει
γινομένους, θεμελίων τε καὶ χωρῶν δεσπόζοντας ἢ ναυκλήρους γεγονότας
25 τὸν βίον ἐπαυξῆσαι καὶ ὅσα δι᾽ ὑγρῶν συνίστανται χειρισαμένους διοικονο-
μεῖν τὸν βίον καλῶς.

Ὁ δὲ τοῦ Κρόνου καὶ Ἄρεως καὶ Ἡλίου βιαίων πραγμάτων καὶ ἐπικιν- 6
δύνων δηλωτικός· θρασεῖς γὰρ καὶ ἀνδρεπιβούλους ἀποτελοῦσι καὶ περὶ
τὰς πράξεις κακούργους, ἀθέους, προδότας, ἀνυποτάκτους, μισοϊδίους,
30 τῶν οἰκείων μὲν χωριζομένους, μετὰ δὲ ἀλλοφύλων ἀναστρεφομένους, ἐν
ἐπηρείαις καὶ κινδύνοις γινομένους, ἀπὸ ὕψους ἢ τετραπόδων ἢ ἐμπρησμῶν
πτώσεις ὑπομένοντας ἢ φόβους, ἐπιμόχθους πρὸς τὰς ἐγχειρήσεις, μὴ
φυλάσσοντας τὰ περικτώματα, ἀλλοτρίων ἐπιθυμητάς, ἐκ κακῶν τὸν
βίον πορίζοντας ἐκτὸς εἰ μὴ στρατιωτικὸν ἢ ἀθλητικὸν τὸ σχῆμα τύχοι,
35 καὶ οὕτω μὲν ἐπίμοχθον πλὴν οὐκ ἄπρακτον.

§§ 3–4: cf. I 20, 4–5 ‖ § 5: cf. I 20, 2 ‖ § 6: cf. I 20, 6

[CH] 6 ὁ C ‖ περικτίσεις CH ‖ 7 ἀποτελοῦσιν CH ‖ 9 ἐπιψόγους] καὶ ψόγους C ‖
καὶ¹] ἢ H ‖ 13 ἐπιμένοντας C ‖ 14 αἱ C ‖ συσχηματίσεις C ‖ 15 εἰσακονούμενος H ‖
18 ἀγαθοῦ καὶ καλοῦ C ‖ 24 χωρειῶν C ‖ 25 συνίσταται H ‖ 28 δηλωτικοί H ‖
32 ἢ φόβους ὑπομένοντας C

VETTIVS VALENS

7 Ὁ δὲ τοῦ Κρόνου καὶ Ἄρεως καὶ Ἀφροδίτης περὶ μὲν τὰς πράξεις καὶ
φιλίας καὶ συναλλαγὰς ἐπιτήδειος· ὠφελείας γάρ, δόξας καὶ συστάσεις
ἀποτελεῖ, εἰς ὕστερον δὲ ἐπιτάραχος καὶ ἐπίδικος καθίσταται διά τινας
ἀντιζηλίας καὶ προδοσίας καὶ ἔχθρας, πρός τε ἀρρενικὰ καὶ θηλυκὰ
πρόσωπα ὧν χάριν ἐξόδους πλείστας ποιεῖ εἰς τὸ οἰκειώσασθαι ταῦτα. 5
8 τινὲς δὲ ἀθεμίτοις μίξεσι καὶ διαφόροις ἡδόμενοι ἢ ἐπαίσχροις τισὶ
πράγμασι καὶ ἐπιψόγοις περιτραπέντες καὶ μὴ ἐκ τούτων πρὸς καλὸν
ἀνανενευκότες περιβοησίας ἢ δειγματισμοὺς ἀναδέχονται ἢ ἐν ἐπιβουλαῖς
τισι γινόμενοι ἐκ κακουργιῶν ἢ φαρμακειῶν φόβον οὐ τὸν τυχόντα
ὑπομένουσιν. 10
9 Ὁ δὲ τοῦ Κρόνου καὶ Ἄρεως καὶ Ἑρμοῦ κακουργίας καὶ δόλους ἀποτελεῖ,
f.159H κρίσεις τε καὶ ταραχάς, γραπτῶν | ἢ μυστικῶν πραγμάτων χάριν ἐν
ἐγγύαις τε καὶ δάνεσι περιτρέπει δι' ὧν οὐ τὰς τυχούσας καθαιρέσεις καὶ
ἀγῶνας ὑφίστανται, ἔσθ' ὅτε μὲν δριμεῖς καὶ εὐσυνέτους περὶ τὰς πράξεις
ἀποτελεῖ, ποικίλως τὸν βίον διερχομένους διά τινας βιαίους ἢ παρανόμους 15
πράξεις, ἔσθ' ὅτε καὶ πράξεων ἐπιμόχθων ἢ ἐπικινδύνων ἐντὸς γινομένων
καὶ ἐνδείαις περιπίπτοντας, τὴν ἰδίαν μεμφομένους τύχην καὶ εἰς θεὸν
10 βλασφημοῦντας ἢ ἐπιορκοῦντας καὶ ἀθέους καθιστᾷ. ἐὰν δὲ καὶ ἀνοικείως
πέσωσιν οἱ ἀστέρες καὶ καταιτιασμοὺς ἢ συνοχὰς ποιεῖ, εἰ δὲ ἐν χρηματι-
στικοῖς τόποις ἢ ἰδίοις τύχωσι τοὺς ὑπὲρ ἑτέρων ἀγῶνας ἀναδέχεσθαι 20
ποιεῖ καὶ τοὺς πλείστους καθυπερτερήσει.
11 Ὁ δὲ τοῦ Κρόνου καὶ Ἄρεως καὶ Σελήνης εἴς τε τὰς ἐπιβολὰς καὶ
f.192C πράξεις παραβόλους καὶ γενναίους ἀποτελεῖ, | δυσεπιτεύκτους δὲ καὶ
ἐναντιώμασι καὶ βιαίοις πράγμασι περιτρεπομένους· ποιεῖ γὰρ φιλερή-
μους, ἅρπαγας, κακούργους, τρόπον ληστρικὸν ἔχοντας, ἔν τε ἀπολογίαις 25
ἢ κρίσεσι περιπίπτοντας, συνοχῶν δὲ καὶ καταιτιασμῶν πεῖραν λαμβάνον-
τας, εἰ μή πως φιλοπαλαίστρου ἢ φιλόπλου ἡ γέννησις τύχοι ἵνα διὰ τῆς
κατοχῆς ταύτης τὸ τῆς συνοχῆς σχῆμα τέλος λάβῃ, τινὰς δὲ καὶ ἐπισινεῖς
ἢ ἐμπαθεῖς γινομένους.
12 Ὁ δὲ τοῦ Κρόνου καὶ Ἡλίου καὶ Ἀφροδίτης συστάσεων μεγάλων 30
καὶ τιμῶν καὶ πράξεων δηλωτικός, δόξης τε καὶ προφανείας καὶ προστα-
σίας ὀχλικῆς αἴτιος, ἀπαράμονος δὲ παρά τε τὴν κτῆσιν καὶ τὰ λοιπὰ
ὑπάρχει, καὶ τὰς φιλίας δολιοῖ, καὶ εἰς ἀνωμαλίας περιτρέπει, καὶ τοῦ
βίου μειώσεις ἀπεργάζεται, καὶ δογματικοὺς ἕνεκα θηλυκῶν προσ-

§§ 7–10: cf. I 20, 8–10 ‖ § 11: cf. I 20, 7 ‖ § 12: cf. I 20, 11

[CH] 3 ἐσύστερον H ‖ 6 μίξεις C ‖ 8 ἀνενευκότες H ‖ δειγματικοὺς C ‖ ἐπιβο-
λαῖς C ‖ 9 γινομέναις H ‖ φαρμακίων H ‖ 14 ἀγονὰς C ‖ 15 ποικίλος C ‖ βιαίους]
αἰτίας H ‖ 20 τύχοιεν H ‖ 26 καταιτιασμοῦ H ‖ 28 λάβοι H ‖ 30 Ἀφροδίτης] ♀ H ‖
32 αἴτιοι H ‖ κτίσιν C

408

ὤπων ποιεῖ, μυστικῶν τε πραγμάτων προδοσίας, περὶ δὲ τὰς πράξεις καὶ
τὰς συνηθείας ἄστατος καὶ ἀδιάφορος.

Ὁ δὲ τοῦ Κρόνου καὶ Ἀφροδίτης καὶ Ἑρμοῦ συνετούς, νοερούς καὶ περὶ 13
τὰς τῶν πράξεων ἀφορμὰς εὐφνεῖς καὶ εὐεπιβόλους ἀποτελεῖ, ἀπαραμόνους
5 δὲ καὶ ψύχοντας τὰς πρώτας πράξεις καὶ ἑτέρας ἐπιθυμοῦντας, πολυίστο-
ρας, πολυέργους, ποικίλους, ἰατρικούς, ἡδομένους τῇ καινότητι καὶ
μεταβολῇ καὶ ξενιτείᾳ. ἐὰν δὲ τούτων οὕτως ὄντων τὸ σχῆμα κακωθῇ ἢ 14
ἐπιθεωρήσῃ Ἄρης, ἕνεκα φαρμακειῶν ἢ θηλυκῶν προσώπων καὶ θανατικῇ
προφάσει ταραχὰς καὶ κρίσεις ὑπομένοντας ἢ καὶ ἐκ γυναικῶν ὑπομένον-
10 τας ἀδικίας καὶ μείωσιν βίου καὶ κακωτικὰς αἰτίας ἀναδεχομένους,
καθόλου καὶ εἰς τὸν περὶ γυναικῶν καὶ τέκνων καὶ σωμάτων τόπον
ἀβεβαίους | καὶ ἐπιλύπους γεννᾷ τούτους.   f.159 v H

Ὁ δὲ τοῦ Κρόνου καὶ Ἀφροδίτης καὶ Σελήνης ἀνωμαλίας καὶ ἀκαταστα- 15
σίας βίου ἐπάγει, καὶ μάλιστα εἰς τὸν περὶ γυναικῶν ἢ μητρὸς καὶ τέκνων
15 τόπον· κακοηθείας γὰρ καὶ ἀχαριστίας ἐπάγει, ἔτι δὲ ἀντιζηλίας, στάσεις,
χωρισμούς, ψόγους, δειγματισμούς, ἀθεμίτους πράξεις, περὶ δὲ τὰς
πράξεις οὐκ ἀπόρους ἀλλ' εὐεπινοήτους καὶ ἐν περικτήσει γινομένους,
ἀπὸ νεκρικῶν ὠφελουμένους πλὴν οὐ φυλάσσοντας, ἐπιβουλευομένους δὲ
ὑπὸ πολλῶν ἢ καὶ αὐτοὺς συνίστορας κακουργίας ἢ φαρμακείας κατα-
20 σκευάζοντας.

Ὁ δὲ τοῦ Διὸς καὶ Ἄρεως καὶ Ἡλίου — ἐπιτάραχοι καὶ ἐπικίνδυνοι· 16
θερμοτέρους δὲ καὶ εὐεπιτεύκτους εἰς τὰς ἐπιβολὰς τῶν πράξεων,
στρατιωτικούς τε καὶ ἡγεμονικούς καὶ δόξης μεθεκτικούς, δημοσίων
πραγμάτων προεστῶτας, ἐπισφαλεῖς τε διὰ τὸ ἐπακολουθεῖν φθόνους, ἐκ
25 μειζόνων προσώπων ἀπειλάς, ἐπιβουλάς, οἰκείων προδοσίας, καταιτια-
σμούς· ἐνίους μὲν γὰρ καὶ τῇ τῶν μειζόνων προαγωγῇ ἀπὸ μετρίας τύχης
ἀναβιβάσασα ὕστερον τὸν βίον καθαιρεῖται.

Ὁ δὲ τοῦ Διὸς καὶ Ἄρεως καὶ Ἀφροδίτης πολυφίλους καὶ πολυσυνήθεις 17
ἀποτελεῖ, συστάσεών τε μεγάλων καὶ ὠφελειῶν καταξιουμένους, ἐν
30 προκοπαῖς γινομένους· τινὰς μὲν οὖν ἀρχιερατικούς, στεφανηφόρους,
ἀθλητικούς ἢ ἱερῶν προεστῶτας ἢ ὄχλων, ἡδονῇ ἐξυπηρετουμένους καὶ
κατὰ καιρὸν ἀστάτους καὶ ἀνωμάλους καὶ ἐπιφόγους διάγοντας καὶ
ἀδιαφόρους περὶ τὰς συνελεύσεις, | δειγματισμοὺς ὑπομένοντας καὶ f.192 v C

§§ 13—14: cf. I 20, 13—14 ‖ § 15: cf. I 20, 12 ‖ § 16: cf. I 20, 16 ‖ § 17: cf.
I 20, 19

[CH] 3 καὶ¹ om. C ‖ 4 εὐφνεῖς] συνετούς H ‖ 5 δὲ om. H | ἐπιθυμίας C ‖
6 ἰατρικούς om. H | κενότησι C ‖ 9 ταραχαὶ C | ὑπομένοντας¹] περιπίπτονται C ‖
ὑπομένων τὰς C ‖ 11 τύπον C ‖ 12 καὶ om. C ‖ 13 δὲ om. C ‖ 14 ὂν post γυναι-
κῶν H ‖ 17 εὐπόρους C ‖ 27 ἀναβιβάσα H   ἀναβιβαίμᾶ C ‖ 30 προκοπῇ H ‖
31 ἡδονῆς C ‖ 32 ἐπιφόγων C

προδοσίας, καινοτέραις ἡδομένους ἐπιπλοκαῖς, χωρισμούς τε γυναικῶν
ὑπομένοντας καὶ εἰς τὸν ⟨περὶ⟩ τέκνων καὶ σωμάτων τόπον λυπουμένους.

18 Ὁ δὲ τοῦ Διὸς καὶ Ἄρεως καὶ Ἑρμοῦ πρακτικούς, θερμούς, κεκινημένους
ἀποτελεῖ καὶ ἐν δημοσίοις τόποις ἢ στρατιωτικοῖς τάγμασιν ὀψωνίων
μεταλαμβάνοντας ἢ βασιλικὰ ἢ πολιτικὰ πράττοντας, ἀνωμάλους δὲ περὶ 5
τὸν βίον καὶ τῶν περικτωμένων ἀναλωτάς, εὐνοήτους, εὐπίστους καὶ
οἰκονομικούς, ῥᾳδίως τὰ ἁμαρτήματα διορθοῦντας καὶ τὰς αὐτῶν αἰτίας
ἑτέροις ἐπιφέροντας, κακολογουμένους δὲ καὶ ἐν ἐναντιώμασι περιπλοκάς·
τινὰς μὲν οὖν ἀθλητικούς, στεφανηφόρους ἢ ἀσκητὰς σωμάτων, πολυΐστο-
ρας, φιλεκδημίας ἢ ἐπὶ ξένης πορίζοντας, τῶν δὲ ἰδίων ἀστοχοῦντας. 10

19 Ὁ δὲ τοῦ Διὸς καὶ Ἄρεως καὶ Σελήνης εὐεπιβόλους, θρασεῖς, δημοσίους,
πολυφίλους, ἐν προβιβασμοῖς γινομένους καὶ ἀπὸ μικρᾶς τύχης ὑψουμένους
καὶ πίστεως καταξιουμένους, στρατιωτικούς, ἀθλητικούς, ἐνδόξους,
ἡγεμονικούς, ὄχλων καὶ τόπων προεστῶτας, τιμῶν καὶ ὀψωνίων μεταλαμ-
f.160 H βάνοντας ἢ ἱερωσύνης, ἐναντιώμασι δὲ καὶ κα|τηγορίαις περιπίπτοντας 15
καὶ προδιδομένους ὑπὸ ἰδίων καὶ θηλυκῶν προσώπων καὶ τῶν περικτη-
θέντων μείωσιν ὑπομένοντας καὶ ἐξ ὑστέρου περικτωμένους ἀπὸ μυστικῶν
ἢ ἀπροσδοκήτων πραγμάτων.

20 Ὁ δὲ τοῦ Διὸς καὶ Ἡλίου καὶ Ἀφροδίτης εὐφαντασιώτους μὲν καὶ
ἐπιδόξους ποιεῖ, μικρολόγους δὲ καὶ ἀνωμάλους ταῖς γνώμαις καὶ 20
ὑψαύχενας, ὁτὲ μὲν περικτητικοὺς καὶ εὐεργετικούς, εὐμετανοήτους δέ,
ὁτὲ δὲ ταῖς ἑτέρων δόξαις καὶ περικτήσεσιν ἐπαιρομένους καὶ ἀπὸ μικρᾶς
τύχης ἀναβιβαζομένους· ποιεῖ δὲ ἀρχιερεῖς, στεφανηφόρους, ἀρχικούς,
ἡγεμονικούς, δημοσίων πραγμάτων προεστῶτας καὶ ὄχλων ἀφηγουμέ-
νους, τιμῶν καὶ δωρεῶν καταξιουμένους καὶ τῷ βίῳ συγκοσμουμένους, 25

21 περὶ δὲ τὰς συνελεύσεις ἐπιψόγους ἢ ἀθεμίτους. ἐὰν δέ πως ἀνατολικοὶ
ἢ ἐν χρηματιστικοῖς τόποις τύχωσιν, καὶ ἐπὶ γυναικὶ καὶ τέκνοις εὐφραι-
νομένους.

22 Ὁ δὲ τοῦ Διός, Ἡλίου καὶ Ἑρμοῦ πρὸς μὲν τὰς ἐπιβολὰς τῶν πράξεων
εὐκατορθώτους καὶ πολυφίλους ἀποτελεῖ, πίστεων, τιμῶν, οἰκονομιῶν 30
καταξιουμένους καὶ συγκοσμουμένους, πρὸς δὲ τὰς ἐπικτήσεις ἀπαρα-
μόνους καὶ εὐαναλώτους ἢ ἐνδεεῖς κατά τινας χρόνους καὶ μυστικῶς πολλὰ

_____

§ 18: cf. I 20, 18 ‖ § 19: cf. I 20, 17 ‖ §§ 20—21: cf. I 20, 24—25 ‖ § 22: cf.
I 20, 20

[CH] 1 κενοτέραις C ‖ 2 τέκνον C | τύπον H | λυπομένους C ‖ 4 ὀφονίων C ‖
5 ἢ² om. H ‖ 8 ἑτέρως C | ἐν om. H ‖ 9 ἀθητικούς H ‖ 11 εὐεπηβόλους H ‖
13 καταξιωμένους C ‖ 21 περικτηκοὺς C | καὶ om. H ‖ 22 δόξαι C | καὶ¹ om. C ‖
23 στεφηφόρους H ‖ 25 καταξιωμένους C ‖ 26 πως sup. lin. H ‖ 27 γυναιξὶ H ‖
32 εὐαναλωτὰς C

διαπρασσομένους, οὐκ ἀβίους δέ, ἀλλ᾽ ἐξ ἀπροσδοκήτων μεγάλως
ὠφελουμένους.

Ὁ δὲ τοῦ Διὸς καὶ Ἀφροδίτης καὶ Ἑρμοῦ περίκτησιν βίου καὶ εὐημερίας 23
πράξεων ἀποτελεῖ, συνετούς, ἁπλοῦς, εὐμεταδότους, ἡδεῖς, φιλοσυμβιώ-
5 τους, εὐφραντικούς, παιδείας καὶ μουσικῆς μετόχους, καθαρίους, εὐπρε-
πεῖς, τιμῆς καὶ δόξης καταξιουμένους, μετὰ μειζόνων ἀναστρεφομένους,
πίστεων καὶ οἰκονομιῶν μεταλαμβάνοντας, | συγκοσμουμένους τῷ βίῳ, f.193C
φιλοφίλους τε καὶ φιλασκητάς, σωμάτων κυρίους καὶ ἐν τέκνων μοίραις
ἀνατρέφοντάς τινας καὶ εὐεργετοῦντας καὶ ἀπὸ θεοῦ τὰ μέλλοντα προ-
10 γινώσκοντας καὶ φιλοθέους ὑπάρχοντας, εἰς δὲ τοὺς περὶ γυναικῶν καὶ
τέκνων τόπους ἀστάτους ἢ ἐπιλύπους.

Ὁ δὲ τοῦ Διὸς καὶ Ἀφροδίτης καὶ Σελήνης πρακτικούς, ἐνδόξους, 24
ἀρχιερατικούς, στεφανηφόρους, ἱερῶν, ναῶν προεστῶτας, δωρηματικούς
τε καὶ φιλοδόξους ποιεῖ, πόλεών τε ἢ χωρῶν πίστεις ἀναδεχομένους καὶ
15 τιμῶν καταξιουμένους καὶ εὐφημουμένους καὶ ἀντιζηλουμένους ἀπό τε
οἰκείων καὶ φιλικῶν προσώπων, ἔχθρας καὶ ἀντικαταστάσεις ὑπομένον-
τας, εἰς δὲ τὸν περὶ γυναικῶν καὶ συνήθων τόπον ἀστάτους καὶ φιλονείκους,
μετὰ ζηλοτυπιῶν καὶ χωρισμῶν καὶ ἀνάγκης διάγοντας, ἔσθ᾽ ὅτε μὲν καὶ
συγγενέσι συνερχομένους καὶ οὐδὲ οὕτω τὴν οἴκησιν ἀταράχως διαφυλάσ-
20 σοντας, τῇ δὲ περὶ τὸν βίον συνουσίᾳ εὐφαν|τασιώτους, οὐ τοσοῦτον f.160vH
ἀληθείας ἀναμέστους ὅσον πλάνης καὶ ψεύδους.

Ὁ δὲ τοῦ Διὸς καὶ Ἑρμοῦ καὶ Σελήνης περικτητικοὺς καὶ εἰς τὰς 25
πράξεις εὐεπιβόλους, συλλεκτικούς, μυστικούς, συνετούς, λογικούς,
χρημάτων καὶ παραθηκῶν φύλακας, δωρεῶν καὶ πίστεων καταξιουμένους,
25 ἀπὸ λόγων καὶ ψήφων ἀναγομένους, δανειστικούς, φορολόγους, μισθωτάς,
πολυφίλους, πολυγνώστους, ἐπιτροπικούς, στεφανηφόρους, διοικητὰς
πραγμάτων, εὐμεταδότους· τινὰς μὲν οὖν ἀθλητικούς, τιμῶν, εἰκόνων ἢ
ἀνδριάντων καταξιουμένους. ἐὰν δέ πως καὶ ἐν χρηματιστικοῖς τύχωσιν, 26
θησαυρῶν εὑρετὰς καὶ ναῶν ἐπιστάτας ποιοῦσιν, ἀνακτίζοντας καὶ
30 καταπιστεύοντας καὶ τόπους συγκοσμοῦντας καὶ ἔνεκα τούτων ἀει-
μνήστου φήμης τυγχάνοντας.

Ὁ δὲ τοῦ Ἄρεως καὶ Ἡλίου καὶ Ἀφροδίτης πολυφίλους καὶ πολυγνώ- 27
στους ἀποτελεῖ, συστάσεων καὶ τιμῶν καταξιοῖ, εὐπόρους μὲν καὶ φιλο-
συνήθεις, ἐπιψόγους δὲ καὶ πολυθρυλλήτους καὶ ἀνεπιμόνους ταῖς

§ 23: cf. I 20, 23 ‖ § 24: cf. I 20, 26 ‖ §§ 25—26: cf. I 20, 21—22 ‖ §§ 27—28:
cf. I 20, 34—35

[CH] 1 μεγάλους H ‖ 8 τέκνοις C ‖ 13 στεφηφόρους CH ‖ 15 τιμῆς H ‖ 17 εἰ C |
τόπων H ‖ 26 στεφηφόρους CH ‖ 28 πως sup. lin. H ‖ 32 καί¹ sup. lin. H

VETTIVS VALENS

φιλίαις καὶ ἀστάτους ταῖς πράξεσιν, πολλῶν ἐπιθυμητάς, πολυδαπάνους, κακωτὰς γυναικῶν, εὐεπηρεάστους, ἐναντιώμασι δὲ καὶ ἔχθραις περιτρεπομένους διά τινας τοῦ λογισμοῦ ἀκρισίας.

28 Ὁ δὲ τοῦ Ἄρεως καὶ Ἡλίου καὶ Ἑρμοῦ πολυπείρους, ἐπινοηματικοὺς περὶ τὰς πράξεις ἀποτελεῖ, πολυμερίμνους δὲ καὶ δυσεπιτεύκτους πρὸς 5 τὰς τῶν λογισμῶν ἐπιθυμίας, ἀπροσδοκήτως δὲ περιγινομένους, ὅθεν τοὺς τοιούτους ἀνωμάλους ταῖς γνώμαις ποιεῖ, τολμηροὺς καὶ ὀξυθύμους, πρὸς τοὺς ἐχθροὺς φερομένους, αἰτίας δὲ κακωτικὰς αὐτοῖς ἢ βλάβας ἐπεισάγοντας μετανοεῖν ποιεῖ, ἔσθ᾽ ὅτε δὲ καὶ δειλὸν καὶ εὐκαταφρόνητον ἦθος ἀναλαμβάνοντας, ἐγκρατεῖς καὶ ὑποκριτικοὺς καὶ ἥττονας, πρὸς οὓς 10 οὐκ ἔχειν καθιστᾷ τούτους, ἀνωμάλως δὲ τὰ πλεῖστα περὶ τὸν βίον
f.193 vᶜ διάγοντας ἢ καὶ | ὑποχειρίους γινομένους διὰ τὴν ἰδίαν μεμφομένους τύχην.

29 Ὁ δὲ τοῦ Ἄρεως, Ἡλίου καὶ Σελήνης θρασεῖς, ἐπάνδρους, τολμηρούς, πρακτικούς, ἀθλητικούς, στρατιωτικούς, ἡγεμονικούς, ἀπὸ βιαίων καὶ 15 ἐπιφθόνων πραγμάτων καὶ ἐπιμόχθων τεχνῶν ἢ σκληρουργίας πορίζοντας, ἐναντιώμασι δὲ καὶ ἐπικινδύνοις πράγμασι περιτρεπομένους καὶ ἐν μειζόνων ἔχθραις καὶ αἰτίαις γινομένους, ἐκτὸς εἰ μή πως ἀγαθοποιοὶ σχηματισθέντες ἀκαθαίρετον τὴν ὑπόστασιν φυλάξουσιν.

30 Ὁ δὲ τοῦ Ἄρεως καὶ Ἀφροδίτης καὶ Ἑρμοῦ — ὠφελείας καὶ δόξης καὶ 20 πράξεως ἀποτελεστικοί, περί τε τὰς δόσεις καὶ λήψεις καὶ λοιπὰς ἐγχειρήσεις εὐεπίβολοι καὶ οἰκονομικοί, πανοῦργοι δὲ καὶ πολύπειροι, ἀπὸ γραμμάτων ἢ ἀσκήσεων ἀνάγουσιν· ποιεῖ δέ τινας πολυαναλώτους καὶ
f.161 ᴴ ἐπ᾽ ἐγγύαις | ἢ δανείοις περιπίπτοντας, νοσφιστὰς ἀλλοτρίων καὶ ἀδικητὰς καὶ βασκάνους καὶ χαρίτων διαψευδομένους. 25

31 Ὁ δὲ τοῦ Ἄρεως καὶ Ἀφροδίτης καὶ Σελήνης οὐκ ἀπόρους μὲν οὐδὲ ἀπράκτους ποιεῖ, ποικίλους δὲ καὶ ἀστάτους ταῖς γνώμαις, μεγαλοτυχεῖς, ἀκρίτως ἀναλίσκοντας καὶ μὴ ἐπιτιθέντας τέλος τοῖς πράγμασιν, ἀνδρεπιβόλους, καταφρονητάς, θρασεῖς, δημοσίους, στρατιωτικούς, ἀδιαφόρους ταῖς χρήσεσιν ἐπί τε ἀρρενικῶν καὶ θηλυκῶν, κακολογουμένους καὶ ἐν 30 ἐπηρείαις καὶ κρίσεσι γινομένους καὶ τὰς φιλίας καὶ ἔχθρας μετατιθεμένους καὶ τῷ βίῳ σφαλλομένους διὰ τὰς τῶν πανουργιῶν ἀφορμάς.

32 Ὁ δὲ τοῦ Ἄρεως καὶ Ἑρμοῦ καὶ Σελήνης ἐντρεχεῖς, μηχανικούς, ῥᾳδίως περὶ τὰς πράξεις ὁρμωμένους, πολυκινήτους, μετὰ τάχους πράττειν

§ 29: cf. I 20, 33 ‖ § 30: cf. I 20, 32 ‖ § 31: cf. I 20, 28 ‖ § 32: cf. I 20, 36

[CH] 1 ἐπιθυμητάς H ‖ 7 ποιεῖ ταῖς γνώμαις H ‖ 16 κληρουργίας C ‖ 17 ἐπικινδύνους C ‖ πραγμάτων C ‖ 18 πως sup. lin. H ‖ 19 καὶ post σχηματισθέντες C ‖ 22 πολύπειρος C ‖ 23 ἀνάγουσα C ‖ πολυαναλώτους C ‖ 24 δανείσεσι C ‖ 28 ἐπιθέντας C ‖ 31 μετατιθέμενοι C ‖ 32 πανούργων C ‖ 34 ὁρμυμένους H ‖ πράττειν] τρέχειν H

412

θέλοντας, ἐκκακωτικούς, περιέργους, ἀποκρύφων μύστας καὶ ἀπορρήτων
πραγμάτων συνίστορας, κακωτάς, βιαίους, ἀνυποτάκτους, ἀλλοτρίων
ἐπιθυμητάς, αἰτίαις καὶ βλάβαις ὑποπίπτοντας, κρίσεσί τε καὶ ἐπικινδύ-
νοις πράγμασιν, γραπτῶν τε καὶ ἀργυρικῶν χάριν ταραχὰς ὑπομένοντας,
5 πλὴν πολυταράχους καὶ τῷ βίῳ ἀστοχοῦντας.

Ὁ δὲ τοῦ Ἡλίου καὶ Ἀφροδίτης καὶ Ἑρμοῦ πολυμαθεῖς, πολυπείρους, 33
ἀγαθούς, τεχνῶν καὶ ἐπιστημῶν προηγουμένους καὶ πίστεων καὶ τάξεων
καταξιουμένους, εὐμετανοήτους ἐν τοῖς διαπραττομένοις καὶ κατὰ
καιρὸν ἀνωμαλοῦντας, πολυκινήτους δὲ ἢ ἐπὶ ταῖς καινοποιίαις τῶν
10 πράξεων ἡδομένους, πολυφίλους, πολυγνώστους καὶ ἀπὸ μεγάλων ἐν
προκοπαῖς γινομένους καὶ τῷ βίῳ καὶ τῇ δόξῃ συγκοσμουμένους, ἐπιψό-
γους δέ.

Ὁ δὲ τοῦ Ἡλίου καὶ Ἀφροδίτης καὶ Σελήνης ἐνδόξους μὲν καὶ πρακτι- 34
κοὺς ἀποτελεῖ, ἐν φαντασίαις γινομένους, κακοήθεις δὲ καὶ ἐπιψόγους,
15 ὑπὸ πλείστων διαβαλλομένους καὶ φθονουμένους ἀπὸ μεγάλων καὶ
φιλικῶν προσώπων, ἐν προκοπῇ δὲ καὶ κτήσει γινομένους καὶ τῇ ψυχῇ | f.194C
ὑψουμένους, ἀνωμάλους δὲ εἰς τὸν περὶ γυναικῶν καὶ τέκνων λόγον,
ἄλλως δὲ φιλοσόφους, ἐν ξενιτείᾳ γινομένους κἀκεῖσε εὐτυχοῦντας.

Ὁ δὲ τοῦ Ἡλίου καὶ Ἑρμοῦ καὶ Σελήνης σεμνούς, καθαρίους, εὐυποκρί- 35
20 τους, οἰκονομικούς, μυστηρίων μετόχους, κατορθωτὰς πραγμάτων,
πλείστην φαντασίαν τῆς ὑπάρξεως κεκτημένους, σωματοφύλακας,
ἰσαγγέλους, ἐπάνω χρημάτων, γραμμάτων, ψήφων τεταγμένους· τῶν δὲ
τοιούτων καὶ ὁ λόγος ἐξισχύσει πρὸς συμβουλίαν καὶ ἡ διδαχή.

Ὁ δὲ τῆς Ἀφροδίτης καὶ Ἑρμοῦ καὶ Σελήνης ἀγαθούς, εὐσυμβιώτους, 36
25 ἁπλοῦς, μεταδοτικούς, φιλογέλωτας, πολιτικούς, παιδείας ἢ ῥυθμῶν
μετόχους, μηχανικούς, πολυπείρους, κοσμίους, καθαρίους, εὐφυεῖς,
μυστικῶν πραγμάτων συνίστορας, ὑπηρετικούς, | ζηλουμένους καὶ f.161vH
φθονουμένους καὶ ἀνωμάλους περὶ τὸν βίον καὶ ἀδιαφόρους πρὸς τὰς τῶν
θηλυκῶν καὶ ἀρρενικῶν ἐπιμιξίας, εὐπόρους δὲ καὶ συλλεκτικούς.

30   Ταῦτα μὲν ὡς πρὸς μονοειδεῖς διαστολὰς καὶ καθολικὰς προεθέμεθα. 37
συνεπικιρναμένης δὲ καὶ ἑτέρας συγκράσεως ἤτοι κατὰ παρουσίαν ἢ 38
συνεπιμαρτυρίαν κατὰ τὴν φύσιν καὶ τὴν τοπικὴν διάγνωσιν ἐναλλοιωθή-
σεται καὶ ἡ τῶν πραγμάτων δύναμις. πρόκειται γὰρ ἐν τῷδε τῷ συντάγ- 39

---

§ 33: cf. I 20, 30 ‖ § 34: cf. I 20, 27 ‖ § 35: cf. I 20, 29 ‖ § 36: cf. I 20, 31 ‖
§§ 37−38: cf. I 20, 37−38

[CH] 1 ἐκκακοτικούς C ‖ 2−3 ἀλλοτρίων − ὑποπίπτοντας om. H ‖ 3 αἰτίας καὶ
βλάβας C ‖ 9 κενοποιίαις C ‖ 11 δόξει C ‖ 16 προκοπαῖς C ‖ κτίσει C κτήσεσι H ‖
21 πλείστους H ‖ 23 ὁ sup. lin. H ‖ 25 ῥυθμοῦ C ‖ 31 συγκράσεων C ‖ 32 τὴν²
om. C

ματι ὅθεν συγκρίνειν δεήσει τὰς τῶν ἀστέρων τοποθεσίας ὅπως ἐσχημα
τισμέναι εἰσίν, ὁμοίως καὶ τὰ ζῴδια ἐν οἷς ἔτυχον (εἴ γε οἰκεῖα καὶ τῆς
ἰδίας αἱρέσεως καὶ ὑπὸ τίνων μαρτυροῦνται)· οὕτω γὰρ ἔνδοξα καὶ
40 βέβαια τὰ ἀποτελέσματα ἀποφαίνεσθαι. εἰ δ᾽ ἐν ἀχρηματίστοις τόποις καὶ
ζῳδίοις ἀνοικείοις ὦσι καὶ παρ᾽ αἵρεσιν, ἥττονα τὰ τῆς τύχης καὶ τὰ τῆς 5
πράξεως προλέγειν.

Appendix XI. C ff. 162 – 165, H ff. 131ᵛ – 135ᵛ.

^{f.162C,}
^{f.131vH} | Ἐκ τῶν Οὐάλεντος παρεκβόλαια ἀναγκαῖα, χρηματίζοντα εἰς καταρχάς.

περὶ εὐτυχίας

1 Ὁ περὶ εὐτυχίας καὶ δόξης λόγος ἐκ τῶν φώτων καταλαμβάνεται καὶ
ἐκ τῶν τριγωνικῶν αὐτῶν δεσποτῶν καὶ τῆς τούτων θέσεως καὶ τάξεως. 10
2 καὶ τοῦτο μὲν μέγιστον καὶ πρῶτόν ἐστι [τὸ] θεώρημα, β′ δὲ τὸ ἐκ τοῦ
3 κλήρου τῆς τύχης καὶ τοῦ οἰκοδεσπότου ὁμοίᾳ σκέψει. ἐν μὲν οὖν ἡμεριναῖς
^{f.132H} καταρχαῖς | οἱ τοῦ Ἡλίου τριγωνικοὶ δεσπόται ζητοῦνται, ἐν δὲ νυκτεριναῖς
οἱ τῆς Σελήνης, οἵτινες ἐν ταῖς θέσεσι κατὰ τὴν τάξιν αὐτῶν δηλοῦσιν
εἴτε τὰ πρῶτα εἴτε τὰ ἔσχατα εἴη καλὰ ἢ φαῦλα· δεῖ γὰρ τούτους ὁρᾶν 15
πότερον ἐπίκεντροι ἢ ἐπαναφερόμενοι ἢ ἀποκεκλικότες, ἀνατολικοὶ ἢ
δυτικοί, ἐν ἀνοικείοις ζῳδίοις ἢ οἰκείοις, παραιρεῖται ἢ ἀφαιρεῖται, ὑπὸ
4 ἀγαθοποιῶν ἢ ὑπὸ κακοποιῶν μαρτυροῦνται. ὡροσκοποῦντες γὰρ ἢ
μεσουρανοῦντες ἢ ἐν τοῖς ἀλλήλων κέντροις λαμπρότητος πολλῆς καὶ
εὐτυχίας αἴτιοι, ἐπαναφερόμενοι δὲ μεσότητος, ἀποκεκλικότες δὲ ταπει- 20
5 νότητος καὶ δυστυχίας πρόξενοι. καὶ τὰ φῶτα δὲ μᾶλλον ὁρᾶν κατὰ
Πτολεμαῖον μὴ ὦσιν ἀποκεκλικότα ἢ ἀσύνδετα τῷ ὡροσκόπῳ, μάλιστα δὲ
δεῖ εἶναι ταῦτα ἐν οἰκείοις τόποις καὶ ἐπίκεντρα, καὶ μάλιστα δορυφορού
μενα οἰκείως· ταῦτα γὰρ τὰ σχήματα τῶν ἄκρων εἰσὶ καὶ βασιλικῶν.
6 Πλὴν εἰ καὶ ἐπίκεντροι τύχωσιν οἱ οἰκοδεσπόται, ἀλλήλους δὲ δια- 25
^{f.162vC} μετροῦντες, | τὰ πρῶτα λαμπρῶς διάξαντες ὕστερον καθαιρεθήσονται.
7 ὁμοίως δὲ καὶ τοῦ πρώτου καλῶς πεσόντος, τοῦ δὲ δευτέρου ἀποκεκλι
κότος, ἐν τῷ ἐσχάτῳ καθαιρεθήσονται ἀπὸ τῆς ἀναφορᾶς τοῦ ζῳδίου ἐν
8 ᾧ ἐστιν ὁ οἰκοδεσπότης ἢ τῆς περιόδου αὐτοῦ. ἀμφοτέρων δὲ καλῶς

§§ 3 – 4: cf. II 2, 2 – 3 ‖ § 5: cf. Ptol. IV 3, 1 ‖ §§ 6 – 7: cf. II 2, 6 – 7 ‖ §§ 8 – 9:
cf. II 2, 9 – 10

[CH] 1 εὐσχηματισμέναι C ‖ 2 τε C ‖ 2.3 τῆς αὐτῆς H, ἤγουν τῆς ἰδίας sup. lin. H ‖
2 τῆς om. C ‖ 4 ἀββέβαια C ‖ 7 μγ′ in marg. C, ϱπθ′ in marg. H ‖ ἐκ τῶν om. H ‖
8 καὶ δυστυχίας add. C ‖ 11 τοῦτο] τοῦ C ‖ τὸ²] τούτων CH ‖ 12 ὁμοία σκέψις C ‖
οὖν om. H ‖ 15 ἢ] καὶ CH ‖ 18 ἀγαθοῦ C ‖ 19 ἀλλήλοις C ‖ 25 οἱ om. C ‖ ἀλλή
λοις H ‖ δὲ om. H ‖ 27 καὶ om. H ‖ δὲ² om. C ‖ β H

414

πεσόντων, τὰ τῆς εὐτυχίας παράμονα ἔσται, πλὴν ἐὰν μὴ κακοποιὸς
καθυπερτερήσῃ ἢ διαμετρῇ καὶ ἀνατρέψῃ τὴν εὐδαιμονίαν. οἱ μέντοι 9
ἀποκλίναντες, κἂν ὦσιν ἀγαθοποιοί, ἐναντιώσεις ἐπιφέρουσι καὶ ἑτέροις
ὑποτασσομένους ποιοῦσιν ἢ δόξης καθαιροῦσι καὶ πάθεσι καὶ αἰτίαις
5 ὑποβάλλουσιν. διακρίνειν δὲ ⟨δεῖ⟩ τὰ μείζω καὶ ἥττονα κακὰ ἐκ τῆς 10
πλειοψηφίας· ὀλίγον γὰρ βλάπτουσιν ὅταν οἱ ἀγαθοὶ ὦσιν ἀποκεκλικότες
καὶ παραιρέται καὶ ἀνατολικοὶ καὶ ἐν ἰδίοις τόποις, μὴ καθυπερτερούμενοι
ἢ διαμετρούμενοι ὑπὸ Κρόνου, Ἄρεως.

Ἡμέρας οὖν εἰ εὑρεθείη ὁ Ἥλιος Κριῷ, Λέοντι, βέλτιον μὲν ἐπίκεντρος 11
10 εἶναι· τοῦτο γὰρ ἡ μεγίστη εὐτυχία. εἰ δ᾽ οὔ, ἀλλὰ κἂν ἐν ταῖς ἐπαναφοραῖς 12
καὶ τοὺς τότε δύο συναιρετιστὰς ἐν ὁμοίᾳ θέσει, μὴ διαμετροῦντος ἢ
τετραγωνοῦντος Ἄρεως, ἐπεὶ βλάψει τὴν εὐτυχίαν καθαιρέσεις ἐπάγων·
Κρόνου γὰρ οὕτως ὁρῶντος μετρία ἡ βλάβη ἢ οὐδὲ ἡ τυχοῦσα, ὅταν ὁ
Κρόνος καλῶς τύχῃ καὶ τὸν Δία ὁρᾷ ἐπειδὴ καὶ συναιρέτης ἐστὶ τοῦ
15 Ἡλίου.

Τὰς δὲ καθαιρέσεις ὡς ἐπίπαν οἱ παρ᾽ αἵρεσιν κακοποιοὶ ἐπιφερόμενοι, 13
ἐν ἀλλοτρίοις δὲ τόποις εὑρισκομένων τῶν φώτων καὶ τῶν οἰκοδεσποτῶν
καὶ παρ᾽ αἵρεσιν ὡς ὅταν Σελήνη ἐν Διδύμοις ἔχῃ τὸν Κρόνον οἰκοδεσπότην,
ἥττονα τὰ τῆς εὐδαιμονίας καὶ ἐπίφοβα ἔσται.

20 Πάλιν ἐν ἡμεριναῖς καταρχαῖς ὁ Κρόνος διαμετρῶν ἢ τετραγωνίζων 14
τὴν Σελήνην καὶ τοὺς οἰκοδεσπότας ἐναντιώματα καὶ καθαιρέσεις
ἐπάγει καὶ νωθρότητα περὶ τὰς ἐπιβολάς, ἔτι δὲ σίνη καὶ πάθη | ἀποτελεῖ, f.132vH
ὥσπερ καὶ ὁ Ἄρης ἡμέρας θερμοὺς καὶ παραβόλους καὶ ἐπισφαλεῖς τοῖς
πράγμασι καὶ τῷ βίῳ· γίνεται γὰρ ἐν συνοχῇ, κρίσεσιν, ἐπηρείαις,
25 τομαῖς, καύσεσιν, αἱμαγμοῖς, πτώσεσιν· τοῦτο γάρ ἐστιν ὃ λέγει. οἰκείως 15
συσχηματισθέντες καὶ ἀνοικείως (τοῦτό ἐστι καθ᾽ αἵρεσιν ἢ παρ᾽ αἵρε-
σιν) — εἰ γὰρ κατὰ αἵρεσιν οἱ κακοποιοὶ συσχηματισθῶσι τοῖς οἰκο-
δεσπόταις ἐν οἰκείοις τόποις κείμενοι καὶ ὑπὸ Διὸς ὁρώμενοι, εὐπραγίας
εἰσὶν αἴτιοι. οἷον ἔστω οἰκοδεσπότην εἶναι τὸν Κρόνον ἡμέρας μαρτυρούμε- 16
30 νον ὑπὸ Διός, Ἡλίου τῶν συναιρετῶν· ποιήσει πολυκτήμονας, ἐνδόξους,
ἐκ θεμελίων εὐεργετουμένους, ἔτι δὲ σωμάτων κυρίους, ἐπιτρόπους,
ἀλλοτρίων πραγμάτων προεστῶτας, ἐν δὲ νυκτὶ οἰκοδεσποτήσας τοῦ
τριγώνου καὶ καλῶς συσχηματισθείς, ἤτοι ἐπίκεντρος ἢ ἐπαναφερόμενος
καὶ τὸν Δία ὁρῶν, παρεκτικὸς μὲν τῶν δηλωθέντων ἔσται, ὕστερον δὲ
35 τῶν περικτηθέντων ἀποβολὴν σημαίνει καὶ δόξης καθαίρεσιν ποιήσει

§§ 11–12: cf. II 2, 11 ‖ § 13: cf. II 2, 17 ‖ §§ 14–17: cf. II 2, 23–25

[CH] 2 ἀνατρέψει H ‖ 6 πλεοψηφίας C ‖ 9 εὑρεθῇ C ‖ 11 τὰς τότε δύο C σχη-
ματίζεσθαι παραιρετὰς H ‖ 12 Ἄρεως om. C | καθαιρέσει H ‖ 13 ὁ om. H ‖ 16 ἐπί-
περ H | παρ᾽ αἵρεσιν om. H ‖ 18 οἰκοδεσποτοῦντα H ‖ 34 παρεκτὸς H | δηλωμένων C

VETTIVS VALENS

17 διὰ τὸ παρ᾽ αἵρεσιν οἰκοδεσπότην εἶναι. ὁμοίως καὶ ὁ Ἄρης νυκτὸς
οἰκοδεσποτῶν τοῦ τριγώνου καὶ τὸν Δία ὁρῶν, ἐν ἰδίοις οἴκοις ὢν καὶ
ἐπίκεντρος, στρατάρχας, γενναίους καὶ δημοσίας τάξεις πιστευομένους
καὶ ὀχλικὰς ποιεῖ, ἡμέρας δὲ ἐν χρηματιστικοῖς τόποις ὢν καὶ καλῶς
κείμενος τὰ μὲν προκείμενα ἀποτελεῖ διὰ τὴν τοποθεσίαν, ὅμως δὲ τῷ 5
παραιρέτης εἶναι ἐναντιώσεις ἐπάγει καὶ φόβους καὶ ἀπολογίας εἰς
ἡγεμόνας καὶ στρατάρχας καὶ τὰς ἀρχὰς στασιώδεις· ἐπάγει γὰρ πολεμίων
ἐφόδους, ὄχλων ἐπαναστάσεις, λοιμόν, λιμόν, ἐπικινδύνους αἰτίας.

18 Τοῦ δὲ οἰκοδεσπότου ἀποκεκλικότος, εἰ καὶ ἐπίκεντροί εἰσιν οἱ ἀγα-
f.163C
19 θοποιοί, ἐξασθενήσουσιν | ἐν τῷ ἀγαθόν τι παρασχεῖν. συνεπιθεωρητέον 10
δὲ καὶ τὸν κύριον τοῦ οἰκοδεσπότου πῶς διάκειται καὶ τίς τοῦτον ὁρᾷ· εἰ
γὰρ ὁ μὲν καθολικὸς οἰκοδεσπότης παραπέσῃ, ὁ δὲ τούτου κύριος καλῶς
συσχηματισθῇ, ἕξουσί τινα βοήθειαν καὶ ὑπόστασιν μερικὴν δόξης κατὰ
τὴν τοῦ ἀστέρος τοποθεσίαν.

20 Τῶν μέντοι οἰκοδεσποτῶν παραπεπτωκότων, σκεπτέος ὁ κλῆρος τύχης 15
21 καὶ ὁ τούτου οἰκοδεσπότης (ἤτοι ὁ τοῦ οἴκου κύριος). ἐπίκεντρος γὰρ ἢ
ἐπαναφερόμενος καὶ ὑπὸ ἀγαθοποιῶν ὁρώμενος μερικὴν δόξαν καὶ
βοήθειαν δώσει τῷ βίῳ, ὅμως ἀνωμαλίας καὶ ἐναντιώματα κατὰ καιρὸν
22 ἐπάξει διὰ τὴν παράπτωσιν τῶν οἰκοδεσποτῶν· τέως μέντοι οὐκ ἀπορή-
σουσιν οἱ τοιοῦτοι. εἰ δὲ καὶ ὁ οἰκοδεσπότης τοῦ κλήρου κακῶς πέσῃ, 20
δυσεπίτευκτοι γίνονται εἰς τὰς ἐπιβολάς, ἐνδεεῖς, κατάχρεοι, βλασφημοῦν-
f.133H
23 τες εἰς τὸ θεῖον. | εἰ δὲ πρὸς τούτοις καὶ ὑπὸ κακοποιῶν μαρτυρηθῇ,
ἐπίμοχθοι, ἀλῆται, αἰχμάλωτοι, ὑποτακτικοί, κακόβιοι, ἐπισινεῖς,
ἐπικίνδυνοι.

24 Καθόλου δὲ οἱ κακοποιοὶ ὁρῶντες τὰ φῶτα καὶ τὸν ὡροσκόπον χωρὶς 25
τῆς τῶν ἀγαθῶν μαρτυρίας ὀλιγοχρονίους ποιοῦσιν, καὶ μάλιστα Κρόνος
μὲν τὴν Σελήνην ὁρῶν, Ἄρης δὲ τὸν Ἥλιον.

25 Καθόλου δὲ πάλιν οἱ κακοποιοὶ μεσουρανοῦντες ἢ ἐπαναφερόμενοι τῷ
μεσουρανήματι καὶ τοῦ κλήρου τῆς τύχης κυριεύσαντες ἢ τοῦ περιποιητι-
κοῦ (τουτέστι τοῦ ια' τόπου [καὶ] τῆς τύχης ἢ καὶ τοῦ ια' τοῦ ὡροσκόπου) 30
ἐκπτώσεις καὶ καθαιρέσεις ἐπιφέρουσιν.

26 Συνεργήσει δὲ πρὸς ἐπίτασιν δόξης καὶ ὁ κλῆρος τοῦ δαίμονος καὶ τὸ
ὕψωμα τῆς γενέσεως καὶ ὁ ι' τόπος τοῦ κλήρου καὶ ὁ ια' ὁ καὶ περιποιητι-
κὸς καλούμενος· δεῖ γὰρ τὸν κλῆρον τοῦ δαίμονος ἐν καλῷ τόπῳ εἶναι
καὶ τὸν κύριον αὐτοῦ. 35

§§ 18—19: cf. II 2, 27—28 ‖ §§ 20—23: cf. II 2, 18—21 ‖ § 24: cf. II 4, 13 ‖
§ 25: cf. II 21, 7

[CH] 5 κείμενοι H ‖ 11 τί C ‖ 15 περὶ μέτρου τύχης tit. et ϱ ς in marg. H ‖
18 ἀνωμαλίαν H ‖ 21 ἐνδεοῖς C ‖ 32 ἐπίστασιν C | καὶ ὁ κλῆρος iter. H

416

Πολὺ δὲ ἄμεινον ὅταν ὁ κύριος τοῦ δαίμονος εὑρεθῇ ἔχων τὸν κλῆρον 27
τῆς τύχης ἢ εἰς τὸν ι′ τόπον τῆς τύχης, ὅπερ ἐστὶ μεσουράνημα· λαμπραὶ
γὰρ καὶ ἐπίσημοι αἱ γενέσεις. εἰ δὲ ἰδιοτοπεῖ ἢ ἐπίκεντρος τύχη ἐν τῷ 28
θέματι, ἔτι μεῖζον· εἰ δὲ ἀπόστροφος τύχοι τοῦ ἰδίου τόπου ἢ ἀποκεκλι-
5 *κώς, ὑπὸ Κρόνου, Ἄρεως μαρτυρούμενος, φυγάδας ποιεῖ καὶ ἐπὶ ξένης*
ἀσχημονοῦντας. καὶ ἀγαθοῦ μὲν συνόντος αὐτῷ ἢ ὑπ᾽ αὐτοῦ ὁρωμένου, 29
ἀνωμάλως καὶ ⟨οὐ⟩ μέσως διάξει ἐν τῇ ξενιτείᾳ· κακοποιοῦ δὲ συνόντος ἢ
ὁρῶντος, αἰτίας καὶ συνοχῆς πεῖραν λήψεται καὶ ἐνδεῶς διάξει. ὁμοίως 30
δὲ καὶ ἐναντιούμενος τῷ τόπῳ ὁ κύριος τοῦ κλήρου τῆς τύχης ἢ καὶ τοῦ
10 *δαίμονος ταραχὰς ἐπιφέρει· πολλάκις δὲ οἱ τοιοῦτοι ὑπὸ ἀλλοτρίων*
κληρονομοῦνται.

Ὁ δὲ ια′ τόπος τοῦ κλήρου, ἀγαθοποιῶν ἐπόντων ἢ μεσουρανούντων, 31
ἀγαθῶν ἐστι δοτήρ. Ἥλιος μὲν καὶ Ζεὺς καὶ Ἀφροδίτη παρεκτικοί εἰσι 32
χρυσοῦ καὶ ἀργύρου καὶ πλείστης ὑπάρξεως, καὶ ἀπὸ βασιλέων ἢ ἡγε-
15 *μόνων δωρεὰς παρέχουσιν, καὶ πολλῶν εὐεργέτας ποιοῦσιν. Σελήνη δὲ* 33
καὶ Ἑρμῆς αὐξομειώσιν ποιοῦσι τοῦ βίου καὶ ἀνωμαλίαν· ποτὲ μὲν
εὐεργετοῦνται, ποτὲ δὲ ἐνδεῶς ἔχουσι καὶ δανείοις περιπίπτουσιν. ὁ δὲ 34
Ἄρης μειώσεις ποιεῖ ἀπό τε ἁρπαγῆς, ἐπηρείας, κρίσεων ἢ ἐμπρησμοῦ,
ἢ ἕνεκα δημοσίων ἀναλώσεις, ἐκτὸς εἰ μὴ στρατιωτικὴ τύχη ἡ γένεσις·
20 *τότε γὰρ ἐκ τῶν τοιούτων ἀφορμῶν ἐπικτωμένους ποιεῖ ἢ ἀπὸ κλοπῆς*
καὶ ἐπικινδύνων πραγμάτων καὶ τῶν τοιούτων εἴπερ ὁ Ἄρης οἰκείως
κείμενος τύχῃ, πλὴν καὶ οὕτως ἐπίφοβον τὴν πρᾶξιν ποιεῖ καὶ μείωσιν
ἐπάξει εἰ παρ᾽ αἵρεσίν ἐστιν. Κρόνος δὲ ἐπιτόπως σχηματισθεὶς (τουτέστι 35
| μηδὲ ἀποκλίνων μηδὲ ἀδόξως κείμενος) θεμελίων καὶ κτισμάτων f.163vC
25 *κυρίους ποιεῖ, ἀτόπως δὲ ἢ παρ᾽ αἵρεσιν ἐκπτώσεις, ἀφαιρέσεις, ναυάγια,*
ἐνδείας καὶ χρεωστίας ἀποτελεῖ. ταῦτα μὲν | ὡς πρὸς μονοειδῆ σχηματι- 36
σμὸν γέγραπται· ὁμοῦ δὲ συγκείμενοι συγκρατικῶς ποιοῦσι τὰ ἀποτελέ- f.133vH
σματα. εἰ γὰρ εὑρεθῇ ὁ Κρόνος πρὸς Ἄρεα, Ἀφροδίτην κείμενος διὰ 37
κρίσεων ἐπιφοράς, κακουργίας ἢ ἕνεκα μυστικῶν καὶ βιαίων πραγμάτων
30 *ἐπηρεάζονται· εἰ δὲ πρὸς Κρόνον Ἄρης, Ἑρμῆς, Ἀφροδίτη κεῖνται, διὰ*
φαρμακειῶν ἢ θηλυκῶν προσώπων ἀδικοῦνται· εἰ δὲ σὺν τούτοις ἐστὶ καὶ
Ζεὺς καὶ Σελήνη, ἀπὸ νεκρικῶν ὠφελοῦνται ἢ ναυκληρικῶν ἢ διύγρων.

Ἐπὶ μὲν οὖν τῶν κέντρων ὡς εἴρηται πεσὼν ὁ κλῆρος καὶ ὁ τούτου 38
κύριος — καὶ μάλιστα τῶν πρώτων — καὶ ὑπὸ Ἡλίου καὶ Σελήνης καὶ

§§ 27–30: cf. II 20, 4–7 ‖ §§ 31–35: cf. II 21, 1–5 ‖ § 37: cf. II 21, 6 ‖
§§ 38–41: cf. II 18, 2–6

[CH] 1 *κύριος*] *κλῆρος* H ‖ 2 *τὸν*] *τὸ* C ‖ 4 *τύχη* C ‖ 7–8 *ἐν — διάξει* om. H ‖
8 *λείφεται* C ‖ 9 *τῆς* om. C ‖ 14 *ἀργυρίου* H ‖ 16 *ἀνωμαλίας* H ‖ 23 *ἐπιτόμως* CH ‖
24 *μηδὲ κλίνων* C *μὴ ἀποκλίνων* H ‖ 25 *κύριον* H ‖ 29 *κακουργίας* om. H

τῶν ἀγαθοποιῶν ὁρώμενος, μὴ ὑπαύγου ἢ ἀφαιρέτου ἢ ἐν τῷ ταπεινώματι
ὄντος τοῦ κυρίου τοῦ κλήρου, πάνυ εὐτυχεῖς καὶ ἐπισήμους ποιεῖ· ἐπὶ δὲ
τῶν λοιπῶν κέντρων ἢ τῶν ἐπαναφορῶν μετριωτέρα ἡ τύχη· ἐπὶ δὲ τῶν
39 ἀποκεκλικότων ἐκπτώσεις ποιοῦσιν. τὰ γὰρ ἀποκλίματα ἐκπτώσεων καὶ
καθαιρέσεων αἴτια.   5
40   Ἕξει δὲ ὁ μὲν κλῆρος τόπον ὡροσκόπου καὶ ζωῆς, ὁ δὲ ι′ τούτου τόπος
μεσουρανήματος καὶ δόξης, ὁ δὲ ζ′ τόπος ἐστὶ δύσις, τὸ δὲ δ′ ἐστὶ
ὑπόγειον· ὁμοίως καὶ οἱ λοιποὶ τόποι τὴν δύναμιν ὡς ἐπὶ τοῦ ὡροσκόπου
41 ἐφέξουσιν. ὁ μὲν γὰρ ὡροσκόπος καὶ τὰ τετράγωνα κοσμικὰ κέντρα, ὁ δὲ
κλῆρος καὶ τὰ τούτου τετράγωνα γενεθλιακὰ κέντρα.   10
42   Τῆς αὐτῆς δὲ σχέσεως ἔτυχεν, φησίν, τὸ ὕψος τῆς γενέσεως πρὸς τοῦ
43 κυρίου αὐτοῦ. εἰ γὰρ εὑρεθῇ ὁ κλῆρος τοῦ ὕψους πρὸς τοῦ κυρίου αὐτοῦ
ὡροσκοπῶν ἢ μεσουρανῶν, μάλιστα εἰς τὸ κέντρον τοῦ κλήρου τῆς
τύχης, τῶν λοιπῶν ἀστέρων καὶ αἱρετῶν μεγάλην τὴν εὐτυχίαν σημαι-
44 νόντων, λαμπρὸν καὶ βασιλικὸν τὸ σχῆμα. μετριωτέρας δὲ οὔσης τῆς   15
διαθέσεως, τοῦ ὑψώματος καὶ τοῦ οἰκοδεσπότου καλῶς πεσόντων, ἀπὸ
ἡγεμονίας ἢ ἀρχῆς πολιτικῆς καὶ ἑτέρας τινὸς ἐνδόξου πίστεως ὑψωθήσε-
45 ται. εἰ δέ, παντελῶς μετρίας οὔσης τῆς ὑποστάσεως, τὸ ὕψος καὶ ὁ
κύριος καλῶς πέσῃ, κατ' ἐκεῖνο τὸ μέρος εὐημερήσει ὃ ἔτυχε πράττων
46 ἤτοι τέχνην ἢ ἐπιστήμην ἢ ἐπιτήδευμα. τὸ δὲ εἶδος τῆς εὐτυχίας ὁ   20
οἰκοδεσπότης καὶ τὸ τούτου ζῴδιον προδηλώσει.
47   Ὑπόδειγμα τῶν εἰρημένων κεφαλαίων. Ὁ Ἥλιος, Ἄρης Σκορπίῳ,
Σελήνη Καρκίνῳ, Κρόνος Ὑδροχόῳ, Ζεὺς Τοξότῃ, Ἀφροδίτη Ζυγῷ.
48 νυκτερινὴ ἡ γένεσις· οἰκοδεσπότης τοῦ αἱρετικοῦ φωτὸς Ἄρης ἐπαναφερό-
μενος ἐν τῷ β′ τόπῳ μετὰ τοῦ Ἡλίου, καὶ ἐπίκοινος Ἀφροδίτη τῷ ἰδίῳ   25
49 οἴκῳ, καὶ ὁ γ′ Σελήνη ἰδίῳ οἴκῳ μεσουρανοῦσα. ἔνδοξος ἡ γένεσις,
[διότι] ἐπιτόπως ἐσχηματισμένων τῶν ἀστέρων ἤτοι ἐν ἰδίοις οἴκοις.
50, 51 κλῆρος τύχης Ὑδροχόῳ ἐν τῇ ἀγαθῇ τύχῃ· ἐκεῖ ὁ κύριος ἰδιοτοπῶν. καὶ ὁ
52 περιποιητικὸς τόπος Τοξότης· ἐκεῖ Ζεὺς ἰδιοτοπῶν. τὸ ὕψος Λέοντι ἐν
53 τῷ ἀγαθοδαιμονήματι· ὁ κύριος Ἥλιος μεσουρανῶν τῷ κλήρῳ. καὶ   30
f.134H ἐγένετο λαμπροτάτη καὶ ἐνδοξοτάτη | ἡ γένεσις.
54   Ἄλλο. Ὁ Ἥλιος, Ἑρμῆς Ταύρῳ, Σελήνη Κριῷ, Κρόνος, Ἄρης, Ἀφροδίτη
καὶ ὡροσκόπος Καρκίνῳ, Ζεὺς Αἰγοκέρωτι, τύχη καὶ ὕψος Διδύμοις.

§§ 42—46: cf. II 19, 1—5 ‖ §§ 47—79: cf. II 22, 2—34 ‖ §§ 47—53: thema 2
(25 Oct. 50) ‖ §§ 54—56: thema 8 (13 Mai. 63)

[CH] 1 ἀγαθῶν C ‖ 7 δύνων C ‖ 9 καὶ τὰ] κατὰ CH ‖ 10 γενεθλικὰ C ‖ 11 φησίν]
πρός C ‖ 16 καὶ post διαθέσεως H ‖ 19 εὐημέρως C ‖ 22 ὑπόδειγμα in marg. C ‖
25 ιβ CH ‖ τόπῳ om. H ‖ 26 ὁ] ἡ C ‖ 27 ἐπιτόμως CH ‖ 30 ἡλίου μεσουράνημα C ‖
32 ἄλλο om. C ‖ Ταύρῳ] ♏ H ‖ 33 Διδύμοις] ♊ H

APPENDIX XI

αὕτη ἡ γένεσις ἐκ μετριότητος ἀνεβιβάσθη καὶ γέγονεν ἡγεμονικὴ καὶ 55
στρατιωτική. Ἥλιος γὰρ ἐν τῷ ια΄ · ὁ οἰκοδεσπότης Ἀφροδίτη· Σελήνη, 56
Ἄρης ἐπίκεντροι, ὁ δὲ κλῆρος καὶ τὸ ὕψος ἐν ἀποκλίματι· ὁ κύριος
ἀγαθοδαίμων, ὅθεν καὶ τὰ πρῶτα μέτρια.

5 Ἄλλο. Ὁ Ἥλιος, Ἄρης, Ἀφροδίτη Ὑδροχόῳ, Σελήνη, Ζεὺς Σκορπίῳ, 57
Κρόνος, ὡροσκόπος Κριῷ. ἐκ μετριότητος ὑψώθη ἡ γένεσις. ὁ Κρόνος 58, 59
κύριος τοῦ τριγώνου ἀποκεκλικώς, ὁ δὲ ἐπίκοινος Ἑρμῆς ἐπίκεντρος
(ὅθεν τὰ πρῶτα μέτρια)· τύχη Ταύρῳ· ὕψος Ζυγῷ· ἡ κυρία Ἀφροδίτη
μεσουρανοῦσα τῷ κλήρῳ.

10 Ἄλλο. Ὁ Ἥλιος, Ἑρμῆς Ταύρῳ, Σελήνη Ὑδροχόῳ, Κρόνος, Ἀφροδίτη 60
Κριῷ, Ζεὺς Παρθένῳ, Ἄρης Ἰχθύσιν, | ὡροσκόπος Λέοντι. ὁ οἰκοδεσπότης f.164C
Ἀφροδίτη ἐν ἀποκλίματι, ὁ δὲ β΄ οἰκοδεσπότης Σελήνη ἐπίκεντρος· τὰ 61
μὲν οὖν πρῶτα ἐπίμοχθα καὶ ταπεινά, ὕστερον δὲ ἐν στρατιωτικαῖς
γέγονε τάξεσιν. τύχη Ταύρῳ· ὕψος Καρκίνῳ· ἡ κυρία μεσουρανοῦσα τῷ 62
15 κλήρῳ, ὅθεν εἰς μείζονα τύχην καὶ ἡγεμονικὴν ἦλθεν. ἐν δὲ τῷ περι- 63
ποιητικῷ εὑρεθεὶς Ἄρης ὕπαρξιν παρέσχεν ἐξ ἁρπαγῆς καὶ βίας, ἃ δὴ
μετὰ θάνατον διηρπάγη.

Ἄλλο. Ὁ Ἥλιος, Ἑρμῆς, Κρόνος, Ζεὺς Τοξότῃ, Σελήνη Καρκίνῳ, Ἄρης 64
Παρθένῳ, Ἀφροδίτη Ζυγῷ, ὡροσκόπος Ζυγῷ. ὁ κύριος τοῦ τριγώνου 65
20 Ἄρης ἀποκεκλικώς, ὁμοίως δὲ καὶ ὁ κλῆρος καὶ ὁ κύριος· τὰ μὲν πρῶτα
ἐνδεῶς διῆγεν, καὶ αἰχμαλωσίας πεῖραν ὑπέστη, καὶ πολλοῖς κινδύνοις
περιπέπτωκεν. τῶν δὲ συναιρετιστῶν (Σελήνης καὶ Ἀφροδίτης φημί) 66
χρηματισάντων, ὕστερον βασιλικὰς ἀνεδέξατο πίστεις. εἶτα τοῦ ὕψους 67
ἐν Λέοντι εὑρεθέντος καὶ τοῦ κυρίου Ἡλίου μεσουρανοῦντος τῷ κλήρῳ,
25 ἡγεμονίας καὶ τάξεως ἐξουσιαστικῆς ἠξιώθη.

Ἄλλο. Ὁ Ἥλιος, Ἑρμῆς Αἰγοκέρωτι, Σελήνη, Ἀφροδίτη Τοξότῃ, 68
Κρόνος Σκορπίῳ, Ζεὺς Ζυγῷ, Ἄρης Ὑδροχόῳ, ὡροσκόπος Ταύρῳ. καὶ 69
αὕτη ἡ γένεσις ἐκ μετριότητος ἀνεβιβάσθη καὶ στεμμάτων καὶ ἀρχιερω-
σύνης μετέσχεν· οἱ γὰρ κύριοι τοῦ τριγώνου ἐν τῇ ἐπαναφορᾷ τοῦ δύνοντος,
30 ὁ δὲ γ΄ τριγώνου κύριος Ἄρης, ὁ αὐτὸς κύριος ὢν καὶ τοῦ κλήρου τῆς
τύχης, μεσουρανῶν, ὁ δὲ κύριος τοῦ ὑψώματος μεσουρανῶν τῷ κλήρῳ·
ὁμοίως καὶ ὁ κύριος τοῦ δαίμονος.

Ἄλλο. Ὁ Ἥλιος, Ἑρμῆς Καρκίνῳ, Σελήνη Ταύρῳ, Κρόνος Ἰχθύσιν, 70

§§ 57—59: thema 26 (5 Feb. 85) ‖ §§ 60—63: thema 24 (28 Apr. 83) ‖ §§ 64—
67: thema 17 (26 Nov. 74) ‖ §§ 68—69: thema 15 (6 Ian. 72) ‖ §§ 70—73: thema
23 (9 Iul. 82)

[CH] 3 ἐπίκοι C ‖ 5 ἄλλο om. C ‖ 10 ἄλλο om. C ‖ 11 Ἰχθύσιν] ₩ H ‖ ὁ] ἡ H ‖
12 ὁ] ἡ CH ‖ δευτέρα H ‖ 16 ἃ] ὃς H ‖ 18 ἄλλο om. C ‖ 22 Ἀφροδίτης] ⊂ CH ‖
23 τὸ ὕψος H ‖ 24 τὸν κλῆρον CH ‖ 25 ἡγεμόνας CH ‖ 26 ἄλλο om. C ‖ 30 αὐτοῦ H ‖
33 ἄλλο om. C, in marg. H

419

VETTIVS VALENS

71 Ζεύς, Ἄρης Λέοντι, Ἀφροδίτη Παρθένῳ, ὡροσκόπος Ζυγῷ. καὶ αὕτη
ἡ γένεσις ἐπίσημος καὶ λαμπρά· ἐπιστεύθη γὰρ βασιλικὰς διοικήσεις καὶ
72 ἀρχιερωσύνης ἠξιώθη. ὁ γὰρ κύριος τοῦ τριγώνου σὺν τῷ κυρίῳ δαίμονος
ἀγαθοδαιμονῶν σὺν τῷ κυρίῳ τῆς τύχης, καὶ ὁ Ἥλιος κληρωσάμενος τὴν
73 τύχην ἐμεσουράνει· ἡ κυρία τοῦ ὕψους Σελήνη ἐμεσουράνει τῷ κλήρῳ. ἡ 5
δὲ περιποίησις ἄστατος καὶ ἀνώμαλος, ποτὲ μὲν ὑπερπλεονάζουσα, ποτὲ
δὲ ἐνδεής· ἦν γὰρ ὁ περιποιητικὸς τόπος Δίδυμοι, καὶ προσένευσε τῷ
τόπῳ Κρόνος καὶ Ἀφροδίτη.
74 Ἄλλο. Ὁ Ἥλιος, Ζεύς, Ἀφροδίτη, Ἄρης Σκορπίῳ, Κρόνος Ζυγῷ,
75 Σελήνη Κριῷ, Ἑρμῆς Τοξότῃ, ὡροσκόπος Λέοντι. ὁ κύριος τοῦ ὕψους 10
76 Ἑρμῆς Τοξότῃ ἐμεσουράνει τῷ κλήρῳ· καὶ ὕψωσε τὴν γένεσιν. οἱ κύριοι
τοῦ τριγώνου καὶ τοῦ κλήρου ὑπόγειοι· καὶ ἐποίησαν τοῦτον θησαυρο-
φύλακα, ἀμφίλοξον δὲ καὶ ἀπάροχον.
77 Ἄλλο. Ὁ Ἥλιος, Ἑρμῆς Ταύρῳ, Σελήνη Ὑδροχόῳ, | Κρόνος Λέοντι,
f.134vH
78 Ἄρης, Ἀφροδίτη Καρκίνῳ, Ζεὺς Παρθένῳ, ὡροσκόπος Τοξότῃ. οἱ κύριοι 15
τοῦ τριγώνου Κρόνος καὶ Ἑρμῆς ἀποκεκλικότες, ὁ μὲν ἐν τῷ ς', ὁ δὲ ἐν
τῷ θ', διό, καίτοι ὑποστάσεως καλῆς οὔσης περὶ τοὺς γονεῖς, ὑπόχρεως
79 τὰ πρῶτα διῆξεν. εἶτα κληρονομίας τυχὼν καὶ ἐπαυξηθεὶς τῷ βίῳ,
φιλόδοξος καὶ ἀρχικὸς καὶ δωρηματικὸς ἦν καὶ ὄχλοις ἀρεστός, βασιλέων
φίλος καὶ ἡγεμόνων, ναοὺς καὶ ἔργα μεγάλα κατασκευάσας καὶ αἰωνίου 20
τυχὼν μνήμης· κλῆρος γὰρ τύχης καὶ ὕψους Ἰχθύσιν, καὶ ὁ κύριος Ζεὺς
ἐμεσουράνει.
80 Ἄλλο. Ὁ Ἥλιος, Ἑρμῆς Αἰγοκέρωτι, Σελήνη, Κρόνος Τοξότῃ, Ζεὺς
81 Καρκίνῳ, Ἄρης Παρθένῳ, Ἀφροδίτη Ὑδροχόῳ, ὡροσκόπος Ζυγῷ. οἱ
κύριοι τοῦ τριγώνου Ζεύς, Ἥλιος ἐπίκεντροι μὲν πλὴν ἀλλήλοις ἐναντιού- 25
82 μενοι. ἐν οὖν ἀρχῇ καλῶς ἀχθεῖσα ἡ γένεσις καὶ εὐπορήσασα, ὕστερον
ἔκπτωτος εὑρέθη καὶ ἐνδεὴς προφάσει ἐμπρησμοῦ καὶ ἀσελγείας· ὁ γὰρ
κύριος τοῦ κλήρου Ἄρης εὑρέθη ἐν τῷ περιποιητικῷ ἀποκεκλικὼς τοῦ
ὡροσκόπου καὶ ὑπὸ Κρόνου μαρτυρούμενος.
83 Ἄλλο. Ὁ Ἥλιος, Ἀφροδίτη, ὡροσκόπος Ταύρῳ, Σελήνη Ὑδροχόῳ, 30
84 Κρόνος Καρκίνῳ, Ζεὺς Ζυγῷ, Ἄρης, Ἑρμῆς Διδύμοις. οἱ κύριοι τοῦ
85 τριγώνου Ἀφροδίτη, Σελήνη ἐπίκεντροι. τὰ μὲν οὖν πρῶτα ἐν φαντασίᾳ

§§ 74—76: thema 40 (6 Nov. 97) ‖ §§ 77—79: thema 38 (14 Mai. 95) ‖ §§ 80—
88: cf. II 22, 38—45 ‖ §§ 80—82: thema 51 (1 Ian. 105) ‖ §§ 83—85: thema 4
(1 Mai. 61)

[CH] 3 δαίμονος C αὐτοῦ H ‖ 9 ἄλλο om. C ‖ 13 ἀτάροχον H ἀτάραχον C ‖
14 ἄλλο om. C ‖ 17 γόνους CH ‖ 21 μνήμου H ‖ 23 ἄλλο om. C ‖ 26 τῇ post οὖν H ‖
27 ἀσελγίας C ‖ 29 μαρτυροῦντος C ‖ 30 ἄλλο om. C | ῶ ♀ H ‖ 32 ἡ ☾ καὶ ἡ ♀ H ‖
ἔκκεντροι C

420

μεγάλη ἦν καὶ πράξεις πολιτικὰς ἔσχεν, ὕστερον καθαρθεὶς τοῦ βίου
ἀλήτης γέγονεν· οἱ γὰρ κύριοι τοῦ κλήρου καὶ τοῦ περιποιητικοῦ Κρόνος
καὶ Ζεὺς ἀποκεκλικότες, | τῷ δὲ περιποιητικῷ καὶ Ἄρης καὶ Ἑρμῆς f.164vC
ἠναντιώθησαν.

5 Ἄλλο. Ὁ Ἥλιος, Ἑρμῆς Διδύμοις, Σελήνη Παρθένῳ, Κρόνος, Ἄρης 86
Ὑδροχόῳ, Ζεὺς Σκορπίῳ, Ἀφροδίτη, ὡροσκόπος Καρκίνῳ. οὗτος δοῦλος 87
γεννηθεὶς καὶ εἰς γένος ἐλθὼν πολιτικὰς ἀρχὰς ἀνεδέξατο· εὑρέθησαν
γὰρ οἱ κύριοι τοῦ τριγώνου καὶ τοῦ κλήρου καὶ τοῦ ὕψους οἰκείως κείμενοι
(ἤτοι ἰδιοτοποῦντες) καὶ ὑπὸ Διὸς μαρτυρούμενοι. διὰ δὲ τὸ συνεῖναι τὸν 88
10 Ἄρεα Κρόνῳ καὶ ὁρᾶν καὶ τὸν Ἑρμῆν, μείωσις τοῦ βίου ἐγένετο, καὶ
ὑπόχρεως ἦν. [οἱ κύριοι τοῦ κλήρου καὶ τοῦ περιποιητικοῦ τόπου ἀπο- 89
κεκλικότες ἐκπτώσεις ποιοῦσιν, καὶ μάλιστα τοῦ περιποιητικοῦ τόπου
βλαπτομένου ὑπὸ τῶν κακοποιῶν.]

Ἄλλο. Ὁ Ἥλιος, Σελήνη Ὑδροχόῳ, Κρόνος Καρκίνῳ, Ζεὺς Σκορπίῳ, 90
15 Ἄρης, Ἀφροδίτη, Ἑρμῆς Αἰγοκέρωτι, ὡροσκόπος Ἰχθύσιν. οὗτος εὐνοῦχος 91
ἦν, ἱερεὺς θεοῦ, ἐπίσημος· τοῦ γὰρ κλήρου ὁ κύριος Ζεὺς Σκορπίῳ ἐν τῷ
θ', καὶ οἱ τῆς αἱρέσεως κύριοι Κρόνος, Ἑρμῆς ἀγαθοδαιμονοῦντες, ὁ μὲν
ἐν τῷ ια', ὁ δὲ ἐν τῷ ε', ἀλλήλοις ἐναντιούμενοι, ὅθεν καὶ ταραχαῖς
πλείσταις ἐνέπεσε καὶ μειώσεσι καὶ ἀπολογίαις ἡγεμονικαῖς καὶ βασιλι-
20 καῖς.

Καὶ ἄλλους δὲ τόπους ἔστιν εὑρεῖν δηλοῦντας τὰς εὐτυχίας, οἷον τὸν 92
κλῆρον τοῦ δαίμονος καὶ τὸν κλῆρον τῆς βάσεως, ὅς ἐστιν ἀπὸ τύχης ἐπὶ
δαίμονα ἢ ἀπὸ δαίμονος ἐπὶ τύχην, καὶ τὰ ἴσα ἀπὸ ὡροσκόπου νυκτὸς καὶ
ἡμέρας· τὸν γὰρ ζ ἀριθμὸν οὐ δεῖ ὑπερβαίνειν, ἀλλὰ ἀπὸ τοῦ ἐγγυτέρου
25 ποιεῖσθαι τὸν ἀριθμόν.

Ἡγεμονικαὶ δὲ καὶ βασιλικαὶ γενέσεις γίνονται ὅταν ὁ Ἥλιος καὶ ἡ 93
Σελήνη ἐν χρηματιστικοῖς τόποις ὄντες δορυφορηθῶ|σιν ὑπὸ τῶν f.135H
πλείστων ἀνατολικῶν, μηδενὸς τῶν κακοποιῶν ἐναντιουμένου. ὁμοίως 94
καὶ οἱ κύριοι τούτων ἰδιοτοποῦντες ἢ μεσουρανοῦντες εὐτυχεῖς ἄγαν
30 ποιοῦσιν. εἰ δὲ ἐν τῷ ὑπογείῳ εὑρεθῇ τὰ φῶτα δορυφορούμενα, ποιοῦσι 95
μὲν ἐπισήμους καὶ ἐπιφανεῖς, κακῶς μέντοι τὸν βίον καταστρέφοντας ἢ
φθόνοις καὶ αἰτίαις καὶ περιβοησίαις ὑπερβάλλουσιν.

Ὁ κύριος τοῦ δαίμονος καὶ τῆς τύχης εὑρεθέντες ἐν τῷ τόπῳ τῆς βάσεως 96

---

§§ 86−88: thema 57 (2 Iun. 109) ‖ § 89: cf. II 22, 39 ‖ §§ 90−91: cf. II 22,
46−47: thema 6 (22 Ian. 62) ‖ § 92: cf. II 23, 7 ‖ §§ 93−95: cf. II 23, 2−4 ‖
§§ 96−97: cf. II 23, 18−19

[CH] 5 ἄλλο om. C, in marg. H ‖ 13 βλαπτομένων C ‖ 14 ἄλλο om. C ‖ 15 spat.
3 litt. οὗτος H ‖ 18 ἐν² om. C ‖ 22 ὅστις H ‖ 24 ζ om. H ‖ 26 σημείωσαι in
marg. H ‖ 27 δορυφορηθήσονται C δορυφορηθήσωνται H ‖ 29 ἄγα C

ἢ ὁ κύριος τῆς βάσεως ἐν τῷ δαίμονι ἢ τύχῃ, συμπαρόντος καὶ τοῦ
97 οἰκοδεσπότου — μεγάλη καὶ εὐτυχὴς ἡ γένεσις. ὅσοι δὲ ἔχουσι τὸν
κύριον τῆς τύχης καὶ τοῦ δαίμονος ἀνατολικούς, ἰδιοτοποῦντας καὶ καλῶς
κειμένους ἐν χρηματιστικῷ, ὑπὸ Ἡλίου καὶ Σελήνης μαρτυρουμένους,
ἔνδοξοι καὶ ἐπίσημοι γίνονται καὶ ἐγγὺς βασιλέων ἢ ἱερῶν ἀναστρεφόμενοι 5
98 καὶ δωρεῶν καὶ δόξης ἀξιούμενοι. ἡ τοίνυν δορυφορία τῶν φώτων ἀνασῴζει
τὴν ἐκ τῆς παραπτώσεως τῶν οἰκοδεσποτῶν κάκωσιν· καὶ ἔσται ὑπόδειγμα.
99 Ἄλλο. Ὁ Ἥλιος, Ζεύς, Ἀφροδίτη Ἰχθύσιν, Σελήνη Ζυγῷ, Ἄρης Καρ-
100 κίνῳ, Ἑρμῆς Ὑδροχόῳ, Κρόνος Σκορπίῳ, ὡροσκόπος Λέοντι. ὁ κύριος τοῦ
τριγώνου Ἄρης κακοδαιμονῶν, ἀλλ' ὅμως ἔνδοξος καὶ ἐξουσιαστικὴ ἡ 10
γένεσις διὰ τὴν δορυφορίαν τῶν ἀγαθοποιῶν πρὸς τὸν Ἥλιον· εὑρέθη γὰρ
101 ἐπικείμενος τῷ κλήρῳ τῆς τύχης σὺν τῷ οἰκοδεσπότῃ. ἀλλ' ἐπεὶ οἱ κύριοι
τοῦ τριγώνου παραπεπτώκασι καὶ ὁ κύριος τοῦ δαίμονος ἀπόστροφος ἦν,
102 ἔκπτωτος ἐγένετο καὶ ἑκὼν μετέστη. ἠναντιώθη γὰρ καὶ τῇ περιποιήσει
Ἄρης, καὶ ὁ τοῦ ὕψους κύριος οὐκ ἔσχε τόπον ἐπιτήδειον· ἦν γὰρ ὕψωμα 15
Ἑρμοῦ, καὶ ὁ Ἑρμῆς ὑπὸ Κρόνου καθυπερτερήθη, ὅθεν προείρηται ὅτι,
ἐὰν οἱ μὲν τῶν σχημάτων παρεμπέσωσιν, οἱ δὲ οἰκείως εὑρεθῶσιν,
ἀνεπίμονα τὰ τῆς δόξης καὶ τύχης γενήσεται.
103 Ἐὰν ὁ κύριος τῆς τύχης ἢ τῆς περιποιήσεως μὴ τύχωσιν ἐν ἰδίοις οἴκοις
f.165C ἢ ὑψώμασιν | ἢ τριγώνοις ἢ μεσουρανήματι καίτοι μὴ ἐπίκεντροι ὄντες 20
καὶ παραιρέται, καθαιροῦσι τὰς γενέσεις, καὶ μάλιστα κακοποιοὶ ὄντες ἢ
ὑπὸ κακοποιῶν ἐναντιούμενοι· εἰ γὰρ ἀγαθοποιοὶ τύχωσιν ἐπίκεντροι,
ἀνατολικοὶ καὶ παραιρέται, λαμπροὺς καὶ ἐπιδόξους ποιοῦσιν· ἑνὸς γὰρ
λειπόμενοι καλοῦ τὰ τρία ἀγαθὰ σχήματα ἔχουσιν.
104 Τοῦ δὲ κλήρου τῆς τύχης καὶ δαίμονος καὶ βάσεως καλῶς πεσόντων, 25
ἐὰν ἡ περιποίησις κακωθῇ, ἐν προβάσει τῆς ἡλικίας τὰς ὑπάρξεις μειοῦσιν·
εἰ δὲ ἡ τύχη παραπέσῃ κεκακωμένη, ἡ δὲ περιποίησις καλῶς πέσῃ,
105 τοὐναντίον. εἰ ὁ κύριος τῆς τύχης ἢ τῆς περιποιήσεως ἐπὶ τῶν κάτω
106 κέντρων ἢ ἐπαναφορῶν τύχωσιν, ἐν προβάσει τῆς ἡλικίας δοξάζονται. οἱ
κακοποιοὶ τῇ περιποιήσει ἐπόντες ἢ ἐναντιούμενοι, τοῦ τόπου ἀκέντρου | 30
f.135vH ὄντος καὶ τῶν κακοποιῶν ἐν ἀλλοτρίοις τόποις καὶ μὴ ἐχόντων λόγον πρὸς
τὰ τῆς γενέσεως πράγματα ἢ παρ' αἵρεσιν ὄντων, φθορὰς τῶν ὑπαρχόντων
ποιοῦσιν, καίτοι τοῦ κλήρου τύχης καὶ τοῦ κυρίου αὐτοῦ καλῶς πεσόντων.

§§ 99–102: cf. II 27, 8–11: thema 42 (5 Mar. 101) ‖ §§ 103–108: cf. II 23,
21–26

[CH] 3 τοῦ δαίμονος ἢ τῆς τύχης H ‖ 5 γίνονται om. C ‖ καὶ²] ἢ H ‖ 6 ἀνα-
γώηι C ‖ 7 τὴν] τὰ H ‖ 8 ἄλλο om. C ‖ 18 τύχης] ῥεμβώδης H ‖ 23 ἀνατολικαὶ H ‖
καὶ¹ om. C ‖ ἐπιβ^εους C ‖ 24 γ C ‖ 25 τῆς om. C ‖ 27 ἤ²] εἰ H ‖ 29 τύχοιον H

Οἱ κύριοι τῆς τύχης καὶ τῆς περιποιήσεως διαμετροῦντες ἀλλήλους, εἰ 107
μὲν ἀγαθοποιοὶ ὦσι τὰς ὑπάρξεις πεφαντασιωμένας ποιοῦσι καὶ ἐπικινδύ-
νους, εἰ δὲ κακοποιοὶ ἐκπτώσεις ποιοῦσιν· τοῦτο κοινῶς καὶ ἐπὶ τῶν
ἄλλων ἀκουστέον οἰκοδεσποτῶν. εἰ δὲ ἡ περιποίησις ἐναντία τῷ δαίμονι 108
5 γένηται, ἀποπτώσεις τῶν πραγμάτων καὶ μειώσεις καὶ βλάβας ποιοῦσιν,
πλὴν εἰ μὴ ἀγαθοποιὸς ἐπίκειται. ἐὰν ἡ περιποίησις τοῖς οἰκοδεσπόταις 109
αὐτῆς ἐναντία γένηται, μάλιστα τῆς αἱρέσεως μὴ ὄντων, ἐγγὺς ἐκπτώσεως
γίνεται. ὁ κύριος τοῦ περιποιητικοῦ ἀφαιρέτης ὢν καὶ ἐν ἀλλοτρίῳ τόπῳ 110
καὶ ἄκεντρος, πολυδαπάνους μάτην ποιεῖ, εἰς οὐδὲν δέον ἀναλίσκοντας.

Appendix XII. C f. 146.

10 | Κλῆροι κατὰ Οὐάλεντα   f.146C

Κλῆρος ἐνέδρας ἡμέρας ἀπὸ Ἡλίου ἐπὶ Ἄρεα, καὶ νυκτὸς τὸ ἐναλλάξ. 1
Κλῆρος σίνους ἀπὸ Κρόνου ἐπὶ Ἄρεα καὶ τὰ ἴσα ἀπὸ ὡροσκόπου.   2
Κλῆρος θανάτου κατὰ Δωρόθεον ἀπὸ Σελήνης ἐπὶ τὸν η′ καὶ τὰ ἴσα 3
ἀπὸ Κρόνου.

Appendix XIII. Liber Hermetis 22. Har. ff. 15ᵛb – 16 b.

15 | De eo: quis primo de parentibus morietur   f.15vb
                                                           Har.

| Alii quidem aliter exposuerunt, nos vero probantes sic invenimus. Sol f.16aHar.
                                                                         1, 2
significat principaliter patrem, secundario vero Saturnus, diligencius
autem in diurnis et nocturnis qui proximitatem de hiis duobus habuerit
cum Luna (scilicet qui inspectus fuerit ab ea vel coniunctus cum ea et in
20 domo vel in triplicitate existens) — ille sumit locum patris; simillime Ve-
nus et Luna matris. considerare ergo oportet in qualibet nativitate quis 3
magis a malivolis inspicitur vel iuxta eos cecidit — utrum Sol aut Luna
vel Saturnus aut Venus; ipse quidem erit peremptor patris vel matris. si 4
enim Sol patris racionem accipiet et spectatus fuerit a Saturno vel Marte
25 ex quadrato vel coniunctus fuerit cum eodem, quamvis elevatus fuerit
super eum a decimo, sine aspectu benivolorum, patrem preinterficit;
idem intelligas de Luna et Venere pro matre; si vero Sol et Luna male
spectati fuerint vel eciam Venus male ceciderit vel extra condicionem,

§§ 109–110: cf. II 23, 29–30 ‖ App. XII 1: cf. II 26, 1 ‖ § 2: cf. V 1, 3 ‖
§ 3 = Dor. ad IV 1, 158 ‖ App. XIII 1–4: cf. II 31, 1–4

[CH] 4 ἐναντίον C ‖ 7 ἐναντίον C ‖ 8 γένηται C ‖ 11 νυκτὸς τὸ] τὰ νυκτὸς C

423

5 matrem preinterficit. et Saturnus quidem a Marte inproprie inspectus
vel coniunctus eum eo patrem interimit.

6 Alii vero speculantur partem parentum et aspiciunt per quam partem
per oppositum vel quadratum vel coniunccionem malivolus primus ra-
7 dium mittit vel ubi insit. deterius autem est si retrogradans inspiciat 5
8 patr⟨is part⟩em vel dominum partis; hunc enim prius interficit. idem
intelligas de Sole et Luna.
9 Quartum locum a Sole Mars irradians patrem preinterimit [et] quod
f.16bHar. Solem horoscopum | patris accipiunt, et quartus locus ab horoscopo pro
10 parentibus accipitur. quartum locum a Luna Saturnus aspiciens per 10
oppositum vel quadratum aut ex coniunccione matrem preinterficit.
11 Alii aspiciunt dominum anguli terre; et si invenerint ipsum in mascu-
lino signo dicunt patres premori, si vero in feminino matres.

Appendix XIV. J. f. 303ᵛ.

f.303vJ | Περὶ ἐχθρῶν τόπων καὶ ἀφέσεων ἐκ τῶν Κριτοδήμου

1 Ἀπὸ Σελήνης καὶ ὡροσκόπου − ἀλλ᾽ ὅταν ἡ Σελήνη ἀφέτης εὑρεθῇ, 15
παραφυλάττεσθαι δεῖ τὰς κωλύσεις καὶ τὰς ἐξαγώνους πλευρὰς καὶ
τετραγώνους καὶ διαμέτρους τὰς πρὸς τὸν ὡροσκόπον κατὰ ἀναφοράν·
αὗται γὰρ ἐνεργητικαὶ κριθήσονται, καὶ μάλιστα ἐν τοῖς ἰσανατόλοις ἢ
ἰσαναφόροις ἢ ἰσοδυναμοῦσιν ἢ τοῖς ἀκούουσιν ἢ βλέπουσι ζῳδίοις ἢ ταῖς
2 ἀντισκίοις μοίραις. ὁμοίως δὲ κἂν ὁ ὡροσκόπος ἀφέτης, τὰς τούτων 20
διαμέτρους· αὗται γὰρ κεντρωθεῖσαι οὐ τὴν τυχοῦσαν κέκτηνται δύναμιν.

Appendix XV. W ff. 24−25.

f.24W | Οὐάλεντος. ἐμοὶ δὲ οὐκ ἔδοξεν ὥς τινες κατὰ τὴν ἐπτάζωνον τὰ ὅρια
1
ὑπέθεντο οἷον η̄, ζ̄, ξ̄, ε̄, δ̄ (καὶ οὐδ᾽ οὕτω συμφωνεῖ), ἀλλὰ ἀπὸ τῶν
2 οἴκων καὶ τῶν ὑψωμάτων καὶ τῶν τριγώνων. οἷον Ἡλίου οἶκος Λέων,
3 ὕψωμα Κριός, τρίγωνον Τοξότης· γίνονται τρεῖς. καθ᾽ ἕκαστον οὖν 25
4 ζῴδιον τρία ὅρια ὁ Ἥλιος ἔχει. Σελήνης οἶκος Καρκίνος, | ὕψωμα Ταῦρος,
f.24vW
5 τρίγωνον Παρθένος καὶ Αἰγόκερως· γίνονται δ̄. ὁμοίως καὶ καθ᾽ ἕκαστον
6 ζῴδιον δ̄ ὅρια ἡ Σελήνη ἔχει. Κρόνου οἶκος Αἰγόκερως, Ὑδροχόος,
7 ὕψωμα Ζυγός, τρίγωνον Δίδυμοι· γίνονται δ̄. ὁμοίως δ̄ ὅρια καθ᾽ ἕκαστον

§ 6: cf. II 31, 5 ‖¦ App. XIV 1−2: cf. III 5, 18−20 ‖ App. XV 1−23: cf. III 6,
1−21

[Har. JW] 8 et secl. Gundel ‖ 14 vv′ in marg. J ‖ 23 τῶν sup. lin. W ‖ 27 καί²]
κα W

ζῴδιον ὁ Κρόνος ἔχει. Διὸς οἶκοι Τοξότης, Ἰχθύες, ὕψωμα Καρκίνος, 8
τρίγωνον Κριός, Λέων· ὁμοίως ε̄ ὅρια ὁ Ζεύς. Ἄρεως οἶκοι Κριός, 9
Σκορπίος, ὕψωμα Αἰγόκερως, τρίγωνον Ἰχθύες, Καρκίνος· ὁμοῦ ε̄.
Ἀφροδίτης οἶκοι Ταῦρος, Ζυγός, ὕψωμα Ἰχθύες, τρίγωνον Παρθένος, 10
5 Αἰγόκερως· ὁμοῦ ε̄ ὅρια Ἀφροδίτης. Ἑρμοῦ οἶκος Δίδυμοι, ὕψωμα 11
Παρθένος, τρίγωνον Ὑδροχόος, Ζυγός· [γίνονται] δ̄ ὅρια ἔχει ὁ Ἑρμῆς.

Συγκρίνω οὖν ἐν τῷ τριγώνῳ Κριῷ, Λέοντι, Τοξότῃ — ἡμέρας πρῶτον 12
λήψεται ὁ Ἥλιος γ̄, εἶτα Ζεὺς ε̄, εἶτα Ἀφροδίτη ε̄, εἶτα Σελήνη δ̄, εἶτα
Κρόνος δ̄, εἶτα Ἑρμῆς δ̄, εἶτα Ἄρης ε̄· γίνονται ὁμοῦ λ̄. νυκτὸς ἀνάπαλιν 13
10 πρῶτον Ζεὺς ε̄, Ἥλιος γ̄, Σελήνη δ̄, Ἀφροδίτη ε̄, Ἑρμῆς δ̄, Κρόνος δ̄,
Ἄρης ε̄· γίνονται ὁμοῦ λ̄. ἐν τῷ διὰ Ταῦρον, Παρθένον, Αἰγοκέρωτα 14
ἡμέρας πρῶτον λήψεται Ἀφροδίτη ε̄, Σελήνη δ̄, Κρόνος δ̄, Ἑρμῆς δ̄,
Ἄρης ε̄, Ἥλιος γ̄, Ζεὺς ε̄· γίνονται ὁμοῦ λ̄. νυκτὸς ἀνάπαλιν πρῶτον 15
Σελήνη δ̄, Ἀφροδίτη ε̄, Ἑρμῆς δ̄, Κρόνος δ̄, Ἄρης ε̄, Ζεὺς ε̄, Ἥλιος γ̄·
15 ὁμοῦ λ̄. ἐν τῷ διὰ Διδύμους, Ζυγόν, Ὑδροχόον ἡμέρας πρῶτον λήψεται 16
Κρόνος δ̄, Ἑρμῆς δ̄, Ἄρης ε̄, Ἥλιος γ̄, Ζεὺς ε̄, Ἀφροδίτη ε̄, Σελήνη δ̄·
γίνονται ὁμοῦ λ̄. νυκτὸς ἀνάπαλιν πρῶτον Ἑρμῆς δ̄, Κρόνος δ̄, Ἄρης ε̄, 17
Ζεὺς ε̄, Ἥλιος γ̄, Σελήνη δ̄, Ἀφροδίτη ε̄· ὁμοῦ λ̄. ἐν τῷ διὰ Καρκίνον, Σκορ- 18
πίον, Ἰχθύας | ἡμέρας πρῶτον λήψεται Ἄρης ε̄, Ἥλιος γ̄, Ζεὺς ε̄, Ἀφροδίτη f.25 W
20 ε̄, Σελήνη δ̄, Κρόνος δ̄, Ἑρμῆς δ̄· γίνονται ὁμοῦ λ̄. νυκτὸς ἀνάπαλιν πρῶτον 19
Ἄρης ε̄, Ζεὺς ε̄, Ἥλιος γ̄, Σελήνη δ̄, Ἀφροδίτη ε̄, Ἑρμῆς δ̄, Κρόνος δ̄·
ὁμοῦ λ̄.

Ἵνα οὖν ἴδῃς ὅτι ἀληθῆ ἐστι ταῦτα τὰ ὅρια καὶ ἀπὸ τῶν ἀέρων φύσεων 20
γνώσῃ. ἐὰν ὁ Ἥλιος τὰ αὐτοῦ ὅρια παροδεύων τύχῃ, τῆς Σελήνης ἐπι- 21
25 μαρτυρούσης αὐτῷ ἢ τοῦ δεσπότου τῶν ὁρίων, ἐκείνου τοῦ ἀστέρος τὸ
φυσικὸν πνεύσει. ἐὰν Κρόνος, λίψ, ὑγρότητος αἰτία· ἐὰν Ζεύς, βορέας, 22
δρόσος γίνεται· ἐὰν Ἄρης, νότος καὶ ἀδροσία· ἐὰν Ἀφροδίτη, νότος,
ἀπηλιώτης, ἀστασία ἀνέμων καὶ γνόφος· ἐὰν Ἑρμῆς, λίψ καὶ βορέας, καὶ
στάσις καὶ ἐπομβρία, βροντῶν καὶ ἀστραπῶν αἴτιος γίνεται· ἐὰν Σελήνη,
30 βορέας, ἀπηλιώτης. ἐὰν δέ τινες τῶν ἀστέρων μαρτυρῶσιν Ἡλίῳ καὶ 23
Σελήνῃ, τήρει τὴν ἑκάστου φύσιν, ὁμοίως καὶ τὰς φάσεις τῆς Σελήνης
ἀφ᾽ ἧς φέρεται — ἤτοι ἀπὸ συνόδου ἢ πανσελήνου — καὶ εἰς τίνος ὅριόν
ἐστιν· καὶ πρὸς τὸν κύριον τῶν ὁρίων καὶ τοὺς συνόντας ἀστέρας ἢ
μαρτυροῦντας ἀποφαίνου.

[W] 11 τῷ sup. lin. W ‖ 15 τῷ sup. lin. W ‖ 18 τῷ sup. lin. W ‖ 24 αὐτὰ W ‖
26 λείψ W ‖ 31 φάσεις] φύσεις W ‖ 33—34 τῶν συνόντων αἱρετῶν ἢ μαρτυρία W

VETTIVS VALENS

Appendix XVI. B ff. 76ᵛ−77, H ff. 173−174; iam a F. Cumont in CCAG
8, 1; 255−257 editum.

f.76vB, | Περὶ ῑ ἐτῶν καὶ μηνῶν ϑ τοῦ Ἡλίου, καὶ διάφορα σχήματα Οὐάλεντος
f.173H εἰς τὸ περὶ χρόνων διαιρέσεως

1   Οὐάλης τὰ μὲν περὶ τοῦ σώματος, οἷον κάλλους, ἡδονῆς, ῥώσεως,
τέρψεως, ἐπαφροδισίας, νόσου καὶ πάντων τῶν σωματικῶν συμπτωμάτων
f.173vH καὶ τῆς διὰ χειρὸς τέχνης (εἰσὶ γὰρ καὶ ἀπὸ | λόγου καὶ ἐπιστήμης τέχναι 5
αἳ τῷ δαίμονι ἀνάκεινται) − τὰ οὖν εἰρημένα πάντα ἀπὸ κλήρου τύχης
στοχαστέον· τὰ δὲ περὶ πράξεως καὶ ἀπραξίας καὶ δόξης καὶ ἀδοξίας καὶ
τιμῆς καὶ ἀτιμίας καὶ τῶν λοιπῶν ὅσα τῇ ψυχῇ τὴν χαρὰν ἢ τὴν λύπην
2 ἐπάγει ἀπὸ τοῦ δαίμονος συνορᾷ. καὶ χρὴ ἐν τοῖς τούτων ἐπιμερισμοῖς
προειδέναι τὴν ὑπόστασιν τῆς γενέσεως, εἴτε πανευδαίμων ἐστὶν ἢ μέση 10
3 ἢ μετρία. ταῦτα δὲ ὅρα κατὰ τὰ ἀποτελέσματα τοῦ περὶ εὐτυχίας λόγου
4 τοῦ Οὐάλεντος, οἷον τὰ φῶτα καὶ τοὺς τριγωνοκράτορας. οὗτοι ἐπίκεντροι
ὄντες καὶ ἰδιοθρονοῦντες, καὶ μάλιστα τὰ φῶτα δορυφορούμενα ὑπὸ
συναιρετῶν, κακοποιοῦ μὴ μαρτυροῦντος, τοῦ τε κλήρου τῆς τύχης καὶ
δαίμονος καὶ τῆς βασιλείας καὶ τῶν κυρίων αὐτῶν καλῶς πεσόντων καὶ ἐν 15
τοῖς κέντροις − πανευδαίμων ἐστὶν ἡ γένεσις· ἐν δὲ ταῖς ἐπαναφοραῖς
ἧττον εὐδαίμων, ἐν δὲ τοῖς ἀποκλίμασι πενιχρά.

5   Εἰ οὖν ὁ ἀπὸ τοῦ δαίμονος μερισμὸς φθάσει εἰς τὴν τύχην ἢ εἰς τὸ
μεσουράνημα τῆς τύχης, συμπαρόντος τοῦ κυρίου κατὰ πάροδον ἢ
μαρτυροῦντος τῷ τόπῳ καὶ ὑπὸ ἀγαθοποιοῦ καὶ τῶν φώτων μαρτυρου- 20
μένου κατὰ πάροδον, ⟨...⟩, εἰ δὲ κατὰ πῆξιν κρεῖττον· λαμπρᾶς μὲν
οὔσης τῆς ὑποστάσεως, ἡγεμονεύσει καὶ δοξασθήσεται κατ᾽ ἐκεῖνον τὸν
χρόνον, καὶ ἐπίσημος πάνυ ἔσται καὶ ὑπὸ πολλῶν μακαριζόμενος διὰ
f.77B τὴν εὐδαιμονίαν. | εἰ δὲ ἐπὶ τοῦ ὡροσκόπου ἢ μεσουρανήματος ἢ τῶν
7 λοιπῶν δύο κέντρων ἔλθῃ ἡ διαίρεσις, δοξασθήσεται μέν, ἧττον δέ. εἰ δὲ 25
τούτων οὕτως ἐχόντων μετρία ἡ ὑπόστασίς ἐστιν, ἐξ ἧς μετέρχεται
πράξεως ὠφελεθήσεται ἢ ἐκ μειζόνων προσώπων ἢ φίλων εὐεργεσιῶν
καὶ δωρεῶν ἀξιωθήσεται, ἐὰν μάλιστα ἀγαθοποιοὶ ἐπῶσιν ἢ μαρτυρῶσιν·

tit.: cf. VI 5 tit. et IV 4 tit. ‖ § 1: cf. IV 4, 3−4 et IV 7, 9 ‖ §§ 2 et 4: cf.
IV 7, 11 ‖ §§ 5−7: cf. IV 7, 14−16

[BH] 1 σκ′ in marg. B σλα′ in marg. H | ῑ] μηνῶν BH ‖ 5 λόγου] κλήρου H ‖
7 στόῑ B | 8 τὴν ψυχὴν τῇ χαρᾷ B ‖ 9 συνορᾷ H ‖ 11 μέτρους B | ὁρᾶν H | εὐτυ-
χίου B ‖ 14 τῷ τε κλήρῳ H ‖ 16 τῷ κέντρῳ H ‖ 20 μ̄ B ‖ 21 lac. ind. Delatte |
μὲν om. H ‖ 23 ἐπίσημον B | ἐστὶ B ‖ 25 β̄ B ‖ 26 ἐστιν] ἢ B ‖ 28 εἰ B

426

ἐὰν δὲ κακοποιοὶ μαρτυρῶσιν, τὰ μὲν τῶν τόπων γενήσεται προφανῆ, διὰ
δὲ τὴν τῶν κακοποιῶν μαρτυρίαν ἐναντιώμασι καὶ ζημίαις περιτραπήσεται
καὶ ἀπαράμονον ἕξει τὴν τοῦ ἀγαθοῦ ἀφορμήν. εἰ δὲ φθάσει ὁ ἀπὸ τῆς 8
τύχης μερισμὸς εἰς κέντρον καὶ ὁ τούτου κύριος εἰς κέντρον ἐστίν, ὑπὸ
5 Κρόνου ἢ Ἄρεως ὁρώμενος, ἐν ἀσθενείαις ἐπιταθήσονται τότε ἢ κινδύνοις
τισίν.
    Πάντοτε τὸν κύριον τῆς ἡμέρας σκοπεῖν δεῖ πρὸς τίνας τὴν ἐπέμβασιν 9
ποιεῖται κατὰ σῶμα ἢ σχῆμα, καὶ τίς τοῦτον ὁρᾷ κατὰ πάροδον, καὶ τὸ
τῆς ἡμέρας ζῴδιον πῶς ἔχει πρὸς τὸν κύριον αὐτοῦ· ἀπόστροφος γὰρ
10 τούτου τυχὼν ἢ διάμετρος ἐναντία σημαίνει. καὶ δεῖ ὁρᾶν, εἰ οὕτως ἔχει, 10
εἰς ποῖον τόπον πέπτωκε τὸ ζῴδιον καὶ ὁ τούτου κύριος, καὶ οὕτω
καταστοχαστέον. ἔστω γὰρ τὸ τῆς ἡμέρας ζῴδιον ἐν τῷ γ΄ τόπῳ, καὶ ὁ 11
κύριος τῆς ἡμέρας εὑρέθη διάμετρος ἐν τῷ θ΄ τόπῳ, καὶ λέγε ὅτι πρὸς
τοὺς φίλους καὶ τοὺς συγγενεῖς ἡ ἡμέρα εὑρεθήσεται ἐναντία, μάλιστα καὶ
15 τῆς Σελήνης εὑρισκομένης τότε ἀποστρόφου πρὸς τὸ ζῴδιον | τῆς f.174H
ἡμέρας ἢ διαμέτρου. εἰ δὲ τὸ ζῴδιον τῆς ἡμέρας ὁρᾷ τὸν κλῆρον τῆς 12
τύχης ἢ ⟨τὸν⟩ κύριον αὐτοῦ, καὶ μᾶλλον εἰ ὁ οἰκοδεσπότης τοῦ κλήρου
⟨...⟩, καὶ ζημίας ἐρεῖς.

Appendix XVII. W ff. 143–143ᵛ.

| Πόσα ἔτη μερίζει ἕκαστον ζῴδιον· καὶ τὰ τέλεια ἔτη τῶν ἀστέρων   f.143W

20 Μερίζει δὲ ὁ μὲν Ὑδροχόος ἔτη λ, ὁ δὲ Αἰγόκερως κζ· καὶ ἐπεὶ ὁ 1
Ἥλιος δεσπόζει τελείων ἐτῶν ρκ, ὧν τὸ ꝰ ἐστι ξ, ἐκ τούτων τὴν
ἡμίσειαν τῷ κατὰ διάμετρον Ὑδροχόῳ ἐμέρισεν, ἅ ἐστιν ἔτη λ. ἡ δὲ 2
Σελήνη δεσπόζει τελείων ἐτῶν ρη, ὧν τὸ ꝰ νδ· τούτων τὴν ἡμίσειαν
τῷ κατὰ διάμετρον Αἰγόκερωτι ἐπιμερίζει, ἅ ἐστιν ἔτη κζ. τῶν οὖν β 3
25 ζῳδίων συνάγεται ἔτη νζ, ἅ εἰσι τέλεια Κρόνου. καὶ οἱ λοιποὶ δὲ ἀστέρες 4
τὸν τέλειον ἐπιμερισμὸν τῶν ἐτῶν ἐξ Ἡλίου καὶ Σελήνης ἔχοντες.
    Τῷ μὲν γὰρ Διὶ συναιρετιστῇ ὄντι καὶ τριγωνικὴν συμπάθειαν κεκτη- 5
μένῳ διὰ τὸν Ἄρην ὁ Ἥλιος τὴν ἡμίσειαν τῶν ρκ ἐτῶν ἐμέρισε καὶ τὰ
ἐλάχιστα ἔτη ιθ· γίνονται οθ. ὡσαύτως δὲ καὶ ἡ Σελήνη διὰ τὴν ἀγαθο- 6

---

§§ 1–11: cf. IV 6, 1–11

[BH][W] 1 εἰ B ‖ 3 παράμονον H | φθάσει] φθόνον B ‖ 5 ἀσθενίαις B | ἐτα-
σθήσονται BH ‖ 6 τισίν] πρὸς τούτοις B ‖ 7 τὴν om. B ‖ 10 χὼν B ‖ 11 τὸ sup.
lin. B | τούτου om. B | οὕτω] τούτους H ‖ 12 καὶ om. H ‖ 13 λέγω H ‖ 14 ὁ ὁ
εὑρέθη ἔναντι B ‖ 17 ꭤκοδεσπότης B κύριος H ‖ 19 ρκς΄ in marg. W ‖ 24 τῷ] τὸ W

f.143vW ποίαν καὶ τριγώνου κοσμικὴν συμπάθειαν τὴν | εἰς τοὺς ἀστέρας Διὶ
ἀπεμέρισεν τὴν ἡμίσειαν τῶν ⟨ρ̄⟩η̄· τὰ δὲ ν̄δ καὶ τὰ ἐλάχιστα τῆς Σελήνης
κ̄ε γίνονται ο̄θ.

7,8 Τῷ Ἄρει τῆς αὐτῆς αἱρέσεως ἡ Σελήνη ἐπεμέρισε τὰ ν̄δ. ὁ δὲ Ἥλιος
διὰ τὴν [τὴν] πυρώδη οὐσίαν καὶ φθοροποιὸν τόπον τὸν ἐπιμερισμὸν 5
ἠρνήσατο, ἀντιπαρεχώρησε δὲ τῷ κατὰ διαδοχὴν τοῦ τριγώνου δεσπότῃ
9 Διὶ ἅ ἐστι ἔτη ἐλάχιστα ἐπιμερίσαι ῑβ. γίνονται ξ̄ς.
10 Ὁμοίως δὲ καὶ τῇ Ἀφροδίτῃ διὰ τὴν συμπάθειαν τοῦ τριγώνου καὶ
νυκτερινὴν αἵρεσιν ἡ Σελήνη ἐπεμέρισε τὰ ν̄δ καὶ ὁ Κρόνος διὰ τὴν
ἐναντίαν τοῦ ὑψώματος στάσιν (τουτέστι τοῦ Ζυγοῦ) ἔτη λ̄· γίνονται π̄δ. 10
11 Ὅ τε Ἑρμῆς διὰ τὴν πρὸς Κρόνον οἰκοδεσποτείαν ἔλαβε παρ᾽ αὐτοῦ τὰ
τέλεια ἔτη ν̄ζ καὶ παρὰ τοῦ Ἡλίου τὰ ἐλάχιστα ῑθ· καὶ γίνονται ο̄ς.

Appendix XVIII. Liber Hermetis 23. Har. ff. 16b — 16vb.

f.16bHar. ⟨23⟩. | Exposicio quinque planetarum, quos sortiti sunt annos maiores

1 Sol quidem cum dominus sit Leonis dominatur maioribus annis (scili-
cet centum et viginti), quorum dimidium propter semicirculum sunt anni 15
sexaginta; ex hiis sexaginta, quorum dimidium sunt triginta, dedit do-
mui Saturni que opposita sue est (scilicet Aquario) qui vocantur minores
2 anni. Luna vero cum sit domina Cancri dominatur maioribus annis
(scilicet centum et octo), quorum dimidium sunt anni quinquaginta
quatuor; ex hiis quinquaginta quatuor dimidium (scilicet viginti septem 20
3 annos) dedit Luna domui Saturni (scilicet Capricorno). igitur duorum
signorum (scilicet Aquarii et Capricorni) aggregatis annis fiunt maiores
anni Saturni quinquaginta septem.
4 Stelle vero Iovis [est] cum sit eiusdem condicionis cum Sole et dominus
triplicitatis sue Sol de centum et viginti annis dedit dimidios (scilicet 25
sexaginta) propter triplicitatem Sagittarii; dedit et minores annos (vi-
delicet decem et novem); et sunt anni maiores Iovis septuaginta novem,
5 quos recepit a Sole. similiter et Luna propter benivolenciam et triplici-
f.16vaHar. tatis recepcionem pro eo quod Pisces et Cancer | sunt eiusdem triplicitatis
et ipsa dedit Iovi de centum ⟨et octo⟩ annis dimidium, qui sunt quinqua- 30

§§ 1–3: cf. IV 6, 1–3 ‖ §§ 4–12: cf. IV 6, 5–11

[W Har.] 5 lac. ca. 4 litt. post τὴν¹ W ‖ 6 ἀνεπαρεχώρησε W ‖ 21 capricor-
nio Har. ‖ 22 capricornii Har. ‖ 30 et octo Gundel

ginta quatuor anni, et minores, qui fiunt viginti quinque; et fiunt rursus
anni maiores septuaginta novem.

Marti vero cum sit eiusdem condicionis cum Luna dedit dimidium cen- 6
tum et octo annorum (scilicet annos quinquaginta quatuor). Sol autem 7
5 propter invidiosam imitacionem ignee et corruptibilis substancie non
dedit ei maiores annos, sed propter triplicitatem Arietis dedit sibi de
minoribus annis (scilicet decem et octo) in duos partes divisis medietatem
(videlicet annos novem). et fiunt Martis anni maiores sexaginta tres.   8

Similiter et Veneri propter recepcionem triplicitatis et exaltacionis et 9
10 dominii domus, quia in Tauro exaltat Luna et in nocturna condicione
condominatur, dedit dimidium centum et octo annorum (scilicet annos
quinquaginta quatuor). similiter et Saturnus propter triplicitatem et 10
exaltacionem Libre addidit et ipse annos triginta et dedit Veneri. quibus 11
coadunatis fiunt anni maiores octoginta quatuor.

15 Mercurius autem pro eo quod cum Saturno dominium habet in domi- 12
bus (scilicet Libra et Geminis) recepit ab eo annos maiores quinquaginta
septem, propter similem condicionem et a Sole minores (videlicet annos
decem et | novem); quibus aggregatis fiunt maiores anni Mercurii septu- _{f.16vb} Har.
aginta sex.

Appendix XIX. C ff. 172 – 173ᵛ.

20 | Ἰστέον ὅτι ὁ ἐνιαυτὸς πεσὼν εἰς τὸν ια΄ τόπον πλοῦτον διδοῖ εἴπερ ὁ _{f.172C} 1
Ζεὺς ἢ ⟨ἡ⟩ Ἀφροδίτη ἐπεμβῶσι τῶν τοιούτων τόπων, εἰ μάλιστα χρονο-
κρατοροῦσιν. εἰ δὲ ἐν τῷ ἀγαθῷ σύγκρασιν ἔχει κακίας, οὔτε πανευδαίμων 2
ὁ χρόνος ἔσται οὔτε κακὸς τελέως. εἰ δὲ πέσῃ ὁ ἐνιαυτὸς εἰς τὸν κακοδαί- 3
μονα καὶ ἐπεμβῇ φθοροποιός, εἰ μάλιστα χρονοκράτωρ ἐστίν, ὀφθαλμῶν
25 πόνους διδοῖ ἢ γαστρός. εἰ δὲ πάλιν ὁ κακοποιὸς ἐπεμβαίνων εἰς τὸν 4
ἐνιαυτὸν τύχῃ ὁ ἔχων τὸ κέντρον τοῦ ὡροσκόπου, ὅρα ἵνα πέσῃ ὁ ἐνιαυτὸς
εἰς τὸν ὡροσκόπον, κἀκεῖσε γένηται ἡ ἐπέμβασις τοῦ κακοποιοῦ. εἰ σὺν 5
τούτῳ τῷ σχήματι καὶ κακοποιὸς χρονοκρατορεῖ ἀγαθοποιῷ μὲν μαρτυ-
ρούμενος, διδοῖ βίου τελευτήν· εἰ δὲ χρονοκράτορος †μειλιχροιοταρ̅ͮ†,
30 διδοῖ νόσον ἢ πενίαν.

Ἰστέον δὲ ὅτι ἀγαθοποιὸς μερίζων τοὺς χρόνους, εἰ ἔστιν ἀφαιρετικὸς 6
κατὰ πῆξιν ἢ ταπεινούμενος, οὐ δηλοῖ παράμονα τὰ ἀγαθά.

Ὁ Οὐάλης δέ φησιν ὅτι ὁ καθολικὸς χρονοκράτωρ κατὰ πῆξιν κακῶς 7

App. XIX 7 – 8: cf. IV 10, 20 – 21

κείμενος ἢ ὑπὸ κακοποιῶν ὁρώμενος, ἐν ταῖς τῶν κακοποιῶν λεπτο-
8 μερεστέραις ἐπιδιαιρέσεσιν αἰτίας καὶ κινδύνους καὶ καθαιρέσεις ποιεῖ. εἰ
δὲ καλῶς κεῖται κατὰ πῆξιν καὶ ὁρᾶται ὑπὸ ἀγαθοποιῶν, ἐν ταῖς τῶν
9 κακοποιῶν ἐπιδιαιρέσεσι μετρίως λυπήσας καθαίρεσιν οὐ ποιεῖ. τοῦτο
ἐπὶ πάντων ἁρμόζει ὁμοφρονοῦν τοῖς τοῦ Πτολεμαίου.   5
10 Τὰς δὲ γινομένας ἐκλείψεις κατὰ πάροδον παρατηρητέον ἐν ποίοις τῆς
γενέσεως ἢ τῆς καταρχῆς πίπτουσιν, ἢ τοῖς χρηματιστικοῖς ἢ ἀχρημάτι-
στοις, ἔτι δὲ καὶ τὰς ἀνατολὰς τῶν ἀστέρων σκόπει· ἐκ τούτων γὰρ
εὑρίσκονται αἱ ἐπίσημοι γενέσεις καὶ ἡγεμονικαὶ καὶ βασιλικαί.
11 Οἱ μὲν οὖν ἀγαθοποιοὶ ἀνοικείως κείμενοι δυσπραξίας καὶ ὑπερθέσεις 10
ποιοῦσιν, καὶ οἱ ἀναποδίζοντες δὲ ὑπερθέσεις καὶ κωλύματα, καὶ αἱ
δύσεις δὲ ἐγκοπὰς καὶ λύπας ἐν τοῖς διαπρασσομένοις, ἔτι δὲ σωματικοὺς
κινδύνους καὶ ἀσθενείας καὶ κρυπτῶν τόπων πόνους· πολλάκις δὲ καὶ
δόξας καὶ μεγάλας ἐλπίδας προδείξαντες οἱ ἀγαθοποιοί, ὅταν εἰσὶν
ὕπαυγοι, ἐπὶ τὸ χεῖρον ἐτράπησαν.   15
12 Ὁ δὲ Ζεὺς κατὰ πάροδον ἔρχεται εἰς τὸ ἐνιαύσιον ζῴδιον ἢ τὰ τούτου
13 τετράγωνα ἢ διάμετρα μεγάλων ἀγαθῶν αἴτιος. καλῶν μὲν γὰρ ὄντων
τῶν χρόνων ἢ ἐν χρηματιστικῷ τόπῳ μεγάλας εὐεργεσίας καὶ δόξας
ἀποτελεῖ, καὶ μάλιστα ἀνατολικὸς γενόμενος· μεῖζον γὰρ ἐπισχύσει τῶν
14 δοκούντων ἐπικρατεῖν τῶν χρόνων. κακῶν δὲ ὄντων καὶ αὐτὸς κατ᾽ ἐπέμ- 20
βασιν γενόμενος ἀσθενέστερος ἔσται καὶ τὰς εὐεργεσίας καὶ τὰς δόξας
ὑπερθέμενος μετέωρος γενήσεται· πλήν, εἰ ἀνατολικὸς τύχῃ, μετρίως
παρηγορήσει καὶ ὠφελήσει.
15 Περὶ δὲ μηνὸς χρηματιστικοῦ ὡς δοκεῖ τῷ βασιλεῖ τῶν Αἰγυπτίων· ἀπὸ
τοῦ παροδικοῦ Ἡλίου ἐπὶ ⟨τῆς⟩ γενέσεως Σελήνην, καὶ τὰ ἴσα ἀπὸ 25
16 ὡροσκόπου. τὸν οὖν κύριον τοῦ ζῳδίου ἐν χρηματιστικῷ εἶναι δεῖ· καὶ
17 πρὸς τὰς μαρτυρίας τῶν ἀστέρων ἀποφαίνεσθαι. τὴν δὲ ἡμέραν ἀπὸ τῆς
παροδικῆς Σελήνης ἐπὶ τῆς γενέσεως Ἥλιον, καὶ τὰ ἴσα ἀπὸ ὡροσκόπου.
18 ἄλλοι δὲ τὸν κύριον τῆς προγενομένης συνόδου ἢ πανσελήνου ἰδόντες
19 πρὸς ἐκεῖνον ἡμέραν λέγουσιν, ἕτεροι δὲ οὕτως τὴν ἡμέραν. οἷον ὡς ἐπὶ 30
20 ὑποδείγματος ὁ Ἥλιος Λέοντος ε΄, Σελήνη Ζυγοῦ κϛ΄. ἀπὸ Ἡλίου εἰς
Σελήνην μοῖραι πα· τοσαύτας μὲν μοίρας κατὰ μῆνα ἀποδιαστᾶσα τοῦ
f.172vC Ἡλίου ἡ Σελήνη | καὶ τὸ αὐτὸ σχῆμα ποιησαμένη οἷον καὶ ἐπὶ γενέσεως
δείξει τὴν ἡμέραν.

§ 9: cf. Ptol. IV 10, 23—25 ‖ § 10: cf. IV 11, 42 ‖ § 11: cf. IV 13, 9 et IV 14,
4—6 ‖ §§ 12—14: cf. IV 14, 9—10 ‖ §§ 15—24: cf. V 4, 1—11 ‖ §§ 19—20:
thema 68 (26 Iul. 114)

[C] 12 διαταρασσομένοις C ‖ 16 τούτου] τοῦ C ‖ 17 τετράγωνον τὸν διάμετρον C ‖
22 γένηται C ‖ 25 παραδοκοῦ C

430

APPENDIX XIX

Ἐμοὶ δὲ μᾶλλον ἔδοξεν ἐκ πείρας ἐκείνους εἶναι χρηματιστικοὺς μῆνας 21
ἐν οἷς ζῳδίοις γίνονται αἱ διαιρέσεις τῶν ἐνιαυτῶν· κατ᾽ ἐκείνους γὰρ
τοὺς τόπους γενόμενος ὁ Ἥλιος ἢ ἐν τοῖς τούτων τετραγώνοις καὶ δια-
μέτροις προμηνύσει τὸ ἐν τῷ ἔτει ἀποτέλεσμα ἢ τὸ ἐν ταῖς παραδόσεσι
5 σημαινόμενον, ἀλλὰ καὶ Ἄρης καὶ Ἀφροδίτη καὶ Ἑρμῆς κατ᾽ ἐπέμβασιν
ἐν τοῖς ῥηθεῖσι τόποις γενόμενοι ἐπισημαίνουσιν. ἐνεργέστερον δὲ τὸν 22
τόπον ἐκεῖνον κρινοῦμεν πρὸς ἀποτέλεσμα ἐν ᾧ οἱ προκείμενοι ἀστέρες
ἐπεμβάντες φάσιν ποιῆνται· τότε γὰρ καὶ τῶν πραγμάτων αἱ καινοποιίαι
καὶ ἐνεργεῖς γενήσονται. ὁ δὲ ἀστὴρ εἰ δηλωτικὸν ἔχων σχῆμα τύχῃ τοῦ 23
10 ζῳδίου, οὐδὲν ἀποτελεῖ. ὁ μέντοι Ἥλιος διαπορευόμενος τοὺς τόπους καὶ 24
διεγείρων τὰς τῶν χρονοκρατόρων δυνάμεις ἐνεργέστερος καθίσταται.

Ἔμπρακτοι δὲ ἐκεῖναι ἡμέραι εἰσὶν ὅταν γίνωνται ἐν τῷ ζῳδίῳ τῆς 25
γενέσεως Σελήνης ἢ τῷ τούτου τριγώνῳ ἢ ὅπου ὁ Ἥλιος ἦν ἢ ἐν τοῖς
ἐχομένοις ζῳδίοις. οἷον ἡ γένεσίς ἐστιν — Σελήνη Παρθένῳ. τὸ τρίγωνον 26, 27
15 τῆς Παρθένου Ταῦρος ἔχει. ἐν τούτῳ οὔσης τῆς Σελήνης, ἔμπρακτος ἡ 28
ἡμέρα, ἢ ἐν τοῖς παρ᾽ ἑκάτερα ἐχομένοις οἷον Λέοντι, Ζυγῷ, ἢ ὅπου ὁ
Ἥλιος ἦν· τὰ δὲ λοιπὰ ἄπρακτα.

Ὧραι δὲ ἔμπρακτοι ὅταν τὸ ὡροσκοποῦν ζῴδιον τῆς γενέσεως — ἐκεῖνο 29
πάλιν ὡροσκοπῇ ἢ τὸ τούτου τρίγωνον ἢ τὰ τούτου ἐχόμενα, ὁμοίως δὲ
20 καὶ τὸ μεσουράνημα· τὰ γὰρ ἐν τούτοις πάντα ἔμπρακτα, τὰ δὲ λοιπὰ
ζῴδια ὡροσκοποῦντα ἄπρακτα.

Ἀσύμφοροι δὲ αἱ ἡμέραι ὅταν ὁ Ἥλιος ἑαυτὸν τετραγωνίζῃ, ὅταν δὲ 30
ἔλθῃ ὁ Ἥλιος ἐν τῷ γενέσεως ζῳδίῳ ἢ τοῖς τούτου τριγώνοις καὶ δύνῃ τις
ἀστὴρ ἐν ἐκείνῳ τῷ ζῳδίῳ ἢ κατὰ πῆξιν ἢ κατὰ πάροδον, μηδὲν πράττειν
25 ἐν ἐκείνῳ τῷ ἔτει. εἰ δὲ ⟨εἰς⟩ τὰ ἐναντία τῶν ἡμερῶν ζῴδια ἔλθῃ 31
ἡ Σελήνη, ἄπρακτοι αἱ ἡμέραι. καὶ ὅταν διὰ ζ ζῳδίων γένηται ἀπὸ τῆς 32
γενέσεως καὶ ἐν τοῖς τετραγώνοις καὶ συνόδῳ καὶ πανσελήνῳ καὶ ἐν τοῖς
ἐκλειπτικοῖς καὶ ὅταν κάμπτῃ τὸν βορρᾶν ἢ τὸν νότον [καὶ] μετὰ Κρόνου
καὶ Ἄρεως οὖσα, τοῦτο παρατηρητέον καὶ ἐπὶ κλοπῶν καὶ δραπετῶν καὶ
30 τῶν λοιπῶν.

Αἱ δὲ ὧραι ἄπρακτοι, ὡς εἴρηται, ὅταν μὴ τὸ ζῴδιον τῆς γενέσεως 33
ὡροσκοπῇ ἢ τὰ τούτου τρίγωνα ἢ τὰ ἐχόμενα ἑκατέρωθεν. τὰ δὲ διάμετρα 34
ζῴδια τῶν ἐμπράκτων ζῳδίων ἄπρακτα.

Παραφυλακτέον δὲ καὶ ἐν ταῖς καταγομέναις ἡμέραις τὴν Σελήνην 35
35 διαπορευομένην τὸν καιρικὸν Ἀναβιβάζοντα καὶ Καταβιβάζοντα καὶ τὰ

§§ 25 et 29: cf. Heph. III 6, 1 ‖ §§ 35—40: cf. IV 2, 19—20 et 22 et 25—27

[C] 4 τὸ¹] τῷ C ‖ 6 ἐναργέστερον C ‖ 9 εἰ] ὁ C ‖ 14 τὰ △ C ‖ 25 εἰς δὲ τὰ C ‖
26 τῆς ☾ C ‖ 28 τὸν¹] τὴν C ‖ 32 τὰ τοῦ τριγώνου C

τούτων τετράγωνα καὶ διάμετρα, καὶ μάλιστα κατὰ ἰσομοιρίαν· μήτε γὰρ
πλέειν μήτε γαμεῖν, μὴ φυτεύειν, μὴ στρατοπεδεύειν, μὴ ἐντυγχάνειν τινὶ
καὶ ὅλως μηδὲν πράττειν· ἀτελῆ γὰρ καὶ λυπηρὰ καὶ ἐπιζήμια τὰ τελού-
36 μενα ἀνασκευαζόμενα. οὐδὲ γὰρ ἀγαθοποιοὶ παρόντες ὠφελήσουσιν· διό,
εἴ τις τὰς καιρικὰς παρόδους τῆς Σελήνης πρὸς τὸν Ἀναβιβάζοντα, 5
37 Καταβιβάζοντα φυλάσσει, οὐ διαμαρτήσει. ἐνίοτε γὰρ κἀγὼ διὰ λήθην ἢ
φίλου ἄκαιρον παρουσίαν ἢ ἀνάγκην ἐναρξάμενός τινος ἐπιζήμιον καὶ
ὑπερθετικὴν κατελαβόμην τὴν ἔκβασιν, τῆς Σελήνης οὔσης ἐν τούτοις.
38 καὶ γὰρ οἱ ὀμνύντες τότε ἐπιορκήσουσιν, καὶ οἱ ἀποδημοῦντες πολλὰ
λυπηθήσονται ἢ οὐδὲ ὑποστρέφουσιν, καὶ ἡ γενομένη προκοπὴ ἐν τούτοις 10
39 οὐ παραμενεῖ. οὐδὲ αἱ σωματικαὶ θεραπεῖαι εὐίατοι, μάλιστα Κρόνου,
Ἄρεως μαρτυρούντων, εἰ δέ τι καὶ τελεσθῇ ἀγαθὸν οὔσης τῆς Σελήνης ἐν
τούτοις, ἀλλὰ μεθ᾽ ὑπερθέσεων καὶ ἐμποδισμῶν, πλὴν καὶ οὕτως ἀβέβαιός
f.173C
40 ἐστιν | ἡ πρᾶξις. πολλάκις δὲ πάλιν φυλαξάμενος τὰς τοιαύτας ἡμέρας ἐν
καταρχαῖς πράξεων ἐφ᾽ ἱκανὸν τοῦ σκοπεῖν οὐ διήμαρτον. 15
41 Καὶ ἡ ἀντιγένεσις δὲ πολὺ συμβάλλεται πρὸς τὰς καιρικὰς ἐναλλαγὰς
τῶν χρόνων, πῇ μὲν ἐπιβεβαιοῦσα τὸ ἀποτέλεσμα, πῇ δὲ κωλύουσα καὶ
42 ἰδίων ἀποτελεσμάτων οὖσα σημαντική. κατὰ γοῦν τὴν ἡμέραν τῆς
γενέσεως τοῦ καταγομένου ἔτους ψηφισθέντων τῶν ἀστέρων, εὑρίσκεται
43 ὁ ὡροσκόπος τῆς ἀντιγενέσεως οὕτως. ἔτι ὄντος τοῦ Ἡλίου ἐν τῷ ζῳδίῳ 20
τῆς γεννήσεως, σκοποῦμεν τὴν Σελήνην ποίᾳ ὥρᾳ ἔρχεται εἰς τὴν ἀπο-
καταστατικὴν αὐτῆς μοῖραν ἐν ᾗ ἦν ἐπὶ γενέσεως καὶ πότε ἐπέρχεται·
44 καὶ ἐκείνην ἐροῦμεν ὥραν. εἰ δέ, νυκτὸς οὔσης τῆς γενέσεως, ⟨ἡμέρας⟩ ἡ
ἀποκατάστασις εὑρεθῇ, τοὺς ἡμερῶν οἰκοδεσπότας συγκρίνωμεν καὶ τὸν
κύριον τοῦ ὁρίου καὶ τοῦ ὡροσκόπου πρὸς τοὺς κατὰ γένεσιν ἀστέρας. 25
45 Περὶ μοιρικῆς διαστάσεως καὶ συναφῆς ὑπόθες Σελήνην Παρθένου κα´
46 λ´, Κρόνον Ζυγοῦ δ´· γίνονται μοῖραι ιβ ⌐. ταῦτα ἐπὶ τὴν τῆς Σελήνης
περίοδον, τὰ κε· γίνονται τιβ ⌐, ἃ ποιῶμεν ἡμέρας ἢ μῆνας ἢ ὥρας ἢ
47 ἔτη. καί φημι ὅτι μετὰ ἡμέρας τιβ ⌐ ἡ Σελήνη παρέδωκε τῷ Κρόνῳ, καὶ
τὰ εὑρισκόμενα ἀποτελέσματα ἐκ τῆς παραδόσεως τῆς Σελήνης πρὸς 30
48 Κρόνον ἀποφαίνομαι. εἰ δὲ κατὰ τὸν ῥηθέντα τρόπον ἐπέμβασις γένηται
κακοποιοῦ εἰς τὸν τόπον ἢ κατὰ πῆξιν βεβλαμμένου τοῦ τόπου, χεῖρον·
οὕτω γὰρ εἴωθεν ἐξαίρετα καὶ μεγάλα ἀποτελέσματα γίνεσθαι.
49 Οὐ δεῖ μέντοι λογίζεσθαι μόνην ἐκείνην τὴν μοῖραν τῆς συναφῆς, ἀλλὰ

§§ 41—44: cf. V 3, 3—6 ‖ §§ 45—48: cf. VI 2, 2—3 ‖ §§ 45—47: thema 118
(14 Aug. 158) ‖ § 49: cf. VI 2, 11

[C] 3 ἀτελεῖ C ‖ 12 τις C ‖ 15 ἰφῖκον C ‖ 21 σκοπῶμεν C ‖ 24 οἰκοδεσπότων C ‖
31 τόπον C ‖ 32 βεβλαμμένος C

καὶ τὰς παρ᾽ ἑκάτερα ἀνὰ γ̄ μοίρας [καὶ] ὥσπερ καὶ ἐπὶ τῶν ἐκλείψεων τοὺς ε̄ χρόνους ζητοῦμεν.

Ἰστέον δὲ ὅτι οἱ ἐπεμβαίνοντες ἀστέρες ὁπόταν καὶ τῶν χρόνων δεσπό- 50 ζωσιν οὐδὲν ὠφελοῦσιν οὐδὲ βλάπτουσιν, ὥσπερ καὶ ἀλλαχοῦ εἴρηται· οὐ 5 μέντοι σωματικῶς δεῖ δέχεσθαι τὰς ἐπεμβάσεις, ἀλλὰ καὶ κατὰ τετράγωνον ἢ διάμετρον.

Ὁ Ἥλιος, Ἑρμῆς, Ἀφροδίτη Λέοντι, Σελήνη Παρθένῳ, Κρόνος Ζυγῷ, 51 Ζεὺς Αἰγοκέρωτι, Ἄρης Κριῷ, ὡροσκόπος Καρκίνῳ· κλίμα ς'. καὶ περὶ 52 τοὺς θ̄ μῆνας σπασμοῖς περιέπεσε νήπιος ὢν ὡς μικροῦ ⟨δεῖν⟩ κινδυ- 10 νεύειν· ἐχρημάτισε γὰρ Ζυγός, Κρόνου ἐπικειμένου. καὶ ἡ ἀναφορὰ δὲ τοῦ 53 Αἰγοκέρωτος κ̄ζ̄, ὢν τὸ γ' θ̄. περιέπεσε δὲ τῷ ιε' καὶ ιζ' καὶ κγ' ἐξανθή- 54 μασι καὶ ἐκζέμασιν, ἐξαιρέτως ⟨δὲ⟩ περὶ τὸν κζ' μῆνα· ἐκ προφάσεως γὰρ παιδὸς ἐκ τετράποδος κρημνισθεὶς ἐπλήγη περὶ τοὺς φυσικοὺς τόπους.

τὰ μὲν οὖν κ̄ζ̄ Ἄρεως καὶ Σελήνης (καὶ γὰρ ὡς διαμέτρους τούτους 55 15 ἡγοῦμαι) — Ἄρεως ῑε̄, Σελήνης κ̄ε̄· ὁμοῦ μ̄· τὸ Β| μῆνες κ̄ς̄ ἡμέραι κ̄. καὶ Ἄρεως ῑε̄ καὶ ὡροσκόπου, Καρκίνου, κ̄ε̄. καὶ ἡ ἀναφορὰ Αἰγοκέρωτος 56, 57 κ̄ζ̄. καὶ Ἄρεως ῑε̄, Διὸς ῑβ̄· ὁμοῦ κ̄ζ̄. καὶ Ἡλίου ῑθ̄, Ἀφροδίτης η̄. ἀπὸ δὲ 58, 59, 60 τοῦ κη' μηνὸς διῆγεν ἀνωμάλως· συνέτρεχε γὰρ ἀναφορὰ Ζυγοῦ καὶ Κρόνου περίοδος. τῷ δὲ λβ' μηνὶ ἐπισφαλῶς ἐνόσησε καὶ ἐσπάσθη. 61 20 Ἄρεως ῑε̄, Κριοῦ ῑζ̄. τῷ λγ' μηνὶ ἐτελεύτησεν· συνετελεῖτο γὰρ ἡ ἀναφορὰ 62, 63 τοῦ Καρκίνου. καὶ Καρκίνου κ̄ε̄, Ζυγοῦ η̄. καὶ Σελήνης κ̄ε̄, Ζυγοῦ η̄. ὡς 64, 65, 66 γὰρ συμπαροῦσαν τῷ Κρόνῳ ⟨διὰ⟩ τὸ ἰσανάφορον ἐλογισάμεθα.

Ὁ Ἥλιος ἡμέρας ἀποκεκλικὼς χαλεπὸς καὶ νυκτὸς Σελήνη· εἰ δέ, 67 οὕτως ὄντων, καὶ κακοποιὸς τετραγωνίσῃ τὰ φῶτα, ἐν καθολικοῖς 25 πολέμοις καὶ περιστάσεσι πίπτουσιν. βέλτιον δὲ τοὺς τοιούτους αὐτῶν 68 σχηματισμοὺς [μὴ] ἐν ἀποκλίμασιν εἶναι· ἐπὶ γὰρ τῶν κέντρων ὄντες μεγάλους κινδύνους ποιεῖ, ἐπὶ δὲ τῶν ἐπαναφορῶν εἰς τὸ χεῖρον μετατρέπει τὰ ἐλπιζόμενα καὶ θλίβουσι τὰ ἐγχειρήματα καὶ ἐπιμόχθους | καὶ f.173vC ἐπιδόλους ποιεῖ τὰς τύχας, ἐν δὲ τοῖς ἀποκλίμασι περὶ τὰ βιωτικὰ 30 ποικίλως καὶ εὐπροφασίστως τοῖς ποριζομένοις ἀντήλλακται, πλὴν ἀγαθοποιῶν μαρτυρούντων ἧττον τὸ δεινόν.

---

§ 50: cf. VI 5, 1 ‖ §§ 51—66: cf. VII 6, 91—110: thema 118 (14 Aug. 158) ‖ §§ 67—68: cf. VII 6, 122 et 124—125

[C] 3 ἀστέραις ὁπὸ (?) C ‖ 10 ἐχρημάτει C ‖ ⌣ ♄ ἐπικείμενος C ‖ 11 γ'] λ C ‖ 12 εἰσζέμασιν C | τὴν C ‖ 14 ∞ τοῦ C ‖ 15 ἡμέρας C ‖ 19 ἐνέσησε C ‖ 23 χαχαλεπὸν C ‖ 29 ἐν] ἐπὶ C

433

Appendix XX. Liber Hermetis 4−15. Har. ff. 4a−11b.

⟨4. De occasionali loco⟩

f.4aHar. 1 | Hiis ergo sic se habentibus, necessarium locum amplius ostendam (quem per experienciam approbavi) qui occasionalis timorum, eciam pe-
2 riculorum et carcerum est causator. est ergo et hic unus de locis; accipitur vero sic: in die quidem a Saturno in Martem, in nocte vero a Marte in 5 Saturnum, et proicitur ab ascendente; et ubicumque ceciderit ultimus
3 numerus, ibi erit occasionalis locus timorum particeps. hunc considerare oportebit ne forte malivoli signum sit vel si malivoli sint in eo vel aspi-
4 ciant. sic enim | fallibiles et periculose nativitates fiunt sive depositive.
f.4bHar. 5 natura enim cuiuslibet planete ac signi speciem occasionis ostendet; 10 benivoli quidem cum sint vel aspiciant minus malum vel discursionem occasionum faciunt.
6, 7 Visum est michi magis et hoc loco uti. si enim Saturnus vel Mars in sextili aspectu Solis vel Lune [in] inventi fuerint, timenda et occasionalis est ipsa nativitas, et maxime cum sint in similibus et in audientibus se 15 adinvicem signis; fiunt enim occasiones eo tempore quando aliquis eorum radiaciones ad huiusmodi figuram faciet, ut si Sol Saturnum aspexerit vel Mars Lunam, vel rursum Saturnum Mars et Sol Lunam, et si neque Sol neque ambo in eodem fuerint, unus vero eorum per sextilem aspexerit, alius vero vel per trinum vel ⟨per⟩ quadratum vel per opposi- 20 tum vel forte remotus tradicionem vel assumpcionem faciet in huiusmodi
8 figura. tunc enim in magnis turbacionibus nativitas fit, et natus dubita-ciones vel detenciones aut sub custodia vel suspicionis causas habebit de talibus et cum mala consciencia revertetur; et si benivolus quidem cui-cumque eorum affuerit vel a proprio loco aspexerit, liberacionem timo- 25 rum vel periculorum faciet seu mutacionem in bonum; non tamen sine
9 inquietacione permanebit. si vero figura nativitatis infortunata fuerit sine benivolorum remedio, condempnabitur et in carcere vel in custodia
10 erit. si vero quodammodo nativitatis substancia magna fuerit, cum talis
f.4vaHar. figura | invenitur, tempore illo dubitabit de dignitate sua et accusaciones 30 vel prodiciones sive conclamaciones sustinebit et coram tirannis et rege

4, 1−17: cf. V 1, 2−17

[Har.] 1 de necessario loco Gundel ‖ 3 occasionum Har. ‖ 10 ostentet Har., corr. Gundel ‖ 11 discursionem Har., corr. Gundel ‖ 14 in secl. Gundel ‖ 20 per² Gundel ‖ 22 enim] est Har. ‖ 23 detensciones Har.

respondebit, vel per se vel per alium, ut a timore solvatur et agonie locus
adimpleatur. taliter enim hic locus est potentissimus.   11
    Quando igitur universalia tempora et anni in unum concurrunt, id 12
quod est ex occasione complebitur, detencionis videlicet vel deposicionis;
5 secundum quod divisionis annorum divisio fuerit, timores et sollicitudines
perficit. si vero erit infantis nativitas et talem figuram habuerit, oportebit 13
dici timorem erga patrem vel matrem, si servi erga dominos; si autem
orphani, ⟨in⟩ egritudinibus vel passionibus cadet; quidam adhuc in
vinccionibus et carceribus detinentur vel in illis locis conversaciones eo-
10 rum faciunt. et si quodammodo tempore illo benivolus locum illum in- 14
greditur vel aspexerit, solucio vel consolacio mali fit; si vero boni et mali,
utrumque. aliter si malivoli per oppositum vel quadratum Solem vel 15
Lunam aspexerint, timores et detenciones inducunt. si autem nativitas 16
benivolorum testimonio adiuvetur vel ab universali eius substancia,
15 quamvis non fiat detencio, quedam alia detencionis causa simul pertur-
babit ut exercitus causa vel fideiussio mutui vel cum dampnatis ligari
vel super hiis statui vel (sicut consuevit multis accidere) propter legem
vel necessitatem assistere; quidam eciam cum sint sub alia potestate |
ultra eorum voluntatem arbitrium facientes videntur quodammodo f.4vbHar.
20 detineri et secundum conscienciam tormentari, alii vero peregrinantes
vel navigantes detinentur ⟨in⟩ insulis vel in locis inhabitabilibus vel
insistunt in sacris locis aut in exercitu aut propter rem publicam vel in
locis aquosis, alii vero quandoque morbis cronicis detinentur aut sacris
egritudinibus vel theolempsiis, maniis, sciasmis, rigoribus et similibus.
25 prudenter quidem de huiusmodi loco considerare oportet utrum gloriose 17
vel necessitatis causa aut propter aliam maleficam causam detencio
fit.
    Verbi gracia ambo malivoli per sextilem aspiciunt Solem et Lunam; 18
si autem sine benivolorum auxilio acciderent luminaria, diceretur deten-
30 cionem fieri.
    Nunc vero figura nativitatis bene se habuit; hic enim cum fuisset miles, 19
tricesimo quinto anno nativitatis sue statutus fuit super incarceratorum
custodia, ubi mulierem concupivit, propter quod turbabiliter accusatus
et extra se conferens | fugit periculum; eo eciam tempore servum fugiti- f.5aHar.
35 vum apprehendens ligavit.

4, 18−19: cf. V 1, 19−20

[Har.] 1 aut Har., ut Gundel ‖ 8 in Gundel ‖ 18 asistere Har. ‖ 30 post fieri lac.
ca. unius verbi et 12 lin. Har.

435

⟨5.⟩ De primo anno periculoso

1 Periculosus quidem annus invenitur ex malivolorum assumpcione vel
2 tradicione ad luminaria, ad horoscopum et ad invicem. universalis quidem
3 et iste fit cum ab ascendente signo distributi fuerint anni. si annus pro-
feccionis pervenerit in signo coniunccionis seu prevencionis vel in eius 5
oppositis vel quadratis, erit annus periculosus et turbabilis; et maxime si,
hiis sic ⟨se⟩ habentibus, Saturnus sic invenietur per transitum in aliquo
de cadentibus ab angulis locis nativitatis, et substancia concurrente,
mors sequetur vel infirmitates corporis aut effusio sanguinis seu egritu-
dines fallaces vel dolores absconditi, casus eciam et pericula subita. 10
4 quandoque circa facultates vel dignitates concurrit periculum, adiutis
rebus corporeis sub benivolorum testimonio seu aspectu.

⟨6.⟩ De anno periculoso

1 Accipias a Saturno secundum quod invenitur in nativitate in dominum
2 coniunccionis vel prevencionis et proicias ab ascendente. et ubicumque 15
ceciderit finis numeri, cum pervenerit ibidem Saturnus per ingressum vel
in suis quadratis vel oppositis, tunc mors perveniet vel grave periculum
3 corporis sive rerum. similiter periculosus fit annus cum in capite vel
cauda Draconis perveniet vel in eorum quadratis, malivolo Solem
f.5b Har. aspi|ciente; tunc si quis egrotare inceperit, egritudo erit periculosa seu 20
4 mortifera. significaciones vero intencionum ⟨vel⟩ periculorum tunc
fient cum Luna in eisdem locis capitis vel caude transierit.
5 Cum sic autem predictus locus (scilicet capitis et caude) sit violentus,
eos qui ad hoc pervenerint non quidem ut aliquis renuncians fatalibus
sentenciis secundum suum arbitrium faciat; dico autem quia possibile 25
est ad huiusmodi speculacionem pervenientibus moderate frangere ma-
6 lum. nam deus volens hominem illesum dedit ei intellectum, discreci-
onem et disciplinam, per quam contingencia sibi noscat ut promptior
7 quidem erga bonum, robustior vero contra malum existat. sunt ergo ali-
qua observanda que ex benivolorum presencia vel testimonio presciun- 30
8 tur. unde si malivolo sinistrum aliquid significanti benivolus coniunc-
tus fuerit vel eum aspexerit, franget ipsius maliciam; similiter si beni-

---

5, 1−4: cf. V 2, 2−5 ‖ 6, 1−12: cf. V 2, 6−16

[Har.] **3** et *post* luminaria *Gundel* ‖ **7** se *Gundel* ‖ **8** concorrente *Har.* ‖ **20** peri-
culorum *Har., corr. Gundel* ‖ **24** renūccians *Har.* ‖ **25** possibilem *Har.* ‖ **32** freg^t
Har., corr. Gundel

volo alicui possibilitatem habenti bene facere malivolus coniunctus
fuerit, prohibet bonum; si vero malivoli vel benivoli significatores fu-
erint in figura, nullo habito aspectu ad invicem, iudicium verum fit
vel in bonum vel in contrarium. secundum hunc ergo modum qui eruditi 9
5 sunt hac speculacione, prenoscere volentes sive bona sive contraria, iu-
vabuntur, in eo videlicet quod non spe vacua fatigaverint et dolens vel
vigil tormentum suscipiant et quod non desiderent frustra impossibilia
vel rursus promptitudinem aliquam | temporis beneficio inducentes obti- f.5va Har.
nebunt sperata. subito enim bonum sicut malum intulit quandoque 10
10 tristiciam et inexspectabile malum non preexercitum fortuna maximum
prebet merorem.

   Ut autem non deviantes ab hiis ad alia veniamus, considerare oportebit 11
caput Draconis in nativitate in quo signo fuit, utrum mobili vel fixo vel
duo corporum, et in cuius planete domo vel triplicitate vel exaltacione;
15 secundum etenim illud tempus tam planete quam signi virtus debilitabi-
tur. invenimus quidem multociens planetas habentes possibilitatem pre- 12
bere aliquid vel secundum nativitatem vel secundum ingressum ad loca
ista que nichil proficiunt; si vero quodammodo apparicionem aliquam
facient in capite vel in cauda, causatores malorum existunt, maxime si
20 retrogradi vel occidentales invenientur.

⟨7.⟩ De sciencia periculi quo in tempore vel in anno fit

   In revolucionibus considerare oportebit caput Draconis anni in quo loco 1
nativitatis ingressum facit, ut si in tropico vel fixo vel bicorpore, et in
cuius planete domu vel exaltacione; quod similiter tamquam in eodem
25 existentis planete vel ingredientis quam eciam domini potenciam con-
teret. eciam si ipsi domini anni invenientur, nichil poterunt exhibere do- 2
nec id a loco fuerit separatum.

   Semper autem scito quod mortiferos annos coniuncciones et preven- 3
ciones significant et eorum tetragona et diametra. cum annus ab ascen- 4
30 dente solutus in hiis perveniet, malivolis in ipsis | retrogradantibus et f.5vb Har.
benivolis ab aspectu eorum remotis, in hiis maxime consummatur annus
vite.

7, 1−2: cf. V 2, 17−18

[Har.] 13 signum Har., corr. Gundel ‖ 21 quid Har., corr. Gundel ‖ 28 amnos
Har. ‖ 29 tegragrona Har., corr. Gundel ‖ 30 solutos Har., corr. Gundel | in² secl.
Gundel ‖ 31 cōsumatur Har.

VETTIVS VALENS

⟨8.⟩ De mense in quo natus morietur

1 Accipias a Luna nativitatis in Solem revolucionis et proicias ab ascen-
2 dente. si ergo pervenerit numerus ad antefactam coniunccionem vel pre-
vencionem, malivolis ibidem presentibus et remotis benivolis, mortiferum
mensem intelligas. 5

⟨9.⟩ De die obitus

1 Accipias a gradu coniunccionis mensis in gradum revolucionis Lune et
proicias ab ascendente nativitatis, cuilibet signo datis gradibus 30;
ubicumque finierit numerus, in eo signo et gradu erit periculosus et mor-
2 tifer dies. tunc oportet te considerare ne forte ubi fuit antefacta coniunc- 10
cio vel prevencio aut in eorum quadratis sive oppositis pervenerit dies aut
in capite vel cauda Draconis seu in eorum quadratis vel ubi aliquis habet
in nativitate malivolum planetam aut in opposito vel quadrato malivoli;
tunc enim diem infortunatum, periculosum et mortiferum intelligas,
3 maxime si per revolucionem malivoli planete ingredientur locum. quo 15
dies ⟨si⟩ pervenerit, benivolis remotis [exsistentibus] ab hiis locis, magis
mortalis dies implebitur, et maxime si dominus diei a malivolis inspi-
cietur; plures enim et ante fatum precipicio ⟨se⟩ dederunt vel male in-
terfecerunt.

⟨10.⟩ De revolucione hore invenienda 20

1 Revolucionem autem necessario faciamus; multum enim operatur pe-
f.6aHar. nes tem|poreas annorum mutaciones; aliquando quidem confirmat even-
tuum virtutes, aliquando prohibet revolucio propriorum eventuum fac-
2 tam significacionem. nativitatis ergo die per successivum annum ad-
3 equantes diligenter planetas horoscopum anni sic inveniemus. Sole exi- 25
stente in nativitatis signo, consideramus Lunam quo signo tunc fuerat et
qua hora venit in revolucionis gradum, illum videlicet quem habuit in
4 nativitate; et illam dicemus horam. si vero quodammodo nocturna na-
tivitas et revolucio fiet in die, tunc de diurnis dominis, domino eciam
termini et ascendentis collacionem fecimus ad planetas nativitatis. 30

8, 1−2: cf. IV 28, 2−3 et V 4, 1−7 ‖ 9, 1−3: cf. V 4, 12−17 ‖ 10, 1−4: cf.
V 3, 3−6

[Har.] 4 s/ post benivolis Har. ‖ 8 32 Har., triginta Gundel ‖ 16 pervenit Har. ‖
18 se Gundel ‖ 22 temporea Har., corr. Gundel ‖ 23. 24 facta significacio Har., corr.
Gundel ‖ 27 quam Har., corr. Gundel

438

⟨11.⟩ De revolucione mensis

De mense vero revolucionis sic visum est regi; accipias a Sole revolu- 1
cionis in Lunam nativitatis et proicias ab ascendente. et in quo signo 2
pervenerit, considera dominum signi si in angulis fuerit vel in undecimo
5 aut in quinto vel nono; planetas eciam qui fuerint in eodem vel aspicien-
tes ipsum bonos ⟨aut malos⟩ eciam conferas. dies vero accipias a Luna 3
revolucionis in Solem nativitatis et proicias ab ascendente. alii vero do- 4
minum graduum coniunccionis vel prevencionis addiscentes ad illum
mensem dicunt, et hunc autem mensem ⟨ali⟩qui dicunt operativum esse.
10 qualemcumque ergo aspectum in nativitate inventa fuerit Luna ad Solem 5
habere, talem in revolucione | possidens significabit mensem. verbi gracia f.6bHar.
Sol in Leone gradibus quinque, Luna in Libra gradibus 26. a Sole in Lu- 7 6
nam distancia est gradibus 81; his Luna distans a Sole quolibet mense et
eandem figuracionem faciens qualem habuit in nativitate ostendet men-
15 sem.

Alio modo. Visum autem michi ab experto menses revolucionis esse 8
illos in quibus utique signis divisiones annorum fiunt; in illis quidem
Sol applicans vel in eorum quadratis sive oppositis eventum prenunciat
qui in anno sive in mensibus vel diebus significatur; similiter Mars, Ve-
20 nus, Mercurius et Luna in predicta loca ingredientes ostendent. magis 9
vero operativum locum illum iudicamus ad eventus in quem prefate stelle
(scilicet Mars, Venus, Mercurius et Luna) ingredientes apparicionem fa-
cient; tunc enim rerum novitates operacio facit. si vero qualem aliquis 10
habuerit figuram tale exierit signum, nulla mutacio vel novitas fit aut
25 exspectati eventus complementum. Sol quidem loca pertransiens inci- 11
tando dominorum annorum potencias magis actualis existit.

⟨12.⟩ De die utili et inutili

Diem vero operativum et inoperativum sive ociosum sic invenies. 1
annos nativitatis completos semper multiplica per quinque et quartum, 2
30 et dies qui fuerint ab inicio nativitatis adde ultimo anno usque ad quem
diem volueris, et substrahe | per duodecim; et que remanserint minus f.6vaHar.
duodecim eicias ab ascendente, dans unicuique signo diem unum. et 3

11, 1−11: cf. V 4, 1−11 ‖ 12, 1−14: cf. V 4, 12−23

[Har.] 6 aut malos *Gundel* | de die *Har.*, dies *Kroll* ‖ 9 aliqui *Gundel* ‖ 13 sunt
Har. | gradus *Rehm* ‖ 24 talem *Har.*, corr. *Gundel* ‖ 25 exspectari *Har.*, corr. *Kroll* ‖
30 que *Har.*, qui *Gundel*

VETTIVS VALENS

ubicumque fuerit numerus, signum illud habebit illum diem; tunc ergo
4 consideramus de signo si est in loco forti vel e converso. Lunam eciam et
5 aspectum eius attendere oportet qualiter configurentur ad signum. si
enim quesito die Luna vel signum nutacionis testimonium prohibet, in
fortibus quidem locis bonus et insignis et utilis dies fit, in reliquis vero 5
medius; si vero in eodem signo dies et nutacio sint Lune, eciam melius
est; si autem Luna remote aspiciat diem, in fortibus quidem locis vel
signis medius erit et non valde inutilis, in reliquis vero tristis, dampnosus
et periculosus.
6   Oportet eciam considerare dominum diei qualiter affiguratur et a qui- 10
bus aspicitur et utrum in proprio signo sit vel in angulo vel in succeden-
tibus angulorum vel sit remotus, planetas eciam per ingressum qualiter
se habeant ad diem et dominum diei; secundum ergo uniuscuiusque signi
7 et stelle naturam et dies manifeste indicabitur. si vero in signo quo ali-
quis habet diem, in ipso eciam die ingressio planete vel aspectus fuerit, 15
significator fit dies boni vel mali secundum planetas qui in eo sunt vel
8 aspiciunt. similiter autem, circa quos significat annus eventus, circa illos
f.6vbHar. et operabitur cum dies pervenerit in locis | tradicionum vel assumpcio-
num et in eorum quadratis vel diametris.
9   Verbi gracia Adriani ⟨quartus annus⟩ est in tercio decimo die Februarii 20
hora prima nocturna, petere autem diem in duodecimo Octobris anno
10 nativitatis eiusdem tricesimo sexto. multiplicatis ergo annis completis
(scilicet eisdem triginta sex) per quinque et quartum, fiunt centum
octaginta novem; dies vero qui sunt a die nativitatis usque ad decimum
11 octavum sunt dies ducenti 43. sunt ergo in summa dies quadringenti 25
triginta duo, de quibus semper demptis trecentis sexaginta, remanent
12 septuaginta duo, quos semper proicio ab ascendente. est autem ascendens
Virgo; desinit numerus divisus − dato videlicet die uno per signum −
13 in Leone, signo scilicet cadente ab ascendente. dominus diei fuit Sol, qui in
nativitate inimicatus fuit diei; Mars eciam et Luna, qui per ingressum 30
inventi sunt, remoti fuerunt ab aspectu diei propter quod suspensus est
14 dies. fuit autem in loco servorum, et ideo facta est indignacio contra ser-
vilem personam.
15   Oportet autem conferre signum in quo est dies et dominum eius qua-
liter se habent, et qui planete aspiciunt locum et dominum eius, et qua- 35
lem apparicionem faciunt, utrum planeta sit eous an esperius et utrum

[Har.] 4 diei Har. | mutacionis Har. ‖ 6 luna Har. ‖ 9 peritulosas Har., corr.
Gundel ‖ 14 stella Har., corr. Gundel ‖ 20 adrianus Har. | die] g Har. ‖ 21 petitur
sugg. Kroll ‖ 23 tricesimo sexto Har. ‖ 29 vetere Har., Leone Kroll

440

sit orientalis an occidentalis vel acronicus (id est, apparens in extremi-
tatibus noctis), et si in prima vel in secunda statione | est, et si est auctus f.7aHar.
numero, et si in propria domo vel triplicitate vel exaltacione sit; et sic
apparicio planete, Lune eciam nutacio significabunt tibi eventum.

5 ⟨13.⟩ De nutacionibus Lune; incipiendum est primo de Cancro

  Luna coniuncta Soli in Cancro et apparens in Leone nutabit Tauro, in 1
Virgine facta nutabit Arieti, in Libra Piscibus, in Scorpione Aquario, in
Sagittario Capricorno. quare primam dichotominiam, que est ante pre- 2
vencionem, facit aspiciens versus orientem; postea in secunda dichoto-
10 minia capitur aspiciens versus occidentem. postea resilit; in Capricorno 3
nutabit Sagittario, in Aquario Scorpioni, in Piscibus Libre, in Ariete
Virgini, in Tauro Leoni, in Geminis Cancro.
  De coniunctione facta in Leone. In Leone cum facta fuerit coniunccio 4
et Luna apparuerit in Virgine, nutabit Geminis, in Libra Tauro, in Scor-
15 pione Arieti, in Sagittario Piscibus, in Capricorno Aquario. in secunda 5
dichotominia resiliens, nutacio fit ⟨in Aquario Capricorno⟩, in Piscibus
Sagittario, in Ariete Scorpioni, in Tauro Libre, in Geminis Virgini, in
Cancro Leoni.
  De coniunccione facta in Virgine. In Virgine cum facta fuerit coniunccio 6
20 et Luna apparuerit in Libra, nutabit Cancro, in Scorpione Geminis, in
Sagittario Tauro, in Capricorno Arieti, in Aquario Piscibus. in secunda 7
dichotominia ⟨resiliens in Piscibus Aquario⟩, in Ariete Capricorno, in
Tauro Sagittario, in Geminis Scorpioni, in Cancro Libre, in Leone Virgini.
  De coniunccione facta in Libra. In Libra cum facta fuerit coniunccio | 8
25 et Luna apparuerit in Scorpione, nutabit Leoni, in Sagittario Cancro, in f.7bHar.
Capricorno Geminis, in Aquario Tauro, in Piscibus Arieti. in secunda 9
dichotominia resiliens in Ariete Piscibus, in Tauro Aquario, in Geminis
Capricorno, in Cancro Sagittario, in Leone Scorpioni, in Virgine Libre.
  De coniunccione facta in Scorpione. In Scorpione cum fuerit facta 10
30 coniunccio et Luna apparuerit in Sagittario, nutabit Virgini, in Capri-
corno Leoni, in Aquario Cancro, in Piscibus Geminis, in Ariete Tauro.

13, 1−3: cf. V 5, 2−4 ‖ 13, 4−25: cf. V 5, 6−27

[Har.] 3 propria] prima Har. ‖ 4 mutatio Har. ‖ 8 dithocominiam Har., corr.
Gundel ‖ 9 aspicientem Har., corr. Kroll ‖ 10 capricornio Har. ‖ 11 nutabit] aspi-
ciet Har. | sagittarium Har. | scorpionem Har. | libram Har. ‖ 12 virginem
Har. | leonem Har. | cancrum Har. ‖ 16 in Aquario Capricorno Gundel ‖ 22 Pis-
cibus Aquario, in Gundel post in² ‖ 26 capricornio Har. ‖ 28 capricornio Har. ‖
30 capricornio Har.

11 in secunda dichotominia resiliens in Tauro Arieti, in Geminis Piscibus,
in Cancro Aquario, in Leone Capricorno, in Virgine Sagittario, in Libra
Scorpioni.

12 De coniunccione facta in Sagittario. Coniunccione facta in Sagittario,
cum apparuerit Luna in Capricorno, nutabit Libre, in Aquario Virgini, 5

13 in Piscibus Leoni, in Ariete Cancro, in Tauro Geminis. in secunda dicho-
tominia resiliens in Geminis Tauro, in Cancro Arieti, in Leone Piscibus,
in Virgine Aquario, in Libra Capricorno, in Scorpione Sagittario.

14 De coniunccione facta in Capricorno. Coniunccione facta in Capricorno,
cum apparuerit Luna in Aquario, nutabit Scorpioni, in Piscibus Libre, 10

15 in Ariete Virgini, in Tauro Leoni, in Geminis Cancro. in secunda dicho-
tominia resiliens in Cancro Geminis, in Leone Tauro, in Virgine Arieti, in
Libra Piscibus, in Scorpione Aquario, in Sagittario Capricorno.

16 De coniunccione ⟨facta in⟩ Aquario. Coniunccione facta in Aquario,
f.7va Har. cum apparuerit Luna in Piscibus, nutabit Sagittario, in Ariete | Scor- 15

17 pioni, in Tauro Libre, in Geminis Virgini, in Cancro Leoni. in secunda
dichotominia resiliens in Leone Cancro, in Virgine Geminis, in Libra
Tauro, in Scorpione Arieti, in Sagittario Piscibus, in Capricorno Aquario.

18 De coniunccione facta in Piscibus. Coniunccione facta in Piscibus, cum
apparuerit Luna in Ariete, nutabit Capricorno, in Tauro Sagittario, in 20

19 Geminis Scorpioni, in Cancro Libre, in Leone Virgini. in secunda dicho-
tominia resiliens in Virgine Leoni, in Libra Cancro, in Scorpione Geminis,
in Sagittario Tauro, in Capricorno Arieti, in Aquario Piscibus.

20 De coniunccione facta in Ariete. Coniunccione facta in Ariete, cum
apparuerit Luna in Tauro, nutabit Aquario, in Geminis Capricorno, in 25

21 Cancro Sagittario, in Leone Scorpioni, in Virgine Libre. in secunda dichoto-
minia resiliens in Libra Virgini, in Scorpione Leoni, in Sagittario Cancro,
in Capricorno Geminis, in Aquario Tauro, in Piscibus Arieti.

22 De coniunccione facta in Tauro. Coniunccione facta in Tauro, cum
apparuerit Luna in Geminis, nutabit Piscibus, in Cancro Aquario, in 30

23 Leone Capricorno, in Virgine Sagittario, in Libra Scorpioni. in secunda
dichotominia resiliens in ⟨Scorpione Libre, in⟩ Sagittario Virgini, in
Capricorno Leoni, in Aquario Cancro, in Piscibus Geminis, in Ariete Tauro.

24 De coniunccione facta in Geminis. Coniunccione facta in Geminis, cum
apparuerit Luna in Cancro, nutabit Arieti, in Leone Piscibus, in Virgine 35

[*Har.*] 2 tauro *Har.*, Cancro *Gundel* | capricornio *Har.* ‖ 5 capricornio *Har.* ‖
8 capricornio *Har.* ‖ 9 capricornio *Har.* ‖ 13 capricornio *Har.* ‖ 14 de — aquario
in marg. *Har.* ‖ 15 in ariete *iter. Har.* ‖ 18 capricornio *Har.* ‖ 20 capricornio *Har.* ‖
23 capricornio *Har.* ‖ 25 capricornio *Har.* ‖ 28 capricornio *Har.* ‖ 29 thauro *Har.* ‖
31 capricornio *Har.* ‖ 32 Scorpione Librae, in *Gundel* ‖ 33 capricornio *Har.*

Aquario, in Libra Capri|corno, in Scorpione Sagittario. in secunda di- ^{f.7vbHar.} 25
chotominia resiliens in Sagittario Scorpioni, in Capricorno Libre, in
Aquario ⟨Virgini⟩, in Piscibus Leoni, in Ariete Cancro, in Tauro Geminis.

⟨14.⟩ De xii locis figure

5   Primus locus Grece vocatur horoscopus, secundus epanafora, tercius 1
proanafora, quartus centrum ypogeum, quintus epanafora ypogei, sex-
tus prodisis vel apoclima occidentalis centri, septimus centrum occiden-
tale, octavus epicatafora occidentis, nonus proanafora vel apoclima medii
celi, decimus centrum medii celi, undecimus epanafora medii celi, duo-
10 decimus apoclima vel proanafora horoscopi.

⟨15. De annis climactericis⟩

Inicium ergo faciamus ab horoscopo annectentes cuilibet anno contin- 1
gencia sibi loca.

Primus quidem annus est horoscopi; natus egrotabit et in timoribus 2
15 erit.

Secundus annus est epanafore horoscopi; periclitabitur a reumatibus 3
vel spasmis.

Tercius annus est apoclimatis quarti loci; periculosus, fallibilis; est 4
etenim sinistrum sextile horoscopi.

20   Quartus annus est subterrei anguli, qui ⟨est⟩ trimetrum sinistrum 5
horoscopi.

Quintus annus est epanafore subterrei anguli, qui est trinum sinistrum 6
horoscopi, fortune bone locus; Veneris primus; egrotabit.

Sextus annus est apoclimatis occidentis, quod est mala fortuna et locus 7
25 dissolutus sinister, remotus ab horoscopo; Saturni secundus; huic an-
nectitur sextilis numerus.

Septimus annus est occidentalis | centri; huic annectitur septenus nu- 8
merus; et Martis primus; periculosus a febribus, sanguine vel vulneribus. ^{f.8aHar.}

Octavus annus est epicatafore occidentis, quod est dextrum dissolu- 9
30 tum ab horoscopo; Mercurii primus; incompositus; huic annectitur te-
tragonus.

Nonus annus est apoclimatis medii celi, ⟨quod est⟩ dextrum trinum 10

15, 2–4: cf. V 8, 24−26 ‖ 15, 6−11: cf. V 8, 27−32

[*Har.*] 1 capricornio *Har.* ‖ 2 capricornio *Har.* ‖ 3 Virgini *Gundel* ‖ 11 de annis
climactericis *Gundel* ‖ 28 mars *Har., corr. Gundel* ‖ 32 trinum] sextile *Har.*

VETTIVS VALENS

horoscopi; Iovis primus et Saturni tercius; huic annectitur novenus nu-
merus et sextilis; periculosus — egrotabit rigoribus et molestiis interi-
orum vel ventris doloribus.

11 Decimus annus est medii celi, ⟨quod est⟩ dextrum quadratum horo-
scopi; et Veneris secundus; egrotabit ex plectorica.   5

12 Undecimus est epanafore medii celi, ⟨quae est⟩ dextrum sextile ho-
roscopi et calodemonia (id est felicitas).

13 Duodecimus annus est apoclimatis horoscopi, ⟨quod⟩ est cacodemonia
(id est infelicitas), dissolutus ab horoscopo; Saturni quartus; infortuna-
tus; huic annectitur sextilis et quadratus; inopinabile infortunium ab 10
humidis infert.

14 Tercius decimus est restitutivus annus horoscopi; et Lune primus;
febres vero inferens, tamen periculosa fit ruina et dolor interiorum vel
thoracis [tamen].

15 Quartus decimus est epanafore horoscopi; et Martis secundus; huic 15
annectitur binus septenus; periculosus, difficilis febribus, vulneribus,
ruinis, ulceribus, impellens vel ferrorum cesuris vel vomitui sanguinis
vel cauteriis vel inducens ab alto vel a quadrupedibus periculum.

16 Quintus decimus est apoclimatis centri terre; Saturni | quintus et Vene-
f.8bHar. ris tercius; huic annectitur sextilis et trinus; remissus, turbabilis, sine 20
periculo vero est pro maiori parte.

17 Sextus decimus est ⟨centri⟩ terre; Mercurii secundus; periculosus;
huic annectitur quadratus et compositus ex uno septeno et uno nono;
per coleram et arterias et disanalempsias passiones inducit.

18 Septimus decimus est epanafore anguli terre.   25

19 Octavus decimus est apoclimatis occidentis; secundus Iovis et Saturni
sextus et Solis primus; huic annectitur sextilis et nonus; valde difficilis.

20 Nonus decimus est occidentis.

21 Vicesimus est Veneris quartus; epanafore occidentis; huic annectitur
quadratus [et trinus]; sine periculo pro maiori parte, infirmitates plecto- 30
rice vel labores consequentur.

22 Vicesimus primus est apoclimatis medii celi; huic annectitur sextilis
et septenus; Martis tercius et Saturni septimus; difficilis et periculosus.

15, 13—17: cf. V 8, 33—37 || 15, 19: cf. V 8, 38 || 15, 21—22: cf. V 8, 39—40

[*Har.*] **1** iupiter Har., *corr. Gundel* | saturnus *Har., corr. Gundel* | annus *Har.*,
numerus *Gundel* || **8** apodiantis *Har., corr. Gundel* | acodemonima *Har., corr.
Gundel* || **13—14** inferiorum vel thoracis tamen *Har.*, thoracum *Gundel* || **19** veneri
Har., corr. Gundel || **22** periculosum secundum *Har., corr. Gundel* || **23** compositus
et quadratus *Har.* || **27** non *Har.*, solis *Gundel*

444

Vicesimus secundus est medii celi; huic annectitur [dexter] sextilis. 23

Vicesimus tercius est epanafore medii celi; huic annectitur compositus 24 ex duobus septenis et uno nono.

Vicesimus quartus est apoclimatis horoscopi; Saturni octavus et Mer- 25 5 curii tercius; huic annectitur sextilis et quadratus; discolus per melanco- liam vel per humiditates.

Vicesimus quintus est horoscopi; Veneris quintus; huic annectitur tri- 26 nus et compositus ex duobus nonis et uno septeno.

Vicesimus sextus est epanafore horoscopi; Lune secundus; periculosus. 27

10 Vicesimus septimus est apoclimatis | anguli terre; Saturni nonus et 28 f.8vaHar. Iovis tercius; deus; medius; huic annectitur sextilis et nonus.

Vicesimus octavus est anguli terre; Martis quartus; periculosus; huic 29 annectitur quadratus et septimus; fallibilis.

Vicesimus nonus est epanafore anguli terre. 30

15 Tricesimus est apoclimatis occidentis; Saturni decimus et Veneris sex- 31 tus; huic annectitur sextilis et trinus et compositus ex tribus septenis et uno nono; sine periculo pro maiori parte, frigoribus tamen impellit.

Tricesimus primus est occidentis. 32

Tricesimus secundus est epanafore occidentis; Mercurii quartus; huic 33 20 annectitur quadratus et compositus ex duobus septenis et duobus nonis; fatigabilis.

Tricesimus tercius est apoclimatis medii celi; Saturni undecimus; huic 34 annectitur sextilis et trinus; periculosus.

Tricesimus quartus est medii celi. 35

25 ⟨Tricesimus quintus est epanafore medii celi⟩; Martis quintus et Vene- 36 ris septimus; huic annectitur quadratus et septimus; inducens egritudi- nes.

Tricesimus sextus est apoclimatis horoscopi; Saturni duodecimus et 37 Iovis quartus; huic annectitur sextilis et quadratus et novenus quartus 30 [et secundus]; periculosus et difficilis.

Tricesimus septimus est horoscopi revolucio tercia; huic annectitur 38 compositus ex quatuor septenis et uno nono.

Tricesimus octavus est epanafore ascendentis. 39

Tricesimus nonus est apoclimatis anguli terre; Lune tercius et Saturni 40

15, 25−29: cf. V 8, 41−45 ‖ 15, 31: cf. V 8, 46 ‖ 15, 33−34: cf. V 8, 47−48 ‖ 15, 36−37: cf. V 8, 49−50 ‖ 15, 40−41: cf. V 8, 51−52

[Har.] **1** sixtilis *Har.* ‖ **15** veneri *Har., corr. Gundel* ‖ **17** nono] septeno *Har.* ‖ **23** trinus] sinister *Har.* ‖ **29** nonus *Har.*

tercius decimus; huic annectitur sextilis et compositus ex tribus septenis et duobus nonis; fallibilis et periculosus.

41 Quadra|gesimus est anguli terre; Veneris octavus et Mercurii quintus; huic annectitur quadratus [et sextilis]; non malus sed bonus.

f.8vbHar.

42 Quadragesimus primus est epanafore anguli terre; huic annectitur com- 5
positus ex tribus nonis et duobus septenis.

43 Quadragesimus secundus est apoclimatis occidentis; Martis sextus et Saturni quartus decimus; huic annectitur sextilis et sextus septenus; locus est sensibilis, difficilis et periculosus.

44 Quadragesimus tercius est occidentis; huic annectitur compositus ex 10
quatuor nonis et uno septeno.

45 Quadragesimus quartus est epanafore occidentis; huic annectitur quadratus [et dexter exagonus] et compositus ex quinque septenis et uno nono.

46 Quadragesimus quintus est apoclimatis medii celi; Iovis quintus, Sa- 15
turni quintus decimus, Veneris nonus; huic annectitur sextilis et trinus et novenus quintus; hic vocatur periculosus Stilbon; unum oportet attendere ne forte aliqua circa pedes fiat passio in eodem anno, Mercurio significatore existente in nativitate; periculum enim inducit artericarum et armonicarum egritudinum et secularia impedimenta et abhomina- 20
ciones.

47 Quadragesimus sextus est medii celi; huic annectitur compositus ex quatuor septenis et duobus nonis.

48 Quadragesimus septimus est epanafore medii celi.

49 Quadragesimus octavus est apoclimatis horoscopi; Saturni sextus 25
decimus et Mercurii sextus; huic annectitur sextilis et quadratus et com-
f.9aHar. positus ex tribus septenis et tribus nonis; | difficilis et periculosus et valde turbabilis.

50 Quadragesimus nonus est horoscopi; Martis septimus; huic annectitur ⟨septimus⟩ septenus; periculosus, aut prosubitaneas mortes et reple- 30
ciones stomachi vel cauteria seu per casum ab alto vel quadrupedibus aut ferri periculum inducit vel violentas occisiones aut publicos timores.

51 Quinquagesimus est epanafore horoscopi; huic annectitur [trinus et] compositus ex quatuor nonis et duobus septenis; est autem in utrisque promiscuus. 35

52 Quinquagesimus primus est apoclimatis anguli terre; Saturni septimus

---

15, 43: cf. V 8, 53 ‖ 15, 46: cf. V 8, 54 ‖ 15, 49−53: cf. V 8, 55−59

[*Har.*] **18** ut *Har.*, ne *Gundel* ‖ **20** et[1] *sup. lin. Har.* ‖ **28** turbalis *Har.*, *corr. Gundel* ‖ **31** quadrupedis *Har.*, *corr. Gundel*

decimus; huic annectitur compositus ex sex septenis et uno nono; egritudines vel nocumenta aut infortunia inducens.

Quinquagesimus secundus est anguli terre; Lune quartus circulus; 53 huic annectitur quadratus et compositus ex quinque nonis et uno sep-
5 teno.

Quinquagesimus tercius est epanafore anguli terre; huic annectitur 54 compositus ex quinque septenis et duobus nonis.

Quinquagesimus quartus est apoclimatis occidentis; huic annectitur 55 sextus novenus et sextilis; Saturni octavus decimus et Solis tercius et
10 Iovis sextus; difficilis et periculosus.

Quinquagesimus quintus est occidentis; Veneris undecimus; huic 56 annectitur [dexter sextilis et trinus et] compositus ex tribus novenis et quatuor septenis; olocacus (id est totus malus).

Quinquagesimus sextus est epanafore occidentis; Martis octavus et 57
15 Mercurii septimus; huic annectitur quadratus et octavus septenus; |
durus et tristis.   f.9 b Har.

Quinquagesimus septimus est apoclimatis medii celi; Saturni nonus 58 decimus; huic annectitur [exagonus et] compositus ex quatuor novenis et tribus septenis; difficillimus.

20 Quinquagesimus octavus est medii celi; huic annectitur compositus 59 ex septem septenis et uno noveno.

Quinquagesimus nonus est epanafore medii celi; huic annectitur compositus ex quinque novenis et duobus septenis.

Sexagesimus est apoclimatis horoscopi; Saturni vicesimus; huic an- 61
25 nectitur sextilis et trinus et quadratus et compositus ex sex septenis et duobus novenis; periculosus.

Sexagesimus primus est horoscopi restitucio quinta; huic annectitur 62 compositus ex sex novenis et uno septeno.

Sexagesimus secundus est epanafore horoscopi; huic annectitur com- 63
30 positus ex tribus novenis et quinque septenis.

Sexagesimus tercius est apoclimatis anguli terre; Saturni vicesimus 64 primus et Iovis septimus et Martis nonus circulus; huic annectitur sextilis et mixtus qui ex utrisque constat − et noveno videlicet et septeno − se ipsos mensurantibus septimum et nonum; qui et androclastes (id est
35 virum frangens) appellatur; difficilis est; qui dicitur Hercules.

Sexagesimus quartus est anguli terre; circulus octavus Mercurii; huic 65

15, 55−58: cf. V 8, 60−63 ‖ 15, 61: cf. V 8, 64 ‖ 15, 64−67: cf. V 8, 65−68

[Har.] 9 primus Har., tertius Gundel ‖ 19 difficilimus Har., corr. Gundel ‖ 28 a Har., ex Gundel ‖ 34 mensurantes septimus et nonus Har.

annectitur compositus ex quatuor novenis et quatuor septenis; non valde malus.

66 Sexagesimus quintus est epanafore anguli terre; Lune circulus quintus et Veneris tercius decimus; huic annectitur compositus ex octo septenis et uno noveno; promiscuus. 5

67
f.9vaHar. Sexagesimus sextus est | apoclimatis occidentis; Saturni vicesimus secundus; huic annectitur compositus ex quinque novenis et tribus septenis.

68 Sexagesimus septimus est occidentis.

69 ⟨Sexagesimus octavus est epanafore occidentis⟩; huic annectitur compositus ex sex novenis et duobus septenis. 10

70 Sexagesimus nonus est apoclimatis medii celi; huic annectitur compositus ex tribus novenis et sex septenis; Saturni vicesimus tercius; difficilis.

71 Septuagesimus est medii celi; Martis decimus circulus et Veneris quartus decimus; huic annectitur decimus septenus; discolus et difficilis. 15

72 Septuagesimus primus est epanafore medii celi; [Saturni vicesimus quartus et Iovis octavus et Mercurii nonus]; huic annectitur compositus ex quatuor novenis et quinque septenis.

73 Septuagesimus secundus est apoclimatis horoscopi; Saturni vicesimus quartus, Iovis octavus et Mercurii nonus; huic annectitur novenus octa- 20 vus; pravus et mortifer; septuagesimus enim primus et septuagesimus secundus communicant sibi adinvicem.

74 Septuagesimus tercius est horoscopi restitucio ⟨sexta⟩; huic annectitur compositus ex quinque novenis et quatuor septenis; non valde malus. 25

75 Septuagesimus quartus est epanafore horoscopi; huic annectitur compositus ex octo septenis et duobus novenis; non valde malus.

76 Septuagesimus quintus est apoclimatis anguli terre; Saturni vicesimus
f.9vbHar. quintus et Veneris decimus quintus; huic annectitur compositus | ex sex novenis et tribus septenis; communis. 30

77 Septuagesimus sextus est quarte domus; huic annectitur compositus ex septem septenis et tribus novenis.

78 Septuagesimus septimus est epanafore anguli terre; Martis undecimus; huic annectitur ⟨undecimus⟩ septenus; malus et mortifer.

15, 70−71: cf. V 8, 69−70 ‖ 15, 73: cf. V 8, 71 ‖ 15, 76: cf. V 8, 72 ‖ 15, 78−79: cf. V 8, 73−74

[Har.] 10 a Har., ex Gundel ‖ 12 ex] a Har. ‖ 17 $\overset{\text{ex}}{\text{a}}$ Har. ‖ 23 sexta Gundel ‖ 24−26 quinque − quartus iter. p. 449, 30−31 ‖ 29 vicesimus Har., decimus Gundel | a Har., ex Gundel

Septuagesimus octavus est apoclimatis occidentis; Saturni vicesimus 79 ⟨sextus⟩ et Lune sextus; huic annectitur compositus ex sex septenis et quatuor novenis; difficilis.

Septuagesimus nonus est occidentis; huic annectitur compositus ex 80 5 octo novenis et uno septeno; medius existens.

Octogesimus ⟨est⟩ epanafore occidentis; Veneris sextus decimus et 81 Mercurii decimus; huic annectitur compositus ex quinque septenis et quinque novenis; temperatus.

Octogesimus primus est apoclimatis medii celi; Saturni vicesimus sep- 82 10 timus et Iovis nonus; communis.

Octogesimus secundus est medii celi; huic annectitur compositus ex 83 sex novenis et quatuor septenis.

Octogesimus tercius est epanafore medii celi; huic annectitur composi- 84 tus ex octo septenis et tribus novenis; non valde malus.

15 Octogesimus quartus est apoclimatis horoscopi; Saturni vicesimus oc- 85 tavus et Martis duodecimus; huic annectitur duodecimus septenus; disco- lus et maleficus quoniam et compositus eo annectitur ex septem novenis et tribus septenis.

Octogesimus quintus est horoscopi septima restitucio; | Veneris septi- 86 f.10a Har. 20 mus decimus; huic annectitur compositus ex septem septenis et quatuor novenis; communis.

Octogesimus sextus est epanafore ascendentis; huic annectitur compo- 87 situs ex octo novenis et duobus septenis; non valde malus.

Octogesimus septimus est apoclimatis quarte domus; Saturni vicesi- 88 25 mus nonus circulus; huic annectitur compositus ex sex septenis et quin- que novenis; communis.

Octogesimus octavus est quarte domus; huic annectitur compositus 89 ex novem novenis et uno septeno.

Octogesimus nonus est epanafore quarte domus; huic annectitur com- 90 30 positus ex [quinque novenis et quatuor septenis non valde malus sep- tuagesimus quartus] sex novenis et quinque ⟨septenis⟩.

Nonagesimus est apoclimatis septime domus; Saturni tricesimus, Ve- 91 neris octavus decimus, Iovis decimus et Solis quintus; huic annectitur

---

15, 81−82: cf. V 8, 75−76 ‖ 15, 85−86: cf. V 8, 77−78 ‖ 15, 88−89: cf. V 8, 79−80 ‖ 15, 91−92: cf. V 8, 81−82

[*Har.*] 2 sextus *Gundel* ‖ 6 est *Gundel* ‖ 10 novenus *Har.* ‖ 11 a *Har.*, ex *Gun- del* ‖ 12 quatuor] sex *Har.* ‖ 14 ex] ab *Har.* ‖ 17 eo] eum *Har.* ‖ a *Har.*, ex *Gun- del* ‖ 30−31 quinque − quartus *ex p. 448, 24−26 iter. Har.* ‖ 32 epanafore quarte *Har.*, apoclimatis septimae *Gundel*

decimus novenus et compositus ex novem septenis et tribus novenis; periculosus et difficilis.

92   Nonagesimus primus est occidentis; Martis tercius decimus et Lune septimus; huic annectitur tercius decimus septenus [circulus] et compositus ex septem novenis et quatuor septenis; malus et difficilis.   5

93   Nonagesimus secundus est epanafore occidentis; huic annectitur compositus ex quatuor septenis et octo novenis.

94   Nonagesimus tercius est apoclimatis medii celi; Saturni tricesimus primus; huic annectitur compositus ex octo novenis et tribus septenis; difficilis.   10

95
f. 10b Har.   No|nagesimus quartus est medii celi; huic annectitur compositus ex quinque novenis et septem septenis.

96   Nonagesimus quintus est epanafore medii celi; Veneris nonus decimus circulus; huic annectitur ⟨compositus⟩ ex novem novenis et duobus septenis; non valde malus.   15

97   Nonagesimus sextus est apoclimatis horoscopi; Saturni tricesimus secundus et Mercurii duodecimus; huic annectitur compositus ex sex novenis et sex septenis; periculosus.

98   Nonagesimus septimus est horoscopi nonus circulus; huic annectitur compositus ex decem novenis et uno septeno.   20

99   Nonagesimus octavus est epanafore horoscopi; Martis quartus decimus; huic annectitur quartus decimus septenus et compositus ex septem novenis et quinque septenis; difficilis.

100   Nonagesimus nonus est apoclimatis [horoscopi] anguli terre; Saturni tricesimus tercius et Iovis undecimus; huic annectitur undecimus novenus; medius.   25

101   Centesimus est anguli terre; vicesimus Veneris; huic annectitur compositus ex octo novenis et quatuor septenis; non valde malus.

102   Centesimus primus est epanafore anguli terre; huic annectitur compositus ex quinque novenis et octo septenis.   30

103   Centesimus secundus est apoclimatis occidentis; Saturni tricesimus quartus; huic annectitur compositus ex novem novenis et tribus septenis; periculosus et difficilis.

104   Centesimus tercius est occidentis; huic annectitur compositus ex septem septenis et sex novenis.   35

15, 94: cf. V 8, 83 ‖ 15, 96 − 97: cf. V 8, 84 − 85 ‖ 15, 99 − 101: cf. V 8, 86 − 88 ‖ 15, 103: cf. V 8, 89

[*Har.*] **5** ex] a *Har.* ‖ **14** compositus *Gundel* ‖ **17** a *Har.*, ex *Gundel* ‖ **19** nonus] octavus *Har.* | circuli *Har.* ‖ **20** septeno] nono *Har.* ‖ **22** a *Har.*, ex *Gundel*

f.10va
Har.
105

| Centesimus quartus est epanafore occidentis; Lune octavus et Mer- curii tercius decimus; huic annectitur compositus ex undecim septenis et tribus novenis; non valde malus.

Centesimus quintus est apoclimatis medii celi; Saturni tricesimus quin- 106
5 tus et Veneris vicesimus primus et Martis quintus decimus; huic annec- titur compositus ex quindecim septenis et ex septem novenis et [ex] sex septenis; periculosus et malus.

Centesimus sextus est medii celi; huic annectitur compositus ex unde- 107 cim novenis et uno septeno.

10 Centesimus septimus est epanafore medii celi; huic annectitur compo- 108 situs ex octo novenis et quinque septenis; medius consistit.

Centesimus octavus est apoclimatis horoscopi; Saturni tricesimus sex- 109 tus, Solis sextus et Iovis duodecimus; huic annectitur duodecimus nove- nus et compositus ex quinque novenis et novem septenis; periculosus et 15 mortifer.

Centesimus nonus est horoscopi decimus circulus; huic annectitur com- 110 positus ex novem novenis et quatuor septenis; periculosus.

Centesimus decimus est epanafore horoscopi; Veneris vicesimus se- 111 cundus; huic annectitur compositus ex octo septenis et sex novenis; non 20 est malus.

Centesimus et undecimus est apoclimatis anguli terre; Saturni tricesi- 112 mus septimus; huic annectitur compositus ex decem novenis et tribus septenis; pessimus.

Centesimus et duodecimus est anguli terre; Martis sextus decimus et 113 25 Mercurii quartus decimus; huic annectitur sextus decimus septenus et compositus | ex septem septenis et septem novenis; periculosus et malus. f.10vb
Har.

Centesimus et tercius decimus est epanafore anguli terre; huic annecti- 114 tur compositus ex undecim novenis et duobus septenis; communis.

Centesimus et quartus decimus est apoclimatis occidentis; Saturni 115 30 tricesimus octavus; huic annectitur compositus ex quindecim septenis et uno noveno et ex octo novenis et sex septenis; periculosus.

Centesimus et quintus decimus est occidentis; Veneris vicesimus ter- 116

15, 105–106: cf. V 8, 90–91 ‖ 15, 109: cf. V 8, 92 ‖ 15, 111–113: cf. V 8, 93–95 ‖ 15, 115–116: cf. V 8, 96–97

[*Har.*] **2** hunc *Har.* ‖ **5** hunc *Har.* ‖ **6** a *Har.*, ex[1] *Gundel* ‖ **8** hunc *Har.* | a *Har.*, ex *Gundel* | quatuordecim *Har.* ‖ **10** hunc *Har.* ‖ **13** hunc *Har.* ‖ **16** hunc *Har.* ‖ **19** hunc *Har.* ‖ **21** duodecimus *Har.*, undecimus *Gundel* ‖ **22** hunc *Har.* ‖ **25** hunc *Har.* ‖ **27** hunc *Har.* ‖ **30** hunc *Har.*

VETTIVS VALENS

cius; huic annectitur compositus ex duodecim novenis et uno septeno et
ex quinque novenis et decem septenis; communis.

117 Centesimus et sextus decimus est epanafore occidentis; huic annectitur
compositus ex novem novenis et quinque septenis; non est malus.

118 Centesimus et septimus decimus est apoclimatis medii celi; Saturni 5
tricesimus nonus et Lune nonus et Iovis tercius decimus; ⟨huic annectitur
tercius decimus⟩ novenus [circulus] et compositus ex sex novenis et no-
vem septenis; periculosus.

119 Centesimus et octavus decimus est medii celi; huic annectitur compo-
situs ex tribus novenis et tredecim septenis; communis.   10

120 Centesimus et nonus decimus est epanafore medii celi; Martis septimus
decimus; huic annectitur septimus decimus septenus [infortunium] et
compositus ex octo septenis et septem novenis; erumpnosus.

121 Centesimus et vicesimus est apoclimatis horoscopi; Saturni quadrage-
simus et Veneris vicesimus quartus et Mercurii quintus decimus; huic 15
annectitur compositus ex undecim novenis et tribus septenis; mortifer.

122
f. 11 a Har. Centesimus | et vicesimus primus est horoscopi revolucio prima.

123 In omni quidem nativitate visum est non solum a Luna fieri infortu-
niorum ilegia (quam Greci afesin vocant) sed ⟨eciam⟩ ab omnibus pla-
netis ex quibus mortiferi et finales anni periculosi compelluntur; non enim 20
convenit unilaterum locum exquiri a Luna tantum sicut Critodemus so-

124 phisticatur. et si in aliquibus annis vite proiacentes condiciones occurre-
rint, intransibiliter infortunium consequetur; si vero nativitatis essencia
prorogacionem vite habuerit, acciderit vero periculosus annus, circa
actus et temporales occasiones significabit velut sint infirmitates, depo- 25
siciones, substancie, condempnaciones, eciam iudicia, naufragia, deten-
ciones, dampna, subita pericula, inimicicie, carceres et quecumque talia
humane vite causa existunt, egritudines et passiones et extremorum

125 mutilaciones, incendia, decisiones, fessitudines fallaces sive inimicicie. et
si revoluciones planete vel inductores periculorum inventi fuerint in 30
nativitate adversantes et a malivolis inspecti vel extra condicionem acci-
dentes, fallacem et turbulentum annum premonstrabunt; si vero propriam
figuram habuerint vel a benivolis inspecti fuerint, inducciones quidem

126 occasionum tenebrabunt et mitius infortunium preparabunt. loca quidem

15, 118: cf. V 8, 98 ‖ 15, 120—121: cf. V 8, 99—100 ‖ 15, 123—126: cf. V 8,
105—108

[Har.] 1 hunc Har. ‖ 3 hunc Har. ‖ 7 septenis post sex Har. ‖ 9 hunc Har. ‖
10 tredecem Har. ‖ 12 hunc Har. | septenum Har. ‖ 15 hunc Har. ‖ 19 etiam
Gundel ‖ 25 temporalia Har. ‖ 27 inimicicias carcerem Har., corr. Gundel ‖ 29 ini-
micicias Har., corr. Gundel ‖ 31 accidentis Har., corr. Gundel

452

et exibicio vel assumpcio ex signis equalium ascensionum iudicabuntur, ut ab Ariete in Pisces et a Tauro in Aquarium et a Geminis in | Capri- f.11bHar. cornum et a Cancro in Sagittarium et a Leone in Scorpionem et a Virgine in Libram; similiter et e converso ut a Libra in Virginem et a Scorpione 5 in Leonem.

Appendix XXI. U ff. 224–224ᵛ.

| Πῶς δεῖ εὑρεῖν τὸν χρόνον τῆς ζωῆς κατὰ τὰ πλινθία τοῦ Οὐάλεντος f.224U Ἀντιοχέως

Ἐπειδὴ οἱ ἀρχαῖοι ἔδοξαν αἰνιγματωδῶς, κατεσπαρμένως τὰς μεθόδους 1 αὐτῶν πάσας ὑποτάξαι, οὐχ ὡς φθονήσαντες ἀλλὰ βουλόμενοι μετὰ 10 κόπου εὐφραίνειν τοὺς μετιόντας τὸ μάθημα (καθὼς καὶ αὐτὸς ὡμολόγησα ἐν πολλοῖς κεφαλαίοις), ἠναγκάσθην ποσῶς νοήσας καὶ ἐπὶ πολὺν χρόνον διατριβεὶς περὶ τὰς μεθόδους αὐτοῦ τὰς δυσθηράτους φανερὸν ποιῆσαι διασῳζομένης καὶ εὐθείας ὁδοῦ. ὑπέταξα οὖν ἐν τῷ τέλει τοῦ η′ βιβλίου 2 πλινθίδα τινὰ σημαίνουσαν περὶ χρόνου ζωῆς, ἀσυμφώνως ὑποτάξων 15 αὐτῶν τὰς μεθόδους. εἶπεν γὰρ ὁ αὐτός τινας μεθόδους ἐν τῷ τρίτῳ 3 κεφαλαίῳ τοῦ η′ βιβλίου, τὰ δὲ ὑπόλοιπα αὐτῶν ἐν τῷ ι′ κεφαλαίῳ τοῦ ἐνάτου βιβλίου.

Ὁ δὲ λέγει τοιοῦτόν ἐστιν· λαβὼν τοὺς ὡροσκόπους τῆς Ἡλίου μοίρας 4 τοῖς μὲν ἡμέρας, τοῖς δὲ νυκτὸς ἐπὶ τῷ διαμέτρῳ, πολλαπλασίασον ἐπὶ 20 τὸν ιβ̄, καὶ τὸ γενόμενον ποσὸν πάλιν πολλαπλασίασον ἐπὶ τὰς ἀναδεδο- μένας ὥρας ἀποκνητικάς. καὶ ἐκκρούσας ὅλους ἀριθμούς, τὰς λοιπὰς 5 ἡγοῦ ὡροσκοπικὸν γνώμονα. ἔπειτα πάλιν λαβὼν τὸ διάστημα τὸ ἀπὸ 6 Ἡλίου ἐπὶ Σελήνην ἀπὸ τῶν ἀναφορῶν πάντοτε ἡμέρας καὶ | νυκτός, f.224vU βλέπε πόσαι ἀναφοραὶ καθεστήκασι κατὰ τὸ οἰκεῖον κλίμα. καὶ συγκρίνας 7 25 ταύτας τὰς ἀναφορὰς τῷ ὡροσκοπικῷ γνώμονι διακρίνου· καὶ ἐὰν μὲν πλεονάζῃ ὁ ἡλιακὸς γνώμων (τουτέστιν αἱ ἀναφοραὶ ἀπὸ Ἡλίου ἐπὶ Σελήνην) τοῦ ὡροσκοπικοῦ γνώμονος πρόσθεσιν ἔχει ἡ ὥρα, ἐὰν δὲ ἐλλείπῃ ἀφαίρεσιν ἔχει ἡ ὥρα. τοσαύτη δὲ ἡ πρόσθεσίς ἐστιν ἢ ἡ ἀφαίρεσις 8 ὅση ἐστὶν ἡ ὑπεροχή.

30 Τῶν ἡμερῶν καὶ ὡρῶν ὧν ἀφέστηκεν ἡ προγεγονυῖα σύνοδος ἢ παν- 9

§ 1: cf. VII 4, 1–4 ‖ §§ 4–8: cf. VIII 3, 24–27 et IX 11, 5–8 ‖ § 9: cf. VIII 3, 1–2

[Har. U] 2 et Har., ut Gundel ‖ 6 λη′ in marg. U | πλιθεία U ‖ 8 ἔδοξεν U ‖ 9 φθονήσας U ‖ 11 ἠναγκάς U | ποσὸς U ‖ 13 διασωζομένου U | τέλος U ‖ 14 σημαίνοντα U ‖ 28 ἐλλείποι U ‖ 29 ὅση] ὅτι U | ὑχή U

VETTIVS VALENS

σέληνος ἡμερῶν τε καὶ ὡρῶν ἕως τῆς γενεσιακῆς ἡμέρας τε καὶ ὥρας,
[καὶ] ταύτας τὰς ἡμέρας λαβὼν μετὰ καὶ τῶν ὡρῶν βλέπε τί μέρος
γίνεται πάντοτε τῶν ιε ἡμερῶν διὰ τὸ τὴν Σελήνην ἀπὸ συνόδου ἐπὶ
πανσέληνον δι᾽ ἡμερῶν ⟨ιε⟩ ἀνύειν, καὶ ἀπὸ πανσελήνου ἐπὶ σύνοδον
10 ὁμοίως διὰ ιε. καὶ τοῦτο τῶν ἡμερῶν τὸ πλῆθος εὑρεθέν, βλέπε πόσον 5
μέρος ὥρας ποιεῖ τῶν ιε ἡμερῶν, ὅπερ ἀφαιρήσῃς ἢ προστιθῇς ταῖς
11 ἀναδοθείσαις ὥραις ἀποκυητικαῖς. εἰ δὲ Ἡλίου γνώμων ὑπερέχει τοῦ ὡρο-
σκοπικοῦ γνώμονος, τοῦτο τὸ μέρος προστίθει ταῖς ἀποκυητικαῖς ὥραις.
12 Εἶτα λαβὼν τοὺς ὡροσκόπους τῆς συνόδου ἢ τῆς πανσελήνου ποίει
13 οὕτως. ἐπὶ μὲν γὰρ συνόδου ἡμέρας μὲν λάβε τοὺς [περὶ] ὡροσκόπους 10
τῆς συνόδου σὺν τῇ ἀναφορᾷ τῆς συνοδικῆς μοίρας, ἐπὶ μὲν συνοδικῆς
γενέσεως λάβε τὰς κατὰ διάμετρον τῆς συνόδου ὥρας σὺν τῇ ἀναφορᾷ,
14 ἐπὶ δὲ πανσεληνιακῆς γενέσεως μὲν λάβε τὰς κατὰ διάμετρον ὁμοίως. καὶ
ψήφιζε τοὺς μὲν ὡροσκόπους κατὰ τὰς ὥρας τὰς ἀποκυητικὰς μετὰ καὶ
τοῦ μέρους τοῦ προστεθέντος ἢ ἀφαιρεθέντος ἀπὸ τῆς γενομένης συνόδου 15
15 ἢ πανσελήνου ἕως τῆς ἀποκυητικῆς ἡμέρας τε καὶ ὥρας. καὶ προσθεὶς
τὰς ἀναφορὰς τῆς ὡροσκοπούσης βλέπε ἐν ποίᾳ μοίρᾳ τοῦ ζῳδίου
16 εἰσβάλλει ὁ ὡροσκόπος, καὶ τοσούτων μοιρῶν λέγε τὸν ὡροσκόπον. αὕτη
πρώτη διάκρισις τοῦ ὡροσκόπου.
17 Ἐπεὶ οὖν ταύταις ταῖς μοίραις δεῖ προστεθῆναι πάντοτε καὶ τὰς μοίρας 20
18 τοῦ Ἡλίου, ποίει οὕτως. ἐπὶ μὲν συνοδικῆς γενέσεως ⟨λάβε⟩ τὰς ἀπὸ
συνόδου μοίρας ἕως τῆς γεννητικῆς μοίρας τοῦ Ἡλίου, ἐπὶ δὲ πανσεληνια-
κῆς τὰς ἀπὸ Σελήνης μοίρας ἕως τῆς κατὰ διάμετρον μοίρας Ἡλίου τοῦ
19 γεννητικοῦ. ταύτας τὰς εὑρεθείσας μοίρας προσθεὶς ταῖς μοίραις τοῦ
ὡροσκόπου, ζήτει πάλιν ἐν ποίᾳ μοίρᾳ τε καὶ ζῳδίῳ εὑρίσκεται ὡροσκό- 25
20 πος. αὕτη ἡ ⟨β΄⟩ διάκρισις τοῦ ὡροσκόπου.
21 Ταύτας οὖν τὰς μοίρας τοῦ ὡροσκόπου τὰς ἐκ β΄ διακριθείσας εἰσ-
άγεται ἡ πλινθὶς αὐτοῦ, καὶ εὑρίσκει παχυμερῶς τέως τὴν ποσότητα τῶν
χρόνων τῆς ζωῆς.

Appendix XXII. U ff. 224ᵛ – 225.

f.224ᵛU | Τοῦ αὐτοῦ Οὐάλεντος Ἀντιοχέως περὶ χρόνων ζωῆς· ἀκριβέστερον 30

1 Εἰ δὲ θέλῃ κατὰ λεπτῶν μαθεῖν ἀκριβῶς τοὺς χρόνους ζωῆς, ποίησον
2 οὕτως. ζητήσας τί μέρος περίκειται ταύτῃ τῇ ὡροσκοπούσῃ μοίρᾳ ἐν τῇ

[U] 6 τῶν] τὸν U | ἀφαιρίσοι U | προστέθεις U || 7 τῆς ὡροσκοπικῆς U || 10—11
ὡροσκόπου τῇ συνόδει U || 11 συνοδικῆς] συνόδου U || 12 τοὺς U | τὴν ἀναφορὰν U ||
13 πανσελήνου γεγονὸς σεως U | τοὺς U || 15 ἢ ἀφαίρεσις U || 20 δεῖ U | προσ-
τεθείει U || 21 συνόδου γεγονέναι U || 22 πανσελήνου U || 23 τῆς] τοῦ U || 24 εὑρε-
θείς U || 27 διακριθέντας U | εἰσαγάγεται U || 28 οἱ πλινθ᾽ U || 30 λθ΄ in marg. U |
ἀντιοχέου U | ὁ κριτότερον U

454

APPENDIX XXI–XXIII

πλινθίδι αὐτοῦ καὶ λαβὼν τῶν [περὶ] ἀριθμῶν τὴν ἑξηκοντάδα (οἷον ἐὰν
εὕρῃς [περὶ] ἀριθμὸν κη, γίνεται τῆς ἑξηκοντάδος ε' ς' ι'), εἶτα λαβὼν
πάλιν τοὺς ὡροσκόπους τοῦ ὡροσκόπου τῆς ⟨β'⟩ διακρίσεως κατὰ τὸ | f.225U
οἰκεῖον κλίμα, τούτους δωδεκαπλασίασον. καὶ ἐνώσας τὸν ἀριθμόν, 3
5 μέρισον περὶ τὸ εὑρεθὲν μέρος τῆς ἑξηκοντάδος τῆς εὑρεθείσης ἐπὶ τῆς
μοίρας τοῦ ὡροσκόπου τοῦ ἐκ δευτέρου διακριθέντος· καὶ εὑρίσκου
ἀκριβέστερον τὸν χρόνον. οἷον ὁ ἀριθμὸς τῆς ἑξηκοντάδος τοῦ ὡροσκόπου 4
τοῦ ἐκ β' διακριθέντος [καὶ] ἐστὶ κη, ὃ καὶ γίνεται ε' ς' ι', οἱ δὲ ὡροσκόποι
τοῦ ὡροσκόπου τοῦ διακριθέντος εἰσὶ ιϛ· δωδεκάκις γοῦν γίνεται ϱϛβ.
10 τούτων τὸ ε' γίνεται λη γ' ιε', τὸ δὲ ς' γίνεται λβ, τὸ ι' γίνεται ιϑ λ λεπτά. 5
Εἰ δὲ μίαν μόνην ἡμέραν ἀπέστη ὁ Ἥλιος τῆς Σελήνης, οὔτε πρόσθεσιν 6
οὔτε ἀφαίρεσιν ἔχει ἡ γένεσις, ἀλλὰ δίχα τῆς προσθαφαιρέσεως ψηφίζεται·
πλήρης γὰρ ὡροσκόπος κριθήσεται.
Ἐπεὶ οὖν ταύτας τὰς μεθόδους οὐ κατὰ τοὺς κανόνας αὐτοῦ ψηφίζομεν, 7
15 ἀλλὰ κατὰ ⟨τοὺς⟩ τοῦ Πτολεμαίου, δεῖ τὰ λεπτὰ τῶν μοιρῶν ὡς ἐπὶ τὸ
πλεῖστον λογίζεσθαι.
Καὶ αὕτη δὲ ἡ μέθοδος μόνη οὐχ ὡς ἐκ παντὸς ἀποτελεῖ τὴν ἀκρίβειαν 8
τῶν χρόνων τῆς ζωῆς ἐξετέθη, ἀλλ᾽ ὡς συνεργοῦσα καὶ αὕτη πολλάκις
ταῖς ἄλλαις μεθόδοις. πανταχοῦ γὰρ κελεύει ὁ συγγραφεὺς πάσαις ταῖς 9
20 μεθόδοις χρῆσθαι καὶ τὴν πλειοψηφίαν πασῶν τῶν μεθόδων παρέχειν τὸ
βράδιον· ὁ γὰρ ἐμμελὴς ἐξονυχίζων εἰς τὸ λεπτότατον πάσας τὰς μεθόδους
καὶ μὴ περιβλέπων ὀρθῶς, ἀλλὰ πάνυ ἀκριβολογούμενος ταύτας, ἄπται-
στον εὑρήσει τὸν ὅρον τῆς ζωῆς, ὁ δὲ βλακεύων καὶ ἐπιπόλαιος αὐτὰς
περιθεωρῶν καὶ ἀμελής, διὰ τοῦτο ὡς τὸ εἰκὸς ἁμαρτάνων, αὐτὸς ἑαυτὸν
25 αἰτιάσεται τῆς ἀταλαιπώρου περὶ τὸν τοιοῦτον διαθέσεως. οὐδὲ γὰρ οἱ 10
ἀμβλυώττοντες περὶ τὴν τοῦ Ἡλίου αὐγὴν τοῦτο πάσχουσιν, ἀλλὰ περὶ
τὴν οἰκείαν ἀνεπιτηδειότητα τῶν ὀφθαλμῶν αὐτῶν.

Appendix XXIII. X f. 163ᵛ; iam a E. Maass in Arateis, Berolini 1892,
140 editum.

| Κανονογράφοι. τξε ϑ ιε' Εὐκτήμων, Φίλιππος, Ἀπολλινάριος, τξε δ' f.163ᵛX
ϱδ' Ἀρίσταρχος Σάμιος, τξε δ' σζ' Βαβυλώνιος, τξε δ' †γ ε† Σωδίνων,
30 τξε δ' ϱ † σ† ⟨. . . .⟩

§ 6: ef. VIII 3, 7 ‖ § 1: cf. IX 12, 5

[UX] 10 ιϑ ε λεπθι (?) U ‖ 11 ἀφέστη U ‖ 21 ἐμμελὸς U ‖ 22 ἀκριβολογὼν U |
ἄπτευσθον U ‖ 24 ἄμελος U | οἰκὸς U ‖ 26 ἀμβλυώτονες U ‖ 28 ἀπολιναριος X,
corr. Maass ‖ 29 ιδ aut ϱδ X, ϱμδ Val. | σαβῖνος X, Σάμιος Maass | εζ X, σζ Val.

455

INDICES

INDEX AVCTORVM

Ἄβραμος 91. 26; 92. 7, 11
Αἰγύπτιος 197. 5; 238. 10; 320. 29;
321. 4; 392. 12; 393. 6; 430. 24
Αἰώνιοι κανόνες 232. 29
ἄλλοι 58. 23; 96. 2; 133. 28; 147. 2;
163. 10; 198. 12; 316. 6; 339. 6;
393. 26; 394. 6, 12, 19; 395. 9; 430.
29
Ἀναφορικός (Hypsiclis) 149. 8
Ἀνθολογίαι 1. 2; 54. 2; 149. 28; 150.
2; 198. 2; 229. 25; 230. 2; 250.
29; 251. 2; 282. 2; 316. 2
Ἀπολλινάριος 239. 24; 339. 22; 455. 28
Ἀπολλώνιος 339. 21
Ἀρίσταρχος 339. 7; 455. 29
ἀρχαῖοι, οἱ 103. 8; 146. 20; 232. 11
(bis); 453. 8
Ἀσκλατίων 316. 20
Ἀσκληπιός 321. 7
Βαβυλώνιος 197. 5; 238. 7; 339. 8;
455. 29
Βάλης (cf. Οὐάλης) 138. 1; 363. 29
βασιλεύς, ὁ (= Νεχεψώ) 58. 16; 91.
22; 138. 4; 140. 9; 146. 22; 149.
10; 203. 20; 265. 11; 266. 15; 277.
22; 278. 5, 23; 288. 24; 316. 4;
319. 22; 323. 23; 337. 25; 339. 18;
346. 12; 430. 24
Γενεθλιαλογούμενα 281. 19
Δωρόθεος 368. 14; 392. 11, 23; 393.
6, 14, 25; 394. 5, 11, 18, 23; 395. 8;
423. 13
ἐγώ 26. 20; 92. 8; 122. 18; 125. 9;
128. 11; 129. 26; 133. 27; 135. 8;
136. 20; 147. 2; 149. 23, 24, 26;
152. 27; 153. 32; 163. 25, 30; 164.
1, 21; 169. 26; 201. 9; 204. 5; 210.
15, 17; 230. 26; 231. 34; 232. 7, 8,
9, 28; 245. 29; 246. 7, 11; 247. 3,
29; 248. 27; 249. 20; 258. 29; 260.
7, 12; 265. 5, 17; 267. 2; 281. 10,
16; 288. 7, 8, 15; 304. 7; 317.
5 (bis); 318. 4, 7; 321. 4; 323. 8,

25; 334. 21; 335. 9, 12, 14, 28;
337. 10; 339. 18, 20, 23; 341. 23,
25; 342. 15; 344. 7, 16, 18, 21; 346.
13, 22; 358. 26; 372. 27; 424. 22;
431. 1; 432. 6
ἐγώ (= Ἑρμείας) 195. 17
ἐγώ (= Νεχεψώ) 231. 10, 12
Ἕλληνες 197. 6
ἐμαυτοῦ 259. 14, 15; 339. 13; 340. 22
ἐμός 142. 6, 27; 163. 33; 229. 12; 259.
7; 288. 13, 16, 21; 334. 14; 336.
30; 343. 11, 14; 344. 32
ἔνιοι 129. 24; 204. 23; 245. 24
Ἑρμείας 193. 17; 195. 17
Ἕρμιππος 91. 20
ἕτεροι 52. 10; 103. 5; 162. 31; 163. 9;
248. 23; 316. 20; 323. 23; 339. 8,
19; 430. 30
Εὐκτήμων 339. 6; 455. 28
Εὐριπίδης 250. 14; 264. 18, 19
Ζωροάστρης 323. 18
ἡμεῖς 8. 6; 52. 15; 53. 18; 58. 23;
91. 27; 92. 8; 104. 13 (bis), 15; 119.
25; 125. 6, 17; 128. 31; 130. 24;
140. 28; 162. 32; 163. 6, 11; 164.
10; 166. 22; 167. 14; 210. 8, 12;
215. 20; 228. 21; 231. 2; 232. 21,
26; 234. 14; 240. 16, 27, 29; 242.
3; 246. 22; 247. 28; 248. 11; 251.
9, 10, 18; 263. 7; 265. 21; 266. 32;
268. 16; 288. 18, 23, 27, 32; 291.
16, 18; 295. 15, 26; 299. 13; 302.
5; 316. 6, 8; 318. 16; 326. 8; 337.
21, 22; 338. 22; 341. 19, 21; 343.
18, 32
ἡμέτερος 193. 27; 254. 32; 301. 10
Θράσυλλος 338. 19
Ἱππάρχειον 30. 14
Ἵππαρχος 339. 20; 394. 24
Κανών 20. 18
Κιδηνᾶς 339. 21
Κριτόδημος 135. 1, 13; 142. 13; 193.
2; 221. 33; 223. 24; 288. 25; 316.

INDEX HOMINVM ALIORVM

16; 317. 1; 334. 9; 336. 27; 355.
31; 424. 14
Μέτων 339. 6
Νεχεψώ (cf. βασιλεύς) 231. 8; 316. 4
Ὅρασις 142. 13; 316. 16
Ὅροι (Petosiridis) 58. 23; 319. 19
Ὀρφεύς 317. 19
Οὐάλης (cf. Βάλης) 163. 30; 316. 4;
349. 3; 357. 33; 369. 25; 370. 14,
29; 371. 15, 26; 372. 3, 15; 378. 15;
379. 8, 16; 382. 24; 385. 17, 28;
386. 28; 388. 18; 389. 15; 392. 16,
26; 393. 10, 19, 28; 414. 7; 423.
10; 424. 22; 426. 1, 3, 12; 429. 33;
453. 6; 454. 30
Οὐέττιος Οὐάλης 1. 1; 54. 1; 125. 1;
149. 28; 150. 1; 198. 1; 229. 25;
230. 1; 250. 29; 251. 1; 281. 19;
282. 1; 316. 1
παλαιοί, οἱ 26. 27; 49. 5; 53. 17; 103.
30; 128. 22; 142. 7; 228. 23; 237.
20; 238. 5; 247. 32; 260. 3; 291.
18
παλαιός, ὁ 122. 15; 128. 33; 147. 17;
240. 1; 320. 29; 343. 5
Παῦλος 392. 11, 23; 393. 5, 14, 25;
394. 5, 11, 18, 23; 395. 8, 25
Πετόσιρις 58. 22; 91. 21; 116. 23;
118. 2; 138. 5; 265. 11; 269. 6;
288. 25; 319. 18; 337. 25; 352. 2
πλείους, οἱ 358. 22

πλεῖστοι, οἱ 245. 25
ποιητής, ὁ 332. 27; 333. 11
πολλοί 162. 26; 164. 11; 258. 18; 260.
21
Πτολεμαῖος 369. 23; 371. 8; 378. 14;
382. 23; 392. 10, 22; 393. 4, 13, 24;
394. 4, 10, 17, 22; 395. 7; 414. 22;
430. 5; 455. 15
Σεύθης 193. 17
Σουδίνης 339. 21
συγγραφεύς, ὁ 106, 34; 119. 15; 210.
27; 265. 30; 291. 19; 334. 22; 455.
19
συγγράφων, ὁ 232. 19
συνταγματογράφος 142. 8; 169. 25;
211. 17; 288. 5; 344. 24
Σφαιρικά 8. 1; 9. 19; 11. 7, 28; 12.
10; 13. 10
Σωδίνων 455. 29
Τίμαιος 97. 15; 316. 19
τινές 92. 9; 98. 12; 103. 31; 125. 9;
128. 28; 133. 26; 136. 20; 152. 27;
153. 32; 162. 3, 29; 163. 8; 169.
25; 239. 20; 247. 33; 249. 18; 288.
19; 291. 15; 392. 24; 424. 22
Ὑψικλῆς 149. 8
Φίλιππος 339. 7; 455. 28
φυσικοί, οἱ 237. 11
Χαλδαῖοι 321. 8; 339. 7
Ὠδαψός 393. 15; 394. 12, 25; 395. 21
Ὠρίων 128. 26

INDEX HOMINVM ALIORVM

Ἀδριανός 19. 15; 25. 23; 29. 2, 14; 31.
7; 32. 9; 35. 12, 22; 50. 27; 141.
18; 205. 10; 293. 22; 295. 28; 296.
11; 299. 12; 300. 1; 304. 24;
348. 8
Ἀλέξανδρος (= Paris) 333. 26
Ἀλέξανδρος 32. 18
Ἀντωνῖνος 32. 11, 13, 15, 17; 141. 19;
205. 10; 294. 18, 27; 295. 4; 299. 1
Ἀντωνῖνος Εὐσεβής 305. 3
Ἀριάδνη 264. 25
Αὔγουστος 25. 14, 24; 26. 5, 20; 28.
25; 29. 2; 31. 23; 33. 4, 15; 34. 21;
35. 12, 22; 396. 24; 400. 14; 401. 3,
14; 402. 3, 12; 403. 6, 13; 405. 3,
10
Ἀχιλλεύς 333. 22, 24
Γάιος 31. 26
Γορδιανός 32. 21

Διοκλητιανός 350. 9; 351. 5
Διομήδης 333. 27
Δομετιανός 32. 4; 297. 28; 298. 6
Ἕκτωρ 333. 16
Θησεύς 264. 27
Καῖσαρ 33. 10, 28; 34. 29; 396. 24;
401. 14; 402. 3, 12; 403. 6, 13;
405. 3, 10
Καύνιος 105. 27
Κλαύδιος 31. 27
Λούκιος Κόμμοδος 32. 13
Μαξιμιανός 32. 20
Μάρκος 281. 3; 316. 4; 344. 16
Μινώταυρος 264. 27
Νέρουα 32. 6
Νέρων 31. 29; 50. 3; 291. 23; 296.
26
Ὀδυσσεύς 103. 23; 333. 27
Οὐαλεντινιανός 351. 4

457

INDEX STELLARVM DEORVM MENSIVM

INDEX GEOGRAPHICVS

ἀγαθοποιέω 194. 4
ἀγαθοποιία 155. 29; 158. 14; 165. 20;
201. 22; 241. 22; 325. 10; 427. 29
ἀγαθοποιός 5. 3, 30; 7. 9; 9. 13; 13. 29;
28. 18, 20, 21; 29. 8; 36. 14, 29; 37.
13; 48. 6; 55. 19; 57. 3, 10; 68. 5;
60. 6 (bis), 21; 61. 2, 9, 13, 22, 24;
62. 3, 17; 63. 10, 26, 29; 64. 16; 65.
1, 4; 66. 8; 76. 8, 24; 78. 1, 9, 10,
19; 84. 23; 85. 18; 86. 1, 4, 6; 87.
15; 88. 15, 18; 89. 27; 91. 18; 92.
27; 93. 24; 94. 22, 27, 28; 95. 1, 13,
15, 30; 96. 11; 97. 23; 99. 5; 101. 6,
9, 12, 14; 106. 30; 113. 16; 114. 19;
117. 8, 21, 23; 122. 7; 124. 12; 127.
6, 21; 132. 3; 133. 21; 152. 9; 155. 5,
11; 156. 17, 23, 24; 157. 31; 158. 1,
11; 159. 17, 26; 162. 4, 15; 165. 12,
17; 167. 10, 24; 168. 25; 169. 3, 19;
171. 1, 11, 27; 172. 4, 9, 20; 173. 29,
30; 174. 8; 175. 14, 23, 29, 34; 176,
1, 2, 4, 23, 24, 31; 177. 4, 16; 180.
15; 181. 3; 182. 28, 34; 183. 26; 186.
17, 28; 187. 8; 191. 10, 17, 28; 192.
26; 195. 31, 32; 198. 16; 199. 1, 4,
18, 20, 23; 200. 5, 25; 201. 14, 15,
17; 202. 12; 203. 23; 208. 20, 22;
212. 1; 213. 28; 214. 11; 218. 13, 17;
221. 8, 17, 20 (bis), 21, 24; 233. 16,
29, 30; 235. 4, 30; 236. 8, 16, 28;
237. 1, 6; 238. 24, 25; 241. 20, 28;
246. 27; 253. 29, 33; 255. 5, 8, 28;
256. 29; 257. 17, 20; 263. 27, 28;
264. 7, 11; 265. 29, 32; 266. 1, 7, 11,
22, 27; 268. 13, 30; 269. 3, 7, 32;
270. 10, 32; 271. 11; 274. 3; 275. 2;
276. 15; 277. 16; 278. 14; 279. 7, 11;
280. 13; 281. 1; 295. 14, 25; 318. 29;
319. 31; 320. 14; 322. 13; 324. 19;
325. 5; 354. 33; 355. 14; 357. 9;
367. 3; 372. 13, 14; 373. 15, 22; 376.
15; 377. 30; 383. 14; 412. 18; 414.
18; 415. 3; 416. 9, 17; 417. 12; 418.
1; 422. 11, 22; 423. 2, 6; 426. 20, 28;
429. 28, 31; 430. 3, 10, 14; 432. 4;
433. 31
ἀγαθός 2. 25; 3. 2, 19; 5. 7, 22; 7. 4,
7, 23, 25; 8. 24; 9. 8, 10; 10. 5, 6,
11, 14 (bis), 26, 28; 11. 1; 12. 25;
18. 13; 36. 14, 16; 38. 3, 13, 18, 24;
39. 1, 5; 40. 1, 7, 15, 22; 41. 14, 23;
45. 22; 46, 1; 47. 16, 22; 54. 15; 55.
10; 57. 24; 58. 7; 59. 15, 21; 61. 2,
7, 13, 14, 15, 16; 62. 18; 63. 11, 13;
64. 21, 22; 65. 16, 23; 67. 5, 6; 68.

1 (bis), 14, 17, 32; 69. 24 (bis); 73.
13, 25; 74. 20 (bis); 76. 25; 78. 19,
26; 80. 4; 88. 19; 91. 19; 95. 10;
100. 30; 102. 12; 111. 18, 19, 28;
117. 22; 128. 16; 132. 22; 155. 11;
156. 18; 163. 31; 164. 6; 165. 9;
167. 17, 20, 21 (bis); 169. 12; 170. 8;
171. 1, 26, 27, 28; 172. 22, 32, 34;
174. 8; 175. 4, 6; 176. 18, 19; 179.
20, 29; 180. 4; 181. 17; 182. 6, 20;
184. 21; 187. 11, 14; 189. 3; 190. 28;
191. 1; 192. 1; 195. 31; 199. 3; 201.
13, 17, 23; 202. 12; 205. 5; 208. 15,
16, 17, 28; 209. 8 (bis), 11, 15, 19;
210. 2; 213. 29; 214. 1, 5, 35; 221.
10; 230. 8; 233. 21, 25; 234. 3; 236.
12, 15, 19; 237. 11; 238. 9, 11, 13;
239. 2; 240. 14; 241. 17, 20; 242. 2;
248. 19; 249. 30; 252. 11; 254. 15,
23; 255. 2, 4; 258. 13; 260. 14; 262.
27; 264. 1, 2; 265. 18, 21, 28; 266. 2,
5; 268. 32; 273. 26; 274. 7; 275. 28;
276. 2; 277. 25; 316. 10; 320. 1, 4;
321. 12, 15, 24, 26, 30; 322. 5; 325.
3; 326. 13, 16, 24; 330. 18; 334. 4;
336. 19, 21; 343. 9; 345. 2; 352. 25,
27; 353. 7, 12, 13, 22, 26; 354. 1, 5,
18; 355. 9, 24; 370. 10, 20; 374. 8;
375. 24; 378. 25; 380. 1, 13; 381. 11,
12; 387. 12, 15, 17 (bis), 21; 388.
27; 406. 13; 407. 18; 413. 7, 24; 415.
6; 416. 10, 26; 417. 6, 13; 418. 28;
422. 24; 427. 3; 429. 22, 32; 430. 17;
432. 12
ἀγαθοτυχέω 79. 30; 148. 10
ἀγαθόφρων 378. 30
ἀγάλλω 210. 3; 235. 34; 330. 18; 332. 8
ἄγαλμα 251. 14
ἀγαλματογλύφος 4. 12
ἀγαλματοποιός 387. 31
ἄγαμος 2. 16; 109. 20; 115. 10, 25;
179. 19; 181. 19; 185. 15; 385. 10
ἄγαν 59. 5; 351. 21; 421. 29
ἀγανακτέω 249. 28
ἀγαπητός 247. 29; 326. 20
ἀγγεῖον 211. 3
ἀγγελία 4. 7; 387. 28; 392. 5
ἀγελάζομαι 333. 3
ἀγέλαστος 72. 19
ἀγενής 37. 9; 98. 1; 110. 3
ἀγεννής 100. 30
ἀγήρως 317. 24
ἀγκαλίζομαι 143. 1
ἀγλαοφορέω 330. 19
ἀγνοέω 317. 10; 337. 30; 340. 19

299. 26; 317. 15, 22, 28; 318. 25;
330. 27; 332. 25; 370. 7; 382. 18;
386. 23; 388. 15; 425. 23
ἀθανασία 210. 32; 302. 2; 317. 16;
332. 14, 26; 333. 2
ἀθάνατος 103. 4; 163. 21; 164. 13;
231. 7; 232. 8; 246. 13; 317. 24, 26;
330. 9
ἀθαρσής 389. 7
ἀθεής 333. 1
ἀθέμιτος 43. 2, 28; 46. 16; 124. 15;
357. 12; 408. 6; 409. 16; 410. 26
ἀθεμιτουργία 388. 11
ἀθεμιτοφαγέω 174. 24
ἄθεος 11. 23; 42. 14; 43. 12; 382. 14;
407. 29; 408. 18
ἀθετέω 100. 2; 109. 16; 164. 1; 333. 7
ἀθέτησις 182. 1; 187. 2; 188. 7
ἀθεώρητος 74. 16
ἀθλέω 263. 24
ἄθλησις 2. 28; 4. 8; 11. 20; 152. 34;
392. 6
ἀθλητής 72. 15; 345. 2; 383. 14
ἀθλητικός 40. 9; 42. 19; 44. 26; 45. 4,
9, 27; 48. 2; 407. 34; 409. 31; 410.
9, 13; 411. 27; 412. 15
ἆθλος 332. 10; 378. 17
ἀθροίζω 402. 17
ἀθρόως 233. 19; 331. 27
αἰδήμων 10. 5
ἀίδιος 162. 28; 238. 12; 330. 16; 338. 29
αἰδοῖον 63. 23
αἰδοῖος 105. 13
αἰδώς 249. 27; 378. 8
αἰθέριος 381. 5
αἰθήρ 231. 5; 317. 20; 326. 27
αἰθρία 386. 24
αἷμα 3. 10; 99. 4; 120. 17; 179. 26;
225. 4; 270. 14; 333. 24; 343. 6;
382. 25; 385. 5; 390. 23
αἱμαγμός 3. 4; 57. 22; 121. 8; 152. 1;
157. 5; 166. 29; 170. 26; 172. 27;
179. 26; 181. 24; 186. 15, 24, 30;
187. 22; 189. 11; 195. 21; 200. 22;
216. 11; 226. 8; 277. 13; 320. 8;
353. 27; 382. 10; 415. 25
αἱμοπότης 75. 3
αἱμοπτυϊκός 107. 13; 121. 19
αἱμοπτυσία 382. 28
αἱμορραγία 382. 28
αἱμόρροια 354. 23
αἱμορροΐς 63. 23
αἴνιγμα 146. 25
αἰνιγματώδης 10. 27, 34; 105. 26; 177.
21; 232. 12; 240. 23

αἰνιγματωδῶς 10. 30; 164. 9; 337. 20;
453. 8
αἰνίσσομαι 169. 25; 232. 27; 260. 7;
265. 11; 323. 18; 346. 12
αἵρεσις 1. 12, 22; 2. 19. 30; 3. 14; 4. 3;
5. 7; 26. 15; 33. 3; 49. 11; 50. 10;
52. 13; 54. 10, 13; 55. 9, 12; 56. 31;
57. 22; 60. 22; 63. 19; 65. 26; 69.
30; 77. 7; 79. 6, 26; 83. 6, 24; 84.
31; 86. 9; 87. 16; 88. 11; 96. 14; 97.
22; 99. 23 (bis); 100. 1; 102. 31;
103. 11, 18; 112. 10; 114. 20; 124.
33; 125. 6, 12; 133. 17, 30, 31; 134.
2; 142. 16; 144. 8; 145. 22; 146. 20;
147. 22; 148. 10; 152. 23; 156. 1, 6,
18; 158. 26; 162. 27, 30; 164. 11,
16; 166. 22; 167. 16; 169. 22, 25;
172. 31; 175. 29; 180. 22; 193. 26;
198. 5; 209. 19; 214. 14; 215. 3, 6,
7; 217. 25; 219. 31; 220. 7; 228. 4,
13; 234. 6; 243. 17; 246. 17; 251. 6,
27; 252. 3, 32; 254. 32; 255. 1; 258.
19; 259. 2, 7; 260. 22; 261. 24, 33;
264. 11, 22; 265. 9, 13; 277. 12; 281.
4; 284. 29; 288. 4, 5, 17, 21, 24, 28,
33; 290. 23; 295. 23; 300. 20; 316.
25 (bis); 324. 1; 337. 19, 27; 342. 7;
357. 31; 372. 11; 374. 20; 390. 9,
18; 391. 1, 8, 17, 28; 392. 6; 414. 3,
5; 415. 16, 18, 26 (bis), 27; 416. 1;
417. 23, 25; 421. 17; 422. 32; 423.
7; 428. 4, 9
αἱρέτης 54. 15; 379. 22; 418. 14
αἱρετικός 360. 10; 418. 24
αἱρέω 73. 22; 163. 4; 231. 32; 258. 25
αἴρω 345. 4
αἴσθησις 1. 5; 107. 26; 120. 24; 121.
30; 183. 17; 385. 13
αἰσθητήριον 1. 10; 104. 15, 19; 181.
15; 183. 11; 186. 14; 188. 32; 385.
18; 391. 6
αἰσθητικός 1. 11; 389. 9
αἴσχιστος 15. 16; 163. 11; 211. 29
αἰσχροκερδής 71. 29
αἰσχροποιέω 73. 3; 116. 6
αἰσχροποιός 104. 23; 105. 28
αἰσχρός 39. 9; 110. 22, 25; 192. 11
αἰσχρουργία 386. 21
αἰσχρῶς 116. 4
αἴτησις 185. 5; 189. 32; 191. 6
αἰτία 40. 13, 27; 41. 2; 44. 6; 45. 2;
48. 5, 13, 18, 27; 58. 4; 67. 15; 76.
11; 78. 11; 79. 10; 83. 22; 104. 22,
34; 105. 12, 17; 106. 31; 114. 30;
118. 20; 119. 7, 32; 120. 2, 4, 6, 15,

INDEX VERBORVM

20, 22; 121. 1, 12, 17, 20, 27, 31, 33; 122. 3, 14; 147. 28; 155. 5, 6; 156. 22; 158. 27, 30; 169. 4, 5; 170. 28; 174. 13, 16; 175. 15; 178. 16, 32; 179. 27; 180. 3, 17; 181. 3; 182. 14, 18; 183. 27; 187. 8, 31; 190. 21, 33; 191. 23; 198. 17, 27; 199. 12; 200. 1; 208. 14, 31; 209. 9; 210. 17; 214. 10; 215. 17, 28; 218. 20; 221. 13; 226. 9; 228. 15; 233. 30; 234. 3; 236. 18; 237. 19; 239. 1; 241. 30; 248. 4; 250. 20; 256. 8; 266. 14; 274. 13; 277. 27; 291. 15; 302. 32; 304. 6; 318. 7; 319. 5; 320. 2; 321. 15, 27; 322. 2, 8; 336. 22; 340. 6; 341. 27; 343. 7; 371. 19; 375. 34; 377. 7; 407. 1; 409. 10; 410. 7; 412. 8, 18; 413. 3; 415. 4; 416. 8; 417. 8; 421. 32; 425. 26; 430. 2

αἰτιάομαι 455. 25
αἰτιατικός 128. 19; 198. 4, 9; 218. 10; 219. 23, 28, 33; 220. 2
αἴτιος 5. 24; 10. 20, 33; 11. 19; 12. 24; 43. 19; 69. 3, 15; 70. 1; 76. 27; 93. 12; 100. 21; 105. 8; 116. 16, 17; 122. 19; 137. 20, 23; 151. 30; 172. 34; 175. 4; 176. 36; 194. 4; 201. 32; 208. 27; 209. 9; 212. 2; 213. 29; 214. 5; 216. 13, 14; 217. 28; 221. 10; 228. 10; 238. 8; 241. 17; 255. 11, 27; 257. 11; 267. 18; 318. 22; 369. 13; 370. 3, 5; 371. 31; 376. 12; 378. 4, 11, 20; 379. 29; 380. 8, 11, 13; 381. 31; 382. 15, 18, 21; 384. 22; 385. 13; 386. 6, 11, 22; 387. 26; 389. 9; 408. 32; 414. 20; 415. 29; 418. 5; 425. 29; 430. 17
αἰφνίδιος 37. 17; 41. 2; 63. 12; 102. 20; 155. 4; 181. 1; 187. 5; 200. 23; 201. 23, 24; 226. 8; 228. 9; 232. 19; 236. 33; 241. 30; 250. 5; 301. 31; 355. 22; 371. 2; 382. 16, 19, 28; 407. 2
αἰφνιδιοτυχής 17. 21
αἰφνιδίως 65. 28; 69. 10; 178. 22; 214. 18
αἰχμαλωσία 2. 7; 3, 1; 74. 9; 81. 3; 115. 29; 121. 5; 382. 8; 390. 26; 419. 21
αἰχμαλωτίζω 74. 3
αἰχμάλωτος 57. 9; 66. 20; 69. 7; 101. 8; 340. 15; 416. 23
αἰών 146. 27; 318. 19; 330. 13
αἰώνιος 16. 28; 82. 6; 211. 26; 258. 19; 331. 18; 345. 5; 420. 20

ἀκαθαίρετος 48. 6; 175. 32; 208. 23; 340. 7; 412. 19
ἀκαθαρσία 2. 16
ἀκάθαρτος 73. 6; 371. 22
ἀκαθυστέρητος 65. 19
ἄκαιρος 179. 25; 180. 7; 184. 3, 24; 190. 25; 202. 20; 432. 7
ἀκάκωτος 106. 8; 351. 23, 25
ἀκάματος 318. 18
ἄκανθος 105. 26
ἄκαρπος 332. 2
ἀκαρτέρητος 211. 15
ἀκατάληπτος 228. 27; 240. 4; 333. 17
ἀκαταμαρτύρητος 111. 22; 129. 10; 177. 11
ἀκαταμάχητος 99. 17
ἀκαταστασία 4. 18; 181. 9, 13, 24; 182. 3; 183. 22; 186. 20; 187. 18; 188. 7, 23; 190. 30; 219. 15; 409. 13
ἀκαταστατέω 99. 28; 157. 8; 184. 10; 190. 26
ἀκαταφρόνητος 16. 12
ἀκατηγόρητος 264. 14; 302. 4
ἄκεντρος 85. 27; 86. 13; 422. 30; 423. 9
ἀκηρύκτως 341. 7
ἀκίνδυνος 142. 15; 225. 18, 26; 316. 19
ἀκινδύνως 215. 12
ἀκίνητος 14. 2; 370. 15
ἀκίς 106. 27
ἄκληρος 60. 14
ἀκμαῖος 331. 26
ἀκμαστικός 382. 23
ἀκμή 101. 16; 153. 2; 168. 19; 177. 31; 338. 27
ἀκοή 4. 30; 59. 4; 70. 27; 71. 5; 104. 9, 19; 262. 9; 289. 24; 304. 7; 369. 23; 382. 24
ἀκολασία 386. 12
ἀκόλαστος 11. 25; 210. 19; 258. 33; 260. 19
ἀκολάστως 145. 31
ἀκολουθέω 242. 17; 286. 15
ἀκολουθία 4. 8; 118. 18; 132. 10; 154. 16; 162. 24; 163. 8; 168. 27; 233. 1; 241. 16; 302. 6
ἀκολούθως 54. 6; 65. 26; 104. 10; 146. 30; 179. 10; 200. 13; 251. 6; 282. 22; 290. 32; 291. 5; 346. 16
ἀκοντίζω 262. 29
ἀκοπίαστος 191. 31
ἀκοπίατος 251. 16; 340. 30
ἀκορέστως 331. 21
ἀκούω 4. 9; 23. 22, 23, 27, 29; 24. 2; 61. 7, 12; 135. 6; 171. 31; 198. 20; 229. 5, 14, 15; 232. 4; 246. 31; 249.

20, 23 (bis); 341. 2; 406. 15; 423. 4; 424. 19
ἀκρατής 39. 7
ἄκρατος 383. 8
ἀκρίβεια 215. 5; 229. 3; 255. 16; 258. 33; 259. 12; 262. 23; 283. 11; 285. 1; 302. 31; 332. 11; 339. 28; 344. 19; 455. 17
ἀκριβής 14. 28; 33. 2; 56. 6; 58. 14; 96. 4; 104. 13; 167. 14; 229. 8; 239. 22, 23, 30; 246. 20; 256. 14; 260. 25; 264. 6, 24; 278. 22; 288. 18, 33; 302. 16; 332. 19; 334. 10; 336. 10; 339. 12; 340. 1; 363. 31; 454. 30; 455. 7
ἀκριβολογέω 455. 22
ἀκριβόω 253. 1
ἀκριβῶς 18. 15, 23; 76. 4; 105. 35; 107. 6; 119. 11; 128. 33; 144. 18; 164. 25; 195. 8; 203. 11; 232. 28; 252. 1; 284. 7; 289. 2; 303. 12; 335. 17; 343. 4; 344. 14; 347. 33; 349. 4; 454. 31
ἀκρίς 370. 7
ἀκρισία 381. 10
ἄκριτος 17. 9; 48. 12; 333. 3
ἀκρίτως 47. 4; 412. 28
ἀκροαματικός 14. 18; 15. 4
ἀκρόασις 249. 18
ἀκροθιγής 39. 12; 187. 8; 211. 14; 258. 33; 332. 13
ἀκροθιγῶς 281. 13
ἄκρον 105. 31
ἀκρόνυκτος 159. 19
ἀκρονυχία 164. 24; 173. 20
ἀκρόνυχος 123. 5
ἄκρος 414. 24
ἀκρώρεια 251. 12
ἀκρωτηριασμός 228. 10
ἀκτινοβολέω 111. 2; 117. 29; 130. 10; 131. 25; 132. 2; 134. 31 (bis); 195. 24; 214. 27, 32, 35
ἀκτινοβολία 5. 14; 97. 27; 125. 7; 128. 34; 134. 17; 139. 29; 143. 3; 213. 24, 28, 31; 214. 15; 289. 26; 295. 24; 342. 21
ἀκτίς 99. 22; 126. 13, 20; 127. 5; 129. 9; 130. 1, 8; 131. 21; 132. 6, 17, 21; 134. 18, 29; 139. 10; 143. 9; 218. 14; 233. 10; 255. 28; 290. 10; 324. 14
ἀκυρολόγητος 126. 16; 193. 15; 280. 7
ἄκων 124. 25, 29; 239. 8; 242. 2; 345. 8; 357. 23, 27
ἀλαζών 5. 28; 220. 10
ἀλαμπής 88. 26
ἀλγέω 239. 10

ἀλγηδών 2. 15; 104. 22; 120. 30, 32; 369. 27
ἄλγησις 37. 18
ἀλήθεια 11. 24; 38. 2; 46. 29; 142. 10, 20; 145. 27; 162. 27; 163. 3, 32; 164. 20; 209. 35; 228. 31; 232. 15; 237. 30; 239. 17, 21; 247. 9; 258. 30; 302. 29; 317. 1, 8; 318. 11; 326. 23; 332. 1; 344. 12; 411. 21
ἀληθεύω 109. 3
ἀληθής 91. 24; 204. 18; 211. 1; 249. 23; 302. 14, 30; 323. 9; 363. 30; 371. 32; 380. 29; 425. 23
ἀληθινός 248. 16; 250. 12
ἀληθῶς 137. 15; 253. 32
ἀλητεία 4. 18
ἀλητεύω 321. 2
ἀλήτης 57. 9; 82. 24; 159. 15; 416. 23; 421. 2
ἀλίσκομαι 72. 7; 116. 8; 230. 12; 239. 4; 249. 26; 274. 13
ἀλλαγή 283. 12
ἀλλάσσω 175. 25
ἀλλαχοῦ 231. 30; 433. 4
ἀλλεπάλληλος 233. 17; 253. 32; 263. 23; 318. 19; 337. 19
ἀλλεπαλλήλως 260. 17
ἀλληλοπάθεια 5. 12
ἀλληλουχία 113. 28; 283. 8
ἀλλήλων 5. 13; 23. 29; 36. 23; 69. 23; 70. 24, 32; 71. 4; 73. 6, 32; 74. 5, 11; 94. 25; 97. 10, 13; 110. 17; 112. 13; 114. 21, 27; 115. 28; 122. 13; 123. 3, 12; 135. 10; 147. 33; 154. 1, 4, 13; 162. 1; 164. 33; 195. 30; 200. 16; 223. 1, 9; 224. 30; 235. 3, 10, 18; 239. 13; 240. 16; 247. 4, 18; 248. 7; 254. 15; 261. 33; 263. 1; 322. 19; 328. 12; 330. 27; 334. 24; 336. 20; 337. 6; 339. 30; 342. 8; 354. 4; 355. 29; 356. 9; 371. 29; 374. 13; 375. 12; 376. 22, 24; 387. 9; 388. 23; 414. 19, 25; 420. 25; 421. 18; 423. 1
ἀλλοεθνής 215. 9
ἀλλοιοπροσωπέω 63. 19
ἀλλοιόω 327. 25; 324. 10
ἀλλοιώδης 17. 11
ἀλλοίως 125. 4
ἄλλος 8. 28 (bis); 32. 23; 58. 24; 63. 12; 64. 13; 67. 15; 75. 1, 17; 77. 16; 80. 7, 14, 22, 32; 81. 9, 16, 25, 31; 82. 8, 13, 20, 26; 83. 3; 89. 15, 18, 25; 91. 25, 27 (bis); 97. 30; 101. 26; 106. 24; 107. 8, 27, 34; 108. 6, 13, 17, 22, 26, 31; 118. 20, 23; 119. 22;

122. 28; 123. 1, 7, 9, 14, 19, 24, 29;
124. 1, 6; 125. 4; 126. 26; 134. 21;
135. 15, 20; 136. 16; 140. 1; 142.
17; 146. 10; 148. 8; 149. 15, 19 (bis);
157. 13; 160. 27; 162. 8; 165. 19;
168. 10, 15, 32; 169. 16, 17; 175. 26;
178. 7; 191. 23; 193. 6, 16; 195. 22;
196. 23, 27; 210. 23, 24, 25; 211. 10;
216. 12, 33; 217. 15, 22, 29; 218. 22,
26, 29, 33; 219. 4, 13, 22; 220. 12;
228. 9; 233. 1; 234. 2, 14; 239. 19;
249. 29; 250. 20; 253. 22; 255. 3,
30; 256. 4, 13, 16; 257. 1, 29; 261.
16, 25; 269. 8, 22; 270. 1, 12, 24;
271. 3, 18, 23, 31; 272. 14, 26; 274.
13, 22, 30; 275. 3, 9, 14; 276. 10;
278. 19; 286. 13 (bis); 288. 25; 289.
14; 292. 14, 28; 293. 12, 22, 32;
294. 10, 18, 27; 295. 4, 13, 28; 296.
11, 26; 297. 7, 28; 298. 6, 20; 299.
1, 12; 300. 1, 32, 33; 303. 27; 304.
9, 24; 305. 3, 13, 19; 317. 2; 322.
24; 325. 7, 8; 328. 4; 332. 22; 336.
3; 348. 15; 351. 4; 359. 11, 15, 20,
28, 29; 361. 3; 362. 18, 19, 28; 363.
5, 11; 364. 34; 365. 10, 18; 366. 6,
10, 27; 371. 12; 372. 28; 374. 30;
377. 12; 380. 31; 381. 5, 11; 382. 1;
383. 5, 22; 385. 27; 401. 16; 402. 6;
405. 10; 418. 32; 419. 5, 10, 18, 26,
33; 420. 9, 14, 23, 30; 421. 5, 14,
21; 422. 8; 423. 4; 455. 19
ἄλλοσε 14. 24
ἄλλοτε 72. 13, 26; 73. 10; 215. 9; 231.
30; 233. 13; 234. 2; 258. 17; 301. 8;
329. 21; 374. 30
ἀλλότριος 2. 10, 11; 10. 6, 14, 22; 17.
4; 36. 23; 41. 4, 10; 42. 4, 8, 9, 12,
18; 47. 33; 48. 26; 56. 31; 57. 26;
63. 13, 26; 65. 24, 27; 69. 1, 30; 78.
16; 84. 33; 85. 28 (bis); 86. 14; 124.
16; 156. 15; 168. 7, 31; 172. 25;
184. 17; 193. 25; 217. 32; 242. 2;
243. 15; 248. 7; 249. 32; 250. 2;
252. 3; 254. 4; 288. 8; 337. 23; 355.
16; 357. 13; 370. 12; 372. 29; 380.
32; 384. 14; 389. 1; 407. 3, 19, 22,
33; 412. 24; 413. 2; 415. 17, 32;
417. 10; 422. 31; 423. 8
ἀλλοτριόω 99. 25; 113. 2; 210. 5
ἀλλοτρίως 153. 10
ἀλλοτρίωσις 257. 15; 369. 10
ἀλλόφυλος 42. 15; 115. 13; 407. 30
ἄλλως 23. 7; 28. 10; 29. 18; 35. 22; 43.
8; 47. 1; 50. 16; 52. 17; 58. 23; 76.

13; 77. 8; 78. 6, 8; 80. 21; 91. 6;
96. 2, 16, 20, 28; 97. 15, 23; 98. 5;
108. 15; 113. 19; 121. 32; 122. 12;
123. 12; 124. 4; 129. 10; 133. 28;
134. 30; 135. 1; 141. 3 (bis); 145. 3;
147. 2; 149. 3; 152. 17, 30; 153. 4;
154. 22; 159. 9; 166. 24; 172. 34;
176. 5; 193. 17; 195. 28; 199. 20;
200. 27; 215. 10, 17; 218. 14; 219.
30; 223. 24; 227. 29; 233. 16; 235.
11; 237. 5; 244. 27; 247. 14; 256.
31; 257. 11; 258. 17; 263. 15; 266.
4; 267. 4; 269. 19, 27; 272. 15; 284.
15; 285. 26, 31 (bis); 287. 19; 290.
12; 301. 8; 316. 19; 317. 21, 23, 25;
319. 30; 324. 8; 325. 22; 327. 6, 8;
328. 9; 329. 3, 21, 30; 337. 7; 339.
6, 8; 344. 4; 345. 25; 348. 23; 350.
3; 354. 25; 355. 28; 356. 10; 357. 1;
367. 20 (bis); 376. 8; 413. 18
ἁλμυρός 1. 23; 391. 17
ἀλογιστέω 124. 17; 357. 14
ἀλογίστως 230. 17; 239. 6, 7
ἄλογος 250. 19; 327. 24; 333. 3
ἀλούργημα 251. 16
ἄλοχος 352. 12
ἀλύπητος 250. 10; 340. 30; 341. 11
ἄλυπος 38. 29; 351. 21; 385. 24; 407.
13
ἀλύπως 41. 29; 259. 17; 331. 17
ἄλυτος 333. 9
ἀλφός 5. 25; 104. 33; 108. 20
ἀλφώδης 12. 20
ἀλωπεκία 104. 17; 108. 20
ἀμαθής 142. 10, 14; 210. 19; 211. 14;
229. 3, 15; 230. 14; 234. 8; 239. 21;
264. 12; 265. 17; 281. 6; 318. 10;
326. 25
ἀμαθία 228. 30; 231. 32; 302. 29
ἁμαρτάνω 15. 13; 99. 9; 111. 30; 316.
9; 455. 24
ἁμάρτημα 45. 2; 109. 31; 112. 4, 16;
124. 18; 191. 22; 239. 13, 15; 288.
12; 357. 15; 410. 7
ἁμαρτία 15. 17
ἁμαρτύρητος †89. 22†
ἁμαρτωλός 15. 14
ἀμαυρός 6. 5; 70. 15; 218. 15; 260. 19;
389. 25
ἀμαυρόω 118. 19; 149. 26; 155. 6; 228.
15; 231. 29; 233. 28; 238. 27; 302.
18; 317. 3; 326. 26; 331. 27; 374. 29;
376. 19; 379. 25
ἀμαύρωσις 104. 16, 32; 105. 19, 26
ἀμβλύνω 73. 25; 341. 5; 373. 23; 384. 2

INDEX VERBORVM

ἀνατέλλω 6. 17; 7. 6; 11. 7, 28; 13. 17;
21. 18, 19, 20, 21; 195. 26; 206. 4,
11, 18, 25, 32; 207. 5, 12, 19, 26, 33;
208. 3
ἀνατολή 13. 25; 37. 13; 61. 18; 65. 18;
66. 28; 84. 17; 101. 20; 102. 3; 113.
12; 122. 16; 140. 10; 141. 1; 166. 9,
17; 173. 13; 179. 6; 181. 23; 221.
28; 231. 18; 234. 6; 279. 17; 325.
18, 20; 351. 26; 367. 7; 385. 26;
399. 19; 406. 12; 430. 8
ἀνατολικός 46. 17; 49. 9; 55. 18; 61.
24; 66. 32; 71. 7; 73. 26; 83. 15; 84.
15, 23, 30; 85. 6, 18; 90. 25; 112.
4, 5, 22, 23; 113. 3; 129. 11; 131.
23; 133. 16, 25; 139. 8; 150. 22;
173. 11; 174. 1, 4; 180. 26; 181. 15;
189. 28; 190. 5; 193. 32; 194. 7;
252. 3, 8, 18, 33; 260. 30; 323. 5;
370. 11; 385. 20, 21; 410. 26; 414.
16; 415. 7; 421. 28; 422. 3, 23; 430.
19, 22
ἀνατρέπω 255. 4; 415. 2
ἀνατρέφω 46. 7; 101. 15; 168. 30; 172.
6; 330. 26; 372. 29; 411. 14
ἀνατρέχω 24. 15; 35. 15, 23; 51. 9;
142. 7; 249. 5; 284. 29; 289. 20;
317. 29; 336. 8
ἀνατροπή 102. 8
ἀνατυπόω 236. 6; 248. 26; 331. 2; 341.
4; 347. 25
ἄνανδος 317. 29
ἀναφέρω 22. 18, 19, 21, 25, 26; 23. 3,
7, 12; 24. 5, 6, 9, 12; 152. 27; 290.
28; 291. 1
ἀναφορά 18. 24, 27, 29; 19. 5, 6; 21.
19; 22. 3, 8, 11, 15, 17, 18, 22, 24;
23. 11, 14, 15, 19, 24, 25, 27; 24. 4,
8; 27. 22, 23, 25, 26; 28. 2, 3, 4; 56.
2, 5; 90. 11, 22, 24, 27, 28; 91. 5,
15, 17; 120. 30; 128. 30; 135. 4, 8;
143. 17. 26, 29; 144. 11; 147. 14,
20; 148. 5; 149, 1, 8, 10, 13, 14, 16,
17, 20, 21; 195. 18; 221. 7; 247. 2,
12, 18; 251. 25, 26; 252. 13, 23, 26;
253. 11, 13, 14, 15, 16, 18, 19 (bis),
23, 24, 25; 254. 27; 255. 20, 26, 32;
256. 10; 257. 4, 12; 258. 3; 260. 28;
261. 3, 10, 11, 28; 262. 3, 6, 16, 25;
263. 7, 17, 19; 265. 8; 266. 30; 267.
27; 268. 32; 269. 18; 270. 18; 271.
8; 272. 6, 7, 17, 20, 22, 23, 29, 31;
273. 8; 274. 25; 275. 13; 276. 11,
13, 28, 31; 277. 20, 31; 278. 11;
283. 9; 286. 4; 289. 16; 290. 26, 27;

291. 9, 12, 20; 292. 25; 293. 9, 19;
297. 5; 324. 24; 338. 4; 344. 5; 345.
11; 346. 8; 349. 11, 13; 350. 2, 12,
13, 27; 351. 12; 367. 23; 376. 23,
32, 33; 377. 4, 21; 396. 11, 12, 14,
15, 17, 18, 19; 414. 28; 424. 17; 433.
10, 16, 18, 20; 453. 23, 24, 25, 26;
454. 11, 12, 17
ἀναφορικός 19. 21; 20. 25; 21. 3; 23.
18; 105. 3; 107. 13; 121. 19; 130. 32;
327. 22, 31; 328. 16; 329. 16; 334.
31; 338. 5, 16; 339. 3; 388. 21
ἀναφορικῶς 339. 26
ἀναχέω 330. 24
ἀναχωρέω 15. 20; 73. 21
ἀναχώρησις 231. 20; 369. 14
ἀνδραποδισμός 382. 15
ἀνδρεία 104. 27; 105. 5, 6
ἀνδρεῖος 209. 1
ἀνδρεπίβολος 412. 28
ἀνδρεπίβουλος 407. 28
ἀνδριάς 1. 8; 7. 11; 38. 16; 45. 27; 385.
15; 411. 28
ἀνδρόγαμος 384. 10
ἀνδροκλάστης 226. 18
ἀνδροκτασία 382. 7
ἀνείκαστος 286. 32
ἀνελεήμων 382. 14
ἄνεμος 7. 32; 12. 4; 13. 3; 30. 3, 4, 13;
132. 23, 24; 133. 3, 9, 10, 11, 13, 14,
18, 24; 136. 19; 137. 22; 166. 4;
178. 29; 214. 1; 215. 13; 231. 21;
275. 19, 22; 330. 21; 397. 6, 7, 16;
425. 28
ἀνεμπόδιστος 235. 21
ἀνεμώδης 6. 2; 14. 2
ἀνεξίκακος 37. 24; 371. 19
ἀνεπαίσθητος 323. 14
ἀνεπαφρόδιτος 64. 7
ἀνεπικράτητος 127. 13; 143. 8
ἀνεπίμονος 40. 5, 22; 48. 10; 90. 7;
388. 30; 411. 34; 422. 18
ἀνεπιστρεπτέω 43. 2; 192. 13
ἀνεπίτευκτος 164. 6
ἀνεπιτηδειότης 455. 27
ἀνεπίφαντος 15. 32; 17. 25
ἀνεπιχαρής 72. 30
ἀνέραστος 111. 23
ἀνέρχομαι 251. 13
ἀνετικός 225. 14
ἄνενθεν 118. 7; 163. 23; 231. 1
ἀνεννοησία 36. 27
ἀνεύρεσις 248. 28
ἀνευρίσκω 240. 23; 248. 2; 259. 5; 260.
27; 281. 4; 318. 3; 334. 10

INDEX VERBORVM

ἀποκρύπτω 2. 2; 11. 23; 15. 3; 118. 3;
143. 5; 150. 6; 209. 18; 260. 5, 14;
346. 22
ἀπόκρυφος 2. 13; 7. 24; 10. 8; 37. 4;
48. 25; 102. 28; 104. 32; 105. 12;
107. 16; 163. 28; 166. 33; 167. 3;
170. 13; 251. 20; 288. 20; 321. 22;
369. 24; 390. 5; 413. 1
ἀποκρύφως 106. 16; 288. 6
ἀποκύησις 286. 2
ἀποκυητικός 350. 22; 453. 21; 454. 7,
8, 14, 16
ἀπολαμβάνω 159. 34; 336. 33
ἀπόλαυσις 378. 27; 386. 14
ἀπολαυστικός 15. 1; 18. 1
ἀπολαύω 377. 10
ἀπολείπω 252. 14; 255. 10; 264. 4; 319.
12; 337. 3
ἀπόλειψις 111. 21
ἀπόλλυμι 10. 15; 63. 25, 30; 64. 6; 65.
28; 66. 25; 69. 10; 120. 16, 28; 149.
27; 159. 28; 216. 11; 235. 24; 241.
27; 333. 29; 374. 34; 376. 13
ἀπολογέομαι 199. 8; 219. 26; 257. 9
ἀπολογία 42. 24; 83. 8; 183. 22; 187.
6, 27; 198. 27; 208. 24; 316. 10;
408. 25; 416. 6; 421. 19
ἀπόλυσις 189. 8; 220. 3
ἀπολύω 18. 24, 27, 30; 19. 3, 5, 12, 19,
31; 20. 16, 27; 21. 23, 30; 22. 4; 26.
24; 28. 14; 29. 17, 18, 27, 30; 30.
11, 21; 31. 11; 33. 8, 13, 20; 34. 5,
6, 15, 24; 35. 4, 9; 36, 2; 51. 4, 14,
22; 52. 1; 96. 22; 101. 10; 128. 1,
6, 13; 138. 10, 15; 141. 4; 143. 15,
25, 28; 144. 3; 145. 6, 7, 9, 11, 13;
146. 5; 158. 22; 162. 21; 166. 5;
200. 17; 204. 23; 205. 12; 213. 1;
218. 12; 219. 26; 233. 9, 15, 32; 245.
14, 19; 290. 8; 296. 3, 21; 297. 1,
17, 35; 298. 13, 27; 299. 8, 19; 300.
12; 323. 26; 326. 32; 327. 5; 328. 4;
397. 14; 401. 9; 403. 17; 404. 5
ἀπομερίζω 155. 30; 156. 1; 234. 21;
267. 1; 323. 28; 428. 2
ἀπομέτρησις 332. 19
ἀπονέμω 51. 20; 163. 31; 164. 10; 165.
13; 178. 10; 250. 13; 251. 22; 275.
29
ἀπονεύω 90. 21
ἀποπληξία 3. 9; 104. 16, 33; 107. 11;
120. 19; 378. 13; 382. 27
ἀποπνίγω 121. 11; 122. 25
ἀποπτερυγόομαι 275. 20
ἀπόπτωμα 228. 28; 229. 2

ἀπόπτωσις 423. 5
ἀπορέω 57. 5; 63. 16, 18; 416. 19
ἀπορία 35. 11; 247. 8
ἄπορος 37. 3, 24; 39. 26; 43. 29; 47. 3;
181. 4; 371. 18; 381. 10; 386. 2;
409. 17; 412. 26
ἀπόρρευσις 139. 7, 18
ἀπορρέω 100. 12; 109. 27; 318. 28
ἀπόρρητος 48. 25; 107. 16; 232. 13;
241. 25; 318. 4; 334. 6; 413. 1
ἀπόρροια 5. 13; 151. 27; 231. 22; 238.
17; 258. 14; 317. 16; 319. 9; 330. 9;
332. 25; 336. 32
ἀποσκότωσις 267. 17
ἀποσπάω 131. 13
ἀποστέργω 384. 27
ἀποστερέω 65. 24; 374. 9; 384. 1
ἀποστερητής 71. 29
ἀπόστημα 104. 26
ἀποστρέφω 335. 13
ἀπόστροφος 28. 22; 53. 5, 7; 73. 19;
78. 7; 90. 2; 92. 24, 30; 94. 31, 33;
95. 14, 17, 26; 98. 1; 115. 15; 119.
29; 122. 26; 123. 5; 124. 9; 127. 11;
139. 1, 31; 159. 9, 26; 190. 21; 198.
25; 204. 30; 205. 1, 16; 214. 33; 324.
17; 357. 6; 417. 4; 422. 13; 427. 9,
15
ἀπότεκνος 114. 6
ἀποτέλεσμα 5. 19; 49. 12; 68. 31; 69.
12; 70. 12; 71. 4; 91. 14; 97. 11; 101.
18, 27; 102. 7; 106. 9; 157. 25; 163.
12; 165. 9; 166. 20; 168. 2, 7, 16,
17, 20, 28; 169. 13, 23, 28; 170. 22,
23; 171. 5, 9; 172. 13; 173. 16, 17;
175. 1; 176. 14; 177. 20, 29, 30; 178.
1, 3, 8, 14, 19, 21; 180. 23; 182. 34;
194. 6; 201. 18; 203. 9 (bis); 204.
8, 11, 15; 205. 6, 19; 208. 14; 209.
10, 14; 214. 29; 215. 8, 21; 218. 20;
220. 26, 32; 221. 18, 24, 28, 31; 233.
4, 8, 12, 18; 234. 1, 16; 235. 1, 4;
239. 29; 240. 18, 25; 252. 19; 253.
7, 23; 254. 18; 255. 11, 17; 257. 26;
258. 10, 33; 259. 9; 260. 14; 262. 26,
32; 263. 21, 30; 264. 5, 27; 265. 20;
266. 30; 268. 1, 5; 271. 22; 274. 10;
275. 28, 31; 277. 20, 25; 278. 3, 12,
16, 18, 20; 280. 27; 300. 4; 322. 20;
329. 29; 342. 2; 376. 21; 377. 15,
32; 414. 4; 417. 27; 426. 11; 431. 4,
7; 432. 17, 18, 30, 33
ἀποτελεσματικός 318. 28; 376. 32; 377. 5
ἀποτελεσματογραφία 28. 11; 54. 4; 73.
7; 101. 28; 213. 26; 232. 25; 233. 6;

474

11; 390. 8; 406. 16; 407. 27; 408. 15, 24; 412. 15; 413. 2; 417. 29

βιαίως 102. 11, 15; 377. 18

βιβλίον 1. 2; 54. 2; 91. 26; 125. 2; 128. 26; 149. 28; 150. 2; 198. 2, 5; 229, 25; 230. 2; 250. 29; 251. 2; 281. 20; 282. 2; 316. 2; 337. 24; 357. 33; 453. 13, 16, 17

βίβλος 58. 16; 142. 8, 18; 146. 22, 25; 149. 23; 164. 16; 234. 7; 238. 23; 251. 4, 10; 258. 18, 30; 288. 23; 291. 12; 316. 5, 25; 317. 5; 318. 8; 319. 23; 328. 26; 332. 1; 334. 10; 368. 13

βιοθανατέω 377. 14

βίος 4. 17; 10. 6; 37. 23; 38. 11; 39. 19, 26; 40. 6, 10; 41. 12, 13, 17, 19; 43. 9, 16, 21, 25; 44. 6, 14, 22; 45. 1; 46. 1, 5, 16, 28; 47. 9, 21, 26; 48. 21, 29; 56. 14; 57. 13, 21; 58. 11; 59. 7; 63. 17; 64. 6, 9; 65. 5, 8, 18, 25; 66. 10, 12, 22; 67. 7; 68. 4; 71. 10; 72. 4; 73. 21; 74. 1; 78. 11, 22; 81. 28; 82. 3, 23; 83. 2, 21; 86. 12, 26, 29 (bis); 87. 11, 14 (bis); 88. 7; 90. 6, 30; 102. 9; 103. 24; 114. 28; 115. 27; 118. 5, 13, 16, 22, 29; 119. 3, 8, 13; 122. 19; 124. 34; 139. 19; 155. 3; 159. 15; 162. 16; 163. 4, 27; 164. 3, 6; 166. 30, 31; 169. 7; 170. 3; 172. 29; 173. 23; 174. 30; 175. 19; 178. 18; 179. 14; 180. 18, 31; 181. 6, 10, 20; 184. 2; 185. 9; 188. 18; 199. 7; 200. 24; 202. 24; 208. 24; 209. 13; 214. 14; 220. 6; 228. 10; 230. 18, 27; 233. 25; 235. 17; 238. 3, 14, 29; 240. 11; 246. 8, 9; 250. 6; 253. 6; 254. 6; 257. 22; 258. 13, 16; 263. 24; 265. 24, 25; 266. 9, 24; 281. 11; 320. 25; 321. 14, 23, 33; 322. 3, 25; 326. 23; 336. 21; 340. 17, 20, 29; 341. 8; 353. 2; 357. 31; 370. 21; 371. 12, 17; 372. 9; 373. 11, 13; 374. 1, 15, 18, 23, 25, 31; 375. 7, 18; 378. 19, 26, 32; 380. 1, 3, 7, 11, 28, 31; 381. 9, 10, 25; 382. 1, 4; 383. 5; 384. 5, 21; 385. 3, 5; 386. 1, 7; 387. 18 (bis); 388. 31; 389. 17; 406. 15, 17; 407. 25, 26, 34; 408. 15, 34; 409. 10, 14, 27; 410. 6, 25; 411. 3, 7, 20; 412. 11, 32; 413. 5, 11, 28; 415. 24; 416. 18; 417. 16; 420. 18; 421. 1, 10, 31; 429. 29

βιόω 10. 16; 127. 4; 131. 19; 145. 21; 149. 14, 22; 231. 5; 247. 14; 287.

27; 295. 21; 298. 5, 32; 302. 13, 20, 21, 27; 329. 22; 351. 18

βιώσιμος 143. 30; 147. 11; 228. 4; 247. 12; 287. 17; 319. 10; 320. 12

βιωτικός 182. 14; 214. 22; 226. 5; 228. 3, 7; 274. 2; 316. 14; 373. 31; 433. 29

βλαβερός 73. 29; 181. 16; 185. 6; 188. 26; 211. 11; 278. 27, 28; 331. 4; 352. 24; 355. 7; 373. 9

βλάβη 37. 10; 48. 18, 27; 86. 4; 98. 7; 183. 15; 186. 6; 226. 11; 236. 9; 253. 29; 278. 32; 353. 4, 8, 31; 355. 17, 22; 374. 6; 375. 7; 376. 29; 412. 8; 413. 3; 415. 13; 423. 5

βλακεία 386. 15

βλακεύω 455. 23

βλαπτικός 16. 32; 124. 12; 133. 20, 23; 253. 27; 278. 26; 279. 2; 280. 20; 324. 21; 357. 9

βλάπτω 65. 2; 68. 4; 70. 20; 73. 27; 88. 25; 111. 4; 148. 22; 182. 31; 253. 3; 331. 23; 371. 9; 372. 11 (bis); 12; 373. 16, 25; 374. 10; 375. 4, 32; 377. 16, 25; 383. 4, 31; 389. 19; 415. 6, 12; 421. 13; 432. 32; 433. 4

βλασφημέω 43. 12; 57. 8; 65. 20; 408. 18; 416. 21

βλάσφημος 343. 16

βλέπω 23. 22, 23, 24, 30; 61. 8, 12; 100. 17; 109. 28; 117. 2; 135. 6; 205. 27, 28; 246. 31; 248. 20; 349. 6, 7; 350. 5; 377. 29; 424. 19; 454. 2, 5, 17

βλοσυρός 109. 12

βοή 231. 12; 389. 7

βοήθεια 58. 10; 107. 3; 159. 34; 173. 30; 218. 1; 219. 12, 17, 26; 257. 8; 270. 8; 271. 7; 324. 16; 376. 18; 416. 13, 18

βοηθέω 116. 17; 123. 6; 130. 17; 139. 32; 172. 29; 199. 22; 200. 25; 248. 6; 253. 33; 263. 28; 331. 21; 333. 6, 21, 26, 31; 336. 14

βοηθός 246. 27; 270. 10; 334. 2

βορά 330. 27

βορέας, βορρᾶς 7. 6; 8. 5; 12. 14; 13. 3; 132. 34, 35; 133. 8; 137. 20, 22; 425. 26, 28, 30; 431. 28

βορεινός 12. 12

βόρειος 8. 3; 12. 8, 12, 22; 13. 7, 10, 11, 12, 15, 19, 25; 30. 5, 7, 13; 132. 31; 133. 10; 367. 27; 393. 7; 395. 21, 24; 397. 8, 10, 16, 19

βορραπηλιώτης 137. 21

γυμνασία 157. 21; 246. 6
γυμνασιαρχία 3. 17; 386. 13
γυμνασίαρχος 7. 10
γυμναστής 383. 13; 387. 31
γυμνήτης 64. 9
γυμνόω 389. 2
γυναικεῖος 167. 1; 279. 28; 387. 1
γυνή 3. 1, 27; 16. 27; 37. 15; 38. 4, 28;
39. 19; 43. 26, 32; 44. 5, 7; 45. 8,
13; 46. 8, 18, 24; 47. 1, 26; 48. 11;
59. 2; 60. 9, 11; 64. 7; 66. 1; 68. 2;
69. 31; 72. 23, 29; 73. 8, 9, 11; 85.
14; 102. 9, 26; 105. 16, 27; 109. 17,
25 (bis), 27, 29; 110. 6, 26; 111. 3,
12 (bis), 19; 112. 2, 28, 33, 34; 113.
4, 20, 26, 27; 114. 17, 28; 115. 17;
116. 12; 118. 14, 22; 121. 2, 28; 152.
35; 167. 1; 168. 21; 170. 5, 9, 14,
27 (bis); 176. 29; 178. 6; 180. 31;
184. 4, 9; 185. 14 (bis); 187. 22; 188.
7, 8, 30; 189. 10, 12; 195. 19; 200.
9; 214. 21; 217. 32; 218. 24; 219. 2,
14; 243. 11, 13 (bis); 253. 5; 256. 6, 8;
257. 14; 265. 25; 268. 20; 269. 8;
271. 17; 273. 3; 276. 9, 25; 320. 4;
321. 13, 16, 20, 23, 26, 28, 29, 33;
322. 2, 3, 7, 10; 352. 10; 353. 1, 14,
26, 27; 354. 9, 12, 18, 20, 22 (bis),
23, 24, 27 (bis); 355. 9, 26; 371. 21,
27; 373. 30; 375. 9; 376. 9, 27, 29;
377. 1; 378. 32; 379. 1, 2; 380. 21,
25; 384. 8, 10, 12 (bis); 385. 10, 24;
386. 12; 387. 8, 18, 24; 390. 26; 409.
9, 11, 14; 410. 1, 27; 411. 10, 17;
412. 2; 413. 17
γυρός 104. 21

δαιδαλούργημα 262. 29
δαιμόνιον 65. 6; 163. 15; 340. 27; 341.
31
δαιμονισμός 2. 16
δαίμων 60. 26; 61. 4, 7, 14, 16, 18, 23;
62. 11, 27; 66. 31; 67. 5, 6, 8; 68.
1; 69. 23; 74. 20, 21; 76. 3; 77. 19,
22, 23; 78. 4, 14; 80. 4; 81. 15, 19;
83. 29; 84. 3, 4, 10 (bis), 11, 12, 13,
14, 16, 19, 21, 23, 26, 29, 31; 85. 1,
4, 6, 9, 21; 86. 3, 23, 26, 29; 87.
10, 14, 24; 88. 3, 20; 89. 12, 21;
90. 1, 14; 92. 2, 12, 13, 15, 17; 93.
7, 11; 104. 1, 6 (bis), 12; 106. 3,
21, 27, 32; 107. 22, 23; 108. 2, 8,
10, 21, 24, 28, 29, 33; 113. 27; 114.
18, 26, 34; 115. 10, 11, 15; 116. 6;
122. 30; 123. 32; 147. 30, 32; 151.

23, 25, 28; 152. 8, 11, 12, 14, 18, 28,
30; 153. 8; 156. 10; 157. 5, 18, 22,
32; 158. 22; 161. 9, 15; 165. 26;
167. 17, 20 (bis), 21, 22, 25; 171. 26;
191. 16; 192. 23, 31; 220. 5, 10; 230.
26; 237. 17; 250. 5; 318. 13, 15, 27;
321. 12, 14, 16, 26; 322. 5; 329. 8,
11, 12, 13; 356. 4, 29; 391. 8; 416.
32, 34; 417. 1, 10; 419. 32; 420. 3;
421. 22, 23 (bis), 33; 422. 1, 3, 13,
25; 423. 4; 426. 6, 9, 14, 18
δακετόν 121. 20
δάκνω 105. 10
δάκρυον 2. 7; 331. 29
δάκτυλος 4. 30; 63. 23; 104. 27; 283.
18; 388. 19; 392. 3
δαμάζω 273. 17; 370. 28
δάνειον 78. 24; 190. 14; 199. 25; 379.
20; 412. 24; 417. 17
δανειστικός 38. 7, 23; 45. 25; 411. 25
δάνος 40. 12; 43. 6; 47. 32; 86. 15, 16,
19; 184. 16; 190. 29; 192. 20; 408.
13
δαπανάω 330. 14; 360. 28, 29
δαπάνη 182. 1
δαπανηρός 374. 33
δαψίλεια 340. 25; 344. 23; 378. 10;
386. 26; 390. 16
δαψιλής 318. 4; 386. 25
δεδιότως 229. 1
δέησις 219. 26
δειγματισμός 43. 1, 22, 28; 45. 11; 69.
31; 115. 3; 187. 20; 188. 6, 27; 189.
12; 236. 9; 408. 8; 409. 16, 33
δείδω 73. 20
δείκνυμι 91. 27; 98. 31; 99. 7, 13, 16,
17; 102. 7; 248. 19; 288. 22; 366. 1,
11; 430. 34
δειλία 369. 14
δειλός 48. 19; 209. 2; 389. 7; 412. 9
δεινός 111. 32; 227. 19; 338. 26; 370.
17; 371. 7; 376. 15; 383. 20; 384.
22; 387. 24; 388. 32; 433. 31
δεκαδάρχης 75. 20
δεκαετηρικός 362. 17
δεκαετηρίς 241. 4; 359. 2; 360. 4, 11;
362. 1, 13, 18, 22, 24, 26; 363. 3, 23;
366. 15, 16, 17, 29; 367. 1
δεκάκις 20. 6
δεκαπεντάκις 405. 8
δεκαπλασιάζω 20. 1
δεκάς 222. 21, 22; 223. 18 (bis)
δεκατεύω 100. 2; 376. 10; 380. 14; 381.
18; 383. 32; 384. 14, 22; 385. 4; 387.
17; 388. 32; 389. 3, 17, 19, 21

INDEX VERBORVM

INDEX VERBORVM

416. 13, 17, 32; 418. 7; 422. 6, 18;
426. 7; 430. 14, 18, 21
δοξάζω 16. 15; 38. 20; 101. 6; 180. 25;
211. 23, 25; 230. 18; 233. 22; 281.
16; 340. 1; 344. 23; 422. 29; 426.
22, 25
δοξαστικός 172. 10; 176. 9; 188. 9;
190. 1; 353. 11, 17; 354. 5
δορά 8. 4
δόρυ 378. 23
δορυφορέω 83. 14; 89. 27; 414. 23;
421. 27, 30; 426. 13
δορυφορία 4. 26; 5. 14; 422. 6, 11
δόσις 3. 26; 5. 2; 47. 29; 59. 9; 66. 17;
77. 24; 152. 31; 163. 2; 167. 6; 170.
3; 180. 5; 184. 13; 189. 18; 191. 2;
278. 32; 387. 6; 412. 21
δοσοληψία 372. 5; 387. 29
δοτήρ 4. 10; 5. 7; 36. 15; 38. 24; 54.
15; 57. 24; 76. 26; 78. 19; 117. 13;
238. 9; 280. 8; 320. 1; 417. 13
δοτικός 116. 31; 278. 31
δουλεία 101. 15; 186. 2; 270. 26
δουλελεύθερος 7. 4, 20; 10. 2
δούλη 109. 26; 110. 23; 114. 1; 375. 15
δουλικός 10. 19, 33; 12. 22; 100. 25;
112. 16; 167. 5; 180. 7; 187. 6;
199. 15; 205. 17; 371. 24
δοῦλος 8. 23; 64. 12; 72. 24; 75. 24;
82. 28; 98. 3, 9; 112. 18; 115. 20;
156. 26; 170. 4, 8, 16, 29; 171. 31,
33, 34; 172. 1, 2; 176. 30; 200. 10;
205. 17; 217. 9, 32, 34; 218. 5, 6;
219. 15, 19; 250. 9; 257. 15; 273.
27; 277. 14; 321. 15, 20, 28; 322. 8;
340. 26, 28; 374. 11; 421. 6
δρᾶμα 264. 18
δραπέτης 177. 24; 431. 19
δρασμός 172. 3
δράσσομαι 264. 24
δραστικός 374. 17; 379. 27
δράω 16. 14; 61. 16
δρέπω 317. 22
δριμύς 1. 13; 43. 8; 70. 16 (bis); 71.
21; 391. 9; 408. 14
δρόμημα 19. 12, 16; 20. 9, 11 (bis), 14;
102. 2; 299. 30; 346. 20; 347. 27,
30; 348. 9, 18
δρόμος 2. 27; 37. 13; 231. 16, 20, 25;
232. 1; 238. 21; 251. 19; 279. 17;
281. 5; 285. 29; 303. 20; 304. 13;
318. 20; 321. 6; 332. 24; 346. 26;
347. 1, 2; 350. 7; 378. 16
δρόσος 137. 20; 425. 27

δυάς 222. 17, 25, 26; 306. 21, 24, 29,
30; 307. 3; 315. 13; 346. 15
δύναμαι 25. 16; 33. 5, 16; 62. 23; 64.
13; 66. 10; 90. 23; 91. 2; 102. 34;
118. 25; 124. 29; 130. 18, 27; 131.
1; 142. 9; 161. 10; 163. 30; 164. 28,
29 (bis); 175. 25; 177. 28, 32; 180.
25; 192. 33; 194. 27; 199. 28; 201.
15, 29; 202. 2; 209. 33; 214. 32;
228. 23; 229. 18; 232. 10; 235. 13;
240. 11; 245. 1; 249. 27; 250. 13,
27; 258. 9; 260. 11; 264. 16; 275.
29; 278. 14; 281. 15; 284. 19; 288.
10; 317. 2; 325. 7; 327. 21; 331. 22;
333. 13; 340. 27; 341. 19; 357. 26;
366. 23; 370. 26
δυναμικός 254. 18; 256. 25; 353. 22
δύναμις 4. 20; 33. 25; 40. 2; 49. 4; 69.
23; 75. 18; 76. 15, 17, 23; 77. 22;
83. 27; 97. 10, 14; 101. 18, 30; 118.
12; 119. 8, 16, 26; 120. 3; 127. 24;
131. 33; 135. 11; 139. 21; 142. 19;
144. 4; 154. 15; 162. 31; 163. 19;
165. 8, 17, 21; 167. 8, 24; 170. 23;
173. 14, 15; 177. 28; 178. 21; 180.
23; 201. 28; 202. 1; 203. 9; 204. 17;
213. 30; 214. 26; 215. 4, 6; 234. 20,
32; 235. 29; 236. 13, 24; 240. 24;
241. 16, 22; 246. 26; 247. 6; 251. 7,
20, 26; 252. 28; 254. 22; 256. 29;
257. 26, 28; 264. 5; 265. 28; 266. 1;
269. 5; 275. 32; 277. 4; 278. 22;
288. 3, 9; 301. 9; 318. 24; 320. 11;
324. 2; 329. 25; 331. 11; 333. 31;
334. 8, 20; 336. 12 (bis); 337. 9, 22,
26, 28, 31; 338. 23; 339. 14; 340. 16;
344. 3, 9; 345. 6; 363. 22; 373. 22;
385. 8; 390. 1; 413. 33; 418. 8; 424.
21; 431. 11
δυναστεία 76. 22
δυνάστης 4. 26; 68. 23; 121. 5, 24; 170.
12; 378. 22; 383. 28
δυναστικός 58. 15; 83. 12, 25; 127. 21,
28; 128. 2, 14, 18; 132. 14; 135. 9;
143. 5, 12; 151. 24; 155. 15; 177.
17; 198. 6; 199. 10; 201. 6; 229. 8;
247. 3; 275. 27, 31; 318. 16; 319.
28; 324. 30; 343. 13; 345. 13, 31
δυνατός 31. 18; 34. 18; 86. 27; 118. 8;
140. 11; 141. 2, 30; 201. 8, 9; 202.
18; 216. 31; 247. 29; 248. 15; 249.
3, 10; 250. 6; 261. 2; 286. 13, 20,
22, 23, 25, 26, 28, 29, 31; 302. 21,
25; 303. 3; 325. 29; 335. 3; 348. 1;
379. 3, 14; 406. 5

δυνατῶς 192. 14
δύνω, δύω 6. 8, 17, 28; 8. 10, 21; 9. 25;
  11. 8; 12. 1; 13. 1; 21. 28; 22. 2, 10;
  49. 25; 63. 26; 72. 3 (bis); 90. 17;
  91. 29; 97. 33; 98. 26; 109. 14; 111.
  28; 112. 3, 10; 117. 12; 125. 24, 25;
  127. 28, 34; 129. 25; 134. 7; 143.
  33; 144. 2; 145. 9, 10, 15; 146. 29;
  147. 5; 169. 18; 201. 33; 252. 25;
  373. 11, 12, 14; 419. 29; 431. 23
δνοκαιδεκάζῳον 163. 26
δυσάδελφος 17. 11
δυσαερία 370. 9
δυσαμάρτητος 11. 3
δυσαναληψία 225. 15
δυσαρεστησία 353. 20
δυσαρέστησις 355. 27
δύσβατος 240. 26
δύσγαμος 111. 20
δύσγονος 17. 28
δυσέκλυτος 69. 9; 263. 23; 276. 2
δυσέκφορος 375. 26
δυσέλπιστος 118. 21
δυσεντερία 2. 15, 18; 105. 18; 121. 28;
  159. 8
δυσεντερικός 386. 30
δυσεξάλειπτος 107. 1
δυσεπανόρθωτος 74. 5
δυσεπίληπτος 240. 4
δυσεπίτευκτος 39. 25; 42. 22; 48. 15;
  57. 7; 85. 11; 301. 28; 372. 2; 386.
  1; 408. 23; 412. 5; 416. 21
δυσεπιτεύκτως 185. 4
δυσέφικτος 260. 4; 329. 28; 332. 19
δυσηκοΐα 104. 16
δυσθεράπευτος 202. 30
δυσθήρατος 260. 12; 453. 12
δυσίατος 301. 32
δύσις 10. 35; 38. 1, 29; 49. 22, 24, 26;
  60. 24; 61. 28; 100. 3; 101. 26; 102.
  27; 119. 21; 120. 1; 122. 17; 123.
  12; 124. 8; 127. 14; 130. 19; 134. 13,
  15; 143. 34; 147. 6; 152. 25; 173.
  24; 179. 3; 180. 27; 181. 27; 221.
  27; 231. 18; 234. 6; 252. 12; 323. 6;
  325. 18, 19; 347. 30; 356. 10; 357.
  5; 367. 11; 400. 8; 418. 7; 430. 12
δυσκαταγώνιστος 236. 3; 263. 24
δυσκατάληπτος 211. 1; 215. 4; 344. 13;
  360. 1
δύσκλεια 389. 17
δυσκολία 279. 15
δύσκολος 225. 11, 13, 20, 21, 28; 226.
  24, 28; 227, 1, 6, 9, 15, 19; 337. 23
δυσκόλως 117. 6

δύσκωφος 105. 33
δύσληπτος 91. 21
δύσλυτος 232. 12
δυσμεταχείριστος 365. 1
δυσνόητος 331. 33
δύσπιστος 103. 2; 248. 14; 249. 23;
  302. 4
δυσπλοία 388. 12
δύσπνοια 370. 1
δυσπραγέω 340. 8
δυσπραγής 15. 31
δύσπρακτος 173. 5
δυσπραξία 430. 10
δυσπρόκοπος 73. 21
δυσσυνάλλακτος 109. 21
δυσσυνείδητος 37. 5; 199. 1
δύστεκνος 17. 11
δύστευκτος 383. 21
δυστοκία 52. 19
δύστροπος 376. 14
δυστυχέω 16. 32; 88. 16; 99. 28; 118.
  9, 15; 119. 12; 344. 1
δυστυχής 55. 23; 118. 1; 253. 34; 273.
  27; 373. 11
δυστυχία 67. 10; 88. 17; 90. 10; 157.
  7; 236. 33; 414. 21
δυσφωνία 357. 29
δυσχερῶς 352. 17
δυσωδία 10. 19; 105. 8, 23
δυτικός 21. 30; 49. 20; 50. 12, 23; 51.
  6; 55. 18; 63. 9, 24; 73. 1; 76. 16;
  102. 18; 109. 20; 110. 2; 113. 14;
  126. 21; 129. 30; 133. 19; 139. 8;
  143. 28; 145. 11; 150. 22; 166. 32;
  173. 4; 194. 8; 247. 27; 252. 3; 414.
  17
δωδεκαετία 168. 1, 16; 208. 14; 211.
  34; 212. 33
δωδεκάκις 347. 14, 15; 399. 15; 401.
  5; 402. 4; 455. 9
δωδεκαπλασιάζω 20. 30; 286. 1; 287. 8,
  11, 16, 32; 303. 9; 350. 5, 18; 351.
  17; 399. 10; 401. 5; 455. 4
δωδεκάς 33. 12; 96. 21, 25; 164. 28;
  165. 4; 204. 22; 213. 1; 216. 7; 222.
  22; 401. 15; 402. 5
δωδεκαμοίριον 24. 15, 17, 19, 25; 25. 8
δωδεκατημόριον 18. 16, 19; 163. 9; 327.
  6, 18, 22, 23 (bis), 26, 32; 328. 4,
  5, 6
δωδεκάτροπος 170. 1, 21; 320. 27;
  321. 7
δωδεχήμερος 361. 18
δωρεά 2. 22; 37. 14; 38. 6, 14, 25; 39.
  17; 41. 8; 42. 7; 45. 23; 46. 15; 57.

INDEX VERBORVM

13; 78. 21; 84. 25; 85. 8; 145. 31;
158. 9; 170. 15; 171. 28; 174. 15;
177. 3, 9 (bis), 33; 178. 16; 179. 18,
30; 180. 12; 181. 11, 19; 184. 22;
185. 11, 14, 17, 22, 32; 188. 3, 11,
15; 189. 4, 32; 191. 19; 202. 28; 208.
30; 216. 30; 219. 17; 259. 12; 277.
9; 320. 18; 378. 5; 379. 9; 390. 16;
407. 21; 410. 25; 411. 24; 417. 15;
422. 6; 426. 28
δωρέομαι 246. 12; 260. 6; 332. 15
δωρηματικός 40. 19; 46. 20; 82. 4; 98.
34; 385. 22; 411. 13; 420. 19
δωρητικός 387. 5

ἐαρινός 6. 16
ἐάω 103. 26; 154. 6; 209. 13; 211. 18;
288. 7; 291. 14; 339. 3
ἑβδομαδικός 84. 4; 140. 8, 16, 22, 23,
24, 31; 141. 6, 8, 9, 12, 16, 23, 31;
142. 1; 245. 1, 8, 14, 16, 18, 21
ἑβδομαῖος 28. 8, 11
ἑβδομάς 25. 14, 25; 26. 6, 22; 141. 21;
148. 20; 222. 20; 223. 10, 12; 241.
13, 15; 245. 2, 10, 28; 358. 26;
368. 8, 10
ἕβδομον 140. 16 (bis)
ἔγγαιος, ἔγγειος 36. 23; 64. 26; 73. 13;
172. 18; 352. 25, 28
ἔγγιστα 24. 26; 29. 22; 34. 17; 51. 28;
145. 21; 146. 14; 262. 5; 275. 6, 8;
297. 24; 301. 26; 304. 29; 328. 7;
348. 23; 351. 13; 359. 9, 16; 406. 4
ἐγγίων 84. 6
ἐγγύη 40. 11; 43. 6; 47. 32; 184. 16;
187. 26; 190. 29; 192. 19; 384. 26;
408. 13; 412. 24
ἐγγύησις 199. 25
ἐγγυμνάζω 103. 5; 164. 16; 339. 1;
343. 18
ἐγγύς 33. 24; 64. 28; 85. 7; 187. 6;
304. 22; 365. 6; 421. 24; 422. 5;
423. 7
ἐγείρω 330. 13; 372. 31; 380. 5; 388.
15; 389. 6
ἐγκακωτικός 48. 24
ἔγκαρπος 332. 5
ἐγκάτοχος 62. 14
ἔγκεντρος 56. 26
ἐγκέφαλος 385. 17
ἔγκλημα 171. 15; 355. 5
ἐγκληματικῶς 281. 12
ἔγκλιμα 303. 24, 26 (bis); 304. 3, 17
(bis), 26; 328. 18; 329. 17; 338. 17

ἐγκοπή 2. 5; 94. 24; 173. 24; 181. 7;
183. 13; 184. 14; 369. 11; 430. 12
ἐγκοπτικός 173. 1; 183. 4; 186. 19
ἐγκόπτω 249. 17
ἐγκράτεια 157. 14; 238. 4; 281. 3; 288.
16; 341. 7; 343. 32; 344. 25
ἐγκρατεύομαι 121. 10
ἐγκρατής 16. 5; 37. 25; 39. 22; 48. 20;
105. 13; 113. 1; 163. 3; 210. 19;
371. 19; 412. 10
ἐγκρατῶς 210. 4
ἐγκυλισμός 112. 29
ἐγκυλίω 112. 26
ἔγκυος 353. 14; 354. 22
ἔγκυρτος 105. 2
ἐγκώμιον 164. 9
ἐγχειρέω 85. 12; 159. 28; 189. 7
ἐγχείρημα 326. 13; 433. 28
ἐγχείρησις 40. 3; 42. 17; 47. 29; 151.
30; 157. 17; 169. 5; 172. 19; 173.
19; 273. 32; 301. 29; 322. 4; 388.
29; 407. 32; 412. 21
ἐγχειρίζω 344. 2
ἐγχέσπαλος 333. 20
ἐγχορεύω 330. 31
ἐγχρονίζω 102. 34; 142. 11; 211. 15
ἔδεσμα 331. 22
ἕδρα 3. 10; 105. 19; 106. 12; 121. 15;
382. 25; 388. 18; 390. 23
ἑδραῖος 9. 8
ἐθέλω (cf. θέλω) 260. 10; 331. 24; 381.
12; 385. 1
ἔθιμος 388. 14
ἔθνος 9. 2; 11. 15; 317. 11; 332. 19,
20; 344. 20; 345. 22; 395. 1
ἔθος 31. 7, 21; 178. 3
ἔθω 7. 25; 16. 27; 104. 19; 106. 12;
119. 9; 153. 4; 166. 20, 27; 178. 1,
18; 188, 21; 199. 26; 233. 11; 331.
23; 432. 33
εἰδημόνως 334. 18
εἰδήμων 387. 9
εἴδησις 4. 22; 264. 27
εἶδος 17. 29; 58. 8; 77. 15, 27; 83. 25;
119. 14; 148. 15; 152. 26; 159. 10;
167. 1; 169. 28; 171. 5, 8; 176. 34;
192. 8; 195. 20; 198. 15; 240. 18;
250. 19; 253. 4; 278. 2; 301. 12; 322.
20, 26; 326. 13, 16; 330. 14, 19; 334.
17; 339. 22; 344. 13; 353. 17, 32;
354. 21; 355. 21, 23; 390. 3; 418. 20
εἴδωλον 65. 7; 107. 32
εἰδωλοποιητής 107. 15
εἰκάζω 30. 27; 31. 16; 235. 16; 281.
9; 302. 12; 332. 21

INDEX VERBORVM

ἐμφαίνω 42. 11; 250. 21; 328. 29; 329.
3; 339. 12
ἐμφανής 8. 6; 224. 15; 343. 26; 380.
11; 387. 10
ἔμφοβος 58. 2
ἔμφρων 381. 17
ἐμφύλιος 382. 15
ἐνακούω 41. 16; 42. 1; 407. 15
ἐνάλιος 103. 17
ἐναλλαγή 4. 21; 72. 25; 75. 26; 141. 11;
179. 8; 203. 8; 204. 14; 215. 26;
284. 20; 363. 25; 432. 16
ἐναλλάξ 56. 18; 67. 2; 87. 9; 88. 15;
116. 24; 182. 33; 204. 25; 228. 20;
235. 14; 266. 17; 279. 11; 326. 17;
423. 11
ἐναλλάσσω 70. 30; 72. 10; 74. 27; 84.
8; 127. 12; 139. 9, 15; 176. 3; 179.
5; 235. 7; 301. 9, 12
ἐναλλοιόω 49. 3; 234. 3; 235. 7; 241.
16; 278. 18, 19; 280. 5; 340. 21;
413. 32
ἐναλλοίωσις 388. 14
ἐναντιοβουλία 191. 22; 373. 4
ἐναντιόβουλος 14. 25; 60. 15; 70. 19;
71. 15; 249. 26
ἐναντιογνώμων 60. 15
ἐναντίος 37. 25; 56. 11, 18; 57. 16; 68.
5, 15, 27, 32; 69. 30; 78. 3; 85. 31;
86. 3, 8, 12, 17; 87. 19, 26; 88. 3,
29; 89. 23; 92. 30, 31; 93. 2, 7, 10,
11, 14, 20, 27, 28, 33, 35; 94. 9, 17,
19, 22, 25, 26, 27, 28; 95. 18, 21, 23;
101. 13; 118. 9; 122. 5; 133. 18 (bis);
135. 16; 136. 11, 14; 138. 23; 155.
9; 156. 6; 162. 13; 164. 4; 180. 28;
182. 29; 194. 6; 195. 32; 208. 15;
209. 7; 235. 23; 237. 14, 15; 241.
19; 250. 3; 251. 23; 262. 27; 266.
22; 279. 14; 280. 1, 21, 33; 305. 14;
306. 11, 14; 340. 14; 341. 10, 25, 26;
355. 30; 367. 4; 371. 7; 375. 20;
381. 10; 388. 6; 406. 23; 422. 28;
423. 4, 7; 427. 10, 14; 428. 10; 431.
25
ἐναντιότης 150. 23; 177. 27; 178. 20;
234. 11; 253. 30; 268. 3; 280. 1, 16
ἐναντιόω 56. 9, 17; 58. 27; 59. 2; 67.
26; 69. 14; 78. 13; 82. 15, 24; 83. 7,
15; 85. 18, 27; 86. 5; 87. 23; 88. 10,
20, 27; 90. 2; 93. 23; 107. 22, 25;
108. 3, 11; 117. 13; 118. 1; 119. 32;
122. 12, 25, 30, 33; 123. 11, 16, 22,
27, 32; 124. 5, 9, 34; 127. 5; 141.
13; 152. 26; 159. 17; 162. 8; 172.

23; 176. 16; 205. 14; 220. 8, 11; 228.
13; 254. 17; 255. 21, 25, 33; 257. 7;
261. 23; 319. 4; 355. 25, 28; 356. 9,
14, 20, 25, 30; 357. 1, 6, 31; 374. 1;
383. 32; 417. 9; 420. 25; 421. 4, 18,
28; 422. 14, 22, 30
ἐναντίωμα 5. 5; 15. 18; 26. 18; 36. 26;
40. 7; 41. 17; 42. 23; 44. 28; 45. 3;
48. 4, 12; 54. 16; 57. 5, 18; 58. 1;
59. 3; 68. 8; 69. 2; 84. 28; 101. 1;
114. 22; 122. 13; 124. 20; 154. 32;
158. 13; 159. 22; 172. 24; 179. 12;
184. 8; 187. 16; 189. 30; 191. 14;
221. 14; 228. 29; 236. 3, 17; 255. 6;
257. 6, 12; 258. 24; 269. 16; 273. 3;
277. 3; 355. 19; 357. 17; 370. 31;
406. 16; 408. 24; 410. 8, 15; 412. 2,
17; 415. 21; 416. 18; 427. 2
ἐναντίως 252. 12; 367. 4
ἐναντίωσις 60. 19; 68. 18; 71. 3, 14;
73. 32; 75. 11; 147. 28; 268. 26;
269. 5, 13; 384. 4; 415. 3; 416. 6
ἐναπόκειμαι 259. 4
ἐναπολαμβάνω 106. 33
ἐναργής 167. 14; 169. 29
ἐναρμόζω 230. 22; 337. 27
ἐναρμόνιος 178. 23; 341. 30; 345. 29
ἐνάρχω 58. 16; 119. 20; 202. 15; 288.
11; 432. 7
ἐνδεής 45. 19; 56. 13; 57. 7; 61. 5; 62.
23; 78. 12, 24; 81. 23; 82. 17; 118.
23; 340. 16; 410. 32; 416. 21; 420.
7, 27
ἐνδεητικός 14. 32
ἔνδεια 43. 11; 79. 7; 101. 2, 17; 174.
20; 277. 14; 319. 5; 369. 10; 374. 2;
408. 17; 417. 26
ἐνδείκνυμι 41. 1; 103. 14; 124. 22; 139.
21; 142. 18; 168. 18; 178. 33; 179.
5; 180. 24; 187. 28; 190. 31; 204. 4,
10; 208. 23; 214. 5; 215. 27; 232. 16;
233. 28; 234. 19; 236. 30; 237. 30;
239. 18; 240. 18; 242. 4; 246. 21,
25; 254. 10; 257. 26; 262. 31; 302.
17; 316. 13; 329. 22; 330. 5; 331. 3;
333. 13; 334. 17; 336. 21; 339. 10;
357. 19
ἐνδέχομαι 279. 6
ἐνδεῶς 81. 2; 417. 8, 17; 419. 21
ἔνδηλος 262. 22
ἐνδιατρίβω 258. 27
ἐνδιάφορος 100. 26; 169. 8
ἐνδόμυχος 17. 25; 390. 7
ἔνδον 403. 4
ἐνδοξοκοπέω 4. 19

ἔνδοξος 1. 8; 9. 13; 14. 30; 16. 25; 41.
14; 44. 9, 26; 46. 19, 30; 56. 9; 57.
26; 61. 19; 65. 22; 67. 14; 68. 15,
16; 69. 22; 70. 4; 74. 22; 77. 9, 11;
78. 7; 79. 1, 28; 80. 5; 83. 10, 12,
15; 84. 22, 28, 32; 85. 7; 89. 26; 97.
25; 100. 31; 114. 11; 115. 7; 124.
13; 157. 24, 30; 167. 19; 175. 1, 3;
176. 7; 185. 16; 209. 6; 219. 27;
318. 10; 357. 10; 374. 18; 376. 4;
385. 2, 21; 406. 13; 410. 13; 411.
12; 413. 13; 414. 3; 415. 30; 418.
17, 26, 31; 422. 5, 10
ἐνδόξως 369. 20
ἐνέδρα 70. 26; 86. 25; 87. 1, 7, 8, 10,
13; 371. 31; 423. 11
ἐνεδρευτής 388. 10
ἐνεδρεύω 389. 1
ἔνειμι 30. 20; 116. 31
ἐνέργεια 41. 22; 49. 7; 54. 6; 143. 2;
151. 29; 157. 21; 158. 10; 168. 2;
169. 31; 176. 6; 204. 13; 209. 11;
214. 5; 215. 8, 16; 233. 5; 239. 30;
241. 18; 248. 5; 260. 3; 265. 14;
302. 17; 319. 17; 345. 4; 406. 20
ἐνεργέω 70. 12, 13; 79. 19; 91. 14, 17;
128. 20; 165. 7; 168. 24; 171. 1, 8;
173. 17; 213. 10; 214. 27, 35; 221. 6;
240. 18; 252. 29; 258. 9; 262. 32;
265. 31; 276. 6; 277. 24; 278. 3;
329. 9; 331. 21; 377. 22, 23, 32
ἐνέργημα 252. 12
ἐνεργής 94. 4; 106. 5; 133. 27; 155. 16;
158. 7; 167. 25; 169. 13; 172. 13,
32; 176. 16; 203. 27; 204. 10, 17;
205. 6; 213. 6, 8; 220. 22; 221. 19;
223. 21; 238. 24; 256. 30; 264. 5;
324. 1; 373. 31; 431. 6, 9, 11
ἐνεργητικός 135. 5; 167. 20; 247. 27;
325. 3; 329. 32; 337. 24; 424. 18
ἐνθάδε 135. 25; 164. 8; 305. 23
ἔνθερμος 16. 33
ἐνθουσιαστικός 332. 32
ἐνθουσιάω 232. 19
ἐνθυμέομαι 70. 18
ἐνθύμησις 288. 8
ἐνιαυσιαῖος 160. 28; 163. 13; 169. 24;
233. 33; 241. 8, 10; 342. 24; 355. 23
ἐνιαύσιος 150. 12, 13, 15; 175. 34; 242.
20; 262. 18; 332. 24; 339. 11; 430. 16
ἐνιαυτός 26. 17; 27. 18; 50. 6; 52. 21,
24; 94. 4, 13, 23; 95. 10; 141. 27,
32; 147. 24, 27; 148. 12, 20; 149. 9;
153. 27; 159. 3, 4, 31 (bis), 32; 160.
1, 2, 5, 6, 7 (bis), 9, 10, 11; 162. 22,

24; 165. 15, 31; 166. 6; 169. 17; 170.
19; 173. 16, 28, 32; 176. 10, 12, 17;
181. 22; 183. 10; 185. 6; 189. 10;
193. 17, 24, 28, 31; 194. 6, 12, 14;
195. 15, 16, 28 (bis), 31, 33; 197. 2,
5, 10; 199. 11, 13; 200. 12, 14 (bis),
32; 203. 4; 204. 6; 205. 6; 208. 12;
213. 16, 18; 219. 7; 220. 21, 25; 224.
20; 227. 29; 233. 3; 234. 25; 243. 28,
33; 244. 5, 15; 260. 30; 261. 1; 283.
25; 287. 19; 289. 31; 301. 11; 323.
11; 339. 6; 352. 27, 29; 353. 13, 28;
354. 11, 12, 15, 25, 26, 28; 355. 10,
15, 20; 363. 16; 366. 14; 396. 24;
404. 8; 429. 20, 23, 26 (bis); 431. 2
ἔνιοι 44. 21; 63. 20; 69. 17; 72. 5; 73.
18; 74. 9, 12; 209. 7, 30; 233. 20;
300. 19; 376. 19; 383. 3, 13; 409. 26
ἐνίοτε 72. 14; 380. 16; 432. 6
ἐνίστημι 208. 18; 241. 19; 401. 3
ἐννάκις 399. 6; 406. 7
ἐννεαδικός 140. 8, 22, 25, 30; 141. 6, 8,
10, 12, 17, 26; 142. 2
ἐννεακαιδεκαετηρίς 31. 28, 30; 32. 2, 5,
8, 10, 18, 22
ἐννεακαιδεκάς 325. 16
ἐννεάκις 140. 24
ἐννεάς 141. 27, 28; 222. 21; 223. 14, 15
ἐννεατηρίς 323. 32
ἐννοέω 76. 11; 389. 22
ἐννοηματικός 42. 10
ἐννοηματικῶς 157. 15
ἔννοια 168. 17; 234. 1; 341. 32; 397. 16
ἐνοικέω 11. 15
ἔνοπλος 381. 19
ἐνοχλέω 63. 22; 99. 4
ἐνόχλησις 175. 32
ἔνοχος 111. 23
ἐνόω 401. 1, 17; 455. 4
ἔντερον 5. 2; 104. 8; 105. 11; 392. 3
ἐντεῦθεν 164. 27; 328. 21
ἔντευξις 185. 4; 248. 1
ἔντιμος 18. 5; 64. 19; 157. 1
ἐντολή 246. 9
ἐντός 2. 13, 28; 3. 10; 4. 1; 17. 26, 29;
21. 10; 33. 29; 43. 11; 53. 1, 2, 4;
69. 20; 96. 22; 101. 5; 104. 7; 105.
12, 25; 120. 29; 121. 27; 126. 32;
183. 17; 184. 7; 198. 20; 225. 8, 12;
245. 2; 285. 27; 324. 14; 335. 22, 23;
350. 4; 369. 24; 378. 17; 386. 29;
391. 22; 403. 14; 408. 16
ἐντρέχεια 60. 3
ἐντρεχής 48. 23; 412. 33
ἐντυγχάνω 50. 26; 92. 8; 103. 10, 18;

17; 372. 4; 374. 9, 11, 22, 25; 375.
21; 376. 29; 384. 1, 22; 387. 16; 388.
10; 409. 14, 15; 415. 12, 22; 416. 6,
7, 19; 417. 23; 426. 9
ἐπαγωγή 60. 8; 72. 1; 120. 17; 273. 21
ἔπαθλον 215. 15
ἐπαινέω 142. 20
ἔπαινος 103. 9; 142. 25; 210. 17; 229.
16; 288. 19; 332. 4, 9, 11; 334. 16;
343. 19
ἐπαίρω 46. 13; 410. 22
ἔπαισχρος 11. 3; 39. 19; 43. 1; 105. 8;
114. 6; 118. 15; 188. 29; 214. 22;
408. 6
ἐπαιτέω 66. 26
ἐπαίτης 64. 9; 277. 24
ἐπακολουθέω 44. 20; 112. 11; 114. 8;
124. 26; 200. 22; 214. 7; 228. 5;
243. 12; 267. 24; 337. 12; 357. 23;
409. 24
ἐπακούω 62. 5; 65. 16
ἐπακτικός 239. 21; 249. 18; 319. 5
ἐπαμφοτερίζω 14. 1
ἐπαναιρέω 164. 15
ἐπανάστασις 58. 3; 71. 17; 170. 30;
174. 27; 175. 13; 179. 13; 181. 26;
187. 5; 254. 8; 354. 9; 380. 30; 381.
15; 382. 15; 416. 8
ἐπαναφέρω 55. 18; 57. 3; 66. 8; 79. 13,
26; 100. 11; 107. 10, 12; 125. 29;
126. 2, 7, 12; 132. 12; 147. 16; 152.
15, 20; 253. 12; 267. 8, 22, 23; 273.
5; 278. 6; 290. 9; 299. 30; 371. 9;
414. 16, 20; 415. 33; 416. 17, 28;
418. 24
ἐπαναφορά 55. 22; 56. 16; 75. 27; 76.
5, 9; 81. 12; 85. 20, 25; 90. 9, 18,
24; 93. 17; 107. 4; 110. 21; 119. 20;
126. 6, 19; 128. 16, 22; 221. 10, 13;
234. 5; 268. 1; 273. 31; 323. 4; 374.
8; 389. 26; 415. 10; 418. 3; 419. 29;
422. 29; 426. 16; 433. 27
ἔπανδρος 14. 9; 48. 1; 412. 14
ἐνάνειμι 58. 15; 302. 5; 318. 16; 336.
30; 360. 27
ἐπανέλευσις 352. 7
ἐπανέρχομαι 352. 11; 383. 1
ἐπάνοδος 93. 6
ἐπάνω 9. 23; 35. 24; 47. 13; 199. 26;
413. 22
ἐπαράομαι 288. 20
ἐπαυξάνω, ἐπαύξω 82. 3; 154. 24; 407.
25; 420. 18
παυρίσκω 210. 26

ἐπαφροδισία 152. 2; 153. 4; 185. 13;
188. 16; 189. 6; 386. 20; 426. 4
ἐπαφρόδιτος 67. 31; 111. 9; 182. 20;
191. 2; 354. 11; 355. 25
ἐπαχθής 232. 5
ἐπέγερσις 355. 3, 5
ἐπείγω 119. 28
ἐπεῖδον 100. 5, 8; 117. 29
ἔπειμι (ἐπι + εἰμί) 56. 25; 76. 25; 77.
15; 78. 1, 19; 79. 18, 30; 84. 18, 19,
31; 87. 13; 90. 16; 91. 6; 93. 8; 96.
26; 106. 6, 10; 107. 2, 5; 113. 30;
119. 33; 122. 5; 123. 5, 21, 22; 127.
23, 26; 131. 25; 134. 29; 152. 4, 9;
155. 5, 17; 157. 6, 10; 158. 11; 165.
24; 167. 23; 171. 1, 12, 15, 17, 28;
172. 4, 10, 12; 174. 8, 19; 176. 31,
35; 181. 2; 191. 10, 17, 28; 192. 2,
8, 15, 26, 28; 198. 13, 16; 201. 17;
203. 23; 205. 5; 213. 17; 221. 1;
250. 20; 256. 23; 269. 19; 276. 12,
23; 278. 7; 280. 17, 20; 319. 31;
320. 6; 322. 13, 17; 323. 14; 334.
29; 356. 19, 21; 417. 12; 422. 30;
426. 28
ἔπειμι (ἐπι + εἶμι) 26. 1; 117. 29; 181.
27
ἐπεισάγω 48. 18; 124. 18; 357. 15;
363. 30; 382. 4; 412. 9
ἐπεισέρχομαι 108. 11
ἐπεισφέρω 118. 20; 120. 22; 122. 2;
142. 26; 145. 32; 163. 18, 34; 229.
22; 317. 10; 326. 26; 346. 23; 361. 3
ἐπεκτείνω 251. 8; 347. 22
ἐπεμβαίνω 169. 10; 173. 28; 175. 22,
34; 181. 2; 199. 18; 204. 12; 220.
27; 221. 22; 231. 17; 234. 11; 240.
7; 274. 9; 279. 9; 344. 20; 429. 21,
24, 25; 431. 8; 433. 3
ἐπέμβασις 36. 4, 13; 150. 23; 156. 10;
165. 24, 33; 168. 4; 169. 9, 14, 17;
172. 34; 173. 3, 9, 12, 28, 31; 174.
2; 175. 7, 20; 176. 9, 13; 179. 8;
180. 24; 195. 24; 201. 30, 35; 204.
10; 205. 1, 4, 15; 233. 11; 234. 9;
240. 5, 6, 9; 248. 8; 274. 8; 278. 21
(bis); 279. 4, 9, 16, 33; 322. 35; 323.
11, 12; 367. 2; 378. 2; 427. 7; 429.
27; 430. 20; 431. 5; 432. 31; 433. 5
ἐπεξεργάζομαι 169. 27
ἐπεξευρίσκω 260. 13; 268. 16; 285. 31;
337. 10
ἐπέραστος 18. 1; 208. 32; 237. 6
ἐπερείδω 228. 33; 336. 16

INDEX VERBORVM

ἐπικρατήτωρ 125. 13; 129. 10, 15; 138. 27, 31; 279. 1; 367. 20
ἐπικρίνω 139. 10
ἐπικτάομαι 78. 27
ἐπίκτησις 3. 18; 38. 14; 168. 14; 184. 32; 185. 19; 379. 9; 386. 22; 410. 31
ἐπικτητικός 266. 24
ἐπίκυκλος 332. 15
ἐπιλαμβάνω 279. 33; 280. 16, 17
ἐπίλαμπρος 158. 1
ἐπιλέγω 147. 6
ἐπιλήσμων 388. 6
ἐπιληψία 388. 20
ἐπίλοιπος 154. 8; 213. 1; 323. 28
ἐπίλυπος 37. 16; 44. 8; 46. 9; 85. 14; 111. 26; 187. 4; 202. 21; 243. 11; 265. 23; 409. 12; 411. 11
ἐπιλύπως 157. 12; 163. 14
ἐπίλυσις 104. 16; 109. 3; 150. 4; 162. 32; 198. 5; 210. 17; 267. 25; 288. 6, 27; 317. 7; 334. 14
ἐπιλύω 52. 15; 163. 33; 247. 33; 290. 15; 316. 22
ἐπίλωβος 171. 14
ἐπιμαρτυρέω 57. 11; 100. 13; 106. 14; 109. 11, 23; 110. 8, 9; 111. 23, 34; 112. 7, 22, 24, 26; 114. 25; 115. 2, 20, 21, 29; 116. 2, 3; 117. 4, 5; 127. 10; 129. 8; 137. 17; 167. 11; 169. 4; 171. 3; 180. 18; 192. 2, 7, 11, 15, 18; 266. 18; 267. 20; 278. 31; 279. 25; 280. 14; 425. 24
ἐπιμαρτύρησις 97. 30; 205. 4
ἐπιμαρτυρία 131. 28; 159. 23; 234. 11; 252. 30
ἐπιμείρομαι 332. 14
ἐπιμέλεια 301. 34; 332. 9; 343. 30
ἐπιμελῶς 279. 17
ἐπιμένω 39. 11; 44. 15; 169. 6; 202. 9; 231. 30, 34; 233. 22; 234. 19; 260. 16
ἐπιμερίζω 131. 9; 151. 6; 153. 11, 18, 20; 155. 22, 24; 156. 4, 6; 161. 22, 27; 162. 3; 180. 13, 30; 181. 6, 12; 183. 2; 184. 21, 26; 186. 5; 188. 2; 189. 24; 262. 18; 278. 29; 301. 12; 353. 19; 359. 16; 362. 20; 427. 24; 428. 4, 7, 9
ἐπιμερισμός 92. 22, 23, 26, 27; 93. 13, 32, 35; 94. 2, 6, 17, 18, 22; 147. 34; 151. 4, 13; 155. 25; 156. 3; 157. 25; 159. 1; 160. 27; 162. 6; 180. 29; 182. 11; 183. 1; 184. 20; 186. 4; 188. 1; 189. 23; 253. 6; 278. 16; 352. 24; 353. 7, 19; 354. 1, 18, 31; 355. 12,

31; 359. 1, 7, 10, 21, 27; 363. 24 (bis), 29; 364. 1; 426. 9; 427. 26; 428. 5
ἐπιμήκης 330. 16
ἐπιμίγνυμι 72. 23; 110. 3; 111. 32
ἐπίμικτος 321. 25, 28; 322. 8
ἐπιμιξία 47. 26; 72. 22; 154. 4; 413. 29
ἐπιμίσγω 72. 21; 109. 30; 110. 26
ἐπιμονή 145. 29; 156. 29; 163. 6; 211. 13
ἐπίμονος 146. 29; 202. 29; 234. 16; 326. 17
ἐπίμοχθος 14. 16; 42. 17, 19; 43. 10; 48. 4; 57. 8; 69. 4; 74. 12, 13; 80. 25; 118. 24; 273. 28; 274. 1; 407. 32. 35; 408. 16; 412. 16; 416. 23; 419. 13; 433. 28
ἐπινέω 259. 25
ἐπινοηματικός 48. 14; 354. 14, 31; 412. 4
ἐπινοήμων 70. 3
ἐπίνοια 102. 34; 338. 25
ἐπίνοσος 202. 30; 236. 3; 237. 4
ἐπιορκέω 164. 4; 202. 27; 251. 23; 408. 18; 432. 9
ἐπιορκία 3. 6; 382. 12; 390. 28
ἐπίορκος 10. 22; 43. 12; 65. 27; 71. 28
ἐπίπαν 415. 16
ἐπιπάρειμι 61. 18; 62. 27; 63. 10, 14, 29; 64. 1, 12, 26, 27; 66. 14, 16, 23, 26, 29; 67. 1; 148. 25; 194. 4; 252. 27; 267. 5; 278. 15, 25; 280. 25; 327. 9; 328. 10
ἐπιπαρέρχομαι 278. 29
ἐπιπέμπω 236. 2
ἐπιπλάστης 15. 34
ἐπίπλαστος 137. 10, 26; 249. 20; 321. 28
ἐπιπλέκω 110. 5, 7, 23; 113. 14; 316. 24; 354. 11
ἐπιπλοκή 37. 10; 45. 13; 109. 11; 167. 1; 170. 10; 181. 9; 182. 21; 184. 6; 185. 15, 20, 32; 191. 4; 371. 27; 386. 14; 410. 1
ἐπιπόλαιος 455. 23
ἐπίπονος 274. 1
ἐπιπράσσω 15. 28
ἐπιπρόσειμι 267. 6
ἐπιπροστίθημι 20. 26, 30; 21. 5, 14; 28. 15; 30. 20, 26; 31. 4; 34. 14; 151. 18; 212. 30; 284. 30; 289. 20, 33; 291. 4; 323. 1, 9; 329. 17, 19; 335. 25; 337. 4; 344. 10; 347. 32
ἐπίσαθρος 86. 1
ἐπισημαίνω 272. 10; 379. 13; 431. 6

502

371. 7; 375. 31; 376. 5; 377. 20, 32;
382. 3; 417. 33; 418. 22; 426. 6;
427. 18; 431. 6, 31; 432. 23, 31;
433. 4
ἐρημία 332. 4
ἔρημος 142. 15; 199. 30; 215. 10; 316.
18; 330. 16
ἔρις 343. 5; 382. 7
ἐριστής 17. 15
ἐριστικός 70. 25
ἑρμηνεία 4. 6
ἑρμηνεύς 7. 23; 71. 20
ἑρμηνεύω 103. 9, 12; 326. 22
ἑρπετόν 120. 25, 30; 121. 15, 17, 30
ἐρύθημα 228. 29
ἐρυθρός 3. 14; 391. 1
ἐρυσίπελας 382. 28
ἐρύω 112. 7; 353. 16
ἔρχομαι 65. 20; 86. 9; 92. 10; 102. 20;
109. 12, 28; 135. 29; 157. 33; 171.
25; 176. 10; 195. 13; 203. 13; 217.
17; 220. 24, 34; 221. 2, 22; 223. 9,
12; 249. 17; 251. 10; 289. 5; 292. 1,
19, 25; 303. 10; 305. 28 (bis); 352.
15; 419. 15; 421. 7; 426. 25; 430.
16; 431. 23, 25; 432. 21
ἔρως 2. 21; 3. 16; 5. 17; 67. 8; 165. 26;
167. 22; 191. 27; 192. 23; 386. 11;
391. 23
ἐρωτικός 12. 26; 276. 10; 316. 13; 380.
25
ἐσθλός 210. 26
ἑσπέρα 11. 11; 146. 29; 395. 9
ἑσπερινός 352. 10
ἑσπέριος 70. 6; 73. 10; 113. 13; 252.
34; 268. 12; 385. 20, 21, 26
ἕσπερος 146. 27
ἔσχατος 7. 31; 9. 5; 11. 6; 12. 28;
72. 5; 373. 11, 12; 393. 22; 414. 15,
28
ἔσω 13. 13
ἑταιρικός 114. 7
ἑταῖρος 72. 16; 232. 6; 318. 11
ἑτερογνώμων 76. 11
ἑτεροίωσις 343. 28
ἑτερομήκης 223. 29
ἕτερος 4. 1; 13. 16; 28. 20; 35. 12; 38.
27; 43. 15; 44. 1; 45. 2; 46. 12; 49.
2, 18; 51. 24; 55. 21; 56. 12; 57. 11;
60. 11; 62. 10; 65. 9; 68. 26; 74. 18
(bis), 24; 76. 7; 77. 10, 17; 78. 24;
83. 25, 26; 84. 6; 88. 11; 89. 5; 92.
9; 95. 20; 97. 4, 13; 99. 24; 101. 20;
103. 5; 107. 11; 118. 11, 12, 19, 24,
26, 27; 119. 6, 8, 22, 23, 24; 120.

32; 122. 14, 18; 124. 18, 22, 25, 32;
128. 15, 18, 19, 21; 131. 13; 132.
7; 138. 3, 30; 139. 15; 142. 19; 143.
12; 145. 26; 152. 28 (bis); 154. 1;
157. 13, 21; 158. 17; 163. 4, 33; 164.
8, 22, 23; 167. 30; 168. 14, 21 (bis),
22, 28; 171. 34; 177. 9, 28; 178. 9,
11, 15, 16; 187. 27; 190. 27, 31; 198.
6, 8, 24; 199. 9, 24, 28; 200. 1; 201.
17, 26; 202. 15; 208. 24; 209. 5, 8,
24; 210. 7, 24; 211. 7, 9, 11; 213.
14; 214. 5, 34, 35; 215. 18; 221. 26;
223. 1; 224. 23; 232. 22; 233. 24,
29, 30; 234. 20; 235. 13, 14; 236.
31; 237. 24, 31 (bis); 239. 19; 240.
13; 241. 15 (bis); 243. 16; 246. 16,
20; 247. 16; 252. 11, 17 (bis); 254.
10, 22, 23 (bis); 255. 11 (bis); 257.
11, 23, 25, 28; 259. 2, 18; 262. 10,
25, 26; 263. 11, 27; 264. 15; 265.
25; 266. 17, 19, 20, 26; 268. 8; 273.
20 (bis); 275. 19, 23, 32; 276. 4, 15;
277. 18; 278. 31; 286. 14 (bis), 20,
22; 287. 3; 288. 25, 29; 289. 14, 21;
300. 18; 317. 9, 30; 318. 6; 321. 8;
322. 11; 323. 2, 7, 18; 324. 30; 329.
23 (bis); 331. 1 (bis), 4, 5; 333. 29;
334. 10, 27; 335. 30; 336. 28; 337.
16, 20, 21; 340. 6, 18 (bis), 19, 24
(bis); 341. 6, 24; 343. 7, 13; 345. 20,
23; 346. 23; 347. 1, 3, 22; 348. 20;
352. 18, 19; 357. 15, 19, 22, 29; 360.
2; 369. 16; 375. 21; 380. 29 (bis);
383. 23; 408. 20; 409. 5; 410. 8, 22;
413. 31; 415. 3; 418. 17
ἑτεροσεβέω 174. 24
ἑτεροσχημόνως 320. 11
ἑτεροσχήμων 4. 22
ἑτερότροπος 11. 1; 76. 21
ἑτερόχροος 105. 1, 21
ἐτηρίς 363. 6
ἑτοιμοθάνατος 120. 14
ἕτοιμος 195. 10
ἔτος passim
εὖ 97. 30; 111. 34; 251. 22
εὐάδελφος 16. 5, 27
εὐαερία 386. 24
εὐάλωτος 45. 19
εὐανάλωτος 281. 9; 410. 32
εὐάρεστος 211. 4; 355. 9
εὐάρμοστος 145. 26
εὔβουλος 379. 13
εὐγαμία 386. 22
εὔγαμος 111. 15; 379. 1
εὐγενής 100. 26, 31

INDEX VERBORVM

εὐγενῶς 211. 22
εὐδαιμονέω 58. 28
εὐδαιμονία 36. 31; 44. 15; 55. 14; 56.
31; 58. 14, 25; 65. 1; 67. 10; 76. 3;
77. 1, 19; 78. 17; 83. 23; 102. 13,
23; 124. 17, 28; 158. 4; 175. 27;
208. 32; 235. 34; 357. 14, 26; 371.
2; 415. 2, 19; 426. 24
εὐδαίμων 16. 3; 40. 21; 63. 6; 69. 17;
118. 23, 29; 119. 4; 157. 24; 175.
22; 230. 14; 340. 5; 352. 2; 426. 17
εὐδάπανος 39. 12
εὐδεινός 6. 19; 7. 29; 8. 15
εὐδιάβολος 103. 2
εὔδιος 14. 15, 17; 178. 28; 179. 1; 353.
15
εὐδοκιμέω 363. 27
εὔδοξος 14. 23
εὐεκτέω 253. 35
εὐεξία 378. 9; 386. 19
εὐεπήβολος, εὐεπίβολος 37. 6; 43. 34;
44. 24; 45. 23; 47. 30; 111. 9; 157.
17; 181. 30; 189. 17, 25, 31; 190.
27; 235. 31; 341. 11; 355. 25; 409.
4; 410. 11; 411. 23; 412. 22
εὐεπηρέαστος 48. 12; 412. 2
εὐεπιβούλευτος 225. 29; 281. 10
εὐεπίβουλος 371. 27
εὐεπινόητος 43. 29; 409. 17
εὐεπίτευκτος 38. 26; 40. 17; 191. 7, 19;
385. 23; 409. 22
εὐεργεσία 41. 25; 165. 27; 170. 8; 172.
17; 173. 33; 174. 3; 175. 3; 181. 11;
185. 33; 215. 19; 236. 30; 240. 11;
276. 12; 372. 16; 378. 10; 381. 13;
386. 19; 407. 7; 426. 27; 430. 18, 21
εὐεργετέω 35. 5; 41. 10; 42. 9; 46. 7;
54. 22; 57. 26; 168. 11; 175. 35;
239. 3; 256. 27; 407. 23; 411. 9;
415. 31; 417. 17
εὐεργέτης 78. 22; 172. 5; 417. 15
εὐεργετικός 9. 11; 10. 30; 14. 9, 17;
16. 16; 37. 12; 39. 24; 40. 10; 46.
12; 47. 11; 68. 26; 173. 2; 180. 5;
191. 7; 237. 8; 255. 14; 385. 30;
388. 4; 410. 21
εὐερμής 14. 9
εὐετηρία 378. 9
εὐήθης 341. 19
εὐημερέω 77. 13; 158. 10; 220. 3; 228.
29; 320. 19; 418. 19
εὐημέρημα 153. 3
εὐημερία 42. 6; 46. 1; 179. 18; 180.
11; 182. 28; 184. 27; 189. 27; 190.

24; 230. 18; 241. 24; 264. 15; 341.
15; 411. 3
εὐθανατέω 17. 10; 120. 19
εὔθετος 16. 8
εὐθέως 211. 8; 223. 6
εὐθηνία 10. 17; 378. 9
εὔθραυστος 250. 6; 263. 25; 320. 26
εὐθρύλλητος 177. 14; 189. 16
εὐθυμία 4. 19; 341. 6
εὔθυμος 201. 12
εὐθύνω 326. 23
εὐθύς 1. 19; 22. 30; 50. 10; 235. 19,
24; 240. 26; 262. 29; 290. 6; 346.
18; 453. 13
εὐίατος 202. 30; 236. 10; 432. 11
εὐκαθαίρετος 166. 21; 202. 11, 29; 209.
30; 326. 17
εὐκατάληπτος 109. 5; 119. 12; 120. 11;
145. 27; 149. 24; 167. 15; 215. 7;
232. 14; 239. 28; 278. 22; 283. 12;
319. 16; 331. 9, 31; 337. 29; 339. 31
εὐκαταφρόνητος 48. 19; 412. 9
εὐκατηγόρητος 15. 12
εὐκατόρθωτος 15. 21; 45. 15; 179. 20;
181. 28; 182. 5, 27, 30; 185. 29; 191.
18; 410. 30
εὐκίνητος 16. 6; 92. 5
εὐκλεής 371. 14; 378. 32; 381. 17
εὔκλεια 373. 7; 379. 28
εὐκρασία 7. 30; 154. 5, 7; 178. 27; 231.
19; 330. 30; 331. 5; 386. 24
εὔκρατος 6. 3, 22, 24; 9. 7, 18; 11. 4;
12. 28; 13. 28; 14. 10, 15, 17, 21, 30;
15. 1; 16. 23, 25; 18. 6; 263. 29;
264. 8; 301. 25; 391. 21
εὐκταῖος 189. 15
εὐκτήμων 64. 19
εὐλαβέομαι 199. 7; 219. 34
εὔλογος 376. 29
εὐλόγως 119. 25; 154. 7, 12
εὐμάθεια 332. 14
εὐμαρής 360. 3; 364. 26; 365. 6
εὐμενής 167. 3
εὐμετάβολος 5. 22; 8. 24, 26; 9. 8; 10.
4, 11, 26; 12. 23; 17. 9; 254. 5; 388.
7, 16
εὐμετάγνωτος 291. 16
εὐμετάδοτος 7. 8; 10. 28; 11. 24; 42.
8; 45. 26; 46. 2; 47. 32; 78. 24; 411.
4, 27
εὐμετάθετος 233. 17
εὐμετανόητος 11. 3; 39. 9, 20; 44. 12;
46. 12; 47. 18, 34; 202. 8, 16; 387.
8; 410. 21; 413. 8
εὐμετάπτωτος 69. 29

εὐυπόκριτος 47. 10; 114. 9; 413. 19
εὐφαντασίωτος 40. 19; 46. 10, 28; 142.
    13; 200. 7; 220. 2; 257. 31; 410. 19;
    411. 20
εὐφημέω 37. 28; 46. 22; 237. 9; 320.
    21; 411. 15
εὐφημία 65. 10; 177. 12
εὔφημος 202. 29; 378. 31
εὐφθαρτικός 8. 27
εὐφορία 2. 23; 378. 7; 386. 27
εὐφραίνω 46. 18; 63. 7; 331. 24; 410.
    27; 453. 10
εὐφραντικός 8. 27; 46. 3; 98. 34; 411. 5
εὐφροσύνη 3. 18; 182. 21; 188. 16; 354.
    19; 387. 18; 391. 25
εὐφρόσυνος 14. 19; 69. 22
εὐφυής 14. 2; 15. 2; 43. 34; 47. 24; 70.
    4; 195. 12; 388. 5; 409. 4; 413. 26
εὐφωνία 3. 19
εὔφωνος 7. 19
εὔχαρις 387. 19
εὐχαριστέω 174. 14; 186. 2
εὐχάριστος 17. 5
εὐχερής 239. 20; 264. 23; 364. 2
εὐχερῶς 215. 12
εὐχή 174. 12; 202. 26; 210. 6
εὔχομαι 210. 8 (bis); 239. 10; 250. 3;
    381. 12
εὐχρημάτιστος 38. 7
εὐχρήματος 186. 2
εὐχρηστία 163. 19
εὔχρηστος 195. 6; 336. 17; 340. 11
εὔχροος 14. 1
εὐψυχής 18. 7
εὐώνυμος 7. 1; 18. 16, 20; 67. 16; 68.
    4; 69. 1; 279. 18; 327. 6; 382. 24;
    389. 14; 394. 9
ἐφεξῆς 153. 21, 25, 31; 162. 18; 167.
    33; 242. 6; 282. 19; 283. 3; 325. 8
ἐφευρίσκω 215. 25
ἐφήμερος 61. 5
ἐφθονημένως 288. 6
ἐφικνέομαι 317. 8
ἐφικτός 248. 15
ἐφίστημι 9. 23; 85. 27; 86. 10, 20, 23;
    93. 10, 24, 27; 94. 11, 14, 26, 27; 95.
    2, 21, 30; 134. 27; 266. 17; 333. 22
ἔφοδος 19. 22; 23. 13; 58. 3; 104. 29;
    120. 26; 121. 16; 220. 14; 303. 16;
    320. 31; 366. 12; 390. 27; 416. 8
ἐφοράω 60. 20; 86. 17; 99. 5; 194. 4, 7;
    195. 2; 355. 6
ἐφύβριστος 69. 4
ἔχθιστος 211. 27; 230. 21
ἔχθρα 3. 3; 36. 27; 37. 21; 39. 3; 40. 7;

41. 27; 42. 33; 46. 23; 47. 8; 48. 5,
    12; 71. 18; 74. 5, 7; 88. 23; 114. 23;
    155. 1; 170. 9, 16; 174. 28; 179. 12,
    25; 180. 17, 19, 30; 181. 13, 25; 182.
    3; 183. 3, 10, 15, 22; 184. 14; 185.
    3, 7; 186. 6, 13; 187. 18; 188. 22,
    28; 189. 12; 190. 28; 208. 27; 214.
    19, 21; 219. 2; 241. 28; 257. 21; 271.
    5, 12; 276. 22; 334. 6; 343. 17; 370.
    30; 371. 16; 374. 3; 382. 10; 407. 10;
    408. 4; 411. 16; 412. 2, 18, 31
ἐχθρασμός 354. 23
ἐχθρός 10. 30; 36. 26; 37. 14; 48. 18;
    61. 1; 67. 9; 73. 31; 75. 14; 112. 18;
    135. 1, 12, 14, 20, 28, 31; 136. 8, 12;
    170. 30; 175. 13; 187. 5; 189. 25;
    192. 27; 229. 23; 241. 31; 249. 32;
    250. 3; 305. 10, 12, 19, 26, 30; 306.
    7, 12; 321. 15, 20, 28; 322. 8; 345.
    7; 355. 5; 374. 28; 376. 11; 380. 7,
    16; 387. 13; 412. 8; 424. 14
ἐχθρώδης 380. 9
ἐχομένως 58. 17; 267. 20; 319. 23
ἔχω passim
ἕψος 66. 28; 67. 31; 70. 3; 71. 8; 73. 8;
    113. 3, 12; 268. 11; 385. 20, 22, 26

ζάλη 178. 29; 215. 13
ζεύγνυμι 110. 13, 15, 17; 112. 25
ζέφυρος 12. 18; 395. 17
ζηλοτυπία 46. 25; 112. 14; 114. 8, 22;
    182. 2; 188. 19; 218. 3, 24; 354. 27;
    355. 27; 387. 23; 411. 18
ζηλότυπος 39. 8; 110. 9; 383. 8
ζηλοτύπως 113. 14
ζηλόω 47. 25; 413. 27
ζηλωτής 231. 3
ζημία 43. 22; 59. 27; 63. 30; 64. 7;
    98. 7; 156. 22, 26; 158. 13; 162. 10;
    172. 2; 173. 7; 174. 20; 179. 25;
    180. 8; 181. 24; 183. 10; 184. 14;
    187. 2, 16, 25; 188. 7; 190. 13, 28;
    192. 9; 216. 27; 219. 18; 228. 9;
    241. 29; 243. 12; 255. 7; 257. 15;
    275. 30; 277. 14; 352. 27, 29; 353.
    21; 354. 3; 372. 31; 384. 10; 427. 2,
    18
ζημιώδης 73. 27
ζημιωτικός 65. 20; 66. 19
ζητέω 21. 23; 23. 6, 9; 28. 10; 30. 16,
    25; 33. 15, 28; 34. 29; 52. 14; 56.
    20; 61. 7; 76. 5; 79. 24, 29; 90. 12,
    29; 125. 8; 130. 26; 133. 3; 135. 31;
    136. 8; 140. 30; 141. 8, 19, 29; 145.
    27; 150. 5; 151. 31; 152. 7, 19; 158.

30; 287. 10; 301. 12, 30; 302. 32;
305. 14; 320. 17; 321. 31; 322. 3, 7,
10; 334. 7; 336. 18, 23; 343. 6; 354.
20; 355. 1, 7, 13; 356. 33; 357. 15,
16; 370. 4; 371. 4, 7, 29; 373. 26;
376. 27; 381. 16; 382. 16; 383. 30;
419. 17; 423. 13
θανατόω 374. 8; 387. 24
θάπτω 373. 29; 385. 10
θαρραλέος, θαρσαλέος 210. 2; 235. 32;
250. 11
θάρσος 228. 29
θαυμάζω 142. 20; 256. 2; 260. 11; 274.
11
θαυμάσιος 91. 26
θαυμαστός 4. 19; 166. 20; 169. 29;
232. 10; 289. 1
θεά 1. 16; 65. 13, 18, 29; 66. 3 (bis),
4; 67. 5; 74. 19; 83. 5; 106. 32; 128.
17; 167. 22; 209. 12; 321. 21, 25;
333. 27
θέα 345. 3; 391. 16
θεάομαι 271. 26
θεατρικός 8. 27; 15. 15; 17. 3
θεατρισμός 17. 7
θεατρώδης 14. 11
θεῖος 37. 5; 39. 24; 57. 7; 98. 33; 174.
23; 188. 16; 201. 10; 221. 33; 231.
7; 232. 6, 8; 260. 10; 316. 4; 317.
15, 19, 22; 338. 28; 340. 10; 344.
29; 377. 26; 385. 14; 416. 22
θέλγω 103. 19; 192. 1; 249. 19; 288.
30; 318. 22
θέλησις 235. 22
θέλξις 232. 2
θέλω (cf. ἐθέλω) 22. 7, 14; 26. 4; 29.
25; 48. 24; 50. 16; 51. 14; 52. 4;
65. 12; 201. 19; 209. 22; 210. 7, 14;
242. 1; 244. 27; 249. 31; 250. 17,
28; 259. 22; 262. 9; 299. 28; 331.
13, 33; 341. 9, 18, 32; 347. 17; 368.
5; 413. 1; 454. 31
θέμα 184. 17, 29; 217. 24; 222. 23;
224. 24; 245. 4, 17; 269. 8; 270. 1;
326. 20; 328. 17; 355. 25; 417. 4
θεμέλιον 7. 5; 37. 11; 40. 16; 41. 11,
20; 57. 26; 79. 5; 166. 32; 168. 14;
172. 18; 183. 30; 215. 35; 321. 22,
30; 322. 4; 352. 25; 372. 16, 19;
406. 18; 407. 24; 415. 31; 417. 24
θέμις 229. 16
θεόληπτος 108. 28
θεοληψία 199. 32
θεομαχέω 333. 25
θεομάχος 318. 10

θεόπνευστος 317. 15
θεός 1. 6; 4. 26; 5. 2; 8. 9; 11. 9; 16.
20; 18. 2; 43. 12; 46. 7; 62. 1, 5
(bis); 65. 21; 66. 6; 67. 5; 74. 19;
83. 6; 101. 29; 102. 23, 30; 106.
28 (bis), 32; 107. 3, 15, 32; 108. 29;
124. 18; 126. 13; 128. 17; 135. 18;
142. 15; 164. 2, 14; 167. 22; 170.
12 (bis); 174. 11, 12, 13, 14, 22; 183.
7; 186. 2; 202. 25, 26; 209. 27; 210.
11, 23, 31; 211. 29; 215. 31, 36; 216.
29; 217. 19; 232. 20; 238. 10; 246.
14; 250. 4; 251. 17, 23; 256. 21, 30;
260. 9; 263. 26; 305. 16; 316. 18;
317. 12; 318. 3; 321. 33; 322. 6, 9;
332. 27, 31; 333. 5, 9, 15, 26; 334. 1,
2; 338. 28; 339. 26; 340. 26; 343. 9;
351. 24; 357. 15; 385. 30; 391. 8, 24;
408. 17; 411. 9; 421. 16
θεοσεβής 16. 1, 10, 26; 17. 20; 380. 24
θεοφορέω 105. 5, 16
θεοχόλητος 65. 19
θεραπεία 202. 30; 432. 11
θεραπεύω 258. 28
θερινός 302. 19
θερμός 44. 17, 32; 57. 20; 382. 18, 29;
383. 21; 390. 13; 391. 5, 12; 409.
22; 410. 3; 415. 23
θέσις 97. 30; 247. 29; 280. 8; 361. 10;
414. 10, 14; 415. 11
θεωρέω 28. 18; 69. 26; 73. 29; 76. 24;
92. 32; 93. 31; 96. 8; 102. 6; 111.
18; 114. 12; 123. 27, 31; 135. 17;
141. 30; 159. 19; 180. 6; 181. 7, 32;
183. 5; 184. 5, 14, 24; 188. 5; 190. 9,
16, 18; 222. 27; 252. 24; 280. 33;
287. 15; 290. 5; 305. 15; 356. 25, 29
θεώρημα 91. 28; 92. 5; 228. 32; 246.
11; 248. 28; 317. 1; 414. 11
θεωρία 62. 16; 64. 15; 107. 7; 109. 1;
142. 27; 163. 21; 164. 17; 169. 31;
201. 10, 19; 216. 17; 228. 26; 230.
26; 231. 15; 232. 6; 239. 24; 246. 20;
247. 8; 260. 18; 277. 2; 302. 1; 316.
13; 320. 32; 330. 31; 332. 16; 338.
27; 339. 24; 343. 19; 344. 22; 345.
27
θῆλυ 12. 19
θηλυγονία 104. 27
θηλυγόνος 17. 7
θηλυκός 6. 16; 8. 23; 10. 1, 18, 32;
18. 17; 27. 1, 2, 3, 4 (bis), 5; 38. 25;
39. 10, 13; 40. 2; 41. 10, 24; 42. 33;
43. 22; 44. 4, 29; 47. 7; 68. 5, 20,
24, 27; 69. 16; 72. 16; 79. 10; 96.

INDEX VERBORVM

23, 26; 99. 12, 13, 14, 15, 18; 100.
5, 7; 110. 29, 31; 111. 33; 113. 5;
115. 32; 116. 19, 27 (bis), 32; 117.
17; 120. 32; 121. 7, 12; 138. 18, 26;
152. 32; 180. 10; 181. 9, 18, 25, 31;
182. 1, 5, 21, 26; 183. 14; 184. 4;
185. 30, 32; 186. 22, 30; 187. 18,
19; 188. 3, 10, 22, 26, 28; 189. 6, 11,
20; 190. 6; 191. 5; 192. 1, 5, 12, 34;
195. 20; 214. 21; 216. 11, 26; 217.
2, 11; 218. 1; 242. 12; 255. 22;
276. 17; 278. 2; 318. 32; 319. 3;
320. 3, 5; 327. 17, 19 (bis), 20; 352.
18; 353. 1, 17, 32; 354. 12, 19, 21;
355. 21, 23; 371. 13; 374. 18; 375.
2, 7; 376. 8; 377. 3; 380. 23; 383.
10; 388. 28; 389. 20; 396. 1, 2,
4 (ter), 5; 407. 7, 23; 408. 4, 34; 409.
8; 410. 16; 412. 30; 413. 29; 417. 31
θηλυμανία 386. 21
θηλύνω 7. 20; 10. 11; 11. 19; 73. 10
θηλύφρων 99. 13
θήρα 3. 8, 26
θηράω 384. 8
θηρεύω 249. 15
θηριομαχέω 123. 23; 124. 10; 356. 21;
357. 7
θηρίον 72. 7; 75. 6; 105. 2, 9, 24, 33;
120. 15, 25, 30; 121. 7, 17, 20, 24,
31; 333. 3; 374. 6
θηριόω 192. 17
θηριώδης 327. 23; 374. 5; 376. 17
θησαυρίζω 318. 3; 337. 31
θησαύρισμα 338. 1
θησαυριστικός 369. 18
θησαυρός 38. 7, 22; 45. 29; 65. 17;
186. 1; 259. 2; 379. 19; 411. 29
θησαυροφύλαξ 81. 29; 420. 12
θίξις 12. 8; 13. 6
θλίβω 273. 32; 433. 28
θλῖψις 69. 3; 380. 9
θνήσκω 211. 25; 276. 26; 288. 28;
302. 13; 376. 2
θνητός 317. 26; 318. 2; 332. 17; 339.
25
θοινάω 331. 20
θοίνημα 150. 5
θολόω 237. 24
θολώδης 331. 28
θορυβέω 16. 6
θόρυβος 172. 25; 175. 10; 254. 7; 255.
7; 258. 1; 353. 19; 354. 9; 355. 22
θορυβώδης 353. 23
θράσος 382. 10
θρασύδειλος 39. 24; 385. 31

θρασύνω 249. 32; 250. 7
θρασύς 5. 28; 42. 13; 44. 24; 47. 6;
48. 1; 98. 34; 190. 31; 407. 28;
410. 11; 412. 14, 29
θραῦσις 158. 25; 320. 7
θραύω 180. 25; 201. 10, 29; 202. 1;
234. 20; 264. 1; 266. 1
θρεπτικός 386. 24
θρεπτός 149. 24, 27
θρῆνος 116. 24
θρησκεία 388. 13
θρησκεύω 202. 26; 251. 17
θρησκώδης 99. 6
θρύαλλον 331. 30
θρυλέω 118. 16; 344. 1
θυγάτηρ 115. 9; 195. 19
θυμήρως 352. 11
θυμικός 372. 33
θυμός 380. 8; 382. 9
θυρεπανοίκτης 192. 17
θυσία 210. 6
θύτης 4. 14; 71. 24, 26; 388. 2
θύω 202. 25
θώραξ 225. 12

ἰάσιμος 107. 1
ἴασις 181. 5
ἰατρεία 107. 3
ἰατρικός 44. 2; 409. 6
ἰατρός 4. 12; 71. 26; 340. 9; 388. 1
ἰδέα 330. 31
ἰδικῶς 157. 18
ἰδιοθάνατος 18. 8
ἰδιοθρονέω 426. 13
ἰδιοποιέω 92. 9
ἰδιοπάγμων 175. 19
ἰδιοπροσωπέω 60. 28; 63. 14, 17; 64.
19, 24; 65. 15; 253. 22
ἴδιος 5. 3, 4, 11, 19; 7. 25; 14. 32; 16.
16; 17. 14; 18. 12; 41. 9; 42. 8, 15;
43. 11, 14; 44. 29; 45. 5; 48. 22;
49. 11; 54. 13; 56. 29; 57. 22; 59.
29; 60. 22; 61. 10; 62. 18; 64. 4, 19,
21, 22, 24; 65. 11, 26, 28; 66. 21,
24; 67. 26, 28; 68. 27; 69. 28; 70.
11, 21; 74. 26; 75. 14; 77. 15; 78. 7,
15; 79. 16, 19, 26 (bis), 27, 28, 30;
85. 15; 89. 1; 90. 27; 91. 12, 27; 97.
11, 22 (ter); 98. 29; 102. 34; 106.
9, 12; 110. 10, 12, 14; 111. 1, 17;
119. 5, 8; 120. 21; 122. 2; 124. 18,
32; 126. 28; 129. 7, 23; 133. 15;
137. 18; 140. 14; 147. 12, 14, 18,
19; 148. 11 (bis); 151. 6, 29; 157.
14; 159. 2, 24; 169. 12; 170. 5, 23;

INDEX VERBORVM

ἰσχυροποιέω 319. 31; 333. 8; 341. 1;
342. 9; 345. 6
ἰσχυρός 74. 11; 75. 8 (bis), 10; 192.
21; 198. 10; 237. 7; 385. 2
ἰσχυροτέρως 193. 26
ἰσχύς 104. 27; 332. 22; 388. 28
ἰσχύω 22. 22; 61. 16; 65. 2; 70. 11,
31; 123. 6; 139. 32; 140. 26; 216.
8, 23; 219. 9; 220. 19; 257. 9; 268.
30; 269. 33; 271. 11; 290. 4, 22;
375. 29; 389. 27
ἰχθύς 330. 25
ἰχώρ 2. 13; 390. 4

καθαίρεσις 29. 10; 36. 26; 37. 14; 41.
2; 43. 7; 57. 18, 30; 76. 12; 87. 21;
88. 1, 5, 6, 12, 20, 28; 155. 3; 172.
25; 174. 30; 175. 15; 180. 18; 183.
25; 190. 33; 192. 27; 194. 8; 199.
12; 214. 19; 219. 34; 220. 9; 228.
7; 236. 10, 32; 241. 30; 257. 22;
258. 12; 266. 13; 319. 5; 370. 29;
374. 9; 389. 18; 407. 1; 408. 13;
415. 12, 16, 21, 35; 416. 31; 418. 5;
430. 2, 4
καθαιρετικός 78. 2; 87. 25; 184. 18;
198. 14; 209. 7; 254. 5
καθαιρέω 44. 22; 56. 5, 12; 68. 14;
82. 23; 84. 28; 85. 16; 86. 29; 87.
18; 88. 15; 100. 29; 118. 17; 124.
21; 160. 3; 162. 13; 172. 29; 192.
30; 215. 18; 220. 6; 236. 23; 257.
3; 357. 18; 409. 27; 414. 26, 28;
415. 4; 422. 21
καθαίρω 421. 1
καθάριος 3. 19; 39. 23; 46. 3; 47. 10,
24; 391. 25; 411. 5; 413. 19, 26
καθαρός 14. 1; 386. 16
καθέζομαι 75. 19
καθείργνυμι 162. 28
κάθετος 98. 18; 132. 1
καθηγεμών 40. 9; 142. 21
καθηγέομαι 131. 33
καθηγητής 109. 29
καθηκόντως 150. 4
καθήκω 237. 8
καθημερινός 163. 19
καθιδρύω 202. 25
κάθιξις 234. 19
καθίστημι 5. 17; 28. 10; 32. 31; 37.
24; 39. 18; 42. 31; 43. 12; 48. 21;
68. 14; 70. 1, 15; 78. 22; 79. 6;
85. 14; 87. 16; 89. 11; 91. 12; 117.
30; 122. 19; 124. 16; 132. 13; 151.

31; 155. 16; 167. 25; 169. 19; 172.
34; 174. 17, 26; 175. 4; 176. 16;
179. 1; 182. 18; 185. 21, 24; 186.
10; 191, 5; 201. 32; 204. 17; 209.
9; 210. 6; 211. 23; 213. 29; 221.
10; 228. 10, 27; 234. 3; 236. 8;
237. 9; 239. 15; 255. 11; 257. 20;
262. 21; 320. 17; 324. 20; 325. 3;
326. 24; 334. 3, 12; 357. 13; 408.
3, 18; 412. 11; 431. 11; 453. 24
καθολικός 49. 1; 54. 6; 58. 9; 76. 18;
94. 7; 102. 1, 7; 151. 3; 152. 5;
153. 17; 155. 9; 157. 24; 159. 29;
160. 28; 161. 30; 162. 4, 9, 11, 14,
23; 163. 5, 7; 165. 29; 166. 9, 11,
13 (bis); 167. 11; 168. 9, 15, 24;
169. 8, 22; 173. 12; 174. 15; 175.
24, 28, 33; 176. 3; 177. 3; 178. 2;
179. 7; 199. 11, 23; 208. 23, 25; 210.
15; 215. 1; 236. 21; 241. 11; 242.
13; 243. 7; 251. 10; 253. 2; 254.
29; 273. 25; 277. 2; 278. 12, 17;
340. 4; 413. 30; 416. 12; 429. 33;
433. 24
καθολικῶς 26. 26; 28. 16; 79. 13; 104.
14; 107. 10; 113. 26; 118. 10; 139.
6, 17; 165. 14; 167. 29; 168. 8;
169. 13; 171. 32; 173. 10; 177. 5;
178. 11; 182. 2; 185. 25; 190. 24;
200. 16; 266. 6; 273. 26; 329. 8;
337. 6
καθόλου 15. 11, 30; 16. 1, 13, 16, 19,
29; 44. 7; 60. 20; 70. 12; 97. 13;
110. 3; 111. 10; 112. 26; 153. 9;
188. 25; 192. 8; 202. 7; 387. 21;
409. 11; 416. 25, 28
κάθυγρος 8. 17; 10. 25, 34; 11. 5, 26
(bis); 12. 19, 22, 28; 14. 27, 31; 15.
28; 17. 28; 18. 9; 72. 9; 79. 12;
94. 2, 32; 95. 23, 29; 120. 25, 27;
121. 1, 21; 122. 24; 123. 12; 154.
13; 322. 15; 353. 3; 355. 2, 18;
356. 10; 376. 17
καθυπερτερέω 10. 30; 43. 15; 56. 9;
59. 17; 60. 7, 24; 84. 27; 86. 18;
88. 4, 28; 90. 4; 92. 31; 94. 20, 22;
95. 25; 97. 4, 6, 7, 8, 10, 13; 100.
19; 107. 17, 29; 108. 15; 110. 4;
119. 5; 122. 31; 123. 17, 21; 124. 3;
159. 8; 167. 31; 177. 6; 221. 15, 16;
235. 12; 243. 18; 254. 17; 256. 11;
257. 10; 269. 32; 270. 21; 271. 9;
276. 19; 277. 9, 12; 319. 4; 355. 26,
29; 356. 15, 19, 33; 371. 10 (bis);
373. 1, 6 (bis), 27, 30; 374. 22, 28;

INDEX VERBORVM

289. 27; 290. 10; 319. 3; 320. 6;
322. 14; 324. 21; 325. 5; 342. 21;
354. 32; 355. 12, 16; 357. 8; 372.
10; 373. 3, 16; 374. 13; 377. 25;
386. 6, 7; 389. 4; 414. 18; 415. 1,
16, 27; 416. 22, 25, 28; 417. 7; 421.
13, 28; 422. 21, 22, 30, 31; 423. 3;
426. 14; 427. 1, 2; 429. 25, 27, 28;
430. 1 (bis), 4; 432. 32; 433. 24
κακοπράγμων 61. 29
κακός 2. 25; 3. 6; 7. 23; 10. 33; 11. 1,
19; 12. 25; 17. 28; 36. 15; 42. 18;
60. 26; 61. 16; 62. 13; 63. 18, 25;
65. 8; 67. 6 (bis); 68. 9; 71. 30;
73. 4; 74. 21 (bis), 32; 78. 26; 88.
8, 10; 119. 32; 120. 14; 164. 7;
167. 20, 25 (bis); 173. 29; 174. 2;
175. 4; 177. 1; 180. 25; 181. 16;
182. 22; 184, 30; 186. 8; 194. 6;
198. 16; 199. 19; 201. 10, 23, 24,
32; 205. 5; 209. 8, 9, 11; 210. 14;
212. 2; 214. 1; 216. 14; 221. 16;
226. 14, 20; 227. 12, 14, 17; 233.
21; 236. 4; 239. 10, 14; 250. 2, 18;
253. 32; 256. 22; 259. 32; 265. 20;
266. 27; 319. 7; 321. 14; 353. 30;
355. 1, 6, 13, 23; 369. 21; 370. 26;
371. 4; 372. 13, 14; 378. 7; 380. 30;
385. 11; 388. 10, 25; 407. 33; 415.
5; 429. 23; 430. 20
κακοτροπία 40. 7
κακότροπος 71. 21; 103. 25; 211. 27
κακοτυχέω 64. 14
κακουργέω 65. 9
κακουργία 39. 4, 10; 43. 5, 31; 79. 8;
119. 1; 121. 4; 183. 6, 15; 187. 26;
190. 28; 192. 20; 229. 15; 230. 18;
382. 12; 383. 9; 387. 14; 408. 9, 11;
409. 19; 417. 29
κακοῦργος 10. 23; 11. 3; 14. 3, 8; 42.
3, 14, 24; 43. 3; 169. 5; 192. 16;
407. 18, 29; 408. 25
κακοχυμία 376. 18
κάκοψις 14. 8
κακόω 40. 13; 45. 3; 68. 10; 83. 26;
85. 22, 23; 87. 21; 88. 1, 11, 17, 21,
25; 90. 4; 97. 24, 31; 98. 2, 5, 7, 10;
99. 26; 100. 15, 18, 20, 22; 104. 28;
106. 13; 109. 14; 111. 13, 15; 116.
16, 23; 117. 5; 118. 19; 119. 14;
155, 8; 157, 12; 175. 11, 16; 176.
20; 180. 27; 192. 30; 199. 4; 236.
8; 237. 12; 248. 6; 373. 4; 378. 12;
386. 20; 388. 12; 409. 7; 422. 26, 27
κακῶς 55. 28; 56. 4; 57. 6, 10; 58. 6;

63. 20; 64. 9; 71. 13; 80. 31; 83. 21;
86. 16; 97. 30; 106. 30; 109. 18;
112. 9; 117. 19; 162. 11; 176. 36;
179. 15; 183. 24; 185. 26; 186. 26;
187. 29; 188. 21; 190. 17; 264. 15,
19, 21 (bis); 369. 21; 416. 20; 421.
31; 429. 33
κάκωσις 100. 16; 110. 24; 111. 16;
120. 25; 121. 24; 175. 3 (bis); 177.
28; 179. 13, 26; 186. 2; 373. 7;
374. 2; 375, 24, 32; 422. 7
κακωτής 48. 11, 26; 412. 2; 413. 2
κακωτικός 44. 6; 48. 18; 114. 30; 119.
7; 120. 20; 128. 24; 143. 9; 147. 28;
167. 23; 200. 1; 233. 30; 236. 18;
254. 22; 277. 27; 301. 30; 321. 15,
27; 322. 2, 8; 336. 22; 343. 7; 409.
10; 412. 8
κακωτικῶς 157. 8
καλέω 12. 11; 13. 12, 16, 17; 62. 27;
66. 7; 132. 31; 226. 2; 331. 23;
368. 12; 416. 34
κάλλιστος 260. 8; 333. 5
καλλίων 221. 20
καλλονή 152. 2; 237. 28; 316. 20
κάλλος 5. 18; 426. 3
καλλωπίζω 142. 8; 228. 25; 340. 18
καλοκαγαθία 239. 4
καλός 14. 30; 36. 4, 6, 7 (bis), 8, 9, 10;
39. 11, 23; 82. 2; 114. 20; 164. 7;
168. 33; 173. 32; 177. 5; 183. 28;
187. 10; 191. 29; 194. 5; 195. 6;
204. 28; 209. 29; 226. 12; 227. 8;
249. 21; 279. 10; 331. 14; 341. 12,
28, 32; 353. 22; 354. 12; 355. 8;
369. 20; 380. 29; 383. 29; 385. 30;
386. 3; 387. 18; 407. 18; 408. 7;
414. 15; 416. 34; 420. 17; 422. 24;
430. 17
κάλπη 12. 17
καλωνυμία 355. 3
καλῶς 5. 3, 30; 7. 10; 17. 20; 55. 29;
56. 4, 5, 8; 57. 25, 28; 58. 10; 61.
27; 64. 13, 30; 71. 12; 77. 9, 12;
82. 16; 85. 21, 24, 29; 90. 4; 91. 7;
95. 23; 98. 5; 101. 1; 106. 7, 31;
109. 18; 114. 10; 117. 23; 118. 31;
119. 1; 129. 11; 130. 18; 132. 15;
134. 4; 138. 21; 139. 4, 16; 147. 20;
168. 9, 12; 176. 8; 177. 1; 180. 13,
22; 183. 12, 26; 184. 32; 185. 10,
25, 33; 188. 2, 13, 17; 190. 4; 193.
14, 16; 240. 28; 241. 1; 264. 16,
22; 277. 2; 280. 3, 4; 339. 23; 354.
10; 369. 20; 382. 17; 386. 21; 407.

26; 414. 27, 29; 415. 14, 33; 416.
4, 12; 418. 16, 19; 420. 26; 422. 3,
25, 27, 33; 426. 15; 430. 3
καματηρός 374. 32
κάματος 319. 17
κάμνω 149. 26; 248. 27; 249. 21
καμπή 104. 21
κάμπη 370. 7
κάμπτω 431. 28
κανονίζω 347. 23
κανονικός 133. 28; 142. 23; 262. 19
κανόνιον 308. 1; 312. 1; 314. 1; 315.
1; 346. 18; 347. 3, 16, 19; 348. 5
κανονογραφία 322. 29
κανονογράφος 455. 28
κανονοποιία 239. 20; 339. 9, 16; 344. 16
κανονοποιός 339. 5
κανών 103. 7; 164. 18; 214. 37; 222.
14; 223. 13; 232. 29; 338. 21; 339.
2, 17, 24; 346. 24; 347. 27; 455. 14
καπνός 331. 28
καρδία 1. 10; 104. 6; 105. 4; 385. 17,
18; 391. 7
καρδιακός 107. 13; 120. 35; 121. 22;
378. 13
κάρκαρον 66. 22
καρκίνωμα 120. 33
καρπός 1. 11; 2. 23; 4. 1; 10. 12; 71.
2; 211. 10; 254. 9; 318. 25; 330.
14; 332. 6; 370. 6; 378. 7, 10; 382.
21; 385. 19; 386. 26; 387. 2
καρπόω 258. 31
κασσίτερος 2. 29; 378. 18; 391. 29
καστορίζω 2. 19
καταβαίνω 30. 5, 6; 132. 35; 133. 1
καταβάλλω 209. 16
κατάβασις 397. 8, 9
καταβιβάζω 367. 28
καταβλάπτω 91. 1; 119. 15; 175. 23;
176. 1, 12
καταβολή 92. 22; 94. 5; 209. 1; 210.
7; 211. 22; 233. 23; 236. 25; 254.
16; 323. 6; 340. 23; 341. 4; 352. 1
καταβραβεύω 331. 6
καταγέλαστος 250. 13
καταγινώσκω 239. 23; 302. 29
καταγματικός 105. 9, 30; 121. 23
κατάγνωσις 88. 26, 30; 180. 7; 185. 7
καταγραφή 38. 25; 185. 22, 33; 353.
13; 354. 21
καταγριόω 211. 11
κατάγω 26. 16; 35. 18, 26; 94. 4; 157.
3, 6, 9; 159. 20; 160. 13, 18; 164.
27; 168. 9, 10, 19; 194. 23; 196. 24;
197. 3; 200. 18; 201. 33; 202. 3;

203. 10; 204. 20; 205. 3; 244. 25,
27, 28; 245. 14; 262. 23; 266. 21;
302. 21; 322. 18; 323. 1, 9, 10, 26;
325. 30; 431. 34; 432. 19
καταγωγή 31. 22; 283. 16; 302. 7
καταδείκνυμι 288. 27
καταδικάζω 64. 3; 120. 26; 182. 10;
192. 30; 199. 5; 208. 21; 209. 1, 31;
218. 6; 243. 13; 245. 13; 269. 17;
271. 6, 12; 277. 30
καταδίκη 169. 2; 218. 7, 11; 220. 1;
228. 8
κατάδικος 119. 1; 199. 25
καταδυναστεύω 71. 17; 209. 2
καταζητέω 334. 22
καταθύμιος 145. 30; 164. 3; 171. 2;
176. 33; 191. 17; 199. 28; 229. 13;
237. 6; 241. 24; 251. 22; 281. 17
καταιτιασμός 2. 7; 5. 8; 29. 11; 42. 25,
32; 43. 13; 44. 21; 56. 13; 179. 15;
199. 24; 369. 12; 408. 19, 26; 409.
25
καταιτιάομαι 79. 1
καταιτιατικός 198. 20
κατακλείω 320. 30
κατακλίνω 201. 2
κατάκλισις 136. 11; 201. 3; 306. 11;
325. 26. 27; 326. 3, 8
κατακλιτικός 195. 7; 326. 3
κατακλυσμός 254. 9
κατακόλουθος 118. 7; 119. 25; 209. 21;
250. 10
κατάκρισις 15. 17; 60. 18; 102. 28;
112. 12; 193. 20
καταλαμβάνω 26. 27; 90. 10; 100. 27;
109. 6; 118. 21; 124. 11; 157. 18,
29; 163. 18; 164. 21; 173. 4; 177.
32; 202. 22; 214. 7; 218. 21; 229.
7, 12, 20; 237. 5; 248. 5, 20; 252.
20; 253. 31; 260. 5, 24; 268. 13;
274. 7; 281. 2; 286. 8; 289. 29;
318. 12; 322. 22; 324. 27; 326. 31;
328. 14; 334. 21; 335. 15; 357. 8;
365. 1; 414. 9; 432. 8
καταλείπω 28. 28; 29. 5; 31. 3; 33. 11,
16, 29; 65. 12; 66. 17; 103. 23;
140. 12, 16; 141. 21; 162. 29; 194.
29; 209. 24; 231. 7; 246. 10; 258.
20, 21; 264. 15; 270. 10; 281. 9;
333. 26; 335. 5, 12; 338. 25; 343. 13;
366. 10; 374. 34; 397. 2; 400. 15;
402. 13, 14; 403. 1, 14, 17
κατάλειψις 65. 11; 168. 13; 171. 13,
18; 177. 33; 183. 29; 208. 30
καταλήγω 18. 19, 26, 30; 19. 14, 20,

κεραυνοβόλος 14. 2, 24
κεραυνοποιός 6. 21
κεραυνός 382. 19, 20
κέρδος 4. 7; 63. 15; 236. 19; 354. 13;
  380. 23; 387. 28
κεφάλαιον 34. 4; 79. 20; 102. 33; 134.
  8; 142. 6, 25; 163. 22; 218. 19;
  246. 11, 14; 260. 11; 318. 8; 343. 14;
  349. 2, 4; 368. 13, 14; 397. 16; 418.
  22; 453. 11, 16 (bis)
κεφαλαλγία 104. 16; 378. 13
κεφαλή 1. 9; 3. 10, 30; 6. 11, 24; 7.
  13; 8. 8, 11, 21; 9. 1, 22, 24, 26, 27;
  11. 15, 30; 12. 31; 71. 17; 104. 5,
  14; 106. 11; 108. 20; 279. 26, 28;
  382. 25; 385. 18; 390. 23; 391. 6;
  392. 17, 26; 393. 20, 26, 28; 394.
  14; 395. 3, 11
κήλη 2. 15; 105. 18; 369. 27
κηρυκεία 4. 6
κῆτος 330. 26
κίθαρις 210. 24
κιναιδία 2. 16; 106. 11
κίναιδος 384. 11
κινδυνεύω 74. 10; 103. 4; 121. 1; 162.
  13; 216. 11; 219. 5; 224. 32; 243.
  15; 256. 9; 269. 31; 272. 5; 273.
  11; 275. 20; 377. 1, 6; 433. 9
κίνδυνος 36. 31; 41. 3; 42. 16; 53. 10;
  57. 18; 74. 7; 75. 11, 14; 81. 3; 91.
  10; 103. 21; 112. 15; 155. 4; 157.
  5; 162. 8; 165. 27; 166. 28; 170.
  6, 16, 26, 27; 172. 24; 173. 25; 174.
  13, 21, 28; 175. 12; 179. 22; 180.
  19; 181. 1, 14, 23; 182. 13, 18; 183.
  9, 14, 20; 185. 31; 186. 12, 15, 22,
  24, 30; 187. 2, 5, 24; 191. 14; 192.
  9; 195. 21; 198. 9; 199. 3; 200. 10,
  23; 201. 3; 215. 11; 220. 1, 18;
  221. 15; 226. 4; 228. 9; 230. 20;
  233. 24; 236. 18, 33; 241. 29; 253.
  29; 255. 23; 256. 19; 263. 12; 266.
  13; 270. 21, 32; 273. 31; 275. 23;
  280. 19; 326. 6; 352. 28; 353. 5, 8,
  10, 16, 24, 32; 354. 7; 355. 16, 19,
  22 (bis); 370. 30; 371. 2; 374. 3, 5,
  6, 12; 376. 16; 377. 8, 17, 19; 383.
  3, 22; 384. 4; 385. 9; 407. 2, 31;
  419. 21; 427. 5; 430. 2, 13; 433. 27
κινδυνώδης 171. 16; 190. 18; 191. 25;
  214. 6, 10; 226. 13; 237. 5, 14; 302.
  32
κινέω 14. 24; 44. 32; 70. 4; 143. 14;
  214. 1; 235. 19, 22; 317. 27; 321.
  7; 370. 19; 376. 11; 410. 3

κίνημα 94. 5, 13; 95. 11; 102. 6
κίνησις 1. 6, 11; 26. 27; 33. 26; 92.
  28; 93. 2, 11, 33; 95. 15; 151. 31;
  152. 34; 165. 33; 179. 14; 183. 16;
  185. 1; 214. 8; 215. 1; 246. 23;
  324. 25; 332. 24; 335. 18, 29; 339.
  11; 342. 1; 347. 18
κινητικός 6. 23; 9. 16; 11. 5
κιννάβαρι 347. 1
κιρρός 238. 9
κίτρινος 1. 12; 391. 9
κλάσις 354. 8
κλάσμα 105. 15, 18
κλάω 103. 15; 232. 2; 376. 19
κλειδίον 198. 3
κλείς 169. 28; 198. 7; 320. 32
κλέος 374. 16; 381. 28
κλέπτης 64. 11; 388. 9
κληρικός 116. 18; 147. 31; 148. 18
κληρικῶς 117. 25
κληρονομέω 78. 15, 16; 168. 10; 217.
  2; 218. 23; 380. 17; 417. 11
κληρονομία 2. 24; 63. 11; 82. 3; 109.
  18; 167. 3; 171. 19, 21, 24, 28; 172.
  17; 178. 11, 13; 183. 28; 208. 30;
  214. 25; 258. 12, 25; 265. 22; 268.
  21; 269. 25; 352. 26; 372. 20; 378.
  7; 420. 18
κληρονομικός 390. 8
κληρονόμος 168. 11; 258. 21, 31
κλῆρος 49. 9; 57. 2, 10; 58. 13, 15,
  26, 27; 59. 5, 9, 14, 18, 28; 60. 23,
  28; 61. 4, 11, 17, 23; 62. 10, 13, 18,
  20, 21, 22, 25; 63. 6, 11, 17, 20; 64.
  2, 5, 10, 16, 19, 30; 65. 5, 15, 29; 66.
  4, 10, 11, 13, 18, 20, 24, 27, 31; 67.
  7; 68. 29; 74. 28; 76. 1, 3, 4, 15,
  19, 21, 24; 77. 6, 19, 21; 78. 4, 13;
  79. 14, 29; 80. 1, 5, 8, 12, 19, 20, 27,
  29; 81. 2, 7, 14, 15, 20, 22, 27, 28;
  82. 6, 12, 18, 25, 30; 83. 5, 28, 29;
  84. 3, 6 (bis), 9; 85. 9, 21, 29; 86.
  15, 16, 18, 20, 21, 23, 24, 25, 27; 87.
  3, 7, 9, 13, 22, 25, 26, 27; 88. 2, 3, 6,
  22, 23, 30; 89. 11, 21, 28; 90. 14;
  91. 10, 29, 32; 92. 4, 12, 13, 20; 93.
  2, 6, 7, 10, 14, 16, 23, 25, 26, 29; 94.
  14, 17, 25, 29, 31, 33; 95. 1, 9, 13,
  14, 17, 19, 22, 24 (bis), 25, 26, 31,
  33; 96. 16, 18; 98. 11, 14, 16, 17,
  18, 19, 20, 21, 22; 104. 1, 3; 106. 1,
  2, 10, 18, 22, 25, 32; 107. 4, 6, 7, 22,
  25, 29; 108. 2, 7, 14, 18, 23, 27, 28,
  29, 32; 113. 6, 8, 9, 10, 12, 27; 114.
  17, 33; 115. 17, 19, 27, 32, 33; 116.

INDEX VERBORVM

9; 120. 4, 5; 122. 23, 24, 29; 123.
2, 11, 15, 21, 26, 30; 124. 2, 4, 7;
138. 1; 143. 4; 146. 18, 23; 147. 8,
15, 30, 32; 148. 3, 4, 9; 149. 20; 151.
23, 25; 152. 3, 6, 10, 11, 12, 18, 21,
22, 24, 26, 28, 32; 153. 1, 8; 156.
10; 157. 22, 32, 33; 158. 7, 21, 28,
29; 159. 11; 160. 3; 161. 9, 15;
165. 25; 166. 31; 167. 18, 22; 171.
27; 179. 9; 191. 8, 9; 192. 22, 23;
193. 18, 20, 23; 195. 30; 220. 4, 5, 7;
221. 4; 252. 4; 255. 19; 260. 1, 27;
261. 7, 17, 27; 262. 1, 2, 13; 263. 2;
266. 24; 267. 22; 268. 2, 11, 30; 269.
18, 28; 270. 5; 318. 13, 15, 27, 31;
319. 2, 8; 329. 3, 4, 7, 33; 335. 28;
340. 12, 23; 342. 23; 351. 22, 23;
356. 3, 8, 13, 19, 24, 28, 32; 357. 1,
4; 389. 26; 414. 12; 416. 15, 20, 29,
32, 33, 34; 417. 1, 9, 12, 33; 418.
2, 6, 10, 12, 13, 28, 30; 419. 3, 9, 15,
20, 24, 30, 31; 420. 5, 11, 12, 21, 28;
421. 2, 8, 11, 16, 22 (bis); 422. 12,
25, 33; 423. 10, 11, 12, 13; 426. 6,
14; 427. 16, 17
κληρουχία 157. 28
κληρόω 54. 21; 59. 21, 27; 61. 23; 62.
3; 64. 30; 65. 5, 7, 14; 66. 21; 76.
13; 81. 20; 82. 10; 93. 32; 115. 33;
116. 6; 117. 31; 148. 25; 192. 6;
194. 13, 15; 195. 1, 4; 222. 17, 28;
223. 4; 238. 16; 240. 9; 246. 26;
253. 4; 320. 22; 323. 31; 325. 13;
420. 4
κλίμα 6. 10; 7. 13; 8. 12; 9. 16, 27;
11. 11; 12. 3, 4, 15; 13. 3, 21; 19.
6; 20. 4; 21. 29; 22. 2, 13; 23. 6, 9,
10, 11, 15, 16, 17, 18, 19, 20, 25;
27. 23; 129. 5; 130. 3, 26, 29; 141.
3; 143. 17; 145. 20; 146. 6, 14;
147. 14, 15; 148. 5; 149. 10, 12, 16,
20; 195. 19; 255. 20, 31; 256. 3, 5;
257. 2, 30; 261. 7, 11, 26; 262. 1;
263. 7; 268. 20, 27; 269. 10, 23, 27;
270. 3, 13, 25; 271. 4, 25; 272. 1,
27; 274. 16, 23, 31; 275. 4, 10, 15;
276. 9; 277. 29; 283. 12; 287. 8;
289. 17; 290. 28; 291. 11; 292. 10,
14, 26, 28; 293. 9, 12, 20, 22, 31,
32; 294. 8, 16, 26; 295. 3, 13, 20;
296. 8, 24; 297. 5, 22; 298. 4, 17,
30; 299. 23; 300. 16, 32; 304. 10;
305. 4; 317. 11; 329. 26 (bis); 332.
19; 334. 29; 335. 31; 336. 33; 338.
6; 339. 27; 344. 20; 345. 12, 22;

347. 3, 4, 19; 348. 11; 349. 12, 14;
350. 10, 14, 29; 351. 4; 376. 25; 395.
13, 25; 396. 12; 433. 8; 453. 24;
455. 4
κλιμακτήρ 135. 16; 136. 13; 140. 8, 9,
14, 17, 18, 20, 21, 26; 141. 11; 148.
17, 18; 152. 1; 158. 25; 185. 8;
200. 25, 30; 214. 18; 219. 16; 222.
24; 223. 14, 24, 28; 224. 29; 225.
1, 10, 15, 25; 226. 2; 228. 2, 5, 16;
255. 34; 260. 23; 262. 10; 274. 16,
18, 24, 32; 275. 4, 11, 16; 290. 17;
302. 31; 305. 14; 306. 13; 325. 1,
10; 354. 6
κλιμακτηρίζω 222. 23; 223. 7; 228. 12
κλιμακτηρικός 135. 12; 140. 28; 141.
23, 31, 32; 200. 12, 14 (bis), 19, 32;
203. 1, 2; 208. 10; 221. 31; 228. 6;
237. 4; 277. 13; 290. 15; 295. 22;
305. 10; 353. 22
κλιματικός 287. 21; 343. 27; 347. 32
κλίσις 100. 24
κλοπή 3. 2; 4. 7; 79. 3; 86. 25; 87. 1,
3, 4, 10, 13; 353. 29; 382. 9; 390.
28; 417. 20; 431. 29
κλύδων 330. 24
κλυδωνίζω 340. 8
κλώψ 10. 22; 71. 28
κνέφας 231. 14
κνήμη 6. 29; 104. 4; 105. 28
κοιλία 4. 30; 6. 13; 9. 29; 11. 15;
104. 3, 7, 8; 105. 11, 16; 121. 7;
225. 8; 388. 19; 389. 14; 392. 15,
19; 393. 27; 394. 2, 16, 25; 395. 4,
12
κοιλιτικός 370. 2
κοῖλος 6. 11; 392. 17
κοίλωμα 330. 26
κοιμάω 73. 9
κοινός 5. 2; 10. 3; 55. 9; 114. 6; 226.
21; 227. 2, 21; 332. 30; 375. 14;
381. 9
κοινόω 380. 16
κοινωνέω 112. 24; 230. 7; 232. 5; 392.
8
κοινωνία 2. 24; 129. 13; 167. 5; 170.
3, 7, 13; 178. 17; 185. 3, 21; 189.
19
κοινωνικός 40. 3; 99. 7; 180. 4; 188.
29; 189. 31; 326. 10; 372. 23; 388.
29
κοινῶς 336. 27; 423. 3
κολάζω 72. 5; 114. 24; 124. 23; 142.
12; 199. 29; 209. 27; 231. 33; 357.
20

521

163. 18; 167. 26; 175. 18; 178. 24;
203. 29; 209. 36; 210. 29; 211. 14,
21; 215. 8; 216. 32; 228. 31; 230.
9; 231. 2, 6, 26; 232. 10; 233. 27;
236. 1, 12, 27; 237. 22; 246. 5; 247.
6; 248. 3, 18; 250. 22, 25; 252. 4,
29; 254. 33; 258. 2, 26; 259. 8;
264. 5, 23, 30; 273. 23; 280. 3;
317. 2; 320. 18; 321. 3; 331. 2;
338. 30; 339. 4; 340. 12; 343. 21,
29; 344. 2, 3, 26; 345. 5, 26; 391.
13; 407. 17; 413. 21; 424. 21; 427.
27
κτῆμα 2. 9; 7. 5; 36. 24; 37. 11; 40,
16, 20; 41. 20; 168. 14; 170. 6;
172. 18; 183. 30; 215. 35; 321. 23,
31; 322. 4; 340. 25; 370. 13, 15;
371. 5; 372. 15; 373. 2, 29, 32; 374.
20; 376. 11; 379. 30; 380. 15, 18;
406. 18
κτῆνος 74. 13
κτῆσις 37. 15, 19; 39. 5; 40. 16; 43.
20; 46. 33; 63. 12; 86. 27; 159. 24;
167. 3, 4; 258. 23; 352. 25; 355. 15;
371. 15; 378. 20; 380. 16; 384. 1;
387. 15; 408. 32; 413. 16
κτητικός 14. 22
κτίζω 7. 9; 62. 10; 64. 27; 202. 6
κτίσις 326. 12
κτίσμα 79. 5; 166. 32; 202. 29; 417.
24
κτίστης 73. 14
κυάνεος 231. 13
κυβερνάω 330. 17
κυβερνήτης 275. 22; 326. 23; 340. 8
κυβευτής 192. 17
κύκλησις 241. 7
κυκλικός 56. 2; 90. 12; 166. 10, 12,
14; 179. 7; 199. 13; 273. 9
κύκλος 7. 6; 20. 4, 6; 28. 28; 29. 4;
33. 6, 12; 34. 15, 22, 27; 64. 9; 92.
14, 16, 17; 120. 10; 146. 27; 147.
1, 7; 180. 24; 153. 23; 154. 8, 28;
155. 12; 158. 15; 162. 17, 20; 163.
26; 166. 1; 168. 3, 10, 11, 16, 19,
21; 196. 6; 213. 20; 227. 27; 234.
23; 238. 16; 241. 12, 13, 15 (bis);
242. 8, 11, 16, 17, 21, 22, 25, 31;
243. 1, 2, 5, 9; 244. 30; 245. 1, 2,
3, 7 (bis), 8 (bis), 10, 11, 14, 16, 17,
18, 19, 21; 251. 19, 20; 283. 11, 18,
23; 285. 24 (bis); 290. 11; 299. 25;
301. 10; 302. 20, 26; 303. 25; 324.
27; 327. 14; 332. 17, 23; 338. 9;
342. 16; 345. 12; 349. 17; 350. 20;

351. 24; 352. 9, 18; 404. 1, 4, 8, 11,
17; 405. 6, 13
κυκλοστροφέομαι 330. 13
κύλισις 190, 19
κυλίω 249. 17
κῦμα 275. 21
κυνηγεσία 3. 8; 382. 13
κυνηγός 75. 25
κύπτω 348. 25
κυρία (magisterium) 107. 5; 213. 31;
253. 4; 279. 27; 280. 2, 27
κυρία (magistra) 80. 20, 28; 81. 21;
82. 12; 89. 12; 108. 19; 114. 27;
116. 9; 134. 14; 148. 3; 151. 28;
197. 7; 268. 30; 327. 27; 328. 2;
389. 10; 419. 8, 14; 420. 5
κυριεύω 1. 9, 20; 2. 8, 11, 12, 27, 29;
3. 10, 13, 29; 4. 2, 30; 5. 1; 46. 6;
59. 25, 31; 60. 29; 62. 8, 19, 20, 24,
27; 63. 16; 64. 2, 5, 10, 18, 25; 65.
4, 16, 17, 23; 66. 5, 13; 68. 22, 30;
74. 27; 79. 14; 84. 16, 27; 85. 9,
10; 89. 1; 90. 16; 106. 11, 14, 32;
107. 32; 114. 9; 115. 5, 8, 10, 19,
27, 32, 34; 122. 30; 139. 14; 151.
10, 13; 159. 5; 173. 12, 16; 183.
30; 186. 1; 223. 7, 13, 14, 18, 22;
238. 15; 255. 3; 262. 31; 274. 5;
320. 9; 322. 16; 360. 18; 369. 22;
372. 10; 378. 14; 382. 23; 385. 16;
386. 27; 387. 1; 388. 17, 22; 389.
13, 16; 390. 3, 13, 23; 391. 6, 13,
21; 392. 2; 416. 29
κύριος (adi.) 195. 10; 212. 32; 280.
34; 319. 25, 28
κύριος 3. 22; 4. 10; 5. 11, 16; 20. 20,
22; 26. 8 (bis), 13, 16, 23, 26; 36.
24; 49. 10; 57. 27; 58. 10; 60. 21;
61. 3, 26; 63. 6; 66. 30; 73. 14;
76. 6; 77. 5. 12, 23; 78. 4, 13; 79.
6, 30; 80. 4, 13; 81. 2, 6, 13 (bis),
14 (bis), 15, 19 (bis), 26, 28, 33; 82.
7, 15, 17, 23, 25, 29; 83. 5, 6, 17,
18; 84. 2, 12 (bis), 13, 15, 17, 19, 29;
85. 1, 3, 5, 14, 24, 30, 31; 86. 5, 11,
13, 16, 24, 26; 87. 10, 12, 13, 20, 22,
23, 27; 88. 2, 4, 10, 22, 26, 28, 29,
31; 89. 13, 17, 20, 22, 24; 90. 1, 3,
5, 13, 15, 28; 91. 4, 6, 11, 16, 31; 92.
14, 17, 23, 29; 93. 1, 29; 94. 8, 15,
27, 31, 34; 95. 31 (bis), 32; 96. 16;
97. 17; 98. 19 (bis), 20, 21; 99. 26;
100. 28, 30, 32; 101. 2, 7, 12; 102.
2, 3, 6, 19, 21, 23, 26; 106. 2, 3, 8,
10, 19, 21, 23, 26, 27; 107. 25; 108.

4, 9, 16, 21, 24 (bis), 28, 29; 109.
13; 113. 9, 12, 15, 16; 114. 19, 21,
26; 116. 20; 118. 10, 27; 119. 3,
29; 120. 5; 122. 4, 12, 24, 26, 32;
123. 4, 11, 26, 31; 124. 3, 4, 8, 9, 33;
125. 16, 19; 126. 11, 15, 17, 22, 25;
127. 9, 12; 133. 24; 134. 15; 135.
21; 137. 27; 138. 11, 16, 20, 23, 27,
28; 139. 3, 9; 146. 25; 147. 8, 9, 31;
148. 10; 149. 13; 152. 6, 10, 13; 156.
19; 157. 4, 12, 33; 158. 28, 29; 159.
9, 11; 160. 4; 165. 16; 166. 9, 10,
11; 171. 7; 172. 11, 12; 193. 6, 9,
30; 194. 2; 195. 2; 196. 20; 197. 8;
200. 27; 203. 16, 22, 26; 204. 33;
205. 2, 14; 220. 4, 10, 28, 33; 242.
21; 252. 5, 16, 25, 31; 260. 2; 261.
18 (bis); 262. 2, 12; 273. 6; 305.
20; 318. 32; 319. 3; 320. 6, 13;
321. 17; 322. 16, 27; 327. 19, 24,
29; 351. 23; 356. 9, 24, 29, 33; 357.
1, 5, 6, 30; 359. 2; 360. 5, 6 (bis),
7 (bis), 19, 31; 363. 3, 13, 19; 366.
7, 17, 29, 30; 367. 1; 370. 18, 25;
375. 30; 376. 31; 377. 27, 33; 382.
30; 383. 30; 387. 30; 411. 8; 415.
31; 416. 11, 12, **16,** 35; 417. 1, 9,
25, 34; 418. 2, 12 (bis), 19, 28, 30;
419. 3, 7, 19, 20, 24, 29, 30 (bis), 31,
32; 420. 3 (bis), 4, 10, 11, 15, 21, 25,
28, 31; 421. 2, 8, 11, 16, 17, 29, 33;
422. 1, 3, 9, 12, 13, 15, 19, 28, 33;
423. 1, 8; 425. 33; 426. 15, 19; 427.
4, 7, 9, 11, 13, 17; 430. 26, 29; 432.
25

κυρίως 4. 11; 280. 12; 345. 23
κυρόω 249. 25
κυρτοειδής 10. 34
κυρτός 108. 33; 356. 4
κύρτωμα 7. 16
κύρτωσις 104. 21
κυρτωτός 12. 20
κύστις 2. 13; 104. 8; 369. 24; 390. 4
κύτος 146. 27; 163. 26
κώλυμα 430. 11
κώλυσις 135. 3; 372. 14; 424. 16
κωλυτής 132. 3; 201. 16
κωλυτικός 169. 13, 19; 172. 34; 370.
20
κωλύω 95. 28; 134. 18, 19; 203. 9;
233. 30; 240. 11; 263. 30; 384. 23;
432. 17
κώμη 64. 27; 73. 15
κωμικός 228. 30
κωμῳδία 72. 14

κωτίλος 387. 3
κωφός 63. 3; 66. 31; 375. 23
κωφῶς 240. 22; 288. 26

λάβρως 331. 21
λαβυρινθοειδής 264. 23
λαβύρινθος 103. 21
λαγνεία 111. 29
λάγνος 17. 9; 112. 29; 115. 8
λαγχάνω 58. 26, 27; 59. 5, 9, 14, 18;
64. 17; 76. 22; 106. 9; 107. 5; 115.
12; 129. 4, 32; 240. 9; 317. 14;
340. 23
λαγών 9. 30; 394. 2
λαθραιόκοιτος 72. 23
λαθραῖος 37. 21; 188. 20
λαθραίως 115. 2; 384. 15
λαθρεπίβουλος 10. 22
λαθρίδιος 15. 18
λαθριμαῖος 112. 3
λαλιά 71. 5; 375. 26, 31
λαμβάνω 19. 34; 20. 23; 21. 29; 22. 2,
9; 23. 14; 24. 14, 18; 25. 6; 26. 21;
27. 11, 21; 28. 26; 29. 21; 30. 19;
35. 16, 30; 39. 17; 42. 25; 50. 9, 23,
27, 29; 51. 7, 11, 27, 28; 52. 11, 21,
24; 59. 12; 66. 15; 71. 2; 72. 1;
77. 2; 78. 12; 80. 2; 81. 3; 84. 6,
29; 92. 21, 28; 96. 20; 97. 5, 16,
18; 98. 11, 14, 18, 30; 101. 8, 28;
103. 23; 116. 15; 117. 25; 119. 23;
127. 18, 34; 128. 4, 12; 131. 15; 133.
4, 6; 137. 4; 139. 26; 140. 3, 10;
141. 15, 19; 143. 11, 24; 145. 18;
146. 3, 12; 147. 3, 5; 151. 4; 152.
16; 156. 8; 158. 29; 159. 1, 30;
160. 1, 5, 14, 15, 23; 163. 15, 17;
169. 23; 174. 16, 25; 175. 34; 177.
2; 183. 29; 184. 6; 190. 15; 192. 21,
22, 30; 193. 6, 8, 9, 19; 194. 11; 195.
28; 198. 10; 209. 20; 221. 16, 17;
232. 30; 238. 4; 240. 27; 241. 5;
242. 9, 14, 25; 246. 20; 247. 19; 261.
10, 12, 13, 27, 28, 32; 262. 9; 263.
7; 268. 16; 271. 16; 284. 10, 16;
285. 4; 286. 4; 287. 9, 11, 27, 29,
32; 290. 12; 291. 17; 296. 1, 19, 31;
297. 16, 34; 298. 12; 299. 7; 300.
11; 303. 18; 304. 2, 4, 22, 30; 307.
4; 317. 18; 321. 10; 325. 30; 326.
2, 28; 327. 29; 328. 14, 30; 329. 16;
338. 3; 343. 24; 344. 5, 8, 11; 346.
3; 349. 5, 10; 350. 15; 351. 15;
359. 1, 7; 360. 6, 20, 25; 361. 9, 11,
20, 23, 28, 29; 362. 1, 3, 9, 14, 22,

λιμός 58. 3; 416. 8
λίνον 259. 25
λινοστολία 4. 26
λίψ 7. 32; 12. 4, 6; 13. 8; 137. 20, 22;
 205. 28; 206. 3; 425. 26, 28
λογίζομαι 19. 27; 28. 16; 50. 12, 17,
 20, 31; 51. 6, 17, 18; 52. 10; 128.
 12; 129. 4, 15, 24, 27, 33; 130. 25,
 29, 31, 35; 131. 7, 14; 133. 10; 136.
 4; 143. 16, 26; 147. 23; 152. 4; 160.
 8, 12; 165. 4; 229. 2; 234. 13; 240.
 25; 247. 23; 252. 8; 255. 15; 260.
 27; 261. 9, 20; 262. 6; 268. 16;
 272. 3, 25; 281. 7; 282. 27; 284.
 24; 285. 15, 26; 287. 3, 11, 17, 26;
 289. 21, 30, 32; 290. 17; 297. 23,
 26; 299. 27, 29; 302. 22; 303. 7, 8;
 305. 1; 306. 4; 322. 21, 30, 36; 323.
 10; 327. 21; 329. 18; 336. 7; 337. 2;
 338. 13; 339. 11, 13; 345. 18; 346.
 8, 9; 347. 12, 32; 348. 3; 350. 3;
 355. 1; 432. 34; 433. 22; 455. 16
λογικός 45. 24; 250. 19; 372. 31; 411.
 23
λόγιος 72. 29; 334. 21
λογισμός 48. 13, 16; 164. 3; 191. 18;
 195. 13; 228. 21; 231. 30; 236. 7;
 250. 8, 26; 326. 21, 26; 331. 14; 333.
 4, 10; 375. 17; 380. 9; 412. 3, 6
λογιστής 381. 8
λόγος 4. 5; 5. 26; 10. 7; 16. 12; 18. 3;
 20. 25; 26. 26; 38. 20; 40. 2; 41. 29;
 42. 2; 43. 16; 45. 24; 47. 1, 14;
 54. 3, 5; 56. 27; 57. 24, 28; 58. 25;
 59. 24; 60. 3; 62. 28; 64. 29; 77.
 24, 27; 86. 26, 27, 28, 30; 90. 16,
 25; 99. 7; 101. 19; 103. 13, 19;
 104. 28; 114. 3, 33; 117. 29; 119.
 13, 29; 121. 32; 122. 10, 12, 18; 125.
 7; 129. 13; 130. 24; 131. 3; 132.
 13; 140. 28; 141. 4, 32; 142. 8, 23,
 27; 147. 34; 152. 31; 157. 21; 162.
 30; 165. 10; 176. 27; 177. 26; 185.
 21; 187. 12; 189. 18, 27; 190. 1,
 24; 191. 3; 210. 21; 213. 23; 215.
 30, 36; 219. 18; 221. 32; 228. 25;
 234. 8; 238. 19; 240. 27; 246. 22;
 248. 11, 24; 249. 19, 21; 250. 21;
 253. 20, 21; 254. 24; 258. 29; 260.
 21; 262. 11; 264. 17; 267. 2; 274.
 9; 286. 11; 288. 10, 14, 32; 289.
 28; 290. 15; 301. 10; 302. 3, 14;
 304. 6; 316. 20; 318. 4, 29; 320. 31;
 321. 6; 326. 2, 14, 22; 328. 21, 28;
 329. 5; 331. 1; 335. 15; 336. 11, 31;

337. 5, 24; 338. 26; 339. 20; 341. 20;
 342. 28; 344. 17; 347. 13 (bis); 360.
 3, 11; 363. 31, 32; 372. 1; 375. 17;
 378. 12; 379. 13, 17; 381. 14; 384.
 21; 385. 24; 387. 26; 388. 13, 18,
 28; 389. 3, 7; 392. 4; 407. 12, 16;
 411. 25; 413. 17, 23; 414. 9; 422.
 31; 426. 5, 11
λοιδορέω 264. 15
λοιδορία 3. 3
λοιμικός 6. 20; 9. 15; 370. 9; 382. 18
λοιμοποιός 6. 24
λοιμός 58. 3; 254. 9; 416. 8
λοιμώδης 6. 25
λοιπογραφέω 30. 17; 129. 9, 13, 19;
 131. 21; 147. 18; 267. 1
λοιπός passim
λούω 341. 23
λοφιά 6. 7
λυμαίνομαι 232. 21
λυπέω 45. 12; 107. 2; 111. 19; 124.
 25; 201. 24; 219. 19; 230. 20; 231.
 34; 257. 15; 271. 29; 357. 22; 373.
 10; 380. 1; 384. 13; 389. 4; 410. 2;
 430. 4; 432. 10
λύπη 91. 10; 104. 25; 109. 19; 124.
 27; 149. 26; 170. 30; 173. 24; 187.
 6; 201. 25; 230. 24; 232. 5; 235. 25,
 27; 236. 2, 11, 15; 238. 2; 243. 15;
 249. 27; 331. 18; 343. 6, 17; 353.
 32; 355. 23; 357. 24; 374. 10; 375.
 7; 376. 29; 426. 8; 430. 12
λυπηρός 181. 16; 202. 9; 204. 32; 226.
 15; 376. 15; 432. 3
λύσις 2. 25; 127. 8; 154. 29, 30, 31;
 155. 10, 12; 162. 17; 179. 2; 181.
 3; 282. 7, 18; 290. 13, 14; 301. 21;
 306. 30
λυσσώδης 341. 16
λύω 70. 28; 107. 18; 126. 32, 33; 127.
 2; 154. 19, 24, 28; 155. 13; 282. 24;
 283. 5; 306. 25, 32; 361. 25; 362.
 2, 12, 31; 363. 7, 17; 365. 32; 366.
 21, 31
λωβέομαι 114. 7; 118. 24; 163. 34

μάγος 71. 26
μαδάρωσις 104. 17
μαζός 1. 21; 104. 31; 120. 32; 389. 15;
 391. 14
μάθημα 67. 1; 142. 20; 145. 30; 163.
 5; 210. 30; 211. 30; 229. 22; 254.
 33; 281. 16; 304. 8; 331. 18; 339.
 1; 344. 23; 453. 10

INDEX VERBORVM

μάθησις 211. 13; 215. 21; 228. 32; 332. 19; 392. 4
μαίνομαι 333. 20
μακαρίζω 40. 21; 84. 26; 158. 4; 231. 2; 233. 23; 237. 9; 258. 1; 320. 21; 426. 23
μακάριος 62. 4; 209. 15; 211. 23; 230. 16; 231. 16
μακαριότης 236. 30; 343. 20
μακρόβιος 246. 12
μακρονοσία 370. 1
μακρός 93. 5; 156. 29; 318. 18; 330. 13
μαλακός 108. 3; 115. 31; 384. 11
μανθάνω 18. 15; 21. 13; 66. 32; 178. 25; 203. 26; 244. 25; 289. 2; 304. 8; 325. 28; 341. 8; 454. 31
μανία 105. 26; 107. 11; 199. 32; 383. 5; 385. 6, 11; 388. 19
μανιώδης 14. 25; 105. 5, 30; 106. 34; 107. 18; 108. 11, 28; 174. 25; 191. 25; 237. 14
μαντεία 170. 13; 174. 25; 190. 23; 392. 6
μαντικός 322. 1, 6
μάντις 4. 13; 388. 2
μαραίνω 230. 20; 343. 16
μαρτυρέω 5. 30; 26. 18; 36. 14, 29; 37. 13; 49. 11; 55. 19, 24; 56. 22; 57. 3, 8, 25; 58. 9; 59. 1, 10, 23; 61. 19; 62. 6; 70. 28; 76. 8, 25; 78. 8, 10, 19; 81. 23; 82. 19, 30; 84. 23; 85. 7, 17; 87. 15, 17, 20; 88. 4, 6, 18; 92. 10; 96. 17; 97. 23, 26; 98. 27; 99. 5, 11, 12, 13, 15, 17, 18; 100. 11, 31; 106. 6, 33; 109. 8, 16, 27; 110. 1 (bis), 5, 12, 21, 22, 25; 111. 3, 6, 15, 33; 112. 15, 20; 113. 3, 17, 30; 31; 114. 1, 4, 6, 27, 32; 115. 4, 6, 9, 13, 26, 28, 31, 34; 116. 7, 10, 21, 25, 27, 30; 117. 1, 7, 19, 21, 23; 119. 30, 32; 120. 21; 122. 4, 6; 123. 4; 127. 5; 130. 18; 137. 19, 24, 27; 147. 21; 148. 19; 150. 21; 152. 4, 9; 155. 5; 156. 18, 20, 24; 157. 4, 7, 10; 158. 1, 11; 159. 26; 160. 2; 162. 15; 167. 23; 171. 12, 17; 172. 10; 174. 19; 176. 32; 177. 12; 180. 15; 182. 28; 183. 26; 186. 17, 28; 187. 8; 191. 10, 13, 21, 28; 192. 9, 26; 198. 13, 16; 199. 2, 18; 201. 16; 202. 31; 203. 23; 204. 27, 34; 231. 8; 235. 12; 252. 2; 256. 26; 267. 10; 274. 3; 278. 15; 280. 24, 32; 318. 30; 320. 15; 333. 11; 351.

26; 372. 13; 373. 25; 379. 4; 414. 3, 18; 415. 29; 416. 22; 417. 5; 420. 29; 421. 9; 422. 4; 425. 30, 34; 426. 14, 20 (bis), 28; 427. 1; 429. 28; 432. 12; 433. 31
μαρτυρία 5. 5; 57. 15; 76. 23; 122. 2; 158. 13; 175. 7, 14; 177. 17; 180. 24; 199. 4, 23; 200. 25; 201. 14, 17; 214. 15; 235. 10, 15, 17; 240. 16; 247. 4; 255. 15; 256. 32; 257. 24, 25; 259. 9; 262. 11; 263. 1, 28; 264. 7, 11; 266. 3; 268. 3, 4; 276. 4, 15; 278. 18; 295. 25; 339. 30; 386. 4; 416. 26; 427. 2; 430. 27
μάστιξ 232. 1
ματαιολογία 142. 24; 246. 19; 345. 7
ματαιολόγος 288. 11
ματαιοπονέω 380. 3
μάταιος 124. 28; 133. 26; 230. 13; 232. 3; 264. 14; 317. 5; 334. 18; 340. 32; 341. 25; 344. 2; 357. 25
ματαίως 201. 21; 233. 26; 242. 1
μάτην 241. 27; 250. 4, 13; 263. 27; 332. 3; 337. 32; 423. 9
μάχη 3. 3; 121. 15; 186. 22; 188. 27; 189. 10; 343. 7; 353. 27; 354. 24, 28; 384. 9
μάχομαι 197. 10
μεγαλαυχέω 246. 16; 250. 25; 343. 33
μεγαλαυχής 260. 4
μεγαλεῖος 67. 21
μεγαλειότης 67. 24
μεγαλόδοξος 59. 15
μεγαλοτυχής 412. 27
μεγαλόφρων 14. 9, 30; 16. 5, 7; 84. 12; 384. 7
μεγαλοψυχία 378. 8
μεγαλόψυχος 5. 28; 10. 28; 14. 10; 47. 4
μεγάλως 16. 2; 411. 1
μέγας 2. 10, 22 (bis); 11. 2; 12. 11; 14. 22; 15. 9; 28. 19; 40. 18; 43. 18; 59. 15, 25, 28, 30; 60. 1, 27; 61. 15; 62. 5; 64. 3, 17; 65. 1, 15; 67. 12, 20; 68. 21, 23; 71. 7, 16; 74. 7, 8, 25, 28; 75. 13, 26; 77. 8; 82. 22; 85. 5, 12; 88. 24; 89. 11; 111. 7; 149. 3; 158. 2; 166. 19; 168. 26, 33; 169. 22; 171. 21; 172. 17, 21, 24, 34; 173. 26, 33; 174. 14; 175. 4, 26; 182. 8; 199. 6; 208. 17; 214. 5; 216. 14; 221. 10; 228. 27; 233. 11, 28; 258. 19, 23; 260. 8; 266. 11; 268. 20; 270. 21; 273. 15; 371. 16; 374. 12; 381. 27; 390. 15; 408. 30; 409.

527

7; 401. 5, 10; 402. 5, 9; 403. 7;
405. 4, 7, 11
μερίζω 30. 16, 25; 31. 8, 14; 33. 10,
29; 34. 26; 35. 4, 6, 13; 39. 19;
54. 22; 58. 28; 61. 2; 90. 21, 27;
91. 5; 92. 12 (bis), 15, 18; 119. 7;
129. 12, 14, 18, 23, 30; 130. 19; 131.
19, 24; 138. 6, 22, 25, 30; 140. 27;
142. 11; 144. 10; 147. 18, 19, 26;
148. 11, 12, 31; 151. 3; 152. 11, 12,
27; 153. 11, 24 (bis), 26, 31, 32; 155.
19, 20, 28; 160. 24 (bis), 26; 161.
12, 17; 167. 31; 194. 29; 196. 8, 10;
232. 5; 234. 22, 24, 26; 241. 3; 243.
2, 3, 4, 5; 244. 20; 245. 21, 22, 25;
253. 13, 15, 16 (bis), 18, 19, 20, 21,
23, 26; 257. 10; 261. 3, 7; 262. 2;
264. 29, 33; 270. 9, 20; 276. 18; 287.
10, 12, 26, 28, 30; 291. 20; 302. 17,
25; 324. 4; 325. 22; 332. 18; 358.
22; 359. 2, 6, 8, 14; 363. 7; 364. 3;
427. 19, 20, 22, 28; 429. 31; 455. 5
μερικός 162. 22; 251. 11; 373. 8; 416.
13, 17
μέριμνα 124. 24, 27; 258. 26; 354. 23;
357. 21, 24; 369. 8
μεριμνητικός 354. 2
μερίς 331. 24
μερισμός 92. 15; 147. 31, 32; 160. 21;
191. 8; 323. 26; 359. 3, 8, 13; 360.
27; 361. 3, 24, 32; 362. 1; 363. 5;
426. 18; 427. 4
μεριστής 60. 22
μεριστικός 163. 12
μέρος 1. 9, 20; 2. 28; 3. 10, 11, 30;
4. 30; 6. 1, 18, 19; 7. 18, 29; 8. 1, 2,
3, 4, 15; 9. 15; 11. 4, 8, 26, 29; 12.
5, 6, 7, 27; 13. 5, 7, 8, 10, 11, 21; 20.
3; 22. 12, 20; 57. 4; 60. 18; 61. 12;
69. 1; 76. 4; 77. 13; 90. 22; 91. 8;
105. 17; 119. 12; 127. 20; 128. 15,
17, 18; 131. 9; 133. 21; 144. 11;
146. 29; 163. 32; 175. 25, 29; 176.
3; 171. 1; 178. 9; 188. 21; 209. 28;
210. 16, 31; 212. 33; 252. 22; 272.
4; 284. 11, 15, 16, 17, 18, 25, 27;
285. 29; 286. 9, 13 (bis), 14, 31; 287.
16; 290. 17; 302. 30; 303. 23, 24;
304. 16, 17; 318. 28; 321. 4; 328.
5, 24, 29, 30, 32 (bis); 332. 25; 333.
2; 335. 4, 6, 22, 24; 337. 3; 338. 6,
13, 16, 17, 25; 341. 20; 343. 4, 25,
33; 344. 3; 348. 5, 21; 349. 7, 9
(bis), 21, 23; 350. 5, 7, 31; 351. 8,
10; 364. 5; 365. 7; 369. 23; 378.

14; 382. 23, 26; 385. 16; 387. 31;
388. 17; 389. 9, 13; 390. 14, 24; 391.
22; 392. 12; 395. 15, 19; 418. 19;
454. 2, 6, 8, 15, 32; 455. 5
μεσάζω 13. 17
μεσεμβολέω 97. 7, 10; 99. 21; 110. 24
μεσέμβολος 97. 11
μεσημβρία 11. 12; 325. 18 (bis); 395. 9
μεσιτεία 2. 24; 378. 6
μεσίτης 335. 32
μεσόβιος 221. 29
μεσολαβέω 235. 24
μεσονύκτιον 325. 19 (bis)
μέσος 6. 3; 7. 2, 18; 8. 5, 14; 9. 17, 31;
10. 8; 11. 5, 16; 12. 15, 17, 28; 13.
14, 22, 23, 26; 28. 17, 21, 22; 33.
26; 49. 17, 21; 50. 18, 22, 32; 51.
3; 55. 22; 62. 7; 69. 25; 75. 9, 27;
89. 3; 97. 6; 99. 21; 118. 11; 128.
15, 18, 22; 132. 5; 138. 30; 147.
25; 148. 29, 30; 149. 3, 4; 166. 1;
167. 22; 204. 31; 221. 11, 13; 225.
24; 227. 11; 238. 15; 260. 26; 264.
8, 29; 265. 5; 268. 4, 14; 289. 12;
307. 1; 330. 4; 358. 21; 373. 14;
374. 9; 385. 22; 390. 24; 393. 3,
11, 18; 394. 3, 7, 13, 20, 25; 395.
12, 13, 22 (bis); 406. 6, 7; 426. 10
μεσότης 169. 17; 414. 20
μεσουρανέω 55. 20; 70. 33; 75. 7; 77.
6; 79. 13, 28; 80. 5, 20, 28; 81. 7,
14, 15, 21, 22, 27; 82. 7; 83. 19; 89.
13; 98. 8; 109. 26; 117. 4, 7; 125.
23; 126. 1; 127. 17, 32; 128. 5, 6;
129. 11, 29; 130. 4, 25, 26, 31; 131.
1; 134. 6; 135. 9; 193. 29; 220. 5,
8; 235. 13; 272. 29; 273. 5; 372.
26; 414. 19; 416. 28; 417. 12; 418.
13, 26, 30; 419. 9, 14, 24, 31 (bis);
420. 5 (bis), 11, 22; 421. 29
μεσουράνημα 5. 24; 21. 27, 28; 22. 1,
5; 61. 21; 67. 8; 68. 8; 76. 16; 78.
5; 79. 14; 88. 13; 90. 17, 20; 91.
30; 93. 17, 18; 95. 17, 20; 111. 14;
125. 15, 18, 27, 28, 30; 126. 2 (bis),
4, 5, 10, 12, 15, 18, 20, 24; 127. 29,
31; 128. 20; 129. 32; 130. 11; 131.
6; 134. 12, 24; 138. 15; 143. 15, 21
(bis), 29; 145. 6, 7, 8, 11, 17; 157.
32; 158. 5; 166. 30; 167. 21, 26;
176. 28; 214. 9; 215. 29; 216. 4, 6,
9, 21; 217. 6; 219. 30; 252. 24;
273. 6, 7 (bis); 367. 23; 372. 27; 373.
14; 416. 29; 417. 2; 418. 7; 422. 20;
426. 19, 24; 431. 20

14; 145. 32; 149. 10, 19; 159. 17;
164. 10; 169. 19; 171. 15, 24; 173.
21; 175. 16; 177. 23, 32; 194. 1;
211. 26; 212. 1; 213. 16, 31; 224.
9; 228. 1, 26; 229. 10, 21; 234. 13;
235. 7; 237. 31; 238. 15; 239. 18;
247. 10, 19; 253. 23; 255. 3, 4, 13;
258. 25; 259. 3; 263. 29; 264. 7;
265. 31; 266. 13; 268. 5; 276. 12;
279. 2; 288. 17, 27; 291. 15; 301.
28; 305. 12; 320. 6; 324. 23; 326.
8, 11, 16, 19; 329. 3; 333. 2; 334.
20; 335. 10; 336. 17; 337. 1; 339.
26; 346. 4, 8, 9; 361. 14; 366. 7;
371. 12; 377. 21; 404. 2, 8, 9; 407.
22; 432. 34; 455. 11, 17
μονοτοκέω 117. 4
μονοτροπία 369. 8
μονότροπος 2. 1; 390. 7
μόριον 3. 10, 30; 104. 4; 105. 17, 19;
106. 12, 26; 108. 10; 121. 14, 30;
262. 20; 329. 25; 337. 4; 339. 16;
360. 1; 363. 30; 365. 5, 10, 11 (bis);
382. 24, 25; 386. 29; 390. 23; 391. 22
μόρος 301. 14, 29
μορφή 1. 6, 16; 118. 6; 340. 17; 389.
10; 391. 16
μορφόω 237. 29
μόρφωσις 237. 26
μοῦσα 46. 3; 343. 5
μουσικός 4. 13; 14. 18; 59. 16; 69. 19;
72. 16; 103. 16; 191. 30; 334. 15,
16; 388. 2; 411. 5
μουσουργία 3. 19; 391. 26
μοχθέω 201. 20
μοχθηρία 105. 6; 259. 1
μοχθηρός 317. 14; 340. 31; 375. 33
μοχθηρῶς 259. 17
μόχθος 5. 17; 10. 35; 11. 19; 181. 29;
258. 24; 344. 31; 345. 5; 354. 14;
374. 4 (bis); 375. 1
μοχθώδης 99. 2
μυελός 1. 21
μυθικός 250. 21
μυθώδης 102. 32; 249. 20; 254. 12
μυκτήρ 104. 24; 390. 11; 391. 30
μυραλοιφία 386. 16
μυρεψικός 3. 21; 10. 13
μυριάκις 321. 3
μυριάς 245. 5, 6; 335. 2
μυρίος 215. 22; 248. 16; 320. 32; 330.
24; 344. 31
μυσαρός 232. 5
μυσταγωγέω 163. 25; 201. 19; 288. 29;
332. 11; 337. 28

μυσταγωγία 344. 26
μυστήριον 42. 9; 47. 11; 66. 6; 70. 7;
102. 1; 103. 26; 164. 15; 316. 17;
413. 20
μύστης 7. 24; 10. 8; 37. 5; 39. 24;
48. 25; 107. 16; 248. 25; 413. 1
μυστικός 10. 5; 15. 3, 22; 19. 6; 37.
2; 43. 6, 23; 44. 30; 45. 23; 47. 24;
52. 15; 77. 2; 79. 8; 130. 24; 155.
2; 170. 7, 13; 172. 19; 184. 12;
187. 26; 188. 15; 189. 21, 33; 190.
10, 13; 214. 23; 229. 14; 232. 13;
241. 25; 288. 20; 316. 7; 321. 22,
31; 322. 4; 334. 7; 335. 16; 372. 4,
23; 408. 12; 409. 1; 410. 17; 411.
23; 413. 27; 417. 29
μυστικῶς 45. 19; 53. 17; 58. 16; 76.
18; 118. 2; 138. 5; 142. 22; 145.
27; 189. 26; 190. 2; 192. 15; 246.
26; 251. 5; 259. 5; 288. 9; 291. 19;
318. 8; 319. 15; 328. 21; 333. 15;
335. 20; 337. 25; 410. 32
μωμητικός 15. 33
μωμητός 371. 23
μωρόκακος 388. 7
μωρός 62. 28

νᾶμα 330. 22
ναός 45. 29; 46. 20; 82. 5; 174. 18;
199. 31; 211. 24; 251. 13; 385. 6;
411. 13, 29; 420. 20
ναρκώδης 355. 18
ναυαγία 121. 20
ναυάγιον 72. 10; 74. 9; 79. 7; 100. 21;
155. 4; 158. 27; 172. 28; 183. 24;
186. 25; 190. 18; 228. 8; 274. 12;
320. 7; 355. 18; 370. 5; 374. 5;
382. 19; 417. 25
ναυκληρέω 183. 31
ναυκληρία 37. 12; 70. 22; 372. 16
ναυκληρικός 79. 12; 417. 32
ναύκληρος 41. 12; 407. 24
ναυμαχία 75. 1
ναῦς 218. 6; 332. 6
ναυτικός 73. 17; 74. 29
ναυτίλλομαι 332. 7
νεανίσκος 264. 18
νεκρικός 36. 23; 41. 1, 20, 25; 43. 30;
79. 11; 166. 33; 168. 11, 13; 170.
10; 171. 20, 25; 178. 10; 183. 29;
184. 19; 190. 16; 191. 12; 217. 31;
243. 14; 406. 18; 407. 1, 8; 409.
18; 417. 32
νεκρός 53. 9; 107. 15, 32; 263. 12;
317. 29; 333. 25

INDEX VERBORVM

6; 79. 24; 80. 33; 81. 32; 87. 5;
113. 7; 135. 5; 141. 8; 143. 22;
145. 6, 9, 12, 14; 147. 4; 152. 21;
156. 5; 172. 31; 203. 14; 205. 9;
240. 28; 241. 1; 242. 11; 292. 29;
294. 10, 18; 295. 4, 28; 296. 26; 299.
12, 25; 300. 1; 303. 18; 304. 9;
305. 3; 327. 2 (bis); 329. 9; 348. 1,
5, 13; 350. 9, 16, 24, 26; 354. 2;
355. 24; 363. 18 (bis), 20; 379. 23;
383. 26; 391. 1, 17, 28; 392. 6; 414.
13; 418. 24; 428. 9
νυκτίρεμβος 15. 22
νύξ 13. 17; 15. 28; 18. 18, 27; 19. 3,
6, 10, 13, 15, 26, 31; 20. 1, 16; 21.
2, 21; 22. 13; 25. 23, 29; 50. 27;
54. 17, 23; 55. 2, 6, 13, 25, 29; 56.
27; 57. 17, 28, 31; 77. 4; 84. 1, 5;
87. 9; 96. 4, 31; 97. 19; 98. 13, 14;
109. 9; 117. 26; 125. 9, 10; 126.
18; 133. 32; 134. 1, 5; 137. 6, 9,
11, 14; 143. 10; 144. 2; 146. 28, 30;
154. 26; 180. 16; 181. 27; 182. 13;
186. 8; 192. 24, 31; 193. 13, 15, 21,
31; 194. 12; 197. 2; 198. 11; 220.
23; 231. 18; 248. 19; 273. 5, 10,
23; 284. 14; 286. 1, 30; 327. 4, 15;
328. 13; 329. 11; 335. 32; 336. 18;
337. 1, 6, 8, 12, 13; 338. 7; 342. 10
(bis); 346. 18; 347. 12, 13, 20, 24
(bis); 349. 15; 353. 12; 354. 2; 363.
19; 371. 5; 372. 10, 11; 374. 19;
381. 24; 384. 5, 24; 385. 20, 22; 400.
8; 415. 32; 416. 1; 421. 23; 423. 11;
425. 9, 13, 17, 20; 432. 23; 453. 19,
23
νυχθήμερον 363. 8; 365. 20
νωθρός 15. 7; 57. 19; 70. 25; 74. 2
νωθρότης 415. 22
νῶτος 11. 14; 13. 23; 393. 8 (bis);
394. 7; 395. 11, 20, 23
νωτοφορέω 74. 12
νωχελής 66. 9
νωχελία 2. 5; 369. 10

ξενίζω 289. 13, 25
ξένιος 180. 19
ξενιτεία 1. 19; 8. 29; 41. 8; 44. 3;
47. 1; 62. 13; 69. 3; 79. 12; 92. 23,
25, 27, 31; 102. 22; 156. 23; 170.
4, 10, 28; 171. 2; 174. 8; 178. 17;
181. 3; 182. 27; 183. 23; 185. 8;
186. 16, 21; 187. 4; 219. 11; 257.
13; 267. 14; 389. 12; 407. 22; 409.
7; 413. 18; 417. 7

ξενιτεύω 65. 25; 174. 10; 199. 29;
217. 17; 218. 2; 256. 19; 276. 9, 25;
374. 11; 377. 19
ξένος 41. 8, 9; 45. 5; 47. 2; 78. 9, 10,
14; 91. 25, 32; 92. 4; 93. 14, 28;
94. 14, 15, 24, 27, 29, 33; 95. 14;
100. 10, 11, 13, 18; 115. 13, 14; 156.
24, 26 (bis), 27; 157. 2; 170. 11, 15,
29 (bis); 171. 30 (bis), 31; 174. 8,
9, 20, 21, 26 (bis); 180. 11 (bis);
182. 28; 186. 21; 215. 21, 36; 216.
10; 218. 2; 219. 11; 256. 31; 321.
33; 322. 9; 410. 10; 417. 5
ξηραίνω 390. 22
ξηρός 336. 19; 388. 21; 390. 3; 391.
5; 392. 2
ξίφος 6. 30; 378. 24; 383. 23
ξύλον 2. 11; 369. 23

ὀγδοάς 222. 20; 221. 6, 13 (bis)
ὄγκος 211. 5
ὀγκωτικός 373. 3
ὀδεύω 34. 10; 142. 15; 230. 18
ὀδηγέω 264. 25; 344. 32
ὀδμή 331. 29
ὀδός 50. 10; 215. 10, 11, 13, 21; 240.
26; 247. 31; 289. 22; 316. 24; 338.
27; 355. 19; 453. 13
ὀδούς 2. 29; 104. 9, 19; 105. 1; 378.
18; 390. 15
ὀδυνάω 230. 13; 233. 26; 242. 2; 250. 3
ὀδυνηρός 44. 16; 201. 20; 326. 28
ὀδυνηρῶς 263. 26
οἴαξ 170. 2
οἶδα 18. 15; 97. 7; 127. 15; 162. 31;
209. 30; 229. 19; 230. 8; 244. 27;
246. 14; 249. 6, 15; 288. 25; 301.
13; 302. 24; 307. 6; 332. 16; 337.
26; 343. 20; 344. 16; 372. 30; 376.
15, 21; 383. 15, 24; 384. 12; 425.
23; 429. 20, 31; 430. 29; 433. 3
οἴησις 38. 2; 103. 13; 191. 20; 209.
23; 239. 17; 270. 7
οἰκεῖος 3. 27; 36. 27, 28; 38. 5; 44.
21; 46. 23; 49. 10; 55. 19; 57. 16;
68. 6; 84. 31; 122. 4; 125. 16; 133.
15, 22; 138. 22, 28; 147. 21; 156.
18; 159. 28; 172. 33; 180. 22, 31;
181. 8, 24; 182. 3, 33; 183. 12, 21;
184. 17; 185. 1; 187. 7, 19; 188. 4;
190. 26, 30; 192. 33; 211. 27; 228.
15; 230. 5; 238. 14; 241. 18; 243.
15; 252. 3; 253. 22, 30; 254.
2, 19, 21, 23; 261. 1; 264. 11;
268. 3; 276. 22; 280. 23; 318. 1;

534

320. 15; 349. 12, 14; 355. 1; 359.
29; 361. 10; 370. 5, 31; 373. 33;
374. 3, 29; 407. 22, 30; 409. 25; 411.
16; 414. 2, 17, 23; 415. 28; 453. 24;
455. 4, 27
οἰκειότης 54. 9; 55. 10; 79. 17; 162.
23; 170. 22
οἰκειόω 111. 11; 117. 16; 252. 18;
408. 5
οἰκείως 57. 22; 65. 25; 79. 3; 82. 30;
89. 17; 90. 6, 24; 91. 11; 114. 25;
118. 14; 125. 11; 129. 8, 22; 138.
6, 29; 144. 9; 153. 10; 172. 15, 21;
190. 19; 199. 2; 214. 4; 234. 18;
242. 13; 252. 10; 261. 33; 280. 12,
25; 352. 25; 353. 1; 354. 33; 414.
24; 415. 25; 417. 21; 421. 8; 422. 17
οἰκείωσις 192. 26
οἰκέω 344. 20
οἴκησις 329. 20; 411. 19
οἰκητήριον 74. 27; 120. 12; 141. 14
οἰκία 1. 19; 170. 5; 341. 23; 389. 12
οἰκοδέκτωρ 176. 25
οἰκοδεσποτεία 26. 25; 54. 20; 55. 6;
57. 25, 28; 117. 31; 118. 8, 19; 119.
9, 16; 122. 19; 125. 7, 15, 20; 127.
14; 138. 5; 143. 7; 144. 7, 8; 152.
13; 273. 10; 428. 11
οἰκοδεσποτέω 56. 11; 58. 5; 62. 12, 22;
63. 10, 20; 65. 6; 66. 11, 18, 24, 27;
68. 28; 69. 21; 70. 31; 72. 11; 74.
24; 75. 15; 91. 7; 99. 3; 110. 4, 20;
114. 31, 34; 115. 5, 8, 11, 25; 116.
1, 29, 30; 117. 1; 118. 4; 126. 15,
18, 22, 25, 26; 127. 14; 129. 2, 19,
28; 131. 7; 370. 8; 415. 32; 416. 2
οἰκοδεσπότης 5. 30; 7. 10, 24, 27; 9.
12; 18. 12; 26. 3, 4; 55. 12, 17, 26,
28; 56. 4, 6; 57. 1, 2, 10, 15; 58.
5, 6, 8, 9, 13; 61. 14, 17; 62. 25; 64.
31; 74. 18, 28; 77. 9, 14, 25; 78. 2;
79. 29; 84. 7, 8, 32; 85. 2, 4; 86.
8; 89. 28; 96. 31; 99. 30; 110. 17;
101. 14; 106. 7; 109. 17; 112. 24;
114. 18; 116. 18; 118. 14, 18, 28,
30; 119. 11, 24; 122. 6; 125. 13,
21; 126. 11; 129. 7, 10, 16, 17, 18
(bis), 20, 22, 24, 27; 130. 17; 131.
18, 19, 20, 22, 25; 134. 2; 138. 12,
16, 30; 139. 6, 14, 18, 19; 144. 9;
147. 10 (bis), 16, 28; 148. 6; 152.
5; 153. 9; 156. 11, 17; 157. 6, 19;
166. 10; 176. 34 (bis), 35, 36; 179.
7; 193. 16; 203. 16; 214. 13; 251.
25; 252. 2, 6, 10; 260. 27; 261. 22;

262. 13, 19; 263. 4; 290. 13; 295.
23; 367. 20; 374. 7; 414. 12, 25,
29; 415. 17, 18, 21, 27, 29; 416. 1,
9, 11, 12, 15, 16, 19, 20; 418. 16, 21,
24; 419. 2, 11, 12; 422. 2, 7, 12; 423.
4, 6; 427. 17; 432. 24
οἰκοδεσποτικός 5. 26; 131. 3; 143. 3;
214. 4; 289. 28
οἰκοδοχεύς 97. 20
οἰκονομέω 284. 9; 337. 14; 342. 24
οἰκονομητικός 379. 17
οἰκονομία 2. 26; 45. 16; 46. 5; 70. 22;
175. 9; 184. 23; 283. 15; 370. 12,
16; 410. 30; 411. 7
οἰκονομικός 7. 22; 17. 19; 36. 24; 42.
1; 47. 10, 30; 99. 7; 355. 10; 372.
32; 407. 14; 410. 7; 412. 22; 413. 20
οἰκονόμος 10. 6; 38. 18; 45. 1; 70. 22
οἰκόπεδον 73. 15
οἶκος 5. 21; 7. 19; 8. 23; 9. 7; 10. 1, 10,
18, 25, 32; 66. 3, 24; 70. 29; 79. 26,
27, 28, 30; 85. 15; 86. 14; 96. 6;
97. 22; 98. 28, 29; 109. 27; 110. 10,
12, 14; 111. 1, 17; 112. 11; 116. 31;
124. 10, 32; 136. 21, 22, 24, 26, 28,
29, 31; 137. 1; 158. 16; 171. 24;
172. 11, 12, 15; 217. 4; 220. 9; 318.
32; 352. 14; 357. 7, 29; 371. 14;
372. 20; 378. 21; 379. 6, 7; 416. 2,
16; 418. 26 (bis), 27; 422. 9; 424.
24 (bis), 26, 28; 425. 1, 2, 4, 5
οἰκουρία 1. 17; 389. 11
οἶμαι, οἴομαι 103. 1; 142. 28; 146. 22;
150. 4; 211. 30; 239. 2; 249. 30;
265. 27; 288. 22; 291. 13; 368. 5
οἰνικός 10. 13
οἶνος 3. 13; 120. 19; 211. 2; 382. 31
οἱοσδήποτε 131. 1; 267. 23; 326. 9;
340. 6
οἴχομαι 333. 23
ὀκνέω 250. 17
ὄκνος 231. 32
ὀκτάκις 401. 10; 402. 9
ὀκταμηνιαῖος 53. 5
ὀκτάτροπος 321. 9
ὀλεθρευτικός 372. 8
ὀλεθρεύω 117. 14
ὀλέθριος 9. 17; 103. 16; 343. 15; 380.
18; 383. 33; 384. 3
ὄλεθρος 98. 7; 215. 19
ὀλέτης 290. 11
ὀλιγάδελφος 117. 11, 12, 20
ὀλιγάκις 95. 5
ὀλιγανάφορος 128. 33; 144. 23; 289.
33; 336. 2

9, 13; 291. 21; 319. 21, 28; 330.
28, 29; 331. 6; 332. 3; 352. 8; 353.
30; 367. 3; 370. 13; 371. 1; 372. 14,
28; 373. 9, 23, 24, 26; 374. 32; 375.
32; 377. 7, 21, 27, 28, 33; 378. 2;
379. 1, 3; 383. 15, 17, 19; 385. 1;
386. 6, 7, 8; 414. 15, 21; 415. 13,
14, 28, 34; 416. 2, 11, 17, 25, 27;
417. 6, 8; 418. 1; 421. 10; 426. 11;
427. 5, 8, 10, 16; 429. 26; 430. 1, 3
ὀργανοθεσία 142. 23; 212. 32; 342. 6
ὀργανοθετέω 282. 22
ὄργανον 1. 5; 19. 17; 103. 16; 135. 12,
18; 178. 20; 221. 34; 282. 3, 4, 27;
283. 5, 10, 14, 15; 284. 3, 4, 6; 287.
5, 6, 14, 20; 289. 4; 291. 25; 292.
16, 30; 303. 7, 16, 29; 304. 19, 27;
305. 7, 11, 16; 306. 15, 17; 307. 4;
317. 3; 334. 15; 346. 11; 348. 17;
349. 1, 2; 350. 30; 351. 13, 14
ὀργανοποιία 334. 17
ὀργή 3. 3; 68. 18; 112. 14; 343. 16;
380. 8; 381. 15; 382. 9
ὀργίλος 9. 9; 16. 7; 99. 1, 15, 17
ὀρεκτικός 253. 35
ὄρεξις 341. 17; 386. 12; 390. 16
ὀρθοπνοϊκός 105. 15
ὀρθοπύγιον 9. 26
ὀρθός 6. 17; 367. 22
ὀρθῶς 8. 8; 455. 22
ὁρίζω 301. 11; 302. 17; 329. 21, 27
ὁρικός 135. 21
ὁρικῶς 255. 27
ὅριον 3. 24; 13. 27; 20. 19, 21; 70.
30; 74. 27; 109. 22; 110. 14, 30;
125. 13, 14, 20 (bis); 126. 11, 15, 17,
22 (bis), 24, 25, 26, 32; 127. 10, 12,
13; 129. 7; 131. 31; 133. 24; 134.
2, 14, 15, 17, 25, 27 (bis), 28, 30;
135. 24, 25, 27 (bis), 29, 30, 31; 136.
2, 5, 6, 7, 9, 20, 23, 25, 27, 29, 31;
137. 1, 3, 15, 16, 17, 18, 26, 27; 138.
11, 16, 20, 23, 27; 139. 3, 5, 11, 13,
15; 143. 8; 163. 8; 195. 23; 196. 23;
203. 16; 248. 4; 305. 16, 20, 22, 23,
25, 26, 27, 29, 30; 306. 2, 4, 6, 7, 9;
358. 1; 384. 29 (bis); 385. 7 (bis), 8;
424. 22, 26, 28, 29; 425. 2, 5, 6, 23,
24, 25, 32, 33; 432. 25
ὁρκίζω 163. 25; 251. 18; 281. 4
ὅρκος 142. 17; 251. 4; 333. 9 (bis);
344. 27
ὁρμάω 48. 24; 189. 18; 412. 34
ὁρμή 374. 29; 380. 3
ὅρμησις 59. 10

ὁρμητής 382. 1
ὅρμος 13. 8 (bis)
ὀρνεοσκόπος 4. 14; 71. 24; 388. 2
ὄρος 7. 16
ὅρος 49. 16, 18; 50. 14, 18, 22, 32; 51.
3, 8, 23; 145. 23; 147. 11, 24; 169.
29; 208. 32; 260. 25; 289. 28, 30,
32; 290. 4, 5, 11, 26, 27, 32; 291. 5,
6, 9, 13, 19; 292. 10, 26; 293. 10, 21,
31; 294. 8; 296. 8; 297. 5, 22, 23, 25,
26; 298. 4, 18 (bis), 31, 32; 299. 23;
300. 17; 301. 34; 302. 30; 330. 11;
332. 20; 335. 8; 336. 2, 4, 6, 8; 346.
27, 28; 358. 21; 394. 14; 455. 23
ὀρύττω 259. 5
ὀρφανία 2. 7, 17; 98. 23, 24; 114. 12;
369. 12; 390. 6
ὀρφανός 98. 25, 26
ὄρχησις 386. 18
ὀρχηστής 219. 25; 232. 2
ὀρχηστύς 210. 24
ὁσάκις 25. 16; 33. 5, 6, 12, 16; 140.
11, 12; 164. 28; 194. 27; 325. 29;
335. 3; 397. 1
ὁσδηποτοῦν 250. 20
ὅσος passim
ὄσπριον 3. 14; 382. 31
ὀστέον 353. 25; 354. 8; 369. 24
ὀστώδης 6. 16
ὄσφρησις 3. 29; 104. 20; 386. 27; 391.
21
ὀσφῦς 7. 17; 105. 4; 393. 2
οὐδαμῶς 21. 9; 168. 17
οὖδας 258. 15
οὐρά 6. 8; 8. 1; 9. 21, 31; 11. 14; 12.
11; 13. 24; 393. 27; 394. 3; 395. 2,
11
οὐράνιος 4. 18; 230. 26; 232. 6; 251.
17; 330. 18; 332. 23, 30; 344. 22
οὐρανοβατέω 231. 7
οὐρανόθεν 333. 12
οὐρανός 11. 17; 12. 19; 163. 26; 231.
12, 23
οὖς 390. 20
οὐσία 1. 11, 22; 2. 11, 29; 3. 12; 4. 1;
5. 1, 11; 46. 28; 63. 30; 154. 10;
156. 2; 211. 2, 7, 18; 238. 27; 369.
22; 378. 18; 382. 30; 385. 19; 387.
1; 388. 22; 389. 15; 428. 5
ὀφείλω 97. 26; 118. 29; 258. 21
ὄφελος 279. 20; 378. 26
ὀφθαλμία 179. 14; 353. 23; 371. 11
ὀφθαλμικός 377. 25, 29
ὀφθαλμοβόλος 111. 31
ὀφθαλμοπόνος 105. 22

ὀφθαλμός 1. 10, 20; 67. 3; 104. 21;
105. 1; 186. 27; 256. 18; 267. 18;
354. 7; 376. 19; 377. 16, 18; 383.
4; 384. 2; 385. 16, 18; 389. 14;
391. 6, 10, 14, 19; 429. 24; 455. 27
ὀχλαγωγός 15. 22; 71. 26
ὀχλέω 105. 27, 34; 120. 24; 190. 15;
219. 20; 225. 8; 257. 16
ὄχλησις 120. 29; 155. 4; 158. 27; 170.
26; 183. 17, 20; 184. 7; 185. 5;
353. 5; 370. 1; 371. 11
ὀχλικός 1. 7; 8. 24, 26; 12. 26; 14. 19,
27; 15. 4; 38. 27; 42. 6; 43. 19;
57. 31; 184. 27; 189. 5; 258. 1;
385. 15; 408. 32; 416. 4
ὄχλος 1. 18; 16. 26; 18. 3; 37. 27;
38. 15; 40. 19; 41. 15; 42. 1; 44.
27; 45. 9; 46. 15, 21; 58. 3; 62. 7;
64. 11, 17; 67. 25; 68. 18, 24; 69.
17; 70. 8; 71. 8. 17; 73. 3; 78. 22;
82. 4; 168. 32; 174. 27; 177. 10;
181. 26; 185. 18, 25; 186. 23; 188.
15; 190. 24; 202. 28; 211. 24; 219.
15, 25, 26; 254. 7; 330. 31; 354. 9;
379. 10; 381. 15; 385. 24; 389. 4,
12; 406. 14; 407. 15; 409. 31; 410.
14, 24; 416. 8; 420. 19
ὀψέ 348. 9
ὀψιγαμέω 113. 13
ὀψίγαμος 112. 34
ὄψις 102. 6; 104. 15; 105. 3; 216. 25;
240. 2; 255. 24; 266. 15; 267. 15;
275. 30; 377. 24
ὀψώνιον 2. 22; 38. 9, 21, 28; 44. 27,
33; 320. 25; 410. 4, 14

πάγιος 375. 17
πάγκαρπος 394. 15
παγώδης 370. 8
πάθημα 320. 8
παθητικός 105. 25; 108. 4
πάθος 2. 16; 15. 15; 37. 17; 56. 13;
57. 19; 62. 14; 63. 23; 64. 8; 67. 6;
68. 6, 10; 73. 5; 98. 32; 99. 4; 102.
10, 17, 25; 103. 28, 29; 104. 2, 5,
25; 105. 12, 15, 33; 106. 4, 6, 14,
23, 30; 107. 2, 11; 109. 19; 119. 6,
13, 24; 120. 2; 121. 33; 122. 7;
127. 7; 152. 1; 153. 5; 158. 28, 31;
163. 20; 165. 27; 166. 29; 167. 3;
170. 9, 16; 174. 13; 183. 11, 17, 18,
25; 186. 24; 188. 29; 189. 1; 192.
13; 199. 31; 214. 22; 226. 3; 228.
10; 236. 18; 239. 1; 250. 26; 255.
24; 258. 13; 301. 14; 321. 26, 32;

322. 2, 10; 326. 6; 334. 6; 341. 17;
369. 26; 377. 29; 378. 11; 382. 26;
386. 29; 388. 19; 390. 25; 415. 4, 22
παίγνιον 4. 7; 235. 17; 272. 12
παιδεία 4. 5; 7. 21; 17. 19; 38. 20;
39. 16; 40. 2; 46. 3; 47. 23; 84. 24;
189. 18; 190. 1; 191. 3, 29; 230.
14; 235. 33; 258. 29; 379. 18; 384.
21; 387. 5, 9, 26; 388. 28; 411. 5;
413. 25
παιδεραστής 192. 3; 383. 15
παιδευτικός 15. 13
παιδεύω 209. 1; 230. 12; 385. 26
παιδίσκη 218. 3
παιδοποιέω 211. 28
παιδοποίησις 117. 6
παιδοποιία 214. 25
παῖς 109. 16; 112. 17; 177. 28; 211.
20; 336. 15; 346. 24; 373. 7; 375.
1; 376. 11; 380. 13, 19; 433. 13
παλαιός 100. 21; 102. 24; 155. 2; 172.
19; 183. 6; 184. 1, 12; 231. 3; 239.
25; 243. 14; 279. 25; 353. 3; 355. 3
παλαίω 263. 24
πάλη 4. 8; 387. 28
παλινδρομέω 233. 26; 283. 31
παλίνδρομος 250. 25; 332. 3; 345. 3
παλλακίς 217. 9, 12
πάμμηνος 352. 15
πάμμικτος 14. 27
παμποίκιλος 16. 23
πάμπολυς 383. 33
παμπόνηρος 14. 13
πανευδαίμων 117. 30; 426. 10, 16; 429.
22
πανήγυρις 220. 13; 235. 18
πάννυχος 231. 10
πανουργία 47. 9; 71. 27; 87. 1, 11;
383. 13; 412. 32
πανοῦργος 42. 4; 47. 30; 235. 18; 236.
4; 237. 13; 302. 26; 333. 1; 388.
6, 32; 412. 22
πανσεληνιακός 20. 21; 24. 18, 21; 27.
6; 83. 18; 100. 7; 119. 18; 122. 32;
138. 8, 12; 142. 4; 143. 11, 34, 35;
144. 25, 31; 145. 1; 152. 17, 23, 24,
29; 194. 16; 200. 18; 203. 26; 246.
4; 284. 26; 304. 11; 349. 6; 396. 6;
454. 13, 22
πανσέληνος 20. 21; 24. 13, 14, 20, 22;
25. 4, 5, 9, 10; 27. 6; 88. 22; 90.
15; 100. 5; 101. 23 (bis); 102. 14;
107. 16, 24; 119. 29, 31; 122. 26,
32; 123. 5, 32; 124. 9; 126. 32, 33,
34; 127. 2; 137. 26; 139. 25; 143.

3, 4, 10, 14 (bis), 16, 24, 26, 27, 30;
294. 1, 3, 8, 12, 14, 16, 20, 22, 25, 29,
31; 295. 3, 6, 8, 8, 11, 16, 18, 30;
296. 8, 13, 14, 24, 28 (bis), 30; 297.
2, 5, 9, 11, 22, 26, 30, 31, 32; 298. 4,
8, 10 (bis), 17, 21, 23, 24, 30; 299. 3,
4, 5, 11, 14, 16, 22; 300. 5, 6, 8, 9,
16, 24, 25, 27, 32; 301. 1, 3, 19, 21;
302. 11; 303. 22, 26; 304. 1, 3, 14,
20, 21, 27; 305. 7, 8; 306. 24 (bis),
29; 334. 29, 32; 335. 7; 336. 9;
338. 6; 350. 30; 351. 15
παράκολλος 204. 24; 345. 21
παρακολουθέω 114. 31; 139. 20; 175.
31; 216. 15; 225. 19; 243. 19; 255.
8; 257. 18; 264. 16; 277. 11; 302. 32
παραλαμβάνω 35. 7; 119. 3; 150. 21;
151. 9; 153. 9, 17, 19; 154. 20; 156.
14; 159. 5, 18, 25, 33; 161. 31; 162.
7, 8, 14; 164. 12, 30; 165. 25, 27;
167. 8, 12, 32, 33; 168. 5; 169. 11,
15; 170. 21; 171. 3, 4, 7; 172. 16;
173. 11; 174. 7; 178. 24; 191. 9, 16,
27; 192. 7, 15, 25; 195. 25; 197. 9;
216. 28; 217. 10; 219. 7, 9; 221. 9,
19, 23; 234. 18, 33; 237. 1; 241. 18,
22; 242. 30; 243. 8, 9 (bis); 257. 26;
264. 30; 265. 16; 281. 14; 320. 30;
337. 24; 342. 27
παραλείπω 259. 11
παράληψις 159. 23; 167. 7; 169. 18;
170. 25; 171. 10, 26; 172. 26; 198.
25; 200. 15; 205. 7; 221. 5; 228. 17;
248. 9
παραλλαγή 139. 21; 288. 3; 302. 8, 11
παραλλάσσω 134. 18; 144. 30; 179. 1;
286. 32; 327. 13
παράλληλος 345. 23, 24
παραλογισμός 4. 16
παραλυτικός 105. 18; 121. 12
παραμένω 56. 8; 63. 30; 209. 33; 233.
31; 335. 9; 432. 11
παράμονος 280. 10; 415. 1; 429. 32
παραμφοδέω 339. 2; 345. 25
παραμφοδίζω 52. 14
παραμφόδισις 239. 28
παρανατέλλω 8. 8
παρανομία 382. 16
παράνομος 43. 10; 113. 29; 175. 11;
254. 4; 408. 15
παραπέμπω 142. 24; 239. 23; 247. 31;
248. 22; 345. 7
παραπίπτω 5. 5; 26. 18; 55. 29; 56. 6;
57. 1; 58. 10; 71. 6; 77. 17; 83. 1;
85. 11, 23; 90. 1, 6; 91. 8; 96. 9,

14; 97. 31; 99. 23, 27; 100. 28, 32;
101. 3, 7; 108. 16; 118. 1, 28, 29;
119. 2, 30; 125. 14; 134. 25; 139.
14, 32; 147. 31; 152. 10, 13; 173.
4; 180. 27; 191. 20; 241. 2; 289. 18;
303. 4; 416. 12, 15; 422. 13, 27
παραπλέω 103. 15, 23
παραπλήσιος 70. 23; 74. 20; 235. 16;
238. 19; 332. 2; 391. 1
παραπλησίως 338. 19; 347. 28; 381. 23
παραποδίζω 59. 4; 70. 27; 71. 5
παράπτωσις 416. 19; 422. 7
παραρρίπτω 240. 22
παράσιτος 68. 7
παρασκευάζω 331. 18, 26
παρασυνεργός 75. 17
παρατείνω 9. 24; 12. 13
παρατηρέω 36. 17; 65. 10; 137. 25;
148. 13; 166. 15; 172. 31; 173. 10;
195. 16; 202. 22; 215. 25; 248. 3;
263. 21; 290. 18; 320. 13; 321. 19;
324. 22; 338. 21; 342. 4; 430. 6;
431. 29
παρατήρησις 248. 24; 272. 2; 303. 13
παρατροπή 170. 27
παρατυγχάνω 202. 12; 255. 17; 256.
14; 265. 31; 271. 22; 280. 28
παραύξησις 23. 10; 282. 6, 7, 19, 23;
283. 18; 284. 1; 288. 2; 306. 21;
347. 7
παραύξω 306. 24; 346. 29
πάραντα 144. 12
παραντίκα 229. 16; 284. 22
παραφροσύνη 384. 1
παραφυλάσσω 135. 2; 202. 14; 246.
28; 256. 1; 259. 3; 301. 27; 302.
19; 424. 16; 431. 34
παραχαράκτης 71. 27
παραχρῆμα 325. 24
παραχωρέω 175. 35; 243. 1
παρεγγυάω 147. 1, 7
παρέγκλισις 258. 16; 301. 16; 328. 20;
329. 16, 21
παρεδρεύω 199. 27, 31
πάρειμι (παρα + εἰμί) 59. 6; 61. 14;
62. 8, 17, 22; 63. 16; 65. 4; 66. 18,
21; 69. 29; 75. 9; 90. 13, 28; 97.
27; 118. 26; 167. 9; 183. 9; 210. 4;
214. 33; 221. 22; 247. 8; 252. 10, 14;
253. 17; 254. 24; 268. 9; 273. 17;
279. 8; 280. 9; 344. 24; 376. 18;
377. 26; 432. 4
πάρειμι (παρα + εἶμι) 281. 1
παρείσδυσις 331. 17
παρεισέρχομαι 342. 15

παρεισφέρω 145. 30
παρεκβόλαιος 414. 7
παρεκτικός 37. 27; 46. 11; 57. 28;
78. 24; 172. 18; 253. 29; 379. 12;
415. 34; 417. 13
παρεκτρέπω 201. 26
παρεκτρέχω 175. 15
παρέλευσις 404. 7
παρεμπίπτω 120. 20; 422. 17
παρεμπλέκω 172. 23; 234. 20
παρεμπλοκή 268. 14; 269. 7
παρεμφέρω 235. 30
παρεπαίρομαι 9. 11; 191. 20
παρέπομαι 336. 18
πάρεργος 302. 2; 343. 30
παρέργως 255. 1; 319. 15
παρέρχομαι 261. 19; 360. 23
παρέχω 1. 19; 2. 28; 4. 22; 37. 20;
38. 4; 39. 5; 58. 7; 61. 13; 69. 28,
30; 70. 10; 71. 9; 78. 20; 80. 30;
86. 4; 88. 12; 92. 23, 27, 31; 93.
27, 33; 94. 15, 20, 32, 34; 95. 3; 118.
1, 12; 154. 26; 155. 17; 156. 30;
169. 20; 177. 9; 188. 19; 191. 13;
194. 8; 195. 11; 201. 15, 25, 29; 202.
2; 209. 23; 216. 30; 218. 11; 247.
8; 250. 8; 252. 16; 260. 10; 265. 21;
273. 27; 277. 10; 279. 33; 281. 11;
330. 31; 331. 23, 29; 332. 8; 333. 6,
29; 334. 16, 20; 340. 27; 359. 11,
25; 360. 2; 363. 9; 366. 9; 371. 16;
378. 17; 382. 17; 383. 10; 384. 23;
416. 10; 417. 15; 419. 16; 455. 20
παρηγορέω 174. 4; 237. 9; 264. 2;
271. 18; 430. 23
παρηγορία 173. 29; 199. 19
παρθένος 109. 24; 112. 24
παρίημι 49. 15; 163. 33; 213. 33; 249.
24; 270. 14; 339. 20
παρίστημι 333. 27; 334. 1
παροδεύω 137. 16; 221. 25; 223. 1;
352. 4; 425. 24
παροδικός 93. 35; 194. 11, 13; 203. 18,
20, 24; 280. 9; 430. 25, 28
παροδικῶς 95. 27, 30; 162. 15
πάροδος 36. 17; 60. 29; 65. 1; 150. 23;
162. 10; 194. 5; 195. 15; 200. 20,
32; 202. 13; 203. 29; 208. 13; 220.
27, 30; 223. 23; 305. 14; 377. 33;
426. 19, 21; 427. 8; 430. 6, 16; 431.
24; 432. 5
πάροινος 99. 2
παροίχομαι 208. 18; 256. 13
παροξύνω 73. 1
παροῦργος 407. 17

παρουσία 49. 2; 104. 2; 202. 20; 234.
6; 237. 7; 413. 31; 432. 7
παρρησία 5. 31; 343. 15
πάρυγρος 2. 4; 11. 18; 12. 19
πᾶς passim
πασχητίας 384. 11
πάσχω 95. 1; 103. 17, 18; 111. 32;
124. 22, 29; 175. 8; 199. 27; 210.
14; 211. 30; 235. 26, 32; 236. 4,
11; 249. 21, 22, 24; 250. 3, 18; 254.
11; 256. 23; 259. 23; 273. 20; 288.
14, 22; 340. 10, 19 (bis); 341. 4, 18;
357. 19, 26; 383. 4, 20; 387. 24;
455. 26
πατήρ 1. 7; 2. 11; 67. 5, 13 (bis), 20;
68. 1, 5, 9; 72. 22; 96. 3, 10, 12, 17,
19, 23; 97. 4, 8, 16; 98. 9, 11, 17,
20, 23; 99. 12, 14; 100. 6, 9, 10, 12,
14, 17; 109. 29; 110. 13; 115. 34,
35; 166. 26; 170. 5; 177. 30; 179.
15 (bis), 17, 22, 25; 180. 19; 183.
9, 22; 186. 12, 13; 188. 12; 199. 15;
211. 19; 214. 18; 217. 25, 26; 218.
27; 219. 16; 220. 17; 246. 9; 253.
5; 256. 18; 352. 28; 353. 11, 24;
354. 3; 370. 22; 371. 4, 7, 14; 373.
4, 7, 31; 374. 4, 18, 23, 33; 376. 2;
377. 14, 16, 17, 24; 380. 13, 15; 382.
32; 383. 2 (bis), 33; 384. 3; 385.
15; 390. 6; 391. 7
πατρικός 66. 26; 68. 4; 96. 6, 10, 16,
32; 98. 18; 115. 33, 35; 167. 4;
279. 25; 369. 22; 370. 21 (bis); 371.
4, 5; 373. 5, 29, 32; 374. 19, 28;
379. 30; 380. 18; 383. 5
πατρίς 1. 9; 64. 4; 94. 34; 95. 14, 19;
372. 28; 374. 31; 376. 20 (bis); 384.
28; 385. 16
πατρυός 383. 2
παύω 159. 27; 217. 14
παχυμερῶς 346. 13; 454. 28
πεδάω 164. 5
πεδίον 333. 24
πεζικός 73. 17; 74. 29; 75. 1; 142. 23
πεζικῶς 215. 10
πειθήνιος 142. 27
πείθω 103. 1; 228. 26; 232. 11; 248.
2; 251. 18; 288. 15; 316. 12
πεῖρα 42. 25; 66. 14; 72. 1; 77. 2; 78.
12; 81. 3; 84. 29; 101. 8; 104. 13;
109. 3; 120. 27; 135. 8; 146. 21;
150. 7; 184. 6; 190. 15; 192. 21;
198. 8; 204. 5; 214. 3; 232. 28;
247. 3; 253. 31; 254. 30; 260. 13;
288. 7; 317. 12; 323. 18; 326. 8;

INDEX VERBORVM

340. 18; 341. 8, 20; 353. 9; 363. 27;
385. 11; 408. 26; 417. 8; 419. 21;
431. 1
πειράζω 16. 14; 353. 24
πειρατής 121. 16
πειρατικός 275. 24
πειράω 182. 19; 219. 18; 233. 19;
239. 29; 245. 13; 259. 14; 326. 18;
337. 15; 339. 16; 343. 31; 389. 5
πελαγοδρομέω 142. 14; 316. 18; 317.
10
πέλαγος 9. 3; 11. 12, 15; 13. 26; 393.
16, 21; 395. 4, 10, 12
πέλας 239. 14
πεμπταῖος 194. 20
πέμπω 151. 27; 258. 15; 330. 10
πένης 63. 1; 74. 12; 221. 30; 331. 15;
340. 16; 341. 10
πένθος 2. 7; 37. 16; 110. 3; 265. 23;
271. 25; 352. 27; 353. 1, 21; 369.
12; 377. 3
πενία 17. 7; 343. 32; 429. 30
πενιχρός 157. 25; 426. 17
πένομαι 340. 5
πεντάκις 224. 4
πεντάς 222. 20; 223. 7 (bis), 11
πεντεκαιδεκάκις 400. 5
πεπαίνω 318. 25; 345. 1
πέπειρος 211. 10
πέπλος 231. 13
περαιόω 264. 26
περαιτέρω 91. 25
πέρας 215. 12; 254. 3; 307. 4; 367.
29; 397. 19, 20
περάω 352. 13
περιάπτω 273. 18
περιβάλλω 60. 8; 68. 6; 188. 29; 280.
19; 332. 32; 385. 4
περιβλεπτικός 375. 4
περιβλέπω 455. 22
περιβοησία 40. 12; 42. 6; 43. 1; 73. 4;
83. 22; 174. 27; 175. 9; 177. 14;
185. 26; 190. 25; 192. 12; 388. 11;
408. 8; 421. 32
περιβόησις 189. 16; 219. 15
περιβόητος 273. 16; 381. 2
περίβολος 321. 1
περίγειος 54. 20; 151. 27
περιγίνομαι 18. 3; 37. 23; 48. 16; 182.
9; 187. 29; 190. 2; 236. 17; 242. 1;
269. 11; 288. 17; 371. 18; 385. 1;
412. 6
περιγραφή 347. 10
περιγράφω 142. 12; 287. 1
περιδινέω 301. 8

περιδρομικός 285. 25
περίειμι 157. 15; 181. 13; 211. 25;
280. 13
περίεργος 7. 24; 10. 7; 37. 4; 40. 4,
10; 42. 10; 44. 2; 48. 25; 66. 32;
184. 15; 372. 3; 413. 1
περιέρχομαι 40. 10
περιέχω 289. 2; 364. 23; 365. 7
περιθεωρέω 455. 24
περιιστάνω 273. 20
περιίστημι 70. 17
περικαλλῶς 380. 25
περικαμπής 251. 12
περίκειμαι 228. 30; 454. 32
περικλείω 142. 19; 260. 6; 339. 18
περικόπτω 374. 27
περικρατέω 67. 26
περικτάομαι 40. 27; 42. 18; 44. 29, 30;
45. 1; 57. 29; 59. 13; 79. 12; 86.
11; 116. 3; 183. 30; 239. 1; 253. 34;
407. 33; 410. 6, 16, 17; 415. 35
περίκτησις 39. 1; 40. 26; 41. 11; 43.
29; 45. 18; 46. 1, 13; 59. 7; 71. 10,
12; 180. 9; 185. 31; 188. 20; 191.
6; 214. 25; 265. 24; 276. 21; 322.
5; 374. 1; 378. 26; 387. 12; 406.
22; 407. 6, 23; 409. 17; 410. 22;
411. 3
περικτητικός 38. 3; 41. 24; 45. 22;
68. 16; 182. 16; 185. 13, 29; 188.
18; 189. 3; 410. 21; 411. 22
περικυλίω 41. 18; 47. 32; 71. 30; 74.
7; 98. 32; 109. 31; 192. 20; 383.
32; 406. 16
περιλείπω 20. 24, 30; 21. 6, 10; 23.
16; 32. 8; 33. 5; 34. 8, 22; 35. 1;
96. 21; 141. 27; 164. 29; 204. 22;
213. 10; 233. 13; 243. 4; 245. 2, 9,
13, 19; 246. 7; 284. 14, 17; 335.
23; 337. 2; 338. 9; 343. 24; 345. 12,
15, 31; 349. 18; 404. 3, 9, 14; 405. 6
περίλοιπος 153. 27; 326. 2
περιμένω 209. 29
περινοηματικός 381. 1
περινοστέω 321. 3
πέριξ 7. 15; 12. 4, 7; 13. 9
περιοδικός 105. 20; 233. 3; 241. 9;
325. 4
περίοδος 90. 12, 22, 23, 27, 28; 91. 4,
13, 16, 17; 147. 12, 20; 149. 1, 3,
20; 150. 3, 8, 9; 151. 17, 18; 160.
23; 161. 9; 163. 9; 196. 1; 231. 27;
234. 29; 235. 1; 252. 14; 253. 12,
13, 14, 15 (bis), 17, 18, 19, 24, 25;
254. 26, 28; 255. 9, 25, 26; 256. 20;

542

257. 4; 260. 28; 261. 2, 9, 32; 262.
3, 5, 16, 26; 263. 19; 265. 8; 266.
30; 267. 27; 270. 19; 272. 18, 20;
274. 21, 24; 276. 14; 277. 21; 278.
10; 325. 6; 359. 29; 360. 25, 28, 29,
32; 361. 8, 9, 11, 14, 18, 26, 27; 362.
6, 8, 15, 18, 27, 32; 363. 32; 376.
24, 32, 33; 377. 15, 21; 382. 27; 414.
29; 432. 28; 433. 19
περιοικέω 9. 2; 11. 13
περιουσία 89. 11; 101. 11; 374. 33;
376. 13
περιουσιαστικός 14. 29
περίπατος 195. 14, 18, 23, 25
περιπείρω 239. 10
περιπίπτω 15. 15; 37. 10; 40. 12, 27;
42. 25; 43. 11; 44. 5, 28; 45. 3; 48.
27; 56. 13; 59. 27; 65. 9; 73. 4;
74. 8, 9; 75. 13; 83. 8; 103. 22;
120. 25, 27, 29; 121. 4, 12; 159. 29;
163. 2; 174. 20, 29; 184. 8, 16; 187.
3; 188. 32; 190. 19; 215. 11, 18;
216. 12; 233. 24; 250. 26; 254. 7,
12; 257. 3; 258. 1, 24; 265. 32;
271. 5, 17; 272. 4, 10; 275. 20, 23;
318. 6; 355. 30; 383. 23; 406. 23;
408. 17, 26; 410. 15; 412. 24; 417.
17; 419. 22; 433. 9, 11
περιπλέκω 243. 17; 248. 28
περιπλοκή 279. 21; 322. 31; 410. 8
περιπνευμονία 378. 12
περιποιέω 2. 9; 3. 27; 4. 23; 40. 15;
41. 7; 73. 27; 142. 27; 146. 24; 162.
5; 179. 30; 189. 19; 278. 29; 332. 12
περιποίημα 86. 5
περιποίησις 79. 3; 81. 22; 82. 24; 85.
15, 22, 23, 25, 27, 31; 86. 3, 5, 8, 10,
11, 13, 20, 25, 28; 87. 10, 14; 89.
14; 90. 3; 166. 30; 181. 17; 420. 6;
422. 14, 19, 26, 27, 28, 30; 423. 1,
4, 6
περιποιητικός 7. 3; 37. 11; 38. 13; 72.
15; 78. 18; 79. 14, 18; 80. 1, 30;
82. 10, 18, 25; 159. 16; 182. 24; 184.
26; 188. 9; 220. 8; 254. 1; 279. 1,
8, 11, 13, 31; 280. 9, 18, 20; 379.
8; 407. 20; 416. 29, 33; 418. 29;
419. 15; 420. 7, 28; 421. 2, 3, 11,
12; 423. 8
περιπόλημα 248. 15
περιπόλισμα 318. 17
περιπονέω 346. 22
περισκέπτω 273. 3
περισσάδελφος 18. 4
περισσεύω 30. 17; 34. 9; 403. 15

περισσομελής 18. 4; 105. 14, 32
περισσός 3. 28; 71. 24; 259. 1; 285.
18; 317. 7; 325. 29; 402. 14, 15
περισσόφρων 16. 28; 39. 23
περίστασις 65. 9; 109. 17; 111. 24;
214. 6; 233. 24; 273. 25; 433. 25
περιστρέφω 389. 23
περίτασις 13. 18
περιτειχίζω 209. 11; 320. 31
περιτίθημι 4. 26; 17. 14; 85. 26; 210.
12; 258. 24
περιτρέπω 4. 29; 38. 2; 42. 23; 43. 1,
7, 21; 48. 5, 12; 58. 1; 74. 10; 78.
25; 81. 4; 83. 22; 84. 28; 91. 9;
101. 2; 104. 30; 106. 30; 124. 15;
156. 26; 158. 13; 172. 28 (bis); 174.
21; 185. 15; 187. 31; 190. 25; 191.
5; 225. 5; 239. 1, 9; 253. 33; 263.
23; 273. 22; 301. 30; 357. 12; 408.
7, 13, 24, 33; 412. 2, 17; 427. 2
περιφάνεια 175. 27
περιφεύγω 296. 9
περιφρονέω 235. 23; 258. 30
περιχέω 230. 25; 235. 34; 317. 15
πεσσός 235. 21
πέτρα 103. 17
πεφεισμένως 177. 15
πεφυλαγμένως 251. 5
πηγή 382. 20
πήγνυμι 213. 32
πηδάλιον 275. 20
πηδάω 231. 31
πῆξις 23. 18; 103. 7; 282. 3, 4, 26;
283. 14, 16; 284. 6; 290. 26, 27;
306. 15; 334. 9; 346. 11; 349. 3;
426. 21; 429. 32, 33; 430. 3; 431.
24; 432. 32
πηρός 105. 29; 106. 19, 27; 108. 15;
121. 11
πηρόω 256. 18; 377. 18
πήρωσις 104. 22, 32; 105. 20, 23, 26;
121. 21
πῆχυς 104. 5, 27; 250. 21
πιθανός 302. 16, 18
πικρία 238. 19
πικρός 3. 15; 16. 12; 211. 11; 336. 20;
391. 2
πίμπλημι 333. 24
πινακικός 164. 17
πίπτω 5. 30; 7. 10; 36. 29; 43. 13; 56.
4, 8; 57. 6, 10; 58. 6; 61. 3, 24;
77. 10; 85. 21, 24, 30, 31; 86. 8; 87.
12, 27; 88. 3, 29; 91. 7, 33; 92. 13,
22; 93. 3, 6, 11, 18, 26, 30, 33; 94.
7, 19, 22, 25, 29, 31, 33; 95. 10, 16,

17, 24; 96. 16; 99. 21; 105. 9; 106.
30; 121. 13; 125. 27, 28, 30; 126.
2, 30; 130. 18; 153. 8; 176. 31;
177. 1; 179. 15; 183. 24; 186. 26;
190. 17; 208. 16; 216. 25; 218. 15;
222. 28; 228. 14; 263. 10; 272. 12;
360. 19; 408. 19; 414. 27; 415. 1;
416. 20; 417. 33; 418. 16, 19; 422.
25, 27, 33; 426. 15; 427. 11; 429.
20, 23, 26; 430. 7; 433. 25
πιστεύω 38. 7; 63. 15; 81. 18; 159. 21,
27; 209. 22; 211. 4; 239. 3, 6, 18;
289. 23; 299. 24; 320. 22; 355. 10;
371. 32; 381. 3; 416. 3; 420. 2
πιστικός 10. 6
πίστις 2. 24; 5. 18; 7. 22; 38. 19, 27;
42. 6; 44. 25; 45. 16, 23; 46. 5, 21;
47. 11, 17; 57. 12; 77. 11; 81. 5;
82. 22; 85. 13; 89. 5; 100. 29; 101.
17; 152. 32; 159. 28; 174. 16, 28;
177. 2; 184. 22; 189. 8, 21, 25, 29;
190. 7; 202. 28; 209. 28; 236. 29;
241. 31; 265. 21; 318. 10; 340. 4;
343. 12; 378. 6; 384. 26; 390. 17;
410. 13, 30; 411. 7, 14, 24; 413. 7;
418. 17; 419. 23
πιστός 42. 1; 407. 15
πλαγιοβάτης 104. 34
πλανάω 32. 23; 202. 20; 209. 20; 264.
12; 289. 21, 24; 390. 1; 400. 13
πλάνη 1. 19; 3. 6; 4. 17; 8. 29; 12. 24;
46. 29; 60. 8; 156. 32; 162. 28; 174.
21; 209. 13; 228. 31; 230. 17; 235.
17; 239. 19; 243. 19; 246. 17; 247.
6, 10; 265. 17; 275. 24; 284. 30;
302. 4, 18; 316. 14, 25; 328. 16, 19;
335. 10, 11; 345. 19; 382. 12; 389.
12, 18; 411. 21
πλάνης 62. 21; 237. 19
πλανήτης 47. 6; 64. 4; 163. 27; 231. 25
πλανητικός 319. 9
πλάνος 71. 26; 209. 34; 248. 17
πλάστης 4. 12; 387. 31
πλαστογραφία 40. 11; 190. 29; 243. 19;
388. 10
πλαστογράφος 15. 22; 192. 17; 383.
19; 384. 25
πλατικός 107. 7; 232. 25; 233. 12; 260.
18; 277. 2; 347. 10
πλατικῶς 262. 26; 322. 30; 329. 5
πλάτος 29. 13, 15, 16, 25, 26, 28; 30.
2, 10, 11; 102. 2; 144. 20; 248. 30,
31; 249. 2, 15; 346. 25; 348. 5;
397. 8, 9
πλειοψηφία 415. 6; 455. 20

πλειστάκις 91. 2; 174. 10; 274. 6;
288. 12; 319. 30; 335. 18; 336. 30
πλεῖστος 6. 17; 37. 23, 28; 43. 15; 46.
31; 47. 12; 48. 21; 61. 13, 18; 62.
13; 64. 29; 71. 30; 78. 21; 82. 10;
83. 8, 14, 20; 88. 21; 91. 30; 94.
34; 95. 4, 14; 100. 10; 109. 20;
119. 8; 125. 15; 143. 30; 144. 34;
146. 22; 155. 5; 157. 15; 163. 5;
177. 12; 181. 6; 182. 10; 187. 31;
190. 2; 191. 20, 23; 209. 20; 215.
25; 225. 18, 26; 243. 19, 20; 245.
25, 30; 260. 8; 277. 17; 296. 9;
316. 20; 320. 13, 21; 321. 7; 323.
24; 327. 20; 329. 27; 335. 14; 339.
8; 340. 20; 341. 3, 24; 343. 31;
358. 27; 371. 18; 408. 5, 21; 412.
11; 413. 15, 21; 417. 14; 421. 19,
28; 455. 16
πλείων, πλέων 4. 28; 16. 27; 19. 21;
31. 1; 61. 11; 90. 5; 91. 12; 111.
34; 127. 27, 29, 30; 128. 15; 131.
18; 141. 6; 145. 24; 152. 30; 157.
22; 160. 21; 167. 7; 168. 3; 183. 27;
215. 2; 224. 12; 238. 25; 247. 14;
253. 14, 15; 258. 8; 274. 6; 275. 25;
280. 13; 291. 15; 295. 14; 321. 5;
324. 8, 15; 326. 28; 360. 3; 370. 26;
371. 6; 379. 23; 406. 11
πλέκω 113. 31; 160. 30; 300. 19
πλεονάζω 19. 27; 22. 29, 30; 31. 2;
36. 15; 95. 5; 131. 24; 144. 11; 165.
12; 218. 17; 233. 8; 235. 4; 285.
14; 286. 5; 386. 31; 388. 21; 453. 26
πλεονάκις 273. 18
πλεονασμός 370. 3
πλεονεκτέω 154. 21; 239. 6; 331. 3
πλεονέκτης 42. 5; 288. 16; 388. 8;
407. 18
πλεονεκτικός 254. 3
πλεονεξία 324. 6; 333. 3
πλευρά 1. 10; 11. 12; 28. 12; 105. 4;
128. 30, 32; 129. 5; 130. 6, 13, 15;
132. 8; 134. 16; 135. 3; 246. 29;
255. 13; 257. 5; 268. 27; 273. 1;
276. 2; 385. 18; 391. 7; 392. 14;
394. 25; 395. 9; 424. 16
πλευρικός 105. 4
πλευρόν 104. 3
πλευστικός 2. 4; 17. 21; 390. 8
πλέω 199. 30; 202. 6; 275. 19; 432. 2
πληγή 382. 11, 28
πλῆθος 15. 17; 19. 1; 34. 1; 51. 17;
126. 35; 127. 19; 128. 30; 129. 9,
32; 130. 2, 7; 143. 14; 145. 5, 7,

πολεμαρχία 202. 24; 326. 12
πολεμήιος 210. 23
πολεμικός 4. 15; 67. 22; 343. 6
πολέμιος 58. 2; 74. 8; 104. 29; 120.
  26; 142. 10; 229. 17; 263. 10, 13;
  334. 2; 343. 16; 416. 7
πόλεμος 2. 31; 75. 1; 115. 29; 121. 4;
  254. 7; 263. 10; 273. 25; 274. 12;
  332. 4; 382. 7, 15; 390. 25; 433. 25
πολεύω 363. 26; 366. 33
πόλις 1. 18; 12. 5, 7; 13. 9; 40. 18;
  46. 21; 58. 3; 59. 19; 62. 10; 63.
  15; 65. 16, 27; 66. 2; 68. 23; 70.
  5; 71. 8; 73. 15; 74. 29; 75. 19, 21;
  101. 31; 170. 5; 174. 27; 175. 12;
  186. 23; 215. 8; 379. 14; 380. 16;
  381. 2, 27; 388. 23; 389. 11; 411.
  14
πολιτεία 2. 23; 390. 17
πολιτικός 5. 23; 8. 25; 9. 9; 44. 10,
  34; 47. 23; 77. 10; 82. 22, 28; 185.
  17; 189. 4; 372. 22, 24, 25; 378. 20;
  410. 5; 413. 25; 418. 17; 421. 1, 7
πολλάκις 65. 20; 71. 23; 72. 27; 73.
  3, 11; 74. 10; 75. 24; 77. 16; 78.
  15; 107. 6; 139. 13, 20; 147. 26;
  152. 10; 164. 21; 169. 21; 173. 26;
  178. 14; 201. 23, 29; 208. 20; 214.
  3; 215. 13, 26; 216. 13; 229. 9;
  230. 9; 232. 17; 233. 12; 253. 8;
  254. 8; 255. 1, 8; 264. 9, 12; 269.
  4; 275. 25, 30; 276. 2; 290. 17;
  322. 25; 341. 27; 345. 22; 346. 4;
  355. 13; 372. 28; 384. 26; 385. 8;
  417. 10; 430. 13; 432. 14; 455. 18
πολλαπλασιάζω 20. 2; 21. 5; 140. 12;
  285. 11; 286. 1; 399. 19; 400. 9, 15;
  453. 19, 20
πολλαπλασιασμός 364. 31; 399. 20;
  401. 6
πόλος 8. 7, 8; 12. 10, 12; 13. 11, 12,
  13, 14
πολυάδελφος 16. 5, 8, 24; 18. 4
πολυαιμία 100. 23
πολυανάλωτος 47. 31; 412. 23
πολυανάφορος 144. 23; 216. 3; 247. 17;
  336. 6
πολύανδρος 163. 20
πολυαπεχθής 237. 13
πολυαπόδημος 93. 19, 30; 95. 7, 23
πολυγαμία 113. 30
πολύγαμος 109. 9
πολυγέωργος 67. 17
πολύγηρος 60. 23
πολύγνωστος 14. 22; 44. 9; 45. 26;

47. 20; 48. 8; 84. 25; 411. 26, 32;
  413. 10
πολύγονος 8. 25; 12. 19, 23, 26; 14. 6;
  18. 4
πολυδάπανος 48. 11, 29; 86. 12; 412.
  1; 423. 9
πολύδικος 14. 30
πολύεργος 388. 30; 409. 6
πολυευμετάβολος 8. 26
πολυθρύλητος 48. 10; 175. 12; 254.
  13; 319. 6; 411. 34
πολυθρυλήτως 273. 18
πολυΐστωρ 37. 4; 39. 23; 44. 1; 45. 4;
  70. 7; 71. 1; 184. 15; 388. 4; 409. 5;
  410. 9
πολυκίνδυνος 99. 1
πολυκίνητος 17. 1; 40. 5; 47. 19; 48.
  24; 99. 1; 412. 34; 413. 9
πολυκοιλία 105. 21
πολυκοινέω 112. 17
πολύκοινος 72. 20, 27; 109. 10; 111. 9;
  116. 2
πολύκοιτος 72. 16
πολυκτημοσύνη 372. 18
πολυκτήμων 57. 25; 64. 26; 67. 17;
  73. 13; 118. 25; 415. 30
πολυλογέω 166. 22; 218. 19; 234. 7;
  264. 13
πολυλογία 102. 32; 103. 11
πολυμαθής 47. 16; 71. 1; 413. 6
πολυμερής 125. 5; 238. 17; 260. 20;
  338. 26; 344. 14; 345. 3
πολυμέριμνος 2. 1; 10. 5; 11. 2; 17.
  18; 48. 15; 103. 22; 228. 21; 320.
  26; 412. 5
πολυμερῶς 49. 4; 221. 29; 246. 15;
  247. 28; 248. 12; 262. 24; 268. 10
πολύμορφος 344. 12
πολύμοχθος 14. 19
πολύπειρος 15. 2; 37. 3; 40. 3; 47. 16,
  24, 30; 48. 14; 63. 27; 388. 30; 412.
  4, 22; 413. 6, 26
πολυπερίσπαστος 4. 27
πολυπλασιάζω 19. 2, 4, 12; 28. 26; 29.
  19, 26, 29; 33. 5, 12; 34. 23; 140.
  29; 141. 26; 151. 5, 10, 12, 14; 194.
  24, 25, 28; 196. 27; 204. 20; 205.
  11; 244. 28; 245. 4; 306. 18, 22;
  334. 30, 32, 33; 338. 7, 8; 349. 15,
  16; 359. 3, 9, 14; 364. 3; 365. 20
πολυπλασίασμα 334. 33
πολυπλασιασμός 140. 13; 364. 2
πολυπράγμων 14. 21
πολύς passim
πολύσινος 105. 32

234. 3, 10; 238. 3; 240. 1; 243. 14, 16; 249. 22; 253. 8, 10; 254. 4; 255. 12; 257. 27; 258. 11; 263. 23; 265. 17, 21; 269. 11, 16; 271. 11; 274. 10; 279. 1; 280. 3; 289. 19; 295. 15; 302. 2; 319. 27; 320. 22; 322. 31; 326. 9, 18; 331. 14; 333. 8; 334. 6; 353. 2, 15; 355. 3; 357. 12; 379. 17; 380. 31; 387. 22; 406. 14, 16, 20, 22; 407. 3, 22, 27; 408. 7, 12, 24; 409. 1, 24; 410. 18, 24; 411. 27; 412. 16, 17, 28; 413. 2, 4, 20, 27, 33; 415. 24, 32; 417. 21, 29; 422. 32; 423. 5; 431. 8

πραγματεία 119. 9; 144. 10; 145. 32; 162. 31; 164. 18; 178. 5; 211. 32; 214. 37; 232. 29; 242. 8; 344. 19

πραγματεύω 22. 15; 83. 28; 128. 29; 131. 3; 133. 11, 28; 143. 22; 239. 26; 285. 1; 288. 6; 289. 22; 302. 1; 335. 14; 339. 23, 27; 342. 17; 343. 1; 347. 18

πραγματικός 16. 28; 326. 19

πρακτικός 14. 16, 34; 15. 27; 16. 22; 18. 7; 29. 9; 37. 1; 41. 31; 44. 32; 46. 19, 30; 48. 1, 17; 57. 23; 61. 27; 65. 23; 77. 28; 78. 6; 84. 28; 89. 5; 92. 11; 102. 20; 111. 8; 152. 11, 15, 20, 26; 153. 6; 155. 14; 157. 23; 159. 13; 165. 21; 167. 18; 176. 26; 180. 4, 9; 181. 17; 182. 5, 26, 30; 183. 28; 184. 21; 185. 20; 187. 10; 189. 17, 24, 31; 190. 4, 23, 32; 191. 1; 200. 30; 208. 19; 219. 30; 221. 31; 233. 33; 235. 31; 254. 1, 20, 24; 259. 8; 262. 17; 266. 12; 291. 21; 320. 12; 321. 13; 324. 3; 353. 10, 14, 16, 21, 26; 354. 5, 8, 11, 26, 28, 31; 355. 10, 28; 372. 4; 410. 3; 411. 12; 412. 15; 413. 13

πρᾶξις 1. 7; 2. 9; 4. 22; 5. 17; 8. 29; 15. 18; 16. 24; 26. 15; 37. 6; 39. 12; 40. 5; 41. 9, 23; 42. 6, 13, 21, 22, 29; 43. 8, 10 (bis), 18, 29, 33; 44. 1, 18; 45. 15, 22; 46. 1; 47. 19, 29; 48. 11, 14, 23; 49. 13; 57. 12; 59. 1; 67. 8; 70. 1, 3, 17, 19, 26; 71. 7, 9, 19, 28; 72. 15; 73. 9, 23; 74. 2, 6, 28; 77. 20, 21, 24, 26, 27; 79. 4; 82. 22; 86. 3; 90. 14; 101. 17, 31; 102. 4, 5, 22; 106. 5; 118. 7; 119. 14, 17, 23; 151. 30; 152. 7, 31, 34; 153. 2; 155. 8, 10; 156. 23; 157. 8, 18, 19, 23, 26; 158. 8; 159. 21, 27; 166. 19, 25, 29; 168. 24; 170. 5, 13; 173.

14, 22; 174. 9; 175. 22; 176. 5, 9, 29; 177. 29; 179. 19; 180. 14; 181. 7, 14; 182. 27; 184. 9, 30; 186. 10, 17, 19, 29; 187. 21; 191. 11, 13; 195. 20; 202. 18, 34; 210. 28; 215. 30; 219. 32; 220. 3; 228. 6; 230. 5, 6, 7, 11, 22; 232. 4; 238. 18, 22; 241. 25; 252. 29; 253. 4, 36; 255. 6; 258. 29; 265. 26; 273. 30; 277. 17, 18; 280. 1, 4, 17, 18; 281. 8; 318. 22; 321. 16, 20, 21, 24; 322. 3, 9; 333. 31; 340. 7, 18; 342. 1; 345. 7; 353. 19, 21; 354. 13; 363. 25, 28; 369. 11; 372. 2, 9, 10; 373. 4, 9, 31; 374. 27, 29; 375. 8, 17, 21; 380. 4, 26; 381. 4, 9, 25; 384. 23; 385. 1, 14; 386. 6; 387. 11, 17; 388. 30; 407. 7, 21, 29; 408. 1, 14, 16 (bis), 23, 31; 409. 1, 4, 5, 16, 17, 22; 410. 29; 411. 4, 23; 412. 1, 5, 21, 34; 413. 10; 414. 6; 417. 22; 421. 1; 426. 7, 27; 432. 14, 15

πρᾶος 16. 1; 99. 18

πράσινος 1. 23; 391. 17

πρᾶσις 152. 35; 178. 17; 370. 20

πράσσω 2. 4, 5; 3. 7; 44. 34; 48. 24; 70. 10; 71. 10; 77. 13, 16; 183. 4; 189. 14; 194. 7, 8; 199. 28; 201. 9; 202. 7, 13; 216. 10, 31; 228. 23; 229. 12, 15, 18; 230. 12; 237. 8; 239. 15, 19; 249. 19, 29; 250. 12, 21; 279. 33; 304. 8; 317. 27; 333. 14; 341. 10, 24, 27; 379. 30; 410. 5; 412. 34; 418. 19; 431. 24; 432. 3

πραΰνω 249. 28

πρεσβεία 3. 6; 388. 3

πρέσβυς 72. 21; 110. 5; 112. 31; 114. 33; 115. 35; 117. 14; 170. 5; 179. 13; 183. 3, 23, 29; 188. 28; 279. 26; 372. 28; 373. 24; 376. 1

πρεσβυτικός 369. 22

πρηστήρ 382. 19

πρίαμαι 341. 24

προάγω 182. 17; 201. 11; 232. 28; 289. 11; 292. 7; 293. 29; 296. 17; 297. 13

προαγωγή 44. 22; 409. 26

προαγωγός 17. 4

προαίρεσις 145. 30; 157. 11; 176. 33; 189. 13; 191. 17; 192. 29; 199. 27; 215. 14, 17; 341. 26

προαμύνομαι 241. 31

προαναφέρω 252. 21; 299. 28

προαύξω 407. 1

προβαίνω 17. 24; 64. 1; 240. 1; 261. 2

πρόβασις 85. 22, 26; 381. 29; 422. 26, 29

προβιβάζω 16. 1; 17. 23; 18. 2; 40. 4; 45. 8; 112. 21; 185. 24; 280. 3; 354. 12

προβιβασμός 41. 25; 44. 25; 111. 6; 353. 17; 407. 8; 410. 12

προβλέπω 355. 28

πρόβλημα 163. 4

προγενής 230. 27; 370. 23, 24

προγίνομαι 107. 24; 124. 23; 143. 9; 232. 18; 239. 29; 249. 6; 277. 17; 284. 8; 345. 5; 349. 5; 357. 20; 370. 8; 430. 29; 453. 30

προγινώσκω 46. 8; 71. 24; 163. 24; 166. 7; 174. 11; 201. 11, 12, 15, 19; 210. 21; 253. 27, 30; 259. 7; 328. 25; 411. 9

πρόγνωσις 103. 4, 13; 174. 24; 209. 25, 35; 210. 32; 259. 15; 260. 3; 326. 28; 332. 26; 340. 11, 22; 392. 5

προγνωστικός 37. 4; 106. 34; 229. 8; 340. 9

πρόγονος 331. 7

προγράφω 103. 1; 112. 13, 20; 148. 13; 163. 34; 186. 26; 194. 2; 230. 25; 240. 29; 276. 16; 281. 12; 324. 1; 334. 25; 342. 17; 343. 12; 344. 26

προγυμνάζω 201. 24; 210. 2; 247. 30; 250. 11; 251. 9

προδείκνυμι 120. 6, 10; 173. 21, 26; 179. 21; 181. 8; 228. 14; 232. 16; 236. 25; 260. 10, 13; 265. 28; 275. 31; 430. 14

πρόδηλος 34. 8; 49. 21, 22; 58. 21; 79. 28; 86. 22; 88. 19; 105. 15; 118. 4; 178. 1; 184. 29; 203. 5; 205. 2; 208. 13; 209. 14; 218. 8; 234. 15; 253. 6; 291. 18; 316. 9; 319. 27; 320. 1; 333. 6; 338. 30; 339. 3; 347. 29

προδηλόω 55. 22; 76. 20; 77. 7, 15; 78. 14; 119. 31; 120. 1; 184. 24; 203. 29; 218. 21; 234. 1; 245. 3; 247. 25; 253. 10; 319. 10; 322. 20, 26; 323. 12; 328. 22; 344. 15; 347. 17; 418. 21

προδηλωτικός 56. 18; 76. 25

προδίδωμι 15. 13; 44. 12, 28; 68. 7; 75. 14; 156. 27; 189. 13; 230. 13; 235. 28; 389. 1; 410. 16

προδοσία 36. 31; 40. 8; 42. 32; 43. 23; 44. 20; 45. 11; 121. 3, 28; 124. 27; 170. 29; 174. 29; 184. 14; 185. 7; 190. 11, 30; 199. 8; 241. 29; 257.

14; 277. 14; 357. 24; 408. 4; 409. 1, 25; 410. 1

προδότης 10. 21; 11. 24; 42. 14; 407. 29

πρόδυσις 119. 21; 120. 1

προέγκλιμα 339. 26

προεδρία 166. 26; 169. 2; 381. 26, 31

πρόειμι (προ + εἶμι) 147. 33; 165. 10; 304. 6; 373. 8

προεῖπον 83. 28; 90. 4; 91. 6; 95. 11; 130. 31; 131. 4; 193. 31; 229. 10; 247. 32; 256. 28; 267. 26; 278. 12; 280. 9; 297. 26; 303. 7; 324. 12

προεκκρούω 323. 27

προεκτίθημι 268. 26

προεξήκω 208. 25

προεπιγινώσκω 327. 15

προερέω 36. 12; 62. 8; 67. 25; 70. 15, 28; 71. 25; 74. 11, 19; 93. 19; 100. 20; 140. 27, 29; 164. 2; 178. 11; 187. 29; 204. 10; 209. 26; 274. 3; 339. 13; 362. 20; 403. 2; 422. 16

προέρχομαι 35. 17; 341. 22; 397. 17

προευρίσκω 292. 8; 293. 7; 297. 32; 299. 17; 329. 19; 347. 31

προέχω 231. 15

προηγέομαι 47. 17; 52. 12; 54. 25; 55. 3, 7; 56. 4; 132. 31, 33; 413. 7

προήγησις 148. 23

προηγουμένως 252. 9

προήκω 74. 29

προθεμελιόω 344. 23

πρόθεσις 94. 21

προθυμέομαι 215. 20

προθυμία 5. 16; 33. 3; 145. 29; 201. 22; 211. 13; 229. 15; 331. 13; 336. 22; 340. 3

πρόθυμος 32. 30

προθύμως 343. 18

προΐστημι 4. 15, 25; 7. 12; 10. 12, 16; 15. 19; 38. 27; 40. 19 (bis); 41. 15; 42. 1; 44. 10, 19, 27; 45. 9; 46. 15, 20; 57. 27; 334. 18; 406. 14; 407. 15, 23; 409. 24, 31; 410. 14, 24; 411. 13; 415. 32

προκαλέω 235. 20

προκατάγω 347. 6

προκατασκευάζω 208. 26, 29; 241. 23; 277. 25

προκατοπτεύω 119. 18; 323. 31

πρόκειμαι 18. 26, 28; 19. 17, 22; 22. 9, 30; 23. 13; 26. 21; 29. 13; 30. 10, 25; 31. 13; 49. 7; 52. 13; 54. 17; 55. 14, 27; 57. 29, 32; 58. 25; 64. 23; 79. 18, 20, 21; 86. 28; 87.

INDEX VERBORVM

12; 89. 2, 7; 90. 26; 91. 3; 92. 10;
96. 24; 101. 29; 103. 27; 128. 13;
131. 21; 132. 15; 134. 8; 135. 18;
138. 6; 143. 4, 8; 145. 23; 150. 4;
153. 19; 154. 29; 158. 12; 160. 12;
164. 9; 169. 25; 170. 21; 201. 6;
204. 12; 211. 33; 213. 15; 215. 16;
216. 16; 217. 24; 222. 14, 24, 25;
223. 2; 224. 24; 228. 4; 238. 23;
242. 14, 19, 27; 243. 12, 21; 244.
25; 245. 4, 9, 17, 24, 30; 251. 6, 23;
254. 29; 256. 1; 260. 23; 262. 8, 21,
26; 263. 14; 264. 22; 266. 23; 267.
4, 28; 280. 26, 31; 283. 15; 284. 6;
287. 5; 289. 30; 291. 13, 25; 300.
18; 302. 3; 303. 16, 29; 305. 16;
306. 27; 307. 1; 317. 29; 321. 5;
322. 25, 36; 323. 12, 25; 329. 15,
28; 331. 9, 30; 334. 6, 23; 336. 10;
337. 5, 7, 14; 338. 23; 341. 28; 342.
15; 343. 21; 346. 26; 347. 5; 348.
17, 18; 358. 28; 397. 13; 413. 33;
416. 5; 431. 7
προκοπή 5. 7; 45. 7, 17; 46. 33; 47.
20; 59. 21; 60. 3; 61. 15; 64. 29;
69. 14; 82. 3; 101. 5; 102. 13; 110.
31; 168. 23; 170. 14; 175. 30; 181.
11; 182. 25; 184. 28; 185. 10, 18;
186. 29; 188. 14; 189. 5; 191. 6, 10;
202. 24; 214. 25; 236. 29; 279. 30;
318. 23; 354. 16; 373. 8; 374. 15;
378. 20; 380. 12, 28; 383. 32; 386.
17; 409. 30; 413. 11, 16; 432. 10
προκοπτικός 80. 27; 168. 24
προκόπτω 59. 7, 11, 24; 88. 14; 158.
10; 168. 25; 187. 13; 319. 1; 380. 21
προκρίνω 230. 14; 260. 17; 278. 10
προλαμβάνω 140. 28; 178. 18, 27, 31;
179. 4; 232. 8; 258. 2; 262. 28;
290. 17; 319. 11
προλέγω 106. 11; 175. 15; 202. 16;
220. 30; 233. 4, 7; 235. 3; 241. 20;
254. 31; 255. 27; 266. 14; 278. 16;
340. 1; 414. 6
προλείπω 211. 25
προληπτικός 234. 15
πρόληψις 175. 24; 239. 17
προμαραίνω 231. 29; 241. 21; 341. 5
προμαχέω 235. 20
προμερίζω 278. 30; 324. 5
προμεσουράνημα 62. 1
προμεταλλαγή 97. 9
προμηνυτής 164. 10
προμηνύω 204. 8; 205. 18; 247. 29;
338. 1; 431. 4

προμίσθωσις 4. 24
πρόνοια 5. 15; 163. 16, 28; 174. 13;
191. 31; 281. 6; 317. 13; 377. 26
προξενέω 387. 14
πρόξενος 414. 21
πρόοιδα 253. 2; 426. 10
προοίμιον 146. 23; 230. 3; 251. 3;
316. 3
προοράω 79. 16
προπάτωρ 3. 21
προπειράομαι 159. 7
προπέτεια 380. 9; 382. 10
προπετής 14. 4; 99. 1; 388. 6
προπιστεύω 159. 34
προποδίζω 33. 24
προποδιστικός 324. 20
προπωλή 4. 22
προσαγορεύω 66. 31; 120. 9; 238. 7, 10
προσάγω 345. 8
προσαιτέω 62. 26
προσαιτητικός 2. 3
προσαπόλλυμι 215. 18; 258. 28
προσαρμόζω 54. 13; 339. 16
προσαυξάνω 41. 2, 12; 43. 16
προσβάλλω 19. 30; 30. 16; 31. 9; 267.
18
προσβλέπω 55. 24; 56. 23, 26, 28; 57.
15; 77. 24; 109. 7; 122. 3; 139. 10;
171. 7; 208. 18; 241. 19; 290. 15
προσγίνομαι 59. 7; 114. 7; 209. 8
προσδοκάω 157. 13; 173. 6, 18; 177.
2; 178. 12, 13; 181. 21; 187. 11;
189. 16; 190. 34; 191. 11; 201. 23;
204. 15; 208. 15; 109. 23, 28; 216.
14; 229. 20; 233. 25; 236. 14; 268.
21; 273. 21; 276. 26; 277. 8; 340.
13; 345. 1
προσδοκία 168. 14; 178. 32
πρόσειμι (προσ + εἰμί) 58. 20; 266.
22; 319. 26; 389. 2
πρόσειμι (προσ + εἶμι) 258. 32; 326. 20
προσεισφέρω 316. 25
προσεπικατάγω 263. 13; 283. 26
προσεπικαταστρέφω 83. 26; 103. 12
προσεπιμαρτυρέω 107. 2
προσεπιμερίζω 147. 29
προσεπισημαίνω 279. 14
προσεπιτείνω 180. 25
προσέχω 90. 12; 103. 32; 160. 28;
164. 18; 165. 24; 167. 34; 169. 30;
192. 22; 195. 23; 204. 25; 210. 15;
213. 1; 214. 15; 215. 20; 226. 3;
239. 24; 267. 29; 278. 21; 288. 4;
295. 23; 319. 15; 339. 28

προσήκω 87. 19; 101. 29; 211. 28; 279. 16, 23; 280. 7; 322. 33
προσημαίνω 231. 18; 324. 4
προσθαφαίρεσις 23. 2, 9; 292. 12; 455. 12
πρόσθεσις 19. 22; 21. 8, 9, 11; 22. 24; 30. 16, 25; 32. 6, 20; 63. 4; 231. 17; 267. 16; 282. 7, 9, 12, 15, 27; 283. 16; 286. 9; 289. 11, 15; 292. 24; 295. 24; 301. 17; 302. 23; 303. 8; 304. 5; 305. 7; 327. 21, 28; 330. 4; 339. 22; 342. 5; 345. 24; 346. 2, 5; 349. 28; 400. 10; 453. 27, 28; 455. 11
προσθετικός 85. 16, 19; 133. 25; 193. 32; 349. 9; 370. 11
προσθήκη 338. 15
προσινόω 159. 6
προσκαλέω 103. 16
προσκαρτερέω 209. 36
πρόσκειμαι 7. 32; 12. 4, 10, 15; 13. 3 (bis), 10
προσκλύζω 13. 8
προσκοπέω 261. 22; 279. 4; 303. 2
προσκοπτικός 64. 4; 66. 19; 74. 6; 202. 11
προσκύλλω 114. 14
προσκυρέω 279. 14; 280. 14
προσλαμβάνω 33. 19; 57. 11; 72. 6; 241. 29
προσλαμπής 354. 5
προσμαρτυρέω 279. 5; 319. 31; 322. 13
προσμειδιάω 209. 19
προσμίγνυμι 331. 25
προσμοιχεύω 113. 10
προσνέμω 125. 12; 177. 33; 213. 32; 324. 6
πρόσνευσις 204. 26, 27, 29; 205. 20, 22; 231. 20; 327. 11
προσνεύω 7. 9; 16. 30; 78. 1; 101. 6; 143. 30; 157. 22; 193. 33; 205. 23, 24, 25 (bis), 26, 29, 30 (bis); 206. 1 (bis), 2, 5 (bis), 6 (ter), 7, 8 (bis), 9 (bis), 10, 11, 12 (bis), 13 (bis), 14, 15 (bis), 16 (bis), 17, 18, 19 (bis), 20 (bis), 21, 22 (bis), 23 (bis), 24, 25, 26 (bis), 27 (bis), 28 (bis), 29 (bis), 30 (bis), 33 (bis), 34 (ter); 207. 1, 2 (bis), 3 (bis), 4, 5, 6 (bis), 7 (bis), 8, 9 (ter), 10 (bis), 12, 13 (bis), 14 (bis), 15, 16 (ter), 17 (bis), 19, 20 (bis), 21 (bis), 22, 23 (bis), 24 (ter), 26, 27 (bis), 28 (bis), 29, 30 (bis), 31 (ter), 34 (bis), 35 (bis), 36 (bis), 37 (bis); 208. 1 (bis), 2, 3, 4 (bis), 5

(bis), 6, 7 (bis), 8 (ter); 233. 10; 320. 6; 420. 7
προσοδιάζω 280. 10
πρόσοδος 277. 18; 321. 14; 388. 14
προσοικειόω 21. 17; 54. 11; 96. 4, 30; 138. 17, 20; 166. 13; 178. 7; 234. 5, 23
προσομιλέω 232. 9, 20; 251. 17; 332. 27; 334. 1; 338. 28
προσονομάζω 54. 12
προσπαραλαμβάνω 121. 32; 255. 12; 289. 26
προσπάρειμι 118. 8
προσπίπτω 157. 14; 385. 31
προσπλέκω 114. 3, 13
προστασία 1. 7; 2. 23; 38. 15, 26; 41. 3; 43. 19; 54. 23; 168. 32; 185. 18, 31; 189. 33; 378. 6; 379. 10; 381. 9; 385. 14, 23; 390. 17; 407. 3; 408. 31
πρόστασις 380. 23
προστάσσω 102. 33; 290. 29; 291. 9; 329. 32
προστατεύω 378. 33
προστάτης 68. 24
προστίθημι 18. 23, 29; 19. 2, 4; 20. 13, 15; 21. 22; 22. 4; 23. 3; 24. 21, 22; 25. 3, 11, 15; 28. 14; 29. 30; 30. 18; 31. 7, 8, 14, 15, 19, 21, 24, 26, 27; 32. 1, 11, 13, 25, 27; 36. 1; 49. 18; 50. 7, 14, 22, 31; 51. 4, 14, 21, 22, 29; 52. 4; 75. 18; 133. 17; 151. 20, 21; 159. 2; 160. 17; 194. 26; 242. 21; 249. 6, 13; 282. 18, 23, 28; 283. 2, 3, 26, 29; 284. 2; 285. 23; 286. 6 (bis); 290. 7; 291. 1; 292. 7; 293. 7; 295. 1, 19; 296. 6; 297. 4, 20, 33; 298. 3, 29; 299. 21, 31; 302. 7; 303. 24, 27; 304. 16, 18; 306. 19, 21, 26, 31, 32; 307. 3; 328. 18; 334. 33; 335. 5, 24; 338. 17; 339. 11; 347. 9, 30; 348. 22; 350. 27; 351. 10; 361. 30, 31; 362. 3; 396. 24; 398. 30; 399. 5, 20; 400. 16; 401. 6, 15, 16; 402. 6, 16; 403. 9; 404. 1, 4, 8, 11, 17; 405. 6, 13, 18; 406. 2; 454. 6, 8, 15, 16, 20, 24
προστρέχω 232. 21
προσυνάγω 31. 5, 18
προσυντάσσω 164. 19; 234. 7; 288. 33; 316. 5; 317. 5; 318. 9
προσυπολαμβάνω 194. 25
προσυπομιμνήσκω 328. 26
προσυποτάσσω 92. 7; 213. 23
προσφέρω 239. 21

INDEX VERBORVM

προσφιλής 18. 2; 116. 3; 179. 29; 181.
19; 354. 21, 25; 355. 8
προσφορία 5. 14
πρόσφορος 278. 25
προσφωνέω 149. 24
προσχράομαι 234. 4; 240. 17; 348. 6
πρόσωπον 1. 8, 16; 3. 29; 5. 12; 37.
18, 21; 38. 5; 42. 33; 43. 22; 44. 4,
29; 46. 23, 32; 61. 10; 65. 26; 70.
9; 79. 10; 99. 9; 104. 5, 20; 110.
18, 31; 112. 16, 31, 32; 121. 7, 12;
166. 26; 170. 5; 177. 3; 178. 7;
179. 25; 180. 5, 31; 182. 1, 4, 5; 183.
14, 23; 184. 27; 185. 30; 186. 8,
22; 187. 18; 188. 10, 22, 24, 28; 189.
4, 6; 190. 6, 8; 205. 17; 210. 10, 12;
214. 21; 216. 11, 26; 217. 2, 11; 218.
12; 228. 30; 255. 22; 270. 8; 276.
17; 277. 7; 353. 1; 354. 19; 355.
20; 363. 28; 369. 22; 370. 22; 371.
5, 17, 24; 372. 8, 27; 375. 8, 21;
377. 3; 378. 5, 11; 379. 4; 380. 23;
381. 20, 28; 382. 22; 383. 10; 386.
28; 388. 17; 389. 1, 20; 391. 16;
392. 18; 407. 23; 408. 5, 34; 409.
8, 25; 410. 16; 411. 16; 413. 16;
417. 31; 426. 27
προτάσσω 49. 5; 79. 21; 103. 8; 109.
4; 148. 16; 198. 5; 232. 13; 251. 4;
256. 15; 260. 24; 288. 8; 318. 8;
334. 27; 342. 24
προτείνω 231. 14
προτελευτάω 96. 23; 97. 3; 100. 4, 8,
16
προτελευτή 96. 1, 2, 12, 15, 17, 27; 97.
2; 100. 6; 370. 22; 374. 23
πρότερος 67. 14; 74. 31; 77. 16; 83.
27; 90. 20; 91. 4; 132. 24; 147. 23;
162. 25; 167. 16, 31; 168. 17; 178.
9; 180. 21; 187. 15; 204. 22; 212.
33; 218. 9; 232. 27; 236. 22; 241.
26; 246. 18; 252. 8, 18; 287. 6;
288. 12; 316. 9; 326. 4; 328. 26;
334. 9, 27, 33; 335. 16, 29; 337. 26;
344. 10; 346. 26; 406. 11
προτέρως 167. 32; 250. 27
προτίθημι 49. 1; 50. 10; 210. 29; 228.
22; 232. 12; 261. 22; 265. 10; 267.
24; 288. 26; 323. 23; 413. 30
προτίκτω 376. 1
προτρεπτικός 54. 3; 316. 13
προτρέπω 164. 12; 270. 8
προτροπή 251. 7; 288. 29; 340. 3
προϋπάρχω 103. 12; 258. 28; 271. 12
προϋποσπείρω 257. 19

προφαίνω 233. 18
προφάνεια 43. 19; 172. 21; 214. 11;
230. 19; 408. 31
προφανής 103. 30; 130. 14; 157. 26;
158. 3, 12; 248. 19; 427. 1
προφανῶς 173. 13
πρόφασις 44. 5; 82. 17; 122. 7; 171.
11, 28; 178. 11, 24; 208. 28; 214.
4; 217. 32; 258. 23; 272. 12; 278. 2;
370. 15; 409. 9; 420. 27; 433. 12
προφήτης 62. 4; 65. 22; 326. 24; 340. 10
προφυλάσσω 279. 19
προχειμάζω 178. 31
πρόχειρος 359. 1
προψηφίζω 299. 29
πρύμνα 9. 20
πρωία 286. 15
πρωταῖος 27. 9, 13
πταῖσμα 383. 33
πταίω 149. 9; 216. 5
πτερωτός 10. 1, 26
πτηνός 330. 30
πτίλος 105. 2
πτῶμα 102. 21; 225. 4; 263. 11
πτωματικός 107. 19
πτωματισμός 388. 20
πτῶσις 2. 18; 3. 8; 42. 16; 57. 22;
60. 27; 100. 23; 104. 25, 31; 105.
24; 121. 1, 6, 7, 20, 25; 152. 1; 158.
25; 181. 24; 182. 14; 186. 24; 200.
23; 319. 4; 320. 7; 353. 5; 355. 18;
374. 7; 382. 26; 407. 32; 415. 25
πυκνός 93. 27; 111. 30; 376. 7; 383. 3
πυκνῶς 373. 28
πύλη 66. 7, 12; 170. 3; 171. 23; 321.
2, 4; 333. 18
πῦρ 3. 6; 72. 9; 74. 10; 120. 16; 121.
16; 154. 3, 5, 6; 181. 24; 186. 14,
24; 331. 25; 333. 20; 353. 23; 382.
30; 383. 4
πυρετός 3. 4; 122. 7; 225. 4, 11; 226.
8; 355. 23; 374. 26; 382. 27
πυρέττω 373. 28
πυρίκαυστος 121. 23; 354. 7
πυρώδης 1. 4; 5. 22; 6. 21; 9. 7, 14,
16, 17; 10. 25; 11. 5, 27; 14. 12;
54. 11, 13; 123. 16; 154. 7, 17; 156.
2; 157. 9; 356. 14; 390. 22; 428. 5
πύρωσις 267. 18
πυρωτός 238. 9

ῥᾴδιος 246. 5
ῥᾳδιουργέω 187. 28
ῥᾳδίως 45. 2; 48. 23; 95. 3, 21; 228.
24; 229. 18; 230. 12; 231. 32; 239.

4; 249. 26; 260. 20; 263. 25; 302. 7; 306. 16; 332. 5, 13; 385. 1; 410. 7; 412. 33
ῥαθυμία 369. 11; 386. 21
ῥάθυμος 16. 4
ῥάντισμα 105. 3
ῥάχις 392. 15; 394. 24; 395. 1
ῥέμβος 384. 16
ῥέπω 343. 18
ῥεῦμα 100. 20; 121. 30; 184. 8; 374. 5; 376. 7, 11
ῥευματισμός 370. 1
ῥέω 12. 18
ῥήγνυμι 333. 18
ῥῃδίως 352. 14
ῥητορικός 387. 27
ῥήτωρ 4. 13; 70. 6; 379. 15
ῥιγοπύρετος 121. 2; 199. 32; 225. 7; 370. 19
ῥιζόω 317. 20
ῥιπή 215. 13
ῥίπτω 120. 14
ῥίς 104. 20
ῥιψοκινδυνία 382. 11
ῥιψοκίνδυνος 16. 33
ῥοή 395. 18
ῥοθίως 332. 6, 7
ῥόπαλον 8. 3
ῥοπή 178. 29; 232. 1; 288. 2
ῥυθμίζω 249. 27
ῥυθμικός 4. 25; 16. 1
ῥυθμός 47. 23; 232. 1; 413. 25
ῥυπαίνω 110. 20
ῥυπαρόβιος 15. 32
ῥυπαρός 72. 26; 98. 32; 111. 24; 390. 7
ῥυπώδης 238. 26
ῥύσις 270. 14
ῥωμαλέος 265. 26
ῥώμη 333. 30; 340. 7, 16
ῥῶσις 152. 2; 426. 3

σαββατικός 25, 13, 14
σαθρός 340. 14
σαπρός 36. 5 (bis), 6, 8 (bis), 9, 10
σάρξ 231. 13; 386. 28
σατυρικός 17. 3
σαφήνεια 318. 9
σαφής 50. 26; 83. 23; 116. 13; 149. 25; 165. 1; 246. 6, 18; 328. 27; 335. 9; 348. 7; 368. 13
σαφῶς 58. 17; 317. 2; 319. 3; 367. 1
σβέννυμι 68. 17
σεβάσμιος 210. 31; 232. 6, 16; 248. 19; 251. 11; 318. 11; 381. 2
σειρή 333. 12

σεισμοποιός 8. 16
σεισμός 254. 9; 388. 17
σεισμώδης 6. 21
σεληνιάζομαι 107. 26
σεληνιασμός 120. 31; 121. 21
σελίδιον 20. 10; 290. 19, 22; 292. 6 (bis), 7, 21, 23; 293. 7, 19, 28; 294. 5, 24; 295. 1, 10, 19; 296. 6, 17, 23; 297. 3, 14, 20, 33; 298. 2, 11, 15, 25; 299. 6, 10, 21; 300. 10, 14, 29; 301. 5; 348. 11
σεμνός 47. 10; 103. 24; 229. 17; 248. 15; 343. 15; 344. 25; 375. 3; 379. 15; 387. 20; 413. 19
σεμνότης 378. 8
σεμνύνω 230. 25; 235. 34
σεμνῶς 333. 1
σημαίνω 1. 5, 15; 2. 21, 31; 3. 16; 4. 5; 7. 5; 25. 21; 35. 6, 13, 23; 59. 15; 63. 11, 12; 67. 5, 12, 14; 68. 1, 21; 74. 1, 25, 31; 75. 25; 78. 8; 88. 17; 96. 3, 15, 17; 97. 2, 26; 98. 9; 101. 27; 102. 9, 22, 26; 104. 14, 20; 106. 2; 107. 30; 108. 9; 135. 16, 22; 140. 9; 142. 19; 151. 25; 156. 28; 158. 30; 163. 11; 165. 10; 167. 18; 168. 1; 169. 16, 21; 170. 18; 171. 1, 31, 33; 176. 28; 177. 32; 178. 4; 179. 12; 183. 2; 195. 31; 204. 9; 205. 6; 215. 24; 219. 31; 221. 3; 250. 22; 255. 2; 262. 10; 264. 3; 267. 17; 268. 29, 32; 269. 11; 271. 26; 273. 15; 274. 10; 276. 11, 22, 24, 29; 277. 4; 278. 14; 279. 24; 283. 17; 286. 7; 290. 21; 296. 22; 301. 19, 21; 302. 15; 303. 9; 305. 15, 21; 322. 11; 345. 21; 347. 2, 8; 367. 1; 369. 5; 370. 22, 24; 371. 2; 373. 13; 375. 22, 25; 376. 16; 378. 22; 380. 9; 381. 8, 15, 28; 383. 1; 384. 10; 385. 11; 387. 23; 388. 17; 389. 10; 390. 2, 6, 15, 24; 391. 7, 14, 23; 392. 4; 415. 35; 418. 14; 427. 10; 431. 5; 453. 14
σημαντικός 156. 27; 432. 18
σημεῖον 153. 6; 213. 33; 238. 6
σημειόω 20. 28; 28. 16; 30. 26; 33. 21; 52. 23; 144. 24; 246. 11; 272. 2; 291. 29; 292. 19; 325. 30; 326. 2
σηπεδών 104. 18; 121. 15
σήπω 211. 11
σθένος 370. 28
σθένω 74. 30; 75. 10; 90. 19; 238. 25; 256. 27; 333. 5
σιγάω 344. 28

σίδηρος 3. 7, 13; 74. 10; 100. 22; 121. 14; 225. 5; 353. 24; 382. 11, 30 (bis); 383. 4; 391. 2
σιδηροσφαγία 121. 27
σίνομαι 376. 18
σινοποιός 371. 23
σίνος 2. 13; 16. 19; 56. 13; 57. 19; 60. 27; 64. 8; 67. 7; 68. 6, 9, 11; 102. 10; 103. 28, 29, 30; 104. 1, 25, 29; 105. 15; 106. 2, 6, 11, 13, 23, 30, 35; 107. 11, 14, 26, 31; 109. 17; 119. 6, 13, 24; 121. 33; 122. 7; 127. 7; 152. 1; 153. 5; 159. 10; 170. 8, 16; 182. 15; 183. 25; 186. 28; 228. 10; 236. 18; 239. 1; 258. 12; 267. 14; 268. 15; 321. 26, 32; 322. 2, 10; 326. 6; 334. 6; 369. 26; 390. 25; 415. 22; 423. 12
σινόω 74. 3, 6; 105. 10; 106. 26; 109. 25; 371. 24; 375. 15; 383. 22; 384. 4
σινωτικός 16. 31; 17. 28; 18. 9; 375. 30; 377. 24
σιτικός 73. 14
σιτογεωργός 73. 14
σῖτος 1. 11; 385. 19
σκάφος 275. 21
σκεδάννυμι 374. 28; 383. 5
σκέδασις 380. 6
σκέλος 2. 12; 11. 9; 105. 28; 369. 25; 390. 4
σκέπτομαι 100. 7; 116. 15, 18; 360. 18; 416. 15
σκέψις 195. 10; 379. 2; 414. 12
σκηνή 210. 9
σκηνοβατέω 228. 31
σκῆπτρον 378. 23
σκιά 74. 20; 237. 30
σκίασμα 329. 26
σκιασμός 199. 32; 231. 22
σκιερός 6. 5
σκληρός 3. 12; 57. 6; 72. 20; 209. 2; 211. 10; 215. 11, 15; 226. 15
σκληροτυχής 85. 11
σκληρουργία 11. 20; 48. 4; 412. 16
σκληρουργός 3. 7
σκολιός 239. 22; 260. 12; 316. 23; 334. 22
σκολοπισμός 121. 16, 24
σκοπέω 20. 19; 24. 5; 26. 14; 29. 8, 24; 33. 22, 30; 55. 16, 25; 57. 2; 58. 8; 76. 4, 13; 77. 5; 91. 6; 96. 7; 105. 35; 106. 3; 114. 17; 115. 17; 119. 20; 120. 5; 126. 34; 127. 14; 129. 2; 130. 22, 26; 131. 2, 4, 27; 132. 25; 133. 24, 31; 135. 8, 14; 136. 11;

138. 8, 26; 139. 2, 6, 18; 140. 13, 18; 141. 24; 143. 6; 145. 22; 147. 7; 156. 13; 161. 32; 164. 28; 165. 19; 167. 16; 168. 3; 170. 20; 177. 23; 180. 21; 181. 1; 195. 2; 198. 12; 201. 26, 33; 203. 12, 22; 204. 24, 33; 211. 19; 214. 31; 218. 16; 220. 29; 233. 7, 9; 234. 4, 9, 17; 236. 1, 22; 241. 20; 245. 1, 28; 247. 2, 11, 20; 248. 6, 31; 252. 1, 27; 266. 11; 268. 7; 278. 13; 279. 17, 32; 284. 7, 16; 285. 2; 287. 20; 289. 16; 303. 12; 305. 12; 306. 11; 318. 27; 322. 12, 17, 27; 323. 2; 324. 12; 325. 4; 327. 18, 22; 328. 17, 32; 335. 4, 22; 337. 5; 338. 6, 10, 18; 342. 8; 345. 17; 346. 16; 348. 20; 349. 5, 14, 18; 353. 6; 358. 25; 363. 22; 367. 2; 402. 13; 403. 14; 427. 7; 430. 8; 432. 15, 21
σκοπός 163. 18; 249. 4, 16; 258. 17; 319. 9; 343. 26
σκορπίζω 370. 21
σκοτεινολογία 249. 20
σκοτεινός 390. 3
σκοτεινῶς 53. 17; 103. 30; 128. 28; 247. 32
σκοτισμός 183. 18
σκότος 155. 15
σκύβαλον 3. 11; 382. 25; 390. 24
σκυθρωπός 209. 16, 17
σκυλμός 91. 24; 165. 22; 166. 32; 170. 29; 175. 16; 183. 2; 214. 22; 228. 3; 353. 23; 354. 16
σκυλτικός 225. 27; 354. 1
σκώπτης 72. 13
σμάραγδος 3. 22
σμικρός 363. 28
σοφία 392. 4
σοφίζομαι 278. 23
σοφιστής 379. 16
σοφιστικός 320. 31; 387. 26
σοφός 316. 10, 16; 329. 28; 343. 5; 379. 14
σοφῶς 334. 13
σπανάδελφος 16. 18; 17. 30; 71. 17; 117. 11, 12
σπάνιος 248. 14; 322. 30; 340. 19
σπάνις 159. 29; 238. 30; 378. 25; 389. 17
σπανιστικός 14. 25, 32; 16. 24; 17. 14, 30
σπανίως 93. 20; 95. 2, 5; 247. 14; 300. 19
σπανοτεκνία 371. 25

σπανότεκνος 14. 20; 16. 7, 17; 17. 30; 74. 2
σπασματώδης 18. 9
σπασμός 2. 15; 17. 29; 104. 23; 224. 32; 272. 4; 320. 9; 370. 1; 374. 23; 378. 13; 433. 9
σπάω 105. 6; 272. 21; 433. 19
σπέρμα 104. 7; 378. 15
σπερματικός 3. 11
σπεύδω 231. 6
σπλήν 1. 21; 104. 31, 34; 120. 29; 369. 24; 370. 2; 389. 15; 391. 14
σπληνικός 121. 18
σπορά 2. 28; 49. 14, 15, 26; 50. 15, 19, 22, 25, 32; 52. 3, 7, 9, 12, 27, 29; 53. 6; 144. 13, 14, 16, 18, 26, 29, 31, 33, 34; 146. 7, 8, 15, 16; 164. 5; 179. 19; 184. 23; 185. 16, 32; 189. 6; 211. 21; 246. 25; 249. 3, 10; 342. 26, 27; 343. 1; 352. 3, 4; 353. 12, 18; 354. 6; 355. 21; 378. 17; 390. 14
σπόριμος 19. 8; 50. 8, 16; 51. 1, 15, 22; 142. 4; 144. 21, 25, 27, 28, 30, 31; 248. 29; 249. 1, 2, 8; 342. 29, 30; 346. 13; 372. 19
σπουδάζω 102. 33; 163. 15; 231. 4; 316. 12; 333. 1; 345. 26; 346. 23; 381. 14
σπουδή 218. 11; 229. 6; 246. 10; 302. 1; 331. 12; 343. 30
σταγών 238. 26
στάδιον 332. 4, 8
σταθμός 3. 25; 10. 13, 17; 332. 16, 20; 333. 19; 391. 27
σταλαγμιαῖος 261. 31
στάσις 36. 27; 37. 21; 43. 27; 57. 18; 60. 13; 68. 19; 71. 4; 75. 16; 88. 24; 112. 18; 114. 8, 22; 122. 16; 124. 11, 20, 31; 127. 22; 156. 7; 178. 33; 181. 8; 182. 2; 188. 20; 218. 9; 219. 6, 25, 32; 246. 24; 255. 21; 268. 23; 269. 26; 271. 21; 276. 21; 296. 10; 324. 10; 329. 27; 346. 7; 357. 8, 17, 28; 370. 30; 374. 3; 382. 15; 389. 6; 409. 15; 425. 29; 428. 10
στασιώδης 58. 2; 416. 7
σταφυλοτομέω 121. 11
σταφυλοτομία 104. 24
στεῖρα 109. 25; 115. 13; 371. 23
στειρόω 110. 27; 117. 5
στειρώδης 7. 20; 10. 2; 14. 5; 15. 3, 28; 17. 7, 28; 61. 29; 112. 31
στειρωτικός 16. 31
στέλλω 372. 28; 388. 3

στέμμα 1. 8; 5. 16; 7. 10; 81. 12; 184. 28; 385. 15; 419. 28
στεμματηφορία, στεμματοφορία 3. 17; 38. 15; 185. 17; 188. 14; 277. 7; 379. 10; 386. 13; 391. 25
στενός 15. 2
στέργω 192. 5; 375. 11
στερεός 6. 16; 9. 8; 10. 18; 11. 17; 72. 8; 76. 22; 201. 28; 262. 21; 273. 16; 320. 8; 322. 14; 352. 21; 375. 17
στερέω 59. 17; 66. 25; 239. 7; 277. 23
στέρησις 60. 19
στερητικός 278. 30
στερίσκω 73. 12
στεφανηφόρος 14. 18; 16. 12, 25; 45. 4, 9, 27; 46. 14, 20; 409. 30; 410. 9, 23; 411. 13, 26
στέφος 238. 4
στῆθος 6. 12; 7. 14; 8. 13; 9. 14; 104. 3, 31; 158. 30; 159. 12; 210. 25; 392. 14, 18, 26; 393. 10, 27; 394. 16; 395. 3, 16
στήλη 306. 20, 22
στηριγμός 33. 30; 34. 5, 8, 12; 35. 6, 9, 19, 23, 27; 164. 24; 173. 17; 221. 28
στηρίζω 34. 9; 173. 22; 213. 32; 231. 26; 232. 15; 328. 13
στιγμή 124. 25; 229. 13; 258. 16; 262. 30; 288. 2; 302. 15; 328. 20; 347. 22; 357. 22
στιγμιαῖος 246. 8; 301. 16
στίχος 19. 18; 222. 25; 223. 10, 16, 19; 306. 31; 346. 27, 28, 29, 30; 347. 5, 6 (bis), 7, 8, 10; 348. 12
στοιχειογραφέω 154. 16; 158. 15; 322. 12
στοιχεῖον 154. 1, 21; 166. 3; 260. 8; 281. 6; 330. 9, 20; 331. 1
στοιχέω 262. 17
στόλος 202. 23; 378. 10; 386. 25
στόμα 2. 18; 9. 5; 12. 9; 104. 28, 31; 105. 23; 391. 3; 392. 8; 393. 23
στομαχικός 121. 19; 386. 29
στόμαχος 1. 20; 104. 10, 31; 120. 29; 158. 30; 159. 6, 11, 12; 205. 17; 389. 13; 391. 14
στοργή 387. 18
στοχάζομαι 284. 11; 426. 7
στραγγουρία 105. 20, 30; 121. 15
στρατάρχης 416. 4, 7
στραταρχία 184. 29; 326. 12
στραταρχικός 44. 11; 320. 16

INDEX VERBORVM

στρατεία 3. 8; 16. 8; 43. 16; 59. 6, 10; 167. 2; 187. 12; 199. 25; 382. 6
στράτευμα 75. 21; 263. 13
στρατεύω 75. 24; 168. 22; 187. 12; 257. 3
στρατηγία 57. 31
στρατηγικός 4. 15; 80. 10; 186. 7
στρατηγός 64. 23; 65. 26
στρατιά 379. 29
στρατιώτης 200.7; 210. 5; 381. 19, 21; 382. 17
στρατιωτικός 39. 8 (bis); 40. 9; 41. 16; 42. 19; 44. 19, 26, 33; 47. 6; 48. 2; 69. 4; 71. 23; 75. 16, 19; 79. 1; 80. 26; 168. 23; 185. 9; 186. 11; 320. 23; 390. 27; 406. 14; 407. 34; 409. 23; 410. 4, 13; 412. 15, 29; 417. 19; 419. 2, 13
στρατοπεδάρχης 73. 17
στρατοπεδαρχία 202. 23
στρατοπεδεύω 432. 2
στρατόπεδον 67. 19, 21; 74. 29
στύγιος 333. 9
στυγνός 98. 31; 375. 34; 390. 7
στυγνότης 369. 9
στυφός 2. 20; 390. 9
σύ 106. 5; 163. 25
συγγένημα 105. 22; 153. 5
συγγενής 17. 14; 46. 26; 71. 18; 102. 14; 115. 1; 170. 4; 178. 6; 189. 22; 214. 24; 381. 16; 387. 14; 411. 19; 427. 14
συγγενικός 39. 3; 110. 11, 13, 15, 17; 182. 3; 188. 23, 28; 190. 26; 379. 4, 5
συγγηράσκω 65. 1
συγγίνομαι 351. 20
συγγινώσκω 149. 27; 210. 13; 288. 13
σύγγνωσις 58. 21; 319. 27
συγγραφή 345. 1
συγγράφω 49. 5; 103. 9; 232. 22; 249. 22; 317. 9
συγκακόω 111. 27; 117. 6
σύγκαυσις 382. 22
σύγκειμαι 325. 6; 417. 27
συγκεράννυμι 218. 13; 229. 13; 236. 11; 280. 26; 369. 16
συγκεφαλαιόω 33. 8, 13; 34. 15; 50. 21; 244. 30; 335. 2, 21
συγκιρνάω 234. 2; 238. 1; 246. 23; 331. 4; 372. 22
συγκληρόω 66. 3
συγκοιμάομαι 73. 11
συγκομίζω 240. 24; 337. 22
συγκοσμέω 41. 19; 44. 14; 45. 18, 30;

46. 5, 16; 47. 21; 118. 13; 164. 11; 184. 1; 187. 14; 188. 19; 189. 9; 258. 31; 260. 17; 317. 2; 320. 25; 406. 17; 410. 25, 31; 411. 7, 30; 413. 11
σύγκρασις 5. 12; 36. 19, 20; 40. 24; 41. 14; 49. 2, 5; 91. 14; 154. 20; 167. 29; 238. 2; 260. 26; 374. 26; 406. 12; 413. 31; 429. 22
συγκρατικός 54. 4; 169. 31; 226. 30; 240. 15; 280. 26; 320. 30; 326. 21; 344. 19
συγκρατικῶς 377. 5; 417. 27
συγκρίνω 20. 22; 21. 26; 31. 1; 49. 8; 52. 25; 83. 25; 84. 6; 90. 30; 102. 29; 115. 18; 129. 16; 133. 25; 145. 26; 147. 15; 150. 20; 153. 10; 165. 11; 166. 6, 12; 168. 20; 175. 14; 178. 25; 197. 7; 203. 16, 24; 208. 19; 213. 25; 214. 32; 221. 28; 235. 3; 236. 13; 237. 3; 241. 10; 246. 19; 248. 25; 252. 25; 267. 29; 275. 26; 285. 29; 286. 4; 287. 3, 15; 289. 10; 299. 27; 303. 4; 319. 7; 323. 11; 324. 1; 325. 27; 326. 4; 350. 6; 354. 30; 414. 1; 425. 7; 432. 24; 453. 24
σύγκρισις 79. 16; 131. 5; 145. 28; 178. 2; 217. 24; 251. 11; 254. 29; 256. 1; 286. 8; 322. 12; 329. 9, 15; 342. 6; 377. 23
συγχρηματίζω 266. 3
συγχρονίζω 331. 31
σύγχυσις 178. 32
συγχωρέω 15. 17; 124. 25; 317. 30; 357. 23
συζεύγνυμι 371. 23
συζυγία 285. 16; 370. 8; 387. 19
συκοφαντία 183. 5; 353. 29
συλάω 270. 26
σύλη 271. 1
σύλησις 3. 3; 40. 11; 190. 29; 228. 9
συλλαμβάνω 75. 4; 110. 28 (bis); 200. 11; 249. 7, 14; 270. 27
συλλεκτικός 45. 23; 47. 27; 411. 23; 413. 29
σύλληψις 1. 16; 389. 10; 391. 15
συλλογή 266. 24
συλλογίζομαι 129. 34; 134. 31; 139. 12; 233. 2; 332. 18; 334. 1
συμβαίνω 17. 22; 65. 21; 70. 20; 96. 18; 102. 11; 104. 19; 107. 8; 111. 9; 125. 11; 129. 7; 131. 21; 132. 20; 152. 25, 33; 153. 5; 166. 20; 177. 17; 178. 1, 9; 179. 5; 199. 26; 208.

14, 15, 17; 210. 9; 212. 1; 215. 22,
28; 224. 15; 229. 23; 236. 9; 247.
16; 254. 8; 265. 20; 279. 20; 284.
21; 319. 22; 340. 21
συμβάλλω 203. 7; 234. 9; 246. 16;
336. 12; 370. 12; 374. 15; 432. 16
συμβαματικός 107. 1
συμβεβαιόω 203. 8
σύμβιος 111. 25; 112. 30
συμβίωσις 1. 16; 39. 2; 111. 26; 114.
9, 23; 184. 5; 189. 15; 387. 13;
389. 11
συμβολή 39. 20; 163. 20
συμβουλή 189. 5
συμβουλία 47. 15; 191. 18; 413. 23
συμβούλομαι 230. 9
σύμβουλος 326. 23
συμμαρτυρέω 15. 16; 60. 11, 17; 110.
29; 114. 28
συμμερίζω 147. 20, 22; 252. 18; 261.
33; 262. 4
συμμετέχω 274. 28; 275. 2
συμμίσγω 163. 15
συμπάθεια 5. 12; 24. 3, 7; 102. 14, 17,
18; 111. 16; 150. 23; 154. 1, 8, 12;
155. 27, 30; 156. 5; 178. 20; 181.
31; 187. 21; 188. 3, 12; 189. 22;
208. 30; 211. 21; 241. 23, 31; 277.
26; 319. 18; 320. 17; 334. 25; 336.
31; 427. 27; 428. 1, 8
συμπαθής 36. 22; 37. 7; 113. 29; 114.
5, 20, 29; 115. 4, 6; 133. 15; 158.
16; 182. 23; 184. 31; 190. 8; 248.
6; 345. 8; 371. 28
συμπαραγίνομαι 63. 7
συμπαραλαμβάνω 266. 28; 279. 6
συμπαρεδρεύω 279. 5
συμπάρειμι 59. 12, 15, 22, 24 (bis); 60.
1, 6, 24; 61. 16, 29; 62. 20; 63. 3;
64. 13; 65. 7, 17, 19, 22, 23; 66. 4;
68. 25; 84. 12, 18, 19, 22, 29; 85. 2,
4; 94. 23; 96. 5; 99. 24; 109. 23;
111. 25; 112. 6; 114. 27; 115. 19,
26, 33; 147. 21; 148. 12; 157. 30,
33; 177. 7; 192. 11; 252. 17 (bis);
256. 26; 270. 10, 22; 278. 8; 279.
25; 355. 16; 372. 15; 422. 1; 426.
19; 433. 22
συμπαρουσία 5. 5; 36. 20; 76. 24; 98.
3; 122. 1; 131. 28; 132. 1; 175. 14;
200. 6; 201. 14; 234. 11; 240. 16;
271. 28; 289. 27; 369. 5; 370. 14,
29; 372. 21; 373. 16; 379. 16; 383.
8; 385. 23, 28; 387. 3; 388. 27;
389. 25

σύμπας 330. 3
συμπάσχω 228. 24
συμπεραιόω 253. 24; 266. 29
συμπεραίωσις 130. 12
συμπεριτίθημι 278. 10
συμπήγνυμι 239. 20; 283. 5; 339. 4, 17
σύμπηξις 133. 28; 262. 19, 21; 330. 10
συμπίπτω 95. 19; 168. 10; 180. 18
συμπλέκω 112. 27; 114. 10; 338. 20
συμπληρόω 66. 15; 91. 13, 15; 141.
30; 150. 24; 153. 25; 162. 17, 19;
193. 11; 240. 13; 243. 26; 272. 3;
277. 20; 289. 31; 299. 23; 325. 14,
22; 344. 9; 347. 15; 361. 10, 12, 32
συμπλήρωσις 22. 25, 26, 27; 32. 1; 153.
16, 27; 159. 4; 161. 19, 26, 30; 242.
18, 25; 272. 6; 302. 10; 318. 8;
322. 23, 24; 323. 22, 28, 30; 324. 5;
360. 16, 20; 361. 13, 23; 363. 13;
404. 7
συμπλοκή 4. 21; 100. 24; 222. 15;
269. 13
συμπράσσω 384. 11
συμπροσγίνομαι 59. 19, 20; 60. 4; 67.
18; 101. 9; 279. 22; 322. 32
συμπρόσειμι 199. 2; 267. 21; 280. 13
σύμπτωμα 59. 27; 226. 5; 370. 5;
426. 4
σύπτωσις 72. 9; 105. 10; 120. 16;
121. 5, 20; 274. 12
συμφέρω 210. 22
συμφορά 273. 15; 321. 4
σύμφορος 134. 6; 279. 7; 341. 14
συμφρονέω 142. 10
συμφύρω 119, 1; 124. 14; 237. 24;
263. 11; 319. 6; 357. 11
συμφωνέω 99. 30, 32; 113. 15, 27; 136.
21; 140. 27; 224. 11, 16; 284. 29;
292. 23; 295. 34; 305. 6; 336. 26;
343. 3; 424. 23
συμφωνία 330. 5, 8
σύμφωνος 37. 1, 6; 38. 13, 18, 24; 39.
15; 41. 7; 53. 11; 111. 11; 138. 20;
166. 15; 169. 14; 221. 18; 338. 11;
349. 19; 351. 25; 364. 1; 387. 3
συμφώνως 99. 31 (bis); 112. 22; 139.
4, 16; 195. 31; 367. 3
συμψηφοθετέω 266. 28
συνάγχη 378. 12
συνάγω 22. 3; 23. 11, 15; 24. 11; 29.
4; 31. 2; 50. 24; 51. 7, 13; 52. 3;
65. 25; 96. 21; 127. 3, 19; 129. 5,
6; 130. 7, 12; 140. 11, 13, 15; 143.
16, 29; 144. 1; 145. 5, 7, 21; 146.
6, 14; 153. 23; 155. 24; 160. 11;

INDEX VERBORVM

163. 10; 204. 21; 233. 6; 242. 28;
256. 2; 262. 7; 270. 28; 274. 13;
328. 31; 338. 4; 349. 12; 397. 1;
398. 29; 399. 3; 400. 1, 9; 403. 4,
19; 405. 17; 406. 1; 427. 25
συναγωνίζομαι 229. 6
συναθροίζω 34. 4; 141. 29; 335. 21
συναιρέτης 415. 14, 30; 426. 14
συναιρετιστής 54. 21; 56. 17; 69. 6;
81. 4; 90. 1; 112. 11; 147. 21; 155.
27; 242. 13; 256. 28; 415. 11; 419.
22; 427. 27
συναιρέω 112. 7; 140. 20
συνακριβόω 17. 18
συνακτικός 15. 30
συναλλαγή 3. 19; 39. 18; 40. 3; 42.
29; 109. 15; 191. 2; 388. 29; 408. 2
συναλλακτικός 15. 30
συναλλάσσω 113. 10, 11
συνάμφω 266. 2; 290. 20
συναναβαίνω 8. 8
συνανακεράννυμι 336. 12
συναναλαμβάνω 33. 11; 241. 10
συναναπλέκω 94. 26
συνανατέλλω 6. 26, 30; 8. 19; 9. 19;
12. 29
συναναφέρω 6. 6
συνάντησις 140. 6; 213. 24; 233. 1
συναποκαθίστημι 224. 1, 12, 14, 27;
228. 11
συναποκατάστασις 222. 14; 227. 28
συνάπτω 100. 2; 109. 28; 112. 31;
129. 8; 267. 19; 268. 6
συναρμογή 37. 7; 39. 3; 41. 26; 109. 1;
178. 17; 189. 20; 371. 27; 407. 9
συναρμόζω 77. 26; 168. 28; 178. 4;
241. 15; 247. 24; 255. 11; 290. 32;
341. 3; 346. 25
συνάφεια 337. 6
συναφή 5. 13; 61. 25; 70. 30; 75. 5;
148. 24; 231. 21; 232. 24, 27; 234.
13, 19; 252. 30; 266. 18, 21, 26; 267.
10; 268. 7; 271. 19; 278. 3, 7, 10;
290. 12; 325. 2; 332. 25; 342. 20;
370. 18; 432. 26, 34
σύνδειπνον 331. 19
σύνδεσμος 13. 24; 127. 7; 154. 19, 24,
28, 29, 30, 31; 155. 9, 12, 14; 162.
17; 178. 31; 179. 2; 194. 1; 282. 7,
9, 12, 15, 18, 24; 283. 5, 16, 29, 32;
284. 21, 23 (bis); 287. 1, 12; 301.
18, 20, 22, 24, 28; 302. 9; 303. 10;
306. 25, 26, 30, 32; 324. 26, 29, 30;
342. 4 (bis); 395. 23; 397. 4
συνδέω 199. 25

συνδηλόω 97. 28
συνδιατρίβω 381. 20
συνεγγίζω 20. 20; 144. 17; 146. 8;
247. 17; 248. 14; 302. 30; 303. 3;
335. 26; 342. 8, 21
συνέγγιστος 328. 1, 6
σύνεγγυς 232. 31; 239. 24
συνέδριον 216. 31
συνείδησις 199. 29
συνεῖδον 211. 9; 231. 19; 233. 18;
234. 16; 249. 29; 258. 10
σύνειμι 8. 9; 59. 2, 29; 70. 14; 73. 2;
88. 32; 112. 20; 113. 2; 137. 27;
148. 19; 185. 27; 256. 20; 272. 24;
273. 12, 15, 28; 277. 9; 371. 14, 23;
375. 28; 377. 15; 378. 22; 383. 16;
385. 20; 417. 6, 7; 421. 9; 425. 33
συνεκπίπτω 107. 7; 221. 26; 233. 19,
34; 336. 24
συνεκτικός 163. 22; 246. 14; 316. 17;
329. 31
συνέλευσις 45. 11; 46. 16; 113. 28;
114. 29; 180. 11; 351. 19; 409. 33;
410. 26
συνεμπίπτω 86. 23; 88. 23; 140. 19,
20, 24, 30; 201. 16; 211. 34; 215.
27; 216. 3; 224. 19, 21; 228. 6;
235. 6; 246. 11; 247. 6; 290. 16;
301. 25; 318. 4; 320. 14; 322. 26;
331. 27; 342. 8, 11; 344. 31
συνεμφύρομαι 317. 12
συνεξέρχομαι 271. 17
συνεξομοιόω 291. 16
συνεπεισφέρω 344. 18
συνεπιβλέπω 99. 10
συνεπιγίνομαι 212. 2
συνεπιθεωρέω 416. 10
συνεπικιρνάω 5. 4; 49. 2; 413. 31
συνεπικρατέω 280. 28
συνεπικρίνω 157. 23; 167. 8
συνεπιμαρτυρέω 101. 9; 109. 31; 115.
22; 157. 31; 184. 2; 189. 2; 192. 14;
266. 26
συνεπιμαρτυρία 49. 3; 413. 32
συνεπιμερίζω 169. 12
συνεπινοέω 259. 4; 267. 25
συνεπιπλοκή 266. 28
συνεφίστημι 231. 8
συνεπισχύω 102. 7; 122. 2; 128. 25;
174. 15
συνέπομαι 153. 3; 331. 14; 333. 10
συνεργάζομαι 3. 28
συνεργέω 54. 18, 25; 55. 2; 67. 21;
170. 18; 318. 3; 416. 32; 455. 18

558

σύνταξις 103. 6; 142. 23; 163. 26, 34;
164. 13; 169. 26; 200. 13; 232. 13,
21; 264. 13; 288. 21; 302. 5; 316.
22; 317. 7; 334. 17; 343. 19
συντάσσω 118. 2; 149. 23; 164. 12;
210. 15; 232. 10, 18; 246. 15; 247.
28, 33; 248. 2, 25; 249. 18; 251. 10;
258. 19; 260. 22; 281. 4, 14; 288. 10,
23; 295. 22; 316. 7; 321. 7; 333. 30;
334. 13; 335. 16; 337. 26; 338. 24
συντέλεια 164. 3; 181. 21; 187. 12;
191. 12; 204. 15; 241. 24; 277. 25;
281. 18
συντελειόω 233. 4; 254. 25
συντελέω 169. 7; 178. 18, 30; 202. 26,
28; 215. 3; 228. 7; 242. 21; 255. 9;
265. 27; 266. 6; 268. 5; 272. 22;
276. 13; 326. 11; 341. 14, 29; 433.
20
συντηκτικός 382. 18
συντηρέω 163. 29
συντηρητικός 7. 7
συντίθημι 28. 27; 149. 4; 268. 3, 8;
298. 31; 325. 8, 20; 336. 4
συντομία 258. 30
σύντομος 29. 18; 102. 31; 120. 10;
140. 28; 141. 6; 144. 20; 164. 31;
195. 11; 215. 15; 236. 27; 242. 3;
246. 9; 282. 26; 343. 28
συντόμως 254. 14
συντρέχω 91. 18; 135. 20; 144. 8; 145.
23; 149. 9; 171. 20; 199. 11; 200.
22, 24; 208. 26; 221. 26; 228. 4;
237. 1; 255. 2, 4, 28; 257. 21, 24;
262. 11; 266. 13; 267. 26, 29; 272.
20; 277. 25; 301. 28; 302. 31; 305.
18; 324. 30; 325. 4; 336. 6, 11; 338.
10; 349. 18; 372. 24; 433. 18
συντριβή 71. 14
συντυγχάνω 69. 7; 341. 24, 27
συνυπάρχω 78. 9
συνωροσκοπέω 59. 4
συρίγγωμα 105. 21
σῦριγξ 386. 30
σύρμα 394. 8
σύρω 216. 25; 332. 2
συσσωρεύω 124. 24; 357. 22
συσταλάσσω 238. 1
σύστασις 2. 21; 37. 14; 38. 24; 40. 1,
15; 41. 8, 24; 42. 30; 43. 18; 45. 7,
17; 48. 9; 81. 5; 102. 8, 10; 162.
6; 167. 4; 174. 9; 179. 18, 29; 180.
10, 14; 181. 18, 31; 182. 6, 21, 27;
184. 23, 31; 185. 10, 13, 30; 186.
18; 187. 11; 188. 2; 189. 4, 32;

190. 6, 22; 191. 3, 18; 192. 27; 202.
21; 208. 29; 214. 25; 219. 12; 241.
23; 277. 26; 287. 6; 306. 17; 307.
4; 326. 21; 331. 3; 334. 5; 354. 17;
355. 20; 376. 3; 378. 4; 379. 28;
380. 13; 381. 28; 386. 6; 388. 28;
389. 9; 390. 15; 407. 7, 21; 408. 2,
30; 409. 29; 411. 33
συστατικός 188. 10; 326. 10; 353. 11;
354. 5; 379. 18
συστρατεύω 259. 16
συστροφή 1. 18; 389. 12
σύσχεσις 279. 24; 322. 34
συσχηματίζω 41. 31; 47. 28; 60. 17,
23; 71. 22; 98. 25, 30; 102. 12; 111.
2; 114. 20, 24, 31; 115. 6; 139. 4;
152. 5; 153. 10; 167. 12; 182. 6;
201. 17; 263. 22; 355. 13, 14; 369.
16, 17; 377. 22; 388. 9; 415. 26, 27,
33; 416. 13
συσχηματισμός 407. 14
συχνός 385. 9
σφάζω 351. 5
σφαῖρα 239. 26; 367. 22
σφαιρηδόν 258. 14
σφαλερός 186. 20; 376. 10; 388. 8
σφάλλω 44. 16; 47. 9; 111. 16; 229.
20; 236. 14; 250. 28; 263. 25; 276.
18, 26; 344. 1; 380. 3; 412. 32
σφάλμα 374. 24; 382. 3
σφάλσις 273. 21
σφόδρα 239. 14
σφραγίζω 4. 8
σφραγίς 387. 29
σφυρόν 250. 22
σχεδόν 247. 7
σχέσις 418. 11
σχῆμα 10. 2; 40. 13, 23; 42. 8, 19,
27; 44. 3; 60. 26; 61. 7; 62. 2; 67.
11, 18, 29; 68. 2, 22; 69. 22, 26; 72.
25; 73. 1, 13, 16, 19; 74. 8, 14, 16,
31; 75. 5, 8; 76. 21; 77. 7; 90. 5;
92. 7; 93. 19; 94. 4; 95. 3, 6, 8, 11;
101. 18, 19, 26, 29; 102. 29; 109. 2;
111. 5, 21; 116. 5, 11, 31; 122. 15;
127. 20; 133. 22; 154. 25; 156. 21;
166. 2; 167. 11, 26; 168. 5; 169.
14, 16; 185. 10; 186. 1; 192. 30,
33; 198. 22, 26; 199. 4, 6, 14; 200.
7, 25; 203. 28; 204. 3, 14; 215. 27;
219. 7; 221. 34; 228. 15; 252. 3, 32;
254. 14; 255. 27; 261. 1; 262. 10;
264. 6, 11; 266. 1; 267. 26; 274. 3,
5; 278. 13; 324. 15; 353. 6, 30;
354. 29, 33; 373. 18, 21, 32; 374. 2,

12, 14; 375. 24, 29; 376. 12, 15; 377.
7, 21; 378. 1; 380. 8; 381. 6, 18;
386. 3; 387. 18; 389. 26; 407. 34;
408. 28; 409. 7; 414. 24; 418. 15;
422. 17, 24; 426. 1; 427. 8; 429. 28;
430. 33; 431. 9
σχηματίζω 48. 6; 49. 9; 55. 27; 56. 1,
21; 57. 22, 28; 58. 10; 60. 2; 64.
30; 71. 12, 13; 79. 5, 29; 90. 24;
91. 11; 110. 30; 111. 8; 112. 33;
114. 10, 24; 118. 14; 119. 2; 125.
11, 12, 19; 129. 8, 11; 134. 4; 138.
21, 27; 150. 21; 158. 16; 162. 1, 9;
172. 15, 21, 23, 32; 176. 8, 35; 180.
13, 22; 183. 12, 26; 184. 32; 185.
26; 188. 13, 17, 22; 190. 5, 20; 204.
26, 33; 252. 2, 10, 12; 275. 26; 277.
3; 352. 26; 354. 4, 10, 32; 369. 15;
377. 33; 412. 19; 414. 1; 417. 23;
418. 27
σχηματισμός 57. 16; 125. 16; 221. 32;
263. 1; 273. 29; 367. 2; 369. 5;
372. 18, 21; 376. 22; 406. 10; 417.
26; 433. 26
σχηματογραφία 7. 27; 55. 10; 83. 25;
131. 4; 165. 32; 169. 10; 175. 20;
180. 21; 184. 17; 248. 7; 253. 30;
254. 10, 23; 258. 8; 264. 9; 268. 8;
275. 32; 339. 29
σχίζω 345. 24
σχολάζω 211. 16; 215. 5; 254. 32;
258. 18; 259. 2
σχολαρχικός 15. 4
σχολαστικός 176. 15
σχολή 193. 17
σῴζω 112. 8; 187. 28; 240. 10; 378. 1
σῶμα 1. 9, 16, 20; 2. 12, 26; 3. 10, 28;
4. 29; 7. 2; 38. 3, 14; 39. 5; 41. 29;
44. 7; 45. 4, 12; 46. 6; 57. 27; 76.
27; 77. 22; 105. 6; 108. 20; 118. 6;
124. 27; 151. 26, 28; 152. 2, 33; 168.
30; 170. 2, 7, 15; 176. 30; 180. 1;
184. 32; 185. 18, 23, 32; 188. 12;
189. 19; 190. 27; 191. 5; 209. 32;
214. 24; 230. 5; 237. 10, 16; 238.
13, 29; 253. 6, 35; 265. 24; 317.
26, 29; 318. 2; 320. 2; 331. 20;
333. 31; 340. 7, 16, 17, 25; 357. 25;
369. 23; 370. 17; 372. 7; 373. 28;
374. 25; 378. 14; 382. 23; 383. 4;
385. 3, 16; 386. 27; 387. 15; 388.
17; 389. 9, 11, 13; 390. 4, 14, 23;
391. 6, 13, 15; 392. 3; 407. 12; 409.
11; 410. 2, 9; 411. 8; 415. 31; 426.
3; 427. 8

σωματικός 10. 3; 37. 17; 102. 31;
151. 31; 152. 11, 14, 19, 33, 34; 153.
3; 155. 3; 157. 3, 19, 20; 158. 22,
27; 159. 5; 162. 7; 166. 25, 28;
167. 5; 170. 26; 173. 25; 175. 17,
32; 180. 32; 181. 14; 182. 13; 183.
16; 186. 30; 191. 29; 195. 29; 200.
22, 30; 202. 30; 255. 24; 374. 2, 30;
376. 15, 21; 378. 9; 379. 9; 386. 14,
19; 426. 4; 430. 12; 432. 11
σωματικῶς 219. 19; 257. 16; 433. 5
σωματοφύλαξ 47. 13; 413. 21
σωτηρία 209. 8; 336. 21
σωφροσύνη 39. 16; 387. 5
σώφρων 113. 1

τάγμα 44. 33; 179. 13; 410. 4
τακτικός 16. 31
τακτός 231. 16, 26; 317. 17
ταλαιπωρία 73. 32
ταμίας 391. 5
ταξιάρχης 16. 3
τάξις 2. 10; 5. 7; 25. 18; 47. 11, 17;
57. 31; 76. 2; 80. 27; 81. 7; 89. 5;
102. 29; 115. 23, 35; 128. 21; 168.
27; 174. 32; 182. 17, 24; 184. 30;
185. 17; 194. 5; 257. 3; 260. 19;
306. 17; 383. 2; 413. 7; 414. 10,
14; 416. 3; 419. 14, 25
ταπεινός 14. 34; 16. 21; 55. 23; 69. 5;
75. 21, 23, 28; 80. 15, 25; 98. 1; 118.
11, 20, 30; 124. 21; 157. 28; 166.
21; 209. 17; 253. 32; 267. 12; 357.
18; 419. 13
ταπεινότης 2. 5; 175. 33; 369. 10;
414. 20
ταπεινόψυχος 73. 20
ταπεινόω 113. 24; 132. 30; 210. 3;
429. 32
ταπείνωμα 120. 9; 126. 28; 159. 25;
172. 13, 14; 175. 26; 418. 1
ταπεινῶς 81. 2
ταπείνωσις 69. 3; 102. 20
ταρακτικός 353. 23
ταράσσω 219. 17
ταραχή 26. 19; 37. 3; 39. 4, 14; 41. 4;
42. 5; 43. 6; 44. 5; 48. 28; 59. 3;
78. 14; 83. 8; 114. 30; 156. 26;
162. 10; 172. 2; 174. 26; 175. 12,
31; 177. 14; 180. 6, 20; 181. 8;
182. 7, 29; 183. 16, 21; 184. 19; 186.
19; 214. 21; 217. 11, 14, 33; 218.
3; 219. 15; 220. 17; 258. 1; 269. 24;
353. 20; 355. 30; 372. 5; 380. 9;
382. 7; 383. 11; 387. 14; 389. 6;

INDEX VERBORVM

407. 4, 19; 408. 12; 409. 9; 413. 4;
417. 10; 421. 18
ταραχώδης 187. 1; 217. 6
τάσσω 15. 9; 26. 26; 47. 14; 54. 9;
58. 19; 70. 23; 89. 5; 116. 13; 145.
22; 170. 24; 238. 22; 278. 33; 341.
7, 17; 381. 26; 413. 22
τάφρος 333. 18
τάχα 201. 9; 371. 29
ταχέως 5. 29; 17. 27; 281. 6; 330. 29
τάχιστος 215. 19
ταχίων 178. 14
τάχος 48. 24; 276. 12; 412. 34
ταχύγαμος 375. 4
ταχυθανασία 374. 3
ταχυθάνατος 382. 32
ταχύς 93. 6; 232. 1
τέγη 116. 2
τεκμαίρομαι 352. 16
τεκμήριον 317. 1; 333. 29
τεκνοδότης 116. 27
τέκνον 2. 11; 4. 10; 38. 5, 15, 17, 28;
39. 4; 41. 29; 43. 26; 44. 7; 45. 12;
46. 6, 8, 18; 47. 1; 60. 19; 63. 8;
66. 17; 67. 6; 71. 18; 73. 28 (bis);
74. 4; 90. 30; 102. 11, 25; 110. 31;
115. 22, 23 (bis), 24; 116. 15, 17, 18,
21 (bis), 22, 24, 25; 118. 14, 22; 164.
5; 168. 31 (bis); 170. 5, 7, 14, 15;
172. 6; 176. 31; 179. 19; 184. 23;
190. 16; 211. 25; 215. 30; 217. 20,
21; 218. 30, 32; 246. 9; 253. 5; 271.
25; 321. 12, 13, 16, 24, 30, 32; 322.
7 (bis), 10; 351. 24; 353. 8, 9, 12,
17; 354. 6, 26; 355. 6, 21; 372. 29;
373. 10; 376. 10; 378. 4; 379. 9, 11;
380. 1; 384. 17; 385. 24; 387. 15,
23, 30; 391. 25; 407. 12; 409. 11,
14; 410. 2, 27; 411. 8, 11; 413. 17
τεκνοποιία 101. 13; 184. 32
τεκνόω 168. 28
τέκνωσις 2. 21; 116. 14; 168. 30; 180.
1; 181. 19; 185. 16, 32; 188. 11;
189. 6; 321. 21; 380. 10; 390. 15
τέλειος 52. 27; 101. 16; 129. 12, 30;
130. 19; 131. 9, 24; 138. 29; 146.
30; 147. 19, 25; 149. 4, 5; 155. 19,
21, 23, 25 (bis); 156. 9; 249. 10, 11;
252. 29; 253. 26; 265. 2; 287. 30;
288. 1; 323. 22; 324. 3; 325. 22;
343. 33; 346. 28; 366. 17, 20, 23;
427. 19, 21, 23, 25, 26; 428. 12
τελείως 336. 17
τέλεος 90. 22
τελευταῖος 102. 27; 360. 13; 373. 14

τελευτάω 69. 8; 100. 10, 12, 14, 18;
120. 35; 121. 3, 11, 18, 22, 26; 122.
25; 123. 27, 32; 134. 19, 27; 140. 6;
144. 12; 145. 1, 2; 146. 7; 148. 7,
12; 149. 18; 159. 6; 227. 27; 261.
30; 262. 5; 272. 22; 276. 17; 284.
22, 31; 289. 23; 292. 11, 27; 293.
10, 21; 294. 9, 16, 26; 295. 3; 296.
8, 25; 297. 6, 25; 298. 18; 299. 11,
23; 300. 17; 301. 13; 304. 5, 23, 30;
356. 25, 30; 373. 31; 376. 2; 377.
18; 433. 20
τελευτή 72. 6; 100. 22; 119. 22; 345.
23; 373. 24; 385. 10; 429. 29
τελέω 54. 14; 149. 28; 169. 17; 190.
2; 202. 25; 229. 25; 238. 14; 250.
29; 252. 14; 276. 16; 281. 20; 336.
20; 432. 3, 12
τελέως 142. 12; 429. 23
τελίσκω 230. 23; 332. 17; 339. 31
τέλος 4. 27; 14. 26, 32; 17. 9, 15, 30;
34. 19; 37. 8, 22; 40. 4; 42. 28;
44. 15, 16; 47. 5; 66. 10, 17; 91. 9;
103. 22; 107. 9; 111. 1; 117. 30;
118. 3; 120. 22; 122. 20; 130. 21;
139. 11; 145. 24; 146. 17; 159. 6;
160. 6; 163. 23; 164. 23; 170. 24;
211. 14, 30, 32; 213. 29; 214. 9; 231.
24; 235. 8; 237. 16; 239. 12; 246.
9, 25; 250. 5; 254. 13; 264. 23; 266.
29; 290. 18; 319. 7; 330. 4; 335. 15;
336. 25; 337. 27; 338. 20; 339. 18;
341. 8, 14; 342. 5; 357. 33; 362. 20;
371. 28; 374. 20; 406. 5; 408. 28;
412. 28; 453. 13
τελώνης 2. 9
τελωνικός 14. 28
τέμνω 8. 7; 13. 11; 330. 7
τέρας 327. 17, 24
τερατογόνος 17. 8
τερατολογέω 142. 14
τερατολογία 316. 21
τερατώδης 15. 6, 25
τερματίζω 234. 29; 324. 2; 347. 29
τέρπω 232. 3; 237. 23; 337. 19
τέρψις 4. 19; 152. 2; 179. 30; 211. 4;
235. 25; 330. 31; 331. 16, 32; 334.
20; 343. 20; 345. 6; 387. 2; 426. 4
τεσσαρακοσταῖος 28. 8, 12; 119. 33
τεταρταϊκός 370. 2
τεταρτικός 150. 25
τετραγωνέω 415. 12
τετραγωνίζω 56. 17; 59. 19, 25, 26;
60. 1, 4, 9, 12; 73. 2; 185. 27; 199.

21; 273. 12, 14, 24, 28; 381. 7; 415.
20; 431. 22; 433. 24
τετραγωνικῶς 372. 30
τετράγωνος 28. 12; 52. 28; 53. 2, 3,
5, 14, 15; 57. 18; 58. 20; 59. 23, 29;
60. 7, 14; 68. 4, 9, 11, 13, 19; 69. 1,
10, 11, 27; 70. 16, 24; 71. 12, 25;
72. 28; 73. 25; 74. 3; 75. 7, 10;
76. 14, 19, 20; 86. 16, 21; 87. 17;
88. 24; 92. 21, 26; 93. 3, 4, 8, 15;
94. 16; 98. 24; 110. 9, 11; 112. 29;
114. 18; 122. 10; 128. 30, 32; 129.
1, 5, 33; 130. 6, 13, 15; 131. 18; 132.
8, 31, 33; 134. 16; 135. 3, 19, 26;
136. 4, 6, 10; 139. 30; 143. 35; 144.
3, 6, 21; 148. 21; 152. 22, 25; 158.
7; 173. 32; 177. 6, 7, 18; 184. 17;
190. 17; 198. 24; 200. 19, 29, 31;
201. 1; 202. 4; 204. 7; 205. 8; 223.
29; 224. 7; 240. 7; 246. 29; 247. 5;
256. 24; 263. 22; 264. 9; 268. 27;
273. 1; 278. 9, 17, 25, 28, 31; 279.
18; 280. 31; 300. 20; 305. 17, 18,
24; 306. 3, 6, 10; 323. 15; 324. 23;
327. 4, 14; 342. 20; 373. 1, 5, 17,
27; 374. 22; 375. 6, 19; 376. 6, 28;
377. 6, 27, 29; 379. 28; 380. 12, 22;
381. 24; 383. 7, 31; 384. 9, 18; 386.
5; 387. 22; 388. 23; 418. 9, 10; 424.
17; 430. 17; 431. 3. 27; 432. 1;
433. 5
τετραετηρίς 21. 13, 17, 18, 22; 165. 31;
179. 7; 223. 16; 325. 29; 326. 1, 4;
339. 9; 368. 12
τετράκις 27. 11, 12; 140. 15; 213. 8;
223. 29; 224. 4, 6
τετράπους 3. 9; 6. 3; 9. 15; 42. 16;
64. 26; 72. 7; 104. 25; 105. 9, 24;
120. 16; 121. 6, 13, 19, 24; 172. 27;
186. 14; 216. 25; 272. 12; 327. 17;
355. 19; 374. 6; 376. 16, 17; 382.
26; 407. 31; 433. 13
τετράς 222. 19; 223. 7
τεύχω 45. 31; 49. 10; 52. 8; 55. 24;
58. 19; 81. 4; 96. 14; 125. 12; 131.
25; 140. 6; 144. 26; 146. 28; 147.
9; 159. 34; 167. 28; 171. 8; 201. 6,
27; 220. 7; 256. 30; 267. 6, 8, 13;
273. 29; 275. 32; 278. 6; 279. 3;
281. 2
τέχνη 3. 19, 22; 4. 11; 16. 4, 23; 47.
16; 48. 4; 77. 13, 23; 166. 30; 230.
4, 21; 250. 19; 331. 16; 382. 29;
386. 16; 387. 9; 391. 25; 412. 16;
413. 7; 418. 20; 426. 5 (bis)

τεχνικός 14. 27; 260. 21; 303. 5
τεχνίτης 15. 34; 237. 29
τηκτός 217. 11
τηλαυγής 53. 18
τηνικαῦτα 74. 18
τηρέω 92. 8; 172. 20; 280. 30; 326. 27;
425. 31
τήρησις 92. 9; 198. 27; 199. 5, 25;
239. 25
τίθημι 30. 24; 49. 16; 64. 17; 129. 1;
146. 26; 148. 4; 210. 25; 240. 2;
248. 26; 251. 6; 288. 22; 307. 4;
326. 20; 343. 30; 347. 28; 348. 14,
19; 379. 25; 383. 21
τίκτω 118. 31; 139. 13; 259. 25; 352.
1; 360. 14; 374. 24; 376. 7; 378. 27
τιμάω 16. 26; 37. 27; 70. 9; 88. 14;
250. 4; 381. 3
τιμή 1. 8; 38. 6, 10; 39. 17; 42. 7;
43. 18; 44. 27; 45. 16, 27; 46. 4, 15,
22; 48. 9; 59. 21, 30; 84. 25; 158.
9; 177. 13; 184. 28; 189. 8, 20; 220.
6; 229. 16; 251. 21; 259. 12; 281.
11; 345. 5; 378. 20; 379. 11, 26, 28;
381. 26; 386. 18; 408. 31; 410. 14,
25, 30; 411. 6, 15, 27, 33; 426. 8
τιμητικός 370. 13; 372. 32; 378. 11,
29; 387. 5
τίμιος 149. 27; 163. 25; 333. 6; 337.
21; 344. 16
τιμωρέω 124. 22; 249. 26; 357. 19
τιμωρία 209. 27; 211. 29; 236. 19;
333. 4, 10; 341. 18
τιτρώσκω 263. 11; 333. 22
τμῆμα 13. 13
τοιχωρυχία 390. 28
τοκετός 120. 33; 121. 8
τόλμα 228. 28; 382. 11
τολμάω 210. 28
τολμηρός 48. 1, 17; 249. 28; 254. 2;
412. 7, 14
τομή 3. 4; 57. 21; 100. 22; 104. 30;
121. 14; 179. 26; 186. 15; 216. 11;
225. 5; 228. 11; 267. 15, 19; 268.
15; 382. 11; 385. 11; 390. 27; 415.
25
τομός 238. 9
τόξον 378. 24
τοπικός 387. 7; 413. 32
τοπικῶς 97. 31
τοπογραφία 119. 18
τοποθεσία 41. 21; 49. 8; 58. 11; 76.
17; 88. 19; 182. 33; 184. 30; 268. 2;
321. 2; 325. 24; 329. 20; 406. 19;
414. 1; 416. 5, 14

τόπος passim
τορευτός 15. 34
τραγικός 228. 30; 250. 14
τράπεζα 331. 18
τραπεζίτης 71. 27
τραπεζιτικός 4. 11
τραυλός 375. 22, 26
τραῦμα 104. 30; 172. 27; 186. 27;
  225. 4; 279. 21
τραχηλοκοπέω 122. 33; 123. 6, 8; 356.
  6
τράχηλος 3. 29; 104. 5, 20; 386. 28
τραχύς 99. 3
τρεπτός 352. 22
τρέπω 72. 29; 173. 27; 180. 28; 191.
  30; 320. 9; 340. 15; 343. 22; 430. 15
τρέφω 60. 7; 101. 12; 154. 5, 10; 330.
  15; 343. 17
τρέχω 133. 13, 14, 18, 25
τριακοντάκις 365. 13; 401. 4
τριακονταμοίριον 91. 7, 28
τριακοντάμοιρος 322. 23
τριακονταπλάσιος 364. 8; 365. 10, 11,
  12
τριακοντάς 19. 25; 20. 24, 27, 29; 21.
  1, 3, 6; 30. 20; 31. 10; 33. 6; 34.
  21; 50. 13, 17, 21, 24, 31; 51. 12,
  20; 136. 13; 302. 9, 19; 306. 13;
  328. 15; 335. 3, 5, 6, 21, 22; 346.
  1; 348. 14; 400. 16; 401. 7
τριακοστός 364. 6, 11; 366. 1, 2
τριάς 222. 19, 25, 27, 28, 29; 325. 11,
  14
τριβάς 105. 27
τριβή 33. 1; 163. 19
τρίβος 339. 19
τριγωνίζω 71. 7; 134. 19; 221. 18
τριγωνικός 67. 10, 11; 76. 2; 167. 26;
  414. 10, 13; 427. 27
τριγωνοκράτωρ 426. 12
τρίγωνος 18. 16, 21; 19. 8; 49. 9; 52.
  12, 26; 53. 1, 3, 7, 13; 54. 8, 12, 17,
  19; 55. 1, 5, 12, 14, 16, 26; 56. 22,
  29, 31; 58. 20; 59. 6, 29; 61. 11;
  67. 12, 16, 24, 27; 68. 20, 23, 27; 69.
  13, 16, 25, 28; 70. 3, 13, 21 (bis); 71.
  19; 72. 19, 28; 73. 7, 13, 19; 74. 1,
  24, 26; 75. 8, 10, 16, 22; 79. 25, 26;
  80. 1, 10, 17, 24; 81. 1, 13 (bis), 19,
  28, 33; 82. 11, 15, 23, 29; 85. 16;
  89. 13, 20; 90. 1; 91. 7; 96. 6; 110.
  10; 113. 3; 124. 32, 33; 125. 12;
  131. 28; 132. 17; 136. 22, 23, 24,
  26, 28, 30, 31; 137. 2; 144. 22; 148.
  20, 21; 153. 32; 154. 18 (bis); 155.

27, 30; 156. 3, 5; 160. 4; 162. 3;
  177. 6, 7; 197. 7 (bis), 9; 198. 25;
  242. 12; 256. 28; 257. 23; 262. 4;
  268. 23; 270. 31; 271. 14, 20; 274.
  20; 277. 6, 12; 323. 15; 324. 23;
  327. 6, 11; 342. 20; 357. 30 (bis);
  372. 18, 21, 26; 373. 15, 18, 20, 21;
  374. 15; 375. 3, 16; 376. 3; 379. 6,
  7, 26; 380. 10, 20; 381. 1, 17; 383.
  25, 28; 384. 6, 19, 30; 386. 3; 389.
  24; 415. 33; 416. 2; 419. 7, 19, 29,
  30; 420. 3, 12, 16, 25, 32; 421. 8;
  422. 10, 13, 20; 424. 24, 25, 27, 29;
  425. 2, 3, 4, 6, 7; 428. 1, 6, 8; 431.
  13, 14, 19, 23, 32
τριγώνως 111. 18
τριζῳδία 289. 1, 5, 16; 335. 16
τριμοιρία 131. 33; 371. 3
τρίς 224. 2, 5
τριταϊκός 382. 27
τριταῖος 28. 8, 9, 11; 194. 19
τροπή 6. 16; 136. 19; 154. 23; 166. 1;
  178. 28; 231. 17; 318. 20; 332. 25;
  335. 28
τροπικός 5. 21; 8. 23; 10. 10, 32; 69.
  25; 72. 10; 75. 9; 76. 22; 109. 8;
  111. 29; 166. 8; 178. 26; 201. 28;
  273. 18; 322. 14; 352. 22; 372. 23,
  25; 384. 10, 17
τρόπος 26. 4; 30. 24; 42. 10, 24; 49.
  6; 52. 15; 58. 5; 72. 16; 86. 21; 87.
  17; 103. 15; 108. 5; 112. 8; 118. 6;
  130. 16; 138. 3; 140. 29; 141. 7;
  142. 17; 143. 22; 144. 12; 151. 17;
  154. 2; 156. 2; 177. 25; 178. 10;
  210. 12, 16; 211. 2, 12; 215. 20, 27;
  228. 31; 232. 7; 235. 23, 29; 236.
  20; 237. 21; 238. 28; 239. 28; 240.
  8; 250. 24; 251. 18; 258. 20, 27;
  262. 29, 30, 32; 266. 10; 277. 24;
  284. 2, 24; 285. 28; 289. 4, 22; 290.
  14; 295. 25; 303. 5; 318. 17, 26;
  319. 15; 321. 1; 322. 29; 325. 23,
  27; 331. 30; 332. 7; 334. 19; 337. 7;
  339. 2; 340. 31; 342. 27; 349. 10;
  363. 29; 383. 18; 408. 25; 432. 31
τροφή 4. 1; 60. 14; 61. 5; 101. 17;
  253. 35; 331. 22; 351. 21
τροφός 1. 17; 3. 17; 109. 29; 391. 16
τροχός 249. 16; 250. 22, 23
τρυγάω 211. 10
τρυφή 120. 19; 386. 14
τρυφήρης 10. 1
τρυχηρός 103. 22
τρύχω 111. 21

INDEX VERBORVM

τυγχάνω passim
τυμβωρυχία 390. 28
τύπος 118. 6; 174. 18; 330. 17
τυπόω 237. 20
τυραννικός 9. 13; 14. 12; 17. 13; 37.
  27; 40. 20; 69. 21; 74. 22, 25; 84.
  20; 89. 10, 19; 101. 30; 254. 3;
  372. 33
τυραννίς 73. 18; 316. 12; 382. 6
τύραννος 44. 11; 60. 4; 61. 25; 62. 10;
  64. 24; 67. 18, 22; 231. 3
τυφλός 164. 5; 237. 27
τυφλόω 321. 1
τυφλώττω 336. 16
τῦφος 4. 26; 142. 7; 258. 23; 369. 7
τυφώδης 2. 1; 11. 23; 375. 34; 390. 7
τύχη passim

ὑβρίζω 15. 23; 375. 14; 387. 24
ὕβρις 2. 31; 69. 31; 88. 1, 5; 188. 27;
  254. 8; 273. 22; 322. 31; 374. 25;
  382. 8
ὑβριστής 220. 9
ὑβριστικός 16. 33
ὑγεία 378. 10
ὑγιεινός 235. 31; 237. 5
ὑγιής 70. 18; 86. 27
ὕγρανσις 353. 5
ὑγρός 3. 26; 14. 6; 16. 23; 41. 12;
  105. 27, 33; 120. 29, 30; 121. 1, 29;
  154. 10; 157. 28; 183. 30; 224. 32;
  225. 10, 21; 336. 19; 355. 17; 370.
  1; 371. 11; 374. 4; 386. 31; 391. 12,
  21; 392. 2; 407. 25
ὑγρότης 2. 14; 137. 20; 369. 26; 425.
  26
ὑδατώδης 6. 1; 8. 24; 10. 18; 55. 5;
  154. 18; 157. 15
ὑδροχόη 395. 17
ὑδρωπία 100. 20
ὑδρωπικός 1. 21; 2. 14; 104. 33; 105.
  30; 121. 27; 369. 27; 389. 15
ὕδρωψ 17. 29; 105. 18
ὕδωρ 2. 17; 8. 18; 11. 25; 14. 31; 122.
  25; 154. 11; 370. 6; 376. 18; 386. 24
ὕελος 1. 22; 391. 18
ὕθλος 317. 6
υἱοθεσία 378. 7
υἱός 217. 24
ὕλη 103. 19; 142. 20; 162. 30; 246. 6;
  258. 27; 288. 10; 331. 25
ὑπάγω 177. 15
ὑπακούω 161. 10; 210. 18; 333. 5
ὑπαλλάσσω 210. 10
ὑπαρκτός 318. 11

ὕπαρξις 41. 19; 47. 12; 78. 21; 80. 30;
  82. 10; 85. 23; 86. 1, 6, 22, 30; 87.
  2; 111. 6; 112. 21; 118. 23, 27;
  119. 17; 304. 8; 378. 18; 406. 17;
  413. 21; 417. 14; 419. 16; 422. 26;
  423. 2
ὑπάρχω 1. 4; 2. 32; 3. 18; 8. 4; 10. 11,
  20, 22; 35. 11; 36. 22; 40. 22; 43.
  20; 46. 8; 49. 16; 54. 11, 19; 55.
  9, 16; 56. 1, 11; 57. 16, 32; 59. 17;
  63. 12; 66. 11, 16, 21; 69. 6; 70.
  14; 76. 26 (bis); 78. 18; 84. 25, 31;
  85. 29; 96. 6, 10; 102. 19; 107. 13;
  109. 4; 111. 5; 125. 5; 129. 7; 133.
  27; 151. 26, 29; 154. 4, 5, 8, 13, 14;
  163. 12, 22; 164. 5; 172. 33; 175.
  24; 176. 27; 177. 7; 181. 10; 188.
  25; 192. 22; 203. 23; 204. 6; 213.
  20, 23; 230. 27; 231. 30; 237. 7;
  249. 23, 26; 250. 24; 255. 9; 260.
  21; 262. 4; 264. 8; 265. 13; 266. 25,
  31; 267. 1, 16; 269. 12, 25; 271. 5,
  18; 272. 28; 273. 4; 278. 27; 279.
  32; 280. 21; 281. 10; 302. 16; 317.
  16; 318. 24; 320. 1, 2; 321. 14;
  323. 6; 324. 21; 332. 30; 333. 17;
  336. 13; 340. 5; 341. 15; 353. 2;
  354. 8; 355. 14; 368. 7; 408. 33;
  411. 10; 422. 32
ὕπαυγος 375. 27; 378. 25; 383. 17;
  385. 25; 418. 1; 430. 15
ὑπείκω 209. 4
ὑπεξαιρέω 400. 14, 16; 401. 15; 402.
  12; 403. 13
ὑπεράγαν 61. 20
ὑπεράνω 34. 2, 4
ὑπερβαίνω 249. 4, 10, 12; 330. 11; 333.
  14; 337. 32; 421. 24
ὑπερβάλλω 242. 19, 27; 247. 13; 253.
  17; 329. 24; 338. 12, 14; 349. 17, 20,
  28; 350. 21; 351. 9; 421. 32
ὑπέργειος 51. 11; 93. 21, 34; 133. 32;
  134. 1, 4, 5; 147. 4
ὑπέργηρος 336. 15
ὑπερεκχέω 211. 6
ὑπερευτυχής 28. 19
ὑπερέχω 16. 20; 21. 7; 60. 16, 19; 68.
  17; 71. 14; 110. 6. 26; 112. 33;
  114. 28; 179. 12, 18; 180. 14; 182.
  23; 184. 27; 185. 6; 186. 18; 289.
  11; 292. 11; 352. 26; 353. 11, 25;
  354. 5, 7, 16; 355. 20; 378. 5; 454. 7
ὑπέρθεσις 130. 17; 173. 19, 22; 185.
  4; 189. 32; 190. 20; 202. 32; 275.
  30; 430. 10, 11; 432. 13

419. 31; 422. 15, 20; 424. 24, 25, 26, 29; 425. 1, 3, 4, 5; 428. 10
ὑψωματικός 217. 4 (bis)

φαγέδαινα 105. 11
φαεσφορέω 146. 28
φαιδρός 209. 18
φαίνω 27. 10, 12, 13; 42. 4; 60. 7; 61. 14; 69. 10; 146. 29; 147. 2; 164. 18, 23; 195. 31; 205. 23; 206. 4; 214. 37; 216. 18; 232. 15; 233. 12; 239. 25; 277. 11; 280. 8; 339. 24; 340. 1; 407. 18
φαιός 2. 30; 390. 18
φακός 105. 3
φαλακρός 105. 22; 106. 27
φαλάκρωσις 104. 17
φανερός 112. 5; 127. 26; 238. 8; 240. 2; 453. 12
φανερῶς 384. 15
φαντάζω 107. 33
φαντασία 37. 29; 38. 1; 41. 17; 44. 14; 46. 31; 47. 12; 65. 5; 82. 22; 90. 6; 103. 19; 118. 13; 124. 23; 166. 26; 169. 2, 19; 173. 21; 188. 19; 189. 5; 233. 27; 258. 21, 29; 270. 7; 273. 2; 317. 3; 320. 26; 357. 21; 406. 15; 413. 14, 21; 420. 32
φαντασιόομαι 86. 1; 251. 17; 331. 32; 423. 2
φαντασιώδης 38. 8; 340. 24
φαντασιωτικός 355. 20
φαρέτρα 395. 4
φαρμακεία 10. 23; 39. 10; 43. 31; 44. 4; 79. 9; 112. 19; 120. 31; 171. 17; 383. 10; 386. 21; 408. 9; 409. 8, 19; 417. 31
φαρμακεύς 43. 3
φαρμακευτής 16. 18
φάρμακον 120. 27; 121. 10; 123. 27; 184. 6; 189. 1; 190. 15; 217. 32; 356. 26; 384. 25
φαρμακοποσία 100. 21; 121. 29; 374. 6; 386. 31
φαρμακός 192. 19
φάσις 91. 24; 100. 27, 28, 30; 101. 21, 27; 102. 13; 107. 18, 24; 117. 29; 126. 32; 127. 7; 131. 30; 137. 25, 26; 148. 14; 165. 32; 166. 17; 168. 6; 169. 9; 173. 9; 178. 30; 179. 1, 4; 201. 31; 204. 12; 221. 24; 231. 25; 247. 23; 252. 33; 268. 12; 278. 15; 280. 30; 301. 8; 318. 20, 25; 323. 7; 324. 21; 325. 17, 20; 347. 16; 387. 8; 425. 31; 431. 8

φάσκω 341. 20
φαῦλος 7. 25; 14. 26; 15. 6; 16. 32; 18. 13; 36. 16; 39. 11; 40. 6; 55. 10; 91. 19; 128. 16, 19; 165. 9; 169. 13; 176. 18, 20; 181. 5, 27; 182. 34; 189. 8; 201. 13; 208. 15, 16, 17; 210. 3; 213. 29; 214. 35; 234. 3; 236. 11; 238. 14; 239. 5; 240. 14; 241. 17; 249. 30; 254. 16; 255. 4, 29; 258. 14; 260. 15; 262. 27; 263. 29; 264. 1, 10; 265. 18, 29; 266. 6; 274. 4, 7; 275. 28; 276. 1; 277. 27; 278. 14; 325. 3; 326. 13; 331. 14; 334. 3; 336. 19; 340. 2, 28; 341. 5; 381. 11, 14; 414. 15
φαυλότης 70. 16; 238. 2
φαύλως 109. 15
φειδωλία 369. 8
φειδωλός 374. 33
φέρω 13. 15, 18; 27. 20; 33. 26; 37. 23; 39. 25; 42. 7; 48. 18; 50. 10; 54. 5; 59. 7; 100. 3; 101. 4; 104. 7; 126. 32; 128. 28; 131. 30; 137. 25; 140. 23; 145. 29; 157. 14; 159. 30; 162. 29; 165. 23; 173. 24; 175. 28, 33; 178. 10; 181. 23, 27; 187. 22; 189. 14; 202. 15, 32; 203. 27; 208. 26; 209. 12, 13; 210. 4; 211. 22; 224. 21; 228. 32; 229. 4; 235. 21; 237. 17; 239. 3; 241. 26; 247. 27; 249. 9, 31; 251. 9; 254. 33; 258. 22; 260. 4; 267. 16; 272. 15; 276. 14; 281. 12; 284. 24, 32; 295. 14; 296. 10; 303. 14; 304. 27; 305. 6; 316. 20; 318. 11; 324. 16, 26; 328. 33; 332. 3, 4, 5; 333. 30; 335. 24; 338. 19; 339. 18; 341. 16; 342. 7; 344. 28; 345. 18; 346. 6; 348. 4; 360. 4; 373. 7; 375. 12; 381. 30; 384. 1; 386. 1; 396. 9; 412. 8; 425. 32
φεύγω 64. 4; 200. 11; 235. 22; 259. 27; 263. 10; 270. 26; 277. 30; 333. 4
φήμη 45. 30; 163. 21; 174. 18; 211. 26; 344. 21; 381. 27; 411. 31
φημί 18. 12; 106. 35; 122. 18; 125. 9; 129. 26; 133. 27; 140. 16, 29; 142. 14; 201. 9; 259. 27; 264. 21; 265. 30; 266. 15; 269. 6; 277. 21; 278. 5; 287. 9, 29; 302. 27; 334. 14; 341. 25; 360. 16; 369. 7; 371. 8 (bis), 32; 372. 25, 27; 382. 6; 384. 26; 389. 7; 399. 2, 13; 400. 4; 418. 11; 419. 22; 429. 33; 432. 29
φημίζω 229. 22

INDEX VERBORVM

φίλος 3. 3; 38. 8; 39. 4; 64. 28; 67.
26; 72. 24; 82. 5; 98. 33; 112. 18;
158. 9; 159. 21, 34; 170. 4, 15; 183.
11, 21; 184. 10, 22; 185. 3; 186. 13;
191. 18; 202. 20; 217. 17, 31; 218.
24; 219. 2, 12, 17, 26; 249. 32; 277.
18; 321. 12, 16; 322. 5; 341. 24,
28; 345. 7; 353. 15; 354. 13, 19,
26; 355. 9; 380. 7, 21, 23, 29; 382.
9; 387. 14; 420. 20; 426. 27; 427.
14; 432. 7
φιλοσαρκία 386. 18
φιλόσοφος 4. 13; 16. 29; 69. 19; 70. 7;
71. 21; 388. 1; 413. 18
φιλοστοργία 271. 17; 378. 8; 386. 19
φιλόστοργος 73. 30; 99. 6; 271. 25
φιλοσυμβίωτος 46. 2; 411. 4
φιλοσυνέστιος 8. 27
φιλοσυνήθης 39. 24; 41. 27; 45. 6;
48. 9; 385. 31; 407. 10; 411. 33
φιλότεκνος 16. 10
φιλότεχνος 15. 34
φιλότροφος 18. 6; 46. 6
φιλόφιλος 10. 29; 39. 16; 47. 1; 387.
4; 411. 8
φιλοχαρής 380. 25
φιλοχρηματία 369. 13
φιλοχρήματος 369. 17
φίμωσις 246. 10
φλέγμα 2. 13; 369. 24; 390. 4
φλέψ 382. 24
φλογερός 382. 21
φλόξ 331. 26
φοβερός 178. 29; 343. 6; 370. 8
φοβέω 210. 1; 250. 4
φοβητικός 15. 2
φόβος 42. 17; 43. 4; 57. 1; 58. 1; 155.
1; 162. 10; 165. 22; 174. 30; 175.
10; 180. 7; 181. 28; 182. 14; 183.
22; 184. 19; 186. 15, 18; 187. 6;
189. 30; 190. 10, 25; 198. 9; 199.
2, 9, 13, 15, 22; 214. 19; 228. 8;
231. 28; 236. 10, 17; 275. 30; 333.
9; 341. 5; 354. 14; 384. 27; 390.
25; 407. 32; 408. 9; 416. 6
φοίβησις 105. 16
φονικός 10. 21; 14. 13; 120. 15; 171.
15
φόνος 3. 4; 10. 23; 63. 25; 65. 25;
72. 4; 382. 10
φορά 213. 27; 214. 1; 231. 21; 268. 11;
275. 21; 318. 18
φορολογία 41. 4; 407. 3
φορολόγος 36. 25; 45. 25; 372. 25;
411. 25

φορτίον 332. 2, 5
φρενῖτις 105. 27
φρενοβλάβεια 383. 5
φρήν 191. 26; 379. 14
φρικαλέος 373. 28
φρίκη 370. 2; 374. 25, 26
φρικώδης 142. 16
φρονέω 8. 28; 44. 13; 230. 9; 237. 8,
14; 239. 3
φρόνημα 40. 20; 103. 23; 250. 12
φρόνησις 1. 6; 4. 10; 16. 30; 62. 27;
67. 8; 343. 21
φρόνιμος 7. 24; 14. 8; 111. 9; 208. 31
φροντίς 168. 22, 31; 340. 33; 344. 19
φρουρέω 101. 11, 14; 123. 3; 155. 11
φρούριον 321. 4
φυγαδεία 2. 32; 72. 1; 84. 29; 89. 23;
228. 8; 265. 23; 369. 9; 390. 26
φυγαδεύω 255. 20, 32; 256. 9; 377. 2
φυγάς 78. 8; 417. 5
φυγή 229. 2; 353. 31; 382. 8
φυλακή 15. 24; 63. 21; 200. 8
φυλακτός 165. 30, 32
φύλαξ 45. 24; 54. 14; 380. 1; 411. 24
φυλάσσω 42. 17; 43. 30; 48. 7; 116.
12; 145. 26; 154. 12; 167. 15; 201.
14; 202. 3, 17; 211. 8; 237. 26;
242. 1; 344. 26; 351. 21; 374. 19;
407. 33; 409. 18; 412. 19; 432. 6, 14
φῦσα 1. 21
φυσικός 15. 2; 26. 20, 28; 49. 7; 101.
19; 128. 11; 133. 27; 137. 17; 141.
4, 15; 164. 17; 165. 28; 166. 2;
176. 27; 177. 23; 186. 31; 205. 18;
210. 21; 211. 32; 212. 32; 213. 19,
23; 215. 6; 233. 5; 239. 22, 24, 30;
246. 20, 24; 247. 31; 248. 5, 17; 265.
5, 14; 272. 13; 283. 14; 289. 13;
302. 16; 331. 1, 20; 332. 32; 338.
20; 345. 29; 346. 10, 12; 425. 26;
433. 13
φυσικῶς 109. 6; 234. 23; 249. 25;
262. 20
φυσιολόγος 388. 5
φύσις 1. 3; 5. 4, 10, 20; 6. 1; 7. 25;
49. 3; 54. 12; 64. 22; 73. 6; 77. 15,
26; 79. 16, 19; 91. 3; 93. 18; 105.
14; 106. 1, 9, 12; 115. 15; 120. 21;
122. 2; 137. 16, 24; 151. 29; 153.
33; 154. 6, 19, 32; 166. 27; 169. 12;
170. 19; 173. 15; 174. 33; 175. 3;
176. 11; 178. 20, 32; 180. 21; 192.
7; 195. 13; 198. 15; 205. 2; 210.
29; 211. 8, 19, 21, 28; 212. 31; 214.
20; 215. 25; 231. 26; 237. 22, 25,

INDEX VERBORVM

31; 238. 1, 20, 23; 239. 12; 240.
17, 25; 249. 26; 252. 20; 254. 2;
256. 2; 258. 8; 260. 4, 5, 21; 265.
18; 266. 4; 274. 11; 278. 19; 281.
5; 300. 7; 318. 1; 320. 4; 324. 17;
325. 25; 330. 9, 24; 331. 23; 332.
15; 336. 17; 344. 12, 18, 25; 345.
4; 369. 4, 17; 372. 24; 376. 16;
390. 1, 3, 12, 13, 21, 22; 391. 4, 5,
11, 12, 20; 392. 1, 2; 413. 32; 425.
23, 31
φυτεύω 432. 2
φυτόν 211. 9, 18; 330. 14
φυτοσπόρος 229. 12
φύω 250. 9; 328. 12; 339. 26; 341. 12
φωνασκία 4. 8; 387. 28
φωνασκός 7. 22; 72. 14, 17
φωνή 70. 29; 103. 16; 104. 28; 343. 16
φωνήεις 10. 11, 25
φῶς 1. 4, 14, 15; 60. 20; 63. 4; 78.
25; 87. 21; 88. 10; 91. 29; 92. 32;
93. 32, 34; 94. 3, 9; 95. 18, 25; 96.
13; 99. 5, 21, 30; 102. 3, 7, 19; 107.
8; 108. 16; 113. 21, 25; 120. 8;
126. 10, 16; 134. 24; 152. 25; 155.
15; 172. 22; 193. 24, 25, 33; 195.
8; 200. 6, 16; 216. 29; 238. 12;
241. 2; 270. 21; 283. 17, 29; 300.
21; 301. 33; 304. 26; 306. 27; 331.
28; 342. 11; 345. 4; 360. 10; 391.
5, 12, 13; 414. 9, 21; 415. 17; 416.
25; 418. 24; 421. 30; 422. 6; 426.
12, 13, 20; 433. 24
φωστήρ 99. 23; 100. 1; 105. 7
φωσφορέω 267. 19
φωσφόρος 246. 22
φωταγωγία 288. 20
φωτίζω 163. 33; 259. 4; 280. 30; 344.
25; 353. 10
φωτισμός 27. 8, 9; 284. 28; 285. 5, 17

χαιρητικός 18. 1
χαίρω 61. 22; 63. 4; 97. 24, 28; 133.
32; 134. 1, 6, 7; 239. 14; 250. 1;
316. 4; 343. 7
χάλαζα 370. 7
χαλαζώδης 6. 1, 2; 14. 2
χάλασμα 153. 6; 177. 33
χαλεπαίνω 320. 20
χαλεπός 14. 12; 15. 22; 68. 19; 69. 9;
73. 32; 74. 19; 75. 5, 12; 177. 28,
30; 181. 22; 216. 22; 219. 8; 225.
17, 30, 32; 226. 1, 7, 13, 16, 18, 23,
24, 25, 29; 227. 5, 7, 10, 13, 31; 233.
24; 252. 13; 273. 23; 324. 18; 341.

5; 353. 31; 354. 2, 22; 371. 6; 385.
3; 386. 7; 433. 23
χαλιναγωγέω 238. 1; 288. 31
χαλιναγωγός 124. 26; 250. 20; 357. 24
χάλκειος 262. 29
χαλκός 5. 1; 355. 29; 388. 22; 392. 8
χαρά 235. 27; 332. 7; 426. 8
χαρακτήρ 179. 23; 288. 31
χαρίεις 380. 20; 387. 4
χαρίζομαι 64. 18
χάρις 4. 20; 37. 3; 39. 13; 40. 11;
41. 4; 42. 5, 32; 43. 6; 48. 28; 64.
8; 79. 9; 96. 28; 106. 9; 110. 23;
130. 3; 133. 9; 140. 14; 141. 2;
145. 16; 146. 1; 161. 13; 164. 10;
174. 27; 175. 13; 180. 6; 182. 7;
187. 25; 190. 14; 193. 7; 213. 33;
214. 23; 216. 17; 217. 5; 222. 15;
227. 25; 241. 4; 249. 9; 255. 18;
276. 7; 278. 30; 279. 24, 25, 26, 28,
29; 283. 11; 285. 7; 290. 28; 300.
22; 322. 34; 323. 23; 352. 28; 375.
8, 15; 378. 30; 389. 4; 407. 4, 19;
408. 5, 12; 412. 25; 413. 4
χαριστικός 18. 5
χάσκω 347. 20
χάσμα 388. 16
χεῖλος 3. 29; 386. 28
χειμάζω 110. 23
χείμαρρος 332. 2
χειμερινός 178. 33; 299. 25; 302. 20
χειμέριος 178. 28; 179. 2
χειμών 370. 5
χείρ 4. 30; 6. 30; 21. 28; 24. 13, 14;
25. 13; 28. 24, 25; 30. 15; 33. 1;
61. 5; 62. 26; 77. 23; 104. 27; 152.
34; 157. 20; 306. 16; 355. 4; 388.
18; 392. 3; 393. 7; 394. 9; 395. 15;
396. 22, 23; 426. 5
χειράγρα 390. 6
χειρίζω 407. 25
χειρισμός 38. 19
χειριστής 10. 6; 42. 2; 407. 16
χείριστος 221. 21; 239. 9
χειρόνως 169. 6
χειροτέχνης 3. 7
χείρων 4. 29; 68. 6, 12, 31; 70. 1; 72.
2, 28, 29; 73. 1; 74. 4, 21; 75. 6;
86. 6; 100. 3, 24; 112. 11, 30; 173.
27; 181. 3; 186. 26; 199. 19; 221.
16; 273. 32; 320. 9; 354. 2; 370. 25;
371. 5; 372. 11; 373. 5; 374. 7; 375.
4, 27; 383. 1; 384. 2; 388. 15; 430.
15; 432. 32; 433. 27
χερσαῖος 5. 21; 322. 15

χηλή 9. 22 (bis)
χήρα 109. 24
χηρεία 2. 17; 369. 12; 385. 4
χηρεύω 330. 17
χῆρος 111. 20
χιλιάς 335. 2
χλευάζω 230. 6; 332. 13
χλευαστής 239. 13
χλεύη 232. 3; 235. 25
χοιράς 104. 24
χολέρα 225. 15
χολή 3. 11; 120. 24; 190. 15; 238. 19;
  370. 19; 382. 25; 388. 18; 390. 23
χόλος 65. 28; 121. 5, 23; 353. 24;
  354. 7; 382. 16
χορεία 164. 14; 318. 19
χορηγέω 195. 13
χράομαι 26. 9; 33. 30; 34. 2, 3; 73.
  6; 79. 21; 95. 8; 103. 11; 119. 16;
  138. 6; 140. 29; 141. 32; 143. 8;
  144. 14, 15; 145. 22; 147. 24; 152.
  18; 154. 29; 163. 8; 177. 25; 195.
  12, 14, 33; 198. 18; 211. 12; 213.
  2, 6, 11, 20; 215. 6, 13; 220. 25, 32;
  224. 23; 249. 21; 255. 1; 267. 28;
  275. 22; 285. 28; 290. 20; 291. 18;
  320. 31; 323. 25; 331. 5, 22, 24; 336.
  27; 338. 11, 21; 339. 20, 23, 26;
  345. 20; 348. 12; 349. 19; 403. 5;
  404. 9; 455. 20
χρεία 199. 27; 330. 21; 388. 3
χρέος 317. 29; 372. 5; 384. 26
χρεωκοπέω 130. 1; 140. 26; 290. 16
χρεωστία 37. 2; 39. 14; 42. 5; 79. 7;
  159. 29; 187. 26; 417. 26
χρή 48. 21; 55. 23; 56. 28; 91. 4; 99.
  10; 107. 5; 118. 30; 127. 18; 133.
  11; 135. 3; 139. 2, 12; 143. 7, 24;
  153. 21; 167. 16; 175. 21; 180. 21;
  210. 12; 214. 14, 37; 229. 4; 232.
  30; 237. 21; 239. 23; 240. 29; 241.
  10; 246. 28; 248. 5; 251. 4; 252. 9,
  28; 253. 27; 255. 14, 28; 261. 22;
  262. 22; 263. 20; 278. 33; 284. 24,
  32; 285. 3; 286. 10; 291. 16; 302.
  19, 27; 305. 16; 306. 15; 317. 9;
  324. 12; 326. 2; 328. 14, 16, 31;
  331. 12; 334. 28; 335. 17; 336. 4;
  337. 3; 338. 3, 13; 341. 31; 343. 29;
  345. 11; 349. 10; 426. 9
χρήζω 317. 9
χρῆμα 1. 18; 2. 26; 40. 16; 42. 2; 45.
  24; 47. 13, 33; 64. 29; 163. 2; 281.
  9; 288. 15, 29; 326. 25; 389. 11;
  390. 16; 407. 16; 411. 24; 413. 22

χρηματίζω 5. 6; 31. 30; 35. 14; 65. 7;
  71. 10; 73. 24; 74. 26; 97. 17, 21,
  34; 98. 2, 5, 6; 99. 26; 102. 4; 109.
  9, 13; 111. 2; 112. 10; 113. 14;
  117. 22; 127. 10, 20, 25; 131. 23;
  132. 16; 147. 15; 149. 2; 152. 23;
  166. 5; 174. 11; 186. 9, 16; 193. 27;
  194. 17; 203. 23; 215. 33, 34; 216.
  12; 219. 34; 220. 15, 21; 222. 23,
  26; 223. 8; 224. 5, 20, 22, 27; 226.
  4; 233. 20; 236. 29; 248. 10; 252.
  6; 254. 25; 255. 8, 13, 26; 256. 13,
  19, 21, 26, 32; 257. 4, 24, 28; 258.
  3, 7; 262. 13, 18; 264. 16, 28; 266.
  7, 16; 268. 27; 269. 3, 14, 17, 25,
  29; 270. 5, 6, 17, 27; 271. 9; 272.
  7, 17, 28; 273. 7, 10; 274. 24; 275.
  13, 26; 276. 5, 12; 277. 9; 279. 12;
  290. 22, 24; 303. 27; 318. 32; 319.
  12; 325. 7; 337. 7, 11, 16; 345. 14,
  16; 346. 9, 17; 348. 4; 377. 14;
  414. 7; 419. 23; 433. 10
χρημάτισις 277. 16
χρηματισμός 1. 6; 62. 6; 170. 12; 188.
  15; 355. 4; 385. 14
χρηματιστικός 7. 27; 28. 18; 36. 13,
  29; 38. 22; 43. 14; 45. 28; 46. 17;
  55. 21; 56. 30; 57. 32; 61. 19; 71.
  23; 76. 7; 81. 4; 83. 14; 89. 2; 100.
  32; 101. 2; 119. 5; 128. 8, 10, 18,
  21; 129. 29; 138. 28; 139. 1; 147.
  27; 162. 14, 22, 24; 165. 18; 166.
  16; 167. 18, 20; 172. 16; 173. 13,
  33; 175. 7, 23; 176. 19, 25, 32; 180.
  26; 183. 25; 186. 29; 189. 28; 190.
  5; 191. 9, 16, 27; 192. 25; 194. 22;
  203. 18, 20; 204. 5, 18, 19, 25, 28,
  31, 34; 205. 4; 214. 27; 221. 9; 223.
  21; 224. 20; 234. 12; 274. 9; 318.
  29; 320. 15; 322. 1, 6; 325. 24; 326.
  9; 329. 14, 19, 31; 331. 9; 345. 18;
  346. 7; 353. 15; 377. 30; 379. 19;
  408. 19; 410. 27; 411. 28; 416. 4;
  421. 27; 422. 4; 430. 7, 18, 24, 26;
  431. 1
χρηματιστικῶς 234. 18
χρηματοφύλαξ 38. 6
χρησιμεύω 21. 22
χρήσιμος 202. 25; 237. 24
χρῆσις 47. 7; 160. 22; 249. 24; 260. 9;
  330. 26; 331. 2; 336. 14; 412. 30
χρησμοδοσία 174. 25
χρησμοδότης 106. 29
χρησμός 256. 21; 355. 11
χρῖσμα 256. 21

22; 317. 20, 22, 24, 26, 27; 318. 22;
320. 19; 326. 20, 27; 332. 28, 31;
387. 31; 389. 10; 391. 5; 413. 16;
426. 8
ψυχικός 1. 5; 6. 22; 39. 6; 103. 32;
107. 23; 166. 25; 173. 7; 191. 21;
195. 29; 271. 28; 321. 11; 331. 18;
371. 26; 378. 9; 385. 13; 387. 16
ψυχοποιός 6. 23
ψῦχος 370. 8
ψυχρία 355. 27
ψυχρός 370. 3; 390. 3
ψυχρότης 390. 5
ψύχω 44. 1; 110. 20; 409. 5
ψωρός 105. 33

ᾠδή 103. 16
ὠκεανός 6. 15; 13. 5, 7; 392. 21
ὠμοπλάτη 393. 9
ὦμος 4. 30; 6. 13; 7. 16; 9. 30; 104.
5, 26; 388. 18; 392. 3, 13, 19; 393. 2
ὠμός 14. 20; 17. 11
ὠμότης 382. 13
ὠμοτοκία 100. 23
ὥρα passim
ὡραῖος 21. 4; 136. 2, 13; 195. 14;
241. 9; 246. 23; 285. 30; 301. 16;
306. 1, 12; 328. 17; 332. 25; 335.
18; 346. 20; 347. 18; 349. 14, 21,
26; 350. 2, 8, 15, 17, 25; 351. 1, 11,
16; 363. 24
ὡριμαία 139. 7; 328. 21; 367. 20
ὡροσκοπέω 18. 17, 21, 22; 19. 8, 10,
25, 28, 33; 20. 21; 21. 12; 49. 25;
50. 17, 20, 29; 51. 12, 19, 27; 55. 20;
58. 27; 59. 5, 9, 14, 18, 22, 28; 67.
2, 12, 16, 19; 70. 33; 75. 7; 76. 6;
77. 6; 79. 27; 82. 12; 83. 17, 18;
89. 20; 98. 28; 117. 11; 124. 32;
125. 14, 22, 27; 126. 29, 31; 127. 17,
18, 28, 30, 32; 128. 5, 11, 13; 129.
11, 25, 30; 130. 3, 5, 27, 29; 131.
1 (bis), 8; 132. 4, 8, 14; 134. 6, 7;
139. 28; 166. 8; 171. 33; 193. 28,
29; 200. 17; 203. 14; 235. 13; 243.
18; 252. 13; 267. 5; 284. 6; 287. 13,
14; 288. 2; 289. 3, 5, 9; 290. 5, 8;
292. 17, 22, 26; 293. 5, 15, 30; 294.

7, 15 (bis), 21, 25, 29; 295. 7, 9, 11,
20; 296. 7, 13; 297. 10, 12, 15; 298.
17; 299. 20; 300. 16; 301. 6; 302.
6; 303. 10, 28; 323. 3; 326. 30 (bis);
327. 1, 4, 7, 16, 22; 328. 1, 24; 329.
1, 3, 8; 330. 2; 345. 20; 349. 3; 352.
3, 4; 373. 10, 12; 400. 4, 7, 11; 414.
18; 418. 13; 431. 18, 19, 21, 32; 454.
17, 32
ὡροσκοπικός 19. 34 (bis); 20. 4, 5, 7;
147. 30; 195. 8; 246. 4; 252. 9, 24;
286. 3, 5; 289. 19; 290. 21; 291. 29;
292. 18; 293. 2; 295. 31; 328. 8,
20; 329. 20, 33; 335. 25; 338. 12,
19; 344. 3, 6, 9; 346. 10, 11; 349.
20; 350. 21 (bis); 351. 9; 453. 22,
25, 27; 454. 7
ὡροσκόπος passim
ὠφέλεια 3. 27; 4. 20; 36. 23; 38. 13;
41. 1, 7; 42. 7, 30; 45. 7; 47. 28;
60. 29; 87. 11; 155. 17; 158. 8; 162.
6; 168. 13; 170. 10, 11; 171. 2, 12,
20, 22, 25; 172. 5; 173. 1, 6, 19;
175. 30; 176. 33; 177. 1; 178. 12
(bis); 180. 10, 15, 16; 181. 18; 182.
26; 184. 22; 185. 30; 186. 18; 187.
11; 188. 4, 13, 21; 190. 7; 191. 12;
214. 11; 215. 16; 216. 15; 217. 31;
236. 9, 30; 241. 24; 259. 9; 266.
25; 268. 21; 276. 21, 26; 277. 26;
278. 2; 281. 11; 332. 12; 334. 20;
343. 20; 370. 15; 379. 20; 386. 17;
407. 6, 20; 408. 2; 409. 29; 412. 20
ὠφελέω 38. 5, 23; 41. 20; 43. 16, 30;
45. 21; 65. 2; 66. 9; 79. 11; 83. 26;
91. 1; 111. 12; 171. 11; 174. 5, 10;
175. 24; 178. 10; 180. 25; 182. 17;
183. 13, 29; 185. 14, 23; 201. 19;
217. 31; 253. 3; 264. 10; 276. 18;
281. 16; 375. 34; 406. 19; 407. 1;
409. 18; 411. 2; 417. 32; 426. 27;
430. 23; 432. 4; 433. 4
ὠφέλιμος 37. 7, 11; 41. 23; 133. 23;
172. 22; 176. 9; 185. 13; 188. 10,
18; 190. 1; 191. 3; 253. 28; 254. 20,
24; 278. 27; 280. 34; 326. 17; 355.
7; 371. 28
ὠχρός 238. 18

INDEX VERBORVM

INDEX HOMINVM

Adrianus 440. 20
Alexandrinus 398. 8
alii 423. 16; 424. 3, 12; 439. 7
aliquis 439. 9
Augustus 397. 23; 398. 13
Critodemus 452. 21

ego 434. 13; 439. 16
Grece 443. 5
Greci 452. 19
nos 423. 16
rex (= Nechepso) 439. 2

INDEX NOMINVM ASTRONOMICORVM

Aquarius *passim*
Aries *passim*
Cancer *passim*
Capricornus *passim*
Draco 436. 19; 437. 13, 22; 438. 12
Epiphi 398. 20
Faophi 398. 19
Farmenoth 398. 19
Farmuthi 398. 19
Februarius 440. 20
Gemini *passim*
Hercules 447. 35
Iuppiter *passim*
Leo *passim*
Libra *passim*
Luna *passim*
Mars *passim*

Mercurius *passim*
Mesore 398. 20
October 440. 21
Pachon 398. 19
Paphini 398. 20
Pisces *passim*
Sagittarius *passim*
Saturnus *passim*
Scorpio *passim*
September 398. 14, 18
Sol *passim*
Stilbon 446. 17
Taurus *passim*
Thot 398. 8, 19, 26
Venus *passim*
Virgo *passim*

INDEX VERBORVM

abhominacio 446. 20
absconditus 436. 10
accidere 435. 17, 29; 452. 24, 31
accipere 423. 24; 424. 9, 10; 434. 4; 436.
    14; 438. 2, 7; 439. 2, 6
accusacio 434. 30
accusare 435. 33
acronicus 441. 1
actualis 439. 26
actus 452. 25
addere 398. 1 (ter), 2 (bis), 3 (ter), 4 (bis),
    5 (bis), 6 (ter), 7 (bis), 9, 10, 15, 17
    (bis), 19, 27; 429. 13; 439. 30
addiscere 439. 8
adequare 438. 24
adesse 434. 25
adicere 397. 23; 398. 21
adimplere 435. 2
adiuvare 435. 14; 436. 11

adversari 452. 31
afesis 452. 19
affigurare 440. 10
aggregare 428. 22; 429. 18
agonia 435. 1
aliter 423. 16; 435. 12
alius 434. 20; 435. 1, 15, 18, 20, 23, 26;
    437. 12; 439. 16
altus 444. 18; 446. 31
amplior 434. 2
androclastes 447. 34
angulus 424. 12; 436. 8; 439. 4; 440. 11,
    12; 443. 20, 22; 444. 25; 445. 10, 12,
    14, 34; 446. 3, 5, 36; 447. 3, 6, 31, 36;
    448. 3, 28, 33; 450. 24, 27, 29; 451.
    21, 24, 27
annectere 443. 12, 25, 27, 30; 444. 1, 10,
    16, 20, 23, 27, 29, 32; 445. 1, 2, 5, 7,
    11, 13, 16, 20, 23, 26, 29, 31; 446. 1,

29, 32, 34; 451. 2, 6, 8, 10, 14, 16, 19,
22, 26, 28, 30; 452. 1, 4, 7, 9, 13, 16
computare 397. 24; 398. 9
conclamacio 434. 31
concupiscere 435. 33
concurrere 435. 3; 436. 8, 11
condempnacio 452. 26
condempnare 434. 28
condicio 423. 28; 428. 24; 429. 3, 10,
17; 452. 22
condominari 429. 11
conferre 435. 34; 439. 6; 440. 34
configurare 440. 3
confirmare 438. 22
coniunccio, coniunctio 424. 4, 11; 436.
5, 15; 437. 28; 438. 3, 7, 10; 439. 8;
441. 13 (bis), 19 (bis), 24 (bis), 29, 30;
442. 4 (bis), 9 (bis), 14 (bis), 19 (bis),
24 (bis), 29 (bis), 34 (bis)
coniungere 423. 19, 25; 424. 2; 436. 31;
437. 1; 441. 6
consciencia 434. 24; 435. 20
consequi 444. 31; 452. 23
considerare 423. 21; 434. 7; 435. 25;
437. 12, 22; 438. 10, 26; 439. 4;
440. 2, 10
consolacio 435. 11
constare 447. 33
consuescere 435. 17
consummare 437. 31
conterere 437. 25
contingere 436. 28; 443. 12
contrarius 437. 4, 5
convenire 452. 21
conversacio 435. 9
conversus 440. 2; 453. 4
corporeus 436. 12
corpus 436. 9, 18; 437. 14
corruptibilis 429. 5
cronicus 435. 23
custodia 434. 23, 28; 435. 33

dampnatus 435. 16
dampnosus 440. 8
dampnum 452. 27
dare 428. 16, 21, 25, 26, 30; 429. 3,
6 (bis), 11, 13; 436. 27; 438. 8, 18;
439. 32; 440. 28
debilitare 437. 15
decisio 452. 29
deducere 397. 24; 398. 15
demere 440. 26
deposicio 435. 4; 452. 25
desiderare 437. 7
desinere 440. 28

detencio 434. 23; 435. 4, 13, 15 (bis), 26,
29; 452. 26
deterior 424. 5
detinere 435. 9, 20, 21, 23
detrahere 398. 12
deus 436. 27; 445. 11
deuteros 398. 14
deviare 437. 12
dexter 443. 29, 32; 444. 4, 6; 445. 1;
446, 13; 447. 12
diametrus 437. 29; 440. 19
dicere 424. 13; 435. 7, 29; 436. 25;
438. 28; 439. 9 (bis); 447. 35
dichotominia 441. 8, 9, 16, 22, 27; 442.
1, 6, 11, 17, 21, 26, 32; 443. 1
dies 398. 7, 8, 9, 10, 11, 20, 21, 26, 27;
434. 5; 438. 6, 10, 11, 14, 16, 17 (bis),
24, 29; 439. 6, 19, 27, 28, 30, 31, 32;
440. 1, 4, 5, 6, 7, 10, 13, 14, 15 (bis),
16, 18, 20, 21, 24 (bis), 25 (bis), 28,
29, 30, 31, 32, 34
difficilis 444. 16, 27, 33; 445. 30; 446. 9,
27; 447. 10, 35; 448. 12, 15; 449. 3;
450. 2, 5, 10, 23, 33
difficillimus 447. 19
dignitas 434. 30; 436. 11
diligencior 423. 17
diligenter 438. 25
dimidius 428. 15, 16, 19, 20, 25, 30;
429. 3, 11
disanalempsia 444. 24
disciplina 436. 28
discolus 445. 5; 448. 15; 449. 16
discrecio 436. 27
discursio 434. 11
dispositivus 434. 9
dissolutus 443. 25, 29; 444. 9
distancia 439. 13
distare 439. 13
distribuere 436. 4
diurnus 423. 18; 438. 29
dividere 429. 7; 440. 28
divisio 435. 5 (bis); 439. 17
dolere 437. 6
dolor 436. 10; 444. 3, 13
domina 428. 18
dominari 428. 14, 18
dominium 429. 10, 15
dominus 424. 6, 12; 428. 14, 24; 435.
7; 436. 14; 437. 25, 26; 438. 17,
29 (bis); 439. 4, 7, 26; 440. 10, 13,
29, 34, 35
domus 423. 20; 428. 16, 21; 429. 10,
15; 437. 14, 24; 441. 3; 448. 31; 449.
24, 27, 29, 32

humiditas 445. 6
humidus 444. 11

igneus 429. 5
ilegia 452. 19
illesus 436. 27
imitacio 429. 5
impedimentum 446. 20
impellere 444. 17; 445. 17
implere 438. 17
impossibilis 437. 7
incarceratus 435. 32
incendium 452. 29
incipere 436. 20; 441. 5
incitare 439. 25
incompositus 443. 30
indicare 440. 14
indignacio 440. 32
induccio 452. 33
inducere 435. 13; 437. 8; 444. 18, 24;
  445. 26; 446. 19, 32; 447. 2
inductor 452. 30
inesse 424. 5
inexspectabilis 437. 10
infans 435. 6
infelicitas 444. 9
inferre 437. 9; 444. 11, 13
infirmitas 436. 9; 444. 30; 452. 25
infortunatus 434. 27; 438. 14; 444. 9
infortunium 444. 10; 447. 2; 452. 12,
  18, 23, 34
ingredi 435. 10; 437. 25; 438. 15; 439.
  20, 22
ingressio 440. 15
ingressus 436. 16; 437. 17, 23; 440. 12,
  30
inhabitabilis 435. 21
inicium 439. 30; 443. 12
inimicatus 440. 30
inimicicia 452. 27, 29
inoperativus 439. 28
inopinabilis 444. 10
inproprie 424. 1
inquietacio 434. 27
insignis 440. 5
insistere 435. 22
inspicere 423. 19, 22; 424. 1, 5; 438. 17;
  452. 31, 33
insula 435. 21
intellectus 436. 27
intelligere 423. 27; 424. 7; 438. 5, 14
intencio 436. 21
interficere 424. 6; 438. 18
interimere 424. 2
interior 444. 2, 13

intransibiliter 452. 23
inutilis 439. 27; 440. 8
invenire 397. 22; 398. 7; 423. 16; 424.
  12; 434. 14, 30; 436. 2, 7, 14; 437.
  16, 20, 26; 438. 20, 25; 439. 10, 28;
  440. 31; 452. 30
invidiosus 429. 5
irradiare 424. 8
iudicare 439. 21; 453. 1
iudicium 437. 3; 452. 26
iuvare 437. 5

kalendae 398. 14, 18

labor 444. 31
lex 435. 17
liberacio 434. 25
ligare 435. 16, 35
locus 397. 22; 423. 20; 424. 8, 9, 10;
  434. 1, 2, 4, 7, 13, 25; 435. 1, 2, 9, 10,
  21, 22, 23, 25; 436. 8, 22, 23; 437. 17,
  22, 27; 438. 15, 16; 439. 20, 21, 25;
  440. 2, 5, 7, 18, 32, 35; 443. 4, 5, 13,
  18, 23, 24; 446. 8; 452. 21, 34
luminare 435. 29; 436. 3

magis 423. 22; 434. 13; 438. 16; 439.
  20, 26
magnus 434. 22, 29
maior 428. 13, 14, 18, 22, 27; 429. 2, 6,
  8, 14, 16, 18; 444. 21, 30; 445. 17
male 423. 27, 28; 438. 18
maleficus 435. 26; 449. 17
malicia 436. 32
malivolus 423. 22; 424. 4; 434. 8 (bis);
  435. 12, 28; 436. 2, 19, 31; 437. 1, 2,
  30; 438. 4, 13 (bis), 15, 17; 452. 31
malus 434. 11, 24; 435. 11 (bis); 436.
  26, 29; 437. 9, 10, 19; 439. 6; 440.
  16; 443. 24; 446. 4; 447. 13; 448. 2,
  24, 27, 34; 449. 14, 23, 30; 450. 5,
  15, 28; 451. 3, 7, 20, 26; 452. 4
mania 435. 24
manifeste 440. 14
masculinus 424. 12
mater 423. 21, 23, 27; 424. 1, 11, 13;
  435. 7
maxime 434. 15; 436. 6; 437. 19, 31;
  438. 15, 17
maximus 437. 10
medietas 429. 7
medius 440. 6, 8; 443. 8, 9 (bis), 32;
  444. 4, 6, 32; 445. 1, 2, 11, 22, 24, 25;
  446. 15, 22, 24; 447. 17, 20, 22; 448.

11, 14, 16; 449. 5, 9, 11, 13; 450. 8, 11, 13, 26; 451. 4, 8, 10, 11; 452. 5, 9, 11
melancolia 445. 5
melior 440. 6
mensis 398. 7, 9 (bis), 21; 438. 1, 5, 7; 439. 1, 2, 9 (bis), 11, 13, 14, 16, 19
mensurare 447. 34
meror 437. 11
miles 435. 31
minor 428. 17, 26; 429. 1, 7, 17; 434. 11; 439. 31
mitior 452. 34
mittere 424. 5
mixtus 447. 33
mobilis 437. 13
moderate 436. 26
modus 437. 4; 439. 16
molestia 444. 2
morbus 435. 23
mori 423. 15; 438. 1
mors 436. 9, 17; 446. 30
mortalis 438. 17
mortifer 436. 21; 437. 28; 438. 4, 9, 14; 448. 21, 34; 451. 15; 452. 16, 20
mulier 435. 33
multiplicare 439. 29; 440. 22
multociens 437. 16
multus 435. 17; 438. 21
mutacio 434. 26; 438. 22; 439. 24
mutilacio 452. 29
mutuus 435. 16

nativitas 423. 21; 434. 9, 15, 22, 27, 29; 435. 6, 13, 31, 32; 436. 8, 14; 437. 13, 17, 23; 438. 2, 8, 13, 24, 26, 28 (bis), 30; 439. 3, 7, 10, 14, 29, 30; 440. 22, 24, 30; 446. 19; 452. 18, 23, 31
natura 434. 10; 440. 14
natus 434. 22; 438. 1; 443. 14
naufragium 452. 26
navigare 435. 21
necessarius 434. 2; 438. 21
necessitas 435. 18, 26
nocturnus 423. 18; 429. 10; 438. 28; 440. 21
nocumentum 447. 2
noscere 436. 28
novitas 439. 23, 24
nox 434. 5; 441. 2
nullus 437. 3; 439. 24
numerus 397. 23; 398. 7, 11, 16, 17; 434. 7; 436. 16; 438. 3, 9; 440. 1, 28; 441. 3; 443. 26, 27; 444. 1

nutacio 440. 4, 6; 441. 4, 5, 16
nutare 441. 6, 7, 11, 14, 20, 25, 30; 442. 5, 10, 15, 20, 25, 30, 35

obitus 438. 6
observare 436. 30
obtinere 437. 8
occasio 434. 10, 12, 16; 435. 4; 452. 25, 34
occasionalis 434. 1, 3, 7, 14
occidens 441. 10; 443. 8, 24, 29; 444. 26, 28, 29; 445. 15, 18, 19; 446. 7, 10, 12; 447. 8, 11, 14; 448. 6, 8, 9; 449. 1, 4, 6; 450. 3, 6, 31, 34; 451. 1, 29, 32; 452. 3
occidentalis 437. 20; 441. 1; 443. 7 (bis), 27
occisio 446. 32
occurrere 452. 22
ociosus 439. 28
olocacus 447. 13
omnis 397. 23; 398. 9, 10; 452. 18, 19
operacio 439. 23
operari 438. 21; 440. 18
operativus 439. 9, 21, 28
oportere 423. 21; 434. 8; 435. 6, 25; 437. 12, 22; 438. 10; 440. 3, 10, 34; 446. 17
opponere 428. 17
oppositus 424. 4, 11; 434. 20; 435. 12; 436. 6, 17; 438. 11, 13; 439. 18
oriens 441. 9
orientalis 441. 1
orphanus 435. 8
ostendere 434. 2, 10; 439. 14, 20

panselenos 398. 23
par 398. 17
parens 423. 15; 424. 3, 10
pars 424. 3 (bis), 6 (bis); 429. 7; 444. 21, 30; 445. 17
particeps 434. 7
passio 435. 8; 444. 24; 446. 18; 452. 28
pater 423. 17, 20, 23, 24, 26; 424. 2, 6, 8, 9, 13; 435. 7
peregrinari 435. 20
peremptor 423. 23
perficere 435. 6
periclitari 443. 16
periculosus 434. 9; 436. 1, 2, 6, 13, 18, 20; 438. 9, 14; 440. 9; 443. 18, 28; 444. 2, 13, 16, 22, 33; 445. 9, 12, 23, 30; 446. 2, 9, 17, 27, 30; 447. 10, 26; 450. 2, 18, 33; 451. 7, 14, 17, 26, 31; 452. 8, 20, 24

BIBLIOTHECA TEVBNERIANA

(Aeschylus). Scholia Graeca in Aeschylum quae exstant omnia

Herausgegeben von O. L. Smith, Kopenhagen
Pars II. Fasc. 2. Scholia in Septem adversus Thebas
XXIX, 423 Seiten. Leinen DDR 129,– M; Ausland 129,– DM
ISBN 3–322–00220–9
Bestell-Nr. 6660696 – Smith, Scholia II, 2 gr.

Euripides. Alcestis

Herausgegeben von A. Garzya, Neapel
2. Aufl. (verbesserte Ausgabe der 1. Aufl. von 1980)
XIX, 46 Seiten
Leinen DDR 20,– M; Ausland 20,– DM
ISBN 3–322–00166–0
Bestell-Nr. 6659740 – Garzya, Eur. Alcestis gr.

Euripides. Cyclops

Herausgegeben von W. Biehl, Göttingen
XX, 60 Seiten
Leinen DDR 24,50 M; Ausland 24,50 DM
ISBN 3–322–00137–7
Bestell-Nr. 6661277 – Biehl, Euripid. Cyclops gr.

Euripides. Heraclidae

Herausgegeben von A. Garzya, Neapel
XXII, 42 Seiten
Leinen DDR 10,– M; Ausland 10,– DM
ISBN 3–322–00167–9
Bestell-Nr. 6656179 – Garzya, Eur. Heraclid. gr.

Euripides. Supplices

Herausgegeben von C. Collard, Swansea
XVII, 66 Seiten. Leinen DDR 26,– M; Ausland 26,– DM
ISBN 3–322–00149–0
Bestell-Nr. 666172 8 – Collard, Eur. Supplices gr.

Euripides. Troades

Herausgegeben von W. Biehl, Göttingen
XXVII, 92 Seiten. Leinen DDR 12,– M; Ausland 12,– DM
ISBN 3–322–00136–9
Bestell-Nr. 665534 4 – Biehl, Eurip. Troades gr.

Hephaestio Thebanus. Apotelesmaticorum libri tres

Herausgegeben von D. Pingree, Providence
Vol. I. XXX, 463 Seiten. Leinen DDR 80,– M;
Ausland 80,– DM
ISBN 3–322–00210–1
Bestell-Nr. 665618 7 – Pingree, Hephaest. I gr.

Vol. II. XXX, 491 Seiten. Leinen DDR 83,– M;
Ausland 83,– DM
ISBN 3–322–00212–8
Bestell-Nr. 665693 7 – Pingree, Hephaest. II gr.

Olympiodorus. In Platonis Gorgiam commentaria

Herausgegeben von L. G. Westerink, Buffalo
XXI, 313 Seiten. Leinen DDR 30,– M; Ausland 30,– DM
ISBN 3–322–00234–9
Bestell-Nr. 665513 3 – Westerink, Olymp. gr.

Themistius. Orationes quae supersunt

Vol. II

Herausgegeben von A. F. Norman, Hull
XII, 241 Seiten
Leinen DDR 48,– M; Ausland 48,– DM
ISBN 3–322–00202–0
Bestell-Nr. 665 575 8 – Norman, Themistius II gr.

Xenophon. De re equestri

Herausgegeben von K. Widdra, Beltershausen
XXVIII, 66 Seiten und 2 Tafeln im Anhang
Leinen DDR 11,50 M; Ausland 11,50 DM
ISBN 3–322–00237–3
Bestell-Nr. 665 325 0 – Widdra, Xen. equestr. gr.

Xenophon. Expeditio Cyri (Anabasis)

Herausgegeben von C. Hude † und J. Peters, Dresden
2. Aufl. (verbesserte Ausgabe der 1. Aufl. von 1931)
XIX, 330 Seiten
Leinen DDR 26,– M; Ausland 26,– DM
ISBN 3–322–00207–1
Bestell-Nr. 665 623 2 – Peters, Xenophon. exped. gr.

Xenophon. Institutio Cyri

Herausgegeben von W. Gemoll † und J. Peters, Dresden
2. Aufl. (verbesserte Ausgabe der 1. Aufl. von 1912)
XXIV, 471 Seiten
Leinen DDR 38,– M; Ausland 38,– DM
ISBN 3–322–00209–8
Bestell-Nr. 665 445 6 – Peters, Xenoph. inst. gr.

LEIPZIG

BSB B. G. TEUBNER VERLAGSGESELLSCHAFT